승강기 기사 · 산업기사 필기

대한민국 산업현장교수

이도흠 저자

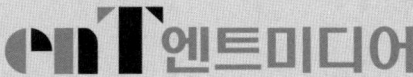

머리말

　승강기 공학은 기계, 전기 및 제어공학과 인공지능 및 사물인터넷(IOT) 등 첨단 기능이 융복합된 기술이 요구되며 승강기는 건물의 초고층화, 대형화 및 인텔리전스화에 따라 현대사회에 없어서 안 될 중요한 수직 교통기관으로 수요가 폭발적으로 증가하고 있으며 시장성장이 지속 가능한 산업 분야로 전문 기술 인력의 수요도 꾸준히 증가하고 있다.

　우리나라의 승강기 운행 대수는 약 90만 대에 육박하고 있으며 연간 설치 대수는 약 5만 대로 세계 3위의 시장 규모이고 승강기 설계, 제조, 설치 및 유지보수 기술 인력은 성별 연령에 관계없이 전문 직종으로 인기가 높아서 기사 및 산업기사 시험 응시자도 꾸준히 증가하고 있다.

　약 40년 동안 대기업과 중견기업에서 터득한 실무능력과 1991년 일본 국토교통성의 승강기검사원 자격을 취득하여 우리나라 승강기 안전관리법 제정에 참여하였고 현재 고용노동부 산하기관인 산업인력공단에서 대한민국 산업현장 교수로 활동하면서 쌓은 경험과 1992년 동일 출판사에서 우리나라 최초의 승강기기사 수험 서적을 집필하고 대학과 한국승강기안전공단에서 강의하면서 승강기기사 시험을 연구 분석한 결과를 바탕으로 자격시험 대비 및 한 차원 높은 실무 참고서로 활용할 수 있도록 다음 사항에 역점을 두어 집필하였다.

1. 2019년 개정 시행된 승강기 안전기준과 산업인력공단의 출제기준에 맞추어 승강기에 관한 실무 경험이 없는 수험생도 이해하기 쉽도록 규정 및 법규를 상세하게 설명하였다.
2. 승강기기사 및 산업기사 자격시험에 대비하여 꼭 필요한 기본 지식과 풍부한 문제를 수험생의 입장에서 이해하기 쉽도록 설명하였고 꼭 암기해야 할 내용을 반복하여 기술하였다.
3. 특히 최근 5개년 자격시험 출제경향 파악을 위해 저자가 직접 승강기기사, 승강기산업기사, 전기기사, 전기공사기사, 태양광발전설비기사 자격을 취득하면서 철저히 분석한 결과를 바탕으로 상세하고 이해하기 쉽게 설명하였고 SI 단위계를 사용한 계산 문제는 단위 변환 단계별로 쉽게 정리하여 이해도를 높였다.

끝으로 이 책을 통하여 많은 수험생들이 합격의 영광을 누리기를 기원하며 승강기 업무에 종사하는 전문 기술 인력의 참고서적으로 활용되어 승강기 관련 기술 발전 및 안전성 향상에 도움이 되기를 바라며 이 책의 출판에 힘써주신 엔트미디어 임직원 여러분께 감사의 마음을 전합니다.

저자 씀

차 례

1과목 　 승강기 개론 / 11

1장 　 승강기 개요 ············ 12
1. 승강기 일반 및 각 부의 명칭 ············ 12
2. 승강기의 종류 ············ 14

2장 　 승강기의 주요장치 ············ 19
1. 제어반 ············ 19
2. 구동기 ············ 20

3장 　 승강기 안전장치 ············ 33
1. 추락방지안전장치 ············ 33
2. 과속조절기 ············ 34
3. 완충기 ············ 36
4. 권상기 브레이크 ············ 37
5. 상승 과속 방지 및 개문출발방지장치(UCMP) ············ 39

4장 　 엘리베이터 도어시스템 ············ 41
1. 도어시스템의 종류 및 원리 ············ 41
2. 도어 머신 ············ 42
3. 도어 안전장치 ············ 42

5장 　 승강로와 기계실 및 기계류 공간 ············ 45
1. 카와 카틀(체대) ············ 45
2. 승강로의 구조 ············ 47
3. 기계실 및 기계류 공간의 구조 ············ 47

6장 　 엘리베이터의 제어 ············ 49
1. 교류 엘리베이터의 제어 ············ 49
2. 직류 엘리베이터의 속도제어 ············ 52

7장 　 승강기의 부속장치 ············ 54
1. 조명 및 환기장치 ············ 54
2. 신호장치 및 통신장치 ············ 55
3. 비상전원장치 ············ 57
4. 정전 시 구출운전장치 ············ 58

5. 기타 부속설비 및 보호장치 …………………………………………………… 59
8장 유압식 엘리베이터의 주요장치 ……………………………………………… 61
　　1. 유압식 엘리베이터의 구조 및 원리 …………………………………………… 61
　　2. 유압회로 ………………………………………………………………………… 62
　　3. 펌프와 밸브 …………………………………………………………………… 65
　　4. 실린더와 램(잭) ………………………………………………………………… 67
9장 에스컬레이터 ………………………………………………………………… 69
　　1. 에스컬레이터 개요 …………………………………………………………… 69
　　2. 구동장치 ………………………………………………………………………… 70
　　3. 디딤판(스텝)과 난간 …………………………………………………………… 71
　　4. 에스컬레이터 안전장치 및 안전기준 ………………………………………… 72
10장 특수엘리베이터 ……………………………………………………………… 77
　　1. 소형화물용 엘리베이터 ……………………………………………………… 77
　　2. 휠체어 리프트 ………………………………………………………………… 77
　　3. 경사형 엘리베이터 …………………………………………………………… 78
　　4. 주택용, 장애인용, 소방구조용, 피난용 엘리베이터의 특수사양 ………… 79
11장 기계식 주차장치 및 기타 설비 …………………………………………… 85
　　1. 기계식 주차장치의 종류 및 특징 …………………………………………… 85
　　2. 유희시설 및 건설용 리프트 ………………………………………………… 88
12장 안전관리 ……………………………………………………………………… 90
　　1. 이용자 수칙 및 유지관리 …………………………………………………… 90
　　2. 승강기 검사의 종류 …………………………………………………………… 92
　　3. 승강기의 중대한 고장 ………………………………………………………… 94
　　▶ 예상문제(1) …………………………………………………………………… 96
　　▶ 예상문제(2) ………………………………………………………………… 116
　　▶ 예상문제(3) ………………………………………………………………… 137

2과목　승강기 설계 / 153

1장 승강기 설계의 기본 ………………………………………………………… 154
　　1. 수송능력 산출 및 계획 ……………………………………………………… 154
　　2. 교통량 계산 및 위치선정 …………………………………………………… 157

2장 승강로 관련 기준 ········· 162
1. 승강로 치수 ········· 162
2. 승강로 규격 ········· 164
3. 승강로 및 카벽 구출문 ········· 169
4. 균형추와 주행안내 레일 ········· 170
5. 완충기 ········· 173
6. 종단층 정지장치 및 기타 안전장치 ········· 176

3장 카 및 승강장 관련 기준 ········· 179
1. 카 및 균형추의 완충기와의 거리 ········· 179
2. 도어 시스템 ········· 180
3. 카 및 카틀 ········· 182
4. 추락방지안전장치 ········· 189

4장 기계실 관련 기준 ········· 192
1. 기계실 및 기계대 ········· 192
2. 구동기 및 과속조절기 ········· 196
3. 매다는 장치(로프 및 벨트) ········· 204

5장 기계요소 설계 ········· 207
1. 승강기 재료의 역학적 설계 ········· 207
2. 비틀림 모멘트와 전달 마력 ········· 212

6장 제어반 및 전기설비설계 ········· 214
1. 제어반 및 엘리베이터 운전제어 ········· 214
2. 전기설비 및 전기기기 ········· 219
3. 동력 전원설비 ········· 220

7장 재해대책 설비 ········· 222
1. 정전 시 구출 운전 ········· 222
2. 소방구조용 엘리베이터 ········· 223
3. 피난용 엘리베이터 ········· 226
4. 지진 대책 및 감시반 ········· 229
▶ 예상문제(1) ········· 231
▶ 예상문제(2) ········· 252
▶ 예상문제(3) ········· 274

3과목 일반기계공학 / 289

1장 기계재료 ··· 290
    1. 철과 강 ··· 290
    2. 비철금속 및 합금 ··· 300
    3. 비금속 재료 ··· 304
    4. 표면처리 및 열처리 ··· 306
    ▶ 예상문제 ·· 309

2장 기계의 요소 ··· 319
    1. 결합용 기계요소 ··· 319
    2. 축관계 기계요소 ··· 327
    3. 전동용 기계요소 ··· 332
    4. 제어용 기계요소 ··· 341
    ▶ 예상문제 ·· 345

3장 기계공작법 ··· 361
    1. 주조 ··· 361
    2. 측정 및 손 다듬질 ··· 363
    3. 소성가공법 ··· 365
    4. 공작기계의 종류 및 특성 ··· 367
    5. 용접 ··· 372
    ▶ 예상문제 ·· 375

4장 유체기계 ··· 388
    1. 유체기계 기초이론 ··· 388
    2. 유압기계 ··· 391
    3. 유압회로 ··· 396
    ▶ 예상문제 ·· 398

5장 재료역학 ··· 407
    1. 응력과 변형 및 안전율 ··· 407
    2. 보의 응력과 처짐 ··· 410
    3. 비틀림 ··· 413
    ▶ 예상문제 ·· 416

4과목 전기제어공학 / 427

1장 직류회로 · 428
1. 전압과 전류 · 428
2. 전력과 열량 · 433
3. 전기저항 · 435
4. 전류의 화학작용과 전지 · 444
▶ 예상문제 · 450

2장 정전용량과 자기회로 · 457
1. 콘덴서와 정전용량 · 457
2. 전계와 자계 · 462
3. 자기회로 · 472
4. 전자력과 전자유도 · 476
▶ 예상문제 · 485

3장 교류회로 · 499
1. 교류회로의 기초 · 499
2. RLC 회로 · 503
3. 과도현상 · 507
4. 3상 교류 · 510
▶ 예상문제 · 515

4장 전기기기 · 526
1. 직류기 · 526
2. 변압기 · 533
3. 유도기 · 538
4. 동기기 · 544
5. 정류기 · 546
▶ 예상문제 · 550

5장 전기계측 · 584
1. 전류, 전압, 저항의 측정 · 584
2. 전력 및 전력량 · 587
3. 절연저항 측정 · 591
▶ 예상문제 · 593

6장 제어계의 요소 및 구성 · 599
1. 제어의 개념 · 599
2. 제어계의 종류 · 601
3. 제어계의 구성과 자동제어 · 602
▶ 예상문제 · 605

7장 블록선도 · 613
1. 블록선도의 개요 · 613
2. 궤환 제어의 표준 · 614
3. 블록선도의 변환 및 신호흐름선도 · 618
▶ 예상문제 · 621

8장 시퀀스제어 · 626
1. 제어요소의 작동과 표현 · 626
2. 불대수의 기본정리 · 627
3. 드모르간(De Morgan)의 정리 · 629
4. 논리회로 · 630
5. 로직 시퀀스 · 632
6. 승강기의 정의 · 634
▶ 예상문제 · 639

승강기 기사·산업기사 필기 / 647

▶ 실전모의고사 1회 / 648
▶ 실전모의고사 2회 / 662
▶ 실전모의고사 3회 / 677
▶ 실전모의고사 4회 / 692
▶ 실전모의고사 5회 / 707
▶ 실전모의고사 6회 / 721
▶ 실전모의고사 7회 / 737
▶ 실전모의고사 8회 / 752
▶ 실전모의고사 9회 / 768
▶ 실전모의고사 10회 / 783
▶ 실전모의고사 11회 / 797
▶ 실전모의고사 12회 / 812
▶ 실전모의고사 13회 / 827
▶ 실전모의고사 14회 / 842

부록 – 승강기 기사(산업기사) 필기 암기사항 / 857

1 과목 승강기 개론

1장 승강기 개요
2장 승강기의 주요 장치
3장 승강기 안전장치
4장 승강기의 도어시스템
5장 승강로와 기계실 및 기계류 공간
6장 승강기 제어
7장 승강기 부속장치
8장 유압식 엘리베이터의 주요장치
9장 에스컬레이터 및 무빙워크
10장 특수 승강기
11장 기계식 주차장치 및 기타 설비
12장 안전관리

▶ **승강기 개론 예상문제(1)**
▶ **승강기 개론 예상문제(2)**
▶ **승강기 개론 예상문제(3)**

1장 승강기 개요

1. 승강기 일반 및 각 부의 명칭

1.1 승강기의 정의

(1) 승강기의 정의

"승강기"란 건축물이나 고정된 시설물에 설치되어 일정한 경로에 따라 사람이나 화물을 승강장으로 옮기는 데에 사용되는 설비(「주차장법」에 따른 기계식주차장치 등 대통령령으로 정하는 것은 제외한다)로서 구조나 용도 등의 구분에 따라 대통령령으로 정하는 설비를 말한다.

(2) "설치"란 승강기의 설계도면 등 기술도서(技術圖書)에 따라 승강기를 건축물이나 고정된 시설물에 장착(행정안전부령으로 정하는 범위에서의 승강기 교체를 포함한다)하는 것을 말한다.

(3) "유지관리"란 제28조제1항에 따른 설치검사를 받은 승강기가 그 설계에 따른 기능 및 안전성을 유지할 수 있도록 하는 다음 각 목의 안전관리 활동을 말한다.

(4) "관리주체"란 다음 각 목의 어느 하나에 해당하는 자를 말한다.

가. 승강기 소유자

나. 다른 법령에 따라 승강기 관리자로 규정된 자

다. 가목 또는 나목에 해당하는 자와의 계약에 따라 승강기를 안전하게 관리할 책임과 권한을 부여받은 자

1.2 엘리베이터의 구조 및 주요 부의 명칭

(1) 전기식(로프식) 엘리베이터

1) 기계실 있는 엘리베이터(MR)

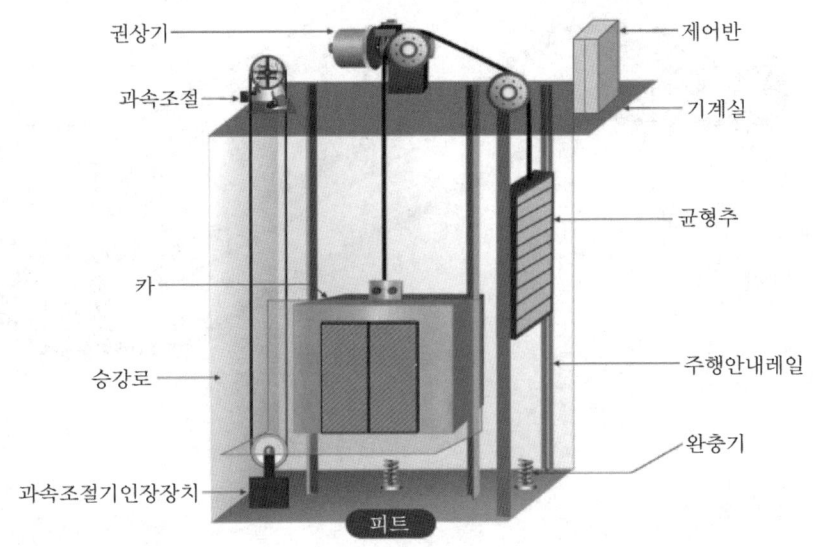

2) 기계실 없는 엘리베이터(MRL)

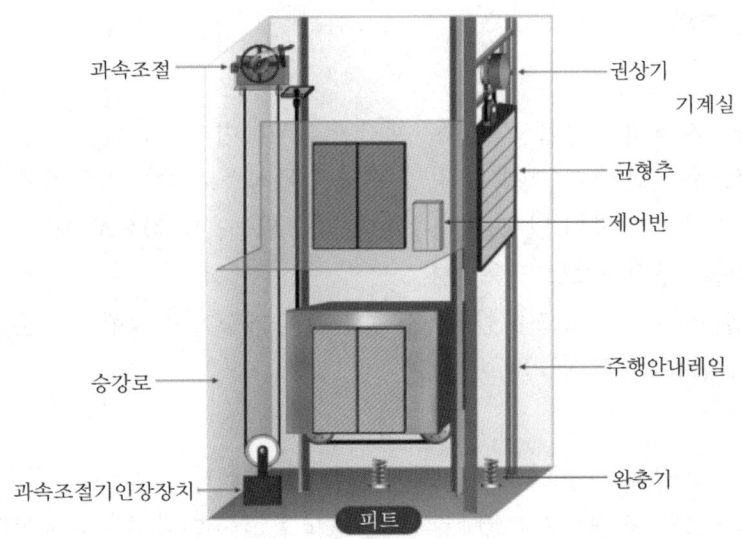

3) 에스컬레이터

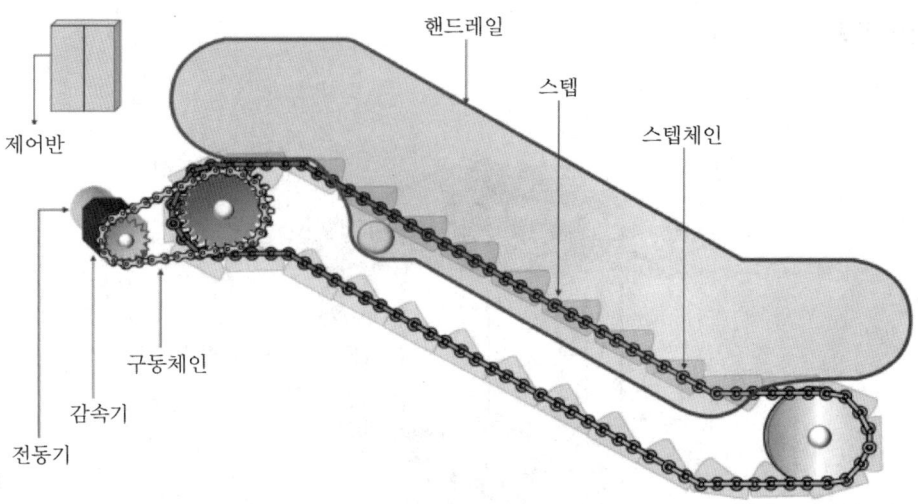

2. 승강기의 종류

2.1 엘리베이터의 종류

(1) 용도에 의한 분류

1) 승객용
   ① 승객용 : 사람의 수송을 목적으로 제작한 엘리베이터
   ② 소방구조용 : 화재 시 소화 활동 및 구조를 목적으로 제작한 엘리베이터
   ③ 피난용 : 화재 및 재난 발생 시 거주자의 피난 활동을 목적으로 제작한 엘리베이터로 평상시에는 승객용으로 사용한다.
   ④ 셔틀 엘리베이터 : 초고층 빌딩에서 중간의 승계층까지 직행 왕복운전하여 대량 수송을 목적으로 하는 엘리베이터

2) 화물용
   ① 화물용 : 화물의 수송을 목적으로 제작한 엘리베이터
   ② 소형 화물용 : 적재하중 300 kg 이하, 속도 1 m/s 이하의 엘리베이터
   ③ 자동차용 : 자동차 운반을 목적으로 제작한 엘리베이터

(2) 속도에 의한 분류

① 저속 : 분속 45 m/min 이하의 엘리베이터
② 중·저속 : 분속 60 m/min ~ 105 m/min 엘리베이터
③ 고속 : 분속 120 m/min 이상의 엘리베이터

> ※ 승강기 안전관리법의 유지관리업 등록기준에 의한 속도분류
> 중저속 엘리베이터 : 4 m/s 이하
> 고속 엘리베이터 : 4 m/s 초과

④ 초고속 : 분속 300 m/min 초과하는 엘리베이터

(3) 조작 방식에 의한 분류

① 단식 자동식 : 먼저 등록된 하나의 호출에 대한 운전이 종료 될 때까지는 다른 호출이 등록되지 않는다. (승강장 버튼은 호출용 1개 : 화물용)
② 키 스위치 방식 : 카의 운전이 모두 운전자의 의지에 따라 키 스위치 조작에 의해서만 된다.
③ 신호방식 : 카의 문 개폐만이 운전자의 레버나 누름버튼 조작에 의하여 이루어지고 진행 방향의 결정이나 정지층의 결정은 미리 등록된 카 내 행선층 버튼 또는 승강장 버튼에 의해 이루어지는 조작 방식
④ 하강 승합 전자동 식 : 2층 이상의 층에는 하강용 버튼만 있는 방식으로 상승은 1층에서만 가능하며 방범 목적으로 사용된다.
⑤ 승합 전자동식 : 주로 1대의 엘리베이터를 운행할 경우 적용되는 방식으로 승강장 누름 버튼은 상승용, 하강용의 양쪽 모두 동작이 가능한 방식이며 상승 또는 하강으로의 진행 방향에 승객이 합승을 원할 경우 합승 호출에 응답하면서 운전하는 방식
⑥ 2-CAR 병렬운전 : 2대의 엘리베이터의 승강장 버튼의 호출을 통합하여 병렬로 운행하는 방식
⑦ 군승합 자동운전 : 2~3대의 엘리베이터가 한 팀으로 연동되어 셀렉티브, 콜렉티브 운전을 하여 호출에 응답하고 먼저 응답을 끝낸 카는 기준층으로 복귀하고 나머지 카는 최종 서비스 층에서 대기하는 방식
⑧ 군관리 방식 : 4대~8대의 엘리베이터를 그룹으로 통합하여 관리하는 방식으로 시간에 따라 변하는 승객수, 호출 등록수 및 통과 층수 등을 연산하여 대기 시간이 짧고 수송효율이 높은 방식으로 최근에는 AI(인공지능) 및 학습제어 및 행선층예약 시스템이 적용되고 있다.

(4) 감속기 구조에 의한 분류

① 기어드 방식 : 감속용 기어를 사용하는 방식으로 웜기어와 헬리컬기어가 사용된다.
② 기어 리스 방식 : 감속 기어가 없는 방식으로 고속엘리베이터에 사용되며 효율이 높다.

(5) 기계실 위치에 의한 분류

① 상부 : 승강로 상부에 기계실이 있다.
② 하부 : 승강로 하부에 기계실이 있다.
③ MRL : 기계실 없는 엘리베이터로 건물의 용적율을 높일 수 있고 도시 경관이 미려한 장점이 있어 약 15층 이하의 건물에 적용하고 있다.

(6) 구동 방식에 의한 분류

1) 로프식
  ① 전기식 (트랙션 방식) : 권상식으로 균형추가 있어 속도와 승강 행정의 제한이 없다.
  ② 권동식(포지티브 방식) : 균형추가 없어 승강로 소요 면적이 작다는 장점이 있어 소형화물용과 주택용에 사용하며 소요 동력이 크고 과 주행의 위험이 있으며 고양정에 사용하기 어려운 단점이 있다.
2) 유압식 : 직접식과 간접식이 있으며 기계실의 위치가 자유롭고 균형추가 없다.
3) 랙 · 피니언 방식 : 공사 현장에서 화물 운반용으로 사용

(7) 제어 방식에 의한 분류

1) 직류 엘리베이터
  ① 워드레오나드 방식 : 모터-발전기(M-G)를 이용하여 전기자전압을 제어하는 방식으로 중 · 저속 엘리베이터에 사용한다.
  ② 정지레오나드 방식 : 모터-발전기 대신에 전력용 반도체 소자를 사용한 전압제어 방식으로 고속 엘리베이터에 사용한다.

2) 교류 엘리베이터
  ① 교류 1단 속도제어 : 분속 30 m/min 이하의 저속 엘리베이터에 사용한다.
  ② 교류 2단 속도제어 : 유도 전동기의 극수 변환방식으로 중 · 저속 엘리베이터에 적용한다.
  ③ 교류 궤환 전압제어 : 카의 실제 속도와 지령 속도를 비교하여 사이리스터 점호각을 바꿔 유도 전동기의 속도를 제어하는 방식
  ④ 가변전압 가변주파수 제어 : 인버터를 이용한 방식으로 모든 속도에 사용한다.
  (VVVF)

※ 동기전동기를 인버터로 제어하는 방식은 현재 승차감 및 효율이 탁월하여 저속에서 초고속 엘리베이터에 사용되며 인버터 제어방식은 에스컬레이터, 유압식 엘리베이터에 광범위하게 사용된다.

2.2 엘리베이터의 신기술

(1) 엘리베이터에 적용되는 사물인터넷(IoT : Internet of Things)
 ① 원격보수 : 센서를 연결하여 고장진단 및 보수
 ② 스마트폰 호출 : 스마트폰을 이용한 승강기 호출
 ③ 설치현장 안전사고 예방 : 카메라 및 센서를 통해 안전장구 착용상태 및 현장 안전관리
 ④ 인포메이션 판넬 : 카안의 승객에게 뉴스 및 정보전달

(2) 목적층(행선층) 예약시스템
 군관리 방식의 엘리베이터 운행 시 승강장에서 목적 층을 선행 등록하여 같은 층의 승객을 동일 카에 탑승시켜 정지 횟수를 줄여 수송 능력을 높이는 방식으로 카 내부의 조작반에는 층 등록 버튼는 방식으로 흐름은 다음과 같다.
 ① 승강장에서 목적층 버튼 등록
 ② 제어반에서 가장 빨리 수송 가능한 카 지정 (같은 목적층 승객을 같은 카에 지정)
 ③ 탑승할 호기의 카를 승객에게 표시
 ④ 정지 층수가 감소하여 일주시간이 줄고 수송 능력이 향상된다.

(3) 빅데이터를 이용한 학습제어
 각 층의 호출 등록 데이터를 수집 분석하여 카를 각층의 요구 시간대에 배치하여 수송효율을 높이는 방식

(4) 트윈 엘리베이터(Twin Elevator)
 ① 한 승강로에 2대의 카가 저층부와 고층부로 분리되어 독립적으로 운행
 ② 권상기와 제어반은 각각 독립하여 설치한다.
 ③ 충돌방지장치가 필요하다.
 ④ 더블데크 엘리베이터보다 수송효율이 높다.

(5) 더블데크 엘리베이터(Double Deck Elevator)
 ① 한 승강로에 2대의 카가 2층으로 연결되어 운행
 ② 권상기와 제어반은 공동으로 같이 사용한다.
 ③ 각층의 층고 차이를 조정하기 위해 층고조절장치가 필요하다.

2.3 에스컬레이터의 분류

(1) 구조에 의한 분류
① 에스컬레이터 : 경사도 30° 이하로 속도는 0.75 m/sec 이하
② 무빙워크 : 경사도 12° 이하로 속도는 0.75 m/sec 이하

(2) 설치장소에 의한 분류
① 옥내용 : 옥내에 설치
② 옥외용 : 옥외용으로 구조물의 부식방지 대책, 야간조명, 배수 대책이 요구된다.

(3) 구동 방식에 의한 분류
① Y-△ 기동 방식: 유도 전동기를 Y-△ 결선으로 기동
② 인버터 구동 방식 : 인버터를 사용하여 구동용 전동기를 가변전압 가변주파수로 제어하여 승객이 없는 경우 정지시켜 대기전력을 절감하는 방식

(4) 기타 분류 방식
디딤판 폭, 수송 능력, 구동기 공간에 의한 분류방식이 있다.

2장 승강기의 주요장치

1. 제어반

1.1 제어반의 종류

(1) 기계실 있는 엘리베이터의 제어반(MR)
① 엘리베이터의 제어반은 철제 자립형으로 기계실에 설치한다.
② 제어반에는 메인 차단기와 노이즈 필터(noise filter), 전력 변환장치인 인버터 모듈과 기동 및 운전용 컨텍터(contactor)부로 구성되어 있다.
③ 전기적 비상 운전에 대한 표준 회로가 내장되어 안전장치의 결함이 발생했을 경우 0.3 m/sec 이하의 속도로 운전하여 비상구출 운전을 실시할 수 있는 구조여야 한다.
④ 동력 전원의 상이 바뀌거나 결상이 되는 경우 감지하여 전동기 전원을 차단하는 역결상검출장치가 있어야 한다.

(2) 기계실 없는 엘리베이터 제어반의 요건(MRL)
① 승강장에 설치하는 타입 : 제어반의 기능을 승강장 문 옆에 길게 세로로 배열하여 설치한 구조로 기계실 있는 엘리베이터 제어반과 유사하다.
② 승강로 내부에 설치하는 타입 : 승장장에서 전원을 제어하는 MCCB가 내장된 점검운전용 운전반이 별도로 설치되고 승강장에서 비상 구출운전이 가능한 구조의 제어시스템이 구비되어 있어야 한다.

1.2 전기설비의 절연저항

절연저항

공칭 회로 전압(V)	시험 전압/직류(V)	절연 저항(MΩ)
SELV[a] 및 PELV[b] > 100 VA	250	≥ 0.5
≤ 500 FELVc 포함	500	≥ 1.0
> 500	1000	≥ 1.0

a SELV: 안전 초저압 (Safety Extra Low Voltage), b PELV: 보호 초저압 (Protective Extra Low Voltage)
c FELV: 기능 초저압 (Functional Extra Low Voltage)

※ 정격이 100VA 이하의 PELV 및 SELV 회로는 제외한다.

2. 구동기

2.1 구동기의 종류별 특징

(1) 기어드 방식

1) 웜기어 권상기
   ① 큰 감속비를 얻을 수 있다.
   ② 부하의 힘으로 구동되는 역구동이 어렵다.
   ③ 속도 105 m/min 이하의 중저속 엘리베이터에 사용.
   ④ 큰 감속비와 역구동이 어려운 특성이 있어 대용량의 화물용 엘리베이터에 사용된다.

2) 헬리컬기어 권상기
   ① 효율이 좋고 역구동이 쉽다.
   ② 진동 특성이 우수하여 속도 240 m/min 이하의 고속 엘리베이터에 사용
   ③ 입력단의 감속 단수가 많아 소음과 진동이 크다.

(2) 무기어 방식

1) 직류전동기 권상기
   ① 직류전동기의 축에 도르래와 제동장치를 연결하여 엘리베이터를 권상하는 방식
   ② 속도 120 m/min 이상의 고속 엘리베이터에는 정지레오나드 방식을 적용한다.
   ③ 최근에는 인버터제어 동기전동기의 기술이 발달되어 신규 설치는 없다.

2) 동기전동기 권상기
   ① 동기전동기의 축에 도르래와 제동장치를 연결하여 엘리베이터를 권상하는 방식
   ② 인버터제어로 토크 및 속도제어 성능이 우수하여 저속에서 초고속 엘리베이터까지 광범위하게 사용된다.
   ③ 회전자에 영구자석을 사용하며 내부 회전자형과 외부 회전자형이 있고 효율이 높다.

(3) 웜기어, 헬리컬기어, 무기어 방식의 특성비교

구 분	헬리컬 기어	웜 기어	무기어
효 율	높다	낮다	제일 높다
소 음	크다	작다	제일 작다
역구동	쉽다	어렵다	제일 쉽다
감속비	작다	크다	1
진동	크다	작다	제일 작다

2.2 권상능력

(1) 권상 능력에 영향을 미치는 요소

1) 권부각이 클수록 권상 능력이 향상된다.

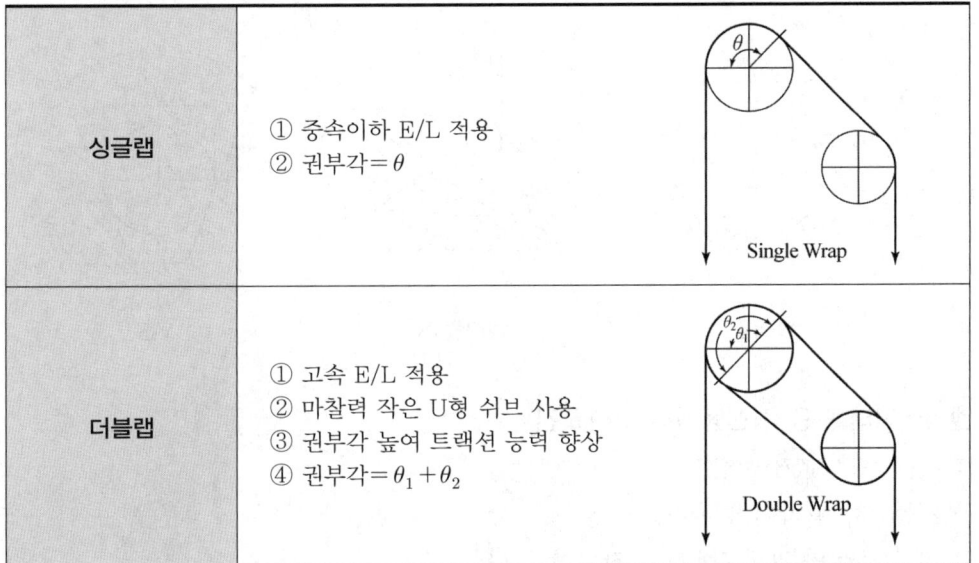

| 싱글랩 | ① 중속이하 E/L 적용
② 권부각=θ |
| 더블랩 | ① 고속 E/L 적용
② 마찰력 작은 U형 쉬브 사용
③ 권부각 높여 트랙션 능력 향상
④ 권부각=$\theta_1 + \theta_2$ |

2) 로프 감는법을 더블랩으로 하면 권부각이 커져서 권상 능력이 향상된다.
3) 로프와 도르래 홈의 마모를 줄이고 권상 능력을 높게하기 위해 중저속에는 언더컷 홈에 싱글랩 방식을 고속 엘리베이터에는 U홈에 더블랩 방식을 사용한다.
4) 트랙션 비(견인비)가 작을수록 권상능력이 커진다

(2) 도르래 홈의 종류 및 특징

1) U홈

로프와의 면압이 작아 로프 수명이 길고 마찰력이 작다. 와이어로프의 권부각을 크게 하여 견인력이 뛰어난 더블랩 방식의 고속용 엘리베이터에 주로 사용한다.

2) 언더컷홈

U홈의 바닥에 더 작은 홈을 만들어 U홈 보다 마모는 크지만, 마찰력을 크게 하여 견인력이 뛰어나다. 싱글랩 방식의 중저속용 엘리베이터에 주로 사용한다.

3) V홈

쐐기 작용에 의해 마찰력은 크지만 면압이 높아 로프나 도르래가 마모되기 쉽다.

4) 마찰력의 크기 순서

V홈 > 언더컷홈 > U홈

5) 도르래 홈의 구조

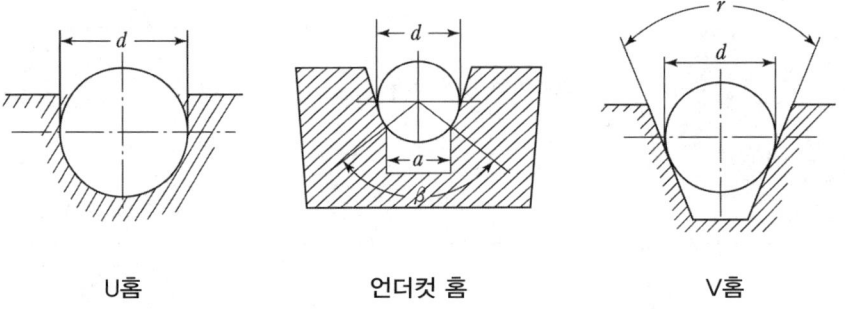

U홈　　　　　언더컷 홈　　　　V홈

(3) 엘리베이터 구동용 전동기의 구비요건

1) 기동 토크가 커야 한다.
2) 기동전류가 작아야 한다.
3) 회전 부품의 관성모멘트가 작아야 한다.
4) 발열량이 작아야 한다.
5) 유지보수가 편리해야 한다.
6) 내구성이 커야 한다.

(4) 승강기 구동용 전동기의 용량

1) 엘리베이터 전동기 용량

$$P = \frac{L \times V \times (1-OB)}{6120 \times \eta} [\text{kW}]$$

여기서, L : 적재하중[kg], V : 속도[m/min], OB : 오버밸런스율, η : 총효율

> **예제** 적재하중 1150[kgf], 정격속도 3.5[m/s], 오버밸런스율 0.45, 전체 효율 86[%]인 엘리베이터용 모터 용량은 몇 [kW]인가?

풀이
$$P = \frac{1150 \times 3.5 \times 60 \times (1-0.45)}{6120 \times 0.86} = 25.236$$
답 : 25.24[kW]

2) 에스컬레이터 구동용 전동기 용량

① $P = \dfrac{G \times V \times \sin\theta}{6120 \times \eta} \times \beta$ [kW]

여기서, G : 정격하중[kg], V : 속도[m/min], θ : 경사각, β : 탑승율, η : 총효율

정격하중 $G = 270 \times Z_1 \times \dfrac{H}{\tan\theta}$ [kg]

여기서, Z_1 : 디딤판 폭[m], H : 수직층고[m], θ : 경사각

② $P = \dfrac{1분간 수송인원 \times 1인의 중량(75\text{kg}) \times 층고(\text{m})}{6120 \times 효율(\eta)}$ [kW]

③ 에스컬레이터 안전기준[별표 24]에 의한 전동기 용량계산

P_m[kW] = 하중에 따른 용량

$$= \frac{G \times V \times (\sin\theta + \mu\cos\theta)}{102\eta} \times \beta + \frac{G_h \times V \times (\sin\theta + \mu_h\cos\theta)}{102}$$

P_m : 전동기 용량[kW] G : 정격하중($510[\text{kg/m}^2]) \times A[\text{m}^2]$
A : 부하운송면적($Z_1 \times H/\tan\theta)[\text{m}^2]$ H : 층고[m]
Z_1 : 공칭 폭[m] V : 속도[m/s]
μ : 스텝롤로 마찰계수
η : 총 효율(제조사별 차이 있으나 대체적으로 웜은 60~80[%], 헬리컬 95~96[%], 웜-헬리컬 85~91[%])
θ : 에스컬레이터 경사도(°) β : 승입율(제조사 설계기준)
G_h : 핸드레일 중량($M_h \times H/\sin\theta$)[kg]
M_h : 핸드레일 단위 중량[kg/m]
μ_h : 핸드레일 마찰계수(제조사 설계기준)

※ 에스컬레이터 전동기 용량 계산은 2022년까지 다음 두 공식의 조건으로 필기시험과 실기시험 문제에서 출제되고 있다.

$$P = \frac{G \times V \times \sin\theta}{6120 \times \eta} \times \beta \text{[kW]}$$

$$P = \frac{\text{1분간 수송인원} \times \text{1인의 중량(75kg)} \times \text{층고(m)}}{6120 \times \text{효율}(\eta)} \text{[kW]}$$

2.3 주행안내 레일과 가이드 슈

(1) 주행안내 레일의 사용목적
1) 카와 균형추의 승강로 평면 내의 **위치규제**
2) 카의 자중이나 편심하중에 의한 카의 **균형 유지**
3) 추락방지안전장치 작동 시 **수직하중 유지**

(2) 주행안내 레일의 규격
1) 레일의 호칭은 마무리 가공 전 소재의 1[m]당 중량으로 한다.
2) 보통 T형 레일을 사용하는데, 공칭은 8 K, 13 K, 18 K, 24 K, 30 K이나, 대용량 엘리베이터에서는 37 K, 50 K 등도 사용된다.
   ※ "K"의 의미는 레일 1 m의 중량을 kg으로 표시한 것임.
3) 레일의 1본의 표준길이는 5[m]이다.
4) 추락방지안전장치가 없는 균형추의 주행안내 레일은 금속판을 성형하여 만들 수 있다.

(3) 주행안내 레일 적용 시 고려사항
1) 비상정지장치 작동 시의 **좌굴하중**
2) 지진 발생 시의 **수평진동력**
3) 불균형한 큰 하중 적재 시의 **회전모멘트**

(4) 가이드 슈/롤러
1) 가이드 슈/롤러의 역할
   ① 카와 균형추가 주행 안내 레일에서 이탈하지 않고 운행되도록 한다.
   ② 카가 주행 중 진동을 흡수한다.
   ③ 주행안내 레일은 카가 최고위치에 있을 때 가이드 슈/롤러 위로 0.1 m 이상 안내되어야 한다.

2) 가이드의 종류
① 롤러 타입 : 소음이 적고 진동흡수 능력이 우수하여 고속 엘리베이터에 적용한다.
② 슈 타입 : 저속 승용 엘리베이터와 화물용 엘리베이터에 사용한다.

2.4 로프 및 벨트(매다는 장치)

(1) 로프 및 벨트의 직경과 소요 가닥수
1) 로프의 직경은 8 mm 이상, 2가닥 이상이어야 한다.
2) 정격속도 1.75 m/s 이하의 경우 행정안전부장관의 안전성 확인을 받은 경우 직경 6 mm의 로프 사용 가능하고 3가닥 이상이어야 한다.

(2) 로프 및 벨트의 안전율
1) 직경 8 mm 이상
① 2가닥 : 안전율 16 이상
② 3가닥 이상 : 안전율 12 이상
2) 직경 6 mm 로프
3가닥 이상, 안전율 16 이상 이상이어야 한다.
3) 드럼 구동 및 유압식 엘리베이터 : 12 이상
4) 체인에 의해 구동되는 엘리베이터 : 10 이상
5) 과속조절기 로프 : 6 mm 이상, 안전율 8 이상

(3) 로프 구조 및 종류별 특징
1) 와이어로프 구성요소

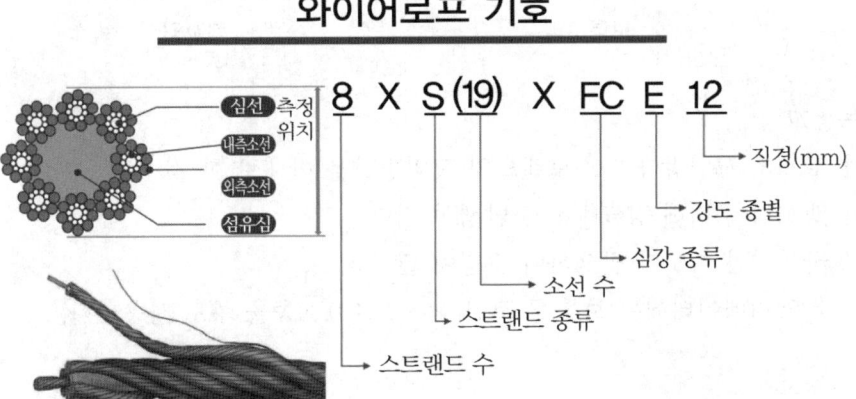

① 소선 : 스트랜드를 구성하는 각각의 강선
② 스트랜드 : 다수의 소선을 꼬아 구성
③ 심강 : 소선의 방청과 소선 간의 윤활작용

2) 스트랜드의 종류
① 실형(S) : 외층의 소선이 굵어 마모에 강해 8 꼬임으로 엘리베이터에 주로 사용
② 필러형(F) : 유연성과 내피로성이 양호하여 고층 엘리베이터에 사용
③ 워링톤형(W) : 선경의 균형이 양호

3) 와이어로프의 강도에 의한 분류
① E종 : 파단강도 1320[N/mm^2] 비도금 및 도금, 엘리베이터용으로 제조되었다. 강도는 다소 낮지만 유연성을 좋아 도르래의 마모가 작다. (135[kg/mm^2])
② G종 : 파단강도 1470[N/mm^2] 소선 표면에 아연도금을 하여 녹이 나지 않아 습기가 많은 장소에 적합하다. (150[kg/mm^2])
③ A종 : 파단강도 1620[N/mm^2] 비도금 및 도금 E종 보다 경도가 높아 도르래의 마모에 대한 대책이 필요하며 주로 MRL 기종에 사용. (165[kg/mm^2])
④ B종 : 파단강도 1770[N/mm^2] 비도금 및 도금 강도와 경도가 A종 보다 높아 엘리베이터에 사용안함. (180[kg/mm^2])

4) 로프의 꼬임

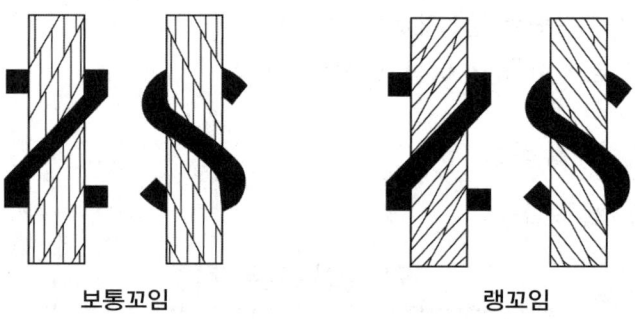
보통꼬임   랭꼬임

① 보통꼬임
㉮ 로프의 꼬임방향과 스트랜드의 꼬임방향을 반대로 한 것
㉯ 랭꼬임에 비해 킹크(kink) 발생이 적다.
㉰ 국부적인 마모가 발생하여 수명이 짧다.
※ 엘리베이터에는 보통 Z 꼬임, 8 x S(19) E종을 주로 사용한다.

② 랭꼬임
  ㉮ 로프의 꼬임방향과 스트랜드의 꼬임방향을 동일하게 한 것
  ㉯ 랭 꼬임은 보통 꼬임에 비하여 킹크(kink)가 잘 발생하고 풀리기 쉽다.
  ㉰ 유연성과 내마모성 우수

(4) 로프와 도르래의 관계
1) 권상도르래의 직경은 로프 직경의 40배 이상이어야 한다.(마모 방지)
2) 주택용 엘리베이터의 권상 도르래의 직경은 로프 직경의 30배 이상이어야 한다.
3) 과속조절기의 권상 도르래의 직경은 로프 직경의 30배 이상이어야 한다.

(5) 로프의 단말처리
1) 매다는 장치 끝부분은 **자체조임 쐐기형 소켓, 압착링 매듭법, 주물 단말처리**에 의해 고정한다.
2) 매다는 장치 단말은 장치의 최소파단하중의 80% 이상이어야 한다.

(6) 로프 거는 법(로핑) 및 감는 법(래핑)
1) 거는 방법(로핑)

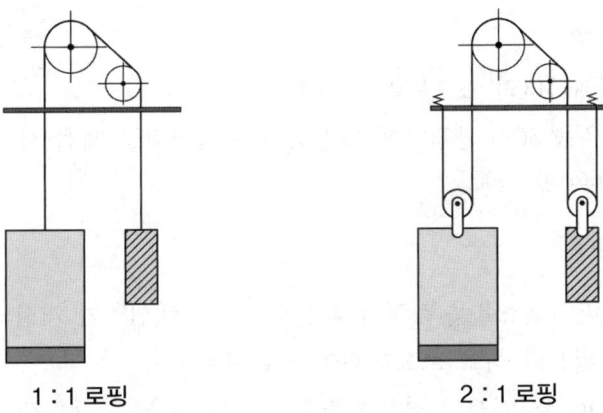

1 : 1 로핑   2 : 1 로핑

① 카 측에 걸린 로프 수 : 권상 도르래에서 내려진 로프수
② 2 : 1 로핑을 하면 로프 장력과 카 속도는 1/2로 감소한다.
  (※ 도르래 속도와 로프 속도는 변하지 않는다.)

2) 감는 방법(래핑)

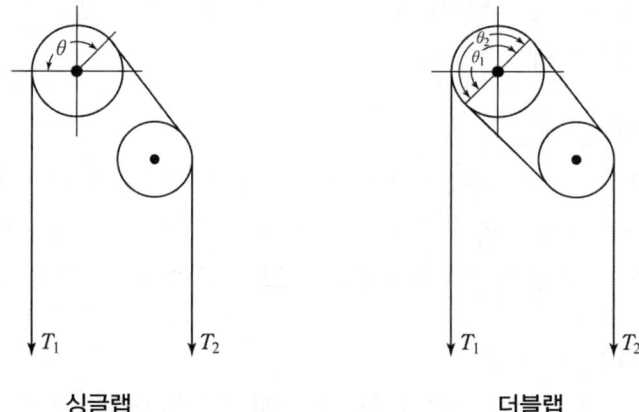

싱글랩   더블랩

① 싱글 래핑 권부각 : θ (언더컷 홈을 적용하여 중저속에 사용)
② 더블 래핑 권부각 : $\theta_1 + \theta_2$ (u 홈을 적용하여 고속에 사용)

2.5 균형추

(1) 균형추의 역할
1) 권상식 엘리베이터의 소요동력을 감소시킨다.
2) 오버밸런스율을 50% 근접하게 설정하여 트랙션비를 개선 시킨다.
3) 카의 과주행을 방지한다.

(2) 오버밸런스율
1) 균형추의 오버밸런스율을 적절하게 설정하면 트랙션비가 개선되어 로프가 도르래에서 미끄러지지 않도록 하고 소요동력이 저감된다.
2) 권상식 엘리베이터에서 정격하중을 보상하는 비율로 50 %가 효율이 제일 높다.
3) 전동기 제어 능력 때문에 화물용은 50 %, 승용은 승차감 유지를 위하여 40~45 %로 설정하였으나 현재는 인버터를 사용으로 제어능력이 개선되어 거의 50 %를 적용한다.
4) 균형추 무게
W = 카 자중 + 정격하중 × 오버밸런스율

2.6 보상(균형) 체인 및 보상(균형) 로프

(1) 보상체인 및 보상로프의 역할

1) 보상로프(체인)의 설치도

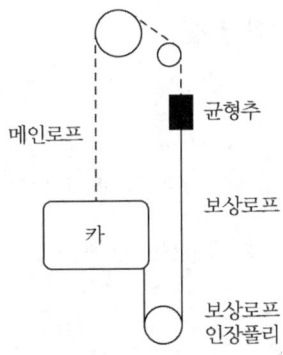

2) 보상체인 및 보상로프의 역할

카의 위치변화에 따른 로프와 이동케이블의 무게 불균형을 보상하여 트랙션비를 개선한다.

3) 보상체인과 보상로프의 적용

① 속도 3 m/s 이하 : 보상체인, 보상로프
② 속도 3 m/s 초과 : 보상로프 (소음 문제로 보상체인 사용 불가)
③ 정격속도 1.75 m/s 초과한 경우 인장장치가 없는 보상수단은 순환하는 부근에 안내봉을 설치해야 한다.
④ 보상체인과 보상로프의 단위 중량은 주로프와 같은 것이 이상적 이다.

(2) 트랙션 비(Traction ratio)

1) 시브에 걸리는 카측의 중량과 균형추측의 중량의 비율로 1보다 크다.
2) 중량 중 큰 값을 분자로 하며, 무부하와 전부하 상태 모두 계산
   (트랙션비는 1 이상)
3) 트랙션비가 작을수록 전동기의 소요출력이 작기 때문에, 가장 악조건인 상태에서 트랙션비가 최소가 되도록 오버밸런스율(50%)을 설정한다.
4) 트랙션비를 개선하기 위해 보상체인과 로프를 사용하며 속도 3 m/s 초과 시는 보상 로프를 사용해야 한다. (3 m/s 이하는 보상 체인과 로프 모두 사용 가능)

(3) 트랙션비의 계산 및 개선 방법

1) 100% 부하(전부하)를 적재하고 최하층에서 상승 시

$$트랙션비\ T_1 = \frac{카\ 무게 + 적재하중 + 로프무게}{균형추\ 무게 + 보상체인\ 무게}$$

※ 이동케이블 무게는 승강로 상부에 고정되므로 무시한다.

2) 0% 부하(무부하)로 최상층에서 하강 시

$$트랙션비\ T_2 = \frac{균형추\ 무게 + 로프무게}{카\ 무게 + 보상체인\ 무게 + (이동케이블무게 \div 2)}$$

※ 이동케이블 조건이 없으면 고려하지 않고 카가 최상층에 있는 경우는 1/2만 적용한다.

예제 적재하중 1600 kg, 카 자중 2500 kg, 승강행정 50 m, 로프 무게 1 kg/m, 로프 6 가닥을 사용한 엘리베이터가 다음과 같은 조건으로 운행 시 트랙션 비를 계산하시오. (단, 오버밸런스율은 45%임)

---

(1) 빈 카가 최상 층에서 하강 시 견인비는?

$$T = \frac{2500 + 1600 \times 0.45 + 50 \times 6}{2500} = 1.41$$

(2) 100% 부하인 카가 최하층에서 상승 시 견인비는?

$$T = \frac{2500 + 1600 + 50 \times 6}{2500 + 1600 \times 0.45} = 1.37$$

※ 균형추 무게 : $2500 + 1600 \times 0.45 = 3220$ kg
　　　　　　　(카 무게 + 적재하중 × 오버밸런스율)
　로프 무게 : $50 \times 1 \times 6 = 300$ kg

3) 트랙션 비 개선 방법

① 보상체인 혹은 보상로프를 설치한다.
② 로프 가닥 수를 줄인다.(무게를 줄인다.)
③ 이동케이블의 본수를 줄인다.
④ 카 자중을 줄인다.

2.7 통화 장치

(1) 용도
① 정전 및 화재와 재난 시 구출 운전을 하기 위한 통화 장치
② 고장 시 검검 및 수리를 위한 통화 장치
③ 카 및 승강로에 사람이 갇힌 경우 외부와 통화 장치.

(2) 종류
비상통화장치와 양방향 음성통화 가능한 내부통화시스템(인터폰)이 있다.

(3) 비상통화장치 통화방식
① 유선전화 방식 : 유선전화의 국선과 연결
② 무선전화 방식 : 무선전화용 이동통신사의 모뎀과 연결

(4) 비상통화장치 설치장소
① 건축물(3곳) : 경비실, 전기실, 중앙관리실
② 외부(2곳) : 유지관리업체, 자체점검자

(5) 비상통화장치의 작동 조건
① 버튼을 한번만 눌러도 작동되어야 한다.
② 버튼을 누르면 음향 또는 통신신호가 작동되고 노란색 표시등 점등
③ 연결되면 녹색표시등 점등

(6) 비상통화장치의 구비조건
① 카 내 비상통화장치 스피커의 출력 : 0.25W 이상
② 음량 : 35 dB 이상 65 dB 이하
③ 절연 저항
  ㉮ 스위치 또는 회로를 off하고, 전원을 떼어낸 상태에서 전원입력 단자 사이의 절연 저항을 측정하여 2 MΩ 이상
  ㉯ 내습절연 시험 : 0.3 MΩ 이상
④ 명료도 : 삼자간 이상 통화는 가능하되 MOS값 3.0 이상으로 유지되어야 한다.
⑤ 통화거리 : MOS값 3.0 이상을 유지하는 통화거리는 최소 1km 이상 이어야 한다.
⑥ 사용 온도 : -10 ~ +50℃
⑦ 전압변동률 : ± 10% 이내

(7) 내부통화시스템

① 소방관 접근 지정층 및 카 : 마이크로폰과 스피커폰 내장

② 기계실 : 마이크로폰(버튼을 눌러야 작동)

③ 소방운전 및 피난운전할 때와 비상운전 및 작동시험 운전장치와 카, 기계실 등 사이의 양방향 통화시스템이다.

3장 승강기 안전장치

1. 추락방지안전장치

1.1 추락방지안전장치의 종류

(1) 즉시 작동형
  1) 카의 정격속도가 115 % 이상에서 주행안내 레일에서 즉시 작동하여 제동하는 안전장치
  2) 정격속도 0.63 m/s 이하의 카 측 및 1 m/s 이하의 균형추 측에 적용한다.

(2) 점차 작동형 추락방지장치
  1) 플랙시블 가이드 클램프(FGC : Flexible Guide Clamp)
    ① 카가 정지할 때까지 레일을 죄는 힘이 동작 초기부터 정지될 때까지 일정하다.
    ② 구조가 간단하고 복구가 쉽다.
  2) 플랙시블 웨지 클램프(FWC : Flexible Wedge Clamp)
    ① 레일을 조이는 힘이 하강함에 따라 점점 강해지다가 일정 치에 도달하여 정지한다.
  3) 카의 추락방지안전장치는 점차 작동형이 사용되어야 한다. 다만 정격속도가 0.63 m/s 이하인 경우에는 즉시 작동형이 사용될 수 있다. (※ 점차 작동형은 모든 속도 사용 가능)

(3) 정지력과 거리 관계

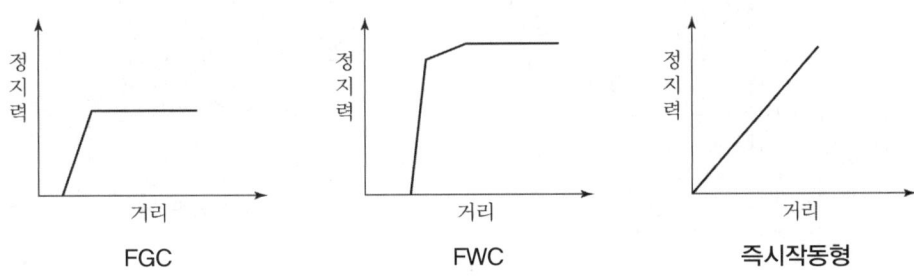

(4) 슬랙 로프 세이프티(Slack Rope Satety)
  ① 즉시작동형 비상 정지 장치의 일종으로 소형과 저속의 엘리베이터에 적용하며 로프에 걸리는 장력이 없어져 로프의 처짐 현상이 생길 때 비상정지장치를 작동시킨다.
  ② 조속기가 필요 없으며 주로 저속 및 유압식 엘리베이터에 사용한다.

1.2 추락방지안전장치 작동조건

(1) 감속도 : $0.2g_n$ 이상 $1g_n$ 이하
(2) 추락방지안전장치작동 시 카 바닥 기울기 : 5% 이하

1.3 균형추 측 추락방지안전장치

(1) 피트 하부가 사람의 거주 공간 혹은 통로로 사용될 경우 설치해야 한다.
(2) 카 측 추락방지안전장치 보다 먼저 작동하지 않아야 한다.

2. 과속조절기

2.1 과속조절기의 구조 및 작동원리

(1) 과속조절기의 종류 및 구조

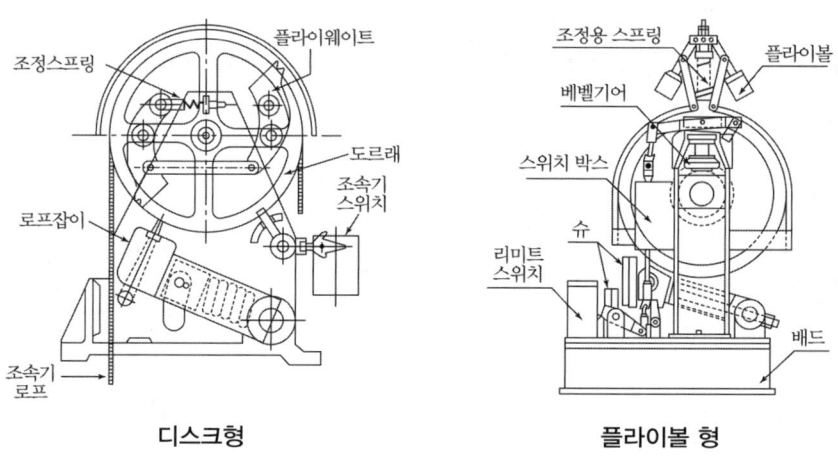

디스크형 　　　 플라이볼 형

(2) 과속조절기의 작동원리

1) 마찰정지형

엘리베이터가 과속된 경우 과속스위치가 이를 검출하여 동력 전원 회로를 차단하고 전자브레이크를 작동시켜 과속조절기 도르래의 회전을 정지시켜 과속조절기 도르래의 홈

과 로프 사이의 마찰력으로 비상 정지시킨다.

2) 디스크(disk)형

엘리베이터가 설정된 속도에 달하면 원심력에 의해 진자(振子)가 움직이고 가속 스위치를 작동시켜서 정지시키는 과속조절기로서 디스크형 과속조절기에는 추(錘, weight)형 캐치에 의해 로프를 붙잡아 추락방지안전장치를 작동시키는 추형 방식과 도르래 홈과 슈(shoe) 사이에 로프를 붙잡아 추락방지안전장치를 작동시키는 슈형 방식이 있다. (중 · 저속 엘리베이터에 적용)

3) 플라이볼(fly ball)형

과속조절기 도르래의 회전을 베벨기어에 의해 수직축의 회전으로 변환하고, 이 축의 상부에서부터 링크 기구에 의해 매달린 구형(球形)의 진자에 작용하는 원심력으로 추락방지안전장치를 작동시키는 과속조절기(고속엘리베이터에 적용)

4) 양방향 과속조절기

과속조절기의 캣치가 양방향(상·하) 추락방지안전장치를 작동시킬 수 있는 구조를 갖는 과속조절기

2.2 과속조절기 작동속도

(1) 과속조절기는 카와 같은 속도로 움직이는 과속조절기 로프에 의해서 회전하여, 카의 속도를 검출하고 규정된 속도 초과 시 1차로 권상기 브레이크, 2차로 추락방지안전장치를 작동시켜 카를 정지시키는 장치이다.

(2) 추락방지안전장치의 작동을 위한 과속조절기는 정격속도의 115 % 이상의 속도 그리고 다음과 같은 속도 미만에서 작동되어야 한다.

① 고정된 롤러 형식을 제외한 즉시 작동형 추락방지안전장치 : 0.8 m/s

② 고정된 롤러 형식의 추락방지안전장치 : 1 m/s 미만

③ 완충효과가 있는 즉시 작동형 추락방지안전장치 및 정격속도가 1 m/s 이하에 사용되는 점차 작동형 추락방지안전장치 : 1.5 m/s 미만

④ 정격속도가 1 m/s를 초과하는 엘리베이터에 사용되는 점차작동형 추락방지안전장치 : $1.25V + \dfrac{0.25}{V}$ m/sec 미만

3. 완충기

3.1 완충기의 구조

※ 유입 완충기의 반경(R)과 길이(L)의 비 : $L \leq 80R$

3.2 완충기 종류별 적용범위

(1) 에너지 축적형 완충기(1 m/s 이하에 사용)

1) 선형 특성 완충기(스프링 완충기)

① 총 행정 : $0.135\,V^2$ 이상 (정격속도 115 %에 상응하는 중력 정지거리의 2배)

② 행정은 65 mm 이상

③ 카 또는 균형추의 복귀속도 : 1 m/s 이하

④ 완충기는 카 자중과 정격하중을 더한 값 (또는 균형추 무게의)의 2.5배와 4배 사이의 정하중으로 설계되어야 한다.

2) 비선형 특성 완충기(우레탄 완충기)

① 감속도 : $1\,g_n$ 이하

② $2.5\,g_n$을 초과하는 감속도는 0.04초 이하

③ 카 또는 균형추의 복귀속도 : 1 m/s 이하

④ 최대 피크 감속도 : $6\,g_n$ 이하

⑤ 완전히 압축된 완충기 : 완충기 높이의 90% 압축

⑥ 카의 자중과 정격하중을 더한 값 또는 균형추의 무게로 설계

(2) 에너지 분산형 완충기 : 유입완충기(모든 속도의 엘리베이터에 사용)

① 총 행정 : $0.0674\,V^2$ 이상(정격속도의 115%에 상응하는 중력 정지거리)

② 평균 감속도 : 정격하중, 정격속도의 115%로 자유 낙하하여 충돌 시 $1g_n$ 이하

③ $2.5\,g_n$을 초과하는 감속도는 0.04초 이하

④ 2.5 m/s 이상의 경우 충돌 속도는 정격속도 115 % 대신 카의 충돌속도를 적용할 수 있고 이 경우 행정은 0.42 m 이상이어야 한다.

⑤ 시험 후 완충기는 완전히 압축한 위치에서 5분 동안 유지되어야 한다.
그 다음 완충기를 놓아 정상적으로 확장된 위치로 복귀되도록 해야 한다.
완충기가 스프링식 또는 중력 복귀식일 경우, 최대 120초 이내에 완전히 복귀되어야 한다.
또한, 다른 감속도 시험을 진행하기 전에 유체가 탱크로 복귀하고 공기 방울이 없어지도록 30분을 기다려야 한다.

4. 권상기 브레이크

4.1 브레이크의 구조

(1) 브레이크의 구조 및 명칭

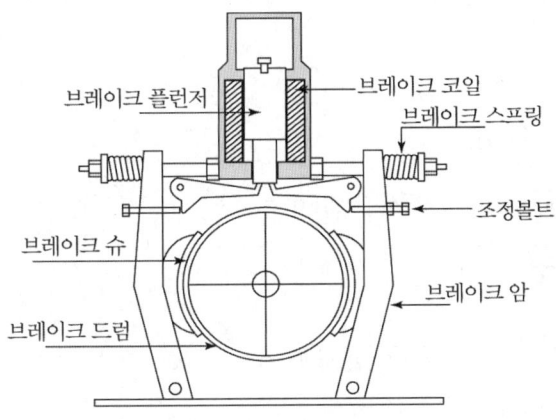

엘리베이터 구동기 브레이크

(2) 브레이크의 부품의 기능 및 작동원리

① 솔레노이드 코일 : 전압이 인가되면 전자석의 힘으로 플런저를 밀어 브레이크를 개방한다. (브레이크 이중화 시 : 1세트)
② 플런저 : 솔레노이드 코일에 전압을 인가하면 플런저가 브레이크 레버암을 밀어 브레이크가 개방된다. (기계적인 부품으로 2세트 이상이어야 한다.)
③ 브레이크 스프링 : 소레노이드 코일의 전원이 차단되면 스프링의 힘으로 브레이크슈에 부착된 라이닝이 드럼에 접촉되어 마찰력으로 브레이크가 작동한다.
④ 브레이크 이중화를 위해 기계 부품은 2세트 이상 전기 부품은 1세트 이상이어야 한다.
※ 솔레노이드 코일은 전기부품으로 1세트 이상
⑤ 마찰력을 이용한 전자 – 기계 브레이크여야 하고 밴드 브레이크는 사용되지 않아야 한다.

4.2 브레이크의 제동능력 및 제동시간

(1) 제동 능력

① 정격하중의 125 %를 적재하고 정격속도로 하강 시 $1g_n$ 이하로 안전하게 구동기를 정지시켜야 한다.(1쪽 브레이크의 제동 시는 정격하중의 100 %)
② 무부하 상태로 정격속도 상승 시 $1g_n$ 이하로 안전하게 정지해야 한다.
③ 브레이크 스프링 : 소레노이드 코일의 전원이 차단되면 스프링의 힘으로 브레이크슈에 부착된 라이닝이 드럼에 접촉되어 마찰력으로 브레이크가 작동한다.
④ 브레이크 이중화를 위해 기계 부품은 2세트 이상 전기 부품은 1세트 이상이어야 한다.

(2) 제동시간

① 제동 거리 : $S = \dfrac{Vt}{2}[\mathrm{m}]$

여기서, V : 속도[m/s], t : 시간[sec]

② 제동시간 : $t = \dfrac{2S}{V}[\mathrm{sec}]$

③ 감속도 : $a = \dfrac{V}{t}[\mathrm{m/s^2}] = \dfrac{V}{t \times 9.81}[g_n]$

여기서, $1\,g_n = 9.81[\mathrm{m/s^2}]$

> **예제** 정격속도 60 m/min인 엘리베이터의 브레이크가 작동하여 제동거리 270 mm에서 정지했다. 이때 제동시간[s]과 감속도[g_n]는 약 얼마인가?

풀이
(1) 제동시간
$$t = \frac{2S}{V} = \frac{2 \times 0.27}{1} = 0.54[s]$$
(2) 감속도
$$a = \frac{V}{t \times 9.81} = \frac{1}{0.54 \times 9.81} = 0.19 g_n$$

(3) 엘리베이터의 브레이크 자동 동작 조건 (에스컬레이터도 동일)
 ① 주동력 전원공급이 차단된 경우
 ② 제어회로 전원공급이 차단된 경우

5. 상승 과속 방지 및 개문출발방지장치(UCMP)

5.1 상승과속방지장치의 종류

(1) 로프 제동형 : 로프브레이크
(2) 주행안내 레일 제동형 : 양방향 추락방지안전장치(양방향 비상정지장치)
(3) 이중화 브레이크 : 브레이크의 기계적인 요소를 이중화하여 한쪽 브레이크로 제동력이 확보되는 구조로 디스크식과 드럼식이 있다. (솔레노이드 코일은 1세트)
(4) 권상기 도르래 제동형 : 권상기 도르래를 직접제동 하는 구조 (도르래 브레이크)

5.2 개문출발방지 장치

(1) 개문출발
카의 의도 되지않은 움직임으로 카 문의 잠금 해제구간을 벗어나 문을 열고 출발하는 중대고장 (잠금해제구간 : 승강장 문턱에서 ±0.2 m 이내)

(2) 개문출발 방지장치 작동 시 감속도

① 빈 카의 상승방향 개문 출발 : $1g_n$ 이하

② 하강방향 개문 출발 : $0.2g_n$ 이상 $1g_n$ 이하 (추락방지안전장치에 대하여 허용된 값)

(3) 개문출발방지장치의 정지거리

1) 빈 카의 상승방향 개문 출발

① 개문출발이 감지되는 경우 승강장으로부터 1.2 m 이하 (카 이동거리 1.2 m 이하)

② 승강장과 카 에이프런의 가장 낮은부분과 수직거리 200 mm 이하 (승객 추락 방지)

③ 카 문턱에서 승강장문 상부 인방 까지의 수직거리 1 m 이상(틈새 1 m 이상)

2) 100% 무하 하강방향 개문 출발

① 개문출발이 감지되는 경우 승강장으로부터 1.2 m 이하 (카 이동거리 1.2 m 이하)

② 승강장 문턱 가장 낮은 부분과 카 문턱 사이의 수직거리 200 mm 이하 (추락 방지)

③ 승강장문 문턱에서 카문 상부 인방까지의 수직거리 1 m 이상 (틈새 1 m 이상)

※ 무부하에서 100 % 부하까지에 대하여 상기 조건은 모두 유효해야 한다.

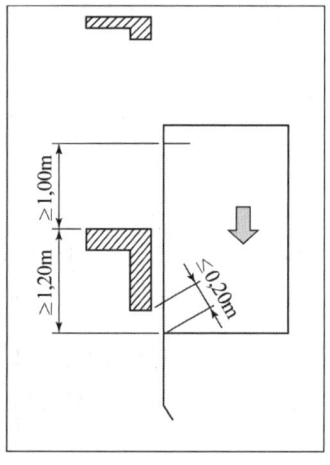
하강 방향 개문 출발

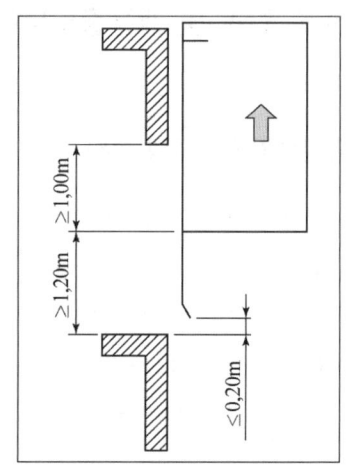
상승 방향 개문 출발

4장 엘리베이터 도어시스템

1. 도어시스템의 종류 및 원리

1.1 수평 개폐식 문

(1) 중앙 개폐식(Center Open)
  ① 2CO(2 판넬), 4CO(4 판넬) 등이 있으며 문의 판넬 수가 많으면 승강장 소요 면적이 감소한다.
  ② 측면 개폐식에 비해 승객의 출입 시간이 감소한다.
  ③ 주로 승용엘리베이터에 적용한다.

(2) 측면 개폐식(Side Open)
  ① 1S(1 판넬), 2S(2 판넬), 3S(3 판넬) 등이 있으며 문의 판넬 수가 많으면 승강장 소요 면적이 감소한다.
  ② 중앙 개폐식에 비해 승강로 소요 면적이 작아 토지 면적이 작고 인구밀도가 높은 대도시 건물에 적용한다.
  ③ 주로 승용엘리베이터와 인하용 엘리베이터에 적용한다.

1.2 수직 개폐식 문(Up Door)

(1) 상승 개폐식
  ① 카 폭의 유효넓이를 모두 개방할 수 있어 큰 물체를 운반하는 화물용 엘리베이터에 사용된다. (1UP, 2UP, 3UP 등이 있다.)
  ② 카 문 구동부와 각층에 승강장 문의 구동부가 독립되어 설치된 경우가 대부분이며 일부 카 문과 연동시켜 구동시키는 방식도 있다.

(2) 상하 개폐식
  ① 특징은 상승 개폐식 문과 같다. (2 판넬)
  ② 상승 개폐식에 비해 승강로 깊이 방향 소요 면적이 절약되는 장점이 있지만 특수한 경우를 제외하고 거의 사용되지 않는다.

2. 도어 머신

2.1 도어 머신의 요구 성능

① 소형 경량이어야 한다.
② 개폐 빈도가 높아 내구성이 커야 한다.
③ 소음이 작아야 한다.
④ 유지보수가 용이해야 한다.
⑤ 가격이 싸야 한다.

2.2 도어머신의 주요 구성요소

(1) 도어 모터
　① 직류 모터 : 속도제어 및 응답 특성 좋고 효율이 높다.
　② 교류 모터 : 인버터 방식 채택으로 유지보수가 쉽고 제어성능이 직류 모터와 동등하여 현재 대부분의 엘리베이터에 적용하고 있다.

(2) 동력 전달 장치, 잠금장치, 문닫힘 안전장치, 판넬, 문턱(Sill)과 도어슈 등이 있다.

(3) 승강기 도어 머신의 감속장치
　① 벨트(Belt) 사용방식
　② 체인(Chain) 사용방식
　③ 웜(Worm) 감속기 방식

3. 도어 안전장치

3.1 문 닫힘 안전장치의 종류 및 작동원리

(1) 세이프티 슈
접촉식으로 문에 사람이나 물질이 접촉되면 도어를 열어 카의 출발을 막는 장치 (소방 및 피난운전 시 유효)

(2) 광전장치
비접촉식으로 문에 사람이나 물질이 광선을 차단하면 도어를 열어 카의 출발을 막는 장치 (소방 및 피난 운전 시 무효화 될 수 있다.)

(3) 초음파 장치
초음파 이용하여 승강장 문 근처의 영역에 사람이나 물질이 감지되면 문을 열어 카의 출발을 막는 비접촉식 안전장치. (소방 및 피난 운전 시 무효화 될 수 있다.)
※ 휠체어, 유모차, 시각장애인 지팡이 등을 승강장문 근처에서 사전에 감지

(4) 멀티 빔 장치
카 문턱 위로 최소 25 mm와 1600 mm 사이의 전 구간에서 직경 50 mm의 물체를 감지할 수 있는 비접촉식 안전장치. (소방 및 피난 운전 시 무효화 될 수 있다.)

3.2 승강장 문 잠금장치

(1) 기계적인 잠금장치(인터록)
카가 잠금 해제구간 밖에 있는 경우 전용 열쇠로만 승강장 문을 열 수 있도록 하는 기계적인 잠금장치(인터록)

(2) 전기 안전장치(스위치 : 전기 접점)
접점이 닫히지 않으면 카의 운행을 정지시키는 전기 안전 스위치이며 접점으로 구성되어 있다.

(3) 문이 닫힐 때(카가 출발 시)
기계적인 잠금장치가 7 mm 이상 완전히 걸린 후 스위치의 접점이 닫혀야 한다.

(4) 문이 열릴 때(카가 승강장 도착 시)
전기적인 스위치의 접점이 열린 후 기계적인 잠금장치가 해제되어야 한다.
※ 도어 클로저 : 카가 잠금 해제구간에 없는 층의 승강장 문을 닫히게 하는 장치로 중력식(웨이트식)과 스프링식(주로 고속 승용에 사용)이 있다.

3.3 카 문 잠금장치

(1) 전기 안전장치

카 문의 닫힘을 입증하는 안전장치로 전기적인 접점이 닫히지 않으면 카의 운행을 정지시키는 안전장치.

(2) 기계적인 카문 잠금장치(의무 사항이 아니다.)

승강로 전 구간에서 승강로 내측과 카 문틀 또는 카 문의 닫히는 모서리 사이의 거리는 0.15 m 이하여야 하지만 기계적인 카문 잠금장치를 설치하면 제한하지 않는다.
(승강로 에이프런 혹은 기계적인 카 문 잠금장치 설치)

5장 승강로와 기계실 및 기계류 공간

1. 카와 카틀(체대)

1.1 카의 구조 및 주요 구성품

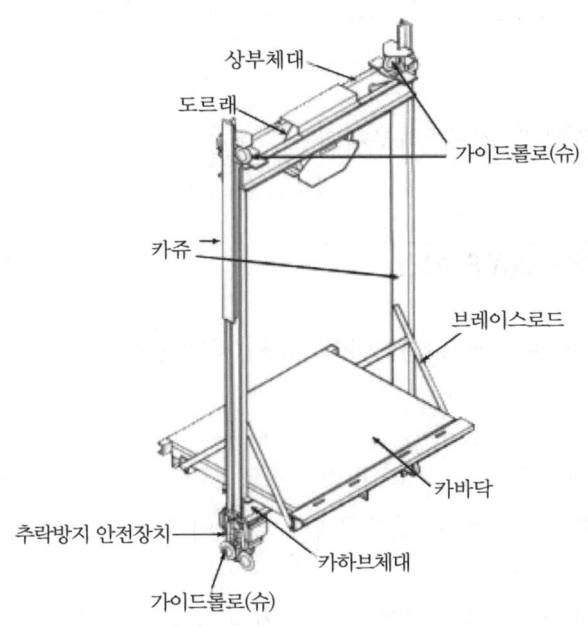

카의 구조

① 상부 체대 : 카 상부 프레임으로 로프를 고정하는 부재

② 카주 : 카의 수직 프레임으로 카 바닥과 상부체대를 연결 연결하는 부재

③ 하부체대 : 카 하부의 프레임으로 카 바닥과 적재하중을 지행하는 부재

④ 브레이스로드(경사봉) : 카 바닥의 균형유지 및 카 바닥에 걸리는 하중의 $\frac{3}{8}$ 을 지탱한다.

⑤ 가이드슈(롤러) : 카가 레일에서 이탈되지 않도록 안내하고 고속 엘리베이터에는 진동 흡수력이 우수한 가이드 롤러를 사용한다.

1.2 카 바닥 및 카틀

(1) 카의 재료
　① 카 바닥, 벽, 천장, 문의 본체는 불연재료이어야 한다.(난연재료 불가)
　② 마감 페인트, 벽면에 최대 3 mm의 코팅(합판), 조작반, 조명, 표시기는 불연재가 아니어도 된다.

(2) 카의 유효면적은 과부하를 방지를 위해 제한되어야 한다.
　① 주택용 엘리베이터 : 1.4 m² 이하
　② 자동차용 엘리베이터 : 1 m²/150 kg 으로 계산한 값 이상

(3) 카 틀의 구성요소
　주요 구성요소 : 상부체대, 카주, 하부체대

1.3 출입구와 비상 구출문의 요건

(1) 카 내부 및 출입구 높이는 2 m 이상이어야 한다. (주택용은 1.8 m 이하, 화물용은 제외)

(2) 카 비상 구출문
　① 카 천장 : − 0.4 m×0.5 m 이상 (소방구조용 : 0.5 m×0.7 m 이상)
　　　　　　　 − 카 외부에서 열쇠 없이 외부로 열려야 한다.
　② 카 벽 : − W 0.4 m×H 1.8 m 이상
　　　　　　 − 한 승강로에 2대 이상의 카가 설치된 경우 카벽에 비상구출문을 설치할 수 있고 이때 카간의 수평거리는 1 m 이하이어야 한다.
　　　　　　 − 외부에서는 열쇠 없이 내부에서는 비상잠금해제 삼각열쇠로 내부로 열려야 한다.

2. 승강로의 구조

2.1 승강로의 구조 및 여유 공간

(1) 불연재료 또는 내화구조의 벽, 바닥 및 천장으로 완전히 둘러싸인 구조이어야 한다.
(2) 엘리베이터의 운행에 충분한 공간이 있어야 한다.
(3) 작업구역의 유효 높이 : 2.1m 이상
(4) 승강로 내부 이동통로 높이 : 1.8m 이상

2.2 밀폐식 승강로의 허용되는 개구부

(1) 승강장 문을 설치하기 위한 개구부
(2) 비상문 및 점검문을 설치하기 위한 개구부
(3) 화재 시 가스 및 연기의 배출을 위한 통풍구
(4) 환기구
(5) 기계실 또는 풀리실과 승강로 사이의 개구부

2.3 승강로에 설치 금지설비

(1) 승강로, 기계실, 기계류 공간(MRL : 기계실없는 엘리베이터), 풀리실은 엘리베이터 전용으로 사용되어야 한다.
(2) 엘리베이터와 관계없는 설비는 설치해서는 안된다.
  예) 엘리베이터의 운행과 관계없는 가스, 수도, 전기설비 등의 배관 및 배선

3. 기계실 및 기계류 공간의 구조

3.1 기계실의 구비요건(설치 금지설비는 승강로와 동일)

(1) 출입문 크기 : 폭 0.7 m, 높이 : 1.8 m 이상
(2) 기계실 작업구역 높이 : 2.1 m 이상

(3) 바닥에 0.5 m 이상의 단차가 있는 경우 난간이 있는 사다리 설치
(4) 보호 커버가 없는 회전하는 부품의 천장까지 수직거리 : 0.3 m 이상
(5) 제어반 전면의 유효 수평면적
   ① 깊이 : 0.7 m 이상
   ② 폭 : 제어반 폭이 0.5 m 미만인 경우 0.5 m, 제어반 폭이 0.5 m 이상인 경우는 제어반 폭 이상이어야 한다.
(6) 조도
   ① 작업공간 : 200 lx 이상(작업하는 장소의 조도는 모두 200 lx 이상이다.)
   ② 이동통로 : 50 lx 이상
(7) 작업구역마다 1개 이상의 콘센트를 설치해야 한다.

3.2 기계류 공간의 구비요건(기계실없는 엘리베이터에 적용)

(1) 기계류 공간
   ① 기계실 없는 엘리베이터의 권상기, 과속조절기 등의 설치 공간
   ② 접이식 플랫폼을 설치해야 한다.
   ③ 카의 움직임을 플랫폼 위로 2 m 이상 제한하는 이동식 멈춤 쐐기가 있어야 한다.

(2) 작업구역의 유효 높이 : 2.1 m 이상

(3) 승강로 내부 이동통로 높이 : 1.8 m 이상

(3) 보호 커버가 없는 회전하는 부품의 천장 짜지 수직거리 : 0.3 m 이상

(4) 제어반 전면의 유효 수평면적
   ① 깊이 : 0.7 m 이상
   ② 폭 : 제어반 폭이 0.5 m 미만인 경우 0.5 m, 제어반 폭이 0.5 m 이상인 경우는 제어반 폭 이상이어야 한다.

(5) 조도
   ① 작업공간 : 200 lx 이상(작업하는 장소의 조도는 모두 200 lx 이상이다.)
   ② 이동통로 : 50 lx 이상

6장 엘리베이터의 제어

1. 교류 엘리베이터의 제어

1.1 교류 1단 및 교류 2단 속도제어

(1) 교류 1단 속도제어
① 가장 간단한 제어 방식으로 3상 단속도 유도 전동기 사용.
② 기동과 주행 : 전동기에 전원 공급
③ 감속과 정지 : 전동기 전원을 차단 후 제동기에 의해 감속하고 정지한다.
④ 착상이 부정확하여 30 m/min 이하의 저속엘리베이터에 이용된다.

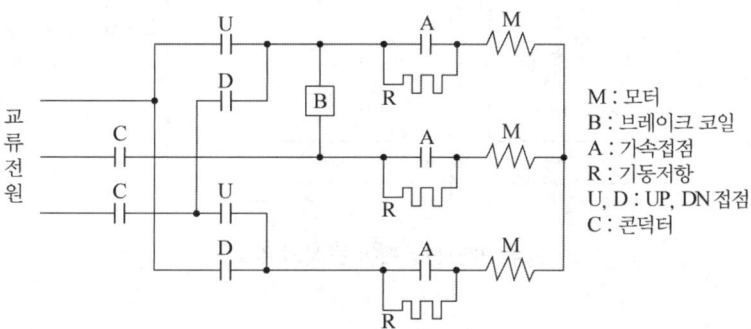

교류 1단속도제어 방식의 회로도

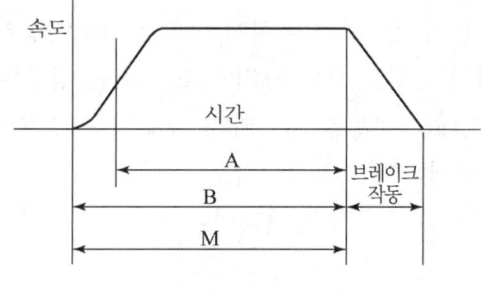

속도곡선과 타임차트

교류 1단속도제어 주회로도와 타임치트

(2) 교류 2단 속도제어

① 2단 속도 극수변환 유도 전동기 사용.
② 기동과 주행 : 고속 권선으로 운전
③ 감속과 착상 : 저속 권선으로 감속 후 전동기 전원 차단하고 제동기로 정지
④ 60 m/min 이하의 엘리베이터에 사용되고 고속과 저속 권선의 극수는 4 : 1의 비율이 이상적이다.

1.2 교류 귀환제어

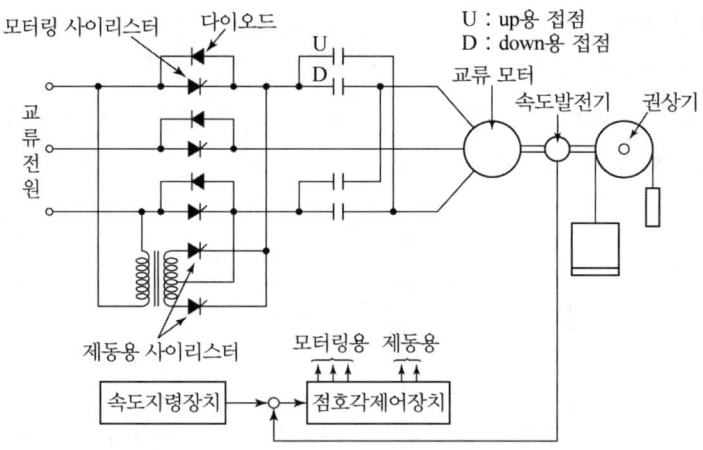

교류 궤환전압제어 방식의 주회로

1) 유도전동기 1차측 각 상에 사이리스터와 다이오드를 역병렬로 접속하고 전원을 인가하여 토크를 변화시키는 방식으로 기동 및 주행을 한다.
2) 감속 시 에는 유도 전동기에 직류를 흐르게 하여 제동토크를 발생시킨다.
3) 가속 및 감속시에 카의 감속 시 카의 실제 속도를 속도발전기(TG)에서 검출하여 피드백된 전압 과 비교하여 지령값 보다 카의 속도가 작을 경우는 사이리스터의 점호각을 높여 가속 시키고, 반대로 지령값보다 카의 속도가 큰 경우에는 제동용 사이리스터를 점호하여 직류를 흐르게하여 감속시킨다.
4) 속도 105 m/min 이하의 중·저속 엘리베이터에 사용된다.

1.3 가변전압 가변주파수 제어(VVVF : Variable Voltage Variable Frequency)

(1) 인버터제어 엘리베이터의 주회로도

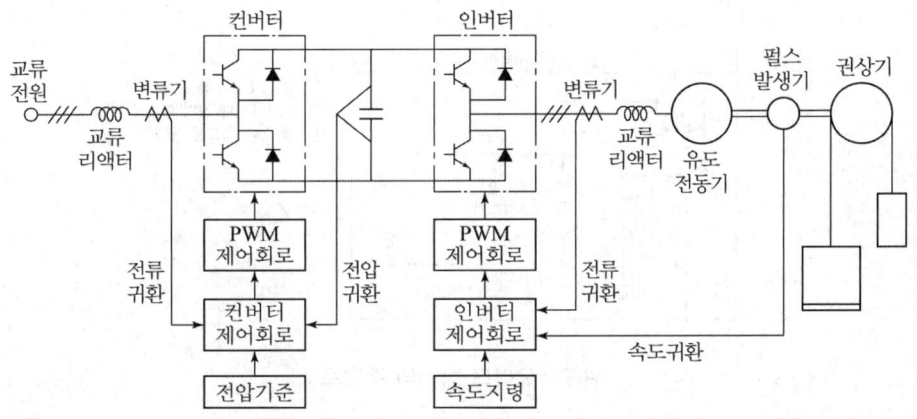

인버터제어 방식의 주회로(회생제동방식)

① 3상 교류를 컨버터가 직류로 변환하고 인버터로 직류를 전동기의 속도에 최적한 가변전압 가변주파수의 3상 교류로 변환하여 전동기에 공급한다.
② 인버터는 PWM 제어로 정현파에 근접된 임의의 전압과 주파수를 출력한다.
③ 회생 전력이 작은 중·저속의 엘리베이터는 제동저항을 이용하여 열로 소모시키는 발전제동을 하고 고속 엘리베이터는 회생전력을 상용전원에 환원시키는 회생제동 방식을 채택한다.
　※ 전력회생은 부하 50 % 미만에서는 상승 시 50 % 초과 시는 하강 시 발생한다.
④ 회생제동 방식은 교류 궤환전압제어 방식에 비해 소비전력이 약 50 % 감소 되고 승차감이 우수하여 광범위한 속도의 엘리베이터에 적용된다.
⑤ 최근에는 스위칭 주파수가 약 10 kHz 정도인 IGBT 소자를 사용한다.

(2) 인버터제어 방식 엘리베이터의 특징

① 소비전력 및 전원 설비용량이 저감 된다.
② 승차감이 우수하다.(저속에서 초고속 영역까지 사용)
③ 발열량이 적다.
④ 최근에는 스위칭 주파수가 약 10 kHz 정도인 IGBT 소자를 사용한다.
⑤ 단점은 고조파가 발생한다.

2. 직류 엘리베이터의 속도제어

2.1 워드레오나드 방식

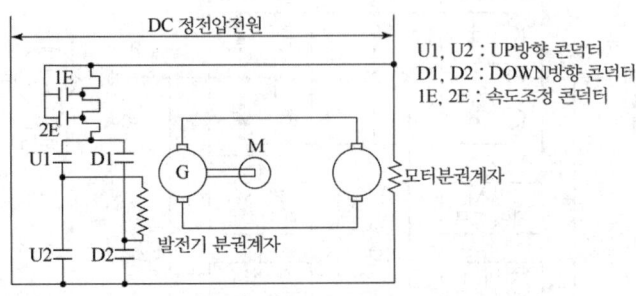

워드레오나드 방식의 주회로

(1) 직류전동기의 회전수 : $N = K \dfrac{E - I_a(R_a + r_a)}{I_f}$

여기서, I_a : 전기자전류, K : 전동기정수, R_a : 전기자 가변저항
r_a : 전기자 내부저항, I_f : 계자전류

(2) 직류전동기의 회전수는 전기자 전압에 비례하고 전기자저항과 계자전류에 반비례한다.
(3) 유도 전동기로 직류발전기를 일정 속도로 회전시키고 직류발전기의 계자전류(I_f)를 조정하여 전동기의 회전수에 대응하는 직류전압을 연속적으로 변화시키는 방식이다.
(4) 모터-발전기(M · G : motor-generator)를 사용하는 방식으로 속도 105 m/min 이하의 중 · 저속 엘리베이터에 사용된다.

2.2 정지레오나드 방식

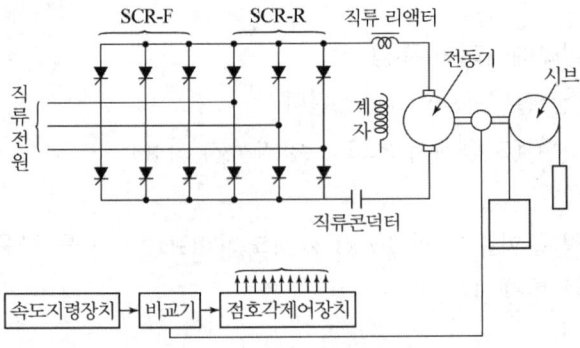

정지레오나드 방식의 주회로도

(1) 모터-발전기 대신에 전력용 반도체인 사이리스터의 점호각을 제어하여 교류를 전동기의 속도에 대응하는 교류를 직류로 변환시키는 방식이다.

(2) 주로 속도 120 m/min 이상의 고속 엘리베이터에 사용한다.

2.3 직류전동기의 속도 제어방식

(1) 전압제어

전기자에 가해지는 단자전압을 변화하여 속도를 제어한다.
(워드레오나드 방식, 정지레오나드 방식, 일그너 방식)

(2) 계자제어

계자전류를 조정하여 자속을 변화시켜 속도를 제어하는 정출력제어 방식이다.

(3) 저항제어

전기자 회로에 직렬로 가변저항을 넣어 속도를 제어하는 방식으로 효율이 낮다.

7장 승강기의 부속장치

1. 조명 및 환기장치

1.1 비상조명장치

(1) 정상 조명전원 차단 시 승객의 안전 및 점검을 위하여 카에 자동으로 재충전되는 비상전원공급장치에 의해 점등되는 비상등을 말한다.
(2) 5 lx 이상의 조도로 1시간 동안 정상전원 차단 시 자동으로 다음의 장소에 점등되어야 한다.
　① 카 내부 및 카 지붕에 있는 비상통화장치의 작동 버튼
　② 카 바닥 위 1 m 지점의 카 중심부
　③ 카 지붕 바닥 위 1 m 지점의 카 지붕 중심부

1.2 카 조명장치

(1) 2개 이상의 조명기구를 병렬로 연결하여야 한다.
(2) 조도는 100 lx 이상이어야 한다. (장애자용 : 150 lx 이상)
(3) 조명용 전원 공급은 동력용 전원과 독립되어 공급되어야 한다.
(4) 승강로 등의 조명 차단 스위치는 출입구에서 1 m 이내에 설치해야 한다.

1.3 비상전원 공급장치의 배터리

(1) 배터리 용량

비상등, 비상통화장치 등을 1시간 동안 작동시킬 수 있는 용량이어야 한다.

(2) 배터리 사용 시간

$$유지시간 = \frac{배터리\ 용량[Ah] \times 방전율}{부하전류[A]} [시간]$$

> **예제** 축전지용량 12[V] 3[Ah]의 비상전원장치에 12[V] 700[mA] 전등 2개와 200[mA] 전등 2개를 사용할 경우 비상전원의 유지시간은 몇 시간인가? (단, 축전지의 방전률은 60[%]이다.)

풀이
$$\text{유지시간} = \frac{\text{배터리용량[Ah]} \times \text{방전율}}{\text{부하전류[A]}} = \frac{3\text{Ah} \times 0.6}{0.7\text{A} \times 2 + 0.2\text{A} \times 2} = 1[\text{시간}]$$

1.3 환기장치

(1) 카의 환기
① 카의 환기 구멍의 유효면적은 카 유효면적의 1% 이상이어야 하고 카문 주위의 틈새는 필요한 유효면적의 50%까지 환기구멍의 면적 계산에 고려할 수 있다.
② 환기 구멍은 직경 10 mm의 곧은 강철 막대봉이 통과할 수 없어야 한다.(10 mm 이하)
③ 카 지붕에 온도 조절 및 먼지 배출을 위해 환기팬, 에어컨, 공기청정기 등을 설치한다.

(2) 기계실
① 기계실의 온도 조건은 삭제되었지만 먼지와 유해한 연기 및 습기로부터 전동기, 전기설비, 전선 등이 보호될 수 있도록 환기설비를 해야 한다.
② 기계실의 발열량을 고려하여 환기량을 계산하고 적절한 환기장치를 설치해야 한다.

2. 신호장치 및 통신장치

2.1 위치표시기의 용도 및 종류

(1) 용도
① 승강장 및 카 내부의 승객을 위한 카의 현재 위치 및 운행상황 전달
② 점검 운전 및 구출 운전을 위한 관리실, 원격감시반, 비상운전 패널 등에 카의 현재 위치 및 운행상황 전달

(2) 위치표시기의 종류
① 배열 방식에 따른 분류 : - 수직형, 수평형

② 표현 방식에 따른 분류 : - 아나로그 식(램프 방식, 시계바늘 방식)
　　　　　　　　　　　　　- 디지털식(도트매트릭스 방식, LCD 방식 등)
③ 설치 위치에 따른 분류 : 승강장 위치표시기, 카 위치표시기
④ 버튼과 조합 방식에 따른 분류
　　- 위치표시만 표시 하는 방식 : 카 표시기(CPI), 승강장 표시기(HPI)
　　- 버튼과 한 판넬에 조합한 방식 : 승강장 표시기 버튼(HIB), 카에는 조작반에 설치

(3) 홀랜턴
군관리 방식 엘리베이터의 승강장에 설치하여 호출 할당 카의 예측과 도착을 알려주는 장치

2.2 통화장치의 용도 및 종류

(1) 용도
① 정전 및 화재와 재난 시 구출 운전을 하기 위한 통화 장치
② 고장 시 검검 및 수리를 위한 통화 장치
③ 카 및 승강로에 사람이 갇힌 경우 외부와 통화 장치

(2) 종류
비상통화장치와 양방향 음성통화 가능한 내부통화시스템(인터폰)이 있다.

(3) 비상통화장치 통화방식
① 유선전화 방식 : 유선전화의 국선과 연결
② 무선전화 방식 : 무선전화용 이동통신사의 모뎀과 연결

(4) 비상통화장치 설치장소
① 건축물(3곳) : 경비실, 전기실, 중앙관리실
② 외부(2곳) : 유지관리업체, 자체점검자

(5) 비상통화장치의 작동 조건
① 버튼을 한번만 눌러도 작동되어야 한다.
② 버튼을 누르면 음향 또는 통신신호가 작동되고 노란색 표시등 점등
③ 연결되면 녹색표시등 점등
④ 음량 : 35 dB 이상 65 dB 이하

(6) 내부통화시스템
① 소방관 접근 지정층 및 카 : 마이크로폰과 스피커폰 내장
② 기계실 : 마이크로폰(버튼을 눌러야 작동)
③ 소방운전 및 피난운전할 때와 비상운전 및 작동시험 운전장치와 카, 기계실 등 사이의 양방향 통화시스템이다.

3. 비상전원장치

3.1 비상전원장치의 구비조건

(1) 정전 시 60초 이내에 엘리베이터 운행에 필요한 전력량을 자동으로 발생시키고 수동으로 전원을 작동시킬 수 있어야 한다.
(2) 2시간 이상 운행시킬 수 있어야 한다.

3.2 비상전원의 공급방법

(1) 소방구조용 엘리베이터의 전 대수를 동시에 운행시킬 수 있는 용량의 자가발전기에 의해 공급해야 한다.
(2) 2곳 이상의 변전소로부터 전원을 공급받는 경우 1곳의 공급이 중단 경우 자동으로 다른 변전소의 전원으로 공급받을수 있는 경우는 자가발전기를 설치하지 않아도 된다.

3.3 공동주택용 비상전원의 요건

(1) 단지 내 소방구조용 엘리베이터 전 대수를 동시에 운행시킬수 있는 충분한 용량이어야 한다.
(2) 상기 (1)의 조건이 어려운경우는 각동의 소방구조용 엘리베이터 전 대수를 동시에 운행 시킬 수 있는 충분한 용량을 별도로 확보해야 하고 각 동마다 개별급전용 절환장치가 설치되어야 한다.

4. 정전 시 구출운전장치

4.1 정전 시 구출 방법

(1) 기계적인 수단
① 탈착 가능한 바퀴살이 없는 수동핸들을 기계실(기계류 공간)에 배치한다.
② 수동핸들을 이용해 카를 승강장으로 이동시키기 위해 요구되는 인력은 150 N을 초과하지 않아야 한다.

(2) 전기적 수단
① 전원 공급은 정전이 발생한 후 1시간 이내에는 정격하중의 카를 인접한 승강장으로 이동시킬 수 있는 충분한 용량을 가져야 한다.
② 속도는 0.3 m/s 이하이어야 한다.

(3) 정격하중의 카를 상승 방향으로 움직이는데 요구되는 인력이 400N 초과하거나 기계적인 구출 수단이 없는 경우 전기적 비상운전 수단이 있어야 한다.

4.2 전기적 비상운전 수단

(1) 비상운전을 작동하기 위한 장치는 기계실, 기계류공간, 비상운전 및 작동시험을 위한 장치 중 한 곳에 설치해야 한다.
(2) 정전 또는 고장으로 인해 정상 운행 중인 엘리베이터가 정지되면 자동으로 카를 가장 가까운 승강장으로 운행시키는 수단이 있어야 한다. (안전장치가 작동한 경우 제외)
(3) 카가 승강장에 도착하면 승강장문 및 카문이 자동으로 열려야 한다.
(4) 승객이 안전하게 빠져나가면(10초 이상) 승강장문 및 카문은 자동으로 닫히고 정지상태가 유지되어야 하며 승강장 호출 버튼의 작동은 무효화 되어야 한다.
(5) 정전으로 인한 정지는 정상 전원이 복구된 경우는 엘리베이터는 자동으로 복귀되지만 고장으로 구출 운전이 작동한 경우는 전문가의 확인 후 복귀되어야 한다.
(6) 배터리를 사용하는 경우에는 잔여용량을 확인할 수 있는 장치가 있어야 한다.
(7) 수직 개폐식 문이 설치된 엘리베이터 또는 유압식 엘리베이터의 경우에는 제외한다.

5. 기타 부속설비 및 보호장치

5.1 리미트 스위치 및 파이널리미트 스위치

(1) 리미트 스위치는 주행로의 최상부에 상승리미트와 최하부에 하강 리미트 스위치가 설치되어 상승과 하강 운전을 제한하고 다음에 파이널 리미트 스위치가 작동한다.

(2) 파이널 리미트 스위치의 요건
① 권상 및 포지티브 구동식 엘리베이터의 경우, 주행로의 최상부 및 최하부에서 작동하도록 설치되어야 한다.
② 유압식 엘리베이터는 주행로의 최상부에서만 작동하도록 설치되어야 한다.
③ 카(또는 균형추)가 완충기 또는 유압식의 램이 완충장치에 충돌하기 전에 작동되어야 한다.
④ 완충기가 압축되어 있거나, 램이 완충장치에 접촉되어있는 동안 지속적으로 유지되어야 한다.
⑤ 종단 층 정지장치와 독립적으로 작동되어야 한다.

(3) 포지티브 구동식 엘리베이터의 파이널 리미트 스위치 작동요건
다음 중 한가지의 방식으로 작동해야 한다.
① 구동기의 움직임에 연결된 장치에 의해 작동
② 평형추가 있는 경우, 승강로 상부에서 카 및 평형추에 의해 작동
③ 평형추가 없는 경우, 승강로 상부 및 하부에서 카에 작동

(4) 권상 구동식 엘리베이터의 파이널 리미트 스위치 작동요건
다음 중 한가지의 방식으로 작동해야 한다.
① 승강로 상부 및 하부에서 직접 카에 의해 작동
② 카에 간접적으로 연결된 장치(로프, 벨트 또는 체인 등)에 의해 작동

(5) 직접 유압식 엘리베이터의 파이널 리미트 스위치 작동요건
다음 중 한가지의 방식으로 작동해야 한다.
① 카 또는 램에 의해 작동
② 카에 간접적으로 연결된 장치(로프, 벨트 또는 체인 등)에 의해 작동

(6) 간접 유압식 엘리베이터의 파이널 리미트 스위치 작동 요건
다음 중 한가지의 방식으로 작동해야 한다.

① 램에 의해 직접작동
② 램에 간접적으로 연결된 장치(로프, 벨트 또는 체인 등)에 의해 작동

(7) 파이널 리미트 스위치의 작동 후 조건
① 전동기 및 브레이크에 공급되는 회로의 확실한 기계적 분리를 통해 직접회로를 개방하거나 전기안전장치를 개방해야 한다.
② 엘리베이터의 적상 운행은 전문가(유지관리업자)의 점검 후 가능하다.

5.2 종단 층 강제감속장치

(1) 승강로 상부와 하부에 설치하여 정상적인 감속에 실패하였을 경우 리미트 스위치를 작동시켜 제어반에 감속 지령을 입력하는 장치
(2) 승강로 상하부의 리미트 스위치 작동은 종단층 강제 감속 스위치, 상승 또는 하강 리미트 스위치, 화이널리미트 스위치 순서로 작동한다.

5.3 튀어오름방지 장치(로크다운 비상정지)

(1) 카의 추락방지안전장치가 작동 시 균형추나 보상로프가 관성에 의해서 튀어오르는 것을 방지하는 장치
(2) 정격속도가 3.5 m/s 초과 시에 설치해야 한다

5.4 권동식로프 이완장치

(1) 권동식 권상기의 경우 로프가 늘어나 카가 최하층을 지나쳐 완충기에 충돌하는 것을 방지하는 장치
(2) 와이어로프 이완 시 장력을 검출하여 동력을 차단하여 엘리베이터를 정지시킨다.

5.5 각 층 강제 정지 운전 스위치

(1) 야간에 카 안의 범죄활동을 방지하기 위하여 승용 엘리베이터에 적용하는 방범 운전을 목적으로 한다.
(2) 스위치를 수동으로 ON 시키거나 제어반에 시간을 설정하여 자동으로 각 층마다 강제 정지하면서 목적 층까지 운행하는 방식이다.

8장 유압식 엘리베이터의 주요장치

1. 유압식 엘리베이터의 구조 및 원리

1.1 직접식 및 간접식 유압 엘리베이터의 특징

(1) 유압식 엘리베이터의 특징
 ① 기계실의 위치가 자유롭다.
 ② 건물의 꼭대기 부분에 하중이 걸리지 않는다.
 ③ 꼭대기 틈새가 작아도 좋다.
 ④ 행정 거리와 속도에 한계가 있다. (1 m/s 이하)
 ⑤ 전동기의 소요동력이 커지고 소비전력이 크다.

(2) 직접식과 간접식 유압 엘리베이터의 특징

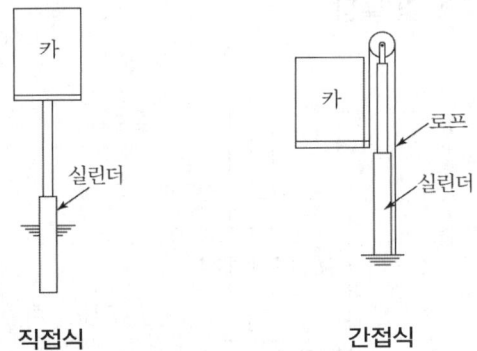

직접식   간접식

항 목	직접식	간접식
승강로 평면 소요면적	작고 간단하다.	크다.
카 바닥 빠짐 및 응력	작다.	크다.
추락방지안전장치 및 완충기	필요없다	필요하다.
설치조건	어렵다(실린더 보호관)	쉽다.
점검 및 보수	어렵다(실린더 보호관)	쉽다.
구 조	램(피스톤)에 직접 카 설치	주로 1 : 2 로핑

※ 팬더그래프식은 직접식 유압엘리베이터로 간단한 방식으로 화물용에 쓰인다.

1.2 유량 제어밸브에 의한 속도제어

(1) 유량제어밸브에 의한 방식은 회전수가 일정한 유도 전동기를 부착한 펌프는 일정량의 작동유를 토출한다.
(2) 작동유를 유량제어 밸브로 소정의 상승 속도에 해당하도록 유량을 제어하는 방식이다.

1.3 가변전압 가변주파수(VVVF : 인버터 제어) 제어에 의한 속도제어

(1) 전동기의 회전수를 VVVF 방식으로 제어하여 소정의 상승속도에 적합한 펌프의 회전수가 되도록 제어하여 펌프에서 토출되는 작동유의 양을 제어하는 방식이다.
(2) 유량제어밸브방식보다 효율이 높다.

2. 유압회로

2.1 미터인 회로의 구조 및 특징

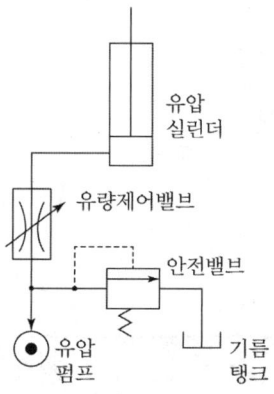

미터인 회로도

(1) 펌프에서 토출된 작동유를 실린더에 보낼 때 주회로 파이프에 유량 제어밸브를 삽입하여 유량을 제어하는 회로
(2) 정확한 속도제어 가능하다.
(3) 기동쇼크 발생

2.2 블리드오프 회로의 구조 및 특징

(1) 펌프에서 토출된 작동유를 실린더에 보낼 때 유량제어밸브를 분기된 바이패스(By pass)회로에 삽입하여 유량을 제어하는 회로
(2) 효율과 착상정도가 높다.
(3) 기동쇼크가 적다.
(4) 정확한 속도제어가 어렵다.

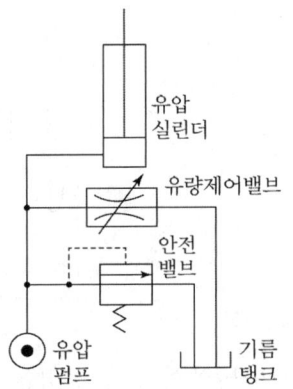

2.3 엘리베이터용 유압회로

(1) 유압 회로도

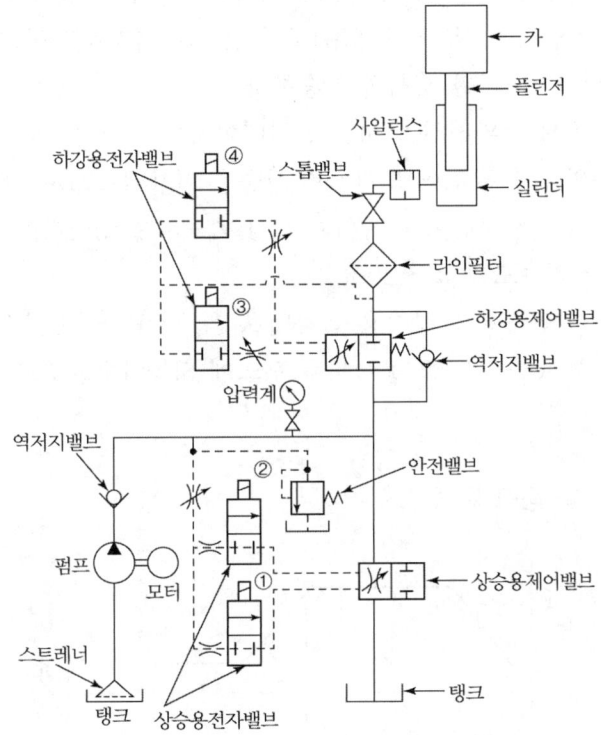

엘리베이터용 유압회로도

① 실선 : 유압 주회로
② 점선 : 파이롯트(pilot) 회로

(2) 상승 운전 시 속도 및 동작특성

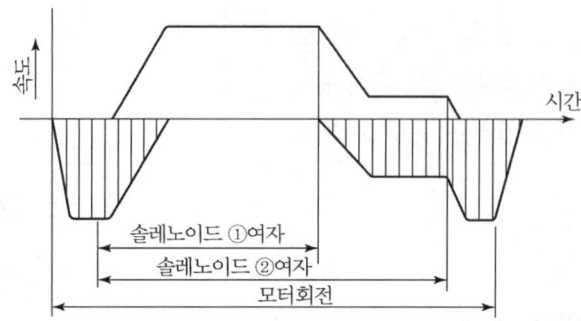

① 제어반에서 상승 명령을 받으면 전동기가 회전하여 펌프를 작동 시킨다.
② 펌프가 회전하면 스트레이너(필터)를 통하여 오일을 빨아 올리기 시작하고 초기에는 상승 유량제어 밸브가 다 열려있어 오일은 역저지 밸브(채크밸브)와 유량제어 밸브를 통하여 전량 탱크로 돌 온다.(빗금친 부분은 탱크로 환류되는 오일의 양)
③ 상승용 전자밸브의 솔레노이드 ①, ②가 여자되어 상승용 유량제어 밸브가 닫히고 탱크에서 토출되는 압력이 실린더의 압력보다 높아져 역저저지 밸브를 개방시켜 작동유가 실린더에 유입되어 카가 서서히 상승한다.
④ 상승 유량제어 밸브가 완전히 닫히면 엘리베이터는 정격속도로 상승한다.
⑤ 카가 정지할 층의 감속 지점에 도달하면 상승용 전자밸브 ①이 OFF되어 상승용 유량제어 밸브가 열리기 시작하여 감속되어 착상 속도로 운행한다.
※ 착상속도는 정격속도의 10~20%
⑥ 카가 착상 지점에 근접하면 상승용 전자밸브 ②가 OFF되어 상승용 유량제어 밸브가 다 열려 펌프에서 토출되는 오일은 모두 탱크에 되돌아오고 카가 정지한 직후 모터가 정지한다.

(3) 하강 운전 시 속도 및 동작 특성

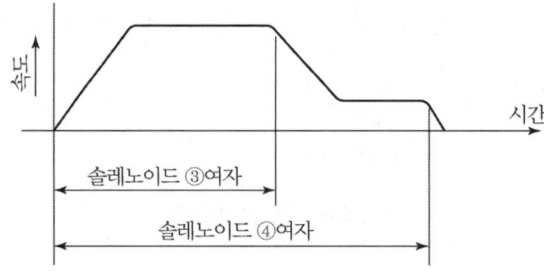

① 하강 운전시는 모터와 펌프는 작동하지 않고 하강 유량제어 밸브를 제어하여 운행한다.
② 제어반에서 하강명령을 받으면 하강용 전자밸브의 솔레노이드 ③, ④가 여자되어 하강용 유량제어 밸브가 열리기 시작하여 카가 하강하고 완전히 열리면 정격속도로 하강한다.
③ 감속시는 하강용 전자밸브 ③이 OFF되어 카가 착상 속도까지 감속되고 정지할 층에 근접하면 하강용 전자밸브 ④가 OFF되어 하강용 유량제어밸브가 완전히 닫히고 정지한다.

※ 유압엘리베이터는 하강시 위치에너지가 열로 변환되어 오일의 온도가 상승되어 기동 빈도가 높거나 대용량의 경우는 냉각장치가 필요하다.
(오일 온도 : 5 ℃ 이상 60 ℃ 이하)

3. 펌프와 밸브

3.1 펌프

(1) 유압식 엘리베이터에는 작동유의 맥동에 의한 소음과 진동이 적은 스크류 펌프가 사용된다.
(2) 펌프의 소요 동력

$$P = 송출압력[N/m^2] \times 유량[m^3/sec] \times 10^{-3}[kW]$$

예제 회전수 1350 rpm으로 회전하는 용적형 펌프의 송출량 32 l/min, 송출압력이 40 kg/cm² 이다. 이 때 소비동력이 3 kW라면 이 펌프의 전 효율은?

풀이

$$송출압력 = 40 \times 9.81 \times \frac{1}{10^{-4}} = 3924000 [N/m^2]$$

$$유량 = 32 \times 10^{-3} \times \frac{1}{60} = 5.33 \times 10^{-4} [m^3/sec]$$

$$P = 3924000 \times 5.33 \times 10^{-4} \times 10^{-4} \times 10^{-3} = 2.09 [kW]$$

$$\therefore \eta = \frac{2.09}{3} \times 100 = 69.67 [\%]$$

3.2 밸브

(1) 안전밸브(릴리프밸브)
① 설정 압력의 140 %까지 제한한다.
② 펌프와 체크밸브 사이의 회로에 설치

(2) 체크밸브(역저지밸브)
① 한 방향으로만 유체를 흐르게 하는 밸브
② 펌프와 차단밸브 사이에 설치

(3) 차단밸브(스톱밸브)
① 유압장치의 보수, 점검, 수리 시 사용되는 밸브
② 유압 파워유니트에서 실린더로 통하는 배관 도중에 설치하여 밸브를 닫으면 유압유가 하강하는 것을 방지하는 밸브이다.
③ 실린더에 체크밸브와 하강밸브를 연결하는 회로에 설치한다.

(4) 럽쳐밸브
① 압력배관 등의 파손으로 압력이 급격히 떨어질 때 작동하여 카의 하강을 막는 밸브
② 정격 하강 속도에 0.3 m/s를 더한 값을 초과하지 않도록 설정해야 한다.

(5) 유량제어밸브
① 속도에 맞게 작동유의 양을 조절하는 밸브
② 상승용 유량제어 밸브는 닫히면 상승하고 하강용 유량제어 밸브가 열리면 하강한다.

(6) 플런저 이탈 방지장치와 리미트 스위치
① 간접식 유압엘리베이터의 로프 혹은 체인이 늘어 플런저가 실린더에서 이탈하는 것을 방지하는 플런저 이탈 방지장치인 기계적인 스톱퍼를 설치한다.
② 플런저가 스톱퍼에 충돌하기 전에 승강로에 설치한 리미트 스위치가 작동하여 펌프의 동력을 차단하여 카를 정지시킨다.

(7) 작동유 온도검출 스위치
① 작동유의 온도를 검출하여 과열 시 전동기를 정지시키는 장치
② 오일의 적정 온도 : 5 °C 이상 60 °C 이하

(8) 사이렌서
유압장치 작동유의 압력맥동을 흡수하여 소음과 진동을 감소시키는 장치

(9) 스트레이너
유압식 엘리베이터의 펌프 흡입 측에 부착되어 이물질의 유입을 막는 필터

3.3 전동기 구동시간 제한시간

전동기 구동시간 제한장치는 다음 값 중 짧은 시간을 초과하지 않아야 한다.
(1) 45초
(2) 정격하중으로 전체 주행로를 운행하는 데 걸리는 시간에 10초를 더한 시간.
   다만, 전체 운행 시간이 10초보다 작은 값일 경우 최소 20초

4. 실린더와 램(잭)

4.1 실린더와 가요성 호스

(1) 실린더와 체크밸브 또는 하강밸브 사이의 가요성 호스는 전 부하 압력 및 파열 압력과 관련하여 안전율이 8 이상이어야 한다.
(2) 가요성 호스 및 실린더와 체크밸브 또는 하강밸브 사이의 가요성 호스 연결장치는 전 부하 압력의 5배의 압력을 손상 없이 견뎌야 한다.

4.2 유압실린더의 추력 및 유량속도

(1) 추력 $F[\text{kgf}] = A[\text{cm}^2] \times P[\text{kg/cm}^2]$
   P : 유압실린더 압력, A : 실린더 단면적
(2) 실린더 유량 $Q[\text{cm}^3/\text{s}] = A[\text{cm}^2] \times V[\text{cm/s}]$
(3) 실린더 속도 $V[\text{cm/s}] = \dfrac{Q[\text{cm}^3/\text{s}]}{A[\text{cm}^2]}$

> **예제** 지름이 100 mm인 유압실린더의 이론 송출량이 830 cm³/s 추력이 3 kgf일 때 이 유압실린더의 속도(cm/s)는 얼마인가? (단, 펌프의 용적효율은 90 % 이다.)

풀이
$$V = \frac{Q}{A} = \frac{830 \times 0.9}{\pi \times 5^2} = 9.51 [\text{cm/s}]$$

4.3 실린더 내벽의 안전율

(1) 내벽의 안전율

$$\text{안전률}(S) = \frac{2 \times \text{재료의 파괴강도}(f) \times \text{실린더벽 두께}(t)}{\text{상용압력}(P_w) \times \text{실린더 내경}(d)}$$

(2) 실린더 내벽의 두께

$$\text{실린더벽 두께}(t) = \frac{\text{안전율}(S) \times \text{상용압력}(P_w) \times \text{실린더내경}(d)}{2 \times \text{재료의 파괴강도}(f)}$$

> 예제 다음 유압식 엘리베이터의 실린더 내벽의 안전율을 구하시오.
> 재료의 파과강도(f) : 3800 kgf/cm²   상용압력(P_w) : 50 kgf/cm²
> 실린더 내경(d) : 20 cm   실린더 두께(t) : 0.65 cm

풀이

$$\text{안전율} = \frac{2 \times \text{재료의 파괴강도}(f) \times \text{실린더 두께}(t)}{\text{상용압력}(P_w) \times \text{실린더 내경}(d)}$$

실린더 안전율 $S = \dfrac{2 \times f \times t}{P_w \times d} = \dfrac{2 \times 3800 \times 0.65}{50 \times 20} = 4.94$

4.4 실린더와 램의 계산

(1) 압력 계산

실린더 및 램은 전 부하 압력의 2.3배에서 발생되는 힘에 대한 내력 $R_{P0.2}$에서 1.7 이상의 안전율

(2) 좌굴 계산

압축하중을 받는 잭은 완전히 펼쳐진 위치에서 전 부하 압력의 1.4배의 힘에서 발생되는 좌굴에 대해 2 이상의 안전율

(3) 인장응력 계산

인장하중을 받는 잭은 전 부하 압력의 1.4배에서 발생되는 힘에 대한 내력 $R_{P0.2}$에서 2 이상의 안전율

9장 에스컬레이터

1. 에스컬레이터 개요

1.1 수송 능력

(1) 에스컬레이터와 무빙워크의 수송능력은 디딤판의 폭과 공칭속도에 따라 결정된다.

(2) 에스컬레이터와 무빙워크의 수송 능력

디딤판 폭 z_1(m)	공칭 속도 v[m/s]		
	0.5	0.65	0.75
0.6	3,600 명/h	4,400 명/h	4,900 명/h
0.8	4,800 명/h	5,900 명/h	6,600 명/h
1	6,000 명/h	7,300 명/h	8,200 명/h

※ 경사각 12° 이하는 무빙워크로 분류한다.

1.2 속도 및 경사각과 수직높이

(1) 경사각 30° 이하의 에스컬레이터
① 속도는 0.75 m/s 이하
② 무빙워크의 경사각은 12° 이하
③ 수평으로 주행하는 구간이 1.6 m 이상이고 팔래트 폭이 1.1 m 이하인 경우 무빙워크의 속도는 0.9 m/s 이하

(2) 경사각 30° 초과 35° 이하의 에스컬레이터
① 속도는 0.5 m/s 이하
② 수직 층고 6 m 이하

(3) 에스컬레이터의 속도는 공칭전압과 공칭주파수에서 공칭속도 ±5 % 이내이어야 한다.

2. 구동장치

2.1 구동기

(1) 구동기는 스텝 또는 팔레트를 구동시키는 장치로 감속기, 전동기, 전자브레이크, 스프라켓으로 구성되어 있다.

(2) 에스컬레이터 구동용 전동기 용량

$$P = \frac{G \times V \times \sin\theta}{6120 \times \eta} \times \beta [\text{kW}]$$

여기서, G : 정격하중[kg], V : 속도[m/min], θ : 경사각, β : 탑승율, η : 총 효율

$$\text{정격하중 } G = 270 \times Z_1 \times \frac{H}{\tan\theta} [\text{kg}]$$

여기서, Z_1 : 디딤판 폭[m], H : 수직층고[m], θ : 경사각

(3) 구동체인 안전율 (모든 구동품 안전율 : 5 이상)

$$\text{안전율} = \frac{\text{파단강도}}{\text{장력}}$$

$$\text{구동체인 장력} = 270A \times \sin\theta \times \frac{r_1}{r_2}$$

여기서, r_1 : 스텝체인 스프라켓 반지름
r_2 : 구동체인 스프라켓 반지름
A : 부하운송면적($A = Z_1 \times \frac{H}{\tan\theta}$)

예제 수직층고 3.5 m, 속도 0.5 m/s, 스텝폭 1 m, 구동체인 스프라켓 지름 1040 mm 스텝체인 스프라켓 지름 926 mm인 에스컬레이터의 구동체인 안전율을 구하시오. (단, 경사는 30°이며 구동체인의 파단강도는 11300 kg 이다.)

풀이

$$\text{구동체인장력} = 270 \times 1 \times \frac{3.5}{\tan 30} \times \sin 30 \times \frac{463}{520} = 728.69 [\text{kg}]$$

$$\text{안전율} = \frac{11300}{728.69} = 15.51$$

2.2 손잡이(핸드레일) 구동장치

(1) 손잡이 구동장치는 디딤판 구동장치와 연동되어 구동된다.
(2) 디딤판과 손잡이의 속도 허용오차는 −0%에서 +2% 이내이어야 한다.
(3) 디딤판과 손잡이의 속도 편차가 5초~15 내에 ±15% 이상일 때는 에스컬레이터 또는 무빙워크를 정지시켜야 한다.
(4) 정상운행 중 운행방향의 반대편에서 450 N의 힘으로 당겨도 정지되지 않아야 한다.

2.3 에스컬레이터의 자동정지 조건(엘리베이터도 동일)

(1) 전압 공급이 중단되었을 때
(2) 제어 회로에 전압 공급이 중단되었을 때

3. 디딤판(스텝)과 난간

3.1 디딤판의 크기

(1) 에스컬레이터 디딤판의 높이(x_1) 0.24 m 이하, 깊이(y_1) 0.38 m 이상, 폭(z_1) 0.58 m 이상 1.1 m 이하이어야 한다.
(2) 경사도가 6° 이하인 무빙워크의 폭은 1.65 m까지 허용된다.
(3) 디딤판 홈의 폭은 5 mm 이상 7 mm 이하, 홈의 깊이 10 mm 이상, 웹의 폭은 2.5 mm 이상 5 mm 이하이어야 한다.
(4) 스텝, 팔레트의 측면 변위는 4 mm 이하, 양 측면에서 측정된 틈새의 합은 7 mm 이하이어야 한다.
(5) 연속되는 2개의 스텝 또는 팔레트 사이의 틈새는 6 mm 이하, 수직높이 편차는 4 mm 이하이어야 한다.
(6) 디딤판은 알루미늄 다이캐스팅 또는 스테인리스 강판을 접어 구부린 것도 있다.

3.2 디딤판의 구조

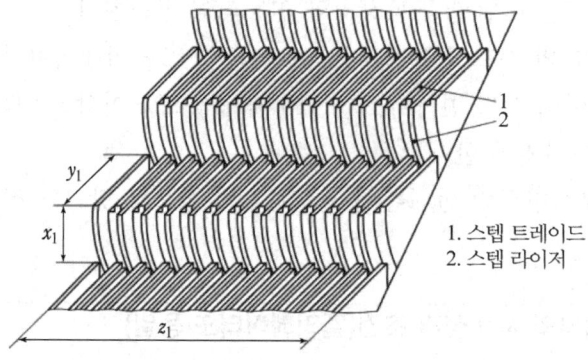

1. 스텝 트레이드
2. 스텝 라이저

3.3 난간

(1) 디딤판의 움직임에 따라 승객이 추락하지 않도록 만든 측면의 벽이며 재질은 스테인레스 혹은 강화 접합유리가 사용된다.
(2) 스텝 또는 팔레트 표면에서 수직높이는 0.9 m 이상 1.1 m 이하이어야 한다.

4. 에스컬레이터 안전장치 및 안전기준

4.1 안전장치

(1) 구동체인 안전장치

① 구동 체인이 과도하게 늘어나거나 파단이 되면 체인 표면에 접촉하고 있는 문지름판이 감지하여 리미트 스위치를 작동시켜 전동기 전원을 차단과 전자브레이크를 작동시킨다.

② 구동축에 연결된 브레이크 휠(ratchet wheel))에 래치가 걸려 기계적으로 정지시키는 안전장치

(2) 손잡이 인입구(인레트) 안전장치

손잡이 인입구에 이물질이나 어린이의 손가락이 끼면 감지하여 전자브레이크를 작동시켜 에스컬레이터를 정지시킨다.

(3) 스커트가드 안전장치

① 디딤판과 스커트 판넬 사이의 틈새에 이물질이 끼면 리미트 스위치가 감지하여 전자브레이크를 작동시켜 에스컬레이터를 정지시킨다.
② 스커트 : 디딤판과 연결되는 난간의 수직부분
③ 스커트 디플렉터 : 스텝과 스커트 사이에 끼임을 최소화하기 위한 장치
④ 디딤판과 스커트 틈새는 4 mm 이하, 양 측면의 합은 7 mm 이하이어야 한다.

(4) 디딤판 체인 파단 안전장치

디딤판 체인이 과도하게 늘어나거나 파단이 되면 감지하여 리미트 스위치가 작동되어 전동기 전원을 차단과 전자브레이크를 작동시킨다.

(5) 과속 감지

속도가 공칭 속도의 1.2배를 초과하기 전에 과속을 감지할 수 있는 장치를 설치해야 한다.

(6) 의도되지 않은 운행 방향의 역전 감지

에스컬레이터와 경사각 6° 이상의 무빙워크는 의도되지 않은 역전을 즉시 감지할 수 있는 장치를 설치해야 한다.

(7) 에스컬레이터 출입구 근처의 안전 표시판

① 손잡이를 꼭 잡으세요.
② 걷거나 뛰지 마세요.
③ 안전선 안에 서주세요.
④ 어린이나 노약자는 보호자와 함께 타세요.

4.2 건축물과 공유영역 안전장치

(1) 방화셔터 연동 정지장치
방화셔터가 손잡이 반환부의 선단에서 2 m 이내에 설치된 경우 방화셔터가 닫히기 시작할 때 연동되어 에스컬레이터를 자동으로 정지시키는 장치

(2) 삼각부 안전 보호판
① 계단 교차점 및 십자형으로 교차하는 에스컬레이터와 무빙워크는 삼각부에 안전 보호판을 설치해야 한다.
② 안전 보호판 설치도
  - 막는 조치 수직부분 높이 : 300 mm 초과
  - 막는 조치 끝에서 수평거리 250~350 mm 전방에 안전 보호판 설치

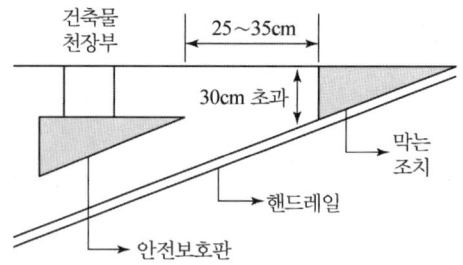

(3) 진입방지대
① 쇼핑 카트 및 수하물의 카트 진입방지를 위해 진입방지대를 설치해야 한다.
② 진입방지대는 입구에만 설치하고 자유구역에서는 출구에 설치할 수 없다.
③ 뉴얼의 끝과 진입방지대 및 진입방지대와 진입방지대 사이의 자유로운 입구 폭은 500 mm 이상, 쇼핑 카트 또는 수하물 카트 유형의 폭보다 작아야 한다.
④ 진입방지대의 높이는 900 mm에서 1100 mm 사이이어야 한다.
⑤ 진입방지대 및 고정장치는 높이 200 mm에서 3000 N의 수평력을 견뎌야 한다.

(4) 스텝 및 팔레트, 밸트 위의 틈새 높이는 2.3 m 이상이어야 한다.
(손잡이 바깥은 2.1 m 이상)

4.3 보조 브레이크

(1) 에스컬레이터 역주행을 방지하기 위해서 보조 브레이크를 설치한다.

(2) 보조 브레이크 작동조건
　① 공칭속도의 1.4배 초과하기 전
　② 디딤판이 현재 운행방향에서 바뀔 때

(3) 보조 브레이크의 종류
　① 기계적 마찰형식 이어야 한다.
　② 종류 : 폴 래칫 방식, 디스크 웨지 방식, 디스크 브레이크 방식

4.4 에스컬레이터와 무빙워크의 안전기준

(1) 에스컬레이터와 무빙워크의 정지거리

공칭속도	정지거리
0.50 m/s	0.20 m부터 1.00 m까지
0.65 m/s	0.30 m부터 1.30 m까지
0.75 m/s	0.40 m부터 1.50 m까지
0.90 m/s	0.55 m부터 1.70 m까지

(2) 에스컬레이터와 무빙워크의 제동부하

공칭 폭 z_1	0.4 m 길이 당 제동부하
0.6 m 이하	50 kg
0.6 m 초과 0.8 m 이하	75 kg
0.8 m 초과 1.1 m 이하	100 kg
1.10 m 초과 1.40 m 이하	125 kg
1.40 m 초과 1.65 m 이하	150 kg

(3) 감속도는 브레이크 시스템이 작동하는 동안 1 m/s² 이하이어야 한다.

(4) 에스컬레이터의 경우, 경사부에서 수평부로 전환되는 천이구간의 곡률반경
　1) 상부 천이구간의 곡률반경
　　① 공칭속도(v) ≤ 0.5 m/s(최대 경사도 35°) : 1 m 이상
　　② 0.5 m/s < 공칭속도(v) ≤ 0.65 m/s(최대 경사도 30°) : 1.5 m 이상

③ 공칭속도(v) > 0.65 m/s(최대 경사도 30°) : 2.6 m 이상

2) 하부 천이구간의 곡률반경
① 공칭속도(v) ≤ 0.65 m/s : 1 m 이상
② 공칭속도(v) > 0.65 m/s : 2 m 이상

(5) 벨트식 무빙워크의 경우, 경사부에서 수평부로 전환되는 천이구간의 곡률반경은 0.4 m 이상이어야 한다.

(6) 트러스 내부의 구동·순환 장소 및 기기 공간 중 한 곳에 영구적으로 사용가능한 휴대용 조명이 비치되어야 하고, 각 장소에는 1개 이상의 콘센트가 있어야 한다.

(7) 작업공간의 조도는 200 lx 이상, 높이는 2 m 이상이어야 한다.

(8) 비상정지 장치의 버튼 사이 거리
① 에스컬레이터의 경우에는 30 m 이하이어야 한다.
② 무빙워크의 경우에는 40 m 이하이어야 한다.

4.5 옥외용 에스컬레이터 및 무빙워크 추가요건

(1) 에스컬레이터 및 무빙워크 그리고 지지설비는 부식으로부터 보호되어야 한다.
(2) 전기설비는 IP 54 이상 또는 NEMA Type 4 이상으로 보호되어야 한다.
(3) 수평 투영면적 바로 위에 지붕이 설치되거나 눈·비 등에 젖었을 때 미끄러지지 않게 안전한 디딤판이 설치되어야 한다.
(4) 동절기에 디딤판, 승강장 및 스커트 디플렉터에 눈이 쌓이거나 물기가 들어오는 것을 방지하기 위한 난방시스템이 설치되어야 한다.
(5) 고인 물을 배수하는 수단과 정화시설이 구비되어야 한다.
(6) 야간 조명설비가 설치되어 있어야 한다.

10장 특수엘리베이터

1. 소형화물용 엘리베이터

(1) 적재하중 및 속도
  ① 정격하중 300 kg 이하
  ② 정격속도가 1 m/s 이하

(2) 기계실
  ① 출입문 개구부의 크기는 0.6 m × 0.6 m 이상
  ② 기계실 높이는 1.8 m 이상이어야 한다.

(3) 카의 유효 면적 : 1 m^2 이하

(4) 매다장치 및 로프, 벨트 또는 체인의 안전율은 8 이상이어야 한다.

(5) 카 추락방지안전장치의 작동을 위한 과속조절기는 정격속도의 115 % 이상의 속도와 다음과 같은 속도 미만에서 작동되어야 한다.
  ① 정격속도 0.63 m/s 이하 : 0.8 m/s
  ② 정격속도 0.63 m/s 초과 : 정격속도의 125 %

(6) 카와 승강장 문 또는 완전히 열린 승강장문틀 사이의 거리는 30 mm 이하이어야 한다.

2. 휠체어 리프트

2.1 수직형 휠체어리프트

(1) 수직에 대한 경사도가 15°를 초과하지 않는 유도되는 경로를 따라 지정된 층 사이를 운행하며 정격속도는 0.15 m/s 이하이다.
(2) 구동방식은 랙-피니언, 로프, 체인, 스크류-너트, 휠과 레일 사이의 마찰견인, 유도체인, 팬터그래프식 또는 유압잭 방식이 있다.
(3) 밀폐식은 승강로 4 m 이하, 비-밀폐식은 승강로 2 m 이하에 적용 가능하다.
  ※ 비-밀폐식 승강로의 경우 개인 주거용 건물에 설치 시 4 m 이하 가능

(4) 정격하중은 250 kg 이상이어야 하고 카 바닥면적에 250 kg/m² 이상으로 설계되어야 한다.
(5) 최대 허용하중은 500 kg 이하여야 한다.
(6) 카의 유효 면적은 2 m² 이하이어야 한다.
(7) 과부하는 정격하중에 75 kg 초과 시 감지되어야 하며, 과부하 시 다음을 만족해야 한다.
   ① 카 이용자에게 시각과 청각 신호로 안내되어야 한다.
   ② 승강장문은 잠금해제구간에서 잠금해제 상태가 유지되거나 해제될 수 있어야 한다.

2.2 경사형 휠체어리프트

(1) 1인용으로 계단 또는 접근 가능한 경사면 위로 운행해야 한다.
(2) 카의 정격속도는 0.15 m/s 이하여야 한다.
(3) 1인용일 경우에는 정격하중을 115 kg 이상 휠체어 사용자용일 경우 150 kg 이상으로 설계한다.
(4) 탑재 하중이 결정되지 않은 경우 정격하중은 225 kg 이상이며 최대 정격하중은 350 kg 이다.
(5) 정격하중의 25 %를 초과하면 과부하로 카의 출발을 방지하고 청각과 시각적 신호로 이용자에게 알려야 한다.

3. 경사형 엘리베이터

(1) 수평에 대해 15°에서 75° 사이의 경사진 주행안내 레일을 따라 사람이나 화물을 운송하기 위한 카를 미리 정해진 승강장으로 운행시키는 엘리베이터에 적용한다.
(2) 기계실 출입문은 폭 0.6 m 이상, 높이 2.0 m 이상이어야 하며 내부 방향으로 열리지 않아야 한다.
(3) 카 주행안내 레일의 여유 길이는 $0.1 + 0.035\ v^2/\sin\alpha$ 이상의 유도된 운행길이를 수용할 수 있거나 특정 완충기가 완전히 압축될 때까지 카가 안내되어야 한다.
(4) 카 지붕에서 가장 높은 부분과 승강로 천장의 가장 낮은 부분 사이의 수직 거리(m)는 $1.0 + 0.035\ v^2/\sin\alpha$ 이상이어야 한다.
(5) 카 위에는 0.50 m × 0.60 m × 0.80 m 이상의 장방형 블록을 수용할 수 있는 충분

한 공간이 있어야 한다.
(6) 승객의 구출 및 구조를 위한 비상구출문이 카 지붕에 있는 경우, 비상구출문의 크기는 0.35 m × 0.50 m 이상이어야 한다.
(7) 카벽의 비상구출문의 크기는 높이 1.80 m 및 폭 0.35 m 이상이어야 한다. 인접한 카와 수평거리는 0.75 m 이하여야 한다.
(8) 개문출발 방지 장치는 모든 조건에서 카에 정격하중을 싣고 다음의 이동거리 이하에서 카를 정지시켜야 한다.
  ① 승강장문턱과 카 문턱의 측면 가장자리 사이에서 0.6 m
  ② 카 바닥과 승강장 문턱의 상부 가장자리 간 또는 승강장 문 바닥과 카 문턱의 상부 가장자리 간 1.00 m
(9) 반 밀폐형 승강로 벽의 높이 (경사도 45°를 경계로 적용)
  1) 경사가 45° 이상인 엘리베이터
    ① 승강장문 측 : 3.5 m 이상
    ② 다른 측면 및 움직이는 부품까지 수평거리 0.5 m 이하인 장소 : 2.5 m 이상
    ③ 0.5 m를 초과하는 경우, 2.5 m의 값을 순차적으로 줄일 수 있으며 2.0 m의 거리에서는 최소 1.1 m까지 높이를 줄일 수 있다.
  2) 경사가 45°이하인 엘리베이터
    승강로 벽의 높이(H)는 다음과 같아야 한다.
    ① 승강장 측 : 최소한 카의 운행 영역의 높이
    ② 다른 측면 : $H+D \geq 2.50$ m, $H \geq 1.80$ m
      여기서, H는 벽의 높이, D는 벽과 움직이는 부품까지의 수평거리이다.

4. 주택용, 장애인용, 소방구조용, 피난용 엘리베이터의 특수사양

4.1 주택용 엘리베이터

(1) 행정 거리 12 m 이하의 단독주택에 적용한다.
(2) 속도 : 0.25 m/s 이하
(3) 기계실 출입구 : 0.6 m × 0.6 m 이상
(4) 승강장 출입문 및 카 높이 : 1.8 m 이상
(5) 카 유효 면적 : 1.4 m^2 이하

① 유효 면적이 1.1 m² 이하인 것 : 1 m² 당 195 kg으로 계산한 수치, 최소 159 kg

② 유효 면적이 1.1 m² 초과인 것 : 1 m² 당 305 kg으로 계산한 수치

(6) 도르래의 직경은 주 로프 직경의 30배 이상

(7) 카 문턱의 에이프런의 수직높이 : 0.54 m 이상 (일반은 0.75 m 이상)

4.2 장애인용 엘리베이터의 추가요건

(1) 승강기의 전면에는 1.4 m × 1.4 m 이상의 활동공간이 확보되어야 한다.

(2) 승강장바닥과 승강기바닥의 틈은 0.03 m 이하이어야 한다.(일반용 : 0.35 m 이하)

(3) 조도는 150 lx 이상이어야 한다.(일반용 : 100 lx 이상)

(4) 승강기 내부의 유효바닥면적은 폭 1.6 m 이상, 깊이 1.35 m 이상이어야 한다.

(5) 출입문의 통과 유효폭은 0.8 m 이상이어야 한다.

(6) 승강기의 안팎에 설치되는 모든 스위치의 높이는 바닥면으로부터 0.8 m 이상 1.2m 이하의 위치에 설치되어야 한다.(스위치는 수가 많은 경우 1.4m 이하)

(7) 내부의 휠체어 사용자용 조작반은 진입방향 우측면에 설치되어야 한다.
(유효바닥면적이 1.4 m × 1.4 m 이상인 경우에는 진입방향 좌측면 설치 가능)

(8) 조작설비의 형태는 버튼식으로 하되, 시각장애인 등이 감지할 수 있도록 층수 등이 점자로 표시되어야 한다.(조작반·통화장치 등에는 점자표지판이 부착)

(9) 카 내부에는 수평손잡이를 카 바닥에서 0.8 m 이상 0.9 m 이하의 위치에 설치되고 수평손잡이는 측면과 후면에 각각 설치되어야 한다.

(10) 카 내부의 유효바닥면적이 1.4 m × 1.4 m 미만인 경우 카 후면에 견고한 재질의 거울이 설치되어야 한다.

(11) 각 층의 승강장에는 카의 도착여부를 표시하는 점멸등 및 음향신호장치가 설치되어야 하며 카 내부에는 도착 층 및 운행상황을 표시하는 점멸등 및 음성신호장치가 설치되어야 한다.

(12) 장애인용 버튼에 의하여 정지하면 10초 이상 문이 열린 채로 대기해야 한다.

(13) 각 층의 호출버튼 0.3 m 전면에는 점형블록이 설치되거나 시각장애인이 감지할 수 있도록 바닥재의 질감 등을 달리해야 한다.

(14) 카 내부의 층 선택버튼을 누르면 점멸등 표시와 동시에 음성으로 층이 안내되어야 한다.(등록과 취소 시)

4.3 소방구조용 엘리베이터의 추가요건

(1) 소방구조용 엘리베이터의 크기는 정격하중 630 kg, 폭 1100 mm, 깊이 1400 mm 이상이어야 하며, 출입구 유효 폭은 800 mm 이상이어야 한다.
(2) 소방관 접근 지정층에서 소방관이 조작하여 엘리베이터 문이 닫힌 이후부터 60초 이내에 가장 먼 층에 도착되어야 한다.
(3) 운행속도는 1 m/s 이상이어야 한다. 단, 승강 행정이 200 m 이상인 경우는 3 m당 1초씩 증가될 수 있다.
(4) 소방구조용 엘리베이터는 소방운전 시 모든 승강장의 출입구마다 정지할 수 있어야 한다.
(5) 연속되는 상·하 승강장문의 문턱간 거리가 7m 초과한 경우, 승강로 중간에 카문 방향으로 비상문이 설치되어야 한다.
(6) 승강로 내부 전기장치의 물에 대한 보호(피난용 엘리베이터도 동일)
　① 최상층 승강장 아래 승강로 벽으로부터 1 m 이내 : IP X3 이상
　② 최상층 승강장 아래 승강로 벽으로부터 1 m 이상 : IP X1 이상
　③ 카 지붕 및 카 벽면의 외부를 둘러싼 전기설비 : IP X3 이상
　④ 피트 바닥 위로 1 m 이내에 위치한 전기장치 : IP 67 이상
　⑤ 콘센트 및 승강로에서 가장 낮은 조명 전구의 위치는 허용 가능한 피트 내부의 최대 누수 수준 위로 0.5 m 이상이어야 한다.
(7) 소방 접근 지정층을 제외한 승강장의 전기/전자 장치는 0 ℃에서 65 ℃까지의 주위 온도 범위에서 정상적으로 작동될 수 있도록 설계되어야 한다.
(8) 2개의 카 출입문이 있는 경우, 소방운전 시 어떠한 경우라도 2개의 출입문이 동시에 열리지 않아야 한다.
(9) 카 지붕에 0.5 m × 0.7 m 이상의 비상구출문이 있어야 한다.(정격용량이 630 kg인 엘리베이터의 비상구출문은 0.4m × 0.5m 이상으로 가능)
(10) 비상구출문을 열기위해 이중천장에 가하하는 힘은 250 N보다 작아야 한다.
(11) 소방구조용 엘리베이터 알림표지

구분		기준
색상	바탕	적색
	그림	흰색
크기	카 조작 반	20 mm × 20 mm
	승강장	100 mm × 100 mm 이상

(12) 열이나 연기에 의해 동작되는 문닫힘안전장치를 제외하고 모든 엘리베이터의 안전장치(전기적 및 기계적)는 유효상태이어야 한다.(초음파 장치, 광전장치)

(13) 소방운전 스위치는 점검운전 제어, 정지장치, 전기적 비상운전 제어보다 우선되지 않아야 한다.

(14) 1단계 : 소방구조용 엘리베이터에 대한 우선 호출(소방관 접근지정층 복귀)
　① 정상운행 중 소방운전 스위치를 작동하면 1단계가 시작되어야 하고 소방운전 중 소방운전 스위치를 복귀하더라도 작동모드는 바뀌지 않아야 한다.
　② 승강로 및 기계류 공간의 조명은 소방운전 스위치가 조작되면 자동으로 점등되어야 한다.
　③ 모든 승강장 호출 및 카 내의 등록버튼은 작동되지 않아야 하고 등록된 호출은 취소되어야 한다.
　④ 문 열림 버튼 및 비상통화 버튼은 작동이 가능한 상태이어야 한다.
　⑤ 그룹운전 중인 소방구조용 엘리베이터는 다른 모든 엘리베이터와 독립적으로 기능되어야 한다.
　⑥ 1단계가 시작되고 엘리베이터가 점검운전 제어, 전기적 비상운전 제어 또는 기타 유지관리 통제 조건하에 있을 때 즉시 카 및 관련 기계류 공간에 경보가 울려야 한다.
　⑦ 승강장에 문을 열고 대기하고 있는 소방구조용 엘리베이터는 15초 이내에 문을 닫고 소방관접근 지정층까지 이동되어야 한다. (열과 연기에 영향을 받을 수 있는 문닫힘 안전장치는 무효화 된다.)
　⑧ 소방관 접근 지정 층과 반대 방향으로 운행 중인 엘리베이터는 가장 가까운 승강장에 정상적으로 정지한 후 문은 열리지 않고 소방관 접근 지정층으로 복귀하여 문을 열고 대기한다.

(15) 2단계 : 소방운전 제어 조건아래에서 엘리베이터의 이용(소방관운전)
　① 2개 이상의 카 운행 층이 동시에 등록되는 것은 가능하지 않아야 한다.
　② 카 등록버튼 또는 문 닫힘 버튼에 지속적으로 압력이 가해지면 문이 닫히고 완전히 닫히기 전에 버튼을 놓으면 문은 자동으로 다시 열려야 한다.

③ 카가 움직이고 있는 동안에는 카 내부에서 새로운 층 등록이 가능해야 하고 미리 등록된 층은 취소되어야 한다.

④ 카가 목적층에 도착하면 문이 닫힌 상태로 정지되고 카 내의 '문 열림' 버튼에 지속적인 압력이 가해질 때만 문이 열려야 한다.

⑤ 문이 완전히 열리면 카 조작반에 새로운 층이 등록되기 전까지는 문이 열린 상태로 있어야 한다.

(16) 소방 활동 통화시스템(양방향 음성통화)

① 기계실에 있는 통화 장치는 버튼을 눌러야만 작동되는 마이크로폰이어야 한다.

② 카와 소방관 접근 지정 층에 있는 통화 장치는 마이크로 폰 및 스피커가 내장 되어 있어야하고 전화 송수화기로 되어서는 안 된다.

4.4 피난용 엘리베이터의 추가요건

(1) 피난용 엘리베이터는 화재 등 재난 발생 시 '피난호출' 조건하에 지정된 피난 층에서 문이 열린 상태로 대기하고 카 내 조작반에서만 "통제자"에 의한 피난 운전이 시작된다.

(2) 출입문의 유효 폭은 900 mm 이상, 정격하중은 1,000 kg 이상이어야 한다.

(3) 구동기 및 제어 패널·캐비닛은 최상층 승강장보다 위에 위치되어야 한다.

(4) 승강장문과 카문이 연동되는 자동 수평 개폐식 문이 설치되어야 한다.

(5) 피난 층을 제외한 승강장의 전기/전자 장치는 0 ℃에서 65 ℃까지의 주위 온도 범위에서 정상적으로 작동될 수 있도록 설계되어야 한다.

(6) 2개의 카 출입문이 있는 경우, 피난운전 시 어떠한 경우라도 2개의 출입문이 동시에 열리지 않아야 한다. (소방구조용 엘리베이터도 동일)

(7) 주 전원 및 보조 전원공급이 동시에 실패할 경우를 대비해 다음 사항을 만족하는 수단이 제공되어야 한다.

① 정격하중의 카를 피난 층 또는 가장 가까운 피난안전구역까지 운행시킬 수 있는 충분한 용량의 예비전원이 제공되어야 한다.

② 피난용 엘리베이터는 피난 층 또는 피난안전구역 도착 후 주 전원 또는 보조전원이 정상적으로 공급되기 전까지 출입문을 열고 대기해야 한다.

(8) 피난 활동 통화시스템(양방향 음성통화)

① 기계실에 있는 통화 장치는 버튼을 눌러야만 작동되는 마이크로폰이어야 한다.

② 카와 종합 방재실에 있는 통화 장치는 마이크로 폰 및 스피커가 내장되어 있어야 하고, 전화 송수화기로 되어서는 안 된다.

(9) 문 열림 버튼 및 과부하감지장치는 작동이 가능한 상태이어야 한다. 다만, 문닫힘 안전장치는 무효화되어야 한다.
(10) 탑승시간이 종료되면 정격하중의 100 %에 이르지 않더라도 엘리베이터는 즉시 문을 닫고 피난층으로 복귀되어야 한다. 이때 대피 신호를 받아 놓은 다른 층에 추가로 정지하는 것은 허용된다.
(11) 카가 피난 층에 도착하면 출입문이 열리고 약 15초 이상 열려있어야 한다.
(12) 주 전원 또는 보조 전원공급장치에 의해 초고층 건축물의 경우에는 2시간 이상 준초고층 건축물의 경우에는 1시간 이상 '피난운전' 시킬 수 있어야 한다.
(13) 피난운전은 점검운전 제어, 정지장치, 전기적 비상운전 제어보다 우선되지 않아야 한다.
(14) 승강로 내부는 연기가 침투되지 않는 구조이어야 한다.
(15) 피난층 : 직접 지상으로 통하는 출입구가 있는 층으로 하나의 건축물에 여러 개의 피난층이 있을 수 있다.

11장 기계식 주차장치 및 기타 설비

1. 기계식 주차장치의 종류 및 특징

1.1 기계식 주차장치의 종류

(1) 2단식 주차장치

자동차를 주차하기 위한 공간인 팔레트를 상하 2층으로 배열하여 두 층간의 팔레트를 좌우 횡행과 승하강으로 이동시키는 동작으로 자동차를 입고하고 출고시키는 방식이다.

(2) 다단식 주차장치

주차장법령상 주차구획이 3층 이상으로 배치되어 있고 출입구가 있는 층의 모든 주차구획을 주차장치 출입구로 사용할 수 있는 구조로서 그 주차구획을 아래·위 또는 수평으로 이동하여 자동차를 주차하는 주차장치

(3) 수직순환식

주차구획에 자동차를 들어가도록 한 후 그 주차구획을 수직으로 순환이동하여 자동차를 주차하도록 설계한 주차장치로 평균 입·출고 시간이 가장 빠르다.

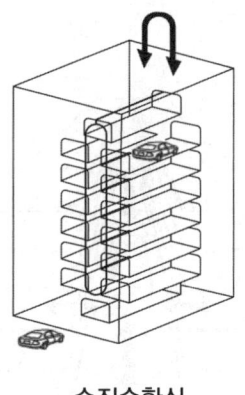

수직순환식

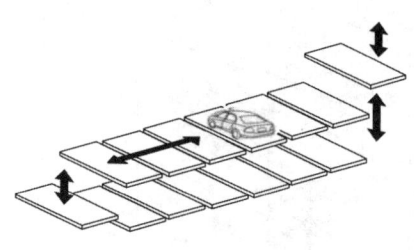

다층순환식

(4) 다층순환식

자동차를 주차하기 위한 공간인 운반기(팔레트)를 상하로 2층 또는 그 이상으로 배열하여 임의의 두 층간의 운반기를 좌우 횡행과 주차기 양단에서 운반기를 승하강하여 이동시키는 동작을 단속적으로 한 피치씩 또는 연속 순환 이동하여 자동차를 입·출고하도록 하는 방식이다.

(5) 수평순환식

자동차를 주차하기 위한 공간인 운반기(팔레트)를 평면상에 2열 또는 그 이상으로 배열하여 평면상의 운반기를 횡행과 종횡을 단속적으로 한 피치씩 또는 연속적으로 순환 이동하여 자동차를 입·출고하도록 하는 방식이다.

(6) 승강기식 주차장치

자동차를 주차시키는 주차구획이 여러층으로 배치되어 있고 여러층의 주차구획 사이를 승하강 운행하는 승강기로 구성되어 있다. 또한 승하강하는 리프트용 운반기에는 주차구획의 자동차를 입·출고 하기 위한 수평이동 장치가 설치되어 있어 자동차를 좌우로 이송시켜 입·출고하도록 하는 방식이다.

(7) 승강기 슬라이드 식

주차구획이 여러 층으로 배치되어있는 고정된 주차구획에 아래·위 및 옆으로 이동할 수 있는 운반기에 의하여 (승강기와 슬라이드장치) 자동차를 자동으로 운반·이동시켜 주차하도록 설계한 기계식주차장치로 승강기식과 유사하며 팔레트 전체가 종행 또는 횡행으로 이동(슬라이드)할 수 있는 기능이 추가된 방식이다.

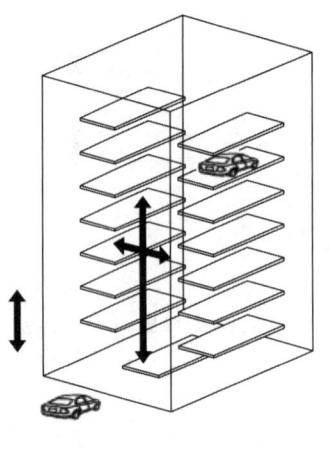

승강기 식

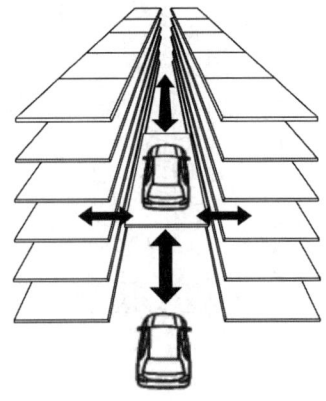

승강기 슬라이드 식

(8) 평면왕복식 주차장치

자동차를 주차시키는 주차구획이 여러 층으로 고정 배치되어 있고 각 층간의 이동은 승하강 장치인 리프트로 하며 주차구획의 각층 마다 별도의 대차가 설치되어 있어 횡행 또는 종행으로 이동하면서 자동차를 주차구획에 입·출고시키는 방식이다.

리프트와 각 층간의 대차는 독립적으로 구동되므로 입·출고 시간을 단축시킬 수 있고 통상 입고용 리프트와 출고용 리프트를 별도로 설치하여 운행되어 대기 시간을 단축할 수 있는 대규모 주차장치이다.

1.2 기계식 주차장치의 특징

(1) 자동차에 운전자가 승차한 상태로 기계식 주차장치에 자동차를 적재시킬 수 없다.
 (자동차용 엘리베이터에는 운전자가 자동차에 승차한 상태로 엘리베이터에 적재)
(2) 주차장치에 수용할 수 있는 모든 자동차를 입고시키고 출고시키는 데 걸리는 시간은 각각 2시간 이내이어야 한다.
(3) 주차법령에 따른 기계식주차장치 안에서 자동차를 입·출고 하는 사람이 출입하는 통로의 크기 : 폭 0.5 m 이상, 높이 1.8 m 이상

1.3 기계식 주차장치의 안전장치

(1) 자연하강 보정장치
2단 및 다단식 주차장치가 자연 하강을 방지하여 아래층의 자동차를 보호하는 장치

(2) 승하강 안전장치
아래 및 위층에 저동차가 있는 경우 승강 및 하강을 방지하는 안전장치

(3) 수평이동 안전장치
주차장치의 운반기가 승강 또는 하강하는 경우 다른 운반기의 수평 이동을 방지하는 안전장치

2. 유희시설 및 건설용 리프트

2.1 고가 유희시설

(1) 모노레일

지면에서 탑승물까지의 높이가 2 m 이상으로 고저 차가 2 m 미만의 궤도로 주행하고 구배는 완만하며 비교적 느린 속도로 주행한다.

(2) 제트 코스터 (jet coaster)

소형의 무개객차를 연결하여 급커브나 급경사의 고가궤도를 관성으로 스파이럴 회전이나 수직 회전을 하면서 주행하는 유원지 놀이기구이다.
롤러코스터(roller coaster), 스위치백(switchback)라고도 한다.

(3) 매트 하우스

1인승 또는 2인승의 작은 케이지가 지면에서 약 2 m 정도의 궤도를 속도 40 km/h 이하로 주행하면서 상하좌우로 급격한 방향 전환을 하는 유희 설비이다.

(4) 워터슈트

궤도 없이 고저 차가 2 m 이상의 궤도로 구성되었고 급경사(급구배)의 수로를 탑승물이 주행하는 유희 설비이다.

2.2 회전운동을 하는 유희시설

(1) 관람차

거대한 바퀴 둘레에 여러 개의 작은 케이지가 매달려 있는 형태이며 바퀴가 회전함에 먼 곳을 관람할 수 있는 유희 설비로 페리스 휠 (Ferris wheel) 이라고 한다.

(2) 로터

객석 부분이 가변 축 주위를 회전하여 원주속도가 커서 객석 부분에 작용하는 원심력이 큰 유희 설비이다.

(3) 옥토퍼스

객석 부분이 가변 축 주위를 회전하는 문어발 모양의 유희 설비이다.

(4) 비행탑
많은 사람이 탈 수 있는 곤드라 형상으로 주 로프에 매달려 수직축으로 회전하는 유희 설비이다.

(5) 회전목마 (merry go round : 메리고라운드)
기둥 둘레의 원판 위에 여러 개의 목마를 설치하여 목마위에 승객을 태우고 빙글빙글 돌리는 유희 설비이다.

2.3 건설용 리프트

(1) 랙앤피니언
회전운동을 선형 운동으로 변환하는 장치로 건설 현장의 공사용 리프트

(2) 타워크레인
고층 건설 현장에서 사용하는 건설 기자재 양중용 크레인으로 엘리베이터의 권상기, 제어반 등 기계실 자재 양중 시에도 사용된다.

12장 안전관리

1. 이용자 수칙 및 유지관리

1.1 승강기 관리주체와 유지관리

(1) 관리주체
① 승강기 소유자
② 다른 법령에 따라 승강기 관리자로 규정된 자
③ 승강기를 안전하게 관리할 책임과 권한을 부여받은 자

(2) 승강기 안전관리자의 책무
① 기계실 출입문의 잠금상태
② 기계실 온도 및 환기장치의 작동상태
③ 엘리베이터, 휠체어리프트의 호출버튼 및 등록버튼의 작동상태
④ 표준부착물의 부착상태
⑤ 엘리베이터 비상통화장치의 작동상태
⑥ 기계실 출입문 및 승강장문 등 비상열쇠의 관리상태
⑦ 그 밖에 관리주체가 승강기 안전운행에 필요하다고 정하는 사항

1.2 엘리베이터 및 에스컬레이터의 주요 점검사항

(1) 엘리베이터의 주요 점검사항

1) 도어레일의 점검항목
① 도어레일 표면에 녹이 발생했는가?
② 도어레일 표면에 손상되었는가?
③ 도어레일 고정용 볼트는 견고한가?
④ 도어레일 위의 이물질, 특히 레일 양끝단의 이물질 유무 확인

2) 행거롤러의 점검항목
① 행거롤러가 원활하게 회전하는가?

② 행거롤러 축의 코킹 부위가 회전하지 않는가?
③ 행거롤러의 베어링부에서 비정상적인 소음이 발생하는가?
④ 행거롤러의 표면에 크랙이나 홈 등이 있는가?

3) 도어 인터록장치의 점검항목
① 승장 도어장치가 잠김 상태에서 도어가 열리지 않는지 두 세 번에 걸쳐 손으로 열림 확인.
② 각 부의 볼트가 견고히 체결되었는지를 확인한다.
③ 접점부 스위치가 견고히 고정되었는지를 확인한다.
④ 개방 롤러를 손으로 위로 올린 후 놓아 스프링에 의해 인터록 S/W를 접촉시킨 후 인터록 장치가 원활하게 작동하는지를 확인한다.
⑤ 승장도어가 출입구 어느 위치에서나 자동으로 닫히는지를 반드시 확인한다.
⑥ 인터록 장치의 접점이 마모되거나 비정상적인 상태인지 점검한다.
⑦ 도어 연동로프와 웨이트 고정로프의 고정 볼트가 견고히 체결되었는지를 확인한다.
⑧ 도어 연동로프와 웨이트 고정로프의 마모, 손상, 파손 정도를 점검한다.

4) 제동장치의 점검항목
① 플런저 조정치가 원활한 작동을 하고 있는가?
② 정상 운행 시 브레이크 패드와 드럼의 간격은 적절한가?
 이 때 패드가 드럼에 접촉하는지 그 틈새가 패드 면을 따라 균일한지를 확인한다.
③ 플런저 스트로크와 브레이크 개방확인 스위치의 접촉 간극이 정상인가?
④ 2개의 브레이크 레버가 플런저 로드와 동시에 접촉하는가?
⑤ 기동 시 또는 정지 시 비정상적인 소음이 발생하는가?

(2) 에스컬레이터의 주요 점검항목

1) 스텝이상 검출장치의 점검항목
① 검출 스위치의 동작은 양호한가?
② 장치 각 부의 취부상태는 양호한가?
③ 배선의 취부 및 단자의 체결상태는 양호한가?
④ 레버와 검출 스위치는 올바른 치수로 조정되어 있는가?

2) 구동체인 안정장치의 점검항목
① 검출 스위치의 동작은 양호한가?
② 암, 레버 등 장치의 취부상태는 양호한가? 또한 먼지 등이 쌓여 각 구동부의 기능을 손상시키지 않았는가?

③ 배선의 취부 및 단자의 체결상태는 양호한가?

3) 스텝체인 절단 검출장치의 점검항목
① 검출 스위치의 동작은 양호한가?
② 검출 스위치 및 캠의 취부상태는 양호한가?
③ 배선의 취부 및 단자의 체결상태는 양호한가?
④ 종동장치 텐션 스프링은 올바른 치수로 셋팅되어 있는가?

4) 스커트가드 안전장치의 점검항목
① 검출 스위치의 동작은 양호한가?
② 스커트가드 판넬 안전장치의 취부상태는 양호한가?
③ 배선의 취부 및 단자의 체결상태는 양호한가?

5) 핸드레일 인입구 안전장치의 점검항목
① 인레트 고무에 변형 및 먼저 등이 붙어 있지는 않는가?
② 에스컬레이터가 주행 중 손잡이 밸트와 인레크 고무는 접촉하지 않는가?
③ 인레트 안전장치의 동작은 양호한가?
④ 인레트 안전장치의 취부상태는 양호한가?
⑤ 배선의 취부 및 단자의 체결 상태는 양호한가?

2. 승강기 검사의 종류

2.1 설치검사

(1) 설치신고한 날부터 다음날까지 설치검사 신청
(2) 설치검사를 받은 날부터 승강기 사고배상책임보험 가입

2.2 정기검사(기본주기 : 2년)

(1) 중대한 사고, 고장 발생 후 2년이 지나지 않은 승강기 : 6개월
(2) 설치검사를 받은 날부터 25년이 경과 한 승강기 : 6개월
(3) 화물용, 자동차용, 소형화물용, 주택용 엘리베이터 : 2년
　　(그 외 엘리베이터는 1년)

2.3 수시검사

(1) 승강기 종류, 제어방식, 정격속도, 정격용량 또는 왕복 운행 거리를 변경한 경우
(2) 승강기 사고가 발생하여 수리한 경우
(3) 승강기 제어반 또는 구동기를 교체한 경우
(4) 관리주체가 요청한 경우

2.4 정밀안전검사

(1) 검사 결과 원인이 불명확하여 사고 예방과 안전성 확보를 위하여 필요하다고 인정된 경우
(2) 설치검사 후 15년이 지난 승강기 : 정밀안전검사를 받은 날부터 매 3년마다
(3) 승강기 결함으로 중대한 사고 또는 중대한 고장이 발생한 승강기
(4) 그 밖에 안전 침해 우려로 행정안전부장관이 인정한 경우

2.5 자체검사(기본주기 : 1개월)

(1) 적합한 경우 판정 : 양호 (A)
(2) 경미 한 부적합 시 판정 : 주의관찰(B)
(3) 긴급수리 또는 교체 필요 시 판정 : 긴급수리 (C)

2.6 승강기 정밀안전검사 기준

(1) 정밀 검사장비를 사용하여 검사하여야 하는 검사항목은 다음과 같다.

구분	검사항목
엘리베이터	1) 제어반(열화상태) 2) 구동기(권상능력) 3) 전동기(운전 및 절연상태) 4) 유압유니트(운전상태) 5) 브레이크(제동력 및 감속도) 6) 비상정지장치(제동력 및 감속도) 7) 럽쳐밸브(제동력 및 감속도) 8) 상승과속방지장치(제동력 및 감속도) 9) 개문출발방지장치(제동력 및 감속도) 10) 릴리프밸브(압력) 11) 카문 및 승강장문(문닫힘 속도 및 운동에너지)

구분	검사항목
경사형 엘리베이터	1) 제어반(열화상태) 2) 구동기(권상능력) 3) 전동기(운전 및 절연상태) 4) 유압유니트(운전상태) 5) 브레이크(제동력 및 감속도) 6) 비상정지장치(제동력 및 감속도) 7) 럽처밸브(제동력 및 감속도) 8) 상승과속방지장치(제동력 및 감속도) 9) 개문출발방지장치(제동력 및 감속도) 10) 릴리프밸브(압력) 11) 카문 및 승강장문(문닫힘 속도 및 운동에너지)
에스컬레이터	1) 제어반(열화상태) 2) 전동기(운전 및 절연상태) 3) 브레이크(제동력 및 감속도) 4) 보조브레이크(제동력 및 감속도) 5) 핸드레일(디딤판과의 공차속도 및 장력상태)
소형화물용 엘리베이터	1) 제어반(열화상태) 2) 구동기(권상능력) 3) 전동기(운전 및 절연상태) 4) 브레이크(제동력 및 감속도) 5) 비상정지장치(제동력 및 감속도) 6) 럽처밸브(제동력 및 감속도) 7) 릴리프밸브(압력)
수직형 휠체어리프트	1) 제어반(열화상태) 2) 전동기(운전 및 절연상태) 3) 유압유니트(운전상태) 4) 브레이크(제동력 및 감속도) 5) 럽처밸브(제동력 및 감속도)
경사형 휠체어리프트	1) 제어반(열화상태) 2) 전동기(운전 및 절연상태) 3) 브레이크(제동력 및 감속도)

(2) 승강기를 구성하는 모든 승강기부품은 심한 마모 또는 부식이 없는지 확인하고, 그 승강기부품의 설치상태 및 작동상태가 양호한지 확인한다.

(3) 승강기에 대한 자체점검이 실시되고 있는지 확인한다.

3. 승강기의 중대한 고장

3.1 엘리베이터, 휠체어리프트 중대한 고장

(1) 출입문이 열린 상태로 움직인 경우
(2) 출입문이 이탈되거나 파손되어 운행되지 않은 경우
(3) 최상, 최하 층을 지나 계속 움직인 경우

(4) 운행하려는 층으로 운행하지 않은 경우
(5) 운행 중 승객이 운반기구에 갇힌 경우

3.2 에스컬레이터 중대한 고장

(1) 손잡이와 디딤판의 속도 차이가 기준을 초과한 경우
(2) 하강운행 시 기준을 초과하는 과속이 발생한 경우
(3) 과속 또는 역주행 방지 장치가 정상적으로 작동하지 않은 경우
(4) 디딤판이 파손되거나 이탈되어 운행되지 않은 경우

3.3 승강기 안전 인증 부품

구 분	승강기 안전 부품
엘리베이터 또는 휠체어리프트	1. 문열림출발방지장치(unintended car movement protection means) 2. 과속조절기(Overspeed governors) 3. 구동기(전동기 및 전자기계 브레이크를 포함한다) 4. 럽처밸브(rupture valve: 압력배관 파손 시 기름의 누설에 의한 승강기의 하강을 제지하는 장치를 말한다) 5. 비상통화장치 6. 상승과속방지장치(Ascending car overspeed protection means) 7. 완충기 8. 유량제한기(One-way restrictor) 9. 이동케이블 10. 제어반 11. 추락방지안전장치(Safety gear) 12. 출입문 잠금장치 13. 출입문 조립체 14. 매다는 장치(Suspension means)
에스컬레이터	1. 과속역행방지장치 2. 구동기(전동기 및 전자기계 브레이크를 포함한다) 3. 구동 체인 4. 디딤판 5. 디딤판 체인 6. 제어반

1과목 승강기 개론 — 예상문제(1)

01 교류 엘리베이터의 제어방식에 해당되지 않는 것은?
① 워드레오나드 제어방식 ② 교류귀환전압 제어방식
③ 가변전압 가변주파수 제어방식 ④ 교류 2단속도 제어방식

02 가변전압 가변주파수 제어방식에서 직류를 교류로 바꾸어 주는 장치는?
① 인버터 ② 리액터 ③ 컨덕터 ④ 컨버터

03 일반적으로 중속 엘리베이터 속도의 범위는?
① 45 m/min 이하 ② 60~105 m/min
③ 120~300 m/min ④ 360 m/min 이상

> 풀이 승강기안전관리법의 중속 엘리베이터는 속도 4 m/s 이하이다.

04 엘리베이터 제어방식 중 교류귀환 제어방식을 사용하는 가장 적합한 이유는?
① 병렬운전을 제어하기 위하여 ② 점호각을 제어하기 위하여
③ 전동기 속도를 제어하기 위하여 ④ 정류개선을 제어하기 위하여

05 직류엘리베이터의 속도제어에 널리 사용된 방식으로 유도 전동기로 직류발전기를 회전시켜 MG(Motor Generator)의 출력을 직접 직류전동기 전기차에 공급하고 발전기의 계자전류를 조절하여 발전기의 발생전압을 임의로 변화시켜 속도를 제어하는 방식은?
① 워드레오나드 방식 ② 정지레오나드 방식
③ VVVF 제어방식 ④ 극수변환방식

06 교류 이단 속도제어에서 기동과 주행은 고속 권선으로 감속과 착상은 저속 권선으로 카의 속도를 제어한다. 이때, 가장 많이 사용되고 있는 속도비는?
① 2:1 ② 3:1 ③ 4:1 ④ 5:1

정답 01. ① 02. ① 03. ② 04. ③ 05. ① 06. ③

07 권상기의 미끄러짐을 결정하는 요소에 대한 설명으로 옳은 것은?

① 로프 감기는 각도가 클수록 미끄러지기 쉽다.
② 카의 가속도와 감속도가 작을수록 미끄러지기 쉽다.
③ 견인비(트랙션비)가 클수록 미끄러지기 쉽다.
④ 로프와 도르래의 마찰계수가 클수록 미끄러지기 쉽다.

> **풀이** 견인비는 카 측 로프의 장력과 균형추 측 로프의 장력의 비로 1보다 크며 작을수록 미끄러지기 어렵고 권상 능력이 좋아진다.

08 문짝 수 4이고 중앙열기 문을 나타낸 도어 시스템의 분류 기호는?

① 1S ② 2S ③ 1CO ④ 2CO

09 정격속도 90 m/min의 엘리베이터에서 과속조절기(Governor)의 동작속도[m/min] 범위는 얼마인가?

① 117미만, 126미만 ② 103.5미만, 122.5미만
③ 103.5이상, 122.5미만 ④ 117이상, 126미만

> **풀이** 과속조절기는 정격속도의 115% 이상
> $1.25V + \dfrac{0.25}{V}$ [m/s] 미만에서 작동
> $90 \times 1.15 = 103.5$ 이상
> $(1.25 \times 1.5 + \dfrac{0.25}{1.5}) \times 60 = 122.5$[m/min] 미만

10 군관리 방식에서 일정 기간 승장의 호출버튼에 대한 요구 수를 통계로 작성하여 시간대별로 서비스 방법을 달리하여 운전하는 방식으로 출퇴근시간 등 교통량이 많은 시간을 대비하여 원활한 서비스의 수행이 가능한 기능은?

① 사용자선택기능 ② 즉시예보기능
③ 학습기능 ④ 연산기능

11 다음은 기계식 주차장치에 설치하는 장치들이다. 맞지 않는 것은?

① 비상운전장치 ② 출입문 작동 멈춤장치
③ 운반가대 정위치 정차장치 ④ 수동정지장치

> **풀이** 기계식 주차장치는 정전이나 고장 시 비상구출운전을 하지 않는다.

정답 07. ③ 08. ④ 09. ③ 10. ③ 11. ①

12 전압과 주파수를 동시에 제어하는 유도 전동기 속도 제어방식은?
① 교류 1단 속도제어
② 교류 귀환 전압제어
③ 정지 레오나드 제어
④ VVVF 제어

풀이 VVVF : Variable Voltage Variable Frequency (가변전압 가변주파수 방식)

13 VVVF 제어방식의 구성에 관한 설명 중 틀린 것은?
① 고속용 엘리베이터에서는 회생에너지를 별도의 저항으로 소모시킨다.
② 인버터는 DC전원을 AC전원으로 변환시킨다.
③ 컨버터는 AC전원을 DC전원으로 변환시킨다.
④ DC전원의 콘덴서는 극성이 있다.

풀이 회생에너지는 일반적으로 중저속은 저항으로 소모 시키고 고속은 상용전원으로 회생시킨다.

14 트랙션식 권상기에서 권상 능력을 확보하는데 고려할 사항으로 가장 거리가 먼 것은?
① 카의 가속도 및 감속도
② 카측과 균형추측의 중량비
③ 와이어로프와 도르래의 마찰계수
④ 조속기 용량

15 인버터 방식 엘리베이터에서 발생한 고차 고조파가 전파되는 경로가 아닌 것은?
① 복사에 의한 경로
② 진동에 의한 경로
③ 정전유도에 의한 경로
④ 전로전파에 의한 경로

16 다음 중 비선형특성 에너지축적형 완충기의 설계에 대한 사항으로 옳지 않은 것은?
① 카 측 완충기의 적용중량은 카 자중과 정격하중, 또는 균형추 하중으로 정격속도의 115%로 충돌 시 감속도는 1 g 이하여야 한다.
② 2.5 g를 초과하는 감속도는 0.04초 보다 길지 않아야 한다.
③ 최대 피크 감속도는 $4g_n$ 이하이어야 한다.
④ "완전히 압축된" 용어는 설치된 완충기 높이의 90% 압축을 의미한다.

풀이 비선형특성 에너지축적형 완충기의 최대 피크 감속도는 $6g_n$ 이하

정답 12. ④ 13. ① 14. ④ 15. ② 16. ③

17 엘리베이터에 사용되는 동력의 전원설비에 포함되지 않는 것은?
① 변압기
② 과전류차단기
③ 배전선
④ 제어반

> **풀이** 제어반은 엘리베이터 제어용이다.

18 엘리베이터의 조작방식에 따른 분류 중 자동식이 아닌 것은?
① 단식자동식
② 하강승합 전자동식
③ 승합 전자동식
④ 키 스위치 방식

> **풀이** 키 스위치 방식은 키 조작으로만 운전되는 수동운전 방식이다.

19 교류귀환제어 방식에서 사이리스터와 다이오드의 연결방식은?
① 직렬
② 병렬
③ 역병렬
④ 역직렬

20 엘리베이터의 조작 방식에 관한 설명 중 틀린 것은?
① 승합 전자동식 : 진행 방향의 카 버튼과 승강장 버튼에 응답한다.
② 하강 승합 전자동식 : 2층 이상의 승강장에는 하강 방향의 버튼만 있다.
③ 군 승합 자동식 : 교통 수요의 변동에 대하여 운전내용이 변경된다.
④ 군 관리방식 : 3~8대 병설 시 합리적으로 운행 관리하는 방식이다.

> **풀이** 교통 수요의 변동에 대하여 운전내용이 변경되는 것은 학습제어 방식이다.

21 에스컬레이터를 하강 방향으로 공칭속도 0.65 m/s로 움직일 때 전기적 정지장치가 작동된 시간부터 측정 할 경우 정지거리는 얼마를 만족하여야 하는가?
① 0.1 m에서 0.8 m 사이
② 0.2 m에서 1.0 m 사이
③ 0.3 m에서 1.3 m 사이
④ 0.4 m에서 1.5 m 사이

22 사이리스터의 점호각을 바꿈으로써 직류 승강기의 속도를 제어하는 방식은?
① 정지 레오나드 방식
② 워드 레오나드 방식
③ 교류 귀환제어 방식
④ 교류 2단 속도 제어방식

정답 17. ④ 18. ④ 19. ③ 20. ③ 21. ③ 22. ①

23 엘리베이터의 제어방식에 따른 적용속도의 설명으로 가장 옳은 것은?

① 직류의 정지 워드레오나드의 무기어방식은 주로 90[m/min] 이상에 적용한다.
② 교류 1차 전압 제어방식은 120[m/min] 까지만 적용이 가능하다.
③ 가변전압 가변주파수 방식은 모든 속도범위에 적용이 가능하다.
④ 현재 가장 빠른 엘리베이터의 제어방식은 워드레오나드 기어방식이다.

풀이 VVVF(인버터) 방식은 저속에서 초고속 엘리베이터까지 모든 속도에 사용한다.

24 2대 또는 3대의 카가 병설되었을 때 사용되는 조작방식으로 1개의 승강장 부름에 대하여 1대의 카가 응답하며, 일반적으로 부름이 없을 때는 다음의 부름에 대비하여 분산 대기하는 복수 엘리베이터의 조작방식은?

① 단식 자동식
② 승합 전자동식
③ 군 승합 전자동식
④ 군 관리방식

풀이 2~3대 : 군승합 전자동식, 4대~8대 : 군관리 방식

25 VVVF 엘리베이터에의 인버터 제어방식은 일반적으로 어떤 방식을 채택하는가?

① PWM ② PAM ③ PSM ④ PTM

26 로프식(전기식) 엘리베이터의 로핑 방식이 아닌 것은?

① 1 : 1 ② 2 : 1 ③ 3 : 1 ④ 5 : 1

27 창고 등 주로 화물용 엘리베이터에 적용되는 조작방식은?

① 승합 전자동식
② 단식 자동식
③ 군승합 자동식
④ 하강승합 전자동식

28 승강기에 대하여 설명한 것 중 타당하지 않은 것은?

① 승강로를 통하여 사람이나 화물을 운반하는 시설 및 장치이다.
② 수직으로 승강하는 시설 및 장치이다.
③ 엘리베이터, 에스컬레이터, 휠체어리프트 등으로 말한다.
④ 용도에 의한 분류로 승객용 화물용이 있다.

정답 23. ③ 24. ③ 25. ① 26. ④ 27. ② 28. ②

> **풀이** 일정한 경로에 따라 수직으로 승강하는 시설 및 장비

29 복수의 엘리베이터를 능률이 좋게 운전하는 조작방식이 아닌 것은?

① 군승합자동식은 엘리베이터 2~3대가 병설되었을 때 주로 사용되는 방식이다.
② 승합전자동식은 진행방향의 카 버튼과 승강장 버튼에 응답하면서 승강한다.
③ 군승합자동식은 부름이 없을 때는 다음 부름에 대비하여 분산 대기 한다.
④ 군관리 방식은 3~8대를 병설할 때 각 카를 무리 없이 합리적으로 운행, 관리할 수 있다.

> **풀이** 승합전자동식은 주로1대의 엘리베이터에 적용되며 복수의 엘리베이터에 적용되는 군승합전자동식과 군관리 방식은 승강장 버튼에 의한 등록은 수송 능력을 높이기 위해 통과하는 경우도 있다.

30 교류엘리베이터의 속도 제어방식에 포함되지 않은 것은?

① 교류이단 속도제어   ② 교류귀환 전압제어
③ 가변전압 가변주파수 제어   ④ 교류3단 속도제어

31 사이리스터를 이용하여 교류를 직류로 바꾸고 점호각을 제어하여 모터의 회전수를 바꾸는 제어방식은?

① 교류귀환제어   ② 워드 레오나드 방식
③ 정지 레오나드 방식   ④ 교류 2단 속도제어

32 정격속도가 1 m/s인 엘리베이터의 과속조절기 작동 속도는 몇 m/s 미만인가?

① 1.1   ② 1.3   ③ 1.5   ④ 1.7

> **풀이** $1.25 \times 1 + \dfrac{0.25}{1} = 1.5 [m/s]$ 미만

33 엘리베이터의 조작방식에 따른 분류에 속하지 않는 것은?

① 직접식   ② 키 스위치 방식
③ 신호 방식   ④ 단식 자동식

정답 29. ② 30. ④ 31. ③ 32. ③ 33. ①

34 승강기 정의에 대한 설명으로 가장 올바른 것은?
① 전용 승강로 내를 레일을 따라 동력에 의해 좌우로 움직이는 카로 사람 또는 물건을 운반하는 기계장치
② 전용 승강로 내를 레일을 따라 중력에 의해 좌우로 움직이는 카로 사람 또는 물건을 운반하는 기계장치
③ 전용 승강로 내를 레일을 따라 동력에 의해 상하로 움직이는 카로 사람 또는 물건을 운반하는 기계장치
④ 전용 승강로 내를 레일 없이 동력에 의해 상하로 움직이는 카로 사람 또는 물건을 운반하는 기계장치

35 엘리베이터를 이용한 범죄예방을 위한 실시대책에 아닌 것은?
① 각 도어마다 방범창을 부착한다.
② 기준층에 파킹스위치를 부착한다.
③ 인터폰을 설치한다.
④ 각층 강제정지 운전을 한다.

36 엘리베이터의 로프 거는 방식 중 고속을 얻기에 적당한 로핑 방법은?
① 1 : 1 로핑
② 2 : 1 로핑
③ 3 : 1 로핑
④ 4 : 1 로핑

37 교류 2단 속도제어 방식에서 크리프 시간이란 무엇인가?
① 저속 주행시간
② 고속 주행시간
③ 속도 변환시간
④ 가속 및 감속시간

38 엘리베이터의 주행안내 레일의 기능을 설명한 것으로 옳지 않은 것은?
① 카의 기울임을 막아준다.
② 카의 승강로 평면내의 위치를 규제한다.
③ 균형추의 승강로 평면 내 위치를 규제한다.
④ 비상정지장치가 작동할 때 수평하중을 유지해 준다.

정답 34. ③ 35. ② 36. ① 37. ① 38. ④

풀이 추락방지안전장치(비상정지장치)가 작동할 때 수직하중을 유지해 준다.

39 전속 하강 중인 승객용 엘리베이터의 카를 안전하게 감속 정지시키기 위한 브레이크의 제동능력은 정격부하의 몇 %까지 견디어야 하는가?
① 110 ② 115 ③ 120 ④ 125

40 승강기의 도어 시스템 종류를 분류 할 때 1S, 2S, 3S, 2짝문 CO, 4짝문 CO로 나타내는데 여기서 1S, 2S, 3S 표기 중 S는 무엇을 나타내는가?
① 측면열기 ② 중앙열기
③ 상하열기 ④ 문짝수

풀이 S : Side Open, CO : Center Open

41 P6-CO로 표시되는 엘리베이터의 숫자 '6'의 의미는?
① 로프 수 ② 정지층 수
③ 정원 ④ 승강로 레일 본수

풀이 P : Passenger(승용)

42 승강기의 최대정원은 1인당 하중을 몇 kg으로 계산한 값인가?
① 55 ② 60 ③ 65 ④ 75

43 소방구조용 엘리베이터의 주된 사용 목적은?
① 방범용으로 사용 ② 예비용으로 사용
③ 화재시 소화 및 구출용 ④ 대형화물 운반용

44 권상식(전기식) 엘리베이터의 권상용 와이어로프는 최소 몇 본이상인가?
① 2본 ② 4본 ③ 5본 ④ 6본

풀이 2가닥 이상 (안전율 16), 최소직경 8 mm 이상

정답 39. ④ 40. ① 41. ③ 42. ④ 43. ③ 44. ①

45 교류 2단 속도 엘리베이터의 속도제어 순서로 가장 옳은 것은?
① 지속출발 - 고속운전 - 저속전환 - 정지
② 고속출발 - 고속운전 - 저속전환 - 정지
③ 저속출발 - 고속운전 - 정지
④ 고속출발 - 고속운전 - 정지

46 엘리베이터 권상용 전동기의 제어에서 3상 유도 전동기의 입력 전압과 주파수를 동시에 제어(인버터 제어)하는 방식은?
① 교류 2단 속도제어방식
② 교류궤한제어방식
③ VVVF 제어방식
④ 워드레오나드방식

47 엘리베이터용 레일의 치수를 결정하기 위하여 적용되는 요소 중 거리가 먼 것은?
① 불균형한 큰 하중이 적재될 경우를 고려
② 지진 시 레일 휨이나 응력의 탄성한계를 고려
③ 엘리베이터의 정격속도에 대한 고려
④ 안전장치가 작동했을 때에 좌굴하중의 고려

> 풀이 회전모멘트(불균형한 하중적재), 수평 진동력(지진 발생 시), 좌굴하중(추락방지안전장치 작동 시)

48 유입완충기의 플런처를 완전히 압축시킨 상태에서 복귀 시 까지 소요되는 시간은 몇 초 이내이어야 하는가?
① 30
② 60
③ 90
④ 120

49 엘리베이터의 운전 조작 방식에 의한 분류에 속하지 않는 것은?
① 인버터 제어방식
② 키스위치 방식
③ 단식자동방식
④ 군 관리방식

정답 45. ② 46. ③ 47. ③ 48. ③ 49. ①

50 다음 ( )에 알맞은 것은?

> "승강로 내에는 엘리베이터와 관련 없는 급배수관·가스관 및 전선관 등을 설치하지 않아야 한다. 다만, 소방법에 의하여 승강로 천장에 설치하는 화재감지기본체 및 ( ) 등은 설치할 수 있다."

① 비상용 승강기 ② 비상방송용 스피커
③ 비상용 전화기 ④ 비상용 경보기

51 1 : 1 로핑 방식에 비하여 4 : 1 로핑 방식의 단점으로 옳지 않은 것은?
① 로프의 수명이 짧다.
② 로프의 장력이 커진다.
③ 로프의 길이가 현저히 길어진다.
④ 종합효율이 낮아진다.

풀이 4 : 1 로핑의 경우 로프 장력은 1 : 1 로핑의 1/4이 된다.

52 가변전압 가변주파수 제어방식에서 교류를 직류로 바꾸어 주는 장치는?
① 컨버터   ② 인버터   ③ 리액터   ④ 인덕터

53 엘리베이터에 사용하는 T형 24K 가이드 레일 1본의 무게는 약 몇 [kg]인가?
① 24[kg]   ② 62[kg]   ③ 80[kg]   ④ 120[kg]

풀이 $5 \times 24[kg] = 120[kg]$

54 엘리베이터가 주행하던 중 추락방지안전장치가 작동되었을 때 균형추, 로프 등이 관성에 의하여 튀어 오르지 못하도록 속도 210[m/min] 초과의 엘리베이터에 반드시 설치하여야 할 안전장치는?
① 리미트 스위치
② 종단층 강제 감속장치
③ 록다운(lock-down) 비상정지장치
④ 비상정지스위치

풀이 록다운(lock-down) 비상정지장치(튀어오름 방지장치)

정답 50. ② 51. ② 52. ① 53. ④ 54. ③

55 직접식 유압 엘리베이터의 특징이 아닌 것은?

① 일반적으로 실린더의 점검이 간접식에 비하여 쉽다.
② 실린더를 설치하기 위한 보호관을 지중에 설치하여야 한다.
③ 부하에 의한 카 바닥의 빠짐이 작다.
④ 추락방지안전장치가 필요하지 않다.

풀이 직접식은 실린더 보호관이 있어 점검이 어렵다.

56 엘리베이터의 속도 패턴에 대한 설명 중 옳지 않은 것은?

① 엘리베이터의 속도 패턴은 엘리베이터가 기동하여 정지하기까지의 운전속도에 대한 기준값이다.
② 감속도는 승차감에 영향이 있으므로 속도를 빠르게 해야 한다.
③ 정격속도란 전속구간의 속도를 의미한다.
④ 추락방지안전장치가 작동 시는 필요하지 않다.

풀이 감속도가 낮을수록 가속 및 감속시간이 길어지고 승차감은 향상되지만 운송효율이 떨어진다.

57 1 : 1 로핑에서 2 : 1 로핑으로 전환하려고 한다. 2 : 1일 때의 로프 장력은 1 : 1일 때의 몇 배인가?

① $\dfrac{1}{2}$　　② $\dfrac{1}{4}$　　③ 2　　④ 4

풀이 로프 속도와 권상기의 도르래 속도는 변함이 없지만 카 속도는 $\dfrac{1}{2}$이 된다.

58 엘리베이터의 신호장치 중 홀랜턴(hall lantern)이란?

① 케이지의 올라감과 내려감을 나타내는 방향등
② 케이지의 현재 위치의 층을 나타내는 표시등
③ 엘리베이터가 정상 운행중임을 나타내는 표시등
④ 엘리베이터가 고정중임을 나타내는 표시등

풀이 홀랜턴은 군관리 방식에서 층표시는 없고 상승 혹은 하강의 방향을 표시하며 승강장(홀) 버튼을 누르면 할당된 카의 홀랜턴이 점등되고 등록층 감속 시 점멸을 시작한다.

정답 55. ① 56. ② 57. ① 58. ①

59 승강기의 종류별 용도 중 화물용에 속하지 않는 것은?

① 화물용 엘리베이터 ② 자동차용 엘리베이터
③ 덤웨이터 ④ 침대용 엘리베이터

풀이 침대용은 병원의 환자용 베드를 적재할 수 있게 깊이 방향을 깊게 제작한 엘리베이터이다.

60 다음은 로프 가드를 설치할 경우 홈(groove) 깊이에 대한 그림이다. 그림에서 C의 기준으로 알맞은 것은?

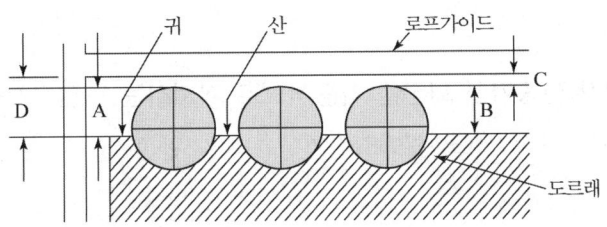

① C ≤ 2[mm] ② C ≤ 3[mm]
③ C ≤ 4[mm] ④ C ≤ 5[mm]

61 엘리베이터의 제어반 중 승장의 호출에 서비스할 수 있도록 하고, 건물내 사용 교통량에 적응하도록 각종 기능들을 통제, 제어하는 제어반을 일반적으로 무엇이라고 하는가?

① 전력 제어반(POWER CONTROL) ② 군관리 제어반(GROUP CONTROL)
③ 전동기 제어반(MOTOR CONTROL) ④ 카 제어반 (CAR CONTROL)

62 18K 가이드 레일의 표준길이 한 본의 무게는 몇 kg인가?

① 18[kg] ② 36[kg] ③ 80[kg] ④ 90[kg]

풀이 $5 \times 18 = 90[kg]$

63 AC-1이나 AC-2 엘리베이터에서 카를 정지시키는 제동 방법은?

① 전동기의 계자에 직류를 통전하여 제동한다.
② 전자브레이크의 전원을 차단하여 제동한다.
③ 전동기의 상을 바꾸어 제동시킨다.
④ 전동기의 회전자에 전류를 흐르게 하여 제동시킨다.

정답 59. ④ 60. ② 61. ② 62. ④ 63. ②

풀이 AC-1 : 교류 1단 속도제어, AC-2 : 교류 2단 속도제어

64 주로프에 사용되는 로프의 꼬임 방법 중 엘리베이터에 가장 많이 쓰이는 꼬임 방법은?
① 보통 Z 꼬임
② 보통 S 꼬임
③ 랭 Z 꼬임
④ 랭 S 꼬임

풀이 보통 Z 꼬임 $8 \times S(19)$ E종 로프가 주로 사용된다.
(※ 최근 직경 8 mm, 6 mm 로프를 사용하면서 A종이 주로 사용된다.)

65 관성에 의한 전동기의 회전을 자동적으로 제지하는 안전장치는 무엇인가?
① 브레이크   ② 속도조절기   ③ 완충기   ④ 비상정지장치

66 파이널 리미트스위치가 갖추어야 할 요건이 아닌 것은?
① 기계적으로 조작되어야 하며, 작동 캠은 금속재료로 만들어야 한다.
② 스위치 접촉은 직접 기계적으로 열려야 하며, 접촉을 얻기 위하여 중력 또는 스프링에 의존하는 장치를 사용할 수 있다.
③ 파이널 리미트스위치는 카에 설치하고 캠으로 조작하여야 한다.
④ 카의 수평운동이 파이널 리미트스위치의 작동에 영향을 끼치지 않게 설치되어야 한다.

풀이 파이널 리미트스위치는 레일 브라켓을 사용하여 승강로에 설치하고 캠은 카에 설치한다.

67 엘리베이터의 조작 방식에 대한 설명 중 잘못된 것은?
① 단식 자동식은 하나의 요구 버튼에 대한 운전이 완전히 종료될 때까지는 다른 요구를 전혀 받지 않는 방식이다.
② 하강 승합 전자동식은 2층 이상의 층에서는 승강장의 호출버튼이 하나밖에 없다.
③ 승합 전자동식은 전 층의 승강장에 상승용 및 하강용 버튼이 반드시 설치되어 있어서 상승과 하강을 선택하여 누를 수 있다.
④ 카 스위치방식은 카의 기동을 모두 운전자의 의지에 따라 카 스위치의 조작에 의해서만 이루어진다.

풀이 최하층에는 상승용, 최상층에는 하강용 버튼만 있다.

정답 64. ① 65. ① 66. ③ 67. ③

68 감시반에서 엘리베이터의 운행 및 정지, 비상호출, 지진 관제운전 정전시 운전 등을 할 수 있는 기능을 무슨 기능이라 하는가?

① 표시기능   ② 경보기능   ③ 통신기능   ④ 제어기능

69 엘리베이터의 전동기 용량을 결정하는 다음 항목 중 거리가 먼 것은?

① 전동기 효율   ② 오버 밸런스율
③ 정격하중   ④ 건물 높이

풀이 $P = \dfrac{L \times V \times (1-OB)}{6120\eta}$

70 전동기의 역률에 관한 설명으로 틀린 것은?

① 극수가 클수록 역률이 좋아진다.
② 무효전류가 증가하면 역률이 나빠진다.
③ 전동기가 대용량일수록 역률이 좋아진다.
④ 전동기의 경우 역률은 반드시 지상역률이다.

71 승강기의 도어 시스템 종류를 분류 할 때 1S, 2S, 3S, CO, 2CO로 나타내는데 여기서 CO는 무엇을 나타내는가?

① 가로열림 측면개폐   ② 가로열림 중앙개폐
③ 세로열림 상하개폐   ④ 세로열림 상승개폐

72 엘리베이터용 주행안내 레일의 역할이 아닌 것은?

① 카와 균형추의 승강로내의 위치를 규제한다.
② 승강로의 기계적 강도를 보강해 주는 역할을 한다.
③ 비상정지장치가 작동했을 때 수직하중을 유지해준다.
④ 카의 기울어짐을 방지해 준다.

73 승강기의 카와 균형추의 로프 거는 방법 중 더블랩을 사용하는 승강기는?

① 저속 화물용 엘리베이터   ② 중속 승객용 엘리베이터
③ 고속 승객용 엘리베이터   ④ 저속 승객용 엘리베이터

정답 68. ④ 69. ④ 70. ① 71. ② 72. ② 73. ③

74 엘리베이터 기호 B-1200-2S에 대하여 맞는 것은?
① 화물용, 적재하중 1200 kg, 정지수 2
② 승객용, 용량 12인승, 2매 중앙개폐
③ 비상용, 적재하중 1200 kg, 정지수 2
④ 침대용, 적재하중 1200 kg, 2매 측면개폐

풀이 B : Bed , S : Side Open

75 기어드(Geared)형 권상기에서 엘리베이터의 속도를 결정하는 요소가 아닌 것은?
① 시브의 직경
② 기어의 감속비
③ 권상모터의 회전수
④ 로프의 직경

풀이 $V = \dfrac{\pi \times D(도르래직경 : mm) \times N(rpm)}{1000} \times i(감속비)[m/min]$

76 교류 2단 속도제어에서 고속과 저속의 속도비를 결정할 때 고려할 필요가 없는 것은?
① 가속도
② 감속도
③ 착상오차
④ 착상시간

풀이 가속도는 전동기의 시정수에 의해 결정되어 관계가 없고 착상 시간은 감속 거리와 전동기의 극수 변환 시점 결정과 관계가 있다.

77 초고층 빌딩 등에서 중간층까지 직행으로 왕복 운전하여 대량수송을 목적으로 하는 엘리베이터는?
① 더블데크 엘리베이터
② 셔틀 엘리베이터
③ 역사용 엘리베이터
④ 보도교용 엘리베이터

풀이 더블데크 엘리베이터 : 카 2대를 연결한 2층 구조의 엘리베이터

78 나선형 에스컬레이터라고도 하며 나선형으로 상승 또는 하강하는 에스컬레이터는?
① 옥내용 에스컬레이터
② 모듈러 에스컬레이터
③ 옥외용 에스컬레이터
④ 스파이럴 에스컬레이터

정답 74. ④ 75. ④ 76. ① 77. ② 78. ④

79 기계실의 환기 풍량을 산출하기 위하여 발생 열량을 산출하려고 한다. 발생 열량 산출과 관계가 없는 것은?

① 기계실의 크기　② 적재하중　③ 제어방식　④ 속도

풀이 기계실 발열량은 전동기 용량과 제어방식에 의해 결정된다.

80 교류 엘리베이터의 제어방식이 아닌 것은?

① 2단 속도제어　　　　　② 귀환전압제어
③ 인버터 제어　　　　　　④ 정지 레오나드 방식

81 엘리베이터 내 방범 설비에 대한 설명으로 틀린 것은?

① 출입구의 도어에 유리창 설치　② 각층 강제정지 운전 장치
③ 카내에 경보장치 설치　　　　④ 동시통화 방식 인터폰 설치

풀이 각층 강제정지 운전 장치는 설비가 아니고 심야 시간에 각층에 정지하면서 운행하는 방범운전 방식이다.

82 균형추에 관한 내용 중 잘못된 것은?

① 균형추의 틀은 보통 형강으로 제작되어 상·하부에 부착된 가이드슈에 의해 이동한다.
② 웨이트는 보통 주철이나 특수 콘크리트로 제작되며 이것은 충격에 견딜 수 있는 구조이어야 한다.
③ 균형추의 총 중량은 빈 카의 하중에 그 엘리베이터의 사용 상황에 따라 적재하중의 55~75[%]의 중량을 더한 값으로 하는 것이 보통이다.
④ 카측 로프가 매달고 있는 중량과 균형추측 로프가 매달고 있는 중량의 비를 트랙션비라 한다.

풀이 균형추 무게 = 카 자중 + 정격적재하중×오버밸런스
(오버밸런스율은 35~55[%] 이다.)

83 에스컬레이터의 구동부품의 안전율은 정적 계산으로 얼마 이상으로 설계해야 하는가?

① 3　　　　② 4　　　　③ 5　　　　④ 7

정답 79. ①　80. ④　81. ②　82. ③　83. ③

84 주행안내 레일에 관한 설명으로 틀린 것은?

① 현재 사용하고 있는 가이드레일의 표준길이는 5m이다.
② 주행안내 레일 선정 시 정격속도와는 큰 영향이 없으나 적재하중과는 영향이 많다.
③ 15인승 속도 60[m/min]인 승객용 엘리베이터에는 카측에 8K, 균형추측에 13K 가이드레일을 사용한다.
④ 가이드레일 강도 계산시 레일 브라켓의 설치 간격도 고려되어야 한다.

풀이 카측 레일이 균형추 측 레일보다 규격이 크다. (카 : 13K, 균형추 : 8K)

85 승강기 감시반에 관한 설명으로 틀린 것은?

① 일반 감시반과 컴퓨터 감시반이 있다.
② 일반 감시반에는 분석 기능이 없다.
③ 감시반의 기능과 비상호출 기능은 별개이다.
④ 컴퓨터 감시반은 도어의 개폐 상태를 감시할 수 있다.

풀이 감시반에는 비상호출 기능이 있다.

86 지상면에서 탑승물까지 높이가 2[m] 이상으로 고저차가 2[m] 미만의 궤도로 주행하고 궤도의 구배는 완만하며 비교적 느린 속도로 주행하는 것은?

① 로터   ② 관람차   ③ 모노레일   ④ 해적선

87 VVVF 제어 엘리베이터에서 일반적으로 적용하는 인버터 제어방식은?

① PWM   ② PAM   ③ PSM   ④ PTM

88 카 내의 적재하중이 초과되었음을 알려주는 과부하감지장치는 정격 적재하중의 몇 %를 초과하기 전에 작동해야 하는가?

① 1   ② 5   ③ 8   ④ 10

풀이 과부하감지장치는 정격하중의 10 % 초과하기 전에 작동해야 하고 초소하중은 75 kg 이다.

89 유량제어밸브방식의 유압식 승강기에서 일반적으로 착상속도는 정격속도의 몇 % 정도인가?

① 1~5   ② 10~20   ③ 30~40   ④ 50~60

정답 84. ③ 85. ③ 86. ③ 87. ① 88. ④ 89. ②

90 다음 로프 홈에 대한 설명으로 가장 옳지 않은 것은?

① V홈 : 가공이 쉽고 초기 마찰력도 우수하다.

② 포지티브홈(나선형 홈) : 로프를 권동에 감기 때문에 고양정에 사용하기에 유리하다.

③ 언더컷 홈 : 트랙션 능력이 커서 가장 많이 사용된다.

④ U홈 : 로프와 면압이 적으므로 로프의 로프의 수명이 길어진다.

> **풀이** 포지티브 홈을 적용한 권동식 엘리베이터는 승강행정에 한계가 있어 저양정에 사용한다.

91 에스컬레이터에 진입방지대가 설치되는 경우 그 설치요건에 관한 설명 중 옳지 않은 것은?

① 진입방지대는 입구에만 설치해야 하며 자유구역에서는 출구에 설치할 수 없다.

② 뉴얼의 끝과 진입방지대 및 진입방지대와 진입방지대 사이의 자유로운 입구 폭은 500 mm 이상이어야 하며 사용되는 쇼핑카트 또는 수화물 카트유형의 폭보다 작아야 한다.

③ 진입방지대는 승강장 플레이트에 고정되는 것도 허용되지만 가급적이면 건물의 구조물에 고정되어야 한다.

④ 진입방지대의 높이는 700 mm에서 900 mm 사이이어야 한다.

> **풀이** 진입방지대의 높이는 0.9 m에서 1.1 m 사이이어야 한다.

92 카 자중 3500 kg, 정격하중 2000 kg, 승강행정 60 m, 로프 6본, 균형추의 오버밸런스율이 40 %일 때 전부하 시 카가 최상층에 있는 경우 트랙션비는 약 얼마인가? (단, 로프는 1.2 kg/m이고 보상률이 9 %가 되는 균형체인을 설치한다.)

① 1.18　　　② 1.22　　　③ 1.24　　　④ 1.36

> **풀이** $T = \dfrac{3500 + 2000 + 1.2 \times 60 \times 6 \times 0.9}{3500 + 2000 \times 0.4 + 1.2 \times 60 \times 6} = 1.24$
>
> ※ 2022년 2회 기출 문제로 정답으로 발표한 ③ 1.27은 전부하 시 카가 최하층에 있는 경우 트랙션비 이며 정답이 없다.
>
> 같은 조건으로 전부하 시 카가 최하층에 있는 경우 트랙션비
>
> $T = \dfrac{3500 + 2000 + 1.2 \times 60 \times 6}{3500 + 2000 \times 0.4 + (1.2 \times 60 \times 6 \times 0.9)} = 1.265$　∴ 1.27

93 엘리베이터의 최상층 승강장 바닥에서 승강로 천장부와의 수직거리를 무엇이라고 하는가?

① 피트 깊이   ② 상부 틈새   ③ 기계실 높이   ④ 오버 헤드

94 엘리베이터의 종합효율 η의 계산식으로 옳은 것은? (단, η_1은 권상기 효율, η_2는 로핑 방법에 따른 효율, η_3는 가이드 주행손실에 따른 효율이다.)

① $\eta = \eta_1 \eta_2 \eta_3$
② $\eta = \eta_1 + \eta_2 + \eta_3$
③ $\eta = \dfrac{\eta_1 \eta_2}{\eta_3}$
④ $\eta = \dfrac{\eta_1}{\eta_2} + \eta_3$

95 간접식 유압 엘리베이터의 단점은?

① 승강로가 더 커진다.
② 비상정지장치가 필요하지 않다.
③ 부하에 의한 카 바닥의 빠짐이 작다.
④ 일반적으로 실린더의 점검이 용이하다.

풀이 린더의 점검이 용이한 것은 장점이다.

96 FGC(Flexible Guide Clamp)형 추락방지안전장치의 장점은?

① 레일을 죄는 힘이 초기에는 약하게, 하강에 따라 강해진다.
② 작동 후의 복구가 쉽다.
③ 베어링을 사용하기 때문에 접촉이 확실하다.
④ 정격속도의 1.3배에서 작동하여 순간적으로 정지시킨다.

풀이 FGC형 추락방지안전장치는 구조가 단단하고 복구가 쉬워 널리 사용된다.

97 다음 중 FGC(Flexible Guide Clamp)형 추락방지안전장치의 정지력과 정지거리를 나타낸 것으로 알맞은 것은?

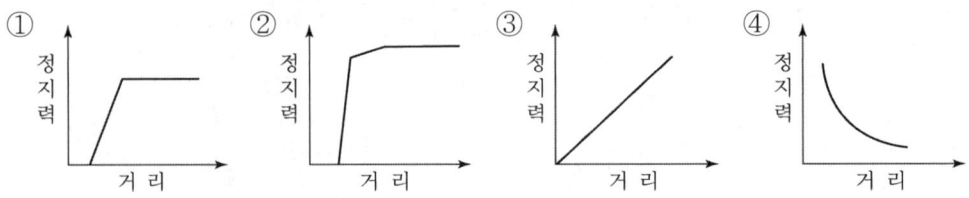

정답 93. ④ 94. ① 95. ① 96. ② 97. ①

풀이 ②는 FWC형
③는 즉시작동형

98 트랙션비의 설명 중 틀린 것은?
① 무부하, 전부하시의 트랙션 값은 작을수록 좋다.
② 트랙션비는 무부하, 전부하 시, 모두 1.0 이상이다.
③ 카측 로프의 장력과 균형추측 로프의 장력비를 나타낸다.
④ 트랙션비가 클수록 좋다.

99 유압식 엘리베이터에서 유량제어밸브에 대한 설명으로 옳은 것은?
① 유압류가 역으로 이송되지 않게 하는 밸브이다.
② 탱크로 되돌려지는 일부 유량을 제어하는 밸브이다.
③ 미터인 회로는 분기된 바이패스 회로에서 처리한다.
④ 밸브를 잠그면 유류가 흐르지 않도록 하는 밸브이다.

풀이 ①는 체크밸브, ③는 블리드오프 회로, ④ 스톱밸브

100 권상기 기계대 강도 계산 시 환산동하중으로 계산되지 않는 항목은 무엇인가?
① 권상기 부품 자중   ② 정격 적재하중
③ 균형추 자중   ④ 도르래 자중

풀이 권상기는 고정되어 있어 정하중이다.

정답 98. ④ 99. ② 100. ①

1과목 승강기 개론 예상문제(2)

01 엘리베이터용 도르래의 홈의 형상에 따른 마찰력의 크기를 바르게 나타낸 것은?
① V홈 > 언더커트홈 > U홈
② U홈 > 언더커트홈 > V홈
③ V홈 > U홈 > 언더커트홈
④ 언더커트홈 > V홈 > U홈

02 엘리베이터의 리미트 스위치 설치 위치로 옳은 것은?
① 지하층 ② 지상층 ③ 중간층 ④ 최상층 및 최하층

> 풀이 리미트 위스치는 승강로 상부 및 하부에 각각 강제감속 스위치, 상승 또는 하강 리미트스위치, 상승 또는 하강 파이널 리미트스위치가 설치된다.

03 중소형 빌딩에 설치되는 승객용 엘리베이터에 가장 많이 사용되는 레일의 규격은?
① 3K, 5K ② 8K, 13K ③ 13K, 18K ④ 24K, 30K

04 유압식 엘리베이터의 릴리프 밸브는 전 부하 압력의 몇 [%]까지 제한하여야 하는가?
① 115 ② 125 ③ 135 ④ 140

05 추락방지안전장치에 관한 설명으로 틀린 것은?
① 피트 하부를 사무실이나 통로로 사용할 경우, 균형추 측에도 설치한다.
② 정격속도가 45[m/min]인 엘리베이터에는 즉시 작동형을 사용한다.
③ 카의 속도가 정격속도의 115[%] 이상의 속도에서 조속기에 의해 작동된다.
④ 처음 동작 시부터 카 정지 시까지 정지력이 일정한 것을 FWC(Flexible Wedge Clamp)형이라 한다.

06 체인에 의해 구동되는 엘리베이터의 매다는 장치의 안전율은?
① 7.5 이상 ② 10 이상 ③ 12 이상 ④ 16 이상

정답 01. ① 02. ④ 03. ② 04. ④ 05. ④ 06. ②

07 엘리베이터 전동기의 동기속도가 1800 rpm, 전부하속도가 1740 rpm이면 슬립은 약 몇 %인가?

① 96.7   ② 95.7   ③ 4.43   ④ 3.33

풀이 $S = \dfrac{N_s - N}{N_s} \times 100 = \dfrac{1800 - 1740}{1800} \times 100 = 3.33[\%]$

08 카의 추락방지안잔장치는 점차작동형이 사용되어야 하지만 정격속도가 몇 m/s 이하인 경우에 즉시 작동형이 사용될 수 있는가?

① 0.63   ② 0.75   ③ 1   ④ 1.25

09 즉시 작동형 비상정지장치의 일종으로서, 로프에 걸리는 장력이 느슨해졌을 때, 바로 운전회로를 열고, 엘리베이터를 비상정지시키는 안전장치는?

① 슬랙로프 세이프티 스위치(slack rope safety switch)
② 록다운(lock-down) 비상정지장치
③ 슬로다운(slow-down) 스위치
④ 파이널 리미트 스위치(final limit switch)

10 승강장문 잠금장치의 기계적 잠금장치(인터록)에 대한 설명으로 틀린 것은?

① 전용키로만 도어를 열어야 한다.
② 도어록으로 구성되어 있다.
③ 승강장 도어의 열림을 방지하는 장치이다.
④ 승강장 도어의 닫힘 상태를 인지하여 제어반에 1차적으로 신호를 보낸다.

풀이 승강장문 잠금장치는 기계적인 잠금부품과 전기스위치로 구성되었다.
④는 전기스위치에 대한 설명이다.

11 웜 기어와 헬리컬 기어의 차이점에 대한 설명으로 틀린 것은?

① 헬리컬 기어는 웜 기어에 비하여 비싸다.
② 헬리컬 기어는 웜 기어에 비하여 효율이 높다.
③ 헬리컬 기어는 웜 기어에 비하여 소음이 작다.
④ 헬리컬 기어는 웜 기어에 비하여 역구동이 쉽다.

정답 07. ④   08. ①   09. ①   10. ④   11. ③

풀이 헬리컬 기어는 웜 기어에 비해 소음 및 진동이 크고 효율이 높으며 역구동이 쉽고 감속비가 작다.

12 엘리베이터 구동모터 및 브레이크에 대한 전원을 차단하는 전기적 보호장치(안전회로) 내의 전기적 스위치가 아닌 것은?

① 조속기 스위치　　　　② 보상로프 시브 스위치
③ 완충기 스위치　　　　④ 부하감지 장치

풀이 부하감지 장치는 과부하가 감지되면 문을 닫히지 않도록 하여 카의 출발을 막는 장치다.

13 도어에 이물질이 끼었을 때, 이것을 감지하는 문닫힘 안전장치의 종류에 속하지 않는 것은?

① 세이프티 슈　　　　② 광전장치
③ 도어클로저　　　　④ 초음파장치

풀이 도어클로저는 카가 잠금해제구간에 없는 층의 승강장문을 닫힘 및 잠김을 보장하는 장치로 스프링식과 무게추(웨이트) 방식이 있다.

14 카 레일용 브래킷에 관한 설명으로 틀린 것은?

① 구조 및 형태는 레일을 지지하기에 견고하여야 한다.
② 사다리형 브래킷의 경사부 각도는 15~30°로 제작한다.
③ 벽면으로부터 1000 mm 이하로 설치하여야 한다.
④ 콘크리트에 대하여는 앵커볼트로 견고히 부착하여야 한다.

풀이 레일 브래킷의 간격 및 벽면으로부터 거리는 강도 계산을 하여 설계한다.
(일반적으로 2.5m 이다.)

15 튀어오름 방지장치(록다운 장치)를 반드시 설치하여야 하는 엘리베이터의 속도[m/s]는?

① 2 초과　　　　② 2.5 초과
③ 3.5 초과　　　　④ 4 초과

정답 12. ④　13. ③　14. ③　15. ③

16 기계실이 있는 승강기에서 기계실에 설치되지 않는 것은?

① 권상기 (Traction Machine) ② 과속조절기 (Governor)
③ 추락방지안전장치 (Safety Device) ④ 제어반(Control Panel)

> 풀이) 추락방지안전장치는 카 하부에 설치한다. (포지티브 구동방식은 카 상부에 설치)

17 엘리베이터 주로프에 가장 일반적으로 사용되는 와이어로프는?

① 8×W(19), E종, 보통 Z꼬임 ② 8×W(19), E종, 보통 S꼬임
③ 8×S(19), E종, 보통 S꼬임 ④ 8×S(19), E종, 보통 Z꼬임

> 풀이) 기계실 없는(MRL) 기종이 확대되면서 E종보다 파단강도가 큰 A종을 주로 사용하여 도르래 직경을 작게 한다.

18 파이널 리미트 스위치에 요건에 대한 설명 중 적당치 못한 것은?

① 기계적으로 조작되어야 하며, 작동 캠은 금속제로 만든 것이어야 한다.
② 스위치의 접점은 직접 기계적으로 열려야 하며 접점을 열기 위하여 스프링이나 중력 또는 그 복합에 의존하는 장치를 사용하여야 한다.
③ 승강로 내부에 장착한 파이널 리미트 스위치는 밀폐된 형식으로 되어야 한다.
④ 카의 수평운동이 파이널 리미트 스위치의 작동에 영향을 끼치지 않도록 설치하여야 한다.

> 풀이) 파이널 리미트 스위치의 접점을 닫을 때는 스프링이나 중력에 의존할 수 있으나 열릴 때는 기계적인 캠에 의해서 열려야 한다.

19 로프식 엘리베이터 카의 주행 여유(run by)와 완충기에 대한 설명으로 옳은 것은?

① 카가 최하층에 정지했을 때, 균형추와 완충기와의 거리이다.
② 승강로 최상층의 승강장 바닥부터 기계식 지지보 또는 바닥 아래 면까지 수직거리이다.
③ 유입식 완충기는 최소 정지 거리에 대한 규정이 없다.
④ 유입식 완충기의 최대 정지거리는 속도에 따라 다르다.

> 풀이) 카의 주행 여유는 카가 최하층에 정지했을 때, 카와 완충기와의 거리이다.

20 유입 완충기에 대한 설명 중 틀린 것은?

① 카 또는 균형추의 평균 감속도는 1 g_n 이하로 한다.
② 순간 최대 감속도는 2.5 g_n을 넘는 감속도가 1/25초 이상 지속하지 않아야 한다.
③ 정격속도의 115% 속도로 완충기에 부딪힐 때, 규정된 평균 감속도 이하의 감속율을 얻을 수 있는 행정이 유지되어야 한다.
④ 정격속도 60 m/min 이하에만 사용한다.

> **풀이** 유입 완충기는 모든 속도에 사용 가능하고 에너지 축적형(선형, 비선형)은 1 m/s 이하에만 사용해야 한다.

21 유압 엘리베이터에 사용되는 안전장치가 아닌 것은?

① 하이드로릭 잭(Hydraulic Jack) ② 과속조절기(Governor)
③ 릴리프 밸브(Relief Valve) ④ 체크 밸브(Check Valve)

22 사람이 탑승하지 아니하면서 적재용량 300 kg 이하의 소형화물(서적, 음식물 등) 운반에 적합하게 제작된 엘리베이터는?

① 수평보행기 ② 화물용 엘리베이터
③ 침대용 엘리베이터 ④ 소형 화물용 엘리베이터

23 엘리베이터의 설치형태 및 카 구조에 의한 분류에 적합하지 않는 것은?

① 더블 데크 엘리베이터 ② 전망용 엘리베이터
③ 셔틀 엘리베이터 ④ 장애자용 엘리베이터

24 방범 설비인 비상통화장치에 대한 설명으로 틀린 것은?

① 연락 장치는 정상 전원으로만 작동하여도 된다.
② 비상시 카 내부에서 외부의 관계자에게 연락이 가능해야 한다.
③ 비상 요청 시 카 외부에서 카 내의 적절한 지시를 할 수 있어야 한다.
④ 카 내부, 기계실, 관리실 동시 통화가 가능해야 한다.

> **풀이** 정전 시는 즉시 1시간 동안 통화 가능한 비상전원장치에 연결되어야 한다.

정답 20. ④ 21. ① 22. ④ 23. ④ 24. ①

25 완충기에 대한 설명으로 틀린 것은?

① 에너지 분산형 완충기는 작동 후 영구적인 변형이 없어야 한다.
② 에너지 분산형 완충기는 엘리베이터의 정격속도와 상관없이 사용될 수 있다.
③ 에너지 축적형 완충기는 유체의 수위가 쉽게 확인될 수 있는 구조이어야 한다.
④ 정격속도 60 m/min 이하의 엘리베이터는 운동에너지가 작아서 선형 또는 비선형 특성을 갖는 에너지 축적형 완충기를 사용하기에 적합하다.

풀이 에너지 축적형 완충기인 스프링(선형) 타입과 우레탄(비선형) 타입에는 유체가 없다.

26 도어에 관련된 부품 및 장치에 대한 설명으로 옳지 않는 것은?

① 도어 클로저는 도어머신의 구동장치이다.
② 도어 인터록은 승강장 도어의 열림을 방지한다.
③ 도어 행거는 승강장 도어가 가드레일에서 이탈하는 것을 방지한다.
④ 도어슈는 승강문지방(Sill) 홈에 6 mm 이상 맞물려야 한다.

풀이 도어클로저는 카가 잠금해제구간에 없는 층의 승강장문을 닫힘 및 잠김을 보장하는 장치로 스프링식과 무게추(웨이트) 방식이 있다.

27 도어머신에 대한 설명으로 옳은 것은?

① 동작 회수가 엘리베이터 기동회수와 같으므로 보수가 용이하여야 한다.
② 도어문의 개폐장치는 웜 감속기에서 벨트 또는 체인에 의한 감속장치로 늘어나는 추세이다.
③ 작동이 원활하고 정숙하게 하기 위하여 AC모터와 감속기구를 사용한다.
④ 벨트나 체인 감속 방법은 근래에는 거의 사용되지 않는 도어문 개폐장치이다.

풀이 동기전동기와 인버터를 사용한 도어 구동장치가 증가함에 감속기를 사용하지 않는다.

28 기계실이 있는 엘리베이터에서 기계실 안에 있는 장치가 아닌 것은?

① 권상기　　② 제어반　　③ 급유기　　④ 과속조절기

풀이 급유기는 승강로 레일에 오일을 공급하는 장치다.

29 승강기용 기어드 권상기의 구성품이 아닌 것은?

① 완충기　　② 전동기　　③ 웜기어　　④ 브레이크

정답 25. ③　26. ①　27. ②　28. ③　29. ①

30 유압식 승강기에서 압력배관이 파손되었을 때, 자동적으로 닫혀서 카가 급격히 떨어지는 것을 방지하는 장치는?

① 안전밸브
② 저지밸브
③ 럽쳐밸브
④ 체크밸브

31 승강기의 안전장치 중 파이널 리미트 스위치에 관한 설명으로 가장 옳은 것은?

① 카 내부 승차 인원이나 적재화물의 하중을 감지한다.
② 엘리베이터가 최상·최하층을 지나치지 않도록 한다.
③ 각 층마다 정차하기 위한 스위치로 카에 설치한다.
④ 각 층마다 정차하기 위한 스위치로 층마다 설치한다.

32 엘리베이터용 전동기가 일반 범용전동기에 비해 갖추어야 할 조건이 아닌 것은?

① 기동 토크가 클 것
② 기동 전류가 적을 것
③ 온도상승에 대해 열적으로 견딜 것
④ 회전부분의 관성모멘트가 클 것

33 엘리베이터의 정격하중 1500 kg, 정격속도가 180 m/min, 엘리베이터의 총합효율 80 %, 오버밸런스율 50 %인 경우 전동기의 출력(kW)은?

① 25.16
② 27.57
③ 32.72
④ 36.25

풀이 $P = \dfrac{1500 \times 180 \times (1-0.5)}{6120 \times 0.8} = 27.57$

34 권상기, 전동기 및 제어반 기계실 내의 기둥 및 벽으로부터 일정거리 만큼 이격시켜 설치하는 이유로 옳지 않은 것은?

① 제어반 후면의 점검 및 보수가 어렵기 때문에
② 수동핸들(Handle)의 수동조작을 할 수 없기 때문에
③ 기계실 실내 온도가 상승할 수 있기 때문에
④ 권상기 및 브레이크의 점검 및 조정이 어렵기 때문에

정답 30. ③ 31. ② 32. ④ 33. ② 34. ③

35 경사형 휠체어리프트에서 추락방지안전장치를 설치하지 않아도 되는 것은?

① 자기유지형 웜/ 세그먼트 드라이브 방식
② 간접식 유압잭 구동방식
③ 전동모터로 구동되는 로프 견인식
④ 전동모터로 구동되는 로프 드럼식

36 엘리베이터 카용 유입식 완충기의 최소 적용중량(kgf)에 대한 설명으로 옳은 것은?

① 카 자중 + 75 kgf
② 카 자중 + 적재하중
③ 카 자중 + 균형추 자중
④ 균형추 자중

풀이 최대 적용 중량 = 카 자중 + 적재하중
최소 적용 중량 = 카 자중 + 75 kgf

37 엘리베이터의 정격적재하중이 1000 kg, 정격속도가 120 m/min, 오버 밸런스율 50 %, 총 효율 80 %인 경우, 전동기 용량은 약 몇 kW가 필요한가?

① 9.3   ② 10.3   ③ 11.3   ④ 12.3

풀이 $P = \dfrac{1000 \times 120 \times (1-0.5)}{6120 \times 0.8} = 12.25 \,[\text{kW}]$

38 로핑에 대한 설명으로 맞는 것은?

① 1 : 1 로핑에서의 로프 장력은 카(또는 균형추)의 자체 중량과 같다.
② 2 : 1 로핑에서는 카 정격속도의 2배 속도로 로프가 구동한다.
③ 2 : 1 이상의 로핑에 있어서 로프의 수명이 1 : 1에 비해 길어진다.
④ 2 : 1 이상의 로핑에 있어서 종합효율이 1 : 1에 비해 향상된다.

풀이 권상기 도르래 속도와 로프속도는 로핑과 관계없고 카 속도와 로프에 걸리는 장력은 2 : 1로 핑인 경우 1/2로 감소한다.

39 카의 구조 중 카틀의 구성요소에 포함되지 않는 것은?

① 상부체대
② 브레이스 로드 (Brace rod)
③ 하부체대
④ 기계대

풀이 카틀의 구성요소 : 상부체대, 카주, 하부체대, 브레이스 로드

정답 35. ① 36. ① 37. ④ 38. ② 39. ④

40 유압엘리베이터에서 가장 많이 사용되는 펌프는 다음 중 어느 것인가?
① 기어 펌프
② 피스톤 펌프
③ 벤펌프
④ 스크류 펌프

41 카 바닥하부 또는 로프 단말에 설치되는 과부하감지장치의 용도가 아닌 것은?
① 전기적인 제어용
② 군 관리용
③ 과 하중 경보용
④ 속도감지용

> **풀이** 전기적인 제어용 : 비상구출운전 시 방향 결정.
> 군 관리용 : 카 할당 및 승강장 버튼 호출에 대한 응답/통과 결정 시 사용.

42 엘리베이터의 안전장치에 대한 설명 중 틀린 것은?
① 정격속도 60 m/min 이상에는 유입식 완충기가 적용되고 60 m/min 이하에서는 주로 스프링 완충기가 적용된다.
② 긴급 상황 발생 시 카를 정지시킬 때 정지스위치를 사용한다.
③ 완충기의 행정거리를 증가시키기 위해서 사용되는 안전장치가 강제감속장치이다.
④ 록 다운 비상정지장치는 즉시 작동형 비상정지장치를 주로 사용한다.

> **풀이** 리모델링 현장에서 피트를 깊이 파지 않고 정격속도를 높이기 위해 강제감속장치를 적용해 최하층에서는 기존의 속도로 운행 시키는 경우 사용된다.(완충기 최소정지거리 감소)

43 보상체인의 설치가 필요한 이유는?
① 균형추의 낙하를 방지하기 위하여
② 카의 진동을 방지하기 위하여
③ 이동케이블과 로프의 이동에 따른 하중을 보상하기 위하여
④ 카 자체의 하중을 보상하기 위하여

44 유압식 엘리베이터에서 작동유의 압력맥동을 흡수하여 진동 소음을 감소시키는 역할을 하는 것은?
① 체크밸브
② 필터
③ 사이렌서
④ 스트레이너

정답 40. ④ 41. ④ 42. ③ 43. ③ 44. ③

45 균형추에 추락방지안전장치가 있는 경우, 사용하지 않아야 하는 주행안내 레일은?

① 5 K   ② 8 K   ③ 13 K   ④ 18 K

> 풀이) 추락방지안전장치가 있는 경우는 철판 성형 레일은 사용 불가능하고 주물로 제작한 레일 중 5 K 레일은 없다.

46 카틀에 부착되는 브레이스로드 카바닥에 균등하게 분산된 하중의 얼마까지 카틀의 기둥에 전달하는가?

① 2/8   ② 3/8   ③ 4/8   ④ 5/8

47 카 자중 3000 kg, 적재하중 1500 kg, 승강행정 20 m, 로프가닥수 6, 로프 중량 1 kg/m일 때 트랙션비는? (단, 오버밸런스율 40 %로 한다.)

① 빈 카가 최상층에서 하강 시 : 1.044, 전부하 카가 최하층에서 상승 시 : 1.190
② 빈 카가 최상층에서 하강 시 : 1.154, 전부하 카가 최하층에서 상승 시 : 1.210
③ 빈 카가 최상층에서 하강 시 : 1.180, 전부하 카가 최하층에서 상승 시 : 1.190
④ 빈 카가 최상층에서 하강 시 : 1.240, 전부하 카가 최하층에서 상승 시 : 1.283

> 풀이) ① 빈 카가 최상층에서 하강 시
> $$T_1 = \frac{균형추무게 + 로프무게}{카 자중} = \frac{3000 + 1500 \times 0.4 + 20 \times 6 \times 1}{3000} = 1.24$$
> ② 전부하 카가 최하층에서 상승 시
> $$T_2 = \frac{카자중 + 적재하중 + 로프무게}{균형추 무게} = \frac{3000 + 1500 + 20 \times 6 \times 1}{3000 + 1500 \times 0.4} = 1.283$$

48 다음 중 와이어로프에 의해 카가 움직이는 것은?

① 유압 간접식   ② 유압 직접식
③ 유압 팬터 그래프식   ④ 에스컬레이터

49 다음 도어시스템에서 승객과 도어와의 충돌을 방지하기 위하여 물체가 검출되면 반전하여 열리도록 하는 보호장치가 아닌 것은?

① 세이프티 슈   ② 인터록
③ 광전장치   ④ 초음파장치

> 풀이) 기계적인 승강장문 잠금장치를 인터록 이라고 한다.

정답 45. ①   46. ②   47. ④   48. ①   49. ②

50 권상능력에 대한 설명으로 맞지 않은 것은?
① 권부각이 크면 클수록 권상능력은 증대한다.
② 카측과 균형추측의 로프에 걸리는 장력비(중력비)가 클수록 권상능력이 증대된다.
③ 언더커트홈으로 가공된 것에 비해 V홈으로 가공된 것이 초기의 권상능력이 크다.
④ 로프와 도르래 홈의 접촉면압을 높이면 권상능력이 증대된다.

> **풀이** 카측과 균형추 측의 로프에 걸리는 장력비(중력비)는 트랙션비이며 작을수록 권상능력이 증대된다.

51 균형체인의 설치 목적은?
① 균형추 로프의 장력을 일정하게 하기 위해서
② 카의 자체 균형을 유지하기 위해서
③ 카와 균형추 상호간의 위치 변화에 따른 로프 무게를 보상하기 위해서
④ 카의 자체 하중과 적재하중을 보상하기 위해서

52 트랙션 권상기에 대한 설명 중 옳지 않은 것은?
① 헬리컬기어드 권상기는 웜기어에 비해 효율이 높다.
② 주로프에 사용되는 도르래의 피치지름은 로프 지름의 40배 이상으로 한다.
③ 주로프의 안전율은 10이상이다.
④ 중·저속용 엘리베이터의 권상기는 주로 웜기어를 사용한다.

> **풀이** 로프의 안전율
> ① 8 mm 이상 2 가닥 : 안전율 16 이상, 3가닥 이상 : 안전율 12 이상
> ② 6 mm : 3가닥 이상, 안전율 16 이상 속도 1.75 m/s 이하에 사용 가능

53 엘리베이터에 사용되는 와이어로프의 종류가 아닌 것은?
① 실형   ② 필러형   ③ 워링톤형   ④ 강선형

54 승강기의 안전장치 중에서 속도와 직접적인 관계가 없는 것은?
① 세이프티 슈   ② 추락방지안전장치
③ 상승과속방지장치   ④ 과속조절기

> **풀이** 세이프티 슈 : 접촉식 문닫힘 안전장치

정답 50. ② 51. ③ 52. ③ 53. ④ 54. ①

55 기어의 감속비 2 : 76, 도르래 지름 600 mm인 권상기에 주파수 60 Hz, 6극(pole)의 전동기를 사용할 경우 엘리베이터의 정격속도는?

① 45 m/min   ② 60 m/min
③ 90 m/min   ④ 105 m/min

풀이 $V = \dfrac{\pi DN(rpm)}{1000} \times i(감속비) = \dfrac{\pi \times 600 \times \dfrac{120 \times 60}{6}}{1000} \times \dfrac{2}{76} = 59.53 [m/min]$

※ 전동기 회전수 계산 시 조건에 슬립이 없으면 0으로 무시하고 계산

56 승강장 도어에 설치한 도어인터록 장치에 대한 설명으로 옳은 것은?

① 카 도어와 외부출입구 도어가 연결되어 동작하는 장치이다.
② 외부 출입문의 전용열쇠로 열 수 있는 장치이다.
③ 카 도어 내부의 전기안전 스위치이다.
④ 카가 정지하지 않은 층의 승강장문은 전용열쇠 이외에는 열 수 없는 장치이다.

57 유압식 엘리베이터에서 정확한 속도제어가 가능하지만 다른 방식에 비해 효율이 낮은 회로는?

① 블리드 오프(Bleed off) 회로   ② 블리드 온(Bleed on) 회로
③ 미터 인(Meter in) 회로   ④ 미터 아웃(Meter out) 회로

58 와이어로프의 구조에서 심강은 마닐라삼 등 천연섬유나 합성섬유를 꼬아 만드는 것으로 이 심강의 주요 기능으로 알맞은 것은?

① 로프의 파단강도를 높여준다.
② 소선의 방청과 굴곡시의 윤활 활동을 한다.
③ 로프 굴곡시에 유연성을 부여한다.
④ 로프의 경도를 낮게 해준다.

59 승강기의 주요 안정장치 중 과부하 감지장치의 용도가 아닌 것은?

① 엘리베이터의 전기적 제어용   ② 군관리 제어용
③ 과하중 경보용   ④ 정전 시 구출 운전용

정답 55. ② 56. ④ 57. ③ 58. ② 59. ④

풀이 기출 문제로 정답은 ④로 발표했지만 정전 시 구출 운전을 하는 경우 적재하중이 50 % 이상이면 하강, 50 % 이하이면 상승 방향으로 운전하여 배터리 용량을 감소시키기 위해 사용하므로 모두 맞는 내용이다.

60 주택용 엘리베이터의 구동 쉬브(메인 쉬브) 직경은 주 로프 직경의 몇 배 이상이어야 하는가?

① 10   ② 20   ③ 30   ④ 40

풀이 주택용 엘리베이터와 과속조절기 도르래는 로프 직경의 30배

61 유압 완충기에서 플런저를 완전히 압축한 상태에서 완전 복귀할 때까지 요하는 시간은?

① 90초 이하   ② 120초 이하   ③ 150초 이하   ④ 180초 이하

62 카의 구조 중 카틀의 구성요소에 포함되지 않는 것은?

① 상부체대   ② 브레이스 로드(Brace Rod)
③ 하부체대   ④ 도어머신

63 정격속도 90 m/min인 승객용 엘리베이터의 추락방지안전장치 작동속도는 몇 m/min 미만인가?

① 117.5   ② 122.5   ③ 126   ④ 136.5

풀이 $(1.25 \times 1.5 + \dfrac{0.25}{1.5}) \times 60 = 122.5$[m/min] 미만 (공식은 m/s로 계산한다.)

64 로프와 도르래 홈에 언더커트 홈을 사용하는 이유는?

① 마찰계수 향상   ② 윤활 용이
③ 로프의 중심 균형   ④ 도르래의 경량화

65 소형화물용 엘리베이터 기계실의 천장 높이는 최소 몇 m 이상이어야 하는가?

① 0.7   ② 1   ③ 1.8   ④ 2.1

풀이 일반용 : 2.1 m 이상

정답 60. ③ 61. ① 62. ④ 63. ② 64. ① 65. ③

66 브레이스 로드를 전후 좌우 4개소에 적절히 설피하면 카 바닥 하중의 어느 정도까지 균등하게 카틀의 상부에서 하부까지 전달할 수 있는가?

① $\frac{1}{8}$ ② $\frac{2}{8}$ ③ $\frac{3}{8}$ ④ $\frac{4}{8}$

67 균형추의 오버밸런스율을 적절하게 유지해야 하는 이유로 가장 타당한 것은?
① 트랙션비를 개선하여 와이어로프가 도르레에서 미끄러지지 않도록 하기 위하여
② 승강기의 속도를 일정하게 하기 위하여
③ 승강기가 정지할 때 충격을 없애기 위하여
④ 승강기 출발을 원활하게 하기 위하여

68 선형에너지 축적형 완충기의 최소행정은 몇 mm 이상인가?
① 60 ② 65 ③ 85 ④ 95

풀이 선형에너지 축적형 완충기는 스프링 완충기이다.

69 추락방지안전장치가 작동되어 카가 정지한 후의 바닥면의 수평도는 얼마 이내로 유지되어 있어야 하는가?

① $\frac{1}{10}$ ② $\frac{1}{20}$ ③ $\frac{1}{30}$ ④ $\frac{1}{40}$

풀이 5% 이내

70 에스컬레이터가 역운전되는 것을 방지하기 위한 안전장치로 볼 수 없는 것은?
① 구동체인 안전장치 ② 조속기 장치
③ 브레이크 ④ 비상정지스위치

풀이 비상정지스위치는 긴급 시 버튼을 누르면 정지하는 안전장치

71 카가 어떤 이상 원인으로 감속되지 못하고 최상층 또는 최하층을 지나칠 경우 이를 검출하여 강제적으로 감속 정지시키는 장치로서 리미트 스위치 앞에 설치하는 것은?
① 화이널 리미트 스위치 ② 상승 리미트 스위치
③ 종단층 강제감속 스위치 ④ 록 다운 비상정지 장치

정답 66. ③ 67. ① 68. ② 69. ② 70. ④ 71. ③

> **풀이** 작동순서 : 종단층 강제감속 스위치 → 상승 리미트 스위치 → 파이널 리미트 스위치

72 엘리베이터용 전동기의 용량을 결정하는 주된 요인이 아닌 것은?
① 행정거리　　② 정격적재하중　　③ 정격속도　　④ 종합효율

73 유압엘리베이터는 카가 하강할 때 전체 에너지가 열로 환산되어 유압을 상승시키는데, 기동빈도가 많을 때는 유온을 몇 ℃ 이하까지 유지시켜야 하는가?
① 50 ℃ 이하　　② 60 ℃ 이하　　③ 70 ℃ 이하　　④ 80 ℃ 이하
> **풀이** 5℃ 이상 60℃ 이하

74 다음 중 직접식 유압 엘리베이터의 장점이 아닌 것은?
① 비상정지 장치가 불필요하다.
② 부하에 의한 바닥의 침하가 적다.
③ 실린더를 넣는 보호관이 필요하다.
④ 승강로 소요평면 치수가 작고 구조가 간단하다.

75 레일을 조이는 힘이 작동 시부터 정지시 까지 일정한 비상정지장치의 종류는?
① 즉시 작동형　　　　　　　　② 롤러식 작동형
③ 플렉시블 가이드 크램프형　　④ 플렉시블 웨지 크램프형
> **풀이** (FGC)

76 카 차중 1200 kg, 정격하중 1000 kg인 엘리베이터의 오버밸런스율은 40 %로 취하면 균형추의 중량[kg]은?
① 1480　　② 1600　　③ 1720　　④ 1800
> **풀이** $W = 1200 + 1000 \times 0.4 = 1600 [kg]$

77 유압식 엘리베이터의 기계실의 유압 파워 유니트, 기름탱크, 냉각장치 및 제어반은 특별한 경우를 제외하고 기둥 및 벽에서 수평거리로 몇 cm 이상 떨어져야 하는가?
① 20　　② 30　　③ 50　　④ 60

정답 72. ①　73. ②　74. ③　75. ③　76. ②　77. ③

78 로프식 엘리베이터에 비교할 때 유압식 엘리베이터의 특징이라고 할 수 없는 것은?

① 기계실을 승강로의 직상부에 설치할 필요가 없으므로 배치가 자유롭다.
② 건물이 꼭대기 부분에는 하중이 걸리지 않는다.
③ 꼭대기 틈새가 작아도 좋다.
④ 전동기의 소요 동력과 소비 전력이 작아진다.

> **풀이** 유압식 엘리베이터는 균형추가 없어서 전동기 용량이 커진다.

79 순간식 추락방지안전장치에 대한 설명으로 옳은 것은?

① 제동거리는 제동 즉시 카를 정지시키므로 고려하지 않는다.
② 60 m/min 정격속도의 승객용 엘리베이터에 적용한다.
③ 순차식 비상정지장치라고 한다.
④ 효율이 좋으므로 승객용 엘리베이터에 주로 사용한다.

80 로프식 엘리베이터에서 카를 균형추를 연결하여 카의 상하운동에 대한 매개체 역할을 하며, 특히 안전에 매우 중요한 부품으로 안전율이 12 이상이 필요한 것은?

① 실린더　　② 완충기　　③ 와이어로프　　④ 가이드레일

81 유압식 엘리베이터에서 유압회로의 압력이 설정값 이상으로 되면 밸브를 열어 오일을 탱크로 돌려보냄으로서 압력이 과도하게 상승하는 것을 방지하는 것은?

① 스톱밸브　　　　　　② 안전밸브
③ 유량제어밸브　　　　④ 체크밸브

> **풀이** 안전밸브 (설정된 압력의 140%를 초과하지 않도록 조정한다.)

82 속도 1 m/s 엘리베이터의 추락방지안전장치의 동작속도는 다음 중 어느 것이 적당한가?

① 1.3 m/s 미만　　　　② 1.35 m/s 미만
③ 1.4 m/s 미만　　　　④ 1.5 m/s 미만

> **풀이** $1.25V + \dfrac{0.25}{V} = 1.25 \times 1 + \dfrac{0.25}{1} = 1.5$[m/s] 미만

정답 78. ④　79. ①　80. ③　81. ②　82. ④

83 엘리베이터의 문닫힘 안전장치(Safety shoe)는 어디에 설치되어 있는가?
① 카 문
② 각 층의 문
③ 비상탈출구
④ 외부 문틀

84 권상식 엘리베이터가 최고의 위치에 있을 때의 엘리베이터의 상부체대와 승강로 천장의 돌출된 부분까지의 수직거리를 무엇이라 하는가?
① 피트 깊이
② 상부 틈새
③ 기계실 높이
④ 오버 헤드

85 권상기에 대한 설명으로 옳은 것은?
① 권상기 도르래의 지름은 로프 지름의 20배 이상으로 하여야 한다.
② 권상기 도르래와 로프의 권부각이 클수록 미끄러지기 쉽다.
③ 엘리베이터의 브레이크장치는 정격하중의 125% 하중에서 정격속도로 하강 시 안전하게 정지하여야 한다.
④ 도르래의 홈은 U홈을 사용하는 것이 마찰계수가 커서 유리하다.

86 정격속도 150 m/min인 승객용 엘리베이터의 속도가 증가하여 추락방지안전장치가 작동하는 속도의 범위로 적합한 것은?
① 193.5 m/min 미만
② 195 m/min 미만
③ 210 m/min 이하
④ 240 m/min 이하

풀이 $150 \times 1.15 = 172.5 [\text{m/min}]$ 이상
$V = (1.25 \times 2.5 + \dfrac{0.25}{2.5}) \times 60 = 193.5 [\text{m/min}]$ 미만

87 추락방지안전장치에 관한 설명 중 옳지 않은 것은?
① 피트 하부를 사무실이나 통로로 사용할 경우 균형추 측에도 설치한다.
② 정격속도 30 m/min의 엘리베이터에 즉시 작동형을 사용한다.
③ 카의 속도가 정격속도의 115% 이상에서 과속조절기에 의해 작동된다.
④ 처음 동작 시부터 카 정지시까지 정지력이 일정한 것을 FWC(프랙시블 웨지 크램프)형이라 한다.

정답 83. ① 84. ② 85. ③ 86. ①

88 즉시 작동식 비상정치장치가 작동할 때 정지력과 거리에 대한 그래프로 맞는 것은?

①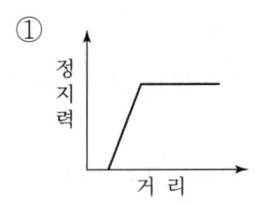
②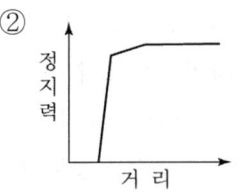
③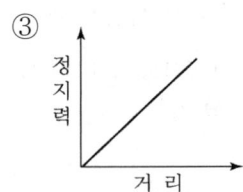
④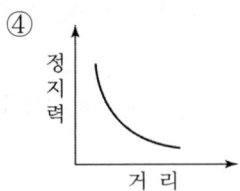

89 간접식 유압엘리베이터의 설명으로 옳지 않은 것은?
① 플런저의 길이가 직접식에 비하여 짧기 때문에 설치가 간단하다.
② 오일의 압축성 때문에 부하에 따른 카 바닥의 빠짐이 크다.
③ 실린더의 점검이 쉽다.
④ 추락방지안전장치가 필요 없다.

풀이 간접식 유압엘리베이터에는 추락방지안전장치, 과속조절기, 완충기가 필요하다.

90 과속조절기의 종류가 아닌 것은?
① 마찰정지형
② 플라이 볼(Fly Ball)형
③ 세이프티 디스크(Safety Disc)형
④ 디스크(Disc)형

91 다음 중 유체의 흐름을 한 방향으로만 흐르게 하고 역류를 방지하는데 사용되는 밸브는?
① 글로브밸브　　　　② 슬루스밸브
③ 강압밸브　　　　　④ 체크밸브

정답 87. ④ 88. ③ 89. ④ 90. ③ 91. ④

92 소선강도에 의한 와이어로프의 설명 중 옳은 것은?

① E종은 150 kgf/mm² 급 강도의 소선으로 구성된 로프이다.
② A종은 일반 와이어로프와 비교하여 탄소량을 적게 하고 경도를 낮춘 것으로 파단강도는 135 kgf/mm² 급이다.
③ B종은 강도와 경도가 E종보다 더욱 높아 엘리베이터용으로 사용된다.
④ G종은 소선의 표면에 아연도금한 로프로 다습환경의 장소에 사용된다.

풀이 E종(135 kgf/mm²) G종(150 kgf/mm²) A종(165 kgf/mm²) E종(180 kgf/mm²)
※ +15 kgf/mm²씩 증가 9.81을 곱하면 단위가 N/mm²로 변환된다.

93 엘리베이터 브레이크(제동기)의 설명 중 옳지 않은 것은? (단, g_n은 중력 가속도이다.)

① 브레이크의 감속도는 일반적으로 $1.0g_n$ 이상으로 한다.
② 카가 정지된 후에도 부하에 의한 불균형으로 역구동되어 움직이지 않도록 하여야 한다.
③ 전동기의 관성력, 카, 균형추 등 엘리베이터의 제반장치의 관성을 제지하는 역할을 할 수 있어야 한다.
④ 승객용 엘리베이터에서는 125%의 부하로 정격속도로 하강중인 카를 안전하게 감속, 정지시킬 수 있어야 한다.

풀이 $1.0g_n$ 이하

94 로프의 꼬임에 대한 설명으로 옳은 것은?

① 스트랜드의 꼬는 방향과 방향을 반대로 한 것을 랭 꼬임이라 한다.
② 스트랜드의 꼬는 방향과 방향이 동일한 것이 보통 꼬임이다.
③ 보통 꼬임은 랭 꼬임에 비하여 국부적인 마모가 발생하여 수명이 다소 짧다.
④ 랭 꼬임은 보통 꼬임에 비하여 킹크(kink)가 잘 발생하지 않는다.

95 엘리베이터의 군관리 방식에 대한 설명으로 옳지 않은 것은?

① 위치표시기를 설치하지 않고 대신에 홀랜턴을 설치하기도 한다.
② 3~8대의 엘리베이터가 병설될 때 개개의 카를 합리적으로 운행·관리하는 방식이다.
③ 개개의 부름에 대하여 가장 가까이 있는 카가 응답한다.
④ 특정층의 혼잡 등을 자동적으로 판단하여 서비스층을 분할할 수도 있다.

정답 92. ④ 93. ① 94. ③ 95. ③

풀이 군관리 방식에서는 승강장 버튼에 의한 버튼을 운송효율을 높이기 위해 통과하는 경우도 있다.

96 정격적재량 800 kg, 정격속도 1 m/s, 오버밸런스율 45 %, 권상기의 총효율 60 %인 승강기용 전동기의 필요 출력은 약 몇 kW인가?

① 3.7 kW   ② 4.5 kW   ③ 5.5 kW   ④ 7.2 kW

풀이 $P = \dfrac{800 \times 60 \times (1 - 0.450)}{6120 \times 0.6} = 7.19 [kW]$

97 엘리베이터의 도어 및 부속장치에 대한 사항으로 옳지 않은 것은?

① 고속 엘리베이터의 도어장치에는 스프링식의 보다 웨이트식의 도어 클로저가 더 적합하다.
② 공동주택용 엘리베이터의 경우, 카가 주행 중에 저속의 도어를 손으로 억지로 여는데 필요한 힘은 20 kgf 이상이 되도록 한다.
③ 승객용 엘리베이터에는 수직개폐방식의 도어는 사용되지 않아야 한다.
④ 도어 인터록장치는 도어 록이 먼저 걸린 후 도어스위치가 접점 되도록 한다.

풀이 고속 엘리베이터는 풍압으로 승강문의 진동으로 소음이 발생하여 스프링식 도어클로저를 사용한다.

98 즉시작동형 추락방지안전장치의 일종으로 로프에 걸리는 장력이 없어져서 로프의 처짐 현상이 생겼을 때 바로 운전회로를 차단하고 추락방지 안전장치를 작동시키는 것은?

① 슬랙로프 세이프티   ② 스프링 클로저
③ 세이프티 슈   ④ 도어 머신

99 로프식 엘리베이터에서 양측의 중량비가 너무 크면 미끄러지게 되어 매우 위험하므로 설계시 검토가 필요하다. 미끄러짐을 결정하는 요소에 관한 설명으로 맞는 것은?

① 권부각이 작을수록 미끄러지기 쉽다.
② 카의 가속도가 작을수록 미끄러지기 쉽다.
③ 카의 감속도가 작을수록 미끄러지기 쉽다.
④ 시브의 직경이 크면 미끄러지기 쉽다.

정답 96. ④ 97. ① 98. ① 99. ①

100 균형로프(Compensation Rope)에 대한 설명 중 옳은 것은?

① 주로프를 보강하기 위하여 설치한다.

② 균형추의 무게를 줄이기 위하여 설치한다.

③ 트랙션비를 개선하기 위하여 설치한다.

④ 카의 무게를 가볍게 하기 위하여 설치한다.

정답 100. ③

예상문제(3)

1과목 승강기 개론

01 승강기의 주요 안전부품에 대하여 설치·제조에 적합함을 확인하기 위하여 안전인증 부품검사를 실시하여야 하는데 다음 중 이에 포함되지 않는 것은?
   ① 와이어로프소켓 ② 제어반
   ③ 전자브레이크 ④ 스텝

02 주행안내 레일의 허용응력은 일반적으로 몇 [kgf/cm²]를 원칙으로 하는가?
   ① 600 kgf/cm² ② 2400 kgf/cm²
   ③ 4100 kgf/cm² ④ 8000 kgf/cm²

03 파이널리미트스위치(Final Limit Switch)에 대한 설명으로 옳지 않은 것은?
   ① 스위치는 기계적 조작 외에 광학적 또는 전자적으로 조작될 수 있어야 한다.
   ② 가급적 리미트스위치에 의하여 착상되면 작동하지 않도록 설정되어야 한다.
   ③ 완충기에 충돌되기 전에 작동하여야 한다.
   ④ 카 또는 균형추가 완전히 압축된 완충기 위에 얹히기까지 작동을 계속하여야 한다.

04 유압엘리베이터의 플런져 실린더내의 정상적인 상한 행동을 초과하지 않도록 제한하는 것은?
   ① 플런져 리미트스위치 ② 사일런서
   ③ 필터 ④ 역저지 밸브

05 유압식 엘리베이터의 미터인(Meter In)회로의 특징이 아닌 것은?
   ① 상승 운전시 효율이 높다.
   ② 카의 기동시 유량조정이 어렵다.
   ③ 작동유 압력변화의 영향을 받기 쉽다.
   ④ 작동유 온도변화의 영향을 받기 쉽다.

   풀이 효율이 나쁘다

정답 01. ② 02. ② 03. ① 04. ① 05. ①

06 도어 클로져(Door Closer)에 대한 설명으로 옳은 것은?
① 카 도어의 잠금장치이다.
② 승강장 도어 잠금장치이다.
③ 승강장 도어를 자동적으로 닫히게 하는 장치이다.
④ 카 도어 사이에 이물질이 끼었을 때 다시 열리는 반전장치이다.

07 엘리베이터의 카가 최상층을 통과하였을 때 전원을 차단하여 카를 정지시키기 위한 안전장치는?
① 최상층 정지스위치
② 슬로우 다운스위치
③ 종점스위치
④ 파이널 리미트스위치

08 엘리베이터의 조명 전원설비에 대한 설명으로 적합하지 않은 것은?
① 카 내의 조명용, 환기팬용 및 보수용 램프 등을 위한 전원설비이다.
② 일반적으로 단상 교류 220 V가 사용된다.
③ 동력용 전원으로부터 인출하여 사용하는 것이 바람직하다.
④ 자가발전설비가 가동될 때도 조명전원이 별도로 인가되도록 구성하는 것이 바람직하다.

> 풀이 동력 전원과 조명 전원은 분리되어 독립적으로 공급되어야 한다.

09 유압식 엘리베이터에 주로 사용되는 펌프의 방식은?
① 강제 송유식
② 원심식
③ 가변 토출량식
④ 자연 송유식

> 풀이 유압식 엘리베이터에 주로 강제송유식 스크류 펌프가 사용된다.

10 파이널 리미트(Final Limit) 스위치에 대한 설명 중 옳은 것은?
① 파이널 리미트스위치는 카가 완충기에 도달하기 직전에 작동을 중지하여야 한다.
② 파이널 리미트스위치는 카를 감속하기 위하여 기계실에 설치하는 안전스위치이다.
③ 스위치 접촉은 전기적 조작으로 열릴 수 있어야 한다.
④ 기계적으로 조작되어야 하며, 작동 캠은 금속으로 만든 것이어야 한다.

> 풀이 상부 파이널 리미트 스위치는 균형추가 완충기에 도달하기 전에 작동해야 한다.

정답 06. ③ 07. ④ 08. ③ 09. ① 10. ④

11 미터인 회로를 사용한 제어방식의 특징이 아닌 것은?

① 유량제어밸브를 주회로에 삽입하여 유량을 직접 제어하는 방식이다.
② 비교적 정확한 속도제어가 가능하다.
③ 블리드 오프 방식보다 효율이 비교적 좋다.
④ 여분의 작동유는 안전밸브를 통하여 기름탱크로 되돌아 간다.

12 교류일단 속도제어에 관한 설명 중 틀린 것은?

① 기동 시에는 기동저항을 연결하여 기동 전류를 줄인다.
② 승차감은 나쁘지만 착상 오차는 적다.
③ 30 m/min 이하 저속용 승강기에 적용된다.
④ 정지는 전원을 차단한 후 제동기가 작동하여 기계적으로 브레이크를 거는 방식이다.

풀이 교류일단 속도제어는 감속과 정지 시 쇼크가 커서 승차감이 나쁘고 착상 오차도 크다.

13 승강기에 대한 주요 부품 중 설치 위치가 다른 한 가지는?

① 승강로 배선용 덕트   ② 이동케이블
③ 가이드레일   ④ 인터폰

풀이 승강로 배선용 덕트, 이동케이블, 가이드레일은 승강로에 설치한다.

14 도어클로저에 관하여 틀린 것은?

① 고속 도어장치에는 스프링클로저 방식이 적합하다.
② 웨이트클로저 방식은 도어의 닫힘이 끝날 때 힘이 약해진다.
③ 규제가 제거되면 자동적으로 닫히는 방식이 일방적이다.
④ 웨이트클로저 방식은 웨이트가 승강로 벽을 따라 내려뜨리는 것과 도어 판넬 자체에 달리는 것 2종이 있다.

15 엘리베이터에서 발생할 수 있는 범죄를 예방하기 위하여 실시하는 대책이 아닌 것은?

① 각 도어마다 방범창을 부착한다.
② 기준층에 파킹 스위치를 부착한다.
③ 인터폰을 설치한다.
④ 각 층 강제 정지운전을 한다.

정답 11. ③ 12. ② 13. ④ 14. ② 15. ②

> 풀이 파킹 스위치는 대기전력 차단을 위해 카의 운행을 정지시키는 장치이다.

16 그래프와 같은 특성을 갖는 추락방지안전장치는 어떤 종류의 것인가?
① 즉시 작동형 추락방지안전장치
② 슬랙로프 세이프티
③ FGC형 추락방지안전장치
④ FWC형 추락방지안전장치

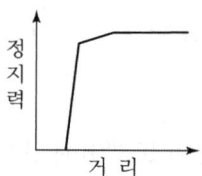

17 일종의 압력조절밸브로 회로의 압력이 설정값에 도달하면 밸브를 열어 기름을 탱크로 돌려보냄으로 압력이 높아지는 것을 방지하기 위한 것은?
① 유량제어밸브　② 안전밸브　③ 역저지밸브　④ 필터

> 풀이 안전밸브(릴리프 밸브)는 압력을 140 % 이내로 제한한다.

18 엘리베이터와 주행 중 혹은 가감속 시 와이어로프가 미끄러지지 않도록 트랙션 능력을 충분히 검토할 필요가 있다. 여기서 트랙션비(traction ratio)에 대한 설명으로 옳은 것은?
① 트랙션비는 0 이상이다.
② 트랙션비가 낮으면 로프의 수명이 길게 된다.
③ 트랙션비가 높으면 전동기의 출력을 작게 할 수 있다.
④ 트랙션비가 높으면 로프와 도르레와의 마찰력이 작아진다.

> 풀이 트랜션비는 1보다 크고 작을수록 권상 능력이 높아진다.

19 유압식 엘리베이터에서 간접식의 장·단점에 대한 설명으로 틀린 것은?
① 실린더의 점검이 용이하다.
② 승강로는 실린더를 수용할 부분만큼 커지게 된다.
③ 비상정지장치가 필요하다.
④ 로프의 늘어짐과 작동유의 압축성 때문에 부하에 의한 카 바닥의 빠짐이 비교적 작다.

> 풀이 1 : 2 로핑의 경우 실린더가 이동한 거리의 2배를 카가 이동하여 카 바닥의 빠짐이 크다.

정답　16. ④　17. ②　18. ②　19. ④

20 유압식엘리베이터 펌프의 흡입 측에 부착되어 이물질을 제거하는 작용을 하는 것은?
① 미터인 ② 사일렌서
③ 스트레이트 ④ 스트레이너

풀이 사일렌서 : 작동유의 맥동을 흡수하여 진동과 소음을 줄인다.

21 엘리베이터의 브레이크 능력에 관한 사항 중 틀린 것은?
① 제동력을 너무 작게 하면 제동 시 회전 부분에 큰 응력을 발생시킨다.
② 정지 후 부하에 의한 언밸런스로 역구동되어 움직이는 일이 없도록 유지되어야 한다.
③ 브레이크는 카나 균형추 등 엘리베이터의 전 장치의 관성을 제지할 필요가 있다.
④ 화물용 엘리베이터는 정격의 125 % 부하로 전속 하강 중 위험 없이 감속·정지할 수 있어야 한다.

풀이 제동력을 크게 하면 제동 시 회전 부분에 큰 응력을 발생시킨다.

22 파이널 리미트 스위치(final limit switch)의 설계에 대한 설명으로 틀린 것은?
① 카가 완충기에 도달 후에 작동하도록 설계한다.
② 승강로 내부에 설치하고 카에 부착된 캠으로 동작시킨다.
③ 카 또는 균형추가 완전히 압축된 완충기 위에 얹히기까지 작용을 계속하도록 한다.
④ 카가 종단층을 통과한 뒤에는 전원이 권상 전동기로부터 자동으로 차단되도록 한다.

23 동기전동기 기어리스 권상기를 설계하려고 한다. 주 도르래의 직경을 작게 설계할 경우에 대한 설명으로 틀린 것은?
① 소형화가 가능하다.
② 주 로프의 지름이 작아질 수 있다.
③ 회전수가 빨라진다.
④ 브레이크 제동 토크가 커진다.

풀이 주 도르래의 직경이 작아지면 제동토크도 작아진다.

정답 20. ④ 21. ① 22. ① 23. ④

24 다음 도어시스템에서 승객과 도어와의 충돌을 방지하기 위하여 물체가 검출되면 반전하여 열리도록 하는 보호장치가 아닌 것은?

① 세이프티 슈 ② 인터록
③ 광전장치 ④ 초음파장치

25 권상능력에 대한 설명으로 맞지 않은 것은?

① 권부각이 크면 클수록 권상능력은 증대한다.
② 카 측과 균형추 측의 로프에 걸리는 장력비(중량비)가 클수록 권상 능력이 증대된다.
③ 언더커트홈으로 가공된 것에 비해 V홈으로 가공된 것이 초기의 권상 능력이 크다.
④ 로프와 도르래 홈의 접촉면압을 높이면 권상능력이 증대된다.

26 구조가 간단하나 착상오차가 크므로 대략 정격속도 30 m/min 이하의 엘리베이터에 적용하는 속도제어방식은?

① 교류 1단 속도제어 ② 교류 2단 속도제어
③ 교류 귀환제어 ④ 가변전압 가변주파수 제어

27 소방구조용 엘리베이터의 운행속도 기준은?

① 2 m/s 이상 ② 1 m/s 이상
③ 0.75 m/s 이상 ④ 0.5 m/s 이상

> **풀이** 소방구조용 엘리베이터의 운행속도는 1 m/s 이상으로 소방관접근 지정층에서 가장먼 층까지 60초 이내에 도달해야 한다. 단, 승강행정이 200 m 이상일 경우는 3 m마다 1초씩 증가시킬 수 있다.

28 승강로의 구조에 대한 설명 중 옳지 않은 것은?

① 승강로의 벽 또는 출입문은 반드시 난연재료로 만들거나 씌워야 한다.
② 급·배수 등의 배관은 승강로 내에 설치하지 않는다.
③ 출입구 바닥 앞부분과 카 바닥 앞부분과의 틈의 너비는 3.5 cm 이하로 하여야 한다.
④ 승강로 밖의 사람 또는 물건이 카 또는 균형추에 접촉될 염려가 없는 구조이어야 한다.

> **풀이** 승강로의 벽 또는 출입문은 반드시 불연재료로 만들거나 씌워야 한다.

정답 24. ② 25. ② 26. ① 27. ② 28. ①

29 트랙션 권상기에 대한 설명 중 옳지 않은 것은?

① 헬리컬기어드 권상기는 웜기어에 비해 효율이 높다.
② 주로프에 사용되는 도르래의 피치지름은 로프지름의 40배 이상으로 한다.
③ 주로프의 안전율은 10 이상이다.
④ 중·저속용 엘리베이터의 권상기는 주로 웜기어를 사용한다.

풀이 (주로프의 안전율 12 이상)

30 승장 도어의 로크 및 스위치의 설계 조건으로 틀린 것은?

① 승장도어는 카가 없는 층에서 닫혀 있어야 한다.
② 승장도어의 인터록 장치는 도어 스위치를 닫은 후에 로크가 확실히 걸려야 한다.
③ 승장도어가 완전히 닫혀 있지 않은 경우에는 엘리베이터가 움직이지 않아야 한다.
④ 승장도어의 인터록장치는 도어 스위치가 확실히 열린 후에 로크가 벗겨져야 한다.

풀이 로크(기계적인 잠금장치)가 7 mm 이상 확실히 걸린 후 도어 스위치(전기 안전스위치)가 닫혀야 한다.

31 승강기 도어머신의 감속장치로 주로 사용하는 방식이 아닌 것은?

① 벨트사용 방식
② 체인사용 방식
③ 웜감속기 방식
④ 유성기어 감속기 방식

풀이 유성기어는 일부 화물용 엘리베이터 권상기용 감속 기어로 사용되었다.

32 권동식 권상기의 특징이 아닌 것은?

① 소요동력이 크다.
② 높은 양정에는 사용하기 어렵다.
③ 로프와 도르래의 마찰력을 이용한다.
④ 너무 감거나 또는 지나치게 풀 때 위험하다.

풀이 도르래의 마찰력을 이용하는 것은 트랙션식 권상기이다.

정답 29. ③ 30. ② 31. ④ 32. ③

33 엘리베이터의 조작방식에 대한 설명으로 틀린 것은?

① 하강 승합 전자동식은 2층 이상의 층에서는 승강장의 호출 버튼이 하나밖에 없다.
② 카 스위치방식은 카의 기동을 모두 운전자의 의에 따라 카 스위치의 조작에 의해서만 이루어진다.
③ 단식 자동식은 하나의 요구버튼에 대한 운전이 완전히 종료될 때까지는 다른 요구를 전혀 받지 않는 방식이다.
④ 승합 전자동식은 전 층의 승강장에 상승용 및 하강용 버튼이 반드시 설치되어 있어서 상승과 하강을 선택하여 누를 수 있다.

풀이 최상층과 최하층의 승강장 버튼은 하강용과 상승용 1개만 있다.

34 뉴얼의 끝 지점 및 모든 지점의 자유공간을 포함한 에스컬레이터의 스텝 또는 무빙워크의 팔레트나 벨트위의 틈새 높이는 몇 m 이상이어야 하는가?

① 2.0   ② 2.1   ③ 2.2   ④ 2.3

35 다음은 에너지 축적형 완충기에 대한 내용이다. (　)에 들어갈 내용으로 옳은 것은?

"선형 특성을 갖는 완충기의 가능한 총 행정은 정격속도의 (㉠)%에 상응하는 중력정지 거리의 2배[$0.135v^2$[m]] 이상이어야 한다. 다만, 행정은 (㉡)[mm] 이상이어야 한다."

① ㉠ 115, ㉡ 60
② ㉠ 115, ㉡ 65
③ ㉠ 110, ㉡ 65
④ ㉠ 110, ㉡ 60

36 다음 (　)의 ㉠, ㉡에 들어갈 내용으로 옳은 것은?

권상 도르래, 풀리 또는 드럼의 피치직경과 로프(벨트)의 공칭 직경 사이의 비율은 로프(벨트)의 가닥수와 관계없이 (㉠)이상이어야 한다. 다만, 주택용 엘리베이터의 경우 (㉡) 이상이어야 한다.

① ㉠ 20, ㉡ 30
② ㉠ 30, ㉡ 30
③ ㉠ 40, ㉡ 30
④ ㉠ 50, ㉡ 40

정답 33. ④ 34. ④ 35. ② 36. ③

37 카의 실제속도와 지령속도를 비교하여 사이리스터의 점호각을 바꿔 유도 전동기의 속도를 제어하는 방식은?

① 교류 궤환제어 ② 교류 2단 제어
③ 워드 레오나드 방식 ④ 정지 레오나드 방식

38 엘리베이터의 과부하 검출장치에 대한 설명으로 틀린 것은?

① 작동하면 부저가 울린다.
② 과부하가 제거되면 작동이 멈춘다.
③ 주행 중에도 작동하여 카를 멈추게 한다.
④ 정격 적재하중보다 많이 적재하면 작동한다.

풀이 과부하 검출장치는 주행 중에는 작동하여도 카의 운행을 정지시키지 않는다.

39 화재 등 재난 발생 시 거주자의 피난활동에 적합하게 제조·설치된 엘리베이터로서 평상시에는 승객용으로 사용하는 엘리베이터는?

① 전망용 엘리베이터 ② 피난용 엘리베이터
③ 소방구조용 엘리베이터 ④ 승객화물용 엘리베이터

풀이 키워드는 "피난활동"이다.

40 매다는 장치 중 체인에 의해 구동되는 엘리베이터의 경우 그 장치의 안전율이 최소 얼마 이상이어야 하는가?

① 7 ② 8 ③ 9 ④ 10

41 승강기의 안전검사 중 정기검사의 경우 기본적으로 검사주기는 몇 년 이내여야 하는가?

① 1년 ② 2년 ③ 3년 ④ 4년

풀이 기본주기는 2년이고 주택용, 화물용, 자동차용을 제외한 엘리베이터는 1년이다.

42 기계식 주차장치에서 여러 층으로 배치되어 있는 고정된 주차구획에 아래, 위 및 옆으로 이동할 수 있는 운반기에 의하여 자동차를 운반 이동하여 주차하도록 설계한 주차장치 형식은?

정답 37. ① 38. ③ 39. ② 40. ④ 41. ② 42. ④

① 2단 순환식 ② 평면왕복식
③ 수직 순환식 ④ 승강기 슬라이드식

43 카 내부에 있는 사람에 의한 카문의 개방을 제한하기 위해 엘리베이터가 운행중일 때 카문의 개방은 최소 몇 N 이상의 힘이 요구되어야 하는가?

① 40 ② 50 ③ 60 ④ 70

44 엘리베이터의 정격속도가 매 분당 180 m이고 제동소요 시간이 0.3초인 경우 제동거리는 몇 m 인가? (단, 엘리베이터 속도는 정격속도에서 선형적으로 감소한다.)

① 0.25 ② 0.45 ③ 0.65 ④ 0.85

풀이 제동거리 $S = \dfrac{Vt}{2} = \dfrac{3 \times 0.3}{2} = 0.45 [m]$

45 엘리베이터가 과속된 경우 과속스위치가 이를 검출하여 동력 전원 회로를 차단하고 전자브레이크를 작동시켜 과속조절기 도르래의 회전을 정지시켜 과속조절기 도르래의 홈과 로프 사이의 마찰력으로 비상정지시키는 과속조절기의 종류는?

① 마찰정지형 과속조절기 ② 디스크형 과속조절기
③ 플라이 볼형 과속조절기 ④ 유압식 과속조절기

46 승강기 안전관리법령에 따라 승강기의 정격속도에 따라서 고속 승강기와 중저속 승강기로 구분하는데 이를 구분하는 정격속도의 크기는?

① 3.5 m/s ② 4 m/s ③ 4.5 m/s ④ 5 m/s

풀이 고속엘리베이터 : 속도 4 m/s 초과의 엘리베이터

47 유압식 엘리베이터는 제약조건이 많아서 수요가 줄어들고 있는 추세인데, 다음 중 유압식 엘리베이터가 주로 사용되고 있는 장소의 조건으로 거리가 먼 것은?

① 저층의 맨션에서 시가지 때문에 일광 제한과 시선제한의 규제가 있을 경우
② 중심상가에서 10층 상당의 업무용 빌딩에 엘리베이터를 설치할 경우
③ 공원 등에서 건물을 세울 시 높이 제한이 엄격한 경우
④ 대용량이고 승강행정이 짧은 화물용 엘리베이터로 이용될 경우

정답 43. ② 44. ② 45. ① 46. ② 47. ②

풀이 유압식 엘리베이터는 속도와 승강 행정에 제한이 있어 고층 건물에는 부적합하다.

48 엘리베이터의 상승과속방지장치에 대한 설명으로 옳지 않은 것은?
① 상승과속방지장치는 빈 카의 감속도가 정지단계 동안 $1g_n$(중력가속도)를 초과하는 것을 허용하지 않아야 한다.
② 상승과속방지장치의 복귀를 위해서 승강로에 접근을 요구하지 않아야 한다.
③ 상승과속방지장치를 작동하기 위해 외부 에너지가 필요할 경우 에너지가 없으면 엘리베이터는 정지되어야 하고 정지상태가 유지되어야 한다. (단, 압축스프링 방식은 제외)
④ 카의 상승과속을 감지하여 카를 정지시키거나 카가 완충기에 충돌할 경우에 대하 설계된 속도로 감속시켜야 한다.
풀이 상승과속방지장치는 카가 승강로 천장에 충돌하는 것을 방지하기 위한 안전장치다.

49 경사형 엘리베이터의 안전기준에 따라 승강로 벽을 설계할 때 승강로 벽의 높이 기준은 경사가도에 따라 달라지는데 그 기준의 경계가 되는 경사각도는 약 몇 [°]인가?
① 35°   ② 40°   ③ 45°   ④ 50°

50 승객용 엘리베이터의 가이드레일 규격이 "가이드레일 ISO 7465-T82/A"라고 명시되어있다. 여기서 "82"는 그림에서 어느 부분의 길이를 의미하는가?
① A   ② B
③ C   ④ D

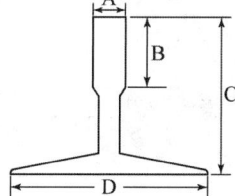

51 소형 화물용 엘리베이터의 안전기준에 따라 카와 승강장 문턱과의 거리는 몇 mm 이하여야 하는가?
① 10   ② 20   ③ 30   ④ 40

정답 48. ④ 49. ③ 50. ④ 51. ③

52 승강기에 사용되는 유도전동기의 용량이 15 kW, 전동기의 회전수가 1450 rpm이라면 이 전동기 브레이크에 요구되는 제동토크는 약 몇 N·m인가? (단, 주어진 조건 이외에는 무시한다.)

① 74　　　　　　　　　　　② 99
③ 144　　　　　　　　　　　④ 202

풀이 전동기 토크
① $\tau = 975 \times \dfrac{15}{1450} \times 9.81 = 98.95 [\text{N} \cdot \text{m}]$
② $\tau = \dfrac{15 \times 1000}{2\pi \times \dfrac{1450}{60}} = 98.79 [\text{N} \cdot \text{m}]$

53 엘리베이터가 "피난운전"시 특정 안전장치를 제외하고는 기본적으로 모두 작동 상태여야한다. 여기서 제외되는 안전장치는 다음중 무엇인가?

① 문닫힘 안전장치　　　　　② 과부하 감지장치
③ 추락방지 안전장치　　　　④ 상승과속 방지장치

54 카 자중 3500 kg, 정격하중 2000 kg, 승강행정 60 m, 로프 6본, 균형추의 오버밸런스율이 40 %일 때 전부하 시 카가 최하층에 있는 경우 트랙션비는 약 얼마인가?
(단, 로프는 1.2 kg/m이고 보상률이 90 %가 되는 균형체인을 설치한다.)

① 1.18　　　　　　　　　　② 1.22
③ 1.27　　　　　　　　　　④ 1.36

풀이 $T = \dfrac{3500 + 2000 + 1.2 \times 60 \times 6}{3500 + 2000 \times 0.4 + (1.2 \times 60 \times 6 \times 0.9)} = 1.265$　∴ 1.27

55 에스컬레이터의 공칭속도에 대한 기준이다. 괄호 안의 내용이 옳게 짝지어진 것은?

> – 경사도가 30° 이하인 경우 공칭속도는 (㉠) m/s 이하이어야 한다.
> – 경사도가 30°를 초과하고 35° 이하인 경우 공칭속도는 (㉡) m/s 이하이어야 한다.

① ㉠ 0.6, ㉡ 0.4　　　　　② ㉠ 0.6, ㉡ 0.5
③ ㉠ 0.75, ㉡ 0.4　　　　④ ㉠ 0.75, ㉡ 0.5

정답 52. ②　53. ①　54. ③　55. ④

56 승강기의 정격속도와 관계없이 사용할 수 있는 완충기로 옳은 것은?

① 스프링 완충기
② 유입 완충기
③ 우레탄 완충기
④ 고무 완충기

풀이 에너지분산형 완충기

57 엘리베이터의 안전기준에 따라 소방구조용 엘리베이터의 기본요건으로 틀린 것은?

① 소방구조용 엘리베이터의 출입구의 유효폭은 0.7 m 이상으로 한다.
② 소방구조용 엘리베이터는 소방운전 시 모든 승강장의 출입구마다 정지할 수 있어야 한다.
③ 소방구조용 엘리베이터는 소방관 접근지정층에서 소방관이 조작하여 엘리베이터 문이 닫힌 이후부터 60초 이내에 가장 먼층에 도착되어야 한다.
④ 소방구조용 엘리베이터의 운행속도는 1 m/s 이상이어야 한다.

풀이 정격하중 630 kg, 폭 1100 mm, 깊이 1400 mm 이상이어야 하며, 출입구 유효 폭은 800 mm 이상이어야 한다.

58 엘리베이터의 도어를 작동시키는 도어머신(door machine) 장치가 갖추어야 할 조건으로 가장 거리가 먼 것은?

① 도어용 모터는 토크가 크고 열이 많이 발생하므로 별도의 냉각장치가 필요하다.
② 동작회수가 승강기 기동빈도의 2배 정도이기 때문에 유지보수가 용이해야 한다.
③ 주로 엘리베이터의 상단에 설치되어 있어서 소형이고 경량일수록 좋다.
④ 도어 작동에 있어서 동작이 원활하고 소음이 적어야 한다.

59 권상식 엘리베이터에서 주 로프의 미끄러짐 현상을 줄이는 방법으로 옳지 않은 것은?

① 권부각을 크게 한다.
② 속도 변화율을 크게 한다.
③ 균형체인이나 균형로프를 설치한다.
④ 도르래와 로프사이의 마찰계수를 크게 한다.

풀이 속도 변화율은 가속도로 크게 하면 잘 미끄러지기 쉽다.

정답 56. ② 57. ① 58. ① 59. ②

60 기계실의 조명장치와 관련하여 다음 항목에 대한 조도 기준을 올바르게 나타낸 것은?

- 작업공간의 바닥면 : (㉠) lx 이상
- 작업공간 간 이동 공간의 바닥 면 : (㉡) lx 이상

① ㉠ 150, ㉡ 100　　　② ㉠ 150, ㉡ : 50
③ ㉠ 200, ㉡ 100　　　④ ㉠ 200, ㉡ : 50

61 에스컬레이터의 스텝에 대한 설명으로 옳은 것은?
① 스텝을 지지하는 롤러는 두 개다.
② 밟는 면은 평면이어야 하며, 홈이 있어서는 안 된다.
③ 스텝의 앞에만 주의색을 칠하거나, 주의색의 플라스틱을 끼워야 한다.
④ 스텝은 알루미늄의 다이캐스트 또는 스테인리스 강판을 접어 구부린 것도 있다.

풀이　스텝을 지지하는 롤러는 4개다.

62 아래와 같은 건물의 높이에 설치된 엘리베이터의 지진감지기 설정값 중 고(高) 설정값으로 옳은 것은?

건축물 높이	특저 설정값	저 설정값	고 설정값
58 m	80 gal 또는 P파 감지	120 gal	( )

① 120 gal　② 130 gal　③ 140 gal　④ 150 gal

63 장애인 용 승강기에 대한 설명으로 틀린 것은?
① 승강장 문턱과 카 바닥의 틈은 3센티미터 이하로 하여야한다.
② 시각장애인이 감지할 수 있는 층수 등은 점자로 표시하지 않아도 된다.
③ 조작반, 통화장치 등에는 점자표지판을 부착하여야 한다.
④ 승강기 내부의 유효바닥면적은 폭 1.6미터 이상, 깊이 1.35미터 이상으로 하여야 한다.

정답　60. ④　61. ④　62. ④　63. ②

64 장애인용 엘리베이터의 구조에 대한 설명이다. 적합하지 않는 것은?

① 출입문의 통과 유효 폭은 0.8[m] 이상으로 하여야 한다.
② 승강장 출입구 바닥 앞부분과 카 바닥 앞부분과의 승강장 문턱 사이의 거리는 35[mm] 이하로 하여야 한다.
③ 카 바닥의 내부 어느 부분에서든 150[lx] 이상의 조도가 확보되어야 한다.
④ 엘리베이터 내부의 유효 바닥면적은 폭 1.6[m] 이상, 깊이 1.35[m] 이상으로 하여야 한다.

풀이 카 바닥 앞부분과의 승강장 문턱 사이의 거리는 30[mm] 이하

65 다음 ㉠, ㉡에 들어갈 내용으로 알맞은 것은?

> "장애인용 엘리베이터의 구조에서 휠체어 사용자용 조작반은 카 진입 방향에서 (㉠)벽에 바닥면으로부터 0.8[m]~1.2m 사이에 (㉡)형으로 설치하여야 한다."

① ㉠ 우측, ㉡ 가로   ② ㉠ 우측, ㉡ 세로
③ ㉠ 좌측, ㉡ 가로   ④ ㉠ 좌측, ㉡ 세로

66 장애인용 엘리베이터에 대한 설명 중 틀린 것은?

① 각층의 장애인용 엘리베이터 호출버튼의 0.4 m 전면에는 점형블록을 설치하여야 한다.
② 카내 조작반 및 승강장의 호출버튼에 점자표시판을 부착하여야 한다.
③ 장애인용 호출버튼에 의하여 카가 정지하면 10초 이상 문이 열린 채로 대기하여야 한다.
④ 엘리베이터 내부에는 운행상황을 표시하는 점멸등 및 음성신호장치를 설치하여야 한다.

풀이 점형블록은 호출버튼의 0.3 m 전면에 설치하여야 한다.

67 장애인용 엘리베이터의 호출버튼, 조작반, 통화장치 등 승강기의 안과 밖에 설치되는 모든 스위치의 높이는 바닥면으로부터 0.8 m 이상 1.2 m 이하에 설치하여야 하나, 스위치가 많아 설치하기 곤란한 경우에는 몇 m 이하까지로 할 수 있는가?

① 1.3   ② 1.4   ③ 1.5   ④ 1.6

정답 64. ② 65. ① 66. ① 67. ②

MEMO

2과목 승강기 설계

1장 승강기 설계의 기본
2장 승강로 관련 기준
3장 카 및 승강장 관련 기준
4장 기계실 관련 기준
5장 기계요소 설계
6장 제어반 및 전기설비 설계
7장 재해대책 설비

▶ 승강기 설계 예상문제(1)
▶ 승강기 설계 예상문제(2)
▶ 승강기 설계 예상문제(3)

1장 승강기 설계의 기본

1. 수송능력 산출 및 계획

1.1 설비계획상의 요건

(1) 교통량계산을 하여 그 빌딩의 교통수요에 적합한 충분한 대수일 것
(2) 이용자의 대기시간이 허용치 이하가 되도록 고려할 것
(3) 여러 대를 설치할 경우 가능한 건물 가운데로 배치할 것
(4) 교통수요에 따라 시발 층을 어느 하나의 층으로 할 것
(5) 군관리 운전을 할 경우에는 서비스 층은 최상층과 최하층을 일치시킬
(6) 초고층 빌딩의 경우에는 서비스 층의 분할을 고려할 것

1.2 대수 선정의 기본요소

(1) 교통량 분석의 5요소

① 집중율 : 단위시간에 이동하는 사람 수와 건물에 출입히는 전체 사람 수에 대한 비율
② 5분간 수송 능력 : 출발층에서 5분동안 엘리베이터를 탈 수 있는 사람 수
③ 일주시간(RTT) : 카가 출발층에 도착한 시점부터 승객을 싣고 등록된 층에 응답하면서 최상층을 거쳐 다시 출발층으로 돌아오는데 걸리는 시간을 초 단위로 표기
④ 평균운전 간격 : 일주시간을 동일 승강장에서 운행되는 대수로 나눈 값을 초 단위로 표기
⑤ 평균 대기시간 : 승객이 엘리베이터를 호출한 후 엘리베이터를 탈 때까지의 시간 (평균 운전간격의 약 1/2 정도)

(2) 교통수요

① 교통수요는 빌딩의 용도와 규모에 따른 단위시간의 승객의 집중율로 예측한다.
   (교통수요의 피크시간대 고려)
② 건물의 규모 구분을 산정하는 요소

사무실	공동주택	백화점	호 텔	병 원
유효면적	거주인구	매장면적	침실수	침상(bed)수

※ 사무실의 경우 하강 방향의 교통수요는 고려하지 않고 출근 시간의 상승 방향 승객 수는 정원의 80%를 가정하여 산출한다.

(3) 건물의 거주인구

① 오피스 빌딩 : 거주인구 = $\dfrac{\text{층별유효면적}[m^2] \times (\text{건물층수}-2)}{\text{1인당 점유면적}[m^2]}$ [명]

② 공동주택 : 거주인구=세대당 거주인구 × 세대수
③ 호텔 : 침실의 베드수 또는 수용가능한 숙박자
④ 병원 : 침상 수

1.3 설치 대수 산정

(1) 양적인 관점

① 교통수요를 과부족 없이 수송 가능한 능력의 대수이다.
② 일주시간과 건물의 피크 시간대의 평균 탑승 승객수로 계산하여 5분간의 수송 능력을 산출한다.

$$5\text{분간 수송 인원 } \acute{P} = \dfrac{5 \times 60 \times r}{RTT}$$

여기서, r : 승객수이며 출근 시는 정원의 80[%] 적용

$$\text{전 대수의 5분간 수송 인원 } P = N\acute{P} = N \times \dfrac{5 \times 60 \times r}{RTT}$$

여기서, N : 엘리베이터 대수

③ 일주시간 (RTT : One Round Trip Time)

$$\text{일주시간} = \Sigma(\text{주행시간}+\text{도어개폐시간}+\text{승객출입시간}+\text{손실시간})$$

- 로컬(완행) 구간 내 예상 정지수 $f_L = n\left\{1 - \left(\dfrac{n-1}{n}\right)^r\right\}$

    여기서, n=건물 층수− 2, r(승객수)=엘리베이터 정원×탑승률)

- 전 예상정지수 $f = f_L + f_E$

    여기서, f_E : express zone(급행구간)으로 통상 1로 한다.

- 손실시간은 통상 (도어개폐시간 + 승객출입시간)의 10[%]를 적용한다.

④ 양적인 관점의 엘리베이터의 대수 : $N = \dfrac{Q}{P'}$ (Q : 5분간 전 교통수요)

(2) 질적인 관점

① 엘리베이터 이용자의 대기시간을 허용치 이하로 서비스할 수 있는 대수이다

② 평균 운전간격 = $\dfrac{RTT}{N}$

∴ 대수 $N = \dfrac{RTT}{평균운전간격}$

(3) 5분간 수송 능력

건물의 전체 거주인구 중 5분 내 운송할 수 있는 승객의 비율로 건물의 운송 효율을 측정하는 기준요소

$$5분간\ 수송능력(CC) = \dfrac{전대수의\ 5분간\ 수송인원(P')}{건물의\ 거주인구(Q)} \times 100[\%]$$

1.4 승강기의 기본 시방

승강기 시방의 결정의 흐름은 (1) → (2) → (3)의 순서로 최종 시방이 결정되며 기본시방은 속도, 용량, 대수 3가지다.

(1) 기본시방 설정	(2) 정격용량 및 정격속도	(3) 건물의 용도 및 규모
속도	권상기와 전동기의 용량	운전방식
용량	카의 크기	승강장 및 카의 의장
대수	기계실과 승강로 크기	설치 대수
	구동방식	뱅크 수

1.5 건축법에 따른 엘리베이터 대수

(1) 의료, 영업, 문화시설 : 대수 $N = \dfrac{6층\ 이상\ 면적[m^2] - 3000}{2000} + 2$

 ※ 6층 이상의 면적이 3000[m²] 이하 : 2대 이상

(2) 공동주택 : 대수 $N = \dfrac{6층\ 이상\ 면적[m^2] - 3000}{2000} + 1$

 ※ 6층 이상의 면적이 3000[m²] 이하 : 1대 이상

(3) 8인승 이상 15인승 이하 : 1대, 16인승 이상 : 2대로 인정한다.

(4) 10층 이상 공동주택 : 적재하중 900[kg] 이상의 엘리베이터 설치해야 한다.

2. 교통량 계산 및 위치선정

2.1 교통량 분석 방법

(1) 교통량 계산의 정의

엘리베이터 설비능력의 적합여부를 판정하기 위해 교통수요의 피크치를 추정하여 엘리베이터의 수송능력과 비교하는 것이다.

(2) 교통량 계산방법의 종류

① 예상 정지층 수에 따른 운전확률에 의한 계산
   - 설비계획 초기에 유효한 분석 수단이다.
② 시뮬레이션 (Simulation)에 의한 계산
   - 컴퓨터를 이용하여 실제의 조건으로 가상 재현해 보는 분석 방법으로 피크시 이외의 분석도 가능하다.

(3) 건물 용도별 피크 교통수요

사무실	호텔	아파트	병원	백화점
아침 출근 시간	오전 체크아웃 시간 (9~11시)	저녁 귀가 시간	오후 면회 시간	휴일 정오 전후

(4) 교통량 계산 요소

최대 수송능력 계산 요소	최대 교통량 계산 요소
엘리베이터 대수	빌딩의 용도
정격 속도	빌딩의 성질
정격하중(정원)	층별 용도
서비스 층 구분	층별 인구 (총 면적)
뱅크 구분	층고
이동 동선	출발층

(5) 건물의 용도별 5분간 수송능력

건물의 용도		5분간 수송능력(%)	평균 운전 간격
주거시설	급행용(셔틀)	8~10	30초 이하 (수송 능력이 충분한 경우는 40초 정도 까지 허용)
주거시설	구간용(로컬)	5~7	
숙박시설	급행용(셔틀)	12~15	
숙박시설	구간용(로컬)	10~15	
업무시설 (구간용)	전용	13~16	
업무시설 (구간용)	준 전용	13~15	
업무시설 (구간용)	소규모 임대	12~14	
업무시설	급행용(셔틀)	15~20	

예제 지상 10층, 정원 15인승의 승객용 엘리베이터가 다음과 같은 조건으로 운행할 때 물음에 답하시오.

[조건]
- 용도 : 일사전용사무실
- 승객출입시간 : 2.5초/인
- 탑승율 : 80%
- 도어개폐시간 : 2.7/층
- 주행시간 : 37초

(1) 전 예상정지수를 구하시오.
(2) 일주시간을 구하시오.

풀이

(1) ① 로컬 구간내 예상정지수

$$f_L = n\left\{1 - \left(\frac{n-1}{n}\right)^r\right\} = 8 \times \left\{1 - \left(\frac{8-1}{8}\right)^{12}\right\} = 6.39$$

여기서, $n = 10 - 2 = 8$, $r = 15 \times 0.8 = 12$

② 전 예상정지층수
$f = f_L + f_E = 6.39 + 1 = 7.39$ (급행존 내 정지층수 $f_E = 1$)

(2) $RTT = \sum$(주행시간 + 도어개폐시간 + 승객출입시간 + 손실시간)
$= 37 + 19.95 + 30 + 5 = 91.95$[초]

① 주행시간 $T_r = 37$[초]
② 도어 개폐시간 $= T_d = t_r \times f = 2.7 \times 7.39 = 19.95$[초]
③ 승객출입시간 $= T_P = t_p \times r = 2.5 \times 12 = 30$[초]
④ 손실시간 $= T_e = 0.1 \times (T_d + T_P) = 0.1 \times (19.95 + 30) = 4.995 = 5$[초]

예제 중간층에 정지하지 않고 전속주행 시 편도 소비전력이 1 m당 1 kwh, 가감속 시 각각 9 kWh의 에너지를 소비하는 1:1 로핑의 전기식 엘리베이터의 전속 주행거리가 33 m일 때 일주에너지(kWh)를 구하시오.

풀이 $P = 2 \times (9 + 1 \times 33 + 9) = 102 [\text{kWh}]$　　　답 : 102[kWh]

2.2 위치선정의 기본사항

(1) 엘리베이터의 배치
① 교통량 계산의 결과 해당 건물의 교통수요에 적합한 충분한 대수를 설치한다.
② 승객이 접근하기 쉬운 곳에 위치해야 하며, 가능하면 건물 중앙에 위치하는 것이 효율적이다.
③ 엘리베이터를 기다리는 공간은 복도의 통로가 아닌 별도의 공간으로 구성한다.
④ 초고층의 경우 서비스층을 분할 하는 것을 검토한다.
⑤ 여러 대를 설치할 경우 집중배치해야 효율이 높다.

(2) 에스컬레이터의 배치
① 에스컬레이터의 바닥점유면적을 되도록 적게 배치한다.
② 건물의 지지보·기둥위치를 고려하여 하중을 균등하게 분산시킨다.
③ 승객의 보행거리를 줄일 수 있도록 배열을 계획한다.
④ 건물의 정면출입구와 엘리베이터의 중간에 설치한다.
⑤ 사람의 움직임이 많은 곳에 설치한다.

2.3 엘리베이터의 집단화(군관리)

(1) 한 건물에서 한 대 이상의 승객용 엘리베이터가 필요하면 모든 승객용 엘리베이터는 집단화하면 수송 능력이 증가한다.
(2) 한 건물 내에 여러 곳에 따로 놓여 있는 개별 승객용 엘리베이터의 단점
　① 승객의 대기시간 증가
　② 보수점검 시의 불편
　③ 이사 등 전용 운전 시 일반승객의 이용 불편

2.4 서비스 층과 통과 층

(1) 한 그룹으로 된 엘리베이터는 같은 층들을 서비스해야 운전 효율을 높일 수 있다.
(2) 통과층
　① 운행효율을 높이고 엘리베이터의 정지 횟수를 줄고 소비전력이 감소한다.

② 격층운행, 3개층 격층운행, 홀짝수층 분리 운행 등이 있다.
(3) 서비스 층 분할
① 초고층 건물은 저층부, 중층부, 고층부로 서비스 층을 분할하여 호기를 배치하면 정지회수가 줄어 일주시간이 줄고 수송 능력이 증가된다.
② 서비층 분할 구간은 변경이 가능하다.

2.5 설치 대수에 따른 배열

(1) 복수의 엘리베이터를 설치하는 경우, 집단화는 필수적이며 적합한 위치에 그룹화된 엘리베이터를 배치한다.
(2) 승객의 출입 동선, 이용자의 성향 등을 고려하여 보행거리를 최소화하도록 배열하여야 한다.
(3) 배열이 적정치 않으면 정지 층에서 승객의 이동에 따른 대기시간의 증가로 효율이 떨어진다.
(4) 효율적인 배열을 다음과 같다.
(5) 엘리베이터의 배열

엘리베이터 배치의 예

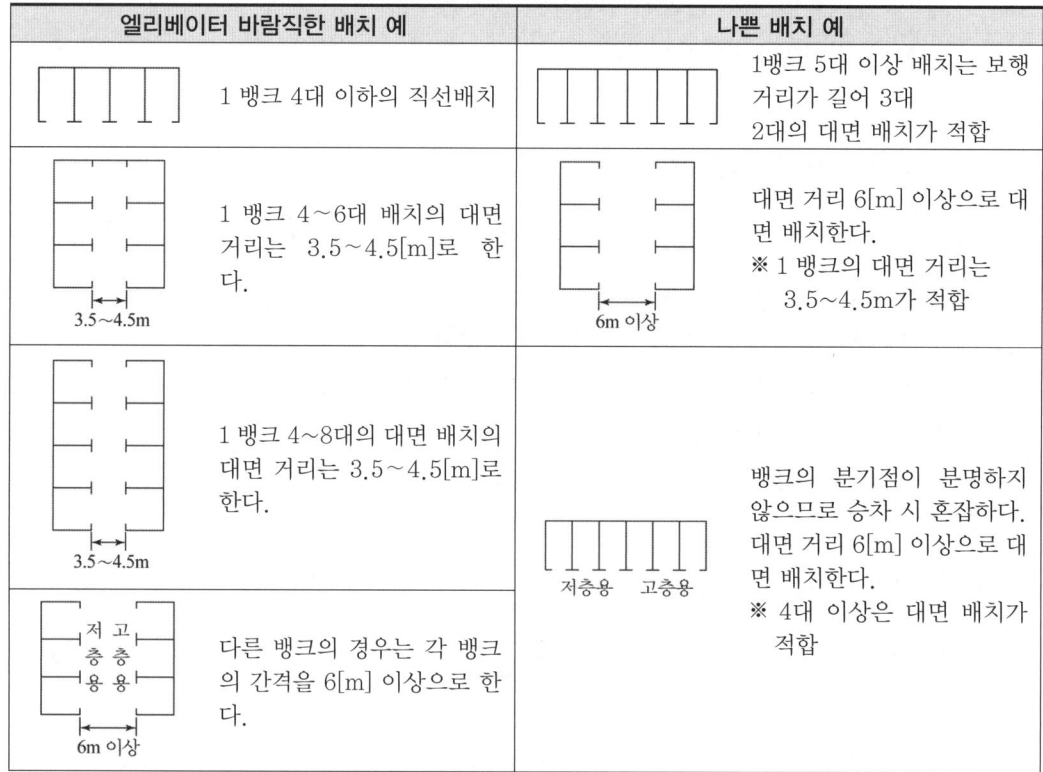

(6) 에스컬레이터의 배열

에스컬레이터의 배열 종류

종별	배 열 도	특 징	단 점
단열승계형		1) 위층으로 고객을 유도하기 쉽다. 2) 층간 수송이 연속적이다.	1) 바닥의 소요 면적이 넓다.
단열겹침형		1) 바닥 소요 면적이 작다. 2) 쇼핑객의 시야가 넓다.	1) 층간 수송이 불연속이다. 2) 승객의 시야는 상행 또는 하행의 매장 방향이 된다.
복열승계형		1) 승강, 하강이 연속적이다. 2) 승강, 하강이 독립적이다. 3) 고객의 시야가 가려지지 않는다. 4) 에스컬레이터의 존재가 잘 보인다. 5) 전 매장이 보인다.	1) 바닥의 소요 면적이 크다.
교차승계형		1) 승강, 하강이 연속적으로 환승 가능 2) 승강, 하강의 동선이 분리되어 승강장이 혼잡하지 않다. 3) 에스컬레이터의 하부 사용 가능	1) 쇼핑객의 시야가 좁다. 2) 에스컬레이터의 위치표시가 어렵다.

(7) 에스컬레이터의 특징

① 대기시간 없이 연속적으로 수송이 가능하다.

② 백화점과 대형마트 등 설치 장소에 따라 구매 의욕을 높일 수 있다.

③ 점유 면적이 작고 기계실이 건물에 걸리는 하중이 각층에 분산되어 있다.

④ 전동기 기동 시에 흐르는 대전류에 의한 부하전류의 변화가 엘리베이터에 비하여 적어 전원설비 부담이 적다.

2장 승강로 관련 기준

1. 승강로 치수

1.1 카 지붕의 피난 공간

(1) 피난공간을 수용할 수 있는 유효 구역이 1개 이상 카 지붕에 있어야 한다.
(2) 피난공간은 추가되는 사람마다 각각 제공되어야 한다.
(3) 두 개 이상인 경우, 각 피난공간들은 같은 유형이어야 하고, 서로 간섭되지 않아야 한다.
(4) 카 지붕 피난공간의 크기

유형	자세	그림	피난공간 크기	
			수평 거리(m×m)	높이(m)
1	서 있는 자세		0.4 × 0.5	2
2	웅크린 자세		0.5 × 0.7	1

기호설명 : ① 검정색 ② 노란색 ③ 검은색

1.2 카와 승강로 틈새

(1) 카가 최고위치에 있을 때 승강로 천장의 가장 낮은 부분(천장 아래에 있는 빔 및 부품을 포함)과 다음 구분에 따른 카 지붕의 설비 사이의 유효 거리는 다음과 같아야 한다.

※ **카의 최고 위치** : 균형추가 완전히 압축된 완충기 위에 있을 때 위치 $+ 0.035 V^2$

1) 카의 투영부분 중 다음 2)와 3)을 제외한 카 지붕에 고정된 설비 중 가장 높은 부분 : 0.5[m] 이상(수직거리, 경사거리 포함)
2) 카의 투영 부분에서 수평거리 0.4[m] 이내의 가이드 슈/롤러, 로프 단말처리부 및 수직 개폐식 문의 헤더 또는 부품의 가장 높은 부분 : 0.1[m] 이상(수직거리)

3) 난간의 가장 높은 부분
① 카의 투영부분에서 수평거리 0.4[m] 이내와 난간 외부 수평거리 0.1[m] 이내 부분 : 0.3[m] 이상(수직거리)
② 카의 투영부분에서 수평거리 0.4[m] 바깥 부분 : 0.5[m] 이상(경사거리)
4) 카 지붕 또는 카 지붕의 설비 위에 어떤 하나의 연속되는 구역이 유효면적이 0.12[m^2] 이상이고 가장 작은 변의 길이가 0.25[m] 이상인 경우, 그 구역은 사람이 서 있을 수 있는 장소로 보고 위로 승강로 천장의 가장 낮은 부분(천장 아래에 있는 빔과 부품을 포함) 사이의 수직 틈새는 2[m] 이상이어야 한다. (서 있는 자세 높이)

(2) 유압식 엘리베이터의 경우, 승강로 천장의 가장 낮은 부분과 상승방향으로 주행하는 램-헤드 조립체의 가장 높은 부분 사이의 유효 수직거리는 0.1[m] 이상이어야 한다.

1.3 피트의 피난공간

(1) 피난공간이 1개 이상 있어야 한다.
(2) 피난공간은 추가되는 사람마다 각각 제공되어야 한다.
(3) 두 개 이상인 경우, 각 피난공간들은 같은 유형이어야 하고, 서로 간섭되지 않아야 한다.
(4) 주택용 엘리베이터의 경우에는 움직이는 수단에 의해 카가 이 수단에 정지하고 있을 때 피트 바닥과 카 하부의 가장 낮은 부품 사이에 0.2[m]×0.2[m]의 면적 및 1.8[m]의 수직거리가 확보되어야 한다.
(5) 피트 피난 공간의 크기

유형	자세	그림	피난공간 크기	
			수평 거리(m×m)	높이(m)
1	서 있는자세		0.4 × 0.5	2
2	웅크린 자세		0.5 × 0.7	1
3	누운 자세		0.7 × 1	0.5

기호 설명 : ① 검은색   ② 노란색   ③ 검은색

1.4 피트 틈새

(1) 피트 바닥과 카의 가장 낮은 부분 사이의 유효 수직거리는 0.5[m] 이상이어야 한다.
(2) 주택용 엘리베이터의 경우 카가 완전히 압축된 완충기 위에 있을 때 피트 바닥과 카의 가장 낮은 부품(에이프런 등) 사이의 수직거리는 0.05[m] 이상이어야 한다.

2. 승강로 규격

2.1 일반사항

(1) 승강로, 기계실·기계류 공간 및 풀리실은 엘리베이터 전용으로 사용되어야 한다.
(2) 소방 관련 법령에 따라 기계실 천장에 설치되는 화재감지기 본체, 비상용 스피커 및 가스계 소화설비를 설치할 수 있다.
(3) 조명
   ① 카 지붕에서 수직 위로 1 m 떨어진 곳: 50 lx
   ② 피트 바닥에서 수직 위로 1 m 떨어진 곳: 50 lx
   ③ 이외의 장소 : 20 lx
   ④ 기계실 작업공간의 바닥 면 : 200 lx (모든 작업공간은 200lx 이상)
   ⑤ 작업공간 간 이동 공간의 바닥 면: 50 lx
   ⑥ 승강장 : 50 lx
(4) 피트 출입문 및 피트 바닥에서 잘 보이고 접근 가능한 정지장치를 설치해야 한다.
   1) 피트 깊이가 경우 1.6 m 미만 경우 : 1개의 정지스위치
      ① 최하층 승강장 바닥에서 수직 위로 0.4 m 이내 및 피트 바닥에서 수직 위로 2m 이내
      ② 승강장문 안쪽 문틀에서 수평으로 0.75 m 이내
   2) 피트 깊이가 1.6 m 이상인 경우 : 2개의 정지스위치
      ① 상부 정지스위치 : 최하층 승강장 바닥에서 수직 위로 1 m 이내 및 승강장문 안쪽 문틀에서 수평으로 0.75 m 이내
      ② 하부 정지스위치 : 피트 바닥에서 수직 위로 1.2 m 이내 및 피난 공간에서 조작이 가능한 위치

3) 승강장문을 제외한 피트 출입문이 있는 경우에는 정지스위치가 그 출입문 안쪽 문틀에서 수평으로 0.75 m 이내 및 피트 바닥에서 수직 위로 1.2 m 이내에 있어야 한다.

(5) 피트의 피난 공간에서 0.3 m 떨어진 범위 이내에서 조작할 수 있는 영구적으로 설치된 점검운전 조작반이 있어야 한다.

(6) 피트 출입문 안쪽 문틀에서 수평으로 0.75 m 이내 및 피트 출입층 바닥 위로 1m 이내에 설치된 승강로 조명의 점멸수단이 설치되어야 한다.

(7) 기계실·기계류 공간 및 풀리실에는 정지장치, 조명 스위치, 작업구역마다 적절한 위치에 설치된 1개 이상의 콘센트가 있어야 한다.

(8) 카 상부 및 피트의 피난 공간에는 비상통화장치가 설치되어야 한다.

(9) 승강로에 사용되는 평면·성형 유리판은 접합유리로 만들어져야 한다.

(10) 기계실은 내화구조 또는 방화구조로 구획하고, 내장은 준불연재료 이상으로 마감되어야 한다. 다만, 기계실 벽면이 외기에 직접 접하는 등 「건축법」 등 관련 법령에 따른 건축물 구조상 내화구조 또는 방화구조로 구획할 필요가 없는 경우에는 불연재료를 사용해야 한다.

(11) 피트 출입문 (폭 0.7 m×높이 1.8 m 이상)
   ① 깊이가 2.5 m를 초과하는 경우 : 피트 출입문
   ② 피트 깊이가 2.5 m 이하인 경우 : 피트 출입문 또는 사다리

(12) 승강로에는 1대 이상의 엘리베이터 카가 있을 수 있다.

(13) 엘리베이터의 균형추 또는 평형추는 카와 동일한 승강로에 있어야 한다.

(14) 승강로 내에 설치되는 돌출물은 안전상 지장이 없어야 한다.

(15) 승강로 내에는 각 층을 나타내는 표기가 있어야 한다.

(16) 엘리베이터는 다음 구분 중 어느 하나에 의해 주위와 구분되어야 한다
   ① 불연재료 또는 내화구조의 벽, 바닥 및 천장
   ② 충분한 공간

(17) 여러 대의 엘리베이터가 있는 승강로에는 서로 다른 엘리베이터의 움직이는 부품들 사이에 피트 바닥에서 0.3 m 이내부터 최하층 승강장 바닥에서 위로 2.5 m 이상까지 칸막이가 설치되어야 한다.

2.2 피트 바닥의 수직력

(1) 카 측

피트 바닥은 전 부하 상태의 카가 완충기에 작용하였을 때 카 완충기 지지대 아래에 부과되는 정하중의 4배를 지지할 수 있어야 한다.

$$F = 4 \cdot g_n \cdot (P+Q)$$

여기서, F : 전체 수직력[N]
g_n : 중력 가속도(9.81[m/s^2])
P : 카 자중과 이동케이블, 보상 로프/체인 등 카에 의해 지지되는 부품의 중량 [kg]
Q : 정격하중[kg]

(2) 균형추 측

피트 바닥은 균형추가 완충기에 작용하였을 때 균형추 완충기 지지대 아래에 부과되는 정하중의 4배를 지지할 수 있어야 한다.

$$F = 4 \cdot g_n \cdot (P + q \cdot Q)$$

여기서, F : 전체 수직력[N]
g_n : 중력 가속도(9.81[m/s^2])
P : 카 자중 및 이동케이블, 보상 로프/체인 등 카에 의해 지지되는 부품의 중량 [kg]
Q : 정격하중[kg]
q : 균형추에 의해 보상되는 밸런스율

(3) 유압식 엘리베이터

1) 에너지 축적형 완충기가 적용된 멈춤 쇠 장치

$$F = \frac{3 \cdot g_n \cdot (P+Q)}{n} \text{ [N]}$$

2) 에너지 분산형 완충기가 적용된 멈춤 쇠 장치

$$F = \frac{2 \cdot g_n \cdot (P+Q)}{n} \text{ [N]}$$

여기서, F : 멈춤 쇠 장치가 작동하는 동안에 고정 정지 위치에 작용하는 전체 수직력[N]
g_n : 중력가속도(9.81[m/s^2])
n : 멈춤쇠 장치 수
P : 카 자중 및 이동케이블, 보상 로프/체인 등 카에 의해 지지되는 부품의 중량[kg]
Q : 정격하중[kg]

(4) 피트의 일반사항

1) 피트 직하부에 사람이 상주하는 공간 또는 상시 출입하는 통로로 사용될 경우
   ① 피트의 기초는 5,000[N/m^2] 이상이어야 한다.
   ② 균형추 또는 평형추에 추락방지안전장치가 설치되어야 한다.

2) 균형추 또는 평형추의 주행 구간은 칸막이로 보호되어야 한다.
   ① 칸막이의 가장 낮은 부분은 피트 바닥에서 위로 0.3[m] 이하 2[m] 이하이어야 한다.
   ② 칸막이의 폭은 균형추 또는 평형추의 폭 이상이어야 한다.

2.3 밀폐식 승강로

(1) 밀폐식 승강로의 허용된 개구부
① 승강장문을 설치하기 위한 개구부
② 승강로의 비상문 및 점검문을 설치하기 위한 개구부
③ 화재 시 가스 및 연기의 배출을 위한 통풍구
④ 환기구
⑤ 엘리베이터 운행을 위해 필요한 기계실 또는 풀리실과 승강로 사이의 개구부

2.4 반밀폐식 승강로의 벽의 높이(H)

(1) 승강장문 측 : 3.5 m 이상
(2) 다른 측면 및 움직이는 부품까지의 수평거리가 0.5 m 이하인 곳 : 2.5 m 이상
(3) 움직이는 부품까지의 거리가 0.5 m를 초과하는 경우에는 2.5 m의 값을 순차적으로 줄일 수 있으며, 2 m의 거리에서는 최소 1.1 m까지 줄일 수 있다.

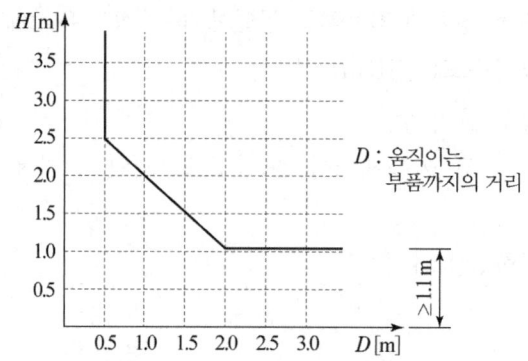

반밀폐식 승강로의 벽의 높이와 거리

(4) 승강로 벽은 구멍이 없어야 한다.
(5) 승강로 벽은 복도, 계단 또는 플랫폼의 가장자리로부터 최대 0.15 m 이내 있거나 보호되어야 한다.

2.5 승강장 문턱과 카문턱의 틈새

(1) 엘리베이터의 승강장 문턱과 카문턱의 틈새는 35 mm 이하이어야 한다.
(2) 장애인용 엘리베이터는 30 mm 이하이어야 한다.

2.6 승강로 벽과 카문턱 틈새

(1) 승강로 내측과 카 문턱, 카 문틀 또는 카문의 닫히는 모서리 사이의 수평거리는 승강로 전체 높이에 걸쳐 0.15 m 이하이어야 한다.

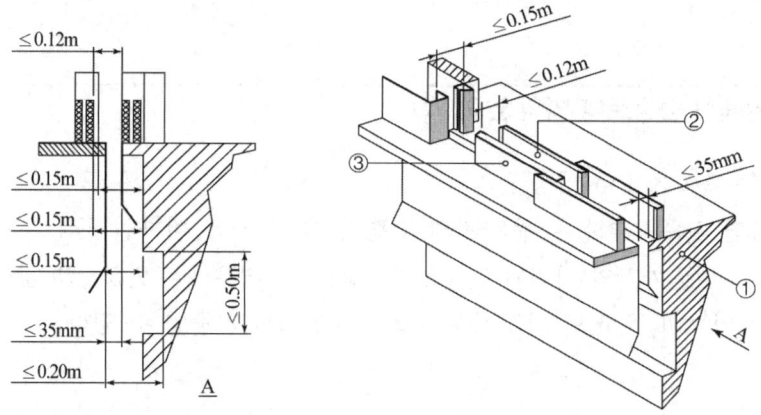

카와 카 출입구를 마주하는 벽 사이의 틈새

① 함몰부분의 수직높이가 0.5 m 이하인 경우 0.20 m까지 연장될 수 있다.
② 수직 개폐식 승강장문인 엘리베이터(화물용, 자동차용 엘리베이터 등)의 경우에는 전체 주행로에 걸쳐 수평거리가 0.20 m 까지 연장될 수 있다.
③ 잠금해제구간에서만 열리는 기계적 잠금장치가 카문에 있는 경우에는 수평거리를 제한하지 않는다.(카문 잠금장치)

(2) 각 승강장문의 문턱 하부에는 다음과 같은 수직면(에이프런)을 설치해야 한다.
① 수직면은 승강장문의 문턱에 직접 연결되어야 하며, 수직면의 폭은 카 출입구 폭에다 양쪽 모두 25 mm를 더한 값 이상이어야 한다.
② 수직면의 높이는 잠금해제구간의 1/2에 50 mm를 더한 값 이상이어야 한다.
③ 수직면의 기계적 강도는 5 cm^2 면적의 원형 또는 정사각형 모양의 어느 지점마다 수직으로 300 N의 힘을 균등하게 분산하여 가할 때 영구적인 변형과 15 mm를 초과하는 탄성변형이 없어야 한다.

3. 승강로 및 카벽 구출문

연속되는 상·하 승강장문의 문턱간 거리가 11 m를 초과한 경우에는 승강로 비상문 또는 카벽에 비상구출문 중 하나를 설치해야 한다.
※ 소방구조용 엘리베이터의 경우는 7 m 초과한 경우

3.1 승강로 비상문

(1) 승강로 중간에 비상문이 있어야 한다.
(2) 승강장문 및 비상문과 비상문의 문턱간 거리는 11 m 이하이어야 한다.
(3) 비상문의 크기 : 높이 1.8 m 이상, 폭 0.5 m 이상
(4) 비상문은 승강로 바깥쪽으로 열려야 하고 열리면 카의 운행이 정지되어야 한다.

3.2 카벽의 비상구출문

(1) 승강로에 2대 이상의 엘리베이터가 있는 경우 인접한 카의 벽에 비상구출문이 각각 있어야 한다.
(2) 인접한 카와의 거리 : 1 m 이내

(3) 비상구출문의 크기 : 높이 1.8 m 이상, 폭 0.4 m 이상
(4) 비상구출문은 카 안에서는 전용 열쇠로만 카 밖에서는 열쇠 없이 안쪽으로 열려야 하고 비상구출문이 열리면 카는 정지해야 한다.

4. 균형추와 주행안내 레일

4.1 균형추

(1) 균형추의 재질은 콘크리트, 주철, 강판 등으로 제작한다.
(2) 균형추는 빈 카무게와 적재하중에 오버밸런스율을 곱한값을 더해 권상능력을 증가시키고 전동기 용량을 감소시킨다.
(3) 균형추 중량계산
   균형추 무게 = 카 자중 + 정격 적재하중 × 오버밸런스율(35~50 %)

4.2 가이드레일

(1) 레일의 규격 및 치수
① 레일의 호칭은 마무리 가공 전 소재의 1 m 당 중량을 kg으로 표시한다.
② 보통 T형 레일을 사용하는데, 공칭은 8 K, 13 K, 18 K, 24 K, 30 K이나, 대용량 엘리베이터에서는 37 K, 50 K 등도 사용된다.
   ("K"의 의미 : 가공 전 레일 소재 1 m의 중량을 kg으로 나타낸 것)
③ 레일의 표준길이는 5 m 이다.
④ 카 측 레일이 균형추 측 레일의 규격보다 크며 추락방지안전장치를 사용하는 경우 철판을 접어서 만든 성형 레일을 사용해서는 안된다.
   ※ T형 레일은 8K부터 생산

(2) 사용 목적(레일의 역할)
① 카와 균형추의 승강로 평면 내의 위치 규제
② 카의 자중이나 편심하중에 의한 카의 균형유지
③ 추락방지안전장치 작동 시 수직하중 유지

(3) 주행안내레일의 크기를 결정하는 요소
① 추락방지안전장치 작동 시의 좌굴하중

② 지진 발생 시의 수평 진동력
③ 불균형한 큰 하중 적재 시의 회전모멘

(4) 레일의 응력 계산

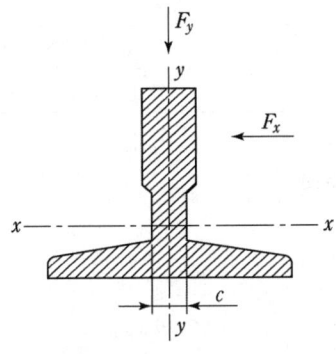

주행안내 레일의 축

① 주행안내 레일은 길이 l 의 거리에서 유연한 고정점을 갖는 연속적인 보이다
② 굽힘응력을 일으키는 힘의 합력은 인접한 고정점 사이의 중간에 작용한다
③ 굽힘모멘트는 주행안내 레일 종단면의 중립축 상에 작용한다.
④ 종단면 축에 직각으로 작용하는 수평력에 의한 굽힘응력 σ_m 은

$$\sigma_m = \frac{M_m}{W} \quad 및 \quad M_m = \frac{3F_h l}{16}$$

여기서, σ_m : 굽힘응력, N/mm²
  M_m : 굽힘모멘트, N·mm
  W : 단면계수, mm³
  F_h : 가이드슈에 의해 주행안내 레일에 작용하는 힘, N
  l : 가이드 브래킷 사이의 최대 거리, mm

(5) 레일의 허용응력

1) 허용응력 계산식

$$\sigma_{perm} = \frac{R_m}{S_t}$$

여기서, R_m : 인장강도[N/mm²]
  σ_{perm} : 허용 응력[N/mm²]
  S_t : 안전율

2) 주행안내 레일의 안전율

하중 조건	연신율 (A5)	안전율
정상 운행, 적재 및 하역	A5 >12%	2.25
	8% ≤ A5 ≤ 12%	3.75
안전 장치 작동	A5 >12%	1.8
	8% ≤ A5 ≤ 12%	3.0

(6) 가이드 레일의 처짐 계산 공식

1) Y-축의 처짐 (mm)

$$\delta_y = 0.7 \frac{F_y l^3}{48EI_x} + \delta_{str-y} \leq \delta_{perm}$$

2) X-축의 처짐 (mm)

$$\delta_x = 0.7 \frac{F_x l^3}{48EI_y} + \delta_{str-x} \leq \delta_{perm}$$

여기서, δ_{perm} : 최대 허용 처짐, mm
δ_x : X-축의 처짐, mm
δ_y : Y-축의 처짐, mm
F_x : X-축의 지지력, N
F_y : Y-축의 지지력, N
l : 가이드 브래킷 사이의 최대거리, mm
E : 탄성계수, N/mm^2
I_x : X-축의 단면 2차모멘트, mm^4
I_y : Y-축의 단면 2차모멘트, mm^4
δ_{str-x} : X-축에서의 건물구조 처짐, mm
δ_{str-y} : Y-축에서의 건물구조 처짐, mm

(7) 레일의 허용 처침

① 추락방지안전장치가 작동하는 카, 균형추 주행안내 레일 : 양방향으로 5 mm 이하
② 추락방지안전장치가 없는 카, 균형추 주행안내 레일 : 양방향으로 10 mm 이하

> **예제** 가이드레일에서 x방향 수평하중(F_x)이 12 kN 작용할 때 x방향의 처짐량은 몇 mm인가? (단, 가이드 레일 브래킷 사이 최대거리는 250 cm, y축 단면2차 모멘트는 26.48 cm⁴, 재료의 세로탄성계수는 210 GPa이다. 건물처짐량은 무시하고 공식은 엘리베이터 안전기준에 따른다.)

풀이
$$\delta_x = 0.7 \times \frac{12 \times 10^3 \times (2.5 \times 10^{-2})^3}{48 \times 210 \times 10^9 \times 26.48 \times (10^{-2})^4} \times 10^3 = 49.17 [mm]$$

※ 210 GPa = 210×10^9 N/m² 이므로 단위를 m로 통일하여 적용하고 mm로 변환하기 위해 10^3을 곱한다.

(8) 가이드 레일 브래킷의 간격은 허용응력과 허용 처짐을 고려하여 계산한다. (보통 2500mm)

(9) 가이드슈 또는 가이드롤러는 카나 균형추가 주행안내 레일에서 이탈되지 않도록 하고 주행 시 발생하는 진동을 저감 시키며 중저속에는 가이드슈, 고속엘리베이터에는 가이드롤러가 사용된다.

(10) 카 또는 균형추가 최고의 위치에 있을 때 레일은 가이드슈 또는 가이드롤러위로 0.1 m 이상 연장되어야 한다.

5. 완충기

5.1 완충기 종류별 특징

(1) 에너지 축적형 완충기(1 m/s 이하에 사용)

1) 선형 특성 완충기(스프링 완충기)
   ① 총 행정 : $0.135 V^2$ 이상 (정격속도 115 %에 상응하는 중력 정지거리의 2배)
   ② 행정은 65 mm 이상
   ③ 카 또는 균형추의 복귀속도 : 1 m/s 이하
   ④ 완충기는 카 자중과 정격하중을 더한 값 (또는 균형추 무게의)의 2.5배와 4배 사이의 정하중으로 설계되어야 한다.

2) 비선형 특성 완충기(우레탄 완충기)
   ① 감속도 : $1g_n$ 이하

② 2.5 g_n을 초과하는 감속도는 0.04초 이하
③ 카 또는 균형추의 복귀속도 : 1 m/s 이하
④ 최대 피크 감속도 : 6 g_n 이하
⑤ 완전히 압축된 완충기 : 완충기 높이의 90 % 압축
⑥ 카의 자중과 정격하중을 더한 값 또는 균형추의 무게로 설계

(2) 에너지 분산형 완충기 : 유입완충기 (모든 속도의 엘리베이터에 사용)
① 총 행정 : $0.0674\,V^2$ 이상 (정격속도의 115 %에 상응하는 중력 정지거리)
② 평균 감속도 : 정격하중, 정격속도의 115 %로 자유 낙하하여 충돌 시 $1g_n$ 이하
③ 2.5 g_n을 초과하는 감속도는 0.04초 이하
④ 2.5 m/s 이상의 경우 충돌 속도는 정격속도 115 % 대신 카의 충돌속도를 적용할 수 있고 이 경우 행정은 0.42 m 이상이어야 한다.
⑤ 완충기의 반경(R)과 길이(L)의 비 : $L \leq 80R$

5.2 완충기의 계산공식

(1) 감속도 계산 공식

$$\text{감속도 } a = \frac{V}{t \times 9.81}\,[g_n]$$

여기서, V : 충돌속도[m/s], t : 제동시간[s], g_n : 중력가속도($9.81[\text{m/s}^2]$)

(2) 적용하중
① 최소 적용하중[kgf] : 카 자중 +75
② 최대 적용하중[kgf] : 카 자중 + 적재하중

(3) 스프링 완충기의 전단응력과 처짐

1) 스프링의 전단응력과 처짐

① 전단응력 $\tau = \dfrac{8PD}{\pi d^3} = \dfrac{8C \cdot P}{\pi d^2} = \dfrac{8C^3 \cdot P}{\pi D^2}[\text{kg/mm}^2]$

여기서, P : 스프링에 가해지는 최대 압축력[kg]
D : 스프링 직경 [mm]
d : 스프링 소선 지름 [mm]

② 스프링 지수 $C = \dfrac{D}{d}$

※ 스프링 지수가 작아지면 전단응력도 제작 시 파손 우려가 있어 일반적으로 4 이상으로 한다.

③ 처짐(변위)

$$\delta = \dfrac{8nPD^3}{Gd^4}$$

여기서, G : 전단탄성계수[N/mm²], n : 코일유효권수

> **예제** 카 자중 1000 kgf, 적재하중 1000 kgf일 때 완충기 스프링의 전단응력(kg/cm²)을 구하시오. (단, 스프링지름은 $D = 150$mm, 소선 지름 $d = 30$mm)

풀이
$$\tau = \dfrac{8PD}{\pi d^3} = \dfrac{8 \times 2(1000+1000) \times 15}{\pi 3^3} = 5658.842$$

$(\tau = \dfrac{8C^3}{\pi D^2} \times P,\ \text{스프링지수}\ C = \dfrac{D}{d})$

답 : 5658.84[kg/cm²]

5.3 피트의 충격하중

(1) 충격 에너지

$$P = 2W \times \left(\dfrac{v^2}{2g_n \cdot S} + 1 \right)$$

여기서, W : 총중량, v : 충돌속도, S : 최소행정, g_n : 중력가속도

(2) 최소 행정거리

① 에너지 축적형 : $S = 0.135v^2$[m]
② 에너지 분산형 : $S = 0.0674v^2$[m]

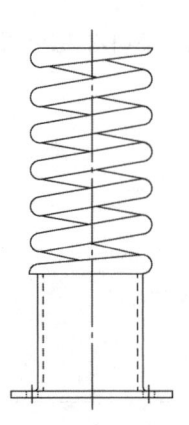
에너지 축적형 스프링 완충기

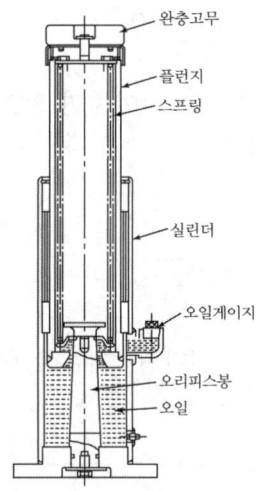
에너지 분산형 유입완충기

> **예제** 정격속도 90 m/min, 카 측 총중량 2000 kg인 엘리베이터의 완충기 시험 시 피트에 작용하는 충격하중을 구하시오. (단, 완충기 행정은 필요 최소행정으로 한다.)

풀이 완충기 최소행정 $S = 0.0674 \times 1.5^2 = 0.15 [\text{m}]$ (에너지 분산형)

$$P = 2W \times \left(\frac{v^2}{2g_n \times S} + 1\right) = 2 \times 2000 \times \left\{\frac{(1.15 \times 1.5)^2}{2 \times 9.8 \times 0.15} + 1\right\} = 8048.47 [\text{kg}]$$

6. 종단층 정지장치 및 기타 안전장치

6.1 리미트 스위치

(1) 종단 층 강제감속 장치

① 승강로 상부와 하부에 설치하여 정상적인 감속에 실패하였을 경우 리미트 스위치를 작동시켜 제어반에 감속 지령을 입력하는 장치

② 승강로 상하부의 리미트 스위치 작동은 종단층 강제 감속 스위치, 상승 또는 하강 리미트 스위치, 화이널리미트 스위치 순서로 작동한다.

(2) 상승 및 하강 리미트 스위치

리미트 스위치는 주행로의 최상부에 상승리미트와 최하부에 하강 리미트 스위치가 설치되어 상승과 하강 운전을 제한하고 다음에 파이널 리미트 스위치가 작동한다.

6.2 파이널 리미트 스위치의 위치, 요건 및 재료

(1) 파이널 리미트 스위치의 요건
① 권상 및 포지티브 구동식 엘리베이터의 경우, 주행로의 최상부 및 최하부에서 작동하도록 설치되어야 한다.
② 유압식 엘리베이터는 주행로의 최상부에서만 작동하도록 설치되어야 한다.
③ 카(또는 균형추)가 완충기 또는 유압식의 램이 완충장치에 충돌하기 전에 작동되어야 한다.
④ 완충기가 압축되어 있거나, 램이 완충장치에 접촉되어있는 동안 지속적으로 유지되어야 한다.
⑤ 종단 층 정지장치와 독립적으로 작동되어야 한다.

(2) 포지티브 구동식 엘리베이터의 파이널 리미트 스위치 작동요건
다음 중 한가지의 방식으로 작동해야 한다.
① 구동기의 움직임에 연결된 장치에 의해 작동
② 평형추가 있는 경우, 승강로 상부에서 카 및 평형추에 의해 작동
③ 평형추가 없는 경우, 승강로 상부 및 하부에서 카에 작동

(3) 권상 구동식 엘리베이터의 파이널 리미트 스위치 작동요건
다음 중 한가지의 방식으로 작동해야 한다.
① 승강로 상부 및 하부에서 직접 카에 의해 작동
② 카에 간접적으로 연결된 장치(로프, 벨트 또는 체인 등)에 의해 작동

(4) 직접 유압식 엘리베이터의 파이널 리미트 스위치 작동요건
다음 중 한가지의 방식으로 작동해야 한다.
① 카 또는 램에 의해 작동
② 카에 간접적으로 연결된 장치(로프, 벨트 또는 체인 등)에 의해 작동

(5) 간접 유압식 엘리베이터의 파이널 리미트 스위치 작동 요건
다음 중 한가지의 방식으로 작동해야 한다.

① 램에 의해 직접작동
② 램에 간접적으로 연결된 장치(로프, 벨트 또는 체인 등)에 의해 작동

(6) 파이널 리미트 스위치의 작동 후 조건
① 전동기 및 브레이크에 공급되는 회로의 확실한 기계적 분리를 통해 직접 회로를 개방하거나 전기안전장치를 개방해야 한다.
② 엘리베이터의 적상 운행은 전문가(유지관리업자)의 점검 후 가능하다.

6.3 기타 안전장치

(1) 튀어오름방지 장치 (로크다운 비상정지장치)
① 카의 추락방지안전장치가 작동 시 균형추나 보상로프가 관성에 의해서 튀어오르는 것을 방지하는 장치
② 정격속도가 3.5 m/s 초과 시에 설치해야 한다.

(2) 권동식로프 이완장치
① 권동식 권상기의 경우 로프가 늘어나 카가 최하층을 지나쳐 완충기에 충돌하는 것을 방지하는 장치
② 와이어로프 이완 시 장력을 검출하여 동력을 차단하여 엘리베이터를 정지시킨다.

(3) 슬랙로프 세이프티 스위치
① 순간식 비상 정지 장치의 일종으로 소형과 저속의 엘리베이터에 적용하며 로프에 걸리는 장력이 없어져 로프의 처짐 현상이 생길 때 비상장치를 작동시키는 장치다.
② 조속기가 필요 없는 방식으로 주로 유압식과 화물용 엘리베이터에 사용한다.

3장 카 및 승강장 관련 기준

1. 카 및 균형추의 완충기와의 거리

1.1 카, 균형추 및 평형추의 끝단 위치

위치	권상 구동	포지티브 구동	유압식 구동
카의 최고 위치	균형추가 완전히 압축된 완충기에 있을 때 $+0.035 \cdot v^2$	카가 완전히 압축된 상부 완충기에 있을 때	램이 행정 제한 수단을 통해 최종 위치에 있을 때 $+0.035 \cdot v^2$
카의 최저 위치	카가 완전히 압축된 완충기에 있을 때	카가 완전히 압축된 하부 완충기에 있을 때	카가 완전히 압축된 완충기에 있을 때
균형추/평형추의 최고 위치	카가 완전히 압축된 완충기에 있을 때 $+0.035 \cdot v^2$	카가 완전히 압축된 하부 완충기에 있을 때	카가 완전히 압축된 완충기에 있을 때 $+0.035 \cdot v^2$
균형추/평형추의 최저 위치	균형추가 완전히 압축된 완충기에 있을 때	카가 완전히 압축된 상부 완충기에 있을 때	램이 행정 제한 수단을 통해 최종 위치에 있을 때 $+0.035 \cdot v^2$

[비고] $0.035 \cdot v^2$는 정격 속도의 115 %에 상응하는 중력 정지거리의 절반을 나타낸다.
$$\frac{1}{2} \cdot \frac{(1.15 \cdot v)^2}{2 \cdot g_n} = 0.0337 \cdot v^2 \rightarrow 0.035 \cdot v^2 \text{으로 반올림한다.}$$

1.2 카와 완충기와의 최소 거리

(1) 카가 최하층 승강장에 있을 때 카 하부의 맨 아래 돌출 부분과 완충기 사이의 거리를 카측 사이의 거리를 카의 주행여유라고 한다.
(2) 카의 주행 여유가 너무 크면 카가 완충기에 충돌 시 균형추가 승강로 천정에 충돌할 가능성이 있다.

1.3 균형추와 완충기와의 최소거리

(1) 카가 최상층 승강장에 있을 때 균형추의 맨 아래 돌출 부분과 완충기 사이의 거리를 카측

사이의 거리를 균형추의 주행여유라고 한다.
(2) 균형추의 주행여유가 너무 크면 균형추가 완충기에 충돌 시 카가 승강로 천정에 충돌 할 우려가 있고 상부틈새가 줄어든다.
(3) 균형추의 주행여유가 작으면 카가 최상층 승강장에 도달하기 전에 균형추가 완충기에 접촉하거나 충돌할 가능성이 있다.

2. 도어 시스템

2.1 승강장문 및 카문

(1) 일반사항
① 2개 이상의 카문이 있는 경우, 어떠한 경우라도 2개의 문이 동시에 열리지 않아야 한다.
② 승강장문 및 카문에는 구멍이 없어야 한다.
③ 문짝 간 틈새나 문짝과 문틀(측면) 또는 문턱 사이의 틈새는 6 mm 이하이어야 하며, 관련 부품이 마모된 경우에는 10 mm까지 허용될 수 있다. (수평개폐식)
④ 수직 개폐식 승강장문 및 카문의 경우에는 상기 틈새를 10 mm까지 허용될 수 있으며, 관련부품이 마모된 경우에는 14 mm까지 허용될 수 있다.
⑤ 유리가 있는 문/문틀은 KS L 2004에 따른 접합유리가 사용되어야 한다.

(2) 출입문의 높이
① 승강장문 및 카문의 출입구 유효 높이: 2 m 이상
② 주택용 엘리베이터 : 1.8 m 이상자 (자동차용 엘리베이터의 경우에는 제외)

(3) 출입문의 폭
① 승강장문의 출입구 유효 폭은 카 출입구 폭 이상이어야 한다.
② 승강장문의 출입구 유효 폭은 카 출입구 폭보다 50 mm를 초과하지 않아야 한다.

(4) 어린이의 손이 틈새에 끼이거나 말려 들어가는 위험을 방지수단
① 문턱 위로 최소 1.6 m까지의 문짝 간 틈새 또는 문짝과 문틀 사이의 틈새는 5 mm 관련 부품이 마모된 경우에는 6 mm 이하이어야 한다.
② 유리문은 4 mm 이하이어야 하고 관련 부품이 마모된 경우에는 5 mm까지 허용한다.
③ 문턱 위로 최소 1.6 m까지의 구간에 손가락이 있는 것을 감지하고 열림 방향의 문 움직임을 정지시키는 손가락감지수단이 있는 경우는 틈새 조건은 제외한다.

2.2 문턱 및 문의 현수

(1) 카문의 문턱과 승강장문의 문턱 사이의 수평 거리는 35 mm 이하이어야 한다.
 (장애자용 : 30 mm)
(2) 현수 로프·체인 및 벨트의 안전율은 8 이상으로 설계되어야 한다.
(3) 현수 로프 풀리의 피치 직경은 로프 직경의 25배 이상이어야 한다.

2.3 문 작동에 관한 보호

(1) 문닫힘 안전장치
① 문닫힘 안전장치는 문이 닫히는 마지막 20 mm 구간에서 무효화 될 수 있다.
② 카문 문턱 위로 최소 25 mm와 1600 mm 사이의 전 구간에 걸쳐 감지할 수 있어야 한다. (멀티빔)
③ 최소 50 mm의 물체를 감지할 수 있어야 한다.
④ 고장나거나 무효화된 경우, 엘리베이터를 운행하려면 음향신호장치는 문이 닫힐 때마다 작동되고, 문의 운동에너지는 4 J 이하이어야 한다.
⑤ 카문 또는 승강장문에 각각 있을 수 있고, 어느 하나에만 있을 수 있으며, 이 장치가 작동되면 승강장문과 카문이 동시에 열려야 한다.
⑥ 문이 닫히는 것을 막는데 필요한 힘은 문이 닫히기 시작하는 1/3 구간을 제외하고 150N을 초과하지 않아야 한다.

(2) 수직 개패식문의 문짝의 평균 닫힘 속도는 0.3 m/s 이하이어야 한다.

2.4 승강장문 잠금장치

(1) 전기안전장치는 잠금부품이 7 mm 이상 물리지 않으면 작동되지 않아야 한다

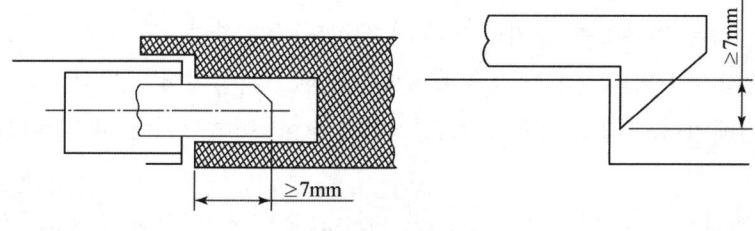

승강장문 잠금장치

(2) 잠금 작용은 중력, 영구자석 또는 스프링에 의해 이루어지고 유지되어야 한다.
(3) 잠금 부품의 결합은 문이 열리는 방향으로 300 N의 힘을 가할 때 잠금 효과를 감소시키지 않는 방식으로 이루어져야 한다.
(4) 승강장문 잠금장치는 잠겨있는 승강장에서 문이 열리는 방향으로 다음과 같은 힘을 가할 때 악영향을 미칠 수 있는 영구적인 변형이나 파손 없이 견뎌야 한다.
   ① 개폐식 문: 1000 N
   ② 경첩이 달린 문(잠금 핀): 3000 N
(5) 도어 클로저 : 카가 잠금해제구간 밖에 있을 때 승강장문의 닫힘 및 잠김을 보장하는 장치로 무게추(중력)식과 스프링식이 있다.
   ※ 고속엘리베이터에는 스프링식이 적용된다.
(6) 카가 잠금해제구간에 있는 경우 승강장문 및 카문을 손으로 열 수 있는 힘은 300 N을 초과하지 않아야 한다.
(7) 카가 운행 중 일 때, 카 내부에 있는 사람에 의한 카문의 개방은 50 N 이상의 힘이 요구되어야 한다.
(8) 잠금해제구간 밖에 있을 때, 카문은 1000 N의 힘으로 50 mm 이상 열리지 않아야 하며, 자동 동력 작동 상태에서도 문은 열리지 않아야 한다.
(9) 카문 잠금장치가 있는 엘리베이터의 경우, 카 내부에서 카문의 개방은 카가 잠금제구간에 있을 때만 가능해야 한다.

3. 카 및 카틀

3.1 카틀의 구조 및 카 바닥

(1) 카틀은 상부체대, 카주, 하부체대, 브레이스로드로 구성되었다.
(2) 카의 유효 높이는 2 m 이상이어야 한다.
(3) 주택용 엘리베이터는 1.8 m 이상이어야 하고 자동차용 엘리베이터는 제외한다.
(4) 카의 유효면적은 과부하를 방지하기 위해 제한되어야 한다.
(5) 자동차용 엘리베이터의 유효면적은 1 m^2당 150 kg 이상이어야 한다.
(6) 주택용 엘리베이터의 경우 카의 유효 면적은 1.4 m^2 이하이어야 하고, 다음과 같이 계산되어야 한다.
   ① 유효 면적이 1.1 m^2 이하인 것 : 1 m^2 당 195 kg으로 계산한 수치, 최소 159 kg
   ② 유효 면적이 1.1 m^2 초과인 것 : 1 m^2 당 305 kg으로 계산한 수치

(7) 보간법에 의한 정격하중 및 최대 카 유효면적 계산

정격하중, 무게 [kg]	최대 카 유효 면적[m^2]	정격 하중, 무게[kg]	최대 카 유효 면적[m^2]
800	2.00	1,600	3.56
X	2.022	2,000	4.20
825	2.05	2,500$^{다)}$	5.00

최대 카 유효 면적이 2.022 m^{2}인 경우 정격하중을 보간법으로 구하면

$$(X-800) : (825-800) = (2.022-2.00) : (2.05-2.00)$$
$$25 \times 0.022 = (X-800) \times 0.05$$
$$0.05X = 40.55 \qquad \therefore X = 811 [\text{kg}]$$

$$인승 = \frac{811 \text{ kg}}{75 \text{ kg}} = 10.81 \quad \therefore 10인승$$

(8) 운송장치 무게를 별도로 고려하는 화물용 엘리베이터는 다음과 같은 기계적인 하강을 제한하는 장치를 설치해야 한다. (C$_2$ Loading)
① 착상 정확도는 20 mm를 초과하지 않아야 한다.
② 기계적인 장치는 문이 열리기 전에 작동되어야 한다.

(9) 화물용 엘리베이터의 정격하중 및 최대 카 유효 면적 계산

정격하중, 무게[kg]	최대 카 유효 면적[m^2]	정격 하중, 무게[kg]	최대 카 유효 면적[m^2]
900	3.28	1,500	4.80
		1,600$^{가)}$	5.04

① 정격하중이 1,600$^{가)}$ kg을 초과한 경우, 100 kg 추가마다 0.4 m^{2}의 면적을 더한다.
② 수치 사이의 중간 하중에 대한 면적은 보간법으로 계산한다.
③ 정격하중이 6000 kg이고, 카의 깊이가 5.6 m이고, 폭이 3.4 m 즉, 카 면적이 19.04 m^{2}인 유압식 화물용 엘리베이터의 유효면적 적합성을 계산하면
  ㉮ 1600 kg = 5.04 m^2
  ㉯ 6,000 kg - 1,600 kg = 4,400 kg ÷ 100 kg = 44×0.40 m^2 = 17.60 m^2
  ㉰ 최대 카 유효 면적 = 5.04 m^2 + 17.60 m^2 = 22.64 m^2
    설계된 카 면적 19.04 m^{2}은 최대 카 유효면적(22.64 m^2)보다 작으므로 6,000 kg을 운송하는데 적합하다.

(10) 카에 허용가능한 개구부
  ① 이용자의 정상적인 출입을 위한 출입구
  ② 비상구출구
  ③ 환기구

(11) 카 추락방지안전장치가 작동될 때, 바닥은 정상적인 위치에서 5 %를 초과하여 기울어지지 않아야 한다.

(12) 벽에 사용되는 유리는 KS L 2004에 적합한 접합유리이어야 한다.

(13) 5 cm² 면적의 원형 또는 정사각형 모양의 어느 지점마다 수직으로 300 N의 힘을 균등하게 분산하여 가할 때 기계적인 강도는 다음과 같아야 한다.
① 1 mm를 초과하는 영구적인 변형이 없어야 한다.
② 15 mm를 초과하는 탄성변형이 없어야 한다.

(14) 100 cm² 면적의 원형 또는 정사각형 모양의 어느 지점마다 수직으로 1,000 N의 힘을 균등하게 분산하여 카 내부에서 외부로 가할 때 1 mm를 초과하는 영구적인 변형이 없어야 한다.

(15) 카벽에 사용되는 평판유리의 종류 및 두께

유리 형식	내접원 지름	
	최대 1 m	최대 2 m
	최소 두께 (mm)	최소 두께 (mm)
강화 접합유리	8 (4 + 4 + 0.76)	10 (5 + 5 + 0.76)
접합유리	10 (5 + 5 + 0.76)	12 (6 + 6 + 0.76)

(16) 카 문턱에는 에이프런이 설치되어야 한다.
① 하단의 모서리 부분은 수평면에 대해 승강로 방향으로 60°이상 구부러져야 하며, 구부러진 곳의 수평면에 대한 투영 길이는 20 mm 이상이어야 한다.
② 에이프런의 수직 부분 높이는 0.75 m 이상이어야 한다. 주택용 엘리베이터의 경우에는 0.54 m 이상이어야 한다.

(17) 카 천장에 비상구출문이 설치된 경우, 크기는 0.4 m×0.5 m 이상이어야 하고 외부 방향으로 열려야 한다. (소방구조용 엘리베이터 : 0.5×0.7 m)

(18) 승강로에 2대 이상의 엘리베이터가 있는 경우, 카 벽에 비상구출문을 설치할 수 있고 카 간의 수평거리는 1 m를 초과할 수 없다. (폭 0.4 m × 높이 1.8 m 이상)

(19) 카 벽의 비상구출문은 카 외부에서 열쇠 없이 열려야 하고, 카 내부에서는 삼각열쇠로 열려야 한다. (외부 방향으로 열리지 않아야 한다.)

(20) 카 지붕
① 카 지붕의 강도는 0.3 m×0.3 m 면적의 어느 지점에서나 최소 2000 N의 힘을 영구 변형 없이 견딜 수 있어야 한다.
② 카 지붕의 표면은 사람이 미끄러지지 않도록 되어야 한다.

(21) 카 지붕의 보호수단
　① 카 지붕의 바깥쪽 가장자리와 보호난간이 있는 경우에는 카 지붕의 바깥쪽 가장자리와 보호난간 사이에는 높이 0.1 m 이상의 발보호판이 있어야 한다.
　② 카지붕의 바깥쪽 가장자리에서 승강로 벽까지의 수평거리가 0.3m를 초과하는 경우에는 보호난간이 있어야 한다.

(22) 카 지붕 보호난간의 규격
　① 보호난간은 손잡이와 보호난간의 1/2 높이에 있는 중간 봉으로 구성되어야 한다.
　② 보호난간의 높이
　　- 벽과 수평거리 0.5 m 이하인 경우 : 0.7 m 이상
　　- 벽과 수평거리 0.5 m 초과한 경우 : 1.1 m 이상
　③ 보호난간은 카 지붕의 가장자리로부터 0.15 m 이내에 위치되어야 한다.
　④ 보호난간의 손잡이 바깥쪽 가장자리와 승강로의 부품(균형추 또는 평형추, 스위치, 레일, 브래킷 등) 사이의 수평거리는 0.1 m 이상이어야 한다.
　⑤ 보호난간 상부의 어느 지점마다 수직으로 1,000 N의 힘을 수평으로 가할 때, 50 mm를 초과하는 탄성변형 없이 견딜 수 있어야 한다.

3.2 　카의 안전율 및 처짐

(1) 부재의 안전율 및 적합성
　① 엘리베이터 카 및 카틀의 안전율은 7.5 이상이어야 한다.
　② $\sigma = \dfrac{M_{\max}(\text{최대굽힘모멘트})}{Z(\text{단면계수})}[\text{kg/cm}^2]$
　부재 선정의 적합 조건 : 부재의 허용응력 ≥ 사용응력
　③ 안전율 $S = \dfrac{\text{부재의 파단강도}}{\text{응력}} = \dfrac{f}{\sigma} \geq 7.5$

(2) 최대 처짐
$$\delta_{\max} = \dfrac{W_T \times L^3}{48EI}[\text{cm}]$$

여기서, W_T : 카 측 총 중량[kg]　　　　W : 적재하중[kg]
　　　　W_C : 카 자중[kg]　　　　　　　L : 상부 체대 길이[cm]
　　　　E : 재료의 영률 계수[kg/cm^2]　Z : 부재의 단면계수[cm^3]
　　　　I : 단면 2차 모멘트[cm^4]　　　f : 부재의 파단강도[kg/cm^2]
※ kg과 N의 단위와 길이를 통일하여 문제를 풀어야 한다. (1 kg = 9.81 N)

(3) 상부 체대

※ 상부 체대의 최대처짐 : 상부체대 길이의 1/960 이하

1) 1 : 1 로핑 및 현수 도르래 1개의 2 : 1 로핑의 경우의 최대굽힘모멘트

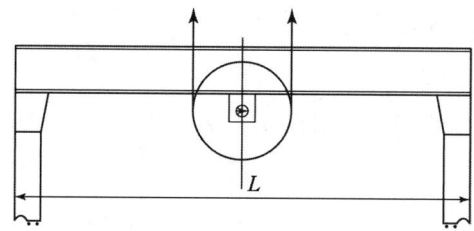

최대굽힘모멘트 $M_{\max} = \dfrac{(W + W_c) \cdot L}{4}$ [kg·cm]

응 력 $\sigma = \dfrac{M_{\max}}{Z} [kg/cm^2] [kg/cm^2]$

안전율 $S = \dfrac{\text{부재의 파단강도}}{\text{응력}} = \dfrac{f}{\sigma}$

2) 현수 도르래 2개의 2 : 1 로핑의 경우

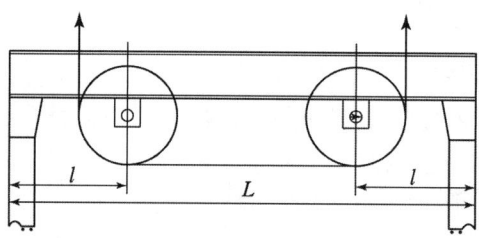

최대굽힘모멘트 $M_{\max} = \dfrac{(W + W_c) \cdot l}{2}$ [kg·cm]

여기서, W : 적재하중[kg]

W_C : 카 자중[kg]

l : 상부 체대 끝단에서 현수 도르래 중심까지의 거리[cm]

> **예제** 1 : 1 로핑의 전기식 엘리베이터의 상부체대 부재의 길이가 170 cm, 단면계수 194.01 cm³, 중심에 작용하는 힘이 23249.7 N이고 부재의 허용응력이 95 MPa일 때 상부체대의 적합성을 판단하시오.

풀이)

최대굽힘모멘트 $M_{\max} = \dfrac{23249.7 \times 170}{4} = 988112.25 [\text{N} \cdot \text{cm}]$

응력 $\sigma = \dfrac{988112.25}{194.01} = 5093.1 [\text{N/cm}^2]$

$5093.1 [\text{N/cm}^2] = \dfrac{5093.1 \text{ N}}{(10^{-2})^2} = 5093.1 \times 10^4 \times 10^{-6} = 50.93 [\text{MPa}]$

※ $\text{Pa} = \text{N/m}^2$

허용응력(95 MPa) ≥ 사용응력(50.93 MPa) 적합하다.

(허용응력 95 MPa $= 95 \times 10^6$ N/m$^2 = 95 \times 10^6 / (10^2)^2 = 9500$ N/cm^2

  9500 N/cm^2 ≥ 5093.1 N/cm^2 적합하다.)

(4) 하부 체대

1) 카 바닥을 통하여 하부 체대에 걸리는 하중은 분포 하중으로 볼 수 있다.

(단, 하중의 $\dfrac{3}{8}$ 은 브레이스 로드에서 분담)

$$\text{최대 굽힘 모멘트 } M_{\max} = \dfrac{5(W + W_c) \cdot L}{64} [\text{kg} \cdot \text{cm}]$$

2) 하부 로핑 방식의 경우(밀어 올리기식)

$$\text{최대 굽힘 모멘트 } M_{\max} = \dfrac{(W + W_c) \cdot l}{2} [\text{kg} \cdot \text{cm}]$$

여기서, W : 적재하중[kg],　L : 하부 체대 길이

W_c : 카자중

l : 하부 체대 끝단에서 현수 도르래 중심까지의 거리[cm]

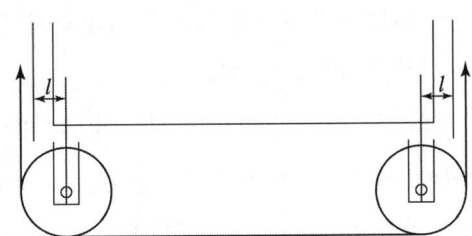

예제) 엘리베이터 적재중량이 3500 kg이고 카 및 관련 부품들의 중량이 2000 kg일 때 하부체대에 발생하는 최대굽힘응력은 약 몇 MPa인가? (단, 하부체대길이 3 m, 하부체대 총 단면계수는 498000 mm^3 이다.)

풀이

최대굽힘모멘트 $M_{max} = \dfrac{5 \times (3500 + 2000) \times 3 \times 9.81}{64} = 12645.70[\text{N} \cdot \text{m}]$

최대굽힘응력 $\sigma = \dfrac{12645.7}{498000 \times (10^{-3})^3} \times 10^{-6} = 25.39[\text{MPa}]$

※ kg과 N의 단위 통일하여 문제를 풀어여야 한다. (1 kg = 9.81 N)
※ 1 Pa = N/m², 1 MPa = 10^6 Pa 이다.

(3) 브레이스 로드

각 브레이스 로드의 작용 하중은 $\dfrac{W}{4}$ 가 작용하므로

P : 작용 하중 $\dfrac{W}{4}$ [kg]

$$\therefore 장력\ T = \dfrac{P}{\sin \theta}\ [\text{kg}]$$

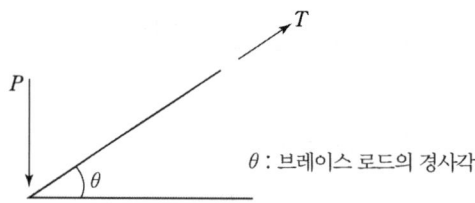

θ : 브레이스 로드의 경사각

3.3 조명 및 전기

(1) 카에는 카 조작반 및 카 벽에서 100 mm 이상 떨어진 카 바닥 위로 1 m 모든 지점에 100 lx 이상으로 비추는 전기조명장치가 영구적으로 설치되어야 한다.
  (장애자용 엘리베이터 조명 : 150 lx 이상)
(2) 조명장치에는 2개 이상의 등(燈)이 병렬로 연결되어야 한다.
(3) 문이 닫힌 채로 승강장에 정지하고 있을 때를 제외하고 계속 조명되어야 한다.
(4) 정상 조명 전원이 차단되면 5lx 이상의 비상등이 1시간 동안 다음의 장소에 점등되어야 한다.
  ① 카 내부 및 카 지붕에 있는 비상통화장치의 작동 버튼
  ② 카 바닥 위 1 m 지점의 카 중심부
  ③ 카 지붕 바닥 위 1 m 지점의 카 지붕 중심부

4. 추락방지안전장치

4.1 추락방지안전장치의 선정 및 적용 중량

(1) 추락방지안전장치는 하강 방향으로 작동할 수 있어야 한다.
(2) 과속조절기의 작동속도 또는 매다는 장치가 파손될 경우 주행안내 레일을 잡아 그곳에 카, 균형추 또는 평형추를 정지 시켜야 한다.
(3) 추락방지안장치의 선정
  ① 카의 추락방지안전장치는 점차작동형이 사용되어야 한다. 다만, 정격속도가 0.63 m/s 이하인 경우에는 즉시 작동형이 사용될 수 있다.
  ② 카, 균형추 또는 평형추에 여러 개의 추락방지안전장치가 있는 경우, 그 추락방지안전장치들은 점차 작동형이어야 한다.
  ③ 정격속도가 1 m/s를 초과한 경우, 균형추 또는 평형추의 추락방지안전장치는 점차 작동형이어야 한다. (1 m/s 이하인 경우에는 즉시작동형 사용가능)
(4) 적용 중량
  ① 카 측 : 정격하중을 적재한 카($P + Q_1$: 카 자중 + 정격 적재하중)
  ② 균형추 측 : 균형추 또는 평형추 무게

4.2 추락방지안전장치의 정지거리 및 흡수에너지

(1) 정지거리

  1) 중력에 의한 자유낙하거리

  $$h = \frac{v_1^2}{2 \cdot g_n} + 0.1 + 0.03$$

  여기서, g_n : 평방 초당 자유낙하의 표준 가속도[m/s^2]
  v_1 : 초당 과속조절기의 최대 작동속도[m/s]
  0.010 m : 응답 시간 동안 이동한 거리
  0.03 m : 물림요소와 주행안내 레일 사이의 틈이 조여지는 동안 이동한 거리[m]

(2) 흡수 에너지

1) 추락방지안전장치가 흡수할 수 있는 총 에너지

$$2 \cdot K = (P+Q) \cdot g_n \cdot h$$

$$\therefore K = \frac{(P+Q) \cdot g_n \cdot h}{2} \text{ [J]}$$

2) 카 측 허용중량[kg]

$$(P+Q)_1 = \frac{2 \cdot K}{g_n \cdot h} \text{ [kg]}$$

여기서, K, K_1, K_2 : 추락방지안전장치 블록 1개에 흡수된 에너지[J]
(도표에 따라 계산된 값)
P : 빈 카 및 카에 의해 지지되는 부속품
 (즉, 이동 케이블의 부품, 보상 로프/체인 등)의 중량[kg]
Q : 정격하중[kg]
$(P+Q_1)$: 허용 중량[kg]

(3) 허용 중량의 계산

1) 탄성한계가 초과되지 않은 경우 : $(P+Q)_1 = \dfrac{2 \cdot K}{2 \cdot g_n \cdot h}$

2) 탄성한계가 초과된 경우 : 다음 둘 중 더 높은 허용 중량 적용

① $(P+Q)_1 = \dfrac{2 \cdot K_1}{2 \cdot g_n \cdot h}$

여기서, K_1 : 정의된 면적의 적분에 의해 계산됨
2 : 분할 안전 계수

② $(P+Q)_1 = \dfrac{2 \cdot K_2}{3.5 \cdot g_n \cdot h}$

여기서, K_2 : 정의된 면적의 적분에 의해 계산됨
3.5 : 분할 안전 계수로 간주됨

4.3 추락방지안전장치의 평균 감속도 및 작동속도

(1) 평균 감속도는 $0.2\ g_n$ 이상 $1\ g_n$ 이하이어야 한다.
(2) 작동속도
    1) 즉시 작동형 : 즉시 (정격속도의 115 % 이상에서 즉시 작동)
    2) 점차 작동형
        ① 정격속도의 115 % 이상
        ② $1.25\,V + \dfrac{0.25}{V}$ [m/s] 미만

4장 기계실 관련 기준

1. 기계실 및 기계대

1.1 기계실의 구조 및 재료

(1) 건축물의 다른 부분과 내화구조 또는 방화구조로 구획하고, 내장은 준불연재료 이상으로 마감되어야 한다.
(2) 관련 법령에 따른 건축물 구조상 내화구조 또는 방화구조로 구획할 필요가 없는 경우에는 불연재료를 사용하여 구획할 수 있다.
(3) 바닥 및 천장은 먼지가 발생되지 않고 내구성이 있는 재질(콘크리트, 벽돌 또는 블록 등)로 구획되어야 한다.
(4) 기계실, 승강로 및 피트 출입문 : 높이 1.8 m 이상, 폭 0.7 m 이상
 (주택용 엘리베이터의 경우 : 폭 0.6 m 이상, 높이 0.6 m 이상)
(5) 기계실의 작업공간 높이 : 2.1 m 이상
(6) 기계실 조도 : 200 lx 이상

1.2 기계실의 발열량 및 환기량

(1) 엘리베이터의 발열량

$$Q = k(\text{발열계수}) \cdot W[\text{kg}] \cdot V[\text{m/min}] \cdot n(\text{대수})[\text{kcal/h}]$$

> **예제** 카자중 1600 kg, 적재하중 1000 kg, 속도 90 m/min, 발열계수 1/16.5인 교류 엘리베이터 2대가 병렬운전 시 기계실 발열량을 구하시오.
>
> **풀이** $Q = \dfrac{1}{16.5} \times 1000 \times 90 \times 2 = 10909.090 \, [\text{kcal/h}]$

(2) 유압식 엘리베이터의 발열량

1) $Q = 860 \times P \times T \times \dfrac{N}{3,600} [\text{kcal/h}]$

　여기서, P : 사용 전동기의 출력[kW]
　　　　 T : 1주행당 전동기 구동시간[sec]
　　　　 N : 1시간당 왕복 회수[회]

2) 필요 환기량 $G[\text{m}^3/\text{h}]$

$$G = \dfrac{Q}{C_P(T_2 - T_1)} \ [\text{m}^3/\text{h}]$$

　여기서, G : 필요 환기량[m³/h]
　　　　 Q : 기계실내의 발열량[kcal/h]
　　　　 T_1 : 기계실 온도[℃]
　　　　 T_2 : 외기 온도[℃]
　　　　 C_P : 공기의 체적비열(0.29[kcal/m³ · ℃])

※ 공기비열 = 0.24[kcal/kg · ℃] 밀도 = 1.2[kg/m³]에서
　 체적비열 = 0.24 × 1.2 = 0.29℃[kcal/m³ · ℃]

> **예제** 유압식엘리베이터 전동기용량 10 kW, 기계실 온도 40 ℃, 외기 온도 30 ℃의 조건에서 1행정 당 구동시간 15초, 시간당 구동횟수 60회 일때 발열량과 환기량을 구하시오. (단, 공기비열 = 0.24 kcal/kg · ℃, 공기밀도 = 1.2 kg/m³)

풀이

(1) 발열량

$$Q = \dfrac{860 \times 10 \times 15 \times 60}{3600} = 2150[\text{kcal/h}]$$

(2) 환기량

공기의 체적비열 = 0.24 × 1.2 = 0.29℃[kcal/m³ · ℃]

$$G = \dfrac{2150}{0.29 \times (40-30)} = 741.38[\text{m}^3/\text{h}]$$

1.3 기계대

(1) 기계대의 안전율
기계대에 사용하는 재료의 허용 응력의 값은 당해 재료의 파단강도의 값을 다음 안전율로 나눈 값으로 한다.

구 분		안전율
승 객 용	강재의 것	4
	콘크리트의 것	7

(2) 기계대 강도계산

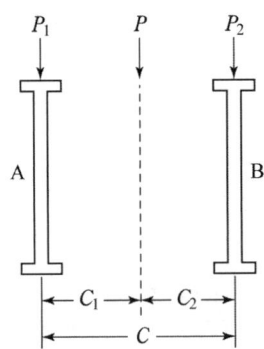 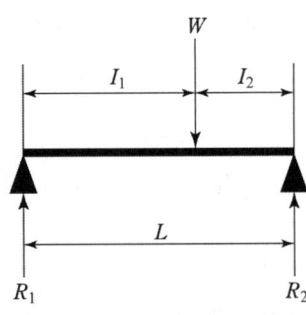

1) 기계대에 걸리는 총 하중(P)

　P : 기계대에 걸리는 하중[kg]

　W_M : 권상기, 기타 기계대에 고정 부착된 모든 장치의 중량[kg]

　W_T : 주로프의 중량 및 주로프에 작용하는 하중[kg]
　　　(환산동하중 : 카, 균형추자중 × 2)

① 기계대에 걸리는 하중
$$P = W_M + 2W_T$$

② 기계대 지지점 반력
$$P_1 = P \times \frac{C_2}{C}, \ P_2 = P \times \frac{C_1}{C}$$

P_1과 P_2 중에서 큰 값 적용.

③ 기계대에 걸리는 최대굽힘모멘트($P_1 \leq P_2$ 라고 가정하면)

$$M_{\max} = \frac{P_2 \times l_1 \times l_2}{L} [\text{kg} \cdot \text{cm}]$$

④ 기계대의 응력(σ)

$$\sigma = \frac{M_{\max}}{Z} [\text{kg/cm}^2]$$

Z : 부재의 단면계수[cm^3]

⑤ 안전율(S)

$$S = \frac{f}{\sigma}$$

f : 부재의 최대허용응력[kg/cm^2]

예제 다음 그림은 로프식 엘리베이터의 기계대에 걸리는 하중을 표시한 것이다. 아래와 같은 조건일 때 물음에 답하시오.

[조건] ① 카 자중(W_1) : 1600 kg, 적재하중(W_2) : 800 kg,
　　　　로프자중(W_r) : 80 kg
　　② 균형로프(W_X) : 47 kg, 인장차 중량(W_t) : 400 kg,
　　　　권상기 자중(W_M) : 2000 kg
　　③ 기계대 사용재료 : I $300 \times 150 \times 10$ (SS-400),
　　　　단면계수(Z) = 849 cm^3, 파단강도 : 4100 kg/cm^2
　　　　오버 밸런스율(OB) : 45[%]
　　　　C_1 : 250 cm, C_2 : 200 cm, I_1 : 1000 mm, I_2 : 800 mm

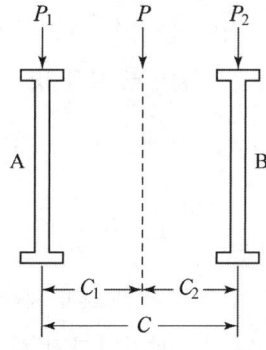 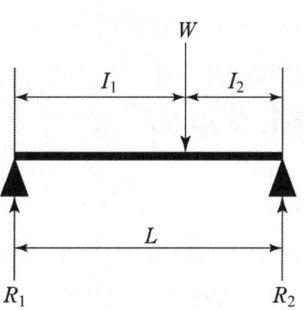

(1) 기계대에 걸리는 총 하중(P)
(2) 기계대 A와 B에 작용하는 하중(P_1, P_2)
(3) 기계대의 안전율(S)을 구하고 판정하시오.

풀이

(1) 기계대에 걸리는 총 하중(P)

균형추 중량 $(W_C) = W_1 + W_2 \times OB = 1600 + 800 \times 0.45 = 1960 [\text{kg}]$

$$P = W_M + 2(W_1 + W_2 + W_C + W_r + W_X + W_t)$$
$$= 2000 + 2(1600 + 800 + 1960 + 80 + 47 + 400) = 11774 [\text{kg}]$$

(2) 기계대 A와 B에 작용하는 하중(P_1, P_2)

$$P_1 = \frac{P \times C_2}{(C_1 + C_2)} = \frac{11774 \times 200}{(250 + 200)} = 5232.88 [\text{kg}]$$

$$P_2 = \frac{P \times C_1}{(C_1 + C_2)} = \frac{11774 \times 250}{(250 + 200)} = 6541.11 [\text{kg}]$$

(3) 기계대의 안전율(S)을 구하고 판정하시오.

$P_1 < P_2$ 이므로 P_2에 의한 최대 모멘트를 구하면

$$M_{\max} = \frac{P_2 \times I_1 \times I_2}{L} = \frac{6541.11 \times 100 \times 80}{180} = 290716 [\text{kg} \cdot \text{cm}]$$

$$\sigma = \frac{M_{\max}}{Z} = \frac{290716}{849} = 342.42 [\text{kg/cm}^2]$$

안전율 $S = \dfrac{f}{\sigma} = \dfrac{4100}{342.42} = 11.9 > 4$

∴ 안전하다.

2. 구동기 및 과속조절기

2.1 기어식 및 무기어식 구동기

(1) 기어드 방식

① 웜기어 권상기 : 감속비가 크고 소음과 진동이 적어 중저속 엘리베이터에 사용한다.

② 헬리컬기어 권상기 : 소음과 진동이 크지만 효율이 높아 중저속 및 고속 엘리베이터에 사용한다. (240 m/min까지 사용)

(2) 무기어 방식

① 직류 권상기 : 주로 고속 엘리베이터에 사용하였다.

② 동기전동기 권상기 : 인버터 기술의 발전으로 현재 효율과 속도제어 특성 우수하여 저속에서 초고속 엘리베이터까지 사용된다.

※ 회전자에 영구자석을 사용하며 내부 회전자형과 외부 회전자형이 있다.

(3) 구동기의 특성 비교

구 분	헬리컬 기어	웜 기어	무기어
효 율	높다	낮다	제일 높다
소 음	크다	작다	제일 작다
역구동	쉽다	어렵다	제일 쉽다
감속비	작다	크다	1
진동	크다	작다	제일 작다

2.2 구동기와 엘리베이터 속도

(1) 전동기의 회전수

1) 교류전동기 회전수

$$N = \frac{120f \times (1-s)}{P} [\text{rpm}]$$

여기서, f : 주파수, s : 슬립, P : 전동기 극수

슬립 $s = \dfrac{N_s - N}{N_s} \times 100[\%]$, $N_s = \dfrac{120f}{P}$ (동기속도)

2) 직류전동기의 회전수

$$N = \frac{E - I_a R_a}{I_f}$$

여기서, I_a : 전기자전류, R_a : 전기자 저항, I_f : 계자 전류

※ 직류전동기의 회전수는 전기자 전압에 비례하고 계자전류에 반비례한다.

(2) 엘리베이터의 속도와 도르래 직경

1) 카 속도

$$V = \frac{\pi \times D \times N}{k \times 1000} \times i [\text{m/min}]$$

여기서, $D[\text{mm}]$: 도르래 직경, $N[\text{rpm}]$: 전동기 회전수,
k : 로핑 계수, i : 감속비

※ 도르래 속도, 로프 속도는 로핑 계수와 관계없이 같으며 카 속도는 도르래(또는 로프) 속도를 로핑계수로 나눈 값이다. (1 : 1은 동일)

2) 도르래 직경

$$D = \frac{1000 \times k \times V}{\pi \times N \times i} [\text{mm}]$$

2.3 권상기 도르래 홈

(1) 홈의 종류 및 마찰력 크기

1) U홈
로프와의 면압이 작아 로프 수명이 길고 마찰력이 작다. 와이어로프의 권부각을 크게 하여 견인력이 뛰어난 더블랩 방식의 고속용 엘리베이터에 주로 사용한다.

2) 언더컷홈
U홈의 바닥에 더 작은 홈을 만들어 U홈 보다 마모는 크지만, 마찰력을 크게 하여 견인력이 뛰어나다. 싱글랩 방식의 중저속용 엘리베이터에 주로 사용한다.

3) V홈
쐐기 작용에 의해 마찰력은 크지만 면압이 높아 로프나 도르래가 마모되기 쉽다.

4) 마찰력의 크기 순서
V홈 > 언더컷홈 > U홈

(2) 도르래 홈의 구조

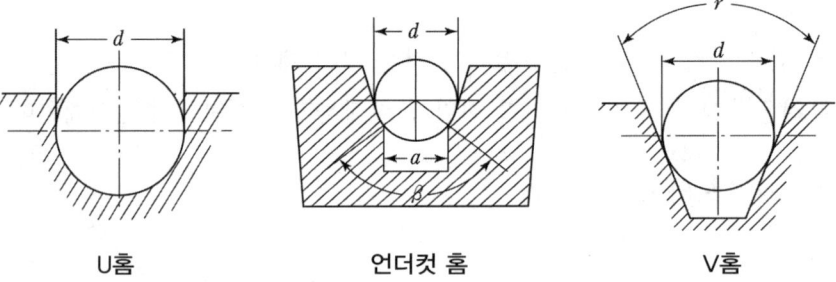

U홈　　　　언더컷 홈　　　　V홈

(3) 도르래 홈의 선정
① U홈 : 마찰력이 적어 고속엘리베이터에 더블랩 방식으로 감아 적용한다.
② 언더컷홈 : 마찰력이 U홈 보다 커 싱글랩 방식으로 감아 중저속 엘리베이터에 적용한다.

※ 언더컷 홈의 깍인 면 a값 : $\dfrac{a}{2} = \dfrac{d}{2} \times \sin\dfrac{\beta}{2}$

2.4 승강기 구동용 전동기의 용량

(1) 엘리베이터 전동기 용량

$$P = \frac{L \times V \times (1-OB)}{6120 \times \eta} [\text{kW}]$$

여기서, L : 적재하중[kg], V : 속도[m/min], OB : 오버밸런스율
η : 총효율

> **예제** 적재하중 1150 kgf, 정격속도 3.5 m/s, 오버밸런스율 0.45, 전체 효율 86 %인 엘리베이터용 모터 용량은 몇 kW인가?

풀이
$$P = \frac{1150 \times 3.5 \times 60 \times (1-0.45)}{6120 \times 0.86} = 25.236$$
답 : 25.24[kW]

(2) 에스컬레이터 구동용 전동기 용량

$$P = \frac{G \times V \times \sin\theta}{6120 \times \eta} \times \beta \ [\text{kW}]$$

여기서, G : 정격하중[kg], V : 속도[m/min], θ : 경사각
β : 탑승율, η : 총효율

정격하중 $G = 270 \times Z_1 \times \dfrac{H}{\tan\theta}$ [kg]

여기서, Z_1 : 디딤판 폭[m], H : 수직층고[m], θ : 경사각

> **예제** 디딤판 폭 1000 mm, 층고 4 m, 속도 30 m/min, 경사각 30°, 효율 60 %, 탑승율 80 %인 에스컬레이터의 전동기 용량은 몇 kW 인가?

풀이
정격하중 $G = 270 \times 1 \times \dfrac{4}{\tan 30} = 1870.61$

$$P = \frac{1870.61 \times 30 \times \sin 30}{6120 \times 0.6} \times 0.8 = 6.113$$
답 : 6.11[kW]

2.5 권상기용 브레이크

(1) 제동시간 및 감속도

1) 제동 거리 : $S = \dfrac{Vt}{2}$ [m]

   여기서, V : 속도[m/s], t : 시간[sec]

2) 제동시간 : $t = \dfrac{2S}{V}$ [sec]

3) 감속도 : $a = \dfrac{V}{t}$ [m/s^2] $= \dfrac{V}{t \times 9.81}$ [g_n]

   여기서, $1\,g_n = 9.81$ [m/s^2]

예제 정격속도 60 m/min인 엘리베이터의 브레이크가 작동하여 제동거리 270 mm에서 정지했다. 이때 제동시간[s]과 감속도[g_n]는 약 얼마인가?

풀이

(1) 제동시간
$$t = \dfrac{2S}{V} = \dfrac{2 \times 0.27}{1} = 0.54\,[\text{s}]$$

(2) 감속도
$$a = \dfrac{V}{t \times 9.81} = \dfrac{1}{0.54 \times 9.81} = 0.19\,g_n$$

---

(2) 제동 토크

1) 엘리베이터 구동에 필요한 전부하 토그

$$T = 975 \times \dfrac{P\,[\text{kW}]}{N}\,[\text{kg} \cdot \text{m}] \quad (\text{kg} \cdot \text{m} \times 9.81 = \text{N} \cdot \text{m})$$

$$T = \dfrac{P[\text{W}]}{2\pi \times \dfrac{N}{60}} = \dfrac{60 \times P[\text{W}]}{2\pi N}\,[\text{N} \cdot \text{m}]$$

여기서, P : 전동기 출력, N : 회전수[rpm]

2) 브레이크의 제동토크(T_d)는 전 부하토크(T)와 같고 부하계수가 주어지면 곱한다.

3) $T_d = N \times P_n \times \dfrac{D}{2} \times \mu \quad \therefore P_n = \dfrac{2 \times T_d}{\mu \times D \times N}$

여기서, μ : 마찰계수, P_n : 브레이크 반력, D : 드럼의 직경, N : 브레이크 수

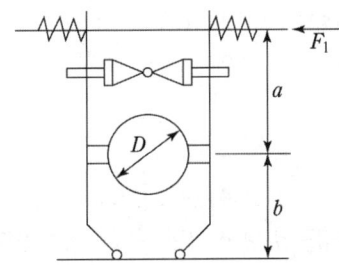

※ 스프링에 작용하는 힘 $F_s = P_n \times \dfrac{b}{a+b}$ [kg]

예제 다음 조건의 엘리베이터 제동기의 한쪽 스프링에 작용하는 힘은 몇 [N]인가?
제동토크(T_d) : 160 Nm, 브레이크 드럼직경(D) : 280 mm,
브레이크 마찰계수(μ) : 0.35, a : 260 mm, b : 200 mm일 때

풀이
$P_n = \dfrac{2T_d}{\mu DN} = \dfrac{2 \times 160}{0.35 \times 0.28 \times 1} = 3265.31$ [N] (한쪽스프링 : $N=1$)

$F_s = \dfrac{P_n \times b}{a+b} = \dfrac{3265.31 \times 200}{260+200} = 1419.7$ [N]

(3) 블록 브레이크(Block Brake)의 주요공식

브레이크 레버 끝에 가하는 힘(F)

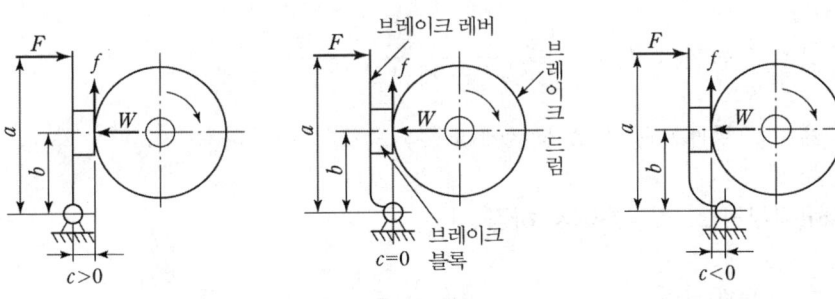

회전방향 \ 형식	내작용선($C>0$)	내작용선($C=0$)	내작용선($C<0$)
우회전	$F = \dfrac{f(b+\mu c)}{\mu a}$	$F = \dfrac{f \cdot b}{\mu a}$	$F = \dfrac{f(b-\mu c)}{\mu a}$
좌회전	$F = \dfrac{f(b-\mu c)}{\mu a}$		$F = \dfrac{f(b+\mu c)}{\mu a}$

f : 블록과 드럼 사이의 제동력[kg] μ : 마찰계수

※ 1 Ps = 75 kgf · m/s = 75×9.81 N · m/s = 735.75 W = 736W, 1 Hp = 746

예제 다음 그림과 같은 단식 블록브레이크에서 레버 끝에 힘을 $F=50$ kg을 가할 때에 제동력 f 및 제동 토오크 T를 구하시오. (단, 마찰계수는 $\mu=0.2$ 이다.)

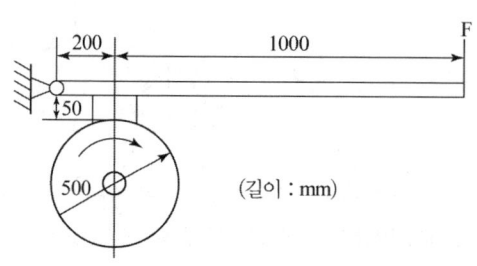

풀이

$C > 0$

제동력 $f = \dfrac{F \times \mu \times a}{b + \mu \times c} = \dfrac{50 \times 0.2 \times (1000 + 200)}{200 + 0.2 \times 50} = 57.142\,[\text{kg}]$

제동토크 $T = \dfrac{f \times D}{2} = \dfrac{57.14 \times 500}{2} = 14285.71\,[\text{kg} \cdot \text{mm}]$

2.6 트랙션비의 계산 및 개선 방법

(1) 100 % 부하(전부하)를 적재하고 최하층에서 상승 시

$$트랙션비\ T_1 = \frac{카\,무게 + 적재하중 + 로프무게}{균형추\,무게 + 보상체인\,무게}$$

※ 이동케이블 무게는 승강로 상부에 고정되므로 무시한다.

(2) 0% 부하(무부하)로 최상층에서 하강 시

$$트랙션비\ T_2 = \frac{균형추\,무게 + 로프무게}{카\,무게 + 보상체인\,무게 + (이동케이블\,무게 \div 2)}$$

※ 이동케이블 조건이 없으면 고려하지 않고 카가 최상층에 있는 경우는 1/2만 적용한다.

> **예제** 로프식 엘리베이터의 적재하중이 1500 kg, 카자중 1000 kg, 행정 30 m, 로프 본수 4가닥, 로프 단위 중량 1 kg/m, 오버밸런스율 0.45, 정격속도 60 m/min, 종합효율 70 %일 때 다음을 구하라. (단, 이동케이블은 단위 중량 1.25 kg/m, 본수 40C×3)
>
> (1) 균형추 중량(kg)은 얼마인가?
> (2) 무부하로 최상층에서 하강할 때 트랙션 비는 얼마인가?
> (3) 전 부하로 최하층에서 상승할 때 트랙션 비는 얼마인가?
> (4) 전동기 출력(kW)은 얼마인가?

풀이

(1) 균형추 중량(kg)은 얼마인가?
 균형추 중량 = 카자중 + (적재하중 × 오버밸런스율)
      = 1000 + (1500 × 0.45) = 1675[kg]

(2) 무부하로 최상층에서 하강할 때 트랙션 비는 얼마인가?
 카측 장력 T_1 = 카자중 + 이동케이블 중량 × $\frac{1}{2}$
      = 1000 + (1.25 × 3 × $\frac{1}{2}$ × 30) = 1056.25[kg]
 균형추측 중량 T_2 = 균형추 중량 + 로프 자중
      = 1675 + (30 × 4 × 1) = 1795[kg]
 ∴ 트랙션 비 = $\frac{T_2}{T_1} = \frac{1795}{1056.25} = 1.699$ 답 : 1.7

(3) 전 부하로 최하층에서 상승할 때 트랙션 비는 얼마인가?
 카측 장력 T_1 = 카자중 + 적재하중 + 로프 자중
      = 1000 + 1500 + (1 × 4 × 30) = 2620[kg]
 균형추측 중량 T_2 = 균형추 중량 = 1675[kg]
 ∴ 트랙션 비 = $\frac{T_2}{T_1} = \frac{2620}{1675} = 1.564$ 답 : 1.56

※ 카가 최하층에 있을 때 이동케이블은 승강로 천장과 중간에 고정되어 모두 승강로에 걸리기 때문에 무시한다.

(4) 전동기 출력(kW)은 얼마인가?
$$P = \frac{LV(1-OB)}{6120\eta} = \frac{1500 \times 60 \times (1-0.45)}{6120 \times 0.7} = 11.55[kW]$$

2.7 과속조절기(조속기)

(1) 추락방지안전장치의 작동을 위한 과속조절기는 정격속도의 115[%] 이상의 속도 그리고 다음과 같은 속도 미만에서 작동되어야 한다.
 ① 고정된 롤러 형식을 제외한 즉시 작동형 추락방지안전장치 : 0.8[m/s]
 ② 고정된 롤러 형식의 추락방지안전장치 : 1[m/s] 미만

③ 완충효과가 있는 즉시 작동형 추락방지안전장치 및 정격속도가 1[m/s] 이하에 사용되는 점차 작동형 추락방지안전장치 : 1.5[m/s] 미만
④ 정격속도가 1[m/s]를 초과하는 엘리베이터에 사용되는

점차작동형 추락방지안전장치 : $1.25V + \dfrac{0.25}{V}$ [m/sec] 미만

(2) 과속조절기 로프와 도르래의 직경
① 로프 직경은 6[mm] 이상 안전율은 8 이상이어야 한다.
② 도르래 피치 직경과 과속조절기 로프의 공칭 직경 사이의 비는 30 이상이어야 한다.
※ 마모방지 및 수명

(3) 과속조절기의 반응 시간
위험 속도에 도달하기 전에 과속조절기가 확실히 작동하기 위해, 작동지점 들 사이의 최대 거리는 과속조절기 로프의 움직임과 관련하여 250[mm]를 초과하지 않아야 한다.

(4) 과속조절기 로프의 인장력은 다음 두 값 중 큰 값 이상이어야 한다.
① 추락방지안전장치가 작동되는데 필요한 힘의 2배
② 300[N]

(5) 과속조절기 로프 및 관련 부속부품은 추락방지안전장치가 작동하는 동안 제동거리가 정상적일 때보다 더 길더라도 손상되지 않아야 한다.
(6) 과속조절기 로프는 추락방지안전장치로부터 쉽게 분리될 수 있어야 한다.

3. 매다는 장치(로프 및 벨트)

3.1 로프(벨트)의 권상

(1) 카는 정격하중의 125[%]로 적재될 때 승강장 바닥 높이에서 미끄러짐 없이 정지상태가 유지되어야 한다.
(2) 빈 카 또는 정격하중의 카가 비상 제동될 때, 카는 행정거리가 줄어든 완충기를 포함하여 완충기의 설계된 속도 이하로 확실하게 감속되어야 한다.
(3) 카 또는 균형추가 완충기를 누르고 있는 경우, 빈 카 또는 균형추를 들어올리는 것이 가능하지 않아야 한다. 또한, 다음 중 어느 하나와 같아야 한다.
① 로프(벨트)가 권상도르래에서 미끄러져야 한다.

② 구동기는 전기안전장치에 의해 정지되어야 한다.
(4) 포지티브 구동 엘리베이터의 로프 감김
① 드럼은 나선형으로 홈이 있어야 하고, 그 홈은 사용되는 로프에 적합해야 한다.
② 카가 완전히 압축된 완충기 위에 정지하고 있을 때, 드럼의 홈에는 한바퀴 반의 로프가 남아 있어야 한다.
③ 로프는 드럼에 한 겹으로만 감겨야 된다.
④ 홈에 대한 로프의 편향각(후미각)은 4°를 초과하지 않아야 한다.
(5) 정격속도가 1.75 m/s를 초과한 경우, 인장장치가 없는 보상수단은 순환하는 부근에서 안내봉 등에 의해 안내되어야 한다.
(6) 보상 수단(로프, 체인, 벨트 및 그 단말부)은 안전율 5 이상이어야 한다.

3.2 로프(벨트)의 마모 기준 및 로프의 설계

(1) 로프의 마모 및 파손 상태에 대한 기준

마모 및 파손상태	기 준
소선의 파단이 균등하게 분포되어 있는 경우	1구성 꼬임(스트랜드)의 1꼬임 피치 내에서 파단 수 4 이하
파단 소선의 단면적이 원래의 소선 단면적의 70[%] 이하로 되어 있는 경우 또는 녹이 심한 경우	1구성 꼬임(스트랜드)의 1꼬임 피치 내에서 파단 수 2 이하
소선의 파단이 1개소 또는 특정의 꼬임에 집중되어 있는 경우	소선의 파단총수가 1꼬임 피치 내에서 6꼬임 와이어로프이면 12 이하, 8꼬임 와이어로프이면 16 이하
마모부분의 와이어로프의 지름	마모되지 않은 부분의 와이어로프 직경의 90[%] 이상

(2) 로프의 설계

1) 탄성에 의한 연신율

$$\delta = \frac{P \cdot H}{N \cdot A \cdot E}$$

여기서, P : 로프에 걸리는 하중 H : 로프의 길이
    N : 로프 본수 E : 로프의 종탄성 계수
    A : 로프의 단면적

2) 로프의 안전율

$$S = \frac{K \cdot N \cdot P}{W + W_c + W_r}$$

여기서, K : 로핑 계수, N : 로프 본수, P : 로프 1본당 절단하중
W : 적재용량, W_c : 카자중
W_r : 로프 자중(균형로프를 사용하는 경우 균형도르래 자중의 $\frac{1}{2}$을 더함)

예제 다음 로프 안전율을 구하시오
로핑 방식 2 : 1, 로프 본수 5, 로프 파단하중 5990 kg, 카 하중 1000 kg, 적재하중 2800 kg, 로프하중 205 kg, 균형 도르래 중량 430 kg

풀이

$$S = \frac{2 \times 5 \times 5990}{1000 + 2800 + 205 + \dfrac{430}{2}} = 14.194$$

답 : 14.19

예제 다음의 조건일 때 로프의 늘어난 길이를 구하시오.
① 로프 길이(ℓ) 80 m (ϕ12×4본, 단위중량 0.494 kg/m,
  종탄성계수(E) 7,000 kg/mm², 로프의 단면적(A) : 113.10 mm²
② 적재하중(W_1) : 1,150 kg
③ 카자중(W_2) : 1,800 kg

풀이

① 로프자중
 W_r = 로프길이 × 단위중량 × 가닥수 = 80 × 0.494 × 4 = 158.08[kg]
② 로프에 걸리는 하중 P
 P = 적재하중 + 카자중 + 로프자중 = 1,150 + 1,800 + 158.08 = 3,108.08[kg]
③ 늘어난 길이 δ
$$\delta = \frac{P \times \ell}{NAE} = \frac{3,108.08 \times 80 \times 10^3}{4 \times 113.10 \times (7 \times 10^3)} = 78.52[\text{mm}]$$

5장 기계요소 설계

1. 승강기 재료의 역학적 설계

1.1 하중 응력변형률

(1) 하중의 분류

1) 시간에 따른 분류 (속도에 따른 분류)
   ① 교번하중 : 크기와 방향이 주기적으로 변하는 하중(피스톤)
   ② 반복하중 : 일정한 주기 및 진폭으로 반복 작용하는 하중(차축 스프링)
   ③ 충격하중 : 순간적으로 작용하는 하중

2) 작용하는 상태(방향)에 따른 분류
   ① 인장하중 : 재료를 늘어나게 작용하는 하중
   ② 압축하중 : 재료를 수축되게 작용하는 하중
   ③ 전단하중 : 재료의 단면에 평행하게 작용

(2) 응력

재료에 압축, 인장, 굽힘, 비틀림 등의 외력(하중)을 가했을 때 재료 내에 생기는 저항력을 응력이라고 한다.

$$\text{응력 } \sigma = \frac{F}{A}[\text{N/mm}^2]$$

여기서, F : 작용하중[N], A : 단면적[mm^2]

1) 주응력 : 수직 방향으로 작용하는 응력
2) 전단응력 : 수평 방향으로 작용하는 응력

(3) 안전율 : 재료의 파단강도를 응력으로 나눈 값

$$\text{안전율 } S = \frac{f}{\sigma}$$

여기서, f : 재료의 파단강도[N/mm^2], σ : 응력[N/mm^2]

(4) 변형률(ε) : 변형량을 원래 길이로 나눈 것

$$\text{변형률 } \varepsilon = \frac{\Delta l}{l}$$

Δl : 변형된 길이, l : 처음 길이

1.2 후크의 법칙과 탄성계수

(1) 후크의 법칙
고체에 힘을 가해 변형시키는 경우 힘의 크기가 어떤 한도를 넘지 않는 한 변형의 양은 힘의 크기에 비례한다는 법칙

$$F = kx, \quad x = \frac{F}{k}$$

여기서, k : 탄성계수, x : 변형된 길이(Δl)

※ 늘어난 길이는 탄성계수에 반비례한다.

(2) 탄성 계수
비례한계 내에서의 힘과 변형량과의 비를 탄성계수(彈性係數)라고 한다.

(3) 종탄성계수(E : 영률)
단면적당 작용하는 힘 응력(σ)은 변형률(ε)과 비례관계가 성립하고 그 비례상수를 영(Young)률 이라고 한다.

즉, 수직 응력을 변형률로 나눈값

$$\text{영률 } E = \frac{\sigma}{\varepsilon} = \frac{\frac{F}{A}}{\frac{\Delta l}{l}} = \frac{F \cdot l}{A \cdot \Delta l}$$

여기서, 늘어난 길이 $\Delta l = \frac{F \cdot l}{A \cdot E} = \frac{\sigma \cdot l}{E}$

> **예제** 길이 4 m, 지름 15 mm인 환봉을 2 mm 늘어나게 할 때 필요한 인장력은 몇 kg인가? (단, 영률은 2.1×10^5 kg/cm²)

풀이

단면적 $A = \pi \times \left(\dfrac{1.5}{2}\right)^2 = 1.77[\text{cm}^2]$

$E = \dfrac{F \cdot l}{A \cdot \Delta l}$ 에서 $F = \dfrac{A \cdot \Delta l \cdot E}{l}$

$F = \dfrac{A \cdot \Delta l \cdot E}{l} = \dfrac{1.77 \times 0.2 \times 2.1 \times 10^5}{400} = 185.85[\text{kg}]$

예제 균일 단면 봉재에 작용하는 수직응력에 의한 탄성에너지(U)를 구하는 식은?

풀이

$U = \dfrac{P^2 L}{2EA}$

(P : 인장하중, L : 봉재의 길이, E : 세로탄성계수, δ : 변형량, A : 단면적)

1.3 푸아송의 비

(1) 푸아송비 (μ) = $\dfrac{\text{가로변형률}}{\text{세로변형률}}$

(2) 푸와송비 μ, 푸아송의 수 m의 관계식
   (G : 가로탄성계수, E : 세로탄성계수, K : 체적탄성계수)

$$mE = 2G(m+1) = 3k(m-2)$$

$$\therefore E = \dfrac{2G(m+1)}{m} = \dfrac{3k(m-2)}{m}$$

1.4 반력과 모멘트

(1) 반력

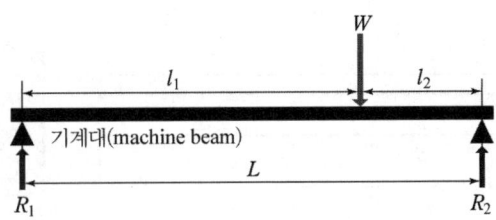

$R_1 = W \times \dfrac{l_2}{L}$ $\qquad R_2 = W \times \dfrac{l_1}{L}$

(2) 굽힘모멘트

$$M = \frac{W \times l_1 \times l_2}{L} [\text{kg} \cdot \text{cm}]$$

> **예제** 길이 4 m인 단순보의 중앙에 1000 N의 집중하중이 작용할 때 최대굽힘 모멘트(N)는?

풀이

$$M = \frac{1000 \times 2 \times 2}{4} = 1000 N$$

$$(M = \frac{W \times \frac{L}{2} \times \frac{L}{2}}{L} = \frac{W \times L}{4})$$

(3) I형 보의 최대 굽힘응력(σ)

$$\sigma = 굽힘모멘트 \times \frac{\frac{단면높이}{2}}{관성모멘트}$$

> **예제** I형 보의 관성모멘트 250 N · cm, 단면높이 20 cm, 굽힘모멘트 250 N · m일 때 최대 굽힘응력은 몇 N/cm² 인가?

풀이

$$\sigma = 굽힘모멘트 \times \frac{\frac{단면높이}{2}}{관성모멘트} = 250 \times 10^2 \times \frac{\frac{20}{2}}{250} = 1000 [\text{N/cm}^2]$$

(4) 단순보의 처짐

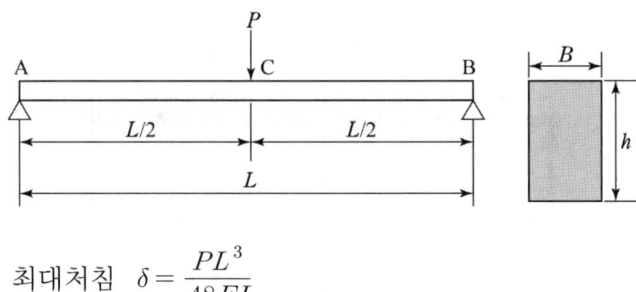

최대처짐 $\delta = \dfrac{PL^3}{48EI}$

여기서, 단면2차모멘트 $I = \dfrac{Bh^3}{12}$ (직사각형 단면)

보의 처짐은 탄성계수에 반비례하고 하중에, 비례 길이의 3제곱에 비례하고 보 단면의 높이 3제곱에 반비례한다.

(5) 보의 곡률반경과 굽힘모멘트

1) 곡률반경 $\rho = \dfrac{EI}{M}$

   여기서, E : 탄성계수, I : 단면2차모멘트, M : 굽힘모멘트

2) 곡률 반경은 굽힘모멘트에 반비례하고 탄성계수와 단면2차모멘트에 비례한다.
3) 곡률이 클수록 많이 구부러져 있다. (직선은 곡률 "0" 이다.)
4) 곡률 $k = \dfrac{1}{\rho}$ (ρ : 곡률반경)

1.5 단면2차 모멘트와 단면계수

(1) 사각형

1) 단면2차 모멘트 : $I = \dfrac{bh^3}{12}$

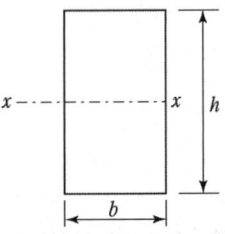

2) 단면계수 : $Z = \dfrac{bh^2}{6}$

(2) 중실축(환봉 : 원형 단면)

1) 단면2차 모멘트 : $I = \dfrac{\pi D^4}{64}$

2) 단면계수 : $Z = \dfrac{\pi D^3}{32}$

> **예제** 굽힘모멘트 45000 N · mm만 받는 연강재 축의 지름은 약 몇 mm인가?
> (단, 이때 발생한 굽힘응력은 5 N/mm² 이다.)

풀이

$$응력 = \frac{굽힘모멘트}{단면계수} \text{ 에서}$$

$$5 = \frac{45000}{\frac{\pi D^3}{32}} \text{ 에서 } \pi \times D^3 = \frac{32 \times 45000}{5}$$

$$\therefore D = \sqrt[3]{\frac{32 \times 45000}{\pi \times 5}} = 45.09 [\text{mm}]$$

2. 비틀림 모멘트와 전달 마력

2.1 비틀림 모멘트

(1) 재료의 단면과 수직인 축을 회전축으로 하여 작용하는 모멘트로 토크라고도 한다.
(2) 축의 전달 동력과 비틀림 모멘트(토크)

$$T = \frac{P(w)}{\omega}, \quad \omega = 2\pi \times \frac{N(\text{rpm})}{60}$$

$$P = \omega\tau = 2\pi \times \frac{N}{60} \times \tau [\text{N} \cdot \text{m}] \times 10^{-3} [\text{kW}]$$

> **예제** 회전수 1000 rpm으로 716.2 N · m의 비틀림모멘트를 전달하는 회전축의 전달 동력(kW)은?

풀이

$$T(\text{토크}) = \frac{P(w : 기계적인 출력)}{\omega(각속도)} \text{ 에서 } \omega = \frac{2\pi \times 1000}{60} = 104.72$$

$$P = \omega T = 104.72 \times 716.2 \times 10^{-3} = 75 [\text{kW}]$$

2.2 전달 동력의 단위

(1) $1[\text{PS}] = 75[\text{kg} \cdot \text{m/s}]$

(2) $PS = \dfrac{\omega \cdot T[\text{kg} \cdot \text{m}]}{75} = 2\pi \times \dfrac{N \cdot T[\text{kg} \cdot \text{m}]}{60 \times 75} = \dfrac{N \times T[\text{kg} \cdot \text{m}]}{716.2}$

$= \dfrac{N \times T[\text{kg} \cdot \text{cm}]}{71620} [\text{PS}]$

$\therefore \left(\dfrac{2\pi}{60 \times 75}\right)^{-1} = 716.20)$

여기서, N : 회전수[rpm]

(3) $1[\text{PS}] = 75[\text{kgf} \cdot \text{m/s}] = 75 \times 9.81[\text{N} \cdot \text{m/s}] = 736[\text{W}]$

※ $1[\text{HP}] = 746[\text{W}]$

(4) $1[\text{W}] = 1[\text{N} \cdot \text{m}] = 1[\text{J/s}]$

(5) 비틀림 모멘트(T)를 받는 중실축(환봉)의 원형 단면에서 발생하는 전단응력이 τ일 때

① 중실축의 지름 d를 구하는 식 : $d = \left(\dfrac{16T}{\pi\tau}\right)^{\frac{1}{3}} = \sqrt[3]{\dfrac{16T}{\pi\tau}} \fallingdotseq \sqrt[3]{\dfrac{5T}{\tau}}$

② 중실축의 비틀림 모멘트 $T = \dfrac{\pi d^3 \tau}{16}$

(6) 중실축에서 동일한 비틀림 모멘트를 작용시킬 때 지름이 2d에 저장되는 탄성에너지 E_2, d에서 저장되는 탄성에너지 E_1의 관계식 (지름 외 조건 동일)

$E_2 = \dfrac{1}{16} E_1$ ※ 지름의 4제곱에 반비례

6장 제어반 및 전기설비설계

1. 제어반 및 엘리베이터 운전제어

1.1 제어반의 설치

(1) 제어반 및 캐비닛 전면의 유효 수평 면적(※ 기계실이 없는 경우도 동일 : MRL)
   ① 깊이 : 외함 표면에서 측정하여 0.7 m 이상
   ② 폭
      - 제어반 폭이 0.5 m 미만인 경우 : 0.5 m 이상
      - 제어반 폭이 0.5 m 이상인 경우 : 제어반 폭 이상
(2) 지진 발생 시 수평진동에 의한 제어반의 전도 방지 대책으로 브리켓으로 벽면에 고정되어야 한다.

1.2 비상운전 및 작동을 위한 시험장치의 구성(비상운전 패널)

(1) 비상통화장치와 비상운전을 위한 작동장치
(2) 작동시험을 수행하기 위한 제어 설비
(3) 다음과 같은 내용을 표시하는 표시장치
   ① 카 움직임의 방향
   ② 잠금해제구간의 도착
   ③ 카의 속도

1.3 제어반의 절연저항 및 접지

(1) 절연저항

공칭 회로 전압(V)	시험 전압/직류(V)	절연 저항(MΩ)
SELV[a] 및 PELV[b] > 100 VA	250	≥ 0.5
≤ 500 FELV[c] 포함	500	≥ 1.0
> 500	1000	≥ 1.0

a SELV: 안전 초저압 (Safety Extra Low Voltage)
b PELV: 보호 초저압 (Protective Extra Low Voltage)
c FELV: 기능 초저압 (Functional Extra Low Voltage)

(2) 동력 전원 케이블과 제어용 전원 케이블의 접지를 분리해야 한다.

(3) 접지의 목적
　① 인체의 감전 사고 예방
　② 보호 계전기의 확실한 동작
　③ 기기 보호

1.4 엘리베이터 정상운전 제어

(1) 착상 정확도는 ±10[mm] 이내이어야 한다.
(2) 착상정확도가 ±20[mm]를 초과할 경우에는 ±10[mm] 이내로 보정되어야 한다.
(3) 카에 과부하가 발생할 경우에는 재-착상을 포함한 정상 기동을 방지하는 장치가 설치되어야 한다.
(4) 과부하는 정격하중의 10[%](최소 75[kg])를 초과하기 전에 검출되어야 한다.
(5) 과부하 검출 시 운전 요건
　① 청각 및 시각적인 신호에 의해 카 내 이용자에게 알려야 한다.
　② 자동 동력 작동식 문은 완전히 개방되어야 한다.
　③ 수동 작동식 문은 잠금해제 상태를 유지해야 한다.
　④ 예비운전은 무효화되어야 한다. (문 잠금해제구간의 착상, 재착상 제외)
(6) 문이 닫히지 않거나 잠기지 않은 상태에서 착상, 재-착상, 예비운전 제어가 허용되는 조건
　① 카가 잠금해제구간에 있고 승강장으로부터 20[mm] 이내에 유지된 경우
　② 착상운전 중, 문의 전기안전장치를 무효화시키는 장치는 해당 승강장에 대한 정지신호가 주어진 경우에만 작동되어야 한다.

③ 착상속도는 0.8[m/s] 이하이어야 한다. (running open)
④ 재-착상 속도는 0.3[m/s] 이하이어야 한다.

1.5 점검운전 제어

(1) 점검운전 조작반은 다음의 위치에 영구적으로 설치되어야 한다.
① 카 지붕
② 피트
③ 기계실이 없는 경우(MRL) 경우 카 내
④ 기계실이 없는 경우(MRL) 기계류 공간의 플랫폼(platform)

(2) 점검운전 스위치 작동조건
① 정상 운전 제어를 무효화한다.
② 전기적 비상운전을 무효화 한다.
③ 착상 및 재-착상이 불가능해야 한다.
④ 동력 작동식 문의 어떠한 자동 움직임도 방지되어야 한다.
⑤ 동력 작동식 문의 닫힘은 다음의 사항에 의해 작동되어야 한다.
　　- 카 움직임을 위한 방향 버튼의 동작. 또는
　　- 문 개폐장치 제어의 우발적인 작동에 대비하여 보호된 추가적인 스위치
⑥ 카 속도는 0.63[m/s] 이하이어야 한다.
⑦ 카 지붕 또는 피트 내부의 작업자가 서있는 공간 위로 수직거리가 2.0[m] 이하일 때, 카 속도는 0.3[m/s] 이하이어야 한다.
⑧ 종단의 정지 위치를 초과하여 운행되지 않아야 한다.
⑨ 엘리베이터의 운행은 안전장치에 좌우되어야 한다.
⑩ 두 개 이상의 점검운전 조작반이 "점검" 위치에 있는 경우, 동일한 누름버튼이 동시에 조작되지 않는 한, 하나의 점검운전 조작반으로 카를 움직이는 것은 불가능해야 한다.
⑪ 카 벽에 점검문이 있는 경우 전기안전장치를 무효화시켜야 한다.

(3) 엘리베이터의 정상운행으로의 복귀는 점검 운전 스위치를 정상으로 전환해야만 가능해야 한다.

(4) 피트 점검운전 조작반에서의 엘리베이터 정상운행으로의 복귀 조건
① 피트로 출입할 수 있는 승강장문은 닫히고 잠겨 있어야 한다.
② 피트 내부의 모든 정지 장치는 작동되지 않는 상태이어야 한다.

③ 승강로 외부의 전기적 재-설정(reset) 장치는 다음과 같이 작동된다.
- 피트로 출입할 수 있는 문의 비상잠금해제 수단과 연동 또는
- 피트로 출입할 수 있는 문과 가까운 위치에 있고, 자격자만 접근 가능한 조작(잠금장치가 있는 캐비넷 내부 등)

④ 전기적으로 고장이 발생한 경우 모든 의도되지 않은 카의 움직임을 막는 예방조치가 취해져야 한다.

(5) 점검 운전에서 카의 움직임은 방향 누름버튼과 "운전" 누름 버튼을 계속 누르고 있을 때에만 가능해야 한다.

(6) **점검운전 조작반**

※ 이동 방향 버튼의 색깔은 다음과 같이 표시한다.

제어	버튼 색상	기호 색상	기준 기호	기호
상승(UP)	흰색	검은색	IEC 60417-5022	↑
하강(DOWN)	검은색	흰색	IEC 60417-5022	↓
운전(RUN)	파란색	흰색	IEC 60417-5023	↕

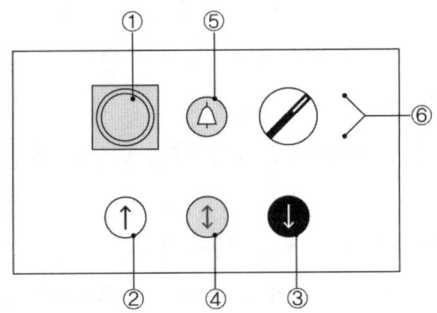

[기호 설명]
① 정지 장치
② 상승 누름 버튼
③ 하강 누름 버튼
④ 운전 누름 버튼
⑤ 비상호출 누름 버튼
⑥ 정상/점검 스위치 위치

[비고] 점검운전 조작반 내 경보 버튼은 선택 사항이다.

1.6 전기적 비상운전 제어

(1) 구동기는 정상적인 주전원 또는 예비전원 으로부터 전력을 공급받아야 한다.
(2) 전원공급은 고장이 발생 후 1시간 이내에 정격하중의 카를 인접한 승강장으로 이동시킬 수 있는 충분한 용량이어야 한다.
(3) 버튼에 지속적인 압력을 가해 카 움직임의 제어를 허용해야 한다.
(4) 점검 운전 스위치는 전기적 비상운전 보다 우선한다.
(5) 전기적 비상운전 스위치에 의해 무효화 되는 전기장치

① 늘어진 로프나 체인을 확인하는 전기 장치
② 카 추락방지안전장치에 설치된 전기 장치
③ 과속조절기에 설치된 전기 장치
④ 카 상승과속방지장치에 설치된 전기 장치
⑤ 완충기의 복귀를 확인하는 전기 장치
⑥ 파이널 리미트 스위치

(6) 카 속도는 0.30[m/s] 이하이어야 한다.

1.7 승강장문 및 카문의 바이패스(bypass) 장치

(1) 승강장문, 카문의 접점과 문 잠금장치의 유지관리를 위해 제어반 또는 비상운전 및 작동 시험을 위한 장치에 바이패스(bypass) 장치가 제공되어야 한다.

(2) 승강장문 및 카문의 바이패스 운전 조건
① 자동 동력 작동식 문을 포함한 정상작동 제어는 무효화되어야 한다.
② 승강장문, 승강장문 잠금장치, 카문, 카문 잠금장치 접점은 바이패스가 가능해야 한다.
③ 승강장문과 카문의 접점은 동시에 바이패스(bypass)되지 않아야 한다.
④ 바이패스된 카문 닫힘 접점으로 카의 움직임을 허용하기 위해 카문이 닫힌 위치에 있는지 확인하기 위한 별도의 감시 신호가 제공되어야 한다.
⑤ 수동 작동식 승강장문의 경우, 승강장문 접점과 승강장문 잠금장치의 접점을 동시에 바이패스하는 것은 불가능해야 한다.
⑥ 카 움직임은 점검운전 또는 전기적 비상운전 하에서만 가능하다.
⑦ 카가 움직이는 동안 카의 음향신호와 카 아래 부분의 깜빡이는 조명이 작동되어야 한다. 경보음의 소리 크기는 카 아래 1m 거리에서 최소 55 dB(A) 이상이어야 한다.

1.8 기타 운전제어

(1) 전기적 크리핑 방지 시스템
유압식 엘리베이터의 카를 마지막 정상적인 운행 후, 15분 이내에 최하층 승강장에 자동으로 보내져야 한다.

(2) 정지 장치(버튼) 설치 장소
① 피트 ② 풀리실 ③ 카 지붕 ④ 점검운전 조작반

(3) 카 내 노출된 정지장치(버튼)는 없어야 한다.

(4) 파이널 리미트 스위치
① 권상 및 포지티브 구동식 엘리베이터의 경우, 주행로의 최상부 및 최하부에서 작동하도록 설치되어야 한다.
② 유압식 엘리베이터는 주행로의 최상부에서만 작동하도록 설치되어야 한다.
③ 카(또는 균형추)가 완충기에 충돌하기 전에 작동되어야 한다.
④ 파이널 리미트 스위치의 작동은 완충기가 압축되어 있거나, 램이 완충장치에 접촉되어 있는 동안 지속적으로 유지되어야 한다.
⑤ 파이널 리미트 스위치와 일반 종단정지장치는 독립적으로 작동되어야 한다.
⑥ 전문가(유지관리업자 등)의 점검 후 정상운전으로 복귀해야 한다.

2. 전기설비 및 전기기기

2.1 전기설비

(1) 제어장치는 전면에서 점검 및 유지관리를 용이하게 하도록 설치되어야 한다.
(2) 승강로 내부, 기계류 공간 및 풀리실에서 직접적인 접촉에 대한 전기설비의 보호는 IP 2X 이상의 보호등급을 제공하는 케이스를 통해 제공되어야 한다.
(3) 30[mA] 이하의 정격 잔류 전류의 경우, 다음에 대해 누전차단기를 설치해야 한다.
　① 회로의 콘센트
　② 전압이 50 V AC 이상인 착상, 위치표시기, 안전회로 관련 제어회로
　③ 전압이 50 V AC 이상인 카의 회로
(4) 안전 접점 외함의 보호등급이 IP 4X 이상이어야 한다.

2.2 주 개폐기

(1) 각 엘리베이터에는 엘리베이터에 공급되는 모든 전도체의 전원을 차단할 수 있는 주 개폐기가 있어야 한다.
(2) 주 개폐기가 전원을 차단하지 않는 회로
　① 카 조명과 환기장치　　　　　　② 카 지붕의 콘센트
　③ 기계류 공간 및 풀리실의 조명　④ 기계류 공간, 풀리실 및 피트의 콘센트
　⑤ 승강로 조명

(3) 주 개폐기 설치장소
   ① 기계실이 있는 경우 : 기계실
   ② 기계실이 없는 경우(MRL) : 제어반(승강로에 위치할 경우는 제외)
   ③ 제어반이 승강로에 위치할 경우(MRL) : 비상운전 및 작동시험을 위한 패널
(4) 역률향상을 위한 캐패시터는 동력회로의 주 개폐기 앞에 연결되어야 한다.
(5) 주 개폐기가 엘리베이터의 전원을 차단하였을 경우, 엘리베이터의 자동적인 움직임은 방지되어야 한다. (예를 들어, 자동적인 배터리 전원공급 작동)
(6) 역률개선용 콘덴서 용량 계산[kVA]

$$Q = P[\text{kW}] \times (\tan\theta_1 - \tan\theta_2)$$
$$= P[\text{kW}] \times \left(\frac{\sqrt{(1-\cos\theta_1^2)}}{\cos\theta_1} - \frac{\sqrt{(1-\cos\theta_2^2)}}{\cos\theta_2} \right)$$

※ $\sin\theta^2 + \cos\theta^2 = 1 \quad \tan\theta = \frac{\sin\theta}{\cos\theta}$

> **예제** 교류 3상 부하가 25 kW이고 역률이 60 % 이다. 이것을 역률 90 %로 개선하기 위해 필요한 전력용 콘덴서의 용량을 구하시오.

풀이

$$Q = 25 \times \left(\frac{\sqrt{(1-0.6^2)}}{0.6} - \frac{\sqrt{(1-0.9^2)}}{0.9} \right) = 21.23 [\text{kVA}]$$

무효전력 $P_r = P \times \tan\theta = 25 \times \frac{0.8}{0.6} = 33.33 [\text{kVar}]$

※ 개선 후 역률 검증

$$(\cos\theta) = \frac{P}{\sqrt{P^2 + (P_r - Q)^2}} = \frac{25}{\sqrt{25^2 + (33.33 - 21.23)^2}} \times 100 = 90.01$$

3. 동력 전원설비

3.1 설비용량 산정 기본요소 및 변압기 용량 계산

(1) 승강기용 동력전원설비 산정 시 필요한 요소
   ① 전압강하
   ② 전압강하 계수
   ③ 주위온도
   ④ 부등률
   ⑤ 가속 전류

(2) 변압기 용량 계산

① $P = \dfrac{부하설비용량(kW) \times 수용률}{역률 \times 부등률} \times 여유계수 [kVA]$

② $수용률 = \dfrac{최대수용전력(kW)}{부하설비용량의\ 총계(kW)} \times 100 [\%]$

③ $P_T \geq \sqrt{3} \times E \times I \times N \times \dfrac{1}{Y} \times 10^{-3} + (P_c \times N) [kVA]$

여기서, E : 정격전압
   P_c : 제어용 전력[kVA]
   N : 엘리베이터 대수
   Y : 부등율
   I : 전동기 정격전류

※ 전동기 정격전류의 합이 50 A 이하이면 1.25배 50 A 초과 시는 1.1배로 계산한다.

3.2 배전선의 굵기 및 전압변동률

(1) $A = \dfrac{17.8 k \times L \times I}{1000 \times e} [\text{mm}^2]$

I : 전류 [A] L : 전선길이[m]
A : 전선의 단면적 k : ① 직류 2선식, 교류 2선식 : 2
e : 전압강하[V]   ② 3상 4선식, 단상 3선식 : 1
                ③ 3상 3선식 : $\sqrt{3}$

(2) $전압변동율(\%) = \dfrac{송전단전압 - 수전단전압}{수전단전압} \times 100 [\%]$

> **예제** 정격속도 1 m/s, 정격전압 380 V, 제어용전력 1.2 kVA/대, 정격전류 31 A, 수용률 0.91인 2대의 엘리베이터용 변압기의 최소용량은 몇 kVA인가?

> **풀이**
> $P = \sqrt{3} \times 380 \times (31 \times 2) \times 1.1 \times 0.91 \times 10^{-3} + (1.2 \times 2) = 43.247$
> ※ 전동기전류 합은 $31 \times 2 = 62$ A > 50 A 이므로 ×1.1
> 답 : 43.25[kVA]

7장 재해대책 설비

1. 정전 시 구출 운전

1.1 정전 시 구출 방법

(1) 기계적인 수단
 ① 탈착 가능한 바퀴살이 없는 수동핸들을 기계실(기계류 공간)에 배치한다.
 ② 수동핸들을 이용해 카를 승강장으로 이동시키기 위해 요구되는 인력은 150 N을 초과하지 않아야 한다.

(2) 전기적 수단
 ① 전원 공급은 정전이 발생한 후 1시간 이내에는 정격하중의 카를 인접한 승강장으로 이동시킬 수 있는 충분한 용량을 가져야 한다.
 ② 속도는 0.3 m/s 이하이어야 한다.

(3) 정격하중의 카를 상승 방향으로 움직이는데 요구되는 인력이 400 N 초과하거나 기계적인 구출 수단이 없는 경우 전기적 비상운전 수단이 있어야 한다.

1.2 전기적 비상운전 수단(자동구출운전 ARD : Automatic Rescue Device)

(1) 비상운전을 작동하기 위한 장치는 기계실, 기계류공간, 비상운전 및 작동시험을 위한 장치 중 한 곳에 설치해야 한다.
(2) 정전 또는 고장으로 인해 정상 운행 중인 엘리베이터가 정지되면 자동으로 카를 가장 가까운 승강장으로 운행시키는 수단이 있어야 한다. (안전장치가 작동한 경우 제외)
(3) 카가 승강장에 도착하면 승강장문 및 카문이 자동으로 열려야 한다.
(4) 승객이 안전하게 빠져나가면(10초 이상) 승강장문 및 카문은 자동으로 닫히고 정지상태가 유지되어야 하며 승강장 호출 버튼의 작동은 무효화 되어야 한다.
(5) 정전으로 인한 정지는 정상 전원이 복구된 경우는 엘리베이터는 자동으로 복귀되지만 고장으로 구출 운전이 작동한 경우는 전문가의 확인 후 복귀 되어야 한다.
(6) 배터리를 사용하는 경우에는 잔여용량을 확인할 수 있는 장치가 있어야 한다.
(7) 수직 개폐식 문이 설치된 엘리베이터 또는 유압식 엘리베이터의 경우에는 제외한다.

2. 소방구조용 엘리베이터

2.1 소방구조용 엘리베이터의 일반사항

(1) 소방구조용 엘리베이터의 크기는 정격하중 630 kg, 폭 1100 mm, 깊이 1400 mm 이상이어야 하며, 출입구 유효 폭은 800 mm 이상이어야 한다.
(2) 소방관 접근 지정층에서 소방관이 조작하여 엘리베이터 문이 닫힌 이후부터 60초 이내에 가장 먼 층에 도착되어야 한다.
(3) 운행속도는 1 m/s 이상이어야 한다. 단, 승강 행정이 200 m 이상인 경우는 3 m당 1초씩 증가될 수 있다.
(4) 소방구조용 엘리베이터는 소방운전 시 모든 승강장의 출입구마다 정지할 수 있어야 한다.
(5) 연속되는 상·하 승강장문의 문턱간 거리가 7 m 초과한 경우, 승강로 중간에 카문 방향으로 비상문이 설치되어야 한다.
(6) 2개의 카 출입문이 있는 경우, 소방운전 시 어떠한 경우라도 2개의 출입문이 동시에 열리지 않아야 한다.
(7) 카 지붕에 0.5 m×0.7 m 이상의 비상구출문이 있어야 한다.
 (정격용량이 630 kg인 엘리베이터의 비상구출문은 0.4 m×0.5 m 이상으로 가능)
(8) 비상구출문을 열기위해 이중천장에 가하하는 힘은 250 N보다 작아야 한다.
(9) 소방구조용 엘리베이터 알림표지

구 분		기 준
색상	바탕	적색
	그림	흰색
크기	카 조작 반	20 mm×20 mm
	승강장	100 mm×100 mm 이상

(10) 열이나 연기에 의해 동작되는 문닫힘안전장치를 제외하고 모든 엘리베이터의 안전장치 (전기적 및 기계적)는 유효상태이어야 한다. (초음파 장치, 광전장치)
(11) 소방운전 스위치는 점검운전 제어, 정지장치, 전기적 비상운전 제어보다 우선되지 않아야 한다.

2.2 소방구조용 엘리베이터의 전기설비

(1) 승강로 내부 전기장치의 물에 대한 보호 (피난용 엘리베이터도 동일)
① 최상층 승강장 아래 승강로 벽으로부터 1 m 이내 : IP X3 이상
② 최상층 승강장 아래 승강로 벽으로부터 1 m 이상 : IP X1 이상
③ 카 지붕 및 카 벽면의 외부를 둘러싼 전기설비 : IP X3 이상
④ 피트 바닥 위로 1 m 이내에 위치한 전기장치 : IP 67 이상
⑤ 콘센트 및 승강로에서 가장 낮은 조명 전구의 위치는 허용 가능한 피트 내부의 최대 누수 수준 위로 0.5 m 이상이어야 한다.

(2) 소방 접근 지정층을 제외한 승강장의 전기/전자 장치는 0 ℃에서 65 ℃까지의 주위 온도 범위에서 정상적으로 작동될 수 있도록 설계되어야 한다.

(3) 비상전원장치의 구비조건
① 정전 시 60초 이내에 엘리베이터 운행에 필요한 전력량을 자동으로 발생시키고 수동으로 전원을 작동시킬 수 있어야 한다. (※ 반드시 자가발전기가 아니어도 됨)
② 2시간 이상 운행시킬 수 있어야 한다.

(4) 비상전원의 공급방법
① 소방구조용 엘리베이터의 전 대수를 동시에 운행시킬 수 있는 용량의 자가발전기에 의해 공급해야 한다.
② 2곳 이상의 변전소로부터 전원을 공급받는 경우 1곳의 공급이 중단 경우 자동으로 다른 변전소의 전원으로 공급받을수 있는 경우는 자가발전기를 설치하지 않아도 된다.

(5) 공동주택용 비상전원의 요건
① 단지 내 소방구조용 엘리베이터 전 대수를 동시에 운행시킬수 있는 충분한 용량이어야 한다.
② 상기 ①의 조건이 어려운 경우는 각동의 소방구조용 엘리베이터 전 대수를 동시에 운행 시킬 수 있는 충분한 용량을 별도로 확보해야 하고 각 동마다 개별 급전용 절환장치가 설치되어야 한다.

(6) 소방 활동 통화시스템 (양방향 음성통화)
① 기계실에 있는 통화 장치는 버튼을 눌러야만 작동되는 마이크로폰이어야 한다.
② 카와 소방관 접근 지정 층에 있는 통화 장치는 마이크로 폰 및 스피커가 내장되어 있어야하고 전화 송수화기로 되어서는 안 된다.

2.3 1단계 : 소방구조용 엘리베이터에 대한 우선 호출(소방관 접근지정층 복귀)

(1) 정상운행 중 소방운전 스위치를 작동하면 1단계가 시작되어야 하고 소방운전 중 소방운전 스위치를 복귀하더라도 작동모드는 바뀌지 않아야 한다.
(2) 승강로 및 기계류 공간의 조명은 소방운전 스위치가 조작되면 자동으로 점등되어야 한다.
(3) 모든 승강장 호출 및 카 내의 등록버튼은 작동되지 않아야 하고 등록된 호출은 취소되어야 한다.
(4) 문 열림 버튼 및 비상통화 버튼은 작동이 가능한 상태이어야 한다.
(5) 그룹운전 중인 소방구조용 엘리베이터는 다른 모든 엘리베이터와 독립적으로 기능되어야 한다.
(6) 1단계가 시작되고 엘리베이터가 점검운전 제어, 전기적 비상운전 제어 또는 기타 유지관리 통제 조건하에 있을 때 즉시 카 및 관련 기계류 공간에 경보가 울려야 한다.
(7) 승강장에 문을 열고 대기하고 있는 소방구조용 엘리베이터는 15초 이내에 문을 닫고 소방관접근 지정층까지 이동되어야 한다.
(열과 연기에 영향을 받을 수 있는 문닫힘 안전장치는 무효화 된다.)
(8) 소방관 접근 지정 층과 반대 방향으로 운행 중인 엘리베이터는 가장 가까운 승강장에 정상적으로 정지한 후 문은 열리지 않고 소방관 접근 지정층으로 복귀하여 문을 열고 대기한다.

2.4 2단계 : 소방운전 제어 조건아래에서 엘리베이터의 이용(소방관운전)

(1) 2개 이상의 카 운행 층이 동시에 등록되는 것은 가능하지 않아야 한다.
(2) 카 등록버튼 또는 문 닫힘 버튼에 지속적으로 압력이 가해지면 문이 닫히고 완전히 닫히기 전에 버튼을 놓으면 문은 자동으로 다시 열려야 한다.
(3) 카가 움직이고 있는 동안에는 카 내부에서 새로운 층 등록이 가능해야 하고 미리 등록된 층은 취소되어야 한다.
(4) 카가 목적층에 도착하면 문이 닫힌 상태로 정지되고 카 내의 '문 열림' 버튼에 지속적인 압력이 가해질 때만 문이 열려야 한다.
(5) 문이 완전히 열리면 카 조작반에 새로운 층이 등록되기 전까지는 문이 열린 상태로 있어야 한다.

3. 피난용 엘리베이터

3.1 피난용 엘리베이터의 일반사항

(1) 피난용 엘리베이터는 화재 등 재난 발생 시 '피난호출' 조건하에 지정된 피난 층에서 문이 열린 상태로 대기하고 카 내 조작반에서만 "통제자"에 의한 피난 운전이 시작된다.
(2) 출입문의 유효 폭은 900 mm 이상, 정격하중은 1,000 kg 이상이어야 한다.
(3) 구동기 및 제어 패널·캐비닛은 최상층 승강장보다 위에 위치되어야 한다.
(4) 승강장문과 카문이 연동되는 자동 수평 개폐식 문이 설치되어야 한다.
(5) 피난 층을 제외한 승강장의 전기/전자 장치는 0 ℃에서 65 ℃까지의 주위 온도 범위에서 정상적으로 작동될 수 있도록 설계되어야 한다.
(6) 2개의 카 출입문이 있는 경우, 피난운전 시 어떠한 경우라도 2개의 출입문이 동시에 열리지 않아야 한다. (소방구조용 엘리베이터도 동일)
(7) 주 전원 및 보조 전원공급이 동시에 실패할 경우를 대비해 다음 사항을 만족하는 수단이 제공되어야 한다.
　① 정격하중의 카를 피난 층 또는 가장 가까운 피난안전구역까지 운행시킬 수 있는 충분한 용량의 예비전원이 제공되어야 한다.
　② 피난용 엘리베이터는 피난층 또는 피난안전구역 도착 후 주 전원 또는 보조전원이 정상적으로 공급되기 전까지 출입문을 열고 대기해야 한다.

3.2 피난용 엘리베이터의 추가요건

(1) 피난 활동 통화시스템 (양방향 음성통화)
　① 기계실에 있는 통화 장치는 버튼을 눌러야만 작동되는 마이크로폰이어야 한다.
　② 카와 종합 방재실에 있는 통화 장치는 마이크로 폰 및 스피커가 내장되어 있어야 하고, 전화 송수화기로 되어서는 안 된다.
(2) 문 열림 버튼 및 과부하감지장치는 작동이 가능한 상태이어야 한다. 다만, 문닫힘 안전장치는 무효화되어야 한다.
(3) 탑승 시간이 종료되면 정격하중의 100 %에 이르지 않더라도 엘리베이터는 즉시 문을 닫고 피난층으로 복귀되어야 한다. 이때 대피 신호를 받아 놓은 다른 층에 추가로 정지하는 것은 허용된다.
(4) 카가 피난 층에 도착하면 출입문이 열리고 약 15초 이상 열려있어야 한다.

(5) 주 전원 또는 보조 전원공급장치에 의해 초고층 건축물의 경우에는 2시간 이상 준초고층 건축물의 경우에는 1시간 이상 '피난운전' 시킬 수 있어야 한다.
(6) 피난운전은 점검운전 제어, 정지장치, 전기적 비상운전 제어보다 우선되지 않아야 한다.
(7) 카 및 승강장의 버튼, 카 및 승강장의 표시기, 피난호출 및 피난운전 스위치는 IP X3 이상으로 보호되어야 한다.

3.3 피난용 엘리베이터에 대한 우선 호출(피난호출)

(1) 승강로 및 기계류 공간의 조명은 '피난호출 스위치'가 조작되면 자동으로 점등되어야 한다.
(2) 모든 승강장 호출 및 카 내의 등록버튼은 작동되지 않아야 하고, 미리 등록된 호출은 취소되어야 한다.
(3) 문 열림 버튼 및 비상통화 버튼은 작동이 가능한 상태이어야 한다.
(4) 그룹운전에서 피난용 엘리베이터는 다른 모든 엘리베이터와 독립적으로 기능되어야 한다.
(5) 피난 활동 통화시스템은 작동되어야 한다.
(6) 카 조작반에 있는 시각적 표시기는 작동되어야 한다. 이 시각적 표시기는 엘리베이터가 정상 작동으로 복귀될 때까지 작동상태가 유지되어야 한다.
(7) '피난호출 스위치' 조작 시 점검운전 제어, 정지장치, 전기적 비상운전 제어 또는 기타 유지관리 통제 조건하에 있을 때 즉시 카 및 관련 기계류 공간에 경보(가청신호)가 울려야 한다. 이 경보음 크기는 55 dB에 설정하고 35 dB와 65 dB 사이에서 조정이 가능해야 한다. 경보음은 엘리베이터가 점검운전 제어, 정지장치, 전기적 비상운전 제어 또는 기타 유지관리 통제 조건이 해제될 때 멈추고, 자동으로 피난운전이 계속된다.
(8) 승강장에 문을 열고 대기하고 있는 피난용 엘리베이터는 문을 닫고 피난층까지 멈추지 않고 이동되어야 한다. 경보음은 문이 닫힐 때까지 카 내에서 울려야 한다. 승강장문이 실제 열려있는 시간이 15초를 초과하기 전에 문닫힘 안전장치는 무효화 되고, 감소된 동력 조건하에 닫히기 시작해야 한다.
(9) 피난 층과 반대방향으로 운행 중인 피난용 엘리베이터는 가장 가까운 승강장에 정상적으로 정지되고 문은 열리지 않고 피난 층으로 복귀되어야 한다.
(10) 피난층으로 운행 중인 피난용 엘리베이터는 정지하지 않고 피난 층으로 운행되어야 한다. 피난용 엘리베이터가 중간의 다른 승강장으로 정지가 이미 시작되었다면 정상적으로 정지되고 문은 열리지 않고 피난층까지 계속 이동한다.
(11) 피난 층에 도착한 피난용 엘리베이터의 승강장문 및 카문은 열린 상태로 계속 유지되어야 한다.

3.4 통제자의 피난용 엘리베이터 운전(피난운전)

(1) 카는 통제자가 제어할 수 있도록 카 내에서 '피난운전'으로 전환되어야 하며, 이 전환은 비상잠금해제 삼각열쇠(피난운전 스위치)에 의해서 이루어져야 한다.
(2) '피난호출'이 외부 신호에 의해 시작된 경우, 피난용 엘리베이터는 피난층에 위치한 '피난호출 스위치' 및 카 내의 '피난운전 스위치'가 조작(전환)되기 전까지 운행되지 않아야 한다.
(3) 카 내의 '피난운전 스위치'가 통제자에 의해 "피난" 위치로 전환되었을 때, 그 위치에 계속 유지되어야 하며, 해제는 오직 "해제" 위치에서만 가능해야 한다.
(4) '피난운전' 중일 때 승강장 호출은 불가하고 카 내 등록만 가능해야 한다.
(5) 카 내에서 '피난운전'으로 전환되면 카 내, 승강장 위치표시기 및 종합방재실에는 "피난운전 중" 표시가 명확히 나타나야 한다.
(6) 피난안전구역 또는 해당 층에 도착하면 피난용 엘리베이터 이용자(장애인, 노인 및 임산부 등을 포함)에게 적절한 탑승시간을 제공할 수 있도록 출입문이 개방되어 있어야 한다.
(7) 문 열림 버튼 및 과부하감지장치는 작동이 가능한 상태이어야 한다. 다만, 문닫힘 안전장치는 무효화되어야 한다.
(8) 탑승 시간이 종료되면 카의 부하가 정격하중의 100 %에 이르지 않더라도 피난용 엘리베이터는 즉시 문을 닫고 피난 층으로 복귀되어야 한다. 이때 대피 신호를 받아 놓은 다른 층에 추가로 정지하는 것은 허용된다.
(9) 카가 피난 층에 도착하면 출입문이 열리고 약 15초 이상 열려있어야 한다.
(10) 카가 지정된 피난 층이 아닌 다른 층에 정지하고 있을 때 '피난운전 스위치'가 "해제" 위치로 전환되면, 카는 즉시 문을 닫고 자동적으로 지정된 피난 층으로 복귀해야 한다.
(11) 카가 지정된 피난 층에 접근이 불가능하거나 어떤 이유로 정지할 수 없을 경우 지정된 피난 층에서 가장 가까운 층 또는 미리 지정된 다른 층에 정상적으로 정지되어야 한다.
(12) 주 전원 또는 보조 전원공급장치에 의해 초고층 건축물은 2시간 이상, 준초고층 건축물은 1시간 이상 '피난운전' 시킬 수 있어야 한다.

4. 지진 대책 및 감시반

4.1 지진 대책 및 감시반

(1) 설계용 수평 지진력 (작용점은 기기의 중심)

$$F = kW[\text{kg}]$$

여기서, k : 설계용 수평진도, W : 기기의 중량[kg]

(2) 설계용 수직 지진력(기계실 부품)

$$F_0 = k_0 W[\text{kg}], \ k_0 = \frac{k}{2}$$

여기서, k_0 : 설계용 수직진도

(3) 엘리베이터의 지진 대책

① 지진 발생 시 이동케이블, 균형체인 등이 승강로 돌출물과 충돌이 없도록 한다.
② 권상기 도르래에 로프 이탈방지 가드를 설치한다.
③ 권상기 전도 방지 볼트를 설치 한다. (권상기 스토퍼)
④ 제어반의 상단에 전도 방지용 지지대를 설치한다. (제어반 스테이)
⑤ 지진 발생 시는 엘리베이터를 이용하지 않아야 하며 카 안의 승객은 엘리베이터가 인접 층에 정지하면 내려야 한다.

(4) 지진감지기 설정값

건축물의 높이	특정 설정값[gal]	낮은 설정값[gal]	높은 설정값[gal]
60 m 이하	80 또는 P파 감지	120	150
60 m 초과 120 m 이하	30, 40, 60 또는 P파 감지 등	60, 80 또는 100	100, 120 또는 150
120 m 초과	25, 30 또는 P파 감지 등	40, 60 또는 80	80, 100 또는 120

(5) 지진 시 로프 이탈방지 대책

1) 로프 이탈방지 가드가 없는 경우(단, d는 로프 직경)

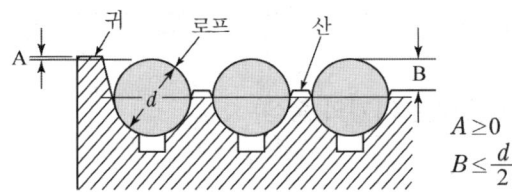

$$A \geq 0$$
$$B \leq \frac{d}{2}$$

2) 로프 이탈방지 가드 설치 시(단, d는 로프 직경)

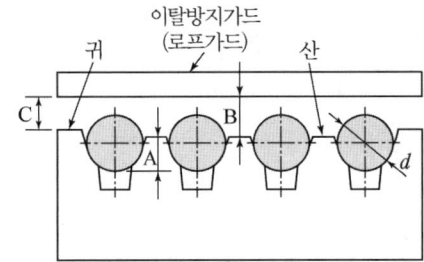

$A \geq \frac{1}{3}d$ 그리고 $A \geq 3[\text{mm}]$

$B \leq \frac{17}{20}d, \quad C \leq \frac{3}{4}d$

여기서, d : 로프직경,
A : 홈의 깊이
B : 산과 로프가드 간격
C : 귀와 로프가드 간격

4.2 감시반

(1) 감시반의 목적
① 승객의 안전 확보
② 카 안에 갇힌 승객의 구출

(2) 감시반의 종류
① 일반 감시반
② 컴퓨터 감시반

(3) 감시반의 기능
① 경보기능　　② 표시기능
③ 통신기능　　④ 제어기능

(4) 감시반 설치장소
① 중앙관리실　　② 경비실
③ 방재센터

2과목 승강기 설계 — 예상문제(1)

01 카의 정격속도가 60 m/min인 스프링 완충기의 최소행정[mm]은?

① 64 ② 67.4 ③ 100 ④ 135

풀이 $S = 0.135 V^2 = 0.135 \times 1^2 = 0.135 [\text{m}]$

02 엘리베이터의 정격속도가 매 분당 180 m이고, 제동소요 시간이 0.3초인 경우의 제동거리는 몇 m인가?

① 0.25 ② 0.45 ③ 0.65 ④ 0.85

풀이 제동거리 $S = \dfrac{Vt}{2} = \dfrac{3(\text{m/s}) \times 0.3(\text{s})}{2} = 0.45[\text{s}]$

03 카 바닥과 카틀의 부재에 작용하는 하중의 종류가 틀리게 연결된 것은?

① 카주 : 굽힘력, 장력
② 하부체대 : 굽힘력
③ 추돌판 : 굽힘력
④ 상부체대 : 장력

풀이 상부체대는 굽힘응력이 작용한다.

04 유압식 엘리베이터의 전동기 출력이 30 kW, 1 행정당 전동기의 구동 시간이 20초, 1시간당 왕복회수가 100회일 때, 유압기기의 발열량[kcal/h]은?

① 12333 ② 13333 ③ 14333 ④ 15333

풀이 발열량 $Q = 860 \times P[\text{kW}] \times t[\text{s}] \times N(왕복회수) \div 3600 [\text{kcal/h}]$
∴ $Q = 860 \times 30 \times 20 \times 100 \div 3600 = 14333.33 [\text{kcal/h}]$

05 엘리베이터의 설비계획과 관련한 설명으로 옳지 않은 것은?

① 교통량 계산의 결과 해당 건물의 교통수요에 적합한 충분한 대수를 설치한다.
② 엘리베이터를 기다리는 공간은 복도의 통로가 아닌 별도의 공간으로 구성한다.
③ 초고층의 경우 서비스층을 분할하는 것을 검토한다.
④ 여러 대를 설치할 경우 이용자의 접근을 쉽게 하기 위해 가능한 분산 배치한다.

풀이 집중 배치 해야 한다.

정답 01. ④ 02. ② 03. ④ 04. ③ 05. ④

06 비상통화장치에 대한 설명으로 옳지 않은 것은?

① 기계실 또는 비상구출운전을 위한 장소에는 카내와 통화할 수있도록 규정된 비상전원공급장치에 의해 전원을 공급받는 내부통화시스템 또는 유사한 장치가 설치되어야 한다.
② 비상 시 안정적으로 이용자 상황을 전달 할 수 있는 단방향 음성통신이어야 한다.
③ 카내에 갇힌 이용자 등이 외부와 통화할 수 있는 비상통화장치가 엘리베이터가 있는 건축물이나 고정된 시설물의 관리인력이 상주하는 장소 2곳 이상에 설치되어야 한다. (다만, 관리인력이 상주하는 장소가 2곳 미만인 경우에는 1곳에만 설치될 수 있다.)
④ 비상통화장치는 비상통화 버튼을 한번만 눌러도 작동되어야 하며, 비상통화가 연결되면 녹색 표시의 등이 점등되어야 한다.

풀이 양방향 음성통신이어야 한다.

07 점차 작동형 추락방지안전장치를 사용하는 엘리베이터의 정격속도가 150 m/min일 때 다음 중 과속조절기가 작동해야 하는 엘리베이터의 속도로 적절한 것은?

① 155 m/min   ② 165 m/min   ③ 190 m/min   ④ 210 m/min

풀이 $150 \times 1.15 = 172.5 [\text{m/min}]$ 이상
$(1.25 \times 2.5 + \frac{0.25}{2.5}) \times 60 = 193.5 [\text{m/min}]$ 미만

08 엘리베이터의 배치 계획에 관한 설명으로 옳은 것은?

① 엘리베이터 서비스가 건물에 필수적인 경우 3대의 엘리베이터가 최소이다.
② 독립된 엘리베이터 일수록 운송능률을 향상시킨다.
③ 그룹화된 엘리베이터는 승객의 대기시간이 길어진다.
④ 한 그룹으로 된 모든 엘리베이터는 같은 층들을 서비스해야 운전효율이 좋다.

09 기계실의 바닥면적에 대한 기준으로 옳은 것은?

① 카의 수평 투영면적의 2배 이내로 한다.
② 카의 수평 투영면적의 2배 이상으로 한다.
③ 승강로 수평 투영면적의 2배 이상으로 한다.
④ 승강로 수평 투영면적의 2배 이내로 한다.

정답 06. ② 07. ③ 08. ④ 09. ③

10 엘리베이터를 설계할 때 고려할 사항으로 운행시간 단축에 대한 설명으로 틀린 것은?

① 카의 바닥면적과 구조는 운행시간 단축과 관련이 없다.
② 도어의 폭은 운행시간 단축과 상관이 있다.
③ 적재하중은 운행시간 단축과 상관이 없다.
④ 군관리는 일반적으로 운행시간을 단축시킨다.

풀이 카의 바닥면적은 탑승 인원과 관계가 있어 운행 시간과 관계가 있다.

11 엘리베이터의 운행상태를 감시, 파악 또는 제어할 수 있는 감시반의 가장 큰 설치 목적은?

① 승강기의 효율적인 운용 ② 고장시 신속한 보수
③ 승객의 신속한 구출 ④ 교통량 분석 및 고장분석

풀이 승객의 안전이 최우선

12 엘리베이터 1대가 5분간 수송능력은 280명, 승객 수 28명일 경우, 엘리베이터의 일주시간(RTT)은?

① 20초 ② 30초 ③ 40초 ④ 50초

풀이 1대당 5분간 수송 능력 = $\dfrac{5 \times 60 \times r(승객수)}{RTT}$ 초

$\therefore RTT = \dfrac{5 \times 60 \times 28}{280} = 30$

13 지진대책에 따른 엘리베이터의 구조에 관한 설명으로 틀린 것은?

① 지진이나 기타 진동에 의해 주 로프가 도르래에서 이탈하지 않아야 한다.
② 엘리베이터의 균형추가 지진이나 기타 진동에 의하여 가이드 레일로부터 이탈하지 않아야 한다.
③ 승강로내에는 지진 시에 로프, 전선 등의 기능에 악영향이 발생하지 않도록 모든 돌출물들을 설치하여서는 안 된다.
④ 엘리베이터의 전동기, 제어반 및 권상기는 카 마다 설치하고 또한 지진이나 기타 진동에 의해 전도 또는 이동하지 않아야 한다.

풀이 레일 브래킷은 승강로 돌출물이다.

14 고층용, 저층용이 마주보는 2 뱅크로 배치되어 있는 엘리베이터인 경우의 대면거리[m]는?

① 3[m] 이상　　② 4[m] 이상　　③ 5[m] 이상　　④ 6[m] 이상

15 초고층 빌딩의 서비스 층 분할에 관한 설명 중 틀린 것은?

① 수송 능력은 감소하나 일주시간이 짧아진다.
② 급행구간이 있어 고속성능을 살릴 수 있다.
③ 건물의 인구분포에 변동이 있을 경우, 분할점을 변경할 수 있다.
④ 서비스층은 저층용, 중층용, 고층용으로 분할하는 경우가 많다.

풀이 수송 능력이 증가하고 일주시간도 짧아진다.

16 엘리베이터의 운전에 관한 설명으로 옳은 것은?

① 지진관제 운전 시 승객의 안전을 위해서 착상 구간에서도 출입문이 개방되지 않도록 설계한다.
② 정전구출 운전 시 엘리베이터는 기준층으로 복귀되어 출입문이 개방되고 승객은 자동으로 구출 될 수 있도록 설계되어야 한다.
③ 관제운전의 우선순위는 지진관제운전, 정전구출운전, 비상운전, 화재관제운전 등의 순서이다.
④ 소방운전 스위치는 점검운전제어, 정지장치, 전기적 비상운전제어보다 우선되지 않아야 한다.

풀이 점검 운전이 제일 우선이고 정전구출 운전은 가장 가까운 층으로 복귀한다.

17 건물용 용도별 교통수요 산출 및 수송능력 설정 시 대규모 사무실 건물의 1인당 점유면적은 몇 [m²]인 정도로 추정하는가?

① 4~5　　　　② 7~8　　　　③ 9~10　　　　④ 10~11

18 엘리베이터 배치와 구조에 관한 사항 중 틀린 것은?

① 8대의 그룹에서는 4대 4 배치가 가장 좋다.
② 4대의 그룹에서는 2대 2 배치가 가장 좋다.
③ 6대의 그룹에서는 3대 3 배치가 가장 좋다.
④ 3대의 그룹에서는 2대 1 배치가 가장 좋다.

풀이 3대까지는 일렬 배치가 좋다.

정답 14. ④　15. ①　16. ④　17. ②　18. ④

19 의료시설로서 6층 이상의 거실 면적의 합계가 3000[m²] 이하인 건물의 승객용 엘리베이터 설치 기준으로 맞는 것은?

① 4대 ② 3대 ③ 2대 ④ 1대

풀이 ① 의료, 영업, 문화시설

대수 $N = \dfrac{6층 이상 면적(m^2) - 3000}{2000} + 2 = \dfrac{3000 - 3000}{2000} + 2 = 2$

② 공동주택

대수 $N = \dfrac{6층 이상 면적(m^2) - 3000}{2000} + 1$

20 엘리베이터의 승객수가 20명, 일주시간이 30초일 때, 이 엘리베이터의 5분간 수송 능력은?

① 100명 ② 200명 ③ 300명 ④ 400명

풀이 5분간 수송능력 $= \dfrac{5분간 승객 수}{RTT(일주시간)} = \dfrac{5 \times 60 \times 20}{30} = 200$명

21 건물에 엘리베이터를 설치하려고 한다. 위치 선정 시의 고려사항으로 적절하지 못한 것은?

① 각 층 인구의 기하학적 중심에 배치
② 모든 출입구는 가능한 한 수직운송 집합점에 배치
③ 여러 대를 설치할 경우에는 가능한 한 분산배치
④ 엘리베이터는 가능한 한 주된 출입구의 근처에 배치

풀이 집중 배치해야 수송 능력이 향상된다.

22 엘리베이터의 배열에 관한 설명으로 옳은 것은?

① 3대의 그룹에 있어서는 일렬로 나란하게 배치하는 것이 바람직하다.
② 4대의 그룹에 있어서는 일렬로 나란하게 배치하는 것이 바람직하다.
③ 6대의 그룹에 있어서는 일렬로 나란하게 배치하는 것이 바람직하다.
④ 8대의 그룹에 있어서는 일렬로 나란하게 배치하는 것이 바람직하다.

23 엘리베이터의 주행시간을 이루는 요소가 아닌 것은?

① 가속시간 ② 감속시간 ③ 슬립 시 정지시간 ④ 전속주행시간

풀이 주행시간 = 가속시간 + 전속주행시간 + 감속시간

정답 19. ③ 20. ② 21. ③ 22. ① 23. ③

24 교통수요량을 산출할 때 일주 시간과 관계가 없는 것은?
① 주행시간
② 도어 개폐시간
③ 승객 출입시간
④ 5분간 수송능력

풀이 일주시간(RTT) = 주행시간 + 도어 개폐시간 + 승객 출입시간 + 손실시간

25 엘리베이터 주행시간의 일반적인 표현으로 옳은 것은?
① 가속시간 + 감속시간 + 전속주행시간
② 가속시간 + 감속시간 + 도어개폐시간
③ 가속시간 + 전속주행시간 + 도어개폐시간
④ 가속시간 + 전속주행시간 + 승객출입시간

26 건축물에 엘리베이터의 설비를 계획할 때 고려하여야 할 사항이 아닌 것은?
① 가능한 동일 장소에 집중 배치하여 교통 부하를 평균화한다.
② 4대 이상일 경우에는 일렬배치보다는 대면 배치하여 승객의 편의를 도모한다.
③ 건물 내의 피크시의 교통은 일시적으로 무시하고 평균 교통량으로 엘리베이터의 설비계획을 세워 비용을 절감한다.
④ 건축물의 교통수요에 대하여 엘리베이터의 규모는 속도, 용량, 대수, 군관리방식 등을 결정한다.

풀이 엘리베이터 대수 = 5분간 전 교통수요 / 5분간 수송
즉, 5분간 교통량으로 계획한다.

27 초고층 빌딩의 서비스층 분할에 관한 설명 중 틀린 것은?
① 일주시간은 짧아지고 수송 능력은 감소한다.
② 급행 구간이 만들어져 고속성능을 충분히 살릴 수 있다.
③ 서비스층은 저층용과 고층용 또는 저·중·고에 2~4분할하는 것이 일반적이다.
④ 건물의 인구분포에 큰 변동이 있을 때 간단하게 분할점을 바꿀 수 있다.

풀이 일주시간은 짧아지면 수송 능력은 증가한다.

28 무빙워크의 경사도는 몇 ° 이하이어야 하는가?
① 5
② 10
③ 12
④ 15

정답 24. ④ 25. ① 26. ③ 27. ① 28. ③

29 전기식 엘리베이터에서 조속기가 작동될 때, 조속기 로프의 인장력은 얼마 이상이어야 하는가?

① 100 N 이상　　　　　　② 300 N 이상
③ 500 N 이상　　　　　　④ 700 N 이상

풀이 300 N과 추락방지안전장치 작동에 필요한 인장력의 2배 중 큰 값 이상이어야 한다.

30 자동차용 엘리베이터의 정격하중은 카의 면적 1 m²당 몇 kg으로 계산한 값 이상이어야 하는가?

① 500 kg　　② 250 kg　　③ 200 kg　　④ 150 kg

31 기계실의 조도는 기기가 배치된 바닥면에서 몇 lx 이상이어야 하는가?

① 50　　② 80　　③ 150　　④ 200

32 유입완충기 재료의 반경 R과 길이 L의 비는 어떻게 설계하여야 하는가?

① $\dfrac{L}{R} \leq 40$　　② $\dfrac{L}{R} \leq 60$　　③ $\dfrac{L}{R} \leq 80$　　④ $\dfrac{L}{R} \leq 100$

33 균형추가 완전히 압축된 완충기 위에 있을 때 정격속도 120 m/min인 엘리베이터의 승강로 상부 틈새는?

① 1.14 m 이상　　　　　　② 2.14 m 이상
③ 4 m 이상　　　　　　　④ 4.8 m 이상

풀이 $1 + 0.035 V^2 = 1 + 0.035 \times 2^2 = 1.14$ [m] 이상

34 다음 그림과 같은 가이드레일에서 x방향 수평하중 (F_x)이 12 kN 작용할 때 x방향의 처짐량은 몇 mm인가? (단, 가이드 브래킷 사이 최대거리는 250 cm, y축 단면2차 모멘트는 26.48 cm⁴ 재료의세로탄성계수는 210 GPa 이다. 건물처짐량은 무시하고 공식은 엘리베이터 안전기준에 따른다.)

① 34.3　　　　　　② 37.6
③ 43.5　　　　　　④ 49.2

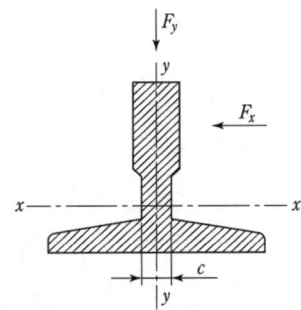

풀이 $\delta_x = 0.7 \times \dfrac{F_x \times l^3}{48 \times E \times I_y} = 0.7 \times \dfrac{12 \times 10^3 \times (2.5)^3}{48 \times 210 \times 10^9 \times 26.48 \times 10^{-8}} \times 10^3 = 49.17$

35 스프링 완충기를 설계할 때, 적용 중량의 기준의 스프링 간에 접촉된 부분 없이 정하중 상태에서 카측 완충기는 카 자중과 정격하중을 합한 무게의 몇 배를 견디어야 하는가?
① 1.5배
② 2.5배에서 4배 사이
③ 3배
④ 3배에서 4.5배 사이

36 기계실 출입문의 크기 기준으로 적합한 것은?
① 폭 0.9[m] 이상, 높이 2.1[m] 이상
② 폭 0.8[m] 이상, 높이 1.9[m] 이상
③ 폭 0.7[m] 이상, 높이 1.8[m] 이상
④ 폭 0.6[m] 이상, 높이 1.7[m] 이상

풀이 소형화물용 엘리베이터와 주택용 엘리베이터 : 폭 0.6 m 이상, 높이 0.6 이상

37 승객용 엘리베이터의 경우 카의 바닥 끝부분과 승강로 벽과의 수평거리는 얼마 이하이어야 하는가?
① 75[mm]
② 100[mm]
③ 125[mm]
④ 150[mm]

38 제어반의 접지선의 색상으로 옳은 것은?
① 녹색
② 녹색+노란색
③ 흑색
④ 청색

39 소방구조용 엘리베이터에서 1차 소방스위치(카 스위치)를 조작한 후의 작동사항으로 옳은 것은?
① 문 열림 버튼 및 비상통화 버튼은 작동이 가능해야 한다.
② 승강장의 호출에는 카가 응답하여야 한다.
③ 문 닫힘 버튼을 누르다가 손을 떼면 문은 닫히고 있는 상태로 유지되어야 한다.
④ 카 내에서는 행선 층 등록은 일부 층만 등록이 있도록 한정되어야 한다.

정답 35. ② 36. ③ 37. ④ 38. ② 39. ①

40 균형(보상)로프와 주 로프와의 단위중량 관계로 옳은 것은?
① 주로프 보다 굵은 것이 가장 이상적이다.
② 주로프와 같은 것이 가장 이상적이다.
③ 주로프 보다 가는 것이 가장 이상적이다.
④ 주로프의 굵기와는 관계가 없다.

41 다음 중 기계적 안전장치는?
① 구출운전장치   ② 인터록장치
③ 도어스위치   ④ 정전 시 자동착상장치

풀이 인터록장치는 기계적인 승강장문 잠금장치 이다.

42 2대 이상의 엘리베이터가 동일 승강로에 설치될 때 2대의 카의 측부에 비상구출구를 설치할 수 있다. 이와 같은 경우의 구조와 관계가 없는 것은?
① 이 문의 벽의 일부가 외부방향으로 열린다.
② 문이 열려 있는 동안은 운전이 불가능하다.
③ 외부에서 열쇠없이도 구출구를 열 수 있다.
④ 내부에서는 열쇠를 사용해야만 열 수 있다.

풀이 내부 방향으로 열려야 한다.

43 동일 승강로에 2대 이상의 엘리베이터를 설치한 경우에 속도가 다르거나 정지층이 달라서, 피트바닥의 높이차가 0.6[m] 이상일 때에는 그 사이에 추락방지용 난간을 설치하여야 한다. 그 높이는 몇 [m] 이상이어야 하는가?
① 1   ② 1.1
③ 1.2   ④ 1.3

44 카 틀 및 카 바닥의 설계 시 비상 시 작용하는 하중으로 고려하지 않는 것은?
① 추락방지안전장치 작동 시 하중   ② 완충기에 충돌 시 하중
③ 지진 하중   ④ 적재하중

정답 40. ② 41. ② 42. ① 43. ② 44. ④

45 카 틀 설계 시 고려해야 할 사항 중 맞지 않는 것은?

① 카 바닥과 카 틀의 외부 부재들은 강철 또는 금속을 적용해야 하며 주철은 허용되지 않는다.
② 카 바닥과 카 틀 연결 부위에 경사진 구조 부재 적용 시 사용되는 너트는 경사 와셔를 적용해야 한다.
③ 브레이스 로드 (Brace rod)는 카 바닥(Platform) 하중의 3/8까지 카 틀의 상부에서 하부까지 전달 되도록 한다.
④ 상부체대(Top Beam)에 현수 도르래를 사용하는 경우 로프의 당김으로 발생하는 압축력은 고려하지 않아도 된다.

풀이 상부체대는 굽힘모멘트에 의한 응력 발생

46 변압기 용량 산정시 전부하 상승전류에 대해서 비상용 엘리베이터일 경우 부등률을 얼마로 계산 하여야 하는가?

① 0.85　　② 0.9　　③ 0.95　　④ 1.0

풀이 부등률은 항상 1 이상이다.

47 안전계수가 12인 로프의 허용하중이 500[kg]이라면 이 로프가 최대로 지탱할 수 있는 하중은 몇 [kg]인가?

① 3000　　② 4000　　③ 5000　　④ 6000

풀이 안전율 $= \dfrac{\text{파단강도}}{\text{응력}} = \dfrac{\text{파단하중}}{\text{허용하중}}$

∴ 파단하중 $= 12 \times 500 = 6000 [\text{kg}]$

48 속도 60[m/min], 8인승, 16층인 엘리베이터의 균형추가 완전히 압축된 완충기 위에 있을 때 최상층 승강장 문턱에서 카 문턱 까지의 거리거리가 0.5m, 카 문턱에서 상부체대 끝단 까지의 거리가 3[m]일 때, 오버헤드(Over Head)는 약 몇 [m] 이상이어야 하는가?

① 4.01　　② 4.54　　③ 4.61　　④ 4.71

풀이 오버헤드 : 최상층 승강장 바닥에서 승강로 천장까지 거리

카의 최고위치 : $0.5 + 0.035 \times 1^2 = 0.535$
상부 틈새 : $0.535 + 1 = 1.535$
∴ 오버헤드 $= 1.535 + 3 = 4.535$

정답 45. ④　46. ④　47. ④　48. ②

49 카 자중 1300[kg], 정격하중 900[kg], 균형로프 100[kg], 균형추 1680[kg], 카 현수도르래 20[kg], 균형추 현수도르래 30[kg]일 때, 점차작동식 비상정지장치의 적용중량은 몇 [kg]인가?

① 카용 : 2320[kg], 균형추용 : 1810[kg]
② 카용 : 2260[kg], 균형추용 : 1745[kg]
③ 카용 : 1810[kg], 균형추용 : 2320[kg]
④ 카용 : 1160[kg], 균형추용 : 905[kg]

풀이 카용 : $1300+900+\dfrac{100+20}{2}=2260[kg]$

균형추용 : $1680+\dfrac{100+30}{2}=1745[kg]$

50 전기설비 설계 중 조명 전원설비에 대한 설명으로 틀린 것은?

① 보수용 램프, 공구류의 전원 등으로 사용된다.
② 조명전원은 반드시 동력전원으로부터 인출한다.
③ 카내의 환기팬은 조명용 전원을 이용할 수 있다.
④ 교류 단상 220[V]가 일반적으로 사용된다.

풀이 조명전원은 반드시 동력전원과 독립되어야 한다.

51 승강 도어의 인터로크 및 스위치의 설계 조건으로 틀린 것은?

① 승장도어는 카가 없는 층에서 닫혀 있어야 한다.
② 승장도어의 인터록 장치는 도어 스위치를 닫은 후에 로크가 확실히 걸려야 한다.
③ 승장도어가 완전히 닫혀 있지 않은 경우에는 엘리베이터가 움직이지 않아야 한다.
④ 승장도어의 인터록 장치는 도어 스위치가 확실히 열린 후에 로크가 벗겨져야 한다.

풀이 기계적인 잠금장치(인터록크)가 7 mm 이상 걸린 후 전기 스위치가 닫혀야 한다.

52 소방구조용 엘리베이터를 설계할 때 고려할 사항으로 틀린 것은?

① 기계실내 및 승강로내의 배선은 일반배선으로 한다.
② 전선관 및 상자 등은 물이 고이지 않는 구조이어야 한다.
③ 피트내에 설치되는 스위치 등은 비상용으로 쓰여질 때는 분리될 수 있어야 한다.
④ 1차 소방스위치의 작동만으로 카와 승강장문을 열려진 채로 운행시킬 수 있어야 한다.

정답 49. ② 50. ② 51. ② 52. ④

풀이 1단계, 2단계 소방운전 모두 문이 열린 채로 운행 불가능하다. (열과 연기에 의해 감지되는 문닫힘 안전장치를 제외한 모든 안전장치는 유효하다.)

53 동력전원설비의 설계기준에서 반드시 정할 사항이 아닌 것은?
① 누설전류
② 변압기 용량
③ 과전류차단기 용량
④ 배전선 굵기

54 정격전압 280[V], 12[A]일 때, 동력전원 설계 시 일반적으로 가속전류를 어느 정도로 하여야 하는가?
① 14.4[A]
② 15[A]
③ 20[A]
④ 24[A]

풀이 12 A는 50 A 이하이므로 12×1.25 = 15[A]

55 정격전류가 다른 여러 대의 엘리베이터에 대한 변압기의 용량을 산정하는 방법으로 가장 옳은 것은?
① 정격전류별로 변압기 용량을 산정한 후 그 값을 모두 더하여 엘리베이터 대수로 나눈 값으로 한다.
② 정격전류별로 변압기 용량을 산정한 후 그 값을 모두 더한 값으로 한다.
③ 정격전류별로 변압기 용량을 산정한 후 가장 높은 값으로 한다.
④ 정격전류별로 변압기 용량을 산정한 후 가장 낮은 값으로 한다.

56 전동기의 토크는 속도가 증가함에 따라 점차 커지고 최대토크에 달하면 급격히 작아져 동기속도는 0이 된다. 이 최대 토크를 무엇이라 하는가?
① 최소 기동토크
② 풀업토크
③ 전부하 토크
④ 정동토크

57 브레이스 로드를 전후좌우 4개소에 적절히 설치하면 카 바닥 하중의 어느 정도까지를 균등하게 카틀의 상부에서 하부까지 전달할 수 있는가?
① $\frac{1}{8}$
② $\frac{2}{8}$
③ $\frac{3}{8}$
④ $\frac{4}{8}$

정답 53. ① 54. ② 55. ② 56. ④ 57. ③

58 엘리베이터 인버터 장치의 고차고조파 발생에 대한 대책으로 볼 수 없는 것은?

① 엘리베이터의 동력선과 통신기기, OA 기기 등 약전기기의 전원선은 1[m] 이상 분리한다.
② 엘리베이터의 변압기와 통신기기, OA 기기 등 약전기기의 변압기는 분리할 필요가 있다.
③ 엘리베이터의 접지선과 통신기기, OA 기기 등 약전기기의 접지선은 분리할 필요가 없다.
④ 엘리베이터의 동력선과 통신기기, OA 기기 등 약전기기의 전원선을 분리할 수 없을 경우에는 동력선은 금속으로 배관한다.

59 로프중량 90[kg], 로프에 걸리는 하중 3000[kg], 권상기 자중 2000[kg]인 엘리베이터 기계대에 가해지는 하중은 몇 [kg]인가?

① 5000　　② 7180　　③ 8180　　④ 10180

풀이 기계대에 가해지는 하중 = 정하중 + 환산 동하중
$$= 2000 + 2(90 + 30000) = 8180$$

60 완충기에 대한 설명으로 옳은 것은? (탄성계수는 $2.1 \times 10^5 [kg/cm^2]$)

① 카의 스프링 완충기는 스프링 간의 접촉된 부분 없이 카 자중의 2배를 견디어야 한다.
② 유입식 완충기의 반지름과 길이의 비는 100 이상으로 한다.
③ 유입식에서 적용범위의 중량으로 정격속도는 115 %에서 충돌하였을 때 평균 감속도는 $1.0g_n$ 이하이고, $2.5g_n$을 넘는 감속도가 0.04초 이하여야 한다.
④ 스프링 완충기를 설계할 때 적용 중량의 기준은 스프링 간에 접촉된 부분이 없는 정하중 상태에서 설정하여야 한다.

풀이 ①, ④ : 카 자중과 정격하중을 더한 값의 2.5배와 4배 사이의 정하중으로 규정된 행정이 적용되도록 설계되어야 한다. ($0.135 V^2$)
② 유입식 완충기의 반지름과 길이의 비는 80 이하로 한다.

61 설계용 수평 지진력의 작용점은 기기의 어느 부분으로 산정하는가?

① 기기의 최선단　　② 기기의 최고점
③ 기기의 중심　　　④ 기기의 최저점

정답 58. ③　59. ③　60. ③　61. ③

62 유도전동기의 슬립이 1인 경우를 바르게 설명한 것은?

① 정격속도 회전   ② 동기속도 회전
③ 정지상태   ④ 최고속도 회전

풀이 $S = \dfrac{N_s - N}{N_s} \times 100[\%]$에서

회전수 $N=0$(정지)이면 $S=1$, $N_s = N$(동기속도) 이면 $S=0$

63 동력전원 설비 설계기준의 설정조건에 대한 것으로 옳지 않은 것은?

① 기계실은 연기, 습기로부터 전동기. 전기설비 및 전선 등을 보호하는 방법으로 설계되어야 한다.
② 전압강하 계수는 저항분에 의한 전압강하와 역률 및 주파수를 고려한 전압강하의 비를 말한다.
③ 가속전류는 카가 전부하 상태에서 상층방향으로 가속했을 때 배전선에 흐르는 최대 선전류를 말한다.
④ 전압강하는 변압기 2차측 탭 조정시 변압기의 전압 강하율 및 배전선의 전압강하를 감안하여 정격전압보다 약 5[%] 낮게 설정한다.

풀이 정격전압보다 높게 설정

64 전원설비를 설계할 때 필요한 부등률과 관계가 가장 밀접한 것은?

① 도어 연동장치   ② 서비스 층수   ③ 기계실 온도   ④ 기동 빈도

풀이 부등률 = $\dfrac{\text{개별부하의 최대수용전력의 합}}{\text{합성최대수용전력}} \geq 1$

65 랙 · 피니온식 리프트는 어떤 용도로 많이 사용되는가?

① 병원용   ② 고층빌딩 승객용
③ 아파트용   ④ 빌딩 신축공사용

66 즉시작동형 추락방지안전장치의 성능시험시의 흡수 에너지를 구하는 식으로 바르게 나타낸 것은? (단, K : 비상정지장치의 흡수 에너지[kg · m], W : 비상정지장치의 적용중량[kg], V : 조속기의 작동속도[m/s], S : 비상정지장치의 정지거리[m], g : 중력가속도(9.8[m/s²]) 이다.)

정답 62. ③ 63. ④ 64. ④ 65. ④ 66. ①

① $K = \dfrac{WV^2}{2g} + WS$ ② $K = \dfrac{WV^2}{g} + WS$

③ $K = \dfrac{WV}{2g} + WS$ ④ $K = \dfrac{WV^2}{2g} + 2WS$

풀이 K = 운동에너지 + 위치에너지 = $\dfrac{WV^2}{2g} + WS$

67 다음 중 적용하는 주행안내 레일의 규격을 결정하기 위하여 고려하여야 하는 사항과 거리가 가장 먼 것은?

① 카에 불균형한 큰 하중에 따른 회전 모멘트
② 지진 시 수평 진동력
③ 추락방지안전장치의 작동에 따른 좌굴하중
④ 정격속도 및 적재하중

68 다음 그림과 같은 도르래에서 W를 구하면?
(단, W는 하중, P는 인상력이다.)

① $W = 2P$ ② $W = 3P$
③ $W = 4P$ ④ $W = 8P$

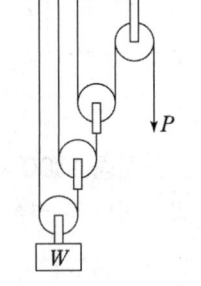

풀이 $P = \dfrac{1}{2^n} \times W$ 여기서, n은 움직도르래 수

∴ $P = \dfrac{W}{2^3}$ 에서 $W = 8P$

69 변압기 용량을 산정할 때 인버터 엘리베이터의 경우 정격 전류는 전부하 상승 전류의 약 몇 %로 하는가?

① 70[%]   ② 80[%]   ③ 90[%]   ④ 100[%]

70 기어의 감속비 2 : 49, 도르래 지름 540 mm, 전동기 입력 주파수 45 Hz, 극수 4, 전동기의 슬립이 3 %일 때 엘리베이터의 정격속도를 구하면?

① 50[m/min]   ② 70[m/min]   ③ 90[m/min]   ④ 110[m/min]

풀이 전동기 회전수

$N = \dfrac{120 \times 45 \times (1 - 0.03)}{4} = 1309.5[\text{rpm}]$

정답 67. ④ 68. ④ 69. ④ 70. ③

$$V = \frac{\pi \times 540 \times 1309.5}{1000} \times \frac{2}{49} = 90.67 [\text{m/min}]$$

71 소방구조용 엘리베이터에 대한 설명 중 옳지 않은 것은?
① 예비전원은 정전 시 60초 이내에 엘리베이터 운행에 필요한 전력용량을 자동적으로 발생시켜야 한다.
② 정전시 예비전원에 의하여 2시간 이상 작동되어야 한다.
③ 엘리베이터 운행속도는 45 m/min 이상이어야 한다.
④ 카 내에는 중앙관리실 또는 경비실 등과 연락할 수 있는 통화장치를 설치하여야 한다.

풀이 1 m/s 이상

72 기계대의 강도 계산에 필요한 하중에서 환산 동하중으로 계산되지 않는 것은?
① 카 자중 ② 로프 자중
③ 균형추 자중 ④ 권상기 자중

풀이 움직이는 부품 : 환산 동하중, 고정된 부품 : 정하중

73 정격하중 1000 kgf, 속도 90 m/min, 균형추 밸런스율 50 %, 승강기 효율 90 %의 엘리베이터에 적절한 전동기의 용량으로 알맞은 것은?
① 7.5[kW] ② 8.2[kW] ③ 9.4[kW] ④ 10.7[kW]

풀이 $P = \dfrac{1000 \times 90 \times (1 - 0.5)}{6120 \times 0.9} = 8.17 [\text{kW}]$

74 엘리베이터에서 동력전원설비인 변압기의 용량은
$P_r \geq \sqrt{3} \times E \times I \times N \times \dfrac{1}{Y} \times 10^{-3} + (P_c \times N)$으로 설계된다. 여기서, 정격전류 I[A]에 대한 설명으로 알맞은 것은? (단, P_r는 변압기용량 kVA, E는 정격전압 V, N은 엘리베이터 대수, Y는 부등률, P_c는 제어용 전력 kVA 이다.)
① 정격속도로 전부하 상승 시의 배전선에 흐르는 전류
② 정격속도로 전부하 하강 시의 배전선에 흐르는 전류
③ 정격속도로 무부하 상승 시의 배전선에 흐르는 전류
④ 정격속도로 무부하 하강 시의 배전선에 흐르는 전류

정답 71. ③ 72. ④ 73. ② 74. ①

75 전원 주파수가 60 Hz이고 극수가 6극인 유도전동기의 동기속도[rpm]는?

① 900　　　② 1000　　　③ 1200　　　④ 3600

76 다음 중 그 값이 1 이상인 것은?

① 부등률　　② 전압변동률　　③ 전압강하율　　④ 수용률

77 동력전원설비에서 부등률에 관한 설명으로 옳은 것은?

① 교통량이 많은 건물에서는 부등률이 작다.
② 기동 빈도와 밀접한 관계가 있다.
③ 승강기 대수가 증가하면 부등률 값이 작아진다.
④ 승강기 적재하중이 증가하면 부등률 값이 작아진다.

풀이 부등율 = $\dfrac{\text{개별부하의 최대수용전력의 합}}{\text{합성최대수용전력}} \geq 1$

78 정격속도 90 m/min, 카 측 총중량 2000 kg인 엘리베이터의 완충기 시험 시 피트에 작용하는 충격하중을 구하시오. (단, 완충기 행정은 필요 최소행정으로 한다.)

① 8048[kg]　　　② 5706[kg]
③ 6408[kg]　　　④ 7204[kg]

풀이 완충기 최소행정 $S = 0.0674 \times 1.5^2 = 0.15[\text{m}]$(에너지 분산형)

$P = 2W \times \left(\dfrac{v^2}{2g_n \times S} + 1\right) = 2 \times 2000 \times \dfrac{(1.15 \times 1.5)^2}{2 \times 9.8 \times 0.15} + 1 = 8048.47[\text{kg}]$

79 승객용 로프식 엘리베이터에서 카바닥 앞부분과 승강로 벽과의 수평거리는 출입구가 2개인 엘리베이터인 경우 각각의 출입구에 대하여 몇 [mm] 이하로 하여야 하는가?

① 105　　　② 115　　　③ 150　　　④ 135

풀이 0.15[m]

80 엘리베이터의 정격속도에 따른 스프링 완충기의 적용 기준은 몇 [m/min] 이하로 인가?

① 45　　　② 60　　　③ 90　　　④ 105

풀이 에너지 분산형 완충기(유입식)는 모든속도 적용 가능

정답 75. ③　76. ①　77. ②　78. ①　79. ③　80. ②

81 카가 잠금해제 구간 밖에 있을 때 승강장 문의 닫힘 및 잠김을 보장하는 장치의 명칭은 무엇인가?
① 초음파 센서 ② 문닫힘 안전장치
③ 도어클로저 ④ 세이프티 슈

풀이 도어클로저는 중력식과 스프링식이 있고 스프링식은 주로 고속엘리베이터에 적용한다.

82 로프식 엘리베이터의 기계실 위치로 가장 적당한 곳은?
① 승강로의 바로 위 ② 승강로의 위쪽의 옆방향
③ 승강로의 바로 아래 ④ 승강로 아래쪽의 옆방향

83 소방구조용 엘리베이터의 소방용수 유입에 대한 엘리베이터측의 대책으로 틀린 것은?
① 최상층의 바닥면보다 상부에 부착된 기기에 관해서는 대책이 필요없다.
② 카가 최하층에 착상할 때 침수할 우려가 있는 기기는 커버(cover)로 씌우는 등의 방적 대책을 행한다.
③ 승강장 버튼은 비상운전 시 무효로 되게 한다.
④ 기계실은 피트내 기기에 준하여 대책을 세운다.

풀이
• 기계실은 최상층의 바닥면보다 상부에 있다.
• 피트내 기기는 IP67 이상

84 3상 교류전원의 중성선 색상으로 옳은 것은?
① 갈색 ② 청색 ③ 흑색 ④ 회색

풀이 L1(갈색), L2(흑색), L3(회색), 접지선 (녹색+노란색)

85 유압식 엘리베이터의 가요성 호스의 안전율은 얼마 이상이어야 하는가?
① 5 ② 8 ③ 10 ④ 12

86 전선의 굵기를 산정할 때 우선적으로 고려하여야 할 사항으로 거리가 먼 것은?
① 전압강하 ② 접지저항
③ 기계적강도 ④ 허용전류

정답 81. ③ 82. ① 83. ④ 84. ② 85. ② 86. ②

87 다음 중 엘리베이터용 전동기의 구비 조건으로 알맞지 않은 것은?

① 기동 전류가 작을 것
② 소음이 적을 것
③ 회전부분의 관성 모멘트가 클 것
④ 빈번한 운전으로 인한 온도 상승에 충분히 견딜 것

풀이 기동 토크는 크고 기동 전류는 작아야 한다.

88 직류전동기의 속도 특성을 옳게 설명한 것은?

① 전기자 전압과 계자 전류를 높이면 속도가 증가된다.
② 계자 전류를 높이고 전기자 전압을 낮추면 속도가 증가된다.
③ 계자 전류를 높이면 속도가 증가된다.
④ 일정 계자 전류에서는 전기자 전압을 높이면 속도가 증가된다.

풀이 직류전동기의 속도 전기자 전압에 비례하고 계자 전류에 반비례한다.

89 기어의 이(teeth) 줄이 나선인 원통형 기어에 해당되는 것은?

① 스퍼기어 ② 헬리컬기어 ③ 내접기어 ④ 베벨기어

90 전원 공급측 전압이 220[V], 수전측 전압이 215[V]인 선로의 전압 강하율은 약 몇 [%]인가?

① 2.0[%] ② 2.3[%] ③ 2.5[%] ④ 5.0[%]

풀이 전압강하율 $= \dfrac{\text{송전단 전압} - \text{수전단 전압}}{\text{수전단 전압}} \times 100 = \dfrac{220-215}{215} \times 100 = 2.33[\%]$

91 엘리베이터용 전동기가 갖추어야 할 조건으로 적당하지 않은 것은?

① 기동토크가 클 것
② 기동전류가 클 것
③ 소음이 적을 것
④ 회전부의 관성모멘트가 적을 것

92 승강기 구동용으로서 가장 널리 사용되며, 구조가 간단하고 견고하며 고장이 적고, 취급이 간단한 장점을 지니고 있는 전동기에 해당되는 것은?

① 직류전동기 ② 유도전동기 ③ 단상전동기 ④ 분권전동기

정답 87. ③ 88. ④ 89. ② 90. ② 91. ② 92. ②

93 송전단 전압이 6600 V, 수전단 전압은 6100 V 였다. 수전단의 부하를 끊은 경우, 수전단 전압이 6300 V 라면 이 회로의 전압 강하율은 몇 [%]인가?

① 6.6 ② 8.2 ③ 10.4 ④ 12.7

풀이 전압강하율 = $\dfrac{송전단\ 전압 - 수전단\ 전압}{수전단전압} \times 100$

$= \dfrac{6600-6100}{6100} \times 100 = 8.2[\%]$

94 접지용 전선의 색상으로 맞는 것은?

① 흑색 ② 녹색과 노란색 ③ 청색 ④ 회색

95 유도전동기 엘리베이터의 동력용 전동기로 가장 많이 사용되는 이유로 맞지 않는 것은?

① 속도 제어성이 우수하다.
② 구조가 간단하고 견고하다.
③ 고장이 적고 가격이 싸다.
④ 유지보수의 필요성이 적고 취급이 용이하다.

풀이 직류 전동기가 속도 제어성이 우수하다.

96 교류 엘리베이터에서 가장 많이 사용하고 있는 전동기는?

① 농형유도전동기 ② 교류 정류자전동기
③ 분권전동기 ④ 직권전동기

97 전동기에서 GD^2에 대한 설명으로 옳은 것은?

① 주어진 전압의 파형이 전류보다 앞서는 정도이다.
② 일정한 토크로 전동기를 기동시켰을 때 빨리 가동하는가 또는 늦게 가동하는가의 정도이다.
③ 전동기의 출력이 회전수에 비례하여 변화하는 정도이다.
④ 전동기의 출력을 회전수에 관계없이 일정하게 나타내는 것이다.

풀이 GD^2는 관성 모멘트이다.

정답 93. ② 94. ② 95. ① 96. ① 97. ②

98 변압기 용량 산정시 인버터 엘리베이터의 경우 실효(RMS) 전류는?
① 무부하 상승전류의 40 %
② 전부하 상승전류의 50 %
③ 무부하 상승전류의 60 %
④ 전부하 상승전류의 100 %

99 에스컬레이터 및 무빙워크 출입구 근처의 주요표시판에 포함되지 않아도 되는 문구는?
① 손잡이를 꼭 잡으세요.
② 안전선 안에 서 주세요.
③ 신발은 신은 상태에서만 타세요.
④ 어린이나 노약자는 보호자와 함께 이용하세요.

2과목 승강기 설계 — 예상문제(2)

01 에스컬레이터의 특징으로 틀린 것은?

① 하중이 건물의 각 층에 분담되어 있다.
② 기다림 없이 연속적으로 승객 수송이 가능하다.
③ 일반적으로 엘리베이터에 비해 수송능력이 7~10배이다.
④ 사용 전력량이 많지만 전동기의 구동 회수는 엘리베이터에 비해 극히 적다.

02 유압식엘리베이터에서 펌프의 토출압력이 떨어져서 실린더의 기름이 역류하여 카가 자유낙하 하는 것을 방지하는 역할을 하는 밸브는?

① 안전밸브 ② 체크밸브
③ 럽처밸브 ④ 스톱밸브

풀이 키 워드에 "배관의 파손 등으로 압력이 급격히 저하"가 들어 있는 경우 카의 자유낙하를 방지하는 밸브 : 럽처밸브

03 공칭회로의 전압이 500 V 초과인 경우 기준에 따라 절연 저항값을 측정할 때 그 값은 몇 MΩ 이상이어야 하는가?

① 0.3 ② 0.5 ③ 0.7 ④ 1.0

04 적재중량 1200 kg, 카 자중 2600 kg, 로프 한 가닥의 파단하중 60 kN, 가닥 수 5, 로프 자중 250 kg, 균형도르래 중량 500 kg인 엘리베이터의 로핑방식이 2 : 1 싱글 랩핑 일 때 로프의 안전율을 구하시오. (단, 안전율 산정 시 균형도르래 중량은 1/2을 적용한다.)

① 13.2 ② 14.2 ③ 15.2 ④ 16.2

풀이 $S = \dfrac{2 \times 60 \times 10^3 \div 9.81 \times 5}{(1200 + 2600 + 250 + \dfrac{500}{2})} = 14.223$

05 완충기의 코일 스프링에 작용하는 하중은 18 kN, 스프링 소선의 지름은 26 mm, 코일의 평균지름은 122 mm일 때 이 스프링에 발생하는 전단응력은 약 몇 MPa인가? (단, 응력수정계수는 1.33으로 한다.)

① 352 ② 386 ③ 423 ④ 469

정답 01. ④ 02. ② 03. ④ 04. ② 05. ③

풀이 $\tau = \dfrac{8PD}{\pi d^3} = \dfrac{8 \times 18 \times 10^3 \times 0.122}{\pi \times (0.026)^3} \times 1.33 \times 10^{-6} = 423.159 [\text{MPa}]$

Pa=N/m² 이므로 단위는 N과 m로 환산하여 계산한다.

06 엘리베이터의 전동기에 요구되는 최대 토크가 42 N·m, 이때 전동기 회전수는 2500 rpm 이다. 이 전동기의 전체 효율이 약 75 %이면 이전동기에서 요구되는 출력은 몇 kW 인가?

① 8.9   ② 10.8   ③ 12.4   ④ 14.7

풀이 ① 토크 : $T = \dfrac{P(W)}{2\pi \times \dfrac{N}{60}} [\text{N·m}]$

$\therefore P = \dfrac{2\pi NT}{60\eta} \times 10^{-3} = \dfrac{2\pi \times 2500 \times 42}{60 \times 0.75} \times 10^{-3} = 14.66 [\text{kW}]$

② 토크 : $T = 975 \times \dfrac{P(\text{kW})}{N(\text{rpm})} [\text{kg·m}]$, $\therefore P = \dfrac{T(\text{kg·m})N}{975\eta} [\text{kW}]$

$P = \dfrac{42 \div 9.81 \times 2500}{975 \times 0.75} = 14.64 [\text{kW}]$

07 회전수 1000 rpm으로 716.2 N·m의 비틀림 모멘트를 전달하는 회전축의 전달 동력(kW)은?

① 약 749.9   ② 약 75.0   ③ 약 119   ④ 약 11.9

풀이 $T = \dfrac{P}{\omega}$ $\therefore P = \omega T = 2\pi \times \dfrac{1000}{60} \times 716.2 \times 10^{-3} = 75 [\text{kW}]$

08 엘리베이터의 승강로 내부 기계류 공간 및 풀리실에서 직접적인 접촉에 의한 전기설비의 보호를 위해 케이스를 설치하고자 한다. 이는 얼마 이상의 보호등급을 제공해야 하는가?

① IP 2X   ② IP 3X   ③ IP 4X   ④ IP 5X

09 그림과 같이 아랫부분이 고정되고 위가 자유단으로 된 기둥의 상단에 하중 P가 작용한다. 이 때 좌굴이 발생하는 좌굴 하중은 기둥의 높이와 어떤 관계가 되는가?
(단, 기둥의 굽힘강성 (EI)는 일정하다.)

① 기둥의 높이의 제곱에 반비례한다.
② 기둥의 높이에 반비례한다.
③ 기둥의 높이에 비례한다.
④ 기둥의 높이의 제곱에 비례한다.

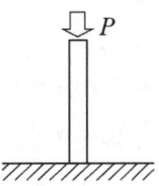

정답 06. ④ 07. ② 08. ① 09. ①

10 엘리베이터 브레이크 장치에서 총 제동토크는 180 N·m이고 브레이크 드럼의 지름은 260 mm, 접촉부의 마찰계수는 0.35일 때 드럼과 브레이크 슈가 만나는 곳에서 드럼의 반력은 약 몇 N인가? (단, 브레이크 슈는 2개가 설치되어 있고 양쪽 슈에서 작용하는 반력은 동일하며 한쪽의 반력만 구한다.)

① 495　　　② 989　　　③ 1483　　　④ 1978

풀이 드럼의 반력
$$P_n = \frac{2T_d}{\mu DN} = \frac{2 \times 180}{0.35 \times 0.26 \times 2} = 1978.02$$
여기서, T_d : 제동토크, μ : 마찰계수, D : 드럼직경, N : 브레이크 슈 개수

11 정전 시 비상조명장치의 밝기는 몇 lx 이상인가?

① 1　　　② 2　　　③ 5　　　④ 10

12 지진을 대비한 것이 아닌 것은?

① 도르래의 로프 가이드　　　② 각층 강제정지 장치
③ 권상기의 스토퍼　　　　　④ 제어반의 스테이

풀이 각층 강제정지는 방범운전

13 엘리베이터의 내진 설계에 대한 설명으로 옳지 않은 것은?

① 설계용 수평진도는 지역별로 다르다.
② 설계용 수직진도는 설계용 수평진도의 1/2로 한다.
③ 설계용 수평 지진력의 작용점은 기기의 바닥으로 한다.
④ 기계실의 기기에 대하여는 설계용 수직 지진력을 고려하여 지진력을 산정한다.

풀이 기기의 중심

14 주행안내 레일을 설계할 때의 고려사항으로 적당하지 않은 것은?

① 레일 브레킷은 카와 균형추 공용으로 할 수 있다.
② 중간 빔은 모두 양단 고정으로 보고 설계한다.
③ 추락방지안전장치 작동시의 좌굴하중을 고려한다.
④ 추락방지안전장치가 있는 경우에는 8 K 이하의 레일은 사용하지 않는다.

풀이 주물 제작 T형 레일은 8K부터 생산되므로 추락방지안전장치가 있는 경우 8K 가능하다.

정답 10. ④　11. ③　12. ②　13. ③　14. ④

15 카 하중 2000 kg, 적재하중 1000 kg인 화물용 엘리베이터의 가이드레일에 걸리는 수평방향의 지진하중은? (단, 설계용 수평진도는 0.4, 상하 가이드슈의 하중비는 0.60이다.)

① 1400[kg]　　　　　　② 1200[kg]
③ 720[kg]　　　　　　　④ 600[kg]

풀이 $F = 0.4 \times (2000 + 1000) \times 0.6 = 720 [kg]$

16 아래와 같은 건물 높이에 설치된 엘리베이터의 지진 감지기 설정값 중 고(高) 설정 값으로 옳은 것은?

건축물 높이[m]	특정 설정 값	저 설정 값	고 설정 값
58[m]	80[gal] 또는 P파 감지	120[gal]	( )

① 120[gal]　　　　　　② 130[gal]
③ 140[gal]　　　　　　④ 150[gal]

17 엘리베이터의 기계실에 대한 설명으로 틀린 것은?
① 외부로부터 기기들이 충분히 보호되어야 한다.
② 기계실내에 설치되는 돌출물은 안전상 지장이 없어야 한다.
③ 출입문은 외부인의 무단출입을 방지하는 장치를 하도록 한다.
④ 기계실은 1층에 설치하도록 한다.

18 과속조절기의 기능에 대한 설명으로 옳은 것은?
① 카의 속도가 정격속도의 1.3배를 초과하지 않는 범위 내에서 과속스위치가 동작하는 것은 하강 방향에만 유효하다.
② 카의 정격속도 115[%] 이상에서 작동하여 점차작동형 추락방지안전장치를 $1.25V + 0.25/V$[m/s] 미만의 속도에서 작동시킨다.
③ 카의 속도가 정경속도의 1.2배를 초과하지 않는 범위 내에서 과속스위치가 동작하는 것은 상승, 하강양방향에 유효하다.
④ 카의 속도가 정격속도의 1.3배를 초과하지 않는 범위 내에서 조속기 로프를 잡아 비상정지장치를 작동시키는 것은 상승, 하강 양방향에 유효하다.

정답 15. ③　16. ④　17. ④　18. ②

19 엘리베이터에서 하강 정격속도란?

① 설계도면에 기재된 속도로서 적재하중의 100[%] 하중을 싣고 하강할 때의 평균 속도
② 설계도면에 기재된 속도로서 적재하중의 110[%] 하중을 싣고 하강할 때의 평균 속도
③ 설계도면에 기재된 속도로서 적재하중의 100[%] 하중을 싣고 하강할 때의 매분 최고속도
④ 설계도면에 기재된 속도로서 적재하중의 110[%] 하중을 싣고 하강할 때의 매분 최고속도

20 엘리베이터의 승강로가 갖추어야 할 조건이 아닌 것은?

① 엘리베이터 관련 부품이 설치되는 곳이다.
② 외부와 차단되는 구조로 설치되어야 한다.
③ 벽면은 불연 재료로 마감 처리되어야 한다.
④ 특수목적의 가스배관은 통과할 수 있다.

풀이 엘리베이터와 관련된 설비만 가능

21 엘리베이터의 과속조절기에 대한 설명 중 옳지 않은 것은?

① 과속조절기는 카와 같은 속도로 움직인다.
② 과속조절기는 작동 최소속도는 정격속도의 115[%] 이상이다.
③ 과속조절기로프의 안전율은 10배 이상이어야 한다.
④ 디스크 조속기는 중·저속용에 사용되며, 플리이휠 조속기는 고속용에 주요 사용된다.

풀이 과속조절기 로프의 안전율은 안전율 8배 이상

22 소방구조용 승강기를 설치할 경우의 의무사항은?

① 예비전원을 설치할 것
② 워드 레오나드 방식으로 설치할 것
③ 일반 승강기와 동일한 기종일 것
④ 비상용 콘센트를 설치할 것

정답 19. ③ 20. ④ 21. ③ 22. ①

풀이 60초 이내 투입되고 2시간 이상 공급 가능해야 한다.

23 엘리베이터에 사용되는 브레이크 장치의 설명으로 옳은 것은?
① 승객용 엘리베이터는 120[%]의 적재하중이 있는 상태에서 정격속도로 하강할 때, 안전하게 감속정지 해야 한다.
② 화물용 엘리베이터는 120[%]의 적재하중이 있는 상태에서 정격속도로 하강할 때, 안전하게 감속정지 해야 한다.
③ 승객용 엘리베이터는 125[%]의 적재하중이 있는 상태에서 정격속도로 하강할 때, 안전하게 감속정지 해야 한다.
④ 화물용 엘리베이터는 150[%]의 적재하중이 있는 상태에서 정격속도로 하강할 때, 안전하게 감속정지 해야 한다.

24 공동주택용 엘리베이터에서 카가 정지하고 동력이 끊어졌을 때, 카 도어를 손으로 개방하는데 필요한 힘은?
① 150[N] 이하
② 300[N] 이하
③ 10[kg] 이상~30[kg] 이하
④ 30[kg] 이상

25 기계실 없는 엘리베이터 에서 승강장 도어 인터록 스위치 연결용 전선 단면적의 최소 기준은 얼마인가?
① 0.5[mm²]
② 0.75[mm²]
③ 1.0[mm²]
④ 1.5[mm²]

풀이 제어선 및 이동케이블의 단면적은 0.75[mm²]

26 정격 속도 90[m/min]인 로프식 엘리베이터 균형추가 완전히 압축된 완충기 위에 있을 때 카 상부틈새 기준으로 적합한 것은?
① 1.8[m] 이상
② 1.08[m] 이상
③ 1.4[m] 이상
④ 1.2[m] 이상

풀이 카의 최고위치= 균형추가 완전히 압축된 완충기 위에 있을 때 카위치+$0.035\,V^2$
∴ 상부틈새 = 카의 최고 위치에서 카 지붕의 제일 높은 부분과 승강로 천장의 돌출물 사이의 틈새
= 카의 최고위치+1 = 0.035×1.35+1 = 1.08[m] 이상

정답 23. ③ 24. ② 25. ② 26. ②

27 승강로의 구조에 대한 설명으로 옳지 않은 것은?

① 건축물에 설치하는 엘리베이터 승강로의 벽 및 개구부는 방화상 지장이 없는 구조로 한다.
② 승강로 상단은 콘크리트 및 철 구조물로 제작되어야 한다.
③ 승강로 내부는 엘리베이터 승강에 지장이 없는 엘리베이터와 관련되지 않은 장치를 설치할 수 있다.
④ 승강도어 내부에는 눈에 잘 띄는 위치에 적당한 크기의 승강로 층수가 표시되어야 한다.

28 소방구조용 엘리베이터 구조로 잘못된 것은?

① 승강장 비상운전 스위치는 터치버튼을 적용한다.
② 비상 시 전원확보를 위하여 누전을 검출하는 경우에도 경보만 울리도록 한다.
③ 승강장의 위치표시기는 전 층에 설치한다.
④ 피트 내 부착 스위치 등은 방적조치를 하든가 비상운전 시 분리되게 한다.

풀이 소방관은 장갑을 끼고 있기 때문에 생체전류를 증폭시켜 동작하는 터치버튼은 사용 불가능.

29 최대굽힘 모멘트 420000 kg·cm, H 250×250×14 (단면계수 867[cm³])인 기계대의 안전율을 구하면? (단, 재질은 SS-400, 기준강도는 4100[kg/cm²] 이다.)

① 6.5 ② 7.5 ③ 8.5 ④ 9.5

풀이 응력 $\sigma = \dfrac{420000}{867} = 484.43 [\text{kg/cm}^2]$

안전율 $S = \dfrac{4100}{484.43} = 8.46$

30 소방구조용 엘리베이터의 운행속도 기준은?

① 120[m/min] 이상   ② 60[m/min] 이상
③ 45[m/min] 이상   ④ 30[m/min] 이상

31 전기식(로프식) 엘리베이터의 카 꼭대기 틈새는 무엇에 의하여 결정되는가?

① 로프의 길이   ② 카의 적재용량
③ 카의 정격속도   ④ 건물의 높이

정답 27. ③ 28. ① 29. ③ 30. ② 31. ③

32 소방구조용 엘리베이터에 대한 설명 중 옳지 않은 것은?

① 예비전원은 정전 시 60초 이내에 엘리베이터 운행에 필요한 전력 용량을 자동적으로 발생시켜야 한다.
② 정전 시, 예비전원에 의하여 2시간 이상 작동되어야 한다.
③ 엘리베이터 운행속도는 45[m/min] 이상이어야 한다.
④ 카 내에는 중앙관리실 또는 경비실 등과 연락할 수 있는 통화 장치를 설치하여야 한다.

풀이 60[m/min] 이상

33 소방구조용 엘리베이터의 호출 버튼, 조작반, 통화장치 등 승강기의 안과 밖에 설치되는 모든 스위치의 높이는 바닥 면으로부터 0.8[m] 이상, 1.2[m] 이하에 설치하여야 하나, 스위치가 많아 설치하기가 곤란한 경우에는 몇 [m] 이하까지로 할 수 있는가?

① 1.3　　② 1.4　　③ 1.5　　④ 1.6

34 점차 작동형 추락방지장치를 사용하는 엘리베이터의 정격속도가 150[m/min]일 때 다음 중 과속조절기가 작동해야 하는 엘리베이터의 속도로 적절한 것은?

① 155[m/min]　　② 165[m/min]
③ 190[m/min]　　④ 210[m/min]

풀이 $150 \times 1.15 = 172.5[m/min]$ 이상
$(1.25 \times 2.5 + \dfrac{0.25}{2.5}) \times 60 = 193.5[m/min]$ 미만

35 승강로의 구조에 대한 설명 중 옳지 않은 것은?

① 승강로의 벽 또는 출입문은 반드시 난연재료로 만들거나 씌워야 한다.
② 급·배수 등의 배관은 승강로 내에 설치하지 않는다.
③ 출입구 바닥 앞부분과 카 바닥 앞부분과의 틈의 너비는 3.5[cm] 이하로 하여야 한다.
④ 승가로 밖의 사람 또는 물건이 카 또는 균형추에 접촉될 염려가 없는 구조이어야 한다.

풀이 불연재료이어야 한다.

정답 32. ③　33. ②　34. ③　35. ①

36 권상기 및 카의 전 하중을 직접 받는 부분으로 콘크리트의 경우, 승강기 기계대 (machine beam)의 안전율은 얼마 이상이어야 하는가?

① 7　　　　② 8　　　　③ 10　　　　④ 15

37 엘리베이터의 도어에 대한 설명으로 옳은 것은?

① 승강장문의 조립체는 405[J]의 운동에너지로 충격을 가했을 때 견뎌야한다.
② 문 닫힘 안전장치는 마지막 25[mm] 구간에서 무효화 될 수 있다.
③ 문 닫힘을 저지하는데 필요한 힘은 300[N] 이하이어야 한다.
④ 도어 가이드 슈가 끼워져 있는 문턱 홈에 구멍을 뚫어 먼지가 쌓이지 않게 한다.

풀이　① 450[J]
　　　② 20[mm]
　　　③ 150[N]　※ 300[N] 이하는 여는 데 필요한 힘

38 승강기 카와 균형추 하부에는 반드시 완충기를 설치하도록 하고 있다. 스프링 완충기는 정격 속도가 몇 [m/min] 이하인 경우에 설치하여야 되는가?

① 60　　　　② 70　　　　③ 90　　　　④ 105

39 로프 마모상태를 판정할 때, 소선의 파단이 균등하게 분포되어있는 경우, 로프 사용한도의 기준으로 옳은 것은?

① 스트랜드의 1피치내에서 소선의 파단수가 4이하
② 스트랜드의 1피치내에서 소선의 파단수가 3이하
③ 스트랜드의 1피치내에서 소선의 파단수가 2이하
④ 스트랜드의 1피치내에서 소선의 파단수가 1이하

40 비상 시 외부에서 구출할 수 있는 비상구출구에 대하여 틀린 것은?

① 카 내에서는 열 수 없도록 잠금장치를 갖추어야 한다.
② 카 위에서는 간단한 조작에 의해 쉽게 열 수 있어야 한다.
③ 비상구출구가 열리면 카가 움직이지 않아야 한다.
④ 카 벽에 설치된 경우에는 카 바깥쪽으로만 열려야 한다.

풀이　카 안쪽으로만 열려야 한다.

정답　36. ①　37. ④　38. ①　39. ①　40. ④

41 무빙워크의 경사도는 일반적으로 몇 도 이하인가?
　① 8°　　　② 10°　　　③ 12°　　　④ 15°

42 승강로 출입구에 대한 설명으로 올바른 것은?
　① 승객용은 카 1대에 대하여 1개 층에서 1개의 출입구만 설치할 수 있다.
　② 승객·화물용은 카 1대에 대하여 1개 층에서 2개 출입구를 설치할 수 있으며, 반드시 1개의 문은 닫은 상태에서 운전이 가능하여야 한다.
　③ 비상용을 제외하고는 카에는 2개의 출입구를 설치할 수 없다.
　④ 카에는 2개 이상의 출입구를 설치할 수 있으나, 2개의 문이 동시에 열려 통로로 사용되어서는 안 된다.

43 엘리베이터의 수평 개폐식 문 중 자동 동력 작동식 문이 닫힐 경우 그 운동에너지는 몇 [J] 이하여야 하는가? (단, 승강기의 각종 안전장치는 이상 없이 정상작동하는 경우로 한정한다.)
　① 5[J]　　　② 6[J]　　　③ 8[J]　　　④ 10[J]

44 카의 정전 시 예비 조명장치에 대한 설명 중 옳은 것은?
　① 카 바닥 위 1[m] 지점의 중심부에서 조도가 5[Lux] 이상 되도록 설계한다.
　② 카의 램프 중심부로부터 2[m] 떨어진 곳의 수직면의 조도가 2[Lux] 이상 되도록 설계한다.
　③ 카의 램프 중심부로부터 1[m] 떨어진 곳의 수직면의 조도가 1[Lux] 이상 되도록 설계한다.
　④ 카의 램프 중심부로부터 1[m] 떨어진 곳의 수직면의 조도가 100[Lux] 이상 되도록 설계한다.

　풀이 5[lx], 2시간 이상

45 군관리 승객용 엘리베이터 중 1대에만 전면과 후면 출입구를 설치하려고 한다. 틀린 것은?
　① 문열림 특별장치가 필요하다.　　② 파트타임 서비스에 적당하다.
　③ 국내에서도 설치할 수 있다.　　　④ 동시에 양쪽 문이 작동해도 된다.

　풀이 어떤 경우도 양쪽문이 동시에 열리면 안된다.

정답 41. ③　42. ④　43. ④　44. ①　45. ④

46 피트 바닥 하부를 통로 등으로 사용할 경우의 조건으로 가장 적절한 것은?

① 피트바닥을 견고한 목재로 하여 흔들림이 없도록 고정시킨다.
② 균형추 쪽에 완충기를 설치하여 비상정지에 대비하도록 한다.
③ 피트바닥을 2중 슬라브로 하고, 균형추 쪽에 추락방지안전장치를 설치한다.
④ 균형추 쪽 직하부에 두꺼운 벽을 설치하고, 추락방지안전장치를 설치한다.

풀이 피트 하부가 사람의 통로나 거주 공간으로 사용되면 균형추 측에도 추락방지안전장치를 설치해야 한다.

47 장애인용 엘리베이터의 구조에 대하여 옳지 않은 것은?

① 문닫힘 안전장치는 비접촉식으로 할 수 없다.
② 출입문 통과 유효폭을 0.8[m] 이상으로 하여야 한다.
③ 승강장에 설치되는 장애인용 호출버튼은 바닥면으로부터 0.8[m]~1.2[m] 사이에 설치하면 된다.
④ 휠체어 사용자용 조작반은 카 바닥 면적이 1.4[m]×1.4[m] 이상이면 진입 방향의 좌측벽에 설치할 수 있다.

48 승강로 출입구에 대한 설명으로 올바른 것은?

① 승객용은 카 1대에 대하여 1개 층에서 1개의 출입구만 설치할 수 있다.
② 승객·화물용은 카 1대에 대하여 1개 층에서 2개의 출입구를 설치할 수 있으며, 반드시 1개의 문은 닫은 상태에서 운전이 가능하여야 한다.
③ 비상용을 제외하고는 카에는 2개의 출입구를 설치할 수 없다.
④ 카에는 2개 이상의 출입구를 설치할 수 있으나, 2개의 문이 동시에 열려 통로로 사용되어서는 안 된다.

풀이 문이 2개인 엘리베이터는 양쪽 문이 동시에 열리면 안되고 모두 닫혀야 운행이 가능하다.

49 기계실의 바닥면부터 천장 또는 보의 하부까지의 수직거리는 특별한 경우를 제외하고 몇 [m] 이상으로 하여야 하는가?

① 1   ② 1.5   ③ 2.1   ④ 2.5

풀이 작업공간의 높이는 2.1[m] 이상

정답 46. ③ 47. ① 48. ④ 49. ③

50 적재하중 1150[kg], 카자중 2850[kg], 적용 로프 φ12 × 5가닥, 로프의 파단력 5990[kg], 로핑 방식 2 : 1, 로프자중 250[kg], 균형로프 인장 도르래 중량이 500[kg]인 경우, 로프의 안전율은?

① 8.3　　② 11.3　　③ 13.3　　④ 15.6

풀이
$$S = \frac{kNf}{W + W_c + W_r + \frac{W_t}{2}} = \frac{2 \times 5 \times 5990}{1150 + 2850 + 250 + \frac{500}{2}} = 13.31$$

51 다음 중 도어에 대한 설명으로 옳은 것은?

① 닫히는 문을 막는데 필요한 힘은 300[N]을 초과하지 않아야 한다.
② 문닫힘 안전장치는 닫히는 마지막 15[mm] 구간에서 무효화 될 수 있다.
③ 잠금 해제구간에서 손으로 도어를 여는데 필요한 힘은 150[N]을 초과하지 않아야 한다.
④ 도어 가이드 슈가 끼워져 있는 문턱 홈에 구멍을 뚫어 먼지가 쌓이지 않게 한다.

52 소방구조용 엘리베이터의 비상운전으로 볼 수 없는 것은?

① 비상호출운전　　② 1차 소방운전
③ 보수운전　　　　④ 2차 소방운전

53 주택용 엘리베이터에 관한 내용 중 옳지 않은 것은?

① 단독주택에 설치된 승객용 엘리베이터로서 카의 유효면적은 1.4[m²] 이하이어야 한다.
② 단독주택에 설치된 승객용 엘리베이터로서 승강행정은 12[m] 이하로 한다.
③ 주로프의 직경은 10[mm] 이상으로 하여야 한다.
④ 정격속도는 0.25[m/s] 이하로 한다.

풀이 8[mm] 이상

54 승강로의 상부 여유거리와 피트깊이는 무엇에 따라 결정되는가?

① 정격속도　　　② 정격하중
③ 건물의 높이　 ④ 승강기의 용도

정답 50. ③　51. ④　52. ③　53. ③　54. ①

55 카가 갖추어야 할 구조에 대한 설명으로 옳지 않은 것은?

① 구조상 경미한 부분을 제외하고는 불연 재료를 제작할 것
② 각부는 카내의 사람 또는 물건에 의한 충격에 대하여 안전한 구조로 할 것
③ 비상시 카내의 사람을 안전하게 구출하기 위하여 카 후부에 개구부를 설치할 것
④ 카내의 사람 또는 물건이 승강로벽 등 카 이외의 물건에 접촉되지 않는 구조로 할 것

풀이 비상구출구는 카 지붕 혹은 한 승강로에 2대의 카가 있는 경우 측면 벽에 설치 가능하다.

56 에너지 축적형 완충기의 최대피크 감속도는 몇 g_n 이하이어야 하는가?

① 0.2 이하 ② 1 이하 ③ 2.5 이하 ④ 6 이하

57 기계실의 조도는 기기가 배치된 바닥면에서 몇 [Lux] 이상이어야 하는가?

① 30 ② 50 ③ 100 ④ 200

풀이 작업하는 장소의 조도는 200[lx] 이상이어야 한다.

58 엘리베이터를 기계실 위치에 따라 분류한 것으로 옳지 않은 것은?

① 상부형 엘리베이터 ② 하부형 엘리베이터
③ 측부형 엘리베이터 ④ 경사형 엘리베이터

풀이 경사형 엘리베이터 : 수평에 대해 15°~75° 사이의 경사진 레일을 따라 운행

59 일부 통과층을 가진 승강로에 승객이 구출을 위해 설치하는 승강로 비상문의 최소 크기로 옳은 것은? (단, 폭(W)×높이(H) 단위 : [m])

① $W \times H = 0.35 \times 1.8$ ② $W \times H = 0.5 \times 1.8$
③ $W \times H = 0.7 \times 1.8$ ④ $W \times H = 0.8 \times 1.8$

60 무빙워크에 관한 설명 중 맞지 않는 것은?

① 팔레트식과 고무벨트식이 있다.
② 경사도는 12° 이하로 한다.
③ 사람 또는 화물이 끼지 않도록 한다.
④ 정격속도는 30[m/min] 이하이어야 한다.

풀이 정격속도는 0.75[m/s] 이하

정답 55. ③ 56. ④ 57. ④ 58. ④ 59. ② 60. ④

61 승강장에 설치되는 장애인용 호출버튼의 높이로 승강기 검사기준에 올바른 것은?
① 바닥으로부터 1.2[m] 이상, 1.5[m] 이하
② 바닥으로부터 0.8[m] 이상, 1.2[m] 이하
③ 바닥으로부터 0.9[m] 이상, 1.3[m] 이하
④ 바닥으로부터 1.0[m] 이상, 1.4[m] 이하

62 다음 중 일반적으로 카측뿐만 아니라 균형추 측에도 추락방지안전장치를 설치하여야 하는 경우는?
① 카의 속도가 210[m/min] 이상인 경우
② 피트 깊이가 1800[mm]이상인 경우
③ 카의 속도가 300[m/min] 이상인 경우
④ 승강로 피트 바닥 밑에 통로가 설치된 경우

63 소방구조용 엘리베이터에서 2단계 소방스위치(카 스위치)를 조작한 후의 작동사항으로 옳은 것은?
① 열이나 연기에 영향을 받는 문닫힘 안전장치가 작동하지 않아야 한다.
② 승강장의 호출에는 카가 응답하여야 한다.
③ 문닫힘 버튼을 누르다가 손을 떼면 문은 닫히고 있는 상태로 유지되어야 한다.
④ 카 내에서는 행선층 등록은 일부 층만 등록이 되도록 한정되어야 한다.
> 풀이 광전장치, 초음파장치, 멀티빔장치

64 도킹운전 제어의 속도는 몇 [m/s] 이하인가 ?
① 0.1 이하   ② 0.2 이하   ③ 0.3 이하   ④ 0.5 이하
> 풀이 한 승강로에 2대의 카가 있는 경우 카벽의 비상구출문을 통하여 구출하는 운전이며 구출운전속도는 0.3[m/s] 이하이다.

65 카를 최고위치에 정지시켜 놓은 상태에서 카 상부 틈새(TOP Clearance)를 측정한 것 중 옳은 것은?
① 카 상부의 가이드 슈와 승강로 천장부와의 수평거리
② 카 상부체대와 승강로 천장부와의 수직거리
③ 카 상부의 가장 높은 구조물과 승강로 천장부와의 수직거리
④ 최종 리미트스위치와 승강로 천장부와의 수평거리

정답 61. ② 62. ④ 63. ① 64. ③ 65. ②

66 로프식 엘리베이터 기계실의 바닥면부터 천정 또는 보의 하부까지의 수직거리로서 적당한 것은?

① 1.5[m] 이상
② 1.8[m] 이상
③ 2.1[m] 이상
④ 2.4[m] 이상

67 로프식 엘리베이터에 대한 설명으로 옳지 않은 것은?

① 주로프의 직경은 10[mm] 이상으로 하여야 한다.
② 주로프의 안전율은 12 이상이 되어야 한다.
③ 카벽에 설치된 비상구출구는 카 안쪽으로만 열려야 한다.
④ 카에는 2개의 출입구를 설치할 수 있다.

> 풀이) 8[mm] 이상

68 두 대 이상의 엘리베이터가 동일 승강로에 병설 될 때의 비상구출구에 관한 설명 중 틀린 것은?

① 두 개의 카벽 측부에 구출구를 설치할 수 있다.
② 구출구는 카 내부로 열리는 구조이어야 한다.
③ 구출구는 외부에서 열쇠를 사용하여 열어야 한다.
④ 문이 열려 있는 동안에는 운전이 불가능하여야 한다.

> 풀이) 내부에서는 전용 열쇠로, 외부에서는 열쇠없이 안쪽으로 열려야 한다.

69 카를 안전하게 정지시키는 제동기가 갖추어야 할 제동능력으로 옳은 것은?

① 승용승강기는 125[%] 부하로 전속하강 중의 카를 위험 없이 감속정지 할 수 있는 능력
② 승용승강기 110[%] 부하, 화물용 승강기는 105[%] 부하로 전속하강 중의 카를 위험 없이 감속정지 할 수 있는 능력
③ 슈(shoe)의 작용으로 마찰력과 스프링으로 정지하므로 부하용량과 무관
④ 고속승강기는 전기적으로 정지시키므로 기계적 제동력은 필요 없음

> 풀이) 화물용도 승용과 동일하다.

정답 66. ③ 67. ① 68. ③ 69. ①

70 사람이 탑승하지 않으면서 적재용량 300[kg] 이하의 화물 운반에 적합하게 제작된 것은?

① 화물용 엘리베이터 ② 자동차용 엘리베이터
③ 소형화물용 엘리베이터 ④ 수평보행기

풀이 덤웨이터, 속도는 1[m/s] 이하

71 기계실의 구조에 대한 설명 중 틀린 것은?

① 기계실의 바닥면적은 원칙적으로 승강로 수평투영 면적의 2배 이상으로 한다.
② 기계실의 바닥면부터 천장 또는 보의 하부까지의 수직거리는 2.1[m] 이상으로 한다.
③ 기계실의 실온은 유지관리에 지장이 없도록 유지하여야 한다.
④ 기계실 출입문의 폭은 0.6[m] 이상, 높이는 1.8[m] 이상으로 한다.

풀이 폭은 0.7[m] 이상, 높이는 1.8[m] 이상

72 ≤500 공칭회로 전압인 경우 절연저항[MΩ]은?

① 0.2 이상 ② 0.5 이상 ③ 0.7 이상 ④ 1.0 이상

73 로프식 엘리베이터에서 주로프에 관한 설명으로 틀린 것은?

① 주로프의 안전율은 직경 8[mm], 3가닥인 경우 12로 할 수 있다.
② 직경은 항상 공칭지름 12[mm] 이상이어야 한다.
③ 끝부분은 1본마다 로프소켓에 바빗트 채움을 하거나 체결식 로프 소켓을 사용하여 고정하여야 한다.
④ 직경 8[mm], 2가닥인 경우 안전율은 16 이상이어야 한다.

풀이 8[mm] 이상

74 완충기에 대한 설명으로 옳은 것은?

① 스프링 완충기에서 카측 완충기는 스프링간의 접촉된 부분이 없이 정하중 상태에서 카 자중의 2배를 견디어야 한다.
② 유입 완충기의 행정은 정격속도의 125[%]의 속도를 충돌했을 때 평균감속도 1 g_n 이하로 정지시켜야 한다.
③ 유입 완충기에서 카측 완충기의 최소 적용 중량은 카 자중이다.

정답 70. ③ 71. ④ 72. ④ 73. ② 74. ④

④ 유입 완충기의 플런저를 완전히 압축한 상태에서 완전 복귀할 때까지 요하는 시간은 90초 이하로 한다.

풀이 ① 스프링 완충기의 경우 카 자중과 정격하중을 더한 값의 2.5배와 4배 사이의 정하중
② 115[%]의 속도로 충돌 시
③ 최소 적용 중량 : 카자중 + 75[kg]

75 소방구조용 엘리베이터를 설계할 때 고려할 사항으로 틀린 것은?
① 기계실내 및 승강로내의 배선은 일반 배선으로 한다.
② 전선관 및 상자 등은 물이 고이지 않는 구조이어야 한다.
③ 피트내에 설치되는 스위치 등은 비상용으로 쓰여질 때는 분리될 수 있어야 한다.
④ 1단계 소방스위치의 작동만으로 카와 승강장문을 열려진 채로 운행시킬 수 있어야 한다.

76 감아 걸기 전동장치에 대한 설명 중 틀린 것은?
① 평 벨트를 사용하는 원통형 풀리는 벨트의 벗어짐을 방지하기 위하여 가운데 부분을 약간 오목하게 한다.
② V 벨트를 사용하면 평 벨트를 이용하는 경우보다 비교적 소형으로 큰 동력을 전달할 수 있다.
③ 로프 풀리의 지름을 2배로 키우면 로프에 발생하는 굽힘응력은 1/2로 감소한다.
④ 체인과 스프로킷을 이용하면 벨트를 이용한 전동장치보다 정확한 속도비로 동력을 전달할 수 있다.

풀이 벨트의 벗어짐을 방지하기 위하여 가운데 부분을 약간 볼록하게 만든다.

77 기어 전동의 특징을 벨트 및 로프 전동과 비교한 설명으로 옳은 것은?
① 효율이 낮다. ② 큰 감속비를 얻기 어렵다.
③ 소음과 진동이 큰 편이다. ④ 동력 전달이 불확실하다.

78 승강기 검사기준에서 정하는 에스컬레이터의 경우, 속도가 30[m/min]이고, 층고가 6[m] 이하이며, 디딤판끼리의 높이차가 4[mm] 이하인 수평주행구간 길이는 얼마 이상이어야 하는가?
① 0.6[m] 이상   ② 0.8[m] 이상   ③ 1.0[m] 이상   ④ 1.2[m] 이상

정답 75. ④ 76. ① 77. ③ 78. ②

79 스텝 폭 1[m]인 에스컬레이터에서 스텝면의 수평 투영면적[m²] 당 구조물이 받는하중 [kg]은 얼마인가?

① 510   ② 5100   ③ 1200   ④ 12000

80 다음 중 에스컬레이터의 일반구조로 적합하지 않은 것은?
① 사람 또는 물건이 에스컬레이터의 각 부분에 끼이거나 부딪히는 일이 없도록 할 것
② 경사도는 일반적으로 40°를 초과하지 않아야 한다.
③ 디딤판과 손잡이는 동일 속도로 할 것
④ 경사도가 30° 이하는 45[m/min] 이하일 것

> **풀이** 경사도는 일반적으로 30°를 초과하지 않아야 한다. 단, 수직층고가 6[m] 이하이고 속도가 0.5[m/s] 이하인 경우는 35°까지 가능하다.

81 스텝체인의 보정 파단력을 구할 때 고려하지 않아도 되는 것은?
① 스텝의 무게
② 체인의 자중
③ 체인의 인장장치의 인장스프링의 장력
④ 체인의 인장장치의 자중

82 무빙워크에 대한 일반적인 경우의 설계 사항으로 옳지 않은 것은?
① 팔레트형의 경사도는 12°로 하였다.
② 속도는 45[m/min] 이하이어야 한다.
③ 속도는 0.75[m/s] 이하이어야 한다.
④ 팔레트식만 있다.

> **풀이** 벨트식도 있다.

83 에스컬레이터 구조에 대한 설명으로 옳은 것은?
① 경사도는 40° 이하로 할 것
② 디딤판의 정격속도는 50[m/min] 이하로 할 것
③ 디딤판의 양쪽에 난간을 설치할 것
④ 이동식 핸드레일의 경우, 운행 전구간에서 디딤판과 핸드레일의 속도 차는 5[%] 이하일 것

정답 79. ①   80. ②   81. ④   82. ④   83. ③

풀이 ① 경사도는 30° 이하)
② 디딤판의 정격속도는 0.75[m/s] 이하
④ −0~+2[%]

84 다음 중 에스컬레이터에 설치하여야 할 안전장치에 속하지 않는 것은?
① 인레트 스위치
② 구동체인 안정장치
③ 스커트 가드 안전스위치
④ 스프로킷 파단 안전장치

85 에스컬레이터에 대한 설명으로 옳지 않은 것은?
① 수송능력은 엘리베이터의 7~10배이며, 대량 수송에 적합하다.
② 건축상으로 점유면적이 적고 별도의 기계실이 필요하지 않다.
③ 800형은 난간 폭이 1,000[mm]이고 시간 당 6,000명을 수송할 수 있다.
④ 대기시간이 없고 연속적으로 승객을 수송할 수 있다.

풀이 디딤판 폭과 속도에 따라 수송 능력이 정해진다.

86 에스컬레이터의 속도는 공칭 전압, 공칭 주파수에서 몇 [%]를 초과하지 않아야 하나?
① ±2　　② ±3　　③ ±5　　④ ±10

풀이 엘리베이터의 속도 편차는 정격하중의 50[%]를 싣고 92~105[%] 이내

87 에스컬레이터의 브레이크 제동력에 대한 설명 가장 중 올바른 것은?
① 승객이 탑승했을 때는 상승시보다 하강시에 제동거리가 2배이다.
② 승객이 탑승한 경우는 하강시보다 상승시가 제동거리가 길다.
③ 승객이 탑승한 경우는 하강시보다 상승시가 제동거리가 짧다.
④ 승객이 탑승한 경우는 하강시와 상승시의 제동거리가 같다.

88 에스컬레이터를 구분하는 방법으로 1200형과 800형은 무엇으로 구분한 것인가?
① 난간폭　　　　　　　② 속도
③ 운반 인원수　　　　④ 감속기 종류

정답 84. ④　85. ③　86. ③　87. ③　88. ①

89 에스컬레이터의 디딤판이 돌려지는 상태에서의 운행이탈을 감지하는 스텝주행 안전 스위치의 설치장소로 가장 적절한 것은?

① 상부의 우측에만 설치 ② 상하부의 좌우측 모두 설치
③ 하부의 좌측에만 설치 ④ 상하부의 좌측에만 설치

90 서비스업에 사용되는 건물에 무빙워크를 설계할 때 고려하여야 할 사항으로 옳지 않은 것은?

① 경사도는 일반적인 경우 12° 이하로 한다
② 공칭 속도는 45[m/min] 이하이어야 한다.
③ 팔래트식과 고무밸트식이 있다.
④ 40[m/min] 이하로 하는 것이 좋다.

풀이 경사도 30° 이하의 에스컬레이터와 무빙워크는 0.75[m/s] 이하

91 스텝 폭 1[m] 공칭 속도 0.5[m/s]의 에스컬레이터 최대 수송능력은 시간당 몇 명인가?

① 6000 ② 7000
③ 8000 ④ 9000

92 백화점에서 엘리베이터와 에스컬레이터를 설치할 때 에스컬레이터의 수송분담률은 엘리베이터와 에스컬레이터 이용자 수의 몇 [%]가 적당한가?

① 20~30[%] ② 40~50[%]
③ 60~70[%] ④ 80~90[%]

93 다음 중 에스컬레이터의 일반구조로 적합하지 않은 것은?

① 사람 또는 물건이 에스컬레이터의 각 부분에 끼이거나 부딪히는 일이 없도록 할 것
② 경사도는 30°를 초과하지 않아야 한다.
③ 디딤판의 정격속도는 50[m/min] 이하로 할 것
④ 디딤판과 손잡이는 동일 속도로 할 것

풀이 최대 0.75[m/s] 이하

정답 89. ② 90. ④ 91. ① 92. ④ 93. ③

94 한 건물에 공칭 속도 0.5[m/s], 스텝 폭 1[m] 1대, 0.8[m] 2대의 에스컬레이터가 설치되어 있다. 시간당 총 수송능력은?

① 15000 명/시간
② 15600 명/시간
③ 16800 명/시간
④ 21000 명/시간

풀이 수송능력＝1×6000[명/시간]＋2×4800[명/시간]＝15600[명/시간]

95 경사형 휠체어리프트 제작에서 기본적인 요건 중 맞는 것은?

① 정격속도가 30[m/min] 이하일 것
② 경사가 수평으로부터 60° 이하일 것
③ 플랫폼이 직접 가이드레일에 의하여 지지 유도될 것
④ 정격하중이 350[kg] 이상 550[kg] 이하일 것

풀이 ① 정격속도 : 0.15[m/s] 이하
② 경사가 수평으로부터 15°～75° 이내일 것)
④ 정격하중 : 115[kg] 이하, 휠체어 사용 시 225[kg] 이하, 최대 350[kg] 이하

96 무빙워크의 디딤판의 속도는 몇 [m/min] 이하로 하여야 하는가?

① 30[m/min]
② 40[m/min]
③ 45[m/min]
④ 60[m/min]

97 에스컬레이터의 구동 장치에 속하지 않는 것은?

① 핸드레일
② 브레이크장치
③ 스텝체인
④ 구동로프

풀이 에스컬레이터에는 로프를 적용하지 않는다.

98 무빙워크의 안전장치가 아닌 것은?

① 비상정지 스위치
② 스커트가드 스위치
③ 스텝체인 안전스위치
④ 핸드레일 인입구 안전장치

정답 94. ② 95. ③ 96. ③ 97. ④ 98. ②

99 에스컬레이터 및 무빙워크의 경사도에 따른 공칭속도에 대한 설명으로 틀린 것은?

① 경사도가 12° 초과인 무빙워크의 공칭속도는 0.5[m/s] 이하이어야 한다.
② 경사도가 12° 이하인 무빙워크의 공칭속도는 0.75[m/s] 이하이어야 한다.
③ 경사도가 30° 이하인 에스컬레이터의 공칭속도는 0.75[m/s] 이하이어야 한다.
④ 경사도가 30° 초과하고 35° 이하인 에스컬레이터의 공칭속도는 0.5[m/s] 이하이어야 한다.

풀이 무빙워크는 경사도 12° 이하이며 공칭속도는 0.75[m/s] 이하이어야 한다.

정답 99. ①

예상문제(3)

2과목 승강기 설계

01 에스컬레이터의 스텝에 대한 설명으로 옳은 것은?
① 스텝을 지지하는 롤러는 두 개다.
② 밟는 면은 평면이어야 하며 홈이 있어서는 안 된다.
③ 스텝의 앞에만 주의 색을 칠하거나 주의색의 플라스틱을 끼워야 한다.
④ 스텝은 알루미늄의 다이캐스트 또는 스테인리스 강판을 접어 구부린 것도 있다.

02 에스컬레이터의 배열 및 배치에 관한 사항으로 틀린 것은?
① 승객의 보행거리가 가능한 한 짧게 되도록 한다.
② 각 층 승강장은 자연스러운 연속적 흐름이 되도록 한다.
③ 건물 출입구 가까이에 엘리베이터와 인접하여 설치하는 것이 좋다.
④ 백화점의 경우 승강, 하강 시 매장에서 잘 보이는 곳에 설치한다.
풀이 엘리베이터와 마주보고 설치

03 층고가 3.5[m]인 지상 10층 건물에 엘리베이터 1대가 설치되어 있다. 엘리베이터의 정격속도가 90[m/min]일 때 1층에서 10층까지 주행하는데 걸리는 주행시간은 약 몇 초인가? (단, 1층에서 10층 주행 시 예상정지 수는 5회 정격속도에 따른 가·감속시간은 2.2초이고 도어개폐시간, 승객출입시간, 그 외 각종 손실시간은 제외한다.)
① 28 ② 30 ③ 32 ④ 34
풀이 $t = \dfrac{3.5 \times 9}{1.5} + 2.2 \times 5 = 32$초

04 파이널 리미트 스위치의 일반적인 요구조건에 관한 설명으로 틀린 것은?
① 권상구동식 및 유압식엘리베이터의 경우 주행로의 최상부 및 최하부에서 작동하도록 설치되어야 한다.
② 파이널 리미트 스위치는 카 또는 균형추가 완충기에 충돌하기 전에 작동되어야 한다.
③ 파이널 리미트 스위치와 일반 종단정지장치는 독립적으로 작동되어야 한다.
④ 파이널 리미트 스위치는 우발적인 작동의 위험 없이 가능한 최상층 및 최하층에 근접하여 작동하도록 설치되어야 한다.

정답 01. ④ 02. ③ 03. ③ 04. ①

풀이 유압식은 최상부에만 설치

05 모듈이 4인 스퍼 외접기어의 잇수가 각각 30, 60일 때 양 축간의 중심거리는?

① 90[mm]   ② 180[mm]
③ 270[mm] ④ 360[mm]

풀이 $C = \dfrac{M(Z_1 + Z_2)}{2} = \dfrac{4 \times (30+60)}{2} = 180$

06 전동기 동력이 11[kW] 인 3상 유도전동기에 대하여 예비전원의 소요 용량을 주어진 조건에 의하여 산출하면 약 몇 [kVA]가 되는가? (단, 전동기 역률은 55[%], 최대가속전류는 정격전류의 2.8배이고 소요 예비전원 용량은 가속 시 용량의 1.6배를 적용하며 주전압은 380[V] 이다.)

① 76   ② 90   ③ 108   ④ 121

풀이 $P = \dfrac{11}{0.55} \times 2.8 \times 1.6 = 89.6\,[\text{kVA}]$

07 점차 작동형 추락방지안전장치가 적용된 엘리베이터의 정격속도가 150[m/min] 이다. 이 엘리베이터의 과속조절기가 작동되어야 하는 엘리베이터의 속도 구간으로 옳은 것은?

① 2.875[m/s] 이상 3.225[m/s] 미만
② 2.875[m/s] 이상 3.125[m/s] 미만
③ 2.750[m/s] 이상 3.225[m/s] 미만
④ 2.750[m/s] 이상 3.125[m/s] 미만

풀이 $1.15 \times 2.5 = 2.875\,[\text{m/s}]$ 이상
$1.25 \times 2.5 + \dfrac{0.25}{2.5} = 3.225\,[\text{m/s}]$ 미만

08 재료의 단순 인장에서 포아송 비는 어떻게 나타내는가?

① $\dfrac{\text{세로변형률}}{\text{가로변형률}}$ ② $\dfrac{\text{부피변형률}}{\text{가로변형률}}$

③ $\dfrac{\text{가로변형률}}{\text{세로변형률}}$ ④ $\dfrac{\text{부피변형률}}{\text{세로변형률}}$

정답 05. ② 06. ② 07. ① 08. ③

09 이 스프링은 비틀림을 이용한 막대모양의 스프링이다. 단위 체적중에 저축된 에너지가 크며, 차량의 현가장치 등에 이용된다. 이 스프링은 무슨 스프링인가?
① 볼류트 스프링
② 토션 바
③ 나선 스프링
④ 겹판 스프링

10 길이 50[mm]의 둥근 봉이 인장되어 0.0005의 변형률이 생겼다. 변형 후의 길이를 구하면?
① 50.025[mm]
② 52.025[mm]
③ 54.045[mm]
④ 56.045[mm]

풀이 변형률 $\varepsilon = \dfrac{X-50}{50}$ 에서 $X-50 = 50 \times 0.0005$
∴ $X = 50.025$[mm]

11 길이 1[m]의 연강봉에 인장하중이 작용 시 봉이 0.3[mm]만큼 늘어났다면 인장변형률은 얼마인가?
① 0.0001
② 0.0003
③ 0.0005
④ 0.0007

풀이 $\varepsilon = \dfrac{0.3}{1000} = 0.0003$

12 기어의 장점을 설명한 것으로 틀린 것은?
① 강도가 크다.
② 높은 정밀도를 얻을 수 있다.
③ 전동이 확실하다.
④ 호환성이 나쁘다.

13 직접식 유압엘리베이터의 하부프레임에 걸리는 최대 굽힘 모멘트가 24000[kg·cm]일 때 프레임의 안전율은 약 얼마인가? (단, 프레임의 단면계수는 68[cm³], 인장강도는 4100[kg/cm²] 이다.)
① 5.9
② 6.4
③ 10.4
④ 11.6

풀이 응력 $\sigma = \dfrac{\text{최대굽힘모멘트}}{\text{단면계수}} = \dfrac{24000}{68} = 352.94$[kg/cm²]
안전율 $= \dfrac{\text{파단강도}}{\text{응력}} = \dfrac{4100}{352.94} = 11.62$

정답 09. ② 10. ① 11. ② 12. ④ 13. ④

14 피치 2.5[mm]의 3중 나사가 1회전하면 리드는 몇 [mm]가 되는가?

① 1/2.5   ② 5   ③ 1/7.5   ④ 7.5

풀이 리드 = 줄수×피치 = 3×2.5 = 7.5[mm]

15 엘리베이터 권상기의 감속기구로서 웜 및 웜기어를 채용하려고 한다. 웜의 회전수가 1800[rpm]이고, 웜기어와 맞물리는 이의 수가 5일 때, 웜기어를 360[rpm]으로 회전시키려면 웜기어의 잇수를 얼마로 하여야 하는가?

① 10   ② 25   ③ 50   ④ 1100

풀이 $\dfrac{N_2}{N_1} = \dfrac{Z_1}{Z_2}$ ∴ $N_1 Z_1 = N_2 Z_2$

$1800 \times 5 = 360 \times Z_2$ ∴ $Z_2 = 25$

16 길이 10[m], 지름 25[mm]의 연강봉에 5[TON]의 물체를 매달 때 늘어난 길이를 구하라. (단, 세로탄성 계수는 $2 \times 10^6 [kg/cm^2]$ 이다.)

① 0.3[cm]   ② 0.4[cm]   ③ 0.5[cm]   ④ 0.6[cm]

풀이 늘어난 길이

$\delta = \dfrac{Wl}{NAE} = \dfrac{5 \times 10^3 \times 10 \times 10^2}{1 \times \pi \times \left(\dfrac{2.5}{2}\right)^2 \times 2 \times 10^6} = 0.51 [cm]$ ※ 단위를 [cm]로 통일

17 스퍼기어에서 $Z_1 = 40$, $Z_2 = 50$개인 기어에서 Z_1이 500[rpm]으로 회전할 때 Z_2의 회전수를 구하면?

① 200[rpm]   ② 300[rpm]   ③ 400[rpm]   ④ 500[rpm]

풀이 $\dfrac{N_2}{N_1} = \dfrac{Z_1}{Z_2}$ ∴ $N_1 Z_1 = N_2 Z_2$

$500 \times 40 = N_2 \times 50$ ∴ $N_2 = 400[rpm]$

18 다음 그림과 같은 보의 지점 반력 R_A, R_B를 구하면?

① $R_A = 150[kg]$, $R_B = 200[kg]$
② $R_A = 175[kg]$, $R_B = 175[kg]$
③ $R_A = 225[kg]$, $R_B = 165[kg]$
④ $R_A = 250[kg]$, $R_B = 150[kg]$

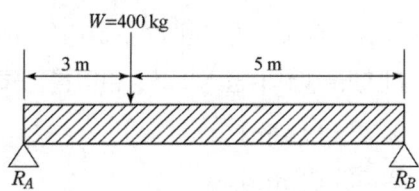

정답 14. ④ 15. ② 16. ③ 17. ③ 18. ④

풀이 $R_A = 400 \times \dfrac{5}{8} = 250 [\text{kg}]$

$R_B = 400 \times \dfrac{3}{8} = 150 [\text{kg}]$

19 다음 중 V벨트의 특징으로 옳은 것은?
① 정동 회전비가 크다.　　② 운전 소음이 크다.
③ 미끄럼이 크다.　　　　　④ 수명이 짧다.

20 다음 설명 중 옳지 않은 것은?
① 응력은 물체에 작용하는 외력에 의하여 발생하는 것으로 인장응력, 압축응력, 전단응력이 있다.
② 물체에 하중이 걸리는 형태에 따라 정하중, 동하중으로 구분한다.
③ 재료의 하중이 걸리면 중심선 방향의 종변형과 직각방향의 횡변형이 일어나며, 이 횡변형과 종변형의 비를 포아송비(Poisson Ratio)라 한다.
④ 응력과 변형률의 관계에서 정비례 구간에서의 비례상수를 횡탄성계수라 하고, 이 때의 관계식을 후크의 법칙이라 한다.

풀이 동하중, 정하중은 시간의 흐름에 따른 분류

21 기어의 장점에 대한 설명으로 옳은 것은?
① 동력 전달이 불확실하다.　　② 충격을 흡수하는 성질이 크다.
③ 높은 정밀도를 얻을 수 있다.　　④ 호환성이 낮다.

22 기어에 대한 특성으로 옳지 않은 것은?
① 전동이 확실하다.　　② 큰 감속이 가능하다.
③ 축압력이 크다.　　　④ 회전비가 정확하다.

23 중심거리 $C = 600[\text{mm}]$, 풀리의 지름이 $D_1 = 350[\text{mm}]$, $D_2 = 700[\text{mm}]$에서 바로 걸기 했을 때의 평 벨트의 길이를 구하시오.
① 2900[mm]　　② 3100[mm]
③ 3300[mm]　　④ 3500[mm]

정답　19. ①　20. ②　21. ③　22. ③　23. ①

풀이 벨트길이

① 바로걸기 $L = 2C + \dfrac{\pi(D_1 + D_2)}{2} + \dfrac{(D_2 - D_1)^2}{4C}$

$= 2 \times 600 + \dfrac{\pi(350 + 700)}{2} + \dfrac{(700 - 350)^2}{4 \times 600} = 2900.38$

② 엇걸기 $L = 2C + \dfrac{\pi(D_1 + D_2)}{2} + \dfrac{(D_2 + D_1)^2}{4C}$

24 코일 스프링에서 전단응력을 구하는 식은? (단, r : 전단응력, W : 스프링에 작용하는 하중, D : 평균지름, d : 환봉의 지름이다.)

① $r = \dfrac{8 \cdot D \cdot W}{\pi d^4}$
② $r = \dfrac{8 \cdot D \cdot W}{\pi d^2}$
③ $r = \dfrac{8 \cdot D \cdot W}{\pi d^3}$
④ $r = \dfrac{\pi d^3}{8DW}$

25 구름베어링이 미끄럼 베어링에 비해 불리한 점이 아닌 것은?
① 가격이 높다.
② 충격에 약하다.
③ 설치가 어렵다.
④ 과열될 위험이 적다.

26 V 벨트의 특징이 아닌 것은?
① 축간 거리가 비교적 짧은 데에 사용한다.
② 운전 소음이 크고 충격 흡수에 효과가 있다.
③ 미끄럼이 적고 전동 회전비가 크다.
④ 수명이 길다.

27 길이 4[m], 지름이 15[mm]인 환봉을 2[mm] 늘어나게 할 때 필요한 인장력은? (탄성계수는 2.1×10^5[kg/cm²])

① 168.6[kg]
② 172.4[kg]
③ 185.9[kg]
④ 196.4[kg]

풀이 늘어난 길이 $\delta = \dfrac{Pl}{NAE}$ 에서

인장력 $P = \dfrac{\delta NAE}{l} = \dfrac{0.2 \times 1 \times \pi \times (\frac{1.5}{2})^2 \times 2.1 \times 10^5}{400} = 185.55$[kg]

※ 단위를 탄성계수와 같이 cm로 통일

정답 24. ③ 25. ④ 26. ② 27. ③

28 지름 5[cm]인 단면에 35[kN]의 힘이 작용할 때, 발생하는 응력을 구하면?

① 16.8[MPa]   ② 17.8[MPa]   ③ 168[MPa]   ④ 178[MPa]

풀이 응력 $\sigma = \dfrac{\text{힘}}{\text{면적}}$, Pa=N/m² 이므로 단위를 m로 통일하여 대입하면

$$\sigma = \dfrac{35 \times 10^3}{\pi \times (2.5 \times 10^{-2})^2} \times 10^{-6} = 17.83 [\text{MPa}]$$

29 길이 10[m], 지름 25[mm]의 연강봉에 5[TON]의 물체를 매달 때의 늘어난 길이를 구하라. (단, 세로탄성계수는 $2 \times 10^6 [\text{kg/cm}^2]$ 이다.)

① 0.3[cm]   ② 0.4[cm]   ③ 0.5[cm]   ④ 0.6[cm]

풀이 $\delta = \dfrac{Wl}{NAE} = \dfrac{5 \times 10^3 \times 10 \times 10^2}{\pi \times \left(\dfrac{2.5}{2}\right)^2 \times 2 \times 10^6} = 0.51 [\text{cm}]$ ※ 단위를 cm로 통일

30 교차되는 두 축 간에 운동을 전달하는 원추형의 기어에 해당되는 것은?

① 베벨기어   ② 내접기어   ③ 스퍼기어   ④ 헬리컬기어

31 다음 중 응력에 대한 관계식으로 적절한 것은?

① 탄성한도 > 허용응력 ≥ 사용응력   ② 탄성한도 > 사용응력 ≥ 허용응력
③ 허용응력 > 탄성한도 ≥ 사용응력   ④ 허용응력 > 사용응력 ≥ 탄성한도

32 엘리베이터 감시반의 기능에 해당하지 않는 것은?

① 제어기능   ② 경보기능   ③ 통신기능   ④ 구출기능

33 13인승 60[m/min]의 엘리베이터에 11[kW]의 전동기를 사용하고 있다. 13인을 싣고 1층에서 출발할 때 전동기의 회전수가 1500[rpm]으로 측정되었다면 전동기의 전부하 토크는 약 몇 [kg · m] 인가?

① 6.2   ② 6.9   ③ 7.2   ④ 7.9

풀이 토크 $T = 975 \times \dfrac{P(\text{kW})}{N(\text{rpm})} [\text{kg} \cdot \text{m}]$

$\therefore T = 975 \times \dfrac{11}{1500} = 7.15 [\text{kg} \cdot \text{m}]$

정답 28. ② 29. ③ 30. ① 31. ① 32. ④ 33. ③

34 자동차용 엘리베이터의 경우 카의 유효면적은 1[m²] 당 몇 [kg]으로 계산한 값 이상이어야 하는가?

① 100   ② 150   ③ 250   ④ 300

35 카의 문 개폐만이 운전자의 레버나 누름버튼 조작에 의하여 이루어지고 진행방향의 결정이나 정지층의 결정은 미리 등록된 카 내 행선층 버튼 또는 승강장 버튼에 의해 이루어지는 조작방식은?

① 신호방식   ② 단식자동식
③ 군 관리방식   ④ 승합 전자동식

36 초고층 빌딩의 서비스 층 분할에 관한 설명으로 틀린 것은?

① 일주시간은 짧아지고 수송능력은 증대한다.
② 급행구간이 만들어져 고속성능을 충분히 살릴 수 있다.
③ 건물의 인구분포에 큰 변동이 있을 때 간단하게 분할점을 바꿀 수 있다.
④ 스카이 피난안전구역의 로비공간을 설정하고 서비스 존을 구분하는 것을 검토한다.

> 풀이   저층존, 중층존, 고층존의 분할점은 승강장 안내판, 카내 조작반의 층 등록 버튼 등을 바꾸어야 한다.

37 조속기(과속조절기) 로프 인장 풀리의 피치 직경과 조속기(과속조절기) 로프의 공칭 지름의 비는 얼마 이상이어야 하는가?

① 5   ② 10   ③ 25   ④ 30

38 엘리베이터용 전동기의 구비조건이 아닌 것은?

① 발열량이 적을 것   ② 기동토크가 클 것
③ 기동전류가 작을 것   ④ 회전부분의 관성모멘트가 클 것

39 유압식 엘리베이터에 있어서 유량제어 밸브를 주회로에 삽입하여 유량을 직접 제어하는 회로는?

① 파일럿(Pilot)회로   ② 바이패스(Bypass)회로
③ 미터 인 (Meter in)회로   ④ 블리드 오프(Bleed off)회로

정답   34. ②   35. ①   36. ③   37. ④   38. ④   39. ③

40 인버터의 입력측 회로에서 전원전압과 직류전압과의 전압차에 의해 충전전류가 전원에서 커패시터로 유입되어 전원전압의 피크부분이 절단파형으로 나타나는 것은?

① 저차 저조파
② 저차 고조파
③ 고차 저조파
④ 고차 고조파

풀이 3차, 5차, 7차 고조파

41 트랙션식 권상기 도르래와 로프의 미끄러짐 관계에 대한 설명으로 옳은 것은?

① 권부각이 클수록 미끄러지기 어렵다.
② 카의 가속도와 감속도가 클수록 미끄러지기 어렵다.
③ 로프와 도르래 사이의 마찰계수가 클수록 미끄러지기 쉽다.
④ 카측과 균형추측에 걸리는 중량비가 클수록 미끄러지기 어렵다.

42 적재하중 1150[kg], 카 자중 2200[kg], 상부체대의 스팬길이 1800[mm]인 것을 2개 사용하고 있다. 상부체대 1개의 단면계수가 153[cm³]이고 파단강도가 4100[kg/cm²]라고 하면 상부체대의 안전율은 약 얼마인가? (단, 로핑은 1 : 1 이다.)

① 7.8
② 8.3
③ 9.2
④ 9.8

풀이 굽힘모멘트 $M = \dfrac{(1150+2200) \times 180}{4} = 150750 [\text{kg} \cdot \text{cm}]$

응력 $\sigma = \dfrac{150750}{153 \times 2} = 492.65 [\text{kg/cm}^2]$

안전율 $S = \dfrac{4100}{492.65} = 8.32$

43 카의 자중이 1020[kg], 적재하중이 900[kg], 정격속도가 60[m/min]인 전기식 엘리베이터의 피트 바닥강도는 약 몇 [N] 이상이어야 하는가?

① 65341
② 75341
③ 85243
④ 97953

풀이 $F = 4g_n(P+Q) = 4 \times 9.81 \times (1020+900) = 75340.8 [\text{N}]$

44 로프와 도르래의 면압 관계식으로 옳은 것은? (단, p_a는 면압, P는 로프에 걸리는 하중, D는 주 도르래의 지름, d는 로프의 공칭지름이다.)

① $P_a = \dfrac{2P}{Dd}$
② $P_a = \dfrac{P}{2Dd}$
③ $P_a = \dfrac{2Dd}{P}$
④ $P_a = \dfrac{Dd}{2P}$

정답 40. ② 41. ① 42. ② 43. ② 44. ①

45 주 로프(Main Rope)가 Φ16[mm]일 때 권상 도르래의 직경은 몇 [mm] 이상이어야 하는가? (단, 주택용 엘리베이터의 경우는 제외한다.)

① Φ400　　② Φ480　　③ Φ520　　④ Φ640

풀이 로프 직경의 40배 이상

46 엘리베이터 주행안내레일의 강도를 계산할 때 고려하지 않아도 되는 사항은?

① 레일의 단면계수　　② 레일의 단면조도
③ 카나 균형추의 총중량　　④ 레일 브래킷의 설치 간격

풀이 조도는 표면의 거칠기 정도

47 카 레일용 브래킷에 대한 설명으로 틀린 것은?

① 구조 및 형태는 레일을 지지하기에 견고하여야 한다.
② 벽면으로부터 높이 1000[mm] 이하로 설치하여야 한다.
③ 사다리형 브래킷의 경사부 각도는 15∼30°로 제작한다.
④ 콘크리트에 대해서는 앵커볼트로 견고히 부착하여야 한다.

풀이 계산하여 결정한다. 보통 약 2[m] 정도

48 하중이 작용하는 시간에 따른 분류 중 동하중에 해당되지 않는 것은?

① 반복하중　　② 교번하중
③ 충격하중　　④ 집중하중

49 상부체대와 카바닥 틀의 처짐은 전 길이의 얼마 이하이어야 하는가?

① $\frac{1}{48}$　　② $\frac{1}{96}$　　③ $\frac{1}{480}$　　④ $\frac{1}{960}$

50 추락방지안전장치 종류 중 F.G.C형 추락방지안전장치에 관한 설명으로 틀린 것은?

① 동작되면 복귀가 어렵다.
② 구조가 간단하고 공간을 적게 차지한다.
③ 점차 작동형 추락방지안전장치의 일종이다.
④ 레일을 죄는 힘은 동작 시부터 정지 시까지 일정하다.

정답 45. ④　46. ②　47. ②　48. ④　49. ④　50. ①

51 건축물 용도별 엘리베이터와 승객 집중시간에 대한 연결로 틀린 것은?

① 호텔 – 새벽시간　　　　　　② 사무용 – 출근 시 상승
③ 백화점 – 일요일 정오 전후　　④ 병원 – 면회시간 시작 직후

풀이　호텔은 체크아웃시간 : 오전 9시~11시

52 엘리베이터 전력 간선 산출 시 고려되는 전류의 산출식과 관계없는 것은?

① 전압강하계수　　　　　　　　② 엘리베이터 대수
③ 제어용 부하의 정격전류　　　 ④ 정격전류(전부하 상승 시 전류)

53 동력전원설비 설계기준에서 가속전류의 정의로 옳은 것은?

① 카가 전부하 상태에서 상승방향으로 가속 시 배전선에 흐르는 최대전류
② 카가 무부하 상태에서 상승방향으로 가속 시 배전선에 흐르는 최대전류
③ 카가 전부하 상태에서 하강방향으로 가속 시 배전선에 흐르는 최대전류
④ 카가 무부하 상태에서 하강방향으로 가속 시 배전선에 흐르는 최대전류

54 대기시간 20초, 승객출입시간 30초, 도어개폐시간 27초, 주행시간 55초, 손실시간 8초일 때 일주시간(RTT)은?

① 112초　　② 120초　　③ 240초　　④ 280초

풀이　일주시간 = 주행시간 + 승객출입시간 + 도어개폐시간 + 손실시간
　　　　= 55 + 30 + 27 + 8 = 120초

55 권상 도르래의 지름이 720[mm]이고, 감속비가 1 : 45, 전동기 회전수가 1800[rpm], 1 : 1 로핑인 경우의 엘리베이터 속도는 약 몇 [m/min]인가?

① 30　　② 60　　③ 90　　④ 105

풀이　$V = \dfrac{\pi DN}{k1000} \times i = \dfrac{\pi \times 720 \times 1800}{1 \times 1000} \times \dfrac{1}{45} = 90.48$ (k는 로핑계수)

56 반복하중을 받고있는 인장강도 75[kg/mm²]의 연강봉이 있다. 허용응력을 25[kg/mm²]로 할 때 안전율은 얼마인가?

① 3　　② 4　　③ 5　　④ 6

풀이　안전율 $S = \dfrac{\text{인장강도}}{\text{허용응력}} = \dfrac{75}{25} = 3$

정답　51. ①　52. ①　53. ①　54. ②　55. ③　56. ①

57 승강장문 잠금장치에 대한 설명으로 옳은 것은?

① 카 도어의 열림을 방지하는 안전장치이다.
② 도어스위치의 접점이 떨어진 후에 도어록이 열리는 구조이어야 한다.
③ 신속한 승객 구출을 위해 일반 공구를 사용하여 열 수 있어야 한다.
④ 도어록이 확실히 걸리면 스위치의 접점이 떨어져도 카는 움직여야 한다.

58 다음과 같은 전동기의 내열등급 중 가장 높은 온도까지 견딜 수 있는 것은?

① A종　　② E종　　③ H종　　④ F종

풀이 내열등급

Y종	A종	E종	B종	F종	H종	C종
90℃	105℃	120℃	130℃	135℃	180℃	180℃ 초과

59 다음과 같은 조건에서 유압식 엘리베이터의 실린더 내벽의 안전율은 약 얼마인가?

재료의 파괴강도(f) : 3800 kgf/cm², 상용압력(P_w) : 50 kgf/cm²
실린더 내경(d) : 20 cm, 실린더두께(t) : 0.65 cm

① 3.3　　② 4.9　　③ 6.5　　④ 7.9

풀이 실린더 안전율
$$S = \frac{2 \times f \times t}{Pw \times d} = \frac{2 \times 3800 \times 0.65}{50 \times 20} = 4.94$$

60 유도전동기의 인버터 제어방식에서 10[kHZ]의 캐리어 주파수를 발생하여 전동기의 소음을 줄일 수 있는 인버터 전력용 스위칭 소자는?

① SCR　　② IGBT　　③ 다이오드　　④ 평활콘덴서

61 직접식 유압엘리베이터의 하부 프레임에 걸리는 최대굽힘 모멘트가 2400[N·m]일 때 프레임의 안전율은 약 얼마인가? (단, 프레임 단면계수 68[cm³], 허용굽힘응력은 410 [MPa] 이다.)

① 4.9　　② 6.8　　③ 9.4　　④ 11.6

풀이 응력 $\sigma = \dfrac{2400}{68 \times (10^{-2})^3} = 35.29 \times 10^6$

정답 57. ②　58. ③　59. ②　60. ②　61. ④

안전율 $S = \dfrac{410 \times 10^6}{35.29 \times 10^6} = 11.62$

62 일주시간이 120초이고 승객수가 12명일 경우 엘리베이터의 5분간 수송능력은 약 몇 명인가?

① 30명　　② 24명　　③ 20명　　④ 12명

풀이 5분간 수송능력 $= \dfrac{5 \times 60 \times 승객수}{일주시간} = \dfrac{5 \times 60 \times 12}{120} = 30명$

63 다음 중 기어의 줄이 나선인 원통형 기어로서 두 축이 서로 평행한 기어는?

① 스퍼기어　　② 웜기어
③ 베벨기어　　④ 헬리컬 기어

64 길이 l, 단면적 A인 균일 단면 봉이 인장하중 W를 받아 λ만큼 늘어났을 때 상관관계를 옳게 나타낸 것은? (단, E는 세로탄성계수이고 후크의 법칙을 만족한다.)

① $E = \dfrac{A\lambda}{Wl}$　　② $E = \dfrac{Al}{W\lambda}$

③ $E = \dfrac{W\lambda}{Al}$　　④ $E = \dfrac{Wl}{A\lambda}$

풀이 $\lambda = \dfrac{Wl}{AE}$　　$\therefore E = \dfrac{Wl}{A\lambda}$

65 소방구조용 엘리베이터는 갇힌 소방관을 구출하기 위한 비상구출문을 카 지붕에 설치해야 하는데 비상구출문에 대한 각각의 이중천장을 열기위해 가해야하는 힘은 몇 [N] 이하여야 하는가?

① 200　　② 250　　③ 300　　④ 350

66 카 내부에 있는 사람에 의한 카문의 개방을 제한하기 위해 카가 운행 중일 때 카문의 개방은 몇 [N] 이상의 힘이 요구되어야 하는가?

① 30　　② 50　　③ 150　　④ 300

정답 62. ①　63. ④　64. ④　65. ②　66. ②

67 카 문턱에 설치하는 에이프런의 수직높이 기준에 관한 표이다. ㉠, ㉡에 들어갈 기준으로 옳은 것은?

일반 엘리베이터	주택용 엘리베이터
(㉠)[m] 이상	(㉡)[m] 이상

① ㉠ : 0.55 ㉡ : 0.40
② ㉠ : 0.65 ㉡ : 0.44
③ ㉠ : 0.75 ㉡ : 0.54
④ ㉠ : 0.85 ㉡ : 0.60

68 에너지 분산형 완충기가 적용된 엘리베이터의 정격속도가 80[m/min] 이다. 규정된 시험조건으로 완충기에 충돌 할 때 완충기의 행정은 몇 [mm] 이상이어야 하는가?

① 202 ② 188 ③ 172 ④ 120

풀이 에너지 분산형 완충기의 최소행정

$$S = 0.0674 \times \left(\frac{80}{60}\right)^2 \times 1000 = 119.82$$

69 자세 유형에 따른 피트 피난공간 크기의 최소 기준에 대한 설명 중 틀린 것은?
(단, 주택용 엘리베이터는 제외한다.)

① 서있는 자세의 수평거리는 0.3[m]×0.4[m] 이다.
② 웅크린 자세의 수평거리는 0.5[m]×0.7[m] 이다.
③ 서있는 자세의 높이는 2[m] 이다.
④ 웅크린 자세의 높이는 1[m] 이다.

풀이 서있는 자세의 수평거리는 0.4[m]×0.5[m] 이다.

70 그림은 승강기 권상기 도르래의 언더컷 홈 모양이다. 홈의 깎인 면 a 값을 구하는 식으로 옳은 것은?

① $2a = d \times \sin\beta$

② $2a = 3d \times \sin\dfrac{\beta}{2}$

③ $2a = \dfrac{d}{2} \times \sin\dfrac{\beta}{2}$

④ $2a = \dfrac{d}{2} \times \sin\beta$

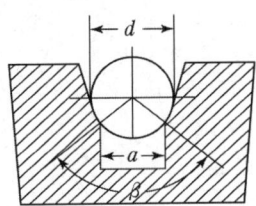

MEMO

3 과목

일반기계공학

1장 기계재료
2장 기계의 요소
3장 기계공작법
4장 유체기계
5장 재료역학

1장 기계재료

1. 철과 강

1.1 주철

(1) 선철

용광로에서 철광석을 용해하여 바로 제조된 철로서 탄소가 일정 비율 이상 포함되어 있고, 제강 또는 주조의 원료로 사용된다.

1) 제선 : 철광석을 녹여 선철을 만드는 과정

2) 제선 원료 : 철광석 (원료), 석회석 (불순물 제거), 코크스(연료)

3) 선철의 탄소(C) 함유량 : C 2.2~7% (보통 C 2.5~4.5%) 정도

4) 선철의 종류
   ① 회선철 : 파단면이 회색 이고 비교적 재질이 연하다.
   ② 백선철 : 파단면이 백색이고 재질이 매우 단단하다.
   ③ 반선철 : 백선철과 회선철의 중간적이다.

(2) 순철

1) 순철의 탄소(C) 함유량 : C 0.03 % 이하 (철의 순도는 Fe 99.9 % 이상)

2) 순철의 특징 : 강도가 작고 매우 유연하므로 전성, 연성이 커서 압연이 가능하다.

(3) 주철

선철에 고철 등을 첨가하여 용융하여 강에 비해 탄소 함유량이 많은 철을 말한다.

1) 주철의 탄소(C) 함유량 : C 2.5~4.5 % (규소 1.0~2.5 %) 정도

2) 주철의 특징
   ① 값이 싸고 주조성이 우수하다.
   ② 압축강도는 크고 인장강도는 작다.
   ③ 용융점이 낮고 유동성이 좋다.
   ④ 취성이 크고, 가단성, 전연성이 적다.
   ⑤ 녹이 쉽게 생기지 않는다.

⑥ 내마모성, 마찰저항이 크고, 절삭성이 좋다.

3) 주철의 조직
① 회주철 : 급격히 냉각 시 발생 하고, 파단면 회색 (페라이트+펄라이트)
② 백주철 : 냉각속도가 느릴 때 발생 하고, 파단면 백 색 (시멘타이트+펄라이트)
③ 반주철 : 회주철과 백주철의 중간적 이고, 회색과 백색 주철부가 혼합
　　　　　(펄얼라이트+페라이트 + 흑연)

(4) 보통 주철
① 회주철(gley cast iron) 을 대표하는 주철로서 페라이트, 펄라이트, 흑연을 포함하고 있고, 인장강도는 일반적으로 20 이하이다.
② 기계 가공성이 좋고, 값이 싸서 수도관, 난방용품, 가정용품, 농기구 등의 일반 주물, 공작 기계의 bed, 프레임 및 기계구조물의 몸체 등에 사용된다.

(5) 고급 주철 (high glade cast iron)
① 흑연이 미세하게 활모양으로 고르게 분포되어 있고, 펄라이트 조직 이며, 인장강도가 일반적으로 25 이상이다.
② 보통주철보다 기계적 성질이 우수하여 강인하고 충격에 대한 저항이 크고, 고온에서 성장이 적으며, 실린더, 피스톤, 터빈 케이싱 등에 사용된다.
③ 고급 주철의 종류에는 특수 제조법 에 따라 란쯔(Lanz), 에멜(Emmel), 피보바르스키법 (Piwowarsky), 미하나이트법 (Meehanite) 주철이 있다.

(6) 합금 주철 (alloy cast iron)
주철의 5대 원소(C, Si, Mn, S, P) 외에 Ni, Cr, M0, Al, Ti, V 등을 첨가하여 우수한 기계적 성질, 내마멸성, 내식성, 내열성 등을 향상시킨 주철이다.

1) Ni 주철
① Ni은 주철 속에 녹아 들어가 탄소의 흑연화를 도와주므로, 적당한 양을 첨가하면 주철의 입자를 미세화 하고, 내마멸성, 내해수성, 내열성이 우수하며, 인성이 풍부해진다.
② 피스톤, 공작기계대. 정밀 기계 부품 등에 사용된다.

2) Cr 주철
① Cr은 Ni과는 반대로 탄화물을 생성 하게 하여 펄라이트를 안정화시키고, 고온에서 오랜 시간 동안 가열하더라도 펄라이트의 분해가 되지 않으므로 내마멸성, 내식성, 내열성이 좋다.
② 파쇄기의 부품, 열간 압출용 다이스 등에 사용.

3) Ni—Cr 주철
① Ni과 Cr의 효과가 병행하여 나타나는 주철로서, Cr의 경화 작용과, Ni의 연화작용을 적당히 배합하여 인장 강도가 큰 주물을 얻을 수 있다.
② 보통 Ni은 3% 이하, Cr은 1[%] 이하가 사용되며, 가장 좋은 비율은 NI : Cr 이 2.5 : 1의 비율로 가한 것으로, 내마멸성이 매우 높으므로 실린더에 사용된다.

4) 애시큘러 주철 (accicular cast iron)
보통주철에 0.5~4.0%의 Ni, 1.0~1.5%의 Mo과 소량의 Cu, Cr으로 배합되고, 흑연이 보통 주철과 같은 편상 흑연이나 조직의 바탕이 침상조직이며, 강인하고 내마멸성이 우수하여 소형 엔진의 크랭크축, 캠축, 실린더 압연용 롤 등의 재료로 사용된다.

(7) 특수주철

1) 칠드주철(chilled cast iron)
① 주조할 때 모래 주형에 필요한 부분만 열전도성이 좋은 금형을 이용하여 용융 금속을 금형에 주입 하면, 금형에 접촉한 부분만이 급랭되어 흑연의 석출을 저지함으로써 주물 표면이 단단하고, 내부는 보통 주철의 연한 조직이 되는 주철이다.
② 표면이 단단하여 내마멸성이 좋고, 인성이 좋으며, 내충격성이 요구되는 압연용 롤러, 분쇄기용 해머, 공기 해머, 차륜 등에 사용된다.

2) 가단주철 (Malleable cast iron)
① 백 주철을 고온에서 장시간 열처리하여 시멘타이트 조직을 분해하거나 소실시켜 인성 또는 연성을 개선한 주철이다.
② 가단 주철의 흑연은 뜨임 탄소(temper calbon)라고 하는 불규칙한 괴상으로 강도, 연성 및 내식성을 우수하게 한다.
③ 열처리 방법에 따라 파단면이 흑색인 흑심 가단주철과 파단면이 백색인 백심 가단주철 및 펄라이트 가단주철이 있다.

3) 구상 흑연 주철 (Spheroidal glaphite cast iron)
① 용융 상태의 주철에 Mg, Ce, Ca를 첨가함으로써 흑연의 모양을 구상으로 한 것으로 고탄소, 고규소이고, Mn, P, S는 낮게 하는 것이 원칙이다.
② 강도는 별 변화가 없이 인성 및 연성을 현저하게 개선시킨 주철로서 바탕의 조직이 페라이트는 연성이 크고, 펄라이트는 연성이 크지 않으나 강인하며, 내마멸성, 내열성, 내식성, 절삭성 등이 우수하다.
③ 크랭크축, 캠축 공작기계, 브레이크 드럼 등에 쓰인다.

(8) 철의 특성

1) 연성 : 파괴되지 않고 늘어나는 성질
2) 전성 : 얇게 퍼지는 성질
3) 인성 : 질기고 충격에 견디는 정도

1.2 탄소강(鋼)

(1) 제강법

선철 중의 불순물을 제거하고 탄소 함유량을 0.02~1.7% 정도로 감소시켜 강을 제조하는 방법이다.

1) 평로제강법
  ① 평로(제강용 반사로) 모양이 평평하게 생긴 데서 붙여진 명칭을 사용하는 제강법으로, 선철과 파쇠를 배합하여 예열된 공기와 가스를 노속으로 불어넣어 용해시켜 탄소와 불순물을 연소시켜 제거하는 제강법이다.
  ② 조작시간이 4~12시간 정도로 길지만 고철 등을 사용할 수 있는 장점이 있다.
  ③ 노의 내장 또는 내벽에 염기성 재료를 사용하는 염기성 법과 산성 내화재료를 사용하는 산성법이 있다.
  ④ 산성법은 산성 내화 재료를 사용하므로 제강할 때 석회석 때문에 인과 황을 제거하지 못하는 단점이 있다.

2) 전로 제강법
  ① 노를 경사지게 하여 용해한 선철을 넣은 후 노를 세워서 공기를 불어 넣어서 탄소는 산화시키고, 규소, 망간은 연소시켜 제거하는 제강법이다.
  ② 내화재료에 따라 산성법(베네머법)과 염기성법(토마스법)이 있다.

3) 전기로 제강법
  ① 전극간 아크열로 선철, 파쇠 등을 용해시켜 강이나 합금강을 제조하는 제강법 이다.
  ② 온도제어가 쉬워서 고온을 얻기가 용이하고, 연료는 전기이므로 구입이 쉽고, 중유나, 가스처럼 불순물이 들어가지 않는다.
  ③ 저항식, 유도식, 아크식이 있고 이 중에서 아크식이 가장 많이 사용된다.

4) 도가니로 제강법
  ① 도가니로 속에 제강 원료를 넣은 후 불꽃이 원료에 직접 닿지 않도록 하여 간접 용해시키는 제강법이다. 불순물이 들어가지 않으므로 양질의 강을 제조할 수 있고, 주로 구리 합금, 비철주물, 합금주물 등에 사용한다.

(2) 강재의 종류

1) 강괴 : 림드강괴, 킬드강괴, 세미킬드강괴
2) 반제품 : 강편, 소강편, 판용강판, 판상강판
3) 완제품 : 강판, 조강, 강관, 강선

(3) 용도에 따른 분류

1) 구조용 강 : 탄소 함유량은 C 0.05~0.6 % 정도이다.
2) 공구용 강 : 탄소함유량 C 0.6~1.7 % 정도이다.

(4) 탄소 함유량에 따른 분류

1) 아 공석강
   ① 공석강보다 탄소량이 적은 강으로서 탄소가 C 0.85[%] 이하를 함유한 강을 말한다.
   ② 페라이트와 펄라이트의 공석강이다.

2) 공석강
   탄소가 C 0.85[%]를 함유한 강을 말한다. 펄라이트 조직으로 이루어진다.

3) 과 공석강
   ① 탄소가 C 0.85[%] 이상 함유된 강을 말한다.
   ② 시멘타이트(cementite) 와 펄라이트(pearlite) 조직으로 이루어진다.

(5) 산소 함유량에 따른 분류

1) 킬드강 (killed steel)
   ① 제강하는 과정에서 규소, 알루미늄을 탈산제로 사용하여 산소를 완전 탈산 시킨 강이다.
   ② 기계 구조용 강이나 특수강에 사용한다.

2) 림드강 (rimmed steel)
   ① 제강하는 과정에서 망간을 탈산제로 사용하여 산소를 불완전 탈산화 시킨 강이다.
   ② 구조용 강, 형강, 압연강 등에 사용한다.

3) 세미킬드강(semi killed steel)
   제강하는 과정에서 알루미늄을 탈산제로 사용하여 킬드강과 림드강의 중간 정도로 산소를 탈산시킨 강이다.

(6) 탄소강의 조직

1) 페라이트 (ferrite)
   ① α철을 바탕으로 한 고용체 이고, 탄소가 조금(상온에서 0.006[%], 721[℃]에서

0.03[%]) 고용된 흰색의 입상조직이다.
② 재질이 연하고 연성이 풍부하며 강자성체이다.

※ 고용체 : 고체의 결정 속에 다른 원소의 원자가 혼입해서 완전하게 균일한 상을 이룬 고체의 혼합물

2) 오스테나이트 (austenite)
① γ철에 탄소가 최대 2.11[%]가 고용된 γ고용체로 면심입방격자의 결정구조
② 비자성체로 전기저항이 크다.
③ 페라이트보다 굳고 인성이 크다.

3) 시멘타이트
① 철과 탄소의 화합물인 탄화철로 탄소 함유량은 6.67[%] 정도이다.
② 경도가 매우 높고 취성이 커서 쉽게 부스러짐

4) 펄라이트
① 공석강으로 페라이트와 시멘타이트의 층을 이루는 조직이다.
② 페라이트보다 경도가 높고, 자성이 있다.

(7) 철의 변태

1) A_0변태(210℃)
① 시멘타이트의 자기적 변태를 A_0변태라고 하며 순철에서는 일어나지 않는다.
② 210℃ 이하에서는 강자성체이고 초과하면 상자성체가 된다. (시멘타이트의 큐리 포인트)

2) A_1변태 (723℃)
① 강의 공석 변태라고 하며 동소변태가 일어난다.
② 오스테나이트 조직이 냉각되어 A_1 변태점에 도달하면 페라이트와 시멘타이트로 되고 가열되어 A_1변태점에 도달하면 오스테나이트 조직이 된다.

3) A_2 변태(768℃)
① 순철의 자기변태점으로 A_2이하는 강자성체 초과하면 상자성체가 된다.(순철의 큐리 포인트)
② 자기변태 : 결정구조는 변하지 않고 자기 성질만 변화하는 변태

4) A_3 변태(910℃)
① 동소변태 : 고온 상태에서 온도에 따라 결정구조만 변화는 변태

5) A_4 변태(1390℃)
① 동소변태

(8) 온도에 따른 순철의 구조
① 알파(α)철 : 910℃ 이하의 변태로 체심입방격자(BCC)
② 감마(γ)철 : 911℃~1390℃의 변태로 면심입방격자(FCC)
③ 델타(δ)철 : 1390℃~1536.5℃의 변태로 체심입방격자(BCC)

(9) 순철의 결정구조
① 체심입방구조(BCC) : 공간이 조밀하여 탄소가 들어오기 어려운 상태로 순철에 가까운 페라이트
② 면심입방구조(FCC) : 탄소가 들어가기 쉬운 상태로(약 2%) 강도와 경도가 높은 오스테나이트

(10) 탄소강의 성질

1) 일반적인 성질
① 탄소 함유량이 증가함에 따라 비중, 온도계수, 열팽창계수, 열전도율은 감소한다.
② 비열, 전기저항, 항자력은 증가한다.
③ 내식성은 탄소량이 증가할수록 감소하고 소량의 Cu가 첨가되면 급증한다.

2) 기계적 성질
① 탄소(C)의 함유량이 증가함에 따라 인장강도 · 경도가 증가하고 연신율 · 충격값은 감소한다. C가 1.0[%] 부근까지는 경도와 인장강도는 거의 탄소의 양에 비례하여 증가하지만 1.0[%]를 초과하면 인장강도는 급격히 감소하고 경도는 증가한다.
② 탄성계수, 포아송의 비는 탄소량에 거의 관계없이 일정하다.

3) 온도에 따른 성질
① 탄소강은 온도에 따라 기계적 성질이 달라지는데, 탄소가 0.25[%]인 강을 예로 들면 0~500[℃] 사이에서 탄성 계수, 탄성 한계, 항복점 등은 온도의 상승에 따라 감소하고, 200~300[℃]에서 인장강도는 최대가 된다.
② 연신율과 단면 수축율은 온도상승에 따라 감소하여 인장강도가 최대가 되는 점에서 최소값을 나타내고 다시 커진다.
③ 충격값은 200~300[℃]에서 가장 적다.
④ 청열취성 : 200~300[℃]에서 인장강도와 경도는 최대이고 연신율은 최소이며 취성이 나타난다. 이때 청색의 산화 피막이 형성된다.
⑤ 적열취성 : 강을 900[℃] 이상의 고온에서 나타나는 비정상적인 취성으로 주로 황(S) 성분이 원인이고 적열(붉게 달구어진 상태) 상태에서 발생되기 때문에 적열취성이라 한다.

⑥ 상온취성 : 상온에서 충격치가 현저하게 낮고, 취성이 있는 성질로서 인(P)을 많이 함유하는 재료에 나타나는 특수한 성질이다.
⑦ 고온취성 : 금속 합금이 높은 온도에서 충격 저항이 급히 약화되는 성질로서 열취성 이라고도 한다.
⑧ 냉간취성 : 강이 0℃ 이하에서 급격하게 취약해지는 성질로서 냉간취성 또는 저온 취성 이라고도 한다.

(11) 탄소강의 종류와 용도
① 저탄소강(C 0.3[%] 이하) : 가공성 위주, 단접 양호, 열처리 불량
② 고탄소강(C 0.3[%] 이상) : 경도 위주, 단접 불량, 열처리 양호
③ 일반구조용강(SB) : 저탄소강(C 0.08~0.23%), 구조물, 일반기계 부품
④ 탄소공구강 (탄소 : STC, 합금 : STS, 스프링강 :S PS) : 고탄소강(C 0.6~1.5[%]), 킬드강으로 제조
⑤ 주강(SC) : 수축율이 주철의 2배, 용융점이(1,600[℃]) 높고, 강도 크며, 유동성이 작다.
   ※ 구조가 복잡하여 절삭가공, 단조, 압연가공이 곤란한 경우 사용
⑥ 쾌삭강 : 절삭성을 향상시키기 위해 S, Pb, Ce, ZI을 첨가한 강
⑦ 침탄강 : 강의 표면에 C를 침투시켜 강인성과 내마멸성을 향상시킨 표면강화강

(12) 전위
금속에 외력이 가해질 때 결정격자가 불완전하거나 결함이 있어 이동이 발생하는 현상

(13) 탄소강의 응력-변형도 곡선

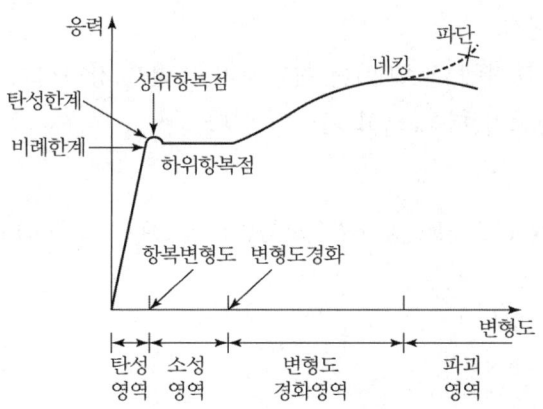

※ 비례한계 < 탄성한계 < 항복강도 < 인장강도

1.3 합금강

합금강(특수강)은 탄소강에 이종의 원소를 첨가하여 기계적 성질을 개선한 강을 말한다.

(1) 첨가원소의 효과

① 니켈(Ni) : 결정 입자를 미세화, 균일화 하여 인장강도, 내식성, 내산성, 충격저항 증가

② 크롬(Cr) : 내열성을 증가시키고 고온에서 산화 피막이 형성되어 내부 산화되는 것을 방지

③ 망간(Mn) : 담금질성 효과가 가장 우수하고 황(S)을 제거시켜 인장강도, 경도 증가

④ 몰리브덴(MO) : 뜨임 취성을 방지하고 내식성을 증가시키며 담금질 깊이를 향상(Ni과 Cr을 함께 첨가하여 사용하고 단독으로 하지 않음)

⑤ 규소(Si) : 내식성, 내열성 증가

⑥ 텅스텐(W) : 고온강도 증가하여 고온 절삭성이 우수

⑦ 구리(Cu) : 내식성 향상, A_1변태점 저하, 인장강도, 경도, 탄성한도 증가

⑧ 인(P) : 탄소강에서 상온 취성을 일으키는 원소

(2) 구조용 합금강

1) 강인강 : 니켈강, 크롬(Cr)강, 니켈크롬(Ni—Cr)강, 망간(Mn)강
   (저망간강은 듀콜강 또는 디강이라고 한다)

2) 표면경화강

① 침탄강 : 강의 표면에 탄소(C)를 침투시켜 표면을 강화한 강으로서 내마모성, 내피로성, 경도가 향상

② 질화강 : 강의 표면에 질소(N)를 침투시켜 표면을 강화한 강으로서 침탄강(浸炭鋼)보다 표면의 경도가 더욱 크고 변형이 없다.

3) 스프링강
   고탄소강, 규소망간(Si-Mn)강, 규소크롬(Si—Cr)강, 크롬바나듐(Cr-V)

1.4 공구강

(1) 합금 공구강

1) 탄소 이외의 합금원소를 첨가한 공구강

2) 고속도강
   ① 내마멸성과 인성(靭性)이 커서 드릴, 호브 등 절삭공구에 사용됨
   ② 크롬공구강, 텅스텐공구강

3) 스텔라이트(Stellite)
   ① 코발트계 합금으로 경도가 높아 담금질 없이 주조한 상태로 사용함.
   ② 절삭공구, 의료기구에 적합

4) 쾌삭강 : 절삭성 증가시킨 강(S, Mn, Pb을 첨가), 자동차 크랭크 샤프트에 사용

5) 스테인레스강 : 내식성을 갖는 강(Ni, Cr을 첨가)

6) 내열강 : 내열성을 향상시킨 강(Cr, Al, Si를 첨가)

7) 불변강
   ① 온도변화에 따른 특성의 변화가 극히 적은 강
   ② 인바(Invar), 초인바(Super Invar), 엘린바(Elinvar), 코엘린바(Coelinvar)

8) 베어링강
   ① 고탄소 크롬강이 사용
   ② 하중에 대한 내압강도가 클 것
   ③ 마찰계수가 적고 내마멸성이 클 것
   ④ 열전도율과 내열성이 클 것

(2) 탄소공구강

1) 합금원소를 첨가하지 않은 탄소강
2) 내마모성이 크고 열처리가 용이하다.
3) 상온, 고온에서 경도가 높아 절삭공구에 사용된다.

2. 비철금속 및 합금

2.1 구리

내식성 향상, 인장강도, 경도, 탄성한도 증가

(1) 청동(Bronze)
  1) 청동은 구리 (Cu)와 주석 (Sn)의 합금이다.
  2) 청동 : 포금, 실민청동, 인연청동, 니켈청동, Al청동, 켈밋(Cu-Pb) 등이 있다.
  3) 주조성, 부식성, 내마모성이 좋다.

(2) 황동 (Brass)
  1) 황동은 구리(Cu)와 아연 (Zn)의 합금으로서 구리합금 중에서 가장 많이 사용.
  2) 순구리 보다도 주조하기가 쉽다.
  3) 경도와 강도가 크고, 전연성 (展延性)이 풍부해서 얇은 박(箔)이나 와이어 제작 가능.
  4) 7-3황동, 6-4황동과 연황동, 주석 황동, 델타메탈, 강력 황동 등이 있다.
  5) 네이벌 황동
    ① 6-4황동에 Sn을 1[%] 정도 첨가한 합금
    ② 선박기계용, 스프링용, 용접용 재료 등에 사용되는 특수 황동
  6) 톰백 : 5~20[%]의 아연 합금으로 장식용 금박대용으로 사용
  7) 니켈황동(양은)
    ① 구리+아연+니켈의 합금으로 양백 이라고도 함.

(3) Ni-Cu 합금
  1) 콘스탄탄(constantan) : 구리에 40~50[%]의 니켈을 첨가 (열저쌍, 표준저항선)
  2) 베네딕트 메탈(benedict metal) : 소총탄의 피복, 급수 가열 등에 사용
  3) 큐프러스 니켈(cuprous nickei) :단조성 우수, 변형가공 용이, 부식성 높음
  4) 모넬메탈(mone metal) : 내산성 우수, 터빈날개, 화학기계 부품 등에 사용

2.2 알루미늄(Al)

(1) 알루미늄합금의 특징
① 알루미늄에 구리·마그네슘 등의 금속을 첨가한 합금으로 알루미늄의 성질을 개량하여 우수한 특성을 발휘한다.
② 주조가 용이하고, 다른 금속과 합금이 잘 되며, 상온 및 고온가공이 용이하다.
③ 대기 중에서 내식력이 강하고 전기 및 열의 양 전도체이다.

(2) 가공용 알루미늄 합금

1) 두랄루민(Duralumin)
① Al, Cu, Mn, Mg의 합금
② 항공기, 자동차 보디, 리벳

2) Y합금
① 알루미늄에 Cu, Ni, Mg을 첨가한 합금
② 내열성이 우수하고 고온에서 강도가 커 내연기관의 실린더 헤드, 피스톤 재료로 사용.

3) 로우엑스 합금(Lo-Ex alloy)
① Al-Si 합금(실루민)에 Cu, Mg, Ni를 소량 첨가한 합금
② 내열성이 좋고 열팽창계수가 작아 엔진의 피스톤으로 사용

(3) 주조용 Al 합금

1) Al-Si 합금
① 주조성은 좋으나 절삭성이 나쁘다.
② 실루민(silumin)이 대표적이다.

2) Al-Cu-Si 합금
① 라우탈(Lautal)이 주로 사용됨
② 주조성(Si 첨가)과 절삭성(Cu 첨가)이 좋다.(자동차, 항공기 부품)
③ 강도가 높으며 수축 균열이 발생하기 쉽다.

3) Al-Mg 합금
① Mg 12[%] 이하로 하이드로날륨(Hydronalium)이라고 함.
② 내식성이 크고, 강도, 연신율이 우수하며 절삭성이 좋다.
③ 선박용, 차량용, 펌프용

2.3 니켈(Ni)

(1) 내 열성 합금(Ni-Cr 합금)

① 니크롬(nichrome) : Ni, Cr, Fe 합금. 전열선이나 저항선에 많이 사용
② 인코넬(inconel) : Ni, Cr 합금. 내열성과 내식성 우수하여 전열기, 필라멘트 등에 사용
③ 크로멜 알루멜(chromel-alumel) : 공업 측정용 열전쌍 등에 사용(가격이 저렴)

(2) 내식성 합금

1) Ni-Mo-Fe 합금 : 염산에 대한 내식성과 내열성 향상(하스텔로이)

2) Ni-Cu 합금(모넬메탈 : monel metal)
① 니켈 65%, 구리 35%의 합금
② 내식성, 내열성, 기계적 강도가 우수
③ 터빈날개, 화학기계 부품 등에 사용

2.4 마그네슘(Mg)

(1) 마그네슘 합금의 특성

① 알루미늄보다 가볍고 조밀 육방격자로 고온에서 발화하기 쉽다.
② 내식성은 양호하지만 산에 침식되기 쉽다.
③ 냉간 가공성이 나쁘다.

(2) 주조용 마상의 Al을 포함한 다우메탈(dow metal)이 대표적

① Mg-Al계 : 7% 이관, 봉, 피스톤에 사용
② Mg-Zn계 : 지르코늄(Zr)을 넣으면 성능이 향상
③ Mg-Al-Zn계 : 일렉트론(elecktron)이 대표적이며 그네슘 합금

2.5 기타 비철금속

(1) 티타늄(Ti)의 성질

① 용융점(1670[℃])이 높고 열전도율이 낮다.
② 내식성이 우수하다.

③ 비중은 약 4.5 정도이다.
④ Fe보다 가벼운 경금속에 속한다.
⑤ 비강도가 높다.

(2) 아연합금
① 녹는점이 비교적 낮아 주물, 베어링 등에 사용
② 다이캐스팅용 아연 합금
③ 침탄 도금용 아연

(3) 납합금
① 납은 기계적 성질이 낮아 비소(As), 안티몬(As), 칼슘(Ca)를 첨가한 합금으로 사용
② 활자 합금, 땜납 합금

(4) 주석 합금
① 땜납(연납) : 주석과 납의 합금
② 화이트 메탈 : 주석과 안티몬계 합금, 납과 주석과 안티몬계 합금(베어링의 재료)

(5) 베어링 합금

1) 화이트 메탈(White Metal)
   ① 주석(Sn), 납(Pb), 안티몬(Sb), 아연(Zn)을 주성분으로 하는 합금
   ② 베어링, 활자에 사용

2) 동계 베어링 합금(Copper Base Alloy)
   ① 포금 : Cu-Sn(10%) 주소를 위해 아연첨가 (대포의 포신, 담뱃대)
   ② 인청동 : Cu-Sn-P
   ③ 납청동 : Cu-Sn-Pb
   ④ 켈멧(kelmet) : Cu-Pb과 미량의 Sn, Ni 첨가

(6) 시효경화 현상
금속, 합금을 급냉 또는 냉간가공 후 시간의 경과에 따라 경도가 증가하는 현상으로 주로 녹는점이 낮은 알루미늄, 납 등의 합금에서 발생한다. (※ 알루미늄 – 구리합금)

3. 비금속 재료

3.1 보온재료

(1) 보온재료의 특성
① 열의 침입 또는 발산을 방지하기 위하여 사용하는 재료
② 열손실 방지와 제품의 품질유지
③ 소음, 진동 차단

(2) 보온재의 종류
① 유기질 보온재 (저온용) : 코르크, 톱밥, 펠트 (100~150[℃])
② 무기질 보온재(고온용) : 석면, 암면, 글라스울, 규조토 (200~800[℃])

(3) 유기질 보온재와 비교한 무기질 보온재의 특성

특 성	유기질 보온재	무기질 보온재
흡수성	크다	작다
열전도율	높다	낮다
내구성(수명)	작다(짧다)	크다(길다)
기계적 강도	작다	크다
가격(경제성)	싸다	비싸다

(4) 보온재의 구비조건
① 흡수성이 작을 것
② 열전도율이 낮을 것
③ 시공성이 우수하고 수명이 길 것
④ 기계적 강도가 클 것
⑤ 유해성 및 부식성이 적을 것
⑥ 난연성일 것

3.2 패킹 및 기타 재료

(1) 유압기기 · 압축기 · 펌프 등 액체나 기체가 밀폐되어있는 용기의 접합면 이나 이와 같은 용기에 회전 또는 왕복운동을 하는 축이 관통하고 있을 경우 내부의 유체가 밖으로 새어 나오지 않도록 끼워 넣는 재료이다.

(2) 밀봉하는 곳의 구조, 압력, 온도, 운동 등에 따라 채워 넣는 재료나 모양이 다양하다.

(3) 패킹재의 종류
   ① 개스킷(gasket) : 가솔린 기관의 실린더 헤드에 넣는 패킹재
   ② 그랜드 패킹 : 단면이 각형이며 스터핑 박스에 채워 넣는 방식

(4) 합성수지

   1) 유기 화합물의 합성으로 만들어진 수지 모양의 고분자화합물질의 총칭으로 가볍고 내식성, 열 · 전기의 전연성이 우수하며 성형이 용이하여 성형품, 파이프, 시트, 섬유, 접착제 등에 광범위하게 사용된다.

   2) 열가소성 합성수지
      ① 열을 가하면 녹고 영구변형
      ② 아크릴수지, 폴리에틸렌, 폴리프로필렌, 폴리염화비닐, 폴리스티렌, 폴리아미드

   3) 열경화성 합성수지
      ① 열을 가하면 경화되고 다시 가열해도 형태가 변하지 않음
      ② 페놀수지, 에폭시수지, 멜라민수지, 요소수지, 폴리에스테르수지

(5) 윤활제
   ① 접촉부의 저항을 적게 하여 열 이동을 돕는 고체, 액체, 기체의 개재물
   ② 고체 윤활제 : 글라스, 유화 몰리브덴, 비누, 흑연, 석회
   ③ 액체 윤활제 : 유지, 그리이스, 수은, 광물 식물유, 유화유
   ④ 기체 윤화제 : 공기, 가스
   ⑤ 비중, 인화점, 발화점, 점성, 산도 등이 조건으로 고려된다.

(6) 세라믹

   알루미나를 1600[℃] 이상의 높은 온도에서 소결 성형시켜 제조하며 내열성이 높고 고온 경도 및 내마멸성은 크지만 비자성, 비전도체이며 충격에는 매우 취약하다.

4. 표면처리 및 열처리

4.1 표면경화

금속 부품의 전체 또는 특정 부분을 가열, 냉각 또는 특수원소를 첨가하여 내마모성, 내충격성 등을 향상시키기 위한 열처리 기술로서 가열 방법, 사용재료 등에 따라 분류한다.

(1) 부분가열 표면경화
① 고주파 표면경화 : 고주파 유도장치를 사용한 표면경화
② 화염 표면경화 : 대형 구조물 용접 부분 표면경화를 위한 간이 열처리
③ 레이저 표면경화 : 부품 중 마모가 심한 부위 등 필요 부분만의 표면경화
④ 전자빔 표면경화 : 부품 중 마모가 심한 부위 등 필요 부분만의 표면경화

(2) 전체가열 표면경화
① 침탄법 : 부품표면에 탄소의 확산침투에 의한 경화
  (고체침탄, 염욕침탄, 가스침탄, 플라즈마침탄, 진공침탄)
② 침탄질화법 : 부품표면에 탄소와 소량의 질소를 동시에 침투시켜 경화
③ 질화법 : 부품 표면에 질소의 침투에 의한 경화로 경도가 크고 산화에 강하다.
④ 청화법 : 청화칼리, 청산소다, 등의 시안화물을 사용한 표면 경화법

(3) 금속침투법
① 칼로라이징 : 강의 표면에 알루미늄을 침투시켜 내스케일성과 고온산화 방지 등을 목적으로 사용
② 크로마이징 : 강의 표면에 크롬을 침투시켜 내식성과 내마모성 등을 목적으로 사용
③ 브로나이징 : 강의 표면에 붕소(B)를 침투시켜 내식성과 내마모성 등을 목적으로 사용
④ 실리코나이징 : 강의 표면에 실리콘을 침투시켜 내식성과 내열성 등을 목적으로 사용

(4) 기타 표면 경화법
① 도금법(예 : 경질 크롬 도금)
② 용착법 (예 : 표면경화)
③ 쇼트 피닝(shot peening : 가공경화법)
  금속 표면에 작은 주강(鑄鋼)의 입자 또는 짧게 자른 강선을 공기 압력이나 원심력을 이용하여 분사시켜서 표면의 산화막을 제거함과 동시에 잔류 압축력을 발생시켜 표면을 딱딱하게 함으로써 피로 강도를 향상시키는 것

4.2 담금질, 풀림, 뜨임, 불림

금속재료 및 기계부품의 가공시 발생 된 취성 을 개선하기 위하여 가열, 냉각하는 열처리 기술로 가열 온도, 유지시간 냉각속도에 따라 다음과 같이 분류한다.

(1) 담금질(퀜칭 : quenching)

1) 전체 조직을 고온에서 안정된 오스테나이트 상태로 한 후 냉각액에 급냉시켜 재질을 경화(경도는 3배 정도 증가)

2) 담금질 조직
   ① 마텐자이트(martensite) : 담금질 조직 중 강도가 가장 크다.(수냉으로 급냉)
   ② 트루스타이트(troostite) : 전성과 연성이 부족하고 경도와 강도가 크다.
      (기름에 담금질)
   ③ 소르바이트(sorbite) : 기름에 담금질(트루스타이트 보다 냉각속도 느림)
   ④ 오스테나이트(austenite) : 비자성체 이며 전기저항이 크다.

3) 담금질 조직의 경도 순서
   마텐자이트 > 트루스타이트 > 소르바이트 > 오스테나이트

4) 질량효과
   담금질 시 내부로 갈수록 냉각 속도가 느려져 경도가 저하되는 현상

(2) 풀림(어닐링 : annealing)
① 강을 적당한 온도까지 가열한 후 서서히 냉각시켜 재질을 연화
② 가공성 향상 및 잔류 응력제거

(3) 뜨임(템퍼링 : tempering)
① 담금질 한 강을 A1 변태점 이하의 온도로 재가열 한 후 냉각
② 내부 응력 제거, 인성 개선

(4) 마템퍼링(martempering)
오스테나이트화 상태의 강을 마텐자이트 시작점과 종료점 사이에서 항온상태로 변태가 완료될 때까지 지속시키는 열처리 방법

(5) 오스템퍼링(austempering)
① A1 변태점과 Ms점 사이의 온도로 항온변태 후 실온으로 냉각시키는 열처리 방법
② 강의 비틀림과 균열 발생을 방지

(6) 불림(노말라이징 : nolmalizing)
① 강을 단련한 후, 오스테나이트의 단상이 되는 온도 범위에서 가열하여 대기 속에 방치하여 자연 냉각
② 조직을 미세화하고, 냉간가공, 단조 등에 의한 내부응력을 제거 및 가공성 향상

(7) 저온 풀림경화
황동을 냉간 가공하여 재결정온도 이하의 낮은 온도로 풀림하면 가공 상태보다 경화되는 현상

(8) 서브제로처리
강화된 강 중의 오스테나이트를 마텐자이트로 변태시켜 시효변형을 방지하기 위한 목적으로 하는 열처리 방식으로 게이지나 베어링 제조 시 행하며 심냉처리라고도 한다.

1장 기계재료 예상문제

01 열처리 방법에서 일반적인 표면경화법이 아닌 것은?
① 저주파경화법 ② 청화법
③ 고체침탄법 ④ 질화법

풀이 고주파경화법

02 담금질 강의 냉각조건에 따른 변화조직이 아닌 것은?
① 마텐자이트 ② 트루스타이트
③ 소르바이트 ④ 시멘타이트

풀이 시멘타이트는 탄소강의 종류

03 클러치, 캠, 기어 등의 소재 가공 시 강재의 표면만 경화시키는 방법이 아닌 것은?
① 침탄법　② 제강법　③ 질화법　④ 청화법

04 탄소강의 응력-변형도 곡선에서 항복점을 나타내는 점은?
① A
② B
③ C
④ D

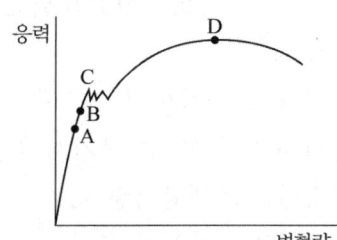

05 마그네슘-알루미늄계 합금이며 7[%] 이상의 알루미늄을 함유하여 인장강도와 연신율이 매우 큰 것은?
① 포금　② 실루민　③ 다우메탈　④ 두랄루민

06 플라스틱계 복합재료로 섬유강화 플라스틱의 약어인 것은?
① FRM　② FRP　③ FRC　④ SAP

풀이 Fiberglass Reinforced Plastic

정답　01. ①　02. ④　03. ②　04. ③　05. ③　06. ②

07 18-8 스테인레스강의 구성 성분이 아닌 것은?

① Cr ② Ni ③ M_n ④ Fe

08 강의 표면처리에서 표면에 알루미늄을 침투시켜 내스케일성과 고온산화 방지 등을 목적으로 사용하는 표면처리 방법은?

① 크로마이징 ② 실리코나이징
③ 보로나이징 ④ 칼로라이징

09 탄소강을 가열하여 오스테나이트 조직으로 하고, 이것을 급냉(수냉)하여 마텐자이트 조직으로 바꾸어 경도를 높게 하는 열처리는?

① 담금질 ② 뜨임 ③ 풀림 ④ 불림

10 해수에 대하서는 백금과 같이 내식성이 우수하고, 특히 염산, 황산, 초산에 대한 저항이 크며, 비중은 4.51로 가벼우나 비강도는 금속 중에 가장 큰 금속은?

① Al ② Ni ③ Zn ④ Ti

풀이 비강도 = 강도/중량

11 탄소강 중 규소(Si)는 선철과 탈산제로부터 잔류하게 되는데 탄소강에 미치는 영향으로 맞는 것은?

① 인장강도, 탄성한계, 경도를 감소시킨다.
② 연신율과 충격값을 증가시킨다.
③ 결정립을 조대화시킨다.
④ 용접성을 향상시킨다.

12 다음 중 재결정온도[℃]가 가장 낮은 금속은?

① Fe ② Cu ③ Au ④ Al

13 일반적으로 단면이 각형이며 스터핑 박스에 채워 넣어 사용되는 팩킹의 총칭은?

① 글랜드 패킹 ② 브레이드 패킹
③ 코튼 패킹 ④ 금속박 패킹

정답 07. ③ 08. ④ 09. ① 10. ④ 11. ③ 12. ④ 13. ①

14 철강 시험편을 오스테나이트화한 후 시험편의 한쪽 끝에 물을 분사하여 퀀칭하는 표준 시험법은?

① 붕화 ② 조미니
③ 복탄 ④ 마르에이징

15 동합금 중에서 강도와 경도가 우수한 합금은?

① Cu-Sn ② Cu-Al
③ Cu-Si ④ Cu-Be

16 열처리에서 질화법의 특징 설명으로 틀린 것은?

① 경도는 침탄경화보다 크다.
② 가열 온도는 침탄법보다 낮다.
③ 경화층이 얇으므로 산화에 약하다.
④ 담금질을 하지 않으므로 변형이 적다.

풀이 질화법은 산화에 강하다.

17 탄소강의 청열취성(靑熱脆性)을 일으키는 온도범위는?

① 100~150[℃] ② 200~300[℃]
③ 400~500[℃] ④ 600~700[℃]

풀이 인장강도와 경도 증가

18 탄소강에 내열성을 증가시키기 위하여 첨가되는 합금원소로 고온에서 산화 피막이 형성되어 내부에 산화되는 것을 방지하는 원소는?

① Cr ② Cu ③ Mn ④ Ni

19 알루미늄-규소계 합금으로 실루민에 구리, 마그네슘, 니켈을 소량 첨가한 것으로 내열성이 좋고 열팽창 계수가 작은 금속은?

① 라우탈(Lautal) ② 로엑스(Lo-ex)
③ 알팩스(alpax) ④ 단련용 Y합금

정답 14. ② 15. ④ 16. ③ 17. ② 18. ① 19. ②

20 다음 중 숏 피닝(shot peening) 작업에 관한 설명으로 틀린 것은?

① 냉간 가공법의 일종이다.
② 피로강도가 향상된다.
③ 모래를 분사하여 표면가공을 한다.
④ 표면의 불순물을 제거하여 매끈하게 한다.

> 풀이 숏 피닝은 주강입자를 분사하여 표면가공 한다.

21 다음 [보기]에서 설명하는 주철은 무엇인가?

> [보기] 주조시 주형에 냉금을 삽입하여 주물 표면을 급냉 시킴으로서 백선화하고 경도를 증가시킨 내마모성 주철이다. 백선화 부분은 취성이 있으나 내부는 강하고 인성이 있는 회주철로서 전체 주물은 취약하지 않다. 냉경부에 접촉시키는 금형의 두께는 주물 두께는 1/3~1/2 정도로 한다.

① 가단 주철　　　　　　　　② 칠드 주철
③ 구상흑연 주철　　　　　　④ 미하나이트 주철

22 다음 중 감마(γ)철에 탄소가 최대 2.11[%]가 고용된 γ고용체로 면심입방격자의 결정구조를 가지고 있는 것은?

① 펄라이트　　② 오스테나이트　　③ 마텐자이트　　④ 시멘타이트

23 강의 열처리 중 가공으로 생긴 조직과 내부 응력을 제거하며 연화시키기 위하여 오스테나이트 가열한 후 서냉하는 풀림의 방법은 무엇인가?

① 저온풀림　　② 고온풀림　　③ 완전풀림　　④ 구상화풀림

24 주철에 관한 설명으로 옳지 않은 것은?

① 주철은 인장강도보다 압축강도가 크다.
② 표면을 백선화한 주철을 칠드주철이라고 한다.
③ 합금주철을 열처리하여 단조한 주철을 가단주철이라고 한다.
④ 구상흑연주철을 노듈러 주철 또는 덕타일 주철이라고 한다.

> 풀이 가단주철 : 백주철을 열처리하여 시멘타이트 조직을 분해시켜 연성 증가

25 해수에 대해서는 백금과 같이 내식성이 우수하고 특히 염산, 황산, 초산에 대한 저항이 크며 비중은 약 4.11로 가벼우나 비강도는 금속 중에 가장 큰 금속은?
① Al ② Ni ③ Zn ④ Ti

26 비중이 작은 것부터 큰 것의 순서대로 나열된 기계재료 기호는?
① Fe < Cu < Pb   ② Cu < Mg < Pb
③ Mg < Pb < Fe   ④ Fe < Pb < Mg

27 다음 중 내열용 알루미늄 합금에 해당되지 않는 것은?
① Y합금(Y alloy)   ② 두랄루민(duralumin)
③ 로우엑스(Lo-Ex)   ④ 코비탈륨(cobitalium)

풀이 두랄루민: 내력용 합금

28 주조할 때 주형에 접한 표면을 급랭시켜 표면은 시멘타이트가 되게 하고, 내부는 서서히 냉각시켜 펄라이트가 되게 한 주철은?
① 백주철 ② 회주철 ③ 칠드주철 ④ 가단주철

29 절삭 공구용 특수강에 속하는 것은?
① 강인강 ② 침탄강 ③ 고속도강 ④ 스테인리스강

30 금속재료의 가공경화로 생긴 잔류응력 제거 및 절삭성 향상 등을 개선 시키는 열처리 방법으로 가장 적합한 것은?
① 풀림 ② 뜨임 ③ 코팅 ④ 담금질

31 담금질(quenching)한 강을 A_1 변태점 이하의 온도로 가열하여 인성을 증가시키는 열처리 방법은?
① 풀림(annealing)   ② 불림(normalizing)
③ 뜨임(tempering)   ④ 서브제로(subzero)처리

정답 25. ④ 26. ① 27. ② 28. ① 29. ③ 30. ① 31. ③

32 황동에서 주로 발생하는 화학적 변형에 속하지 않는 것은?
① 탈아연 부식(dezincification corrosion)
② 자연균열(seasoning cracking)
③ 청열취성(blue shortness)
④ 고온 탈아연(dezincing)

33 탄소강에서 상온 취성을 일으키는데 가장 큰 영향을 주는 원소는?
① Si(규소)   ② S(황)   ③ Mn(망간)   ④ P(인)

34 고강도 Al 합금의 명칭으로 알루미늄에 Cu, Mg, Mn 등의 원소를 첨가하여 기계적인 성질을 개선한 알루미늄 합금은?
① 듀랄루민
② 실루민
③ 베네딕트 메탈
④ 콘스탄탄

35 합성수지는 크게 열가소성 수지와 열경화성 수지로 구분하는데, 다음 중 열가소성 수지에 해당하는 것은?
① 아크릴 수지   ② 페놀 수지   ③ 멜라민 수지   ④ 실리콘 수지

36 탄소강의 성질 중 아공석강(C < 0.77[%]) 영역에서는 탄소함유량이 증가할수록 인장강도와 연실율은 어떻게 변하는가?
① 인장강도와 연신을 모두 증가한다.
② 인장강도는 감소하고, 연실율은 증가한다.
③ 인장강도는 증가하고, 연신율은 감소한다.
④ 인장강도와 연신율 모두 감소한다.

37 다음 중 마그네슘의 특징에 관한 설명으로 틀린 것은?
① 비중이 알루미늄보다 작다.
② 조밀 육방격자이며 고온에서 발화하기 쉽다.
③ 대기 중에서 내식성이 양호하나 산에는 침식되기 쉽다.
④ 냉간 가공성이 우수한 편이다.

정답 32. ③ 33. ④ 34. ① 35. ① 36. ③ 37. ④

38 탄소강을 오스테나이트 조직으로 한 후 물속에 급랭하여 나타나는 침상조직으로 열처리 조직 중 경도가 최대이며, 부식에 대한 저항이 크고 강자성체이며, 경도와 강도는 크나 취성이 큰 조직은?

① 마텐자이트   ② 소르바이트
③ 트루스타이트   ④ 펄라이트

39 알루미늄에 Cu, Ni, Mg 원소를 첨가하여 만든 알루미늄 합금으로 내열성이 우수하고 고온 강도가 크므로, 내연기관의 피스톤이나 실린더 헤드로 많이 사용하는 합금은?

① Y합금   ② 듀랄루민   ③ 실루민   ④ 톰백

40 비중이 2.7인 이 금속은 합금원소를 첨가하여 높은 강도, 가벼운 무게와 내부 식성이 강한 합금으로 개선하여 자동차 트랜스미션 케이스, 피스톤, 엔진블록 등으로 사용되는 것은?

① 납   ② 아연   ③ 마그네슘   ④ 알루미늄

41 니켈이 합금강에 함유되었을 때 영향을 설명한 것으로 틀린 것은?

① 강도와 인성을 높인다.
② 첨가량이 많으면 내열성이 향상된다.
③ 크롬과의 고합금강은 내열·내식성을 향상시킨다.
④ 미량으로도 소입경화성을 현저하게 높인다.

42 합금 재료인 양은에 대한 설명으로 틀린 것은?

① 내열성, 내식성이 우수하다.
② 양백 또는 백동이라 한다.
③ 동, 알루미늄, 니켈의 3원 합금이다.
④ 주로 전류조정용 저항체에 사용한다.

   풀이 양은 : 구리, 아연, 니켈의 합금

43 다음 중 열가소성 수지에 해당하는 것은?

① 요소수지   ② 멜라민 수지   ③ 실리콘 수지   ④ 염화비닐 수지

정답 38. ① 39. ① 40. ④ 41. ④ 42. ③ 43. ④

44 합성수지에서 열경화성 수지가 아닌 것은?
① 페놀수지
② 요소수지
③ 아크릴수지
④ 멜라민수지

45 플라스틱 수지로 수축이 적고 우수한 전기적 특성 및 강한 물리적 성질을 가지고 있어 판재제작, 용기성형, 페인트, 접착제 등에 널리 사용되는 열경화성수지는?
① 염화비닐 수지
② 스틸렌 수지
③ 아크릴 수지
④ 에폭시 수지

46 일반 주철에 관한 설명으로 틀린 것은?
① Fe-C 합금에서 C의 함량이 2.11[%]에서 6.68[%]인 것을 말한다.
② 압축강도에 비해 인장강도가 크다.
③ 마찰저항이 크고 절삭성이 좋다.
④ 용융점이 낮고 유동성이 좋다.

47 티이타늄 합금의 기계적 성질에 관한 설명으로 옳은 것은?
① 비중이 10으로 강보다 무겁다.
② 장시간 가열에 대한 열 안전성이 불량하다.
③ 항공기나 자동차의 엔진 재료로 사용이 불가능하다.
④ 합금원소 첨가로 크리프강도와 피로강도가 높다.

48 두랄루민의 전체 성분에서 원소 함유량이 가장 많은 것은?
① Fe
② Mg
③ Zn
④ Al

49 다음 중 강인성을 증가시켜 내열, 내식, 내마모성이 풍부하기 때문에 주로 기어, 핀, 축류에 사용되는 기계구조용 합금강은?
① SS 490
② SM 45C
③ SM 400A
④ SNC 415

정답　44. ③　45. ④　46. ②　47. ④　48. ④　49. ④

50 쇼트 피닝에 관한 설명으로 틀린 것은?
① 쇼트라는 작은 덩어리를 가공물에 분사한다.
② 피닝 효과는 열응력을 향상시킨다.
③ 자동차용 코일 또는 판 스프링 가공에 쓰인다.
④ 두께가 큰 재료는 효과가 적고, 균열이 원인이 될 수 있다.

풀이 피닝은 표면단련이다.

51 Al, Cu 및 Mg로 구성된 합금으로 인장강도가 크고 시효경화를 일으키는 고력(고강도) 알루미늄 합금은?
① 두랄루민   ② 황동   ③ 실루민   ④ Y합금

52 다음 중 일반 구조용 압연강재의 특성에 대한 설명으로 옳은 것은?
① 열간 압연으로 만들어진 강판, 강대, 평강, 형강, 봉강 등의 강재이다.
② P와 S가 비교적으로 많이 함유되어 있기 때문에 인성, 특히 저온 인성이 높다.
③ 기계 가공성과 용접성이 뛰어나서 용접 구조용 압연강재와 혼용하여 사용할 수 있다.
④ 고장력강으로 분류되며 인장강도는 대략 100[MPa] 이며 연성은 25[%] 정도이다.

53 기어나 피스톤 핀 등과 같이 마모작용에 강하고 동시에 충격에도 강해야 할 때, 강의 표면을 경화하기 위하여 열처리 하는 방법이 아닌 것은?
① 침탄법   ② 침탄질화법   ③ 저온소둔법   ④ 고주파법

풀이 소둔은 풀림(Annealing)의 종류로 전체 열처리

54 합금 재료인 양은에 대한 설명으로 틀린 것은?
① 내열성, 내식성이 우수하다.
② 양백 또는 백동이라 한다.
③ 동, 알루미늄, 니켈의 3원 합금이다.
④ 주로 전류조정용 저항체에 사용한다.

풀이 양은 : Cu, Zn, Ni의 합금

정답 50. ② 51. ① 52. ① 53. ③ 54. ③

55 플라스틱 수지로 수축이 적고, 우수한 전기적 특성, 강한 물리적 성질을 가지고 있으며, 판재제작, 용기성형, 페인트, 접착제 등으로 사용되는 열경화성 수지는?
① 에폭시 수지　　　　　　　② 스틸렌수지
③ 염화비닐 수지　　　　　　④ 아크릴 수지

56 연강 등의 재료에서 고온이 되면 하중이 일정하여도 변형률이 조금씩 증가하는 현상은?
① 크리프　　② 열응력　　③ 피로한도　　④ 탄성응력

정답　55. ①　56. ①

2장 기계의 요소

1. 결합용 기계요소

1.1 나사

(1) 나사의 종류

1) 삼각나사 : 체결용과 죔용으로 사용
   ① 보통나사 : 일반용(미터계와 인치계가 있다.)
   ② 가는나사 : 강도, 내진성을 필요로 하는 곳, 두께가 얇은 곳에 사용
   ③ 관용나사 : 관등의 두께가 얇고 기밀을 필요로 하는 곳에 사용 (파이프 연결)
   ④ 유니파이 나사 : 미국, 영국, 캐나다가 협정하여 만든 나사 (ABC 나사)

2) 운동용 나사
   ① 사각나사 : 프레스용 등의 운동용 나사
   ② 사다리꼴나사 : 동력 전달용, 공작기계 이송나사로 사용, 애크미(Acme)나사 라고도 함.
      ※ 미터계 사다리꼴 나사(TR나사) : 나사산 각도 30°
      　　인치계 사다리꼴 나사(TM나사) : 나사산 각도 29°
   ③ 톱니나사 : 한쪽으로 힘을 받는 곳에 사용 (바이스에 사용)
   ④ 둥근나사 : 전구의 입구쇠붙이, 병마개, 호스에 사용
   ⑤ 볼나사 : 마찰저항이 작아 효율이 높고 백래시를 작게 할 수 있어 NC 공작기계의 이송나사 등 정밀한 운동이 요구되는 곳에 사용.

3) 카운터싱킹
   나사머리 모양이 접시모양일 때 볼트의 머리부분이 가공물 안으로 묻히도록 테이퍼 원통형으로 절삭하는 가공 (조작반 표판)

(2) 나사의 주요 공식

1) 나사의 리드(ℓ) = 줄수(n) × 피치(p)

2) 리드각 + 비틀림각 = 90°

3) 나사의 효율

① $\eta = \dfrac{\tan\alpha}{\tan(\alpha+\rho)}$

② $\tan\alpha = \dfrac{p}{\pi d_e}$

③ $\tan\rho = \mu$

여기서, α : 리드각, ρ : 마찰각, μ : 마찰계수, p : 피치, d_e : 유효지름

4) 나사의 자립 조건 : ρ(마찰각) $\geq$ α(리드각)

5) 나사가 축방향 인장하중 W만 받을 때 나사 바깥지름

$$d(\text{바깥지름}) = \sqrt{\dfrac{2W}{\sigma_a}}$$

여기서, σ_a : 허용인장응력, 나사의 골지름 $d_1 = 0.8d$

(3) KS 나사 표시법

① 미터계나사, 나사의 지름 50 mm, 피치 2 mm, 2줄 왼나사, 등급 6 인나사

　※ 왼 2줄 M50x2-6H

② 감는 방향, 줄수, 미터계, 수나사의 바깥지름, 나사의 피치, 나사의 등급 순으로 표시

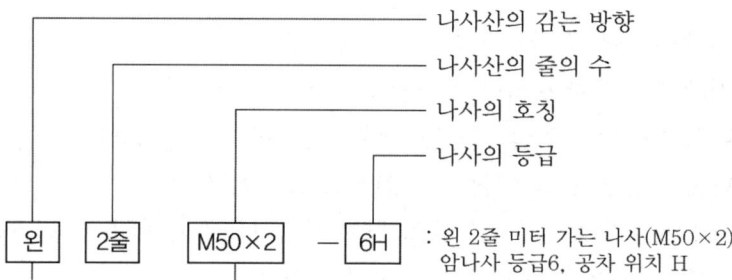

(4) 볼트의 종류

1) 체결용 볼트

① 관통 볼트 : 관통된 구멍에 볼트를 넣어 너트로 죔

② 탭 볼트 : 관통할 수 없는 부분에 나사 구멍을 만들고 볼트를 삽입

③ 스터드 볼트 : 관통하는 구멍을 뚫을 수 없는 경우 축의 양단에 나사를 가공하고 한쪽 부품에 암나사를 만들어 고정하고 반대쪽은 너트로 죔

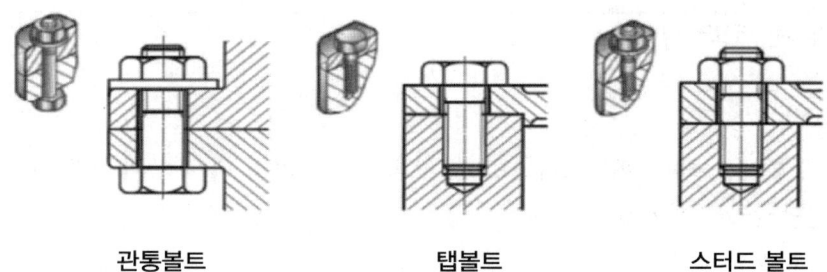

　　　　　관통볼트　　　　　탭볼트　　　　　스터드 볼트

2) 작은나사(Machine Screw) : 큰 힘이 걸리지 않는 곳에 사용

3) 셋트스크류(Set Screw) : 나사의 끝으로 부품의 미끄럼 이동 방지에 사용

4) 기초볼트 : 기계 등의 설치시 사용

5) T볼트 : 물체를 고정시킬 수 있도록 T자형 홈이 있다. (공작기계, 정반)

6) 아이볼트 : 머리부분에 걸고리가 있어 와이어 로프연결, 양중 시 사용

7) 스테이볼트 : 기계부품을 일정한 간격으로 유지하면서 결합

(5) 볼트의 지름 설계

1) 축 하중만을 받는 경우 볼트의 지름

$$d = \sqrt{\frac{2W}{\sigma_t}}$$

2) 축 하중 + 비틀림 하중을 받는 경우 볼트의 지름

$$d = \sqrt{\frac{8W}{3 \times \sigma_t}}$$

여기서, d : 볼트의 지름[mm]
　　　　W : 작용하중[kg]
　　　　σ_t : 허용인장응력[kg/mm^2]

(6) 너트의 풀림 방지법

① 스프링 와셔를 사용한다.
② 로크너트를 사용한다.
③ 자동 죔 너트를 사용한다.
④ 분할 핀을 사용한다.

1.2 키, 핀, 코터

(1) 키(Key)
축에 기어, 풀리, 플라이휘일, 커플링 등의 회전체를 고정 하여 축과 회전체를 함께 돌려 회전을 전달시키는 기계요소

(2) 키(key) 의 종류

1) 안장키 (Saddle Key) : 보스(Boss)에만 키홈을 가공, 경하중 소직경에 사용

2) 평키 (Flat Key) : 축에 키의 폭 만큼 편평하게 깎은 키이, 경하중에 사용

3) 묻힘키(Sunk Key) : 축과 보스 양쪽에 키이홈(Key Way)을 가공, 가장 많이 사용
   ① 드라이빙 키(Driving Key) : 축과 보스를 맞추고 키이를 때려 박음
   ② 셋트키(Set Key) : 키이를 축의 키이홈에 넣은 다음 보스를 때려 박음
   ③ 비녀키(Gib-Headed Key) : 축과 보스를 분해시 편리

4) 반달키(Wbodluf Key) : 반달형의 키이, 자동차, 공작기계 널리 사용

5) 둥근키(Round Key) : 일명 핀키이 (Pin Key), 핸들고정에 사용

6) 접선키(Tangential Key) : 큰 회전력에 사용, 방향이 변하는 곳에 사용

7) 원뿔키(Cone Key) : 축의 임의의 위치에 원뿔을 때려 박아 헐거움 없이 고정할 때, 축에 키 홈의 가공이 어려울 때 사용

8) 페더키 : 일명 미끄럼 키라고도 하며, 회전토크를 전달과 동시에 보스가 축방향으로 이동할 수 있는 키

9) 케네디키(Kennedy Key) : 사각 Key 2개를 90간격으로 설치한 것으로 회전력이 클 때 사용

10) 스플라인(Spline) : 회전토크전달과 동시에 축방향으로 이동가능하며, 큰 힘 전달 가능, 자동차, 항공기, 증기터빈 등의 기어속도 변환축에 사용

11) 세레이션 (Serration)
   ① 축과 보스의 상대 각의 위치를 가늘게 조절하여 고정 시 사용
   ② 높이가 낮고 잇수가 많아 축압 강도가 큼
   ③ 스플라인축보다 큰 회전력 전달, 자동차 헨들고정 등에 사용
   ④ 삼각치 세레이션 : 끼워 맞춤의 정밀도가 낮고, 공작공수가 많음
   ⑤ 인벌류트 세레이션 : 인벌류트 치형의 세레이션, 압력 각 $45°$
   ⑥ 맞대기 세레이션 : 축의 단면과 플랜지면을 결합하고 양단의 상대위치조정

(3) 키의 규격표시 : $b \times h \times \ell$ (너비×높이×길이)

(4) 키의 전달 토크 크기
  스플라인 > 접선키이 > 성크키이 > 평키이 > 안장키이

(5) 키의 주요 공식

  1) 전단응력

  $$\tau(\text{전단응력}) = \frac{2T}{bld}[\text{N/mm}^2]$$

  여기서, T : 전달토크[N·mm], l : 유효길이($l ≒ 1.5d$)
  d : 축의 지름, b : 축의 너비

  $$T = \frac{\tau bld}{2}[\text{N·mm}]$$

  2) 전달동력

  $$P = \omega T = \frac{2\pi N}{60} \times T[\text{N·m}] \times 10^{-3}[\text{kW}]$$

  여기서, N : 회전수[rpm]

예제 지름 110 mm, 회전수 500 rpm인 축에 묻힘키를 높이 28 mm, 길이 300 mm로 설계하려고 한다면 키의 전단응력에 의한 최대 전달 동력(kW)은 약 얼마인가? (단, 키의 허용전단응력은 32 MPa 이다.)

풀이

전달토크 $T = \dfrac{32 \times 10^6 \times 28 \times 10^{-3} \times 300 \times 10^{-3} \times 110 \times 10^{-3}}{2} = 14784[\text{N·m}]$

$\therefore P = \dfrac{2\pi \times 500}{60} \times 14784 \times 10^{-3} = 774.09[\text{kW}]$

---

(6) 핀(Pin)의 용도와 종류

  1) 핀의 용도
    ① 기계부품결합
    ② 작은 핸들을 축에 고정 시
    ③ 힘이 적게 드는 부품의 설치, 분해, 조립하는 부품의 위치 결정

2) 핀의 종류
① 평행핀 : 분해조립 부품의 위치를 일정하게 유지
② 분할핀 (Split pin) : 너트의 풀림방지
③ 테이퍼핀 : 원추 형상의 핀
④ 스프링 핀 : 구멍의 크기가 부정확할 때 두들겨 박음
⑤ 안전핀
⑥ 노치핀 : 재료에 국부적으로 접합을 위해 잘라낸 부분에 끼움
⑦ 너클핀 : 한쪽 축이 두 개로 분기되어 그 축단에 다른 축단을 끼워 접합

(7) 너클 핀

한쪽 축단이 두 개로 분기되어 있고 그사이에 다른 축단을 끼워 핀으로 접합하는 축 이음

1) 핀의 지름 $d = \sqrt{\dfrac{W}{mq}}$

 ($W = md^2 \cdot q = dbq \quad \therefore b = md$)

2) 전단하중 $W = 2 \times \dfrac{\pi}{4} d^2 \tau$

3) 전단응력 $\tau = \dfrac{2W}{\pi d^2}$

 여기서, W : 하중[kg], $\quad b$: 핀과 로드와 접촉 길이[mm]
 $\qquad d$: 핀의 지름[mm]
 $\qquad t$: 두 갈래(Fork)의 두께[mm] ($t = \dfrac{d}{2}$)
 $\qquad q$: 핀의 투상면적에 있어서의 면압력[kg/mm²]
 $\qquad m$: 상수(보통 1.5), $\quad \sigma_b$: 굽힙응력[kg/mm²]

(8) 코터

1) 축과 축 등을 결합시키는데 사용하는 쐐기로 인장응력, 전단응력, 굽힘응력을 받는다.
2) 피스톤로드, 크로스헤드 및 컨넥팅로드 사이의 체결용 기계요소로 축과 축을 소켓 체결
3) 코터의 구성 : 로드엔드, 소켓, 코터로 구성
4) 코터의 기울기
 ① 반영구적 사용 1/100
 ② 보통 사용 1/20
 ③ 가끔 분해시 사용 : 1/5~1/10

1.3 리벳(Rivet)

(1) 리벳이음의 장점
① 용접과 달리 잔류 변형이 생기지 않고 취약파괴가 일어나지 않는다.
② 구조물 등에서 현장 조립시 용접 이음보다 쉽다.
③ 경합금과 같이 용접이 곤란한 재료에 신뢰성이 있다.

(2) 리벳의 종류

1) 제조방법에 따라
① 냉간리벳(1~13 mm) : 둥근머리, 작은둥근머리, 접시머리, 얇은납작머리, 냄비머리 리벳
② 열간리벳(1~13 mm) : 둥근머리, 접시머리, 둥근접시머리, 납작머리, 보일러용 둥근머리, 보일러용 둥근접시머리, 선박용 둥큰접시머리 리벳

2) 용도에 따라
① 보일러용 리벳 : 강도와 기밀 (보일러, 고압탱크)
② 저압용 리벳 : 수밀 (저압탱크)
③ 구조용 리벳 : 강도(차량, 철교, 구조물)

3) 장소에 따라
① 공장리벳
② 현장리벳

(3) 리벳 이음(Rivet Joint)

1) 줄의 수에 의한 이음
① 겹치기 이음 : 가스와 액체용기, 보일러 원주이음(1줄, 2줄, 3줄)
② 맞대기 이음 : 보일러의 세로 방향의 이음, 구조물(1줄, 2줄, 3줄, 4줄)

2) 리벳 배열형상에 따라
① 평행형 리벳이음
② 지그 재그형 리벳이음

3) 리벳의 전단면수에 따라
① 단전단면 리벳이음 : 겹치기 이음
② 복전단면 리벳이음 : 양쪽 덮개판 맞대기 이음

(4) 리벳의 주요 공식

① 리벳의 전단 파괴 : $W = \dfrac{\pi d^2}{4} \cdot \tau_a$

② 강판의 가장자리 전단 파괴 : $W = 2et\tau'$

③ 강판의 압궤 파괴 : $W = o_c dt$

④ 리벳구멍사이의 강판의 절단 파괴 : $W = (P-d)to_t$

⑤ 강판의 가장 자리가 굽힘에 절개 파괴 : $W = \dfrac{1}{3d}(2e-d)^2 o_b$

⑥ 강판의 효율

$$\eta_t = \dfrac{1피치폭에\ 있어서의\ 구멍이\ 있는\ 강판의\ 인장강도}{1피치폭에\ 있어서의\ 구멍이\ 없는\ 강판의\ 인장강도}$$

$$= \dfrac{(p-d)t \cdot o_t}{Pto_t} = 1 - \dfrac{d}{p}$$

여기서, d : 리벳지름, p : 피치

⑦ 리벳의 효율

$$\eta_t = \dfrac{1피치폭에\ 있는\ 리벳의\ 전단강도}{1피치폭의\ 구멍이\ 없는\ 강판의\ 인장강도}$$

$$= \dfrac{n\dfrac{\pi}{4}d^2\tau}{Pto_t} = \dfrac{n\pi d^2 \tau}{4Pto_t}$$

※ 리벳과 판재의 효율은 같아야 한다.

⑧ 보일러 동체의 강판 두께

$$t = \dfrac{PDS}{2\eta o} + C$$

W : 1피치 마다의 인장하중[kg]

o_t : 강판의 인장응력[kg/mm^2]

P : 리벳의 피치[mm]

o_c : 리벳 또는 강판의 압축응력[kg/mm^2]

e : 리벳의 중심에서 강판의 가장자리까지의 거리[mm]

d : 리벳지름 또는 리벳구멍지름[mm]

η_t : 리벳의 효율

t : 강판의 두께[mm]

τ_a : 리벳의 허용 전단응력[kg/mm^2]

D : 보일러 동체의 안지름[mm]

τ : 강판의 전단응력[kg/mm^2]
P : 증기의 사용압력[kg/mm^2]
S : 안전율
C : 부식 고려한 두께[1mm]

2. 축관계 기계요소

2.1 축(Shaft)

베어링 (Bearing)으로 받쳐져 정지 또는 회전운동, 회전요동 운동을 하여 물체를 받치면서 동력을 전달시키는 기계요소

(1) 축의 종류

1) 작용하는 힘에 의한 분류
   ① 차축 : 주로 굽힘 작용 받음, 동력 전달 없음(정지차축, 회전차축)
   ② 동력 축(전동축) : 주로 비틀림 작용 또는 굽힘 작용을 받아 동력을 전달하는 회전축
      ㉠ 주축   ㉡ 선축
      ㉢ 중간축   ㉣ 추진축(프로펠러축, 나사축)
   ③ 스핀들 축(Spindle) : 주로 비틀림을 받고 형 상치수가 정밀하며 변형량이 적은 짧은 축 (공작기계 주축)

2) 형상에 의한 분류
   ① 직선 축
   ② 플렉시블 축
   ③ 크랭크 축 : 직선운동을 회전운동으로 변환

(2) 축의 추력방지 : 평형 원판설치

(3) 축의 재료
   ① 일반축 : 탄소강(탄소 0.1 ~0.4, ι)
   ② 고속회전축 : 니켈강, 니켈-크롬강
   ③ 크랭크축 : 미하나이트주철, 단조강

(4) 축의 전달 동력

① 비틀림 모멘트(토크) $T = \dfrac{P[\text{W}]}{\omega}$, $\omega = 2\pi \times \dfrac{N[\text{rpm}]}{60}$

② 전달동력[kW] $P = \omega T = \dfrac{2\pi N}{60} \times T[\text{N} \cdot \text{m}] \times 10^{-3}[\text{kW}]$

(5) 전달 동력의 단위

① $1[\text{PS}] = 75[\text{kg} \cdot \text{m/s}]$

② $PS = \dfrac{\omega \cdot T[\text{kg} \cdot \text{m}]}{75} = 2\pi \times \dfrac{N \cdot T[\text{kg} \cdot \text{m}]}{60 \times 75} = \dfrac{N \times T[\text{kg} \cdot \text{m}]}{716.2}$

$= \dfrac{N \times T[\text{kg} \cdot \text{cm}]}{71620}$ [PS] $\because \left(\dfrac{2\pi}{60 \times 75}\right)^{-1} = 716.20$

여기서, N : 회전수[rpm]

③ $1[\text{PS}] = 75[\text{kgf} \cdot \text{m/s}] = 736[\text{W}]$, $1[\text{HP}] = 746[\text{W}]$

④ $1[\text{W}] = 1[\text{N} \cdot \text{m}] = 1[\text{J/s}]$

예제 회전수 1000 rpm으로 716.2 N · m의 비틀림 모멘트를 전달하는 회전축의 전달 동력은 몇 kW인가?

풀이
$P = \omega \tau = 2\pi \times \dfrac{1000}{60} \times 716.2 \times 10^{-3} = 75.00[\text{kW}]$

2.2 커플링(Coupling)

분해하지 않으면 연결을 분리시킬 수 없으며 운전 중 단속이 불가능한 축이음

(1) 커플링의 종류

1) 고정 커플링

① 원통커플링 : 머프커플링, 셀러 커플링, 반중첩 커플링, 클램프 커플링, 마찰클립 커플링

② 플랜지커플링 : 단조플랜지, 조립플랜지 커플링

2) 플렉시블 커플링

이음부의 경사각 변화가 적은 부위에 사용하며 전달 효율이 높고 회전이 정숙하다.

3) 올드햄 커플링

두 축이 평행하고 두축의 중심선이 약간 어긋났을 경우에 각속도의 변화없이 토크를 전달할 때 사용.

4) 유니버설 조인트

두 축의 만나는 각이 수시로 변하고 회전하면서 그 축의 위치가 달라지는 부분의 동력을 전달할 때 사용한다. (자동차, 공작기계의 축이음)

5) 슬리브 커플링

주철제의 통속에 양 축단을 끼워 키를 애용하여 고정하는 축이음

(2) 커플링의 적용

① 두 축이 일직선상에 있는 것 : 고정 커플링 (Fixed Coupling)
② 두 축이 정확히 일직선상에 있지 않을 때 : 플렉시블 커플링 (Flexible Coupling)
③ 두 축이 평행한 경우(약간 어긋나도 가능) : 올드햄 커플링 (oldham's Coupling)
④ 두 축이 교차하는 경우 : 유니버설 커플링 (Universal Coupling)

(3) 커플링 설계 시 주의사항

① 회전균형, 동적균형 등이 안정되어야 한다.
② 중심 맞추기가 완전하게 되어 있어야 한다.
③ 경량, 소형이어야 한다.
④ 조립, 분해 작업이 쉬워야 한다.
⑤ 전동용량이 충분해야 한다.
⑥ 회전면에 돌기물이 없어야 한다.
⑦ 윤활이 필요치 않게 설계하여야 한다.
⑧ 가격이 저렴해야 한다.

2.3 클러치(Clutch)

원동축에서 종동축으로 토크를 전달시킬 때 두 축을 연결 및 단속시키는 축 이음

(1) 클러치의 종류

① 맞물림 클러치
② 마찰 클러치
③ 원심력 클러치
④ 일방향 클러치

(2) 클러치의 전달 토크와 미는 힘

1) 전달토크 $T = \mu P \times \dfrac{D_m}{2} [\text{N} \cdot \text{m}]$

여기서, μ : 접촉면의 마찰계수, P : 클러치의 미는 힘[N], D_m : 접촉면의 평균지름

$$D_m = \dfrac{D_1 + D_2}{2}$$

여기서, D_1 : 접촉면의 안지름, D_2 : 접촉면의 바깥지름

2) 미는 힘 $P = \dfrac{2T}{\mu z D_m} [\text{N}]$

여기서, z : 클러치 판수

예제 접촉면의 안지름 60 mm, 바깥지름 100 mm의 단판 클러치를 1 kW, 1450 rpm으로 전동할 때 클러치를 미는 힘은 몇 N인가?

풀이

토크 $T = \dfrac{1000}{2\pi \times \dfrac{1450}{60}} = 6.59 \, [\text{N} \cdot \text{m}]$

$\therefore P = \dfrac{2T}{\mu z D_m} = \dfrac{2 \times 6.59}{0.2 \times 1 \times \dfrac{0.06 + 0.1}{2}} = 823.75 [\text{N}]$

2.4 베어링(Bearing)

회전축에 가해지는 하중이 마찰저항을 작게 받도록 지지하여 주는 기계 요소

(1) 베어링의 분류

1) 하중에 따라
   ① 레이디얼 베어링(Radial Bearing) : 축과 수직(직각)방향 하중
   ② 스러스트 베어링 (Trust Bearing) : 축방향 하중

2) 마찰감소 방식에 따라
   ① 미끄럼베어링(Sliding Bearing)
   ② 구름베어링(Rolling Bearing)

(2) 구름베어링 (Rolling Bearing)
① 구름베어링의 구성 : 내륜, 외륜, 강구, 리테이너
② 구름베어링의 기본기호 : 형식 기호, 치수 기호, 내경 번호, 접촉각 기호
③ 볼베어링 : 트랜스미션, 차축, 감속기어 등에 사용
④ 롤러베어링 : 스티어링, 감속기어 등에 사용
⑤ 테이퍼 롤러베어링 : 레디얼하중과 스러스트 하중을 동시에 받을 수 있다.

(3) 미끄럼 베어링(Sliding Bearing)의 특징
① 시동 시 마찰저항이 크다.
② 진동과 소음이 적다.
③ 베어링에 충격하중이 가해지는 경우에 좋다.(구름베어링에 비해 충격 흡수력 우수)
④ 베어링에 작용하는 하중이 클 경우에 좋다.
⑤ 구조가 간단하며 가격이 저렴함
⑥ 회전속도가 비교적 저속인 경우 사용

(4) 베어링 호칭번호

6	0	0	8
형식번호	칫수계열	안지름(세번째, 네 번째 숫자)	
5 : 스러스트 베어링 6 : 단열홈형 7 : 단열 앵귤러 볼형 N : 원형 롤러형	0,1 : 특별경하중 2 : 경하중 3 : 중간 하중형 4 : 중 하중형	00 : 10 mm 01 : 12 mm 02 : 15 mm 03 : 17 mm 04 이상 : 번호에 5를 곱한값 ※ 08 : 8×5 = 40 mm	

※ 6008ZZ에서 보조기호 ZZ는 양쪽 철 실드형을 의미한다.
① Z : 한쪽 실드 붙이　　② ZZ : 양쪽 실드 붙이
③ U : 한쪽 실 붙이　　　④ UU : 양쪽 실 붙이
⑤ N : 링 홈 붙이　　　　⑥ NR : 멈춤 링 붙이

(5) 베어링의 수명

1) 수명회전수(L_n)

$$L_n = \left(\frac{C}{P}\right)^r \times 10^6 \, [\text{rev}]$$

2) 수명 시간(L_h)

$$L_h = \frac{L_n}{N \times 60} = \left(\frac{C}{P}\right)^r \times \frac{10^6}{N \times 60} \, [\text{h : 시간}]$$

여기서, C : 기본 동정격하중, P : 동등가하중

r : 베어링 지수(볼베어링 : 3, 롤러베어링 : $\frac{10}{3}$)

※ 볼베어링의 수명시간(L_h)은 처음 수명(L_n)이 동일 조건에서 사용하중(동등가하중)의 3제곱에 반비례한다.

$$수명시간 = \left(\frac{기본동정격하중}{동등가하중}\right)^3$$

3. 전동용 기계요소

3.1 기어

(1) 기어전동의 특성
① 전동확실, 큰 동력전달 가능
② 축압력이 작고 전동효율 높다.
③ 회전비 정확, 큰 감속가능
④ 충격 흡수 약함, 소음진동 발생

(2) 사이클로이드 치형의 특징
① 접촉점에서 미끄럼이 적고 마모가 적어 소음이 적으며 효율 높다.
② 마멸이 균일하여 치형의 오차가 작고 시계, 계기류등 정밀 측정 기구에 사용된다.
③ 피치점이 완전히 일치하지 않으면 물림이 잘되지 않는다.
④ 공작이 어렵고 호환성이 적다.

(3) 인벌루트 치형의 특징
① 치형 제작 가공이 쉽다.
② 중심 거리의 오차가 있어도 속도비가 일정하고, 일반적으로 널리 사용한다.
③ 이뿌리 부분이 튼튼하다.
④ 교환성 우수하다.

(4) 이의 크기 표시방법

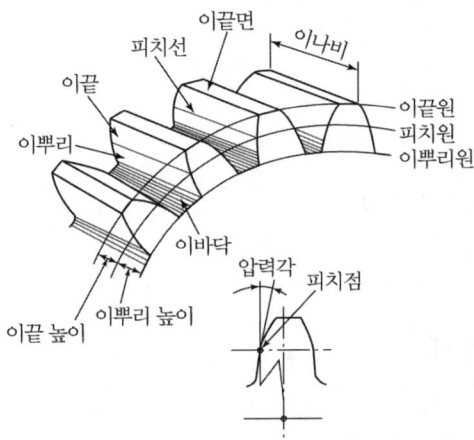

① 모듈 $m = \dfrac{\text{피치원의 지름}(D)}{\text{잇수}(Z)}$

② 원주피치 $p = \dfrac{\text{피치원의 둘레}(\pi D)}{\text{잇수}(Z)} = \pi m$

③ 헬리컬 기어의 치직각 모듈 $M_n = m \times \cos\beta$ (비틀림각)

④ 헬리컬 기어 피치원의 지름 $D = \dfrac{M_n \times Z}{\cos\beta}$

⑤ 지름피치(인치계) $= \dfrac{Z(\text{잇수})}{D(\text{피치원의 지름})}[\text{in}] = \dfrac{25.4 \times Z(\text{잇수})}{D(\text{피치원의 지름})}[\text{mm}]$

⑥ 스퍼기어의 외경 $D = mZ + 2m$

> **예제** 모듈 5, 잇수 52인 표준 스퍼기어의 외경은 몇 mm인가?
>
> **풀이** 외경은 $5 \times 52 + 2 \times 5 = 270[\text{mm}]$

(5) 기어의 회전비

$$\epsilon = \dfrac{N_2}{N_1} = \dfrac{D_1}{D_2} = \dfrac{mZ_1}{mZ_2} = \dfrac{Z_1}{Z_2}$$

(6) 두 기어의 중심거리

① 외접기어인 경우 $C = \dfrac{D_1 + D_2}{2} = \dfrac{(Z_1 + Z_2)}{2}m$

② 내접기어인 경우 $C = \dfrac{D_1 - D_2}{2} = \dfrac{(Z_1 - Z_2)}{2} m$

(7) 치형 간섭

1) 발생원인
   ① 작은 기어의 잇수가 적을 때
   ② 압력 각이 작을 때
   ③ 유효높이가 높을 때
   ④ 잇수 비가 아주 클 때

2) 방지법
   ① 압력 각을 크게 한다.
   ② 이 높이를 낮춘다.
   ③ 피니언 반경 방향의 이 뿌리면을 파낸다.
   ④ 치형 이끝을 깎아낸다.

(8) 언더컷

1) 발생원인 및 결과
   ① 기어의 이 끝과 뿌리부분이 간섭되어 이뿌리를 파먹는 현상
   ② 이 뿌리가 가늘게 되어 접촉 면적이 좁아져 원활한 회전을 할 수 없게 된다.

2) 방지법
   ① 낮은 이를 만든다.(저치)
   ② 피니언과 기어의 잇수 차이를 줄인다.
   ③ 전위기어를 만든다.
   ④ 압력 각을 크게 한다.

(9) 전위기어

1) 잇수가 적은 기어가공 시 언더컷을 방지하기 위하여 래크공구의 표준피치선과 절삭기어의 피치선을 일치시키지 않고 약간 어긋나게 절삭한 기어

2) 전위기어의 특징
   ① 이의 강도개선
   ② 이의 언더컷을 막는다.
   ③ 중심거리를 조정할 수 있다.

(10) 헬리컬 기어(Helical Gear) : 원통형 기어로 두축이 평행

1) 장점
① 운전원활, 진동이 적고, 고속, 대동력 전달에 사용
② 직선치 보다 물림 길이가 길고 물림률이 커서 물림 상태가 좋다.
③ 큰 회전비가 얻어지고 전동 효율도 크다(98~99[%])

2) 단점
① 축방향으로 트러스트(Thrust) 발생
② 가공상의 정밀도, 조립오차, 이 및 축의 변형등에 의해 치면의 접촉이 나쁘게 된다.
③ 국부적인 접촉이 생기게 되어 치면의 압력이 크게 된다.
④ 제작 및 검사가 어렵다.

(11) 베벨기어
① 서로 직각, 둔각으로 교차하는 두 축사이의 운동을 전달하는 원추형 기어
② 베벨기어의 치형은 이의 외단부의 치형으로 표시한다.

(12) 웜기어(Worm Gear)

1) 장점
① 부하용량이 크다.
② 큰 감속비를 얻을 수 있다(1/10~1/100)
③ 소음과 진동이 적다.
④ 역구동이 어렵다.

2) 단점
① 미끄럼이 크고 호환성이 낮다.
② 진입각이 작으면 효율이 낮다.
③ 가격이 고가이다.
④ 워엄휘일은 연삭할 수 없다.
⑤ 추력이 발생한다.
⑥ 워엄 휘일 제작에는 특수공구가 필요하다.

※ 두 축이 만나지도 평행하지도 않은기어 : 웜기어, 하이포이드기어, 스크류기어
두 축이 평행한 기어 : 스퍼기어, 헬리컬기어, 래크기어
두 축이 교차하는 원추형 기어 : 베벨기어

3.2 벨트

(1) 평 벨트

1) 평행(바로)걸기

벨트 길이 $L = 2C + \dfrac{\pi}{2}(D_1 + D_2) + \dfrac{(D_2 - D_1)^2}{4C}$

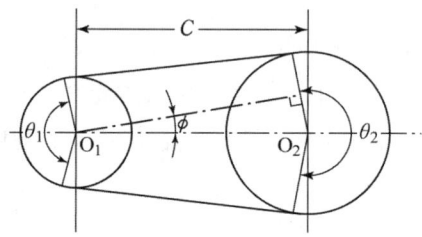

2) 엇걸기

벨트길이 $L = 2C + \dfrac{\pi}{2}(D_1 + D_2) + \dfrac{(D_1 + D_2)^2}{4C}$

여기서, C : 중심거리 D_1, D_2 : 풀리의 지름

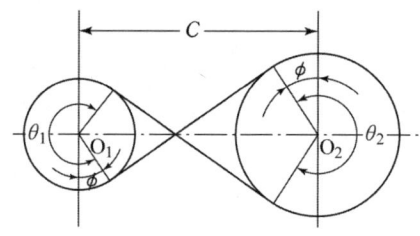

(2) V 벨트의 특징

① 마찰력이 평 벨트보다 크며 큰 회전력(큰 감속비) 전달
② 운전이 정숙하다.
③ 고속 운전이 가능하다.
④ 벨트가 벗겨질 염려가 적다.
⑤ 연결 및 유지보수가 어렵다.(길이 조정이 어렵다.)

(3) V 벨트의 유효 마찰계수

유효마찰계수 = 마찰계수 $\div (\sin\dfrac{\theta}{2} +$ 마찰계수 $\times \cos\dfrac{\theta}{2})$

여기서, θ : 벨트의 단면각도

> **예제** V벨트의 마찰계수가 0.4, V벨트의 단면각도가 40°일 때 유효마찰계수 값은?

풀이
$$유효마찰계수 = \frac{0.4}{(\sin20 + 0.4 \times \cos20)} = 0.557$$

(4) 벨트전동에서 초기장력은 긴장측 장력에 이완측 장력을 합한 값의 1/2로 유효장력 (P)의 약 1.5배로 한다.(단, 장력비 $e^{u\theta} = 2$이다.)

(5) 벨트의 전달마력

① $H = \dfrac{(T_1 - T_2) \times V}{102}$ [kW]

여기서, T_1 : 인장측 장력[kg]
T_2 : 이완측 장력[kg]
V : 벨트 원주속도[m/s]

② $H = \dfrac{(T_1 - T_2) \times V}{75}$ [PS]

3.3 체인(Chain)

(1) 체인의 종류

1) 전동용체인
① 블록체인 : 플레이트 링크를 핀으로 연결한 체인(저속, 경하중)
② 롤러체인 : 저속에서 고속회전까지 널리 사용되는 체인
③ 사일런트체인 : 고속 및 조용한 전동이 요구될 때 사용

2) 하중용 체인 : 코일 체인(링크체인)

(2) 사이런트체인의 특징

① 이와 접촉면적이 커서 운전이 원활하다.
② 전동효율이 높고(98[%] 이상), 높은 정밀도가 요구된다.
③ 공작이 어렵고 가격이 고가이다.
④ 로울러 체인보다 고속이다. (최대 : 10[m/s], 보통 : 4~6[m/s])
⑤ 사용 시 체인의 늘어남이 적다.

(3) 스프로킷 휠(Sproket Wheel)의 특성
① 잇수는 10~70개 범위 사용
② 잇수가 적으면 원활한 운전이 불가능하고 진동 발생 및 수명이 단축됨
③ 잇수는 17개 이상이 좋으며 마모가 균일하려면 홀수가 좋다.

(4) 스프로킷 휠
① 피치원 지름 : $D_P = \dfrac{P}{\sin\dfrac{\pi}{Z}}$

② 바깥지름 : $D_0 = P\left(0.6 \times \cot \dfrac{\pi}{Z}\right)$

   P : 체인피치[mm], Z : 잇수

(5) 롤러 체인 설계
① 체인의 링크수 : $L_n = \dfrac{2C}{P} + \dfrac{1}{2}(Z_1 + Z_2) + \dfrac{0.0257}{C}P(Z_1 - Z_2)^2$

   C : 축간거리[mm], $Z_1,\ Z_2$: 스프로킷휠 잇수

② 체인의 길이 : $L = L_n \times P$, $C = (30 \sim 50)P$

③ 속도비 : $i = \dfrac{N_2}{N_1} = \dfrac{Z_1}{Z_2}$ (속도(V) $i = \dfrac{PZN}{60 \times 1000}$[m/s])

④ 최대속도 : $V_{\max} = \dfrac{2Z}{\sqrt{P}}$[m/s]

⑤ 전달동력 : $H = \dfrac{P \cdot V}{75K} = \dfrac{F_B \cdot V}{75KS}$

   여기서, P : 체인장력[kg], K : 사용계수, S : 안전율
   V : 속도[m/s], F_B : 파괴하중

(6) 사일런트체인 주요공식
① 파괴하중 : $F_B = 385Pb$

② 폭 : $b = \dfrac{HS}{H_0}$

   b : 체인폭[mm] H_0 : 폭1마다 전달마력
   S : 안전율 H : 소요전달마력

③ 면각(β) : 52°, 60°, 70°, 80° (피치가 클수록 작은 각도로 한다.)

④ 측면각(ϕ) : $\phi = \beta - \dfrac{4\pi}{Z}$

3.4 로프

(1) 로프전동의 장점
　① 큰 동력전달 용이
　② 긴 거리 동력전달 가능
　③ 벨트에 비하여 미끄럼이 적고 고속운전에 적합

(2) 로프전동의 단점
　① 로프를 걸고 벗겨내기 힘들다.
　② 벨트에 비해 전동이 불확실 하다
　③ 조정 및 수리가 어렵다.(연결이 어렵다.)

(3) 로프 거는법과 힘의 관계

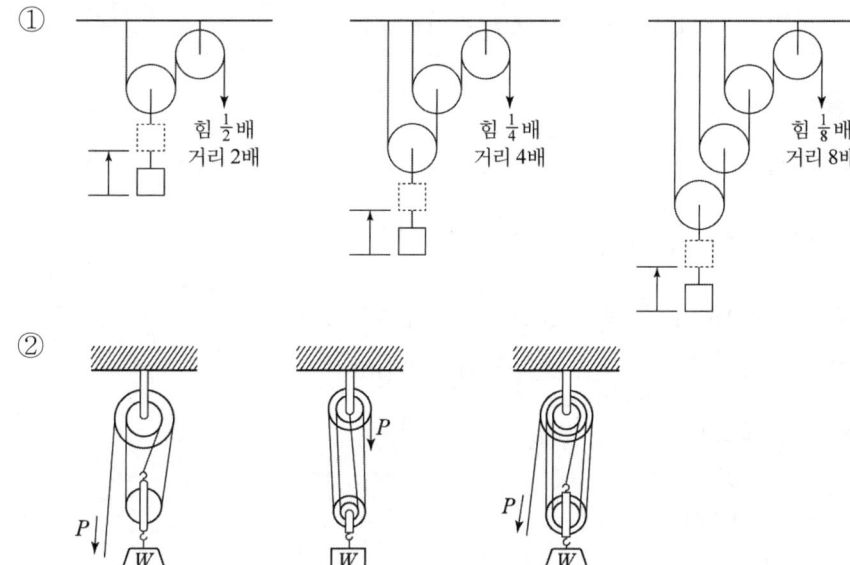

3.5 마찰차 및 캠

(1) 마찰차의 적용범위
　① 속도비가 중요하지 않을 때
　② 양축사이를 자주 단속할 필요가 있을 때
　③ 회전속도가 커서 기어를 사용할 수 없는 경우

④ 무단변속을 시키는 경우

(2) 마찰차의 특성
① 접촉하고 있는 표면은 구름접촉을 하며 접촉선 상의 한 점에 있어서 양쪽의 표면 속도는 항상 같다.
② 과부하의 경우 미끄럼에 의하며 다른 부분의 손상을 방지할 수 있다.
③ 무단변속이 가능하다.
④ 운전이 정숙하고 전동의 단속이 무리 없이 이루어진다.
⑤ 미끄럼이 생기므로 확실한 회전운동 전달과 강력한 전달이 불가능하다.

(3) 마찰차의 종류
① 원통마찰차 : 평 마찰차, V홈 마찰차
② 원추마찰차 : 두축이 어느 각도로 교차하는데 사용
③ 변속마찰자 : 구면차, 에반스 마찰차, 원추와 원판차

(4) 마찰차의 주요공식
1) 원통 마찰차(평 마찰차)

$$속도비(i) \quad i = \frac{N_2}{N_1} = \frac{D_1}{D_2}$$

N_1 : 원동차의 회전수[mm] N_2 : 종동차의 회전수[mm]
D_1 : 원동차의 지름[mm] D_2 : 종동차의 지름[mm]

2) 원통마찰차의 원주 속도

- $V[\text{m/min}] = \dfrac{\pi \times D_1 \times N_1}{1000}$

- $V[\text{m/s}] = \dfrac{\pi \times D_1 \times N_1}{1000 \times 60}$

여기서, d : 지름[mm], N : 회전속도[rpm]

3) 전달동력

- $H = \dfrac{uF}{102} \times v [\text{kW}]$

- $H = \dfrac{uF}{75} \times v [\text{ps}]$

여기서, v : 마찰계수, F : 마찰차를 누르는 힘[kg], v : 원주속도[m/s]

4) 원추 마찰차

- 속도비 $i = \dfrac{N_2}{N_1} = \dfrac{\sin\alpha}{\sin\beta}$

- 전달동력 $H = \dfrac{uFv}{75} = \dfrac{uQ_av}{75\sin\alpha} = \dfrac{uQ_bv}{75\sin\beta}$ [ps]

  Q_a, Q_b : 축 방향 하중(추력)

(5) 캠의 명칭

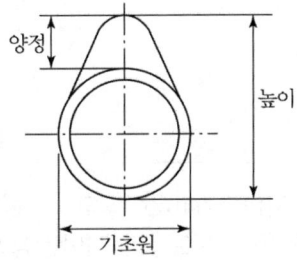

4. 제어용 기계요소

4.1 스프링

(1) 코일 스프링(Coil Spring)

1) 스프링 상수 : $k = \dfrac{W}{\delta}$, $k = \dfrac{Gd^4}{8nD^3}$

   - 직렬연결 : $\dfrac{1}{k} = \dfrac{1}{k_1} + \dfrac{1}{k_2}$ $\therefore k = \dfrac{k_1 \times k_2}{k_1 + k_2}$

   - 병열연결 : $k = k_1 + k_2$

2) 스프링지수 $C = \dfrac{D}{d}$

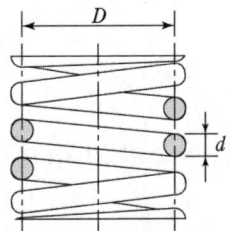

3) 스프링 재료에 생기는 전단응력 : $\tau = \dfrac{8WD}{\pi d^3} \cdot K$

여기서, K : 응력수정계수

4) 코일 스프링의 처짐(휨) : $\delta = \dfrac{8nD^3W}{Gd^4}$

여기서, k : 스프링 상수[kg/mm], W : 하중[kg]
         δ : 처짐[mm], n : 유효권수
         D : 코일의 평균지름[mm], d : 소선의 지름[mm]
         G : 전단탄성계수[kg/mm^2]

※ 스프링의 흡수에너지는 휨과 비례한다.

> **예제** 코일의 유효 권수 12, 평균지름 40 mm, 소선의 지름 6 mm인 압축 스프링에 30 N의 외력이 작용할 때 변위(mm)는 얼마인가? (단, 스프링의 전단탄성계수는 8×10^3 N/mm^2 이다.)

풀이 스프링 변위 $\delta = \dfrac{8 \times 12 \times 30 \times 40^3}{8 \times 10^3 \times 6^4} = 17.78$ [mm]

(2) 겹판 스프링

① 굽힘응력 : $\delta = \dfrac{3}{2} \cdot \dfrac{W\ell}{nbh^2}$

② 처짐 : $\delta = \dfrac{3}{8} \cdot \dfrac{W\ell^3}{nbh^3E}$

    ℓ : 스판(span), n : 스프링판수, b : 스프링폭 [mm]
    R : 평균 반지름[mm] n : 유효권수
    h : 스프링판 두께[mm] E : 세로탄성계수[kg/mm^2]

(3) 토션바

① 비틀었을 때 강성에의해 원래의 위치로 돌아가려는 성질을 이용한 막대모양의 스프링
② 자동차의 차축에 사용

(4) 스프링의 서징현상

변동하중에 의한 스프링에 작용하는 진동수가 스프링의 고유진동수와 같거나 공진하는 현상

4.2 브레이크

(1) 브레이크의 종류

1) 기계적 브레이크
   ① 원주 브레이크 : 블록 브레이크, 밴드브레이크(단동식, 차동식, 합동식)
   ② 축향 브레이크(원판브레이크, 원추브레이크)
   ③ 자동하중 브레이크(위엄, 나사, 캠, 코일, 체인, 원심력)
   ④ 래칫 브레이크 : 폴(pawl : 멈춤쇠)의 작용에 의해 한 쪽 방향으로만 회전을 전하고 반대 방향으로는 운동을 전하지 않는 톱니바퀴

2) 전자 브레이크

(2) 블록 브레이크(Block Brake)의 주요공식

1) 브레이크 레버 끝에 가하는 힘(F)

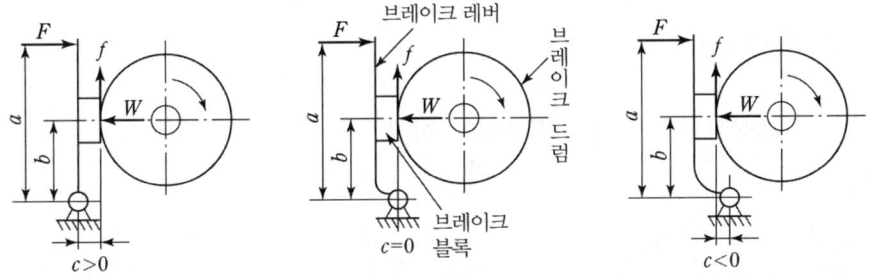

회전방향 \ 형식	내작용선(C > 0)	내작용선(C = 0)	내작용선(C < 0)
우회전	$F = \dfrac{f(b+\mu c)}{\mu a}$	$F = \dfrac{f \cdot b}{\mu a}$	$F = \dfrac{f(b-\mu c)}{\mu a}$
좌회전	$F = \dfrac{f(b-\mu c)}{\mu a}$		$F = \dfrac{f(b+\mu c)}{\mu a}$

2) 제동 토크

$$T = Q \cdot \frac{D}{2} = \frac{\mu PD}{2}, \quad Q = \mu P \ (Q : 회전력)$$

3) 제동 마력

$$H = \frac{\mu PD}{75} [\text{ps}]$$

A : 마찰면적[mm^2], f : 블록과 드럼 사이의 압력[kg] (제동력)
p : 제동압력[kgk/mm^2]

4) 브레이크 용량

$$H = \frac{\mu P v}{A} = \mu p v$$

※ 브레이크 마찰계수 μ, 드럼의 원주속도 v, 접촉면의 압력 p일 때 브레이크 용량
브레이크 용량 : $H = \mu p v$

(3) 전자 브레이크의 제동력

브레이크의 제동토크(T_d)는 전 부하토크(T)와 같고 부하계수(k)를 고려하면

$$T_d = k \cdot T = k \times 975 \times \frac{P[\text{kW}]}{N[\text{rpm}]} [\text{kg}\cdot\text{m}]$$

$$T_d = N \times P_n \times \frac{D}{2} \times \mu (\text{마찰계수})$$

$$P_n = \frac{2 \times T_d}{\mu \times D \times N}$$

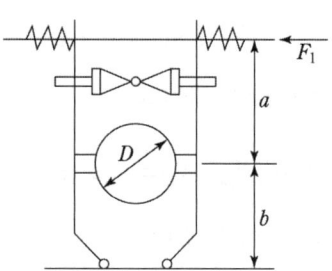

여기서, N : 브레이크 블록 개수
P_n : 브레이크반력

브레이크 스프링에 작용하는 힘 $F_s = P_n \times \dfrac{b}{a+b} [\text{kg}]$

예제 제동토크(T_d) 160 Nm, 브레이크 드럼직경(D) 280 mm, 브레이크 마찰계수(μ) 0.35, a : 260 mm, b : 200 mm일 때 한쪽 스프링에 작용하는 힘은 몇 N 인지 구하시오.

풀이

$$P_n = \frac{2 \times 160}{0.35 \times 0.28 \times 1} = 3265.31 [\text{N}]$$

$$F_s = \frac{3265.31 \times 200}{260 + 200} = 1419.7 [\text{N}]$$

---

(4) 브레이크 라이닝의 구비조건

① 내마멸성이 클 것
② 내열성이 클 것
③ 마찰계수 변화가 적을 것
④ 기계적 강성이 클 것

2장 기계의 요소 예상문제

01 볼 베어링이 호칭번호가 6008일 경우 안지름은?

① 8[mm]   ② 16[mm]   ③ 20[mm]   ④ 40[mm]

풀이 내경번호 $8 \times 5 = 40$[mm]

02 롤 베어링에서 처음 수명이 L_n인 경우 동일조건에서 베어링 하중만을 2배로 하면 수명은?

① $\frac{1}{2}L_n$ ② $\frac{1}{4}L_n$ ③ $\frac{1}{8}L_n$ ④ $\frac{1}{16}L_n$

풀이 수명 시간은 하중의 3제곱에 반비례

03 그림과 같이 축과 보스에 모두 키 홈을 가공하는 키의 명칭으로 가장 적합한 것은?

① 안장 키
② 납작 키
③ 반달 키
④ 묻힘 키

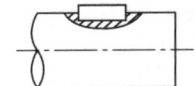

풀이 묻힘키(sunk key) : 축과 보스의 양쪽에 키홈 가공

04 오일리스 베어링에 대한 설명 중 틀린 것은?

① 주유가 곤란한 부분에 사용된
② 발전기 등의 부시에 널리 쓰이고 있다.다.
③ 항상 윤활유를 공급해야 한다.
④ 회전시에는 베어링 메탈에서 윤활유가 나온다.

풀이 오일리스 베어링은 윤활유 공급이 필요없다.

05 스프링 재료가 갖추어야 할 가장 중요한 성질은?

① 소성   ② 탄성   ③ 가단성   ④ 전성

정답 01. ④ 02. ③ 03. ④ 04. ③ 05. ②

06 미끄럼 베어링과 비교한 구름 베어링의 특징이 아닌 것은?

① 폭은 작으나 지름이 크게 된다.
② 충격 흡수력이 우수하다.
③ 기동 토크가 적다.
④ 표준형 양산품으로 호환성이 높다.

풀이 미끄럼 베어링은 충격 흡수력이 약하다.

07 베어링의 호칭 번호 중(6200ZZ)에서 "ZZ"에 대한 설명으로 옳은 것은?

① 한쪽면 철(steel) 실드　　② 양쪽면 철(steel) 실드
③ 한쪽 고무(rubber) 실드　　④ 양쪽면 고무(rubber) 실드

08 레디얼 하중과 스러스트 하중을 동시에 받을 수 있는 베어링은?

① 니들 베어링　　② 볼 베어링
③ 자동조심 볼 베어링　　④ 테이퍼 롤러 베어링

09 동일조건에서 베어링 하중을 $\frac{1}{2}$로 하면 베어링 수명은 몇 배로 되는가?

① 2　　② 4　　③ 6　　④ 8

풀이 $S = \dfrac{1}{(\frac{1}{2})^3} = 8$

10 핀의 지름이 3[mm]인 너클 핀이 1500[kg]의 하중을 받고 있다. 핀에 생기는 전단응력 [kg/mm²]은?

① 102　　② 106　　③ 108　　④ 112

풀이 $\tau = \dfrac{2W}{\pi d^2} = \dfrac{2 \times 1500}{\pi \times 3^2} = 106.1$

11 국제단위계(SI)의 기본 단위가 틀린 것은?

① 시간-초[S]　　② 온도-섭씨[℃]
③ 전류-암페어[A]　　④ 광도-칸델라[cd]

풀이 온도는 절대온도 K로 표시

정답 06. ② 07. ② 08. ④ 09. ④ 10. ② 11. ②

12 베어링에 오일 실(oil seal)을 사용하는 가장 중요한 이유는?
① 접촉이 잘 되도록 하기 위하여
② 열발산을 잘하기 위하여
③ 유막이 끊어지지 않도록 하기 위하여
④ 기름이 새는 것과 먼지 등의 침입을 막기 위하여

13 다음 키의 종류 중 일반적으로 가장 큰 토크를 전달할 수 있는 키는?
① 안장 키　　② 납작 키　　③ 접선 키　　④ 원뿔 키

14 축에는 가공을 하지 않고 보스에만 키 홈(구배 1/100)을 만들어 끼워 마찰에 의해 회전력을 전달하기 때문에 큰 힘의 전달에는 부적합한 키는?
① 안장(saddle) 키　　　　　　② 평(flat) 키
③ 원뿔(cone) 키　　　　　　　④ 미끄럼(sliding) 키

15 지름 10[mm]인 축이 180[rpm]으로 회전하고 있다. 축의 비틀림 응력을 800[kg/cm²]라고 하면 전달 마력은 얼마인가?
① 0.26[PS]　　② 0.395[PS]　　③ 0.27[PS]　　④ 0.124[PS]

풀이　$H = \dfrac{\pi d^3 \tau}{16} \times \dfrac{N}{71620} = \dfrac{\pi \times 1^3 \times 800 \times 180}{16 \times 71620} = 0.395[PS]$

16 로프 전동에 관한 특징 설명으로 올바른 것은?
① 축간거리가 짧은 경우에만 적합하다.
② 끊어질 경우에는 수리가 곤란하다.
③ 전동 경로가 직선이어야만 한다.
④ 기어와 비교할 때 정확한 속도비로 전달이 가능하다.

17 압축 코일 스프링에서 유효 감김수 만 2배로 하면 동일 축 하중에 대하여 처짐은 몇 배가 되는가? (단, 다른 조건은 동일하다고 가정한다.)
① 2　　　　② 4　　　　③ 8　　　　④ 16

풀이　$\delta = \dfrac{8nD^3 W}{Gd^4}$　스프링의 처짐은 n : 유효권수에 비례

정답　12. ④　13. ③　14. ①　15. ②　16. ②　17. ①

18 5[kW], 1,700[rpm]으로 회전하는 전동기의 토크는?

① 약 28[N·m]   ② 약 34[N·m]
③ 약 38[N·m]   ④ 약 6[N·m]

풀이 $T = 975 \times \dfrac{P[\text{kW}]}{N[\text{rpm}]}[\text{kg} \cdot \text{m}] \times 9.81 = 975 \times \dfrac{5}{1700} \times 9.81 = 28.13 [\text{N} \cdot \text{m}]$

$T = \dfrac{P[\text{W}]}{\omega} = \dfrac{5 \times 10^3}{2\pi \times \dfrac{1700}{60}} = 28.086 [\text{N} \cdot \text{m}]$

19 나사가 축 방향 인장하중 W만을 받을 때 나사의 바깥지름 d를 구하는 식으로 옳은 것은? (단, 나사의 지름골(d_1)과 바깥지름(d)과의 관계는 $d_1 = 0.8d$, 허용인장력은 σ_a이다.)

① $d = \sqrt{\dfrac{2\sigma_a}{3W}}$ ② $d = \sqrt{\dfrac{2W}{\sigma_a}}$ ③ $d = \sqrt{\dfrac{W}{2\sigma_a}}$ ④ $d = \sqrt{\dfrac{\sigma_a}{2W}}$

20 스프링 상수를 정의하는 식으로 옳은 것은?

① $\dfrac{\text{작용하중}}{\text{변위량}}$ ② $\dfrac{\text{코일의 평균지름}}{\text{자유높이}}$
③ $\dfrac{\text{소선의 지름}}{\text{자유높이}}$ ④ $\dfrac{\text{코일의 평균지름}}{\text{소선의 지름}}$

풀이 스프링상수 $k = \dfrac{W}{\delta}$, $k = \dfrac{Gd^4}{8nD^3}$ (스프링 지수 : $C = \dfrac{D}{d}$)

21 풀리의 지름이 각각 $D_1 = 300[\text{mm}]$, $D_2 = 900[\text{mm}]$이고 중심거리 $C = 1000[\text{mm}]$일 때 평행걸기의 경우 평벨트의 길이는 약 몇 [mm]인가?

① 1717   ② 2400   ③ 3245   ④ 3907

풀이 $L = 2C + \dfrac{\pi(D_1 + D_2)}{2} + \dfrac{(D_2 - D_1)^2}{4C}$

$= 2 \times 1000 + \dfrac{\pi(300 + 900)}{2} + \dfrac{(900 - 600)^2}{4 \times 1000} = 3907.46 [\text{mm}]$

22 축과 보스 사이에 2~3곳을 축 방향으로 쪼갠 원뿔을 때려 박아 축과 보스를 헐거움 없이 고정할 수 있는 키는?

① 평 키   ② 접선 키   ③ 원뿔 키   ④ 반달 키

정답 18. ① 19. ② 20. ① 21. ④ 22. ③

23 일명 미끄럼 키라고도 하며 회전 토크를 전달함과 동시에 보스가 축 방향으로 이동할 수 있는 키는?

① 평 키　　② 새들 키　　③ 페더 키　　④ 반달 키

24 코일스프링의 소선지름(d)을 스프링의 처짐량 식에서 구하고자 할 때 다음 중 반드시 필요한 요소가 아닌 것은?

① 하중(P)　　　　　　　② 스프링의 길이(L)
③ 소선의 전단탄성계수(G)　④ 코일스프링 전체의 평균 지름(D)

> 풀이　$\delta = \dfrac{8nD^3W}{Gd^4}$

25 두 축이 평행하고 두 축의 중심선이 약간 어긋났을 경우에 각 속도의 변화 없이 토크를 전달시키려고 할 때 사용하는 축이음은?

① 머프커플링　　　② 올드햄 커플링
③ 플랜지 커플링　　④ 클램프 커플링

26 리벳이음의 효율에 대한 설명으로 틀린 것은?

① 리벳이음의 효율에는 판의 효율과 리벳 효율이 있다.
② 리벳이음의 설계에서 리벳의 효율은 판의 효율보다 2배 크게 한다.
③ 판의 효율은 구멍이 없는 판에 대한 구멍이 있는 판의 인장강도 나타낸다.
④ 리벳 효율은 구멍이 없는 판의 인장강도에 대한 리벳의 전단강도 비를 말한다.

> 풀이　판재와 리벳의 효율은 같아야 한다.

27 두 축이 평행하지도 교차하지도 않는 경우 사용하는 기어는?

① 베벨 기어　　② 스퍼 기어
③ 헬리컬 기어　④ 하이포이드 기어

28 회전수 1000[rpm]으로 716.2[N·m]의 비틀림 모멘트를 전달하는 회전축의 전달 동력[kW]은?

① 약 749.9　　② 약 75.0　　③ 약 119　　④ 약 11.9

정답　23. ③　24. ②　25. ②　26. ②　27. ④　28. ②

풀이 $T=\dfrac{P}{\omega}$ $\therefore P=\omega T=2\pi \times \dfrac{1000}{60} \times 716.2 \times 10^{-3}=75[\text{kW}]$

29 전양정이 30[m]이고 급수량이 1.2[m³/min]인 펌프를 설계할 때 펌프의 효율을 0.75로 하면 펌프의 축동력은 약 몇 [kW]인가?

① 5.7   ② 7.8   ③ 8.7   ④ 10.5

풀이 $P=\dfrac{9.81QH}{60\eta}=\dfrac{9.81 \times 1.2 \times 30}{60 \times 0.75}=7.85[\text{kW}]$

30 스퍼기어에서 이 끝원 지름이 280[mm], 잇수가 70일 때 모듈은?

① 1   ② 2   ③ 3   ④ 4

풀이 $m=\dfrac{D}{Z}=\dfrac{280}{70}=4$

31 일명 자재 이음이라고도 하고 두 축이 같은 평면상에 있으며 그 중심선이 어느 각도로 교차하고 있을 때, 사용되는 축 이음은?

① 마찰 클러치
② 올드햄 커플링
③ 유니버설 조인트
④ 유체 커플링

32 결합용 나사의 리드각(λ)과 마찰각(p)의 관계에서 자립(self locking) 상태를 바르게 표현한 것은?

① $\lambda \leq p$ ② $\lambda = 0.5p$ ③ $\lambda > p$ ④ $\lambda = 2p$

33 벨트 전동장치에서 유효장력을 P라 할 때, 벨트에 작용하는 초기장력은 대략 P의 몇 배로 하면 되는가? (단, 장력비 $e^{u\theta}=2$ 이고 초기 장력은 긴장축 장력에 이완측 장력을 합산한 값이 반으로 한다.)

① $1.25P$ ② $1.5P$ ③ $1.75P$ ④ $2P$

34 V벨트의 마찰계수 0.2, V벨트의 단면 각도가 40°일 때 유효 마찰계수의 값은?

① 0.274   ② 0.377   ③ 0.464   ④ 0.576

풀이 유효마찰계수 $=\dfrac{0.2}{\sin 20° + 0.2 \times \cos 20°}=0.377$

정답 29. ② 30. ④ 31. ② 32. ① 33. ② 34. ②

35 스퍼기어에서 각각 $Z_1=40$, $Z_2=50$ 개인 기어에서 Z_1이 500[rpm]으로 회전할 때 Z_2의 회전수는 얼마인가?

① 400[rpm]　　② 500[rpm]　　③ 600[rpm]　　④ 4700[rpm]

풀이 $500 \times 40 = N_2 \times 50$

$\therefore N_2 = \dfrac{500 \times 40}{50} = 400$

36 베어링에 오일 실을 사용하는 가장 중요한 이유는?

① 접촉이 잘 되도록 하기 위하여
② 마찰면이 적고, 열발산을 위하여
③ 유막이 끊기지 않도록 하기 위하여
④ 기름이 새는 것과 먼지 등을 침입을 막기 위하여

37 다음 중 평벨트 전동과 비교했을 때 V벨트 전동의 특징이 아닌 것은?

① 속도비를 크게 할 수 있다.
② 벨트가 끊어졌을 때 쉽게 접합할 수 있다.
③ 미끄럼이 적고 효율이 좋다.
④ 주행상태가 원활하고 정숙하다.

38 표준 스퍼기어에서 모듈이 10이고, 피치원 지름이 180[mm]일 때 이 수는 몇 개인가?

① 36　　② 18　　③ 10　　④ 9

풀이 $Z = \dfrac{D}{m} = \dfrac{180}{10} = 18$

39 회전수가 600[rpm]이고 전동축의 전달 동력이 15[PS]이라면 비틀림 모멘트를 구하면?

① 17905[kg·mm]　　　　② 18845[kg·mm]
③ 19475[kg·mm]　　　　④ 20428[kg·mm]

풀이 $PS = \dfrac{T \times N}{71620}$

$\therefore T = \dfrac{71620 \times 15}{600} = 1790.5 [\text{kg} \cdot \text{cm}] = 17905 [\text{kg} \cdot \text{mm}]$

정답 35. ①　36. ④　37. ②　38. ②　39. ①

40 스프링 $K_1=4$[kg/mm], $K_2=6$[kg/mm]가 직렬로 연결되어 있다. 합성 스프링 상수 [kg/mm]를 구하면?

① 1.2 ② 2.4 ③ 3.6 ④ 4.8

풀이 $K=\dfrac{4\times 6}{4+6}=2.4$

41 원통 마찰차에서 원동차의 지름이 500[mm], 종동차의 지름이 360[mm] 일 때 마찰차의 중심거리를 구하면?

① 380[mm] ② 410[mm] ③ 430[mm] ④ 450[mm]

풀이 $C=\dfrac{500+360}{2}=430$

42 브레이크 드럼에 5000[kg·mm]의 토크가 작용하고 있다. 브레이크 드럼의 지름이 450[mm]일 때 이 축을 정지시키는데 필요한 제동력을 구하면?

① 16[kgf] ② 18[kgf]
③ 20[kgf] ④ 22[kgf]

풀이 $f=\dfrac{2T_d}{D}=\dfrac{2\times 5000}{450}=22.22$

43 300[rpm]으로 5[ps]를 전달시키는 환축이 있다 이 축이 받는 비틀림 모멘트와 값은?

① 1048[kg·cm] ② 1193[kg·cm]
③ 1274[kg·cm] ④ 1382[kg·cm]

풀이 $T=\dfrac{71620\times 5}{300}=1193.67$[kg·cm]

44 V벨트 전동장치의 우수한 점이 아닌 것은?

① 정숙한 운전이 가능하다. ② 고속운전이 가능하다.
③ 큰 감속비를 얻을 수 있다. ④ 길이 조정이 자유롭다.

45 모듈이 5이고, 잇수가 각각 20과 36인 한 쌍의 표준 스퍼기어를 두 축에 설치하는 경우에 축간 거리는?

① 80[mm] ② 100[mm] ③ 120[mm] ④ 140[mm]

정답 40. ② 41. ③ 42. ④ 43. ② 44. ④ 45. ④

풀이 $D_1 = 5 \times 20 = 100$, $D_2 = 5 \times 36 = 180$

$\therefore d = \dfrac{100 + 180}{2} = 140$

46 코일 스프링에서 코일의 평균 지름을 D[mm], 소선의 지름을 d[mm]라 할 때 스프링 지수는?

① $\dfrac{D}{d}$ ② $\dfrac{\pi D}{d}$ ③ $\dfrac{d}{D}$ ④ $\dfrac{2\pi d}{D}$

47 기어의 각부 명칭 중 피치원의 둘레를 잇수로 나눈 값을 무엇이라 하는가?
① 원주피치 ② 모듈 ③ 지름피치 ④ 물림 깊이

48 직선 왕복운동을 회전운동으로 변화시키는 축의 명칭은?
① 플렉시블 축 ② 직선 축 ③ 크랭크 축 ④ 중간 축

49 스퍼기어에서 이끌 원지름이 280[mm], 잇수가 70일 때 모듈(Module)은 얼마인가?
① 2 ② 3 ③ 4 ④ 5

풀이 $m = \dfrac{D}{Z} = \dfrac{280}{70} = 4$

50 드릴로 구멍에 암나사를 깎는 데 사용하는 수공구는?
① 렌치 ② 탭 ③ 리머 ④ 다이스

51 나사의 피치가 3[mm]인 2줄 나사의 리드는 몇 [mm]인가?
① 3 ② 4 ③ 5 ④ 6

풀이 리드 = 줄수×피치 = $3 \times 2 = 6$

52 축에서 작용하중과 외부형태에 따라 분류할 때 작용하중에 의한 분류에 속하지 않는 것은?
① 차축 ② 전동축 ③ 크랭크축 ④ 스핀들축

정답 46. ① 47. ① 48. ③ 49. ③ 50. ② 51. ④ 52. ③

53 리벳이음에서 리벳의 지름이 d, 피치가 p일 때 판 효율을 구하는 식으로 옳은 것은?

① $\dfrac{d}{p} - 1$ ② $\dfrac{p}{d} - 1$ ③ $1 - \dfrac{d}{p}$ ④ $1 - \dfrac{p}{d}$

54 평벨트 전동장치와 비교할 때 V벨트 전동의 특징을 올바르게 설명한 것은?
① 5[m/s] 이하의 저속운전에만 가능하다.
② 축간거리가 짧고, 큰 속도비에 적합하다.
③ 평벨트 전동에 비해 전동 효율이 나쁘다.
④ 두 축의 회전방향이 다른 경우에 적합하다.

55 코일 스프링에 관한 일반적인 특징 설명으로 틀린 것은?
① 압축 스프링의 단면은 원형과 각형이 있다.
② 제작이 쉽고 가격이 싸며, 형태와 단면의 형상에 따라 여러 가지가 있다.
③ 코일스프링의 유효 권수는 유효 감긴 수에서 무효감긴 수를 뺀 값으로 나타낸다.
④ 인장 스프링은 양단에 훅을 만들어 사용하며, 하중이 작용하지 않을 경우 코일이 밀착될 수 있다.

풀이 유효권수 = 전체감긴 수 − 무효감긴 수

56 헬리컬기어의 이 수가 40, 비틀림각이 30°, 치직각 모듈이 4일 때 피치의 원지름을 구하면?

① 160.4[mm]   ② 176.4[mm]
③ 184.8[mm]   ④ 196.5[mm]

풀이 $D = \dfrac{M_n \times Z}{\cos\beta} = \dfrac{4 \times 40}{\cos 30} = 184.75$

57 접촉면의 안지름 50[mm], 바깥지름 100[mm]인 단판 클러치로 45[kg·cm]의 토크를 전달하는데 필요한 드러스트는 얼마인가? (단, 마찰계수는 0.1이다.)

① 80[kg]   ② 100[kg]   ③ 120[kg]   ④ 140[kg]

풀이 $P = \dfrac{2T}{\mu R_m} = \dfrac{2 \times 45}{0.1 \times \dfrac{5+10}{2}} = 120[kg]$

정답 53. ③ 54. ② 55. ③ 56. ③ 57. ③

58 원동차의 지름이 300[mm], 종동차의 지름이 700[mm], 축간 거리가 4500[mm]인 오픈벨트의 길이는?

① 7.6[m]   ② 8.8[m]
③ 9.6[m]   ④ 10.6[m]

풀이 $L = 2 \times 4500 + \dfrac{\pi(300+700)}{2} + \dfrac{(700-300)^2}{4 \times 4500} = 10579.69[\text{mm}] \times 10^{-3} = 10.58[\text{m}]$

59 평기어에서 피치원 지름 100[mm], 기어 이 수가 20일 때 원주피치는 약 얼마인가?

① 5[mm]   ② 6.2[mm]
③ 7.9[mm]   ④ 15.7[mm]

풀이 $P = \dfrac{\pi D}{Z} = \dfrac{\pi \times 100}{20} = 15.71[\text{mm}]$

60 스프링의 일반적인 용도 설명으로 잘못된 것은?

① 하중 및 힘의 측정에 사용한다.
② 진동 또는 충격에너지를 흡수한다.
③ 운동에너지를 열에너지로 소비한다.
④ 에너지를 저축하여 놓고 이것을 동력원으로 사용한다.

61 한 쌍의 기어가 물릴 때 서로 접하는 부분의 궤적을 무엇이라 하는가?

① 피치원   ② 모듈
③ 원주 피치   ④ 지름 피치

62 운전 중 또는 정지 중에 축이음에 의한 회전력 전달을 자유롭게 단속할 수 있는 축 이음은 어떤 것인가?

① 유니버셜 조인트   ② 브레이크
③ 클러치   ④ 스핀들

정답 58. ④   59. ④   60. ③   61. ①   62. ③

63 다음 그림과 같은 단식 블록브레이크에서 레버 끝에 힘을 $F=50[\text{kg}]$을 가할 때에 제동력 f 및 제동 토오크 T를 구하시오. (단, 마찰계수는 $\mu=0.2$ 이다.)

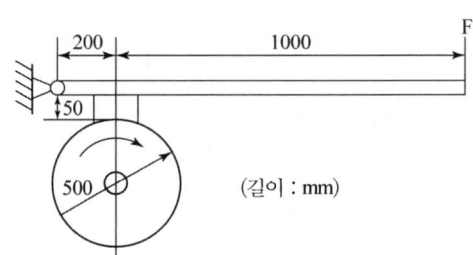

① $f=57.14[\text{kg}]$, $T=14,285[\text{kg} \cdot \text{mm}]$
② $f=67.14[\text{kg}]$, $T=15,285[\text{kg} \cdot \text{mm}]$
③ $f=71.14[\text{kg}]$, $T=16,285[\text{kg} \cdot \text{mm}]$
④ $f=74.14[\text{kg}]$, $T=17,285[\text{kg} \cdot \text{mm}]$

풀이 $f = \dfrac{\mu F a}{(b+\mu c)} = \dfrac{0.2 \times 50 \times (200+1000)}{200+0.2 \times 50} = 57.14[\text{kg}]$

$T = \dfrac{fD}{2} = \dfrac{57.14 \times 500}{2} = 14285[\text{kg} \cdot \text{mm}]$

64 벨트가 2.8[m/sec]로 회전하고 인장 측이 400[kg], 이완 측이 200[kg]의 장력이 작용할 때 전달 마력[kW]은?

① 5.5 ② 6.2 ③ 7.4 ④ 8.6

풀이 $P = \dfrac{(400-200) \times 2.8}{102} = 5.49[\text{kW}]$

65 보스에 홈을 판 후 키를 박아 마찰력을 이용하여 동력을 전달하는 키로서 큰 힘을 전달하는 데 부적당 한 것은?

① 펑키 ② 반달키 ③ 안장키 ④ 둥근키

66 원추각이 30°인 원주마찰차에 추력이 400[kg] 작용하면 전달 동력은 몇 [ps]가 되겠는가? (단, 마찰차의 속도 8[m/s], 마찰계수 0.2이다.)

① 15.4[PS] ② 16.7[PS] ③ 18.5[PS] ④ 17.1[PS]

풀이 $H = \dfrac{\mu Q V}{75 \sin \alpha} = \dfrac{0.2 \times 400 \times 8}{75 \times \sin 30} = 17.07[\text{PS}]$

정답 63. ① 64. ① 65. ③ 66. ④

67 다음 중 축의 위험속도와 가장 관련이 깊은 것은?

① 축의 고유진동수
② 축에 작용하는 굽힘 모멘트
③ 축에 작용하는 비틀림 모멘트
④ 축에 동시에 작용하는 비틀림과 압축하중

68 축의 비틀림 강도를 고려하여 원형 축에 비틀림 모멘트를 가했을 때, 비틀림 각을 구할 수 있다. 비틀림 각에 관한 설명으로 옳지 않은 것은?

① 비틀림 모멘트와 비틀림각은 비례한다.
② 비틀림 각은 극관성모멘트에 비례한다.
③ 횡탄성계수가 작을수록 비틀림 각은 증가한다.
④ 축의 길이가 증가할수록 비틀림 각은 증가한다.

69 모듈이 6이고, 중심거리가 300[mm], 속도비가 2 : 3인 외접하는 표준 스퍼 기어의 작은 기어 바깥지름은 얼마인가?

① 240[mm]　　② 252[mm]　　③ 320[mm]　　④ 372[mm]

풀이　$\dfrac{2D+3D}{2}=300$　∴ $D=120$

작은 기어 바깥지름 $=2D+2m=2\times 120+2\times 6=252[mm]$
(스퍼기어의 외경은 $D+2m$에서 속도비가 2 : 3 이므로 $2D+2m$)

70 자동차 현가장치의 코일 스프링이 인장 또는 수축될 때, 감겨있는 코일 자체에 작용하는 가장 주된 응력은?

① 충격하중에 의한 전단응력　　② 전단하중에 의한 전단응력
③ 굽힘모멘트에 의한 굽힘응력　　④ 비틀림모멘트에 의한 전단응력

71 M5×0.8로 표기되는 나사에 관한 설명으로 옳지 않은 것은?

① 미터나사이다.
② 나사의 피치는 0.8[mm] 이다.
③ 나사를 180° 회전시키면 리드는 0.4[mm]이다.
④ 암나사 작업을 위해 지름 5[mm]의 드릴이 필요하다.

정답　67. ①　68. ②　69. ②　70. ④　71. ④

풀이 드릴은 5[mm]보다 커야 한다.

72 나사 조립부에 진동과 충격을 받으면 순간적으로 접촉 압력이 감소하여 마찰력이 거의 없어지며, 이런 현상이 반복되면 나사가 풀리는 원인이 된다. 이러한 나사의 풀림을 방지하는 방법으로 거리가 먼 것은?
① 스프링 와셔를 이용하여 조립한다.
② 로크 너트를 사용한다.
③ 멈춤 나사를 사용한다.
④ 캡 너트를 사용한다.

풀이 캡너트는 누유 방지용

73 미터 보통 나사에서 나사의 크기를 나타내는 호칭 지름(normal diameter)은?
① 바깥지름
② 골지름
③ 유효지름
④ 리드

74 축(shaft)의 종류 중 전동축의 특수한 형태로 축의 지름에 비하여 길이가 짧은 축을 의미하는 것으로 형상과 치수가 정밀하고 변형량이 극히 작아야 하는 것은?
① 스핀들   ② 차축   ③ 크랭크 축   ④ 중공축

75 코일 스프링에서 스프링상수(k)에 대한 설명으로 틀린 것은?
① 스프링 상수는 스프링 소재의 전단탄성계수에 비례한다.
② 스프링 상수는 스프링 소재의 지름의 4승에 비례한다.
③ 스프링 상수는 코일의 평균지름의 3승에 반비례한다.
④ 스프링 상수는 스프링의 유효 감김수에 비례한다.

풀이 유효감김수에 반비례

스프링상수 $k = \dfrac{W}{\delta}$, $k = \dfrac{Gd^4}{8nD^3}$

76 나사의 종류 중 마찰계수가 극히 작아서 효율이 높으며, 백래시를 작게 할 수 있어서 NC 공작기계의 이송나사 등 정밀한 운동이 요구되는 곳에 주로 사용하는 나사는?
① 둥근 나사
② 볼 나사
③ 삼각 나사
④ 톱니 나사

정답 72. ④ 73. ① 74. ① 75. ④ 76. ②

77 평벨트 폴리의 종류는 림의 폭 중앙이 볼록한 C형과 림의 폭 중앙이 편평한 F형이 있다. 여기서, C형 림의 폭 중앙을 볼록하게 제작한 가장 큰 이유는?
① 주조할 때 편리하도록 목형 물매를 두기 위하여
② 벨트를 걸기에 편리하도록 하기 위하여
③ 벨트를 상하지 않게하기 위하여
④ 벨트가 벗겨지는 것을 방지하기 위하여

78 코일 스프링의 평균 지름을 D, 스프링 선재의 지름을 d라 할 때, $C(=\frac{D}{d})$를 무엇이라 하는가?
① 스프링 부하계수 ② 스프링 상수
③ 스프링 수정계수 ④ 스프링 지수

79 축에 키 홈을 파지 않고 보스에만 키 홈을 파서 마찰에 의해 회전력을 전달시킬 수 있는 키는?
① 안장 키   ② 접선 키   ③ 페터 키   ④ 반달 키

80 잇수가 25개이고, 지름 피치가 5인 기어의 피치원 지름을 구하면?
① 68[mm]   ② 82[mm]   ③ 102[mm]   ④ 127[mm]

풀이 지름피치 = $\frac{Z}{D}$

∴ $D = \frac{25}{5} = 5$인치 × 25.4 = 127[mm] (지름피치는 인치계 기어에 적용)

81 V 벨트 전동과 비교한 체인전동의 특징을 설명한 것으로 틀린 것은?
① 전동 효율이 높다.
② 고속 회전에 적합하다.
③ 미끄럼이 없어 속도비가 일정하다.
④ V벨트 길이보다는 체인 길이를 쉽게 조절할 수 있다.

82 나사의 접촉면 사이의 틈이나 나사면을 따라 증기나 기름 등이 누출되는 것을 방지하는데 주로 사용하는 너트는?
① 홈붙이 너트   ② 캡 너트   ③ 플랜지 너트   ④ 원형 너트

정답 77. ④ 78. ④ 79. ① 80. ④ 81. ② 82. ②

83 표준 스퍼기어에서 기어의 잇수가 25개 피치원의 지름이 75[mm]일 때 모듈은 얼마인가?

① 3　　　② 4　　　③ 5　　　④ 6

풀이 $m = \dfrac{D}{Z} = \dfrac{75}{25} = 3$

84 브레이크의 마찰계수를 μ, 드럼의 원주속도를 v, 접촉면의 압력을 p라 할 때 브레이크 용량을 계산하는 식은?

① $\dfrac{\mu}{pv}$　　　② $\dfrac{\pi\mu}{pv}$　　　③ μpv　　　④ $\pi\mu pv$

85 볼트 체결에 있어서 리드각을 ρ, 리드각을 λ, 라고 할 때 나사의 효율(η)을 나타내는 식은?

① $\eta = \dfrac{\tan\lambda}{\tan(\lambda+\rho)}$　　　② $\eta = \dfrac{\tan(\lambda-\rho)}{\tan(\lambda+\rho)}$

③ $\eta = \dfrac{\tan(\lambda+\rho)}{\tan\lambda}$　　　④ $\eta = \dfrac{\tan(\lambda+\rho)}{\tan(\lambda-\rho)}$

86 코일의 유효권수 12, 평균지름 40[mm], 소선의 지름 6[mm]인 압축코일 스프링에 30[N]의 외력이 작용 할 때 변위는 몇 [mm]인가?
(단, 코일 스프링의 전단탄성계수는 8×10^3[N/mm^2] 이다.)

① 9.35　　　② 17.78　　　③ 22.70　　　④ 33.46

풀이 $\delta = \dfrac{8nPD^3}{Gd^4} = \dfrac{8\times12\times30\times40^3}{8\times10^3\times6^4} = 17.777$

정답 83. ①　84. ③　85. ①　86. ②

3장 기계공작법

1. 주조

1.1 주조의 공정

(1) 목재의 건조법
  ① 자연건조법 : 야적법, 가옥적법
  ② 인공건조법 : 열기건조법, 침재법, 자재법, 증재법, 진공건조법, 훈재법, 전기건조법, 약제건조법

(2) 목재의 방부법
  도포법, 침투법, 자비법, 충진법

(3) 현도작성 순서
  목형설계 ⇨ 도면 ⇨ 현도 ⇨ 목재준비 ⇨ 목형제작

(4) 목형제작의 유의사항
  ① 수축여유 (Shlinkage Allowance) : 수축에 의한 치수 여유
  ② 가공여유 (Machine Allowance) : 가공 시 여유 치수
  ③ 목형 구배 (Taper) : 주형에서 목형제거를 위한 기울기
  ④ 코어 프린트(Core Print) : 쇳물의 부력에 의해 코어가 움직이지 않도록 한다.
  ⑤ 라운딩 (Rounding) : 목형의 모서리를 둥글게 하는 작업
  ⑥ 덧붙임 (Stop Off) : 응고 시 변형되지 않도록 주형이나 목형에 덧붙이는 작업

1.2 원형의 종류

(1) 목형의 종류
  ① 현형 : 제품과 동일
  ② 부분목형 : 대형기어, 프로펠러 등
  ③ 골격목형 : 주물의 형상이 대형으로 구조가 간단하여 점토로 채워서 만들며 정밀한 주형제작은 곤란

④ 회전목형 : 회전체, 풀리 등
⑤ 고르게목형 : 가늘고 긴 Pipe 등
⑥ 코어 목형 : 가운데가 빈 중공형 주물
⑦ 매치 플레이트형 : 소형제품의 대량생산
⑧ 잔형 : 주형에서 목형 뽑기가 곤란한 부분을 별도 제작된 주형속에 남겨둔 후 뽑는다.

(2) 목형재료에 의한 분류
목형, 금형, 석고형, 현물형, 합성수지형, 시멘트형

1.3 주형 및 조형법

(1) 주물사
① 하천사 : 보통주철, 비철합금
② 합성사 : 강철주물
③ 주물사 화학성 분 : 규사, 알루미나, 산화철

(2) 주물사 구비조건
① 내화성 크고 화학적 변화 없을 것
② 통기성이 좋을 것
③ 가격이 저렴하고 구입이 용이할 것

(3) 주물사 시험법
① 수분함량　② 입도　③ 통기도
④ 강도　⑤ 소결 시험

(4) 탕구계의 구성요소 : 쇳물을 주형에 주입하기 위해 만든 통로
① 탕구 : 용탕의 유입구
② 탕로 : 탕구에서 둑에 이르는 용탕의 유로
③ 라이저 : 주형 내부의 가스, 공기 증기를 배출하는 구멍

(5) 특수주조법
1) 원심 주조법 : 주형을 회전시켜 용탕을 주입하는 주조법(주철관, 실린더 라이너)
2) 다이캐스팅법 (Die Casting) : 정밀한 금형에 용융금속을 고압, 고속으로 주입하여 주물을 얻는 방법(Al 합금, Mg 합금)

3) 셀 몰드법 (Shell Moulding)
　① 배합한 주형재에 모형을 매몰하여 주형을 제작
　② 장점 : 대량생산, 정밀도 높은 주물, 미숙련공도 작업 가능, 자동화 용이
　③ 단점 : 설비 투자비 고가 (초기 투자 비용이 높다.)

4) 인베스트먼트법 (Investment Casting)
　① 목형을 왁스(wax)로 만들어 주형제작
　② 복잡한 주조품을 높은 수준으로 제작 가능

5) 진공 주조법 : 용탕을 진공 또는 감압하에서 용해하거나 주입하는 방법

(6) 주물검사법

1) 외관검사
2) 비파괴검사 : X-Ray, γ-Ray
3) 파괴검사
　① 조미니 : 철강 시험편을 오스테나이트화한 후 시험편의 한쪽 끝에 물을 분사하여 퀜칭하는 표준시험법
　② 조직검사 : 시편을 떼어내어 검사

2. 측정 및 손 다듬질

2.1 손 측정기 종류 및 측정법

(1) 선 측정

1) 버니어캘리퍼스
　① 용도 : 공작물의 바깥지름, 안지름, 두께(깊이) 측정
　② 측정범위 : 0.05 mm(1/20 mm)까지 측정
　③ 특성 : 축의 편심량 측정 불가

2) 마이크로미터
　① 용도 : 공작물의 바깥지름, 안지름, 두께(깊이) 측정
　② 측정범위 : 0.01 mm까지 측정, 딤블의 피치는 0.5 mm이고 50등분 됨
　③ 특성 : 정밀한 길이 측정

3) 다이얼게이지
① 용도 : 길이 또는 변위를 정밀하게 측정
② 측정범위 : 원둘레를 100등분하여 1/100 mm까지 측정
③ 특성 : 평면도, 원뿔도, 축의 흔들림 측정
④ V 블록 위 측정 시 : 눈금 값(TIR)의 1/2
⑤ 양측 센터 측정 시 : 눈금값(TIR)

(2) 각도측정
① 각도게이지와 컴비네이션 베벨(2개의 각도게이지 연결 사용)
② 사인바 : 45° 이하 각도 측정에 적합(45° 초과 시 오차가 큼)
③ 분할대 : 공구연삭기 및 밀링머신 등에서 일정 각도로 회전

(3) 평면측정
수준기, 직각자, 서피스게이지, 정반, 옵티컬 플랫(정밀도가 높은 평면도 검사)

(4) 측정방법
1) 직접측정
① 측정기로부터 직접 측정치를 읽을 수 있는 방법
② 버니어캘리퍼스, 마이크로미터, 측장기, 각도기

2) 간접측정
① 측정량과 일정한 몇 개의 양을 측정하여 이것을 계산하여 유도해내는 방법
② 사인바에 의한 각도측정(45° 이하 측정), 3점식 나사측정

(5) 테일러의 원리
구멍과 축의 허용 한계치수 해석 시 통과축에는 모든 치수, 또는 결정량이 동시에 검사되고 정지 축에는 치수가 개개로 검사되어야 한다.

(6) 아베의 원리
길이 측정시 오차를 최소로 줄이기 위해 물체의 기준이 되는 척도와 일직선상에 나란히 놓아야 한다.

2.2 손 다듬질 공구 및 특징

(1) 공작기계를 사용하지 않고 줄, 드릴, 리머, 탭등의 절삭공구와 정반, 직각자, 펀치 등의 보조공구를 사용하는 손가공

(2) 스크레이퍼작업 : 줄 작업후 정밀하게 평면 또는 곡면으로 다듬질 작업
(3) 리밍작업 : 드릴로 뚫은 구멍을 정밀 가공
(4) 탭 작업 : 암나사 작업

3. 소성가공법

3.1 소성가의 개요, 종류 및 특징

(1) 소성가공의 장점
① 주물에 비하여 성형되는 치수가 정확하다.
② 금속의 결정조직을 개량하여 강한 성질을 얻는다.
③ 다량생산으로 균일한 제품을 얻을 수 있다.
④ 재료의 사용량을 경제적으로 할 수 있다.

(2) 소성가공의 종류
① 단조 : 금속 재료를 두들기거나 가압하여 소성변형을 주어 성형하는 방법 (벤딩, 펀칭, 절단, 펴기, 스웨이징: 단면을 크게 하는작업 등)
② 압연 : 금속 재료를 2개의 롤러 사이로 통과시켜 여러 형태로 가공
③ 인발(Drawing) : 봉재나 관재를 단면적이 작은 치수의 다이스에 끼워 끌어당겨 금속선, 금속관의 지름, 벽두께를 감소시키는 작업(봉재, 관재, 선재인발)

$$인발력\ F = \sigma \times \pi \times (d_1^2 - d_2^2) \times \frac{1}{4}$$

여기서, F : 인발력, σ : 응력, d_1 : 가공전 직경, d_2 : 직경인발가공 후 직경

> **예제** 지름이 22 mm인 구리선을 인발하여 20 mm가 되었다. 구리의 단면을 축소시키는데 필요한 응력을 303 kgf/cm²라고 할 때 이 인발에 필요한 인발력은 약 몇 kgf인가?

풀이 $F = 303 \times \pi \times (2.2^2 - 2^2) \div 4 = 199.90 [\text{kgf}]$

④ 압출 : 금속 재료를 특정 모양의 구멍인 다이를 통해 밀어내어 긴 모양의 제품 연속생산
⑤ 전조 : 전조다이스 사이에 소재를 끼워 소성가공 (나사산 가공)

(3) 냉간가공과 열간가공

1) 냉간가공 특징
   ① 가공면이 아름답다.
   ② 제품의 치수를 정확히 할 수 있다.
   ③ 기계적 성질을 개선할 수 있다.
   ④ 강도와 경도가 증가하고 연신율은 감소한다.

2) 열간가공 특징
   ① 재질의 균일화가 이루어진다.
   ② 작은 동력으로 큰 변형을 줄 수 있다.
   ③ 산화되기 쉽고 정밀 가공이 곤란하다.
   ※ 냉간가공과 열간가공의 구분온도 : 재결정 온도

3.2 판금 가공 종류 및 특징

(1) 단조(Forging)의 종류

1) 자유단조(Free Forging)
   ① 금속재료를 수공구로 두들겨 가공
   ② 늘리기, 굽히기, 눌러붙이기, 단짓기, 구멍 뚫기, 자르기

2) 형 단조(Die Forging)
   ① 금속재료를 금형으로 성형(드롭단조, 업셋단조)
   ② 정밀도 높고, 다량생산 적합하며, 가격이 저렴한 장점이 있다.

(2) 전단가공

1) 전단 가공력 : $P = \tau_s A = \tau_s t \ell$ (원판의 경우 $\ell = \pi d$, $A = \pi d t$)

   여기서, τ_s : 소재의 전단강도[kg/cm^2]
   t : 소재의 두께[mm]
   ℓ : 전단길이[mm]
   P : 펀치에 작용하는 전단하중[kg]

2) 전단에 소요되는 동력 $H = \dfrac{PV}{75 \times 60 \times \eta}$ [PS]

   여기서, V : 전단속도[m/min]
   η : 기계효율(0.5~0.7)

(3) 프레스가공의 종류

1) 전단가공
   ① 블랭킹 : 펀치와 다이를 이용해 여러 형태의 판금 가공
   ② 펀칭 : 강판이나 박판에 펀치로 구멍 뚫는 작업
   ③ 트리밍 : 프레스가공이나 주조 가공에서 불필요한 테두리나 부분을 잘라내는 작업
   ④ 노칭 : 판의 끝에 노치(국부적으로 잘라낸 요철부)를 내는 작업

2) 성형가공
   ① 컬링 : 성형한 용기의 테두를 둥글게 굽히는 가공법
   ② 비딩 : 판금재에 줄모양의 돌기를 넣는 가공법
   ③ 시밍 : 캔의 윗부분을 굽히면서 겹쳐 눌러 접합하는 밀봉법
   ④ 딥드로잉 : 판금을 이음매가 없는 용기 모양으로 성형하는 방법(탄피, 주전자의 제조법)
   ⑤ 크림핑 : 지름이 같은 두 원통을 겹쳐 끼우기 위해 원통 끝부분에 주름을 잡아 지름을 약간 감소시키는 작업 (예 : 뇌관 크림핑)

3) 압축가공
   ① 스웨징 : 재료를 길이 방향으로 압축하여 단면을 크게 하는 작업
   ② 버니싱 : 원통내면의 표면다듬질에 가압법을 응용한 작업
   ③ 엠보싱 : 금속 표면에 요철 문양을 만드는 가공법

4. 공작기계의 종류 및 특성

4.1 선반 및 밀링

(1) 선반 작업의 종류
① 외경 절삭
② 보오링
③ 테이퍼 절삭
   ※ 선반은 공작물이 회전하며 기어 가공은 어렵다. (기어 가공 : 호빙머신)

(2) 선반의 4대 주요 구성품
① 주축대 : 베드 윗면에 고정된 부분으로 주축, 베어링, 속도변환 장치로 구성

② 심압대 : 공작물의 길이에 따라 임의의 위치에 고정(주축과 심압대 사이에 고정)
③ 왕복대 : 바이트를 가로 및 세로 방향으로 이송
④ 베드 : 선반의 모체로 베드 위에 주축대, 심압대, 왕복대가 있다.

(3) NC 선반
수치제어 선반으로 자동으로 절삭이 이루어지는 선반(CNC)

(4) 선반의 가공속도

$$V = \frac{\pi DN}{1000} \, [\text{m/min}]$$

여기서, D : 공작물의 직경[mm], N : 공작물의 회전수[rpm]

(5) 선반의 가공시간

$$\text{가공소요시간} \quad t = \frac{l}{NS} \, [\text{분}]$$

여기서, l : 공작물 길이[mm], N : 회전수 [rpm], S : 1회전당 이송거리[mm/rev]

> **예제** 지름 100 mm, 길이 300 mm인 연강봉을 선반에서 가공할 때 이송을 0.2 mm/rev, 절삭속도를 157 m/min으로 하면 1개 가공하는데 걸리는 시간은? (단, 1회 절삭)

공작물 회전수 $N = \dfrac{1000\,V}{\pi D} = \dfrac{1000 \times 157}{3.14 \times 100} = 500\,[\text{rpm}]$

가공소요시간 $t = \dfrac{l}{NS} = \dfrac{300}{500 \times 0.2} = 3\,[\text{min}]$

(6) 밀링
① 여러 개의 절삭날을 가진 커터를 회전시켜 공작물을 고정한 테이블을 이송시켜 절삭
② 니(knee) : 새들과 테이블을 지지하며 승강 리드스크류에 의해 이송되는 장치

(7) 절삭작업

1) 나사 절삭작업
  ① 탭 : 암나사 작업
  ② 다이스 : 수나사 작업
  ③ 전조기 : 나사산 가공

2) 기어절삭 : 호빙머신

4.2 드릴링 및 기타작업

(1) 드릴의 기본작업
① 드릴링 : 드릴로 구멍을 뚫는 작업
② 리이밍 : 드릴로 가공한 구멍의 내면을 리머로 다듬질하는 작업
③ 보링 : 보링 바이트로 이미 가공한 구멍의 홀을 정밀하게 넓히는 작업
④ 카운터 보링 : 고정한 볼트 머리 부분이 묻힐 수 있도록 구멍을 뚫는 작업
⑤ 카운터 싱킹 : 접시머리 나사의 머리부분이 가공물에 묻히도록 원통형으로 절삭가공
⑥ 태핑 : 구멍에 암나사 작업
⑦ 스폿페이싱 : 볼트나 너트의 머리와 접촉하는 면을 평면으로 파는 작업

(2) 드릴머신 작업

1) 드릴의 절삭속도

$$V = \frac{\pi DN}{1000} [\text{m/min}]$$

D : 드릴의 지름 [mm], N : 드릴의 회전수 [rpm]

2) 절삭저항과 절삭동력

회전모멘트에 의한 마력($T \times \omega$) : $H = \dfrac{T \times \dfrac{2\pi N}{60}}{75 \times 1000} = \dfrac{TN}{716200} [\text{Ps}]$

T : 회전모멘트[N·m], N : 드릴의 회전수[rpm]

(3) 드릴의 선단각
① 드릴 끝에서 2개의 절삭날이 이루는 각도
② 선단각이 크면 이송이 어렵고 작으면 날 끝의 수명이 짧아진다.
③ 드릴의 선단각 (연강 : 118°)

공작물 재질	선단각(날끝각)	절삭방법
일반자재 (연강)	118°	저속 고압
얇은 판재	118°	저속 고압
두꺼운 판재	118°	고속 저압
스테인레스강	118°	저속 고압

(4) 스크레이퍼

줄(file) 작업 또는 가공된 평면이나 원통면 등을 정밀하게 다듬질하는 수공구

(5) 세이퍼 : 소형 공작물의 평면이나 홈을 가공하는 기계

(6) 슬로터 : 절삭공구가 램에 의해 상하운동을 하여 공작물의 수직면을 가공

(7) 줄(file)의 날 종류

① 귀목(rasp cut) : 베크라이트, 나무, 가죽 가공
② 단목(single cut) : 연한 금속이나 얇은 판금의 다듬질
③ 복목(double cut) : 금속의 다듬질 가공
④ 파목(curved cut) : 목재, 납 등 연한 재질의 황삭 가공

4.3 연삭

(1) 연삭기의 종류

① 외경 연삭기 (보통, 만능형, 센터리스)
② 내면 연삭기
③ 평면 연삭기

(2) 연삭숫돌 재료

① 알루미나질 (Al_2O)
② 탄화규소질 (SiC계)

(3) 숫돌의 연삭작용

① 눈메움(Loading) : 연삭 숫돌 표면의 기공이 메워져 연삭 성능이 저하되는 현상
② 드레싱(Dressing) : 숫돌 표면의 칩을 제거하여 본래의 형태로 숫돌을 수정
③ 자생작용(Shedding) : 숫돌이 자동으로 닳아 떨어져 커터의 바이트와 같이 연삭하지 않아도 되는 현상
④ 트루잉(Truing) : 숫돌의 변형된 형상을 바르게 고치는 가공
⑤ 무딤(Glazing) : 숫돌 입자가 마모되어 둔화되는 현상

(4) 연삭숫돌의 결합도

① 결합도 기호는 알파벳 대문자로 표시한다.
② 결합도가 높으면 눈메움 현상이 발생하기 쉽다.
③ 입자를 결합하고 있는 결합제의 강약의 정도를 나타낸다.
④ 재질이 연질일수록 결합도가 높은 숫돌을 사용한다.

(5) 구성 인선

① 가공조건이 불안전 시 칩 생성의 초기 단계에서 칩의 일부가 공구 날 끝에 융착하여 새로 운절삭날을 형성하여 품질 저하

② 방지법
- 칩 두께 감소
- 경사각을 크게 한다.
- 공구 날끝을 예리하게 한다.
- 절삭속도 빠르게 하고 절삭 깊이를 낮게 한다.
- 절삭유를 사용한다.
- 공작물 재료와 화학적 친화력이 낮은 절삭공구 사용

(6) 공구수명 판정 기준

① 날의 마멸이 일정량에 달할 때
② 가공면에 광택이 있는 무늬 또는 점이 생길 때
③ 완성치수의 변화가 일정 량에 달할 때
④ 절삭저항의 주분력 에는 변화가 없어도 배분력이나 이송분력이 급격히 증가 시

(7) 절삭저항

1) 절삭저항은 서로 직각으로 된 세개의 분력이다.
   - 주분력(P_1) : 절삭방향과 평행한 분력
   - 이송분력(P_2) : 이송방향으로 평행한 분력
   - 배 분력(P_3) : 절삭공구 축 방향으로 평행한 분력

2) 분력의 크기
   $P_1 : P_2 : P_3 = 10 : 1\sim 2 : 2\sim 4$

(8) 절삭동력

1) 절삭동력(절삭에 소요된 동력)

$$N_c = \frac{P_1 V}{60 \times 75}[\text{ps}]$$

2) 이송을 위한 동력

$$N_f = \frac{P_2 V}{60 \times 75}[\text{ps}]$$

P_1 : 주분력[kg], P_2 : 이송분력[kg], V : 속도

(9) 절삭공구의 구비조건
① 경도 크고 고온에서 경도가 감소되지 않을 것
② 내마모성이 클 것
③ 강인성이 클 것
④ 성형이 용이할 것
⑤ 가격이 저렴할 것

(10) 절삭유 사용목적
① 공구인선 냉각, 공구의 온도상승에 따르는 경도저하 방지
② Chip 제거 작용으로 절삭작업 용이
③ 공작물을 냉각시키고 가공온도상승에 의한 가공정 밀도 저하
④ 공구 윗면과 칩사이에 침투하여 윤활작용을 하고 공구의 마모를 줄이고 가공표면을 좋게 한다.
⑤ 공구에 가하는 절삭 저항과 기계의 소요 동력을 감소시킨다.

(11) 절삭제의 요구사항
① 마찰계수가 적을 것
② 유성이 클 것 (칩과 공구 윗면, 공구와 공작물 사이 유막형성)
③ 표면장력이 작고 칩의 생성부터 이탈까지 잘 침투할 것

5. 용접

5.1 전기용접

(1) 전기저항 용접

1) 맞대기 저항용접
① 업셋 맞대기 용접 : 부재의 단면을 맞대고 용접
② 플래시 맞대기 용접 : 부재 사이에 간격을 두어 설치하고 전류를 통해 가압하여 접속

2) 겹치기 저항용접
① 점용접 : 박판 및 대량생산에 적합 (자동차 차체)
② 심용점 : 롤러 형태의 전극 사이로 용접부를 끼워 넣어 점용접 반복 (기밀용기)

③ 프로젝션용접 : 신뢰도가 높고 속도가 빠르다. 종류 및 두께가 다른 금속 용접 가능

(2) 아크용접

① 모재와 용접봉 사이에 아크를 발생시켜 열로 접합시키는 방법으로 직류 아크 용접과 교류 아크 용접이 있다.
② 직류 아크 용접의 극성
   - 정극성 : 용접봉(-), 부재(+) 비드 폭이 좁다.
   - 역극성 : 용접봉(+), 부재(-) 용접봉의 빨리 녹고, 모재의 용입이 얕다.(박판, 비철금속)
③ 아크 용접의 주요 결함
   - 오버랩 : 용융 금속이 겹치는 현상으로 전류가 약하거나 용접 속도가 느릴 때 발생
   - 언더컷 : 용접 부위가 움푹 파이는 현상으로 전류 과대 및 용접 속도가 빠를 때 발생
   - 기공 : 용착금속의 구멍을 말하며 전류 과대 혹은 용접봉에 습기가 많을 때 발생
④ 수하특성 : 한쪽이 증가하면 한쪽이 감소하는 특성을 수하특성이라고 하며 부하전류가 증가하면 단자전압이 감소하는 현상

5.2 가스용접

(1) 가연성 가스

① 아세틸렌(C_2H_2), 수소, 프로판가스 등을 산소와 혼합하여 사용
② 용접 중 산화물 등의 유해물질 제거를 위해 용제 사용

(2) 불꽃의 종류

① 탄화불꽃 : 아세틸렌양이 많을 때 생기는 불꽃으로 알루미늄, 스테인레스강 용접에 사용
② 중성불꽃 : 산소와 아세틸렌의 용적비가 1 : 1의 비율로 일반용접에 사용
③ 산화불꽃 : 산소의 양이 많을 때 생기는 불꽃으로 구리, 황동 용접에 사용

(3) 가스절단

① 일반적으로 산소-아세틸렌 가스를 사용하며 열로 강재를 용융하여 절단 산소의 기계적인 에너지로 불어 날리는 방식
② 가스절단 조건
   - 산화 연소하는 온도가 금속의 용융점보다 낮아야 한다.
   - 산화물의 용융점이 금속의 용융점보다 낮고 유동성이 있어야 한다.

5.3 특수용접

(1) 피복아크용접 (SMAW : Shielded Meatal Arc Welding)
① 피복재로 둘러싸인 용접봉으로 아크를 직접 발생시키는 방식으로 기계화가 어렵다.
② 숙련 기술이 필요하고 장비가 간단 하지만 생산성이 낮다.

(2) 티그(TIG : Tungsten Inert Gas)용접
① 텅스텐 불활성가스라는 의미로 텅스텐 전극을 사용하며 GTAW라고도 부른다.
② 높은 숙련도가 요구되며 작업속도가 느리며 고품질의 용접이 요구되는 곳에 적합
③ 전자세 용접이 가능하며 용가재와 아크 발생이 되는 전극을 별도로 사용한다.

(3) 미그(MIG : Metal Inert Gas)용접
① 소모성 전극 와이어와 외부 차폐 가스를 주입시켜 용접하는 방식이다.
② 이산화탄소가 가장 많이 쓰여 CO_2 용접이라고도 한다.
③ 속도가 빠르고 재질의 변화가 적다.

(4) 테르밋 용접(Thermit Welding)
① 알루미늄과 산화철 분말을 동일한 양으로 혼합한 테르밋에 점화하면 강한 환원작용으로 산화알루미늄과 철이 융해되어 접합된다. (철도 레일 용접에 사용)
② 철도 레일 용접에 사용

5.4 용접 이음의 장단점

(1) 장점
① 재료를 절약할 수 있다.
② 작업공정이 간단하고 제작비가 싸다.
③ 기밀성 및 수밀성이 우수하다.
④ 판재의 두께 제한이 적은 편이다.

(2) 단점
① 용접 시 열이 발생하여 변형되기 쉽다.
② 진동 감쇠가 어렵다.
③ 잔류응력이 발생하면 균일한 재질을 얻기 어렵다.
④ 용접부의 검사가 어렵다.

3장 기계공작법 — 예상문제

01 자동차 제작 시 자동화가 용이해서 자동차 차체 용접에 가장 많이 사용되는 용접은?
① 산소용접   ② 아크 용접   ③ 레이저 용접   ④ 스폿 용접

02 창성법으로 기어의 이를 절삭하는 기어절삭용 전용 공작기계는?
① 셰이퍼   ② 보링머신   ③ 브로우치   ④ 호빙머신
풀이 기어 가공은 선반으로 어렵고 호빙머신으로 한다.

03 다음 중 나사산을 가공하는데 적합한 가공법은?
① 전조   ② 압출   ③ 인발   ④ 압연

04 선반작업에서 공작물의 지름을 D[mm], 1분간의 회전수를 N[rpm]이라고 할 때 절삭속도 V는 몇 [m/min]인가?
① $V = \pi D N$
② $V = \dfrac{\pi D N}{1000}$
③ $V = \dfrac{\pi D}{1000 N}$
④ $V = \dfrac{\pi N}{1000 D}$

05 다음 열처리의 담금질액 중 냉각 속도가 가장 빠른 것은?
① 증류수   ② 공기   ③ 물   ④ 기름
풀이 냉각속도 : 기름 > 물 > 공기

06 소성가공법에서 열간 가공의 특징이 아닌 것은?
① 가공 면이 아름답고 정밀한 형상의 가공 면을 얻는다.
② 재결정온도 이상으로 가열하므로 가공이 쉽다.
③ 거친 가공이 적합하다.
④ 표면이 가열되어 있어 산화로 인해 정밀 가공이 어렵다.

정답 01. ④ 02. ④ 03. ① 04. ② 05. ④ 06. ①

07 기계공작법의 소성가공에 대한 설명으로 틀린 것은?
① 소성변형을 주어 원형과 다른 제품을 만든다.
② 대량생산이 곤란하고 균일한 제품을 만들 수 없다.
③ 열간 가공은 재결정 온도 이상으로 가열하여 가공한다.
④ 압연, 압출, 인발, 판금, 전조 가공 등이 있다.

08 연삭 숫돌은 자동적으로 닳아 떨어져 커터의 바이트처럼 연삭하지 않아도 되는데 이러한 현상은 무엇이라 하는가?
① 자생작용　② 글레이징　③ 투루밍　④ 드레싱

09 용접부의 미소한 균열이나 작은 구멍 등을 신속하고 용이하게 검출하는 방법으로 철, 비철, 재료 및 비자성 재료에도 널리 이용되며, 형광 물질을 기름에 녹인 것을 표면에 칠하는 검사 방법은?
① 와류 탐상검사
② 외관 검사
③ 자분 탐상검사
④ 침투 탐상검사

10 전기 저항용접의 종류인 것은?
① 경납 땜
② 심 용접
③ 아크 용접
④ 테르밋 용접

11 연삭 숫돌의 결합체는 숫돌입자를 결합하여 숫돌의 형상을 갖도록 하는 재료이다. 결합체의 필요조건이 아닌 것은?
① 열과 연삭액에 대하여 안전할 것
② 고속회전에 대한 안전강도를 가질 것
③ 입자 간에 기공이 생기지 않도록 할 것
④ 균일한 조작으로 임의의 형상 및 연삭액에 대하여 안전할 것

12 공작기계 중 정밀 측정기구가 부착되어 있는 공작기계는?
① 지그보오링 머신
② 센터레스 그라인딩 머신
③ 만능밀링머신
④ 레이디얼 드릴링머신

정답　07. ②　08. ①　09. ④　10. ②　11. ③　12. ①

13 연삭숫돌 표면에 무디어진 입자나 기공을 메우고 있는 칩을 제거하여 본래의 형태로 숫돌을 수정하는 방법은?

① 로딩(loading)　　　② 글래이징(glazing)
③ 웨이팅(weighting)　④ 드레싱(dressing)

14 용접부의 결함이 생기는 그 원인을 설명한 것으로 틀린 것은?

① 기공 : 용접봉에 습기가 있었다.
② 언더컷 : 운봉 속도가 불량했다.
③ 오버랩 : 전류가 과대했다.
④ 슬래그 섞임 : 슬래그 유동성이 좋았다.

> **풀이** 전류과대 시는 언더컷 발생

15 드릴로 구멍에 암나사를 깎는 데 사용하는 수공구는?

① 렌치　　② 탭　　③ 리머　　④ 다이스

16 소성가공에서 컨테이너 속에 재료를 넣고 램으로 압력을 가하여 다이의 구멍으로 밀어내는 방법으로 가공하는 것은?

① 압연가공　　② 압출가공
③ 인발가공　　④ 전조가공

17 셀몰드 주조법(shell molding)에 대한 설명으로 틀린 것은?

① 주형비가 비교적 저가이다.
② 미숙련공도 작업이 가능하다.
③ 작업공정을 자동화하기가 쉽다.
④ 짧은 시간 내에 경도가 높은 주물을 만들 수 있다.

18 관 끝을 나팔 모양으로 벌리는 가공으로 보통 90° 각도로 작게 가공하는 것은?

① 플레어링　　② 플랜징
③ 롤러 성형　④ 비딩 가공

정답 13. ④　14. ③　15. ②　16. ②　17. ①　18. ①

19 공작물의 지름 100[mm], 길이 200[mm], 주축회전수 300[rpm]인 경우 절삭 속도는 다음 어느 것이 옳은가?

① 106[m/min] ② 94.2[m/min]
③ 62.8[m/min] ④ 36[m/min]

풀이 $V = \dfrac{\pi \times 100 \times 300}{1000} = 94.25 [\text{m/min}]$

20 구멍(축)의 허용한계치수의 해석에서 "통과측에는 모든 치수, 또는 결정량 이동 시에 검사되고, 정치측에는 각 치수가 개개로 검사되어야 한다."는 원리는?

① 아베(Abbe)의 원리 ② 테일러(Taylor)의 원리
③ 자콥스(Jacobs)의 원리 ④ 브라운 샤프(Brown sharp)의 원리

21 용접방법의 종류 중 전기저항 용접이 아닌 것은?

① 심 용접 ② 점 용접
③ 테르밋 용접 ④ 프로젝션 용접

22 제게르 콘(Seger cone)은 주물용 주물사(鑄物砂)의 어떤 시험에 사용하는가?

① 내화도 시험 ② 성형성 시험 ③ 입도 시험 ④ 압축 시험

23 다음 재료 중 소성가공(塑性加工)이 가장 어려운 것은?

① 주철 ② 저탄소강 ③ 구리 ④ 알루미늄

풀이 주철은 깨진다.

24 용접부나 주물검사방법에 적용하는 비파괴 검사법이 아닌 것은?

① 방사선 검사 ② 조직 검사
③ 초음파 검사 ④ 자분 검사

풀이 조직검사는 시편을 떼어내는 파괴검사다.

25 다음 중 미세한 숫돌가루를 이용하여 표면을 매끈하게 만드는 가공법은?

① 선반 ② 래핑 ③ 호빙 ④ 밀링

정답 19. ② 20. ② 21. ③ 22. ① 23. ① 24. ② 25. ②

26 일반적으로 선반으로 가공할 수 없는 것은?

① 기어 이 절삭　　② 나사 절삭
③ 축 외경 절삭　　④ 축 테이퍼 절삭

> **풀이**　기어 가공은 호빙머신

27 아크 용접기의 수하특성의 설명으로 옳은 것은?

① 전류가 증가하면 열이 커지는 특성
② 전류가 강하면 전력이 증가하는 특성
③ 부하 전류가 증가하면 단자 전압이 증가하는 특성
④ 부하 전류가 증가하면 단자 전압이 저하하는 특성

> **풀이**　수하특성 : 한쪽이 증가하면 다른 한쪽이 감소하는 특성

28 스프링 백(spring back)의 양을 결정하는 사항으로 옳지 않은 것은?

① 경도와 탄성이 높은 재료일수록 크다.
② 구부림 반지름이 같을 때, 두께가 두꺼울수록 크다.
③ 같은 두께의 판재에서는 구부림 각도가 작을수록 크다.
④ 같은 두께의 판재에서는 반지름이 클수록 크다.

> **풀이**　스프링 백 : 소성가공 시 탄성에 의하여 굽힘이 감소하여 돌아가는 양

29 그림에서 마이크로미터 딤블의 눈금선과 눈금선의 간격이 0.01[mm]일 때, 'X' 부분이 일치하였다면 측정값은 몇 [mm]인가?

① 7.37
② 7.87
③ 17.37
④ 17.87

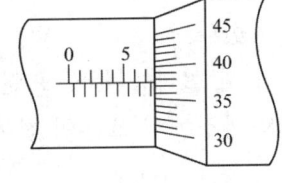

> **풀이**　$7.5 + 37 \times 0.01 = 7.87$

30 주조품을 제조하기 위한 모형(pattern) 중 코어 모형을 사용해야 하는 주물로 적합한 것은?

① 크기가 큰 주물　　② 크기가 작은 주물
③ 외형이 복잡한 주물　　④ 내부에 구멍(hollow)이 있는 주물

31 회전축의 흔들림 검사에 가장 적합한 측정기는?
① 게이지 블록 ② 다이얼 게이지
③ 마이크로미터 ④ 버니어 켈리퍼스

32 지름 20[mm]의 드릴로 연강 판에 구멍 뚫을 때, 회전수가 200[rpm]이면 절삭속도는 몇 [m/min]인가?
① 12.6 ② 15.5 ③ 17.6 ④ 75.3

풀이 $V = \dfrac{\pi \times 20 \times 200}{1000} = 12.57 [\text{m/min}]$

33 축의 휨, 원통의 진원도 측정에 가장 적합한 측정기는?
① 다이얼 게이지 ② 하이트 게이지
③ 버니어캘리퍼스 ④ 각도게이지

34 판금 공작법 중 지름이 같은 두 원통을 서로 겹쳐 끼우기 위하여 원통 끝 부분에 주름을 잡아 지름을 약간 감소시키는 작업을 무엇이라고 하는가?
① 크림핑 ② 비딩 ③ 터닝 ④ 스피닝

35 고속 절삭가공에 대한 설명 중 틀린 것은?
① 공구재료의 발달로 고속가공 기술이 발전되었다.
② 절삭속도 상승 시 반드시 바이트의 수명이 단축되므로, 이를 고려하여 가공계획을 세워야 한다.
③ 고속 절삭 시 절삭능률 및 표면거칠기가 향상된다.
④ 고속 절삭 과정에서 고온의 칩이 비산할 수 있으므로 이에 대한 대처가 필요하다.

풀이 칩은 아래로 떨어진다.

36 원주형 소재와 공구를 회전시키거나 왕복운동을 시키면서 압인시켜 공구의 형상에 대응하는 요철현상을 만들어내는 것으로 나사 가공에 주로 이용하는 가공은?
① 단조가공 ② 인발가공
③ 압연가공 ④ 전조가공

정답 31. ② 32. ① 33. ④ 34. ① 35. ④ 36. ④

37 목형의 제작 시, 주형에서 목형을 쉽게 빼내기 위한 기울기를 주는 것을 무엇이라 하는가?
① 수축 여유 ② 가공 여유 ③ 목형 구배 ④ 코어 프린트

> 풀이 구배는 기울기

38 일명 드로잉(drawing)이라고도 하며 소재를 다이 구멍에 통과시켜 봉재, 선재, 관재 등을 가공하는 방법은?
① 단조 ② 압연 ③ 인발 ④ 전단

39 용융금속을 금속주형에 고속, 고압으로 주입하여, 정밀도가 높은 알루미늄 합금 주물을 다량 생산하고자 할 때 가장 적합한 주조방법은?
① 칠드 주조 ② 원심 주조법
③ 다이캐스팅 ④ 셸 주조

40 연삭숫돌은 연삭이 계속 진행되면 자동적으로 입자가 탈락되면서 새로운 예리한 입자에 의해 연삭이 진행하게 되는데 이 현상을 무엇이라 하는가?
① 자생작용 ② 트루잉 ③ 글레이징 ④ 드레싱

41 판금 가공(sheet metal working)의 종류에 해당되지 않는 것은?
① 단조 가공 ② 접합 가공 ③ 성형 가공 ④ 전단 가공

> 풀이 판금 가공은 판재를 사용하며, 단조는 소성가공이다.

42 절삭 및 비 절삭가공 중에서 절삭가공에 속하는 것은?
① 주조 ② 단조 ③ 판금 ④ 호닝

> 풀이 호닝은 기어절삭 가공

43 선삭 가공이나 드릴로 뚫어진 구멍의 형상과 치수를 정밀하게 다듬질하는 작업은?
① 리밍 ② 탭핑 ③ 다이스 작업 ④ 스크레이퍼 작업

정답 37. ③ 38. ③ 39. ③ 40. ① 41. ① 42. ④ 43. ①

44 다이얼 게이지로 측정하는 것이 가장 적합한 것은?
① 캠 축의 휨
② 나사의 피치
③ 피스톤의 외경
④ 피스톤과 실린더의 간극

45 지름 100[mm], 길이 300[mm]인 연강봉을 선반에서 가공할 때 이송을 0.2[mm/rev], 절삭속도를 157[m/min]으로 하면 1개 가공하는 데 걸리는 시간은? (단, 1회 절삭)
① 3분　　② 4분　　③ 5분　　④ 6분

풀이 $V = \dfrac{\pi DN}{1000}$ ∴ $N = \dfrac{1000 \times 157}{3.14 \times 100} = 500 [\text{rpm}]$

가공시간 $t = \dfrac{300}{0.2 \times 500} = 3 [\text{min}]$

46 연삭숫돌에서 인조 입자의 종류가 아닌 것은?
① 산화알루미늄
② 탄화규소
③ 탄화붕소
④ 에머리(emery)

47 공작기계로 가공된 평면이나 원통면 등을 정밀하게 다듬질하기 위한 수공구는?
① 스크레이퍼　　② 다이스　　③ 정　　④ 탭

48 드릴링머신에서 너트나 볼트의 머리와 접촉하는 면을 평면으로 파는 작업은?
① 리밍　　② 스폿 페이싱　　③ 보링　　④ 태핑

49 연삭숫돌의 결함에서 숫돌 입자의 표면이나 가공에 칩이 메워져서 칩을 처리하지 못하여 연삭성이 나빠지는 현상은?
① 눈메움　　② 트루잉　　③ 드레싱　　④ 무딤

50 다음 중 아크 용접에서 언더 컷의 발생 원인으로 가장 적합한 것은?
① 전류부족, 용접속도 빠름
② 전류부족, 용접속도 느림
③ 전류과대, 용접속도 빠름
④ 전류과대, 용접속도 느림

정답 44. ③　45. ①　46. ④　47. ①　48. ②　49. ①　50. ③

51 주조형 목형(원형)을 실물치수보다 크게 만드는 가장 중요한 이유는?
① 코어를 넣기 때문이다.
② 잔형을 덧붙임하기 때문이다.
③ 주형의 치수가 크기 때문이다.
④ 수축여유와 가공여유를 고려하기 때문이다.

52 마이크로미터의 측정면이나 블록 게이지의 측정면과 같이 비교적 작고 정밀도가 높은 측정물의 편평도 검사에 사용하는 측정기로 가장 적합한 것은?
① 옵티컬 플랫
② 윤곽 투영기
③ 오토 콜리메이터
④ 컴비네이션 세트

53 강 구조물 용접부의 비파괴 검사법 중 가장 일반적이며 필름에 감광시켜 결함을 찾아내는 것은?
① 초음파 검사법
② 방사선 투과 검사법
③ 염색 침투법
④ 자분 탐상 검사법

54 카바이트(CaC_2)를 물에 넣으면 아세틸렌 가스와 생석회가 생성되는 다음의 화학식에서 밑줄 친 부분에 들어갈 물질의 분자식으로 옳은 것은?

$$CaC_2 + 2H_2O \Rightarrow \underline{\qquad} + Ca(OH)_2$$

① CO_2 ② C_2H_2 ③ CH_3OH ④ $C_2(OH)_2$

55 판재를 사용하여 탄피, 주전자 등을 제작할 때 사용되는 인발은?
① 관재인발
② 딥 드로잉
③ 선재인발
④ 롤러 다이법

56 용접부의 검사법 중 시험편 내에 있는 결함에서 반사되어 오는 반응을 시간적 연관성이 있는 오실로스코프에 받아 기록하는 방법은?
① 침투 탐상검사
② 자분 탐상검사
③ 초음파 탐상검사
④ 방사선 투과검사

정답 51. ④ 52. ① 53. ② 54. ② 55. ② 56. ③

57 게이지블록이나 마이크로미터 측정면의 평면도를 측정하는데 가장 적합한 측정기는?
① 정반 ② 옵티컬 플랫
③ 공구 현미경 ④ 사인바

58 각도측정기로 사용되는 사인바는 일정 각도 이상을 측정하면 오차가 커지는데, 따라서 일반적으로 몇 도 이하에서 사용하는 것이 좋은가?
① 30° ② 45° ③ 60° ④ 75°

59 인장 시험에서 측정할 수 없는 것은?
① 인장강도 ② 탄성계수 ③ 연신율 ④ 경도

60 0.01[mm]까지 측정할 수 있는 마이크로미터에서 나사의 피치와 딤블의 눈금에 대한 설명으로 옳은 것은?
① 피치는 0.25[mm]이고 딤블은 50등분이 되어 있다.
② 피치는 0.5[mm]이고 딤블은 100등분이 되어 있다.
③ 피치는 0.5[mm]이고 딤블은 50등분이 되어 있다.
④ 피치는 1[mm]이고 딤블은 50등분이 되어 있다.

61 셀 몰드법(Shell mold process)의 설명으로 틀린 것은?
① 미숙련공도 작업이 가능하다.
② 작업공정을 자동화하기 쉽다.
③ 보통 소량생산 방식에 사용된다.
④ 짧은 시간 내에 정도가 높은 주물을 만들 수 있다.

> **풀이** 셀 몰드는 자동화 대량생산에 적합

62 프레스가공 중 전단가공에 포함되지 않는 것은?
① 블랭킹(blanking) ② 펀칭(punching)
③ 트리밍(trimming) ④ 스웨이징(swaging)

> **풀이** 스웨이징은 압출가공

정답 57. ② 58. ② 59. ④ 60. ③ 61. ③ 62. ④

63 고속 절삭가공의 특징으로 틀린 것은?
① 절삭능률의 향상 ② 표면 거칠기가 향상
③ 공구수명이 길어짐 ④ 가공 변질층이 증가

64 소성가공법에서 열간 가공의 특징이 아닌 것은?
① 가공 면이 아름답고 정밀한 형상의 가공 면을 얻는다.
② 재결정온도 이상으로 가열하므로 가공이 쉽다.
③ 거친 가공이 적합하다.
④ 표면이 가열되어 있어 산화로 인해 정밀 가공이 어렵다.

65 선반작업에 사용되는 절삭공구의 일반적인 명칭은?
① 숫돌 ② 커터 ③ 탭 ④ 바이트

66 다음과 같은 테이퍼(taper)를 복식 공구대를 이용하여 절삭 가공할 수 있는 공작기계는?

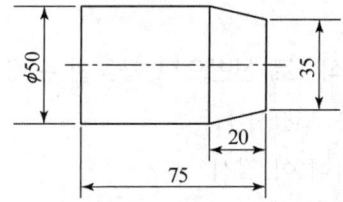

① 선반
② 밀링
③ 프레스
④ 슈퍼 피니싱

67 목형에서 코어(core)를 사용해야 하는 주물로 적합한 것은?
① 속이 빈 주물 ② 크기가 작은 주물
③ 크기가 큰 주물 ④ 외형이 복잡한 주물

68 비 절삭가공에 속하는 것은?
① 전조 ② 평삭 ③ 선삭 ④ 연삭

> **풀이** 전조는 나사산 가공

정답 63. ④ 64. ① 65. ④ 66. ① 67. ① 68. ①

69 점성이 큰 가공물을 경사각이 적은 절삭공구로 가공할 때 칩이 경사면에 점착되어 원활하게 흘러 나가지 못하고 절삭공구의 전진에 따라 압축되어 가공재료 일부에서 터짐 현상이 발생한 칩의 형태는?
① 유동형 칩
② 경작형 칩
③ 전단형 칩
④ 균열형 칩

70 밀링머신에서 새들과 테이블을 지지하며 승강 리드스크류에 의해 이송되는 밀링머신의 구성품은?
① 니(knee)
② 컬럼(column)
③ 스핀들(spindle)
④ 오버 암(over arm)

71 절삭 가공 방식 중에서 절삭공구가 회전하지 않는 공작기계는?
① 선반
② 밀링 머신
③ 호빙 머신
④ 드릴링 머신

풀이 선반은 공작물이 회전한다.

72 일반적으로 선반으로 가공할 수 없는 것은?
① 나사 절삭
② 축 외경 절삭
③ 기어 이 절삭
④ 축 테이퍼 절삭

풀이 기어 절삭은 호빙머신

73 직류 아크 용접기에서 용접봉에 음(-)극을 연결하고 모재에 양(+)극을 연결한 경우의 극성으로 올바른 명칭은?
① 정극성(DCSP)
② 역극성(DCRPS)
③ 음극성(FCSP)
④ 양극성(MCSP)

74 2개의 금속편 끝을 각각 용융점 근처까지 가열하여 양끝을 접촉시켜 압력을 가하여 접합시키는 작업은?
① 단조
② 압출
③ 압연
④ 압접

정답 69. ② 70. ① 71. ① 72. ③ 73. ① 74. ④

75 클러치, 캠, 기어 등의 소재가공 시 강재의 표면만 경화시키는 표면 경화법이 아닌 것은?

① 침탄법   ② 질화법   ③ 제강법   ④ 청화법

76 다음 중 미세한 숫돌 가루를 이용하여 표면을 매끈하게 만드는 가공법은?

① 선반   ② 래핑   ③ 호빙   ④ 밀링

77 주형제작에 사용되는 탕구계(gating system)의 구성요소에 포함되지 않는 것은?

① 열풍로   ② 주입구   ③ 라이저   ④ 탕도

풀이 탕구계 : 주물에 용탕을 흘러 들어가게 하는 통로(탕구, 탕로, 라이저 등)

정답 75. ③ 76. ② 77. ①

4장 유체기계

1. 유체기계 기초이론

1.1 유압기초 및 일반사항

(1) 양정
① 펌프가 액체를 끌어 올리는 높이를 말한다.
② 펌프의 입구와 출구에서 송출액 1kg이 갖고 있는 에너지의 차를 수두로 나타냄

(2) 유량 : 펌프에서 단위시간에 이송되는 액체의 체적

(3) 유압 및 공기압 용어(KS B 0120)
① 크래킹 압력: 체크밸브, 릴리프 밸브 등에서 압력이 상승하고 밸브가 열리기 시작하여 어느 일정한 흐름의 양이 인정되는 압력
② 리시트 압력 : 체크밸브, 릴리프 밸브 등에서압력이 저하되어 누설량이 규정량 까지 감소했을 때의 압력
③ 서지 압력 : 과도 상승 압력의 최대치
④ 오버라이드 압력 : 설정 압력 - 크래킹 압력(크면 채터링 현상)
⑤ 제로랩 : 슬라이드 밸브 등에서 밸브가 중립 점에 있을 때 포트는 닫혀있고 포트가 조금이라도 열리면 유체가 흐르도록 중복된 상태
⑥ 언더랩 : 슬라이드 밸브 등에서 밸브가 중립 점에 있을 때 먼저 포트가 열려 유체가 흐를 수 있는 겹침 상태
⑦ 오버랩 : 흡기밸브와 배기밸브가 동시에 열려 있는 시기

(4) 레이놀드 수 (Reynold number)
① 유체의 흐름의 정도를 파이프의 직경, 길이 유체의 속도, 점도를 고려한 수치로 표시
② Re 2100 미만 : 층류 유동
③ Re 2100~4000 : 천이영역
④ Re 4000 초과 : 난류 유동

(5) 캐비테이션(Cavitation) 현상

1) 원인

액체의 흐름에서 압력이 낮아져 액체의 포화증기압이하로 되면 액체가 증발하여 액체 중에 공동을 일으키는 현상

2) 현상 : 소음과 진동 발생, 깃의 괴식 및 부식, 펌프 성능저하

3) 방지책
① 펌프의 회전수를 적게 한다.
② 단 흡입이면 양 흡입 펌프로 한다.
③ 펌프의 설치 위치를 낮춘다.
④ 흡입관의 지름을 크게 하고, 밸브의 곡관을 적게 한다.
⑤ 2대 이상의 펌프를 설치한다.

(6) 수격 현상(Water Hammer)

1) 관내 액체의 속도가 급속히 변해 심한 압력변화가 생겨 벽을 치는 현상

2) 방지책
① 관내유속을 낮게 하고, 서지탱크를 설치한다.
② 밸브를 송출구 가까이 설치하고 밸브로 적당히 조정 한다.
③ 플라이휠일을 설치하여 관성력을 크게하여 액체의 급격한 속도 변화를 줄인다.

(7) 서징(Surginig)현상 (맥동현상)

펌프를 사용하는 관로에서 송출압력과 송출유량의 주기적인 변동으로 마치 숨을 쉬는 것과 같은 소음과 진동이 발생하는 현상

1.2 유압장치의 구성 및 유압유

(1) 유압펌프 분류
① 기어펌프 : 외접식, 내접식
② 베인펌프 : 정용량형, 가변용량형
③ 플런저 펌프 : 로타리플런저 펌프, 크랭크형 플런저형
④ 스크류 펌프

(2) 액츄에이터(Actuator)
① 유압 펌프에 의해서 공급되는 유체의 압력 에너지를 이용하여 각종 밸브로 유압을 제어하여 기계적 일로 변환시키는 장치로 유압 시스템의 주동력원이다.
② 액츄에이터의 분류
- 유압모터 : 기어모터, 베인모터, 로터리 플런저 모터, 요동모터
- 유압 실린더

(3) 어큐뮤레이터(Accumulator)
① 유압 시스템에서 에너지를 저장하거나 흡수하여 맥동을 줄이는 장치
② 어큐뮤레이터의 기능
- 비상 동력원(예비동력원)
- 누설 보상기
- 유압 완충기
- 유압기기를 급격한 서지압으로 부터 보호
③ 공기실 : 송출되는 유량의 변동을 적게 한다.

(4) 유압작동유의 필요조건
① 확실한 동력전달로 정확한 위치와 속도제어를 위해 비압축성이어야 한다.
② 윤활성과 유동성이 좋아야 한다.
③ 증기압, 열팽창계수는 작고 비등점과 비열은 높아야 한다.
④ 열 전달율이 높아야 한다.
⑤ 체적탄성계수가 커야 한다. (체적변형이 작아야 한다.)

1.3 공압기계

(1) 에너지 이동방향에 따른 분류
① 송풍기, 압축기
② 풍차, 공기터빈

(2) 압력정도에 따라
① 저압 공기기계 : 송풍기, 풍차
② 고압 공기기계 ; 압축기, 진공펌프

(3) 구조 및 작용방법에 따른 분류
① 터보형 : 원심식, 축류식
② 용적형 : 왕복식 압축기, 루츠송풍기, 나사 압축기

(4) 송풍기와 압축기의 구분
① 송풍기(블로어) : 상승압력이 압력 $1[N/cm^2]$ 이상 $10[N/cm^2]$ 미만
② 압축기(Compressor) : 압력상승이 $10[N/cm^2]$ 이상

(5) 공압기기의 특성
① 동력 전달이 간단하고 장거리 이송이 쉽다.
② 폭발, 인화위험이 적고 환경 오염이 없다.
③ 작동 매체를 쉽게 구할 수 있다.
　※ 정밀한 위치 및 속도제어 불가

(6) 공기압 모터
① 압축 공기의 에너지를 회전력으로 변환하는 모터
② 폭발, 인화위험이 적고 환경 오염이 없다.
③ 기동, 정지, 역전 시 쇼크 발생이 적다.
④ 부하에 따른 회전수 변동이 크다.

(7) 공기압 기기
① 노즐 플래퍼 : 공압 회로에서 검출신호를 공기압으로 변환하는 요소
② 벨로즈 : 압력계 등에서 압력-변위 변환시키는 기구
③ 다이아프램 : 얇은 막의 간막이 판으로 압력측정 및 유체를 개폐시키는 기구

2. 유압기계

2.1 펌프

(1) 펌프의 분류
① 용적형 펌프 : 기어 펌프, 나사 펌프, 베인펌프, 플런저 펌프, 피스톤 펌프
② 터보형 펌프 : 원심 펌프, 사류 펌프, 축류펌프, 분사형 펌프

(2) 기어펌프(용적형 회전식)

1) 2개의 기어를 맞물리게 하여 이와 이의 공간에 갇힌 유체를 기어의 회전에 의해 토출하는 펌프

2) 기어펌프의 특징
   ① 구조가 간단하다.
   ② 점도가 높은 액체 수송에 적합
   ③ 먼지에 예민하다.
   ④ 내부 누설이 크고 토출량 가변이 어렵다.

3) 기어펌프의 이론적 송출량

$$Q_{th} = 2\pi \times m^2 \times Z \times b[\text{mm}] \times N[\text{rpm}] \times 10^{-6}[l/\text{min}]$$

여기서, m : 모듈, Z : 잇수, b : 이폭, N : 회전수

※ 물 $1[\text{m}^3] = 1000[l] = 1000[\text{kg}]$

∴ $1[\text{mm}^3] = 10^{-6}[l]$

예제 기어 펌프의 모듈이 3, 잇수 16, 이폭 18 mm인 펌프가 1200 rpm으로 회전하면 이론적인 송출량은 약 몇 L/min 인가?

풀이 $Q_{th} = 2\pi \times 3^2 \times 16 \times 18 \times 10^{-6} = 19.54\,[l/\text{min}]$

(3) 스크류 펌프(나사펌프)

1) 나사를 회전시켜 유체를 축 방향으로 토출하는 펌프

2) 스크류 펌프의 특징
   ① 압력맥동이 작다.
   ② 진동과 소음이 작다.
   ③ 유압식 엘리베이터에 사용

(4) 축류펌프

1) 동체내에 프로펠러형 날개바퀴가 있고 유체를 축 방향으로 토출하는 펌프 (※ 선박의 스쿠루 프로펠러와 유사한 형상)

2) 축류 펌프의 특징
　① 송출량이 많고 저양정인 경우 적합(10m 이하)
　② 날개 설치각도 변경이 가능하여 효율이 높다.
　③ 증기터빈, 상하수도 펌프, 복수기 순환펌프 등에 사용

3) 구성요소
　① 회전차, 축, 안내깃
　② 회전차 날개 : 2~6 매

(5) 왕복펌프
흡입 및 송출 밸브에 의해서 펌프 작용을 하는 용적형 펌프의 일종

1) 종류 : 단동식, 복동식, 차동식

2) 왕복펌프의 특징
　① 고압을 얻을 수 있다.
　② 물맞이(Priming)가 필요없다.
　③ 송출밸브로 유량조절이 불가능하며, 체절운전을 할 수 있다.
　④ 안전밸브를 설치해야 한다.

3) 왕복펌프의 유량조절방법
　① 매분회전수를 변화시켜 조절한다.
　② 행정을 변형시켜 조절한다.
　③ 송출유량 일부를 바이패스로 역류한다.

(6) 재생펌프(와류펌프, 웨스코펌프, 마찰펌프)
　① 소유량, 고양정에 사용
　② 체절상태에서 양정 및 축동력이 최대
　③ 다른 펌프에 비해 효율 낮음
　④ 구조가 간단하고 제작, 운전, 보수가 쉬워 소형펌프로서 우물용 펌프로 사용된다.

(7) 제트(Jet Pump)
　① 운동하는 기계 부분이 없어 구조가 간단하고 고장이 거의 없다.
　② 고압 유체와 저압 유체의 충돌에 의한 에너지 손실이 커서 효율이 낮다. (10~30%)
　③ 화학공장에서 다른 종류의 유체를 혼합할 때 사용된다.

(8) 기포펌프(Air Lift Purmp)
압축공기를 압입하여 물과 공기의 혼합체를 발생시켜 비중차로 양수하는 펌프

(9) 진공펌프
용기내의 압력을 대기압력 이하의 저압으로 유지하기 위해 기체를 대기압력 쪽으로 배출하는 원리를 이용한 펌프

(10) 다련 펌프 : 동일 축상에 2개 이상의 요소를 가지고 각각 독립된 펌프 작용을 한다.

(11) 다단 펌프 : 1개의 회전축에 2개 이상의 날개를 장치한 펌프로 고양정에 사용한다.

(12) 베인 펌프 : 로터리 펌프의 종류로 케이싱에 접하여 날개(베인)을 회전시켜 액체를 토출하는 방식

2.2 유압 펌프의 동력

(1) $P = $ 송출압력$[N/m^2] \times$ 유량$[m^3/sec] \times 10^{-3}$ [kW]

> **예제** 회전수 1350 rpm으로 회전하는 용적형 펌프의 송출량 32 l/min, 송출압력이 40 kg/cm² 이다. 이 때 소비동력이 3 kW라면 이 펌프의 전 효율은?
>
> **풀이**
> 송출압력 $= 40 \times 9.81 \times \dfrac{1}{10^{-4}} = 3924000[N/m^2]$
>
> 유량 $= 32 \times 10^{-3} \times \dfrac{1}{60} = 5.33 \times 10^{-4} [m^3/sec]$
>
> $P = 3924000 \times 5.33 \times 10^{-4} \times 10^{-3} = 2.09 [kW]$
>
> $\eta = \dfrac{2.09}{3} \times 100 = 69.67 [\%]$

(2) $P = \dfrac{9.81 QH}{\eta}$ [kW]

여기서, Q : 양수량[m³/s], H : 양정[m], η : 효율

(3) $H = \dfrac{QH}{75\eta} \times 10^3$ [PS]

물 1[m³] = 1000[kg], 1[PS] = 75[kg · m/s] ≒ 736[W]

2.3 유압밸브

(1) **압력제어 밸브** : 안전밸브, 시퀀스밸브, 카운터밸런스밸브, 언로딩밸브, 감압밸브

(2) **유량제어 밸브** : 드로틀밸브, 유량조절밸브, 디셀러레이션 밸브(감속밸브)

(3) **방향제어 밸브** : 체크밸브(역방향 저지), 셔틀밸브(압력의 입구를 선택기능)

(4) **오리피스** : 유압기기 요소 중 길이가 단면 치수에 비해 비교적 긴 죔 공구

(5) **리듀싱 밸브** : 유량이나 입구 측의 유압과 관계없이 설정한 압력을 일정하게 유지시키는 밸브

(6) **시퀀스 밸브** : 2개 이상의 분기회로를 유체회로에서 작동순서를 압력에 의하여 제어하는 밸브

2.4 유압 실린더의 추력 및 유량속도

(1) **추력** $F[\text{kgf}] = A[\text{cm}^2] \times P[\text{kg/cm}^2]$
   여기서, P : 유압실린더 압력, A : 실린더 단면적

(2) **실린더 유량** $Q[\text{cm}^3/\text{s}] = A[\text{cm}^2] \times V[\text{cm/s}]$

(3) **실린더 속도** $V[\text{cm/s}] = \dfrac{Q[\text{cm}^3/\text{s}]}{A[\text{cm}^2]}$

> **예제** 지름이 100 mm인 유압실린더의 이론 송출량이 830 cm³/s 추력이 3 kgf일 때 이 유압실린더의 속도(cm/s)는 얼마인가? (단, 펌프의 용적효율은 90 % 이다.)

> **풀이**
> $$V = \frac{Q}{A} = \frac{830 \times 0.9}{\pi \times 5^2} = 9.51 [\text{cm/s}]$$

> **예제** 그림과 같은 원통 용기의 하부 구멍 A의 단면적이 0.05 m²이고 이를 통해서 물이 유출할 때 유량은 약 m³/s인가? (단, 유량계수는 $C=0.6$, 높이는 $H=2\text{m}$로 일정하다.)

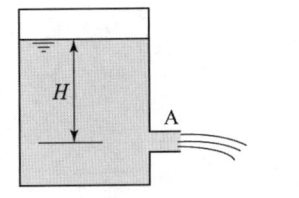

풀이 유량 $Q = CAV$에서 C : 유량계수, A : 단면적, V : 속도
$H = \dfrac{V^2}{2g_n}$ 에서 수두속도 $V = \sqrt{2g_n \cdot H}$
$\therefore Q = 0.6 \times 0.05 \times \sqrt{2 \times 9.81 \times 2} = 0.19 [\text{m}^3/\text{s}]$

2.5 유체 측정기기

(1) 벤투리미터 : 오리피스, 노즐 등의 유량측정
(2) 피토 정압관 : 유체의 정압과 동압을 측정 비교하여 속도를 구하는 기기
(3) 피토관 : 총압과 정압을 측정하여 유체의 속도를 구하는 기기
(4) 시차 액주계 : 두 점 간의 압력 차 비교측정

3. 유압회로

(1) 미터인 회로
펌프에서 토출된 작동유를 실린더에 보낼 때 주회로 파이프에 유량 제어밸브를 삽입하여 유량을 제어하는 회로
① 정확한 속도제어 가능하다
② 기동쇼크 발생하기 쉽다.

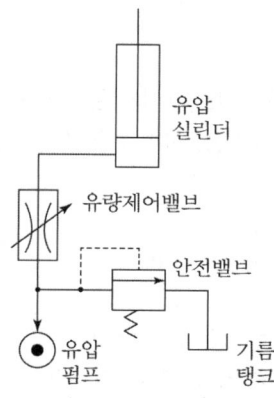

(2) 블리드오프 회로

펌프에서 토출된 작동유를 실린더에 보낼 때 유량제어밸브를 분기된 바이패스(By pass) 회로에 삽입하여 유량을 제어하는 회로

① 효율과 착상 정도가 높다.
② 기동 쇼크가 적다.
③ 정확한 속도제어가 어렵다.

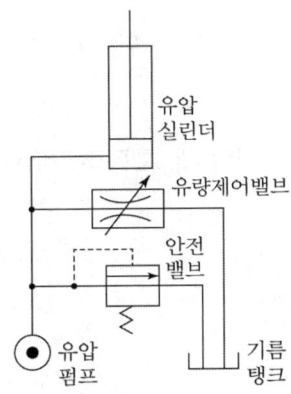

(3) 파일럿(pilot) 조작 회로

① 점선은 파이럿 회로, 실선은 유압의 주회로를 나타낸다.
② 파일럿 회로는 탱크로 돌려보내는 유량을 제어하는 회로이다.

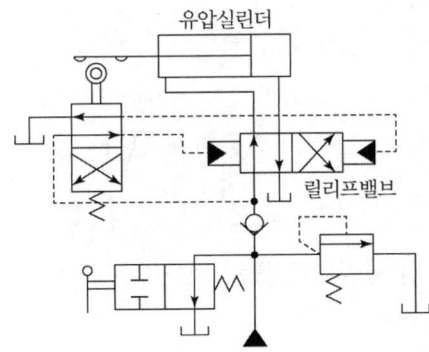

4장 유체기계 예상문제

01 표준 대기압을 나타낸 것 중 틀린 것은?

① 1[atm]   ② 760[mmHg]
③ 14.7[PSI]   ④ 10.332[kgf/cm²]

풀이 표준대기압 1[atm]=760[mmHg]=1.03322[kfg/cm²]=14.7[PSI]

02 양정 15[m], 송출량 2[m³/min]일 때, 축동력 10[ps]를 필요로 하는 원심펌프의 효율을 구하면?

① 56[%]   ② 67[%]   ③ 76[%]   ④ 87[%]

풀이 $H = \dfrac{QH}{75\eta} \times 10^3 [PS]$

$\therefore \eta = \dfrac{\dfrac{2}{60} \times 10^3 \times 15}{75 \times 10} \times 100 = 66.67[\%]$ (1[m³]=1000[kg])

03 왕복 펌프에서 공기실의 가장 주된 역할은?

① 밸브의 개폐를 쉽게 한다.
② 밸브가 닫혀있을 때 누설이 없게 한다.
③ 송출되는 유량의 변동을 적게 한다.
④ 피스톤(또는 플런저)의 운동을 원활하게 한다.

04 유압 작동유의 구비조건 설명으로 틀린 것은?

① 비압축성이어야 한다.
② 열을 방출시키지 않아야 한다.
③ 녹이나 부식 발생 등이 방지되어야 한다.
④ 장기간 사용하여도 화학적으로 안정하여야 한다.

풀이 열 전달률이 커야 온도상승 억제

정답 01. ④ 02. ② 03. ③ 04. ②

05 펌프의 전 효율(η)을 구하는 식은?
(단, η_m : 기계 효율, η_v : 체적 효율, η_k : 수적 효율이다.)

① $\eta = \eta_m \cdot \eta_v \cdot \eta_k$
② $\eta = \dfrac{\eta_m \eta_v}{\eta_k}$
③ $\eta = \eta_m + \eta_v + \eta_k$
④ $\eta = \dfrac{1}{\eta_m \cdot \eta_v \cdot \eta_k}$

06 급수펌프에 연결된 흡입관을 저수탱크에 넣을 때 수면으로부터 흡입이 시작되는 관 끝까지의 최소 깊이는?

① 10[cm]
② 흡입관 지름의 1배
③ 20[cm]
④ 흡입관 지름의 2배

07 어큐뮬레이터(accumulator)의 용도 설명으로 틀린 것은?

① 밸브를 개폐하는 것에 의하여 생기는 오일 해머나 압력 노이즈에 의한 충격 압력을 방지한다.
② 폐회로에서의 유온 변화에 의한 오일의 팽창, 수축에 의하여 생기는 유량의 변화를 보충을 해준다.
③ 유압펌프에서 발생하는 맥동을 흡수하고, 진동이나 소음방지에 사용한다.
④ 직선 왕복운동을 주로 하는 실린더와 회전운동을 하는 실린더로 사용한다.

08 유압기기에서 기어펌프를 사용 시 특징 설명으로 틀린 것은?

① 구조가 간단하다.
② 토출량을 가변적으로 사용하기 편리하다.
③ 내부 누설이 다른 펌프와 비교하여 크다.
④ 다른 유압펌프에 비해 먼지가 가장 예민하다.

풀이 기어펌프는 토출량 가변이 어렵다.

09 기계에 작동하는 기체를 저압식과 고압식으로 나눌 때 고압식에 포함되는 것으로만 이루어져 있는 것은?

① 진공펌프, 회전형 압축기
② 원심 압축기, 팬
③ 축류 송풍기, 왕복형 압축기
④ 압축공기 기계, 송풍기

정답 05. ① 06. ④ 07. ④ 08. ② 09. ①

10 유체속도가 20[m/s]로 흐를 때 속도수두는 약 몇 [m]인가?

① 20.4   ② 40.8   ③ 51.0   ④ 102.0

풀이 $H = \dfrac{V^2}{2g} = \dfrac{20^2}{2 \times 9.81} = 20.39[m]$

11 축류 펌프의 구성 요소가 아닌 것은?

① 회전차   ② 안내깃   ③ 축   ④ 피스톤

풀이 피스톤은 왕복펌프의 구성요소

12 유압제어밸브를 기능상 크게 3가지로 분류할 때 여기에 속하지 않는 것은?

① 압력제어밸브   ② 온도제어밸브
③ 유량제어밸브   ④ 방향제어밸브

13 축류펌프 회전차의 날개 깃은 보통 몇 개인가?

① 2~6매   ② 8~12매   ③ 14~18매   ④ 20~24매

14 화학공장에서 진공펌프로 이용되는 펌프는?

① 재생펌프   ② 기포펌프   ③ 젯트펌프   ④ 수격펌프

15 공기압 발생장치인 압축기의 일반적인 설치 조건으로 가장 적합하지 않은 것은?

① 습기제거를 위해 직사광선이 있는 곳에 설치한다.
② 저온, 저습 장소에 설치하여 드래인 발생을 적게 한다.
③ 지반이 견고한 장소에 설치하여 소음, 진동을 예방한다.
④ 빗물, 바람 등에 보호될 수 있도록 지붕이나 보호벽을 설치한다.

16 유압기기에 대한 특징을 설명한 것으로 틀린 것은?

① 저속에서는 큰 토크 구동이 안된다.
② 무단 변속과 원격 제어가 가능하다.
③ 출력 및 토크 제어를 자동화할 수 있다.
④ 과부하 방지, 인터 록 또는 시퀀스 제어가 가능하다.

정답 10. ①   11. ④   12. ②   13. ①   14. ③   15. ①   16. ①

17 일반적으로 공기압축기의 사용 압력이 1[N/cm²] 이상부터 10[N/cm²] 미만인 경우에 사용되는 공기압 발생장치는?
① 콤프레서(compressor)   ② 펌프(pump)
③ 블로어(blower)   ④ 팬(fan)

18 송풍기에서 송출 압력과 송출 유량의 주기적인 변동이 일어나 마치 숨을 쉬는 것과 같은 상태로 나타내는 현상을 무엇이라고 하는가?
① 서징 현상   ② 캐비테이션
③ 배풍 현상   ④ 조건반사 현상

19 전동기나 유압모터와 공기압 모터를 비교했을 때 일반적으로 공기압 모터의 특징에 대한 설명으로 거리가 먼 것은?
① 과부하 시의 위험성이 낮다.
② 폭발의 위험성이 있는 환경에서 사용할 수 있다.
③ 기동, 정지, 역전 시에 쇼크의 발생 없이 자연스럽다.
④ 부하에 따른 회전수 변동이 적어 일정한 회전수를 유지할 수 있다.

20 펌프를 터보형과 용적형으로 구분했을 때, 용적형의 회전식 펌프에 속하는 것은?
① 기어 펌프   ② 사류 펌프
③ 플런저 펌프   ④ 피스톤 펌프

21 원심펌프에서 양수 장치의 구성품에 속하지 않는 것은?
① 흡입관   ② 풋 밸브
③ 니들 밸브   ④ 게이트 밸브

22 유압 펌프의 종류 중 비용적형 펌프의 종류에 속하는 것은?
① 기어 펌프   ② 베인 펌프
③ 터빈 펌프   ④ 왕복동 펌프

정답   17. ③   18. ①   19. ④   20. ①   21. ③   22. ③

23 관속을 흐르는 액체의 유속을 갑자기 변화시켰을 때 액체에 심한 압력변화를 일으키는 현상은?
① 공동현상
② 맥동현상
③ 수격현상
④ 충격현상

24 넓은 유로에서 단면이 좁은 곳으로 유입되는 유체가 압력의 저하로 인해 공기, 수증기 등의 가스가 물에서 분리되어 기포가 되면서 진동과 소음의 원인이 되는 현상은?
① 분리현상
② 재생현상
③ 수격현상
④ 공동현상

25 다음 중 압축기 뒤에 설치되어 압축공기를 저장하는 공기탱크에 대한 설명으로 옳지 않은 것은?
① 맥동을 방지하거나 평준화한다.
② 압력용기이므로 법적 규제를 받는다.
③ 비상시에도 일정시간 운전을 가능하게 한다.
④ 다량의 공기 소비 시 급격한 압력상승을 방지한다.

풀이 다량의 공기소비 시 압력하강 방지

26 슬라이드 밸브 등에서 밸브가 중립점에 있을 때, 포트는 닫혀있고, 밸브가 조금이라도 변위하면 포트가 열리고 유체가 흐르도록 중복된 상태를 의미하는 유압 용어는?
① 랩
② 제로 랩
③ 오버랩
④ 언더 랩

27 파이프 유동에서 Reynolds 수(Re)가 약 몇 이하일 경우 층류 유동으로 볼 수 있는가?
① Re = 200
② Re = 2100
③ Re = 1200
④ Re = 14000

28 유압기기의 제어밸브를 기능면에서 크게 3가지로 구분할 때, 이에 속하지 않는 것은?
① 압력제어밸브
② 방향제어밸브
③ 유량제어밸브
④ 온도제어밸브

정답 23. ③ 24. ④ 25. ④ 26. ② 27. ② 28. ④

29 체크밸브 또는 릴리프 밸브 등에서 압력이 상승하고 밸브가 열리기 시작하여 어느 일정한 흐름의 양이 안정되는 압력을 무엇이라고 하는가?

① 서지 압력   ② 크래킹 압력   ③ 컷 아웃 압력   ④ 정격 압력

30 변동수차의 종류 중 하나로 물이 수차 내부의 회전차를 통과하는 사이에 압력과 속도에너지가 감소하고 그 반동으로 회전차를 구동하는 수차는?

① 중력 수차   ② 축류 수차   ③ 펠톤 수차   ④ 프란시스 수차

31 펌프의 공동현항(caviation)의 방지법으로 거리가 먼 것은?

① 펌프의 설치높이를 되도록 낮추어 흡입 양정을 짧게 한다.
② 압축펌프를 사용하고, 회전차를 수중에 완전히 잠기게 한다.
③ 양흡입 펌프를 사용한다.
④ 펌프의 회전 수를 높여서 흡입 비속도를 크게 한다.

32 유압회로에서 유압 모터, 유압실린더 등의 작동순서를 순차적으로 제어하고자 할 때, 사용하는 밸브는?

① 체크 밸브   ② 릴리프 밸브   ③ 시퀀스 밸브   ④ 감압 밸브

33 펠톤수차에서 비상시에 회전 차에 작용하는 물의 방향을 급속히 돌리기 위한 장치는?

① 디플렉터   ② 노즐   ③ 니들밸브   ④ 버킷

34 용적형 펌프에 해당하는 피스톤 펌프는 어느 형식에 속하는 펌프인가?

① 왕복식 펌프   ② 원심식 펌프   ③ 사류 펌프   ④ 회전식 펌프

35 양수량이 매분 15[m³]이고, 총 양정이 10[m]인 펌프용 전동기의 용량은 몇 [kW]겠는가? (단, 펌프효율은 65[%]이고, 여유계수는 1.12라고 한다.)

① 38.4   ② 42.2   ③ 7.6   ④ 12.4

풀이 $P = \dfrac{9.81 QH}{\eta} \times 여유계수 = \dfrac{9.81 \times \dfrac{15}{60}}{0.65} \times 1.12 = 4.23 [kW]$

정답 29. ② 30. ④ 31. ④ 32. ③ 33. ① 34. ① 35. ②

36 펌프의 케비테이션 방지책으로 틀린 것은?

① 펌프의 설치위치를 될 수 있는 대로 낮춘다.
② 단 흡입이면 양 흡입으로 고친다.
③ 2대 이상의 펌프를 설치한다.
④ 펌프의 회전수를 높인다.

> **풀이** 케비테이션 : 공동현상으로 소음과 진동 발생

37 유압기기와 관련하여 체크밸브, 릴리프밸브 등의 입구쪽 압력이 강하하고 밸브가 닫히기 시작하여 밸브의 누설량이 어느 규정의 양까지 감소했을 때의 압력은? (단, 유압 및 공기압용어 KS B 0120에 의한다.)

① 서지 압력   ② 파일럿 압력   ③ 리시트 압력   ④ 크랭킹 압력

38 유압기기 요소에서 길이가 단면 치수에 비해서 긴 죔구를 의미하는 용어는?

① 램   ② 초크   ③ 오리피스   ④ 스플

39 유동하고 있는 액체의 압력이 국부적으로 저하되어 증기나 함유기체를 포함하는 기포가 발생하는 현상은?

① 수격현상   ② 서징현상   ③ 공동현상   ④ 초킹현상

40 전 양정 3[m], 유량 10[m³/min]인 축류펌프의 효율이 80[%]일 때 이 펌프의 축동력[kW]은? (단, 물의 비중량은 1000[kgf/m³] 이다.)

① 4.90   ② 6.13   ③ 7.66   ④ 8.33

> **풀이** $P = 9.81 QH = \dfrac{9.81 \times 10 \times 3}{60 \times 0.8} = 6.13 [\text{kW}]$

41 유압, 공기압 도면 기호에서 나타내는 기호 요소 중 파선의 용도로 틀린 것은?

① 필터   ② 전기신호선
③ 드레인 관   ④ 파일럿 조작관로

> **풀이** 전기신호선은 실선으로 표시한다.

정답 36. ④ 37. ③ 38. ③ 39. ③ 40. ② 41. ②

42 압력 제어 밸브가 아닌 것은?
① 릴리프밸브　　② 압력조절밸브　　③ 체크밸브　　④ 스퀸스밸

풀이　체크밸브는 방향제어밸브(역저지밸브)이다.

43 어느 한 쪽 방향으로만 공기의 흐름이 이루어지며 반대쪽의 압력 흐름을 저지시키는 역할을 하는 밸브에 속하지 않는 것은?
① 감압밸브(regulator)　　② 체크밸브(check valve)
③ 셔틀밸브(shuttle valve)　　④ 속도조절밸브(speed control valve)

풀이　감압밸브는 양방향 작용

44 회로 내의 압력 상승을 제한하여 설정된 압력의 오일 공급을 하는 것은?
① 릴리프 밸브　　② 방향제어 밸브
③ 유량제어 밸브　　④ 유압 구동기

45 4 포트 3 위치 방향 전환 밸브의 중간위치 형식 중 센터 바이패스형 이라고도 하며 중립위치에서 펌프를 무부하 시킬 수 있고, 실린더를 임의의 위치에 고정시킬 수 있는 것은?
① ABR 접속형　　② 오픈센터형
③ 탠덤센터형　　④ 클로즈센터형

46 유압장치에서 배관, 밸브, 계기류를 급격한 서지압으로부터 보호하기 위하여 설치하는 것은?
① 액추에이터　　② 디퓨저
③ 어큐물레이터　　④ 엑셀레이터

47 유압기기에 사용되는 유압 작동유의 구비조건으로 옳은 것은?
① 열팽창계수가 클 것　　② 압축률(압축성)이 높을 것
③ 증기압이 낮고 비점이 높을 것　　④ 열 전달율이 낮고 비열이 작을 것

정답　42. ③　43. ①　44. ③　45. ③　46. ③　47. ③

48 압력제어 밸브의 종류로 틀린 것은?

① 체크 밸브　　　　　② 릴리프 밸브
③ 리듀싱 밸브　　　　④ 카운터 밸런스 밸브

49 펌프의 전 효율(η)을 구하는 식은?
(단, η_m : 기계효율, η_v : 체적 효율, η_k : 수적효율이다.)

① $\eta = \eta_m \cdot \eta_v \cdot \eta_k$　　　　② $\eta = \dfrac{\eta_m \eta_v}{\eta_k}$

③ $\eta = \eta_m + \eta_v + \eta_k$　　　　④ $\eta = \dfrac{1}{\eta_m \cdot \eta_v \cdot \eta_k}$

50 회전수 1350[rpm]으로 회전하는 용적형 펌프의 송출량 32[l/min], 송출압력이 40[kgf/cm^2]이다. 이 때 소비동력이 3[kW]라면 이 펌프의 전 효율은?

① 60.1[%]　　② 69.7[%]　　③ 75.3[%]　　④ 81.7[%]

풀이 펌프출력＝압력×유량[m^3] [kW]
$P = 40 \times 9.81 \times 10^4 \times 32 \times 10^{-3} \div 60 \times 10^{-3} = 2.09$[kW]
효율 $\eta = \dfrac{출력}{입력} = \dfrac{2.09}{3} \times 100 = 69.67$[%]

51 다음 유압회로의 명칭으로 옳은 것은?

① 로크회로
② 브레이크 회로
③ 파일럿 조작회로
④ 정토크 구동회로

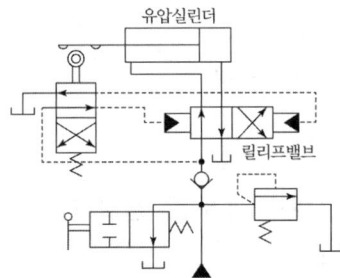

풀이 점선은 파일럿 회로를 나타내며 파일럿 조작 회로는 탱크로 돌려보내는 유량을 제어하는 회로다.

정답　48. ①　49. ①　50. ②　51. ③

5장 재료역학

1. 응력과 변형 및 안전율

1.1 응력변형 및 안전율

(1) 응력

재료에 압축, 인장, 굽힘, 비틀림 등의 외력(하중)을 가했을 때 재료 내에 생기는 저항력을 응력이라고 한다.

$$\text{응력 } \sigma = \frac{F}{A} [\text{N/mm}^2]$$

여기서, F : 작용하중[N], A : 단면적[mm^2]

① 주응력 : 수직 방향으로 작용하는 응력
② 전단응력 : 수평 방향으로 작용하는 응력

(2) 안전율 : 재료의 파단강도를 응력으로 나눈 값

$$\text{안전율 } S = \frac{f}{\sigma}$$

여기서, f : 재료의 파단강도[N/mm^2], σ : 응력[N/mm^2]

(3) 변형률(ε) : 변형량을 원래 길이로 나눈 것

$$\text{변형률 } \varepsilon = \frac{\Delta l}{l}$$

여기서, Δl : 변형된 길이, l : 처음 길이

(4) 푸아송의 비

① 푸아송비$(\mu) = \dfrac{\text{가로변형률}}{\text{세로변형률}}$

② 푸와송비 μ, 푸아송의수 m의 관계식
$$mE = 2G(m+1) = 3k(m-2)$$

$$\therefore E = \frac{2G(m+1)}{m} = \frac{3k(m-2)}{m}$$

여기서, G : 가로 탄성계수, E : 세로 탄성계수, K : 체적탄성계수)

(5) 후크의 법칙과 탄성계수

재료의 탄성 영역에서 변형의 양은 힘의 크기에 비례한다.

$$F = kx, \quad x = \frac{F}{k}$$

여기서, k : 탄성계수, x : 변형된 길이(Δl)
※ 늘어난 길이는 탄성계수에 반비례한다.

(6) 종탄성계수(E : 영률)

단면적당 작용하는 힘 응력(σ)은 변형률(ε)과 비례관계가 성립하고 그 비례상수를 영(Young)률 이라고 한다. 즉, 수직응력을 변형률로 나눈값

$$영률\ E = \frac{\sigma}{\varepsilon} = \frac{\frac{F}{A}}{\frac{\Delta l}{l}} = \frac{F \cdot l}{A \cdot \Delta l}$$

여기서, 늘어난 길이 $\Delta l = \dfrac{F \cdot l}{A \cdot E} = \dfrac{\sigma \cdot l}{E}$

예제 길이 4 m, 지름 15 mm인 환봉을 2 mm 늘어나게 할 때 필요한 인장력은 몇 kg인가? (단, 영률은 2.1×10⁵ kg/cm²)

풀이
단면적 $A = \pi \times \left(\dfrac{1.5}{2}\right)^2 = 1.77[\text{cm}^2]$

$E = \dfrac{F \cdot l}{A \cdot \Delta l}$ 에서 $F = \dfrac{A \cdot \Delta l \cdot E}{l}$

$F = \dfrac{A \cdot \Delta l \cdot E}{l} = \dfrac{1.77 \times 0.2 \times 2.1 \times 10^5}{400} = 185.85[\text{kg}]$

예제 균일 단면 봉재에 작용하는 수직응력에 의한 탄성에너지(U)를 구하는 식은?

풀이
$U = \dfrac{P^2 L}{2EA}$

P : 인장하중, L : 봉재의 길이, E : 세로탄성계수, δ : 변형량, A : 단면적

(7) 하중의 분류

1) 시간에 따른 분류 (속도에 따른 분류)
   ① 교번하중 : 크기와 방향이 주기적으로 변하는 하중(피스톤)
   ② 반복하중 : 일정한 주기 및 진폭으로 반복 작용하는 하중(차축 스프링)
   ③ 충격하중 : 순간적으로 작용하는 하중

2) 작용하는 상태(방향)에 따른 분류
   ① 인장하중 : 재료를 늘어나게 작용하는 하중
   ② 압축하중 : 재료를 수축되게 작용하는 하중
   ③ 전단하중 : 재료의 단면에 평행하게 작용

(8) 라미의 정리

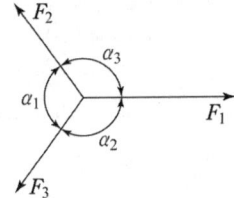

$$\frac{F_1}{\sin\alpha_1} = \frac{F_2}{\sin\alpha_2} = \frac{F_3}{\sin\alpha_3}$$

1.2 신축에 따른 열응력

(1) 열에 의한 늘어난 길이

$\Delta l = l(\text{원래길이}) \times \alpha(\text{열팽창계수}) \times \text{온도변화}(t_2 - t_1)$

(2) 열응력

$$\sigma = E \cdot \varepsilon = E \times \frac{l \times \alpha \times (t_2 - t_1)}{l} = E \times \alpha \times \Delta t$$

> **예제** 지름이 50 mm인 원형 단면봉의 길이가 1 m 이다. 이 봉이 2개의 강체에 20 ℃에서 고정되었다. 온도가 30 ℃가 되었을 때 이 봉에 발생하는 압축응력은 몇 MPa인가? (단, 봉의 열팽창계수는 12×10⁻⁶/℃, 세로탄성계수는 207 GPa 이다.)

풀이 $\sigma = E\alpha\Delta t = 207 \times 10^9 \times 12 \times 10^{-6} \times (30-20) \times 10^{-6} = 24.84 \text{ [MPa]}$

> **예제** 연강봉의 단면적이 40 mm², 온도 변화가 20 ℃일 때 20 kN의 힘이 필요하다면 선팽창계수는 얼마인가? (단, 세로탄성계수는 210 GPa 이다.)

풀이

열응력 $\sigma = \dfrac{20 \times 10^3}{40 \times 10^{-6}} = 5 \times 10^8$

α(열팽창계수)$= \dfrac{5 \times 10^8}{210 \times 10^9 \times 20} = 1.19 \times 10^{-4}$

(3) 고온에 장시간 정하중을 받는 재료의 허용응력을 구하기 위한 기준강도 : 크리프 한도

2. 보의 응력과 처짐

2.1 보의 종류 및 반력

보는 하중을 받아서 굽힘작용을 받고 있는 부재를 말하며 그 종류에는 외팔보, 단순지지보, 돌출보 등이 있다.

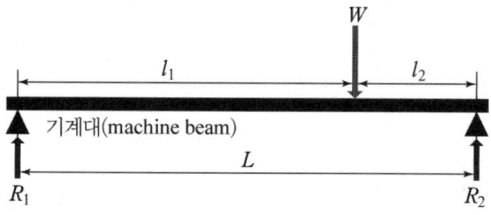

(1) 반력

$$R_1 = W \times \dfrac{l_2}{L}, \quad R_2 = W \times \dfrac{l_1}{L}$$

(2) 굽힘모멘트

$$M = \dfrac{W \times l_1 \times l_2}{L} [\text{kg} \cdot \text{cm}]$$

> **예제** 길이 4 m인 단순보의 중앙에 1000 N의 집중하중이 작용할 때 최대굽힘 모멘트(N)는?

풀이
$$M = \frac{1000 \times 2 \times 2}{4} = 1000[N]$$

$$(M = \frac{W \times \frac{L}{2} \times \frac{L}{2}}{L} = \frac{W \times L}{4})$$

(3) I형 보의 최대 굽힘응력(σ)

$$\sigma = 굽힘모멘트 \times \frac{\frac{단면높이}{2}}{관성모멘트}$$

예제 I형 보의 관성모멘트 250 N·cm, 단면높이 20 cm, 굽힘모멘트 250 N·m일 때 최대굽힘응력은 몇 N/cm²인가?

풀이
$$\sigma = 굽힘모멘트 \times \frac{\frac{단면높이}{2}}{관성모멘트} = 250 \times 10^2 \times \frac{\frac{20}{2}}{250} = 1000[N/cm^2]$$

2.2 보의 응력과 처짐

(1) 단순보의 처짐

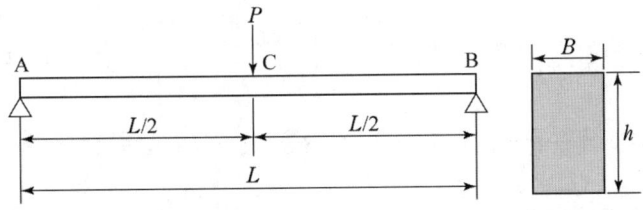

최대처짐 $\delta = \dfrac{PL^3}{48EI}$

여기서, 단면2차모멘트 $I = \dfrac{Bh^3}{12}$ (직사각형 단면)

보의 처짐은 탄성계수에 반비례하고 하중에, 비례 길이의 3제곱에 비례하고 보 단면의 높이 3제곱에 반비례한다.

(2) 균일 분포하중이 작용하는 외팔보의 최대 처짐

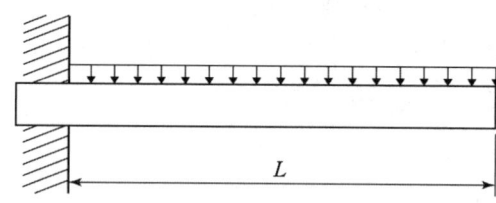

최대처짐 $\delta = \dfrac{WL^4}{8EI}$

여기서, W : 균일분포하중, L : 보의 길이, E : 세로탄송계수, I : 단면2차모멘트

(3) 양단 지지보 중앙에 하중이 작용하는 경우 (상부체대 : 현수도르래 1개)

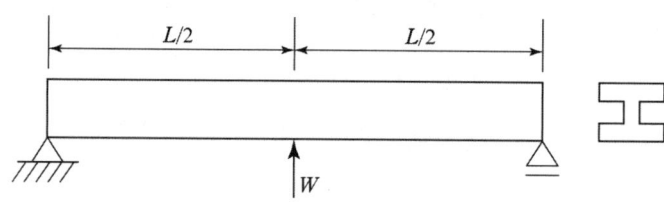

최대처짐 $\delta = \dfrac{WL^3}{48EI}$

(4) 보의 처짐곡선 미분방정식

$$\dfrac{d^2y}{dx^2} = \pm \dfrac{M}{EI}$$

여기서, M : 보의 굽힘응력, V : 보의 전단응력, EI : 굽힘강성 계수이다.)

(5) 보의 곡률반경과 굽힘모멘트

① 곡률반경 $\rho = \dfrac{EI}{M}$

여기서, E : 탄성계수, I : 단면2차모멘트, M : 굽힘모멘트

② 곡률 반경은 굽힘모멘트에 반비례하고 탄성계수와 단면2차모멘트에 비례한다.

③ 곡률이 클수록 많이 구부러져 있다. (직선은 곡률 "0" 이다.)

④ 곡률 $k = \dfrac{1}{\rho}$ (ρ : 곡률반경)

3. 비틀림

3.1 단면2차 모멘트와 단면계수

(1) 사각형

① 단면2차 모멘트 : $I = \dfrac{bh^3}{12}$

② 단면계수 : $Z = \dfrac{bh^2}{6}$

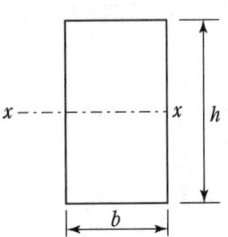

(2) 중실축 (환봉 : 원형 단면)

① 단면2차 모멘트 : $I = \dfrac{\pi D^4}{64}$

② 단면계수 : $Z = \dfrac{\pi D^3}{32}$

> **예제** 굽힘모멘트 45000 N·mm만 받는 연강재 축의 지름은 약 몇 mm인가?
> (단, 이때 발생한 굽힘응력은 5 N/mm² 이다.)

풀이

응력 $= \dfrac{\text{굽힘모멘트}}{\text{단면계수}}$ 에서

$5 = \dfrac{45000}{\dfrac{\pi D^3}{32}}$ 에서 $\pi \times D^3 = \dfrac{32 \times 45000}{5}$

$\therefore D = \sqrt[3]{\dfrac{32 \times 45000}{\pi \times 5}} = 45.09 \text{[mm]}$

3.2 비틀림 모멘트

(1) 재료의 단면과 수직인 축을 회전축으로 하여 작용하는 모멘트로 토크라고도 한다.
(2) 축의 전달 동력과 비틀림 모멘트(토크)

$T = \dfrac{P(w)}{\omega}, \quad \omega = 2\pi \times \dfrac{N(\text{rpm})}{60}$

$P = \omega T = 2\pi \times \dfrac{N}{60} \times T \text{ [N·m]} \times 10^{-3} \text{[kW]}$

> **예제** 회전수 1000 rpm으로 716.2 N·m의 비틀림모멘트를 전달하는 회전축의 전달 동력(kW)은?

풀이
$T(\text{토크}) = \dfrac{P(w : \text{기계적인 출력})}{\omega(\text{각속도})}$ 에서 $\omega = \dfrac{2\pi \times 1000}{60} = 104.72$

$P = \omega T = 104.72 \times 716.2 \times 10^{-3} = 75 [\text{kW}]$

(3) 비틀림 모멘트(T)를 받는 중실축(환봉)의 원형 단면에서 발생하는 전단응력이 τ일 때

① 중실축의 지름 d를 구하는 식 : $d = \left(\dfrac{16T}{\pi\tau}\right)^{\frac{1}{3}} = \sqrt[3]{\dfrac{16T}{\pi\tau}} \fallingdotseq \sqrt[3]{\dfrac{5T}{\tau}}$

② 중실축의 비틀림 모멘트 $T = \dfrac{\pi d^3 \tau}{16}$

(4) 굽힘응력(σ)과 굽힘모멘트(M)을 받는 중실축의 지름(D)

$\sigma = \dfrac{M}{Z}$ 중실축 단면계수 $Z = \dfrac{\pi D^3}{32}$

$\therefore D = \sqrt[3]{\dfrac{32 \times M}{\pi \times \sigma}} \fallingdotseq \sqrt[3]{\dfrac{10 \times M}{\sigma}}$

(5) 중실축에서 동일한 비틀림 모멘트를 작용시킬 때 지름이 $2d$에 저장되는 탄성에너지 E_2, d에서 저장되는 탄성에너지 E_1의 관계식 (지름 외 조건 동일)

$E_2 = \dfrac{1}{16} E_1$

※ 지름의 4제곱에 반비례

(6) 원형단면축의 전단응력 = $\dfrac{\text{비틀림모멘트}}{\text{극단면계수}}$

(7) 환봉의 비틀림 각

환봉의 비틀림각 $\phi = \dfrac{TL}{GI}[\text{rad}]$

여기서, T : 토크(비틀림 모멘트)
  L : 길이
  G : 전단탄성계수
  I : 극단면2차모멘트

예제 그림과 같이 원형단면의 지름 d인 관성모멘트는 $I_X = \dfrac{\pi d^4}{64}$ 이다. 원에 접하는 접선 축에 대한 평행축의 정리를 활용하여 평행축의 관성모멘트(I_x)를 구하면?

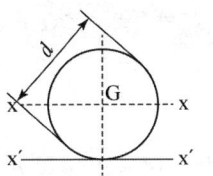

풀이

평행축의 관성모멘트 $I_x = I_X + S^2 A$ 에서

S : 평행축까지 거리($\dfrac{d}{2}$), A : 단면적

$\therefore I_x = \dfrac{\pi d^4}{64} + \left(\dfrac{d}{2}\right)^2 \times \dfrac{\pi d^2}{4} = \dfrac{\pi d^4}{64} + \dfrac{\pi d^4}{16} = \dfrac{5\pi d^4}{64}$

5장 재료역학 예상문제

01 열응력에 관한 설명으로 가장 적합한 것은?

① 열을 가해 온도가 올라갈 때 늘어나면서 생기는 내부응력
② 온도가 내려가면 재료가 수축하며 생기는 외부응력
③ 높은 온도에서 급냉할 때만 발생하는 잔류응력
④ 온도 변화에 의한 신축이 방해되었기 때문에 생기는 응력

02 단면적 10[cm²], 길이 50[cm]인 연강보에 2100[kg]의 인장력이 작용할 때 늘어난 길이는 몇 [cm]인가? 단, 연강의 영률 $E=2.1\times10^6$[kg/cm²] 이다.

① 0.05   ② 0.005   ③ 0.08   ④ 0.008

풀이 $\delta = \dfrac{50 \times 2100}{10 \times 2.1 \times 10^6} = 0.005 [\text{cm}]$

03 길이가 2[m], 지름이 10[mm]인 강선에 하중이 작용하여 4[mm] 늘어났다. 이 때의 하중은 얼마인가? (단, 탄성계수는 $E=1.2\times10^6$[kg/cm²] 이다.)

① 1666[kg]   ② 1726[kg]   ③ 1884[kg]   ④ 1994[kg]

풀이 $\delta = \dfrac{WL}{NAE}$

$\therefore W = \dfrac{NAE\delta}{L} = \dfrac{\pi \times 0.5^2 \times 1.2 \times 10^6 \times 0.4}{200} = 1884.96 [\text{kg}]$

04 엘리베이터(elevator)의 로프와 같이 하중의 크기와 방향이 일정하게 되풀이 작용하는 하중은?

① 집중하중   ② 분포하중
③ 반복하중   ④ 충격하중

05 하중을 물체에 작용하는 상태에 따라 분류할 때 해당하지 않는 것은?

① 인장하중   ② 압축하중   ③ 전단하중   ④ 교번하중

풀이 교번하중은 시간에 따라 변하는 하중

정답 01. ④ 02. ② 03. ③ 04. ③ 05. ④

06 길이 350[mm], 지름 20[mm]인 재료를 인장시켰던 355[mm]가 되었다. 연신율은 얼마인가?

① 3.16[%]   ② 2.96[%]   ③ 1.43[%]   ④ 0.46[%]

풀이 $\varepsilon = \dfrac{\Delta l}{l} \times 100 = \dfrac{355-350}{350} \times 100 = 1.43[\%]$

07 자유단에 200[kg]의 집중하중을 받는 길이 2[m]의 외팔보의 단면은 폭 50[mm]의 직사각형이다 재료의 허용응력을 850[kg/cm²]로 하여 직사각형 단면의 높이는?

① 64[mm]   ② 76[mm]   ③ 84[mm]   ④ 96[mm]

풀이 단면계수 $Z = \dfrac{bh^2}{6}$, 응력 $\sigma = \dfrac{Wl}{Z}$ ∴ $\sigma bh^2 = 6Wl$

높이 $h = \sqrt{\dfrac{6Wl}{\sigma b}} = \sqrt{\dfrac{6 \times 200 \times 200}{850 \times 5}} = 7.515[cm]$ ∴ 76[mm]

08 기계설계와 관련된 안전율에 대한 설명으로 옳지 않은 것은?

① 항상 1보다 커야한다.
② 안전율이 너무 적으면 구조물의 재료가 낭비된다.
③ 기준 강도(극한응력 등)를 허용응력으로 나눈 값이다.
④ 안전율을 결정할 때는 공학적으로 합리적인 판단을 요한다.

09 비틀림 모멘트 P를 받는 중실축의 원형 단면에서 발생하는 전단응력이 τ일 때 이 중실축의 지름 D를 구하는 식으로 옳은 것은?

① $D = \left(\dfrac{16P}{\pi\tau}\right)^{\frac{1}{3}}$ ② $D = \left(\dfrac{8P}{\pi\tau}\right)^{\frac{1}{3}}$

③ $D = \left(\dfrac{16P}{\pi\tau}\right)^{\frac{1}{2}}$ ④ $D = \left(\dfrac{8P}{\pi\tau}\right)^{\frac{1}{2}}$

풀이 $P = \dfrac{\pi D^3 \tau}{16}$ ∴ $D = \sqrt[3]{\dfrac{16P}{\pi\tau}}$

10 기둥 형상의 구조물에서 처짐량이 가장 많은 것은?

① 일단고정 타단자유   ② 양단 회전
③ 일단고정 타단회전   ④ 양단 고정

정답 06. ③ 07. ② 08. ② 09. ① 10. ①

11 다음 그림에서 2400[kg]의 하중을 받을 때 보의 양지점에 있어서 R_A, R_B는?

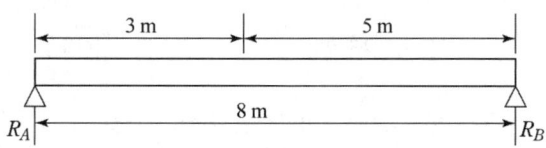

① $R_A = 1,200[\text{kg}]$, $R_B = 1,200[\text{kg}]$
② $R_A = 900[\text{kg}]$, $R_B = 1,500[\text{kg}]$
③ $R_A = 1,400[\text{kg}]$, $R_B = 1,000[\text{kg}]$
④ $R_A = 1,500[\text{kg}]$, $R_B = 900[\text{kg}]$

풀이 $R_A = 2400 \times \dfrac{5}{8} = 1500$, $R_B = 2400 \times \dfrac{3}{8} = 900$

12 그림과 같은 타원형 단면 봉이 인장하중(P)을 받을 때 작용하는 인장응력은 얼마인가?

① $\dfrac{\pi a b^2}{4 \times P}$
② $\dfrac{4 \times P}{\pi a b^2}$
③ $\dfrac{\pi a b}{4 \times P}$
④ $\dfrac{4 \times P}{\pi a b}$

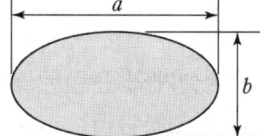

풀이 타원의 면적 $S = \pi \times \dfrac{a}{2} \times \dfrac{b}{2} = \dfrac{\pi a b}{4}$ ∴ $\sigma = \dfrac{4 \times P}{\pi a b}$

13 양 끝을 고정한 환봉이 온도 30[℃]에서 가열하여 40[℃]가 되었다. 세로탄성계수 $E = 2.1 \times 10^6[\text{kg/cm}^2]$, 선팽창 계수 $\sigma = 0.000012$라고 할 때 재료 내부에 발생하는 열응력은 얼마인가?

① $252[\text{kg/cm}^2]$
② $273[\text{kg/cm}^2]$
③ $285[\text{kg/cm}^2]$
④ $292[\text{kg/cm}^2]$

풀이 $\sigma = 2.1 \times 10^6 \times (40 - 30) \times 12 \times 10^{-6} = 252[\text{kg/cm}^2]$

14 연강의 인장시험 결과 얻어진 응력-변형률 선도에서 시험편에 가해진 힘을 시험편의 초기단면적으로 나누어 계산하는 응력은?

① 진 응력
② 공칭 응력
③ 변형 응력
④ 탄성 응력

15 인장강도가 200[N/m²]인 연강봉을 안전하게 사용하기 위한 최대허용응력은 몇 [Pa] 인가? (단, 봉의 안전율은 4로 한다.)

① 20　　　　② 30　　　　③ 40　　　　④ 50

풀이 $S = \dfrac{f}{\sigma}$ ∴ $\sigma = \dfrac{f}{S} = \dfrac{200}{4} = 50[\text{N/m}^2]$ (Pa = N/m²)

16 그림과 같은 길이 L인 단순지지 보의 중아에 집중하중 P를 받은 경우 굽힘 모멘트는?

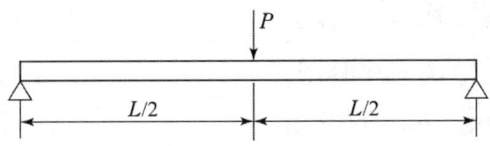

① PL　　　　② $\dfrac{PL}{2}$　　　　③ $\dfrac{PL}{4}$　　　　④ $\dfrac{PL}{8}$

풀이 $M = \dfrac{P \times \dfrac{L}{2} \times \dfrac{L}{2}}{L} = \dfrac{PL}{4}$

17 그림과 같은 도형 단면에서 단면계수 Z를 구하는 식은?

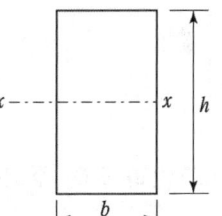

① $Z = \dfrac{bh^2}{6}$　　　　② $Z = \dfrac{bh^3}{12}$

③ $Z = \dfrac{bh^3}{6}$　　　　④ $Z = \dfrac{bh^3}{12}$

18 최대응력이 2.4×10^6[kg/cm²], 사용응력 1.2×10^6[kg/cm²]일 때 안전율을 구하면?

① 2　　　　② 3　　　　③ 4　　　　④ 5

풀이 안전율 = 최대응력 / 사용응력

19 지름 2.5[cm]의 연강봉에 3,000[kg]의 인장하중을 가할 때 환봉재의 단면에 생기는 인장응력은?

① 214[kg/cm²]　　② 416[kg/cm²]　　③ 611[kg/cm²]　　④ 814[kg/cm²]

풀이 $\sigma = \dfrac{P}{A} = \dfrac{3000}{\pi \times \left(\dfrac{2.5}{2}\right)^2} = 611.15$

정답 15. ④ 16. ③ 17. ① 18. ①

20 그림과 같이 단순보에서 지점의 반력 R_A, R_B를 구하라.

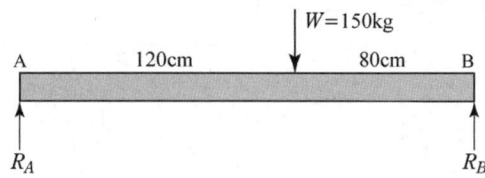

① $R_A=60[\text{kg}]$, $R_B=90[\text{kg}]$
② $R_A=60[\text{kg}]$, $R_B=100[\text{kg}]$
③ $R_A=80[\text{kg}]$, $R_B=60[\text{kg}]$
④ $R_A=100[\text{kg}]$, $R_B=60[\text{kg}]$

풀이 $R_A=150\times\dfrac{80}{200}=60$, $R_B=150\times\dfrac{120}{200}=90$

21 지름 5[cm]인 단면에 3,500[kg]의 힘이 작용할 때, 발생하는 응력을 구하라.
① $175[\text{kg/cm}^2]$　　② $178[\text{kg/cm}^2]$
③ $182[\text{kg/cm}^2]$　　④ $186[\text{kg/cm}^2]$

풀이 $\sigma=\dfrac{P}{A}=\dfrac{3500}{\pi\times\left(\dfrac{5}{2}\right)^2}=178.25[\text{cm}]$

22 그림과 같이 주어진 단순보에서 최대 처짐에 대한 서술 중 틀린 것은?

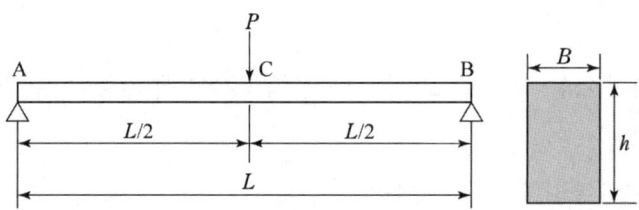

① 탄성계수(E)에 반비례한다.
② 하중(P)에 비례한다.
③ 길이(L)의 3제곱이 비례한다.
④ 보의 단면 높이(h)의 제곱에 비례한다.

풀이 최대처짐 $\delta=\dfrac{PL^3}{48EI}$, 단면2차모멘트 $I=\dfrac{bh^3}{12}$
높이(h)의 3제곱에 반비례한다.

23 연강재료에서 일반적으로 극한강도, 사용응력, 항복점, 탄성한도, 허용응력에 관한 크기 관계를 가장 적절히 표현한 것은?

① 극한강도 > 사용응력 > 항복점
② 항복점 > 허용응력 > 사용응력
③ 사용응력 > 항복점 > 탄성한도
④ 극한강도 > 사용응력 > 허용응력

24 I형 보의 관성모멘트 250[N·cm], 단면의 높이 20[cm], 굽힘모멘트 250[N·m]일 때, 최대 굽힘 응력은 몇 [N/cm²]인가?

① 210   ② 100   ③ 1000   ④ 2000

풀이 $\sigma = 굽힘모멘트 \times \dfrac{\dfrac{단면높이}{2}}{관성모멘트} = 250 \times 10^2 \times \dfrac{\dfrac{20}{2}}{250} = 1000[N/cm^2]$

25 직경 4[cm]의 원형 단면봉에 200[kN]의 인장하중이 작용할 때, 발생하는 인장응력은 약 몇 [N/mm²]인가?

① 159.2   ② 169.4   ③ 171.16   ④ 181.85

풀이 $\sigma = \dfrac{200 \times 10^3}{\pi \times 20^2} = 159.15$

26 그림과 같은 구조물에서 AB 부재에 작용하는 인장력은 약 몇 [N]인가?

① 1232
② 1309
③ 1732
④ 2309

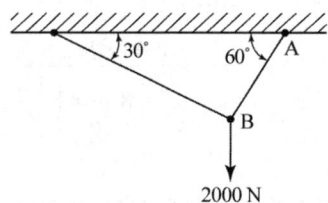

풀이 $\dfrac{2000}{\sin 90} = \dfrac{F_{AB}}{\sin 120}$

∴ $F_{AB} = 2000 \times \sin 120 = 173205[N]$

27 하중의 종류를 구분하는데 있어서 부하속도에 따라 분류된 하중의 종류가 아닌 것은?

① 변동하중   ② 충격하중
③ 전단하중   ④ 반복하중

풀이 전단하중은 작용하는 상태(방향)에 따른 분류

28 비틀림 모멘트 T를 받는 중실 폭의 원형 단면에서 발생하는 전단응력이 τ일 때, 이 중심축의 지름 d를 구하는 식으로 옳은 것은?

① $d = \sqrt[3]{\dfrac{16T}{\pi\tau}}$ ② $d = \sqrt[3]{\dfrac{8T}{\pi\tau}}$

③ $d = \sqrt{\dfrac{16T}{\pi\tau}}$ ④ $d = \sqrt{\dfrac{16T}{\pi\tau}}$

29 보의 재료가 선형 탄성적이고 후크의 법칙을 따른다고 할 때, 보의 처짐에 관한 설명으로 옳은 것은?

① 곡률반경과 굽힘모멘트를 비례한다.
② 곡률은 탄성계수에 비례한다.
③ 곡률이 클수록 굽힘모멘트는 커진다.
④ 굽힘감성(EI)이 클수록 곡률반경이 작아진다.

풀이 $\rho(\text{곡률반경}) = \dfrac{E(\text{영율}) \times I(\text{단면2차모멘트})}{M(\text{굽힘모멘트})}$

30 지름이 15[mm], 길이가 800[mm]인 연강봉에 1100[kg]의 하중이 걸렸을 때 재료는 얼마나 늘어나겠는가? (단, 세로 탄성계수는 2.1×10^6[kg/cm²] 이다.)

① 0.0264[mm] ② 0.2373[mm]
③ 0.028[mm] ④ 0.0124[mm]

풀이 $\delta = \dfrac{1100 \times 80}{2.1 \times 10^6 \times 3.14 \times \left(\dfrac{1.5}{2}\right)^2} = 0.023725 [\text{cm}] \times 10 = 0.23725 [\text{mm}]$

31 지름 70[mm]의 환봉에 200[kg/cm²]의 최대응력을 발생시키는 비틀림 모멘트의 크기는 몇 [kg · cm] 인가?

① 13470[kg · cm] ② 14,680[kg · cm]
③ 15,200[kg · cm] ④ 16,400[kg · cm]

풀이 $T = \dfrac{\pi d^3 \tau}{16} = \dfrac{\pi \times 7^3 \times 200}{16} = 13469.58 [\text{kg} \cdot \text{cm}]$

32 지름 30[mm]인 봉에 600[kg]의 하중을 매달아 허용 인장응력에 달했다. 봉의 인장강도를 500[kg/cm²]라고 하면 안전율은?

① 3.6   ② 4.5   ③ 5.9   ④ 6.5

풀이 $\sigma = \dfrac{600}{\pi \times 1.5^2} = 84.93 [\text{kg} \cdot \text{cm}]$

$S = \dfrac{500}{84.93} = 5.91$

33 단면적이 일정하고 길이가 200[mm]인 보의 중앙에 200[N]의 집중하중이 작용하거나, 합계가 200[N]인 균일 등분포 하중이 작용할 때 다음 중 최대 처짐량이 가장 작은 것은?

① 양단회전 보에 균일 등분포 하중이 작용할 때
② 양단고정 보에 균일 등분포 하중이 작용할 때
③ 양단회전 보 중앙에 집중하중이 작용할 때
④ 양단고정 보 중앙에 집중하중이 작용할 때

34 철도 레일을 기온 20[℃]일 때 용접하였다. 기온의 −5[℃]로 강하할 때, 생기는 응력 [kg/cm²]을 구하면? (단, 세로 탄성계수는 2.1×10⁶[kg/cm²], 선 팽창 계수는 1.2×10⁻⁵이다.)

① 630[kg/cm²] 인장   ② 520[kg/cm²] 인장
③ 470[kg/cm²] 인장   ④ 360[kg/cm²] 인장

풀이 $\sigma = E \times (t_2 - t_1) \times \alpha$
$= 2.1 \times 10^6 \times (-5 - 20) \times 1.2 \times 10^{-5} = -630 [\text{kg/cm}^2]$
수축하므로 응력은 인장응력

35 보가 굽힘 모멘트를 받았을 때, 곡률 반경에 대한 설명으로 옳은 것은?

① 굽힘모멘트와 보의 세로탄성계수에 비례한다.
② 굽힘모멘트에 비례하고, 보의 세로탄성계수에 반비례한다.
③ 굽힘모멘트에 반비례하고, 보의 세로 탄성계수에 비례한다.
④ 굽힘모멘트의 보의 세로탄성계수에 반비례한다.

풀이 곡률반경은 세로탄성계수와 단면2차모멘트에 비례하고 굽힘멘트에 반비례한다. ($\rho = \dfrac{EI}{M}$)

정답 32. ③ 33. ② 34. ① 35. ③

36 그림과 같이 길이 ℓ인 단순보의 중앙에 집중하중 W를 받는 때, 최대 굽힘모멘트(M_{max}점)는 얼마인가?

① $\dfrac{W\ell}{4}$ ② $\dfrac{W\ell}{2}$

③ $\dfrac{W\ell^2}{4}$ ④ $\dfrac{W\ell^2}{2}$

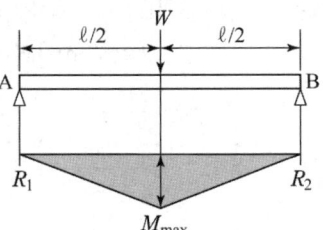

37 판의 두께가 10[mm], 용접부의 길이가 200[mm]인 판을 맞대기 용접했을 경우, 5,000[kg]의 하중이 작용한다. 인장응력은?

① $1.8[kg/mm^2]$ ② $2.5[kg/mm^2]$
③ $3.6[kg/mm^2]$ ④ $4.5[kg/mm^2]$

풀이 $\sigma = \dfrac{P}{A} = \dfrac{5000}{10 \times 200} = 2.5[kg/mm^2]$

38 길이가 2[m], 지름이 10[mm]인 강선에 하중이 작용하여 4[mm] 늘어났다. 이때의 하중은 얼마인가? (단, 단성계수는 $1.2 \times 10^6[kg/cm^2]$ 이다.)

① 1,11[kg] ② 1171[kg] ③ 1,674[kg] ④ 1,884[kg]

풀이 $\delta = \dfrac{Wl}{EA}$

$\therefore W = \dfrac{\delta EA}{l} = \dfrac{0.4 \times 1.2 \times 10^6 \times \pi \times 0.5^2}{200} = 1884.96[kg]$

39 다음에서 세로탄성계수의 단위는?

① $[kgf/cm^2]$ ② $[kgf/cm]$ ③ $[kgf/A]$ ④ $[kgf/A^2]$

40 일반적으로 연강재를 구조물에 사용할 경우 안전율을 가장 크게 고려해야 하는 하중은?

① 전단하중 ② 충격하중 ③ 교번하중 ④ 반복하중

41 하중의 크기와 방향이 주기적으로 변화하는 하중은?

① 교번하중 ② 반복하중 ③ 이동하중 ④ 충격하중

정답 36. ① 37. ② 38. ④ 39. ① 40. ② 41. ①

42 단면적이 25[cm²]인 원형기둥에 10[kN]의 압축하중을 받을 때 기둥 내부에 생기는 압축응력은 몇 [MPa]인가?

① 0.4 ② 4 ③ 40 ④ 400

풀이 $\sigma = \dfrac{10 \times 10^3}{25 \times 10^{-4}} \times 10^{-6} = 4[\text{MPa}]$

43 지름이 50[mm]인 원형 단면봉의 길이가 1[m]이다. 이 봉이 2개의 강체에 20[℃]에서 고정하였다. 온도가 30[℃]가 되었을 때 압축응력은?
(단, 봉의 열팽창계수는 12×10⁻⁶[℃], 세로탄성계수 E = 207[GPa] 이다.)

① 12.42[MPa] ② 24.84[MPa]
③ 12.42[kPa] ④ 24.84[kPa]

풀이 $\sigma = El\alpha\Delta t = 207 \times 10^9 \times 1 \times 12 \times 10^{-6} \times (30-20) \times 10^{-6} = 24.84[\text{MPa}]$

44 강구조물 재료에서 인장강도(σ_u), 허용응력(σ_a), 사용응력(σ_ω)과의 관계로 다음 중 가장 적합한 것은?

① $\sigma_u > \sigma_a > \sigma_\omega$ ② $\sigma_u > \sigma_\omega \geq \sigma_a$
③ $\sigma_\omega > \sigma_u \geq \sigma_a$ ④ $\sigma_\omega \geq \sigma_a > \sigma_u$

45 축의 허용 전단 응력이 8[kg/mm²]이고, 비틀림 모멘트는 800[kg·mm]인 둥근 축의 지름은?

① 5.1[mm] ② 6.4[mm]
③ 7.9[mm] ④ 8.5[mm]

풀이 $d = \sqrt[3]{\dfrac{16T}{\pi\tau}} = \sqrt[3]{\dfrac{16 \times 800}{\pi \times 8}} = 7.99[\text{mm}]$

46 축의 굽힘 응력은 7[kg/mm²], 굽힘 모멘트는 650[kg·m]를 받는 둥근 축의 지름은?

① 82.6[mm] ② 97.6[mm]
③ 106.2[mm] ④ 112.4[mm]

풀이 $D = \sqrt[3]{\dfrac{10 \times M}{\sigma}} = \sqrt[3]{\dfrac{10 \times 650 \times 10^3}{7}} = 97.56$

정답 42. ② 43. ② 44. ① 45. ③ 46. ②

47 내압을 받는 얇은 원통형 관에서 축방향 응력이 σ_1, 원주 방향 응력이 σ_2라면 맞는 것은?

① $\sigma_1 = \dfrac{1}{2}\sigma_2$ ② $\sigma_1 = \dfrac{1}{4}\sigma_2$ ③ $\sigma_1 = \sigma_2$ ④ $\sigma_1 = 2\sigma_2$

풀이 축방향 응력 : $\sigma_1 = \dfrac{PD}{4t}$ 여기서, P : 내압, D : 안지름, t : 두께

원주방향응력 : $\sigma_2 = \dfrac{PD}{2t}$ $\sigma_1 = \dfrac{1}{2}\sigma_2$

48 원형 단면의 단순보에 균일한 분포하중이 작용할 때 최대 처짐량에 대한 설명 중 틀린 것은?

① 균일 분포하중에 비례한다.
② 보 길이의 4승에 비례한다.
③ 세로 탄성계수에 반비례한다.
④ 단면 관성모멘트의 4승에 반비례한다.

49 다음 중 각 탄성계수와 푸와송의 비 u, 푸와송의 수 m과의 관계를 나타낸 것으로 틀린 것은? (단, 가로탄성계수는 G, 세로탄성계수는 E, 체적탄성계수는 K 이다.)

① $G = \dfrac{E}{2(1+u)}$ ② $E = \dfrac{m}{2G(m+1)}$

③ $m = \dfrac{2G}{E-2G}$ ④ $K = \dfrac{E}{3(1-2u)}$

풀이 $mE = 2G(m+1) = 3k(m-2)$

$\therefore E = \dfrac{2G(m+1)}{m} = \dfrac{3k(m-2)}{m}$

50 인장강도가 200[N/m²]인 연강봉을 안전하게 사용하기 위한 최대허용응력(P_a)은? (단, 봉의 안전율은 4로 한다.)

① 20   ② 50   ③ 100   ④ 200

풀이 안전율 = 인장강도 / 허용응력

허용응력 $= \dfrac{200}{4} = 50$

정답 47. ① 48. ④ 49. ② 50. ②

4과목 전기제어공학

1장 직류회로
2장 정전용량과 자기회로
3장 교류회로
4장 전기기기
5장 전기계측
6장 제어계의 요소 및 구성
7장 블록선도
8장 시퀀스제어

1장 직류회로

1. 전압과 전류

1.1 전하

(1) 전하(electric charge)는 물체가 띠고 있는 정전기의 양으로 전기현상을 일으키는 물질의 물리적인 성질이다.
(2) 전하의 기호는 Q이며 단위는 쿨롱[C]으로 표시한다.
(3) 1[C]은 1A의 전류가 1초 동안 흐를 때 이동하는 전하의 양이다.
(4) 전자 1개는 -1.602×10^{-19}[C]의 음의 전기량을 가지고, 또한 양(성)자 1개는 $+1.602 \times 10^{-19}$[C]의 양(+)의 전기량을 가지고 있다.
(5) 전자 1개의 질량은 9.10955×10^{-31}[kg]이고, 양자 1개의 질량은 1.67261×10^{-27}[kg]이다.
(6) 1[C]은 $\dfrac{1}{1.602 \times 10^{-19}} = 6.24 \times 10^{18}$개의 전자를 갖고 있다.

> **예제** 1 C의 전기량은 몇 개의 전자가 이동하여 발생하는 전기량인가?
>
> **풀이** 1[C]은 $\dfrac{1}{1.602 \times 10^{-19}} = 6.24 \times 10^{18}$개의 전자의 과부족으로 발생하는 전기량이다.

1.2 대전

(1) 원자는 양전기를 가진 원자핵과 음전기를 가진 전자로 구성되며 원자핵은 전자와 같은 수의 양자와 중성자로 구성되어 있다.
(2) 원자가 외부적인 요인으로 자유전자를 얻으면 음(-)의 전기를 자유전자를 잃으면 양(+)의 전기를 띠게 되는데 이러한 현상을 대전(electrification)이라 한다.

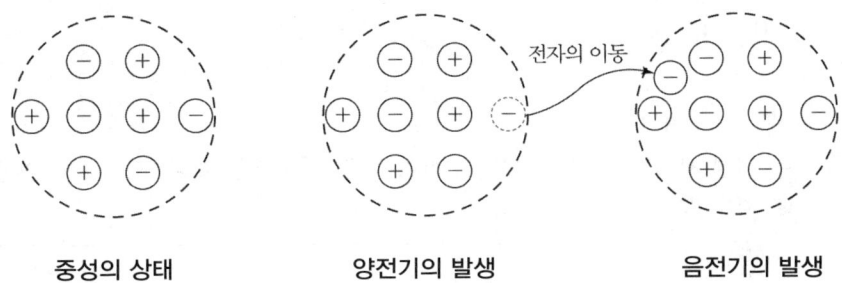

중성의 상태　　　양전기의 발생　　　음전기의 발생

1.3 전류

(1) 전류는 도체의 단면을 단위 시간 동안에 통과하는 전하량을 말하며 t[sec] 동안 Q[C]의 전하가 이동하였을 경우 다음 식이 성립한다.

$$I = \frac{Q}{t}[A]$$

$$Q = I \cdot t[C]$$

> **예제** 동선의 단면을 6 C의 전하가 3초 동안 통과하였다면 동선에 흐르는 전류는 몇 A 인가?

풀이 $I = \dfrac{Q}{t} = \dfrac{6}{3} = 2[A]$

> **예제** 축전지에서 4 A의 전류가 5분 동안 흘렀을 때 축전지에서 나온 전기량은 몇 C 인가?

풀이 $Q = I \cdot t = 4 \times 5 \times 60 = 1200[C]$

1.4 전위

(1) 전기장의 한점에서 단위전하가 갖는 전기적 위치에너지로 두 지점간의 전위차를 전압[V] 이라고 하며 단위 전하당 에너지 또는 일[J]로 표현된다.

$$V = \frac{W}{Q}[V]$$

$$W = Q \cdot V = V \cdot I \cdot t \, [J]$$

예제 두 지점 사이를 10 C 의 전하가 40 J의 일을 하였을 때 두 지점 사이의 전위차는 몇 V인가?

풀이
$$V = \frac{W}{Q} = \frac{40}{10} = 4 [V]$$

예제 50 V의 전위로 2 A의 전류가 2분 동안 흘렀을 때 전하가 한일은 몇 J인가?

풀이
$$W = V \cdot I \cdot t = 50 \times 2 \times 2 \times 60 = 12000 [J]$$

1.5 옴의 법칙

(1) 옴의 법칙 : 도체에 흐르는 전류는 전압에 비례하고, 저항에 반비례한다.
(2) 저항 R에 전압 E [V]를 인가하면 이때 전류 I[A]의 크기는 다음 식과 같다.

$$I = \frac{E}{R} [A], \quad E = IR [V], \quad R = \frac{E}{I} [\Omega]$$

예제 220 V의 전원에 연결된 전열기의 저항이 20 Ω이라면 이 전열기에 흐르는 전류는 몇 A인가?

풀이
$$I = \frac{V}{R} = \frac{220}{20} = 11 [A]$$

예제 저항만의 회로에 100 V의 전원을 연결하였을 때 5 A의 전류가 흘렀면 이 회로의 저항은 몇 Ω인가?

풀이
$$R = \frac{V}{I} = \frac{100}{5} = 20[\Omega]$$

1.6 키르히호프의 법칙

(1) 키르히호프의 제1 법칙(전류 법칙)

회로망 내의 임의의 점에서 유입하는 전류와 유출하는 전류의 총합은 0이다.

$$\Sigma(\text{유입전류}) = \Sigma(\text{유출전류})$$
$$-I_1 - I_2 + I_3 - I_4 - I_5 = 0$$
$$I_3 = I_1 + I_2 + I_4 + I_5$$

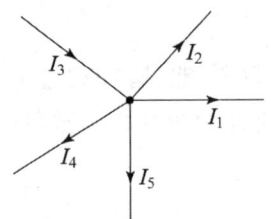

키르히호프의 전류 법칙

예제 다음 회로에서 키르히호프의 전류 법칙을 이용하여 I_3, I_5를 구하시오.

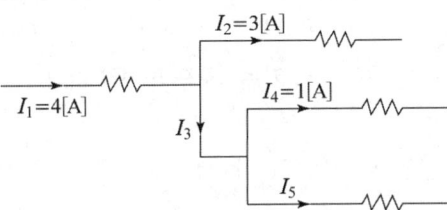

풀이
$$I_3 = I_1 + I_2 = 4 + 3 = 7[A]$$
$$I_5 = I_3 - I_4 = 7 - 1 = 6[A]$$

예제 다음 회로에서 R_1은 몇 Ω인가?

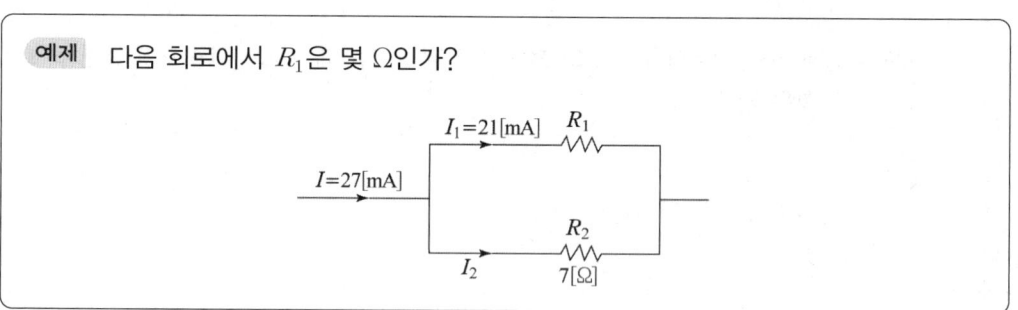

풀이
$I_2 = I - I_1 = 27 - 21 = 6[\text{mA}]$
$V_2 = I_2 \times R_2 = 6 \times 7 = 42[\text{mV}], \quad V_1 = V_2$
$\therefore R_1 = \dfrac{42 \times 10^{-3}}{21 \times 10^{-3}} = 2[\Omega]$

(2) 키르히호프의 제2 법칙(전압 법칙)

회로망 내의 임의의 폐회로에 있어서 전원 전압의 합은 전압강하의 합과 같다.

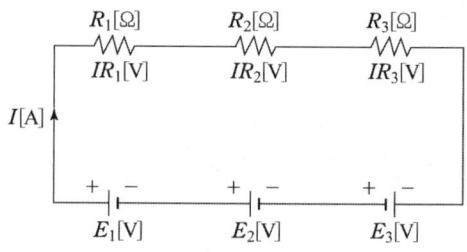

키르히호프의 전압 법칙

$\Sigma(\text{전원 전압}) = \Sigma(\text{전압 강하})$
$E_1 + E_2 - E_3 = IR_1 + IR_2 + IR_3$

예제 다음 회로에서 전압 V_1을 구하시오.

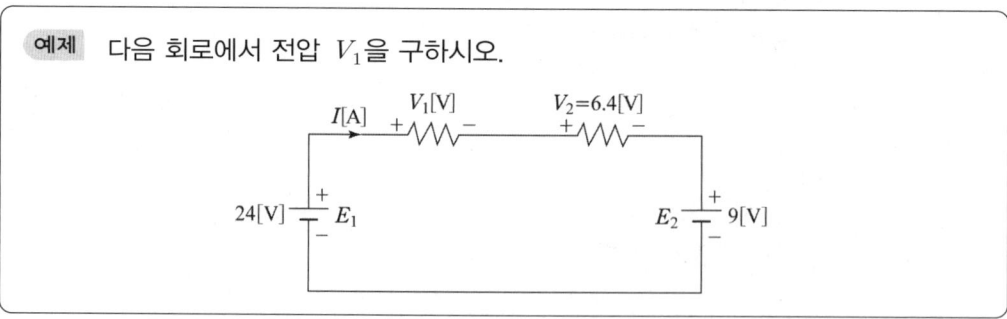

풀이 시계방향으로 일주시켜 키르히호프의 전압 법칙을 적용하면
$$+E_1 - V_1 - V_2 - E_2 = 0 \text{ 에서}$$
$$V_1 = E_1 - V_2 - E_2 = 24 - 6.4 - 9 = 8.6[\text{V}]$$

예제 다음 회로에서 전류 $I[\text{A}]$를 구하시오.

풀이 시계방향으로 일주시켜 키르히호프의 전압 상승을 +, 전압 강하를 −로 정하면
$$80 - V_1 - V_2 - V_3 = 0, \quad V_1 + V_2 + V_3 = 80$$
옴의 법칙에서
$$V_1 = 4I, \quad V_2 = 5I, \quad V_3 = 7I \text{ 이므로}$$
$$4I + 5I + 7I = 80 \quad \therefore I = 5[\text{A}]$$

2. 전력과 열량

2.1 전력과 전력량

(1) 전력(P)

전기가 단위 시간에 전기가 한 일이며 일의 단위를 줄[Joule], 시간을 초[sec]라면 전력의 단위는 [Joule/sec]이고, 기호는 P, 단위는 와트[W]를 사용한다.

$$P = \frac{W}{t} = \frac{QV}{t} = VI[\text{W}]$$

$V = IR[\text{V}]$ 이므로 $P = VI = I^2R = \dfrac{V^2}{R}[\text{W}]$

$$1[\text{HP}] = 746[\text{W}]$$
$$1[\text{PS}] = 75[\text{kgf} \cdot \text{m/s}] = 736[\text{W}] \ (75 \times 9.81 = 735.75)$$
$$1[\text{W}] = 1[\text{N} \cdot \text{m}] = 1[\text{J/s}]$$

(2) 전력량(W)

일정 시간 동안의 전기 에너지 총량을 나타내는 것으로 전력 $P[\text{W}]$와 시간 $t[\text{sec}]$의 곱으로 표시하고 기호는 W, 단위로는 줄[J]을 사용한다.

$$W = Pt = VIt = I^2Rt = \frac{V^2}{R}t \, [\text{W} \cdot \text{sec}]$$

단위 : $[\text{J}] = [\text{C}] \cdot [\text{V}] = [\text{W}] \cdot [\text{sec}] = [\text{VA}] \cdot [\text{sec}]$

> ※ 전력량과 전력은 다르다.
> $1[\text{W} \cdot \text{s}] = 1[\text{J}]$
> $1[\text{W} \cdot \text{h}] = 3600[\text{W} \cdot \text{s}] = 3600[\text{J}]$
> $1[\text{kW} \cdot \text{h}] = 1000[\text{W} \cdot \text{h}] = 3.6 \times 10^6[\text{J}]$

예제 60 W의 전구 1개를 하루에 3시간씩 점등하여 10일간 사용하였다면, 이 전구가 소비한 전력량 kWh은 얼마인가?

풀이 $W = 60 \times 3 \times 10 \times 10^{-3} = 1.8[\text{kWh}]$

2.2 열손실

(1) 전류의 발열작용

저항 $R[\Omega]$의 도체에 전류 $I[\text{A}]$를 $t[\text{sec}]$간 흘릴 때 이 저항 중에 $I^2Rt[\text{J}]$의 열이 발생한다. 이때 발생열을 줄(Joule)열 또는 저항열이라고 한다.

$$H = Pt = VIt = I^2Rt = \frac{V^2}{R}t \, [\text{J}]$$

(2) 줄열

$$H = 0.24Pt = 0.24VIt = 0.24I^2Rt = 0.24\frac{V^2}{R}t[\text{cal}]$$

$1[\text{J}] \fallingdotseq 0.241[\text{cal}]$
$1[\text{cal}] \fallingdotseq 4.2[\text{J}]$
$1[\text{kWh}] = 3.6 \times 10^6[\text{J}] = 0.24 \times 3600[\text{kcal}] \fallingdotseq 860[\text{kcal}]$

> **예제** 600 W의 전열기를 2시간 사용하였다. 이때 발생한 열량은 몇 kcal 인가?

풀이 발열량 $H = 0.24 \times 600 \times 2 \times 3600 \times 10^{-3} = 1036.8 [\text{kcal}]$

3. 전기저항

3.1 저항소자

(1) 저항

전류의 흐름을 방해하는 소자로 도체의 길이 ℓ, 단면적 A의 도체에 전류가 흐르고 때, 저항 R은 도체의 길이(ℓ)와 고유 저항(ρ)에 비례하고 도전율(σ)과 단면적(A)에 반비례한다.

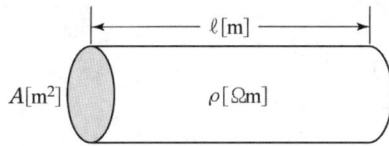

$$R = \frac{\ell}{\sigma A} = \rho \frac{\ell}{A} [\Omega]$$

(2) 저항체의 구비조건

① 고유 저항(저항율)이 클 것
② 저항의 온도 계수가 작을 것
③ 내열성, 내식성이 크고 고온에서 산화되지 않을 것
④ 다른 금속에 대한 열기전력이 작을 것
⑤ 가공 접속이 용이하고 경제적일 것

(3) 고유 저항

① 기호는 ρ로 표시하며 단위 체적당 저항으로 저항률 또는 고유 저항이라 한다. 단위는 $[\Omega \cdot m^2/m]$로 $[\Omega \cdot m]$로 표시한다.

$$\rho = \frac{RA}{\ell} [\Omega \cdot m]$$

단위 : $[\Omega \cdot m] = [\Omega \cdot m^2/m] = 10^6 [\Omega \cdot mm^2/m]$

② 도체가 가지고 있는 본래의 저항값으로 도체의 종류에 따라 그 값이 다르다.

(4) 컨덕턴스

저항 R의 역수를 컨덕턴스 G라하고 $G = \dfrac{1}{R}\left[\dfrac{1}{\Omega}\right]$

컨덕턴스의 단위는 $\left[\dfrac{1}{\Omega}\right]$ 또는 mho [℧]라고 한다.

(5) 도전율

전류가 흐르기 쉬운 정도를 뜻하며 고유 저항의 역수.

$$\sigma = \dfrac{1}{\rho}[\mathrm{m}/\Omega \cdot \mathrm{m}^2]$$

단위는 $[\Omega^{-1}/\mathrm{m}] = [℧/\mathrm{m}]$

(6) % 도전율

국제 표준 연동의 도전율 σ_s에 대한 다른 도체의 도전율의 비율을 % 도전율이라 한다.

$$\% \text{ 도전율} = \dfrac{\sigma}{\sigma_s} \times 100[\%]$$

국제 표준 연동의 도전율 $\sigma_s = 5.8 \times 10^7 [℧/\mathrm{m}]$

(7) 온도 변화에 따른 저항의 변화

① 온도계수 : 온도가 1[℃] 상승할 때 기준 저항값에 대한 저항의 증가 비율

② 0[℃]에서 표준 연동의 온도 계수 : $\alpha_0 = \dfrac{1}{234.5}$

③ t[℃]에서의 온도계수

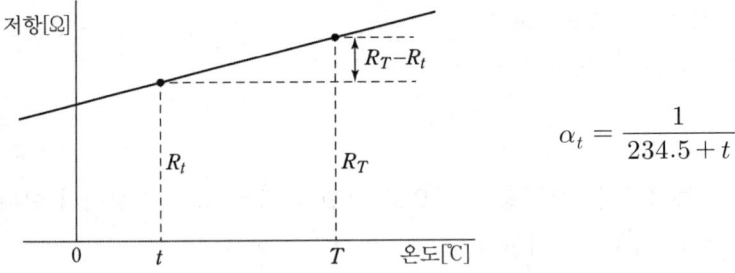

$$\alpha_t = \dfrac{1}{234.5 + t}$$

④ 온도 변화에 따른 저항변화

온도 t[℃]에서 저항값이 $R[\Omega]$인 도체가 T[℃]로 온도가 상승할 때 저항값 R_T는

$$R_T = R_t[1 + \alpha_t(T-t)] = \dfrac{234.5 + T}{234.5 + t} R_t [\Omega]$$

> **예제** 온도 $t[℃]$에서 저항 $R_t[\Omega]$인 동선은 30[℃]일 때 저항은 어떻게 변하는가?

> **풀이**
> $$R_T = \frac{234.5+T}{234.5+t}R_t = \frac{234.5+30}{234.5+t}R_t = \frac{264.5}{234.5+t}R_t$$

> **예제** 온도 20℃에서 저항 20Ω인 구리선이 온도 80℃로 변화하였을 때 저항(Ω)은 약 얼마인가?(단, $t[℃]$에서의 구리의 온도계수는 $\alpha_t = \dfrac{1}{234.5+t}$ 이다.)

> **풀이**
> $$R_{80} = 20[1+(\frac{1}{234.5+20})\times(80-20)] = 24.72[\Omega]$$

3.2 저항의 연결

(1) 직렬 연결

저항, R_1 R_2를 직렬 접속했을 때 R_1, R_2에 같은 크기의 전류 I가 흐른다.

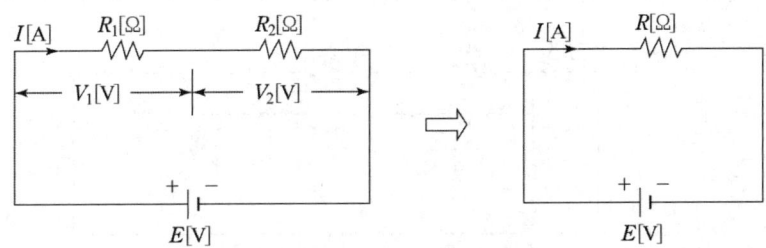

저항의 직렬 연결

① 직렬저항에 흐르는 전류의 크기는 같다.
② 합성저항 : $R = R_1 + R_2[\Omega]$ (합성저항의 크기는 각 저항의 합이다.)
③ 전 전류 $I = \dfrac{E}{R} = \dfrac{E}{R_1 + R_2}[A]$
④ 저항 $R_1[\Omega]$, $R_2[\Omega]$ 양단에 걸리는 전압을 전압강하(Voltage drop)라고 한다.

$$V_1 = IR_1[V]$$
$$V_2 = IR_2[V]$$

⑤ 각 저항에 분배되는 전압 즉, 전압 강하는 저항의 크기에 비례한다.

$$V_1 = IR_1 = \frac{R_1}{R_1+R_2}E = \frac{R_1}{R}E[\text{V}]$$

$$V_2 = IR_2 = \frac{R_2}{R_1+R_2}E = \frac{R_2}{R}E[\text{V}]$$

⑥ R_1, R_2에 생기는 전압 강하 V_1, V_2를 합하면 전원 전압 $E[\text{V}]$와 같아야 하므로

$$E = V_1 + V_2 = IR_1 + IR_2 = I(R_1+R_2) = IR[\text{V}]$$

이다.

예제 크기가 각각 3 Ω, 6 Ω, 9 Ω인 저항을 직렬로 접속하는 경우 합성저항 R은 몇 Ω인가?

풀이 $R = R_1 + R_2 + R_3 = 3 + 6 + 9 = 18[\Omega]$

예제 그림에서 저항 R_1, R_2, R_3의 값이 각각 5, 15, 20 Ω일 때 회로에 흐르는 전류 I [A]와 저항 R_1, R_2, R_3에 걸리는 전압 V_1, V_2, V_3의 값을 구하여라.

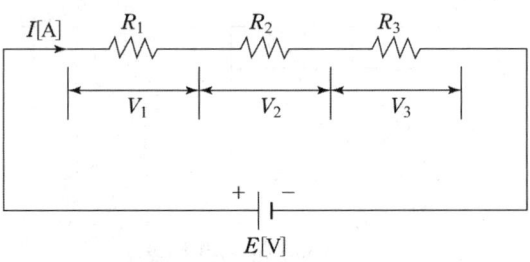

풀이 합성저항 $R = R_1 + R_2 + R_3 = 5 + 15 + 20 = 40[\Omega]$

전류 $I = \dfrac{E}{R} = \dfrac{80}{40} = 2[\text{A}]$ (직렬저항에 흐르는 전류의 크기는 같다.)

전압(전압 강하) : $V_1 = IR_1 = 2 \times 5 = 10[\text{V}]$

$V_2 = IR_2 = 2 \times 15 = 30[\text{V}]$

$V_3 = IR_3 = 2 \times 20 = 40[\text{V}]$

예제 다음 회로에서 합성저항 R, 전 전류 I, 그리고 V_2를 구하여라.

풀이 회로의 합성저항 $R_T = R_1 + R_2 + R_3 + R_4 = 7 + 4 + 7 + 7 = 25[\Omega]$

전 전류 $I = \dfrac{V}{R} = \dfrac{50}{25} = 2[A]$

$V_2 = IR_2 = 2 \times 4 = 8[V]$

예제 다음 회로에서 전압 V_1과 V_3를 구하여라.

풀이
$V_1 = \dfrac{R_1}{R_T}E = \dfrac{2 \times 10^3}{(2+5+8) \times 10^3} \times 45 = \dfrac{90}{15} = 6[V]$

$V_3 = \dfrac{R_3}{R_T}E = \dfrac{8 \times 10^3}{(2+5+8) \times 10^3} \times 45 = \dfrac{360}{15} = 24[V]$

예제 다음 회로에서 저항 R_1, R_2 양단에 걸리는 전압을 구하시오.

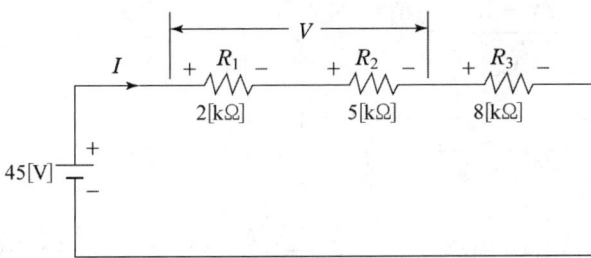

풀이
$$I = \frac{V}{R} = \frac{45}{15 \times 10^3} = 3 \times 10^{-3} [A]$$
$$V = (R_1 + R_2)I = (2+5) \times 10^3 \times 3 \times 10^{-3} = 21[V]$$

(2) 병렬 연결

저항 R_1, R_2을 병렬 연결하면 각 저항에 걸리는 전압이 같다.

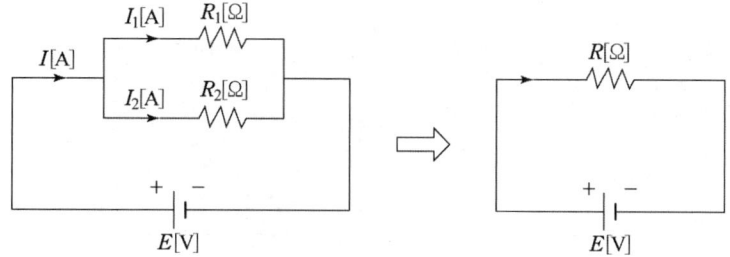

저항의 병렬 연결

① 저항 R_1, R_2에 분배되어 흐르는 전류를 I_1, I_2라면 옴의 법칙에서

$$I_1 = \frac{E}{R_1}[A], \quad I_2 = \frac{E}{R_2}[A]$$

② 전 전류 I는 각 저항에 흐르는 전류 I_1, I_2의 합이므로

$$I = I_1 + I_2 = \frac{E}{R_1} + \frac{E}{R_2} = (\frac{1}{R_1} + \frac{1}{R_2})E = \frac{E}{R}[A]$$

③ 병렬 접속에서의 합성저항 R은

$$\frac{1}{R} = \frac{1}{R_1} + \frac{1}{R_2} \text{에서}$$

$$R = \frac{1}{\frac{R_2 + R_1}{R_1 R_2}} = \frac{R_1 R_2}{R_1 + R_2}[\Omega]$$

$$R = \frac{1}{\frac{1}{R_1} + \frac{1}{R_2} + \cdots \frac{1}{R_n}}[\Omega]$$

④ 각 저항에 분배되는 전류 I_1, I_2는 $I_1 = \frac{E}{R_1}[A]$, $I_2 = \frac{E}{R_2}[A]$ 이 되고,

전 전압 $V = E = IR = \dfrac{R_1 R_2}{R_1 + R_2} I [V]$

$I_1 = \dfrac{E}{R_1} = \dfrac{1}{R_1} \times \dfrac{R_1 R_2}{R_1 + R_2} I = \dfrac{R_2}{R_1 + R_2} I [A]$

$I_2 = \dfrac{E}{R_2} = \dfrac{1}{R_2} \times \dfrac{R_1 R_2}{R_1 + R_2} I = \dfrac{R_1}{R_1 + R_2} I [A]$

예제 다음 회로에서 합성저항 $R[\Omega]$과 전 전류 $I[A]$를 구하여라.

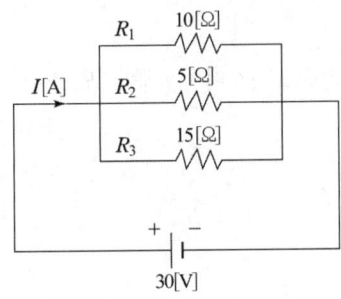

풀이

합성저항 : $\dfrac{1}{R} = \dfrac{1}{5} + \dfrac{1}{10} + \dfrac{1}{15} = \dfrac{11}{30}$ $\therefore R = \dfrac{30}{11} [\Omega]$

전전류 : $I = \dfrac{V}{R} = \dfrac{30}{\left(\dfrac{30}{11}\right)} = 11 [A]$

예제 다음 회로에서 I_1, I_2는 몇 [A]인가?

풀이

$I_1 = \dfrac{R_2}{R_1 + R_2} \times I = \dfrac{20}{10 + 20} \times 3 = 2 [A]$

$I_2 = \dfrac{R_1}{R_1 + R_2} \times I = \dfrac{10}{10 + 20} \times 3 = 1 [A]$

(3) 직·병렬 연결

저항의 직렬 접속과 병렬 접속을 조합한 회로를 말한다.

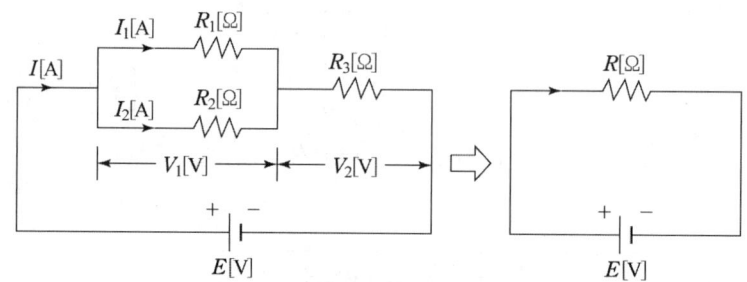

저항의 직·병렬 접속

저항 R_1, R_2를 병렬로 접속하고 여기에 저항 R_3를 직렬로 접속한 회로에서

① 합성저항

$$R = R_3 + \cfrac{1}{\cfrac{1}{R_1} + \cfrac{1}{R_2}} = R_3 + \cfrac{R_1 R_2}{R_1 + R_2} = \cfrac{R_1 R_2 + R_2 R_3 + R_3 R_1}{R_1 + R_2}\,[\Omega]$$

② 전압 V_1, V_2는

$$V_1 = \frac{R_1 R_2}{R_1 + R_2} I\,[\text{V}], \qquad V_2 = R_3 I\,[\text{V}]$$

③ 전류 I_1, I_2는

$$I_1 = \frac{R_2}{R_1 + R_2} I\,[\text{A}], \qquad I_2 = \frac{R_1}{R_1 + R_2} I\,[\text{A}]$$

④ 기전력 E는 전압 강하의 합과 같아야 하므로 $E = V_1 + V_2[\text{V}]$가 되고, 전 전류 I는 $I = I_1 + I_2[\text{A}]$가 된다.

예제 다음 회로에서 a, b 단자에 20[V]를 가할 때 전 전류 I[A], 저항 2[Ω]에 흐르는 전류 I_1[A], 저항 3[Ω]에 흐르는 I_2[A]를 구하시오.

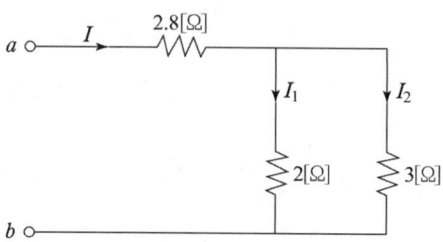

풀이 합성저항 $R = 2.8 + \dfrac{2 \times 3}{2+3} = 4[\Omega]$

전 전류 $I = \dfrac{20}{4} = 5[A]$

$I_1 = 5 \times \dfrac{3}{2+3} = 3[A]$

$I_2 = 5 \times \dfrac{2}{2+3} = 2[A]$

3.3 전선의 저항

(1) 전선의 고유 저항

① 표준 연동선 : $\rho = \dfrac{1}{58} \times 10^{-6} [\Omega \cdot m] = \dfrac{1}{58} [\Omega \cdot mm^2/m]$

② 경동선 : $\rho = \dfrac{1}{55} \times 10^{-6} [\Omega \cdot m] = \dfrac{1}{55} [\Omega \cdot mm^2/m]$

※ 경동선의 % 도전율 : 97[%]

③ Al 선 : $\rho = \dfrac{1}{35} \times 10^{-6} [\Omega \cdot m] = \dfrac{1}{35} [\Omega \cdot mm^2/m]$

(2) 전선의 저항

$$R = \rho \dfrac{l}{A\sigma} [\Omega]$$

여기서, ρ : 고유저항$[\Omega \cdot mm^2/m]$,　l : 전선의 길이[m]
　　　　A : 전선의 단면적$[mm^2]$　　σ : 도전률$[\mho/m]$

(3) 도전율 순서

은 > 구리 > 금 > 알루미늄 > 마그네슘

(4) 전선의 구비조건

① 도전율이 클 것
② 비중이 작고 내구성이 클 것
③ 가요성이 클 것
④ 기계적 강도가 클 것

(5) 전선의 굵기 선정 시 고려사항

① 허용전류
② 전압강하
③ 기계적 강도

4. 전류의 화학작용과 전지

4.1 전기분해

(1) 물의 전기분해

물을 전기분해 하면 (−)극에 수소 (+)극에서 산소가 2 : 1의 부피의 비로 분해된다.

$$2H_2O \rightarrow 2H_2 + O_2$$

(2) 페러데이의 법칙

전기분해에 의해서 석출되는 물질의 석출량 $W[g]$는 전해액 속을 통과한 전기량 $Q[C]$에 비례한다.

$$W = KQ = KIt [g]$$

총 전기량이 같으면 물질의 석출량은 그물질의 전기화학당량에 비례
전기화학당량(K) … 1[C]의 전하로 석출되는 물질의 양

$$전기화학당량 = \frac{원자량}{원자가}$$

> **예제** 니켈의 원자가는 2.0이고 원자량은 58.70이다. 니켈의 화학당량 값은?

풀이
$$전기화학당량 = \frac{원자량}{원자가} = \frac{58.7}{2} = 29.35$$

> **예제** 황산구리 용액에 10 A의 전류를 60분간 흘린 경우 석출되는 구리의 양[g]은?
> (단, 구리의 전기 화학 당량은 0.3293×10^{-3}[g/C] 이다.

풀이
$$W = KIt = 0.3293 \times 10^{-3} \times 10 \times 60 \times 60 = 11.85 [g]$$

(3) 전기도금

① 화합물에 전원을 연결하면 양극에서는 산화반응, 음극에서는 환원반응이 일어난다.
② (+)극의 금속은 산화반응으로 이온이 되고 (−)극의 금속은 환원반응으로 금속이온이 표면에 도금된다.

> **예제** 황산구리($CuSO_4$)의 전해액에 2개의 동일한 구리판을 넣고 전원을 연결하였을 때 양극과 음극의 구리판은 어떻게 변하는가?

풀이 양극 : 산화반응으로 얇아진다.
음극 : 환원반응으로 구리이온이 도금되어 두터워진다.

4.2 전지

(1) 1차 전지
① 방전 후 충전이 불가능하다.
② 종류 : 망간 건전지, 알카리·망간 건전지, 산화은 전지, 수은전지, 공기전지
③ 망간전지 : 양극(+)은 탄소봉, 음극(-)은 아연판, 전해액은 염화암모니아(NH_4Cl)을 사용

(2) 2차 전지
① 방전 후 충전이 가능하다.
② 종류 : 연(납)축전지, 니켈-카드뮴 전지, 리튬 이온 전지, 니켈-수소 전지, 공기·아연 전지

(3) 연(납) 축전지
1) 방전 시 화학식

$$PbO_2 + 2H_2SO_4 + Pb \rightarrow PbSO_4 + 2H_2O + PbSO_4$$
(+극)　(전해액)　(-극)　　(+)　　　　　(-)

2) 충전 시 화학식

$$PbO_2 + 2H_2SO_4 + Pb \leftarrow PbSO_4 + 2H_2O + PbSO_4$$
(+극)　(전해액)　(-극)　　(+)　　　　　(-)

3) 연축전지 공칭 전압 및 용량 : 2[V], 10[Ah]

4) 연축전지 특징 :
① 공칭 전압이 높고 가격이 저렴하다.
② 양극(+)은 관산화납(PbO_2), 음극은 납(Pb)으로 사용한다.

(4) 알칼리 축전지
1) 알칼리 축전지 공칭 전압 및 용량 : 1.2[V], 5[Ah]

2) 알칼리 전지 장점
① 수명이 길다.
② 진동과 충격에 강하다.
③ 방전 시 전압 변동률이 작다.
④ 사용 온도 범위가 넓다.
⑤ 과방전 시 회복충전하면 사용 가능하다.

3) 알칼리 전지 단점
① 공칭 전압이 낮다.
② 가격이 비싸다.

예제 10[A]의 전류로 6시간 방전할 수 있는 축전지의 용량은 몇 [Ah]인가?

풀이 축전지용량 = 전류×시간 = $10 \times 6 = 60$[Ah]

4.3 전지의 접속

(1) 직렬 접속

기전력이 E_1, E_2, E_3[V]이고 내부 저항이 r_1, r_2, r_3[Ω]인 전지 3개를 직렬로 접속하고 회로에 부하 저항 R[Ω]을 연결하였을 때 부하에 흐르는 전류 I[A]를 구하면 다음과 같다.

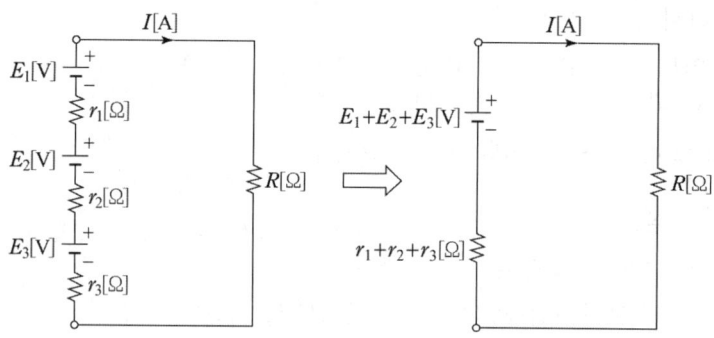

전지의 직렬 접속

① 키르히호프의 전압 법칙에 의해

$$E_1 + E_2 + E_3 = r_1 I + r_2 I + r_3 I + RI$$

회로에 흐르는 전류 $I = \dfrac{E_1 + E_2 + E_3}{r_1 + r_2 + r_3 + R}$ [A]

② 기전력 E[V] 내부 저항 r[Ω]인 전지 n개를 부하 저항 R[Ω]과 직렬로 접속했을 때 부하전류는 $I = \dfrac{nE}{nr + R}$ [A] 이다.

> **예제** 기전력이 1.5 V이고 내부저항이 0.1 Ω인 건전지 4개를 직렬로 연결한 회로에 8 Ω의 부하를 접속한 경우 부하에 흐르는 전류는 몇 A인가?

풀이 $I = \dfrac{nE}{nr + R} = \dfrac{4 \times 1.5}{4 \times 0.1 + 8} = 0.71$ [A]

(2) 병렬 접속

기전력 E[A]이고 내부 저항이 r[Ω]인 같은 전지 N개를 병렬로 접속하고 회로에 부하 저항 R을 연결하면 부하에 흐르는 전류 I는 각 전지의 기전력과 내부 저항이 같으므로 각 전지에는 $\dfrac{I}{N}$의 전류가 흐르며 회로에 키르히호프의 전압 법칙에 의해

$$\dfrac{r}{N} I + RI = E \quad \therefore I = \dfrac{E}{\dfrac{r}{N} + R} \text{[A]}$$

이 된다.

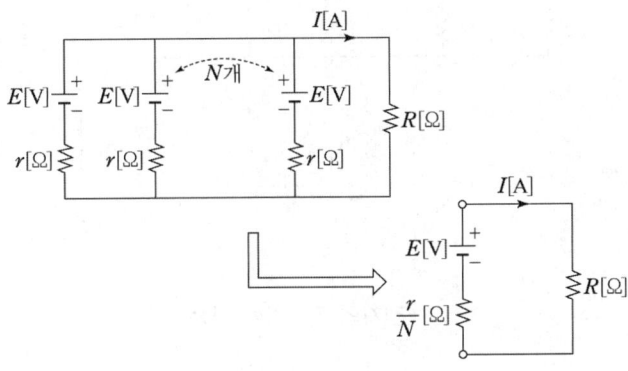

전지의 병렬 접속

> **예제** 기전력이 1.5 V이고 내부저항이 0.1 Ω인 건전지 4개를 병렬로 연결한 회로에 8 Ω의 부하를 접속한 경우 부하에 흐르는 전류는 몇 A 인가?

풀이
$$I = \frac{E}{\frac{r}{N}+R} = \frac{1.5}{\frac{0.1}{4}+8} = 0.19[A]$$

(3) 직 · 병렬 접속

기전력이 $E[V]$이고 내부 저항이 $r[\Omega]$인 전지 n개를 직렬로 N조를 병렬로 접속하고, 회로에 부하 저항 $R[\Omega]$을 연결하였을 때 부하에 흐르는 전류 I는 전지의 기전력과 내부 저항이 같으므로 n개 직렬로 접속한 전지의 합성 기전력은 $nE[V]$, 합성 내부저항은 $nr[\Omega]$이고, N조 병렬로 접속한 전지의 기전력은 $nE[V]$ 합성 내부 저항은 $\frac{n}{N}r[\Omega]$ 이므로 부하에 흐르는 전류 $I[A]$는

$$I = \frac{nE}{\frac{n}{N}r+R}[A]$$

이 된다.

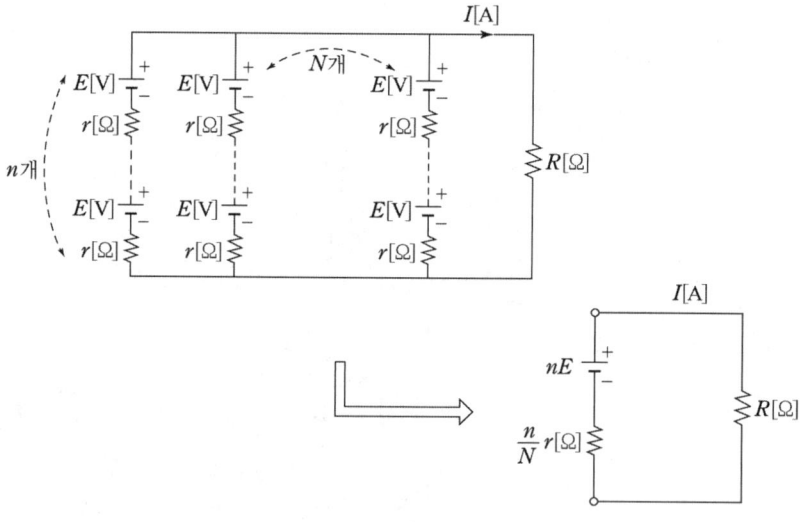

전지의 직 · 병렬 접속

예제 기전력이 1.5 V이고 내부저항이 0.1 Ω인 건전지 9개를 3개씩 병렬로 연결하고 3조를 직렬로 연결한 회로에 3.4 Ω의 부하를 접속했을 때 부하에 흐르는 전류는 몇 A 인가?

풀이
$$I = \frac{n \times E}{\frac{n}{N} \times r + R} = \frac{3 \times 1.5}{\frac{3}{3} \times 0.1 + 4.4} = 1[A]$$

(4) 전지의 충전방식

충전 방식	설명
보통 충전	필요할 때마다 표준 시간율로 소정의 충전을 하는 방식
세류 충전	자기 방전량만을 항시 충전하는 부동 충전 방식의 일종이다.
급속 충전	비교적 단시간에 보통 충전 전류의 2~3배의 전류로 충전하는 방식이다.
균등 충전	부동 충전 방식에 의하여 사용할 때 각 전해조에서 일어나는 전위차를 보정하기 위하여 1~3개월마다 1회씩 정전압으로 10~12시간 충전하여 각 전해조의 용량을 균일화하기 위한 방식이다.
부동 충전	축전지의 자기 방전을 보충함과 동시에 상용 부하에 대한 전력공급은 충전기가 부담하도록 하되 충전기가 부담하기 어려운 일시적인 대전류 부하는 축전지로 하여금 부담하게 하는 방식이다.

1장 직류회로

예상문제

01 전하의 성질에 대한 설명 중 옳지 않은 것은?
① 같은 종류의 전하는 흡인하고 다른 종류의 전하끼리는 반발한다.
② 대전체에 들어있는 전하를 없애려면 접지시킨다.
③ 대전체의 영향으로 비대전체에 전기가 유도 된다.
④ 전하는 가장 안전한 상태를 유지하려는 성질이 있다.

풀이 같은 종류의 전하는 반발하고 다른 종류의 전하끼리는 흡인력이 작용한다.

02 원자의 구속력을 벗어나서 물질 내에서 자유로이 이동할 수 있는 것은?
① 중성자   ② 양자   ③ 분자   ④ 자유전자

03 쿨롱(Coulomb)의 단위를 갖는 것은?
① 자계의 세기   ② 힘   ③ 전위   ④ 전기량

04 어떤 도체에 t초 동안에 Q[C] 전기량이 이동하면 이때 흐르는 전류[A]는?
① $I = Q \cdot t$[A]   ② $I = Q^2 \cdot t$[A]   ③ $I = \dfrac{t}{Q}$[A]   ④ $I = \dfrac{Q}{t}$[A]

05 1개의 전자 질량은 몇 [kg]인가?
① 1.679×10^{-31}
② 9.109×10^{-31}
③ 1.67×10^{-27}
④ 9.109×10^{-27}

풀이 전자 1개 질량 : 9.10955×10^{-31}[kg]
양자 1개 질량 : 1.67261×10^{-27}[kg]

06 Q[C]의 전기량이 이동하여 W[J]의 일을 했을 때 전위차 V[V]는?
① $V = QW$ ② $V = \dfrac{W}{Q}$ ③ $V = \dfrac{Q}{W}$ ④ $V = \dfrac{W}{Q^2}$

정답 01. ① 02. ④ 03. ④ 04. ④ 05. ② 06. ②

07 다음 중 [J/C]과 같은 단위는?
① [N]   ② [V]   ③ [H]   ④ [F]

08 전류를 계속 흐르게 하려면 전압을 연속적으로 만들어 주는 어떤 힘이 필요하게 되는데 이 힘을 무엇이라 하는가?
① 자기력   ② 전자력   ③ 기전력   ④ 전기량

09 10[Ω]의 저항에 2[A]의 전류가 흐를 때 저항의 단자 전압은 얼마인가?
① 5[V]   ② 10[V]   ③ 15[V]   ④ 20[V]

풀이) $V = IR = 2 \times 10 = 20[V]$

10 100[V]에서 5[A]가 흐르는 전열기에 120[V]을 가하면 흐르는 전류는?
① 41.[A]   ② 6.0[A]   ③ 7.2[A]   ④ 8.4[A]

풀이) 전열기 저항 [A]
$R = \dfrac{100}{5} = 20[\Omega]$, ∴ $I = \dfrac{120}{20} = 6$

11 어떤 저항(R)에 전압(V)를 가하니 전류(I)가 흘렀다. 이 회로의 저항(R)을 20[%] 줄이면 전류(I)는 처음의 몇 배가 되는가?
① 0.8   ② 0.88   ③ 1.25   ④ 2.04

풀이) $I_1 = \dfrac{V}{R}$, $I_2 = \dfrac{V}{(1-0.2)R} = 1.25 \times \dfrac{V}{R}$
∴ $\dfrac{I_2}{I_1} = 1.25$

12 다음 중 전기 저항의 역수는?
① 저항률   ② 고유저항   ③ 서셉턴스   ④ 컨덕턴스

13 5[Ω]의 저항의 컨덕턴스[℧]는?
① 0.8[℧]   ② 0.7[℧]   ③ 0.5[℧]   ④ 0.2[℧]

풀이) $G = \dfrac{1}{R} = \dfrac{1}{5} = 0.2[℧]$

정답 07. ② 08. ③ 09. ④ 10. ② 11. ③ 12. ④ 13. ④

14 4[Ω], 6[Ω], 8[Ω]의 3개의 저항을 병렬 접속할 때 합성저항은 약 몇 [Ω]인가?

① 1.8[Ω]　② 2.5[Ω]　③ 3.6[Ω]　④ 4.5[Ω]

풀이 $\dfrac{1}{R} = \dfrac{1}{4} + \dfrac{1}{6} + \dfrac{1}{8} = \dfrac{6+4+3}{24} = \dfrac{13}{24}$

∴ $R = \dfrac{24}{13} = 1.85$

15 "회로의 접속점에서 볼 때 접속점에 흘러들어오는 전류의 합은 흘러나가는 전류의 합과 같다"라고 정의되는 법칙은?

① 키르히호프의 제1법칙　② 키르히호프의 제2법칙
③ 플레밍의 오른손 법칙　④ 앙페르의 오른 나사 법칙

16 그림과 같은 회로망에 있어서 전류를 산출하는 식은?

① $I_3 = I_1 + I_2 + I_4 + I_5$
② $I_1 + I_3 = I_2 - I_4 + I_5$
③ $I_1 + I_3 = I_2 - I_4 - I_5$
④ $I_1 - I_3 = I_2 + I_4 - I_5$

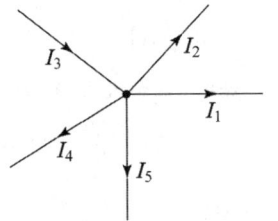

풀이 들어오는 전류의 합과 나가는 전류의 합은 같다.

17 다음 그림의 휘스톤 브리지의 평형 조건은?

① $X = \dfrac{Q}{P}R$　② $X = \dfrac{P}{Q}R$
③ $X = \dfrac{Q}{R}P$　④ $X = \dfrac{P^2}{Q}R$

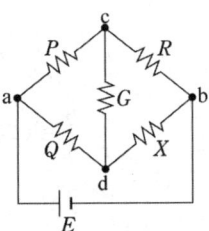

풀이 $PX = QR$　∴ $X = \dfrac{Q}{P}R$

18 저항 100[Ω]에 부하에서 10[kW]의 전력이 소비 되었다면 이때 흐르는 전류는 몇 [A]인가?

① 1[A]　② 2[A]　③ 5[A]　④ 10[A]

풀이 $P = I^2 R$　∴ $I = \sqrt{\dfrac{10 \times 10^3}{100}} = 10[A]$

정답 14. ①　15. ①　16. ①　17. ①　18. ④

19 그림과 같은 회로에서 저항 P는 2[Ω], Q는 4[Ω], R은 50[Ω]일 때 검류계에 흐르는 전류가 0이 되었면 저항 X는 몇 [Ω]인가?

① 25[Ω] ② 50[Ω]
③ 100[Ω] ④ 200[Ω]

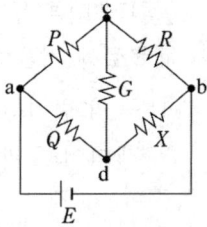

풀이 $PX = QR$ ∴ $X = \dfrac{QR}{P} = \dfrac{4 \times 50}{2} = 100[Ω]$

20 정격전압에서 1[kW]의 전력을 소비하는 저항에 정격의 90[%]전압을 가했을 때 전력은 몇 [W]가 되는가?

① 630[W] ② 780[W] ③ 810[W] ④ 900[W]

풀이 $P = \dfrac{V^2}{R}$에서 R이 일정하므로 $P \propto V^2$
∴ $P = 1 \times 10^3 \times 0.9^2 = 810[W]$

21 줄의 법칙에서 발생하는 열량의 계산식이 옳은 것은?

① $H = 0.24RI^2t$[cal] ② $H = 0.024RI^2t$[cal]
③ $H = 0.24RI^2$[cal] ④ $H = 0.024RI^2$[cal]

22 1[kWh]는 몇 [kcal]인가?

① 860[kcal] ② 2,400[kcal] ③ 4,800[kcal] ④ 8,600[kcal]

풀이 $Q = 0.24 \times 1 \times 10^3 \times 60 \times 60 = 864 \times 10^3$[cal] ∴ 860[kcal]

23 500[W]의 전열기를 정격 상태에 2시간 사용하였을 때의 열량[kcal]은?

① 430[kcal] ② 520[kcal] ③ 720[kcal] ④ 860[kcal]

풀이 $P = 500 \times 2 = 1$[kWh], 1[kWh]=860[kcal]

24 서로 다른 종류의 안티몬과 비스무드의 두 금속을 접속하여 여기에 전류를 통하면, 줄열 외에 그 접점에서 열의 발생 흡수가 일어난다. 이와 같은 현상은?

① 제3금속의 법칙 ② 제백 효과
③ 페르미 효과 ④ 펠티에 효과

25 종류가 다른 두 금속을 접합하여 폐회로를 만들고 두 접합점의 온도를 다르게 하면 이 폐회로에 기전력이 발생하여 전류가 흐르게 되는 현상을 지칭하는 것은?
① 줄의 법칙(Joule's law)
② 톰슨 효과(Thomson effect)
③ 펠티어 효과(Peltier effect)
④ 제백 효과(Seebeck effect)

26 열전 온도계의 원리는?
① 펠티어 효과
② 제백 효과
③ 톰슨 효과
④ 광전 효과

27 전자 냉동기의 원리로 이용 되는 것은?
① 펠티어 효과
② 제어백 효과
③ 톰슨 효과
④ 광전 효과

28 고유저항 ρ, 길이 ℓ, 지름 D인 전선의 저항은?
① $\rho \cdot \dfrac{4\ell}{\pi D^2}$
② $\rho \cdot \dfrac{2\ell}{\pi D^2}$
③ $\rho \cdot \dfrac{\ell}{2\pi D^2}$
④ $\rho \cdot \dfrac{\ell}{\pi D^2}$

풀이 저항 $R = \rho \cdot \dfrac{\ell}{\text{단면적}} = \rho \cdot \dfrac{\ell}{\pi \times (\dfrac{D}{2})^2} = \rho \cdot \dfrac{4\ell}{\pi D^2}$

29 다음 중 도전율의 단위는?
① $[\Omega \cdot m]$
② $[\mho \cdot m]$
③ $[\Omega/m]$
④ $[\mho/m]$

30 접지저항이나 전해액 측정에 쓰이는 것은?
① 휘스톤 브리지
② 전위차계
③ 콜라우시 브리지
④ 메가

31 길이 1[m]인 도선의 저항값이 20[Ω]이었다. 이 도선을 고르게 2[m]로 늘렸을 때 저항값은?
① 10[Ω]
② 40[Ω]
③ 80[Ω]
④ 140[Ω]

정답 25. ④ 26. ② 27. ① 28. ① 29. ④ 30. ③ 31. ③

풀이 저항 $R \propto \dfrac{길이(\ell)}{단면적(A)}$ 에서 전선의 부피는 동일하므로 길이가 2배로 증가하면 단면적(A)는 $\dfrac{1}{2}$이 되므로 $R' = \dfrac{2l}{\dfrac{1}{2}A} = 4R = 20 \times 4 = 80[\Omega]$

32 어떤 도체의 길이를 n배로 하고 단면적을 $\dfrac{1}{n}$로 하였을 때의 저항은 원래 저항보다 어떻게 되는가?

① n배로 된다.
② n^2배로 된다.
③ $\sqrt{n}$ 배로 된다.
④ $\dfrac{1}{n}$배로 된다.

풀이 저항 $R = \dfrac{n}{\dfrac{1}{n}} = n^2$배

33 구리선의 길이를 2배, 반지름을 $\dfrac{1}{2}$로 할 때 저항은 몇 배가 되는가?

① 3   ② 4   ③ 6   ④ 8

풀이 저항 $R \propto \dfrac{2}{\left(\dfrac{1}{2}\right)^2} = 8$배

34 전선의 길이를 4배로 늘렸을 때, 처음의 저항값을 유지하기 위해서는 도선의 반지름을 어떻게 해야 하는가?

① 1/4로 줄인다.
② 1/2로 줄인다.
③ 2배로 늘린다.
④ 4배로 늘린다.

풀이 단면적도 4배로 늘여야 하므로
단면적 $A = \pi r^2$ 에서 $r^2 = 4$ ∴ $r = 2$배

35 패러데이 법칙에서 전기분해에 의해서 석출되는 물질의 양은 전해액을 통과한 무엇과 비례하는가?

① 총 전해질
② 총 전류
③ 총 전압
④ 총 전기량

풀이 $W = KQ = KIt[g]$ K는 전기화학당량

정답 32. ② 33. ④ 34. ③ 35. ④

36 전기분해에 의하여 석출된 물질의 양을 $W[g]$, 시간을 $t[sec]$, 전류를 $I[A]$라 하면 패러데이 법칙은 어느 것인가?

① $W = KIt \times 3,600$
② $W = KIt$
③ $W = KI^2 t$
④ $W = KIt^2$

37 패러데이 법칙과 관계없는 것은?

① 전극에서 석출되는 물질의 양은 통과한 전기량에 비례한다.
② 전해질이나 전극이 어떤 것이라도 같은 전기량이면 항상 같은 화학당량의 물질을 석출한다.
③ 화학당량이란 $\dfrac{원자량}{원자가}$ 을 말한다.
④ 석출되는 물질의 양은 전류의 세기와 전기량의 곱으로 나타낸다.

38 10[A]의 방전 전류로 6시간 방전하였다면 축전지의 방전용량은 몇 [Ah]인가?

① 30[Ah]   ② 40[Ah]   ③ 50[Ah]   ④ 60[Ah]

39 규격이 같은 축전지 2개를 병렬로 연결하였다. 다음 설명 중 옳은 것은?

① 용량과 전압이 모두 2배가 된다.
② 용량과 전압이 모두 1/2배가 된다.
③ 용량은 불변이고 전압은 2배가 된다.
④ 용량은 2배가 되고 전압은 불변이다.

정답 36. ② 37. ④ 38. ④ 39. ④

2장 정전용량과 자기회로

1. 콘덴서와 정전용량

1.1 정전용량의 계산

(1) 도체가 전하를 저장할 수 있는 능력을 정전용량(capacitance)이라고 하며 전하를 저장하는 장치를 축전지(condenser 혹은 capacitor)라고 하며 단위는 패럿[F]이다.

(2) 도체에 전위를 가하면 도체 면에 전하가 축적되고 도체에 축적되는 전하량 Q는 도체에 인가한 전위 V에 비례한다.

$$Q = CV[\text{C}] \qquad Q : \text{전하량[C]}, \ C : \text{정전용량 [F]}, \ V : \text{전위 [V]}$$

$$C = \frac{Q}{V}[\text{F}] \qquad \text{※ } 1[\mu\text{F}] = 10^{-6}[\text{F}], \ 1[\text{pF}] = 10^{-12}[\text{F}]$$

(3) 구 도체의 정전용량

반지름 $a[\text{m}]$의 구도체에 $+Q[\text{C}]$의 전하를 줄 때 구도체의 전위 V는 $V = \dfrac{Q}{4\pi\epsilon_0 a}[\text{V}]$이 므로 구도체의 정전용량 $C = \dfrac{Q}{V} = 4\pi\varepsilon_0 a[\text{F}]$

예제 정전용량 10 μF의 콘덴서에 100 V의 전압을 가할 때, 축적되는 전하량 [C]을 구하시오.

풀이 $Q = CV = 10 \times 10^{-6} \times 300 = 3 \times 10^{-3}[\text{C}]$

(4) 평행판 도체의 정전용량

콘덴서의 정전용량 $C[\text{F}]$는 유전체의 유전율 $\varepsilon[\text{F/m}]$과 전극의 면적 $A[\text{m}^2]$에 비례하고 전극 사이의 거리 $d[\text{m}]$에 반비례한다.

$$C = \varepsilon\frac{A}{d}[\text{F}]$$

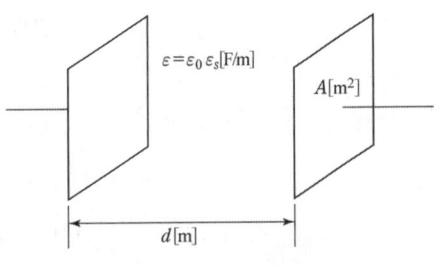

평행판 콘덴서의 정전용량

> **예제** 평행판 콘덴서에서 전극의 반지름이 30 cm인 원판으로 되고, 전극 간격이 1 mm 이며 유전체의 비유전율(ε_s)은 4이다. 이 콘덴서의 정전용량[μF]은 얼마인가?

풀이

$$C = \frac{\varepsilon_0 \varepsilon_s A}{d} [\text{F}]$$

$$\varepsilon_0 \cdot \varepsilon_s = \frac{1}{4\pi \times 9 \times 10^9} \times 4 = 3.34 \times 10^{-11}$$

$$\therefore C = \frac{3.54 \times 10^{-11} \times \pi \times 0.3^2}{1 \times 10^{-3}} \times 10^6 \fallingdotseq 0.01 [\mu\text{F}]$$

> **예제** 극판의 면적이 10 cm², 간격이 1 mm, 극판 간에 채워진 유전체의 비유전율이 2.5 인 평행판 콘덴서에 100 V의 전압을 가할 때 극판의 전하[C]는 얼마인가?

풀이

$$Q = CV = \frac{\varepsilon_0 \varepsilon_s A}{d} \times V = \frac{2.21 \times 10^{-11} \times 10 \times 10^{-4}}{1 \times 10^{-3}} \times 100 = 2.21 \times 10^{-9} [\text{C}]$$

$$\varepsilon_0 \cdot \varepsilon_s = \frac{1}{4\pi \times 9 \times 10^9} \times 2.5 = 2.21 \times 10^{-11}$$

1.2 콘덴서의 접속

(1) 직렬 접속

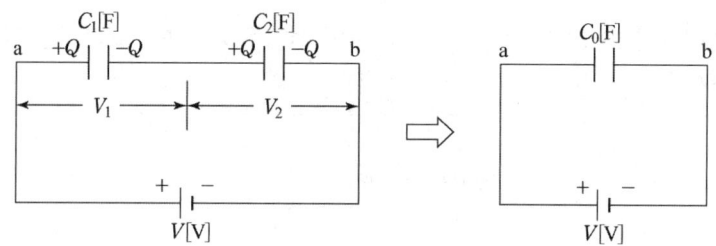

콘덴서의 직렬 접속

각 콘덴서에 충전된 전하량이 같다.

$$C_1 \text{에서 } Q = C_1 V_1 [\text{C}]$$

$$C_2 \text{에서 } Q = C_2 V_2 [\text{C}]$$

합성 정전용량이 C_0라면 $Q = C_0 V[\text{C}]$, $V = V_1 + V_2[\text{V}]$ 이므로
$\dfrac{Q}{C_0} = \dfrac{Q}{C_1} + \dfrac{Q}{C_2}$ 에서 $C_0 = \dfrac{1}{\dfrac{1}{C_1} + \dfrac{1}{C_2}} = \dfrac{C_1 \times C_2}{C_1 + C_2}[\text{F}]$ 이다.

C_1에 걸리는 전압

$$V_1 = \dfrac{Q}{C_1} = \dfrac{\dfrac{C_1 \cdot C_2}{C_1 + C_2} \cdot V}{C_1} = \dfrac{C_2}{C_1 + C_2} V[\text{V}]$$

C_2에 걸리는 전압

$$V_2 = \dfrac{Q}{C_2} = \dfrac{C_1}{C_1 + C_2} V[\text{V}]$$

가 된다.

예제 40 μF와 60 μF의 콘덴서를 직렬 접속 시 합성 정전용량 $C[\mu\text{F}]$를 구하시오.

풀이 $C = \dfrac{C_1 \times C_2}{C_1 + C_2} = \dfrac{40 \times 60}{40 + 60} = 24[\mu\text{F}]$

예제 4 μF와 6 μF의 정전용량을 가진 두 콘덴서를 직렬로 접속하고 이 회로에 100 V의 전압을 가하였다. 4 μF 양단의 전압 V_1과 6 μF 양단의 전압 V_2를 구하여라.

풀이 $V_1 = \dfrac{C_2}{C_1 + C_2} V = \dfrac{6}{4 + 6} \times 100 = 60[\text{V}]$

$V_2 = \dfrac{C_1}{C_1 + C_2} V = \dfrac{4}{4 + 6} \times 100 = 40[\text{V}]$

(2) 병렬 접속

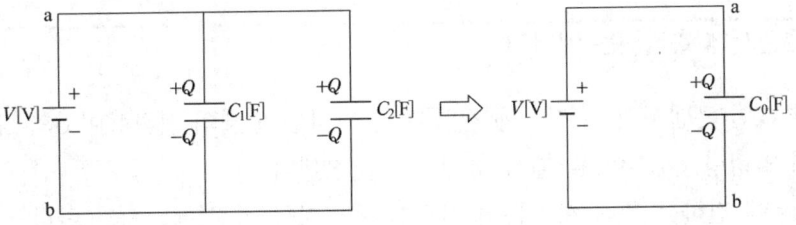

콘덴서의 병렬 접속

각 콘덴서 양단의 전압이 일정

C_1에서 $Q = C_1 V_1 [C]$

C_2에서 $Q = C_2 V_2 [C]$

합성정전용량이 C_0라면

$Q = C_0 V$

$Q = Q_1 + Q_2 [C]$ 이므로 $C_0 V = C_1 V + C_2 V$ 이므로

$C_0 = C_1 + C_2 [F]$

C_1에 분배되는 전하량

$$Q_1 = C_1 V = C_1 \cdot \frac{Q}{C_0} = \frac{C_1}{C_1 + C_2} Q [C]$$

C_2에 분배되는 전하량

$$Q_2 = C_2 V = C_2 \cdot \frac{Q}{C_0} = \frac{C_2}{C_1 + C_2} Q [C]$$

예제 콘덴서를 그림과 같이 접속했을 때 단자 a, b간의 합성 정전용량[μF]를 구하여라.

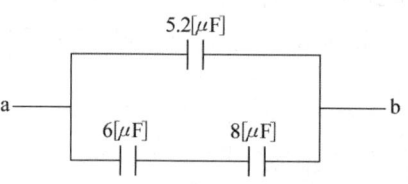

풀이

$$C = C_1 + \frac{C_2 C_3}{C_2 + C_3} = 5.2 + \frac{6 \times 8}{6 + 8} \fallingdotseq 8.63 [\mu F]$$

1.3 콘덴서에 축적되는 에너지

정전용량 C인 콘덴서의 두 전극에 전압 V를 가하면 도체의 전하량이 0의 상태에서 점차 증가하여 일정량 $Q[C]$이 될 때까지 전하가 저장된다.

즉, 콘덴서에 전하를 축적 시키는데 필요한 에너지를 정전 에너지라 한다.

정전 에너지는 그림의 삼각형 면적과 같다.

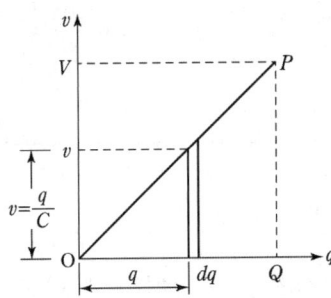

$W = \dfrac{1}{2} QV$ [J] 이다.

$W = \dfrac{1}{2} QV = \dfrac{1}{2} CV^2$ [J]

예제 콘덴서를 그림과 같이 접속했을 때 단자 a, b간의 합성 정전용량[μF]를 구하여라.

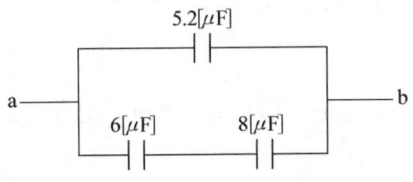

풀이 $W = \dfrac{1}{2} QV = \dfrac{1}{2} \times 500 \times 10^{-6} \times 200 = 5 \times 10^{-2}$ [J]

예제 정전용량 5 μF인 콘덴서 양단에 100 V의 전압을 가했을 때 콘덴서에 축적되는 에너지[J]을 구하여라.

풀이 $W = \dfrac{1}{2} CV^2 = \dfrac{1}{2} \times 5 \times 10^{-6} \times 100^2 = 2.5 \times 10^{-2}$ [J]

예제 3 μF의 콘덴서에 9×10^{-4} C의 전하를 축적할 때 정전 에너지는 몇 [J]인가?

풀이 $W = \dfrac{Q^2}{2C} = \dfrac{(9 \times 10^{-4})^2}{2 \times 3 \times 10^{-6}} = 0.135$ [J]

2. 전계와 자계

2.1 전계의 세기

(1) 대전현상

종류가 다른 두 물체를 마찰 시키면 한 쪽에는 양(+)전기, 다른 쪽에는 음(-)전기가 발생하여 끌어당기는 성질

(2) 정전력

양, 음의 전기가 대전되어 생기는 현상으로 정전기에 의하여 생기는 힘
① 반발력 : 같은 종류의 전하 사이에 작용하는 힘
② 흡인력 : 다른 종류의 전하 사이에 작용하는 힘
③ 대전 : 물체가 전기를 띠는 현상
④ 전하 : 대전에 의하여 물체가 띠고 있는 전기

(3) 쿨롱의 법칙

① 두 전하가 있을 때 다른 종류의 전하는 흡인력이 작용하고 같은 종류의 전하는 반발력이 작용한다.
② 두 전하 사이에 작용하는 힘은 두 전하 $Q_1[C]$, $Q_2[C]$의 곱에 비례하고 두 전하 사이의 거리 $r[m]$의 제곱에 반비례한다.

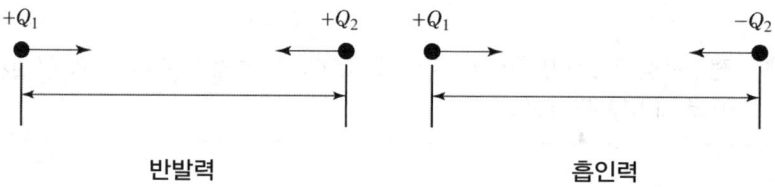

ε - 유전율[F/m], $\varepsilon = \varepsilon_0 \varepsilon_s$ [F/m]

k - 비례상수 $(k = \dfrac{1}{4\pi\varepsilon})$

두 전하 사이에 작용하는 힘

$$F = k\frac{Q_1 Q_2}{r^2} = \frac{1}{4\pi\varepsilon} \times \frac{Q_1 Q_2}{r^2} = \frac{1}{4\pi\varepsilon_0 \varepsilon_s} \times \frac{Q_1 Q_2}{r^2} = 9 \times 10^9 \times \frac{Q_1 Q_2}{\varepsilon_s r^2} [N]$$

여기서, $\varepsilon_0 \mu_0 = \dfrac{1}{C^2}$, ∴ $C = \dfrac{1}{\sqrt{\varepsilon_0 \mu_0}} = 3 \times 10^8 [\text{m/sec}]$

진공의 투자율 : $\mu_0 = 4\pi \times 10^{-7} [\text{H/m}]$

진공 중 광속도 : $C = 3 \times 10^8 [\text{m/sec}]$

진공의 유전율 : $\varepsilon_0 = 8.855 \times 10^{-12} [\text{F/m}]$

비유전율 : $\varepsilon_s = \dfrac{\varepsilon}{\varepsilon_0}$ (진공 중에서 = 1, 공기 중에서 ≒ 1)

예제 진공 중에 20[μC]과 40[μC]의 두 전하가 0.5[m] 간격으로 놓여져 있을 때, 작용하는 정전기력[N]을 구하시오.

풀이
$$F = 9 \times 10^9 \cdot \dfrac{Q_1 Q_2}{r^2} = 9 \times 10^9 \times \dfrac{20 \times 10^{-6} \times 40 \times 10^{-6}}{0.5^2} = 28.8 [\text{N}]$$

예제 동일한 크기의 두 점전하가 진공중에서 1 m 떨어져 있을 때 작용하는 힘이 9×10^9 N이면 이 전하의 전기량[C]은 얼마인가?

풀이
$F = 9 \times 10^9 \times \dfrac{Q_1 Q_2}{r^2}$ 에서 $9 \times 10^9 = 9 \times 10^9 \times \dfrac{Q^2}{1^2}$

∴ $Q = 1 [\text{C}]$

예제 진공 중에 크기가 2×10^{-6}[C]인 두 개의 점전하에 작용하는 힘이 4×10^{-3}[N]일 때, 이들 사이의 거리[m]는 얼마인가?

풀이
$F = 9 \times 10^9 \times \dfrac{Q_1 Q_2}{r^2} [\text{N}]$에서

∴ $r^2 = 9 \times 10^9 \times \dfrac{Q^2}{F} = 9 \times 10^9 \times \dfrac{(2 \times 10^{-6})^2}{4 \times 10^{-3}} = 9$

$r = \sqrt{9} = 3 [\text{m}]$

---

(4) 전장(전기장, 전계])

전기력선이 미치는 공간을 전장이라고 하며 전장에 의해 정전력이 작용하는 것을 설명하기 위한 가상의 선을 전기력선이라고 하며 특징은 다음과 같다.

① 전기력선(전력선)은 양(+)전하에서 시작하여 음(-)전하에서 끝난다.
② 전기력선(전력선)의 접선 방향은 그 점에서의 전장의 방향이다.
③ 전기력선(전력선)은 수축하려는 성질이 있으며 같은 전기력선은 반발한다.
④ 전기력선(전력선)은 그 자신만으로는 폐곡선이 되는 일이 없다.
⑤ 전기력선(전력선)의 밀도는 그 곳에서의 전장의 세기를 나타낸다.
⑥ 전기력선(전력선)은 서로 교차하지 않는다.
⑦ 전기력선(전력선)은 도체 표면(등전위면)에 수직이다.
⑧ 전기력선(전력선)의 총수 $N = \dfrac{Q}{\varepsilon} = \dfrac{Q}{\varepsilon_0 \varepsilon_s}$ 개

(단, 진공중(공기중)인 경우 비유전율 $\varepsilon_s = 1$ 이므로

전기력선(전력선)의 총수 $N = \dfrac{Q}{\varepsilon} = \dfrac{Q}{\varepsilon_0 \varepsilon_s} = \dfrac{Q}{\varepsilon_0}$ 개)

2.2 점전하에 의한 전계

(1) 전장의 세기

전장(전계)의 세기는 이 전계의 크기에 영향을 미치지 않을 정도의 미소 전하(+1[C])를 놓았을 때 전하에 작용하는 힘의 크기를 전장의 세기라 한다.

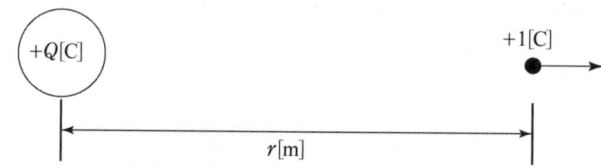

$$E = k \dfrac{Q}{r^2} = \dfrac{1}{4\pi\varepsilon} \dfrac{Q}{r^2} = \dfrac{1}{4\pi\varepsilon_0 \varepsilon_s} \dfrac{Q}{r^2} = 9 \times 10^9 \times \dfrac{Q}{\varepsilon_s r^2} [\text{V/m}]$$

E [V/m]의 전기장 내에 Q[C]의 크기를 가지는 또 하나의 전하를 놓으면, 여기에 작용하는 힘은 다음 식으로 표시된다.

$$F = QE [\text{N}]$$

> **예제** 공기 중에 3×10^{-7}[C]의 점전하가 놓여 있을 때, 이로부터 40[cm]의 거리에 있는 점 P에서 전기장의 세기[V/m]를 구하여라.

풀이
$$E = \frac{1}{4\pi\varepsilon_0} \cdot \frac{Q}{r^2} = 9 \times 10^9 \times \frac{3 \times 10^{-7}}{0.4^2} \fallingdotseq 16.8 \times 10^3 [\text{V/m}]$$

예제 전기장의 세기가 500[V/m]인 전기장 내에서 5[μC]의 전하를 놓았을 때, 이 전하에 작용하는 힘[N]을 구하여라.

풀이
$$F = qE = 5 \times 10^{-6} \times 500 = 25 \times 10^{-4} [\text{N}]$$

(2) 전위
① 전위 : 전기장의 한 점에서 단위 전하가 가지는 전기적인 위치에너지
② 단위 정전하가 무한히 먼 곳에서 관측점까지 전계의 방향과 역으로 이동할 때의 에너지

$$V_P = -\int_\infty^r E\,dr\,[\text{V}] = \int_r^\infty E\,dr\,[\text{V}], \quad E = \frac{Q}{4\pi\varepsilon_0 r^2}[\text{V/m}] \text{ 이므로}$$

$$V_P = \int_r^\infty \frac{Q}{4\pi\varepsilon_0 r^2}\,dr = \frac{Q}{4\pi\varepsilon_0 r}[\text{V}]$$

일반적으로

$$V = \frac{Q}{4\pi\varepsilon_0 r}[\text{V}]$$

여기서, V : 전위[V], Q : 전기량[C], r : 전하로부터의 거리[m]

(3) 전위차
두 점간의 에너지의 차로, 단위전하를 옮기는데 필요한 일의 양으로 단위는 [V]이다.
$[\text{V}] = \left[\dfrac{\text{V}}{\text{m}}\right] \times [\text{m}]$ 이므로 $V = E \times r\,[\text{V}]$ 이다.

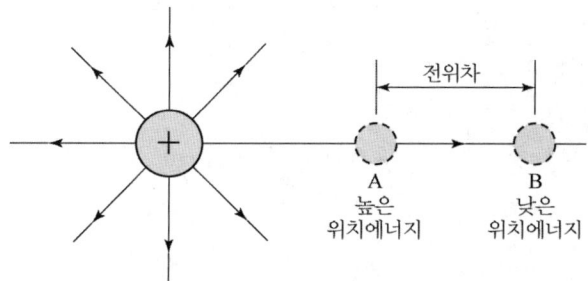

A점의 전위를 V_1, B점의 전위를 V, 전하 Q로부터 r_1, r_2라고 하면

두 점의 전위차는 $V_d = V_1 - V_2 = \dfrac{Q}{4\pi\varepsilon}\left(\dfrac{1}{r_1} - \dfrac{1}{r_2}\right)$ [V]

> **예제** 2×10^{-6} [C]인 전하에서 10[m] 떨어진 점의 전위를 구하라.

풀이
$$V = 9 \times 10^9 \times \dfrac{Q}{r} = 9 \times 10^9 \dfrac{2 \times 10^{-6}}{10} = 1800 \text{[V]}$$

(4) 등전위면

전기장 내에서 전위가 같은 점을 연결하여 생기는 선(면)을 말하며 특성은 다음과 같다.
① 등전위면은 서로 교차하지 않는다.
② 등전위면의 간격이 좁을수록 전기장의 세기가 크다.
③ 등전위면은 전기력선과 항상 수직으로 교차한다.
④ 등전위면을 따라 전하를 운반하는데 필요한 일은 항상 0이다.
⑤ 등전위면에서 전기장의 방향은 전위가 높은 곳에서 낮은 곳으로 향한다.

(5) 전속

주위 매질의 종류에 관계없이 Q[C]의 전하에서 Q개의 역선이 나온다고 가상한 선으로 다음과 같은 특성이 있다.
① 전속은 도체 표면(등전위면)에 수직이다.
② 전속은 양(+)전하에서 시작하여 음(-)전하에서 끝난다.
③ 전속이 나오는 곳 또는 끝나는 곳에는 전속과 같은 전하가 있다.

(6) 가우스의 정리

전기장내의 임의의 폐곡면을 통하여 나가는 전기력선의 총수는 폐곡면 내 전하의 $\dfrac{1}{\varepsilon_0}$배와 같다. 이것을 가우스 정리(Gauss's theorem)라 한다.

전기력선 총수 $N = \dfrac{Q}{\varepsilon_o}$ [개]

$E \cdot 4\pi r^2 = \dfrac{Q}{\varepsilon_0}$ $\quad \therefore E = \dfrac{Q}{4\pi\varepsilon_0 r^2}$ [V/m]

(7) 전속 밀도

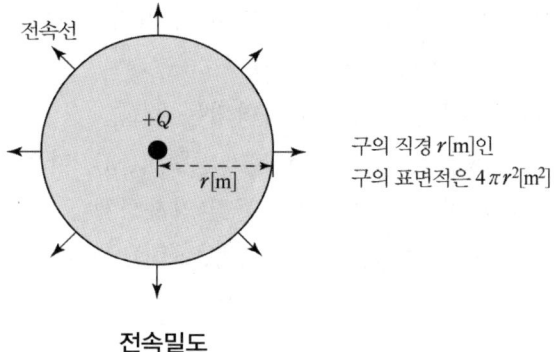

전속밀도

단위면적당 전속의 수로 단위는 $[C/m^2]$이며 점전하 $Q[C]$으로부터 반지름 $r[m]$인 구 표면을 $Q[C]$의 전속이 균일하게 분포하여 지나가게 되므로 구 표면의 전속밀도 D는

$$D = \frac{Q}{A} = \frac{Q}{4\pi r^2} [C/m^2]$$

이다.(구 표면적 : $4\pi r^2 [m^2]$)
구 표면의 전기장의 세기 E는

$$E = \frac{Q}{4\pi \varepsilon r^2} [V/m] \quad \therefore D = \varepsilon E = \varepsilon_0 \varepsilon_s E \; [C/m^2]$$

> **예제** 진공 중에 놓여 있는 4[C]의 점전하로부터 30[cm] 떨어진 점에서의 전속밀도 $[C/m^2]$를 구하여라.
>
> **풀이** $D = \dfrac{Q}{4\pi r^2} = \dfrac{4}{4\pi \times 0.3^2} \fallingdotseq 3.54[C/m^2]$

2.3 자석 및 자기유도

(1) 자기유도(magnetic induction)
자석의 N극 쪽에 철편 놓았을 때 가까운 곳에 S극 먼 곳에서 N극이 나타나는 현상으로 이때 철편은 자화(magnetize)되었다고 한다.

(2) 자성체

① 강자성체 : 자기유도에 의해 강하게 자화되며 쉽게 자화되는 물질.
  철(Fe), 니켈(Ni), 코발트(CO), 망간(Mn)
② 상자성체 : 강자성체와 같은 방향으로 자화되는 물질.
  텅스텐(W), 알루미늄(Al), 산소(O), 백금(Pt), 주석(Si), 나트륨(Na)
③ 반자성체 : 강자성체와 반대로 자화되는 물질(역자성체).
  금(Au), 은(Ag), 구리(Cu), 아연(Zn), 비스무드(Bi), 납(Pb), 게르마늄(Ge), 탄소(C)

(3) 자기력선의 성질

① 자장(자계, 자기장)이 미치는 작용을 역학적으로 나타내기 위한 가상적인 선을 말한다.
② 자기력선(자력선)은 N극에서 나와 S극에서 끝난다.
③ 자력선은 그 자신은 수축하려고 하며 같은 방향의 자기력선끼리는 서로 반발하려고 한다.
④ 임의의 한점을 지나는 자력선의 접선 방향이 그 점에서의 자장의 방향이다.
⑤ 자장내의 임의의 한 점에서의 자력선의 밀도는 그 점의 자장의 세기를 나타낸다.
⑥ 자력선은 서로 만나거나 교차하지 않는다.
⑦ 자력선은 비자성체를 투과하며 자력선은 아무리 사용해도 감소하지는 않는다.

2.4 자계 및 자위

(1) 쿨롱의 법칙 (두 점자극 사이에 작용하는 힘)

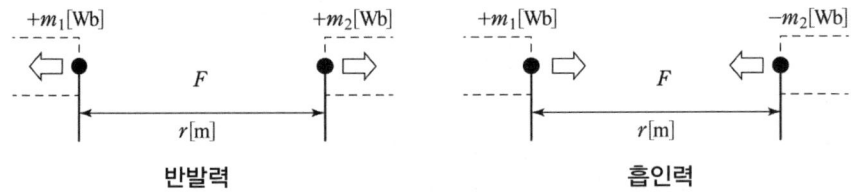

진공 중에 있는 두 점자극 m_1, m_2 사이에 작용하는 힘 F의 크기는 두 점자극 m_1, m_2의 곱에 비례하고, 두 자극 사이의 거리를 r의 제곱에 반비례한다. 이것을 자기에 관한 쿨롱의 법칙(Coulomb's law)이라 한다.

$$F = k \frac{m_1 m_2}{r^2}$$

(2) 투자율 μ_0인 진공 중에서의 정자기력의 크기

① $F = \dfrac{1}{4\pi\mu_0}\dfrac{m_1 m_2}{r^2} = 6.33 \times 10^4 \times \dfrac{m_1 m_2}{r^2}$ [N]

　여기서 자극의 세기 m_1, m_2의 단위는 웨버[Wb]이고, r의 단위는 [m]이다.

② 1[Wb] : 진공 중에 두 점자극 m_1, m_2를 1[m] 거리에 놓았을 때, 작용하는 힘의 크기가 6.33×10^4[N]이 되었을 때의 자화의 크기

③ $m_1 = m_2 = 1$[Wb], $r = 1$[m]일 때 $F = 6.33 \times 10^4$[N]이 되므로 $k = 6.33 \times 10^4$이 된다.

④ 진공의 투자율(μ_0)

$\dfrac{1}{4\pi\mu_0} = 6.33 \times 10^4$에서

$\mu_0 = \dfrac{1}{4\pi \times 6.33 \times 10^4} = 4\pi \times 10^{-7}$ [H/m]

예제 공기 중에서 10[cm]의 거리에 있는 두 자극의 자기량이 각각 5×10^{-3}[Wb]와 3×10^{-3}[Wb]일 때, 두 자극 사이에 작용하는 힘[N]을 구하여라.

풀이
$F = 6.33 \times 10^4 \cdot \dfrac{m_1 m_2}{r^2} = 6.33 \times 10^4 \times \dfrac{5 \times 10^{-3} \times 3 \times 10^{-3}}{(10 \times 10^{-2})^2} \fallingdotseq 95$[N]

예제 공기 중에서 1.6×10^{-4}[Wb]와 2×10^{-3}[Wb]의 두 자극 사이에 작용하는 힘이 12.66[N]이었다. 두 극 사이의 거리[cm]는 얼마인가?

풀이
$F = \dfrac{1}{4\pi\mu}\dfrac{m_1 m_2}{r^2}$

$\therefore r^2 = \dfrac{1}{4\pi\mu_0}\dfrac{m_1 m_2}{F} = 6.33 \times 10^4 \times \dfrac{1.6 \times 10^{-4} \times 2 \times 10^{-3}}{12.66} = 1.6 \times 10^{-3}$

$r = 4 \times 10^{-2}$[m] = 4[cm]

2.5 자계와 전류 사이의 힘

(1) 앙페르의 오른나사의 법칙
직선 도체에 전류가 흐르면 도체에 수직인 평면상에 오른나사가 진행하는 방향으로 전류가 흐를 때 나사를 돌리는 방향으로 자계(자력선)이 발생한다.

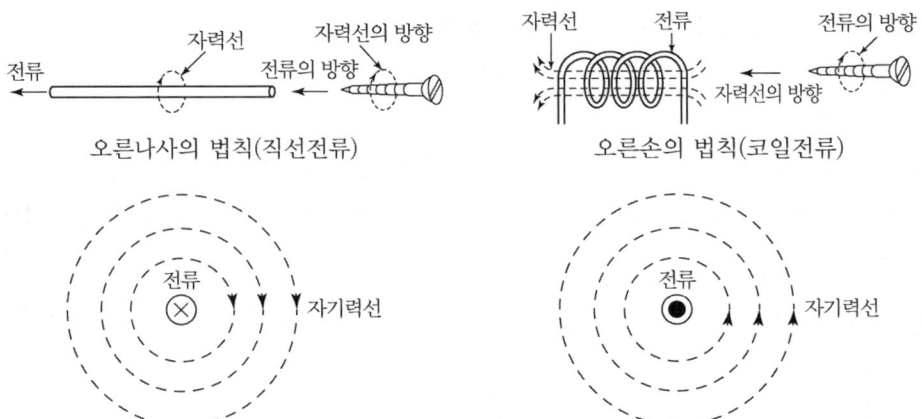

암페어의 오른나사 법칙과 오른손을 이용하여 표현한 방법

(2) 무한장 직선(동축 원통, 무한 원주)의 자장의 세기

그림과 같이 무한직선 전류가 흐르는 경우 직선전류로부터 r[m] 떨어진 지점에 자장의 세기는 암페어의 주회적분법칙에 의해 계산된다.

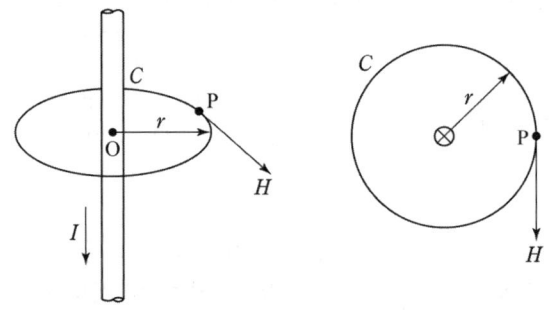

$$\oint_c H \cdot d\ell = \oint H d\ell = 2\pi r H = I$$

따라서, $H = \dfrac{I}{2\pi r}$ [AT/m] 이다.

(3) 솔레노이드에 의한 자장(자기장, 자계)

① 솔레노이드 : 도체에 코일을 일정하게 감아 놓은 것.
② 직선형 솔레노이드 : 내부 자장은 어느 방향에서나 크기가 같은 평등자장이고 측면에는 자기장을 발생시키지 않는다.
③ 환상 솔레노이드 : 내부 자장에만 자장을 발생시키고 외부에는 자장이 형성되지 않는다.

(4) 환상 솔레노이드에 의한 자장의 세기

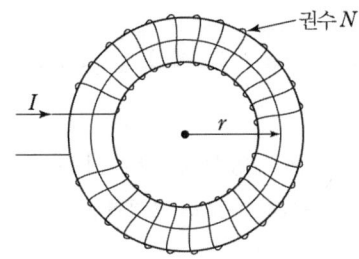

암페어의 주회적분의 법칙에 의하여
$H\ell = NI$ 이므로
$$H = \frac{NI}{\ell} = \frac{NI}{2\pi r}[\text{AT/m}]$$

(5) 무한장 솔레노이드에서의 자장의 세기

암페어의 주회적분의 법칙에 의하여
$H\ell = NI$ 이므로
$$H = \frac{NI}{\ell} = n_0 I[\text{AT/m}]$$
n_0 : 단위 길이당의 권수

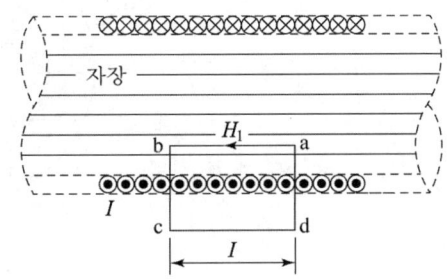

※ 무한장 솔레노이드 외부의 자장의 세기는 0이다.

(6) 원형 코일 중심의 자장의 세기

반지름 r[m]로 N회 감은 코일에 전류 I[A]를 흘릴 때 코일의 중심에서의 자장의 세기는 비오-사바르법칙에서

$$\Delta H = \frac{NI\Delta\ell}{4\pi r^2}\sin\theta[\text{AT/m}], \quad \theta = 90° \text{ 이므로}$$

$$\Delta H_1 = \frac{NI\Delta\ell_1}{4\pi r^2}$$

이다. 원을 일주하여

$$H = \Delta H_1 + \Delta H_2 + \cdots = \frac{NI}{4\pi r^2}(\Delta\ell_1 + \Delta\ell_2 + \cdots)$$
$$= \frac{NI}{4\pi r^2} \times 2\pi r = \frac{NI}{2r}$$

즉, $H = \frac{NI}{2r}[\text{AT/m}]$ 이다.

3. 자기회로

3.1 기자력

(1) 철심에 코일을 감고 전류를 흘리면 오른 나사 법칙에 따르는 방향으로 철심에 자속이 자속이 통과하는 폐회로를 자기회로(magnetic circuit) 또는 간단히 자로라고 한다.

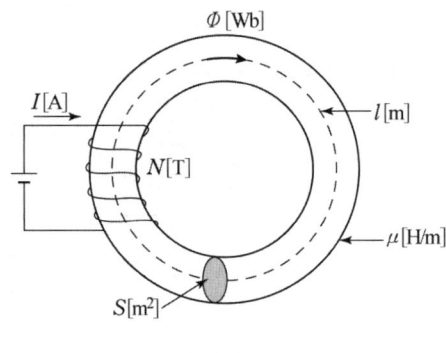

자기회로

(2) 자속을 만드는 원동력을 기자력(magnetic motive force ; F_m)이라 하며 자기회로에서 권수 N회인 코일에 전류 I[A]를 흘릴 때 기자력 F_m은

$$F = NI = R_m \phi = HI \text{ [AT]}$$

단위는 암페어 턴(ampere-turn ; [AT])을 사용한다.

(3) 자기회로
환상 코일에 전류 I[A]를 흘리면 자속 ϕ[Wb]가 생겨 흐르는 통로를 자기회로라 한다.

3.2 자기저항

(1) 자기회로와 전기회로의 비교

자기회로	전기회로
기자력 NI	기전력 E
자속 ϕ	전류 I
자기저항 R_m	전기저항 R
투자율 μ	도전율 σ

(2) 자기회로의 옴의 법칙

1) 환상 솔레노이드 자속(ϕ)

$$\phi = BS = \mu HS$$
$$= \mu \frac{NI}{\ell} S = \frac{\mu SNI}{\ell} [\text{Wb}]$$

S : 단면적[m²]
N : 권수
B : 자속밀도[Wb/m²]

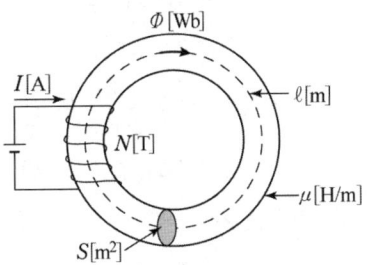

(3) 자기저항

$$\phi = \frac{F}{R_m} = \frac{NI}{\dfrac{\ell}{\mu S}} = \frac{\mu SNI}{\ell} = \frac{\mu_0 \mu_s SNI}{\ell}$$

에서 자속은 NI에 비례하며 NI는 기자력 이다. $\dfrac{\ell}{\mu S}$을 자기저항이라 한다.

즉, $R_m = \dfrac{\ell}{\mu S} = \dfrac{\ell}{\mu_0 \mu_s S} [\text{AT/Wb}]$

ϕ, NI, R의 관계를 자기회로의 옴의 법칙이라 한다.
여기서, N : 코일의 권수, I : 전류[A], ℓ : 자로의 길이[m],
μ : 매질의 투자율[H/m], ϕ : 자속[Wb], S : 단면적[m²],
μ_0 : 공기중의 투자율, μ_s : 비투자율, H : 자계의 세기[AT/m]

3.3 자속밀도

단위면적당의 자력선의 수를 자력선 밀도라 하며, 1[Wb]의 점 자극에서 1개의 선속이 나오는 것을 자속 ϕ라고 정의하며, m[Wb]의 자극에서 나오는 자속 ϕ는 $\phi = m$[Wb] 이다. 자속밀도는 자속의 수를 면적으로 나눈 값이다.

$B = \dfrac{\phi}{S} [\text{Wb/m}^2]$ 에서 $\phi = \dfrac{\mu SNI}{\ell} [\text{Wb}]$ 이므로

$$B = \frac{\mu SNI}{S\ell} = \mu H [\text{Wb/m}^2]$$

3.4 누설자속

(1) 두 권선 간에 전자유도에 으해 유효하게 작용하는 두 자속에 대하여 한쪽 권선에만 쇄교하고 자기회로 밖의 공간으로 누설 자속

(2) 누설계수(누설자속) = $\dfrac{\text{전자속}}{\text{유효자속}} = \dfrac{\text{유효자속} + \text{누설자속}}{\text{유효자속}}$

(3) 자기차폐 : 누설자속과 같은 불필요한 자속이 존재하는 공간 상태를 없애기 위해서 강자성체로 싸주는 것

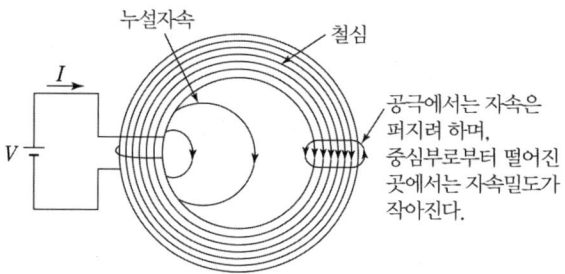

3.5 환상 솔레노이드

(1) 환상 솔레노이드에 의한 자기장의 세기

환상 원통에 N회의 코일을 감고 전류 $I[A]$를 흘렸을 때 환상 솔레노이드 내부의 자기장의 세기는 점 O를 중심으로 하는 동심원이며 코일 중심축까지의 거리를 $r[m]$, 솔레노이드의 평균 길이는 $2\pi r$이고 이것과 쇄교하는 전류가 $I[A]$ 이므로

$$H = \frac{NI}{l} = \frac{NI}{2\pi r}[\text{AT/m}]$$

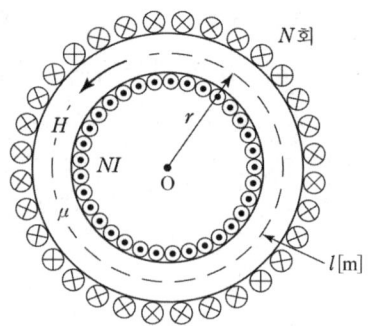

환상 솔레노이드에 의한 자기장의 세기

> **예제** 평균 반지름이 10[cm], 권선수가 200회, 공심의 단면적 10[cm²]인 환상 솔레노이드에 5[A]의 전류가 흐르고 있을 때, 내부 자기장의 세기[AT/m]를 구하여라.

풀이
$$H = \frac{NI}{2\pi r} = \frac{200 \times 5}{2 \times \pi \times 0.1} = 1591.55 [\text{AT/m}]$$

(2) 비오-사바르 법칙

유한장 도선의 임의의 점에서 자기장의 세기를 구하는 식으로 도선에 $I[\text{A}]$의 전류를 흘릴 때 도선의 미소 부분 $\triangle l$에서 $r[\text{m}]$ 떨어진 점 P의 $\triangle l$에 의한 자기장의 세기 $\triangle H$는 $\triangle l$와 OP가 이루는 각을 θ라고 하면 $\triangle H = \dfrac{I \triangle l \sin\theta}{4\pi r^2} [\text{AT/m}]$ 이다.

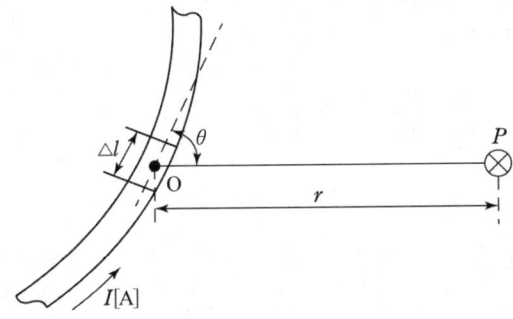

비오-사바르 법칙

(3) 원형 코일 중심 자기장의 세기

반지름 $r[\text{m}]$이고 감은 회수 N회인 원형 코일에 $I[\text{A}]$의 전류를 흘릴 때 원형 코일

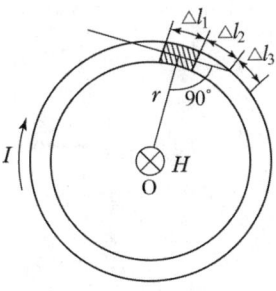

원형 코일 중심 자기장의 세기

중심 O점에 발생하는 자기장의 세기 H[AT/m]는

$$H = \frac{NI}{2r} [\text{AT/m}]$$

예제 공기 중에서 반지름 5[cm]인 원형 도선에 2.5[A]의 전류가 흐르면 원형도선 중심의 자기장의 세기[AT/m]를 구하여라.

풀이

$$H = \frac{I}{2r} = \frac{2.5}{2 \times 0.05} = 25 [\text{AT/m}]$$

예제 지름 10[cm], 감은 횟수 10[회]인 원형 코일에 10[A]의 전류가 흐를 때, 이 코일 중심 자기장의 세기[AT/m]를 구하여라.

풀이

$$H = \frac{NI}{2r} = \frac{10 \times 10}{2 \times 5 \times 10^{-2}} = 1000 [\text{AT/m}]$$

4. 전자력과 전자유도

4.1 전자유도법칙

자속의 변화에 의해 도체에 기전력이 발생하는 현상을 **전자유도**라 하고, 발생된 전압을 유도기전력 또는 유도 전압이라 하고, 전류를 유도 전류라 한다.

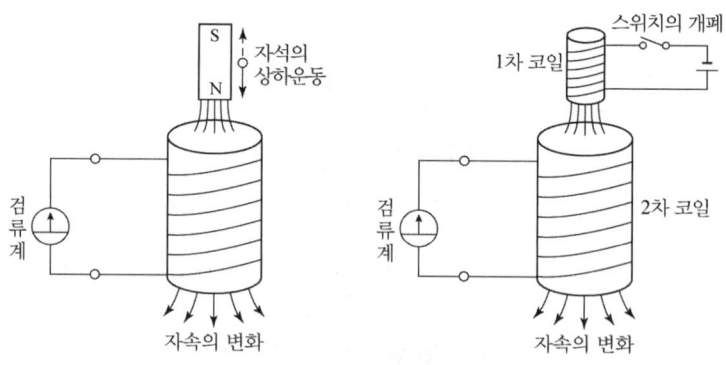

전자유도 현상

4.2 패러데이의 법칙

(1) 전자 유도현상에 의하여 어느 코일에 발생하는 유도 기전력의 크기는 코일과 쇄교하는 자속 Φ의 시간적인 변화율에 비례한다. 이를 패러데이 법칙이라고 한다.

(2) 코일의 권수 N회, dt[sec] 동안 자속의 변화를 $d\Phi$[Wb]라고 할 때 발생된 유도 기전력의 크기 e는

$$e = N\frac{d\Phi}{dt}[\text{V}]$$

(3) 렌츠의 법칙

"전자유도에 의해 발생하는 기전력은 자속의 변화를 방해하는 방향으로 전류가 발생한다." 이것을 렌츠의 법칙이라고 한다.

> **예제** 코일에서 0.5초 사이에 5[Wb]의 자속이 변화한다면 코일에 발생되는 유도기전력[V]을 구하여라. (단, 코일 권수는 100회이다.)

풀이 유도 기전력 : $e = N\dfrac{d\Phi}{dt} = 100 \times \dfrac{5}{0.5} = 1000[\text{V}]$

4.3 자속의 변화에 따른 기전력의 발생

(1) 유도 기전력

그림과 같이 도체를 이동시킬 경우 도체에 만들어지는 기전력은 도체의 길이와 자속밀도, 도체의 운동속도에 비례한다.

$$e = B\ell v[\text{V}]$$

여기서, B : 자속 밀도
ℓ : 도체의 길이
v : 도체의 이동 속도[m/sec]

θ의 각도를 이룰 때

$$e = Blv\sin\theta[\text{V}]$$

가 된다.

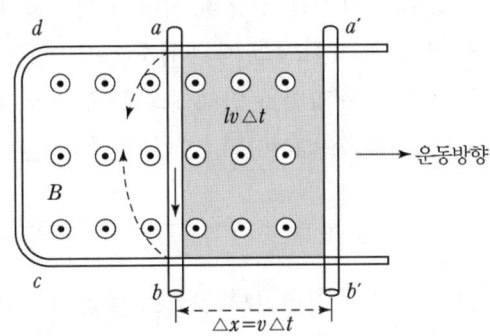

> **예제** 길이가 0.2[m]인 도선을 자속밀도 1[Wb/m²]인 자기장과 직각 방향으로 30[m/sec]로 이동할 때, 유도 기전력[V]을 구하여라.

풀이 유도 기전력 $e = Blv\sin\theta = 1 \times 0.2 \times 30 \times 1 = 6[V]$

(2) 플레밍의 오른손의 법칙

자장중의 도체가 운동을 하여 유도되는 기전력의 방향을 결정하는 법칙으로 발전기의 원리이다.

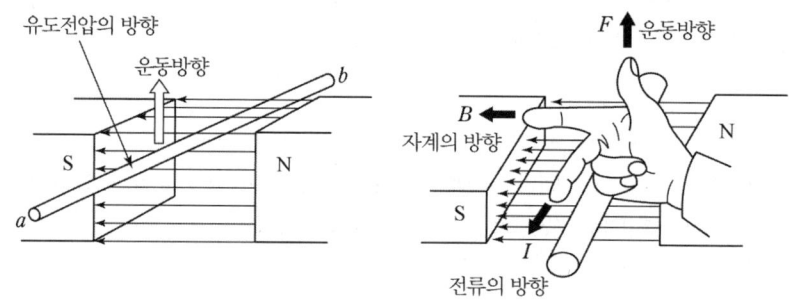

플레밍의 오른손의 법칙

4.4 인덕턴스

(1) 자기 인덕턴스

코일을 감아 놓고 코일에 흐르는 전류를 변화시키면 코일의 내부를 지나는 자속도 변하며 전자유도에 의해서 자속의 변화를 방해하려는 방향으로 유도 기전력이 발생한다.
(2) 기전력의 크기는 전류의 시간적 변화율에 비례한다. 이와 같이 코일 자체에 유도 기전력이 발생되는 현상을 **자기 유도**(self induction)라고 한다.
(3) 감은 횟수 N회의 코일에 흐르는 전류 I가 dt[sec] 동안에 dI[A]만큼 변화하여 코일과 쇄교하는 자속이 $d\Phi$[Wb]만큼 변화하였다면 자기 유도 기전력은

$$e = -N\frac{d\Phi}{dt} = -L\frac{dI}{dt}[V]$$

쇄교 자속수의 변화는 전류의 변화에 비례하므로

$$LI = N\Phi$$

자기 인덕턴스 : $L = \dfrac{N\Phi}{I}$ [H]

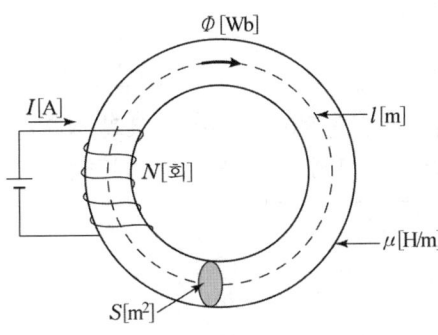

자기 인덕턴스

(4) 코일의 자기 인덕턴스 L은 코일에 1[A]의 전류를 흘렸을 때의 쇄교 자속 수와 같다.

> **예제** 어느 코일에 흐르는 전류가 0.1초 간에 1 A 변화하여 6 V의 기전력이 발생하였다. 이 코일의 자기 인덕턴스는 몇 H인가?

> **풀이** $e = -L\dfrac{dI}{dt}$
>
> $\therefore L = \dfrac{edt}{dI} = \dfrac{6 \times 0.1}{1} = 0.6$[H]

> **예제** 권수가 40회인 코일에 0.4 A의 전류가 흘렀을 때 1×10^{-3} Wb의 자속이 코일 전체를 쇄교하였다. 이 코일의 자기 인덕턴스[mH]를 구하여라.

> **풀이** 자기 인덕턴스 $L = \dfrac{N\Phi}{I} = \dfrac{40 \times 10^{-3}}{0.4} = 100 \times 10^{-3} = 100$[mH]

(5) 환상 솔레노이드의 자기 인덕턴스

환상 솔레노이드에서 자기장의 세기 $H = \dfrac{NI}{l}$[AT/m]이므로 자기 회로의 자속 Φ는

$$\Phi = BS = \mu HS = \dfrac{\mu NIS}{l} \text{[H]}$$

환상 솔레노이드의 자기 인덕턴스 L은

$$L = \frac{N\Phi}{I} = \frac{N}{I} \cdot \frac{\mu NIS}{l} = \frac{\mu_0 \mu_s N^2 S}{l} [\text{H}]$$

이다.

> **예제** 환상 솔레노이드의 단면적이 5 cm², 자로의 평균 길이 25 cm, 코일 감은 횟수 1000회이다. 이 환상 솔레노이드의 자기 인덕턴스[mH]를 구하여라.

풀이
$$L = \frac{\mu_0 \mu_s N^2 S}{l} = \frac{4\pi \times 10^{-7} \times 1 \times 1000^2 \times 5 \times 10^{-4}}{25 \times 10^{-2}}$$
$$= 2.513 \times 10^{-3} \times 10^3 = 2.51 [\text{mH}]$$

4.5 상호유도와 상호인덕턴스

(1) 상호유도

한 쪽 코일의 전류가 변화할 때 다른쪽 코일에 유도 기전력이 발생하는 현상을 상호유도(mutual induction)라 한다.

(2) 상호인덕턴스

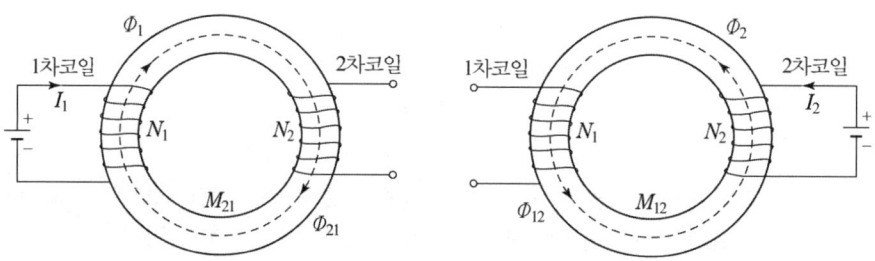

1차 코일의 전류 I_1에 의한 2차 코일의 자속 쇄교수 $N_2\Phi_{21}$[Wb]은 I_1에 비례하므로 $N_2\Phi_{21} = M_{21}I_1$[Wb]의 관계가 성립하며 이 경우의 비례상수 $M_{21} = \frac{N_2\Phi_{21}}{I_1}$[H] 이고 상호인덕턴스 $M = M_{12} = M_{21}$의 관계가 성립한다.

(3) 자기 인덕턴스와 상호 인덕턴스의 관계식

환상 솔레노이드에서 코일 1, 2의 감은 횟수를 N_1, N_2회, 자기 회로의 길이를 l[m], 단면적을 S[m²], 투자율을 $\mu = \mu_0\mu_s$라 할 때, 누설자속이 없는 상태에서 코일 A, B의 자기 인덕턴스 L_1, L_2와 상호 인덕턴스 M은 각각 다음과 같다.

$$L_1 = \frac{\mu N_1^2 S}{l} \text{[H]}, \quad L_2 = \frac{\mu N_2^2 S}{l} \text{[H]}$$

$$M = \frac{\mu N_1 N_2 S}{l} \text{[H]}$$

여기서, $\left(\dfrac{\mu N_1 N_2 S}{l}\right)^2 = \dfrac{\mu N_1^2 S}{l} \times \dfrac{\mu N_2^2 S}{l}$ 라 하면

$$M^2 = L_1 \times L_2 \quad \therefore M = \sqrt{L_1 L_2}$$

실제적으로는 자속이 전부 쇄교하는 것이 아니고 누설 자속이 있으므로 상호 인덕턴스 M은 다음과 같이 된다.

$$M = k\sqrt{L_1 L_2}$$

여기서, k를 결합계수라 하고 $0 < k \leq 1$의 값을 갖는다.

> **예제** 자기 인덕턴스가 각각 160 mH, 250 mH의 두 코일이 있다. 두 코일 사이의 상호 인덕턴스가 150 mH 이다. 이때 결합계수 k를 구하여라.

풀이 $k = \dfrac{M}{\sqrt{L_1 L_2}} = \dfrac{150}{\sqrt{160 \times 250}} = \dfrac{150}{200} = 0.75$

4.6 코일의 접속

두 개의 코일이 직렬로 접속되어 있고, 상호 인덕턴스 M으로 결합되어 있을 때, 두 코일에서 발생하는 자속이 반대 방향이면 **차동 접속**, 같은 방향이면 가동 접속이라 한다.

① 직렬연결		② 병렬접속	
㉠ 가동결합	㉡ 차동결합	㉠ 가동결합	㉡ 차동결합
$L = L_1 + L_2 + 2M$	$L = L_1 + L_2 - 2M$	$L = \dfrac{L_1 L_2 - M^2}{L_1 + L_2 - 2M}$	$L = \dfrac{L_1 L_2 - M^2}{L_1 + L_2 + 2M}$

> **예제** $L_1 = 15$ mH, $L_2 = 10$ mH, $M = 10$ mH인 두 개의 인덕턴스를 가동 접속과 차동 접속할 경우에 합성 인덕턴스[mH]를 구하여라.

풀이
가동 접속 : $L = L_1 + L_2 + 2M = 15 + 10 + 2 \times 10 = 45 [\text{mH}]$
차동 접속 : $L = L_1 + L_2 - 2M = 15 + 10 - 2 \times 10 = 5 [\text{mH}]$

4.7 자기 인덕턴스에 축적되는 전자에너지

(1) 코일에 전류가 흐르면 코일 주위에 자기장을 발생시켜 전자 에너지를 저장하게 된다. 자체 인덕턴스 $L[\text{H}]$인 코일에 $I[\text{A}]$의 전류가 흐를 때 코일 내에 축적되는 에너지는

$$W = \frac{1}{2} L I^2 [\text{J}]$$

이다.

> **예제** 자기 인덕턴스 100 mH의 코일에 전류 10 A를 흘렸을 때, 코일에 축적되는 에너지[J]를 구하여라

풀이 $W = \frac{1}{2} L I^2 = \frac{1}{2} \times 100 \times 10^{-3} \times 10^2 = 5 [\text{J}]$

(2) 단위 체적에 축적되는 에너지

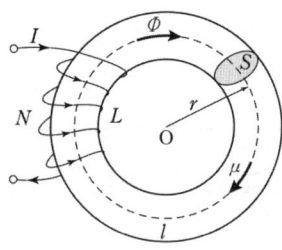

단위 체적에 축적되는 에너지

코일의 감은 횟수 N회, 자기 회로의 길이 $l[\text{m}]$, 단면적 $S[\text{m}^2]$, 투자율을 μ라 할 때, 자기 인덕턴스 $L = \dfrac{\mu N^2 S}{l} [\text{H}]$이므로 자기회로에 축적되는 에너지 $W[\text{J}]$은

$$W = \frac{1}{2} L I^2 = \frac{1}{2} \frac{\mu S N^2 I^2}{l} = \frac{1}{2} \mu \left(\frac{NI}{l} \right)^2 S l [\text{J}]$$

환상 솔레노이드 내부 자계의 세기는 $H = \dfrac{NI}{l}$[AT/m]이고, 자속밀도는 $B = \mu H$이므로

$$W = \dfrac{1}{2}\mu H^2 Sl = \dfrac{1}{2}\dfrac{B^2}{\mu}Sl = \dfrac{1}{2}BHSl\,[\text{J}]$$

$Sl\,[\text{m}^3]$은 자기 회로의 체적이므로 단위 체적에 축적되는 에너지는 $W_0 = \dfrac{W}{Sl}$가 되므로

$$W_0 = \dfrac{1}{2}\mu H^2 = \dfrac{1}{2}\dfrac{B^2}{\mu} = \dfrac{1}{2}BH\,[\text{J/m}^3]$$

예제 자속밀도 0.5[Wb/m²]인 자기 회로의 공극이 갖는 단위 체적당의 에너지[J/m³]를 구하여라.

풀이
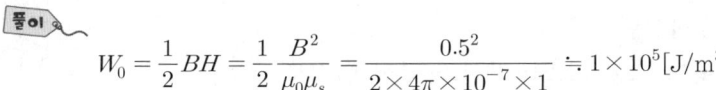
$$W_0 = \dfrac{1}{2}BH = \dfrac{1}{2}\dfrac{B^2}{\mu_0\mu_s} = \dfrac{0.5^2}{2\times 4\pi \times 10^{-7}\times 1} \fallingdotseq 1\times 10^5\,[\text{J/m}^3]$$

4.8 히스테리시스 곡선과 손실

(1) 히스테리시스 곡선

자화되지 않은 상태의 환상 철심에 $+H$에서 $-H$으로 자화력을 변화시키면 자속밀도 B도 $+B_m$(ⓑ)에서 $-B_m$(ⓕ)까지 변화하여 하나의 폐곡선을 이루는 현상을 히스테리시스 현상이고 한다.

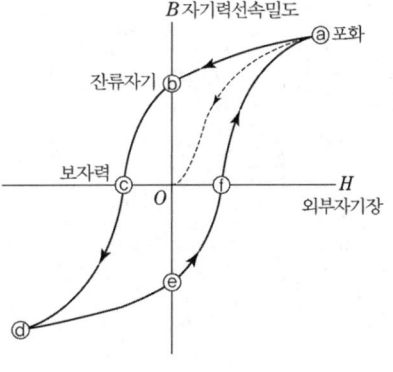

① 잔류 자기 : 가해준 자계를 제거 시 자성체 내에 남아있는 자속밀도 B[Wb/m²]
② 보자력 : 잔류 자기를 없애는데 필요한 자기장
③ 히스테리시스곡선의 기울기 : 투자율

(2) 히스테리시스손

① $P_h = k_h f B_m^{1.6}\,[\text{W/m}^3]$

여기서, k_h : 히스테리시스 상수
$\qquad\quad f$: 주파수[Hz]
$\qquad\; B_m$: 최대자속밀도[Wb/m²]

② 방지책 : 규소 강판을 사용

(3) 와류손

① $P_r = k(fB_m)^2 [\text{W/m}^3]$

여기서, k : 도전율

f : 주파수[Hz]

B_m : 최대자속밀도[Wb/m^2]

② 방지책 : 규소 강판을 성층 한다.

(4) 전자석

① 전류가 흐르면 자기화되고 전류를 끊으면 원래의 상태로 돌아가는 자석

② 철심은 잔류 자기가 크고 보자력과 히스테리시스 곡선 면적은 작다.

(5) 영구자석

① 강한 자화상태를 오래 보존하는 자석으로 외부로부터 전기 에너지를 공급받지 않아도 자성을 안정하게 유지한다.

② 잔류 자기와 보자력이 크고 히스테리시스 곡선 면적도 크다.

2장 정전용량과 자기회로 예상문제

01 다음 중 유전율의 단위는?
① [F/m]　　② [V/m]　　③ [C/m²]　　④ [H/m]

02 진공의 유전율 ε_0의 값은?
① $8 \times 10^9 [F/m]$
② $8.855 \times 10^{-12} [F/m]$
③ $6.33 \times 10^9 [F/m]$
④ $4\pi \times 10^7 [F/m]$

03 쿨롱의 법칙에서 2개의 점전하 사이에 작용하는 정전력의 크기는?
① 두 전자량의 곱에 비례하고 전자량 사이의 거리 제곱에 반비례한다.
② 두 전기량의 곱에 비례하고 전기량 사이의 거리 제곱에 비례한다.
③ 두 전하의 곱에 비례하고 전하 사이의 거리의 제곱에 비례 한다.
④ 두 전기량의 곱에 비례하고 전기량 사이의 거리의 제곱에 반비례한다.

04 전기장의 세기에 대한 단위로 맞는 것은?
① [m/V]　　② [V/m²]
③ [V/m]　　④ [m²/V]

05 전기장(電氣場)에 대한 설명으로 옳지 않은 것은?
① 대전(帶電)된 무한장 원통의 내부 전기장은 0이다.
② 대전된 구(球)의 내부 전기장은 0이다.
③ 대전된 도체내부의 전하(電河) 및 전기장은 모두 0이다
④ 도체표면의 전기장은 그 표면에 평형이다.

06 유전율이 ε의 유전체 내에 있는 전하는 Q[C]에서 나오는 전기력선의 수는?
① Q　　② $\dfrac{Q}{\varepsilon_0}$　　③ $\dfrac{Q}{\varepsilon}$　　④ $\dfrac{Q}{\varepsilon_s}$

정답　01. ①　02. ②　03. ④　04. ③　05. ④　06. ②

07 10[cm]떨어진 2장의 금속 평행판 사이의 전위차가 500[V]일 때 이 평행판 안에서 전위의 기울기는?

① 5[V/m]　　② 50[V/m]　　③ 500[V/m]　　④ 5000[V/m]

풀이 전위의 기울기 $E = \dfrac{V}{r} = \dfrac{500}{0.1} = 5000[V/m]$

08 평행판 전극에 일정 전압을 가하면서 극판의 간격을 2배로 하면 내부 전기장의 세기는 어떻게 되는가?

① 4배로 커진다.　　② $\dfrac{1}{2}$배로 작아진다.

③ 2배로 커진다.　　④ $\dfrac{1}{4}$배로 작아진다.

풀이 전장의 세기 $E = \dfrac{V}{r} = \dfrac{V}{2r}$ ∴ $\dfrac{1}{2}$배

09 유전율 ε, 전장의 세기 E, 전속밀도 D의 관계는?

① $D = \varepsilon E$　　② $D = \varepsilon E^2$　　③ $D = \dfrac{E}{\varepsilon}$　　④ $D = \dfrac{E^2}{\varepsilon}$

10 유전율이 10인 유전체를 5[V/m]인 전계내에 놓으면 유전체의 전속 밀도는 몇 [C/m²]인가?

① 0.5[C/m²]　　② 10[C/m²]　　③ 50[C/m²]　　④ 250[C/m²]

풀이 $D = \varepsilon E = 10 \times 5 = 50[C/m^2]$

11 비유전율 2.5의 유전체의 전속밀도가 2×10^{-6} [C/m²]되는 점의 전기장의 세기는?

① 18×10^4[V/m]　　② 9×10^4[V/m]
③ 6×10^4[V/m]　　④ 3.6×10^4[V/m]

풀이 $E = \dfrac{D}{\varepsilon_0 \cdot \varepsilon_s} = \dfrac{2 \times 10^{-6}}{8.855 \times 10^{-12} \times 2.5} = 9 \times 10^4[V/m]$

12 정전용량(electrostatic capacity)의 단위를 나타낸 것으로 틀린 것은?

① $1[pF] = 10^{-12}[F]$　　② $1[nF] = 10^{-7}[F]$
③ $1[\mu F] = 10^{-6}[F]$　　④ $1[mF] = 10^{-3}[F]$

정답 07. ④　08. ②　09. ①　10. ③　11. ②　12. ②

풀이 $1[\text{nF}] = 10^{-9}[\text{F}]$

13 콘덴서 용량 0.001[F]과 같은 것은?
① $10[\mu\text{F}]$ ② $1000[\mu\text{F}]$ ③ $10000[\mu\text{F}]$ ④ $100000[\mu\text{F}]$

풀이 $0.001 \times 10^6 = 1000[\mu\text{F}]$

14 어떤 콘덴서에 1,000[V]의 전압을 가하였더니 5×10^{-3}[C]의 전하가 축적되었다. 이 콘덴서의 용량은?
① $2.5[\mu\text{F}]$ ② $5[\mu\text{F}]$ ③ $250[\mu\text{F}]$ ④ $5,000[\mu\text{F}]$

풀이 $C = \dfrac{Q}{V} = \dfrac{5 \times 10^{-3}}{1000} = 5 \times 10^{-6}[\text{F}] = 5[\mu\text{F}]$

15 평행판의 정전용량은 간격 d, 평행판 면적을 A라 하면 콘덴서의 정전용량 식은?
① $C = \varepsilon A d$ ② $C = \dfrac{d}{\varepsilon A}$ ③ $C = \dfrac{\varepsilon A}{d}$ ④ $C = \dfrac{A}{\varepsilon d}$

16 평행판 콘덴서의 면적을 $\dfrac{1}{2}$로 줄이고, 간격을 $\dfrac{1}{2}$로 줄었다면 용량은 처음의 몇 배로 되는가?
① 변하지 않는다. ② $\dfrac{1}{2}$배 ③ 2배 ④ 4배

풀이 $C = \dfrac{\varepsilon D}{d}$ ∴ 변하지 않는다.

17 평행판 도체의 정전용량에 대한 설명 중 틀린 것은?
① 평행판 간격에 비례한다.
② 평행판 사이의 유전율에 비례한다.
③ 평행판 면적에 비례한다.
④ 평행판 사이의 비유전율에 비례한다.

18 콘덴서 중 극성을 가지고 있는 콘덴서로서 교류회로에 사용할 수 없는 것은?
① 마일러 콘덴서 ② 마이카 콘덴서
③ 세라믹 콘덴서 ④ 전해 콘덴서

정답 13. ② 14. ② 15. ③ 16. ① 17. ① 18. ④

19 두 콘덴서 C_1, C_2가 병렬로 접속하여 있을 때 합성 정전 용량은?

① $C_1 + C_2$ ② $\dfrac{1}{C_1} + \dfrac{1}{C_2}$ ③ $\dfrac{C_1 C_2}{C_1 + C_2}$ ④ $\dfrac{C_1 + C_2}{C_1 C_2}$

20 두 콘덴서 C_1, C_2를 직렬로 접속하고 양단에 $E[V]$의 전압을 가할 때 C_1에 걸리는 전압은?

① $\dfrac{C_1}{C_1 + C_2} E$ ② $\dfrac{C_2}{C_1 + C_2} E$

③ $\dfrac{C_1 + C_2}{C_1} E$ ④ $\dfrac{C_1 + C_2}{C_2} E$

21 그림과 같은 4개의 콘덴서를 직·병렬로 접속한 회로가 있다. 이 회로의 합성 전전용량은? (단, $C_1 = 2[\mu F]$, $C_2 = 4[\mu F]$, $C_3 = 3[\mu F]$, $C_4 = 1[\mu F]$ 이다.)

① $1[\mu F]$
② $2[\mu F]$
③ $3[\mu F]$
④ $4[\mu F]$

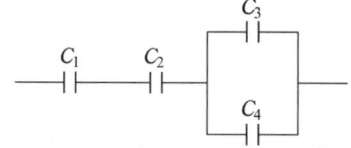

풀이 $\dfrac{1}{C} = \dfrac{1}{2} + \dfrac{1}{4} + \dfrac{1}{3+1} = \dfrac{2+1+1}{4} = 1[\mu F]$

22 0.2[F]콘덴서와 0.1[F]콘덴서를 병렬 연결하여 40[V]의 전압을 가할 때 0.2[F]의 콘덴서에 축전되는 전하는?

① 2[C] ② 45[C] ③ 8[C] ④ 12[C]

풀이 $Q = \dfrac{0.2}{0.2 + 0.1} \times 0.3 \times 40 = 8[C]$

23 30[μF]과 40[μF]의 콘덴서를 병렬로 접속한 다음 100[V]의 전압을 가했을 때 전 전하량은 몇 [C]인가?

① $17 \times 10^{-4}[C]$ ② $34 \times 10^{-4}[C]$
③ $56 \times 10^{-4}[C]$ ④ $70 \times 10^{-4}[C]$

풀이 $Q = CV = (30 + 40) \times 100 \times 10^{-6} = 7 \times 10^{-3} = 70 \times 10^{-4}[C]$

정답 19. ① 20. ② 21. ① 22. ③ 23. ④

24 두 콘덴서 C_1, C_2가 직렬로 접속하여 있을 때 합성 정전 용량은?

① $C_1 + C_2$ ② $C_1 \cdot C_2$

③ $\dfrac{C_1 C_2}{C_1 + C_2}$ ④ $\dfrac{C_1 + C_2}{C_1 C_2}$

25 $2[\mu F]$, $3[\mu F]$, $4[\mu F]$의 콘덴서 3개를 병렬로 연결할 때 합성 정전용량$[\mu F]$은?

① $0.7[\mu F]$ ② $9[\mu F]$ ③ $1.5[\mu F]$ ④ $1.2[\mu F]$

풀이 $C = 2 + 3 + 4 = 9[\mu F]$

26 다음 중 콘덴서 접속법에 대한 설명으로 알맞은 것은?

① 직렬로 접속하면 용량이 커진다.
② 병렬로 접속하면 용량이 적어진다.
③ 콘덴서는 직렬접속만 가능하다.
④ 직렬로 접속하면 용량이 적어진다.

27 용량 $C[F]$의 콘덴서에 전압 $V[V]$를 가할 때 축적되는 에너지는?

① CV^2 ② $2CV^2$ ③ $\dfrac{CV^2}{2}$ ④ $\dfrac{CV}{2}$

28 $200[\mu F]$의 콘덴서에 충전하는데 $9[J]$의 일이 필요하였다. 충전 전압은 몇 $[V]$인가?

① $200[V]$ ② $300[V]$
③ $450[V]$ ④ $900[V]$

풀이 $W = \dfrac{CV^2}{2}$ $\therefore V = \sqrt{\dfrac{2W}{C}} = \sqrt{\dfrac{2 \times 9}{200 \times 10^{-6}}} = 300[V]$

29 다음 중 자석의 일반적인 성질에 대한 설명으로 틀린 것은?

① N극과 S극이 있다.
② 자력선은 N극에서 S극으로 향한다.
③ 자력이 강할수록 자력선 수가 많다.
④ 자석은 고온이 되면 자력이 증가한다.

정답 24. ③ 25. ② 26. ④ 27. ③ 28. ② 29. ④

30 m[Wb]의 자극으로부터 나오는 자력선의 총수는 얼마인가? (μ_0 : 진공의 투자율)

① $\mu_0 m$ ② $\dfrac{m}{\mu}$ ③ $\mu_0 m$ ④ $\dfrac{m}{\mu_0}$

31 다음 중 자기력선에 대한 설명으로 옳지 않은 것은?

① 자석의 N극에서 시작하여 S극에서 끝난다.
② 자기장의 방향은 그 점을 통과하는 자기력선의 방향으로 표시한다.
③ 자기력선은 상호간에 교차한다.
④ 자기장의 크기는 그 점에 있어서의 자기력선의 밀도를 나타낸다.

32 진공 속에서 1[m]의 거리를 두고 10^{-3}[Wb]와 10^{-5}[Wb]의 자극이 놓여 있다면 그 사이에 작용하는 힘 [N]은?

① $4\pi \times 10^{-5}$[N]　　② $4\pi \times 10^{-4}$[N]
③ 6.33×10^{-5}[N]　　④ 6.33×10^{-4}[N]

풀이 $F = \dfrac{1}{4\pi\mu_0} \times \dfrac{m_1 m_2}{r^2} = 6.33 \times 10^4 \times \dfrac{m_1 m_2}{r^2}$
$= 6.33 \times 10^4 \times \dfrac{10^{-3} \times 10^{-5}}{1^2} = 6.33 \times 10^{-4}$[N]

33 진공중의 투자율 μ_0[H/m]는?

① 6.33×10^4　② 8.855×10^{-12}　③ $4\pi \times 10^{-7}$　④ 9×10^9

34 투자율 μ의 단위는?

① [AT/m]　② [Wb/m^2]　③ [AT/Wb]　④ [H/m]

35 쿨롱의 법칙을 옳게 나타낸 식은?
(단, F : 힘, K : 상수, m_1, m_2 : 자극의 세기[Wb], r : 자극간 거리[m]임.)

① $F = r^2 \dfrac{m_1 m_2}{K}$　　② $F = K \dfrac{r^2}{m_1 m_2}$
③ $F = K \dfrac{m_1 m_2}{r^2}$　　④ $F = r \dfrac{K}{m_1 m_2}$

정답 30. ④　31. ③　32. ④　33. ③　34. ④　35. ③

36 자극의 세기의 단위로 사용되는 것은?

① [C]   ② [Wb]   ③ [W]   ④ [F]

37 자장중의 한 점에 1[Wb]의 자극을 놓았을 때 이에 작용하는 힘의 크기와 방향을 그 점에 대한 무엇이라 하는가?

① 자장의 세기   ② 자위
③ 자속밀도   ④ 자위차

38 자극의 세기 m, 자극 간의 거리 ℓ일 때 자기 모멘트는?

① $\dfrac{\ell}{m}$ ② $\dfrac{m}{\ell}$ ③ $m\ell$ ④ $\dfrac{m}{\ell^2}$

39 자극의 세기 20[Wb]인 길이가 15[cm]의 막대자석의 자기 모멘트는 몇 [Wb·m]인가?

① 0.45[Wb·m]   ② 1.5[Wb·m]
③ 3.0[Wb·m]   ④ 6.0[Wb·m]

> **풀이** $M = m l = 20 \times 15 \times 10^{-2} = 3 [\text{Wb} \cdot \text{m}]$

40 다음 중 전류와 자장의 세기와 관계는 어떤 법칙과 관계가 있는가?

① 패러데이 법칙   ② 플레밍의 왼손 법칙
③ 비오-사바르 법칙   ④ 앙페르의 오른 나사 법칙

41 전류에 의한 자기장의 방향을 결정하는 법칙은?

① 앙페르의 오른나사 법칙   ② 플레밍의 오른손 법칙
③ 플레밍의 왼손 법칙   ④ 렌츠의 전자유도 법칙

42 전류에 의해 발생되는 자장의 크기는 전류의 크기와 전류가 흐르고 있는 도체와 임의의 점까지의 거리에 의해 결정 된다. 이러한 관계를 무슨 법칙이라 하는가?

① 비오-사바르 법칙   ② 플레밍의 법칙
③ 쿨롱의 법칙   ④ 패러데이 법칙

정답   36. ③   37. ①   38. ③   39. ③   40. ③   41. ①   42. ①

43 비오-사바르의 법칙은 어떤 관계를 나타낸 것인가?
① 기전력과 회전력   ② 기전력과 자화력
③ 전류와 자장의 세기   ④ 전압과 전장의 세기

44 "전류의 방향과 자기장의 방향은 각각 나사의 진행 방향과 회전 방향에 일치한다."와 관계가 있는 것은?
① 플레밍의 왼손 법칙   ② 앙페르의 오른나사 법칙
③ 플레밍의 오른손 법칙   ④ 앙페르의 왼손나사 법칙

45 다음 식은 전류에 의한 자기장의 세기에 관한 법칙을 설명한 것이다. 어떤 법칙인가?

$$\Delta H = \frac{I \Delta l}{4\pi r^2} \sin\theta \ [\text{AT/m}]$$

① 렌츠의 법칙   ② 가우스 법칙
③ 스타인메츠의 실험식   ④ 비오-사바르 법칙

46 전류 및 자계의 관계로 거리가 가장 먼 것은?
① 플레밍의 왼손 법칙   ② 비오-사바르 법칙
③ 가우스 법칙   ④ 앙페르의 오른나사 법칙

47 전류에 의해 만들어지는 자기장의 자력선의 방향을 간단하게 알아내는 법칙은?
① 플레밍의 왼손 법칙   ② 비오-사바르 법칙
③ 앙페르의 오른나사 법칙   ④ 렌츠의 법칙

48 무한히 긴 직선 도체에 $I[\text{A}]$의 전류를 흘리는 경우, 도체의 중심에서 $r[\text{m}]$ 떨어진 점의 자장의 세기 $[\text{AT/m}]$는?
① $\dfrac{I}{2\pi r}$ ② $\dfrac{I}{4\pi r}$ ③ $\dfrac{I}{2r}$ ④ $\dfrac{I}{4\pi r^2}$

정답 43. ③ 44. ② 45. ④ 46. ③ 47. ② 48. ①

49 긴 직선 도선에 I[A]의 전류가 흐를 때 이 도선으로부터 r[m]만큼 떨어진 곳의 자장의 세기는?

① 전류 I에 반비례하고 r에 비례한다.
② 전류 I에 비례하고 r에 반비례한다.
③ 전류 I의 제곱에 반비례하고 r에 반비례한다.
④ 전류 I에 반비례하고 r의 제곱에 반비례한다.

50 환상 솔레노이드 내부의 자기장의 세기에 관한 설명으로 옳은 것은?

① 자장의 세기는 권수에 반비례 한다.
② 자장의 세기는 권수, 전류, 평균 반지름과는 관계가 없다.
③ 자장의 세기는 평균 반지름에 비례한다.
④ 자장의 세기는 전류에 비례한다.

51 반지름 r[m], 권수가 N인 원형 코일에 I[A]의 전류가 흐를 때, 그 중심의 자장의 세기 [AT/m]는?

① $\dfrac{NI}{2\pi r}$ ② $\dfrac{NI}{r^2}$ ③ $\dfrac{NI}{4\pi r^2}$ ④ $\dfrac{NI}{2r}$

52 공기 중에서 반지름 10[cm]인 원형 도체에 1[A]의 전류가 흐르면 원의 중심에서 자기장의 크기는 몇 [AT/m]인가?

① 5[AT/m] ② 10[AT/m] ③ 15[AT/m] ④ 20[AT/m]

풀이 $H = \dfrac{NI}{2r} = \dfrac{1 \times 1}{2 \times 0.1} = 5[\text{AT/m}]$

53 자속을 만드는 원동력이 되는 것은?

① 전자력 ② 회전력 ③ 기자력 ④ 기전력

54 M.K.S 단위계에서 기자력의 단위는?

① [Wb] ② [AT/m] ③ [AT] ④ [Wb/m²]

풀이 $F = NI$ [AT]

정답 49. ② 50. ④ 51. ④ 52. ① 53. ③ 54. ③

55 다음 중 자속밀도의 단위는?

① [Wb]　　② [Wb/m^2]　　③ [AT/Wb]　　④ [Wb^2/m]

풀이 $B = \dfrac{\phi}{S} = \dfrac{m}{S}$

여기서, ϕ : 자속수, S : 면적, m : 자하량

56 환상의 솔레노이드 철심에 200회의 코일을 감고 2[A]의 전류를 흘릴 때 발생하는 기자력은 몇 [AT]인가?

① 50　　② 100　　③ 200　　④ 400

풀이 $F = NI = 200 \times 2 = 400[AT]$

57 플레밍의 왼손법칙에서 엄지손가락이 뜻하는 것은?

① 자기력선의 방향　　② 힘의 방향
③ 기전력의 방향　　④ 전류의 방향

58 전동기의 회전 방향을 알기 위한 법칙은?

① 플레밍의 오른손 법칙　　② 플레밍의 왼손 법칙
③ 렌츠의 법칙　　④ 앙페르의 오른나사의 법칙

풀이 발전기 : 플레밍의 오른손 법칙, 전동기 : 플레밍의 왼손 법칙

59 r[m] 떨어진 두 평형 도체에 각각 I_1, I_2[A]의 전류가 흐를 때 전선 단위 길이당 작용하는 힘 [N/m]는?

① $\dfrac{I_1 I_2}{r} \times 10^{-7}$　　② $\dfrac{I_1 I_2}{r^2} \times 10^{-7}$

③ $\dfrac{2 I_1 I_2}{r} \times 10^{-7}$　　④ $\dfrac{2 I_1 I_2}{r^2} \times 10^{-7}$

60 평행한 두 도체에 같은 방향의 전류를 흘렸을 때 두 도체 사이에 작용하는 힘은 어떻게 되는가?

① 반발력이 작용한다.　　② 힘은 0이다.
③ 흡인력이 작용한다.　　④ $\dfrac{I}{2\pi r}$의 힘이 작용한다.

정답 55. ②　56. ④　57. ②　58. ②　59. ③　60. ③

풀이 평행한 두 도체에 같은 방향의 전류는 흡인력, 다른 방향의 전류는 반발력이 작용한다.

61 평행한 두 도선 간에 작용하는 힘은?
① 거리 r에 비례한다.   ② 거리 r에 반비례한다.
③ 거리 r^2에 비례한다.   ④ 거리 r^2에 반비례한다.

62 발전기의 유도 전압의 방향을 나타내는 법칙은?
① 플레밍의 오른손 법칙   ② 플레밍의 왼손 법칙
③ 렌츠의 법칙   ④ 암페어의 오른나사의 법칙

63 자속의 변화에 의한 기전력의 방향 결정은?
① 렌츠의 법칙   ② 패러데이의 법칙
③ 앙페르의 법칙   ④ 줄의 법칙

64 "유도 기전력은 자신의 발생 원인이 되는 자속의 변화를 방해하려는 방향으로 발생한다" 이것을 나타내는 법칙은?
① 렌츠의 법칙   ② 플레밍의 법칙
③ 패러데이 법칙   ④ 줄의 법칙

65 전자 유도에 의한 유도 기전력의 크기를 나타낸 것은?
① 비오-사바르 법칙   ② 렌츠의 법칙
③ 패러데이 법칙   ④ 오른 나사의 법칙

66 2초 동안에 2[Wb]의 자속이 변할 때에 유도되는 기전력은 몇 [V]인가?
(단, N = 1로 한다.)
① 1[V]   ② 0.1[V]   ③ 2[V]   ④ 0.5[V]

풀이 $e = -N\dfrac{d\phi}{dt} = 1 \times \dfrac{2}{2} = 1[V]$

정답 61. ② 62. ① 63. ① 64. ① 65. ③ 66. ①

67 자체 인덕턴스 0.2[H]의 코일에 전류가 0.01초 동안에 3[A]로 변화하였을 때 이 코일에 유도되는 기전력은?

① 40[V]　　② 50[V]　　③ 60[V]　　④ 70[V]

풀이 $e = -L\dfrac{dI}{dt} = 0.2 \times \dfrac{3}{0.01} = 60[V]$

68 권선 수 50인 코일에 5[A]의 전류가 흘렀을 때 10^{-3}[Wb]의 자속이 코일 전체를 쇄교하였다면 이 코일의 자기 인덕턴스는?

① 10[mH]　　② 20[mH]　　③ 30[mH]　　④ 40[mH]

풀이 $LI = N\phi$

$\therefore L = \dfrac{N\phi}{I} = \dfrac{50 \times 10^{-3}}{5} = 0.01 = 10[\text{mH}]$

69 1[V·sec]의 단위는 무슨 단위인가?

① 자속　　② 전압　　③ 전력　　④ 전자력

70 [Ω·sec]와 같은 단위는 다음 중 어느 것인가?

① [F]　　② [F/m]　　③ [H]　　④ [H/m]

71 코일의 자체 인덕턴스는 어느 것에 따라 변화하는가?

① 투자율　　② 유전율　　③ 도전율　　④ 저항율

72 코일의 자체 인덕턴스는 권수 N의 몇 제곱에 비례하는가?

① N　　② N^2　　③ N^3　　④ N^4

73 환상 솔레노이드의 자기 인덕턴스는 권수 N과 어떤 관계를 갖는가?

① N에 비례　　② $\sqrt{N}$에 비례　　③ N^2에 비례　　④ $\sqrt{N}$에 반비례

풀이 환상 솔레노이드의 자기 인덕턴스

$L = \dfrac{N^2}{R_m} = \dfrac{\mu S N^2}{l} = \dfrac{\mu S N^2}{2\pi r}$

정답 67. ③　68. ①　69. ①　70. ③　71. ①　72. ②　73. ③

74 2개의 코일을 서로 근접시켰을 때 한쪽 코일의 전류가 변화하면 다른 쪽 코일에 유도 기전력이 발생하는 현상을 무엇이라 하는가?

① 상호 결합 ② 자체 유도
③ 상호 유도 ④ 자체 결합

75 자기 인덕턴스 L_1, L_2, 상호 인덕턴스 M인 두 회로가 완전 결합되었다면 관계식은?

① $M = \sqrt{L_1 L_2}$ ② $M > \sqrt{L_1 L_2}$
③ $M < \sqrt{L_1 L_2}$ ④ $M = L_1 L_2$

76 자기 인덕턴스 L_1, L_2, 상호 인덕턴스 M의 코일을 같은 방향으로 직렬 연결한 경우 합성 인덕턴스는?

① $L_1 + L_2 + M$ ② $L_1 + L_2 - M$
③ $L_1 + L_2 - 2M$ ④ $L_1 + L_2 + 2M$

77 자체 인덕턴스가 각각 100[mH], 400[mH]의 두 코일이 있다. 두 코일 사이의 상호 인덕턴스가 70[mH]이면 결합계수는 얼마인가?

① 0.0053 ② 0.053 ③ 0.35 ④ 3.5

풀이 상호 인덕턴스 $M = k\sqrt{L_1 L_2}$ 에서
$$k = \frac{M}{\sqrt{L_1 L_2}} = \frac{70}{\sqrt{100 \times 400}} = 0.35$$

78 자기 인덕턴스 L[H]의 코일에 I[A]의 전류가 흐를 때 저장되는 에너지[J]는?

① LI ② $\frac{1}{2}LI$ ③ LI^2 ④ $\frac{1}{2}LI^2$

79 자기 인덕턴스 20[mH]의 코일에 20[A]의 전류가 흐를 때 저장되는 자기 에너지는 [J]인가?

① 2[J] ② 4[J] ③ 6[J] ④ 8[J]

풀이 $W = \frac{1}{2}LI^2 = \frac{1}{2} \times 20 \times 10^{-3} \times 20^2 = 4$

정답 74. ③ 75. ① 76. ④ 77. ③ 78. ④ 79. ②

80 자기 히스테리시스 곡선의 횡축과 종축은 어느 것을 나타내는가?

① 자기장의 크기와 자속밀도
② 투자율과 자속밀도
③ 투자율과 잔류자기
④ 자기장의 크기와 보자력

81 영구자석의 재료로서 적당한 것은?

① 잔류자기가 크고 보자력이 작다
② 잔류자기가 적고 보자력이 큰 것
③ 잔류자기와 보자력이 큰 것
④ 잔류자기와 보자력이 모두 작은 것

82 어느 코일에 흐르는 전류가 0.1초 간에 1[A] 변화하여 6[V]의 기전력이 발생하였다. 이 코일의 자기 인덕턴스는 몇 [H]인가?

① 0.1 ② 0.6 ③ 1.0 ④ 1.2

풀이 $V = L \dfrac{di}{dt}$ 에서 $6 = L \times \dfrac{1}{0.1}$ ∴ $L = 6 \times 0.1 = 0.6$

정답 80. ① 81. ③ 82. ②

3장 교류회로

1. 교류회로의 기초

1.1 정현파 교류

(1) 사인파 교류

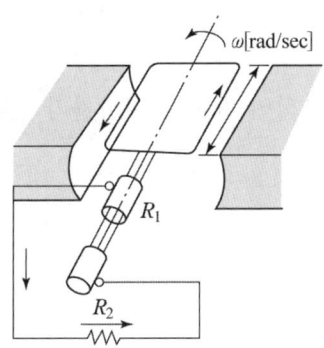 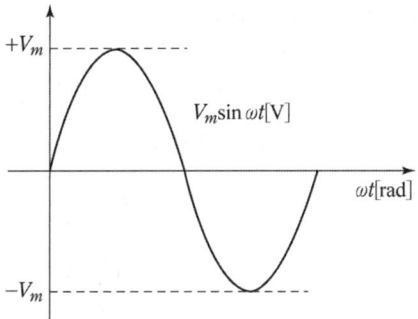

발전기를 화살표 방향으로 회전할 경우 자극 N극에서 S극으로 향하는 자속을 끊어 기전력을 유기한다. 발생되는 기전력의 크기는

$$e = B\ell v \sin\theta [V], \quad V_m = B\ell v$$
$$e = V_m \sin\theta [V]$$

이 식을 그래프로 나타내면 정현파 파형으로 된다.

이 그림에서 0에서 2π까지의 변화를 1사이클(cycle)이라 한다.

(2) 주파수 : 1[sec] 동안에 반복하는 사이클의 수로 기호는 f 단위는 [Hz]을 사용

(3) 주기 : 1사이클의 변화에 요하는 시간을 말한다. 기호는 T로 표시

$$T = \frac{1}{f} [sec]$$

1.2 각속도

(1) 정현파 교류는 발전기의 회전에 의해서 발생되므로 코일의 이동을 회전 각도로 표시한다.
(2) 각도의 크기는 도수법과 호도법이 있는데 호도법은 원의 반지름과 같은 길이의 원호의 양 끝점과 원의 중심을 이은 두 직선이 이루는 각을 1라디안(radian, 단위 [rad])으로 한다.
(3) 회전체가 1초 동안에 회전한 각도로 t초 동안에 θ[rad] 회전하면 속도는 $\omega = \dfrac{\theta}{t}$[rad/sec]가 된다. 각속도 ω와 주파수 f와의 관계는 $\omega = 2\pi f$ [rad/sec]가 된다.
(4) 유기 기전력 $e = V_m \sin \omega t$[V]

1.3 위상차의 시간변화

(1) 주파수가 같은 동일한 2개 이상의 교류 사이의 시간적인 차이를 위상차라 한다.
(2) 교류 정현(sin)파 전압을 수식으로 나타내면

$$v(t) = V_m \sin(\omega t \pm \theta)[\text{V}]$$

이 되고 θ를 위상(phase) 또는 위상각이라 한다.

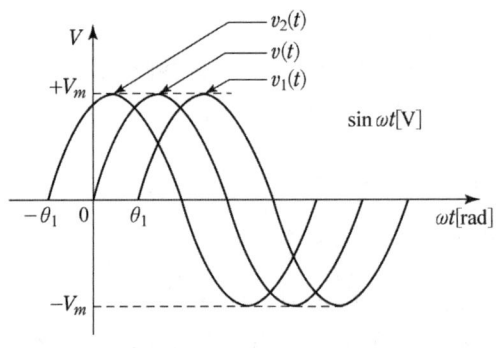

정현파 교류의 위상

(3) $v(t) = V_m \sin \omega t$[V] : 위상각이 0°인 파형으로

$v_1(t) = V_m \sin(\omega t - \theta_1)$[V] : $v(t)$를 기준으로 위상이 θ_1만큼 뒤짐
$v_2(t) = V_m \sin(\omega t + \theta_1)$[V] : $v(t)$를 기준으로 위상이 θ_1만큼 앞섬

1.4 정현파 교류의 크기

(1) 순시값 : 교류의 임의의 시간에 있어서 전압 또는 전류의 값

(2) 최대값 : 순시값 중에서 가장 큰 값

(3) 평균값 : 한 주기 동안을 평균한 값

$$V_a = \frac{2V_m}{\pi} \fallingdotseq 0.637 V_m [\text{V}]$$

(4) 실효값 : 저항회로에 직류와 교류를 동일 시간 인가하였을 때 소비되는 전력량이 같은 경우 이때의 직류 값을 정현파 교류의 실효값으로 정의한다.

$$V = \frac{V_m}{\sqrt{2}} \fallingdotseq 0.707 V_m [\text{V}]$$

(5) 파형률 및 파고율

$$파형률 = \frac{실효값}{평균값}, \quad 파고율 = \frac{최대값}{실효값}$$

(6) 파형별 파형률과 파고율

파형	그림	실효값	평균값	파형률	파고율
정현파		$\frac{V_m}{\sqrt{2}}$	$\frac{2V_m}{\pi}$	1.11	$\sqrt{2}$
정현반파		$\frac{V_m}{2}$	$\frac{V_m}{\pi}$	1.57	2
삼각파 (톱니파)		$\frac{V_m}{\sqrt{3}}$	$\frac{V_m}{2}$	1.15	$\sqrt{3}$
구형파		V_m	V_m	1	1
구형반파		$\frac{V_m}{\sqrt{2}}$	$\frac{V_m}{2}$	$\sqrt{2}$	$\sqrt{2}$

1.5 벡터 기호법에 의한 교류회로

(1) 백터를 복소수로 표시하여 교류회로를 계산하는 방법

그림과 같이 벡터 $\overline{OA}$를 복소함수로 표시하면 x축을 실수축, y축을 허수축 이라하고, 이와 같은 평면을 복소평면이라 한다.

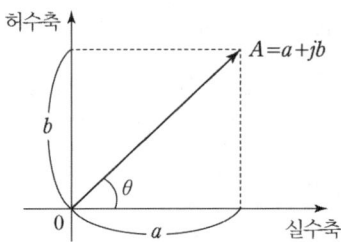

- 허수 : 실수에 $j(=\sqrt{-1})$을 곱한수
- 복소수 : $\dot{A} = a + jb$로 표시된 수

(2) 직각좌표 형식 : $\dot{A} = a + jb$

(3) 극좌표 형식 : $\dot{A} = A \angle \theta$

절대값 : $A = \sqrt{a^2 + b^2}$, 편각 : $\theta = \tan^{-1}\dfrac{b}{a}$

(4) 복소수의 정의와 산술연산

① $x^2 + 1 = 0$의 근의 하나인 $\sqrt{-1}$을 기호 $j = \sqrt{-1}$로 표시하며 허수의 단위다.

② $j^2 = (\sqrt{-1})^2 = -1$, $j^3 = j^2 \times j = -j$, $j^4 = j^2 \times j^2 = 1$

③ $\dfrac{1}{j} = \dfrac{j}{j^2} = -j$, $\dfrac{1}{j^2} = -1$, $\dfrac{1}{j^3} = j$, $\dfrac{1}{j^4} = 1$

(5) 복소수의 연산

① 더하기, 빼기
$$Z_1 \pm Z_2 = (a+jb) \pm (c+jd) = (a \pm c) + j(b \pm d)$$

② 곱하기
$$Z_1 Z_2 = (a+jb)(c+jd) = (ac-bd) + j(ad+bc)$$

③ 나누기
$$\dfrac{Z_1}{Z_2} = \dfrac{a+jb}{c+jd} = \dfrac{(a+jb)(c-jd)}{(c+jd)(c-jd)} = \dfrac{ac+bd}{c^2+d^2} + j\dfrac{bc-ad}{c^2+d^2}$$

(6) 삼각함수 형식 : $\dot{A} = A(\cos\theta + j\sin\theta)$

(7) 삼각비의 상호관계

① $\sin(90°-\theta) = \cos\theta$, $\cos(90°-\theta) = \sin\theta$, $\tan(90°-\theta) = \dfrac{1}{\tan\theta}$

② $\sin^2\theta + \cos^2\theta = 1$, $\tan\theta = \dfrac{\sin\theta}{\cos\theta}$

③ $\cos(\alpha+\beta) = \cos\alpha \cdot \cos\beta - \sin\alpha \cdot \sin\beta$

④ $\cos(\alpha-\beta) = \cos\alpha \cdot \cos\beta + \sin\alpha \cdot \sin\beta$

(8) 지수함수 형식

$\dot{A} = A\varepsilon^{j\theta}$, $\varepsilon^{j\theta} = \cos\theta + \sin\theta$

2. RLC 회로

2.1 R, L, C 회로

(1) R만의 회로

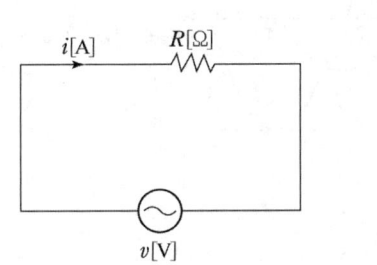
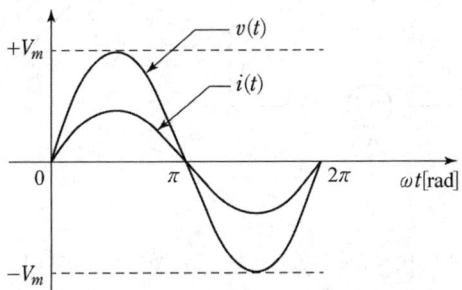

저항에 전압 $v = V_m \sin\omega t [V]$을 가하면

회로에 흐르는 전류 : $i = \dfrac{v}{R} = \dfrac{V_m}{R} \sin\omega t [A]$가 흐른다.

※ 전압과 전류는 동 위상

(2) L만의 회로

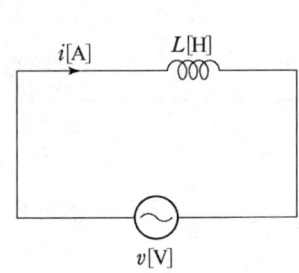
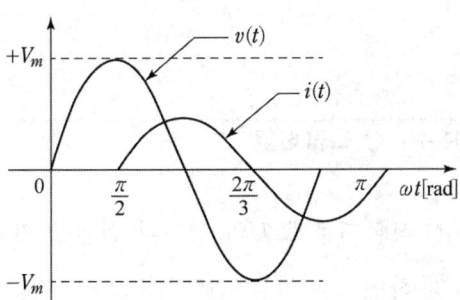

코일에 전류 $i = \sqrt{2}\, I \sin\omega t\, [A]$을 가하면

회로에 양단의 전압 : $v = \sqrt{2}\,\omega LI\sin(\omega t + \frac{\pi}{2})$[V]가 흐른다.

▸ 전압과 전류의 위상관계는 전압이 전류보다 $\frac{\pi}{2}$[rad] 앞선다.

　유도성 리액턴스 : $X_L = \omega L[\Omega] = 2\pi f L[\Omega]$

▸ 벡터로 표시 : $\dot{X}_L = j\omega L[\Omega]$

　$v = -L\dfrac{\Delta i}{\Delta t}$[V] 에서 $v = \sqrt{2}\,\omega LI\sin(\omega t + \frac{\pi}{2})$ 유도한다.

(3) C만의 회로

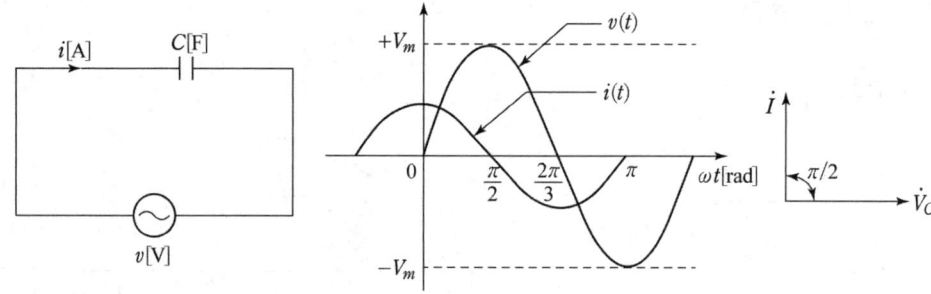

콘덴서에 전압 $v = \sqrt{2}\,V\sin\omega t$ [V]을 가하면

회로에 흐르는 전류는 $i = \sqrt{2}\,\omega CV\sin(\omega t + \frac{\pi}{2})$[A]가 흐른다.

▸ 전압과 전류의 위상관계는 전압이 전류보다 $\frac{\pi}{2}$[rad] 뒤진다.

　용량성 리액턴스 : $X_C = \dfrac{1}{\omega C}[\Omega]$

▸ 벡터로 표시 : $\dot{X}_C = -j\dfrac{1}{\omega C}[\Omega]$

2.2　R-L-C 직렬회로

$R-L-C$ 직렬회로에 $\dot{V}$의 사인파 전압을 가하면 R, L, C에 걸리는 전압을 각각 $\dot{V}_R$, $\dot{V}_L$, $\dot{V}_C$라 하면 $\dot{V} = \dot{V}_R + \dot{V}_L + \dot{V}_C$가 된다.

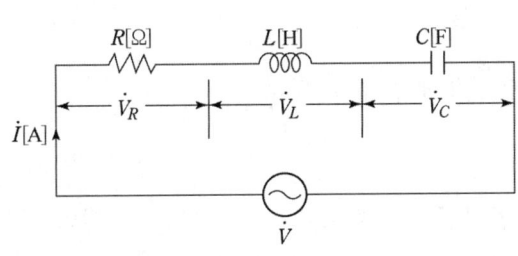
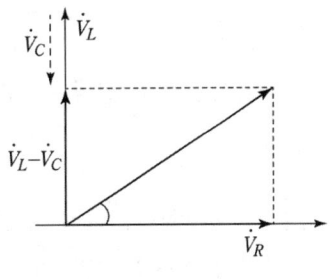

RLC 직렬회로   전압 벡터도

(1) V_R, V_L, V_C의 크기 및 전류 I와의 위상관계

$$V = V_R + V_L + V_C$$

$V_R = RI$, V_R은 전류 I와 동상

$V_L = X_L I = \omega L I [V]$, V_L은 전류 I보다 $\dfrac{\pi}{2}[\text{rad}]$ 앞선 위상

$V_C = X_C I = \dfrac{1}{\omega C} I [V]$, V_C은 전류 I보다 $\dfrac{\pi}{2}[\text{rad}]$ 뒤진 위상

(2) $\omega L > \dfrac{1}{\omega C}$ 인 경우의 전압, 전류의 크기

$$V = \sqrt{V_R^2 + (V_L - V_C)^2} = \sqrt{(RI)^2 + (X_L I - X_C I)^2} = I\sqrt{R^2 + (X_L - X_C)^2}\,[V]$$

$$I = \dfrac{V}{\sqrt{R^2 + (X_L - X_C)^2}} = \dfrac{V}{\sqrt{R^2 + (\omega L - \dfrac{1}{\omega C})^2}}\,[A]$$

(3) I와 V의 위상차 θ는

$$\theta = \tan^{-1}\dfrac{X_L - X_C}{R} = \tan^{-1}\dfrac{\omega L - \dfrac{1}{\omega C}}{R} = \tan^{-1}\dfrac{2\pi f L - \dfrac{1}{2\pi f C}}{R}\,[\text{rad}]$$

(4) $R-L-C$ 직렬회로의 합성 임피던스

$$Z = \sqrt{R^2 + (\omega L - \dfrac{1}{\omega C})^2} = \sqrt{R^2 + (2\pi f L - \dfrac{1}{2\pi f C})^2}\,[\Omega]$$

(5) 임피던스의 유도성과 용량성

① $\omega L > \dfrac{1}{\omega C}$ 이면

유도성 임피던스로 전류는 전압보다 뒤진 전류가 된다.

② $\omega L < \dfrac{1}{\omega C}$ 이면

용량성 임피던스로 전류는 전압보다 앞선 전류가 된다.

③ $\omega L = \dfrac{1}{\omega C}$ 이면

직렬공진 상태이다. 직렬 공진시 임피던스는 최소로 $Z = R[\Omega]$ 이 된다.
이때 전압과 전류는 동상이 되며 전류(I)는 최대가 된다.

2.3 R-L-C 병렬회로

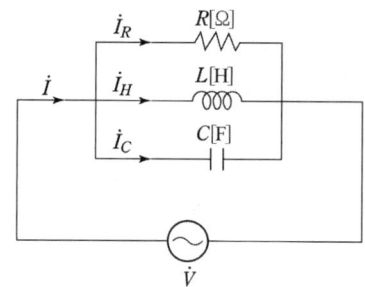

RLC 병렬회로

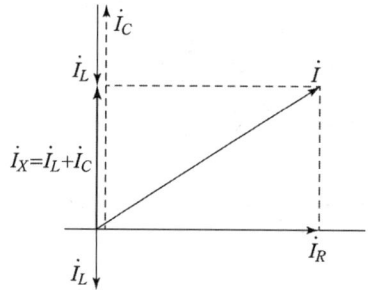

RLC 병렬회로 벡터도

(1) 회로에 흐르는 전류 $I[A]$는

$$I = \sqrt{I_R^2 + (I_C - I_L)^2} = \sqrt{\left(\dfrac{V}{R}\right)^2 + \left(\omega CV - \dfrac{V}{\omega L}\right)^2}$$

$$= \dfrac{V}{\dfrac{1}{\sqrt{\left(\dfrac{1}{R}\right)^2 + \left(\omega C - \dfrac{1}{\omega L}\right)^2}}} = \dfrac{V}{Z}[A]$$

(2) $R-L-C$ 병렬회로의 합성 임피던스 $Z[\Omega]$은

$$Z = \dfrac{1}{\sqrt{\left(\dfrac{1}{R}\right)^2 + \left(\omega C - \dfrac{1}{\omega L}\right)^2}} \ [\Omega]$$

(3) 위상차 θ는

$$\tan\theta = \dfrac{I_X}{I_R} = \dfrac{\omega CV - \dfrac{V}{\omega L}}{\dfrac{V}{R}} = \left(\omega C - \dfrac{1}{\omega L}\right)R$$

$$\theta = \tan^{-1}(\omega C - \frac{1}{\omega L})R = \tan^{-1}(2\pi f C - \frac{1}{2\pi f L})R [\text{rad}]$$

2.4 직렬공진과 병렬공진

공진 조건에서 $\omega L = \dfrac{1}{\omega C}$ 이므로 $\omega^2 = \dfrac{1}{LC}$ 이다

정리하면 $f_r = \dfrac{1}{2\pi\sqrt{LC}} [\text{Hz}]$

구분	직렬공진	병렬공진
주파수	$f_r = \dfrac{1}{2\pi\sqrt{LC}}$	$f_r = \dfrac{1}{2\pi\sqrt{LC}}$
역률	1	1
임피던스	최소값	최대값
전류	최대	최소

3. 과도현상

L과 C가 포함된 회로에서 전류나 전압이 정상 상태로 될 때까지의 상태를 과도 상태를 과도현상이라 한다.

(1) R-C 직렬회로

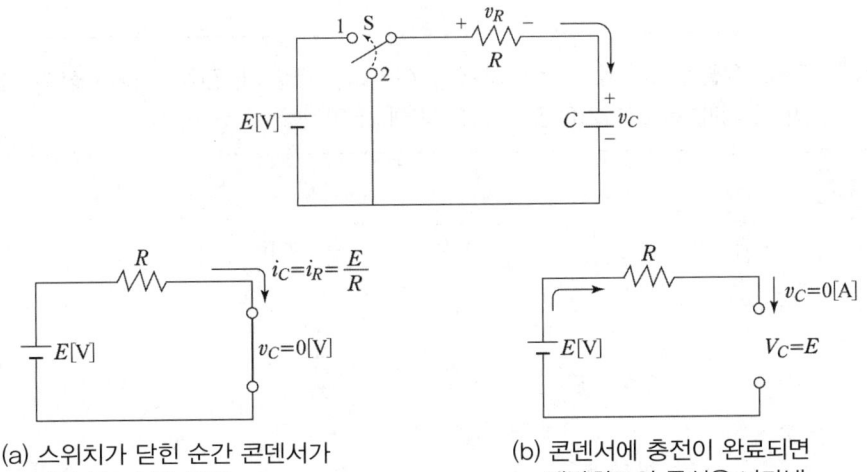

(a) 스위치가 닫힌 순간 콘덴서가 단락 회로처럼 동작

(b) 콘덴서에 충전이 완료되면 개방회로의 특성을 나타냄

R-C 직렬회로

1) 충전전류

위치 S을 ON한 후 콘덴서의 충전 특성으로 인한 정상전류 0[A]가 되기까지에 나타나는 과도전류

$$i = \frac{E}{R} e^{-\frac{1}{RC}t} \text{[A]}$$

2) 초기전류

스위치 S를 ON하는 순간 RC 회로에 흐르는 전류 $i = \frac{E}{R}$[A] 이다.

3) R-C 회로의 시정수

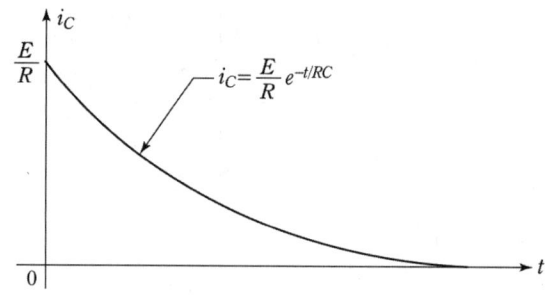

▶ 시정수 : 스위치 S를 ON한 후 초기전류($i = \frac{E}{R}$[A])가 36.8[%]로 감소하는 데 걸리는 시간

$$\tau = RC \text{[sec]}$$

예제 R-C 직렬회로에서 $R = 500$[kΩ], $C = 2$[μF]일 때, 전류 i_c와 시정수 τ를 구하여라. 이때 회로에 가해진 전압은 100[V] 이다.

풀이

$$i_c = \frac{E}{R} e^{-\frac{t}{RC}} = \frac{100}{500 \times 10^3} e^{-\frac{t}{500 \times 10^3 \times 2 \times 10^{-6}}} = 2 \times 10^{-4} e^{-t} \text{[A]}$$

$$\tau = RC = 500 \times 10^3 \times 2 \times 10^{-6} = 1 \text{[sec]}$$

(2) R-L 직렬회로

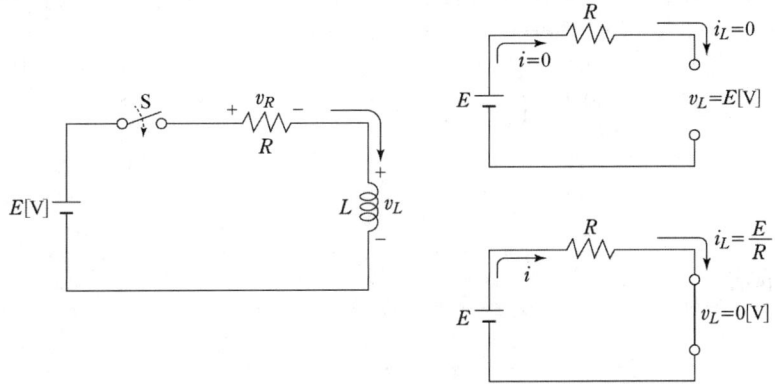

R-L 직렬회로

1) 초기전류

저항 R과 인덕턴스 $L[H]$인 코일을 직렬로 연결한 회로에 시간 $t=0$의 순간에 직류 전압 E를 인가할 때의 과도전류를 i_L은

$$i_L = \frac{E}{R}(1-e^{-(L/R)t}) = I(1-e^{-(L/R)t})[A]$$

이다.

2) 정상전류

시간에 따라 지수적으로 증가하여 정상전류 $I_m = \frac{E}{R}$가 된다.

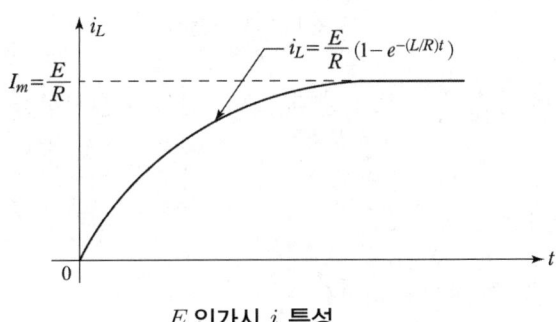

E 인가시 i 특성

3) 시정수

시정수 τ는 스위치를 ON한 후 전상전류의 63.2[%]까지 상승하는데 걸리는 시간으로 커지면 정상 상태에 이르는 시간이 길어지므로 과도 시간이 길어진다.

$$\tau = \frac{L}{R}$$

> **예제** R-L 직렬회로에서 $R = 10[\Omega]$, $L = 10[mH]$이다. 시정수 $\tau[sec]$를 구하라.

풀이
$\tau = \dfrac{L}{R} = \dfrac{10 \times 10^{-3}}{10} = 10^{-3}[\sec]$

4. 3상 교류

4.1 3상 교류 전압의 순시값

(1) 주파수가 같고 위상이 다른 3개의 교류 기전력을 1조로 하여 사용하는 방식을 3상 방식 기전력을 각각 단독으로 취급하는 방식을 단상 방식이라 한다.

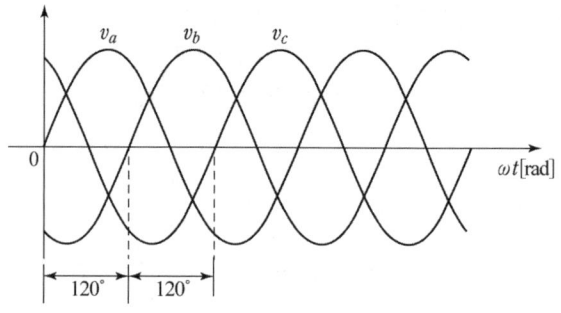

3상 교류 기전력

(2) 대칭 3상 회로에서 상순이 a, b, c일 때, 교류 전압의 순시값을 v_a, v_b, v_c라면, a상을 기준으로 하여

$$v_a = V_m \sin \omega t \,[\text{V}]$$

$$v_b = V_m \sin \left(\omega t - \frac{2}{3}\pi\right)[\text{V}]$$

$$v_c = V_m \sin \left(\omega t - \frac{4}{3}\pi\right)[\text{V}]$$

으로 표시할 수 있다.

4.2 3상 교류의 결선법

(1) Y 결선(성형결선)

각 상의 전압을 상전압 V_P라 하고, 각 상에 흐르는 전류를 상전류 I_P라 한다. 부하에 전력을 공급하는 도선 사이의 전압을 선간전압 V_l 도선에 흐르는 전류를 선전류 I_l라 한다.

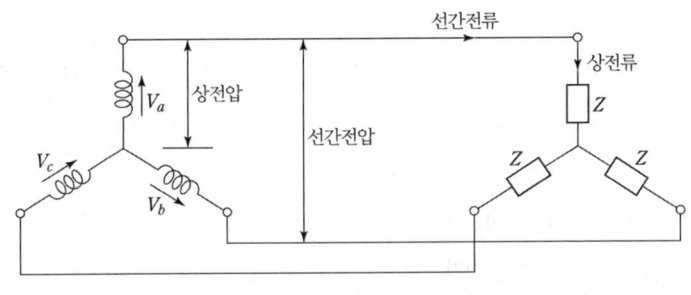

Y-Y 결선회로

① Y 결선의 선간 전압은 상전압의 $\sqrt{3}$ 배이고 위상은 $\frac{\pi}{6}$[rad] 빠르다.
$$V_l = \sqrt{3}\, V_p$$
② Y 결선의 선간전류와 상전류의 크기는 같다.
$$I_l = I_p$$

예제 선간전압 V_l이 380[V]인 대칭 3상 Y결선에서 상전압 V_p을 구하라.

풀이 선간전압 $V_l = \sqrt{3}\, V_p$로부터
$$V_p = \frac{V_l}{\sqrt{3}} = \frac{380}{\sqrt{3}} = 219.39 \fallingdotseq 220[V]$$

(2) △ 결선

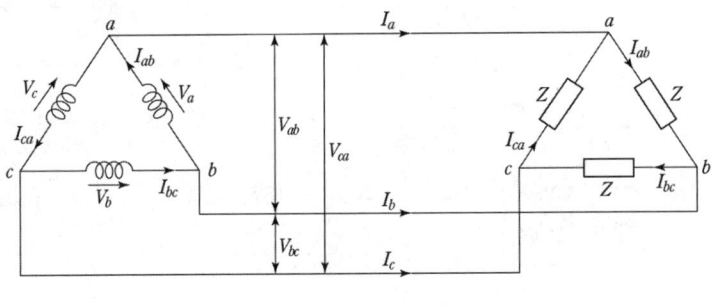

△-△ 회로

① △결선의 선간전압은 상전압과 같다.

$V_l = V_p$

② △결선의 선간전류는 상전류의 $\sqrt{3}$ 배이고 위상은 $\dfrac{\pi}{6}$[rad] 뒤진다.

$I_l = \sqrt{3}\, I_p$

> **예제** △결선의 부하에서 저항 10[Ω]의 부하에 대칭 3상 전압 100[V]를 가할 때 선전류 I_l를 구하여라.

풀이 선전류 $I_l = \sqrt{3}\, I_p$ 이므로

$I_l = \sqrt{3} \times \dfrac{V_l}{R} = \sqrt{3} \times \dfrac{100}{10} = 10\sqrt{3} \fallingdotseq 17.32[\text{A}]$

> **예제** 선간전압 141[V]의 3상 교류 전원에 $4 + j4$[Ω]의 임피던스를 갖는 Δ 부하를 연결하는 경우의 선전류를 구하라.

풀이 상전류 $I_p = \dfrac{V}{Z} = \dfrac{141}{\sqrt{4^2 + 4^2}} = 24.93[\text{A}]$

선전류 $I_l = \sqrt{3}\, I_p = \sqrt{3} \times 24.93 = 43.18[\text{A}]$

(3) V 결선

① V 결선된 전원에 부하를 접속하면 Δ결선된 부하를 전원과 동일하게 다룰 수 있다.

$P_V = V_P I_P \cos(30° + \theta) + V_P I_P \cos(30° - \theta)$

정리하면

$P_V = \sqrt{3}\, V_P I_P \cos\theta\,[\text{W}]$

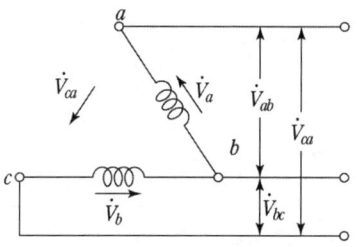

※ 삼각함수공식
$\cos(\alpha + \beta) = \cos\alpha \cdot \cos\beta - \sin\alpha \cdot \sin\beta$
$\cos(\alpha - \beta) = \cos\alpha \cdot \cos\beta + \sin\alpha \cdot \sin\beta$

② 전원이 Δ결선인 경우와 V결선인 경우 전력을 비교하면
$$\frac{P_V}{P} = \frac{\sqrt{3}\, V_P I_P \cos\theta}{3\, V_P I_P \cos\theta} = 0.577 \text{ 이다.}$$

③ 변압기의 이용률은
$$\frac{P_V}{P} = \frac{\sqrt{3}\, V_P I_P \cos\theta}{2\, V_P I_P \cos\theta} = 0.866 \text{ 이다.}$$

4.3 부하의 등가변환

(1) △ → Y 변환

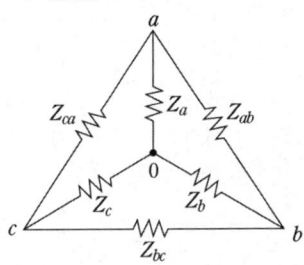

$$Z_a + Z_b = \frac{(Z_{ab} + Z_{bz})Z_{ca}}{Z_{ab} + Z_{bc} + Z_{ca}}$$

$$Z_b + Z_c = \frac{(Z_{bc} + Z_{ca})Z_{ab}}{Z_{ab} + Z_{bc} + Z_{ca}}$$

$$Z_c + Z_a = \frac{(Z_{ca} + Z_{ab})Z_{bc}}{Z_{ab} + Z_{bc} + Z_{ca}}$$

위식을 Z_a, Z_b, Z_c에 대하여 정리하면

$$Z_b = \frac{Z_{bc} \cdot Z_{ab}}{Z_{ab} + Z_{bc} + Z_{ca}}$$

$$Z_c = \frac{Z_{ca} \cdot Z_{bc}}{Z_{ab} + Z_{bc} + Z_{ca}}$$

$$Z_a = \frac{Z_{ab} \cdot Z_{ca}}{Z_{ab} + Z_{bc} + Z_{ca}}$$

$Z_{ab} = Z_{bc} = Z_{ca} = Z$ 이면

$$Z_a = \frac{Z_{ab} \cdot Z_{bc}}{Z_{ab} + Z_{bc} + Z_{ca}} = \frac{Z^2}{3Z} = \frac{Z}{3}$$

임피던스 Z ⇨ $\frac{1}{3}$배, 선 전류 ⇨ $\frac{1}{3}$배

소비전력 ⇨ $\frac{1}{3}$배 이다.

(2) Y → △변환

$$Z_{ab} + Z_{bc} + Z_{ca} = \frac{Z_{ab} \cdot Z_{ca}}{Z_a}$$

$$Z_{ab} + Z_{bc} + Z_{ca} = \frac{Z_{bc} \cdot Z_{ab}}{Z_b}$$

$$Z_{ab} + Z_{bc} + Z_{ca} = \frac{Z_{ca} \cdot Z_{bc}}{Z_c} \text{ 에서}$$

$$Z_{ca} = \frac{Z_a}{Z_b} \cdot Z_{bc},\ Z_{ab} = \frac{Z_a}{Z_c} \cdot Z_{bc}$$

$$\frac{Z_a}{Z_c} \cdot Z_{bc} + Z_{bc} + \frac{Z_c}{Z_a} \cdot Z_{bc} = \frac{Z_{bc} \cdot Z_{ab}}{Z_c}$$

정리하면 $Z_{ab} = \dfrac{Z_a Z_b + Z_c Z_b + Z_a Z_c}{Z_c}$

이므로 정리하면

$$\boxed{\begin{aligned}
Z_{ab} &= \frac{Z_a Z_b + Z_b Z_c + Z_c Z_a}{Z_c} = \frac{3Z^2}{Z} = 3Z \\
Z_{bc} &= \frac{Z_a Z_b + Z_b Z_c + Z_c Z_a}{Z_a} = \frac{3Z^2}{Z} = 3Z \\
Z_{ca} &= \frac{Z_a Z_b + Z_b Z_c + Z_c Z_a}{Z_b} = \frac{3Z^2}{Z} = 3Z
\end{aligned}}$$

$Z_a = Z_b = Z_c = Z$ 이면

$$Z_{ab} = \frac{Z_a Z_b + Z_c Z_b + Z_a Z_c}{Z_c} = 3Z$$

임피던스 Z ⇨ 3배, 선 전류 ⇨ 3배

소비전력 ⇨ 3배 이다.

예제 저항 3[Ω], 유도 리액턴스 8[Ω]이 직렬로 연결된 3개의 임피던스가 Δ로 연결되어 있다. 이것과 등가인 Y결선된 부하의 임피던스를 구하라.

풀이 Δ결선된 1상의 임피던스는
$$Z_\Delta = 3 + j8 [\Omega]$$
Y결선된 부하의 1상의 임피던스는
$$Z_Y = \frac{1}{3}(3+j8) = 1 + j\frac{8}{3} [\Omega]$$

3장 교류회로 예상문제

01 각속도 $\omega = 377[\text{rad/sec}]$인 사인파 교류의 주파수는 약 몇 [Hz]인가?

① 30[Hz]　② 60[Hz]　③ 90[Hz]　④ 120[Hz]

풀이 $\omega = 2\pi f$　∴ $f = \dfrac{\omega}{2\pi} = \dfrac{377}{2\pi} = 60[\text{Hz}]$

02 $e = 100\sin\left(377t + \dfrac{\pi}{3}\right)[\text{V}]$의 파형의 주파수는?

① 50[Hz]　② 60[Hz]　③ 80[Hz]　④ 10[Hz]

03 주파수 100[Hz]의 주기는 몇 초인가?

① 0.05　② 0.02　③ 0.01　④ 0.1

풀이 $T = \dfrac{1}{f} = \dfrac{1}{100} = 0.01$

04 각속도 $\omega = 300[\text{rad/sec}]$인 사인파 교류의 주파수[Hz]는 얼마인가?

① $\dfrac{70}{\pi}$　② $\dfrac{150}{\pi}$　③ $\dfrac{180}{\pi}$　④ $\dfrac{360}{\pi}$

풀이 $\omega = 2\pi f$　∴ $f = \dfrac{300}{2\pi} = \dfrac{150}{\pi}$

05 각 주파수 $\omega = 100\pi[\text{rad/s}]$일 때 주파수 $f[\text{Hz}]$는?

① 50[Hz]　② 60[hz]　③ 300[Hz]　④ 360[Hz]

풀이 $f = \dfrac{\omega}{2\pi} = \dfrac{100\pi}{2\pi} = 50[\text{Hz}]$

06 $v = V_m \sin(\omega t + 30°)[\text{V}]$, $i = I_m \sin(\omega t - 30°)[\text{A}]$일 때 전압을 기준으로 할 때 전류의 위상차는?

① 60° 뒤진다.　　② 60° 앞선다.
③ 30° 뒤진다.　　④ 30° 앞선다.

풀이 전압을 기준으로 전압이 앞선 위상이며, 위상차 = 앞선 위상 − 뒤진 위상
$30° - (-30°) = 60°$ 이다.

정답 01. ②　02. ②　03. ③　04. ②　05. ①　06. ①

07 $v = 100\sqrt{2}\sin(120\pi t + \frac{\pi}{4})$[V], $i = 100\sin(120\pi t + \frac{\pi}{2})$[A]인 경우 전류는 전압보다 위상이 어떻게 되는가?

① $\frac{\pi}{2}$[rad] 만큼 앞선다. ② $\frac{\pi}{2}$[rad]만큼 뒤진다.

③ $\frac{\pi}{4}$[rad] 만큼 앞선다. ④ $\frac{\pi}{4}$[rad]만큼 뒤진다.

풀이 전류 기준으로 전류가 앞선 위상이며 위상차는 $\frac{\pi}{2} - \frac{\pi}{4} = \frac{\pi}{4}$[rad] 이다.

08 $e = E_m\sin(\omega t + 30°)$[V]와 $i = I_m\cos(\omega t - 90°)$[A]와의 위상차는 몇 도인가?

① 30°   ② 60°   ③ 90°   ④ 120°

풀이 $i = I_m\cos(\omega t - 90°) = I_m\sin(\omega t - 90° + 90°) = I_m\sin\omega t$
위상차 $30° - 0° = 30°$

09 최대값이 V_m[V]인 사인파 교류에서 평균값 V_c[V] 값은?

① $0.577 V_m$ ② $0.637 V_m$ ③ $0.707 V_m$ ④ $0.866 V_m$

풀이 교류 평균값 $V_c = \frac{2V_m}{\pi} = 0.637 V_m$

10 어느 교류의 순시값이 $v = 311\sin(120\pi t)$[V]라고 하면 이 전압의 실효값은 약 몇 [V]인가?

① 180[V] ② 220[V] ③ 440[V] ④ 622[V]

풀이 실효값 $V = \frac{V_m}{\sqrt{2}} = \frac{311}{\sqrt{2}} = 219.91$

11 교류는 시간에 따라 그 크기가 변하므로 교류의 크기를 일반적으로 나타내는 값은?

① 순시값 ② 최대값 ③ 실효값 ④ 평균값

12 교류 100[V]의 최대값은 약 몇 [V]인가?

① 90[V] ② 100[V] ③ 111[V] ④ 141[V]

풀이 최대값 $V_m = \sqrt{2} V = \sqrt{2} \times 100 = 141$
여기서, V : 실효값

정답 07. ③ 08. ① 09. ② 10. ② 11. ③ 12. ④

13 평균값이 220[V]인 교류전압의 최대값은 약 몇 [V]인가?

① 110[V] ② 346[V] ③ 381[V] ④ 691[V]

풀이 교류 평균값 $V_c = \dfrac{2V_m}{\pi}$ $\therefore V_m = \dfrac{\pi V_c}{2} = \dfrac{\pi \times 220}{2} = 345.38$

14 일반적으로 교류 전압계의 지시값은?

① 최대값 ② 순시값 ③ 평균값 ④ 실효값

15 다음 중 정현파(사인파) 교류의 파형률은?

① $\dfrac{\pi}{2}$ ② $\dfrac{1}{\sqrt{2}}$ ③ $\dfrac{2}{\pi}$ ④ $\dfrac{\pi}{2\sqrt{2}}$

풀이 파형율 $= \dfrac{실효값}{평균값} = \dfrac{\dfrac{V_m}{\sqrt{2}}}{\dfrac{2V_m}{\pi}} = \dfrac{\pi}{2\sqrt{2}} = 1.11$

16 다음 중 정현파(사인파) 교류의 파고율은?

① $\sqrt{2}$ ② $\dfrac{1}{\sqrt{2}}$ ③ $\dfrac{2}{\pi}$ ④ $\dfrac{\pi}{\sqrt{2}}$

풀이 파고율 $= \dfrac{최대값}{실효값} = \dfrac{V_m}{\dfrac{V_m}{\sqrt{2}}} = \sqrt{2} = 1.414$

17 사인파 교류 전압에서 평균값 V_{av}과 실효값 V[V] 사이의 관계는?

① $V_{av} = \dfrac{1}{\sqrt{2}} V$ ② $V_{av} = \dfrac{2\sqrt{2}}{\pi} V$

③ $V_{av} = \dfrac{\pi}{2} V$ ④ $V_{av} = \dfrac{1}{2\sqrt{2}} V$

풀이 $V_{av} = \dfrac{2V_m}{\pi} = \dfrac{2 \times \sqrt{2} V}{\pi} = \dfrac{2\sqrt{2}}{\pi} V$

18 10[Ω]의 저항 회로에 $e = 100\sin\left(377t + \dfrac{\pi}{3}\right)$[V]의 전압을 가했을 때 $t = 0$에서의 순시전류는?

① 5[A] ② $5\sqrt{3}$ [A] ③ 10[A] ④ $10\sqrt{3}$ [A]

정답 13. ② 14. ④ 15. ④ 16. ① 17. ② 18. ②

풀이 $i = \dfrac{e}{R} = \dfrac{100\sin(377 \times 0 + \dfrac{\pi}{3})}{10} = 10\sin 60° = 10 \times \dfrac{\sqrt{3}}{2} = 5\sqrt{3}$

19 $i = I_m \sin\omega t$인 사인파 교류에서 ωt가 몇 도일 때 순시값과 실효값이 같게 되는가?

① 0° ② 45° ③ 60° ④ 90°

풀이 순시값 $i = I_m \sin\omega t$, 실효값은 $\dfrac{I_m}{\sqrt{2}}$

∴ $\sin 45° = \dfrac{1}{\sqrt{2}}$

20 $\dot{Z} = a + jb$의 절대값은?

① $a^2 - b^2$ ② $\sqrt{a^2 + b^2}$ ③ $a^2 + b^2$ ④ $\sqrt{a^2 - b^2}$

21 복소수 $3 + j4$의 절대값은 얼마인가?

① 2 ② 4 ③ 5 ④ 7

풀이 $Z = \sqrt{3^2 + 4^2} = 5$

22 $A = 3 + j4$으로 표시되는 벡터의 편각은?

① 30° ② 53.13° ③ 60° ④ 90°

풀이 $A = a + jb$ 에서 편각 $\theta = \tan^{-\frac{b}{a}}$ ∴ $\theta = \tan^{-\frac{4}{3}} = 53.13°$

23 교류 순시전압 $V = 8\sqrt{2}\sin(\omega t + \dfrac{\pi}{6})$[V]을 복소수로 표시한 것은?

① $4 + j4\sqrt{3}$ ② $4\sqrt{3} + j4$
③ $4 - j4\sqrt{3}$ ④ $4\sqrt{3} - j4$

풀이 극좌표 $\dot{V} = V\angle\theta = 8\angle 30 = 8\cos 30° + j8\sin 30°$

$= 8 \times \dfrac{\sqrt{3}}{2} + j8 \times \dfrac{1}{2} = 4\sqrt{3} + j4$

24 임피던스의 역수는?

① 어드미턴스 ② 컨덕턴스 ③ 서셉턴스 ④ 인덕턴스

풀이 임피던스의 역수 : 어드미턴스, 저항의 역수 : 컨덕턴스

정답 19. ② 20. ② 21. ③ 22. ② 23. ② 24. ①

25 임피던스 $\dot{Z} = r + jx$로 표시될 때 어드미턴스는 $\dot{Y} = g - jb$로 된다. 서셉턴스(susceptance)는 어느 것인가?

① Y ② x ③ g ④ b

풀이 어드미턴스의 허수부 : 서셉턴스 "b"

26 어드미턴스의 실수부는 무엇을 나타내는가?

① 임피던스 ② 리액턴스 ③ 콘덕턴스 ④ 서셉턴스

풀이 어드미턴스의 실수부 : 컨덕턴스

27 $R = 4[\Omega]$, $X = 3[\Omega]$인 $R - L - C$ 직렬회로에 5[A]의 전류가 흘렀다면 이때의 전압은?

① 15[V] ② 20[V] ③ 25[V] ④ 125[V]

풀이 $V = I \cdot Z = 5 \times \sqrt{4^2 + 3^2} = 25[V]$

28 $R = 15[\Omega]$인 RC 직렬회로에 60[Hz], 100[V]의 전압을 가하니 4[A]의 전류가 흘렀다면 용량 리액턴스[Ω]는?

① 10[Ω] ② 15[Ω] ③ 20[Ω] ④ 25[Ω]

풀이 $Z = \dfrac{V}{I} = \dfrac{100}{4} = 25[\Omega]$

$Z = \sqrt{R^2 + X_c^2}$ $\therefore X_c = \sqrt{Z^2 - R^2} = \sqrt{25^2 - 15^2} = 20[\Omega]$

29 어떤 회로에 $v = 20 \sin \omega t$[V]의 전압을 가했더니 $i = 50 \sin\left(\omega t + \dfrac{\pi}{2}\right)$[A]의 전류가 흘렀다. 이 회로는?

① 저항 회로 ② 유도성 회로 ③ 용량성 회로 ④ 임피던스 회로

풀이 전류 $i = 50 \sin\left(\omega t + \dfrac{\pi}{2}\right)$[A]에서 전류가 전압보다 90° 앞선회로 이기 때문에 용량성 회로다.

30 백열전구를 점등했을 경우 전압과 전류의 위상관계는 전류가 전압보다 위상이 어떻게 되는가?

① 90° 앞선다. ② 90° 뒤진다. ③ 동상이다. ④ 45° 뒤진다.

풀이 백열전구는 저항만의 회로이며 동상이다.

31 저항 R과 유도리액턴스 X_L을 직렬 접속할 때 임피던스는?

① $R+X_L$ ② $\sqrt{R+X_L}$ ③ $R^2+X_L^2$ ④ $\sqrt{R^2+X_L^2}$

32 RL 직렬회로에서 임피던스 Z의 위상차 θ는?

① $\tan\dfrac{X_L}{R}$ ② $\tan\dfrac{R}{X_L}$ ③ $\tan^{-1}\dfrac{X_L}{R}$ ④ $\tan^{-1}\dfrac{R}{X_L}$

33 임피던스 $\dot{Z}=6+j8[\Omega]$에서 컨덕턴스는?

① $0.06[\mho]$ ② $0.08[\mho]$ ③ $0.1[\mho]$ ④ $1.0[\mho]$

풀이 어드미턴스

$$Y=\frac{1}{Z}=\frac{1}{6+j8}=\frac{6-j8}{(6+j8)(6-j8)}=\frac{6-j8}{6^2-(\sqrt{-1})^2\times 8^2}=\frac{6-j8}{100}=0.06-j0.08$$

컨덕턴스는 어드미턴스의 실수부 이므로 $0.06[\mho]$

34 임피던스 $\dot{Z}=6+j8[\Omega]$에서 서셉턴스는?

① $0.06[\mho]$ ② $0.08[\mho]$ ③ $0.6[\mho]$ ④ $0.8[\mho]$

풀이 서셉턴스는 어드미턴스의 허수부 이므로 $0.08[\mho]$

35 RLC 직렬 회로에서 전압과 전류가 동위상이 되기 위한 조건은?

① $\omega L^2 C^2=1$ ② $\omega^2 LC=1$
③ $\omega LC=1$ ④ $\omega=LC$

풀이 직렬공진 조건은 $\omega L=\dfrac{1}{\omega C}$ ∴ $\omega^2 LC=1$

36 $L-C$ 병렬 회로에 $E[V]$의 전압을 가할 때 전 전류가 0이 되려면 주파수 $f[Hz]$는?

① $f=2\pi\sqrt{LC}$ ② $f=\dfrac{1}{2\pi\sqrt{LC}}$
③ $f=\dfrac{\sqrt{LC}}{2\pi}$ ④ $f=\dfrac{2\pi}{\sqrt{LC}}$

정답 31. ④ 32. ③ 33. ① 34. ② 35. ② 36. ②

풀이 공진조건 $X_L = X_c$

$$2\pi fL = \frac{1}{2\pi fC} \quad \therefore f = \frac{1}{2\pi\sqrt{LC}}$$

37 직렬 공진 시 최대가 되는 것은?
① 전류 ② 전압 ③ 저항 ④ 임피던스

38 직렬 공진 시 그 값이 영이 되어야 하는 것은?
① 전류 ② 전압 ③ 저항 ④ 리액턴스

39 병렬 공진 시 그 값이 최소가 되어야 하는 것은?
① 전류 ② 전압 ③ 저항 ④ 임피던스

40 병렬 공진 시 그 값이 최대가 되어야 하는 것은?
① 전류 ② 전압
③ 저항 ④ 임피던스

41 그림의 회로에서 전압 100[V]의 교류전압을 가했을 때 전력은?
① 10[W] ② 60[W]
③ 100[W] ④ 600[W]

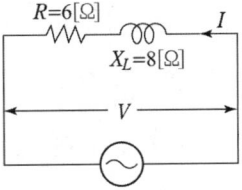

풀이 $P = I^2 R = \left(\dfrac{V}{Z}\right)^2 \cdot R = \left(\dfrac{100}{\sqrt{6^2+8^2}}\right)^2 \times 6 = 600\,[\text{W}]$

42 교류 회로에서 피상전력을 P_a[VA], 무효전력을 P_r[Var]가 되는 회로에서 유효전력 P는 얼마인가?
① $P = \sqrt{P_a^2 - P_r^2}$ ② $P = \sqrt{P_a^2 + P_r^2}$
③ $P = \sqrt{P_r^2 - P_a^2}$ ④ $P = P_r^2 + P_a^2$

풀이 $P_a^2 = P^2 + P_r^2 \quad \therefore P = \sqrt{P_a^2 - P_r^2}$

43 Y결선에서 상 전압이 220[V]이면 선간전압은 약 몇 [V]인가?

① 110[V]   ② 220[V]   ③ 380[V]   ④ 440[V]

풀이 Y결선에서 V_l(선간전압)$= \sqrt{3}\,V_p$(상전압)

$\therefore V_l = \sqrt{3} \times 220 = 380$

44 Δ결선의 전원에서 선전류가 40[A]이고 선간 전압이 220[V]일 때의 상전류는?

① 13[A]   ② 23[A]   ③ 69[A]   ④ 120[A]

풀이 Δ결선의 전원에서 선전류 $I_l = \sqrt{3}\,I_p$

$\therefore I_p = \dfrac{I_l}{\sqrt{3}} = \dfrac{40}{\sqrt{3}} = 23.09[\text{A}]$

45 $\Delta - \Delta$ 평형회로에서 $E=200[\text{V}]$, 임피던스 $Z=3+j4[\Omega]$일 때 상전류 $I_P[\text{A}]$는 얼마인가?

① 30[A]   ② 40[A]   ③ 50[A]   ④ 66.7[A]

풀이 $I_P = \dfrac{V_P}{Z_P} = \dfrac{200}{\sqrt{3^2+4^2}} = 40[\text{A}]$

46 용량 $P[\text{kVA}]$인 동일 정격의 단상 변압기 2대를 V결선 한 때의 3상 출력 용량[kVA]은?

① $\dfrac{2}{\sqrt{3}}P$ ② $\sqrt{3}\,P$ ③ $4P$ ④ $3P$

풀이 V결선 출력 $P_V = \sqrt{3}\,P$

47 3상 전원에서 한 상에 고장이 발생하였다. 이때 3상 부하에 3상 전력을 공급할 수 있는 결선 방법은?

① Y결선   ② Δ결선   ③ 단상 결선   ④ V결선

48 용량 $P[\text{kVA}]$인 동일 정격의 단상 변압기 4대로 낼 수 있는 3상 최대 출력 용량은?

① $2\sqrt{3}\,P$ ② $\sqrt{3}\,P$ ③ $4P$ ④ $3P$

풀이 $P_V = \sqrt{3}\,P + \sqrt{3}\,P = 2\sqrt{3}\,P$

정답 43. ③ 44. ② 45. ② 46. ② 47. ④ 48. ①

49 V결선 시 변압기의 이용률[%]은?

① 57.8 ② 66.6 ③ 86.6 ④ 100

풀이 V결선 시 이용률 $= \dfrac{\text{V결선용량}}{2\text{대 용량}} = \dfrac{\sqrt{3}P}{2P} \times 100 = 86.6[\%]$

50 △결선 변압기 1대의 고장으로 V결선으로 바꾸었을 때의 출력은 고장 전 출력의 몇 배인가?

① $\dfrac{1}{2}$ ② $\dfrac{\sqrt{3}}{3}$ ③ $\dfrac{2}{3}$ ④ $\dfrac{\sqrt{3}}{2}$

풀이 출력비 $\dfrac{\sqrt{3}P}{3P} \times 100 = 57.7[\%]$

51 △결선 변압기 1대의 고장으로 제거되어 V결선으로 할 때 공급할 수 있는 전력은 고장 전 출력의 몇 [%]인가?

① 86.6 ② 75 ③ 66.7 ④ 57.7

52 용량이 250[kVA]인 단상 변압기 3대를 △결선으로 운전 중 1대가 고장이 나서 V결선으로 운전하는 경우 출력은 약 몇 [kVA]인가?

① 144[kVA] ② 353[kVA]
③ 433[kVA] ④ 525[kVA]

풀이 $P_V = \sqrt{3}\,P = \sqrt{3} \times 250 = 433.01[\text{kVA}]$

53 전력계 2개를 접속하여 역률을 계산하고자 한다. 다음 중 옳은 계산식은 어느 것인가? (단, 전력계 W_1의 지시값은 P_1, 전력계 W_2의 지시값은 P_2라 한다.)

① $\dfrac{2\sqrt{P_1^2 + P_2^2 - P_1 P_2}}{P_1 + P_2}$ ② $\dfrac{P_1 + P_2}{2\sqrt{P_1^2 + P_2^2 - P_1 P_2}}$

③ $\dfrac{2\sqrt{P_1^2 + P_2^2 - P_1 P_2}}{P_1 - P_2}$ ④ $\dfrac{P_1 - P_2}{2\sqrt{P_1^2 + P_2^2 - P_1 P_2}}$

54 2전력계법에서 지시 $P_1 = 100[\text{W}]$, $P_2 = 200[\text{W}]$일 때 역률은?

① 0.866 ② 0.707 ③ 1.0 ④ 0.5

정답 49. ③ 50. ② 51. ④ 52. ③ 53. ② 54. ①

풀이 $\cos\theta = \dfrac{P_1 + P_2}{2\sqrt{P_1^2 + P_2^2 - P_1 P_2}} = \dfrac{100 + 200}{2\sqrt{100^2 + 200^2 - 100 \times 200}} = 0.866$

55 브리지회로에서 미지의 인덕턴스 L_x를 구하면?

① $L_x = \dfrac{R_2}{R_1} L_S$ ② $L_x = \dfrac{R_1}{R_2} L_S$

③ $L_x = \dfrac{R_S}{R_1} L_S$ ④ $L_x = \dfrac{R_1}{R_S} L_S$

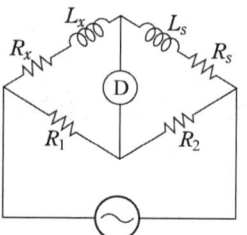

풀이 $R_1(R_s + j\omega L_s) = R_2(R_x + j\omega L_x)$
$R_1 R_s + j\omega R_1 L_s = R_2 R_x + j\omega R_2 L_x$
실수부 : $R_1 R_s = R_2 R_x$
허수부 : $j\omega R_1 L_s = j\omega R_2 L_x$
$\therefore L_x = \dfrac{R_1}{R_2} L_s$

56 그림의 브리지 회로에서 평형이 되었을 때의 C_x는?

① $0.1\,[\mu F]$
② $0.2\,[\mu F]$
③ $0.3\,[\mu F]$
④ $0.4\,[\mu F]$

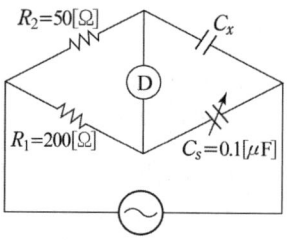

풀이 $\dfrac{R_1}{C_x} = \dfrac{R_2}{C_s}$ $\therefore C_x = \dfrac{R_1 C_s}{R_2} = \dfrac{200 \times 0.1}{50} = 0.4\,[\mu F]$

57 비정현파의 실효값을 나타내는 것은?

① 최대파의 실효값
② 각 고조파의 실효값의 합
③ 각 고조파의 실효값의 합의 제곱근
④ 각 고조파의 실효값의 제곱의 합의 제곱근

58 RL 직렬회로의 시정수 $T(s)$는 어떻게 되는가?

① $\dfrac{R}{L}$ ② $\dfrac{L}{R}$ ③ RL ④ $\dfrac{1}{RL}$

정답 55. ② 56. ④ 57. ④ 58. ②

59 $R=5[\Omega]$, $L=2[H]$인 직렬회로의 시상수는 몇 [sec]인가?

① 0.1 ② 0.2 ③ 0.3 ④ 0.4

풀이 $\tau = \dfrac{L}{R} = \dfrac{2}{5} = 0.4$

60 RC 회로의 시상수 $T(s)$는 어떻게 되는가?

① RC ② $\dfrac{1}{RC}$ ③ $\dfrac{R}{C}$ ④ $\dfrac{C}{R}$

풀이 $T(s) = RC$

61 $X_c=3[\Omega]$, $X_L=3[\Omega]$, $R=5[\Omega]$ $R-L-C$ 직렬 회로에서 합성 임피던스는 몇 $[\Omega]$인가?

① 3 ② 5 ③ 5.67 ④ 6.56

풀이 $Z = \sqrt{R^2 + (X_L - X_C)^2} = \sqrt{5^2 + (3-3)^2} = 5$

62 $e_1 = 141\sin(120\pi t - 30°)$과 $e_2 = 150\cos(120\pi t - 30°)$의 위상차를 시간으로 표시하면 몇 초인가?

① $\dfrac{1}{60}$ ② $\dfrac{1}{120}$ ③ $\dfrac{1}{240}$ ④ $\dfrac{1}{360}$

풀이 $e_2 = 150\sin(120\pi t - 30° + 90) = 150\sin(120\pi t + 60°)$

∴ 위상차 $= 60° - (-30°) = 90° = \dfrac{\pi}{2}$

$\theta = \omega t$ 에서 $t = \dfrac{\theta}{\omega} = \dfrac{\frac{\pi}{2}}{120\pi} = \dfrac{1}{240}$

63 $\dfrac{3}{2}\pi$(rad)의 단위를 각도[°] 단위로 표시하면 얼마인가?

① 120° ② 180° ③ 270° ④ 360°

풀이 $\dfrac{3}{2}\pi = \dfrac{3}{2} \times 180° = 270°$

정답 59. ④ 60. ① 61. ② 62. ③ 63. ③

4장 전기기기

1. 직류기

1.1 직류발전기 및 전동기의 구조 및 원리

(1) 직류 발전기의 구조 및 원리

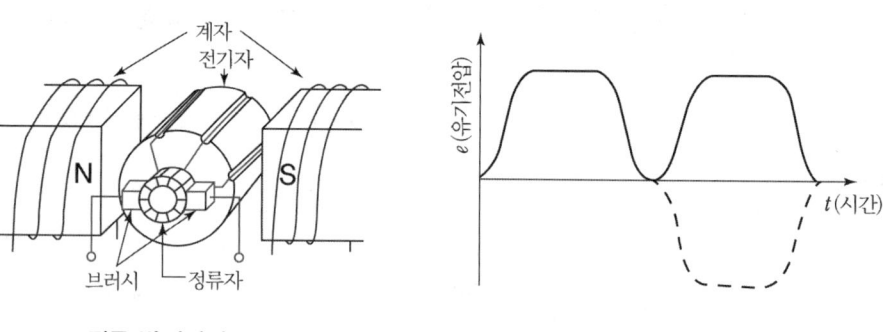

직류 발전기의 구조   직류 발전기의 정류

① 전자유도법칙에서 자장 중에 놓인 도체가 운동하여 자속을 쇄교하면 도체에 전압(기전력)이 생긴다.
② N, S의 자장 $B[\text{Wb/m}^2]$ 중에 길이 l의 코일을 직각으로 놓고 코일의 양 끝을 서로 절연한 2개의 원형 슬링(slip ling)을 각각 접속하고 코일을 자장과 θ의 각도로 $v[\text{m/sec}]$의 속도로 운동하면 플레밍의 오른손법칙에 따라 $e = Blv\sin\theta$의 교류 기전력이 유도된다.
③ 기전력은 브러시 양단에 나타나는 전압으로 도체가 원주를 반 회전할 때마다 방향(극성)이 바뀌는 사인파 교류가 된다.
④ 슬립 링 대신에 서로 절연된 2개의 정류편 사용하면 코일의 위치에 관계없이 극성 항상 일정하게 되어 직류로 정류한 맥류가 된다.
⑤ 정류편으로 된 고리 전체를 정류자라 하고 정류편 수를 늘리면 전압의 평균값이 증가하고 맥동률이 줄어든다.

(2) 직류전동기의 구조 및 원리

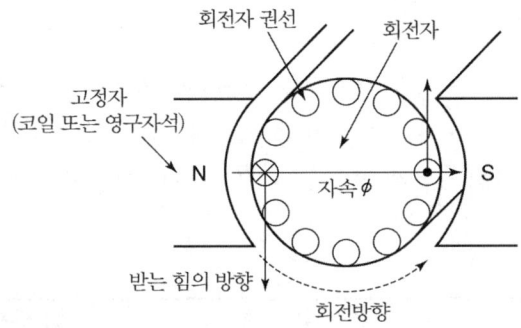

① 자장 중에 놓인 도체가 운동하면 도체에 전압이 발생하여 발전기가 된다. 반대로 도체에 전류를 흘리면 전자력이 생긴다.
② 직류 발전기의 전기자 권선에 전류를 흘리면 전자력 $F = BIl\sin\theta$[N]이 발생한다.
③ 전기자의 반지름 r[m]이면 플레밍의 왼손법칙에 따라서 $T = Fr$[N·m]의 회전력(토크)이 발생한다.
④ 전동기는 전기 에너지를 받아 기계적 동력을 얻는 기계로 발전기의 구조와 같고 발전기를 전동기로 또 전동기를 발전기로 사용할 수 있다.

(3) 직류기의 3요소

① 계자(field magnet) : 계자권선과 계자철심, 계철 등으로 구성되며 자속을 발생시킨다.
  ※ 직류기의 자기회로 : 계철, 계자, 철심, 공극, 전기자 철심
② 전기자(armature) : 전기자철심, 전기자 권선으로 구성되었고 0.35~0.5 mm의 규소 강판을 성층하여 사용한다.
  - 히스테리시스손 감소 목적 : 0.35~0.5 mm의 규소 강판 사용
  - 와류손 감소 목적 : 성층철심 사용
③ 정류자(commutator): 경동재의 정류자편과 편간 운모 절연을 교대로 겹쳐 원통형으로 조립한 것으로 전기자축에 고정되었고 정류자편에 브러시가 접촉해 교류를 직류로 변환한다.
  ※ 브러시는 접촉저항이 큰 탄소(혹은 흑연) 브러시가 주로 쓰인다.

1.2 전기자 권선법과 유도기전력

(1) 전기자 권선법
전기자 권선법은 고상권 중 폐로권과 2층권, 중권, 파권이 사용되고 있다.
① 중권(병렬권) : 병렬회로(a)수가 자극(p)수와 같아서($a=p$) 대전류용에 적합
② 파권(직렬권) : 병렬회로수가 항상 2이고($a=2$), 고전압용에 적합

(2) 중권과 파권의 특성

구 분	중권(병렬권)	파권(직렬권)
병렬회로 수(a)	p	2
브러시 수(b)	p	2
용 도	저전압, 대전류	고전압, 소전류

(3) 유도기전력
P극 직류 발전기에서 전기자 권선의 주변속도를 v[m/s], 공극의 평균 자속밀도를 B[Wb/m^2], 도체의 유효 길이를 l[m]라 하면, 한 개의 전기자 도체에서 발생하는 기전력은 $e=Blv$이며 여기에 주변속도 $v=\pi DN$[m/s]를 대입하면 $e=Bl\pi DN$이 되고 πDl은 전기자 주변의 표면적으로 이것에 평균 자속밀도 B를 곱하면 전기자 표면의 총 자속으로 극당 자속 ϕ[Wb]와 극수 P를 곱한 것과 같다. 즉, $B\pi Dl = P\phi$ 이므로 $e=P\phi N$ 직류 발전기에서 한 병렬회로의 직렬 도체수는 Z/a이므로 직류 발전기의 유기 기전력은 $E=\dfrac{Z}{a}e=\dfrac{PZ\phi N}{60a}$[V]가 되며($Z$: 전기자 총 도체수, D : 전기자 직경[m], a : 병렬 회로 수, N : 회전수[rpm]) 발전기의 단자전압은 기전력에서 전기자의 저항 전압강하를 뺀 것으로 전기자 전류와 전기자 저항을 각각 I_a, R_a라고 하면 $V=E-I_aR_a$[V] 이다.

> **예제** 자극수 4, 전기자 총 도체수 500, 극당 자속 0.01[Wb], 회전수 1200[rpm]의 직류 발전기에서 전기자 권선이 단중 중권일 때 유기 기전력은 몇 [V]인가?
>
> **풀이** $E=\dfrac{PZ\Phi N}{60a}=\dfrac{4\times 500\times 0.01\times 1200}{60\times 4}=100$[V] (중권이므로 $a=p$)

> **예제** 권선변수 192, 한 개의 권선변에 있는 도체수 4, 자극수 4, 전기자 저항 0.06[Ω]인 단중 중권 발전기가 회전수 250[rpm]으로 회전할 때 단자 전압 500[V], 전기자 전류가 200[A]이면 유기 기전력[V]과 자속[Wb]은 얼마인가?

풀이 유기 기전력 $E = V + I_a R_a = 500 + 200 \times 0.06 = 512[V]$
자속은 총 도체수 $Z = 192 \times 4 = 768$, 단중 중권에서 $a = P$ 이므로
$$512 = \frac{4 \times 768 \times \Phi \times 250}{4 \times 60}$$
$$\therefore \Phi = \frac{512 \times 4 \times 60}{4 \times 768 \times 250} = 0.16[Wb]$$

1.3 전기자 반작용과 정류 및 전압 변동

(1) 전기자 반작용
전기자 전류에 의한 자속이 주자속에 영향을 주는 현상을 전기자 반작용이라고 하며 발전기와 전동기의 전기자 반작용 영향은 다음과 같다.

전기자 반작용 영향	발전기	전동기
주자속 감소(감자작용)	유기기전력 감소	토크감소, 속도증가
중성축 이동(편자작용)	회전방향으로 이동	회전 반대 방향으로 이동
정류 불량	불꽃 발생	불꽃 발생

(2) 전기자 반작용 방지대책
① 보상권선 설치 : 가장 효과적인 방법
② 보극 설치
　- 발전기 : 회전방향 앞쪽에 주자극과 같은 극
　- 전동기 : 회전방향 뒤쪽에 주자극과 같은 극

(3) 정류(cummucation)
① 정류 : 전기자 권선에 흐르는 전류의 방향은 권선이 브러시를 지날 때마다 반대가 되나 브러시에 접촉되지 않은 권선의 전류는 일정한 방향으로 나타나며 이것을 정류 작용(commutation) 이라 한다.
② 저항정류 : 브러시 접촉저항이 클 때 전류밀도가 균일하여 직선정류 한다.
③ 전압정류 : 보극으로 코일의 리액턴스 전압을 상쇄하여 직선정류 한다.
④ 정류개선 : 보극 설치, 탄소 브러시의 접촉저항을 크게, 인덕턴스를 줄이고 정류 주기를 길게 하여 평균 리액턴스 전압을 줄인다.

(4) 전압변동률

$$\text{전압변동률 } \varepsilon = \frac{V_0 - V_n}{V_n} \times 100 \, [\%]$$

V_0 : 무부하 전압, V_n : 정격전압

> **예제** 무부하에서 103[V] 되는 분권 발전기의 전압 변동률이 3[%]이다. 정격 전압은 얼마인가?

풀이 전압 변동률 $\varepsilon = \dfrac{V_0 - V_n}{V_n} \times 100$

$\therefore 3 = \dfrac{103 - V_n}{V_n} \times 100$

$103 V_n = 103 \times 100 \qquad \therefore V_n = 100 [\text{V}]$

1.4 직류발전기의 병렬 운전 및 효율

(1) 직류 발전기의 병렬 운전
① 2대 이상의 발전기를 병렬로 접속하여 같은 모선이나 부하에 전력을 공급하는 방식을 병렬 운전이라 한다.
② 병렬운전을 안정하게 하기위해 복권 발전기, 직권 발전기에 균압모선을 설치한다.

(2) 직류 발전기의 병렬 운전 조건
① 정격전압과 극성이 같을 것
② 외부 특성곡선이 수하특성일 것
③ 용량이 같은 경우 외부특성곡선이 일치할 것
④ 용량이 다른 경우 %부하전류로 나타낸 외부특성곡선이 일치할 것
　※ 달라도 되는 것 : 용량, 손실, 절연저항, 극수

(3) 효율
① $\eta = \dfrac{출력}{입력} \times 100 [\%]$

② 발전기 $\eta = \dfrac{출력}{출력 + 손실} \times 100 [\%]$

③ 전동기 $\eta = \dfrac{입력 - 손실}{입력} \times 100 [\%]$

1.5 직류발전기의 종류

(1) 자여자 발전기

① 직권 발전기

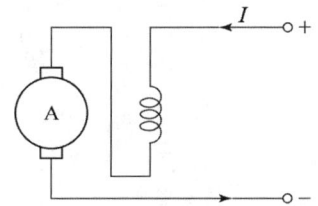

※ 전기자와 계자 직렬 연결

② 분권 발전기

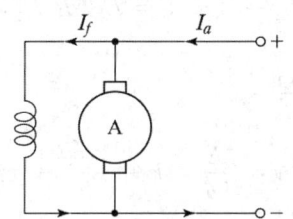

※ 전기자와 계자 병렬 연결

③ 내분권 발전기

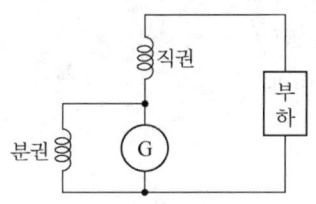

전기자와 계자 직·병렬 연결

④ 외분권 발전기

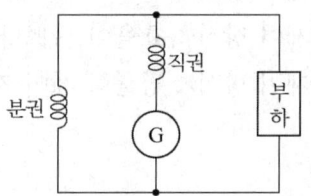

전기자와 계자 직·병렬 연결

(2) 타여자 발전기

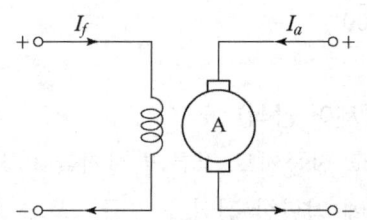

독립된 직류전원으로 계자전류 공급

1.6 직류전동기의 특성 및 속도제어

(1) 역기전력

전동기가 회전하면 도체는 자속을 끊어 발전기와 같이 기전력을 발생한다. 이 때 발생한 기전력의 방향은 플레밍의 오른손 법칙에 의해서, 전동기에 공급된 단자 전압과는 반대 방향이므로 역기전력이라 한다.

전동기의 역기전력 $E[\text{V}]$는 발전기의 기전력 식과 같다.

$$E = \frac{PZ\Phi N}{60a} = k\Phi N \, [\text{V}]$$

단자전압 $V = E + R_a I_a [\text{V}]$ $k = \dfrac{PZ}{60a}$

(2) 속도제어 방식

$$N = \frac{E}{k\Phi} = k\frac{V - I_a R_a}{\Phi} \, [\text{rpm}]$$

여기서, Φ : 자속, I_a : 전기자 전류, R_a : 전기자 저항

※ 직류전동기의 속도는 전기자 전압에 비례하고 자속(계자전류)에 반비례한다.
① 전압제어 방식 : 정토크 제어, 광범위한 속도제어, 효율이 좋다.
② 저항제어 방식 : 효율이 나쁘다. 속도조정 범위가 좁다.
③ 계자제어 방식 : 정출력 제어(자속은 계자전류에 비례)

(3) 토크

$$T = \frac{P}{\omega} = \frac{P[\text{W}]}{2\pi \dfrac{N}{60}} = 9.549 \frac{P[\text{W}]}{N} \, [\text{N} \cdot \text{m}]$$

각속도 $\omega = 2\pi f = 2\pi \dfrac{N}{60}$

(4) 속도제어 방식(전기자 전압 제어 방식)

① 워드레오나드 방식 : 유도 전동기로 직류 발전기를 회전시키고 발전기의 계자 전류를 조정하여 전동기의 속도에 적합한 전압을 공급
② 정지레오나드 방식 : 전동기와 발전기 대신에 전력용 반도체로 직류전압을 가변하는 방식
③ 일그너 방식 : 전압제어 방식에 플라이휠을 설치한 방식 (압연기)

(5) 제동방식

① 발전제동 : 전기자에서 발생하는 전력을 저항으로 소모 시키는 방식
② 회생제동 : 전기자에서 발생하는 전력을 전원에 돌려보내는 방식
③ 역상제동 : 전기자 회로의 극성을 반대로 접속하여 급제동하는 방식

(6) 직류전동기 특성

① 토크-전류 특성곡선 ② 속도-전류 특성곡선

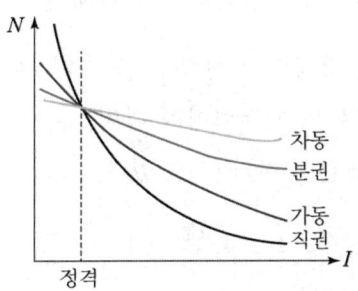

2. 변압기

2.1 변압기의 구조 및 원리

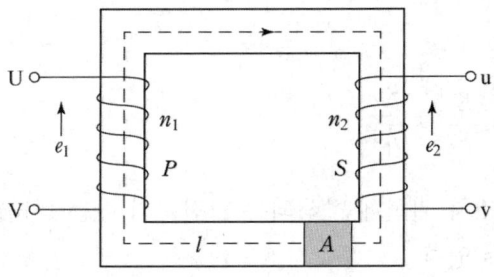

(1) 철심에 권선 P와 S를 감고 권선 P에 시간에 따라 변화하는 전류, 즉 교류를 흘리면 권선 P에 교번 자속 ϕ가 발생한다. 발생된 자속이 권선 P와 S를 통과하면 권선 P와 S에는 전자유도 작용으로 유도기전력이 발생한다.

(2) 변압기 절연유의 구비조건
① 절연내력이 클 것
② 비열과 열전도율이 클 것(발열 효과)
③ 인화점이 높고 응고점이 낮을 것
④ 점도가 낮고 유동성이 있을 것

(3) 열화 방지대책

① 콘서베이터 설치
② 콘서베이터에 산화방지를 위해 질소가스를 충전한다.

(4) 권선 P에 발생된 기전력 e_1을 자기 유도기전력, 권선 S, 권선 권선 S에 발생된 기전력 e_2를 상호유도 기전력이라 하며, 권선 P와 S의 권수를 각각 n_1, n_2라 하면 유도기전력은 다음과 같이 나타낼 수 있다.

$$e_1 = -n_1 \frac{d\phi}{dt} [V]$$

$$e_2 = -n_2 \frac{d\phi}{dt} [V]$$

(5) 실효값과 권수비

① 유도기전력 e_1과 e_2의 실효값 E_1, E_2는 다음과 같이 된다.

$$E_1 = \omega n_1 \Phi = 2\pi f n_1 \Phi = \frac{2\pi}{\sqrt{2}} f n_1 \times \sqrt{2} \Phi = 4.44 f n_1 \Phi_m [V]$$

$$E_2 = \omega n_2 \Phi = 2\pi f n_2 \Phi = \frac{2\pi}{\sqrt{2}} f n_1 \times \sqrt{2} \Phi = 4.44 f n_2 \Phi_m [V]$$

② 권수비

$$a = \frac{n_1}{n_2} = \frac{E_1}{E_2} = \frac{I_2}{I_1}$$

※ 변압기의 1차와 2차 권선에 발생되는 기전력의 비는 1차 권선과 2차 권선의 권수비와 같음을 알 수 있다.

2.2 전압강하와 전압변동률

(1) 퍼센트 전압강하

① %저항 강하 : $p = \frac{I_2 r_2}{V_2} \times 100 = \frac{I_1 r_{12}}{V_1} \times 100 = \frac{I_1^2 r_{12}}{V_1 I_1} \times 100 = \frac{P_s}{P_n} \times 100 [\%]$

② %리액턴스 강하 : $q = \frac{I_2 x_2}{V_2} \times 100 = \frac{I_1 x_{12}}{V_1} \times 100 [\%]$

③ %임피던스 강하 : $z = \sqrt{p^2 + q^2} \times 100 = \frac{I_2 Z_2}{V_2} \times 100 = \frac{I_1 Z_{12}}{V_1} \times 100 = \frac{V_s}{V_1} \times 100 [\%]$

여기서, I_1 : 1차 전류 V_1 : 1차 전압,
r_{12} : 2차를 1차로 환산한 등가저항 P_s : 임피던스 와트(동손)
P_n : 정격용량 I_2 : 2차 전류
V_2 : 2차 전압 r_2 : 2차 저항
x_2 : 2차 리액턴스
x_{12} : 2차를 1차로 환산한 등가리액턴스
Z_{12} : 2차를 1차로 환산한 등가임피던스
V_s : 임피던스 전압

(2) 전압변동률

$$\varepsilon = \frac{V_{20} - V_{2n}}{V_{2n}} \times 100 = p\cos\theta \pm q\sin\theta\,[\%]$$

(+ : 지상부하, − : 진상부하)

※ 역률이 1인 경우 전압변동율 $\varepsilon = p$
여기서, V_{20} : 2차 무부하 전압, V_{2n} : 정격 2차 단자전압

2.3 손실, 효율, 결선 및 상수변환

(1) 손실

① 무부하 손 (철손 : P_i, 고정손)

$$\text{히스테리시손} : P_h = \delta_h f B_m^{1.6}\,[\text{W/kg}]$$

$$\text{와류손} : P_e = \delta_e (tfk_f B_m)^2\,[\text{W/kg}]$$

여기서, δ_h : 히스테리시스 정수, δ_e : 재료에 의한 정수, f : 주파수
B_m : 자속밀도 최대값[Wb/m^2], t : 철판의 두께[m], k_f : 파형율

② 부하 손 (동손 : P_c)

$$P_c = I^2 R\,[\text{W}]$$

③ 전손실($\frac{1}{m}$ 부하 시)

$$P_l = P_i + \left(\frac{1}{m}\right)^2 P_c$$

(2) 변압기의 효율

① 전부하 효율

$$\eta = \frac{P}{P+P_i+P_c} \times 100 = \frac{V_2 I_2 \cos\theta}{V_2 I_2 \cos\theta + P_i + P_c} \times 100 [\%]$$

② $\frac{1}{m}$ 부하인 경우 효율

$$\eta_{\frac{1}{m}} = \frac{P}{\frac{1}{m}P + P_i + \left(\frac{1}{m}\right)^2 P_c} \times 100 = \frac{V_2 I_2 \cos\theta}{\frac{1}{m} V_2 I_2 \cos\theta + P_i + \left(\frac{1}{m}\right)^2 P_c} \times 100 [\%]$$

(3) 변압기 최대효율 조건

① 전부하 시 : $P_i = P_c$

② $\frac{1}{m}$ 부하 시 : $P_i = \left(\frac{1}{m}\right)^2 P_c$

(4) 변압기의 결선

1) Y-Y 결선

① 2대 V 결선 시 변압기 출력은 1대 출력의 $\sqrt{3}$ 배

② 출력비 : $\dfrac{V결선출력}{\Delta결선출력} = \dfrac{\sqrt{3}\,P}{3P} = \dfrac{1}{\sqrt{3}} = 0.577$

③ 이용률 : $\dfrac{변압기 출력}{변압기 용량} = \dfrac{\sqrt{3}\,P}{2P} = \dfrac{\sqrt{3}}{2} = 0.866$

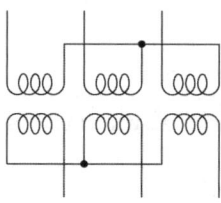

2) $\Delta - \Delta$ 결선

① 상전압이 선간전압의 $\dfrac{1}{\sqrt{3}}$ 로 절연과 고압송전에 용이하다.

② 중성점을 접지할 수 있어 변압기 보호 가능

③ 제3 고조파가 유입되어 통신선 유도장해 발생

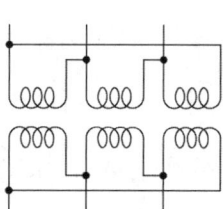

3) V-V 결선

① 상전류는 선간전류의 $\dfrac{1}{\sqrt{3}}$ 로 대전류 송전에 용이하다.

② 제3 고조파가 없어 파형이 왜형되지 않고 통신전에 유도장해가 적다.

③ 1대 고장시 V 결선으로 송전을 계속할 수 있다.

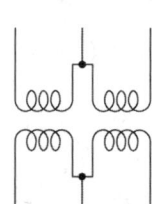

4) Y-△, △-Y 결선
① Y-△ 결선 : 강압용 결선
② △-Y 결선 : 승압용 결선

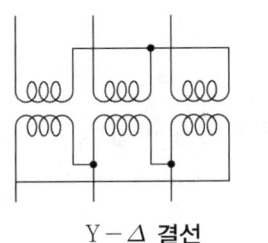
Y-△ 결선

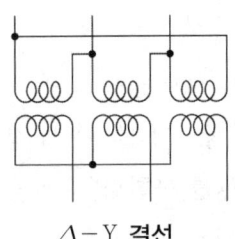
△-Y 결선

(5) 변압기의 상수변환
① 3상 전원에서 2상 전압으로 변환 시 결선
스코트 결선(T결선), 메이어 결선, 우드브리지 결선
② 3상 전원에서 6상 전압으로 변환 시 결선
포크결선, 환상 결선, 대각 결선, 2차 2중 Y 결선 및 △ 결선

2.4 변압기의 병렬운전 및 시험

(1) 변압기 병렬운전 조건
① 극성이 일치할 것 (한국은 감극성)
② 권수비 및 정격전압이 같을 것
③ % 저항 강하 및 % 리액턴스 강하가 같을 것
④ 각 변압기의 저항과 리액턴스비가 같을 것
⑤ 3상 결선의 경우 위상과 상회전 방향이 같을 것

(2) 3상 변압기 병렬운전

병렬 운전 가능	병렬 운전 불가능
△-△ 와 △-△	△-△ 와 △-Y
Y-△ 와 Y-△	Y-△ 와 Y-Y
Y-Y 와 Y-Y	△-Y 와 Y-Y
△-△ 와 Y-Y	Y-△ 와 Y-Y

※ 1차와 2차의 Y, △의 결선 수가 같아야 병렬 운전 가능

(3) 변압기의 시험

1) 임피던스전압

2차 측을 단락 상태에서 흐르는 단락전류가 1차 측 정격전류와 동일하게 1차 전압을 조정했을 때 1차 측 단자전압

2) 특성시험

① 무부하 시험(무부하손 측정)

2차 측을 개방하고 1차 측에 정격전압을 가하여 철손과 무부하전류 I_0 측정, 여자 어드미턴스 Y_0를 구한다.

② 단락 시험(부하손 측정)

2차 측을 단락하고 1차측에 임피던스전압을 가하여 부하손과 임피던스 Z를 구한다.

③ 변압기 등가회로 작성 시험

㉮ 단락 시험 : 2차 동손을 구할 수 있다.

㉯ 무부하 시험 : 여자전류와 철손을 구할 수 있다.

㉰ 저항 측정 : 1차 동손을 구할 수 있다.

3. 유도기

3.1 유도전동기의 원리

(1) 3상 유도 전동기는 고정자 권선이 전기적으로 120° 간격으로 배치되어 있어 3상 교류전원을 정현파로 인가하면 회전자계가 발생하여 플레밍의 왼손법칙에 의하여 토크를 발생시킨다.
(2) 유도 전동기는 회전자계의 방향으로 회전한다.
(3) 고정자에 의한 회전 자계와 회전자에 의한 회전 자계는 동상을로 회전한다.
(4) 회전수와 슬립

① 고정자 : 회전자계에 의한 동기속도(N_s) 발생

$$N_s = \frac{120f}{P} \text{ [rpm]}$$

여기서, f : 주파수, P : 극수

② 회전자 : 유기기전력에 의한 회전자 속도(N) 발생

$$N = \frac{120f(1-S)}{P} [\text{rpm}]$$

③ 슬립 : 동기 속도와 회전자 속도의 차

$$S = \frac{N_s - N}{N_s}$$

※ 정지 시 슬립 : 1, 동기속도 회전 시 : 0

3.2 전력의 역률 및 토크

(1) 전력

단위 시간에 전기가 한 일로 단위는 [W]로 나타낸다.

$$P = \frac{W}{t} = \frac{QV}{t} = VI [\text{W}]$$

$V = IR$ [V] 이므로 $P = VI = I^2R = \dfrac{V^2}{R}$ [W]

(2) 마력과 전력의 관계

① 영국식 마력
   1[HP] = 550[ft-lbf/sec] = 550×0.3048×0.4536×9.81[N · m/s] = 746[W]

② SI 단위 마력 : 1[Ps] = 75[kgf · m/s] = 75×9.81[N · m/s] = 736[W]

※ 1[J] = 1[N · m] = 1 [W · sec]

(3) 전력량

① 전기가 한 일 : $W = Pt = VIt = I^2Rt = \dfrac{V^2}{R}t$ [W · sec]

② 단위 : [J] = [C] · [V] = [W] · [sec] = [VA] · [sec]

※ 전력량과 전력은 다르다.

(4) 전류의 발열작용

저항 R[Ω]에 I[A]의 전류를 t[sec] 동안에 흘릴 때 열을 줄열 또는 저항열 이라고 한다. 일은 줄의 법칙이라 한다.

$$H = 0.24 Pt = 0.24 I^2 Rt = 0.24 \frac{V^2}{R} t \, [\text{cal}]$$

$$1[J] = 0.24[cal], \quad 1[cal] = \frac{1}{0.24} = 4.2[J]$$

(5) 교류전력과 역률

① 피상전력(Apparent Power) : P_a

$$P_a = VI = \frac{V^2}{Z} = \sqrt{P^2 + P_r^2}\,[VA]$$

② 유효전력 (Actvie Power) : P

$$P = VI\cos\theta = \frac{V^2}{R}\,[W]$$

③ 무효전력 (Reactive Power) : P_r

$$P_r = VI\sin\theta = \frac{V^2}{X} = P\tan\theta\,[Var]$$

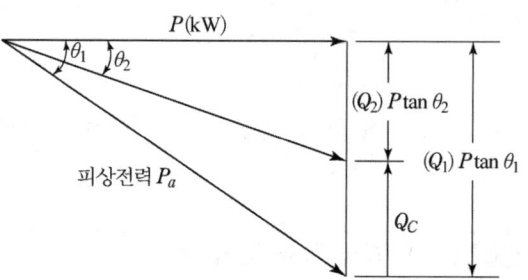

④ 역률

$$\cos\theta = \frac{P}{Pa} = \frac{R}{\sqrt{R^2 + XL^2}} = \frac{R}{Z}$$

⑤ 무효율 $(\sin\theta) = \dfrac{P_r}{P_a}$

⑥ 역률개선용 콘덴서 용량 [kVA]

$$Q = P[kW] \times (\tan\theta_1 - \tan\theta_2)$$
$$= P[kW] \times \left(\frac{\sqrt{(1-\cos\theta_1^2)}}{\cos\theta_1} - \frac{\sqrt{(1-\cos\theta_2^2)}}{\cos\theta_2} \right)$$

※ $\sin\theta^2 + \cos\theta^2 = 1, \quad \tan\theta = \dfrac{\sin\theta}{\cos\theta}$

예제 교류 3상 부하가 25 kW이고 역률이 60 % 이다. 이것을 역률 90 %로 개선하기 위해 필요한 전력용 콘덴서의 용량을 구하시오.

풀이

$$Q = 25 \times \left(\frac{\sqrt{(1-0.6^2)}}{0.6} - \frac{\sqrt{(1-0.9^2)}}{0.9} \right) = 21.23[kVA]$$

무효전력 $P_r = P \times \tan\theta = 25 \times \dfrac{0.8}{0.6} = 33.33[kVar]$

(6) 전동기 토크

① $T = \dfrac{출력}{각속도} = \dfrac{P(\mathrm{W})}{\omega} = \dfrac{P(\mathrm{W})}{2\pi \times \dfrac{N(\mathrm{rpm})}{60}}\ [\mathrm{N \cdot m}]$

② $T = 975 \times \dfrac{P[\mathrm{kW}]}{N[\mathrm{rpm}]}\ [\mathrm{kg \cdot m}]$

※ $[\mathrm{kg \cdot m}] \times 9.81 = [\mathrm{N \cdot m}]$

※ $\omega = 2\pi f = \dfrac{2\pi N}{60},\ \dfrac{1}{\omega} = \dfrac{60}{2\pi N} = 9.549 \times \dfrac{1}{N}$

$(9.55 \div 9.8 = 0.97449 \times 1000\,(\mathrm{kW}) = 975)$

3.3 기동법과 속도제어 및 제동

(1) 농형 유도 전동기 기동법

1) 전 전압 기동 : 소형전동기(3.7[kW] 이하)에 사용

2) Y-△ 기동

Y 결선 : $V_l = \sqrt{3}\,V_p,\ I_l = I_p$

△ 결선 : $V_l = V_p,\ I_l = \sqrt{3}\,I_p$

Y-△ 기동은 기동 전류 와 토크가 $\dfrac{1}{3}$ 이 된다.

※ MC_1에 의해 Y기동 후 MC_2에 의해 △로 운전한다.

3) 리액터 기동

리액터를 이용하여 전압을 감소시키는 방식으로 15[kW] 이상에 적용

4) 기동 보상기법

단권변압기를 이용하는 방식으로 15[kW] 이상에 적용

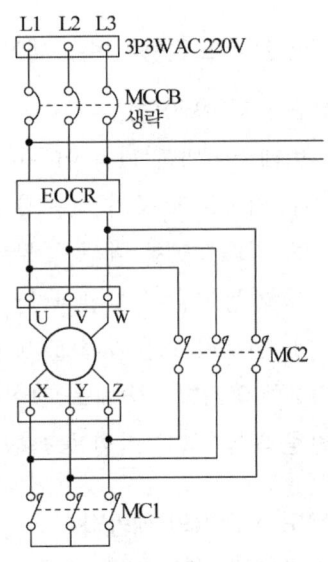

Y-△ 기동 회로도

(2) 권선형 유도전동기 기동법

1) 2차 저항 기동법

2차 회로에 외부저항을 접속하여 비례추이 원리로 기동 전류를 억제하고 기동토크를 크게 한다.

2) 게르게스법

회전자에 코일 2개를 병렬로 설치하여 기동 전류를 제한하고 기동 후 각상의 권선을 단락하여 큰 토크를 발생시키는 방식

(3) 농형 유도전동기 속도제어

1) 극수 변환법

회전수 $N = \dfrac{120f(1-S)}{P}$ 에서 극수(P)를 변환시키 방법

2) 전압 제어법

고정자 전압을 변환시켜 속도를 제어하는 방식으로 역률과 효율이 저하된다.

3) 주파수 변환법

속도에 최적한 전압과 주파수를 공급하는 방식으로 인버터 방식, 가변전압 가변주파수 방식, VVVF 방식이라고도 하며 속도제어 성능이 우수하고 에너지 절감 효과가 우수하여 광범위하게 사용된다.

(4) 권선형 유도전동기 속도제어

1) 2차 저항제어법

비례추이의 원리를 이용한 방식으로 2차 저항이 증가하면
① 기동토크 증가 기동전류 감소 (최대토크 불변)
② 최대토크를 발생시키는 슬립 증가
③ 기동역률이 향상된다.
④ 전부하 효율과 속도가 감소한다.

2) 2차 여자법 : 슬립을 제어하여 속도를 변환시키는 방식

3) 종속접속법 : 직렬 종속법, 차동 종속법

(5) 유도 전동기의 제동법

1) 역상제동(플러깅) : 3상 유도 전동기의 3선 중 2선의 접속을 바꾸어 역회전시켜 급제동하는 방식

2) 회생제동 : 유도 전동기가 발전기로 동작하여 발생된 전력을 전원으로 돌려 보내는 방식으로 VVVF 방식에서 주로 사용된다.

3) 발전제동 : 유도 전동기가 발전기로 동작하여 발생된 전력을 저항에 연결하여 열로 소모시키는 방식

(6) 유도 전동기 특성곡선

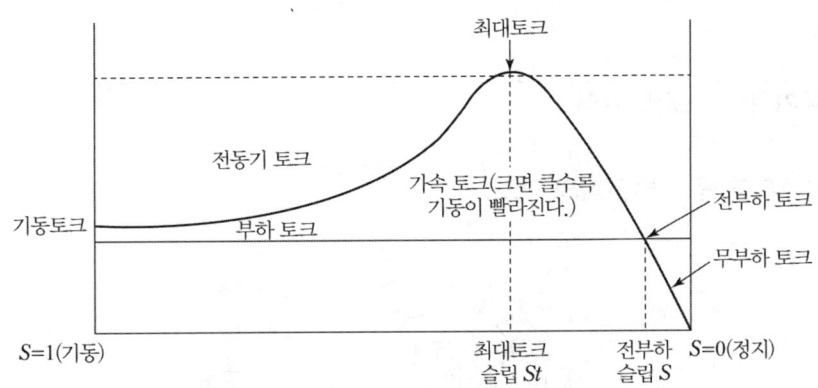

1) 기동토크 : 슬립이 1인 정지 상태에서 기동하므로 기동토크는 부하토크보다 커야 한다.
2) 전부하 토크 : 전동기 토크와 부하 토크가 만나는 점
3) 정동토크 : 부하토크가 전동기 최대토크 이상이 될 때 토크로 전동기는 정지한다.
   　　　　　(최대토크)
 ※ 유도전동기의 전압이 일정할 때 주파수 특성
   ① 주파수와 비례 : 역률, 속도
   ② 반비례 : 토크, 온도, 철손, 여자전류(유기 기전력)

(7) 단상유도전동기의 특성

1) 단상유도전동기 기동토크 크기 순서
   반발기동형 > 반발유도형 > 콘덴서 기동형 > 분상기동형 > 셰이딩 코일형
2) 셰이딩 코일형 : 회전 방향을 바꿀 수 없다.
3) 반발 기동형 : 브러시를 단락시켜 기동전류가 증가하여 토크가 커진다.

(8) 서보모터의 특성

① 기동토크가 크다
② 회전자관성모멘트가 작다.
③ 직류 서보모터의 기동토크가 교류 서보모터보다 크다.
④ 속응성이 좋고 시정수가 짧다.
⑤ 기계적 응답 특성이 좋다.

(9) 절연 등급

절연물의 허용온도	종류	Y종	A종	E종	B종	F종	H종	C종
	온도 ℃	90	105	120	130	155	180	180초과

4. 동기기

4.1 동기기의 구조와 원리

(1) 3상 회전계자형 동기 발전기의 구조

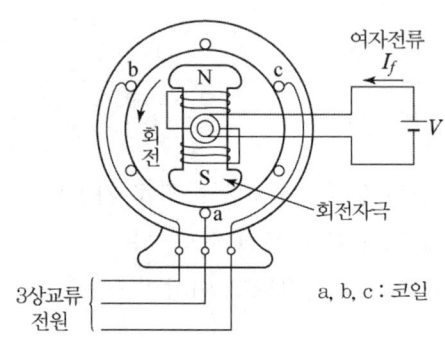

회전 계자형 동기 발전기의 구조

① 고정자 : 전기자가 고정된 구조
② 회전자 : 자속을 발생시키는 계자가 전기자 안쪽에서 회전하는 구조

돌극형	비돌극형
극수가 많다.	극수가 적다.
공극이 불균일하다.	공극이 균일하다.
저속기(수차 발전기)	고속기(터빈 발전기)
동기계	철기계

4.2 동기발전기의 특성

(1) 회전 계자형을 사용하는 이유
① 기계적으로 튼튼하다.
② 전기자가 고정자이므로 절연이 쉽고 대전류용에 적합하다.
③ 구조가 간단하다.

(2) 동기 발전기의 병렬 운전 조건
① 기전력의 크기가 같아야 한다.

② 기전력의 주파수가 같아야 한다.
③ 기전력의 위상이 같아야 한다.
④ 기전력의 파형이 일치해야 한다.
⑤ 상회전이 일치해야 한다.

(3) 난조 방지대책 : 제동권선 설치

(4) 동기 발전기의 안정도 향상 대책
① 단락비를 크게 한다.
② 관성 모멘트를 크게 한다.
③ 속응여자방식 채택
④ 조속기 성능 향상
⑤ 동기 리액턴스를 작게 한다.

(5) 유기기전력
① $E = 4.44 k_w f \Phi N$ [V]

여기서, k_w : 권선계수, f : 주파수, N : 코일 권수

② 선간전압 $V = \sqrt{3} \times 4.44 k_w f \Phi N$ [V]

4.3 동기전동기의 특성 및 용도

(1) 동기 전동기의 전기자 반작용
① 교차자화작용 : 저항부하(R) 특성으로 동상 전류
② 감자작용 : 진상전류(C 부하 특성)
③ 증자작용 : 지상전류(L 부하 특성)

(2) 용도
① 동기 조상기 : 무부하 동기 전동기를 송전계통에 연결하여 전압조정과 역률개선에 사용한다.
② 엘리베이터 : 인버터를 사용하여 광범위한 속도의 엘리베이터에 사용
③ 송풍기, 압연기, 분쇄기 등에 사용

(3) 동기 전동기의 장단점

장 점	단 점
속도가 일정하다.	기동토크가 작다
역률 조정이 가능하다.	속도조정이 어렵다.(인버사 사용)
효율이 좋다.	직류 여자가 필요하다.
공극이 크고 튼튼하다.	난조 현상이 발생한다.

5. 정류기

5.1 회전변류기

(1) 슬립 링에 3상 교류 전력을 가하면 회전자는 동기속도로 회전하고 동기 전동기의 계자에 역기전력이 발생 되고 정류자에서 직류를 발생시키는 기계적인 정류장치

(2) 전압비

$$\frac{E_a}{E_d} = \frac{1}{\sqrt{2}}\sin\left(\frac{\pi}{m}\right)$$

E_a : 교류전압 실효치, E_d : 직류전압, m : 상수

(3) 전류비

$$\frac{I_d}{I_a} = \frac{2\sqrt{2}}{m\cos\theta}$$

I_a : 교류전류, I_d : 직류전류

(4) 회전변류기의 전압조정 방법
   ① 직렬 리액터에 의한 방법
   ② 유도전압조정기에 의한 방법
   ③ 동기 승압기에 의한 방법
   ④ 부하 시 전압조정 변압기에 의한 방법

5.2 반도체 정류기

(1) 전력용 반도체

1) PN 접합다이오드(junction diode)

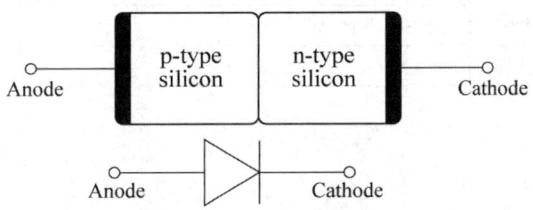

PN 접합다이오드의 애노드에 (+), 캐소드에 (−)를 가할 때 순방향 바이어스로 도통 상태가 된다.

2) SCR(silicon controlled rectifier)
① 정류기능을 갖는 단방향성 3단자 제어소자
② 래칭전류 : SCR이 도통되기 위해 애노드에서 캐소드로 흘러야 할 최소 전류
③ 유지전류 : ON 상태를 유지하기 위한 최소 전류로 래칭전류 보다 작다.
※ SCR 소호 방법 : − 애노드 전류를 유지전류 이하로 한다.
− 역바이어스 전압인가 : 애노드에 (−) 또는 (0) 인가

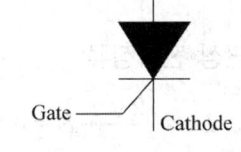

3) GTO (gate turn off thyristor)
① 게이트 전류를 점호할 때 반대 방향의 전류를 흐르게 하여 임의로 GTO를 소호 시킬 수 있다.
② 자기소호 능력이 가장 우수하다.

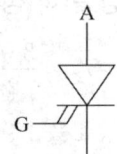

4) TRIAC(trielectrode AC switch)
① 쌍방향 3단자 소자
② SCR 역병렬 구조
③ 과전압에 강하다.

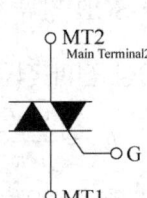

5) IGBT(insulated gate bipolar transistor)
① MOSFET와 트랜지스터의 장점을 갖추었다.
② 게이트 구동전력이 매우 낮다.
③ 스위칭 속도는 FET와 트랜지스터의 중간으로 빠른 편이다.

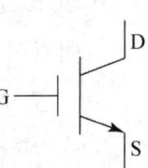

6) 사이리스터 특성표

단자수	방향성	다이리스터
2	단방향	SUS
	양방향	DIAC, SCS
3	단방향	SCR, LASCR(빛, 게이트신호), GTO
	양방향	SBS, TRIAC
4	단방향	SCS

(2) 정류회로

1) 단상 반파정류

① $E_d = \dfrac{\sqrt{2}}{\pi}E = 0.45E[\mathrm{V}]$

② 효율 : 40.6[%], 맥동률 : 121[%]

 ※ SCR 정류 : $E_d = 0.45E \times \dfrac{1+\cos\alpha}{2}[\mathrm{V}]$

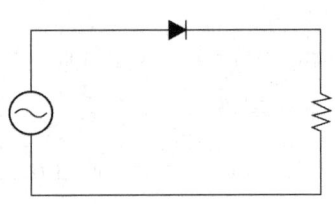

2) 단상 전파정류

① $E_d = \dfrac{2\sqrt{2}}{\pi}E = 0.90E\ [\mathrm{V}]$

② 효율 : 81.2[%], 맥동률 : 48.2[%]

 ※ SCR 정류 : $E_d = 0.90E \times \dfrac{1+\cos\alpha}{2}[\mathrm{V}]$

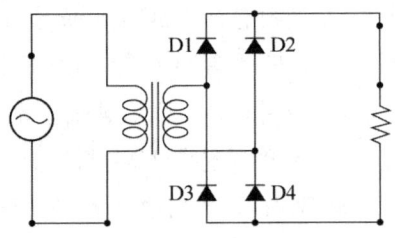

3) 3상 반파 정류

① $E_d = \dfrac{3\sqrt{6}}{2\pi}E = 1.17E[\mathrm{V}]$

② 효율 : 96.8[%], 맥동률 : 18.3[%]

 ※ SCR 정류 : $E_d = 1.17E \times (1+\cos\alpha)[\mathrm{V}]$

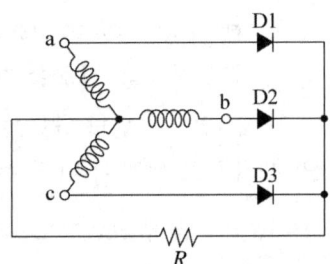

4) 3상 전파 정류

① $E_d = \dfrac{3\sqrt{2}}{\pi}E = 1.35E\ [\mathrm{V}]$

② 효율 : 99.8[%], 맥동률 : 4.2[%]

 ※ SCR 정류 : $E_d = 1.35E \times (1+\cos\alpha)[\mathrm{V}]$

여기서, E_d : 정류전압

E : 교류전압 실효값

$\cos\alpha$: SCR 점호각

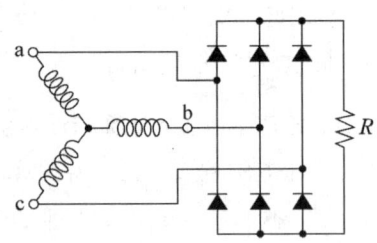

5) 맥동률

$$v = \frac{출력전압(전류)에\ 포함된\ 맥동분}{출력전압(전류)의\ 직류분} \times 100[\%]$$

※ 맥동률 최소 : 3상 전파정류, 맥동률 최대 : 3상 반파정류

5.3 수은 정류기

(1) 진공관 안에 수은 기체를 넣고 순방향에서는 수은 기체가 방전하고 역방향에서는 방전하지 않는 특성을 이용.

(2) $E_d = \dfrac{\sqrt{2}\,E \sin\dfrac{\pi}{m}}{\dfrac{\pi}{m}}$ [V]   여기서, m : 상수

① 3상 : $E_d = 1.17E$ [V]
② 6상 : $E_d = 1.35E$ [V]

4장 전기기기 — 예상문제

01 직류기의 3대 요소가 아닌 것은?
① 전기자 ② 계자 ③ 공극 ④ 정류자

02 전기자의 주된 역할은?
① 기전력을 유도한다.
② 자속을 만든다.
③ 정류작용을 한다.
④ 회전체와 외부회로를 연결한다.

03 직류기의 전기자의 구성이 옳은 것은?
① 전기자 철심, 정류자
② 전기자 권선, 전기자 철심
③ 전기자 권선, 계자
④ 전기자 철심, 브러시

04 직류발전기에서 브러시와 접촉하여 전기자권선에 유도되는 교류 기전력을 정류해서 직류로 만드는 부분은?
① 계자 ② 정류자
③ 슬립링 ④ 전기자

05 직류기에서 브러시의 역할은?
① 기전력 유도 ② 자속 생성
③ 정류작용 ④ 전기자 권선과 외부회로 접속

풀이 브러시는 내부회로와 외부회로를 전기적으로 연결하는 부품

06 직류기에서 탄소 브러시를 사용하는 이유?
① 접촉저항이 크기 때문 ② 접촉저항이 작기 때문
③ 도전율이 높기 때문 ④ 고유저항이 크기 때문

정답 01. ③ 02. ① 03. ② 04. ② 05. ④ 06. ①

07 직류기의 전기자 철심은 얇은 규소강판을 성층하여 만드는데 규소 강판의 두께[mm]는?

① 0.65~0.85[mm] ② 0.55~0.65[mm]
③ 0.35~0.5[mm] ④ 0.20~0.35[mm]

08 중권의 극수 P인 직류기에서 전기자 병렬회로 수 a는 어떻게 되는가?

① $a = P$ ② $a = 2$ ③ $a = 2P$ ④ $a = 3P$

풀이 중권은 병렬회로 수 $a = P$ 파권은 $a = 2$

09 P극 직류 발전기의 전기자 유효 도체수 Z, 주자극의 자속 Φ[Wb], 1분간 회전수 N [rpm]일 때의 유기 기전력 E[V]는?

① $\dfrac{P}{a}Z\Phi$ ② $\dfrac{Z}{a}P\Phi\dfrac{N}{60}$ ③ $\dfrac{Z}{a}P\Phi\dfrac{N}{120}$ ④ $\dfrac{a}{P}Z\Phi$

10 10극의 직류 파권 발전기의 전기자 도체수 400, 매극의 자속수 0.02[Wb], 회전수 600[rpm]일 때의 유기 기전력은 몇 [V]인가?

① 200[V]   ② 220[V]   ③ 380[V]   ④ 400[V]

풀이 $E = \dfrac{PZN\phi}{60a} = \dfrac{10 \times 400 \times 600 \times 0.02}{60 \times 2} = 400$[V] (파권 : $a = 2$)

11 6극, 전기자 도체수 400, 매극의 자속수 0.10[Wb], 회전수 600[rpm]인 파권 직류기의 유기 기전력은 몇 [V]인가?

① 120[V]   ② 140[V]   ③ 160[V]   ④ 180[V]

풀이 $E = \dfrac{PZN\phi}{60a} = \dfrac{6 \times 400 \times 600 \times 0.01}{60 \times 2} = 120$[V] (파권 : $a = 2$)

12 전기자 지름 0.2[m]의 직류발전기가 1.5[kW]의 출력에서 1,800[rpm]으로 회전하고 있을 때 전기자 주변속도는 약 몇 [m/s]인가?

① 9.42[m/sec]   ② 18.84[m/sec]
③ 21.43[m/sec] ④ 42.88[m/sec]

풀이 $v = \dfrac{\pi DN}{60} = \dfrac{\pi \times 0.2 \times 1800}{60} = 18.849$[m/sec]

정답 07. ③ 08. ① 09. ② 10. ④ 11. ① 12. ②

13 전기자 반작용이란 전기자 전류에 의하여 발생한 기자력이 주자속에 영향을 주는 현상으로 다음 중 전기자 반작용의 영향이 아닌 것은?
① 전기적 중성점 이동에 의한 정류 악화
② 기자력의 불균형에 의한 정류자 편간 전압상승
③ 주자속 감소에 의한 기자력 감소
④ 자기포화현상에 의한 자속의 평균치 증가

14 전압 정류의 역할을 하는 것은?
① 탄소 브러시　② 보극　③ 보상권선　④ 리액턴스 코일

풀이 전압정류 : 보극으로 코일의 리액턴스를 상쇄하여 직선 정류한다.

15 저항정류의 역할을 하는 것은?
① 탄소 브러시　② 보극　③ 보상권선　④ 리액턴스 코일

풀이 접촉저항을 크게 하면 전류밀도가 균일하여 직선정류(자연정류)가 된다.

16 직류기에서 불꽃 없는 정류를 얻는데 가장 유효한 방법은?
① 보극과 탄소브러시　② 탄소브러시와 보상권선
③ 보극과 보상권선　④ 자기포화와 브러시 이동

풀이 불꽃 없는 정류를 위해서 탄소 브러시, 보극설치 단절권 채택 등이 있다.

17 직류기에서 보극을 두는 가장 주된 목적은?
① 기동특성을 좋게 한다.
② 전기자 반작용을 크게 한다.
③ 정류작용을 돕고 전기자 반작용을 감소시킨다.
④ 전기자 자속을 증가시킨다.

18 직류기에서 양호한 정류를 얻는 조건이 아닌 것은?
① 정류주기를 크게 한다.　② 정류코일의 인덕턴스를 작게 한다.
③ 리액턴스 전압을 크게 한다.　④ 브러시 접촉저항을 크게 한다.

풀이 리액턴스 전압을 적게 해야 한다.

정답 13. ④　14. ②　15. ①　16. ①　17. ③　18. ③

19 직류 발전기에서 회전속도가 빨라지면 정류가 힘드는 이유는?
① 리액턴스 전압이 커진다. ② 정류자속이 감소한다.
③ 브러시 접촉저항이 커진다. ④ 정류주기가 길어진다.

풀이 정류 주기가 짧아져서 리액턴스 전압이 커지기 때문에 불꽃이 생긴다.

20 직류발전기에서 계자철심에 잔류자기가 없어도 발전할 수 있는 것은?
① 분권발전기 ② 직권발전기
③ 복권발전기 ④ 타여자 발전기

풀이 타여자 발전기는 여자 전원이 독립되어 있다.

21 직류 발전기의 단자전압을 조정하려면 어느 것을 조정하는가?
① 기동저항   ② 계자저항   ③ 방전저항   ④ 전기자저항

풀이 발전기 단자전압 $E=k\phi N$[V]에서 계자저항으로 계자전류를 조정하여 자속을 변화시킨다.

22 직류분권 발전기의 계자회로의 개폐기를 운전 중 갑자기 열면?
① 속도가 감소한다. ② 과속도가 된다.
③ 고압이 유기된다. ④ 정류자에 불꽃이 생긴다.

풀이 역기전력이 커진다.($L\dfrac{di}{dt}$[V])

23 다음 중 전기 용접기용 발전기로 가장 적당한 것은?
① 직류 분권형 발전기 ② 차동 복권형 발전기
③ 가동 복권형 발전기 ④ 직류 타여자 발전기

24 다음 그림의 전동기는 어떤 전동기인가?
① 직권 전동기
② 타여자 전동기
③ 분권 전동기
④ 복권 전동기

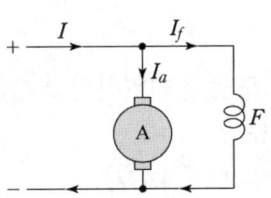

풀이 전기자 권선과 계자권선이 병렬 연결 : 분권 전동기

정답 19. ① 20. ④ 21. ② 22. ③ 23. ② 24. ③

25 그림과 같은 접속은 어떤 직류 전동기의 접속인가?

① 타여자 전동기
② 분권 전동기
③ 직권 전동기
④ 복권 전동기

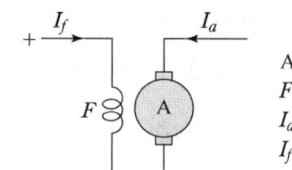

A : 전기자
F : 계자권선
I_a : 전기자전류
I_f : 계자전류

풀이 계자 권선과 전기자 권선이 독립된 결선 : 타여자 전동기

26 100[V], 10[A], 1,800[rpm] 전기자 저항 1[Ω]인 전동기의 역기전력[V]은?

$$T = 0.975 \frac{P}{N} = 0.975 \times \frac{4,000}{1,400} = 2.79 [\text{kg} \cdot \text{m}]$$

① 80[V]　② 90[V]　③ 100[V]　④ 110[V]

풀이 역기전력 $E = V - R_a I_a = 100 - 1 \times 10 = 90 [\text{V}]$

27 출력 4[kW], 1,400[rpm]인 전동기의 토크는 약 몇 [kg·m]인가?

① 2.79[kg·m]　② 3.26[kg·m]　③ 4.79[kg·m]　④ 5.91[kg·m]

풀이 $T = 975 \times \frac{P[\text{kW}]}{N[\text{rpm}]} [\text{kg·m}] = 975 \times \frac{4}{1400} = 2.785 [\text{kg·m}]$

$2.79 [\text{kg·m}] \times 9.81 = 27.37 [\text{N·m}]$

28 직류 분권전동기의 기동방법 중 가장 적당한 것은?

① 기동 저항기를 전기자와 병렬로 접속한다.
② 기동 토크를 작게 한다.
③ 계자 저항기의 저항값을 크게 한다.
④ 계자 저항기의 저항값을 0으로 한다.

풀이 계자 저항값을 0으로 하여 자속을 크게 하여 기동토크를 크게 한다.

29 속도를 광범위하게 조절할 수 있으므로 압연기나 엘리베이터 등에 사용되는 직류 전동기는?

① 직권 전동기　② 분권전동기
③ 타여자 전동기　④ 가동복권 전동기

정답 25. ①　26. ②　27. ①　28. ④　29. ③

30 직류전동기의 회전 방향을 바꾸기 위해서는 어떻게 하면 되는가?

① 전원 극성을 반대로 한다.
② 전기자 전류의 방향이나 계자의 극성을 바꾸면 된다.
③ 차동복권을 가동복권으로 한다.
④ 발전기로 운전한다.

풀이 전기자 권선이나 계자의 접속을 바꾼다. 주로 전기자 접속을 바꾼다.

31 직류 직권 전동기의 공급전압의 극성을 반대로 하면 회전방향은?

① 변하지 않는다. ② 반대로 된다.
③ 회전하지 않는다. ④ 발전기로 된다.

32 직류전동기의 회전수는 자속이 감소하면 어떻게 되는가?

① 불변이다. ② 정지한다. ③ 저하한다. ④ 상승한다.

풀이 직류전동기 회전수 $N = \dfrac{E - I_a R_a}{\phi}$ 에서 속도 증가(자속은 계자전류에 비례 : $\phi \propto I_f$)

33 직류 분권전동기의 계자저항을 운전 중 증가시키면 회전수는?

① 증가한다. ② 감소한다. ③ 변화없다. ④ 정지한다.

풀이 계자저항을 증가시키면 계자전류가 감소되어 회전수가 증가한다.

34 무부하로 운전 중 분권 전동기의 계자회로가 갑자기 끊어졌을 때 전동기의 속도는?

① 전동기가 갑자기 정지한다.
② 속도가 약간 낮아진다.
③ 속도가 약간 빨라진다.
④ 전동기가 갑자기 가속하여 고속이 된다.

풀이 속도는 자속에 반비례하여 자속이 0이 되면 속도가 급격히 증가하여 위험하다.

35 직권 전동기에서 위험 상태가 되는 경우는?

① 저전압 과여자 ② 정격전압 무부하
③ 정격전압 과여자 ④ 전기자에 저저항 접속

풀이 무부하 시 자속이 0이 되어 고속이 된다.

정답 30. ② 31. ① 32. ④ 33. ① 34. ④ 35. ②

36 직류 직권 전동기에서 벨트를 걸고 운전하면 안되는 가장 큰 이유는?
① 벨트가 벗겨지면 위험속도에 도달하므로
② 손실이 많아지므로
③ 직결하지 않으면 속도제어가 곤란하므로
④ 벨트가 마모되서 보수가 곤란하므로

풀이 $N = k\dfrac{E}{\phi}$ 에서 직권은 부하전류가 계자전류이므로 벨트가 벗겨지면 무부하 상태가 되고 자속이 0이 되어 위험속도에 도달한다.

37 직류 직권전동기의 발생 토크는 전기자 전류를 변화시킬 때 어떻게 변하는가? 자기포화는 무시함
① 전류에 반비례
② 전류의 제곱에 비례
③ 전류에 비례
④ 전류의 제곱에 역비례

풀이 $T = k\Phi I = kI^2$

38 정격속도에 비하여 기동 회전력이 가장 큰 전동기는?
① 타여자기   ② 직권기   ③ 분권기   ④ 복권기

39 다음 중에서 직류전동기의 속도제어법이 아닌 것은?
① 계자제어   ② 전압제어   ③ 저항제어   ④ 2차 여자법

풀이 2차 여자법은 권선형 유도전동기 속도제어 방법이다.

40 직류전동기의 속도제어 방법이 아닌 것은?
① 전압제어
② 계자제어
③ 저항제어
④ 플러깅제어

풀이 직류전동기 회전수 $N = \dfrac{E - I_a R_a}{I_f}$ (전압제어, 저항제어, 계자제어)

41 워드 레어너드 속도제어는?
① 저항제어
② 계자제어
③ 전압제어
④ 직병렬제어

정답 36. ① 37. ② 38. ② 39. ④ 40. ④ 41. ③

42 직류전동기의 속도 제어법 중 전압 제어법으로서 고속 엘리베이터의 제어에 사용되는 방법은?

① 워드레오나드 방식
② 정지레오나드 방식
③ 일그너 방식
④ 크래머 방식

> **풀이** 중저속 엘리베이터 : 워드레오나드 방식
> 고속 엘리베이터 : 정지레오나드 방식
> 압연기 : 일그너 방식

43 직류 전동기의 전압 제어에 의한 속도제어가 아닌 것은?

① 정지형 레오너드 방식
② 일그너 방식
③ 직병렬제어
④ 회생제어

> **풀이** 전압제어 방식 : 워드레오나드 방식(모터-발전기), 정지레오나드 방식(반도체),
> 일그너 방식(플라이 휠)
> 회생제어는 회생 전력을 상용전원으로 회생시켜 제동하는 방식이다.

44 다음 제동법 중 열로 소비하는 제동법은?

① 발전제동
② 회생제동
③ 역상제동
④ 역전제동

45 전동기의 회전방향을 바꾸는 역회전의 원리를 이용한 제동 방법은?

① 역상제동
② 유도제동
③ 발전제동
④ 회생제동

46 급정지하는데 가장 좋은 제동법은?

① 발전제동   ② 회생제동   ③ 단상제동   ④ 역전제동

47 전동기 제동에서 전동기의 운동 에너지를 전기에너지로 변환시키고 이것을 전원에 반환하여 전력을 회생시킴과 동시에 제동하는 방법은?

① 발전제동
② 역전제동
③ 맴돌이전류 제동
④ 회생제동

정답 42. ② 43. ④ 44. ① 45. ① 46. ④ 47. ④

48 권상기 기중기 등으로 물건을 내릴 때와 같이 전동기가 가지는 운동 에너지를 발전기로 동작시켜 발생한 전력을 변환시켜서 전원에 돌려보내는 제동하는 방식은?

① 역전제동　　② 발전제동　　③ 회생제동　　④ 와류제동

49 직류 분권전동기에서 (기계손 + 철손)을 나타낸 것은?

① 전손실 - 부하손
② 무부하손 - (와류손+표류부하손)
③ 무부하손 - 표류부하손
④ 부하손 - (와류손+히스테리시스손)

풀이　무부하 손 = 기계손(풍손+마찰손)+철손(히스테리시스손+와전류손)
　　　부하 손 = 동손
　　　전손실 = 부하손 + 무부하손　∴ 무부하손 = 전손실 - 부하손

50 직류전동기의 규약효율을 표시하는 식은?

① $\eta = \dfrac{출력}{출력+손실} \times 100$
② $\eta = \dfrac{출력}{입력} \times 100$
③ $\eta = \dfrac{입력-손실}{입력} \times 100$
④ $\eta = \dfrac{입력}{출력+손실} \times 100$

51 입력 12.5[kW], 출력 10[kW]일 때 기기의 손실은 몇 [kW]인가?

① 2.5[kW]　　② 3[kW]　　③ 4[kW]　　④ 5.5[kW]

풀이　손실 = 입력 - 출력 = 12.5 - 10 = 2.5[kW]

52 효율 80[%], 출력 10[kW]일 때 입력은 몇 [kW]인가?

① 7.5[kW]
② 10[kW]
③ 12.5[kW]
④ 20[kW]

풀이　입력 = $\dfrac{출력}{효율} = \dfrac{10}{0.8} = 12.5[kW]$

53 직류기에서 효율이 최대로 되는 것은?

① 기계손 = 철손
② 와류손 = 히스테리시스손
③ 전부하 동손 = 철손
④ 부하손 = 고정손

풀이　무부하손실과 전부하손실이 같을 때 효율이 최대이다. (동손은 부하손이다.)

정답　48. ③　49. ①　50. ③　51. ①　52. ③　53. ③

54 직류 전동발전기의 $\eta_M = 0.85$, $\eta_G = 0.8$일 때 종합효율[%]은?

① 65[%]   ② 68[%]   ③ 75[%]   ④ 88[%]

풀이 $\eta = \eta_M \eta_G = 0.85 \times 0.8 \times 100 = 68[\%]$

55 정격 200[V], 무부하전압 220[V]인 분권발전기의 전압변동률[%]은?

① 10[%]   ② 6[%]   ③ 8[%]   ④ 12[%]

풀이 전압변동율 $\epsilon = \dfrac{E_0 - E_n}{E_n} \times 100 = \dfrac{220 - 200}{200} \times 100 = 10[\%]$

56 정격전압 230[V] 정격전류 28[A]에서 직류전동기의 속도가 1680[rpm] 이다. 무부하에서의 속도가 1733[rpm]이라 할 때 속도변동률[%]은 약 얼마인가?

① 6.1[%]   ② 5.0[%]   ③ 4.6[%]   ④ 3.2[%]

풀이 속도변동율 $\epsilon = \dfrac{N_0 - N_n}{N_n} \times 100 = \dfrac{1733 - 1680}{1680} \times 100 = 3.15[\%]$

57 E종 절연물의 최고 허용온도는 몇 [℃]인가?

① 40[℃]   ② 60[℃]   ③ 120[℃]   ④ 155[℃]

풀이 절연물의 허용온도

종류	Y종	A종	E종	B종	F종	H종	C종
온도[℃]	90	105	120	130	155	180	180초과

58 다음 중 변압기 원리와 가장 관계가 있는 것은?

① 전자유도작용   ② 표피작용
③ 전기자반작용   ④ 편자작용

59 변압기의 정격 1차 전압이란?

① 정격 출력일 때의 1차 전압
② 무부하에 있어서의 1차 전압
③ 정격 2차 전압 × 권수비
④ 임피던스전압 × 권수비

풀이 권수비 $a = \dfrac{N_1}{N_2} = \dfrac{V_1}{V_2} = \dfrac{I_2}{I_1} = \sqrt{\dfrac{Z_1}{Z_2}}$ 에서 $V_1 = aV_2$

정답 54. ② 55. ① 56. ④ 57. ③ 58. ① 59. ③

60 1차 권수 6,000회, 2차 권수 200회인 변압기의 변압비는?

① 30　　　② 60　　　③ 90　　　④ 120

풀이 변압비(권수비) $a = \dfrac{N_1}{N_2} = \dfrac{6000}{200} = 30$

61 권수비 30의 변압기의 1차에 6,600[V]를 가할 때 2차 전압[V]은?

① 220[V]　　　② 380[V]　　　③ 420[V]　　　④ 660[V]

풀이 $a = \dfrac{V_1}{V_2}$　∴ $V_2 = \dfrac{V_1}{a} = \dfrac{6600}{30} = 220[V]$

62 그림과 같은 변압기에서 부하저항 R_2에 공급되는 전력이 최대로 되는 변압기의 권수비 a는?

① 5
② $\sqrt{5}$
③ 10
④ $\sqrt{10}$

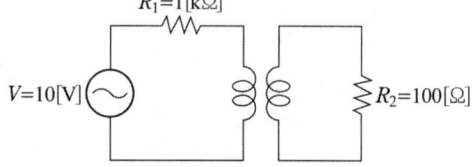

풀이 출력이 최대로 되기 위해서는 부하저항과 내부 저항이 같아야 한다.
$1000 = 100a^2$　∴ $a = \sqrt{10}$

63 부하에 관계없이 변압기에 흐르는 전류로서 자속만을 만드는 것은?

① 1차전류　　② 철손전류　　③ 여자전류　　④ 자화전류

풀이 무부하 전류 = 여자전류 = 철손전류 + 자화전류(자속을 만드는 전류)

64 변압기 여자에 많이 포함된 고조파는?

① 제2고조파　　　② 제3고조파
③ 제4고조파　　　④ 제5고조파

65 변압기의 성층철심을 사용하는 이유는?

① 히스테리시스손을 감소시킨다.　　② 와류손을 감소시킨다.
③ 유전체손을 작게 한다.　　　　　④ 동손을 감소시킨다.

정답 60. ① 61. ① 62. ④ 63. ④ 64. ② 65. ②

66 변압기의 철심으로 규소강판을 포개서 성층하여 사용하는 이유는?
① 무게를 줄이기 위하여 ② 냉각을 좋게 하기 위하여
③ 철손을 줄이기 위하여 ④ 수명을 늘리기 위하여

67 4상 변압기의 임피던스가 $Z[\Omega]$이고 선간전압[V], 정격용량 P[kVA]일 때 %임피던스 z는?

① $\dfrac{10PZ}{V}$ ② $\dfrac{PZ}{V}$ ③ $\dfrac{PZ}{10V^2}$ ④ $\dfrac{PZ}{100V^2}$

풀이 $z=\dfrac{ZI}{V}\times 100[\%]$ 여기서, 전압의 단위는 [kV] 이므로

$z=\dfrac{ZI}{V\times 1000}\times 100 = \dfrac{Z}{10V}\times\dfrac{P}{V} = \dfrac{PZ}{10V^2}$ (여기서, $I=\dfrac{P}{V}$)

68 임피던스강하 5[%]인 변압기가 운전 중 단락되었다. 단락전류는 정격전류의 몇 배인가?
① 10   ② 15   ③ 20   ④ 25

풀이 단락전류 $I_S=\dfrac{I}{z}=20I$

69 어떤 단상변압기의 2차 무부하 전압이 240[V]이고 정격부하 시 2차 단자전압이 230[V] 이다. 전압변동률[%]은?
① 2.35   ② 3.35   ③ 4.35   ④ 5.35

풀이 전압변동률 $\epsilon = \dfrac{V_{20}-V_2}{V_2}\times 100 = \dfrac{240-230}{230}\times 100 = 4.35$

70 변압기에 임피던스전압을 걸 때 입력은?
① 정격용량   ② 철손
③ 임피던스와트   ④ 부하시 전손실

71 변압기의 임피던스전압이란?
① 정격전류가 흐를 때 변압기 내의 전압강하
② 여자전류가 흐를 때 2차측 단자전압
③ 정격전류가 흐를 때 2차측 단자전압
④ 2차 단락전류가 흐를 때 변압기내의 전압강하

정답 66. ③ 67. ③ 68. ③ 69. ③ 70. ③ 71. ①

72 50[Hz]용 변압기에 60[Hz]의 동일 전압을 가했을 때 자속밀도는 50[Hz] 때의 몇 배인가?

① $\frac{6}{5}$ 배 ② $\frac{5}{6}$ 배 ③ $(\frac{6}{5})^2$ 배 ④ $(\frac{5}{6})^2$ 배

풀이 $E = 4.44 fN\Phi$[V]에서 주파수와 자속은 반비례한다.

73 일정 전압 및 일정 파형에서 주파수가 상승하면 변압기의 철손은 어떻게 변하는가?

① 증가한다. ② 감소한다.
③ 불변이다. ④ 어떤 기간동안 증가

풀이 변압기의 동손은 주파수와 관계없고 철손은 반비례한다. ($P_i = K\frac{V^2}{f}$)

74 변압기에서 발생하는 손실 중 1차측이 전원에 접속되어 있으면 부하의 유 무에 관계없이 발생하는 손실은?

① 동손 ② 표류부하손
③ 철손 ④ 부하손

풀이 철손은 무부하손으로 전원에 접속되면 발생한다.

75 변압기의 철손이 P_i[kW] 전부하 동손이 P_c[kW]인 때 정격출력이 $\frac{1}{m}$ 부하를 걸었을 때 전손실[kW]은 얼마인가?

① $(P_i + P_c)(\frac{1}{m})^2$ ② $P_i(\frac{1}{m})^2 + P_c$
③ $P_i + P_c(\frac{1}{m})^2$ ④ $P_i + P_c(\frac{1}{m})$

76 어떤 변압기의 철손이 300[W], 전부하 동손이 400[W] 이다. 71[%] 부하에서의 전손실[W]은?

① 700 ② 580
③ 500 ④ 400

풀이 $P_\ell = P_i + P_c(\frac{1}{m})^2 = 300 + 400 \times (0.71)^2 = 500$[W]

정답 72. ① 73. ② 74. ③ 75. ③ 76. ③

77 출력에 대한 전부하 동손 2[%] 철손 1[%]인 변압기의 전부하 효율은?

① 95[%] ② 66[%] ③ 97[%] ④ 98[%]

풀이 $\eta = \dfrac{100}{100+2+1} \times 100 = 97[\%]$

78 정격 2차 전압 및 정격 주파수에 대한 출력[kW]과 전체 손실[kW]이 주어졌을 때 변압기의 규약효율을 나타내는 식은?

① $\eta = \dfrac{\text{입력}}{\text{입력} - \text{전체손실}} \times 100$

② $\eta = \dfrac{\text{출력}}{\text{출력} + \text{전체손실}} \times 100$

③ $\eta = \dfrac{\text{출력}}{\text{입력} - \text{철손} - \text{동손}} \times 100$

④ $\eta = \dfrac{\text{출력} - \text{철손} - \text{동손}}{\text{입력}} \times 100$

79 10[kVA], 철손 120[W], 전부하 동손 240[W]인 변압기의 역률 80[%] 부하에서의 전부하 효율[%]은?

① 91.7 ② 93.7
③ 95.7 ④ 97.7

풀이 $\eta = \dfrac{\text{출력}}{\text{출력}+\text{전체손실}} \times 100[\%] = \dfrac{10{,}000 \times 0.8}{10{,}000 \times 0.8 + 120 + 240} \times 100 = 95.7[\%]$

80 변압기 효율이 가장 좋은 때의 조건은?

① 철손 = $\dfrac{1}{2}$ 동손 ② $\dfrac{1}{2}$ 철손 = 동손

③ 철손 = 동손 ④ 철손 = $\dfrac{2}{3}$ 동손

81 150[kVA]의 전부하 동손이 2.5[kW], 철손이 1[kW] 이다. 이 변압기의 최대효율은 몇 [%]에서 나타나는가?

① 0.72 ② 72.6
③ 0.633 ④ 63.3

풀이 최대효율 조건

$\dfrac{1}{m} = \sqrt{\dfrac{P_i}{P_c}} = \sqrt{\dfrac{1}{2.5}} = 0.633$

82 13,200/440[V] 변압기의 극성시험에서 1차에 120[V]를 가할 때 감극성의 경우 전압계의 지시[V]는?

① 4 ② 116 ③ 120 ④ 124

풀이 권수비 $a = \dfrac{13200}{440} = 30$, $V_2 = \dfrac{V_1}{a} = \dfrac{120}{30} = 4[V]$

감극성 $V = V_1 - V_2 = 120 - 4 = 116[V]$

83 변압기를 △-Y로 결선했을 때 1차, 2차의 전압의 위상차는?

① 0° ② 30° ③ 60° ④ 90°

84 Y-Y 결선의 특징이 아닌 것은?

① 고조파 포함 ② 절연 용이 ③ 중성점 접지 ④ V결선 가능

풀이 V결선은 △-△ 결선에서 가능하다.

85 3상 변압기의 병렬운전시 병렬운전이 불가능한 결선 조합은?

① △-△와 Y-Y ② △-△와 △-Y
③ △-Y와 △-Y ④ △-△와 △-△

풀이 △와 Y의 수가 같아야 한다.

86 "절연이 용이하나 제3고조파의 영향으로 통신장해를 일으키므로 3권선 변압기를 설치할 수 있다."는 설명은 변압기 3상 결선법의 어느 결선을 말하는가?

① △-△ ② Y-△ ③ Y-Y ④ V-V

87 주상 변압기의 고압측에 몇 개의 탭을 내는 이유는?

① 역률개선 ② 선로 전압조정
③ 단자 고장 대비 ④ 선로 전류조정

88 △결선 변압기의 1대가 고장으로 제거되어 V결선으로 전기를 공급할 때 공급할 수 있는 전력은 고장 전 전력에 대하여 약 몇 [%]인가?

① 57.7[%] ② 66.7[%] ③ 70.5[%] ④ 86.6[%]

정답 82. ② 83. ② 84. ④ 85. ② 86. ③ 87. ② 88. ①

풀이 $\dfrac{V결선\ 출력}{\triangle결선\ 출력} = \dfrac{\sqrt{3}\,P}{3P} = \dfrac{1}{\sqrt{3}} = 0.577$

89 3[kVA] 단상 변압기 3대를 △운전 중 1대 고장 시 얻을 수 있는 3상 출력은?
① 4.2[kVA]　② 5.2[kVA]　③ 6[kVA]　④ 7.2[kVA]

풀이 $P_v = \sqrt{3}\,P = 5.2[kVA]$

90 50[kVA] 단상 변압기 4대로 얻을 수 있는 3상 최대 출력[kVA]은?
① 86.6　② 100　③ 173　④ 200

풀이 $P_v = 2\sqrt{3}\,P = 173[kVA]$

91 다음 보기의 설명 중 변압기의 병렬 운전에 필요한 조건은?

[보기]　㉮ 극성을 고려하여 접속할 것
　　　　㉯ 권수비가 같고 1차 2차 정격전압이 같을 것
　　　　㉰ 용량이 같을 것
　　　　㉱ 임피던스가 정격용량에 반비례 할 것
　　　　㉲ 권선의 저항과 누설 리액턴스의 비가 서로 같을 것

① ㉮㉯㉰㉱　② ㉮㉰㉱㉲　③ ㉯㉰㉱㉲　④ ㉮㉯㉱㉲

풀이 용량은 같지 않아도 된다.

92 다음 중에서 변압기의 병렬운전 조건에 필요하지 않는 것은?
① 극성이 같을 것　　　　　② 용량이 같을 것
③ 권수비가 같을 것　　　　④ 저항과 리액턴스 비가 같을 것

93 누설변압기의 특징과 용도가 아닌 것은?
① 아크등　　　　　　　　② 용접기
③ 정전압 변압기　　　　　④ 수하특성

풀이 누설변압기 : 누설 자속을 많게 하여 수하특성이 있는 정전류 변압기

정답 89. ②　90. ③　91. ④　92. ②　93. ③

94 다음 변류기의 약호는?

① CB   ② CT   ③ DS   ④ COS

풀이 CT : 변류기, PT : 계기용 변압기

95 변류기 개방시 2차측을 단락하는 이유는?

① 2차 측 절연 보호   ② 2차측 과전류 보호
③ 측정오차 감소   ④ 변류비 유지

96 계기용 변압기의 2차측 단자에 접속하여야 할 것은?

① OCR   ② 전압계   ③ 전류계   ④ 전열부하

풀이 PT 2차 : 전압계, CT 2차 : 전류계

97 변류비 $\frac{30}{6}$인 전류계의 회로에 3[A]가 흐르면 선로전류[A]는?

① 12   ② 15   ③ 18   ④ 24

풀이 $3 \times \frac{30}{6} = 15[A]$

98 다음 중 유도전동기의 원리와 직접 관계가 되는 것은?

① 옴의 법칙   ② 키르히호프의 법칙
③ 정전 유도작용   ④ 회전자장

99 농형 유도전동기가 많이 사용되는 이유가 아닌 것은?

① 구조가 간단하다.   ② 운전과 사용이 편리하다.
③ 값이 싸고 튼튼하다.   ④ 속도조정이 쉽고 고장이 적다.

100 다음 중 승강기용으로 주로 사용되는 전동기는?

① 동기 전동기   ② 단상 유도전동기
③ 3상 유도전동기   ④ 셀신 전동기

정답 94. ②   95. ①   96. ②   97. ②   98. ④   99. ④   100. ③

101 6극 60[Hz] 3상 유도전동기의 동기속도는 몇 [rpm]인가?

① 200　　　② 750　　　③ 1200　　　④ 1800

풀이 $N_s = \dfrac{120f}{P} = \dfrac{120 \times 60}{6} = 1200[\text{rpm}]$

102 슬립링이 있는 유도전동기는?

① 농형　　　② 권선형　　　③ 심홈형　　　④ 이중 농형

풀이 권선형 유도전동기는 회전자에서 슬립링을 통하여 외부저항을 접속하여 비례추이를 이용하여 기동과 속도제어를 한다.

103 60[Hz], 4극, 슬립 6[%]인 유도전동기를 어느 공장에서 운전하고자 할 때 예상되는 회전수는 약 몇 [rpm]인가?

① 1300　　　② 1400　　　③ 1700　　　④ 1800

풀이 $N = \dfrac{120 \times 60 \times (1-0.06)}{4} = 1692[\text{rpm}]$

104 유도전동기의 동기속도 1200[rpm] 회전속도 1176[rpm]일 때 슬립은?

① 6[%]　　　② 5[%]　　　③ 3[%]　　　④ 2[%]

풀이 $S = \dfrac{N_s - N}{N_s} = \dfrac{1200 - 1176}{1200} \times 100 = 2[\%]$

105 60[Hz], 4극 1,746[rpm]의 3상 유도전동기의 슬립은?

① 2　　　② 3　　　③ 4　　　④ 5

풀이 $N_s = \dfrac{120f}{P} = \dfrac{120 \times 60}{4} = 1800[\text{rpm}]$

$S = \dfrac{1800 - 1746}{1800} \times 100 = 3[\%]$

106 정지 상태에 있는 3상 유도전동기의 슬립 값은?

① ∞　　　② 0　　　③ 1　　　④ −1

풀이 $S = \dfrac{N_s - N}{N_s}$ 에서 정지상태 회전수 N이 0 이므로 $S = \dfrac{N_s - 0}{N_s} = 1$

정답 101. ③　102. ②　103. ③　104. ④　105. ②　106. ③

107 유도전동기에서 슬립이 0이란 것은 어느 것과 같은가?
① 유도전동기가 동기속도로 회전
② 유도전동기의 정지상태
③ 유도전동기의 전부하 운전상태
④ 유도제동기의 역할

108 3상 유도전동기의 슬립의 범위는?
① $0 < s < 1$
② $-1 < s < 0$
③ $1 < s < 2$
④ $0 < s < 2$

109 유도전동기의 슬립을 측정하는 방법으로 옳은 것은?
① 전압계법
② 전류계법
③ 평형브리지법
④ 스트로보법

풀이 슬립측정법 : 수화기법, 직류미리볼트계법, 스트로브스코프법

110 1차 권수 N_1, 2차 권수 N_2, 1차 권선계수 K_{w1}, 2차 권선계수 K_{w2}인 유도동기가 슬립 s로 운전할 때 전압비는?

① $\dfrac{K_{w1}N_1}{K_{w2}N_2}$
② $\dfrac{K_{w2}N_2}{K_{w1}N_1}$
③ $\dfrac{K_{w1}N_1}{sK_{w2}N_2}$
④ $\dfrac{K_{w2}N_2}{sK_{w1}N_1}$

111 무부하 시 유도전동기는 역률이 낮지만 부하가 증가하면 역률이 높아지는 이유로 가장 알맞은 것은?
① 전압이 떨어지므로
② 효율이 좋아지므로
③ 전류가 증가하므로
④ 2차측 저항이 증가하므로

풀이 부하가 증가하면 유효전류만 증가하여 역률이 좋아진다.

112 200[V], 10[kW] 3상 유도전동기의 전부하 전류는 약 몇 [A]인가? (단, 효율과 역률은 각각 85[%] 이다.)
① 30[A]
② 40[A]
③ 50[A]
④ 60[A]

풀이 $P = \sqrt{3}\, VI\cos\theta\,\eta$

$I = \dfrac{P}{\sqrt{3}\, V\cos\theta\,\eta} = \dfrac{10,000}{\sqrt{3} \times 200 \times 0.85 \times 0.85} = 40[A]$

정답 107. ① 108. ① 109. ④ 110. ③ 111. ③ 112. ②

113 60[Hz], 슬립 3[%]인 유도전동기의 회전자 주파수는?

① 1.2　　　② 1.8　　　③ 58.2　　　④ 59

풀이 회전자 주파수 $f_2 = sf = 0.03 \times 60 = 1.8 [\text{Hz}]$

114 권선형 유도전동기의 슬립이 s일 때 2차 전류는?

① $\dfrac{E_2}{\sqrt{(\dfrac{R_2}{s})^2 + X_2^2}}$　　　② $\dfrac{sE_2}{\sqrt{R_2^2 + \dfrac{X_2^2}{s}}}$

③ $\dfrac{E_2}{\sqrt{(\dfrac{R_2}{1-s})^2 + X_2^2}}$　　　④ $\dfrac{sE_2}{\sqrt{sR_2^2 + X_2^2}}$

115 유도전동기 2차에 있어 $E_2 = 127[\text{V}]$, $r_2 = 0.03[\Omega]$, $x_2 = 0.05[\Omega]$, $s = 5[\%]$로 운전하고 있다. 2차 전류 I_2는? (단, s는 슬립, x_2는 2차권선 1상의 누설리액턴스, r_2는 2차권선 1상의 저항, E_2는 2차권선 1상의 유기기전력이다.)

① 약 201[A]　　② 약 211[A]　　③ 약 221[A]　　④ 약 231[A]

풀이 $I_2 = \dfrac{sE_2}{\sqrt{R_2^2 + (sX_2)^2}} = \dfrac{0.05 \times 127}{\sqrt{0.03^2 + (0.05 \times 0.05)^2}} = 211 [\text{A}]$

116 슬립 5[%]인 유도전동기의 등가부하저항은 2차 저항의 몇 배인가?

① 5　　　② 19　　　③ 1.9　　　④ 24

풀이 $R = \dfrac{1-s}{s} r_2 = \dfrac{1-0.05}{0.05} r_2 = 19 r_2$

117 유도전동기에서 2차 측만의 효율은? (단, s는 슬립이다.)

① $\dfrac{1}{s}$에 비례　② s에 비례　③ $1-s$에 비례　④ s^2에 비례

118 200[V], 50[Hz], 8극, 15[kW]의 3상 유도전동기에서 전부하 회전수가 720[rpm]이면 이 전동기의 2차 효율은 몇 [%]인가?

① 86　　　② 96　　　③ 98　　　④ 100

정답 113. ②　114. ①　115. ②　116. ②　117. ③　118. ②

풀이 $N_s = \dfrac{120f}{P} = \dfrac{120 \times 50}{8} = 750 \,[\text{rpm}]$

$\eta_2 = \dfrac{N}{N_S} = \dfrac{720}{750} \times 100 = 96\,[\%]$

119 유도전동기의 2차 입력 P_2, 출력 P_0, 슬립 s, 2차 동손 P_{c2}와의 관계는?

① $P_2 : P_0 : P_{c2} = 1 : s : 1-s$ ② $P_2 : P_0 : P_{c2} = 1-s : 1 : s$

③ $P_2 : P_0 : P_{c2} = 1 : 1/s : 1-s$ ④ $P_2 : P_0 : P_{c2} = 1 : 1-s : s$

120 3상 유도전동기의 2차 동손은? (단, 회전자 입력을 P_2, 슬립을 s라 한다.)

① $(1-s)P_2$ ② $\dfrac{P_2}{s}$ ③ $\dfrac{s}{(1-s)P_2}$ ④ sP_2

121 회전자 입력 10[kW], 슬립이 4[%]인 3상 유도전동기의 2차 동손[kW]은?

① 0.4   ② 1.6   ③ 4.0   ④ 9.6

풀이 $P_{c2} = sP_2 = 0.04 \times 10 = 0.4\,[\text{kW}]$

122 전부하 슬립 5[%], 2차 저항손 5.26[kW]의 3상 유도전동기의 2차 입력은 몇 [kW]인가?

① 2.63   ② 5.26   ③ 105.2   ④ 226.5

풀이 $P_{c2} = sP_2$ ∴ $P_2 = \dfrac{P_{c2}}{s} = \dfrac{5.26}{0.05} = 105.2\,[\text{kW}]$

123 3상 유도전동기의 1차 입력 60[kW], 1차 손실 1[kW], 슬립 3[%]일 때 기계적 출력[kW]은?

① 57   ② 75   ③ 95   ④ 100

풀이 1차 출력 = 2차 입력 = $60 - 1 = 59\,[\text{kW}]$

$P_0 = (1-s)P_2 = (1-0.03) \times 59 = 57.2\,[\text{kW}]$

124 다음 중 전동기 토크의 단위는?

① [kg]   ② [kg·m^2]   ③ [kg·m]   ④ [kg·m/s]

정답 119. ④ 120. ④ 121. ① 122. ③ 123. ① 124. ③

풀이 $T = 975 \times \dfrac{P(\text{kw})}{N(\text{rpm})}[\text{kg·m}], \quad 1[\text{kg·m}] = 9.81[\text{N·m}]$

125 다음 중 토크(회전력)의 단위는?

① [rpm]   ② [W]   ③ [N·m]   ④ [N]

126 3[kW], 1500[rpm] 유도전동기의 토크[N·m]는 약 얼마인가?

① 1.91[N·m]   ② 19.1[N·m]
③ 29.1[N·m]   ④ 114.6[N·m]

풀이 ① $T = \dfrac{P}{\omega} = \dfrac{P}{2\pi \dfrac{N}{60}} = \dfrac{3000}{2\pi \times \dfrac{1500}{60}} = 19.098 ≒ 19.1[\text{N·m}]$

② $T = 975 \times \dfrac{3}{1500} \times 9.81 = 19.129 ≒ 19.1[\text{N·m}]$

※ 일반적인 전동기 토크 공식은 기계적인 출력(W)을 각속도($\omega = 2\pi f = 2\pi \times \dfrac{N}{60}$)로 나눈 값이며 ①, ②방식 모두 결과는 같으며 ②번 공식이 암기하기 쉽다.

127 220[V], 60[Hz], 4극 3상 유도전동기가 있다. 슬립 5[%]로 회전할 때 출력 17[kW]를 낸다면 토크는 약 몇 [N·m]인가?

① 56.2[N·m]   ② 95.5[N·m]
③ 191[N·m]   ④ 935.8[N·m]

풀이 $N = \dfrac{120 \times 60}{4}(1 - 0.05) = 1710[\text{rpm}]$

① $T = \dfrac{P}{2\pi \dfrac{N}{60}} = \dfrac{17 \times 10^3}{2\pi \times \dfrac{1710}{60}} = 94.93[\text{N·m}]$

② $T = 975 \times \dfrac{17}{1710} \times 9.81 = 95.09[\text{N·m}]$

128 3상 유도전동기의 토크는?

① 2차 유도 기전력의 2승에 비례한다.
② 2차 유도 기전력 비례한다.
③ 2차 유도 기전력과 무관하다.
④ 2차 유도 기전력의 0.5승에 비례한다.

풀이 $T = \dfrac{P_0}{\omega} = \dfrac{P_2}{\omega_0} \propto V^2$

정답 125. ③   126. ②   127. ②   128. ①

129 일정 주파수의 전원에서 운전하는 3상 유도전동기의 전원 전압이 80[%]가 되었다면 토크는 약 몇 [%]가 되는가? (단, 회전수는 변하지 않는 상태로 한다.)

① 55 ② 64 ③ 76 ④ 82

풀이 $T = kV^2$ ∴ $0.8^2 = 0.64 = 64[\%]$

130 3상 유도전동기의 전압이 10[%] 저하하면 기동토크의 감소율[%]은?

① 5 ② 10 ③ 20 ④ 30

풀이 토크는 전압의 제곱에 비례하므로 $0.9^2 = 0.81 = 81[\%]$ 약 20[%] 감소

131 극수 P의 3상 유도전동기가 주파수 f[Hz], 슬립 s, 토크 T[N·m]로 회전하고 있을 때 기계적 출력은?

① $T \dfrac{4\pi f}{P}(1-s)$ ② $T \dfrac{4Pf}{\pi}(1-s)$

③ $T \dfrac{4\pi f}{P} s$ ④ $T \dfrac{\pi f}{2P}(1-s)$

풀이 $T = \dfrac{P}{2\pi \times \dfrac{N}{60}}$ ∴ 출력 $P = T \times \dfrac{2\pi N}{60}$

회전수 $N = \dfrac{120 f(1-s)}{P(\text{극수})}$ 를 대입하면 출력 $P = T \times \dfrac{4\pi f}{P}(1-s)$

132 최대토크를 발생하는 슬립은?

① $\dfrac{r_2}{2x_2}$ ② $\dfrac{x_2}{r_2}$ ③ $\dfrac{r_2}{x_2}$ ④ $\dfrac{x_2}{r_2}$

풀이 최대토크 슬립 $S \propto \dfrac{r_2}{\sqrt{r_1^2 + (x_1+x_2)^2}} = \dfrac{r_2}{x_2}$

133 일반적으로 10[kW] 이하 소용량인 전동기는 동기속도의 몇 [%]에서 최대 토크를 발생시키는가?

① 2[%] ② 5[%] ③ 80[%] ④ 98[%]

풀이 80[%] 정도의 속도에서 최대토크를 발생시킨다.

정답 129. ② 130. ③ 131. ① 132. ③ 133. ③

134 기중기로 100[T]의 하중을 2[m/min]의 속도로 권상할 때 소요되는 전동기의 용량[kW]은? (단, 기계효율은 70[%] 이다.)

① 47   ② 94   ③ 143   ④ 286

풀이 $P = \dfrac{L(\text{kg})\ V(\text{m/min})}{6120 \times \eta} = \dfrac{100 \times 10^3 \times 2}{6120 \times 0.7} = 46.69[\text{kW}]$

135 3상 유도전동기에서 2차측 저항을 2배로 하면 최대토크는 몇 배로 되는가?

① 3배   ② $\sqrt{2}$ 배   ③ $\dfrac{1}{2}$ 배   ④ 변하지 않는다.

풀이 비례추이에 의해 최대토크 발생 슬립은 2배 증가하고 최대토크는 변하지 않는다.

136 비례추이를 이용하여 속도제어가 되는 전동기는?

① 권선형 유도전동기   ② 농형 유도전동기
③ 직류 분권전동기   ④ 동기전동기

137 슬립 5[%]인 유도전동기를 전부하 토크로 기동시키려면 2차에 2차 저항의 몇 배를 넣으면 되는가?

① 5   ② 9   ③ 15   ④ 19

풀이 슬립 5[%]의 전동기를 전부하 토크로 기동하기 때문에 기동 시 슬립 1을 적용하면 계산값 $\dfrac{1}{0.05} = 20$배에 근접한 19배를 적용한다.

138 유도전동기의 기동법으로 사용되지 않는 것은?

① 단권 변압기형 기동 보상기법   ② 2차 저항 조정에 의한 기동법
③ Y-△ 기동   ④ 1차 저항 조정에 의한 기동법

139 농형 유도전동기의 기동법과 가장 거리가 먼 것은?

① 기동 보상기법   ② 2차 저항법
③ 리액터 기동법   ④ Y-△ 기동법

풀이 2차 저항법은 권선형 유도전동기의 비례추이에 적용한다.

정답 134. ①   135. ④   136. ①   137. ④   138. ④   139. ②

140 농형 유도전동기의 기동법이 아닌 것은?
① 전전압 기동법
② 저저항 2차권선 기동법
③ 기동보상기 법
④ Y-△기동법

141 10[kW] 정도의 농형 유도전동기의 기동에 가장 적당한 방법은?
① 기동 보상기법
② Y-△기동
③ 저항기동
④ 2차 저항기동

> **풀이** 소형은 전전압기동, 중형은 Y-△기동, 대형은 기동 보상기법

142 유도전동기의 Y-△ 기동 시 기동토크와 기동전류는 전전압 기동시의 몇 배로 되는가?
① $\frac{1}{3}$
② $\frac{1}{\sqrt{3}}$
③ $\sqrt{3}$
④ 3

> **풀이** Y-△ 기동 시 전압은 $\frac{1}{\sqrt{3}}$로 줄고 전류와 토크는 $\frac{1}{3}$로 준다.

143 50[kW]의 농형 유도전동기를 기동할 때 가장 적당한 기동법은?
① 분상 기동법
② 기동 보상기법
③ 권선형 기동법
④ 슬립 부하 기동법

144 3상 권선형 유도전동기의 기동 시 2차 측에 저항을 접속하는 이유는?
① 기동토크 감소와 기동전류 증대
② 회전수 감소
③ 기동전류 감소와 기동토크 증대
④ 기동토크 증대 역률개선

145 유도전동기의 속도제어 방법이 아닌 것은?
① 2차 저항법
② 2차 여자법
③ 1차 저항법
④ 주파수 제어법

146 3상 농형 유도전동기의 속도제어에 이용되는 것은?
① 사이리스터 제어
② 2차 저항제어
③ 주파수 제어
④ 계자제어

정답 140. ② 141. ② 142. ① 143. ② 144. ③ 145. ③ 146. ③

147 유도전동기의 회전자에 슬립 주파수의 전압을 공급하여 속도제어를 하는 방법은?
① 직류 여자법   ② 2차 여자법
③ 2차 저항법   ④ 주파수 변환법

> **풀이** $I_2 = \dfrac{sE_2 \pm E_s}{r_2}$ 에서 정토크 부하의 경우 I_2는 일정하므로 슬립 주파수 전압 E_s의 크기에 따라 슬립 S가 변하는 특성을 이용한 속도 제어법이 2차 여자법이다.

148 다음 중 유도전동기의 속도제어에 사용되는 인버터 장치의 약호는?
① CVCF   ② VVVF   ③ CVVF   ④ VVCF

> **풀이** VVVF : 가변전압 가변주파수제어, 인버터제어

149 인견 공장에 사용되는 포트 모터의 속도제어는?
① 주파수 변환에 의한 속도제어   ② 극수 변환에 의한 속도제어
③ 1차 전압에 의한 속도제어   ④ 저항에 의한 속도제어

150 3상 유도전동기의 회전 방향을 바꾸기 위한 방법으로 가장 옳은 것은?
① △-Y 결선
② 전원의 주파수를 바꾼다.
③ 전동기에 가해지는 3개 단자 중 어느 2개의 단자를 서로 바꾼다.
④ 기동 보상기를 사용한다.

151 권선형 유도전동기를 급격히 정지시키려 할 때 가장 적합한 방식은?
① 2차 저항법   ② 역상 제어법
③ 고정자 단상법   ④ 불평형법

152 단상 유도전동기의 정회전 슬립이 s이면 역회전 슬립은?
① $1-s$ ② $1+s$
③ $2-s$ ④ $2+s$

> **풀이** $S = \dfrac{N_s - (N)}{N_s} = \dfrac{N_s + N_s(1-s)}{N_s} = 2-s$

정답 147. ② 148. ② 149. ① 150. ③ 151. ② 152. ③

153 단상 유도전동기의 기동법 중 가장 기동토크가 작은 것은?
① 반발기동형
② 반발기동형
③ 콘덴서기동형
④ 분상기동형

154 역률이 좋아 가정용 선풍기, 세탁기, 냉장고 등에 주로 쓰이는 것은?
① 반발기동형
② 셰이딩코일형
③ 콘덴서기동형
④ 분상기동형

155 단상 유도전동기의 기동 방법 중 기동토크가 가장 큰 것은?
① 분상기동형
② 반발유도형
③ 콘덴서 기동형
④ 반발기동형

풀이 토크 : 반발기동형 > 반발유도형 > 콘덴서기동형 > 분상기동형 > 셰이딩코일형

156 다음 중 역률이 가장 좋은 단상 유도전동기는?
① 셰이딩 코일형
② 분상형 전동기
③ 반발형 전동기
④ 콘덴서형 전동기

157 다음 중 기동 토크가 크고 기동전류가 작은 전동기는?
① 2중 농형
② 심홈 농형
③ 보통 농형
④ 권선형

풀이 내부 홈이 크고 외부 홈이 작은 구조의 2중 농형은 저항을 증가시켜 기동특성을 개선한 것이다.

158 2상 서보 모터의 특징 중 옳지 않은 것은?
① 기동토크가 크다.
② 회전자의 관성 모우먼트가 작을 것
③ 제어권선 전압 V_s가 0일 때는 기동할 것
④ 속응성이 좋지 않다.

풀이 제어권선 전압 V_s가 0일 때는 정지한다.

정답 153. ④ 154. ③ 155. ④ 156. ④ 157. ① 158. ③

159 자동제어에 쓰이는 서보 모터의 특성을 나타내는 것 중 옳지 않은 것은?

① 빈번한 기동 정지 역전 등의 가혹한 상태에도 견디도록 견고하고 큰 돌입전류에 견딜 것
② 기동토크는 크나 관성 모우먼트가 작고 전기자 시상수가 짧다.
③ 발생 토크는 입력 신호에 비례하고 그 비가 클 것
④ 직류 서보모터에 비해 교류 서보모터의 기동토크가 매우 크다.

풀이 직류 서보모터가 교류 서보모터에 비해 기동토크가 크다.

160 기동 운전 취급이 간단하고 고장이 적어 소 출력 자동발전소에 사용되는 유도 발전기의 특징이 아닌 것은?

① 동기조정이 필요 없다.
② 난조현상이 없다.
③ 회전자장을 만들 여자가 필요하다.
④ 역률과 효율이 좋다.

161 유도전동기의 전기적인 소음이 아닌 것은?

① 고조파 자속에 의한 진동
② 슬립 비트음
③ 기본파 자속에 의한 진동
④ 팬 소음

풀이 냉각용 팬의 소음은 기계적인 소음이다.

162 전동기에 접지공사를 하는 주된 이유는?

① 보안상
② 미관상
③ 감전사고 방지
④ 안전운행

163 PN접합에 역바이어스를 충분히 걸었을 때에는 어떤 현상이 일어나는가?

① 정공만이 전류 전도에 기여한다.
② 전자만이 전류 전도에 기여한다.
③ 미소한 전류가 흐른다.
④ 확산 전류가 차단된다.

풀이 공핍층에서의 전계가 강해져 전하의 확산이 차단된다.

정답 159. ④ 160. ④ 161. ④ 162. ③ 163. ④

164 순방향 바이어스에 대해 설명한 것이다. 적합한 것은?
① 다수 캐리어에 의한 전류가 0이 된다.
② 소수 캐리어에 의한 전류가 0이 된다.
③ 전위 장벽이 높아진다.
④ 전위 장벽이 낮아진다.

165 PN접합 다이오드의 열평형 상태에서 전기장이 가장 강한 곳은?
① 금속학적 경계면　　　　② 공핍층
③ n형 중성 영역　　　　　④ p층 중성 영역

166 전력용 정류 장치로 우수한 정류기는?
① 아산화동 정류기　　　　② 셀렌 정류기
③ Ge 정류기　　　　　　　④ Si 정류기

> **풀이** 전력용 반도체는 Si(실리콘), Ge(게르마늄), Se(셀렌), Cu_2O(산화제일구리)와 같이 $10^{-4} \sim 10^6 [\Omega \cdot cm]$ 정도의 물체로서 정류 작용이 있고 부성 특성을 갖는다.

167 터널 다이오드의 응용 예가 아닌 것은?
① 증폭 작용　　　　　　　② 발진 작용
③ 개폐 작용　　　　　　　④ 정전압 정류 작용

168 PN 접합 다이오드에서 cut-in voltage란?
① 순방향에서 전류가 현저히 증가하기 시작하는 전압이다.
② 순방향에서 전류가 현저히 감소하기 시작하는 전압이다.
③ 역방향에서 전류가 현저히 감소하기 시작하는 전압이다.
④ 역방향에서 전류가 현저히 증가하기 시작하는 전압이다.

169 PN 접합형 diode는 어떤 작용을 하는가?
① 발진 작용　　　　　　　② 증폭 작용
③ 정류 작용　　　　　　　④ 교류 작용

정답 164. ④　165. ②　166. ④　167. ④　168. ①　169. ③

170 트랜지스터의 스위칭 시간에서 턴-오프 시간은?
① 하강시간　　　　　　　　② 상승시간 + 지연시간
③ 축적시간 + 하강시간　　　④ 축적시간

171 다음 소자 중 온도 보상용으로 쓰일 수 있는 것은?
① 서미스터　　　　　② 바리스터
③ 버랙터 다이오드　　④ 제너 다이오드

172 서미스터(Thermister)의 설명으로 잘못된 것은 어느 것인가?
① 부(−)의 온도계수를 갖고 있다.
② 정(+)의 온도계수를 갖는다.
③ 다른 전자장치의 온도 보상을 위하여 사용한다.
④ 열의 의존도가 큰 반도체를 서미스터의 재료로 사용한다.

173 바리스터의 주된 용도는?
① 서지 전압에 대한 회로 보호용　② 온도 보상용
③ 출력 전류 조절　　　　　　　　④ 전압 증폭

174 바리스터(varistor)란?
① 비직선적인 전압 − 전류 특성을 갖는 2단자 반도체 장치이다.
② 비직선적인 전압 − 전류 특성을 갖는 3단자 반도체 장치이다.
③ 다른 전자장치의 온도 보상을 위하여 사용한다.
④ 열의 의존도가 큰 반도체를 서미스터의 재료로 사용한다.

175 반도체 사이리스터에 의한 속도제어에서 제어되지 않는 것은?
① 주파수　　② 토크　　③ 위상　　④ 전압

176 고전압 대전력 정류기로서 가장 적당한 것은?
① 회전 변류기　② 수은 정류기　③ 전동 발전기　④ 베르트로

정답　170. ③　171. ①　172. ②　173. ①　174. ①　175. ②　176. ②

177 소형이면서 대전력용 정류기로 사용하는 것은?
① 게르마늄 정류기 ② SCR
③ 수은 정류기 ④ 셀린 정류기

178 SCR을 사용할 경우 올바른 전압 공급 방법은?
① 애노드 ⊖전압, 캐소드 ⊕전압, 게이트 ⊕전압
② 애노드 ⊖전압, 캐소드 ⊕전압, 게이트 ⊖전압
③ 애노드 ⊕전압, 캐소드 ⊖전압, 게이트 ⊕전압
④ 애노드 ⊕전압, 캐소드 ⊖전압, 게이트 ⊖전압

179 SCR의 게이트의 작용은?
① 온-오프 작용 ② 통과 전류의 제어 작용
③ 브레이트 다운 작용 ④ 브레이크 오우버 작용

180 다음은 SCR의 설명이다. 옳은 것은?
① 증폭 기능을 갖는 단일 방향성의 3단자 소자
② 정류 기능을 갖는 단일 방향성의 3단자 소자
③ 제어 기능을 갖는 쌍방향성의 3단자 소자
④ 스위칭 기능을 갖는 쌍방향성의 3단자 소자

181 SCR의 턴온(turn on)시 20[A]의 전류가 흐른다. 게이트 전류를 반으로 줄일 때 SCR의 전류[A]는?
① 5[A] ② 10[A] ③ 20[A] ④ 40[A]

182 게이트(gate)에 신호를 가해야만 동작되는 소자는?
① DIAC ② UJT ③ SCR ④ MPS

183 어느 쪽 게이트에서도 게이트 신호를 인가할 수 있고 역저지 4극 사이리스터로 구성된 것은?
① SCS ② GTO ③ PUT ④ DIAC

정답 177. ② 178. ③ 179. ① 180. ② 181. ③ 182. ③ 183. ①

184 다이악(DIAC) 설명 중 잘못된 것은?

① npn 3층으로 되어 있다.
② 역저지 4단자 사이리스터 되어 있다.
③ 쌍방향으로 대칭적인 부성저항을 나타낸다.
④ 다이악의 항복 전압을 넘을 때 갑자기 콘덴서가 방전하고 그 방전 전류에 의하여 트라이악을 on시킬 수가 있다.

풀이 DIAC는 2단자 소자다.

185 게이트에 부(-)의 신호를 줄 때 소호되는 소자는?

① SCR
② GTO
③ TRIAC
④ UJT

186 자기 소호 기능이 가장 좋은 소자는?

① GTO
② SCR
③ TRIAC
④ 역전용 사이리스터

187 반도체 트리거 소자로서 자기 회복 능력이 있는 것은?

① SCR
② SCS
③ SSS
④ GTO

188 다음 사이리스터 소자 중 게이트에 의한 턴·온을 이용하지 않는 소자는?

① SSS(Silicon Symmetrical Switch)
② SCR(Silicon Controllded Rectifier)
③ GTO(Gate Turn Off)
④ SCS(Silicon Controlled Switch)

189 다음 소자 중 쌍방향성 사이리스터가 아닌 것은?

① DIAC
② TRIAC
③ SSS
④ SCR

정답 184. ② 185. ② 186. ① 187. ④ 188. ① 189. ④

190 TRIAC에 대하여 옳지 않은 것은?
① 역병렬의 2개의 보통 SCR과 유사하다.
② 쌍 방향성 3단자 사이리스터 이다.
③ AC 전력의 제어용이다.
④ DC 전력의 제어용이다.

191 교류 전력을 양극성에서 제어하는데 적당한 소자는?
① SCR ② SCS ③ LASCR ④ TRIAC

192 역병렬로 된 2개 SCR과 유사하므로 양 방향성 3단자 사이리스터이다. AC 전력의 제어로 사용하는 것은?
① TRIAC ② SCS ③ GTO ④ LASCR

193 SCR를 역병렬로 접속한 것과 같은 특성의 소자는?
① TRIAC ② GTO
③ 광사이리스터 ④ 역전통 사이리스터

194 포토 커플러(photo coupler)와 트라이액을 조합하여 사용할 수 있는 회로는?
① 교류 무접점 릴레이 회로 ② 전파 위상 제어 회로
③ 반파 위상 제어 회로 ④ 직류 컨버터 회로

195 반도체 빛이 조사되면 전기 저항이 감소되는 현상은?
① 열진동 ② 광전 효과
③ 제벡효과 ④ 홀 효과

196 전원 전압을 일정하게 유지하기 위하여 사용되는 다이오드는?
① 보드형 다이오드 ② 터널 다이오드
③ 제너 다이오드 ④ 버랙터 다이오드

정답 190. ④ 191. ④ 192. ① 193. ① 194. ① 195. ② 196. ③

197 제너 다이오드에 관한 설명 중 틀린 것은?
① 정전압 소자이다.
② 인가되는 전압의 크기에 따라 전류 방향이 달라진다.
③ 정·부의 온도계수를 가진다.
④ 과전류 보호용으로 사용된다.

198 다음 정류 방식 중 맥동률(ripple factor)이 가장 적은 것은?
① 단상 반파 방식 ② 단상 전파 방식
③ 3상 반파 방식 ④ 3상 전파 방식

199 같은 크기의 교류 전압을 실리콘, 정류기로 정류하여 직류 전압을 얻는 경우 가장 높은 직류 전압을 얻을 수 있는 정류 방식은? (단, 필터는 없는 것으로 하고 부하는 순 저항 부하이다.)
① 단상 반파 방식 ② 3상 반파 방식
③ 단상 전파 방식 ④ 3상 전파 방식

200 최대효율이 $\frac{5}{6}$ 부하시인 변압기의 전부하 시 철손과 동손의 비 $\frac{P_c}{P_i}$는?
① 0.69   ② 0.83   ③ 1.28   ④ 1.44

풀이 최대효율 조건은 $P_i = P_c$에서 $P_i = \left(\frac{5}{6}\right)^2 P_c$
∴ $\frac{P_c}{P_i} = \left(\frac{6}{5}\right)^2 = 1.44$

201 변압기의 열화방지를 위하여 콘서베이터를 설치하는데 기름이 직접 공기와 접촉하지 않도록 봉입하는 가스의 종류는?
① 헬륨   ② 수소   ③ 유황   ④ 질소

202 전동기 온도상승 시험 중 반환부하법에 해당되지 않는 것은?
① 블론델법   ② 카프법   ③ 홉킨스법   ④ 등가저항 측정법

정답 197. ② 198. ④ 199. ④ 200. ④ 201. ④ 202. ④

5장 전기계측

1. 전류, 전압, 저항의 측정

전류계는 부하에 직렬로 접속하고 전압계는 병렬로 접속하여 사용한다.

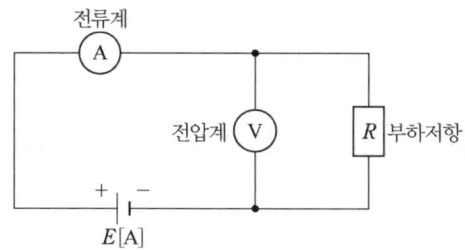

전류 및 전압 측정

(1) 분류기

① 전류계의 측정 범위를 넓히기 위해 전류계와 병렬로 접속하는 저항기를 분류기(shunt)라 한다.

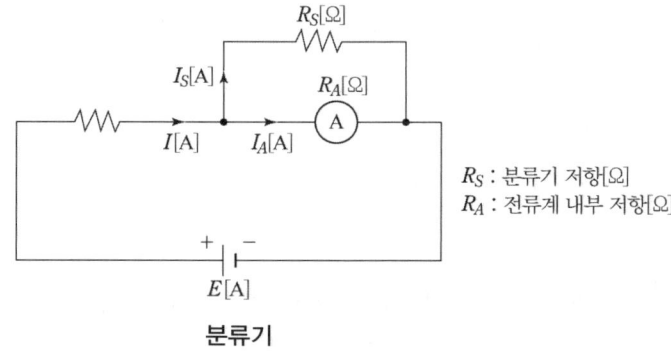

R_S : 분류기 저항[Ω]
R_A : 전류계 내부 저항[Ω]

분류기

② 전류계의 측정 범위를 확대할 수 있는 배율

$$m = \frac{I}{I_A} = \frac{R_A + R_S}{R_S} = 1 + \frac{R_A}{R_S}$$

③ 분류기의 저항

$$\therefore R_S = \frac{R_A}{m-1}[\Omega]$$

> **예제** 최대 눈금 50[mA]의 직류 전류계로 50[A]까지의 전류를 측정하려면 몇 [Ω]의 분류기가 필요한가? (단, 전류계의 내부 저항은 10[Ω]이다.)

풀이
배율 $m = \dfrac{50}{50 \times 10^{-3}} = 1000$

$\therefore R_s = \dfrac{10}{(1000-1)} = 0.01[\Omega]$

(2) 배율기

① 전압계의 측정 범위를 확대하기 위해 전압계에 직렬로 접속하는 저항기를 배율기(multiplier)라 한다.

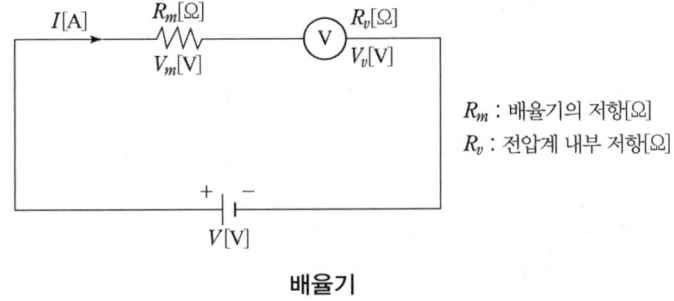

R_m : 배율기의 저항[Ω]
R_v : 전압계 내부 저항[Ω]

배율기

② 전압계의 측정 범위를 확대할 수 있는 배율

$$m = \frac{V}{V_v} = \frac{I(R_v + R_m)}{IR_v} = \frac{R_v + R_m}{R_v} = 1 + \frac{R_m}{R_v}$$

③ 배율기의 저항

$\therefore R_m = (m-1)R_v [\Omega]$

> **예제** 최대 눈금 150[V], 내부저항 18,000[Ω]의 직류 전압계가 있다. 이 전압계에 직렬로 36,000[Ω]의 저항을 접속하면 몇 [V]까지의 전압을 측정할 수 있겠는가?

풀이
배율 $m = 1 + \dfrac{36000}{18000} = 3$

$\therefore V = 150 \times 3 = 450[V]$

> **예제** 최대 눈금 150[V], 내부 저항 20,000[Ω]의 직류 전압계가 있다. 이 전압계로 최대 600[V]까지 측정하려면 외부에 접속할 배율기 저항은 얼마인가?

풀이
배율 $m = \dfrac{600}{150} = 4$

$\therefore R_m = (4-1) \times 20000 = 60000 [\Omega]$

(3) 휘스톤 브리지

① 저항을 측정하기 위해 4개의 저항과 검류계(galvano meter) G를 브리지로 접속한 회로를 이용하는데, 이를 휘스톤 브리지(Wheatstone bridge) 회로라 한다.

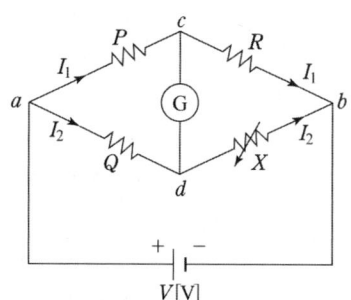

검류계 : 미소전류를 측정하는 측정계로서 전류의 유무를 파악하는데 쓰임

휘스톤 브리지

알고 있는 저항 P, Q, R과 측정하고자 하는 미지의 저항 X를 그림과 같이 접속하고 저항을 조정하여 검류계 G에 전류가 흐르지 않도록 조정하면 평형상태가 된다.

$I_1 P = I_2 Q, \quad I_1 R = I_2 X, \quad QR = XP$

$\therefore X = \dfrac{QR}{P}$

> **예제** $P = 100[\Omega]$, $Q = 10[\Omega]$이고, $R = 30$ 조정하여 검류계가 0을 지시하도록 하였다. 측정하고자 하는 X는 얼마인가?

풀이
$10 \times X = 100 \times 30$

$\therefore X = 300 [\Omega]$

(4) 저항측정 계기
① 굵은 나전선의 저항 : 캘빈더블 브리지
② 가는 전선의 저항, 검류계의 내부저항 : 휘트스톤 브리지
③ 전해액의 저항 : 코올라시 브리지
④ 절연저항 : 메거(megger)
⑤ 전기기기 권선저항, 백열전구의 필라멘트 : 전압 강하법(전압 전류계법)

(5) 저항의 범위
① 저 저항 : $1[\Omega]$ 이하
② 중 저항 : $1[\Omega] \sim 1[M\Omega]$
③ 고저항 : $1[M\Omega]$ 이상

2. 전력 및 전력량

2.1 직류 전력

(1) 전력의 단위
  ① $1[W] = 1[J/sec] = 1[N \cdot m]$
  ② 1[sec] 동안에 80[Joule]의 에너지가 소모되었다면 전력은 80[Watt]가 된다.

(2) 전기 에너지에 의해 t[sec] 동안에 전기가 하는 일을 전력이라 하고 기호는 P, 단위는 와트[W]를 사용한다.

$$P = \frac{W}{t}[\frac{J}{sec}][W]$$

$W = QV[J]$, $I = \frac{Q}{t}[A]$ 을 대입하면

$$P = VI = I^2R = \frac{V^2}{R}[W] \text{ 가 된다.}$$

여기서, P : 전력[W], I : 전류[A], W : 전력량[J], Q : 전하량[C]
t : 시간[sec], V : 전압, 전위차[V], R : 저항[Ω] 이다.

(3) 마력과 전력의 관계
1마력 = 1[HP] = 746[W]

1[PS] = 75[kgf · m] = 75×9.81[N · m] = 736[W]

> **예제** 50[Ω]인 저항에 100[V]의 전압을 가했을 때, 이 저항에서 소비되는 전력은 몇 와트[W]인가?

풀이
$$P = \frac{V^2}{R} = \frac{100^2}{50} = 200[\text{W}]$$

(4) 전력량

① 일정시간 동안 전기 에너지가 한 일의 양

② 1[W · s] = 1[J]
  1[W · h] = 3600[W · s] = 3600[J]
  1[kW · h] = 1000[W · h] = 3.6×10⁶[J]

> **예제** 60[W]의 전구 1개를 하루에 3시간씩 점등하여 10일간 사용하였다면, 이 전구가 소비한 전력량[kWh]은 얼마인가?

풀이
$$P = 60 \times 3 \times 10 \times 10^{-3} = 1.8[\text{kWh}]$$

(5) 줄의 법칙

① 저항 $R[\Omega]$의 도체에 전류 $I[A]$를 $t[\sec]$간 흘릴 때 이 저항 중에 $I^2Rt[J]$의 열이 발생한다. 이때 발생열을 줄(Joule)열 또는 저항열 이라고 한다.

$$\text{열량 } H = Pt = VIt = I^2Rt = \frac{V^2}{R}t[\text{J}]$$

이 되고 이것을 [cal]로 환산하면

$$H = 0.24Pt = 0.24VIt = 0.24I^2Rt = 0.24\frac{V^2}{R}t[\text{cal}]$$

② 1[J] ≒ 0.24[cal]
  1[cal] ≒ 4.2[J]
  1[kWh] = 3.6×10⁶[J] = 0.24×3600[kcal] ≒ 860[kcal]

> **예제** 500[W]의 전열기를 2시간 사용하였다. 이 때 발생한 열량은 몇 [kcal]인가?

풀이
$$H = 0.24 \times 500 \times 2 \times 3600 \times 10^{-3} = 864[\text{kcal}]$$

2.2 교류전력 측정

(1) 3상 전력의 전력

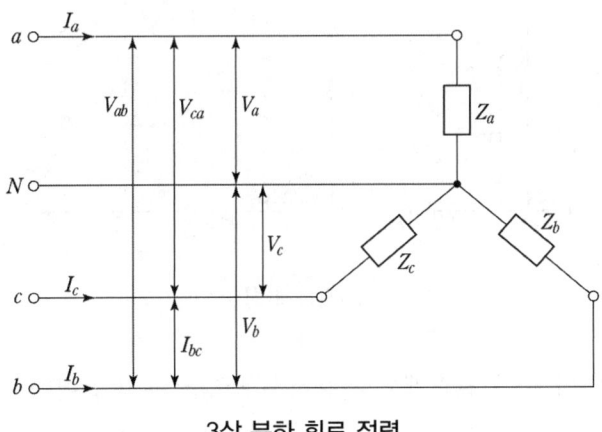

3상 부하 회로 전력

1) 유효 전력 $P = \sqrt{3}\, V_l I_l \cos\theta\,[\text{W}]$
2) 무효 전력 $P_r = \sqrt{3}\, V_l I_l \sin\theta\,[\text{Var}]$
3) 피상 전력 $P_a = \sqrt{3}\, V_l I_l = \sqrt{P^2 + P_r^2}\,[\text{VA}]$

> **예제** Y 결선된 대칭 3상 회로에서 선전류가 50[A], 상전압 200[V], 위상차가 $\pi/6$ [rad]일 때에 3상 유효 전력[kW], 무효 전력[kVar], 피상 전력[kVA]를 구하여라.

풀이
유효 전력 $P = \sqrt{3}\, V_l I_l \cos\theta\,[\text{W}]$에서
$$P = \sqrt{3}\, V_l I_l \cos\theta = \sqrt{3} \times 200 \times 50 \times \cos\frac{\pi}{6} \times 10^{-3} = 15[\text{kW}]$$

무효전력 $P_r = \sqrt{3}\, V_l I_l \sin\theta\,[\text{Var}]$에서
$$P_r = \sqrt{3}\, V_l I_l \sin\theta = \sqrt{3} \times 200 \times 50 \sin\frac{\pi}{6} \times 10^{-3} = 8.66[\text{kVar}]$$

3상 피상 전력 $P_a = \sqrt{3}\,V_l I_l = \sqrt{P^2 + P_r^2}$ 에서
$$P_a = \sqrt{3}\,V_l I_l = \sqrt{3} \times 200 \times 50 \times 10^{-3} = 17.32[\text{kVA}]$$

(2) 3상 전력 측정

1) 3전력계법

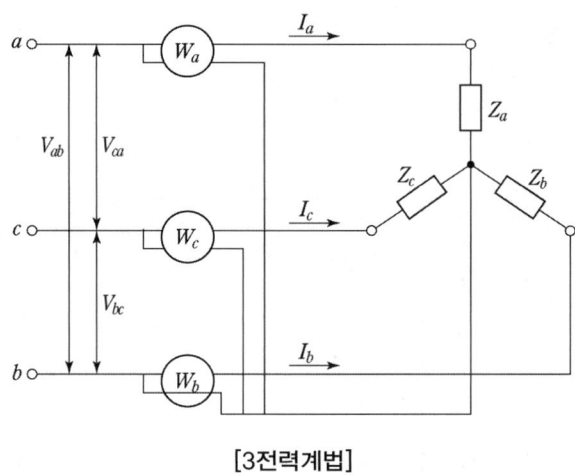

[3전력계법]

3전력계법은 3대의 단상 전력계를 사용하여 측정하는 방법이다.

$$P = P_a + P_b + P_c[\text{W}]$$

2) 2 전력계법

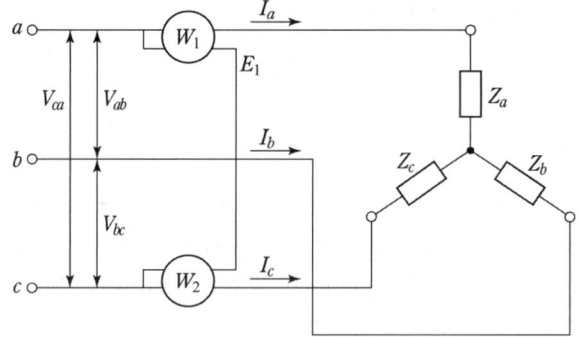

2전력계법은 단상 전력계 2대를 접속해서 측정하는 방법으로 3상 전력 $P[\text{W}]$는 두 전력계의 지시값의 합이 된다.

유효전력 $P = P_1 + P_2[\text{W}]$

피상전력 $P_a = 2\sqrt{P_1^2 + P_2^2 - P_1 P_2}$

역률 cos θ는 다음과 같이 나타낼 수 있다.

$$\cos\theta = \frac{P_1 + P_2}{2\sqrt{P_1^2 + P_2^2 - P_1 P_2}}$$

> **예제** 단상 전력계 2개로 평형 3상 부하의 전력을 측정하였더니 각각 300[W]와 600[W]를 나타내었다. 부하의 역률은?

풀이 $\cos\theta = \dfrac{P_1 + P_2}{2\sqrt{P_1^2 + P_2^2 - P_1 P_2}}$ 에서 $\cos\theta = \dfrac{300 + 600}{2\sqrt{300^2 + 600^2 - 300 \times 600}} = 0.87$

3. 절연저항 측정

3.1 절연저항 값 (한국 전기설비기술기준 : KEC)

(1) 전압에 따른 절연저항 기준

한국 전기설비기술기준 : KEC

공칭 회로 전압(V)	시험 전압/직류(V)	절연 저항(MΩ)
SELV[a] 및 PELV[b] > 100 VA	250	≥ 0.5
≤ 500 FELV[c] 포함	500	≥ 1.0
> 500	1000	≥ 1.0

a SELV : 안전 초저압 (Safety Extra Low Voltage)
b PELV : 보호 초저압 (Protective Extra Low Voltage)
c FELV : 기능 초저압 (Functional Extra Low Voltage)

(2) 용어의 정의

기호	명 칭	2차 전압 범위
ELV	Extra Low Voltage : 특별저전압	AC :5 0V, DC : 120V 이하
SELV	Sasety Extra Low Voltage	안전특별저전압(접지회로)
PELV	Protccted Extra Low Voltage	보호특별저전압(접지회로)
FELV	FunctionalExtra Low Voltage	기능적 특별저전압 (분리형 변압기)

3.2 절연저항 측정 (절연저항계)

(1) 절연저항 측정이 곤란한 경우 저항 성분의 누설 전류가 1mA 이하이면 그 전로의 절연성능은 적합한 것으로 본다.
(2) 절연된 두 물체 사이의 저항으로 인가된 전압과 누설 전류의 비

$$절연저항\ R_M = \frac{V}{I_g}\ [\text{M}\Omega]$$

여기서, V : 인가전압[V], I_g : 누설전류[mA]

(3) 절연저항

$$R_M = \frac{전압계\ 1[\text{V}]당[\text{M}\Omega] \times 측정범위[\text{V}]}{10^6} \times \left(\frac{조작전압(e)}{지시전압(e_0)} - 1\right)[\text{M}\Omega]$$

예제 절연저항 측정 시 사용한 전압계는 1[V] 당 저항이 10,000[MΩ], 측정범위(E)가 500[V], 측정회로의 조작전압(e)이 125[V], 당해 측정 개소에서의 전압계 지시전압(e_o)이 100[V]일 경우 절연저항은 몇 [MΩ]인가?

풀이
$$R_0 = \frac{10,000 \times 500}{10^6} \times \left(\frac{125}{100} - 1\right) = 1.25[\text{M}\Omega]$$

3.3 압력계

(1) 1차 압력계(액주식) : 침종식 압력계, 자유피스톤형 압력계
(2) 2차 압력계(탄성식) : 벨로스식 압력계, 브로돈관식 압력계, 다이어프램식 압력계

5장 전기계측 예상문제

01 정류기형 계기의 눈금이 지시하는 것은?
① 최대값 ② 실효값 ③ 평균값 ④ 순시값

02 원자가 외부에서 열, 빛, X선 등의 방사 또는 운동 입자 등으로부터 에너지를 얻어 전자가 다음 준위로 이동하는 것을 무엇이라 하는가?
① 여기 ② 복사 ③ 전리 ④ 광전 효과

03 기계적인 변위의 한계 부근에서 배치해 놓고 이 스위치를 누름으로서 기계를 정지하거나 명령 신호를 보내는데 사용되는 스위치는?
① 마이크로 스위치   ② 리미트 스위치
③ 캠 스위치   ④ 누름버튼 스위치

04 교류 전력 변환 장치로 사용되는 인버터 회로에 대한 설명 중 틀린 것은?
① 직류 전력을 교류 전력으로 변환하는 장치를 인버터라고 한다.
② 전류형 인버터의 전압형 인버터로 구분할 수 있다.
③ 전류 방식에 따라서 타려식과 자려식으로 구분할 수 있다.
④ 인버터의 부하 장치에는 직류 직권 전동기를 사용할 수 있다.

05 가동 코일 측정계기로 맥동하는 전류를 측정하는 경우 지시하는 것은?
① 최소값 ② 최대값 ③ 실효값 ④ 평균값

06 직류 전압을 측정할 수 없는 계기는?
① 가동 코일형 계기   ② 정전형 계기
③ 유도형 계기   ④ 열전형 계기

정답 01. ② 02. ① 03. ④ 04. ④ 05. ④ 06. ③

07 다음 교류를 계기 중에 파형의 영향을 가장 받기 쉬운 것은 어느 것인가?
① 열전형 전류계 ② 정류기형 전류계
③ 정전형 전압계 ④ 가동철판형 전류계

08 다음 중 동일 눈금형으로 사용되는 AC, DC 양용의 계기는?
① 가동 철판형 ② 전류전력계형
③ 가동 코일형 ④ 유도형

09 직류·교류 겸용 계기가 아닌 것은?
① 열전형 ② 전류전력계형
③ 정전형 ④ 정류형

10 가동 철편형 계기의 구조 형태가 아닌 것은?
① 흡인형 ② 회전자장형 ③ 반발형 ④ 반발흡인형

11 전류전력계형 계기의 장점에 해당하는 것은?
① 직류와 교류를 같은 눈금으로 측정할 수 있다.
② 코일의 인덕턴스에 의한 주파수의 영향이 크다.
③ 가동 코일형에 비하여 외부 자계의 영향을 받기 쉽다.
④ 고정 코일에 흐르는 전류로 자장을 만들기 때문에 가동 코일형에 비해서 자장이 약하다.

12 단상 교류 회로에 연결되어 있는 부하의 역률을 측정하고자 한다. 이 때 필요한 계측기의 구성으로 옳은 것은?
① 전압계, 전력계, 회전계 ② 저항계, 전력계, 전류계
③ 전압계, 전류계, 전력계 ④ 전류계, 전압계, 주파수계

13 잠동(creeping)이 발생하는 계기는?
① 전압계 ② 전류계 ③ 적산 전력계 ④ 역률계

정답 07. ② 08. ② 09. ④ 10. ② 11. ① 12. ③ 13. ③

14 적산 전력량계에 해당되는 그림기호는?

① Ⓦ   ② ⓌⒽ   ③ Ⓥ   ④ ⓅⒻ

15 계측 방법이 잘못된 것은?
① 후크온 메타에 의한 전류 측정
② 회로 시험기에 의한 저항 측정
③ 메거에 의한 접지저항 측정
④ 전류계, 전압계, 전력계에 의한 역률 측정

풀이 메거 : 절연저항 측정

16 전선의 전류를 측정하는 데 사용되는 계기는?
① 매거   ② 휘이트스토운 브리지
③ 훅크온 메타   ④ 역률계

17 다음 중 회로시험기(MULTI TESTER)로 측정할 수 없는 것은?
① 직류 전압   ② 고주파 전압   ③ 교류 전압   ④ 저항

18 유도등 선로의 절연저항을 측정하고자 한다. 이 때 사용할 수 있는 기기를 가장 타당한 것은?
① 매거(MEGGER)
② 어스테스터(EARTH TESTER)
③ C.R.O(ATHODE RAY OSCILLOSCOPE)
④ 휘스톤 브리지(WHEATSTONE BRIDGE)

19 회로 시험기(Tester)로 직접 측정이 불가능한 것은?
① 저항   ② 역률   ③ 전압   ④ 전류

20 참값이 4.8[A]인 전류를 측정하였더니 5.65[A]이었다. 이 때 보정률은 약 몇 [%]인가?
① +1.6[%]   ② −1.6[%]   ③ +3.2[%]   ④ −3.2[%]

풀이 보정률 $= \dfrac{참값 - 측정값}{측정값} \times 100 = \dfrac{4.8 - 4.65}{4.65} \times 100 = 3.22[\%]$

정답 14. ②   15. ③   16. ③   17. ②   18. ①   19. ②   20. ③

21 전류계의 오차를 ±2[%], 전압계 ±1[%]인 계기로 저항을 측정하여 저항의 오차율은 몇 [%]인가?

① ±1   ② ±2   ③ ±3   ④ ±4

풀이 전류계 오차 : 0.98~1.02, 전압계 오차 : 0.99~1.01

최소 오차 : $\dfrac{0.99}{1.02} = 0.97$ 최대오차 : $\dfrac{1.01}{0.98} = 1.03$

∴ 오차율 = ±3[%]

22 어떤 측정계의 지시값을 M, 참값을 T라 할 때 보정률은 몇 [%]인가?

① $\dfrac{T-M}{M} \times 100[\%]$ ② $\dfrac{M}{M-T} \times 100[\%]$

③ $\dfrac{T-M}{T} \times 100[\%]$ ④ $\dfrac{T}{M-T} \times 100[\%]$

23 압력 ⇨ 변위로 변환시키는 장치는?

① 다이어프램   ② 노즐 플래퍼
③ 더어미스터   ④ 차동 변압기

풀이

변환 요소	변환 장치
압력 ⇨ 변위	벨로스, 다이어프램
변위 ⇨ 압력	노즐 플래퍼, 유압분사관
변위 ⇨ 전압	차동 변압기, 전위차계
변위 ⇨ 임피던스	가변 저항기, 용량형 변환기
광 ⇨ 전압	광전관, 광전 트랜지스터
방사선 ⇨ 임피던스	광전지, 광전 다이오드
온도 ⇨ 임피던스	GM관
온도 ⇨ 임피던스	측온 저항
온도 ⇨ 전압	열전대

24 변위 ⇨ 전압 변환 장치는?

① 벨로우즈   ② 노즐 플래퍼
③ 더어미스터   ④ 차동 변압기

풀이 벨로우즈 : 압력 ⇨ 변위   노즐 플래퍼 : 변위 ⇨ 압력
열전대 : 온도 ⇨ 전압   차동 변압기 : 변위 ⇨ 전압

정답 21. ③ 22. ① 23. ① 24. ④

25 변위 ⇨ 압력으로 변환시키는 장치는?
① 벨로우즈   ② 가변저항기
③ 다이어프램   ④ 유압 분사관

26 다음 중 온도를 전압으로 변환시키는 요소는?
① 차동 변압기   ② 열전대
③ 광전지   ④ 측온저항

27 어떤 전압계의 측정범위를 10배로 하자면 배율기의 저항을 전압계 내부저항의 몇 배로 하여야 하는가?
① 10   ② $\dfrac{1}{10}$ ③ 9   ④ $\dfrac{1}{9}$

[풀이] 배율기 저항 $R_m = (m-1)R_0$
여기서, m : 배율, R_0 : 전압계 내부저항

28 부하의 전압과 전류를 측정하기 위한 전압계와 전류계의 접속방법으로 옳은 것은?
① 전압계 : 직렬, 전류계 : 병렬
② 전압계 : 직렬, 전류계 : 직렬
③ 전압계 : 병렬, 전류계 : 직렬
④ 전압계 : 병렬, 전류계 : 병렬

29 최대눈금 1[A], 내부저항 10[Ω]의 전류계로 최대 101[Ω]까지 측정하려면 몇 [Ω]의 분류기가 필요한가?
① 0.01[Ω]   ② 0.02[Ω]
③ 0.05[Ω]   ④ 0.1[Ω]

[풀이] 분류기 저항 $R_s = \dfrac{1}{(m-1)}R_0$
여기서, m : 배율, R_0 : 전류계 내부저항
∴ $R_s = \dfrac{10}{(101-1)} = 0.1[\Omega]$ $\left(m = \dfrac{101}{1} = 101\right)$

정답 25. ④ 26. ② 27. ③ 28. ③ 29. ④

30 그림과 같은 미그럼줄 브리지가 $R=10[\text{k}\Omega]$, $X=30[\text{k}\Omega]$에서 평형이 되었다. L_1과 L_2의 합이 100 [cm]일 때 L_1의 길이[cm]는?

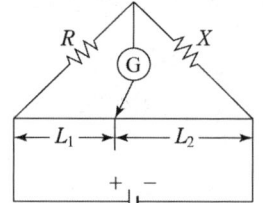

① 25
② 33
③ 66
④ 75

풀이 $RL_2 = XL_1$, $L_1 + L_2 = 100$
$10L_2 = 30L_1$ ∴ $L_2 = 3L_1$에 $L_2 = 100 - L_1$을 대입하면
$100 - L_1 = 3L_1$ ∴ $4L_1 = 100$ $L_1 = 25$

정답 30. ①

6장 제어계의 요소 및 구성

1. 제어의 개념

1.1 제어의 기초

(1) 제어(control)
주어진 동작을 어떤 상태에 부합되도록 대상 장치에 필요한 조작을 가하는 것.

(2) 조작
전기, 기계, 화학공업 등 물리계가 원하는 대로 동작하도록 제어대상에 조작량을 가하는 것을 말한다.

(3) 제어의 분류
① 수동제어 : 인간이 직접 판단하여 손으로 조작하는 제어 (선반의 운전 – 정지)
② 자동제어 : 제어장치와 제어대상과의 계통적인 조합으로 구성된 제어계(control system)를 통하여 자동으로 조작되는 제어

1.2 자동제어계의 기본적인 용어

(1) 목표값(command desired value)
외부에서 제어량이 그 값에 맞도록 제어계에 주는 신호 (설정값)

(2) 기준입력(reference input)
제어계를 동작시키는 기준이며 직접 폐회로에 가해지는 신호로 목표값과 일정한 관계가 있다.

(3) 주궤환 신호(primary feedback signal)
제어량을 목표치와 비교하여 동작 신호를 얻기 위해 피드백되는 신호

(4) 동작 신호 (actuating signal)
기준입력과 주궤환량과의 차이로 제어계의 동작을 일으키는 원인

(5) 기준 입력 요소(reference input element)
목표값에 비례하는 기준 입력신호를 발생시키는 요소 (설정부)

(6) 제어 요소(control element)
동작 신호를 조작량으로 변환시키는 요소(조절부 + 조작부)

(7) 조절부(controlling means)
기준입력과 검출부 출력과의 합이되는 신호를 받아 제어계에 필요한 신호를 조작부에 보내는 역할을 하며 제어장치의 중심이다.

(8) 조작부 (final control element)
조절부에서 받은 신호를 조작량으로 변환하여 제어대상에 보내는 부분이다.

(9) 조작량(manipulated variable)
제어 요소가 제어 대상에 주는 양

(10) 제어대상(controlled system)
제어량을 발생시키는 장치로 직접제어를 받는 장치이다.

(11) 제어량(controlled variable)
제어대상의 양으로 출력량을 의미한다.

(12) 비교부(comparator)
목표값과 피드백 신호를 비교해서 제어 동작을 일으키는데 필요한 신호를 만든다.

(13) 궤환 요소(feedback element)
제어량에서 주궤환을 생성시키는 요소 (검출부)

(14) 외란(disturbance)
제어량에 나쁜 영향을 주는 외부적 입력

(15) 제어편차(controlled deviation)
목표 값에서 제어량을 뺀 값(동작신호)

2. 제어계의 종류

2.1 개루프제어(open loop control system)

(1) 피드백 신호 없이하는 open loop 제어로 미리 정해진 순서에 따라 제어
(2) 입력의 변화가 설계값 보다 큰 경우 원하는 출력을 얻지 못한다.
(3) 제어 동작은 출력과 상관없이 오차가 많이 발생하며 오차와 왜란을 수정 불

2.2 폐루프제어(closed loop control system)

(1) 출력의 일부를 입력 측으로 피드백시켜 목표값과 비교하는 폐루프를 구성하여 제어량을 조작하는 제어계

(2) 피드백 제어계의 특징
    ① 정확성의 증가
    ② 제어계의 특성 변화에 따른 입력 대 출력비의 감도(전체 이득) 감소
    ③ 비선형과 왜형에 대한 효과 감소
    ④ 대역폭이 증가 한다
    ⑤ 발진을 일으키고 불안정한 상태로 돌아가는 특성
    ⑥ 구조가 복잡하고 설치비가 많이 든다.

(3) 피드백 제어계의 구성

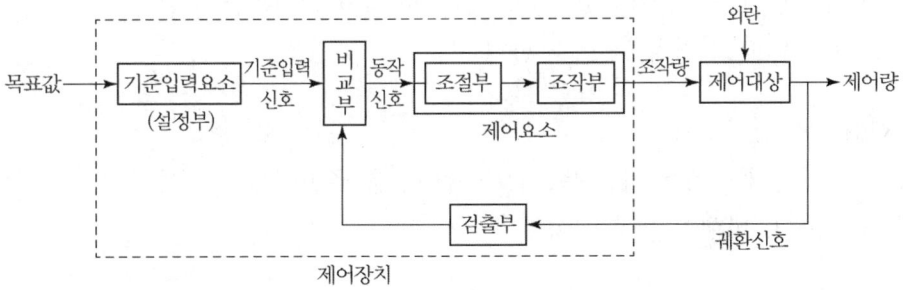

3. 제어계의 구성과 자동제어

3.1 제어량의 성질에 의한 분류

(1) 프로세스제어
① 컴퓨터를 이용한 자동으로 공정을 제어하는 시스템
② 온도, 유량, 압력, 액위, 농도, 밀도 등의 제어장치에 사용 (화학 플랜트)

(2) 서보기구
① 물체의 위치, 방위 자세 등을 제어량으로 하는 제어
② 항공기와 선박의 방향제어계, 추적용 레이더, 미사일 발사대 위치제어계

(3) 자동조정
① 전기적, 기계적 양을 조정하는 것으로 응답속도가 매우 빠르다.
② 전압, 전류, 주파수, 회전속도 자동 조정

3.2 제어 목적에 의한 분류

(1) 정치제어
① 제어량을 일정한 목표값으로 유지하는 것을 목적으로 하는 제어
② 목표값이 시간에 관계없이 일정 (압연기의 두께, 항온조의 온도제어)

(2) 프로그램 제어
① 미리 정해진 프로그램에 따라 제어량을 변화시켜 제어하는 방법
② 엘리베이터, 무인 열차, 무인 자판기

(3) 추종제어
① 임의의 시간적 변화를 하는 목표값에 제어량을 추종시키는 제어
② 유도 미사일, 비행기 추적 레이더

(4) 비율제어
① 입력이 변해도 일정한 비례 관계를 유지
② 보일러의 자동 연소제어

(5) 추치 제어
① 출력의 변동을 조정하는 동시에 목표값에 정확히 추종하도록 설계한 제어
② 추치 제어 3종 : 추종제어, 프로그램제어, 비율제어

3.3 조절부의 동작에 의한 분류

(1) 비례제어 (P동작)
① 조절부의 출력이 편차에서부터 조작량까지의 피드백 경로 전달특성이 비례적 특성만 가진 제어계이다.
② 조절부의 동작
$$y(t) = K_P z(t)$$
여기서, K_p : 비례감도, $z(t)$: 편차(조절부 출력)
③ 비례제어는 구조가 간단하지만 잔류 편차(off set) 발생하는 결점이 있다.

(2) 미분제어(D제어)
① 진동을 억제하여 응답속도 개선
② 오차가 변하는 속도에 비례하여 조작량을 가감시켜 오차가 커지는 것을 방지
③ 진상보상

(3) 적분제어(I동작)
① 응답특성을 개선하여 잔류편차 제거
② 지상 보상

(4) 비례적분제어(PI 동작)
① $y(t) = K_p [z(t) + \frac{1}{T_I} \int z(t) dt]$

여기서, T_I : 적분시간, $\frac{1}{T_I}$: 리셋율

② 비례적분제어는 계단변화에 대하여 잔류 편차가 없다.

(5) 비례 적분 미분제어(PID 동작)
① PI 동작에 미분동작(D 동작)을 추가한 제어
② 조절부의 동작
$$y(t) = K_p [z(t) + \frac{1}{T_I} \int z(t) dt + T_D \frac{d}{dt} z(t)] \qquad 여기서,\ T_D : 미분시간$$

③ 적분동작으로 잔류 편차를 없애고 미분동작에 의해 오버슈트와 정정시간을 감소시킨 연속 선형 제어로 가장 정밀한 제어이다.

(6) 온·오프(ON·OFF) 제어
① 불연속 동작으로 2 위치 제어와 샘플치 제어가 있다.
② 제어량이 목표값에서 일정량 벗어나면 정해진 조작량이 대상에 가해지는 제어 동작이다. (냉장고의 온도조절)

3.4 자동제어계의 과도응답

(1) 단위계단 입력에 대한 시간응답

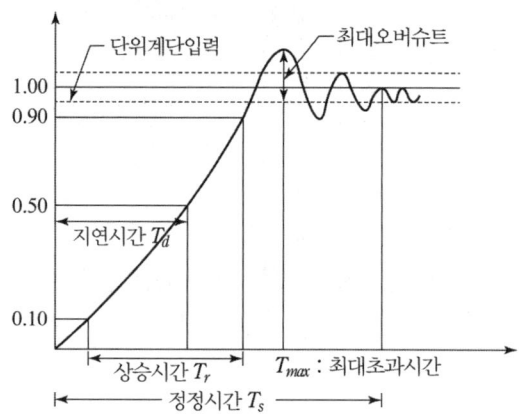

(2) 오버슈트 : 과도 기간 중 응답이 목표값에 넘어가는 양으로 입력과 출력 사이의 최대 편차량이며 제어계의 안정의 척도가 된다.

① 백분율 오버슈트 $= \dfrac{\text{최대 오버슈트}}{\text{최종 목표값}} \times 100\%$

② 상대오버슈트 $= \dfrac{\text{최대 오버슈트}}{\text{최종의 희망값}} \times 100\%$

(3) 지연시간(T_d) : 응답이 최초로 목표값의 50%가 되는데 걸리는 시간
(4) 감쇠비 : 과도응답이 소멸되는 정도를 나타내는 비율로 최대 오버슈트와 다음 주기에 오는 오버슈트와의 비

※ 감쇠비 $= \dfrac{\text{제2오버슈트}}{\text{최대 오버슈트}}$

(5) 상승시간(T_r) : 응답이 목표값의 10%에서 90%까지 도달되는데 걸리는 시간
(6) 정정시간(T_s) : 응답이 요구하는 오차 이내로 정착되는데 걸리는 시간

6장 제어계의 요소 및 구성 — 예상문제

01 자동 제어계의 일반적인 특성이 아닌 것은?
① 생산량을 증대시킬 수 있다.
② 생산 기구가 간단해진다.
③ 원료 및 연료를 절감할 수 있다.
④ 노동 조건을 향상시킬 수 있다.

02 제어계가 부정확하고 신뢰성은 없으나 설치비가 저렴한 제어계는?
① 개회로 제어계
② 폐회로 제어계
③ 자동 제어계
④ 귀환 제어계

03 다음 중 개루프 시스템의 주된 장점이 아닌 것은?
① 원하는 출력을 얻기 위해 보정해 줄 필요가 없다.
② 구성하기 쉽다.
③ 구성 단가가 낮다.
④ 보수 및 유지가 간단하다.

04 피드백 제어계의 특징이 아닌 것은?
① 정확성이 증가한다.
② 대역폭이 증가한다.
③ 구조가 간단하고 설치비가 저렴하다.
④ 계(系)의 특성 변화에 대한 입력 대 출력비의 감도가 감소한다.
  풀이 구조가 간단하고 설치비가 저렴한 것은 개루프제어의 특성이다.

05 폐루프 제어계의 특징으로 틀린 것은?
① 정확성이 증가한다.
② 감쇠폭이 증가한다.
③ 발진을 일으키고 불안정한 상태로 되어갈 가능성이 있다.
④ 계(系)의 특성 변화에 대한 입력 대 출력비의 감도가 증가한다.

정답 01. ② 02. ① 03. ① 04. ③ 05. ④

풀이 폐루프 제어계의 특징은 계의 특성 변화에 대한 입력 대 출력비의 감도가 감소한다.

06 다음 요소 중 피드백 제어계의 제어장치에 속하지 않는 것은?
① 설정부　　② 조절부　　③ 검출부　　④ 제어대상

풀이 제어대상(controlled system)이란 제어하고자 하는 목적의 장치 또는 기계를 말한다.

07 동작신호를 만드는 부분은?
① 검출부　　② 비교부　　③ 조작부　　④ 제어부

08 피드백 제어계에서 제어 요소에 대한 설명 중 옳은 것은?
① 목표값에 비례하는 신호를 발생하는 요소이다.
② 조작부와 검출부로 구성되어 있다.
③ 조절부와 검출부로 구성되어 있다.
④ 동작 신호를 조작량으로 변화시키는 요소이다.

풀이 제어요소는 동작신호를 조작량으로 변환하는 요소이고 조절부와 조작부이다.

09 제어 요소는 무엇으로 구성되는가?
① 검출부　　　　　　　② 검출부와 조절부
③ 검출부와 조작부　　　④ 조작부와 조절부

풀이 제어요소 : 조절부와 조작부로 구성

10 제어 요소가 제어 대상에 주는 양은?
① 기준 입력　　② 동작 신호　　③ 제어량　　④ 조작량

풀이 조작량은 제어요소가 제어대상에 주는 양이다.

11 인가 직류 전압을 변화시켜서 전동기의 회전수를 800[rpm]으로 하고자 한다. 이 경우 회전수는 어느 용어에 해당하는가?
① 목표값　　② 조작량　　③ 제어량　　④ 제어대상

풀이 제어량 : 출력을 의미한다.(제어된 대상의 양)

정답　06. ④　07. ②　08. ④　09. ④　10. ④　11. ③

12 제어계의 종류 중 목표값에 의한 분류에 해당되는 것은?
① 프로세스 제어　　　　② 서보기구
③ 자동조정　　　　　　　④ 비율제어

> **풀이** 목표값에 의한 분류
> (1) 정치 제어 : 목표값이 시간에 관계없이 항상 일정한 제어 (연삭기, 압연기)
> (2) 추치 제어 : 목표값의 크기나 위치가 시간에 따라 변화는 것을 제어
> ① 추종 제어　② 프로그램 제어　③ 비율 제어

13 제어량을 어떤 일정한 목표값으로 유지하는 것을 목적으로 하는 제어법은?
① 추종제어　　　　　　② 비율제어
③ 프로그램 제어　　　　④ 정치제어

14 연속식 압연기의 자동제어는 다음 중 어느 것인가?
① 정치 제어　　　　　　② 추종제어
③ 프로그래밍 제어　　　④ 비례 제어

15 추치 제어에 속하지 않은 것은?
① 추종제어　　　　　　② 비율제어
③ 위치제어　　　　　　④ 프로그램제어

> **풀이** 추치 제어의 3종류 : 추종제어, 프로그램제어, 비율제어

16 목표값이 미리 정해진 시간적 변화를 하는 경우 제어량을 그것에 추종시키기 위한 제어는?
① 프로그래밍 제어　　　② 정치 제어
③ 추종 제어　　　　　　④ 비율 제어

17 무조종사의 엘리베이터의 자동 제어는?
① 정치 제어　　　　　　② 추종 제어
③ 프로그래밍 제어　　　④ 비율 제어

정답　12. ④　13. ④　14. ①　15. ③　16. ①　17. ③

18 열차의 무인 운전을 위한 제어는 어느 것에 속하는가?
① 정치 제어 ② 추종 제어 ③ 비율 제어 ④ 프로그램 제어

19 인공위성을 추적하는 레이더의 제어방식은?
① 정치 제어 ② 비율 제어
③ 추종 제어 ④ 프로그램 제어

20 연료의 유량과 공기의 유량과의 사이의 비율을 연소에 적합한 것으로 유지하고자 하는 제어는?
① 비율 제어 ② 추종 제어
③ 프로그램 제어 ④ 시퀀스 제어

21 자동 제어 분류에서 제어량에 의한 분류가 아닌 것은?
① 서보 기구 ② 프로세서 제어
③ 자동 조정 ④ 정치 제어

풀이 정치제어는 목표값에 의한 분류 중 목표값이 시간에 관계없이 일정한 제어

22 다음의 제어량에서 추종제어에 속하지 않는 것은?
① 유량 ② 위치 ③ 방위 ④ 자세

23 피드백 제어계 중 물체의 위치, 방위, 자세 등의 기계적 변위를 제어량으로 하는 것은?
① 서보 기구(servomechanism)
② 프로세스 제어(process control)
③ 자동 조정(automatic regulation)
④ 프로그램 제어(program control)

풀이 서보 기구는 기계적 추치제어계로 제어량이 위치, 각도 자세 등이다.

24 다음 중 서보 기구에 속하지 않는 것은?
① 위치 ② 압력 ③ 자세 ④ 방위

정답 18. ④ 19. ③ 20. ① 21. ④ 22. ① 23. ① 24. ②

25 제어량이 온도, 압력, 유량 및 액면 등과 같은 일반 공업량일 때의 제어는?
① 프로그램 제어
② 프로세스 제어
③ 시퀀스 제어
④ 추종 제어

> 풀이 공정의 상태량을 제어량으로 하는 제어를 프로세스 제어라 한다.(화학, 석유 가스 등)

26 원유를 증류 장치에 의하여 휘발유, 등유, 경유 등으로 분리시키는 장치는 어떤 제어인가?
① 시퀀스 제어
② 프로세스 제어
③ 개회로 제어
④ 추종 제어

27 다음 중 프로세스 제어(process control)에 속하지 않는 것은?
① 온도
② 압력
③ 유량
④ 자세

28 피드백 제어계 중 전압, 주파수, 장력 등을 제어량으로 하는 것은?
① 서보 기구(servomechanism)
② 프로세스 제어(process control)
③ 자동 조정(automatic regulation)
④ 프로그램 제어(program control)

29 다음의 제어량에서 자동 조정 제어량은?
① 속도
② 위치
③ 방위
④ 압력

> 풀이 자동 조정 제어 : 전압, 주파수, 장력, 속도

30 제어 요소의 동작 중 연속 동작이 아닌 것은?
① D 동작
② ON-OFF 동작
③ P+D 동작
④ P+I 동작

31 다음 중 불연속 제어에 속하는 것은?
① ON-OFF 제어
② 비례 제어
③ 미분 제어
④ 적분 제어

정답 25. ② 26. ② 27. ④ 28. ③ 29. ① 30. ② 31. ①

32 다음 중 불연속 제어에 속하는 것은?
① 샘플링 제어 ② 비례 제어 ③ 미분 제어 ④ 적분 제어

33 사이클링(cycling)을 일으키는 제어는?
① 비례 제어 ② 미분 제어 ③ ON-OFF 제어 ④ 연속 제어

34 잔류 편차가 있는 제어계는?
① 비례 제어계(P제어계)
② 적분 제어계(I 제어계)
③ 비례 적분 제어계(PI제어계)
④ 비례 적분 미분 제어계(PID 제어계)

35 제어 오차가 검출될 때 오차가 변화하는 속도에 비례하여 조작량을 조절하는 동작으로 오차가 커지는 것을 사전에 방지하는 제어 동작은?
① 미분 동작 제어
② 비례 동작 제어
③ 적분 동작 제어
④ 온-오프(ON-OFF)제어

> **풀이** 미분 동작 제어는 제어 오차가 검출될 때 오차가 변화하는 속도에 비례하여 조작량을 가감하도록 하는 동작으로서 오차가 커지는 것을 사전에 방지한다.

36 제어기에서 미분 제어의 특성으로 가장 적합한 것은?
① 대역폭이 감소한다.
② 제동을 감소시킨다.
③ 작동 오차의 변화율에 반응하여 동작한다.
④ 정상 상태의 오차를 줄이는 효과를 갖는다.

37 off-set을 제거하기 위한 제어법은?
① 비례 제어 ② 적분 제어
③ ON-OFF 제어 ④ 미분 제어

38 PD제어 동작은 공정 제어계의 무엇을 개선하기 위하여 쓰이고 있는가?
① 정연성 ② 속응성 ③ 안정성 ④ 이득

정답 32. ① 33. ③ 34. ① 35. ① 36. ③ 37. ② 38. ②

39 PD제어 동작은 프로세스 제어계의 과도 특성 개선에 흔히 쓰인다. 이것에 대응하는 보상요소는?
① 지상 보상 요소
② 진상 보상 요소
③ 진지상 보상 요소
④ 동상 보상 요소

40 다음 동작 중 속응도의 정상편차에서 최적제어가 되는 것은?
① P 제어
② PI 제어
③ PD 제어
④ PID 제어

41 정상 특성과 응답 속응성을 동시에 개선시키려면 다음 어느 제어를 사용해야 하는가?
① P 제어
② PI 제어
③ PD 제어
④ PID 제어

42 PID 동작은 어느 것인가?
① 사이클링과 오프셋이 제거되고 응답속도가 빠르며 안정성도 있다.
② 응답속도를 빨리 할 수 있으나 오프셋은 제거되지 않는다.
③ 오프셋은 제거되나 제어동작에 큰 부동작 시간이 있으면 응답이 늦어진다.
④ 사이클링을 제거할 수 있으나 오프셋이 생긴다.

43 제어량을 원하는 상태로 하기 위한 입력 신호는?
① 작업명령
② 명령처리
③ 제어명령
④ 신호처리

44 기계장치, 프로세스 및 시스템 등에서 제어되는 전체 또는 부분으로서 제어량을 발생시키는 장치는?
① 제어장치
② 조작장치
③ 제어대상
④ 검출장치

45 궤환제어계에 속하지않는 신호로 외부에서 제어량이 그 값에 맞도록 제어계에 주어지는 신호를 무엇이라 하는가?
① 동작신호
② 기준입력
③ 목표값
④ 궤환신호

정답 39. ② 40. ④ 41. ④ 42. ① 43. ③ 44. ③ 45. ③

46 2차 시스템의 응답형태를 결정하는 것은?
① 히스테리시스　② 정밀도
③ 분해도　④ 제동계수

47 어떤 장치에 원료를 넣어 이것을 물리적, 화학적 처리를 가하여 원하는 제품을 만들기 위해 사용하는 제어는?
① 서보제어　② 추치제어
③ 프로그램제어　④ 프로세스제어

정답　46. ④　47. ④

7장 블록선도

1. 블록선도의 개요

1.1 블록선도

(1) 신호의 가감·승제·분기를 그림 기호화 한 것으로 자동 제어계에서는 전달함수와 신호의 관계를 나타낸다.

(2) 블록선도의 기본 그림구조

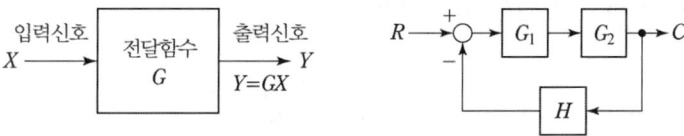

1.2 신호 흐름선도

(1) 덧셈

그림의 신호 흐름 선도의 선형 방정식은

$$y_3 = ay_1 + by_2$$

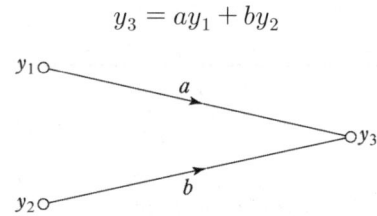

그림의 신호 흐름 선도의 선형 방정식은

$$y_2 = (a+b)y_1$$

(2) 곱셈

그림의 신호 흐름 선도의 선형 방정식은

$$y_4 = abcy_1$$

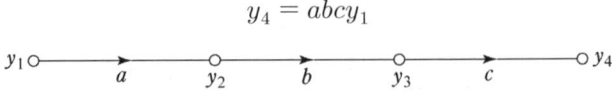

(3) 피드백 루프

그림의 신호 흐름 선도의 선형 방정식은

$$y_2 = \frac{a}{1+ab}y_1$$

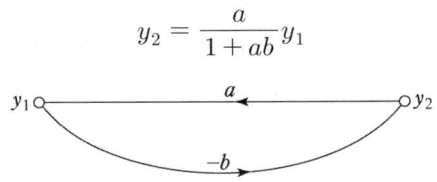

그림의 신호 흐름 선도의 선형 방정식은

$$y_2 = \frac{a}{1+b}y_1$$

2. 궤환 제어의 표준

2.1 전달함수

(1) 전달 함수

① 입력 신호 $x(t)$, 출력 신호 $y(t)$일 때 전달 함수 $G(s)$

$$G(s) = \frac{\mathcal{L}[y(t)]}{\mathcal{L}[x(t)]} = \frac{Y(s)}{X(s)}$$

② 어떤 계의 전달 함수는 그 계에 대한 임펄스 응답의 라플라스 변환과 같다.
③ 계의 전달 함수 분모를 0으로 하면 특성 방정식이 된다.
④ 전달 함수 $P(s)$인 계의 입력이 임펄스 함수이고 모든 초기값이 0이면 그 계의 출력 변환은 $P(s)$와 같다.

(2) $\dfrac{C}{R} = \dfrac{\sum 전향경로이득}{1 - \sum 루프이득}$

$C(s) = \dfrac{G(s)}{1 \pm G(s)H(s)} R(s)$

전향경로이득 : $G(s)$, 루프이득 : $G(s)H(s)$

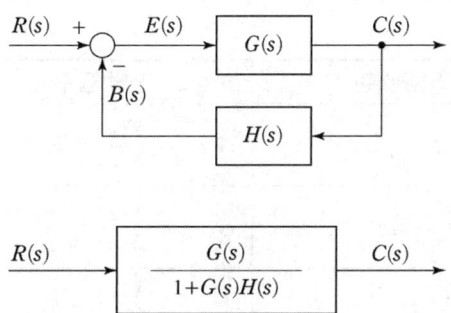

예제 그림의 블록선도에서 전달함수 $\dfrac{C(s)}{R(s)}$의 값을 구하시오.

풀이 $\dfrac{C(s)}{R(s)} = \dfrac{G_1 G_2}{1 - [-G_1 G_2 G_3 G_4]} = \dfrac{G_1 G_2}{1 + G_1 G_2 G_3 G_4}$

예제 그림의 블록선도에서 전달 함수 $\dfrac{C(s)}{R(s)}$의 값을 구하시오.

풀이) $\dfrac{C(s)}{R(s)} = \dfrac{(2\times 4)+(5\times 4)}{1-(-4)} = \dfrac{28}{5}$

2.2 제어요소의 전달함수

요소의 종류	입력과 출력관계	전달 함수	비 고
비례 요소	$y(t) = Kx(t)$	$G(s) = \dfrac{Y(s)}{X(s)} = K$	K : 비례감도
적분 요소	$y(t) = K\int x(t)dt$	$G(s) = \dfrac{Y(s)}{X(s)} = \dfrac{K}{s}$	
미분 요소	$y(t) = K\dfrac{d}{dt}x(t)$	$G(s) = \dfrac{Y(s)}{X(s)} = Ks$	
1차 지연 요소	$b_1\dfrac{by(t)}{dt} + b_0 y(t) = a_0 x(t)$	$G(s) = \dfrac{Y(s)}{X(s)} = \dfrac{K}{T_s + 1}$	$\dfrac{a_0}{b_0} = K,\ \dfrac{b_1}{b_0} = T$(시정수)
2차 지연 요소	$b_2\dfrac{d^2y(t)}{dt^2} + b_1 dy\dfrac{(t)}{dt} + b_0 y(t) = a_0 x(t)$	$G(s) = \dfrac{Y(s)}{X(s)}$ $= \dfrac{K\omega_n^2}{s^2 + 2\zeta\omega_n s + \omega_n^2}$ $= \dfrac{K}{1 + 2\zeta T_s + T^2 S^2}$	$\dfrac{a_0}{b_0} = K,\ \dfrac{b_2}{b_0} = T^2$ $\dfrac{b_1}{b_0} = 2\zeta T,\ \dfrac{1}{T} = \omega_n$ ζ : 감쇠계수 ω_n : 고유 각주파수

2.3 라플라스 변환

(1) 시간 함수 $f(t)$의 라플라스 변환

$$\mathcal{L}[f(t)] = \int_0^\infty f(t)e^{-st}dt = F(s)$$

(2) 라플라스 변환 공식

종 류	$f(t)$	$F(s)$
임펄스 함수	$\delta(t)$	1
단위 계단함수	$u(t)$	$\dfrac{1}{s}$
단위 램프함수	t	$\dfrac{1}{s^2}$
n차 램프함수	t^n	$\dfrac{n!}{s^{n+1}}$
정현파 함수	$\sin\omega t$	$\dfrac{\omega}{s^2+\omega^2}$
	$\cos\omega t$	$\dfrac{s}{s^2+\omega^2}$
지수 함수	e^{-at}	$\dfrac{1}{s+a}$
지수 감쇠 램프함수 복수 추이	$t^n \cdot e^{-at}$	$\dfrac{n!}{(s+a)^{n+1}}$
정현파 램프함수	$t \cdot \sin\omega t$	$\dfrac{2\omega}{(s^2+\omega^2)^2}$
	$t \cdot \cos\omega t$	$\dfrac{s^2-w^2}{(s^2+\omega^2)^2}$

2.4 루드의 제어계 안정판별법

$$F(s) = a_0 s^n + a_1 s^{n-1} + \cdots + a_{n-1} s + a_n = 0$$

위 식의 안정되기 위해서는 근이 모두 S 평면의 좌 반부에 있어야 하며 그 조건은 다음과 같다.

(1) 모든 계수의 부호가 같아야 한다.
(2) 계수 중 하나라도 0이 되면 안된다. (모든 차수가 있어야 한다.)
(3) 루드 수열의 제1열의 부호가 같아야 한다.

3. 블록선도의 변환 및 신호흐름선도

3.1 직렬 접속의 등가변환

(1) 요소의 순서 교환

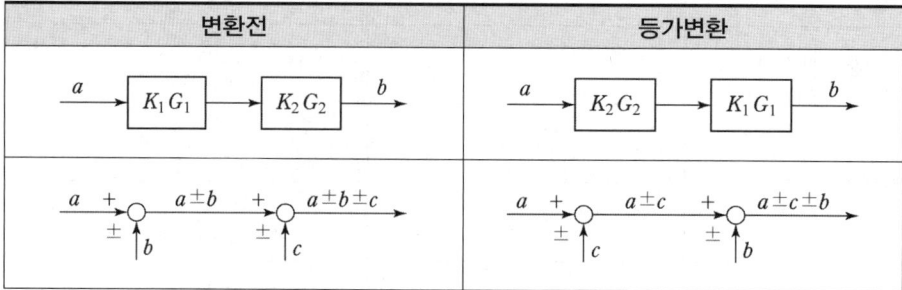

(2) 인출점 및 합산점 순서 교환

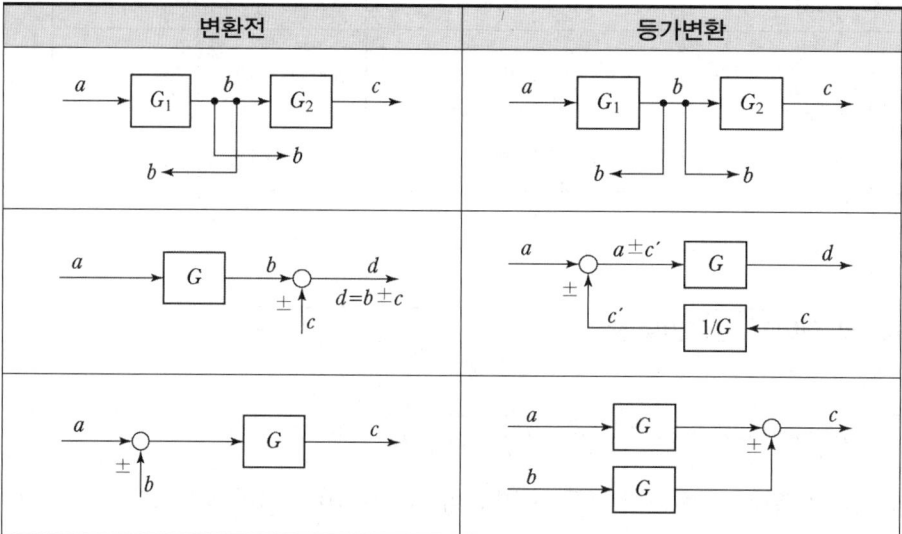

(3) 직렬요소를 병렬요소로 변환

변환전	등가변환

3.2 병렬 접속의 등가변환

(1) 병렬 요소를 직렬 요소로 변환

변환전	등가변환
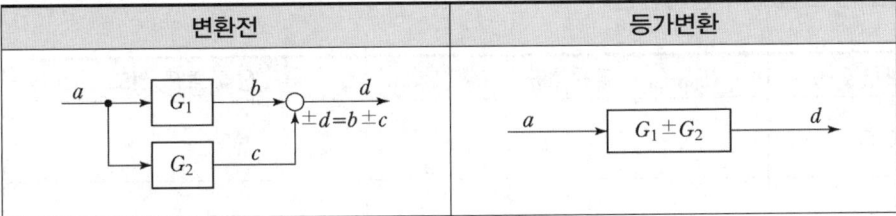	

(2) 병렬요소를 1개 요소로 변환

변환전	등가변환
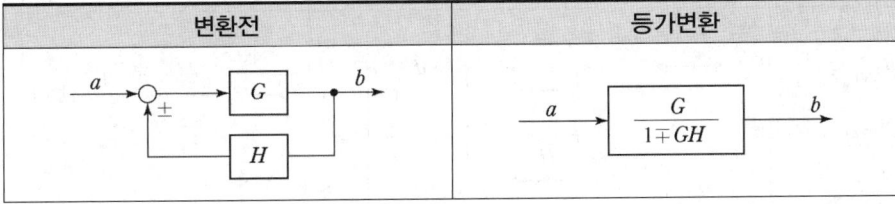	

3.3 궤환 접속의 등가변환

(1) 단위 피드백 결합 및 피드백 요소로 변환

변환전	등가변환
(diagram)	(diagram)
(diagram)	(diagram)

(2) 단일 요소 피드백 변환

변환전	등가변환
(diagram)	$\dfrac{G}{1 \mp GH}$

변환전	등가변환
$a \xrightarrow{} G \xrightarrow{} b$	$a \xrightarrow{+} \bigcirc_{\mp} \rightarrow \boxed{\dfrac{G}{1 \mp G}} \rightarrow b$
$a \xrightarrow{} G \xrightarrow{} b$	$a \xrightarrow{+} \bigcirc_{-} \xrightarrow{} b$ 와 $\boxed{\dfrac{1}{G} - 1}$ 피드백

3.4 신호선 흐름도의 등가변환

변환사항	블록 선도	신호 흐름 선도
신 호	$a \xrightarrow{}$	
전달요소 $b = G \cdot a$	$a \rightarrow \boxed{G} \rightarrow b$	$a \circ \xrightarrow{G} \circ b$
가 합 점 $c = a \pm b$	$a \xrightarrow{+} \bigcirc \xrightarrow{} c$, $b \uparrow \pm$	$a \circ \xrightarrow{1} \circ c$, $b \circ \xrightarrow{\pm 1}$
인 출 점 $a = b = c$	$a \rightarrow \bullet \rightarrow b$, $\downarrow c$	$a \circ \xrightarrow{1} \circ b$, $\xrightarrow{\pm 1} \circ c$
종속접속 $c = G_1 \cdot G_2 \cdot a$	$a \rightarrow \boxed{G_1} \xrightarrow{b} \boxed{G_2} \rightarrow c$	$a \circ \xrightarrow{G_1} \circ^b \xrightarrow{G_2} \circ c$
병렬접속 $d = (G_1 \pm G_2)a$	$a \rightarrow \bullet \rightarrow \boxed{G_1} \rightarrow \bigcirc_+ \rightarrow d$, $\boxed{G_2}$	$a \circ \xrightarrow{1} \circ^b \xrightarrow{G_1} \circ^c \xrightarrow{1} \circ d$, $\pm G_2$
피드백접속 $d = \dfrac{G}{1 \pm GH} \cdot a$	$a \rightarrow \bigcirc_+ \rightarrow \boxed{G} \rightarrow \bullet \rightarrow d$, $\boxed{H}$	$a \circ \xrightarrow{1} \circ^b \xrightarrow{G} \circ^c \xrightarrow{1} \circ d$, $\pm H$

7장 블록선도 — 예상문제

01 모든 초기값을 0으로 할 때 입력에 대한 출력의 비는?
① 전달 함수 ② 충격 함수
③ 경사 함수 ④ 포물선 함수

풀이 전달 함수는 모든 초기값을 0으로 했을 때, 출력 신호의 라플라스 변환과 입력 신호의 라플라스 변환의 비이다.

02 전달 함수 정의할 때 옳게 나타낸 것은?
① 모든 초기값을 0으로 한다. ② 모든 초기값을 고려한다.
③ 입력만을 고려한다. ④ 주파수 특성만을 고려한다.

03 적분 요소의 전달 함수는?
① K ② $\dfrac{K}{1+Ts}$ ③ $\dfrac{1}{Ts}$ ④ Ts

04 1차 지연 요소의 전달 함수는?
① K ② $\dfrac{K}{s}$ ③ Ks ④ $\dfrac{K}{1+Ts}$

05 다음 사항 중 옳게 표현된 것은?
① 비례 요소의 전달 함수는 $\dfrac{1}{Ts}$ 이다.
② 미분 요소의 전달 함수는 K 이다.
③ 적분 요소의 전달 함수는 Ts 이다.
④ 1차 지연 요소의 전달 함수는 $\dfrac{K}{Ts+1}$ 이다.

풀이 비례 요소의 전달 함수는 K, 미분 요소의 전달 함수는 Ks
적분 요소의 전달 함수는 $\dfrac{K}{S}$

정답 01. ① 02. ① 03. ③ 04. ④ 05. ④

06 그림과 같은 블록선도가 의미하는 요소는?

① 1차 늦은 요소
② 0차 늦은 요소
③ 2차 늦은 요소
④ 1차 빠른 요소

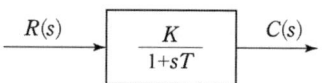

07 단위 계단 함수를 어떤 제어 요소에 입력으로 넣었을 때 그 전달 함수가 그림과 같은 블록선도로 표시될 수 있다면 이것은?

① 1차 지연 요소
② 2차 지연 요소
③ 미분 요소
④ 적분 요소

08 다음 중 부동작 시간(dead time) 요소의 전달 함수는?

① Ks ② $1+Ks^{-1}$ ③ $\dfrac{K}{e^{LS}}$ ④ $\dfrac{T}{1+Ts}$

풀이 $y(t) = Kx(t-L)$, $Y(s) = Ke^{-Ls}X(s)$
$\therefore G(s) = \dfrac{Y(s)}{X(s)} = Ke^{-Ls} = \dfrac{K}{e^{Ls}}$

09 자동제어계의 각 요소를 Block 선도(diagram)로 표시할 때에 각 요소를 전달함수로 표시하고 신호의 전달 경로는 무엇으로 표시하는가?

① 전달함수   ② 단자
③ 화살표   ④ 출력

10 그림과 같은 시스템의 등가 합성 전달 함수는?

① $G_1 + G_2$
② $G_1 G_2$
③ $G_1 \sqrt{G_2}$
④ $G_1 - G_2$

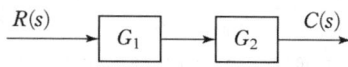

정답 06. ① 07. ② 08. ③ 09. ③ 10. ②

11 종속으로 접속된 두 전달 함수의 종합 전달 함수를 구하시오.

① $G_1 + G_2$ ② $G_1 \times G_2$

③ $\dfrac{1}{G_1} + \dfrac{1}{G_2}$ ④ $\dfrac{1}{G_1} \times \dfrac{1}{G_2}$

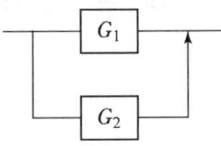

12 그림과 같은 피드백 회로의 종합 전달 함수는?

① $\dfrac{1}{G_1} + \dfrac{1}{G_2}$ ② $\dfrac{G_1}{1 - G_1 G_2}$

③ $\dfrac{G_1}{1 + G_1 G_2}$ ④ $\dfrac{G_1 G_2}{1 + G_1 G_2}$

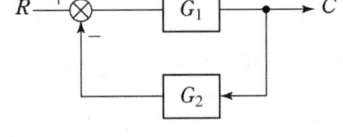

풀이 $\dfrac{C}{R} = \dfrac{G_1}{1 - (-G_1 G_2)} = \dfrac{G_1}{1 + G_1 G_2}$

13 그림과 같은 피드백 제어의 종합 전달 함수는?

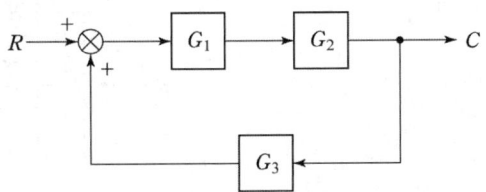

① $\dfrac{G_1}{1 + G_1 G_2 G_3}$ ② $\dfrac{G_1 G_2}{1 + G_1 G_2 G_3}$ ③ $\dfrac{G_1}{1 - G_1 G_2 G_3}$ ④ $\dfrac{G_1 G_2}{1 - G_1 G_2 G_3}$

14 그림의 블록선도에서 $\dfrac{C(s)}{R(s)}$를 구하면?

① $\dfrac{G_1 + G_2}{1 + G_1 G_2 + G_3 G_4}$

② $\dfrac{G_1 G_2}{1 + G_1 G_2 G_3 G_4}$

③ $\dfrac{G_3 G_4}{1 + G_1 G_2 G_3 G_4}$

④ $\dfrac{G_1 G_2}{1 + G_1 G_2 + G_3 G_4}$

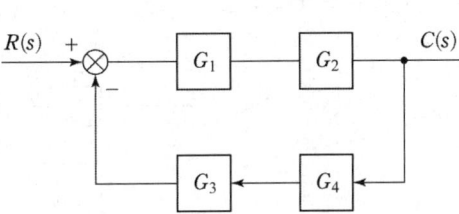

풀이 $G(s) = \dfrac{G_1 G_2}{1 - [-G_1 G_2 G_3 G_4]} = \dfrac{G_1 G_2}{1 + G_1 G_2 G_3 G_4}$

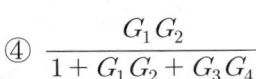 11. ①   12. ③   13. ④   14. ②

15 그림과 같은 계통의 전달 함수는?

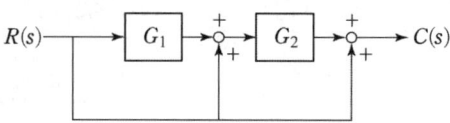

① $1 + G_1 G_2$
② $1 + G_2 + G_1 G_2$
③ $\dfrac{G_1 G_2}{1 - G_1 G_2}$
④ $\dfrac{G_1 G_2}{1 - G_1 - G_2}$

풀이 $R(s)(G_1 G_2 + G_2 + 1) = C(s)$
∴ $\dfrac{C(s)}{G(s)} = G_1 G_2 + G_2 + 1$

16 그림과 같은 블록선도에서 등가 합성 전달 함수 $\dfrac{C}{R}$는?

① $\dfrac{H_1 + H_2}{1 + G}$

② $\dfrac{H_1}{1 + H_1 H_2 G}$

③ $\dfrac{G}{1 + H_1 H_2}$

④ $\dfrac{G}{1 + H_1 G + H_2 G}$

풀이 $\dfrac{C}{R} = \dfrac{G}{1 - (-H_1 G - H_2 G)} = \dfrac{G}{1 + H_1 G + H_2 G}$

17 그림의 전달함수는?

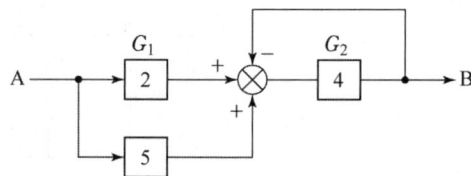

① $\dfrac{12}{5}$
② $\dfrac{16}{5}$
③ $\dfrac{20}{5}$
④ $\dfrac{28}{5}$

풀이 $G(s) = \dfrac{2 \times 4 + (5 \times 4)}{1 - (-4)} = \dfrac{28}{5}$

정답 15. ② 16. ④ 17. ④

18 그림과 같은 신호 흐름 선도에서 $\dfrac{C}{R}$의 값은?

① $a+ab+b$
② $ab+b+1$
③ $1+ab+a$
④ $a+b$

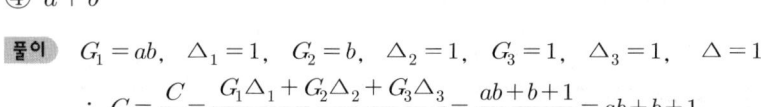

풀이 $G_1=ab$, $\triangle_1=1$, $G_2=b$, $\triangle_2=1$, $G_3=1$, $\triangle_3=1$, $\triangle=1$

$\therefore G=\dfrac{C}{R}=\dfrac{G_1\triangle_1+G_2\triangle_2+G_3\triangle_3}{\triangle}=\dfrac{ab+b+1}{1}=ab+b+1$

19 그림의 신호 흐름 선도에서 $\dfrac{C}{R}$의 값은?

① $a+2$
② $a+3$
③ $a+5$
④ $a+6$

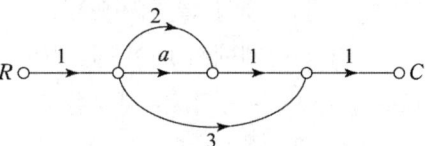

풀이 $\dfrac{C}{R}=a+2+3=a+5$

20 그림의 신호 흐름 선도에서 $\dfrac{C(s)}{R(s)}$를 구하면?

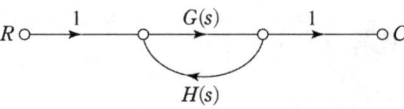

① $\dfrac{G(s)}{1+G(s)H(s)}$ ② $\dfrac{G(s)H(s)}{1+G(s)H(s)}$ ③ $\dfrac{G(s)}{1-G(s)H(s)}$ ④ $\dfrac{G(s)H(s)}{1-G(s)H(s)}$

풀이 $\dfrac{C}{R}=\dfrac{G(s)}{1-G(s)H(s)}$

21 그림의 신호 흐름 선도에서 $\dfrac{C}{R}$는?

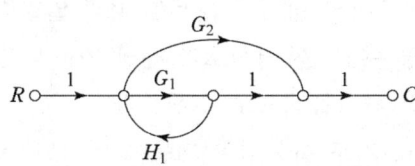

① $\dfrac{G_1+G_2}{1-G_1H_1}$ ② $\dfrac{G_1G_2}{1-G_1H_1}$ ③ $\dfrac{G_1+G_2}{1+G_1H_1}$ ④ $\dfrac{G_1G_2}{1+G_1H_1}$

정답 18. ② 19. ③ 20. ③ 21. ①

8장 시퀀스제어

1. 제어요소의 작동과 표현

1.1 시퀀스제어의 정의

(1) 시퀀스의 뜻은 "어떤 현상이 일어나는 순서"를 말하며 시퀀스 제어(sequential control)는 "미리 정해진 순서 또는 일정한 논리에 의하여 정해진 순서에 따라 제어의 각 단계를 순차적으로 진행시켜 나가는 제어"를 의미한다.
(2) 시퀀스 제어는 다음 단계에서 해야 할 제어동작이 미리 정해져 있어 앞 단계에서의 제어동작을 완료한 후, 또는 동작 후 일정한 시간이 경과한 후에 다음 동작으로 이행하는 경우나 제어 결과에 대응하여 다음에 해야 할 동작을 선정하여 다음 단계로 이행하는 제어를 말한다.
(3) 시퀀스 제어는 작업 진행도중 어떤 오차가 발생하여도 제어량이 수정되지 않는 개회로제어(open loop control)이다.

1.2 시퀀스 제어의 종류

(1) 순서제어 : 단순히 순서대로 온(on) 오프(off) 만을 반복하는 제어(전등 점멸제어)
(2) 조건제어 : 일정한 조건이 충족되면 출력이 나타나는 제어(엘리베이터 운행제어)

1.3 시퀀스 제어의 특징

(1) 입력 신호에서 출력 신호까지 정해진 순서에 따라 일방적으로 제어 명령이 전달된다.
(2) 어떤 조건을 만족한 경우에도 제어신호가 전달되며 시간 지연 요소도 사용된다.
(3) 제어 결과에 따라 조작을 자동적으로 수행한다.
(4) 조합논리와 기계적 계전기도 사용되며 계통에 연결된 스위치는 일시에 동작할 수 없다.
(5) 제어 시스템은 복잡하지 않고 간단한 이점이 있으나 목표값과 출력값이 일치하지 않고 오차가 발생하여도 이 오차를 교정할 수 없다는 단점이 있다.

1.4 시퀀스 제어의 구성

(1) 입력기구
  ① 입력 신호에 따라 수동과 자동으로 분류한다.
  ② 수동 : 누름 버튼 스위치, 컨트롤스위치 등의 입력을 조작부에서 제어부로 보낸다.
  ③ 자동 : 검출부에서 마이크로 스위치, 리미트 스위치, 온도스위치 등으로 변위량을 검출하여 제어부로 보낸다.

(2) 제어부
  ① 입력 신호에 따라 원하는 동작을 출력부에 보낸다.
  ② 전자계전기, 파워계전기, 한시계전기

(3) 출력부
  ① 동작상태를 나타내는 표시부와 직접 동작하는 구동부로 구성
  ② 전동기, 솔레노이드 밸브

2. 불대수의 기본정리

1.1 불대수의 기본

(1) 불대수 정리 및 스위치 회로 표시

정 리	스위치 회로
T1 : 교환의 법칙 (a) $A+B=B+A$ (b) $A \cdot B = B \cdot A$	
T2 : 결합의 법칙 (a) $(A+B)+C=A+(B+C)$ (b) $(A \cdot B) \cdot C = A \cdot (B \cdot C)$	

정 리	스위치 회로
T3 : 분배의 법칙 (a) A · (B+C) = A · B + A · C (b) A + (B · C) = (A+B) · (A+C)	
T4 : 동일의 법칙 (a) A + A = A (b) A · A = A	
T5 : 부정의 법칙 (a) $(A) = \overline{A}$ (b) $(\overline{A}) = A$	
T6 : 흡수의 법칙 (a) A + A · B = A (b) A · (A+B) = A	
T7 : 공리 (a) 0 + A = A (b) 1 · A = A (c) 1 + A = 1 (d) 0 · A = 0	

(2) 논리 변환과 논리연산

　1) 분배 법칙

　　① A + (B · C) = (A+B) · (A+C)
　　② A · (B+C) = (A · B) + (A · C)

2) 2진수(0과 1)에서
① $A+0=A$, $A \cdot 1=A$
② $A+A=A$, $A \cdot A=A$
③ $A+1=1$, $A+\overline{A}=1$
④ $A \cdot 0=0$, $A \cdot \overline{A}=0$
⑤ $0+0=0$, $0+1=1$, $\overline{0}=1$, $0 \cdot 1=0$, $1 \cdot 1=1$, $\overline{1}=0$

3. 드모르간(De Morgan)의 정리

3.1 제1정리

(1) $\overline{A+B} = \overline{A} \cdot \overline{B}$

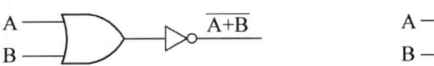

(a) 좌변의 논리회로 　　　　(b) 우변의 논리회로

(c) 논리기호

(2) $A+B = \overline{\overline{A} \cdot \overline{B}}$

3.2 제2정리

(1) $\overline{A \cdot B} = \overline{A} + \overline{B}$

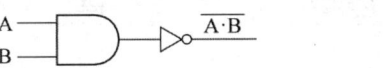

(a) 좌변의 논리회로 　　　　(b) 우변의 논리회로

(c) 논리기호

(2) $AB = \overline{\overline{A} + \overline{B}}$

4. 논리회로

4.1 AND 회로

회 로	유접점	무접점	논리회로	진리표
AND 회로	(A, B 직렬, R-a, R, L)	$X = A \cdot B$	(다이오드 D_1, D_2 회로)	A B X 0 0 0 0 1 0 1 0 0 1 1 1

4.2 OR 회로

회 로	유접점	무접점	논리회로	진리표
OR 회로	(A, B 병렬, R-a, R, L)	$X = A + B$	(OR 게이트 회로)	A B X 0 0 0 0 1 1 1 0 1 1 1 1

4.3 NOT 회로

회 로	유접점	무접점	논리회로	진리표
NOT 회로	(A, R-b, R, L)	$X = \overline{A}$	(트랜지스터 Tr, R_L, R_b, $+V_\alpha$ 회로)	A X 0 1 1 0

4.4 NAND 회로

회 로	유접점	무접점	논리회로	진리표			
NAND 회로	(A, B 직렬, R-b, R, L)	$X=\overline{A \cdot B}$		A	B	X	
				0	0	1	
				0	1	1	
				1	0	1	
				1	1	0	

4.5 NOR 회로

회 로	유접점	무접점	논리회로	진리표			
NOR 회로	(A, B 병렬, R-b, R, L)	$X=\overline{A+B}$		A	B	X	
				0	0	1	
				0	1	0	
				1	0	0	
				1	1	0	

4.6 EX-OR 회로

회 로	유접점	무접점	진리표		
Exclusive-OR 회로 ※ 배타적 논리합	(A, $\overline{A}$, $\overline{B}$, B, X, L)	$X=\overline{A} \cdot B + A \cdot \overline{B}$ $X = A \oplus B$	A	B	X
			0	0	0
			0	1	1
			1	0	1
			1	1	0

4.7 논리의 연산

(1) 분배 법칙
① $A + (B \cdot C) = (A + B) \cdot (A + C)$
② $A \cdot (B + C) = (A \cdot B) + (A \cdot C)$

(2) 2진수(0과 1)에서
① $A + 0 = A,\ A \cdot 1 = A$
② $A + A = A,\ A \cdot A = A$
③ $A + 1 = 1,\ A + \overline{A} = 1$
④ $A \cdot 0 = 0,\ A \cdot \overline{A} = 0$
⑤ $0 + 0 = 0,\ 0 + 1 = 1,\ \overline{0} = 1$
⑥ $0 \cdot 1 = 0,\ 1 \cdot 1 = 1,\ \overline{1} = 0$

5. 로직 시퀀스

5.1 승강기 기본 회로

(1) 자기 유지 회로

① 푸시 버튼 스위치를 사용해서 전자 릴레이의 코일에 전류를 흘려 동작시켰을 때 버튼을 누른 손을 떼면 전자 릴레이는 복귀하므로 전자 릴레이 자신의 a 접점으로 다른 여자 회로를 만들어 연속적으로 동작하게 만든 회로를 말한다.

② 유접점 자기유지 회로도

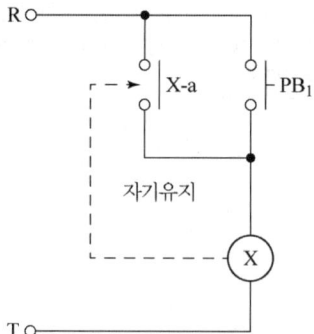

(2) 인터록 회로

① 기기의 보호와 조작자의 안전을 목적으로 한 것인데 기기의 동작상태를 나타내는 b접점을 사용해서 서로 관련되는 기기가 동시에 동작하지 못하도록 하는 회로를 말한다.
② 유접점 인터록 회로도
③ 릴레이 X_1과 X_2는 동시에 여자 되지 못한다.

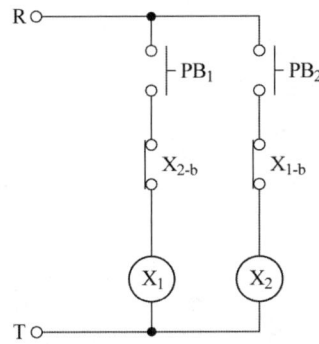

(3) 타이머 회로(지연 동작 회로)

① 타이머회로(지연 동작 회로)란 타이머의 출력 측에서 동작 중의 부하를 입력 신호가 일정 시간(타이머의 설정 시간) 후에 폐로 혹은 개로하는 회로를 말한다.
② 타이머 회로와 타임차트

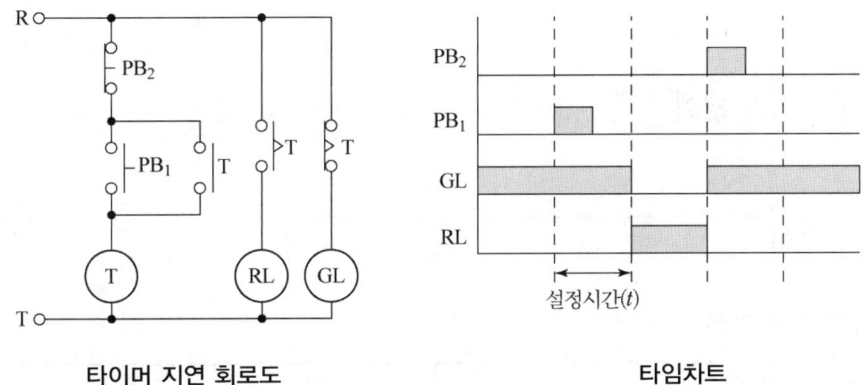

    타이머 지연 회로도   타임차트

③ PB_1을 눌렀을 때 타이머 코일 T가 여자되고 타이머 코일 T가 동작되면 타이머의 순시 a접점 T가 닫혀서 자기 유지된다.
④ 입력인 누름 버튼 스위치 PB_1을 OFF하여도 자기유지회로가 되어 타이머의 작동은 계속된다.
⑤ 설정시간 후 타이머 한시동작 순시복귀접점이 동작하여 RL이 점등되고 GL은 소등

한다.
⑥ 입력인 누름 버튼 스위치 PB$_2$를 눌렀을 때 타이머에 전원이 차단되며 즉시 타이머 한시동작 순시 복귀 접점이 원래의 상태로 복귀하여 RL이 소등되고 GL은 점등된다.

5.2 논리식과 회로도

(1) 논리식

$$Y = A\overline{B} + \overline{A}B + AB$$

(2) 논리회로 및 무접점 회로

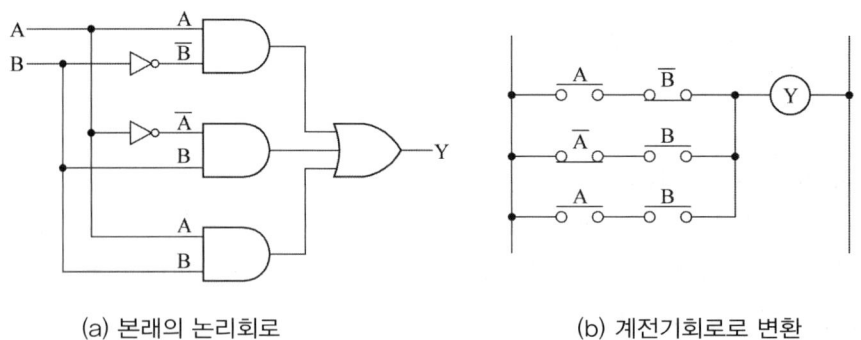

(a) 본래의 논리회로　　　　　(b) 계전기회로로 변환

6. 승강기의 정의

6.1 접점

(1) 접점의 기본 구성

접점의 기본 구성		
a 접점	b 접점	c 접점
상태 : 회로개로상태(NO) 동작 : 회로폐로(CLOSE)	상태 : 회로폐로상태(NC) 동작 : 회로개로(OPEN)	

(2) 접점의 종류

접점의 종류				
수동조작 수동복귀		a접점	b접점	텀블러 스위치
수동조작 자동복귀		a접점	b접점	푸시버튼 스위치(PB)
자동조작 수동복귀		a접점	b접점	EOCR(과전류계전기) THR(열동계전기)
자동동작 자동복귀	순시동작 순시복귀	a접점	b접점	보조릴레이 접점
	순시동작 순시복귀	a접점	b접점	리미트 스위치 레벨 스위치
	한시동작 순시복귀	a접점	b접점	한시동작 타이머 접점 (ON-TIME)
	순시동작 한시복귀	a접점	b접점	한시복귀 타이머 접점 (OFF-TIME)
	한시동작 한시복귀	a접점	b접점	플리커 릴레이 접점

(3) 타이머(timer)

미리 정해진 시간이 경과한 후에 회로를 전기적으로 개폐하는 접점을 가진 계전기를 말한다.

① 한시 동작 : 시간의 차이를 두고 개폐되는 동작
② 순시 동작 : 시간의 차이 없이 순간적으로 개폐되는 동작
③ 한시 복귀 : 시간의 차이를 두고 복귀되는 동작
④ 순시 복귀 : 시간의 차이 없이 순간적으로 복귀되는 동작

6.2 수동 스위치

(1) 푸시 버튼 스위치 구조 및 동작
① 푸시 버튼 스위치의 외관 및 단자 구조

외 관	접점 기호
	a접점
	b접점

② 수동조작 자동복귀 접점으로 버튼을 누르면 접점이 열리거나 닫히는 동작을 한다. (수동 동작)
③ 손을 떼면 스프링의 힘에 의해 자동으로 복귀한다.(자동 복귀)
④ 푸시 버튼 스위치는 일반적으로 c접점으로 되어 있고, 필요에 따라 a 접점 또는 b 접점을 선택하여 사용한다.

(2) 셀렉터 스위치(Selector Switch : 선택 스위치)
① 셀렉터 스위치(Selector Switch)의 외관 및 단자 구조

외 관	접점 기호	스위치 단자 구조
	a접점	NC 250V 6A NO · NO(Normal Open) : a접점 · NC(Normal Close) : b접점
	b접점	

② 셀럭터 스위치는 1단, 2단, 3단 등 여러 종류가 있으며 용도에 맞게 사용한다.

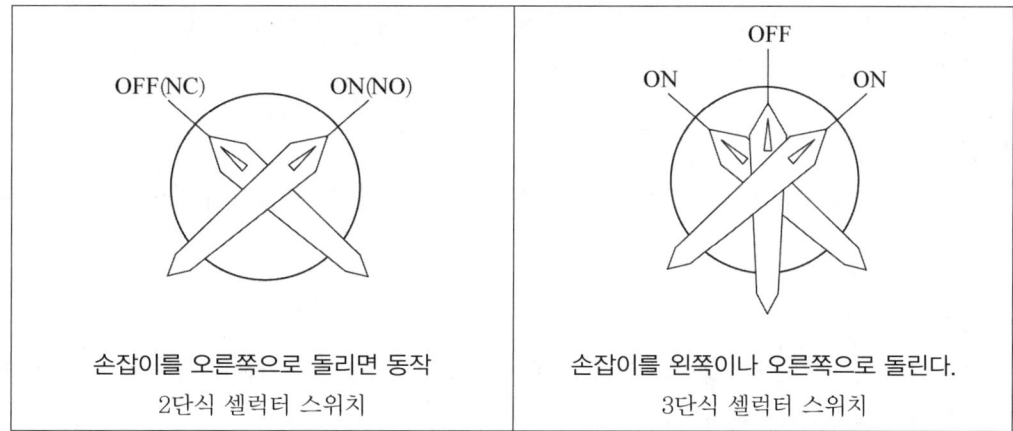

6.3 검출 스위치

(1) 리미트 스위치 (기계적 스위치)

외 관	접점 기호	스위치 단자 구조
	a접점	NC 250V 6A NO
	b접점	· NO(Normal Open) : a접점 · NC(Normal Close) : b접점

(2) 센서(멀티 빔)

외 관	표시기호

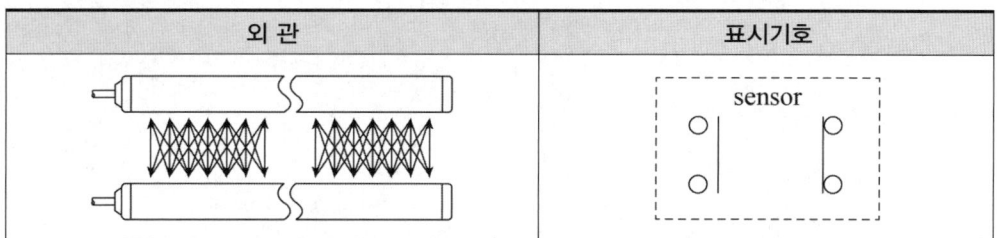

※ 엘리베이터의 문닫힘 안전장치에는 광전장치, 초음파센서, 멀티빔센서 등이 사용된다.

(3) 리드 스위치
접점 부분이 비활성 가스를 충전한 유리관 속에 봉입되어 있는 스위치 코일에 흐르는 전류로 고속 동작을 하는 센서(비접촉식)

(4) 근접 스위치
비접촉식 센서로 금속판이 접근하면 접점을 개폐하는 기구로 고주파발진식과 정전용량식이 있다.

(5) 광전 스위치
투광기와 수광기로 구성되어 투광기에서 발사한 빛을 수광기에서 수신하거나 차폐하면 작동하는 비접촉식 센서

(6) 초음파 센서
초음파 발생기의 각도를 조정하여 일정 구역에 물체가 감지되면 작동하는 센서로 문닫힘 안전장치에 사용하면 휠체어, 지팡이 등을 감지할 수 있는 효과가 있다.

8장 시퀀스 제어 예상문제

01 시퀀스 제어에 있어서 기억과 판단 기구 및 검출기를 가진 제어 방식은?
① 시한 제어 ② 순서 프로그램 제어
③ 조건 제어 ④ 피드백 제어

02 부궤환(negative feedback) 증폭기의 장점은?
① 안정도가 증가 ② 증폭도의 증가
③ 전력의 절약 ④ 능률의 증대

03 제어계를 동작시키는 기준으로서 직접 제어계에 가해지는 신호는?
① 피드백 신호 ② 동작 신호
③ 기준입력 신호 ④ 제어편차 신호

04 시퀀스(sequence) 제어에서 다음 중 옳지 않은 것은?
① 조합논리회로도 사용된다.
② 기계적 계전기도 사용된다.
③ 전체계통에 연결된 스위치가 일시에 동작할 수도 있다.
④ 시간지연요소도 사용된다.

> **풀이** 시퀀스(sequence) 제어란 미리 정해 놓은 순서에 따라 각 단계가 순차적으로 진행되는 제어이기 때문에 연결 스위치가 일시에 동작할 수는 없다.

05 시퀀스(sequence) 제어계의 특징이 아닌 것은?
① 입력에서 출력까지 정해진 순서대로 제어된다.
② 어떤 조건을 만족하여도 제어 신호가 전달된다.
③ 제어 결과에 따라 조작이 자동적으로 이행된다.
④ PID 제어 동작을 수행한다.

정답 01. ④ 02. ① 03. ③ 04. ③ 05. ④

06 다음 중 시퀀스(sequence) 제어에 대한 설명으로 옳지 않은 것은?

① 조합논리 회로도 사용된다. ② 제어용 계전기가 사용된다.
③ 폐회로 제어계로 사용된다. ④ 시간 지연 요소도 사용된다.

풀이 시퀀스 제어는 개회로 제어계라고도 한다.

07 다음 그림과 같은 논리(logic)회로는?

① OR 회로
② AND 회로
③ NOT 회로
④ NOR 회로

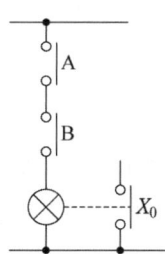

08 다음 그림과 같은 논리 회로는?

① OR 회로
② AND 회로
③ NOT 회로
④ NOR 회로

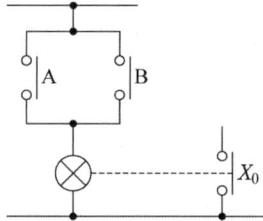

09 다음 회로는 무엇을 나타낸 것인가?

① AND
② OR
③ Exclusive OR
④ NAND

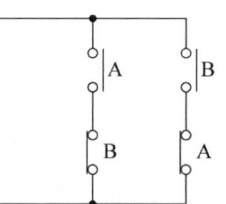

풀이 $Y = A\overline{B} + \overline{A}B$는 Exclusive OR(배타적 논리합) 회로

10 다음 진리표의 논리소자는?

① NOR
② OR
③ AND
④ NAND

입력		출력
A	B	C
0	0	1
0	1	1
1	0	1
1	1	0

정답 06. ③ 07. ② 08. ① 09. ③ 10. ④

11 그림과 같은 계전기 접점 회로의 논리식은?

① $A+B+C$
② $(A+B)C$
③ $(A+C)B$
④ ABC

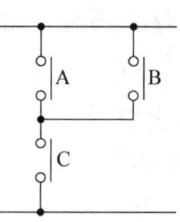

12 다음 진리표의 논리소자는?

① NOR
② OR
③ AND
④ NAND

입력		출력
A	B	C
0	0	1
0	1	0
1	0	0
1	1	0

13 다음 진리표의 논리소자는?

① AND
② NAND
③ NOR
④ EX-OR

입력		출력
A	B	C
0	0	0
0	1	1
1	0	1
1	1	0

14 그림과 같은 계전기 접점 회로의 논리식은?

① $(x+y) \cdot (x+\overline{y})$
② $(\overline{x}+\overline{y}) \cdot (x+y)$
③ $(\overline{x} \cdot y)+(x \cdot \overline{y})$
④ $x \cdot y$

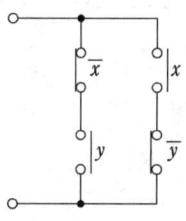

15 그림과 같은 계전기 접점 회로의 논리식은?

① $x(x-y)$
② $x+y$
③ $x+(x+y)$
④ $x(x+y)$

정답 11. ② 12. ① 13. ④ 14. ③ 15. ④

16 그림과 같은 계전기 접점회로의 논리식은?

① A+B+C
② (A+B)C
③ AB+C
④ ABC

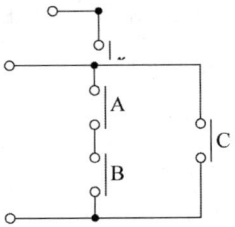

17 그림과 같은 계전기 접점 회로의 논리식은?

① A+B+C
② (A+B)C
③ (A+C)B
④ ABC

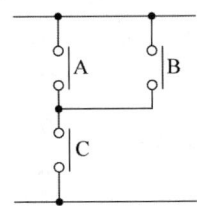

18 다음 논리 회로의 출력 X_0는?

① $A \cdot B + \overline{C}$
② $(A+B)\overline{C}$
③ $A+B+\overline{C}$
④ $AB\overline{C}$

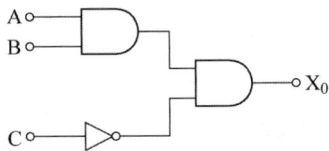

19 그림과 같은 논리 회로에서 출력 f의 값은?

① A
② $\overline{A}BC$
③ $AB+\overline{B}C$
④ (A+B)C

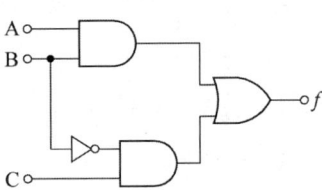

20 다음의 논리기호가 나타내는 논리식은?

① X = A+B
② X = (A+B) · B
③ X = A · B+A
④ X = $\overline{A}$ · B+A · $\overline{B}$

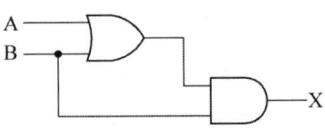

정답 16. ③ 17. ② 18. ④ 19. ③ 20. ②

21 그림과 같은 논리 회로의 출력을 구하면?

① $y = A\overline{B} + \overline{A}B$
② $y = \overline{A}B + \overline{A}B$
③ $y = A\overline{B} + \overline{A}\overline{B}$
④ $y = \overline{A} + B$

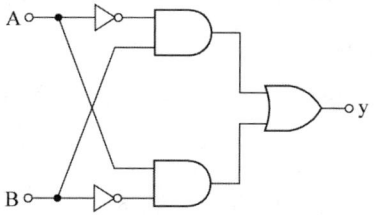

22 다음 논리식 중 옳지 않은 것은?

① $A + A = A$
② $A \cdot A = A$
③ $A + \overline{A} = 1$
④ $A \cdot \overline{A} = 1$

풀이 $A \cdot \overline{A} = 0$

23 De Morgan의 정답을 나타낸 것은?

① $A + B = B + A$
② $A \cdot (B \cdot C) = (A \cdot B) \cdot C$
③ $\overline{A \cdot B} = \overline{A} \cdot \overline{B}$
④ $\overline{A \cdot B} = \overline{A} + \overline{B}$

24 다음의 부울 대수 계산에서 옳지 않은 것은?

① $\overline{A \cdot B} = \overline{A} + \overline{B}$
② $\overline{A + B} = \overline{A} \cdot \overline{B}$
③ $A + A = A$
④ $A + A\overline{B} = 1$

풀이 $A + A\overline{B} = A(1 + \overline{B}) = A$

25 논리식(부울 대수식) $A + AB$를 간단히 계산한 결과는?

① A
② $\overline{A} + B$
③ $A + \overline{B}$
④ $A + B$

풀이 $A + AB = A(1 + B) = A$

26 논리식 $A \cdot (A + B)$를 간단히 하면?

① A
② B
③ AB
④ $A + B$

풀이 $A \cdot (A + B) = A \cdot A + A \cdot B = A + A \cdot B = A \cdot (1 + B) = A$

정답 21. ① 22. ④ 23. ④ 24. ④ 25. ① 26. ①

27 논리식 $L = \bar{x} \cdot y + \bar{x} \cdot \bar{y}$ 를 간단히 한 식은?

① $\bar{x}$ ② x ③ $\bar{y}$ ④ y

풀이 $L = \bar{x} \cdot y + \bar{x} \cdot \bar{y} = \bar{x}(y + \bar{y}) = \bar{x}$

28 논리식 $\overline{A}BC + \overline{A}B\overline{C} + A\overline{B}\overline{C} + AB\overline{C} + \overline{A}BC + \overline{AB}C$의 논리식을 간략화 하면?

① $A + AC$ ② $A + C$ ③ $\overline{A} + A\overline{B}$ ④ $\overline{A} + A\overline{C}$

풀이 $\overline{A}BC + \overline{A}B\overline{C} + A\overline{B}\overline{C} + AB\overline{C} + \overline{A}BC + \overline{AB}C$
$= \overline{A}B(C + \overline{C}) + A\overline{C}(\overline{B} + B) + \overline{A}B(C + \overline{C})$ ($\because C + \overline{C} = 1$ $\overline{B} + B = 1$)
$= \overline{A}B + A\overline{C} + \overline{AB}$
$= \overline{A}(B + \overline{B}) + A\overline{C} = \overline{A} + A\overline{C}$

29 논리식 $L = \bar{x} \cdot \bar{y} + \bar{x} \cdot y + x \cdot y$를 간단히 한 것은?

① $x + y$ ② $\bar{x} + y$ ③ $x + \bar{y}$ ④ $\bar{x} + \bar{y}$

풀이 $\bar{x} \cdot \bar{y} + \bar{x} \cdot y + x \cdot y = \bar{x}(\bar{y} + y) + x \cdot y$
$\qquad\qquad\qquad\qquad = \bar{x} + (x \cdot y)$
$\qquad\qquad\qquad\qquad = (\bar{x} + x) \cdot (\bar{x} + y)$
$\qquad\qquad\qquad\qquad = \bar{x} + y$

30 그림의 논리 회로의 출력 y를 옳게 나타내지 못한 것은?

① $y = A\overline{B} + AB$
② $y = A(\overline{B} + B)$
③ $y = A$
④ $y = B$

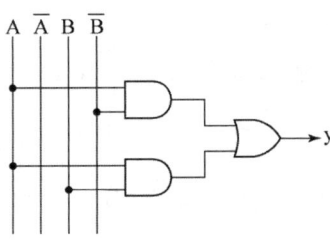

풀이 $y = A\overline{B} + AB = A(\overline{B} + B) = A$

31 다음 논리 회로의 출력 X는?

① $X = A$
② $X = B$
③ $X = A + B$
④ $X = A \cdot B$

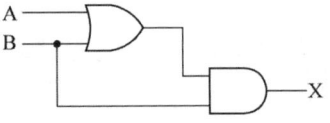

정답 27. ① 28. ④ 29. ② 30. ④ 31. ②

풀이 X = (A+B)·B = AB+BB = B(1+B) = B
※ 모든 수에 1을 더하면 결과는 1이다.

32 다음 논리 회로를 간단히 하면?

① X = AB
② X = A$\overline{B}$
③ X = $\overline{A}$B
④ X = $\overline{AB}$

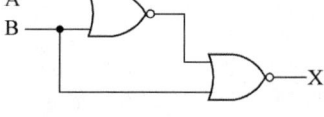

풀이 X = $\overline{\overline{A+B}+B}$ = $\overline{\overline{A+B}}·\overline{B}$ = (A+B)·$\overline{B}$ = A$\overline{B}$+B$\overline{B}$ = A$\overline{B}$

33 논리식 L = X+$\overline{X}$+Y를 부울대수의 정리를 이용하여 간단히 하면?

① Y   ② 1   ③ 0   ④ X+Y

풀이 X+$\overline{X}$ = 1 이고 1+Y = 1

34 접점 부분이 비활성 가스를 충전한 유리관 속에 봉입되어 있는 스위치 코일에 흐르는 전류로 고속 동작을 하는 입력기구?

① 근접 스위치   ② 광전 스위치
③ 플로트레스 스위치   ④ 리드 스위치

35 논리식 X = (A+B)($\overline{A}$+B)를 간단히 하면?

① A   ② B   ③ AB   ④ A+B

풀이 X = (A+B)($\overline{A}$+B)
= A$\overline{A}$+AB+$\overline{A}$B+BB
= 0+AB+$\overline{A}$B+B
= B(A+$\overline{A}$+1) = B

정답 32. ② 33. ② 34. ④ 35. ②

MEMO

승강기
기사·산업기사 필기

실전모의고사

- 실전모의고사 1회
- 실전모의고사 2회
- 실전모의고사 3회
- 실전모의고사 4회
- 실전모의고사 5회
- 실전모의고사 6회
- 실전모의고사 7회
- 실전모의고사 8회
- 실전모의고사 9회
- 실전모의고사 10회
- 실전모의고사 11회
- 실전모의고사 12회
- 실전모의고사 13회
- 실전모의고사 14회

실전모의고사 1회

1과목 승강기 개론

01
카 바닥의 전·후·좌·우의 수평을 유지시키는 데 사용되는 부품은?

① 카틀
② 상부체대
③ 하부체대
④ 경사지지 봉(Brace Rod)

풀이
브레이스 로드는 카 바닥의 수평과 카 바닥에 걸리는 하중의 3/8을 분담한다.

02
승강기의 조작방식 중 일반적으로 가장 많이 사용하는 방식은?

① 키스위치식
② 단식자동방식
③ 승합전자동식
④ 하강 승합전자동식

풀이
① 키 스위치 방식 : 카의 운전이 모두 운전자의 의지에 따라 키 스위치 조작에 의해서만 된다.
② 단식자동방식 : 먼저 등록된 호출이 완료될 때까지 다른 호출이 등록되지 않고 화물용에 적용한다.
③ 승합 전자동식 : 카의 운행 방향과 같은 방향의 호출에 응답하며 운행하는 방식
④ 하강 승합 전자동식 : 2층 이상의 승강장에는 하강 버튼만 있는 방식으로 주로 방법 목적으로 사용한다.

03
록다운 비상정지장치를 설치해야 하는 엘리베이터의 속도기준으로서 옳은 것은?

① 정격속도 105 m/min 초과
② 정격속도 180 m/min 초과
③ 정격속도 210 m/min 초과
④ 정격속도 240 m/min 초과

풀이
록다운 비상정지장치 : 추락방지안전장치 작동 시 균형추, 이동케이블이 튀어 오르는 것을 방지하는 장치로 속도 3.5 m/s 초과 시 설치

04
에스컬레이터의 경사도는 일반적인 경우 최대 몇 도 이하로 하여야 하는가?

① 20   ② 30   ③ 40   ④ 50

풀이
에스컬레이터의 경사도는 일반적으로 30° 이하며 수직층고 6m 이하이고 속도가 0.5m/s 이하인 경우는 35°까지 가능
무빙워크의 경사도는 12° 이하

05
즉시 작동식 비상정지장치가 작동할 때 정지력과 거리에 대한 그래프로 옳은 것은?

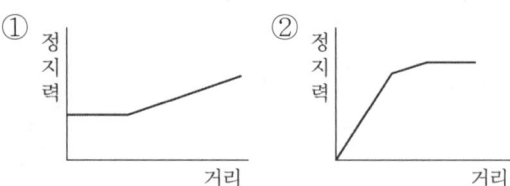

정답 01. ④ 02. ③ 03. ③ 04. ② 05. ③

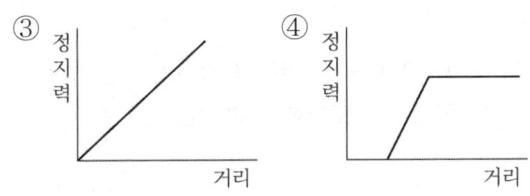

② FWC 점차작동형
④ FGC 점차작동형

06
카측 로프가 매달고 있는 중량과 균형추측의 로프가 매달고 있는 중량의 비는?

① 균형비
② 부하율
③ 트랙션비
④ 밸러스율

트랙션비는 카 측과 균형추 측 로프의 장력비로 1보다 크며 작을수록 전동기 출력이 작고 권상 능력이 크다.

07
엘리베이터용으로 일반 와이어로프에 비해 소선의 탄소량이 적고, 경도가 낮으며 파단강도가 135 kgf/mm^{2}인 와이어로프의 종은?

① E종
② A종
③ B종
④ G종

E종(135 kg/mm^2), G종(150 kg/mm^2)
A종(165 kg/mm^2), B종(180 kg/mm^2)

08
로프가 느슨해지면서 로프의 장력을 검출하여 동력을 끊어주는 안전장치는?

① 정지스위치
② 리미트스위치
③ 록다운 비상스위치
④ 권동식 로프이완 스위치

09
유압식 엘리베이터에 사용되는 체크밸브의 설명으로 가장 적절한 것은?

① 기름을 하강 방향으로만 흐르게 한다.
② 기름에 이물질이 있는지를 체크하여 동작한다.
③ 실린더의 기름을 파워 유니트로 역류하는 것을 방지한다.
④ 기름을 한쪽 방향으로만 흐르게 하고 정전이나 그 이외의 원인으로 토출 압력이 떨어져서 실린더내의 오일이 역류하여 급강하하는 것을 방지한다.

체크밸브 : 작동유의 역류를 막는 밸브(역저지 밸브)

10
카가 완전히 압축된 완충기 위에 있을 때 피트의 누운자세피난 공간의 크기는?

① 0.5 m×0.6 m×높이 0.8 m
② 0.7 m×1 m×높이 0.5 m
③ 0.4 m×0.5 m×높이 0.8 m
④ 0.4 m×0.5 m×높이 1.0 m

11
케이지의 실속도와 지령속도를 비교하여 사이리스터의 점호각을 바꿔 유도전동기의 속도를 제어하는 방식은?

① 교류 궤환제어
② 정지 레오나드방식
③ 교류 일단 속도제어
④ 교류 이단 속도제어

정답 06. ③ 07. ① 08. ④ 09. ④ 10. ② 11. ①

풀이
사이리스터의 점호각을 바꿔 속도를 제어하는 방식
- 유도전동기 : 교류궤환 제어
- 직류전동기 : 정지레오나드 방식

12
카의 정격속도가 60 m/min인 스프링 완충기의 최소행정(mm)은?

① 64　　　② 135
③ 140　　　④ 150

풀이
에너지 축적형 완충기의 최소정지거리
$S = 0.135 V^2 = 0.135 \times 1^2 \times 10^3 = 135 \, mm$

13
에스컬레이터의 스커트가 스텝 및 팔레트 또는 벨트 측면에 위치한 곳에서 수평 틈새는 각 측면에서 최대 몇 mm 이하이어야 하는가?

① 3　　　② 4
③ 5　　　④ 6

풀이
수평 틈새는 각 측면에서 4 mm 이하,
양 측면 합은 7 mm 이하

14
카 무게가 800 kg이고, 적재하중이 600 kg인 승객용 엘리베이터에서 오버밸런스율을 45%로 할 경우, 균형추 무게는 몇 kg이 되는가?

① 960　　　② 1070
③ 1130　　　④ 1400

풀이
균형추 무게 = 빈카무게 + 정격하중 × 오버밸런스율
$= 800 + 600 \times 0.45 = 1070 \, kg$

15
도어시스템 중 모터의 회전을 감속하고 암이나 로프 등을 구동하여 도어를 개폐하는 장치는?

① 도어 머신
② 도어 클로저
③ 도어 인터록
④ 도어 보호장치

풀이
- 도어 클로저 : 카가없는 층의 승강장 도어를 닫히게 하는 장치
- 도어 인터록 : 승강장 도어 잠금장치로 기계적 잠금장치와 전기 스위치(접점)로 구성된다.

16
2단계 소방구조운전 제어에 대한 설명으로 틀린 것은?

① 모든 안전장치는 유효하고 열이나 연기에 의해 작동하는 문 닫힘 안전장치는 무효화 될 수 있다.
② 소방관이 임의의 층에서 직접 소방운전상태로 들어갈 수 있다.
③ 2개 이상의 카 운행 층이 동시에 등록되는 것은 가능하지 않아야 한다.
④ 엘리베이터 카를 등록된 층으로 운행시키고 등록된 층에 도착하면 문이 닫힌 상태로 정지시켜야 한다.

풀이
열이나 연기에 의해 작동하는 문닫힘 안전장치 : 광전장치, 초음파장치, 멀티빔장치

정답 12. ② 13. ② 14. ② 15. ① 16. ②

17
유압 파워 유니트와 유압잭의 압력배관 중간에 설치하여 보수점검 또는 수리를 할 때 유압잭에서 불필요하게 작동유가 흘러나오는 것을 방지하는 것은?

① 체크밸브　　　　② 스톱밸브
③ 사이렌서　　　　④ 하강용 유량제어밸브

풀이
체크밸브 : 오일의 역류방지
사이렌서 : 소음 및 진동 저감

18
90 m/min인 권상 구동식 엘리베이터에서 균형추가 완전히 압축된 완충기 위에 있을 때 카 가이드레일 길이는 가이드 슈 위로 최소 몇 m 이상 연장되어야 하는가?

① 0.135　　　　② 0.179
③ 1.135　　　　④ 1.179

풀이
$L = 0.035 V^2 + 0.1 = 0.035 \times 1.5^2 + 0.1 = 0.179\,m$

19
소방구조용 엘리베이터는 정전 시 최대 몇 초 이내에 운행에 필요한 전력용량을 보조 전원공급장치에 의해 자동으로 발생시켜야 하며 또한 최소 몇 시간 이상 운행할 수 있어야 하는가?

① 40초, 1시간　　　② 40초, 2시간
③ 60초, 1시간　　　④ 60초, 2시간

풀이
소방구조용 엘리베이터의 속도는 1 m/s 이상, 소방관 접근 지정층에서 가장 먼 층까지 도달하는데 걸리는 시간은 60초 이내이어야 하며 승강행정이 200 m 이상인 경우는 3 m당 1초씩 증가

20
스트랜드의 꼬는 방향과 로프의 꼬는 방향이 반대이고, 소선과 외부의 접촉면이 짧아 마모에 의한 영향은 어느 정도 많지만, 꼬임이 잘 풀리지 않으므로 일반적으로 많이 사용되는 로프 꼬임방식은?

① 보통 Z꼬임　　　② 보통 S꼬임
③ 랭그 Z꼬임　　　④ 랭그 S꼬임

풀이
- 보통꼬임 : 스트랜드와 로프의 꼬는 방향이 반대
- 랭 꼬임 : 스트랜드와 로프의 꼬는 방향이 같다.

엘리베이터에는 보통 Z꼬임 8×S(19)가 주로 사용된다.

2과목 승강기 설계

21
엘리베이터의 배치계획 시 고층용과 저층용이 마주보는 2뱅크로 배치되어 있는 엘리베이터의 경우 대면거리는 최소 몇 m 이상인가?

① 3　　② 4　　③ 5　　④ 6

풀이
- 1 뱅크 : 4~8대 배치의 대면거리는 3.5 m~4.5 m
- 다른 뱅크 : 각 뱅크 사이의 간격은 6 m 이상

22
전기적 비상운전 제어에 관한 설명으로 틀린 것은?

① 비상운전 제어 시 카 속도는 0.3 m/s 이하이어야 한다.
② 전기적 비상운전은 버튼 순간적인 누름에 의해서도 작동되어야 한다.

③ 전기적 비상운전 스위치는 파이널 리미트스 위치를 무효화 시켜야 한다.
④ 전기적 비상운전의 기능은 점검운전의 스위치 조작에 무시되어야 한다.

풀이
버튼에 지속적인 압력을 가해 카의 움직임이 제어되어야 한다.

23
일반적으로 엘리베이터 기계실의 기계대를 콘크리트로 할 경우 안전율은 최소 얼마 이상인가?

① 4 ② 5 ③ 6 ④ 7

풀이
기계대의 안전율 :
- 강재 : 4 이상
- 콘크리트 : 7 이상

24
카 추락방지안전장치가 작동될 때, 부하가 없거나 부하가 균일하게 분포된 카의 바닥은 정상적인 위치에서 최대 몇 %를 초과하여 기울어지지 않아야 하는가?

① 3 ② 4 ③ 5 ④ 6

풀이
추락방지안전장치 작동 시 카 바닥의 기울어지기는 5% (1/20) 이하

25
즉시 작동형 비상정지장치의 성능시험 시 흡수할 수 있는 총에너지를 구하는 식을 옳게 나타낸 것은? (단, K : 비상정지장치의 흡수에너지(N·m), $(P+Q)_1$ 비상정지장치의 허용총중량(Kg), h : 낙하거리(m), g_n : 중력가속도(9.8 m/s²))

① $K = (P+Q)_1 \times g_n \times h$
② $K = \dfrac{(P+Q)_1}{4} \times g_n \times h$
③ $2K = (P+Q)_1 \times g_n \times h$
④ $2K = (P+Q)_1^2 \times g_n \times h$

26
모듈(MODULE)이 4인 스퍼 외접기어의 잇수가 각각 30, 60 이라고 할 때 양축간의 중심거리는 얼마인가?

① 90 mm ② 180 mm
③ 270 mm ④ 360 mm

풀이
중심거리 $C = m \times \dfrac{Z_1 + Z_2}{2} = 180$ mm

27
정격적재량 800 kg, 정격속도 60 m/min, 오버밸런스율 45%, 권상기의 총효율 60%인 승강기용 전동기의 필요 출력은 약 몇 kW인가?

① 3.7 ② 4.5 ③ 5.5 ④ 7.2

풀이
$$P = \dfrac{LV(1-OB)}{6120\eta} = \dfrac{800 \times 60 \times (1-0.45)}{6120 \times 0.6} = 7.2 \text{ kW}$$

28
전기식엘리베이터에 사용하는 파이널 리미트스위치에 대한 설명으로 틀린 것은?

① 파이널 리미트 스위치는 카가 완충기에 충돌하기 전에 작동되어야 한다.
② 파이널 리미트 스위치의 작동은 완충기가 압축되어 있는 동안 유지되어야 한다.

③ 파이널 리미트 스위치와 일반 종단정지장치는 연동하여 작동되어야 한다.
④ 파이널 리미트 스위치의 작동 후에는 엘리베이터의 정상운행을 위해 자동으로 복귀되지 않아야 한다.

풀이
파이널리미트 스위치는 독립적으로 작동하여야 한다.

29
소방구조용 엘리베이터에 사용되는 감시반의 제어기능으로 반드시 설치해야 하는 기능은?

① 강제 정지 기능
② 비상 호출 기능
③ 원격 표시 기능
④ 자동 복귀 기능

30
전기식엘리베이터의 점차 작동형 추락방지안전장치에서 정격하중의 카가 자유낙하할 때 작동하는 평균 감속도는 얼마이어야 하는가?

① $0.1g_n \sim 1g_n$
② $0.1g_n \sim 1.25g_n$
③ $0.2g_n \sim 1g_n$
④ $0.2g_n \sim 1.25g_n$

31
가이드레일의 설계에 관하여 틀린 것은?

① 레일 브래킷의 간격은 1000mm 이내이어야 한다.
② 지게차로 불균형한 큰 하중을 적재하는 경우에는 레일 설계 시 고려하여야 한다.
③ 즉시 작동형 추락방지안전장치가 점차 작동형 추락방지안전장치 보다 좌굴을 일으키기 쉽다.
④ 8% 미만의 연신율을 갖는 재료는 취성이 너무 높은 것으로 간주되므로 사용되지 않아야 한다.

풀이
레일 브래킷의 간격은 레일에 작용하는 힘, 굽힘모멘트에 의해 계산하며 일반적으로 2000 mm~2500 mm를 적용한다.

32
자동차용 엘리베이터의 바닥면적이 10 m²일 경우에 계산된 최소 정격하중(kg)은?

① 500
② 1000
③ 1200
④ 1500

풀이
자동차용 엘리베터의 카의 유효면적은 1 m³당 150 kg 이상이어야 한다.

33
방범설비의 경보장치에 대한 설명이 틀린 것은?

① 도어를 열고 닫을 때 경보음이 울린다.
② 버튼의 부착장소는 카 내에 1개 설치한다.
③ 경보기의 부착장소는 1층 로비에 설치할 수 있다.
④ 작동은 버튼조작에 의해 소리가 나기 시작하고 관리실에서 차단 조작에 의해 정지한다.

풀이
방법 경보장치의 작동은 도어의 개폐와 무관하다.

34
전기식엘리베이터 검사기준에서 추락방지안전 장치가 없는 균형추 또는 평형추의 T형 가드레일에 대해 계산된 최대 허용 휨은 얼마인가?

① 양방향으로 5 mm
② 한방향으로 3 mm
③ 양방향으로 10 mm
④ 한방향으로 10 mm

풀이
T형 주행안내 레일의 최대 허용 휨
- 추락방지안전장가 있는 경우 : 양방향으로 5 mm
- 추락방지안전장가 없는 경우 : 양방향으로 10 mm

35
엘리베이터의 하강속도가 점점 증가하여 200 m/min로 되는 순간에 점차 작동형 비상정지장치가 작동하여 0.5초 후에 카가 정지하였다면 평균감속도는 약 몇 g_n인가?

① 0.35　② 0.68　③ 0.70　④ 1.0

풀이
$$a = \frac{\Delta V}{\Delta t} = \frac{\frac{200}{60}}{0.5 \times 9.81} = 0.68 g_n$$

36
700 kg/cm²의 인장응력이 발생하고 있을 때 변형률을 측정하였더니 0.0003 이었다. 이 재료의 종탄성계수는 약 몇 kg/cm²인가?

① 2.1×10^4
② 2.3×10^4
③ 2.1×10^6
④ 2.3×10^6

풀이
$$E = \frac{\sigma}{\varepsilon} = \frac{\frac{F}{A}}{\frac{\Delta l}{l}} \quad \therefore E = \frac{700}{0.0003} = 2.3 \times 10^6 \text{ kg/cm}^2$$

37
엘리베이터용 전동기가 일반 범용전동기에 비해 갖추어야 할 조건이 아닌 것은?

① 기동토크가 클 것
② 기동전류가 적을 것
③ 회전부분의 관성모멘트가 클 것
④ 온도상승에 대해 열적으로 견딜 것

풀이
엘리베이터용 전동기는 관성모멘트가 작아야 한다.

38
기어에서 두 축이 교차하여 회전하는 기어의 종류는?

① 평 기어　　② 베벨 기어
③ 헬리컬 기어　④ 더블 헬리컬 기어

풀이
두 축이 교차하는 기어 : 베벨기어
두 축이 평행한 기어 : 헬리컬 기어, 스퍼기어

39
전기식엘리베이터에서 전기설비의 절연저항 값을 표시한 것 중 옳은 것은?

① 공칭회로전압 500 V 이하 : 1 MΩ 이상
② 공칭회로전압 500 V 초과 : 0.5 MΩ 이상
③ 공칭회로전압 500 V 이하 : 0.25 MΩ 이상
④ 공칭회로전압 500 V 초과 : 0.75 MΩ 이상

풀이

공칭 회로 전압 (V)	시험 전압 /직류(V)	절연저항 (MΩ)
SELV[a] 및 PELV[b] > 100 VA	250	≥ 0.5
≤ 500 FELV[c] 포함	500	≥ 1.0
> 500	1000	≥ 1.0

40
전기식엘리베이터의 검사기준에서 기계실의 조도(lx)는 얼마이어야 하는가?

① 100 lx 이상 ② 150 lx 이상
③ 200 lx 이상 ④ 250 lx 이상

풀이
작업하는 공간의 조도는 모두 200 lx 이상이어야 한다.

3과목 일반기계공학

41
내충격성과 성형성이 우수할 뿐만 아니라 색조와 표면광택 등의 외관 마무리성이 좋고 도장이 용이하기 때문에 자동차 외장 및 내장부품에 많이 사용되는 고분자 재료는?

① NR ② BC
③ ABS ④ SBR

풀이
ABS : 가공과 착색이 용이하고 가볍고 내화학성이 우수하여 자동차 외장 및 내장재로 사용된다.

42
탄소강이 아공석강 영역(C＜0.77%)에서 탄소 함유량이 증가함에 따라 변화되는 기계적 성질로 옳은 것은?

① 경도와 충격치는 감소한다.
② 경도와 충격치는 증가한다.
③ 경도는 증가하고, 충격치는 감소한다.
④ 경도는 감소하고, 충격치는 증가한다.

풀이
탄소 함유량이 증가하면 경도와 취성(깨지는 성질)이 증가한다.

43
다음 중 회전 운동을 직선 운동으로 바꾸는 기어로 가장 적절한 것은?

① 스크류 기어(screw gear)
② 내접 기어(internal gear)
③ 하이포이em 기어(hypoid gear)
④ 래크와 피니언(rack & pinion)

풀이
랙 앤 피니언 : 직선형 기어인 랙과 원형 기어인 피니언이 결합되어 회전 운동을 직선 운동으로 바꾸며 건설 현장의 운송설비에 사용한다.

44
그림과 같은 직경 30 cm의 블록 브레이크에서 레버 끝에 300 N의 힘을 가할 때 블록 브레이크에 걸리는 토크는 약 몇 N·m인가? (단, 마찰계수 μ는 0.2로 한다.)

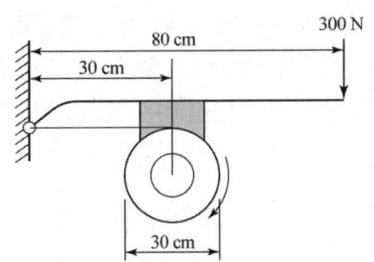

① 14 ② 24 ③ 34 ④ 44

풀이
제동력(우회전, $C=0$) :
$$f = \frac{F\mu a}{b} = \frac{300 \times 0.2 \times 0.8}{0.3} = 160 \text{ N}$$
제동토크 $T = \frac{fD}{2} = \frac{160 \times 0.3}{2} = 24 \text{ N·m}$

45
그림과 같은 외팔보에서 폭×높이=$b \times h$일 때, 최대굽힘응력(σ_{max})을 구하는 식은?

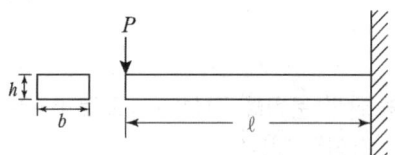

① $\dfrac{6P\ell}{bh^2}$ ② $\dfrac{12P\ell}{bh^2}$

③ $\dfrac{6P\ell}{b^2h^2}$ ④ $\dfrac{12P\ell}{b^2h^2}$

46
일반적인 줄 작업 시 줄의 사용 순서로 옳은 것은?

① 유목 → 세목 → 황목 → 중목
② 유목 → 황목 → 중목 → 세목
③ 황목 → 중목 → 세목 → 유목
④ 황목 → 중목 → 유목 → 세목

47
외경이 내경의 1.5배인 중공축이 중실축과 같은 비틀림 모멘트를 전달하고 있을 때 단면적 (중공축의 면적/중실축의 면적)비는 약 얼마인가?

① 0.76 ② 0.70
③ 0.64 ④ 0.58

48
다음 중 압력 제어 밸브가 아닌 것은?

① 체크밸브 ② 릴리프밸브
③ 시퀀스밸브 ④ 압력조절밸브

풀이
체크밸브는 오일의 역류를 방지하는 방향 조절 밸브다.

49
납땜에 관한 설명으로 틀린 것은?

① 사용하는 용가재의 종류에 따라 크게 연납과 경납으로 구분된다.
② 융점이 600℃ 이상인 용가재를 사용하여 납땜하는 것을 연납땜이라 한다.
③ 납땜의 성패는 용접 모재인 고체와 땜납인 액체가 어느 정도의 친화력을 갖고 서로 접촉될수 있느냐에 달려있다.
④ 금속을 접합하려고 할 때 접합할 모재는 용융시키지 않고 모재보다 용융점이 낮은 용가재를 사용하여 접합하는 방법이다.

풀이
연 납땜 : 융점이 450℃ 이하인 용가재를 사용

50
재료에 압력을 가해 다이에 통과시켜 다이구멍과 같은 모양의 긴 제품을 제작하는 가공법은?

① 단조 ② 전조
③ 압연 ④ 압출

51
축방향 인장하중을 받은 균일 단면봉에서 최대 수직응력이 60 MP일 때 최대 전단응력은 몇 MPa인가?

① 60 ② 40 ③ 30 ④ 20

풀이
전단응력은 수직 응력의 1/2배

52
다음 중 유동하고 있는 액체의 압력이 국부적으로 저하되어, 증기나 함유 기체를 포함하는 기포가 발생하는 현상은?

① 공동현상 ② 분리현상
③ 재생현상 ④ 수격현상

풀이
기포가 발생하는 현상 : 공동현상

53
다음 중 주물제품에서 균열(Crack)의 원인으로 가장 거리가 먼 것은?

① 주물을 급랭시킬 때
② 탕구가 매우 작을 때
③ 살 두께의 차이가 너무 클 때
④ 모서리가 직각으로 되어 있을 때

54
리벳이음에서 강판의 효율을 나타내는 식으로 옳은 것은? (단, p는 피치, d는 리벳구멍의 지름이다.)

① $\dfrac{p-d}{p}$ ② $\dfrac{d-p}{p}$
③ $\dfrac{d-p}{d}$ ④ $\dfrac{p-d}{d}$

풀이
$\eta = \dfrac{(p-d)t \cdot o_t}{Pto_t} = 1 - \dfrac{d}{p} = \dfrac{p-d}{p}$

55
안장 키(saddle key)에 대한 설명으로 옳은 것은?

① 임의의 축 위치에 키를 설치할 수 없다.
② 중심각이 120°인 위치에 2개의 키를 설치한다.
③ 원형단면의 테이퍼핀 또는 평행핀을 사용한다.
④ 마찰력만으로 회전력을 전달시키므로 큰 토크의 전달에는 곤란하다.

풀이
안장키는 축에는 홈을 가공하지 않고 보스에만 홈을 가공하여 전달 토크가

56
커터의 지름이 80 mm이고 커터의 날수가 8개인 정면 밀링커터로 길이 300 mm의 가공물 절삭할 때 가공시간은 약 얼마인가? (단, 절삭속도 100 m/min, 1날 당 이송 0.08 mm로 한다.)

① 1분 15초 ② 1분 29초
③ 1분 52초 ④ 2분 20초

풀이
가공시간 = $\dfrac{커터지름 + 밀링커터길이}{회전수 \times 날수 \times 1날 이송거리}$

$= \dfrac{80+300}{\dfrac{100 \times 10^3}{80 \times \pi} \times 8 \times 0.08} \times 60$

$= 89.54초 = 1분 29.54초$

(속도 $V = \pi DN$ ∴ 회전수 $N = \dfrac{V}{\pi D}$ [rpm])

57
실린더의 피스톤 로드에 인장하중이 걸리면 실린더는 끌리는 영향을 받게 되는데, 이러한 영향을 방지하기 위하여 인장하중이 가해지는 쪽에 설치된 밸브는?

① 리듀싱 밸브
② 시퀀스 밸브
③ 언로드 밸브
④ 카운터 밸런스 밸브

58
지름 10 mm의 원형단면 축에 길이 방향으로 785 N의 인장 하중이 걸릴 때 하중방향에 수직인 단면에 생기는 응력은 약 몇 N/mm²인가?

① 7.85 ② 10
③ 78.5 ④ 100

풀이

$\sigma = \dfrac{W}{A} = \dfrac{785}{\pi \times 5^2} = 9.99 [\text{N/mm}^2]$

59
축에 직각인 하중을 지지하는 베어링은?

① 피벗 베어링
② 칼라 베어링
③ 레이디얼 베어링
④ 스러스트 베어링

풀이
- 레이디얼 베어링 : 축과 직각방향의 하중을 받는 곳
- 스러스트 베어링 : 축의 방향으로 하중을 받는 곳

60
철과 비교한 알루미늄의 특성으로 틀린 것은?

① 용융점이 낮다.
② 열전도율이 높다.
③ 전기 전도성이 좋다.
④ 비중이 4.5로 철의 약 1/2 이다.

풀이
알루미늄의 비중은 2.7
티타늄의 비중 4.5

4과목 전기제어공학

61
피드백제어의 장점으로 틀린 것은?

① 목표값에 정확히 도달할 수 있다.
② 제어계의 특성을 향상시킬수 있다.
③ 외부 조건의 변화에 대한 영향을 줄일 수 있다.
④ 제어기 부품들의 성능이 나쁘면 큰 영향을 받는다.

62
서보 드라이브에서 펄스로 지령하는 제어운전은?

① 위치제어 운전   ② 속도제어 운전
③ 토크제어 운전   ④ 변위제어 운전

63
토크가 증가하면 속도가 낮아져 대체적으로 일정한 출력이 발생하는 것을 이용해서 전차, 기중기 등에 주로 하용하는 직류전동기는?

① 직권전동기   ② 분권전동기
③ 가동 복권전동기 ④ 차동 복권전동기

풀이
직류 직권전동기는 전기자와 계자 권선이 직렬로 접속된 전동기로 기동토크가 크고 부하에 의한 속도 변동이 크며 전차, 기중기 등에 사용한다.

64
다음과 같은 두 개의 교류전압이 있다. 두 개의 전압은 서로 어느 정도의 시간차를 가지고 있는가?

$v_1 = 10\cos 10t,\ v_2 = 10\cos 5t$

정답 58.② 59.③ 60.④ 61.④ 62.① 63.① 64.③

① 약 0.25초 ② 약 0.46초
③ 약 0.63초 ④ 약 0.72초

풀이

V_1의 각속도 $\omega = 10$ ∴ $10 = 2\pi f_1$,

$f_1 = \dfrac{10}{2\pi} = 1.592$, $t_1 = \dfrac{1}{f_1} = 0.628$

V_2의 각속도 $\omega = 5$ ∴ $5 = 2\pi f_2$,

$f_2 = \dfrac{5}{2\pi} = 0.796$, $t_2 = \dfrac{1}{f_2} = 1.257$

∴ $t_2 - t_1 = 1.257 - 0.628 = 0.629$초

65
제어하려는 물리량을 무엇이라 하는가?

① 제어 ② 제어량
③ 물질량 ④ 제어대상

풀이
- 제어 : 동작을 어떤 상태에 부합되도록 대상 장치에 조작을 가하는 것
- 제어량 : 제어대상의 물리량을 의미한다.
- 제어대상 : 직접제어를 받는 장치

66
전동기에 일정 부하를 걸어 운전 시 전동기 온도 변화로 옳은 것은?

①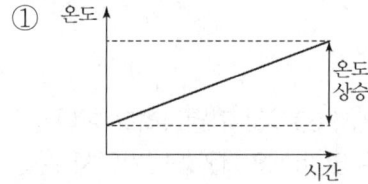

②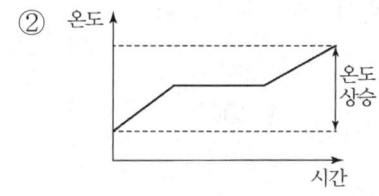

③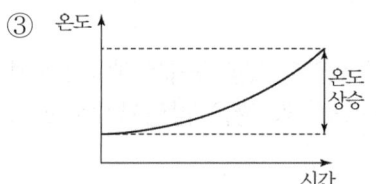

④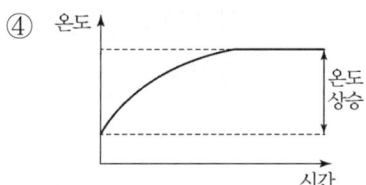

67
그림과 같은 계통의 전달 함수는?

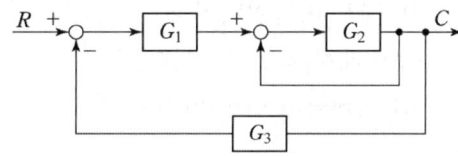

① $\dfrac{G_1 G_2}{1 + G_2 G_3}$ ② $\dfrac{G_1 G_2}{1 + G_1 + G_2 G_3}$

③ $\dfrac{G_1 G_2}{1 + G_2 + G_1 G_2 G_3}$ ④ $\dfrac{G_1 G_2}{1 + G_1 G_2 + G_2 G_3}$

풀이

$\dfrac{C(s)}{R(s)} = \dfrac{G_1 G_2}{1 - (-G_2 - G_1 G_2 G_3)} = \dfrac{G_1 G_2}{1 + G_2 + G_1 G_2 G_3}$

68
목표값이 미리 정해진 시간적 변화를 하는 경우 제어량을 변화시키는 제어는?

① 정치 제어 ② 추종 제어
③ 비율 제어 ④ 프로그램 제어

풀이
- 정치제어 : 압연기의 두께, 항온조의 온도제어
- 추종제어 : 미사일제어
- 비율제어 : 보일러의 연료와 공기의 비율을 유지하여 연소제어
- 프로그램제어 : 엘리베이터 제어

69
기계장치, 프로세스 및 시스템 등에서 제어되는 전체 또는 부분으로서 제어량을 발생시키는 장치는?

① 제어장치 ② 제어대상
③ 조작장치 ④ 검출장치

70
평행하게 왕복되는 두 도선에 흐르는 전류간의 전자력은? (단, 두 도선간의 거리는 r(m)라 한다.)

① r에 비례하며 흡인력이다.
② r^2에 비례하며 흡인력이다.
③ $1/r$에 비례하며 반발력이다.
④ $1/r^2$에 비례하며 반발력이다.

71
내부저항 r인 전류계의 측정범위를 n배로 확대하려면 전류계에 접속하는 분류기저항(Ω)값은?

① nr ② r/n
③ $(m-1)r$ ④ $r/(n-1)$

풀이
전류계 분류기 $R_s = \dfrac{r_0}{(n-1)}$
전압계 배율기 $R_m = (m-1)r_0$

72
회로에서 A와 B간의 합성저항은 약 몇 Ω인가? (단, 각 저항의 단위는 모두 Ω이다.)

① 2.66
② 3.2
③ 5.33
④ 6.4

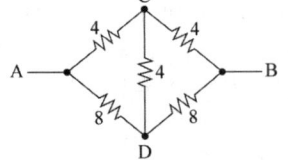

풀이
휘스톤 브리지에서 평형이므로 합성저항은 8 Ω과 16 Ω의 병렬 연결의 합성저항이 된다.
$R = \dfrac{8 \times 16}{8 + 16} = 5.33\,\Omega$

73
피드백제어계에서 제어장치가 제어대상에 가하는 제어신호로 제어장치의 출력인 동시에 제어대상의 입력인 신호는?

① 목표값 ② 조작량
③ 제어량 ④ 동작신호

풀이
- 목표값 : 제어계에 설정되는 값으로 제어계의 입력
- 제어량 : 제어대상의 물리량을 의미한다.
- 동작신호 : 목표값과 제어량 사이에서 나타나는 편차값으로 제어요소의 입력신호

74
입력이 011₍₂₎일 때, 출력은 3V인 컴퓨터 제어의 D/A 변환기에서 입력을 101₍₂₎로 하였을 때 출력은 몇 V 인가? (단, 3 bit 디지털 입력이 011₍₂₎은 off, on, on을 뜻하고 입력과 출력은 비례한다.)

① 3 ② 4 ③ 5 ④ 6

75
물 20ℓ를 15℃에서 60℃로 가열하려고 한다. 이때 필요한 열량은 몇 kcal인가? (단, 가열시 손실은 없는 것으로 한다.)

① 700 ② 800
③ 900 ④ 1000

풀이
1 cal는 물 1 ml의 온도를 1℃ 올리는데 필요한 열량
$H = 1 \times 20 \times 10^3 \times (60-15) = 900$ kcal

정답 69.② 70.③ 71.④ 72.③ 73.② 74.③ 75.③

76
제어량을 원하는 상태로 하기 위한 입력신호는?

① 제어명령 ② 작업명령
③ 명령처리 ④ 신호처리

77
평행판 간격을 처음의 2배로 증가시킬 경우 정전용량 값은?

① 1/2로 된다. ② 2배로 된다.
③ 1/4로 된다. ④ 4배로 된다.

정전용량은 면적에 비례하고 간격(거리)에 반비례한다.
$$C = \frac{A}{d}$$

78
그림과 같은 계전기 접점회로의 논리식은?

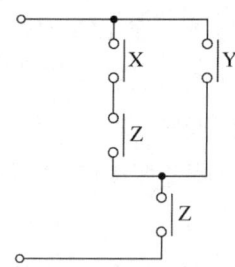

① $XZ + Y$ ② $(X+Y)Z$
③ $(X+Z)Y$ ④ $X+Y+Z$

직렬 연결은 곱하고 병렬 연결은 더한다.
$(XZ+Y)Z = XZ+YZ = Z(X+Y)$

79
예비전원으로 사용되는 축전지의 내부저항을 측정할 때 가장 적합한 브리지는?

① 캠벨 브리지
② 맥스웰 브리지
③ 휘트스톤 브리지
④ 콜라우시 브리지

- 캠벨 브리지 : 상호 인덕턴스 측정
- 맥스웰 브리지 : 인덕턴스 측정
- 휘스톤 브리지 : 저항 측정
- 콜라우시 브리지 : 전해액의 도전율과 축전지 내부 저항 측정

80
전달함수 $G(s) = \dfrac{s+b}{s+a}$ 를 갖는 회로가 진상보상회로의 특성을 갖기 위한 조간으로 옳은 것은?

① $a > b$ ② $a < b$
③ $a > 1$ ④ $b > 1$

출력을 빠르게 하기 위한 진상 보상회로 : $a > b$

실전모의고사 2회

1과목 승강기 개론

01
엘리베이터 메인 브레이크에 대한 설명 중 틀린 것은?
① 브레이크 라이닝은 불연성이어야 한다.
② 브레이크에 공급되는 전류는 2개 이상의 독립적인 전기장치에 의해 차단되어야 한다.
③ 카의 정격속도로 정격하중의 125%를 싣고 하강 방향으로 운행될 때 구동기를 정지할 수 있어야 한다.
④ 브레이크 코일에 전류가 공급되면 제동력이 발생한다.

풀이
메인 브레이크 동작 조건 :
- 주동력 전원이 차단된 경우
- 제어 전원이 차단된 경우
※ 브레이크 제동력은 스프링의 힘으로 발생하고 코일에 전원이공급되면 전자력에 의해 개방된다.

02
그림과 같은 유압회로의 설명이 아닌 것은?

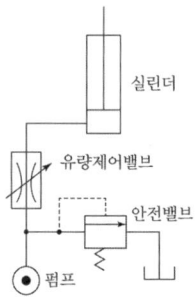

① 효율이 비교적 좋다.
② 정확한 제어가 가능하다.
③ 미터인(METER-IN)회로이다.
④ 펌프와 실린더 사이에 유량제어밸브를 삽입하여 직접 제어하는 방식이다.

풀이
미터인 회로는 효율은 블리드 오프 회로에 비해 효율은 나쁘고 속도의 정확도가 높다.

03
유압엘리베이터에 대한 설명으로 틀린 것은?
① 건물의 높이와 속도에 한계가 있다.
② 초고속 엘리베이터에 주로 사용된다.
③ 하강 시에는 펌프를 구동시키지 않고 밸브만 제어하여 하강시킨다.
④ 모터로 유압펌프를 구동시켜 압력을 가진 오일이 플런저를 밀어 올려 카를 상승시킨다.

풀이
유압엘리베이터의 속도는 1 m/s 이하이다.

04
사이리스터를 이용한 직류제어방식은?
① 워드 레오나드 방식
② 정지 레오나드 방식
③ 교류 2단 속도제어방식
④ 가변전압가변주파수 제어방식

정답 01. ④ 02. ① 03. ② 04. ②

- 워드 레오나드 방식 : 전동발전기를 직류전압제어
- 정지 레오나드 : 사이리스터를 사용하여 직류 전압 제어
- 교류 귀환 전압제어 : 사이리스터를 이용하여 교류 전압제어
- 교류 2단 속도 : 모터의 극수 변환으로 유도전동기 속도 변환
- 가변전압 가변주파수 제어 : 인버터 방식으로 유도전동기의 속도에 적합한 전압과 주파수 공급(VVVF)

05
엘리베이터의 과속조절기 로프는 어디에 고정시켜야 하는가?

① 주로프(Main Rope)
② 카 프레임(Car Frame)
③ 카의 상단 빔(Car Top Beam)
④ 추락방지안전장치 암(Safety Device Arm)

추락방지안전장치의 레버(암)에 과속조절기 로프를 연결하고 인장력은 300 N과 추락방지안전장치가 작동하는데 필요한 힘의 2배중 큰 값 이상이어야 한다.

06
기어드(Geared)형 권상기에서 엘리베이터의 속도를 결정하는 요소가 아닌 것은?

① 시브의 직경
② 로프의 직경
③ 기어의 감속비
④ 권상모터의 회전수

$$V = \frac{\pi D(\text{도르래 직경 : mm}) \times N(\text{rpm})}{1000 \times k(\text{로핑계수})} \times i(\text{감속비}) \, [\text{m/min}]$$

07
직접식 유압엘리베이터에 대한 설명 중 틀린 것은?

① 부하에 의한 카 바닥의 빠짐이 적다.
② 실린더를 설치하기 위한 보호관을 지중에 설치하여야 한다.
③ 승강로 소요평면 치수가 작고 구조가 간단하다.
④ 추락방지안전장치가 필요하다.

직접식 유압엘리베이터에는 추락방지안전장치와 완충기가 필요없다.

08
승강장 출입구 바닥 앞부분과 카바닥 앞부분과의 틈새 너비가 35 mm 이하이어야 한다. 이 기준을 적용하지 않는 엘리베이터의 종류는?

① 전망용   ② 병원용
③ 비상용   ④ 장애인용

장애인용의 틈새는 30 mm 이하이어야 한다.

09
로핑 방법 중 로프에 걸리는 장력이 가장 적은 것은?

① 1 : 1   ② 2 : 1
③ 3 : 1   ④ 4 : 1

4 : 1 로핑은 1 : 1 로핑에 비해 장력과 카의 속도는 1/4로 감소한다.

10
다음 ( ) 안에 들어갈 내용으로 옳은 것은?

> 전자-기계 브레이크는 자체적으로 카가 정격속도로 정격 하중의 ( )%를 싣고 하강방향으로 운행될 때 구동기를 정지시킬 수 있어야 한다.

① 165
② 145
③ 135
④ 125

풀이
정격하중의 125% 싣고 하강, 0% 상승 시 안전하게 정지시킬 수 있어야 한다.

11
VVVF 제어방식의 설명으로 틀린 것은?

① 교류에서 직류로 변경되는 컨버터는 주로 사이리스터를 사용한다.
② 직류에서 교류로 변경되는 인버터에는 주로 트랜지스터 또는 IGBT가 사용된다.
③ 발생하는 회생전력은 모두 저항을 통하여 열로 소비한다.
④ 유도전동기에 인가되는 전압과 주파수를 동시에 변환하는 방식이다.

풀이
회생전력은 저항으로 소모시키는 발전제동과 상용전원으로 돌려보내는 회생제동 방식이 있다.

12
도어 머신에 대한 설명 중 틀린 것은?

① 작동이 원활하고 소음이 없어야 한다.
② 작동회수는 엘리베이터 기동회수의 2배 정도이므로 보수가 쉬워야 한다.
③ 감속장치는 기어에 의한 방식 이외에 벨트나 체인에 의한 방식도 사용되고 있다.
④ 보수를 용이하게 하기 위해 DC모터를 사용한다.

풀이
DC 모터는 정류자와 브러쉬가 있어 유지보수가 어려워 현재는 인버터를 이용한 유도전동기와 동기전동기를 주로 사용한다.

13
엘리베이터용 트랙션 권상기에 대한 설명 중 틀린 것은?

① 헬리컬기어 권상기는 웜기어에 비해 효율이 높다.
② 웜기어 권상기는 소음이 작다.
③ 로프의 권부각이 크면 미끄러지기 쉽다.
④ 주로프에 사용되는 도르래의 피치지름은 로프지름의 40배 이상으로 한다.

풀이
권부각이 작고 가속도 및 감속도가 크면 미끄러지기 쉽다.

14
다음 승강기방식 중 유압식이 아닌 것은?

① 스크류식
② 팬터그래프식
③ 간접식
④ 직접식

풀이
유압엘리베이터에는 스크류 펌프를 사용하지만 구동방식이 아니며, 스크류식은 나선형으로 피트 깊이를 줄이기 위해 사용한다.

정답 10. ④ 11. ③ 12. ④ 13. ③ 14. ①

15
에스컬레이터 적재하중을 산출하는데 필요한 사항이 아닌 것은?

① 층고
② 반력점간거리
③ 디딤판(스텝)의 폭
④ 디딤판(스텝)의 수평 투영 단면적

풀이
에스컬레이터의 적재하중
적재하중 $G = 510 \times A$ (스텝의 수평투영단면적)
$A = Z_1$ (스텝폭 : m) $\times \dfrac{H(\text{층고} : m)}{\tan\theta(\text{경사각})}$
∴ 실제 기사시험에서는 $G = 2170 \times A$의 공식으로 계산하는 문제가 출제됨

16
기계실의 구조에 대한 설명으로 틀린 것은?

① 기계실은 건축물의 타 부분으로부터 출입문으로 격리되어야 한다.
② 기계실의 위치는 항상 승강로의 최상부 쪽에 설치되어야만 한다.
③ 기계실의 작업구역 유효높이는 2.1 m 이상이어야 한다.
④ 기계실의 기둥, 벽, 천장은 기기의 보수 및 수리를 위하여 기기와 일정 거리 이상을 두도록 한다.

풀이
기계실의 위치는 승강로 최상부가 이상적이나 측면부와 최하부에 설치해도 된다.

17
록다운 비상정지장치에 대한 설명 중 틀린 것은?

① 속도 3.5 m/s 초과 시 적용된다.
② 순간정지식 비상정지장치이다.
③ 록다운 비상정지장치의 동작을 감지하는 스위치가 있어야 한다.
④ 이 장치를 설치하면 균형추 측의 직하부의 피트 바닥을 두껍게 하지 않아도 된다.

풀이
록다운 비상정지장치(튀어오름방지장치)는 추락방지 안전장치가 작동 시 균형추나 보상로프가 관성에 의해서 튀어 오르는 것을 방지하는 장치로 속도 3.5 m/s 초과 시 설치해야 한다.

18
권상기에서 구동 도르래(sheave)의 유효지름은 주로프 지름의 몇 배 이상이어야 하는가?

① 10   ② 20   ③ 30   ④ 40

풀이
- 권상기 도르래 : 40배(주택용 : 30배) 이상
- 과속조절기 도르래 : 30배 이상

19
엘리베이터에 사용되는 비상통화장치에 관한 설명으로 틀린 것은?

① 전원은 충전용 배터리를 사용한다.
② 카의 조작반과 기계실이나 관리실 간에 설치한다.
③ 비상 시 방재센터, 기계실 및 관리실에서 안내방송으로 사용된다.
④ 관리실 등에서 인터폰을 받지 않으면 외부로 자동 통화연결되어야 한다.

정답 15. ② 16. ② 17. ④ 18. ④ 19. ③

풀이
비상통화장치 및 내부 통화시스템은 안내방송 시 사용되지 않는다.

20
승강기의 카와 균형추를 로프로 감는 방법 중 더블랩을 사용하는 승강기는?

① 저속 화물용 엘리베이터
② 중속 승객용 엘리베이터
③ 고속 승객용 엘리베이터
④ 저속 승객용 엘리베이터

풀이
- 중저속 엘리베이터 : 언더컷 홈에 싱글 랩 적용
- 고속 엘리베이터 : U 홈에 더블 랩 적용

2과목 승강기 설계

21
1대의 승강기 조작방식에서 자동 운전방식이 아닌 것은?

① 단식자동식
② 군 관리방식
③ 승합전자동식
④ 하향승합자동방식

풀이
군 관리 방식 : 3대~8대의 엘리베이터를 그룹으로 제어하는 방식

22
소방구조용 엘리베이터에 대한 요건이 아닌 것은?

① 소방구조용 엘리베이터는 모든 승강장문 전면에 방화구획된 로비를 포함한 승강로 내에 설치되어야 한다.
② 소방구조용 엘리베이터의 보조 전원공급장치는 방화구획 밖에 설치하여야 한다.
③ 소방구조용 엘리베이터는 소방운전 시 모든 승강장의 출입구마다 정지할 수 있어야 한다.
④ 비상용엘리베이터의 운행속도는 1 m/s 이상이어야 한다.

풀이
보조 전원공급장치는 방화구획된 장소에 설치되어야 한다.

23
엘리베이터 로프의 안전율(S)을 산출하는 식으로 옳은 것은? (단, K : 로핑계수, N : 로프 본수, P : 로프 1본당 와이어로프의 절단하중(kg), W : 적재하중(kg), W_c : 카 자중(kg), W_r : 로프 자중(kg) 이다.)

① 안전율$(S) = \dfrac{W+N+P}{W_c+W_r}$

② 안전율$(S) = \dfrac{K \cdot N \cdot P}{W+W_c+W_r}$

③ 안전율$(S) = \dfrac{N \cdot P}{W \cdot W_c \cdot W_r}$

④ 안전율$(S) = \dfrac{N \cdot P}{K(W+W_c+W_r)}$

풀이
2 : 1 로핑의 로핑계수는 2 : 1은 $\dfrac{2}{1}$ 이므로 2가 된다.

정답 20. ③ 21. ② 22. ② 23. ②

24
전기식 엘리베이터에서 피트 바닥은 전부하 상태의 카가 완충기에 작용하였을 때 완충기 지지대 아래에 부과되는 정하중의 몇 배를 지지할 수 있어야 하는가?

① 1~2 ② 2~3
③ 2.1~3.1 ④ 4배

풀이
F(수직력) $= 4 \cdot g_n \cdot (P+Q)$ [N]
여기서, P[kg] : 카자중 + 카에 지지되는 모든 부품 무게
Q[kg] : 정격하중

25
전동기의 효율에 관한 식으로 옳은 것은?

① $\dfrac{\text{입력} - \text{손실}}{\text{입력}} \times 100$[%]

② $\dfrac{\text{손실} - \text{입력}}{\text{입력}} \times 100$[%]

③ $\dfrac{\text{입력} - \text{손실}}{\text{손실}} \times 100$[%]

④ $\dfrac{\text{손실} - \text{입력}}{\text{손실}} \times 100$[%]

풀이
효율 $= \dfrac{\text{출력}}{\text{입력}} \times 100\%$ ※ 출력 = 입력 - 손실

26
동기 기어리스 권상기를 설계하려고 한다. 주 도르래의 직경을 작게 설계한 경우에 대한 설명으로 틀린 것은?

① 소형화가 가능하다.
② 회전수가 빨라진다.
③ 브레이크 제동 토크가 커진다.
④ 주로프의 지름이 작아질 수 있다.

풀이
제동 토크는 브레이크 드럼의 지름에 비례한다.
$$T_d = N \times P_n \times \dfrac{D}{2} \times \mu$$
$$\therefore P_n = \dfrac{2 \times T_d}{\mu \times D \times N}$$
여기서, μ : 마찰계수, P_n : 브레이크 반력
D : 드럼의 직경, N : 브레이크 수

27
도어클로저의 방식 중 레버시스템과 코일스프링 및 도어체크를 조합한 방식은?

① 레버 클로저 방식
② 와이어 클로저 방식
③ 웨이트 클로저 방식
④ 스프링 클로저 방식

풀이
도어클로저는 카가 없는 층의 승강장 도어를 자동으로 닫히게 하는 장치로 웨이트(중력식)클로저와 스프링클로저 방식이 있다.

28
유입식 완충기를 설계할 때 고려하여야 할 사항으로 옳은 것은?

① 재료의 안전율은 5 cm 당 20% 이상의 신율을 갖는 재료에서는 2 이상이어야 한다.
② 플런저를 완전히 압축한 상태에서 완전복구 할 때까지 소요되는 시간은 30초 이내여야 한다.
③ 카의 정격하중을 싣고 정격속도의 115%의 속도로 자유낙하여 카가 완충기에 충돌할 때의 평균 감속도는 $1g_n$ 이하여야 한다.
④ 강도는 최대적용중량의 85% 중량으로 비상정지장치의 동작속도로 충격시킬 경우 완충

정답 24. ④ 25. ① 26. ③ 27. ④ 28. ③

기에 이상이 없어야 하며, 플런저는 완전복귀해야 한다.

29
카틀 높이가 3.4 m 꼭대기틈새가 1.4 m, 기계실 높이가 2.0 m 출입구 높이가 2.1 m인 승객용 엘리베이터 오버헤드(OH)는 몇 m인가?

① 5.4 ② 5.5 ③ 4.8 ④ 3.4

풀이
오버헤드 : 최상층 승강장 바닥에서 승강로 천장까지의 높이
※ 카가 최상층에 착상한 경우 카틀의 높이 + 꼭대기 틈새가 된다. (오버헤드 문제는 승강기 안전기준과 관계없이 성립됨)

30
후크의 법칙과 관련하여 관계식 $E = \sigma/\varepsilon$에 대한 설명으로 틀린 것은?

① σ는 응력이다.
② ε는 변형율이다.
③ E는 횡탄성계수이다.
④ σ는 하중을 단면적으로 나눈 것이다.

풀이
E : 세로 탄성계수

31
트랙션비(Traction ratio)에 대한 설명으로 틀린 것은?

① 트랙션비의 값이 낮아질수록 트랙션 능력은 좋아진다.
② 트랙션비의 값이 커질수록 전동기의 출력은 낮아질 수 있다.
③ 카측 로프가 매달고 있는 중량과 균형추측 로프가 매달고 있는 중량의 비를 말한다.
④ 트랙션비의 계산 시는 적재하중, 카 자중, 로프 중량, 오버밸런스율 등을 고려하여야 한다.

풀이
트랙션비는 1보다 크며 카 측 로프의 장력과 균형추측 로프의 장력 비로 작을수록 권상 능력이 향상되고 전동기 출력이 낮아진다.

32
전기식 엘리베이터에서 주로프에 관한 설명으로 틀린 것은?

① 직경은 항상 공칭지름이 12 mm 이상이어야 한다.
② 카 1대에 대하여 2가닥 이상이어야 한다.
③ 주 로프의 안전율은 2가닥에 의해 구동되는 경우 16 이상이어야 한다.
④ 끝부분은 1본마다 로프소켓에 바빗트 채움을 하거나 체결식 로프소켓을 사용하여 고정하여야 한다.

풀이
직경은 8 mm 이상, 2가닥 이상,
안전율 : 2가닥일 경우 16 이상,
3가닥일 경우 12 이상

33
공동주택(아파트)의 평균 운전간격은 몇 초(sec)가 적합한가?

① 60~90 ② 45~60
③ 35~45 ④ 15~30

풀이
공동주택 (60~90초), 호텔(40초 이하)
사무실(30초 이하 단, 수송능력이 충분한 경우는 40초 이하)

정답 29. ③ 30. ③ 31. ② 32. ① 33. ①

34
베어링 메탈 재료의 구비조건으로 틀린 것은?

① 열전도가 잘 되어야 한다.
② 축과의 마찰계수가 작아야 한다.
③ 축 보다 단단한 강도를 가져야 한다.
④ 제작이 용이하고 내부식성이 있어야 한다.

풀이
베어링이 축 보다 경도가 크면 측이 마모된다.

35
P15-CO-150 지상 10층 규모 사무실 건물에 엘리베이터의 예상 정지수는?(단, 탑승률은 80%)

① 6.37   ② 6.89
③ 7.39   ④ 8.13

풀이
$$f_L = n\left\{1-\left(\frac{n-1}{n}\right)^r\right\} = 8 \times \left[1-\left(\frac{8-1}{8}\right)^{12}\right] = 6.39$$
여기서, $n = 10-2 = 8$, $r = 15 \times 0.8 = 12$
$f = f_L + f_E = 6.39 + 1 = 7.39$
(급행존 내 정지층수 $f_E = 1$)

36
승객용 엘리베이터의 카측에 사용할 수 있는 가이드 레일의 최소 크기는?

① 1K   ② 3K
③ 5K   ④ 8K

풀이
주물로 제작된 금속제 주행안내 레일은 8 K가 최소이다. 추락방지장치가 없는 균형추 측 레일은 강판을 성형한 레일을 사용할 수 있다.

37
그림은 승강기 권상 시브의 언더컷 홈 모양이다. 홈의 깎인 면 a의 값을 구하는 식으로 옳은 것은?

① $2a = d \times \sin\beta$
② $2a = 3d \times \sin\frac{\beta}{2}$
③ $\frac{a}{2} = \frac{d}{2} \times \sin\frac{\beta}{2}$
④ $\frac{a}{2} = \frac{d}{2} \times \sin\beta$

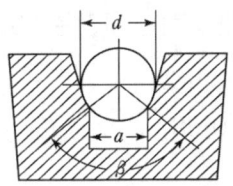

38
소방구조용 엘리베이터의 설계 시 고려해야할 사항으로 틀린 것은?

① 전선관, 박스 등은 물이 잠기지 않는 구조로 한다.
② 카 위의 각 전기장치에는 방적 카바, 물빼기 구멍 등을 설치한다.
③ 승강장에서 카를 부르는 장치는 반드시 피난층에만 설치하여야 한다.
④ 동일한 승강로 내에 다른 엘리베이터가 있다면 전체적인 공용 승강로는 비상용엘리베이터의 내화규정을 만족하여야 한다.

풀이
1단계 소방운전스위치는 소방관 접근지정 층에 설치되지만 평상 시는 일반용으로 사용하기 때문에 부름버튼은 전층에 설치해야 한다.

39
일반적으로 사용하는 가이드레일의 허용응력으로 가장 적합한 것은?

① 1200 kg/cm²   ② 2400 kg/cm²
③ 3600 kg/cm²   ④ 4800 kg/cm²

40
스프링 복귀식 유입완충기를 정격속도 90 m/min의 승강기에 사용하여 성능시험을 실시하였을 때 완충기의 평균 감속도는 약 몇 g_n인가? (단, 완충기가 동작한 시간은 0.3sec)

① 0.487　　② 0.586
③ 0.687　　④ 0.887

풀이
$$a = \frac{\triangle V}{\triangle t \times 9.81} = \frac{(90 \div 60) \times 1.15}{0.3 \times 9.81} = 0.586 g_n$$

3과목 일반기계공학

41
원형축이 비틀림을 받고 있을 때 최대전단응력($\tau_{\max}$)과 축의 지름(d)과의 관계는?

① $\tau_{\max} \propto d^2$　　② $\tau_{\max} \propto d^3$
③ $\tau_{\max} \propto \dfrac{1}{d^2}$　　④ $\tau_{\max} \propto \dfrac{1}{d^3}$

풀이
$T = \dfrac{\pi d^3 \tau}{16}$ 여기서, $\tau = \dfrac{16T}{\pi d^3}$　∴ $\tau \propto \dfrac{1}{d^3}$

42
표면경화법에서 질화법의 특징으로 틀린 것은?

① 경화층은 얇지만 경도가 높다.
② 마모 및 부식에 대한 저항이 작다.
③ 담금질할 필요가 없고 변형이 작다.
④ 600℃ 이하에서는 경도 감소 및 산화가 일어나지 않는다.

풀이
질화법 : 부품 표면에 질소의 침투에 의한 경화로 경도가 크고 산화에 강하다. (마모 및 부식에 대한 저항이 크다.)

43
용적형 펌프 중 정 토출량 및 가변 토출량으로서 공작기계, 프레스기계 등의 산업기계장치 도는 차량용에 널리 쓰이는 유압펌프는?

① 베인 펌프　　② 원심 펌프
③ 축류 펌프　　④ 혼유형 펌프

44
물체를 달아 올리기 위해 훅(hook) 등을 걸 수 있는 볼트는?

① T홈 볼트　　② 나비 볼트
③ 기초 볼트　　④ 아이 볼트

풀이
- T볼트 : 볼트의 머리 부분을 조립 홈에 삽입하여 체결
- 나비볼트 : 제품에 암나사가 가공되어 손으로 체결 가능한 볼트
- 기초 볼트 : 콘크리트에 묻어 장비를 고정시킬 수 있는 볼트
- 아이볼트 : 원형 고리가 있어 양중 시 훅을 걸어 사용

45
프레스 가공에서 드로잉한 제품의 플랜지를 소정의 형상이나 치수로 절단하는 가공법은?

① 펀칭　　② 블랭킹
③ 트리밍　　④ 셰이빙

풀이
펀칭 : 구멍 뚫기
블랭킹 : 소재를 정해진 형상으로 절단한 것을 사용
트리밍 : 불필요한 부분을 절단하는 작업
셰이빙 : 판금 가공에서 절단한 면을 가공하는 작업

정답 40. ②　41. ④　42. ②　43. ①　44. ④　45. ③

46
다음 중 스프링의 일반적인 용도로 가장 거리가 먼 것은?

① 하중 및 힘의 측정에 사용한다.
② 진동 또는 충격에너지를 흡수한다.
③ 운동에너지를 열에너지로 소비한다.
④ 에너지를 저축하여 놓고 이것을 동력원으로 사용한다.

47
다음 중 버니어캘리퍼스로 측정할 수 없는 것은?

① 구멍의 내경 ② 구멍의 깊이
③ 축의 편심량 ④ 공작물의 두께

풀이
축의 편심량과 동심도는 다이얼 게이지로 측정한다.

48
직경 600 mm, 800 rpm으로 회전하는 원통마찰차로서 12.5 kW를 전달시키는 힘은 약 몇 N인가? (단, 마찰계수 $\mu = 0.2$로 한다.)

① 1832 ② 2488
③ 4984 ④ 1246

풀이
전달동력 $H = \mu F v [W]$
여기서, F : 힘[N], v : 속도[m/s]
$$F = \frac{H}{\mu \cdot v} = \frac{12.5 \times 10^3}{0.2 \times \frac{\pi \times 0.6 \times 800}{60}} = 2486.8 [N]$$

49
다음 중 공기압의 용어에 의미하는 표준상태는?

① 온도 0℃, 절대압 1.332kPa, 상대습도 50%인 공기상태
② 온도 0℃, 절대압 101.3kPa, 상대습도 65%인 공기상태
③ 온도 10℃, 절대압 1.332kPa, 상대습도 50%인 공기상태
④ 온도 20℃, 절대압 101.3kPa, 상대습도 65%인 공기상태

풀이
KS 공기의 표준상태 :
온도 20℃, 절대압 101.3kPa, 상대습도 65%인 공기

50
다음 중 감마(γ)철에 탄소가 최대 2.11% 고용된 고용체로 면심입방격자의 결정구조를 가지고 있는 것은?

① 펄라이트
② 오스테나이트
③ 마텐자이트
④ 시멘타이트

51
그림과 같이 균일 분포하중(q_0)을 받고 왼쪽 끝은 고정, 오른쪽 끝은 단순 지지되어 있는 보의 A점에서의 반력은?

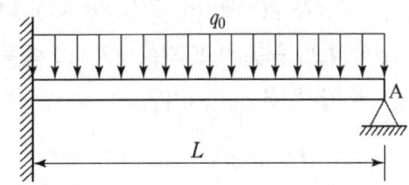

① $\frac{1}{8} q_0 L$ ② $\frac{1}{4} q_0 L$
③ $\frac{3}{8} q_0 L$ ④ $\frac{1}{2} q_0 L$

52
관용 나사에서 유체의 누설을 막기 위해 지정하는 테이퍼 값은?

① $\dfrac{1}{40}$ ② $\dfrac{1}{25}$ ③ $\dfrac{1}{16}$ ④ $\dfrac{1}{10}$

53
다음 유압회로 명칭으로 옳은 것은?

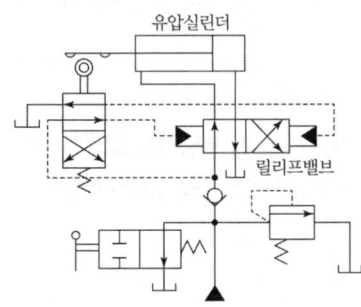

① 로크 회로 ② 브레이크 회로
③ 파일럿 조작회로 ④ 정토크 구동 회로

풀이
파일럿 회로는 흡입, 토출, 리턴회로로 구성되고 점선으로 표시한다.

54
외접 원통마찰차의 축간거리가 300 mm, 원동차의 회전수(N_1)가 200 rpm, 종동차(N_2) 회전수가 100 rpm일 때 원동차의 지름(D_1)과 종동차의 지름(D_2)은 각각 몇 mm인가?

① $D_1 = 400$, $D_2 = 200$
② $D_1 = 200$, $D_2 = 400$
③ $D_1 = 200$, $D_2 = 100$
④ $D_1 = 100$, $D_2 = 200$

풀이
축간거리 : $300 = \dfrac{D_1 + D_2}{2}$ ∴ $D_1 + D_2 = 600$

속도비 $i = \dfrac{N_2}{N_1} = \dfrac{D_1}{D_2}$ 에서 $D_2 = 2D_1$
∴ $3D_1 = 600$, $D_1 = 200$, $D_2 = 400$

55
봉이 인장하중을 받을 때, 탄성한도 영역 내에서 종변형률에 대한 횡변형률의 비는?

① 탄성한도 ② 포와송 비
③ 횡탄성 계수 ④ 체적탄성 계수

풀이
포와송비 = $\dfrac{\text{가로변형율}}{\text{세로변형율}}$

56
취성재료에서 단순인장 또는 단순압축 하중에 대한 항복강도, 또는 인장강도나 압축강도에 도달하였을 때 재료의 파손이 일어난다는 이론은?

① 최대 주응력설
② 최대전단응력설
③ 최대 주변형률설
④ 변형률 에너지설

57
주조품을 제조하기 위한 모형(pattern) 중 코어 모형을 사용해야 하는 주물로 적합한 것은?

① 골격형 주물
② 크기가 큰 주물
③ 외형이 복잡한 주물
④ 내부에 구멍이 있는 주물

풀이
- 골격형 : 크기가 큰 주물
- 코어형 : 내부에 구멍(중공)이 있는 주물
- 인베스트먼트법 : 복잡하고 정밀한 주물

58
연삭숫돌을 구성하는 3요소가 아닌 것은?

① 조직 ② 입자
③ 기공 ④ 결합제

풀이
연삭숫돌의 3요소 : 입자, 기공, 결합제

59
산화알루미늄(Al_2O_3) 분말을 마그네슘, 규소 등의 산화물과 소량의 다른 원소를 첨가하여 소결한 절삭공구로 충격에는 약하나 고속절삭에서 우수한 성능을 나타내는 것은?

① 세라믹 공구
② 고속도강 공구
③ 초경합금 공구
④ 다이아몬드 공구

60
산화철 분말과 알루미늄 분말을 혼합하여 연소시킬 때 발생하는 열에 의해 접합하는 용접은?

① 테르밋 용접
② 탄산가스 아크용접
③ 원자수소 아크용접
④ 불활성가스 금속 아크용접

4과목 전기제어공학

61
다음과 같은 회로에서 a, b 양단자 간의 합성저항은? (단, 그림에서의 저항의 단위는 [Ω]이다.)

① 1.0[Ω]
② 1.5[Ω]
③ 3.0[Ω]
④ 6.0[Ω]

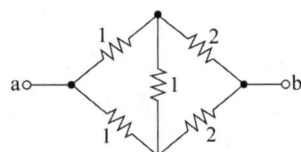

풀이
등가회로는 3[Ω] 저항 2개 병렬연결이므로
$R = \dfrac{3 \times 3}{3+3} = 1.5[\Omega]$

62
다음 중 절연 저항을 측정하는데 사용되는 계측기는?

① 메거 ② 저항계
③ 켈빈브리지 ④ 휘스톤브리지

풀이
절연저항 측정 : 절연저항계(메거)

63
다음의 논리식을 간단히 한 것은?

$$X = \overline{A}\,\overline{B}C + A\overline{B}\,\overline{C} + A\overline{B}C$$

① $\overline{B}(A+C)$
② $C(A+\overline{B})$
③ $\overline{C}(A+B)$
④ $\overline{A}(B+C)$

64
직류기에서 전압 정류의 역할을 하는 것은?

① 보극 ② 보상권선
③ 탄소브러시 ④ 리액턴스 코일

65
PLC 프로그래밍에서 여러 개의 입력 신호 중 하나 도는 그 이상의 신호가 ON 되었을 때 출력이 나오는 회로는?

① OR회로 ② AND회로
③ NOT회로 ④ 자기유지회로

풀이

A	B	X
0	0	0
0	1	1
1	0	1
1	1	1

66
다음 중 무인 엘리베이터의 자동제어로 가장 적합한 것은?

① 추종 제어 ② 정치 제어
③ 프로그램 제어 ④ 프로세스 제어

풀이
- 추종 제어 : 미사일,
- 정치 제어 : 압연기의 두께, 항온조의 온도제어
- 프로세스 제어 : 화학 플랜트 제어

67
단상변압기 2대를 사용하여 3상 전압을 얻고자 하는 결선방법은?

① Y결선 ② V결선
③ Δ결선 ④ Y-Δ결

풀이

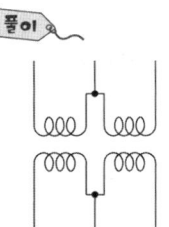

68
그림과 같이 철심에 두 개의 코일 C_1, C_2를 감고 코일 C_1에 흐르는 전류 I에 ΔI 만큼의 변화를 주었다. 이 때 일어나는 현상에 관한 설명으로 옳지 않은 것은?

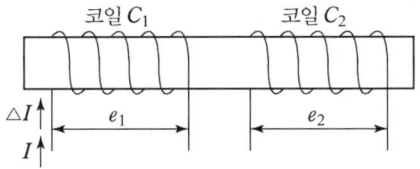

① 코일 C_2에서 발생하는 기전력 e_2는 렌츠의 법칙에 의하여 설명이 가능하다.
② 코일 C_1에서 발생하는 기전력 e_1은 자속의 시간 미분값과 코일의 감은 횟수의 곱에 비례한다.
③ 전류의 변화는 자속의 변화를 일으키며, 자속의 변화는 코일 C_1에 기전력 e_1을 발생시킨다.
④ 코일 C_2에서 발생하는 기전력 e_2와 전류 I의 시간 미분값의 관계를 설명해 주는 것이 자기인덕턴스이다.

풀이
상호인덕턴스

69
100[V], 40[W]의 전구에 0.4[A]의 전류가 흐른다면 이 전구의 저항은?

① 100[Ω] ② 150[Ω]
③ 200[Ω] ④ 250[Ω]

풀이
$P = \dfrac{V^2}{R}$ ∴ $R = \dfrac{100^2}{40} = 250[\Omega]$

70
개루프 전달함수 $G(s) = \dfrac{1}{s^2 + 2s + 3}$ 인 단위 궤환계에서 단위계단입력을 가하였을 때의 오프셋(off set)은?

① 0   ② 0.25
③ 0.5   ④ 0.75

71
오차 발생시간과 오차의 크기로 둘러싸인 면적에 비례하여 동작하는 것은?

① P 동작   ② I 동작
③ D 동작   ④ PD 동작

72
온도 보상용으로 사용되는 소자는?

① 서미스터   ② 바리스터
③ 제너다이오드   ④ 버랙터다이오드

풀이
- 서미스터 : 온도 보상용
- 바리스터 : 서지 전압에 대한 보호용
- 제너다이오드 : 정전압 전원회로
- 버랙터다이오드 : 가변용량 다이오드

73
저항 8[Ω]과 유도리액턴스 6[Ω]이 직렬접속된 회로의 역률은?

① 0.6 ② 0.8 ③ 0.9 ④ 1

풀이
역률 $= \dfrac{R}{Z} = \dfrac{8}{\sqrt{8^2 + 6^2}} = 0.8$

74
전동기 2차측에 기동저항기를 접속하고 비례 추이를 이용하여 기동하는 전동기는?

① 단상 유도전동기
② 2상 유도전동기
③ 권선형 유도전동기
④ 2중 농형 유도전동기

75
온 오프(on-off) 동작에 관한 설명으로 옳은 것은?

① 응답속도는 빠르나 오프셋이 생긴다.
② 사이클링은 제거할 수 있으나 오프셋이 생긴다.
③ 간단한 단속적 제어동작이고 사이클링이 생긴다.
④ 오프셋은 없앨 수 있으나 응답시간이 늦어질 수 있다.

76
물체의 위치, 방위, 자세 등의 기계적 변위를 제어량으로 하여 목표값의 임의의 변화에 항상 추종되도록 구성된 제어장치는?

① 서보기구   ② 자동조정
③ 정치 제어 ④ 프로세스 제어

정답 69. ④ 70. ④ 71. ② 72. ① 73. ② 74. ③ 75. ③ 76. ①

- 서보기구 : 위치, 방위, 자세
- 자동조정 : 전압, 주파수, 회전속도
- 프로세스제어 : 화학, 플랜트
- 정치제어 : 압연기의 두께, 항온조의 온도제어

77
검출용 스위치에 속하지 않는 것은?

① 광전스위치
② 액면스위치
③ 리미트스위치
④ 누름버튼스위치

누름버튼 : 동작 스위치

78
공작기계의 물품 가공을 위하여 주로 펄스를 이용한 프로그램 제어를 하는 것은?

① 수치 제어 ② 속도 제어
③ PLC 제어 ④ 계산기 제어

79
그림과 같은 제어에 해당하는 것은?

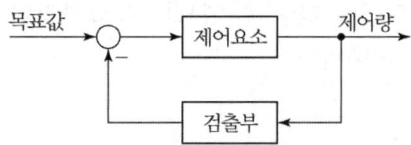

① 개방 제어 ② 시퀀스 제어
③ 개루프 제어 ④ 폐루프 제어

피드백제어 (폐루프 제어)

80
다음과 같은 회로에서 i_2가 0 이 되기 위한 C의 값은? (단, L은 합성인덕턴스, M은 상호인덕턴스이다.)

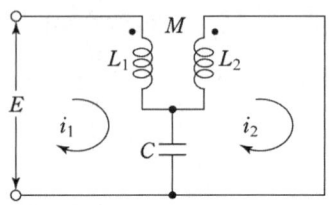

① $\dfrac{1}{\omega L}$ ② $\dfrac{1}{\omega^2 L}$

③ $\dfrac{1}{\omega M}$ ④ $\dfrac{1}{\omega^2 M}$

$i_2 = 0$이 되는 평형조건 : $C = \dfrac{1}{\omega^2 M}$ (켐벨브리지)

실전모의고사 3회

1과목 승강기 개론

01
다음 괄호 안의 내용으로 옳은 것은?

> 승강로는 엘리베이터 전용으로 사용되어야 한다. 엘리베이터와 관계없는 배관, 전선 또는 장치 등이 있어서는 안된다. 다만, 엘리베이터의 안전한 운행에 지장을 주지 않는다면 소방관련법령에 따라 화재감지기 본체 및 (   )는 포함될 수 있다.

① 비상용 소화기   ② 비상용 전화기
③ 비상용 경보기   ④ 비상 방송용 스피커

풀이
승강로, 기계실, 풀리실, 설치할 수 있는 설비
(단, 제어 및 조절 장치는 외부에 있어야 한다.)
– 엘리베이터를 위한 냉 난방설비
– 카에 설치되는 영상정보처리기 전선 및 설비
– 환기 덕트
– 화재감지기 본체, 비상 방송용 스피커 및 가스계 소화기
– 카가 승강장에 정지했을 때만 작동하는 스프링클러

02
승강장 문이 열려진 위치에서 모든 제약으로부터 해제가 되면 자동으로 닫히게 되는 장치는?

① 도어 록   ② 도어 머신
③ 도어 클로저   ④ 도어 스위치

풀이
도어 클로저 : 카가 없는 층의 승강장 도어를 자동으로 닫히게 하는 장치로 스프링식과 중력식이 있다.

03
에스컬레이터의 공칭속도가 0.65 m/s일 때 정지거리의 범위로 옳은 것은?

① 0.20 m에서 1.00 m 사이
② 0.30 m에서 1.20 m 사이
③ 0.30 m에서 1.30 m 사이
④ 0.40 m에서 1.50 m 사이

풀이
에스컬레이터 및 무빙워크의 정지거리

공칭속도	정지거리
0.50 m/s	0.20 m부터 1.00 m까지
0.65 m/s	0.30 m부터 1.30 m까지
0.75 m/s	0.40 m부터 1.50 m까지
0.90 m/s	0.55 m부터 1.70 m까지

04
균형추의 중량을 정할 때 사용하는 오버밸런스(over balance)율이란 무엇인가?

① 카의 중량과 균형추 중량의 비율을 말한다.
② 카의 자체 중량과 적재하중의 비율을 말한다.
③ 균형추의 무게와 전부하시의 카의 무게와의 비율을 말한다.
④ 균형추의 총 중량을 정할 때 빈 카의 자중에 적재하중의 몇 %를 더 할 것인가를 나타내는 비율을 말한다.

정답 01. ④ 02. ③ 03. ③ 04. ④

05
필러형 29소선 6꼬임 중심섬유인 로프의 구성기호는?

① 6×F(29)
② 6×Fi(29)
③ 6×Fi+29×F
④ 6×F(Fi9+F10)

풀이
6(스트랜드 수) × F(29: 소선 수)
S(실형), F(필러형), W(워링톤 형)
엘리베이터에는 8×S(19) E종 로프가 많이 사용된다.

06
승강기의 신호장치 중 홀 랜턴(Hall Lantern)을 설치하는 경우는?

① 주택용 승강기의 1층에 설치
② 미관용으로 고급 승강기에 설치
③ 비사용 승강기의 비상을 알리기 위해 설치
④ 군 관리방식의 여러 대의 승강기를 운행할 때 인디게이터 대신 설치

풀이
홀 랜턴은 군관리 방식에서는 수송 효율을 높이기 위해 승강장 부름을 통과하는 경우가 있어 표시기 대신 사용한다.

07
로프 마모 및 파손상태 검사의 합격기준으로 옳은 것은?

① 소선의 파단이 균등하게 분포되어 있는 경우, 1구성 꼬임(스트랜드)의 1꼬임 피치내에서 파단 수 3 이하
② 소선의 파단이 균등하게 분포되어 있는 경우, 1구성 꼬임(스트랜드)의 1꼬임 피치내에서 파단 수 2 이하
③ 소선에 녹이 심한 경우, 1구성 꼬임(스트랜드)의 1꼬임 피치 내에서 파단 수 3 이하
④ 파단 소선의 단면적이 원래의 소선 단면적의 70% 이하로 되어 있는 경우, 1구성 꼬임(스트랜드)의 1꼬임 피치 내에서 파단 수 2 이하

풀이

마모 및 파손상태	기 준
소선의 파단이 균등하게 분포되어 있는 경우	1구성 꼬임(스트랜드)의 1꼬임 피치 내에서 파단 수 4 이하
파단 소선의 단면적이 원래의 소선 단면적의 70[%] 이하로 되어 있는 경우 또는 녹이 심한 경우	1구성 꼬임(스트랜드)의 1꼬임 피치 내에서 파단 수 2 이하
소선의 파단이 1개소 또는 특정의 꼬임에 집중되어 있는 경우	소선의 파단총수가 1꼬임 피치 내에서 6꼬임 와이어로프이면 12 이하, 8꼬임 와이어로프이면 16 이하
마모부분의 와이어로프의 지름	마모되지 않은 부분의 와이어로프 직경의 90[%] 이상

08
로프식 엘리베이터용 구동방식으로 옳은 것은?

① 간접식
② 직접식
③ 권동식
④ 리니어모터식

풀이
로프식(전기식) 엘리베이터 : 권상식, 권동식

09
2대 이상의 엘리베이터가 동일 승강로에 설치될 때 2대의 카의 측부에 비상구출문을 설치될 때 2대의 카의 측 부에 비상구출문을 설치할 수 있다. 이와 같은 경우의 구조와 관계가 없는 것은?

정답 05. ② 06. ④ 07. ④ 08. ③ 09. ②

① 문이 열려 있는 동안은 운전이 불가능하다.
② 이 문은 벽의 일부가 외부방향으로 열린다.
③ 내부에서는 열쇠를 사용해야만 열 수 있다.
④ 외부에서는 열쇠 없이도 비상구출문을 열 수 있다.

풀이
카 벽 비상구출문 : 폭 0.4 m, 높이 1.8 m 이상
카 거리 : 1 m 이하 (내부로 열려야 한다.)

10
주택용 엘리베이터의 정격속도는 몇 m/s 이하여야 하는가?

① 0.15   ② 0.25
③ 0.35   ④ 0.45

풀이
주택용 엘리베이터 :
(1) 행정 거리 12 m 이하의 단독주택에 적용한다.
(2) 속도 : 0.25 m/s 이하
(3) 기계실 출입구 : 0.6 m×0.6 m 이상
(4) 승강장 출입문 및 카 높이 : 1.8 m 이상

11
직접식 유압엘리베이터의 특징으로 볼 수 없는 것은?

① 실린더의 점검이 용이하다.
② 비상정지장치가 필요하지 않다.
③ 승강로 소용면적 치수가 작고 구조가 간단하다.
④ 실린더를 설치하기 위한 보호관을 지중에 설치하여야 한다.

풀이
승강 행정거리가 같을 경우 1 : 2 로핑의 간접식에 비해 직접식은 램의 행정이 2배 이기 때문에 실린더 설치와 점검이 어렵다.

12
유압회로의 하나인 미터인(meter-in) 회로에 대한 특징을 옳게 설명한 것은?

① 정확한 속도제어가 가능하고 효율이 좋다.
② 정확한 속도제어는 곤란하나 효율이 좋다.
③ 정확한 속도제어도 곤란하고 효율도 나쁘다.
④ 정확한 속도제어가 가능하나 효율이 비교적 나쁘다.

13
엘리베이터용 도어 안정장치에 해당되는 것은?

① 세이프티 슈
② 역결상 검출장치
③ 과부하 감지장치
④ 록다운 정지장치

풀이
도어 안전장치(문 닫힘 안전장치)의 종류
• 접촉식 : 세이프티 슈
• 비접촉식 : 광전장치, 초음파 장치, 멀티빔 장치

14
소선강도에 의한 와이어로프의 설명 중 옳은 것은?

① E종은 150 kgf/mm^{2}급 강도의 소선으로 구성된 로프이다.
② B종은 강도와 경도가 E종보다 더욱 높아 엘리베이터용으로 사용된다.
③ G종은 소선의 표면에 아연도금한 로프로 다습환경의 장소에 사용된다.
④ A종은 일반 와이어로프와 비교하여 탄소량을 작게 하고 경도를 낮춘 것으로 135 kgf/mm^{2}급이다.

정답 10. ② 11. ① 12. ④ 13. ① 14. ③

강도 순서 : E < G < A < B
E종(1320 N/mm^3), G종(1470 N/mm^3)
A종(1620 N/mm^3), B종(1770 N/mm^3)
※ $\text{N/mm}^2 \div 9.81 = \text{kgf/mm}^2$
($1320 \div 9.81 = 135 \text{ kgf/mm}^2$)

15
과부하 검출장치가 작동할 때의 사항으로 틀린 것은?

① 경보가 울려야 한다.
② 출입문의 닫힘을 자동적으로 제지하여야 한다.
③ 주행 중에도 과부하가 감지되면 경보가 울려야 한다.
④ 초과 하중이 해소되기까지 카는 움직이지 않아야 한다.

풀이
주행중에 과부하가 검출되어도 엘리베이터는 무시하고 정상 운행한다.

16
VVVF 방식 엘리베이터에서 주로 사용되는 시스템은?

① 교류궤환 전압제어
② 사이리스터 전압제어
③ PWM(Pulse Width Moduation)
④ PAM(Pulse Amplitude Moduation)

풀이
인버터 제어방식에는 PWM과 PAM 방식이 있는 데 엘리베이터에서는 PWM 방식을 사용한다.

17
엘리베이터를 동력 매체별로 분류할 때 나사의 홈 기둥을 따라 케이지가 상하로 움직이도록 한 것으로서 유체 사용을 피하고자 하는 경우에 이용되는 엘리베이터는?

① 로프식
② 스크류식
③ 플랜저식
④ 랙피니온식

풀이
스크류식은 기존 건물 (지하철 역사 등)에서 유압식 엘리베이터 대체용으로 사용된다.

18
동력 전원이 끊어졌을 때 즉시 작동하여 에스컬레이터를 정지시키는 장치는?

① 조속기장치
② 머신 브레이크
③ 구동체인 안전장치
④ 전자-기계 브레이크

풀이
엘리베이터와 에스컬레이터의 브레이크 동작 조건
(1) 주동력 전원공급이 차단된 경우
(2) 제어회로에 전원공급이 차단된 경우

19
균형추 방식의 엘리베이터에 대한 설명 중 옳은 것은?

① 유압식엘립이터에 비하여 승강로 면적을 작게 할 수 있다.
② 균형추에 의하여 균형을 잡으므로 키가 미끄러질 염려는 없다.
③ 동일한 용량과 속도인 경우 권동식에 비하여 구동 전동기의 출력용량을 줄일 수 있다.
④ 무거운 균형추를 사용하므로 균형추를 사용하지 않는 경우보다 큰 출력의 전동기가 필요하다.

정답 15. ③ 16. ③ 17. ② 18. ④ 19. ③

풀이
균형추 무게 = 빈카 무게+적재하중×오버밸런스율(OB)의 계산되며 전동기용량을 줄일 수 있다.

20
추락방지안전장치가 작동될 때, 부하가 없거나 부하가 균일하게 분포된 카의 바닥은 정상적인 위치에서 몇 %를 초과하여 기울어지지 않아야 하는가?

① 3 ② 5
③ 10 ④ 20

2과목 승강기 설계

21
윙기어와 헬리컬기어 감속기의 특성을 비교한 설명으로 틀린 것은?

① 윙기어가 헬리컬기어에 비해 소음이 작다.
② 윙기어가 헬리컬기어에 비해 효율이 낮다.
③ 윙기어가 헬리컬기어에 비해 역구동이 쉽다.
④ 윙기어가 헬리컬기어에 비해 저속용으로 사용한다.

풀이

구 분	헬리컬 기어	웜 기어
효 율	높다	낮다
소 음	크다	작다
역구동	쉽다	어렵다
감속비	작다	크다
진 동	크다	작다

22
적재하중이 550 kg, 카자중이 700 kg이고, 단면적, 단면계수 224.6 cm³인 SS-400을 1본 사용할 때 1:1 로핑인 경우 상부체대의 응력은 약 몇 kg/cm²인가? (단, 상부체대의 길이는 160 cm 이다.)

① 55.7 ② 111.3
③ 222.6 ④ 445.2

풀이
굽힘모멘트 $M = \dfrac{WL}{4} = \dfrac{(550+700) \times 160}{4}$
$= 50000 [\text{kg} \cdot \text{cm}]$

응력$(\sigma) = \dfrac{\text{굽힘모멘트}(M)}{\text{단면계수}(Z)} = \dfrac{50000}{224.6}$
$= 222.62 [\text{kg/cm}^2]$

23
정격속도 90 m/min인 엘리베이터의 에너지분사형 완충기에 필요한 최소행정거리는 약 몇 mm인가?

① 120 ② 152 ③ 207 ④ 270

풀이
$S = 0.0674 V^2 = 0.0674 \times \left(\dfrac{90}{60}\right)^2 \times 10^3$
$= 151.65 [\text{mm}]$

24
로프식 엘리베이터의 기계식 출입문의 폭과 높이로서 적당한 것은?

① 폭 70 cm 이상, 높이 1.6 m 이상
② 폭 70 cm 이상, 높이 1.8 m 이상
③ 폭 60 cm 이상, 높이 1.6 m 이상
④ 폭 60 cm 이상, 높이 1.8 m 이상

풀이
기계실, 피트 출입문 : 폭 0.7m 이상 높이 1.8m 이상

정답 20. ② 21. ③ 22. ③ 23. ② 24. ②

25
엘리베이터 교통량 계산에서 필요한 기초자료에 해당되지 않는 것은?

① 층고
② 층별 용도
③ 빌딩의 용도
④ 기계실의 크기

26
전부하 회전수가 1500 rpm이고 출력이 15 kW인 전동기의 전부하 토크는 약 몇 kg·m인가?

① 9.74
② 19.48
③ 1948
④ 9740

풀이

$T = \dfrac{P(W)}{\omega} = \dfrac{15 \times 10^3}{2\pi \times \dfrac{1500}{60}}$

$= 95.49\,\text{N}\cdot\text{m} \div 9.81 = 9.73\,\text{kg}\cdot\text{m}$

$T = 975 \times \dfrac{P(\text{kW})}{N(\text{rpm})} = 9.75\,\text{kg}\cdot\text{m}$

27
카측 스프링완충기의 스프링 직경이 150 mm, 소선직경이 30 mm일 때 전단응력은 약 몇 kg/cm² 인가? (단, 카 자중은 1200 kg, 정격자중은 1000 kg으로 한다.)

① 31.2
② 62.3
③ 3114
④ 6225

풀이

$\tau = \dfrac{8PD}{\pi d^3} = \dfrac{8 \times 2 \times (1200+1000) \times 15}{\pi \times 3^3}$

$= 6224.73\,[\text{kg/cm}^2]$

※ 환산동하중=정하중×2=2×(1200+1000)을 적용한다.

28
그림은 전력용 트랜지스터를 사용한 전력변환 회로의 일부이다. 회로의 설명 중 틀린 것은?

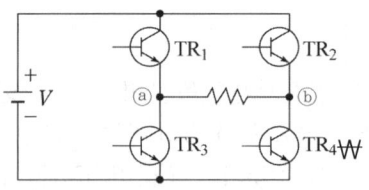

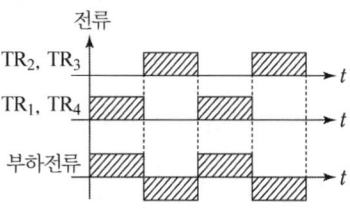

① 직류 압력을 교류 출력으로 바꾸어주는 인버터 회로이다.
② 트랜지스터 대신에 SCR을 사용하여도 오른쪽 파형을 얻을 수 있다.
③ TR₂와 TR₃이 도통하면 부하에 ⓐ에서 ⓑ 방향으로 전류가 흐른다.
④ PWM(pluse width modulation)제어를 이용하여 출력주파수를 변화할 수 있다.

풀이

TR₁과 TR₄가 도통하면 부하에 ⓐ에서 ⓑ방향으로 전류가 흐른다.

29
엘리베이터의 일반적인 관제운전에 속하지 않는 것은?

① 지진 시의 관제운전
② 화재 시의 관제운전
③ 폭풍 시의 관제운전
④ 정전 시의 관제운전

> 풀이
> 관제운전 : 지진, 화재, 정전관제 운전이 있다.

30
승강장문 잠금장치의 기능으로 틀린 것은?

① 잠금 부품이 5 mm 이상 물려지기 전에는 카가 출발하지 않아야 한다.
② 잠금 작용은 중력, 영구자석 또는 스프링에 의해 이루어지고 유지되어야 한다.
③ 각 승강장문은 승강로 밖(승강장)에서 열쇠로 잠금이 해제되어야 한다.
④ 잠금 부품은 문이 열리는 방향으로 300 N 의 힘을 가할 때 잠금 효력이 감소되지 않는 방법으로 물려야 한다.

> 풀이
> 기계적 잠금장차가 7 mm 이상 걸린 후 전기 스위치가 닫히고 출발해야 한다.

31
전기식 엘리베이터에서 카가 완전히 압축된 완충기 위에 있을 때 검사항목 중 부적합한 내용은?

① 피트 바닥과 카의 가장 낮은 부품 사이의 수직거리는 0.3m 이상이어야 한다.
② 피트에는 수평거리 0.5m×1m 높이 0.5m 이상의 누운자세 피난 공간이 있다.
③ 피트에 고정된 가장 높은 부품과 카의 가장 낮은 부품 사이의 수직거리는 0.3m 이상이어야 한다.
④ 피트 바닥과 카의 가장 낮은 부품 사이의 수직 거리는 에이프런 또는 수직 개폐식 카문과 인접한 벽사이의 수평거리가 0.15m이내 인 경우에 최소 0.1m까지 감소될 수 있다.

> 풀이
> 피트 바닥과 카의 가장 낮은 부품 사이의 수직거리는 0.5 m 이상이어야 한다.

32
엘리베이터의 수송능력을 계산할 때 일반적으로 몇 분간의 교통수요를 기준으로 하는가?

① 5분   ② 10분
③ 30분 ④ 60분

33
엘리베이터에서 발생될 수 있는 좌굴에 대한 설명 중 틀린 것은?

① 레일 브래킷의 간격이 넓은 쪽이 좌굴을 일으키기 쉽다.
② 카 또는 균형추의 총 중량이 큰 쪽이 좌굴을 일으키기 쉽다.
③ 좌굴하중은 불균형한 큰 하중이 적재되었을 때 발생하는 힘이다.
④ 즉시작동형 비상정지장치 쪽이 점차작동형 비상정지장치 쪽보다 좌굴을 일으키기 쉽다.

> 풀이
> 불균형한 하중 적재 시는 회전모멘트, 지진발생 시 수평 진동력이 작용한다.

34
그림과 같이 거리와 정지력 관계를 나타낼 수 있는 비상정지장치는?

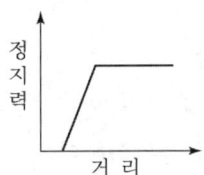

정답 30.① 31.① 32.① 33.③ 34.②

① 로프이완비상정지장치
   (Slack rope safety gear)
② F.G.C형비상정지장치
   (Flexible guide clamp)
③ F.W.C형비상정지장치
   (Flexible wedge clamp)
④ 즉시작동형비상정지장치
   (Instantaneous safety gear)

35
엘리베이터의 승강로에 관하여 틀린 것은?
① 비상용엘리베이터의 승강로는 전층 단일구조 연결하여야 한다.
② 승강로는 적절하게 환기되어야 하며 기타 용도의 환기실로도 사용될 수 있다.
③ 2대 이상의 엘리베이터가 있는 승강로에는 서로 다른 엘리베이터의 움직이는 부품사이에 칸막이가 설치되어야 한다.
④ 균형추 또는 평형추의 주행구간은 엘리베이터의 피트 바닥으로부터 0.3m 이하부터 2.0m 이상의 높이까지 연장된 견고한 칸막이로 보호되어야 한다.

풀이
승강로는 엘리베이터와 전용으로 사용되어야 한다.

36
기어의 특징에 대한 설명으로 옳은 것은?
① 효율이 낮다.
② 감속비가 작다.
③ 정밀도가 필요하다.
④ 동력 전달이 불확실하다.

37
선형 또는 비선형 특성을 갖는 에너지 축적형 완충기를 사용할 수 있는 전기식 엘리베이터의 정격속도는?
① 1.0 m/s 이하   ② 1.5 m/s 이상
③ 1.75 m/s 이하 ④ 2.75 m/s 이상

풀이
에너지 축적형 완충기 : 1 m/s 이하
에너지 분산형 완충기 : 모든 속도의 엘리베이터

38
사이리스터를 사용하여 교류를 직류로 변환시켜 전동기에 공급하고 사이리스터의 점호각을 바꿈으로서 직류전압을 바꿔 직류 전동기의 회전수를 변경하는 승강기의 제어방식은?
① 워드레오나드방식
② 정지레오나드방식
③ 교류궤환제어방식
④ PWM인버터제어방식

풀이
- 워드레오나드 방식 : 유도 전동기와 직류발전기를 사용한 직류 전동기 속도제어 방식
- 정지 레오나드방식 : 전동발전기 대신에 전력용반도체 소자를 사용한 직류전동기 속도제어 방식

39
엘리베이터의 정격하중 1500 lg, 정격속도 180 m/min, 엘리베이터의 종합효율 80%, 오버밸런스율이 50%인 경우 전동기의 출력은 약 몇 kW인가?
① 25.16   ② 27.57
③ 32.72   ④ 36.25

정답 35. ② 36. ③ 37. ① 38. ② 39. ②

풀이

$$P = \frac{LV(1-OB)}{6120\eta} = \frac{1500 \times 180 \times (1-0.5)}{6120 \times 0.8}$$
$$= 27.57 [\text{kW}]$$

40
소방구조용 엘리베이터에 관한 사항으로 틀린 것은?

① 엘리베이터의 운행속도는 1 m/s 이상이어야 한다.
② 출입구 유효 폭은 800 mm 이상이어야 한다.
③ 엘리베이터의 크기는 630 kg의 정격하중을 갖는 폭 1100 mm, 깊이 1400 mm 이상이어야 한다.
④ 소방관이 조작하여 엘리베이터 문이 닫힌 이후부터 90초 이내에 가장 먼 층에 도착하여야 한다.

풀이

소방관이 조작하여 엘리베이터 문이 닫힌 이후부터 60초 이내에 가장 먼 층에 도착하여야 한다.

3과목 일반기계공학

41
기어펌프의 모듈이 3, 잇수 16, 잇폭 18 mm인 펌프가 1200 rpm으로 회전하면 이론적인 송출량은 약 몇 L/min 인가?

① 39.0
② 19.5
③ 9.75
④ 4.87

풀이

기어 펌프의 이론적 송출량
$Q_{th} = 2\pi \times m^2 \times Z \times b(\text{mm}) \times N(\text{rpm}) \times 10^{-6} [l/\text{min}]$
여기서, m : 모듈, Z : 잇수, b : 이폭, N : 회전수
※ 물 1 m^3 = 1000l = 1000 kg ∴ 1 $mm^3 = 10^{-6}\ l$
∴ $Q_{th} = 2\pi \times 3^2 \times 16 \times 18 \times 10^{-6} = 19.54 [l/\text{min}]$

42
드릴링 머신에서 너트나 볼트의 머리와 접촉하는 면을 평면으로 파는 작업은?

① 리밍
② 보링
③ 태핑
④ 스폿 페이싱

풀이

- 리밍 : 드릴로 뚫은 구멍을 다듬기
- 보링 : 드릴로 뚫은 구멍을 정밀한 크기로 가공하는 것
- 태핑 : 암나사 가공

43
체인 전동장치의 특징으로 옳지 않은 것은?

① 소음이 적고 고속 회전에 적합하다.
② 미끄럼이 없는 정확한 속도비가 얻어진다.
③ 큰 동력을 전달시킬 수 있고 전동 효율이 좋다.
④ 체인 길이의 신축이 가능하고, 다축 전동이 용이하다.

44
철강 제품의 대표적인 표면처리 경화법이 아닌 것은?

① 침탄 경화법(cardburizing)
② 화염 경화법(flame hardening)
③ 서브제로처리(sub-zero treatment)
④ 고주파 경화법(induction hardening)

정답 40. ④ 41. ② 42. ④ 43. ① 44. ③

서브제로처리 : 담금질할 때 잔류 오스테나이트를 마텐자이트(심냉처리)로 변화시키기 위해 드라이아이스와 액체질소 등에 담그는 열처리(게이지, 베어링 제조)

45
원형 단면의 동심축에 대한 단면 2차 모멘트(I) 식은? (단, d는 원형 단면의 지름이다.)

① $\dfrac{\pi d^3}{32}$ ② $\dfrac{\pi d^4}{32}$ ③ $\dfrac{\pi d^3}{64}$ ④ $\dfrac{\pi d^4}{64}$

평행축의 관성모멘트 $I_x = I_X + S^2 A$ 에서
S : 평행축까지 거리($\dfrac{d}{2}$), A : 단면적

$\therefore I_x = \dfrac{\pi d^4}{64} + (\dfrac{d}{2})^2 \times \dfrac{\pi d^2}{4} = \dfrac{\pi d^4}{64} + \dfrac{\pi d^4}{16} = \dfrac{5\pi d^4}{64}$

46
원형 단면축이 비틀림 모멘트를 받을 때, 축에 생기는 최대전단응력에 관한 설명으로 옳은 것은?

① 극단면계수에 반비례한다.
② 극단면 2차 모멘트에 비례한다.
③ 축의 지름이 증가하면 증가한다.
④ 비틀림 모멘트가 증가하면 감소한다.

원형단면축의 전단응력 = $\dfrac{비틀림모멘트}{극단면계수}$

47
특수주조법으로 금형 속에 용융금속을 고압, 고속으로 주입하여 주조하는 것으로 대량 생산에 적합하고 고정밀 제품에 사용하는 주조법은?

① 셸몰드 법 ② 원심 주조법
③ 다이 캐스팅법 ④ 인베스트먼트법

- 셸몰드법 : 표면이 아름답고 정밀도가 높다.(대량 생산)
- 원심주조법 : 주형을 회전시켜 용탕을 주입하는 방식
- 인베스트먼트법 : 왁스(wax), 파라핀 등으로 만든 주형재를 사용하여 치수가 정밀하고 면이 깨끗한 복잡한 주물 제작에 사용한다.

48
재료가 일정온도에서 일정 하중을 장시간 동안 받은 경우 서서히 변화하는 현상은?

① 피닝(peening)
② 크로마이징(chromizing)
③ 어닐링(annealing)
④ 크리프creep)

- 피닝 : 표면의 가공경화법
- 크로마이징 : 강의 표면에 크롬을 침투시켜 내식성과 내마모성 등을 목적으로 사용
- 어닐링 : 담금질 후 잔류응력 제거(풀림)

49
보일러와 같이 안지름에 비하여 강판의 두께가 얇은 원통이 균일한 내압을 받고 있는 경우 원주방향 응력은 축방향 응력의 몇 배인가?

① 1/2 ② 1/4
③ 2   ④ 4

원통형 용기의 응력

원주방향 응력 : $\sigma_A = \dfrac{PD}{2t}$

축방향 응력 : $\sigma_B = \dfrac{PD}{4t}$

여기서, P : 내압, D : 안지름, t : 두께

정답 45. ④ 46. ① 47. ③ 48. ④ 49. ③

50
코일 스프링에서 코일의 평균지름을 D(mm), 소선의 지름을 d(mm)라고 할 때 스프링 계수를 바르게 표현한 것은?

① $\dfrac{D}{d}$ ② $\dfrac{d}{D}$

③ $\dfrac{\pi D}{d}$ ④ $\dfrac{2\pi d}{D}$

풀이
스프링 지수 $C = \dfrac{스프링 평균지름(D)}{소선의 지름(d)}$

51
구멍(축)의 허용한계 치수의 해석에서 다음과 같은 원리를 무엇이라고 하는가?

> 통과측에는 모든 치수 또는 결정량이 동시에 검사되고, 정지측에는 치수가 개개로 검사되어야 한다.

① 아베(Abbe)의 원리
② 자콥스(Jacobs)의 원리
③ 테일러(Taylor)의 원리
④ 브라운 샤프(Brown sharp)의 원리

풀이
아베의 원리 : 길이 측정오차를 최소로 하기 위해 길이 기준이 되는 척도와 일직선상에 놓아야 한다.

52
합금 주철에 첨가하는 원소 중에서 흑연화를 방지하고 탄화물을 안정시켜주는 것으로 이 원소를 많이 넣게 될 경우 고온에서 내열성은 증가하나 절삭성이 어려워지는 것은?

① Ni ② Ti
③ Mo ④ Cr

53
나사의 크기를 나타내는 지름을 호칭 지름이라 하는데 무엇을 기준으로 하는가?

① 수나사의 골지름
② 수나사의 바깥지름
③ 수나사의 유효지름
④ 수나사의 평균지름

54
축의 지름은 d, 축 재료의 전단응력을 τ라 할 때, 비틀림 모멘트를 나타내는 식은?

① $\dfrac{\pi d^2}{16}\tau$ ② $\dfrac{\pi d^3}{16}\tau$ ③ $\dfrac{\pi d^2}{32}\tau$ ④ $\dfrac{\pi d^3}{32}\tau$

풀이
비틀림 모멘트 : $T = \dfrac{\pi d^3 \tau}{16}$, 지름 : $d = \left(\dfrac{16T}{\pi\tau}\right)^{\frac{1}{3}}$

55
축에 홈을 파지 않고도 회전력을 전달시킬 수 있는 키는?

① 안장 키 ② 반달 키
③ 둥근 키 ④ 성크 키

풀이
새들 키(안장 키) : 보스에만 홈을 가공하여 전달력이 약하다.

56
용접법의 분유 중 압접(pressure welding)에 해당하는 것은?

① 스터드 용접 ② 테르밋 용접
③ 프로젝션 용접 ④ 피복 아크 용접

풀이
압접 용접 : 점용접, 심 용접, 프로젝션 용접

57
공유압 밸브의 분류에서 방향 제어밸브에 속하는 것은?

① 교축밸브 ② 셔틀밸브
③ 릴리프밸브 ④ 카운트밸러스밸브

풀이
방향제어 밸브 : 체크밸브, 셔틀밸브

58
단면적 450 mm², 길이 50mm의 연강봉에 39.5 kN의 인장하중이 작용했을 때 늘어난 길이가 0.20 mm 이었다면 발생한 인장응력은 약 몇 MPa인가?

① 175.6 ② 87.8 ③ 79.0 ④ 43.9

풀이
$$\sigma = \frac{P}{A} = \frac{39.5 \times 10^3}{450 \times (10^{-3})^2} \times 10^{-6} = 87.78[\text{MPa}]$$
※ Pa=N/m²

59
금속의 소성가공에서 냉간가공과 열간가공으로 구분하는 온도는?

① 불림 온도 ② 풀림 온도
③ 담금질 온도 ④ 재결정 온도

60
유압 작동유의 구비조건으로 옳지 않은 것은?

① 비압축성이어야 한다.
② 열을 방출시키지 않아야 한다.
③ 녹이나 부식 발생 등이 방지되어야 한다.
④ 장시간 사용하여도 화학적으로 안정적이어야 한다.

풀이
열을 방출해야 작동유가 과열되지 않는다.

4과목 전기제어공학

61
제어계의 분류에서 엘리베이터에 적용되는 제어 방법은?

① 정치제어 ② 추종제어
③ 비율제어 ④ 프로그램제어

풀이
- 정치제어 : 압연기, 항온조의 온도조절
- 추종제어 : 미사일, 비행기 추적레이더
- 비율제어 : 보일러의 자동연소제어

62
기계적 제어의 요소로서 변위를 공기압으로 변환하는 요소는?

① 벨로즈 ② 피스톤
③ 다이아프램 ④ 노즐 플래퍼

풀이
- 벨로즈 : 압력계 등에서 압력-변위 변환시키는 기구
- 다이아프램 : 얇은 막의 간 막이 판으로 압력측정 및 유체를 개폐시키는 기구

63
과도 응답의 소멸되는 정도를 나타내는 감쇠비(decay ratio)를 올바르게 나타낸 것은?

① 제2 오버슈트/최대 오버슈트
② 제2 오버슈트/제3 오버슈트
③ 제2 오버슈트/제2 오버슈트
④ 최대 오버슈트/제2 오버슈트

풀이
- 백분율 오버슈트 = $\frac{최대\ 오버슈트}{최종\ 목표값} \times 100\%$
- 상대오버슈트 = $\frac{최대\ 오버슈트}{최종의\ 희망값} \times 100\%$

정답 57. ② 58. ② 59. ④ 60. ② 61. ④ 62. ④ 63. ①

64
비례동작에 의해 발생한 잔류편차를 제거하기 위하여 적분동작을 첨가시킨 제어동작은?

① P동작 ② I동작
③ D동작 ④ PI동작

풀이
- 비례 동작(P 동작)
- 적분 동작(I 동작)
- 미분 동작(D 동작)
- PI 동작 : 비례적분 동작

65
200 V, 2 kW 전열기에서 전열선의 길이를 1/2로 할 경우 소비전력(kW)은?

① 1 ② 2
③ 5 ④ 4

풀이
저항은 $R = \rho(고유저항)\dfrac{l(길이)}{A(단면적)}$ 으로 길이에 비례하므로

전력 $P = \dfrac{V^2}{R}$ 에서 $R = \dfrac{200^2}{2000} = 20[\Omega]$

∴ 길이 $\dfrac{1}{2}$ 의 저항은 $10[\Omega]$이 되고 전력은 2배가 된다.

$(P = \dfrac{200^2}{10} = 4000\,W)$

66
전류계의 측정 범위를 확대하기 위하여 사용되는 것은?

① 배율기 ② 분류기
③ 저항기 ④ 계기용변압기

풀이
- 전류계 : 분류기를 전류계와 병렬로 연결
- 전압계 : 배율기를 전압계와 직렬로 연결

67
권선형 유도 전동기에 관한 설명으로 옳지 않은 것은?

① 기동 저항기로 기동전류를 제한할 수 있다.
② 농형 유도전동기에 비해 구조가 복잡하다.
③ 슬립링이 없기 때문에 불꽃의 염려가 없다.
④ 회전자권선에 접속되어 있는 기동 저항기로 손쉽게 속도조정을 할 수 있다.

풀이
권선형 유도 전동기는 회전자 철심에 3상의 권선을 감아 2차 권선으로 하고 슬립링과 브러쉬로 기동 저항기와 연결한다.

68
100 Ω의 저항 3개를 Y결선한 것을 Δ결선으로 환산했을 때 각 저항의 크기는 몇 Ω인가?

① 33 ② 50 ③ 300 ④ 600

풀이
크기가 같은 저항을 Y로 결선하면 △결선 시에 비해 전류, 저항, 소비전력은 1/3로 감소하므로 Y결선 저항을 △결선 저항으로 환산하면 3배가 된다.

69
그림과 같이 트랜지스터를 사용하여 논리조사를 구성한 논리회로의 명칭은?

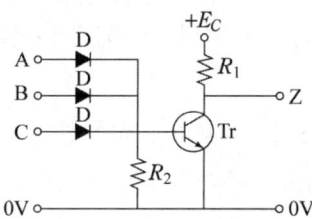

① OR회로 ② AND회로
③ NOR회로 ④ NAND회로

정답 64. ④ 65. ④ 66. ② 67. ③ 68. ③ 69. ③

70
그림의 선도에서 전달함수 $C(s)/R(s)$는?

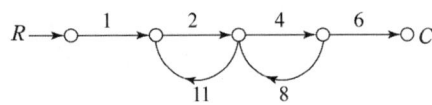

① $-\dfrac{8}{9}$ ② $\dfrac{4}{5}$

③ $-\dfrac{48}{53}$ ④ $-\dfrac{105}{77}$

풀이

$\dfrac{C(s)}{R(s)} = \dfrac{1 \times 2 \times 4 \times 6}{1 - (2 \times 11 + 4 \times 8)} = -\dfrac{48}{53}$

71
발전기에 적용되는 법칙으로 유도기전력의 방향을 알기 위하여 사용되는 것은?

① 오옴의 법칙
② 페러데이의 법칙
③ 플레밍의 왼손 법칙
④ 플레밍의 오른손 법칙

풀이

발전기 : 플레밍의 오른손 법칙
전동기 : 플레밍의 왼손 법칙

72
유도전동기에서 극수가 일정할 때 동기속도(N_s)와 주파수(f)와의 관계에 관한 설명으로 옳은 것은?

① 동기속도는 주파수에 비례한다.
② 동기속도는 주파수에 반비례한다.
③ 동기속도는 주파수에 제곱에 비례한다.
④ 동기속도는 주파수에 제곱에 반비례한다.

풀이

$N_s = \dfrac{120f}{P}$ [rpm]

73
어떤 코일에 흐르는 전류가 0.01초 사이에 30 A에서 10 A로 변할 때 20 V의 기전력이 발생한다고 하면 자기 인덕턴스는 얼마인가?

① 10 mH ② 20 mH
③ 30 mH ④ 50 mH

풀이

$e = -L \dfrac{dI}{dt}$

$\therefore L = \dfrac{e \cdot dt}{dI} = \dfrac{20 \times 0.01}{(30-10)} \times 10^3 = 10 [\text{mH}]$

74
제어 결과로 사이클링과 옵셋을 발생시키는 동작은?

① ON-OFF 동작 ② P 동작
③ I 동작 ④ PI 동작

75
피드백 제어계의 구성 요소 중 제어동작 신호를 받아 조작량으로 바꾸는 역할을 하는 것은?

① 설정부 ② 비교부
③ 조작부 ④ 검출부

76
주파수 응답에 필요한 입력은?

① 계단 입력 ② 램프 입력
③ 임펄스 입력 ④ 정현파 입력

77
4 kΩ의 저항에 25 mA의 전류를 흘리는 데 필요한 전압(V)은?

① 10   ② 100
③ 160   ④ 200

풀이
$V = IR = 25 \times 10^{-3} \times 4 \times 10^3 = 100[\text{V}]$

78
RLC 병렬 회로에서 용량성 회로가 되기 위한 조건은?

① $X_L = X_C$ ② $X_L > X_C$
③ $X_L < X_C$ ④ $X_L + X_C = 0$

풀이
용량성 회로 조건
- 병렬연결 : $X_L > X_C$
- 직렬연결 : $X_L < X_C$

79
피드백 제어시스템의 피드백 효과로 옳지 않은 것은?

① 대역폭 증가
② 정확도 개선
③ 시스템 간소화 및 비용 감소
④ 외부 조건의 변화에 대한 영향 감소

풀이
피드백 제어시스템은 구조가 복잡하고 설비투자비용이 고가이다.

80
피드백 제어에서 반드시 필요한 장치는?

① 안정도를 좋게 하는 장치
② 대역폭을 감소시키는 장치
③ 응답속도를 빠르게 하는 장치
④ 입력과 출력을 비교하는 장치

풀이
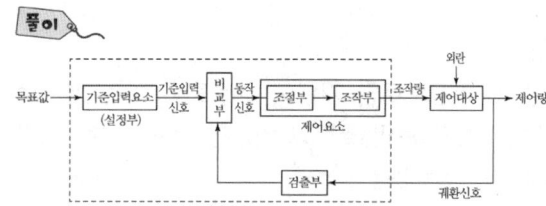

정답 77. ② 78. ② 79. ③ 80. ④

실전모의고사 4회

1과목 승강기 개론

01
한 쪽 방향으로만 기름이 흐르도록 하는 밸브로 상승 방향으로만 흐르고 역방향으로는 흐르지 않게 하는 밸브는?

① 체크밸브 ② 스톱밸브
③ 안전밸브 ④ 럽처밸브

풀이
- 스톱밸브 : 작동유의 흐름을 차단하는 밸브 (점검 시 사용)
- 안전밸브 : 작동유의 압력을 설정치를 초과하지 않도록 조절
- 럽처밸브 : 압력이 급격히 떨어지면 작동유의 흐름을 막는 밸브

02
카가 레일에서 벗어나지 않도록 하는 것은?

① 조속기 ② 제동기
③ 균형로프 ④ 가이드 슈

풀이
- 가이드 슈 : 중저속 엘리베이터에 사용
- 가이드 롤러 : 주로 고속 엘리베이터에 사용 (모든 속도 가능)

03
선형 특성을 갖는 에너지 축적형 완충기 설계 시 최소행정으로 옳은 것은?

① 완충기의 행정은 정격속도의 115%에 상응하는 중력정지거리의 2배 이상으로서 최소 65 mm 이상이어야 한다.
② 완충기의 행정은 정격속도의 125%에 상응하는 중력정지거리의 2배 이상으로서 최소 65 mm 이상이어야 한다.
③ 완충기의 행정은 정격속도의 125%에 상응하는 중력정지거리의 4배 이상으로서 최소 65 mm 이상이어야 한다.
④ 완충기의 행정은 정격속도의 125%에 상응하는 중력정지거리의 4배 이상으로서 최소 85 mm 이상이어야 한다.

풀이
에너지 축적형 완충기
- 선형 : 스프링 완충기
- 비선형 : 우레탄 버퍼

04
기계실 바닥에 몇 cm를 초과하는 단차가 있을 경우에는 보호난간이 있는 계단 또는 발판이 있어야 하는가?

① 10 ② 30
③ 50 ④ 100

풀이
기계실 바닥에 0.5 m 초과의 단차가 있을 경우 계단 또는 발판을 설치해야 한다.

정답 01. ① 02. ④ 03. ① 04. ③

05
엘리베이터의 속도에 영향을 미치지 않는 것은?

① 로핑 ② 트러스
③ 감속기 ④ 전동기

풀이

$$V = \frac{\pi D N}{1000 \times k} \times i$$

여기서, D : 도르래 직경, N : 회전수, k : 로핑계수
트러스 : 에스컬레이터의 체대

06
카가 2대 또는 3대가 병설되었을 때 사용되는 조작방식으로 1개의 승강장 부름에 대하여 1대의 카가 응답하며, 일반적으로 부름이 없을 때에는 다음의 부름에 대비하여 분산대기하는 복수 엘리베이터의 조작방식은?

① 군 관리 방식 ② 단식 자동식
③ 승합 전자동식 ④ 군 승합 전자동식

풀이
- 군 승합 전자동식 : 2~3를 병합하여 제어
- 군 관리 방식 : 3~8대의 카를 그룹으로 통합하여 관리

07
기계실 내부 조명의 조도는 일반적으로 바닥에서 몇 lx 이상으로 하는가?

① 60 ② 100 ③ 150 ④ 200

풀이
작업하는 곳의 조도는 모두 200 lx 이상이어야 한다.

08
조속기 도르래의 회전을 베벨기어를 이용해 수직축의 회전으로 변환하고, 이 축의 상부에서부터 링크 기구에 의해 메달린 구형의 진자에 작용하는 원심력으로 작동하는 조속기로, 구조가 복잡하지만 검출 정밀도가 높으므로 고속 엘리베이터에 많이 이용되는 조속기는?

① 디스크형 조속기
② 스프링형 조속기
③ 플라이볼형 조속기
④ 롤 세이프티형 조속기

풀이
엘리베이터의 과속조절기 : 플라이볼형(고속에 사용), 디스크형, 롤 세이프티형

09
승강로 외부의 작업구역에서 승강로 내부의 구동기 공간에 출입하는 문에 요구되는 사항으로 틀린 것은?

① 승강로 내부 방향으로 열리지 않아야 한다.
② 승강로 추락을 막을 수 있도록 가능한 작아야 한다.
③ 구멍이 없어야 하고 승강장문과 동일한 기계적 강도이어야 한다.
④ 잠겼으면 승강로 내부에서 열쇠를 사용하지 않고는 열 수 없어야 한다.

풀이
승강로 내부에서는 열쇠 없이 열리고 외부에서는 열쇠로만 열려야 한다.

10
유압식 엘리베이터에서 일반적으로 사용되는 펌프로 압력맥동, 진동, 소음이 작은 펌프는?

① 기어펌프 ② 베인펌프
③ 원심식 펌프 ④ 스크류 펌프

풀이
유압식 엘리베이터의 펌프 : 스크류 펌프

정답 05. ② 06. ④ 07. ④ 08. ③ 09. ④ 10. ④

11
엘리베이터의 가이드 레일을 설치할 때 레일 브라켓(Rail Bracket)의 간격을 작게 하면 동일한 하중에 대하여 응력도 및 휨도는 어떻게 되겠는가?

① 응력도와 휨도가 모두 커진다.
② 응력도와 휨도가 모두 작아진다.
③ 응력도는 커지고 휨도는 작아진다.
④ 응력도는 작아지고 휨도는 커진다.

풀이
레일의 응력은 레일 브라켓 간격에 비례하고 휨은 간격의 3제곱에 비례한다.

12
전기식 엘리베이터의 제동기에서 전자-기계 브레이크 조건으로 틀린 것은?

① 브레이크 라이닝은 반드시 불연성일 필요는 없다.
② 솔레노이드 플런저는 기계적인 부품으로 간주되지만 솔레노이드 코일은 그렇지 않다.
③ 드럼 등의 제동 작용에 관여하는 브레이크의 모든 기계적 부품은 2세트로 설치되어야 한다.
④ 카가 정격속도로 정격하중의 125%를 싣고 하강방향으로 운행될 때 구동기를 정지시킬 수 있어야 한다.

풀이
브레이크 라이닝(패드)은 반드시 불연성이어야 한다.

13
전기식 엘리베이터에 관한 내용이다. ( )에 알맞은 내용으로 옳은 것은?

전기식 엘리베이터에서 경첩이 있는 승강장문과 접히는 카 문의 조합인 경우 닫힌 문 사이의 어떤 틈새에도 직경 ( )m의 구가 통과되지 않아야 한다.

① 0.1   ② 0.15   ③ 0.2   ④ 0.25

14
완성검사 시 승객용 엘리베이터의 카 문턱과 승강장문 문턱 사이의 수평거리는 몇 mm 이하인가?

① 35   ② 40   ③ 45   ④ 50

풀이
일반용 : 35 mm 이하
장애인용 : 30 mm 이하

15
제어반의 주요 기기에 해당하지 않는 것은?

① 변류기   ② 엔코더
③ 배선용 차단기   ④ 비상용 전원장치

풀이
엔코더는 권상기에 설치한다.

16
소방구조용 엘리베이터의 동작 설명 중 틀린 것은?

① 운행 속도는 0.8 m/s 이상이어야 한다.
② 소방관이 조작하여 엘리베이터 문이 닫힌 이후부터 60초 이내에 가장 먼 층에 도착하여야 한다.
③ 정전 시에는 보조 전원공급장치에 의해 엘리베이터를 2시간 이상 운행시킬 수 있어야 한다.
④ 소방운전 시 모든 승강장의 출입구 마다 정지할 수 있어야 한다.

정답 11. ② 12. ① 13. ② 14. ① 15. ② 16. ①

풀이

소방구조용 엘리베이터 속도 : 1 m/s 이상

17
벨트식 무빙워크의 경우, 경사부에서 수평부로 전환되는 천이구간의 곡률반경은 몇 m 이상이어야 하는가?

① 0.2 ② 0.4
③ 0.6 ④ 0.8

18
카의 어떤 이상 원인으로 감속되지 못하고 최상·최하층을 지나칠 경우 이를 검출하여 강제적으로 감속, 정지시키는 장치로서 리미트 스위치 전에 설치하는 것은?

① 파킹 스위치
② 피트 정지 스위치
③ 슬로다운 스위치
④ 권동식 로프이완 스위치

풀이

- 슬로다운 스위치 : 감속 정지,
- 파이널리미트 스위치 : 주 전원 차단하여 권상기 브레이크로 정지

19
전기식 엘리베이터에서 속도에 영향을 미치지 않는 것은?

① 전동기의 용량
② 전동기의 회전수
③ 권상 도르래의 직경
④ 감속기 기어의 감속비

풀이

$$V = \frac{\pi DN}{1000 \times k} \times i$$

여기서, D : 도르래 직경
N : 회전수
k : 로핑계수

20
도어가 닫히는 도중, 도어 사이에 이물질 또는 사람의 신체 일부가 끼었을 때, 도어가 다시 열리게 하는 장치가 아닌 것은?

① 세이프티 슈(Safety Shoe)
② 세이프티 레이((Safety Ray)
③ 세이프티 디바이스(Safety Device)
④ 초음파 도어센서(Ultrasonic Door Sensor)

풀이

세이프티 디바이스는 비상정지장치(추락방지안전장치)를 말한다.

2과목 승강기 설계

21
변압기 용량을 산정할 때 전부하 상승전류에 대해서는 부등률을 얼마로 계산하여야 하는가?

① 0.85 ② 0.9
③ 0.95 ④ 1

풀이

부등률은 항상 1 이상이다.

$$부등률 = \frac{개별부하의 최대수용전력의 합}{합성최대수용전력} \geq 1$$

22
사무용 빌딩에 가변전압 가변주파수방식의 승객용 승강기를 설치한 후 하중시험을 할 때, 그 성능 기준으로 틀린 것은?

① 정격하중의 125% 하중을 싣고 하강할 때 구동기를 정지시킬 수 있어야 한다.
② 정격하중의 50%를 싣고 하강하는 카의 속도는 정격속도의 92% 이상 105% 이하이어야 한다.
③ 정격하중의 110% 하중에서 속도는 설계도면 및 시방서에 기재된 속도의 110% 이하이어야 한다.
④ 정격하중의 50% 하중에서 정격속도로 상승 하강할 때의 잔류차이가 정격하중의 균형량(오버밸런스율에) 따른 설계치의 범위 이내이어야 한다.

풀이
설치검사 시 엘리베이터의 하중시험은 정격하중의 0%, 50%, 100%, 125% 분동을 싣고 시험한다.

23
엘리베이터용 가이드 레일에 관한 사항으로 틀린 것은?

① 엘리베이터의 정격용량과 관계가 있다.
② 대형 화물용 엘리베이터의 경우 하중을 적재할 때 발생되는 카의 회전 모멘트는 무시한다.
③ 비상정지장치가 작동한 후에도 가이드 레일에는 좌굴이 없어야 한다.
④ 레일 브라켓의 간격을 작게 하면 동일한 하중에 대하여 응력과 휨은 작아진다.

풀이
가이 드레일 선정 시 고려사항 : 좌굴하중, 수평진동력, 회전 모멘트

24
장애인용 엘리베이터의 승강장 문턱과 카의 문턱 사이의 틈새는 몇 mm 이하인가?

① 30 ② 35 ③ 40 ④ 45

풀이
일반용 : 35 mm 이하
장애인용 : 30 mm 이하

25
정격속도 1.5 m/s인 엘리베이터의 점차작동형 비상정지장치가 작동할 경우 평균 감속도는 약 몇 gn인가? (단, 감속시간은 0.3초, 조속기 캣치의 작동속도는 정격 속도의 1.4배로 한다.)

① 0.803 ② 0.714
③ 0.612 ④ 0.510

풀이
$$a = \frac{\Delta V}{\Delta t \times 9.81} = \frac{1.5 \times 1.4}{0.3 \times 9.81} = 0.714 g_n$$

※ 엘리베이터 안전기준이 개정되어 정격속도의 1.15배 이상 1.25V+0.25/V m/s 미만에서 작동되어야 한다.

26
압축 코일 스프링에서 작용하중을 W, 유효권수를 N, 평균 지름을 D, 소선의 지름을 d라고 하였을 때 스프링 지수를 나타내는 식은?

① $\dfrac{D}{N}$ ② $\dfrac{W}{N}$
③ $\dfrac{D}{d}$ ④ $\dfrac{WD}{d}$

정답 22. ③ 23. ② 24. ① 25. ② 26. ③

풀이

스프링 지수 = $\dfrac{\text{스프링의 평균지름}}{\text{소선의 지름}}$

스프링 상수 = $\dfrac{\text{힘}}{\text{변위량}}$

27
점차작동형 추락방지안전장치로 플렉시블 웨지 클램프형이 많이 사용되는 이유가 아닌 것은?

① 구조가 간단하다.
② 작동 후 복구가 용이하다.
③ 작동되는 힘이 일정하다.
④ 공간을 작게 차지한다.

풀이

F.W.C(Flexible Wedge Clamp) ; 작동되는 힘이 처음에는 약하고 점점 강해진다.
※ ①, ②, ③, ④ 모두 F.G.C(Flexible Guide Clamp)형 추락방지안전장치의 설명으로 모두 정답이다.

28
속도가 60 m/min인 엘리베이터를 설계하고자 할 때 제어방식으로는 다음 중 어떤 방식이 가장 적절한가?

① 워드레오나드 방식
② 교류일단속도제어 방식
③ 정지레오나드제어 방식
④ 가변주파수 방식

풀이

가변전압 가변주파수 방식(VVVF 방식, 인버터 방식)은 저속에서 초고속까지 모든 속도에 적용한다.

29
출력이 15 kW, 전부하 회전수가 1410 rpm인 전동기의 전부하 토크는 약 몇 kgf·m인가?

① 10.36
② 12.12
③ 15.32
④ 18.54

풀이

$T = 975 \times \dfrac{P(\text{kW})}{N(\text{rpm})} = 975 \times \dfrac{15}{1410} = 10.37 [\text{kgf} \cdot \text{m}]$

$T = \dfrac{P(w)}{\omega} = \dfrac{15 \times 10^3}{2\pi \times \dfrac{1410}{60}} = 101.588 [\text{N} \cdot \text{m}] \div 9.81$

$= 10.36 [\text{kgf} \cdot \text{m}]$

30
기어리스 권상기를 적용한 1:1 로핑 방식의 전기식 엘리베이터에서 도르래 직경이 400 mm이고 전동기의 분당회전수는 84 rpm일 경우에 엘리베이터의 정격속도(m/min)는?

① 60 m/mim
② 90 m/mim
③ 105 m/mim
④ 120 m/mim

풀이

$V = \dfrac{\pi DN}{1000 \times k} = \dfrac{\pi \times 400 \times 84}{1000 \times 1} = 105.56 [\text{m/min}]$

31
종탄성계수 $E = 7000$ kg/mm², 적용로프 $\phi 12 \times 6$본, 주행거리 $H = 40$m이고 적재하중이 1150 kg, 카 자중이 1080 kg인 로프의 연신율(늘어나는 길이)은 약 몇 mm인가?

① 9.7
② 18.8
③ 19.4
④ 37.6

풀이

$\delta = \dfrac{Wl}{NAE} = \dfrac{(1150+1080) \times 40 \times 10^3}{6 \times \pi \times 6^2 \times 7000} = 18.78 [\text{mm}]$

정답 27. × 28. ④ 29. ① 30. ③ 31. ②

32
가변전압 가변주파수 제어방식의 PWM에 관한 설명으로 틀린 것은?

① 펄스폭 변조라는 의미이다.
② 입력측의 교류전압을 변화시킨다.
③ 전동기의 효율이 좋다.
④ 전동기의 토크 특성이 좋아 경제적이다.

풀이
직류를 교류로 변환 시 출력측의 교류전압 제어다.

33
엘리베이터를 설치할 때 승강로의 크기를 결정하려고 한다. 이때 고려하지 않아도 되는 사항은?

① 엘리베이터 인승
② 가이드레일 길이
③ 엘리베이터 대수
④ 엘리베이터 출입문의 크기

풀이
가이드 레일의 길이는 승강 행정과 엘리베이터의 속도와 관계가 있다.

34
엘리베이터 교통량 계산의 필수 데이터가 아닌 것은?

① 빌딩의 용도 및 성질
② 층별 용도
③ 층고
④ 엘리베이터 대수

풀이
교통량 계산 필수요소 : 건물의 용도 및 성질, 층별 용도, 층고 및 층수, 거주인구

35
유입 완충기의 설계조건으로 틀린 것은?

① 최대 적용중량은 카 자중과 적재하중 합의 100%로 한다.
② 행정 계산 시 정격속도의 115%로 충돌했을 경우의 속도로 한다.
③ 카가 충돌하였을 경우 $1g_n$ 이상의 감속도가 유지되어야 한다.
④ $2.5g_n$ 초과하는 감속도는 4초보다 길지 않아야 한다.

풀이
③ $1g_n$ 이하의 감속도
④ $2.5g_n$ 초과하는 감속도는 0.04초보다 길지 않아야 한다.

36
권상기의 도르래 직경은 주로프 직경의 몇 배 이상이어야 하는가?

① 20배　② 30배
③ 35배　④ 40배

풀이
일반용 : 40배 이상
주택용 : 30배 이상

37
전동기의 용량을 계산하는 계산식은? (단, L : 적재하중, V : 속도, B : 오버밸런스율, η : 효율이다.)

① $P = \dfrac{LV(1-B)}{6120\eta}$　② $P = \dfrac{\eta V(1-B)}{6120L}$
③ $P = \dfrac{L\eta(1-B)}{6120V}$　④ $P = \dfrac{LV(1-\eta)}{6120B}$

정답 32. ② 33. ② 34. ④ 35. ③,④ 36. ④ 37. ①

38
전기식 엘리베이터(기계실 있는 엘리베이터)의 기계식 위치로 가장 적당한 곳은?

① 승강로의 바로 위
② 승강로 위쪽의 옆방향
③ 승강로의 바로 아래
④ 승강로 아래쪽의 옆방향

풀이
기계실의 위치는 승강로 바로 위가 이상적이다.

39
전기식 엘리베이터에서 기계대의 안전율 최소값으로 적당한 것은?

① 강재의 것 : 3, 콘크리트의 것 : 5
② 강재의 것 : 3, 콘크리트의 것 : 6
③ 강재의 것 : 4, 콘크리트의 것 : 7
④ 강재의 것 : 4, 콘크리트의 것 : 8

40
즉시 작동형 비상정지장치가 설치된 엘리베이터에서 카의 자중과 승객의 중량을 합친 등가 중량이 3000 kg이고 카의 속도가 45 m/min일 경우, 비상정지장치가 작동하여 카가 정지하기까지의 거리가 4.5cm라고 하면 감속력은 약 몇 kgf인가?

① 4050
② 3827
③ 3056
④ 3000

풀이
$$F = \frac{mV^2}{g_n \times S} = \frac{3000 \times 0.75^2}{9.81 \times 4.5 \times 10^{-2}} = 3822.63 [kgf]$$

3과목 일반기계공학

41
기어, 클러치, 캠 등과 같이 내마모성과 더불어 인성을 필요로 하는 부품의 경우는 강의 표면 경화법으로 처리한다. 강의 표면 경화법에 해당하지 않는 것은?

① 질화법
② 템퍼링
③ 고체침탄법
④ 고주파경화법

풀이
템퍼링 : 담금질한 강을 A_1변태점 이하로 재가열하여 경도를 낮추고 점성을 높이기 위한 열처리

42
보일러와 같이 기밀을 필요로 할 때 리베팅 작업이 끝난 뒤에 리벳머리의 주위와 강판의 가장자리를 75°~85° 가량 정(chisel)과 같은 공구로 때리는 작업은?

① 굽힘작업
② 전단작업
③ 코킹작업
④ 펀칭작업

풀이
전단작업 : 프레스 작업 또는 판을 절단하는 작업
펀칭작업: 구멍을 뚫는 작업

43
철사를 여러 번 구부렸다 폈다를 반복했을 때 철사가 끊어지는 현상은?

① 시효경화
② 표면경화
③ 가공경화
④ 화염경화

풀이
- 시효경화 : 급랭 또는 냉간가공한 철강이 기간이 경과 함에 따라 경화되는 현상
- 표면경화 : 금속의 표면에 내마모성, 내식성, 내충

격성을 높이기 위해 경화층을 만드는 작업
- 화염경화 : 금속의 표면을 산소 아세틸렌 불꽃으로 가열하여 부분적으로 담금질하는 작업

44
축(Shaft)의 종류 중 전동축의 특수한 형태로 축의 지름에 비하여 길이가 짧은 축을 의미하는 것으로 형상과 치수가 정밀하고 변형량이 극히 작아야 하는 것은?

① 차축   ② 스핀들
③ 유연축 ④ 크랭크축

풀이
- 차축 : 주로 비틀림 모멘트를 받으며 차량의 앞바퀴에 사용
- 크랭크축 : 직선운동과 회전운동을 상호변환시키는 축
- 유연축 : 자유롭게 휠 수 있는 나사모양의 축

45
평벨트 풀리의 종류는 림의 폭 중앙이 볼록한 C형과 림의 폭 중앙이 편평한 F형이 있다. 여기서 C형 림의 폭 중앙에 크라운 붙임(crowning)을 두는 이유로 가장 적절한 것은?

① 벨트의 손상을 방지하기 위하여
② 벨트의 끊어짐을 방지하기 위하여
③ 벨트가 벗겨지는 것을 방지하기 위하여
④ 주조할 때 편리하도록 목형 물매를 두기 위하여

46
그림과 같이 원형단면의 지름 d인 관성모멘트는 $I_X = \dfrac{\pi d^4}{64}$이다. 원에 접하는 접선 축에 대한 평행축의 정리를 활용하여 평행축의 관성모멘트(I_x)를 구하면?

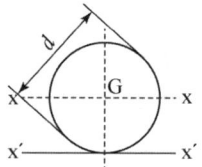

① $\dfrac{\pi d^4}{32}$ ② $\dfrac{5\pi d^4}{32}$
③ $\dfrac{\pi d^4}{64}$ ④ $\dfrac{5\pi d^4}{64}$

풀이
평행축의 관성모멘트 $I_x = I_X + S^2 A$ 에서
S : 평행축까지 거리($\dfrac{d}{2}$), A : 단면적
$\therefore I_x = \dfrac{\pi d^4}{64} + \left(\dfrac{d}{2}\right)^2 \times \dfrac{\pi d^2}{4} = \dfrac{\pi d^4}{64} + \dfrac{\pi d^4}{16} = \dfrac{5\pi d^4}{64}$

47
탄소강에 관한 일반적인 설명으로 옳지 않은 것은?

① 용융온도는 탄소함유량에 따라 다르다.
② 탄소강은 다른 재료에 비하여 대량 생산이 가능하다.
③ 탄소함유량이 많을수록 인장강도는 커지나 연성은 낮다.
④ 탄소함유량이 적은 것은 열간가공과 냉간가공이 어렵다.

48
하중이 5 kN 작용하였을 때, 처짐이 200 mm인 코일 스프링에서 소선의 지름이 20 mm일 때 이 스프링의 유효 감김수는? (단, 스프링지수 (C) = 10, 전단탄성계수(G)는 8×10^4 N/mm², 왈의 응력 수정계수(K)는 1.20이다.)

① 6   ② 8   ③ 10   ④ 12

풀이

$\delta = \dfrac{8nD^3W}{Gd^4}$ 에서 스프링지수 $C = \dfrac{D}{d}$ ∴ $D = 200$

$n = \dfrac{\delta Gd^4}{8D^3W} = \dfrac{200 \times 8 \times 10^4 \times 20^4}{8 \times 200^3 \times 5000} = 8$

49
그림과 같은 외팔보의 자유단 끝단에서 최대처짐량을 구하는 식은? (단, $L = a+b$)

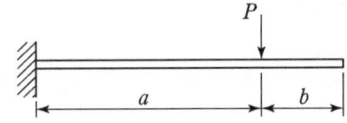

① $\dfrac{Pa^2}{6EI}(3L-a)$ ② $\dfrac{Pa^2}{3EI}(3L-a)$

③ $\dfrac{Pa^2}{2EI}(3L-a)$ ④ $\dfrac{Pa^2}{EI}(3L-a)$

50
피복 아크 용접봉에서 피복제의 역할이 아닌 것은?

① 아크의 세기를 크게 한다.
② 용접금속의 탈산 및 정련 작용을 한다.
③ 용융점이 낮은 가벼운 슬래그를 만든다.
④ 용접 금속에 적당한 합금 원소를 첨가한다.

풀이

아크의 세기는 전류의 크기로 조절한다.

51
그림과 같은 원통 용기의 하부 구멍 A의 단면적이 0.05 m²이고 이를 통해서 물이 유출할 때 유량은 약 m³/s인가? (단, 유량계수는 $C=0.6$, 높이는 $H=2$ m로 일정하다.)

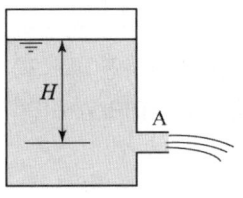

① 0.19 ② 0.38
③ 1.87 ④ 4.74

풀이

유량 $Q = CAV$에서
C : 유량계수, A : 단면적, V : 속도
$H = \dfrac{V^2}{2g_n}$ 에서 수두속도 $V = \sqrt{2g_n \cdot H}$
∴ $Q = 0.6 \times 0.05 \times \sqrt{2 \times 9.81 \times 2} = 0.19 \text{ m}^3/\text{s}$

52
일반적인 알루미늄의 성질로 틀린 것은?

① 전기 및 열의 양도체이다.
② 알루미늄의 결정구조는 면심입방격자이다.
③ 비중이 2.7로 작고, 용융점이 600℃이다.
④ 표면에 산화막이 형성되지 않아 부식이 쉽게 된다.

풀이

알루마이트 : 알루미늄 표면의 산화막

53
단면적 1 cm², 길이 4m인 강선에 2 kN의 인장하중을 작용시키면 신장량은 약 몇 cm인가? (단, 연강의 탄성계수는 2×10^6 N/cm² 이다.)

① 6 ② 4
③ 0.6 ④ 0.4

풀이

$\delta = \dfrac{Wl}{NAE} = \dfrac{2000 \times 400}{1 \times 1 \times 2 \times 10^6} = 0.4 \text{[cm]}$

54
길이 ℓ의 환봉을 압축하였더니 30 cm로 되었다. 이 때 변형률을 0.006이라고 하면 원래의 길이는 약 몇 cm인가?

① 30.09　　② 30.18
③ 30.27　　④ 30.36

풀이
변형률 $\varepsilon = \dfrac{\Delta l}{l}$, $\therefore l = \dfrac{\Delta l}{\varepsilon} = \dfrac{(l-30)}{0.006}$
$0.006\,l = l - 30$, $0.994\,l = 30$
$\therefore l = 30.18\,[cm]$

55
유체기계에서 유압 제어밸브의 종류가 아닌 것은?

① 압력제어밸브　　② 유량제어밸브
③ 유속제어밸브　　④ 방향제어밸브

풀이
유압 제어밸브 : 방향제어 밸브, 유량제어 밸브, 압력제어 밸브 3가지를 조합하여 제어한다.

56
대량의 제품 치수가 허용공차 내에 있는지 여부를 검사하는 게이지로 통과측과 정지측으로 구성되어 있는 것은?

① 옵티미터　　② 다이얼 게이지
③ 한계 게이지　　④ 블록 게이지

57
다음 키의 종류 중 일반적으로 가장 큰 토크를 전달할 수 있는 키는?

① 묻힘 키　　② 납작 키
③ 접선 키　　④ 스플라인

풀이
전달토크의 크기 :
세레이션 키 > 스플라인 키 > 접선 키 > 묻힘 키

58
펌프의 분류를 크게 터보식과 용적식으로 분류할 때 다음 중 용적식 펌프에 속하는 것은?

① 베인 펌프　　② 축류 펌프
③ 터빈 펌프　　④ 벌류트 펌프

풀이
용적식 펌프 : 피스톤 펌프, 스크류 펌프, 베인 펌프

59
절삭가공에 이용되는 성질로 적합한 것은?

① 용접성　　② 연삭성
③ 용해성　　④ 통기성

60
왁스, 파라핀 등으로 만든 주형재를 사용하여 치수가 정밀하고 면이 깨끗한 복잡한 주물을 얻을 수 있는 주조법은?

① 셀몰드법
② 다이캐스팅법
③ 이산화탄소법
④ 인베스트먼트법

풀이
- 셀몰드 법 : 표면이 아름답고 정밀도가 높다. (대량 생산)
- 다이캐스팅 법 : 금형 속에 용융 금속을 고압으로 주입하여 주조하는 방법으로 대량생산에 적합하고 고정밀 제품에 사용 (에스컬레이터 스텝)

정답 54. ②　55. ③　56. ③　57. ④　58. ①　59. ②　60. ④

4과목 전기제어공학

61
온도를 전압으로 변환시키는 것은?

① 광전관　　　　② 열전대
③ 포토다이오드　④ 광전다이오드

풀이
- 광전관 : 광전효과를 이용하여 전기적 신호를 만드는 진공관
- 열전대 : 제백 효과로 발생하는 열기전력을 이용한 온도센서
- 포토다이오드 : 빛 에너지를 전기에너지로 변환하는 반도체
- 광전다이오드 : PN 접합다이오드의 공핍층에 빛을 가하면 빛의 강도에 따라 전도도가 변한다.

62
세라믹 콘덴서 소자의 표면에 103^K라고 적혀있을 때 이 콘덴서의 용량은 몇 μF인가?

① 0.01　　　② 0.1
③ 103　　　 ④ 10^3

풀이
$103 : 10 \times 10^3\,\mathrm{pF} = 10^4\,\mathrm{pF}$
$= 10^4 \times 10^{-12} = 10^{-8} F \times 10^6 = 10^{-2}[\mu F]$

63
목표값을 직접 사용하기 곤란할 때, 주 되먹임 요소와 비교하여 사용하는 것은?

① 제어요소　　② 비교장치
③ 되먹임요소　④ 기준입력요소

풀이
- 제어 요소 : 동작신호를 조작량으로 변환시키는 요소(조절부 + 조작부)
- 되먹임(피드백) 요소 : 제어량(출력)에서 주궤환을 생성시키는 요소
- 비교장치 : 목표값과 궤환신호를 비교하여 제어동작을 일으키는 신호를 만드는 장치

64
4000 Ω의 저항기 양단에 100 V의 전압을 인가할 경우 흐르는 전류의 크기(mA)는?

① 4　　　② 15
③ 25　　 ④ 40

풀이
$I = \dfrac{V}{R} = \dfrac{100}{4000} = 0.025[\mathrm{A}] = 25[\mathrm{mA}]$

65
다음 설명에 알맞은 전기 관련 법칙은?

> 도선에서 두 점 사이 전류의 크기는 그 두 점 사이의 전위차에 비례하고, 전기저항에 반비례한다.

① 옴의 법칙　　　② 렌츠의 법칙
③ 플레밍의 법칙　④ 전압분배의 법칙

66
최대눈금 100 mA, 내부저항 1.5 Ω인 전류계에 0.3 Ω의 분류기를 접속하여 전류를 측정할 때 전류계의 지시가 50 mA라면 실제 전류는 몇 mA인가?

① 200　　② 300
③ 400　　④ 600

풀이
전류계의 배율 $m = 1 + \dfrac{R_A}{R_s} = 1 + \dfrac{1.5}{0.3} = 6$배
$\therefore I = 50 \times 6 = 300[\mathrm{mA}]$

정답 61. ② 62. ① 63. ④ 64. ③ 65. ① 66. ②

67
병렬 운전 시 균압모선을 설치해야 되는 직류발전기로만 구성된 것은?

① 직권발전기, 분권발전기
② 분권발전기, 복권발전기
③ 직권발전기, 복권발전기
④ 분권발전기, 동기발전기

풀이
균압모선 : 직류 직권과 복권 발전기의 안정된 병렬 운전을 위해 각 기기의 전기자 권선과 직권 계자권선의 접속점을 연결하는 선

68
특성방정식이 $s^3 + 2s^2 + Ks + 5 = 0$인 제어계가 안정하기 위한 K 값은?

① $K > 0$
② $K < 0$
③ $K > 5/2$
④ $K < 5/2$

풀이
계의 안정조건
① 모든 차수의 항이 있어야 한다.
② 각 계수의 부호가 같아야 한다.
③ 내항의 곱이 외항의 곱보다 커야 한다.

$2 \times K > 1 \times 5$ ∴ $K > \dfrac{5}{2}$

69
서보기구의 특징에 관한 설명으로 틀린 것은?

① 원격제어의 경우가 많다.
② 제어량이 기계적 변위이다.
③ 추치제어에 해당하는 제어장치가 많다.
④ 신호는 아날로그에 비해 디지털인 경우가 많다.

풀이
서보 제어는 연속적으로 제어하는 아날로그 신호가 주로 사용된다.

70
SCR에 관한 설명으로 틀린 것은?

① PNPN 소자이다.
② 스위칭 소자이다.
③ 양방향성 사이리스터이다.
④ 직류나 교류의 전력제어용으로 사용된다.

풀이
SCR : 3단자 단방향 스위칭 소자

71
적분시간이 2초, 비례감도가 5 mA/mV인 PI 조절계의 전달함수는?

① $\dfrac{1+2s}{5s}$
② $\dfrac{1+5s}{2s}$
③ $\dfrac{1+2s}{0.4s}$
④ $\dfrac{1+0.4s}{2s}$

풀이
$G(s) = K(1 + \dfrac{1}{T_I})$에서 $K=5$, $T_I = 2$로 계산하면

$\dfrac{10S+5}{2S} \div 5 = \dfrac{2S+1}{0.4S}$

72
공기 중 자계의 세기가 100 A/m의 점에 놓아둔 자극에 작용하는 힘은 8×10^{-3} N 이다. 이 자극의 세기는 몇 Wb인가?

① 8×10
② 8×10^5
③ 8×10^{-1}
④ 8×10^{-5}

풀이
$F = mH$에서
$m = \dfrac{F}{H} = \dfrac{8 \times 10^{-3}}{100} = 8 \times 10^{-5}$[Wb]

정답 67. ③ 68. ③ 69. ④ 70. ③ 71. ③ 72. ④

73
PLC(Programmable Logic Controller)의 출력부에 설치하는 것이 아닌 것은?

① 전자개폐기 ② 열동계전기
③ 시그널램프 ④ 솔레노이드밸브

풀이
열동계전기(Thermal Relay) : 전동기의 과전류 검출용 계전기

74
정상 편차를 개선하고 응답속도를 빠르게 하며 오버슈트를 감소시키는 동작은?

① K ② $K(1+sT)$
③ $K(1+\dfrac{1}{sT})$ ④ $K(1+sT+\dfrac{1}{sT})$

75
다음은 직류전동기의 토크특성을 나타내는 그래프이다. (A), (B), (C), (D)에 알맞은 것은?

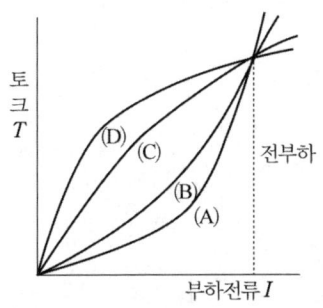

① (A) : 직권발전기, (B) : 가동복권발전기,
  (C) : 분권발전기, (D) : 차동복권발전기
② (A) : 분권발전기, (B) : 직권발전기,
  (C) : 가동복권발전기, (D) : 차동복권발전기
③ (A) : 직권발전기, (B) : 분권발전기,
  (C) : 가동복권발전기, (D) : 차동복권발전기
④ (A) : 분권발전기, (B) : 가동복권발전기,
  (C) : 직권발전기, (D) : 차동복권발전기

풀이
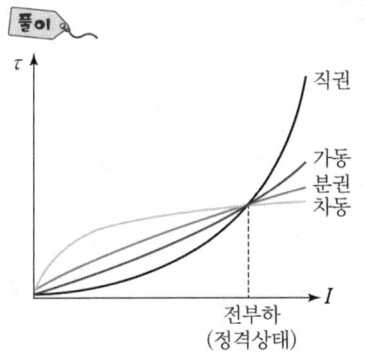

76
신호흐름선도와 등가인 블록선도를 그리려고 한다. 이 때 $G(s)$로 알맞은 것은?

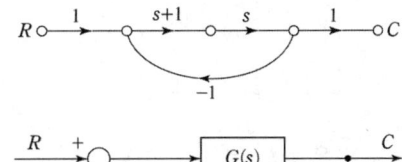

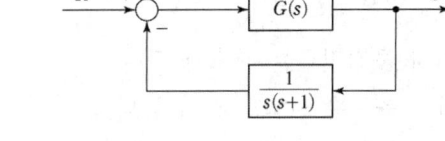

① s ② $\dfrac{1}{s+1}$
③ 1 ④ $s(s+1)$

풀이
신호선 흐름도 : $\dfrac{C(s)}{R(s)} = \dfrac{(s+1)s}{1+(s+1)s} = \dfrac{s^2+s}{s^2+s+1}$

블록선도 :
$\dfrac{C(s)}{R(s)} = \dfrac{G(s)}{1+\dfrac{G(s)}{s(s+1)}} = \dfrac{G(s)\cdot(s^2+s)}{s^2+s+G(s)}$ 에서

$G(s) = 1$일 때 $\dfrac{C(s)}{R(s)} = \dfrac{s^2+s}{s^2+s+1}$

정답 73. ② 74. ④ 75. ① 76. ③

77
정현파 교류의 실효값(V)과 최대값(V_m)의 관계식으로 옳은 것은?

① $V = \sqrt{2}\, V_m$ ② $V = \dfrac{1}{\sqrt{2}} V_m$

③ $V = \sqrt{3}\, V_m$ ④ $V = \dfrac{1}{\sqrt{3}} V_m$

풀이
$V_m = \sqrt{2}\, V$ ∴ $V = \dfrac{V_m}{\sqrt{2}}$

78
그림과 같은 RLC 병렬공진회로에 관한 설명으로 틀린 것은?

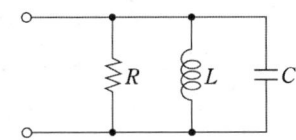

① 공진조건은 $\omega C = \dfrac{1}{\omega L}$ 이다.
② 공진시 공진전류는 최소가 된다.
③ R이 작을수록 선택도 Q가 높다.
④ 공진시 입력 어드미턴스는 매우 작아진다.

풀이
선택도
병렬공진의 선택도 : $Q = R\sqrt{\dfrac{C}{L}}$ ※ R에 비례
직렬공진의 선택도 : $Q = \dfrac{1}{R}\sqrt{\dfrac{L}{C}}$ ※ R에 반비례

79
피드백 제어계에서 목표치를 기준입력신호로 바꾸는 역할을 하는 요소는?

① 비교부   ② 조절부
③ 조작부   ④ 설정부

풀이
- 비교부 : 목표값과 피드백 신호를 비교해서 제어 동작을 일으키는데 필요한 신호를 만든다.
- 조절부 : 기준입력과 검출부 출력과의 합이 되는 신호를 받아 제어계에 보내는 신호를 만드는 장치
- 조작부 : 조절부에서 받은 신호를 조작량으로 바꾸어 제어대상에 보내는 장치

80
비례적분제어 동작의 특징으로 옳은 것은?

① 간헐현상이 있다.
② 잔류편차가 많이 생긴다.
③ 응답의 안정성이 낮은 편이다.
④ 응답의 진동시간이 매우 길다.

풀이
비례적분제어의 특징 : 잔류편차가 적고 안정성이 높으며 속응성이 좋다.

실전모의고사 5회

1과목 승강기 개론

01
교류 2단 속도 제어방식에서 크리프 시간이란 무엇인가?

① 저속 주행 시간
② 고속 주행 시간
③ 속도 변환 시간
④ 가속 및 감속 시간

풀이
교류 2단 속도 : - 기동과 주행은 고속 권선
           - 감속 및 착상 : 저속 권선
※ 크리프 시간 : 감속 후 착상을 위해 저속으로 주행하는 시간

02
유압엘리베이터의 유압회로 내에서 오일 필터가 설치되는 곳은?

① 펌프의 흡입측에 설치된다.
② 펌프의 도출측에 설치된다.
③ 펌프의 흡입측과 토출측 모두에 설치된다.
④ 완전 밀폐형이기 때문에 설치할 필요가 없다.

풀이
스트레이너(필터)는 펌프에 이물질이 유입되는 것을 방지 목적으로 펌프의 흡입측에 설치

03
전기식 엘리베이터에 비하여 유압식 엘리베이터의 특징으로 적합하지 않은 것은?

① 기계실의 위치가 자유롭다.
② 전동기의 소요 동력이 작다.
③ 승강로 상부 틈새가 작아도 된다.
④ 건물 꼭대기 부분에 하중이 걸리지 않는다.

풀이
유압식 엘리베이터는 균형추가 없어 전동기 용량이 크다.

04
엘리베이터의 정격속도가 매 분당 180 m이고, 제동소요 시간이 0.3초인 경우의 제동거리는 몇 m인가?

① 0.25   ② 0.45
③ 0.65   ④ 0.85

풀이
$$S = \frac{Vt}{2} = \frac{3 \times 0.3}{2} = 0.45[m]$$

05
엘리베이터용 진동기의 소요동력을 결정하는 인자가 아닌 것은?

① 정격하중
② 정격속도
③ 주로프 직경
④ 오버밸런스율

정답 01.① 02.① 03.② 04.② 05.③

풀이

$$P = \frac{\text{정격하중}(L) \times \text{정격속도}(V : \text{m/min}) \times (1-OB)}{6120 \times \text{효율}(\eta)} [\text{kW}]$$

06
엘리베이터에 관련된 안전율 기준으로 해당 안전율 기준에 미달되는 것은?

① 조속기(과속조절기) 로프는 8 이상이다.
② 유압식엘리베이터의 가요성 호스는 8 이상이다.
③ 덤웨이터(소형화물용 엘리베이터)의 체인은 4 이상이다.
④ 보상 수단(로프, 체인, 벨트 및 그 단말부)은 안전율 5 이상이다.

풀이
소형화물용 엘리베이터의 로프, 벨트, 체인의 안전율을 8 이상

07
에스컬레이터 제동기의 설치상태는 견고하고 양호하여야 한다. 적재하중을 작용시키지 않고 스텝이 하강할 때 정격속도가 0.5 m/s인 경우 정지거리는 몇 m 사이이어야 하는가?

① 0.1 ~ 0.9   ② 0.2 ~ 1.0
③ 0.3 ~ 1.1   ④ 0.4 ~ 1.2

풀이
에스컬레이터 및 무빙워크의 정지거리

공칭속도	정지거리
0.50 m/s	0.20 m부터 1.00 m까지
0.65 m/s	0.30 m부터 1.30 m까지
0.75 m/s	0.40 m부터 1.50 m까지
0.90 m/s	0.55 m부터 1.70 m까지

08
기계실의 조명에 관한 설명으로 옳은 것은?

① 조명스위치는 기계실 제어만 가까운 곳에 설치한다.
② 조명기구는 승강기 형식승인품을 사용하여야 한다.
③ 조도는 기기가 배치된 바닥면에서 200 lx 이상이어야 한다.
④ 조명전원은 엘리베이터 제어전원에서 분기하여 사용하여야 한다.

풀이
기계실 및 작업구역의 조도는 모두 200 lx 이상이어야 하며 조명 전원은 별도로 공급되어야 한다.

09
카의 고장으로 카가 정격속도의 115%를 초과하지 않고 최하층을 통과하여 피트로 떨어졌을 때 충격을 완화시켜 주기 위하여 설치하는 안전장치는?

① 완충기
② 브레이크
③ 조속기(과속조절기)
④ 비상정지장치(추락방지안전장치)

풀이
완충기 시험 시 충돌 속도는 정격속도의 115%이며 카가 피트로 추락 시 충격을 완화 시키는 장치

10
유압식 엘리베이터를 구동시키고 정지시키는 구동기의 구성 부품으로 틀린 것은?

① 스프로킷   ② 제어밸브
③ 펌프 조립체   ④ 펌프 전동기

정답 06. ③ 07. ② 08. ③ 09. ① 10. ①

풀이
스프로킷은 대형 톱니바퀴로 에스컬레이터와 체인에 의해 구동되는 구동기의 부품이다.

11
단일 승강로에 두 대의 엘리베이터를 이용하면서 각각 독립적으로 운행되는 고효율 엘리베이터는?

① 트윈 엘리베이터
② 전망용 엘리베이터
③ 더블데크 엘리베이터
④ 조닝방식 엘리베이터

풀이
- 트윈 엘리베이터 : 2대의 카가 저층부와 고층부로 독립 운전
- 더블데크 엘리베이터 : 2대의 카가 상·하 2층으로 연결 운전

12
기계실의 구조에 대한 설명으로 틀린 것은?

① 다른 부분과 내화구조로 구획한다.
② 다른 부분과 방화구조로 구획한다.
③ 내장의 마감은 방청도료를 칠하여야 한다.
④ 벽면이 외기에 직접 접하는 경우에는 불연재료로 구획할 수 있다.

풀이
기계실의 내장은 준불연재료 이상으로 해야 한다.

13
전기식 엘리베이터에서 로프와 도르래 사이의 마찰력 등 미끄러짐에 영향을 미치는 요소가 아닌 것은?

① 로프가 감기는 각도
② 권상기 기어의 감속비
③ 케이지의 가속도와 감속도
④ 케이지측과 균형추쪽의 로프에 걸리는 중량비

풀이
권부각이 클수록, 가속도와 감속도가 작을수록, 견인비가 작을수록 미끄러지기 어렵고 권상기의 감속비와 관계없다.

14
여러층으로 배치되어 있는 고정된 주차구획에 아래·위로 이동할 수 있는 운반기로 자동차를 자동으로 운반 이동하여 주차하도록 설계한 주차장치는?

① 다단식
② 승강기식
③ 수직 순환식
④ 다층 순환식

15
엘리베이터에서 브레이크 시스템이 작동하여야 할 경우가 아닌 것은?

① 주동력 전원공급이 차단되는 경우
② 제어회로에 전원공급이 차단되는 경우
③ 카 출발 후 과부하감지장치가 작동했을 경우
④ 조속기(과속조절기)의 과속검출 스위치가 작동했을 경우

풀이
과부하감지기가 카가 출발 전 작동하면 문이 닫히지 않아 출발하지 못하고 운행 중에는 작동해도 관계없이 운행한다.

16
완충기에 대한 설명으로 틀린 것은?

① 에어지 분산형 완충기는 작동 후에는 영구적인 변형이 없어야 한다.
② 에너지 분산형 완충기는 엘리베이터 정격속도와 상관없이 사용될 수 있다.
③ 에너지 축적형 완충기는 유체의 수위가 쉽게 확인될 수 있는 구조이어야 한다.
④ 정격속도 60 m/min 이하의 것은 운동에너지가 작아서 선형 또는 비선형 특성을 갖는 에너지 축적형 완충기가 주로 사용된다.

풀이
에너지축적형 완충기는 스프링식(선형)과 우레탄 완충기(비선형)이 있고 오일을 사용하지 않는다.

17
소방구조용 엘리베이터의 소방 운전 시 무효화되는 장치가 아닌 것은?

① 광전식 문닫힘안전장치
② 조속기(과속조절기)
③ 파이널 리미트 스위치
④ 비상정지장치(추락방지안전장치)

풀이
소방 운전 및 피난 운전 시 모든 안전장치는 유효하고 열과 연기에 의해 작동되는 문닫힘안전장치는 무효화 될 수 있다. (광전장치, 초음파 장치, 멀티빔 센서)

18
군 관리 조작방식의 경우 승강장에서 여러 대의 카 위치표시를 볼 수 없으므로 응답하는 카의 도착을 알리는 장치는?

① 조작반　　　② 홀 랜턴
③ 카 위치 표시기　　④ 승장 위치 표시기

풀이
군 관리 제어는 수송효율을 높이기 위해 같은 방향으로 운행하는 카과 승강장 버튼에 의한 등록을 통과하는 경우가 있어 운행 방향과 도착을 예보하는 홀 랜턴이 사용된다.

19
엘리베이터의 도어인터록 스위치의 역할에 대한 설명으로 옳은 것은?

① 자기층에 카가 없을 때는 장금이 풀려도 운행된다.
② 카가 운행 중에는 잠금이 풀려도 정지 층까지는 운행된다.
③ 카가 운행되지 않을 때는 승장문이 손으로 열리도록 한다.
④ 승장문의 안전장치로서 잠금이 풀리면 카가 작동하지 않는다.

풀이
승강장문 잠금장치(도어인터록)은 기계적인 잠금장치(인터록)와 전기 스위치로 구성되어 있고 카가 없는 층의 승강장문은 전용 열쇠로만 열 수 있고 전기 스위치가 닫히지 않으면 카는 운행할 수 없고 운행 중인 카도 정지한다.

20
권동식 권상기에 비하여 트랙션 권상기의 장점이라고 볼 수 없는 것은?

① 소요 동력이 작다.
② 승강 행정에 제한이 없다.
③ 기계실의 소요 면적이 작다.
④ 권과(지나치게 감기는 현상)를 일으키지 않는다.

풀이
권동식은 균형추가 없어 승강로와 기계실의 소요 면적이 작다.

정답 16. ③　17. ①　18. ②　19. ④　20. ③

2과목 승강기 설계

21
1:1 로핑인 엘리베이터의 적재하중이 550 kg, 카 자중이 700 kg, 단면적이 13.3 cm^2, 단면계수가 224.6 cm^{3}인 SS-400을 사용할 때 상부체대의 응력은 약 몇 kg/cm^{2}인가? (단, 상부체대의 전길이는 160 cm 이다.)

① 222.6 ② 259.8
③ 342.4 ④ 476.1

풀이
1:1 로핑 상부체대 굽힘모멘트
$$M = \frac{WL}{4} = \frac{(550+700) \times 160}{4} = 50000 [kg \cdot cm]$$
응력 $\sigma = \frac{굽힘모멘트(M)}{단면계수(Z)} = \frac{50000}{224.6}$
$= 222.62 [kg/cm^2]$

22
직류전동기의 일반적인 제어법이 아닌 것은?

① 저항제어법 ② 전압제어법
③ 계자제어법 ④ 주파수제어법

풀이
주파수제어는 교류전동기 인버터(VVVF)제어 방식이다.

23
최대굽힘모멘트 200000 kg · cm, H 250×250×14×9(단면계수 867 cm^3)인 기계대의 안전율은 약 얼마인가? (단, 재질은 SS-400, 기준강도 4100 kg/cm^2 이다.)

① 14 ② 18 ③ 22 ④ 24

풀이
응력 $\sigma = \frac{M}{Z} = \frac{200000}{867} = 230.68 [kg/cm^2]$

안전율 $S = \frac{파단강도(f)}{응력(\sigma)} = \frac{4100}{230.68} = 17.78$

24
재료의 단순 인장에서 푸아송 비는 어떻게 나타내는가?

① 가로변형률 / 가로변형률
② 부피변형률 / 가로변형률
③ 가로변형률 / 세로변형률
④ 부피변형률 / 세로변형률

풀이
푸아송비$(\mu) = \frac{가로변형률}{세로변형률}$

25
승객이 출입하거나 하역하는 동안 착상 정확도가 ±20 mm를 초과할 경우에는 몇 mm 이내로 보정되어야 하는가?

① ±5 ② ±7 ③ ±10 ④ ±20

풀이
착상 및 재 착상 오차 : ±10 mm

26
전기식엘리베이터의 기계실 치수에 대한 조건으로 적합한 것은?

① 작업구역의 유효 높이는 4m 이상이어야 한다.
② 작업구역 간 이동통로의 유효 폭은 0.3m 이상이어야 한다.
③ 보호되지 않은 회전부품 위로 0.3m 이상의 유효 수직거리가 있어야 한다.
④ 기계실 바닥에 0.3m를 초과하는 단자가 있는 경우, 고정된 사다리 또는 보호난간이 있는 계단이나 발판이 있어야 한다.

정답 21. ① 22. ④ 23. ② 24. ③ 25. ③ 26. ③

① 작업구역 유효높이 : 2.1 m(에스컬레이터 : 2 m) 이상
② 이동통로 폭 : 0.5 m 이상
④ 계단, 발판 설치 단차 : 0.5 m 초과

27
에스컬레이터의 모터 용량을 산출하는 식으로 옳은 것은? (단, G : 적재하중, V : 속도, η : 총효율, β : 승객승입율, $\sin\theta$: 에스컬레이터의 경사도)

① $P = \dfrac{6120 \times \beta}{G \times \eta}$

② $P = \dfrac{6120 \times \sin\theta}{G \times V}$

③ $P = \dfrac{G \times V \times \sin\theta}{6120\eta} \times \beta$

④ $P = \dfrac{G \times \eta \times \sin\theta}{6120} \times \beta$

풀이

① $P = \dfrac{G \times V \times \sin\theta}{6120 \times \eta} \times \beta$ [kW],

$G = 270 \times Z_1 \times \dfrac{H}{\tan\theta}$ [kg]

② $P = \dfrac{1분간 수송인원 \times 1인의 중량(75kg) \times 층고(m)}{6120 \times 효율(\eta)}$ [kW]

※ 2019년 9월 승강기 안전관리법 개정 후에도 상기 두 공식을 적용한 문제가 필기시험과 실기시험에 출제되고 있으며 문제의 조건에 맞추어 계산해야 된다.

28
엘리베이터의 교통량 계산 시 손실시간의 계산과 관련이 없는 것은?

① 승객 수
② 주행거리
③ 승객 출입시간
④ 도어 개폐시간

풀이

손실 시간 = (개폐시간 + 승객 출입시간) ×0.1 에서 승객 출입시간은 승객수에 비례한다.
※ 일주시간 = Σ(주행시간 + 도어개폐시간 + 승객출입시간 + 손실시간)

29
감시반의 기능으로 볼 수 없는 것은?

① 경보기능
② 제어기능
③ 통신기능
④ 승객감시기능

풀이

감시반 기능 : 경보기능, 제어기능, 통신통신, 표시기능

30
스트랜드의 외층소선을 내층소선보다 굵게하여 구성한 로프로 내마모성이 커 엘리베이터 주로프에 가장 많이 사용하는 종류는?

① 실형
② 필러형
③ 위링턴형
④ 나프레스형

풀이

엘리베이터에 주로 사용되는 로프
8×S(19) E종 보통꼬임
※ S는 실형의 약자

31
카 비상정지장치(추락방지안전장치)가 작동될 때 무부하 상태의 카 바닥 또는 정격하중이 균일하게 분포된 부하 상태의 카 바닥은 정상적인 위치에서 몇 %를 초과하여 기울어지지 않아야하는가?

① 1
② 3
③ 5
④ 7

풀이

기울어짐 : 5% 이하, 감속도 : $0.2g_n$ 이상 $1g_n$ 이하

정답 27. ③ 28. ② 29. ④ 30. ① 31. ③

32
300V 이하의 제어반을 설치하는 경우 시행하는 접지공사의 종류로 옳은 것은?

① 제1종 접지공사
② 제2종 접지공사
③ 제3종 접지공사
④ 특별 제3종 접지공사

풀이
※ 2021년 KEC 규정 개정에 따라 1종, 2종, 3종의 접지공사 분류가 없어졌다.

33
오피스빌딩의 경우 엘리베이터의 교통수요를 산출할 때 출근시간 승객 수의 가정으로 가장 합당한 것은?

① 상승방향은 정원의 60%, 하강방향은 없음
② 상승방향은 정원의 80%, 하강방향은 없음
③ 상승방향은 정원의 60%, 하강방향은 20%
④ 상승방향은 정원의 80%, 하강방향은 20%

풀이
※ 사무실의 경우 하강 방향의 교통수요는 고려하지 않고 출근 시간의 상승 방향 승객 수는 정원의 80%를 가장하여 산출한다.

34
유도전동기의 슬립 s의 범위로 옳은 것은?

① $s > 1$
② $s < 0$
③ $s > 0$
④ $0 < s < 1$

풀이
슬립 $S = \dfrac{N_s - N}{N_s}$

여기서, N_s : 동기속도, N : 실제속도
유도전동기 슬립 : $0 < s < 1$
정지 시 슬립 : 1, 동기속도 슬립 : 0

35
카 자중이 1050 kg, 적재하중이 1000 kg인 승객용 엘리베이터의 브레이스로드가 65°로 4개가 설치되어 있을 경우 브레이스로드 1개당 작용하는 장력(kg)은 약 얼마인가?

① 569
② 610
③ 1192
④ 1220

풀이
장력 $T = \dfrac{P}{\sin\theta}$ 에서

브레이스 로드가 4개 이므로 $P = \dfrac{W}{4}$

$\therefore T = \dfrac{\dfrac{(1050 + 1000)}{4}}{\sin 65} = 565.48 [\text{kg}]$

36
엘리베이터용 가이드(주행안내) 레일의 적용시 고려해야할 사항으로 관계가 적은 것은?

① 엘리베이터의 정격속도
② 지진 발생 시 건물의 수평 진동
③ 비상정지장치의 작동 시 걸리는 하중
④ 불균형한 하중의 적재 시 발생되는 회전트렌드

풀이
레일 적용 시 고려사항 : 좌굴하중, 수평진동력, 회전모멘트

37
두 축이 평행한 기어에 해당하지 않는 것은?

① 스퍼기어
② 베벨기어
③ 내접기어
④ 헬리컬기어

풀이
베벨기어 : 두 축이 교차하는(만나는) 원추형 기어

정답 32. × 33. ② 34. ④ 35. ① 36. ① 37. ②

38
카의 자중이 3000 kg, 정격 적재하중이 1000 kg인 엘리베이터의 오버밸런스율이 45%일 때 균형추의 중량은 몇 kg인가?

① 3400 ② 3450
③ 3500 ④ 3550

풀이
균형추 중량 = 카자중 + 적재하중 × 오버밸런스율
= 3000 + 1000 × 0.45
= 3450[kg]

39
카 바닥 및 카틀 무게의 허용 가능한 상부체대의 최대 처짐량은 전장(span)에 대하여 얼마 이하이어야 하는가?

① $\dfrac{1}{900}$ ② $\dfrac{1}{920}$ ③ $\dfrac{1}{960}$ ④ $\dfrac{1}{1000}$

풀이
상부체대의 최대처짐 : 상부 체대 길이의 $\dfrac{1}{960}$

40
승강로에 대한 설명으로 틀린 것은?

① 승강로에는 1대의 엘리베이터 카만 있을 수 있다.
② 승강로 내에 설치되는 돌출물은 안전상 지장이 없어야 한다.
③ 승강로는 누수가 없고 청결상태가 유지되는 구조이어야 한다.
④ 유압식 엘리베이터의 잭은 카와 동일한 승강로 내에 있어야 하며, 지면 또는 다른 장소로 연장될 수 있다.

풀이
한 승강로에 2대의 엘리베이터가 있는 경우 :
더블데크 엘리베이터, 트윈 엘리베이터

3과목 일반기계공학

41
3줄 나사에서 리드(lead) L과 피치(pitch) p의 관계로 옳은 것은?

① $p = L$ ② $L = 1.5p$
③ $p = 3L$ ④ $L = 3p$

풀이
리드(L) = 줄수(n) × 피치(P)
리드 : 1회전 시 전진한 거리
피치 : 나사의 산과 산의 거리

42
동일 축 상에 2개 이상의 펌프 작용 요소를 가지고, 각각 독립된 펌프 작용을 하는 형식의 펌프는?

① 다련 펌프 ② 다단 펌프
③ 피스톤 펌프 ④ 베인 펌프

풀이
- 다단 펌프 : 1개의 회전축에 2개 이상의 날개를 장치한 것으로 고양정에 사용한다.
- 피스톤 펌프 : 왕복펌프의 종류로 피스톤의 전·후에서 흡입과 토출이 이루어진다.
- 베인 펌프 : 로터리 펌프의 종류로 케이싱에 접하여 날개(베인)을 회전시켜 액체를 토출하는 방식

43
리밍(reaming)에 관한 설명으로 옳은 것은?

① 구멍을 뚫는 기본적인 작업
② 구멍에 암나사를 가공하는 작업
③ 구멍 주위를 평면으로 가공하는 작업
④ 뚫린 구멍을 정확한 크기와 매끈한 면으로 다듬질하는 작업

정답 38. ② 39. ③ 40. ① 41. ④ 42. ① 43. ④

> **풀이**
- 드릴링 : 구멍을 뚫는 기본적인 작업
- 탭 작업 : 암나사 작업
- 스폿 페이싱 : 볼트나 너트의 머리와 접촉하는 면을 평면으로 가공하는 작업

44
연강의 응력-변형률선도에서 응력이 최고값인 응력은?

① 비례한도 ② 인장강도
③ 탄성한도 ④ 항복강도

> **풀이**
※ 비례한계 < 탄성한계 < 항복강도 < 인장강도

45
1.5 m/s의 원주속도로 회전하는 전동축을 지지하는 지널 베어링에서 베어링 하중은 2000 N, 마찰계수가 0.04일 때 마찰에 의한 손실 동력은 약 몇 kW인가?

① 0.12 ② 0.24
③ 0.48 ④ 0.72

> **풀이**
전달동력 $H = \dfrac{\mu F}{102} \times v [\text{kW}]$
여기서, μ : 마찰계수, F : 누르는 힘(kg)
v : 원주속도(m/s)
$\therefore H = \dfrac{0.04 \times 2000 \div 9.81}{102} \times 1.5 = 0.12 [\text{kW}]$

46
강화된 강 중 잔류오스테나이트를 마텐자이트로 변태시켜 시효변형을 방지하기 위한 목적으로 하는 열처리로서 치수의 정확성을 요하는 게이지나 베어링 등을 만들 때 주로 행하는 것은?

① 오스템퍼링 ② 마템퍼링
③ 심랭처리 ④ 노멀라이징

> **풀이**
- 마템퍼링(martempering) : 오스테나이트화 상태의 강을 마텐자이트 시작점과 종료점 사이에서 항온상태로 변태가 완료될 때까지 지속시키는 열처리 방법
- 오스템퍼링(austempering) : A1 변태점과 Ms점 사이의 온도로 항온변태 후 실온으로 냉각시키는 열처리 방법으로 강의 비틀림과 균열 발생을 방지
- 불림(노말라이징 : nolmalizing) : 강을 단련한 후, 오스테나이트의 단상이 되는 온도 범위에서 가열하여 대기 속에서 방치하여 자연 냉각 시키는 방식으로 조직을 미세화하고, 냉간가공, 단조 등에 의한 내부응력을 제거 및 가공성 향상

47
용접부의 검사법 중 시편의 타단 결합에서 발사되어 오는 반응을 시간적 연관성이 있는 오실로스코프에 받아 기록하는 방법은?

① 침투 탐상검사 ② 자분 검사
③ 초음파 검사 ④ 방사선 투과검사

48
압력 제어 밸브에서 어느 최소 유량에서 어느 최대 유량까지의 사이에 증대하는 압력은?

① 파괴 압력 ② 절대 압력
③ 흡입 압력 ④ 오버라이드 압력

49
두 힘 10 N과 30 N이 직교하고 있다. 합성한 힘의 크기는 약 몇 N인가?

① 31.6 ② 38.7
③ 40.0 ④ 44.7

정답 44. ② 45. ① 46. ③ 47. ③ 48. ④ 49. ①

> **풀이**
> $F = \sqrt{10^2 + 30^2} = 31.62 \, [\text{N}]$

50
단동 왕복펌프의 피스톤 지름이 20 cm, 행정 30 cm, 피스톤의 매분 왕복횟수가 80, 체적효율 92%일 때 펌프의 양수량은 약 몇 m^3/min 인가?

① 0.35　　　　② 0.69
③ 0.82　　　　④ 1.42

> **풀이**
> $Q = A[m^2] \times V[m/min] \times \eta(\text{효율})[m^3/min]$
> $V = 0.3[m] \times 80 = 24[m/min]$
> $\therefore Q = \pi \times 0.1^2 \times 24 \times 0.92 = 0.69[m^3/min]$

51
드릴로 가공할 때, 가공물과 접촉에 의한 마찰을 줄이기 위하여 절삭날 면에 주는 각은?

① 나선각(helix angle)
② 선단각(point angle)
③ 웨브 각(web angle)
④ 날 여유각(lip clearance angle)

> **풀이**
> 선단각 : 드릴 끝에서 절삭 날이 이루는 각(연강 : 118°)

52
소성가공 중에서 주전자, 물통, 배럴 등의 주름 형상을 만드는 데 적합한 가공은?

① 벌징(bulging)　　② 비딩(beading)
③ 헤밍(hemming)　　④ 컬링(curling)

> **풀이**
> 벌징 : 금형내 삽입된 원통형 용기 또는 관에 높은 압력을 가하여 팽창시켜 성형하는 방법 (주전자, 물통 등의 주름형상 가공)

53
하중을 한 방향으로만 받는 부품에 이용되는 나사로 압착기, 바이스(vise) 등의 이송 나사에 사용되는 것은?

① 둥근나사　　　② 사각나사
③ 삼각나사　　　④ 톱니나사

54
Ti의 특성에 대한 설명으로 틀린 것은?

① 비중이 4.5이다.
② Mg과 Al보다 무겁고 철보다 가볍다.
③ 전기 및 열의 전도성은 Fe보다 크다.
④ 내식성이 우수하다.

> **풀이**
> 티타늄(Ti)는 전기 및 열 전도성이 낮다.

55
정밀한 금형에 용융금속을 고압, 고속으로 주입하여 주물을 얻는 방법으로 주물표면이 미려하고 정도가 높은 주조법은?

① 셀몰드법
② 원심주조법
③ 다이캐스팅법
④ 인베스트먼트 주조법

> **풀이**
> 에스컬레이터의 디딤판은 주로 알루미늄 다이캐스팅 방식으로 제작한다.

56
잇수 40, 피치원 지름 100 mm인 표준 스퍼기어의 원주피치는 약 몇 mm인가?

① 3.93　　　　② 7.85
③ 15.70　　　④ 23.55

정답 50. ②　51. ④　52. ①　53. ④　54. ③　55. ③　56. ②

원주피치

$$p = \frac{\text{피치원의 둘레}(\pi D)}{\text{잇수}(Z)} = \frac{\pi \times 100}{40} = 7.85[\text{mm}]$$

57
제동장치에서 단식 블록 브레이크의 제동력에 대한 설명 중 옳은 것은?

① 제동 토크에 반비례한다.
② 마찰 계수에 반비례한다.
③ 브레이크 드럼의 지름에 비례한다.
④ 브레이크 드럼과 블록사이의 수직력에 비례한다.

$F = \dfrac{f \cdot b}{\mu a}$ 에서

제동력 $f = \dfrac{F(\text{수직력}) \times \mu(\text{마찰계수}) \times a}{b}$ 에서

a : 레버의 길이
b : 드럼의 중심에서 작용점 사이 거리
※ b가 지름에 비례하므로 제동력 f는 지름에 반비례한다.

58
다음 중 비중이 가장 낮은 경금속인 것은?

① Ag   ② Al
③ Cu   ④ Pb

Ag(10.49), Al(2.69), Cu(8.9), Pb(11.34)

59
길이가 50 cm인 외팔보에 그림과 같이 $\omega = 4$ N/cm인 균일분포하중이 작용할 때 최대 굽힘모멘트의 값은 몇 N·cm인가?

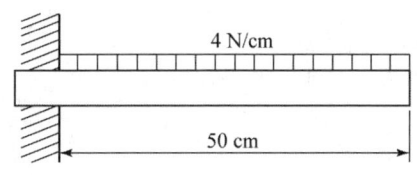

① 5000   ② 4000
③ 2500   ④ 2000

$$M = \frac{WL}{2} = \frac{(4 \times 50) \times 50}{2} = 5000[\text{N} \cdot \text{cm}]$$

60
비틀림을 받는 원형 단면 봉에서 발생하는 비틀림각에 대한 설명 중 옳은 것은?

① 봉의 길이에 반비례한다.
② 극단면 2차 모멘트에 반비례한다.
③ 전단 탄성계수에 비례한다.
④ 비틀림 모멘트에 반비례한다.

환봉의 비틀림각 $\phi = \dfrac{TL}{GI}[\text{rad}]$

여기서, T : 토크(비틀림 모멘트), L : 길이
G : 전단탄성계수, I : 극단면2차모멘트

4과목 전기제어공학

61
도체가 대전된 경우 도체의 성질과 전하분포에 관한 설명으로 틀린 것은?

① 도체 내부의 전계는 ∞이다.
② 전하는 도체 표면에만 존재한다.
③ 도체는 등전위이고 표면은 등전위면이다.
④ 도체 표면상의 전계는 면에 대하여 수직이다.

> 도체 내부의 전계는 0 이다.

62
그림과 같은 피드백 회로의 종합 전달함수는?

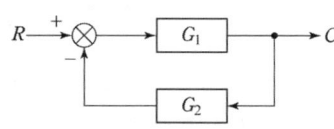

① $\dfrac{1}{G_1} + \dfrac{1}{G_2}$ ② $\dfrac{G_1}{1-G_1G_2}$

③ $\dfrac{G_1}{1+G_1G_2}$ ④ $\dfrac{G_1G_2}{1-G_1G_2}$

> $\dfrac{C(s)}{R(s)} = \dfrac{\sum 전향경로이득}{1-\sum 루프이득} = \dfrac{G_1}{1-(-G_1G_2)}$
> $= \dfrac{G_1}{1+G_1G_2}$

63
유도전동기에서 슬립이 '0'이란 의미와 같은 것은?

① 유도제동기의 역할을 한다.
② 유도전동기가 정지상태이다.
③ 유도전동기가 전부하 운전상태이다.
④ 유도전동기가 동기속도로 회전한다.

> 슬립 $S = \dfrac{N_s(동기속도) - N(실제속도)}{N_s(동기속도)}$ 에서
> $S=0$ 조건은 N_s, $S=1$은 정지상태

64
$G(jw) = e^{-jw0.4}$때 $w=2.5$에서의 위상각은 약 몇 도인가?

① -28.6 ② -42.9
③ -57.3 ④ -71.5

> $e^{j\theta} = \cos\theta + j\sin\theta$
> $\therefore G(jw) = e^{-0.4 \times 2.5} = e^{-j} = \cos(-1) - \sin(-1)$
> 에서
> $R = \cos(-1)$, $X = \sin(-1)$
> $\theta = \tan^{-1}\dfrac{X}{R} = \tan^{-1}\dfrac{\sin(-\frac{180}{\pi})}{\cos(-\frac{180}{\pi})} = -57.3°$

65
여러 가지 전해액을 이용한 전기분해에서 동일량의 전기로 석출되는 물질의 양은 각각의 화학당량에 비례한다고 하는 법칙은?

① 줄의 법칙
② 렌츠의 법칙
③ 쿨롱의 법칙
④ 패러데이의 법칙

> 패러데이의 법칙 : 전기분해 시 석출되는 양
> $W = KQ = KIt[\text{kg}]$
> 여기서, K : 전기화학당량
> Q : 전기량

66
제어대상의 상태를 자동적으로 제어하며, 목표값이 제어 공정과 기타의 제한 조건에 순응하면서 가능한 가장 짧은 시간에 요구되는 최종상태까지 가도록 설계하는 제어는?

① 디지털제어 ② 적응제어
③ 최적제어 ④ 정치제어

> 최적제어 : 잔류오차를 제거하며 속응성이 개선된 최상의 제어 (비례미분적분제어 : PID제어)

정답 62. ③ 63. ④ 64. ③ 65. ④ 66. ③

67
제어계의 과도응답특성을 해석하기 위해 사용하는 단위계단입력은?

① $\delta(t)$
② $u(t)$
③ $-3tu(t)$
④ $\sin(120\pi t)$

68
제어계의 분류에서 엘리베이터에 적용되는 제어방법은?

① 정치제어 ② 추종제어
③ 비율제어 ④ 프로그램제어

풀이
- 정치제어 : 목표값이 시간에 관계없이 일정한 제어
- 추종제어 : 미사일, 비행기 추적레이더
- 비율제어 : 목표값이 일정한 비율로 변화하는 경우의 제어(보일러 자동연소 제어)
- 프로그램제어 : 시간적 변화에 따라 정해진 순서대로 제어

69
PI 동작의 전달함수는? (단, K_P는 비례감도이고, T_I는 직분시간이다.)

① K_P ② $K_P s T_I$
③ $K_P(1+sT_I)$ ④ $K_P(1+\dfrac{1}{sT_I})$

70
단위 피드백 제어계통에서 입력과 출력이 같다면 전향전달함수 $G(s)$의 값은?

① 0   ② 9.707
③ 1   ④ ∞

71
PLC(Programmable Logic Controller)에서, CPU의 구성과 거리가 먼 것은?

① 연산부
② 전원부
③ 데이터 메모리부
④ 프로그램 메모리부

72
200 V, 1 kW 전열기에서 전열선의 길이를 1/2로 할 경우 소비전력은 몇 kW인가?

① 1   ② 2   ③ 3   ④ 4

풀이

$P=\dfrac{V^2}{R}$ ∴ $R=\dfrac{200^2}{1000}=40[\Omega]$

저항 $R=\rho\dfrac{l}{S}$에서 길이에 비례하므로 길이를 $\dfrac{1}{2}$로 하면

$R=40\times\dfrac{1}{2}=20[\Omega]$

∴ $P=\dfrac{200^2}{20}\times 10^{-3}=2[\text{kW}]$

73
다음과 같은 회로에 전압계 3대와 저항 10 Ω을 설치하여 $V_1=80$ V, $V_2=20$ V, $V_3=100$ V의 실효치 전압을 계측하였다. 이 때 순 저항 부하에서 소모하는 유효 전력은 몇 W인가?

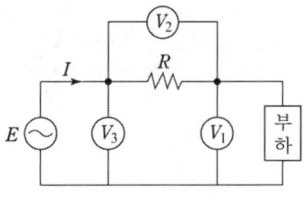

① 160   ② 320
③ 460   ④ 640

풀이
3 전압계법
$$P = \frac{V_3^2 - V_2^2 - V_1^2}{2R} = \frac{100^2 - 20^2 - 80^2}{2 \times 10} = 160[W]$$

74
어떤 교류전압의 실효값이 100 V일 때 최대값은 약 몇 V가 되는가?

① 100 ② 141 ③ 173 ④ 200

풀이
실효값 = $\dfrac{최대값}{\sqrt{2}}$

∴ 최대값 = $100 \times \sqrt{2} = 141.42[V]$

75
추종제어에 속하지 않는 제어량은?

① 위치 ② 방위 ③ 자세 ④ 유량

풀이
추종제어 : 방위, 위치, 자세

76
90 Ω의 저항 3개가 △ 결선으로 되어 있을 때, 상당 해석을 위한 등가 Y 결선에 대한 각 상의 저항 크기는 몇 Ω인가?

① 10 ② 30 ③ 90 ④ 120

풀이
크기가 같은 저항을 Y로 결선 하면 △결선 시에 비해 전류, 저항, 소비전력은 1/3로 감소한다.

77
제어장치가 제어대상에 가하는 제어신호로 제어장치의 출력인 동시에 제어대상의 입력인 신호는?

① 조작량 ② 제어량
③ 목표값 ④ 동작신호

풀이
- 제어량 : 제어계의 출력
- 목표값 : 제어계에 가하는 입력
- 동작신호 : 목표값과 제어량의 편차로 제어 요소의 입력신호
- 목표값 : 제어계에 가해지는 입력

78
과도 응답의 소멸되는 정도를 나타내는 감쇠비(decay ratio)로 옳은 것은?

① 제2오버슈트/최대오버슈트
② 제4오버슈트/최대오버슈트
③ 최대오버슈트/제2오버슈트
④ 최대오버슈트/제4오버슈트

79
다음 설명은 어떤 자성체를 표현한 것인가?

> N극을 가까이 하면 N극으로, S극을 가까이 하면 S극으로 자화되는 물질로 구리, 금, 은 등이 있다.

① 강자성체 ② 상자성체
③ 반자성체 ④ 초강자성체

80
정격주파수 60 Hz의 농형 유도전동기를 50 Hz의 정격전압에서 사용할 때, 감소하는 것은?

① 토크 ② 온도
③ 역률 ④ 여자전류

풀이
유도전동기 주파수 특성
- 속도, 역률 : 주파수와 비례
- 토크, 철손, 온도, 유기 기전력 : 주파수와 반비례

정답 74. ② 75. ④ 76. ② 77. ① 78. ① 79. ③ 80. ③

1과목 승강기 개론

01
카 내의 적재하중이 초과되었음을 알려 주는 과부하감지장치는 정격적재하중의 몇 %를 초과하기 전에 작동해야 하는가?

① 80 ② 90 ③ 100 ④ 110

풀이
과부하감지장치는 정격하중의 10%(최소 75 kg)를 초과하기 전에 검출되어야 한다.

02
균형체인의 설치 목적은?

① 카의 자체 균형을 유지하기 위해서
② 균형추 로프의 장력을 일정하게 하기 위해서
③ 카의 자체 하중과 적재하중을 보상하기 위해서
④ 카와 균형추 상호 간의 위치 변화에 따른 무게를 보상하기 위해서

풀이
균형체인 : 속도 3 m/s 이하
균형로프 : 속도 3 m/s 초과(모든 속도 적용 가능)

03
화재 등 재난 발생 시 거주자의 피난활동에 적합하게 제조·설치된 엘리베이터로서 평상시에는 승객용으로 사용하는 엘리베이터는?

① 승객용 엘리베이터
② 화물용 엘리베이터
③ 피난용 엘리베이터
④ 소방구조용 엘리베이터

풀이
키워드 "피난활동"이 들어가면 피난용 엘리베이터, 소방 및 구조활동용은 소방구조용 엘리베이터이다.

04
전동발전기를 이용한 직류 엘리베이터에서 가장 많이 사용하는 속도제어방법은?

① 전원전압을 제어하는 방법
② 전동기의 계자전압을 제어하는 방법
③ 발전기의 계자전류를 제어하는 방법
④ 발전기의 계자와 회전자의 전압을 제어하는 방법

풀이
전동발전기 : 직류 워드레오나드 방식으로 직류 발전기의 계자전류를 제어하는 직류 출력전압 조정

05
에스컬레이터의 스텝에 대한 설명으로 옳은 것은?

① 스텝을 지지하는 롤러는 두 개다.
② 밟는 면은 평면이어야 하며, 홈이 있어서는 안 된다.
③ 스텝의 앞에만 주의색을 칠하거나, 주의색의 플라스틱을 끼워야 한다.
④ 스텝은 알루미늄의 다이캐스트 또는 스테인리스 강판을 접어 구부린 것도 있다.

정답 01. ④ 02. ④ 03. ③ 04. ③ 05. ④

풀이
롤러는 4개.
홈은 폭 5 mm 이상, 7 mm 이하 깊이 10 mm 이상
데마케이션(안전선)은 스텝 뒤쪽 끝부분 좌 · 우측에 표시

06
엘리베이터 기계실의 작업구역마다 몇 개 이상의 콘센트를 적절한 위치에 설치하여야 하는가?

① 1 ② 2
③ 3 ④ 4

풀이
엘리베이터, 에스컬레이터 작업구역의 콘센트는 1개 이상, 조도 200 lx 이상

07
엘리베이터용 주로프에 대한 설명으로 틀린 것은?

① 구조적 신율이 커야 한다.
② 그리스 저장 능력이 뛰어나야 한다.
③ 강선 속의 탄소량을 적게 하여야 한다.
④ 내구성 및 내부식성이 우수하여야 한다.

풀이
로프는 늘어남(신율)이 작아야 한다. 늘어난 길이는 로프에 걸리는 하중과 로프 길이에 비례하고 가닥수, 단면적, 영율에 반비례한다.

08
유체의 흐름을 한 방향으로만 흐르게 하고 역류를 방지하는데 사용되는 밸브는?

① 체크밸브 ② 감압밸브
③ 글로브밸브 ④ 슬루스밸브

풀이
체크밸브 : 유체를 한 방향으로만 흐르게 한다.
럽처밸브 : 압력이 급격히 저하되어 하강하는 것을 방지

09
엘리베이터 제동기(brake)의 전자-기계 브레이크에 대한 설명으로 틀린 것은?

① 브레이크 라이닝은 불연성이어야 한다.
② 밴드 브레이크가 같이 사용되어야 한다.
③ 브레이크슈 또는 패드 압력은 압축 스프링 또는 추에 의해 발휘되어야 한다.
④ 자체적으로 카가 정격속도로 정격하중의 125%를 싣고 하강방향으로 운행될 때 구동기를 정지시킬 수 있어야 한다.

풀이
엘리베이터 브레이크는 마찰식이어야 하고 밴드 브레이크는 사용할 수 없다.

10
동력전원이 어떤 원인으로 상이 바뀌거나 결상이 되는 경우 이를 감지하여 전동기의 전원을 차단하는 장치는?

① 과속감지장치
② 역결상검출장치
③ 과부하감지장치
④ 과전류감지장치

풀이
역결상 계전기 : 3상 전원의 역상 및 결상 검출장치

정답 06. ① 07. ① 08. ① 09. ② 10. ②

11

아래와 같은 건물 높이에 설치된 엘리베이터의 지진 감지기 설정값 중 고(高) 설정값으로 옳은 것은?

건축물 높이	특저 설정값	저 설정값	고 설정값
58 m	801 gal 또는 P파감지	120 gal	( )

① 120gal ② 130gal
③ 40gal   ④ 150gal

풀이

건축물의 높이	특정 설정값[gal]	낮은 설정값[gal]	높은 설정값[gal]
60 m 이하	80 또는 P파 감지	120	150
60 m 초과 120 m 이하	30, 40, 60 또는 P파 감지 등	60, 80 또는 100	100, 120 또는 150
120 m 초과	25, 30 또는 P파 감지 등	40, 60 또는 80	80, 100 또는 120

12

에너지 축적형 완충기와 에너지 분산형 완충기의 용도에 대한 설명으로 옳은 것은?

① 에너지 축적형 완충기는 소형에, 에너지 분산형 완충기는 대형에 주로 사용한다.
② 에너지 축적형 완충기는 전기식에, 에너지 분산형 완충기는 유압식에 주로 사용한다.
③ 에너지 축적형 완충기는 화물용에, 에너지 분산형 완충기는 승객용에 주로 사용한다.
④ 에너지 축적형 완충기는 저속용에, 에너지 분산형 완충기는 고속용에 주로 사용한다.

풀이
에너지 축적형 완충기 : 1 m/s 이하의 속도에 사용
에너지 축적형 : 모든 속도에 사용 가능(속도제한 없음)

13

승강기 도어 머신(Door Machine)의 감속장치로 주로 사용하는 방식이 아닌 것은?

① 벨트(Belt) 사용방식
② 체인(Chain) 사용방식
③ 웜(Worm) 감속기 방식
④ 유성기어(Planetary Gear) 감속기 방식

풀이
유성기어는 웜기어보다 효율이 높아 권상용 감속기에 사용된다.

14

엘리베이터 주로프에 가장 일반적으로 사용되는 와이어로프는?

① 8×S(19), E종, 보통 Z꼬임
② 8×S(19), E종, 보통 S꼬임
③ 8×W(19), E종, 보통 Z꼬임
④ 8×W(19), E종, 보통 S꼬임

풀이
E종 로프 파단강도 : 1320 N/mm² (135 kg/mm²)

15

에스컬레이터 및 무빙워크의 경사도에 따른 공칭속도에 대한 설명으로 틀린 것은?

① 경사도가 12° 초과인 무빙워크의 공칭속도는 0.5 m/s 이하이어야 한다.
② 경사도가 12° 이하인 무빙워크의 공칭속도는 0.75 m/s 이하이어야 한다.
③ 경사도가 30° 이하인 에스컬레이터의 공칭속도는 0.75 m/s 이하이어야 한다.
④ 경사도가 30°를 초과하고 35° 이하인 에스컬레이터의 공칭속도는 0.5 m/s 이하이어야 한다.

정답 11. ④ 12. ④ 13. ④ 14. ① 15. ①

[풀이] 무빙워크의 경사도는 12° 이하이고 30° 이하의 에스컬레이터와 무빙워크의 공칭속도는 0.75 m/s 이하이며 팔레트 또는 벨트폭이 1.1 m 이하이고 수평주행구간이 1.6 m 이상인 경우 0.9 m/s 까지 가능

16
비상정지장치(추락방지안전장치)에 대한 설명으로 틀린 것은?

① 상승방향으로만 작동해야 한다.
② 정격속도의 1.15배 이상에서 작동해야 한다.
③ 조속기(과속조절기)가 작동한 후에 작동해야 한다.
④ 조속기(과속조절기) 로프를 기계적으로 잡아서 작동시킬 수 있다.

[풀이] 추락방지안전장치는 하강 방향으로만 작동하며 상승과속방지장치는 양방향 비상정지장치 또는 로프 브레이크, 도르래 브레이크, 브레이크 이중화 등의 장치가 있다.

17
균형(보상)로프와 주로프와의 단위중량 관계로 옳은 것은?

① 주로프의 단위중량과는 관계가 없다.
② 주로프와 같은 것이 가장 이상적이다.
③ 주로프 보다 큰 것이 가장 이상적이다.
④ 주로프 보다 작은 것이 가장 이상적이다.

[풀이] 보상로프는 카의 위치이동에 따른 로프와 이동케이블의 무게를 보상하여 권상 능력을 증가시킨다.

18
무빙워크의 안전장치가 아닌 것은?

① 비상정지스위치
② 스커트가드 스위치
③ 스텝체인 안전스위치
④ 핸드레인 인입구 안전장치

[풀이] 무빙워크는 경사도 12° 이하로 스커트가드 스위치가 없다.

19
유량제어밸브방식의 유압식 승강기에서 일반적으로 착상속도는 정격속도의 몇 % 정도인가?

① 1~5   ② 10~20
③ 30~40   ④ 50~60

[풀이]
• 유압식 엘리베이터 착상속도 : 정격속도의 10~20%
• 엘리베이터 착상속도 : 0.8 m/s(재착상 : 0.3 m/s) 이하

20
소방구조용 승강기에 대한 설명으로 틀린 것은?

① 피트 바닥 위로 1 m 이내에 위한 전기장치는 IP 67 이상의 등급으로 보호되어야 한다.
② 콘센트의 위치는 허용 가능한 피트 내부의 최대 누수 수준 위로 0.5 m 미만이어야 한다.
③ 소방구조용 엘리베이터는 소방운전 시 모든 승강장이 출입구마다 정지할 수 있어야 한다.
④ 소방구조용 엘리베이터는 주 전원공급과 보조 전원공급의 전선을 방화구획이 되어야 하고 서로 구분되어야 하며, 다른 전원공급장치와도 구분되어야 한다.

[풀이] 콘센트와 조명 전구는 최대 누수 수준 위로 0.5 m 이상

정답 16. ① 17. ② 18. ② 19. ② 20. ②

2과목 승강기 설계

21
엘리베이터 감시반의 기능에 해당하지 않는 것은?

① 제어기능　　② 경보기능
③ 통신기능　　④ 구출기능

풀이
감시반의 기능 : 경보, 제어, 통신, 표시기능

22
적재하중 1150 kg, 카 자중 2200 kg, 상부체대의 스팬길이 1800 mm인 것을 2개 사용하고 있다. 상부체대 1개의 단면계수가 153 cm³이고 파단강도가 4100 kg/cm²라고 하면 상부체대의 안전율은 약 얼마인가?

① 7.8　　② 8.3
③ 9.2　　④ 9.8

풀이
※ 로핑조건이 없으므로 1:1 로핑으로 계산하면 된다.

굽힘모멘트 $M = \dfrac{WL}{4} = \dfrac{(1150+2200) \times 180\,cm}{4}$
$\quad\quad\quad\quad\quad = 150750\,[kg \cdot cm]$

응력 $\sigma = \dfrac{굽힘모멘트(M)}{단면계수(Z)} = \dfrac{150750}{153 \times 2}$
$\quad\quad = 492.65\,[kg/cm^2]$

안전율 $S = \dfrac{파단강도(f)}{응력(\sigma)} = \dfrac{4100}{492.65} = 8.32$

23
교차되는 두 축 간에 운동을 전달하는 원추형의 기어에 해당되는 것은?

① 베벨 기어　　② 내접 기어
③ 스퍼 기어　　④ 헬리컬 기어

• 두 축이 교차(수직, 둔각)하는 원추형 기어 : 베벨기어
• 두 축이 교차하지도 평행하지도 않는 기어 : 하이포이드 기어, 웜기어, 스크류기어
• 두 축이 서로 평행한 기어 : 헬리컬기어, 스퍼기어, 래크기어

24
조속기(과속조절기) 로프 인장 풀리의 피치 직경과 조속기(과속조절기) 로프의 공칭 지름의 비는 얼마 이상이어야 하는가?

① 5　　② 10
③ 25　　④ 30

풀이
과속조절기, 주택용 엘리베이터 도르래 직경 : 로프의 30배

25
카의 자중이 1020 kg, 적재하중이 900 kg, 정격속도가 60 m/min인 전기식 엘리베이터의 피트 바닥강도는 약 몇 N 이상이어야 하는가?

① 65341　　② 75341
③ 85243　　④ 97953

풀이
$F = 4 \cdot g_n \cdot (P+Q)$
$\quad = 4 \times 9.81 \times (1020+900) = 75340.8\,[N]$

26
다음 중 응력에 대한 관계식으로 적절한 것은?

① 탄성한도 > 허용응력 ≥ 사용응력
② 탄성한도 > 사용응력 ≥ 허용응력
③ 허용응력 > 탄성한도 ≥ 사용응력
④ 허용응력 > 사용응력 ≥ 탄성한도

정답　21. ④　22. ②　23. ①　24. ④　25. ②　26. ①

27
기계대의 강도 계산에 필요한 하중에서 환산동하중으로 계산되지 않는 것은?

① 카 자중
② 로프 자중
③ 균형추 자중
④ 권상기 자중

풀이
환산동하중 : 움직이는 부품(2×정하중)

28
카의 문 개폐만이 운전자의 레버나 누름버튼 조작에 의하여 이루어지고, 진행방향의 결정이나 정지층의 결정은 미리 등록된 카 내행선층 버튼 또는 승강장 버튼에 의해 이루어지는 조작방식은?

① 신호방식
② 단식자동식
③ 군 관리방식
④ 승합 전자동식

29
엘리베이터용 전동기의 구비조건이 아닌 것은?

① 소음이 적을 것
② 기동토크가 클 것
③ 기동전류가 작을 것
④ 회전부분의 관성모멘트가 클 것

풀이
기동전류, 소음, 발열량, 관성모멘트는 작고, 기동토크, 내구성은 커야 한다.

30
가이드(주행안내) 레일의 역할이 아닌 것은?

① 카와 균형추를 승강로 내의 위치로 규제한다.
② 카의 자중이나 화물에 의한 카의 기울어짐을 방지한다.
③ 승강로의 기계적 강도 보강과 수평방향의 이탈을 방지한다.
④ 비상정지장치(추락방지안전장치)가 작동했을 때 수직하중을 유비한다.

풀이
승강로의 강도 보강은 하지 않는다.
레일 역할 : 위치규제, 수직 하중유지, 균형유지
선정 시 고려사항 : 좌굴하중, 수평진동력, 회전 모멘트

31
승강장 도어의 로크 및 스위치의 설계 조건으로 틀린 것은?

① 승강장 도어는 카가 없는 층에서는 닫혀 있어야 한다.
② 승강장 도어의 인터록장치는 도어 스위치를 닫은 후에 로크가 확실히 걸려야 한다.
③ 승강장 도어의 인터록장치는 도어 스위치를 확실히 열린 후에 로크가 벗겨져야 한다.
④ 승강장 도어가 완전히 닫혀 있지 않은 경우에는 엘리베이터가 움직이지 않아야 한다.

풀이
승강장 문의 기계적잠금장치(인터록)가 7 mm 이상 걸린 후 전기 스위치(도어스위치)가 닫혀야 한다.

32
자동차용 엘리베이터의 경우 카이 유효면 1 m² 당 kg으로 계산한 값 이상이어야 하는가?

① 100   ② 150   ③ 250   ④ 350

정답 27. ④ 28. ① 29. ④ 30. ③ 31. ② 32. ②

33
에스컬레이터의 배열 및 배치에 관한 사항으로 틀린 것은?

① 승객의 보행거리가 가능한 한 짧게 되어야 한다.
② 각 층 승강장은 자연스러운 연속적 회전 되도록 한다.
③ 건물 출입구 가까이에 엘리베이터와 인접하여 설치하는 것이 좋다.
④ 백화점의 경우 승강·하강 시 매장에서 보이는 곳에 설치한다.

정면 출입구와 엘리베이터 설치 위치의 중간에 설치

34
그림과 같이 C지점에 P_x의 하중이 작용할 때 최대 굽힘 모멘트 M은?

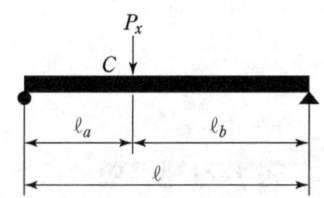

① $M = \dfrac{P_x \ell}{\ell_a \ell_b}$　　② $M = \dfrac{\ell_a \ell_b}{P_x \ell}$

③ $M = \dfrac{P_x \ell_a \ell_b}{\ell}$　　④ $M = \dfrac{\ell}{P_x \ell_a \ell_b}$

C지점이 중간($\dfrac{\ell}{2}$)인 경우

$M = \dfrac{P_x \times \dfrac{\ell}{2} \times \dfrac{\ell}{2}}{\ell} = \dfrac{P_x \times \ell}{4}$

35
유압식엘리베이터에 있어서 유량제어 밸브를 주회로에 삽입하여 유량을 직접 제어하는 회로는?

① 파일럿(Pilot)회로
② 바이패스(Bypass)회로
③ 미터 인(Meter in)회로
④ 블리드 오프(Bleed off)회로

풀이
- 바이패스회로 : 유량을 분기시키는 회로
- 블리드오프 회로 : 유량제어 밸브를 분기된 바이패스회로에 설치
- 파일럿 회로 : 탱크로 돌려보내는 유량을 제어하는 밸브

36
초고층 빌딩의 서비스층 분할에 관한 설명으로 틀린 것은?

① 일주시간은 짧아지고 수송능력은 증대한다.
② 급행구간이 만들어져 고속성능을 충분히 살릴 수 있다.
③ 건물의 인구분포에 큰 변동이 있을 때 간단하게 분할점을 바꿀 수 있다.
④ 스카이 피난안전구역의 로비공간을 설정하고 서비스 존을 구분하는 것을 검토한다.

풀이
제어반의 프로그램 변경 및 승강장 안내표지판 변경이 필요하다.

37
승강로에 대한 설명으로 틀린 것은?

① 승강로에는 1대 이상의 엘리베이터 카가 있을 수 있다.
② 승강로는 누수가 없고 청결상태가 유지되는 구조이어야 한다.
③ 승강로 내에 설치되는 돌출물은 안전상지장이 없어야 한다.
④ 엘리베이터의 균형추 또는 평형추는 카와 다른 승강로에 있어야 한다.

풀이
한 승강로에 2대 : 더블데크 엘리베이터, 트윈 엘리베이터 카와 균형추는 한 승강로에 있어야 한다.

38
엘리베이터의 기계실 출입문 크기에 대한 기준으로 적합한 것은?

① 높이 0.5 m 이상, 폭 0.5 m 이상
② 높이 1.4 m 이상, 폭 0.5 m 이상
③ 높이 1.8 m 이상, 폭 0.5 m 이상
④ 높이 1.8 m 이상, 폭 0.7 m 이상

풀이
- 기계실, 피트 출입문 : 높이 1.8 m 이상, 폭 0.7 m 이상
- 승강로 비상문 : 높이 1.8 m 이상, 폭 0.5 m 이상
- 점검문 : 0.5 m×0.5 m 이하
- 카 벽 비상구출문 : 높이 1.8 m 이상, 폭 0.4 m 이상

39
13인승 60 m/min의 엘리베이터에 11 kW의 전동기를 사용하고 있다. 13인을 싣고 1층에서 출발할 때 전동기의 회전수가 1500 rpm으로 측정되었다면 전동기의 전부하토크는 약 몇 kg · m인가?

① 6.2　② 6.9
③ 7.2　④ 7.9

풀이
$$T = \frac{P(w)}{\omega} = \frac{11 \times 10^3}{2\pi \times \frac{1500}{60}} = 70.03[\text{N} \cdot \text{m}] \div 9.81$$
$$= 7.14[\text{kg} \cdot \text{m}]$$
$$T = 975 \times \frac{P(\text{kw})}{N(\text{rpm})} = 975 \times \frac{11}{1500} = 7.15[\text{kg} \cdot \text{m}]$$

40
도어머신에 요구되는 조건이 아닌 것은?

① 소형 경량일 것
② 보수가 용이할 것
③ 가격이 저렴할 것
④ 직류 모터를 사용할 것

풀이
도어 모터는 직류전동기와 교류전동기가 있으며 현재는 인버터를 사용한 교류전동기가 주로 사용된다.

3과목　일반기계공학

41
합금 재료인 양은에 대한 설명으로 틀린 것은?

① 내열성, 내식성이 우수하다.
② 양백 또는 백동이라 한다.
③ 동, 알루미늄, 니켈의 3원 합금이다.
④ 주로 전류조정용 저항체에 사용된다.

풀이
양은 : Cu(구리), Zn(아연), Ni(니켈)의 합금

정답　37. ④　38. ④　39. ③　40. ④　41. ③

42
축에는 가공을 하지 않고 보스에만 키홈(구배 1/100)을 만들어 끼워 마찰에 의한 회전력을 전달하기 때문에 큰 힘의 전달로 부적합한 키는?

① 안장(saddle) 키
② 평(flat) 키
③ 원뿔(cone) 키
④ 미끄럼(sliding) 키

풀이
- 축과 보스에 키홈 가공 : 묻힘키(sunk key)
- 평키 : 축에 키의 폭 만큼 편평하게 깎은 키이, 경하중에 사용
- 원뿔키 : 원뿔을 때려 박아 헐거움 없이 고정할 때, 축에 키 홈의 가공이 어려울 때 사용
- 미끄럼키(패더키) : 회전토크를 전달과 동시에 보스가 축방향으로 이동할 수 있는 키

43
다음 중 열가소성 수지에 해당하는 것은?

① 요소 수지
② 멜라민 수지
③ 실리콘 수지
④ 염화비닐 수지

풀이
- 열가소성 합성수지 ; 열을 가하면 녹고 영구변형 (아크릴수지, 폴리에틸렌, 폴리프로필렌, 폴리염화비닐, 폴리스티렌, 폴리아미드)
- 열경화성 합성수지 : 열을 가하면 경화되고 다시 가열해도 형태가 변하지 않음(페놀수지, 에폭시수지, 멜라민수지, 요소수지, 폴리에스테르수지)

44
유동하고 있는 액체의 압력이 국부적으로 저하되어 증기나 함유기체를 포함하는 기포가 발생하는 현상은?

① 수격현상
② 서징현상
③ 공동현상
④ 초킹현상

풀이
- 키워드 "기포" 발생하는 현상 : 공동현상
- 수격현상 ; 관내 액체의 속도가 급속히 변해 심한 압력변화가 생겨 벽을 치는 현상
- 서징현상 : 송출압력과 송출유량의 주기적인 변동으로 마치 숨을 쉬는 것과 같은 소음과 진동이 발생하는 현상
- 초킹현상 : 최대 유량지점을 지나면 압력비가 급격히 떨어지는 현상

45
0.01 mm까지 측정할 수 있는 마이크로미터에서 나사의 피치와 딤블의 눈금에 대한 설명으로 옳은 것은?

① 피치는 0.25 mm이고, 딤블은 50 등분이 되어 있다.
② 피치는 0.5 mm이고, 딤블은 100 등분이 되어 있다.
③ 피치는 0.5 mm이고, 딤블은 50 등분이 되어 있다.
④ 피치는 1 mm이고, 딤블은 50 등분이 되어 있다.

풀이
마이크로미터
- 용도 : 공작물의 바깥지름, 안지름, 두께(깊이) 측정
- 측정범위 : 0.01 mm까지 측정
  딤블의 피치는 0.5 mm이고 50등분 됨

46
스프링 상수(spring constant)를 정의하는 식으로 옳은 것은?

① 작용하중/변위량
② 코리의 평균지름/자유높이
③ 소선의 지름/자유높이
④ 코일의 평균지름/소선의 지름

정답 42. ① 43. ④ 44. ③ 45. ③ 46. ①

풀이

$$k = \frac{W}{\delta}, \quad k = \frac{Gd^4}{8nD^3}$$

여기서, k : 스프링상수, δ : 변형량
G : 전단탄성계수, d : 소선의 지름
D : 스프링 지름, n : 유효권수

47
셸 몰드법(Shell mold process)의 설명으로 틀린 것은?

① 미숙련공도 작업이 가능하다.
② 작업공정을 자동화하기 쉽다.
③ 보통 소량생산 방식에 사용된다.
④ 짧은 시간 내에 정도가 높은 주물을 만들 수 있다.

풀이
셸 몰드법 : 대량생산, 자동화, 설비 가격이 고가이다.

48
나사가 축 방향 인장하중 W만을 받을 때 나사의 바깥지름 d를 구하는 식으로 옳은 것은?
(단, 나사의 골지름(d_1)과 바깥지름(d)과의 관계는 $d_1 = 0.8d$, 허용인장응력은 σ_a이다.)

① $d = \sqrt{\dfrac{2\sigma_a}{3W}}$ ② $d = \sqrt{\dfrac{2W}{\sigma_a}}$

③ $d = \sqrt{\dfrac{W}{2\sigma_a}}$ ④ $d = \sqrt{\dfrac{\sigma_a}{2W}}$

풀이

- 축 하중만을 받는 경우 볼트의 지름 $d = \sqrt{\dfrac{2W}{\sigma_t}}$
- 축 하중 + 비틀림 하중을 받는 경우 볼트의 지름
$d = \sqrt{\dfrac{8W}{3 \times \sigma_t}}$

(d : 볼트의 지름[mm], W : 작용하중[kg], σ_t : 허용인장응력)

49
니켈이 합금강에 함유되었을 때 영향을 설명한 것으로 틀린 것은?

① 강도와 인성을 높인다.
② 첨가량이 많으면 내열성이 향상된다.
③ 크롬과의 고합금강은 내열 · 내식성을 향상시킨다.
④ 미량으로도 소입경화성을 현저하게 높인다.

풀이
소입경화 : 담금질 후 급히 냉각시키면 표면이 경화되는 현상

50
두 축이 30°미만의 각도로 교차하는 상태에서의 축 이음으로 가장 적합한 것은?

① 올덤 커플링
② 셀러 커플링
③ 플랜지 커플링
④ 유니버설 커플링

51
풀리의 지름이 각각 $D_2 = 900$ mm, $D_1 = 300$ mm이고, 중심거리 $C = 1000$ mm일 때, 평행걸기의 경우 평 벨트의 길이는 약 몇 mm인가?

① 1717   ② 2400
③ 3245   ④ 3975

풀이

$$L = 2C + \frac{\pi(D_1 + D_2)}{2} + \frac{(D_2 - D_1)^2}{4C}$$

$$= 2 \times 1000 + \frac{\pi(300 + 900)}{2} + \frac{(900 - 600)^2}{4 \times 1000}$$

$$= 3907.46 [mm]$$

정답 47. ③ 48. ② 49. ④ 50. ④ 51. ④

52
비틀림 모멘트 P을 받는 중실축의 원형단면에서 발생하는 전단응력이 τ일 때 이 중실축의 지름 D를 구하는 식으로 옳은 것은?

① $D = \left(\dfrac{16P}{\pi\tau}\right)^{\frac{1}{3}}$

② $D = \left(\dfrac{8P}{\pi\tau}\right)^{\frac{1}{3}}$

③ $D = \left(\dfrac{16P}{\pi\tau}\right)^{\frac{1}{2}}$

④ $D = \left(\dfrac{8P}{\pi\tau}\right)^{\frac{1}{2}}$

풀이
$P = \dfrac{\pi D^3 \tau}{16} \quad \therefore D = \sqrt[3]{\dfrac{16P}{\pi\tau}}$

53
고속 절삭가공의 특징으로 틀린 것은?

① 절삭능률의 향상
② 표면거칠기가 향상
③ 공구수명이 길어짐
④ 가공 변질층이 증가

풀이
표면거칠기가 향상되면 가공 변질층이 감소

54
기둥 형상의 구조물에서 처짐량이 가장 많은 것은? (단, 단면의 형상과 길이 및 재질은 서로 같다.)

① 일단고정 타단자유
② 양단 회전
③ 일단고정 타단회전
④ 양단 고정

55
프레스 가공 중 전단가공에 포함되지 않은 것은?

① 블랭킹(blanking)
② 펀칭(punching)
③ 트리밍(trimming)
④ 스웨이징(swaging)

풀이
스웨이징 : 단조가공

56
하중의 크기와 방향이 주기적으로 변화하는 하중은?

① 교번하중　② 반복하중
③ 이동하중　④ 충격하중

57
일반적으로 연강재를 구조물에 사용할 경우 안전율을 가장 크게 고려해야 하는 하중은?

① 전단하중　② 충격하중
③ 교번하중　④ 반복하중

58
유압·공기압 도면 기호에서 나타내는 기호 요소 중 파선의 용도로 틀린 것은?

① 필터
② 전기신호선
③ 드레인 관
④ 파일럿 조작관로

풀이
전기 신호선 : 실선

정답 52.① 53.④ 54.① 55.④ 56.① 57.② 58.②

59
전양정 3 m, 유량 10 m³/min인 출류펌프의 효율이 80%일 때 이 펌프의 축동력(kW)은? (단, 물의 비중량은 1000 kgf/m³이다.)

① 4.90 ② 6.13
③ 7.66 ④ 8.33

풀이
펌프동력 $P = 9.81[\text{m}^3/\text{s}]H[\text{m}] [\text{kW}]$
$\therefore P = \dfrac{9.81 \times 10 \times 3}{60 \times 0.8} = 6.13[\text{kW}]$

60
그림과 같이 용접이음을 하였을 때 굽힘응력의 계산식으로 가장 적합한 것은? (단, L은 용접길이, t는 용접치수(용접판 두께), ℓ은 용접부에서 하중작용선까지 거리, W는 작용하중이다.)

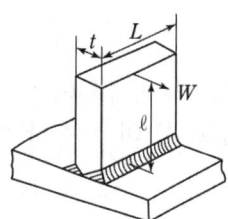

① $\dfrac{6W\ell}{tL^2}$ ② $\dfrac{12W\ell}{tL^2}$
③ $\dfrac{6W\ell}{t^2L}$ ④ $\dfrac{12W\ell}{t^2L}$

풀이
굽힘응력$(\sigma) = \dfrac{\text{비틀림모멘트}(M)}{\text{단면계수}(Z)}$
$M = W\ell$ 사각형 단면계수 $Z = \dfrac{Lt^2}{6}$
$\therefore \sigma = \dfrac{W\ell}{\frac{Lt^2}{6}} = \dfrac{6W\ell}{Lt^2}$

4과목 전기제어공학

61
정상상태에서 목표 값과 현재 제어량의 차이를 잔류편차(offset)라 한다. 다음 중 잔류편차가 있는 제어 동작은?

① 비례 동작(P 동작)
② 적분 동작(I 동작)
③ 비례 적분 동작(PI 동작)
④ 비례 적분 미분 동작(PID 동작)

풀이
I 동작 : 응답특성 개선하여 잔류편차 제거
PI 동작 : 발진하기 쉽지만 잔류편차가 작다.
PID 동작 : 잔류편차 없고 속응성이 개선된 최적제어

62
그림과 같은 유접점 시퀀스회로의 논리식은?

① X · Y
② $\overline{X} \cdot \overline{Y} = X \cdot Y$
③ X + Y
④ $(\overline{X} + \overline{Y})(X + Y)$

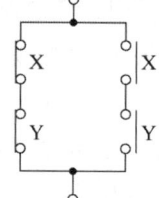

풀이
a 접점 : X, Y
b 접점 : $\overline{X}$, $\overline{Y}$ 직렬은 곱하고 병렬은 더한다.
$\therefore \overline{X} \cdot \overline{Y} + X \cdot Y$

63
3상 유동전공기의 일정한 최대토크를 얻기 위하여 인버터를 사용하여 속도제어를 하고자 할 때 공급전압과 주파수의 관계로 옳은 것은?

정답 59. ② 60. ③ 61. ① 62. ② 63. ③

① 주파수와 무관하게 공급전압이 항상 일정하여야 한다.
② 공급전압과 주파수는 반비례되어야 한다.
③ 공급전압과 주파수는 비례되어야 한다.
④ 주파수는 공급전압의 제곱에 반비례하여야 한다.

풀이
인버터제어(VVVF)는 V/f비를 일정하게 제어한다.

64
유효전력이 80 W, 무효전력이 60 Var인 회로의 역률(%)은?

① 60　　② 80
③ 90　　④ 100

풀이
역률 = $\dfrac{\text{유효전력}(P)}{\text{피상전력}(P_a)} = \dfrac{80}{\sqrt{80^2+60^2}} \times 100 = 80\%$

65
△결선된 3상 평형회로에서 부하 1상의 임피던스가 40+j30[Ω]이고 선간전압이 200 V일 때 선전류의 크기는 몇 [A]인가?

① 4　　② $4\sqrt{3}$
③ 5　　④ $5\sqrt{3}$

풀이
△결선 : $V_l = V_p$, $I = \sqrt{3}\, I_p$
$I_p = \dfrac{V}{Z} = \dfrac{200}{\sqrt{40^2+30^2}} = 4[A]$
∴ $I_l = \sqrt{3} \times 4 = 4\sqrt{3}$

66
그림과 같은 회로에서 스위치를 2분 동안 닫은 후 개방하였을 때, A지점을 통과한 모든 전하량을 측정하였더니 240C이었다. 이 때 저항에서 발생한 열량은 약 몇 cal인가?

① 80.2
② 160.4
③ 240.5
④ 460.8

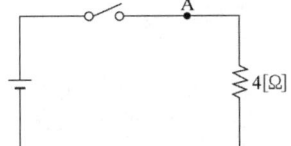

풀이
$Q = It$
∴ $I = \dfrac{Q}{t} = \dfrac{240}{2 \times 60} = 2[A]$
발열량 $Q = 0.24 I^2 R t$
　　　　$= 0.24 \times 2^2 \times 4 \times 2 \times 60 = 460.8 [cal]$

67
다음 중 직류전동기의 속도 제어방식은?

① 주파수 제어　　② 극수 변환 제어
③ 슬립 제어　　　④ 계자 제어

풀이
직류전동기 속도제어 : 전압제어, 저항제어, 계자제어
$N = \dfrac{E - I_a R_a}{I_f}$

68
그림과 같은 폐루프 제어시스템에서 (a) 부분에 해당하는 것은?

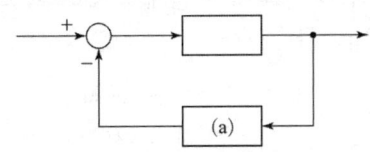

① 조절부　　② 조작부
③ 검출부　　④ 비교부

정답　64. ②　65. ②　66. ④　67. ④　68. ③

a : 검출부 → [비교부] → [조절부+조작부]

69
그림과 같은 블록선도로 표시되는 제어시스템의 전체 전달함수는?

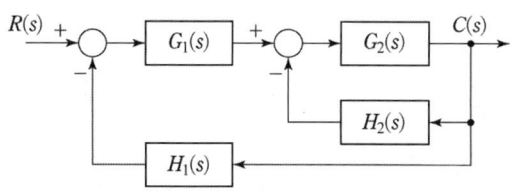

① $\dfrac{G_1(s)(1+G_2)H_2(s)}{1+G_1(s)G_2(s)+G_2(s)H_2(s)}$

② $\dfrac{G_1(s)G_2(s)}{1+G_2(s)H_2(s)+G_1(s)G_2(s)H_1(s)}$

③ $\dfrac{G_1(s)}{1+G_2(s)H_2(s)+G_1(s)G_2(s)H_1(s)}$

④ $\dfrac{G_1(s)G_2(s)}{1+G_2(s)H_2(s)+G_1(s)H_1(s)}$

$\dfrac{C(s)}{R(s)} = \dfrac{\sum 전향경로이득}{1-\sum 루프이득}$

$= \dfrac{G_1(s)G_2(s)}{1[-G_2(s)H_2(s)-G_1(s)G_2(s)H_1(s)]}$

$= \dfrac{G_1(s)G_2(s)}{1+G_2(s)H_2(s)+G_1(s)G_2(s)H_1(s)}$

70
폐루프 제어시스템의 구성에서 제어대상의 출력을 무엇이라 하는가?

① 조작량 ② 목표값
③ 제어량 ④ 동작신호

- 제어량 : 출력(예 : 회전수)
- 조작량 : 제어요소의 출력으로 제어대상의 입력신호
- 목표값 : 제어계에 가해지는 입력
- 동작신호 : 목표값과 제어량의 편차

71
논리식 $\overline{x} \cdot y + \overline{x} \cdot \overline{y}$를 간단히 표현한 것은?

① $\overline{x}$ ② $\overline{y}$
③ 0   ④ $x+y$

$\overline{x}(y+\overline{y}) = \overline{x}$

72
제어요수가 제어대상에 주는 것은?

① 기준 입력 ② 동작신호
③ 제어량   ④ 조작량

- 조작량 : 제어요소의 출력으로 제어대상의 입력신호
- 기준입력 : 목표값에 비례하는 입력신호 발생장치 (설정부)

73
정전용량이 같은 커패시터가 10개 있다. 이것을 병렬로 접속한 합성 정전용량은 직렬로 접속한 합성 정전용량에 비교하면 배가 되는가?

① 1   ② 10
③ 100 ④ 1000

10개 병렬연결 합성용량 : $10 \times C = 10C$

10개 직렬연결 : $\dfrac{C}{10}$

∴ 100배

74
다음 중 그림의 논리회로와 등가인 것은?

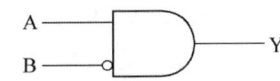

①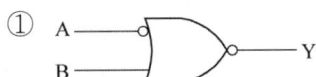

(답안 선택지 그림들)

풀이
$Y = A \cdot \overline{B}$

① $Y = \overline{\overline{A}+B} = A \cdot \overline{B}$ ② $Y = \overline{A}+B$
③ $Y = \overline{A+B} = \overline{A} \cdot \overline{B}$ ④ $Y = \overline{A}+\overline{B}$

75
그림의 회로에서 전달함수 $V_2(s)/V_1(s)$는?

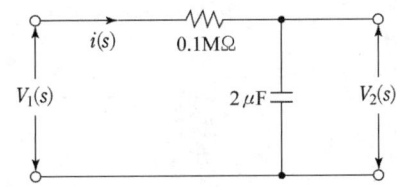

① $\dfrac{s+1}{0.2s+1}$ ② $\dfrac{0.2s}{0.2s+1}$

③ $\dfrac{1}{0.2s+1}$ ④ $\dfrac{s}{0.2s+1}$

풀이
$\dfrac{V_2(s)}{V_1(s)} = \dfrac{\dfrac{1}{Cs}}{R+\dfrac{1}{Cs}} = \dfrac{1}{1+RCs}$

$= \dfrac{1}{1+(0.1 \times 10^6 \times 2 \times 10^{-6})s} = \dfrac{1}{0.2s+1}$

76
10 kW의 3상 유도전동기에 선간전압 200 V의 전원이 연결되어 뒤진 역률 80%로 운전되고 있다면 선전류(A)는? (단, 유도전동기의 효율은 무시한다.)

① $18.8+j21.6$ ② $28.8-j21.6$
③ $35.7+j4.3$ ④ $14.1+j33.1$

풀이
$P = \sqrt{3}\,VI\cos\theta$ 에서
$I = \dfrac{10 \times 10^3}{\sqrt{3} \times 200 \times 0.8} = 36.08[A]$
$I_l = I\cos\theta + jI\sin\theta$
$= 36.08 \times 0.8 + 36.08 \times \sqrt{1-0.8^2}$
$= 28.86 + j21.65$

77
$R = 100\,\Omega$, $L = 20\,\mu H$, $C = 47\,\mu F$인 RLC 직렬회로에 순시전압 $v(t) = 141.4\sin 377t[V]$를 인가하면, 회로의 임피던스 허수부인 리액턴스의 크기는 약 몇 Ω인가?

① 48.9 ② 63.9 ③ 87.6 ④ 111.3

풀이
$\omega = 2\pi f \therefore f = \dfrac{377}{2\pi} = 60$
$X_L = 2\pi \times 60 \times 20 \times 10^{-3} = 7.54$
$X_C = \dfrac{1}{2\pi \times 60 \times 47 \times 10^{-6}} = 56.44$
$\therefore Z = \sqrt{100^2 + j(56.44-7.52)^2} = 100+j48.9$

78
전류계의 측정범위를 넓히는데 사용하는 것은?

① 배율기 ② 역률계
③ 분류기 ④ 용량분압기

풀이
전류계 : 전류계와 분류기를 병렬로 연결한다.
전압계 : 전압계와 배율기를 직렬로 연결한다.

79
전기력선의 기본성질에 대한 설명으로 틀린 것은?

① 전기력선의 방향은 전계의 방향과 일치한다.
② 전기력선은 전위가 높은 점에서 낮은점으로 향한다.
③ 두 개의 전기력선은 전하가 없는 곳에서 교차한다.
④ 전기력선의 밀도는 전계의 세기와 같다.

풀이
전기력선은 교차하지 않는다.

80
200 V의 정격전압에서 1 kW의 전력을 소비하는 저항에 90%의 정격전압을 가한다면 소비전력은 몇 W인가?

① 640 ② 810
③ 900 ④ 990

풀이
$P = \dfrac{V^2}{R}$ ∴ $R = \dfrac{200^2}{1000} = 40[\Omega]$

$P_{0.9} = \dfrac{(0.9 \times 200)^2}{40} = 810[\text{W}]$

정답 79. ③ 80. ②

1과목 승강기 개론

01
엘리베이터의 신호장치 중 홀 랜턴(hall lantern)이란?

① 엘리베이터가 고장중임을 나타내는 표시등
② 엘리베이터가 정상운행중임을 나타내는 표시등
③ 엘리베이터의 현재 위치의 층을 나타내는 표시등
④ 엘리베이터의 올라감과 내려감을 나타내는 방향등

풀이
군관리운전 방식의 경우 수송효율을 높이기 위해 승강장 호출을 통과하는 경우가 있어 층표시기 대신에 상승, 하강 방향을 나타내는 홀 랜턴을 설치한다.

02
엘리베이터용 주행안내(가이드) 레일을 선정할 때 고려해야 할 요소로 관계가 가장 적은 것은?

① 관성력　　　② 좌굴하중
③ 수평진동력　④ 회전모멘트

풀이
1) 주행안내 레일 설계 시 고려사항
  ① 추락방지안전장치 작동 시 좌굴하중
  ② 지진 발생 시 수평 진동력
  ③ 불균형한 적재 시 회전모멘트
2) 주행안내 레일의 기능
  ① 카와 균형추의 승강로 내 위치규제
  ② 추락방지안전장치 작동 시 수직하중 지탱
  ③ 카의 균형 유지

03
전기식 엘리베이터의 트랙션 능력에 대한 설명으로 틀린 것은?

① 가속도가 클수록 미끄러지기 쉽다.
② 와이어로프의 권부각이 클수록 미끄러지기 쉽다.
③ 와이어로프와 도르래의 마찰계수가 작을수록 미끄러지기 쉽다.
④ 카측과 균형추측의 장력비가 트랙션 능력에 근접할수록 미끄러지기 쉽다.

풀이
권부각이 크면 마찰력이 커서 미끄러지기 어렵고 권부각을 키우기 위해 마찰력이 작은 U홈은 더블 랩 방식을 사용한다.

04
주차법령에 따른 기계식주차장치 안에서 자동차를 입·출고 하는 사람이 출입하는 통로의 크기로 맞는 것은?

① 너비:30cm 이상, 높이:1.6m 이상
② 너비:50cm 이상, 높이:1.8m 이상
③ 너비:60cm 이상, 높이:2m 이상
④ 너비:80cm 이상, 높이:2m 이상

풀이
승강로 비상문, 기계식 주차장 출입구
: 폭 0.5m, 높이 1.8m 이상

정답　01. ④　02. ①　03. ②　04. ②

05
사람이 출입할 수 없도록 정격하중이 300 kg이하이고, 정격속도가 1 m/s 이하인 엘리베이터는?

① 화물용 엘리베이터
② 자동차용 엘리베이터
③ 주택용(소형) 엘리베이터
④ 소형화물용 엘리베이터(덤웨이터)

06
에스컬레이터에서 난간의 끝부분으로 콤교차선부터 손잡이 곡선 반환부까지의 난간구역을 무엇이라고 하는가?

① 뉴얼
② 스커트
③ 하부 내측데크
④ 스커트 디플렉터

풀이
- 스커트 : 디딤판과 연결되는 난간의 수직 부분
- 스커트 디플렉터 : 스텝과 디딤판 사이에 끼임의 위험을 최소화하기 위한 장치(브러쉬 모양이며 선형으로 설치)

07
과속조절기(조속기)에 대한 설명으로 틀린 것은?

① 과속검출 스위치는 카가 미리 정해진 속도를 초과하여 하강하는 경우에만 작동된다.
② 과속조절기(조속기)에는 추락방지안전장치(비상정지장치)의 작동과 일치하는 회전방향이 표시되어야 한다.
③ 캠티브 롤러 형을 제외한 즉시 작동형 추락방지안전장치(비상정지장치)의 경우 0.8 m/s 미만의 속도에서 작동해야 한다.
④ 추락방지안전장치(비상정지장치)의 작동을 위한 과속조절기(조속기)

풀이
과속조절기는 추락방지안전장치 및 상승과속방지장치 작동을 위해 하강 및 상승 시 모두 작동해야 한다.

08
엘리베이터의 조작방식 중 다음과 같은 방식은?

> 먼저 눌러진 호출 단추에 의하여 운전되고 완료될 때까지는 다른 부름에는 일체 응하지 않으며, 화물용에 많이 사용되는 방식

① 단식자동식
② 승합전자동식
③ 군승합자동식
④ 하강승합자동식

풀이
단식자동식 : 승강장에 호출 버튼만 있고 화물용에 사용한다.

09
과속조절기(조속기) 도르래의 회전을 베벨기어에 의해 수직축의 회전으로 변환하고, 이축의 상부에서부터 링크 기구에 의해 매달린 구형의 진자에 작용하는 원심력으로 추락방지 안전장치(비상정지장치)를 작동시키는 과속조절기는?

① 디스크형
② 스프링형
③ 플라이 볼형
④ 롤 세이프티형

10
주행안내(가이드) 레일 중 규격으로 틀린 것은?

① 8K
② 15K
③ 24K
④ 30K

풀이
8k, 13k, 18k, 24k, 30k

정답 05. ④ 06. ① 07. ① 08. ① 09. ③ 10. ②

11

엘리베이터에는 카의 안전한 운행을 좌우하는 구동기 또는 제어시스템의 어떤 하나의 결함으로 인해 승강장문이 잠기지 않고 카문이 닫히지 않은 상태로 카가 승강장으로부터 벗어나는 개문출발을 방지하거나 카를 정지시킬 수 있는 장치는?

① 상승과속방지장치
② 개문출발방지장치
③ 과속조절기(조속기)
④ 추락방지안전장치(비상정지장치)

풀이

개문출발방지 : 개문출발 감지 후 1.2[m] 이내 정지
틈새 : 1[m] 이상

12

에스컬레이터 안전기준에 따라 공칭속도가 0.5 m/s, 디딤판(스텝) 폭이 0.6 m인 에스컬레이터에 대한 시간당 수송능력은?

① 3000명/h   ② 3600명/h
③ 4400명/h   ④ 4800명/h

풀이

디딤판 폭 z_1 [m]	공칭 속도 v[m/s]		
	0.5	0.65	0.75
0.6	3,600 명/h	4,400 명/h	4,900 명/h
0.8	4,800 명/h	5,900 명/h	6,600 명/h
1	6,000 명/h	7,300 명/h	8,200 명/h

13

승강기 안전관리법에 따른 용도별 승강기의 세부종류 중 사람의 운송과 화물 운반을 겸용하기에 적합하게 제조·설치된 엘리베이터는?

① 화물용 엘리베이터
② 승객용 엘리베이터
③ 자동차용 엘리베이터
④ 승객화물용 엘리베이터

14

종단층 강제감속장치에 대한 설명으로 틀린 것은?

① 2단 이하의 감속제어가 되어야 한다.
② 1 G(9.8 m/s^2)를 초과하지 않는 감속도를 제공하여야 한다.
③ 카 추락방지안전장치(비상정지장치)를 작동시키지 않아야 한다.
④ 종단층 강제감속장치는 카 상단, 승강로 내부 또는 기계실 내부에 위치하여야 한다.

풀이

고속, 초고속 엘리베이터의 경우 2단 이상의 감속이 필요하다.

15

유압식 엘리베이터의 파워유니트에서 유압잭에 이르는 압력배관의 도중에 설치한 수동밸브로 보수·점검 및 수리의 용도로 사용하는 것은?

① 사이렌서
② 스톱밸브
③ 스트레이너
④ 상승용 유량제어밸브

풀이

사일렌서 : 소음과 맥동을 저감
스트레이너 : 실린더로 이물질 유입 방지
상승용 유량제어 밸브 : 상승 속도제어 밸브

정답 11. ② 12. ② 13. ④ 14. ① 15. ②

16
승강장문, 카문의 접점과 문 잠금장치의 유지관리를 위해 제어반 또는 비상운전 및 작동시험을 위한 장치에는 어떤 장치가 제공되어야 하는가?

① 음향신호장치　② 종단정지장치
③ 바이패스장치　④ 비상전원공급장치

풀이
카문과 승강문을 동시에 바이패스 되면 안된다.

17
엘리베이터 기계실에 설치하면 안 되는 것은?

① 권상기
② 제어반
③ 과속조절기(조속기)
④ 추락방지안전장치(비상정지장치)

풀이
추락방지안전장치는 카 하부에 설치한다.

18
시브(Sheave)의 홈 형상 중 언더 컷 형상을 사용하는 주된 이유는?

① U홈보다 시브의 마모가 적기 때문에
② U홈보다 로프의 수명이 늘어나기 때문에
③ U홈과 V홈의 장점을 가지며 트렉셔 능력이 크기 때문에
④ U홈보다 마찰계수가 작아 접촉면의 면압을 낮추기 때문에

풀이
마찰력의 크기 : U홈 < 언더컷 홈 < V홈
마찰력이 크면 마모가 크다.

19
에너지 분산형 완충기는 카에 정격하중을 싣고 정격속도의 115 %의 속도로 자유낙하하여 완충기에 충돌할 때, 평균감속도(g_n)는 얼마 이하여야 하는가?

① 0.1　② 0.5
③ 1　④ 2

풀이
엘리베이터 안전장치 : 1 g_n 이하
에스컬레이터 안전장치 : 1 m/s^2 이하

20
엘리베이터에 사용되는 헬리컬기어의 특징으로 틀린 것은?

① 웜기어보다 효율이 높다.
② 웜기어보다 역구동이 쉽다.
③ 웜기어에 비하여 소음이 작다
④ 일반적으로 웜기어보다 고속 기종에 사용된다.

풀이
헬리컬기어는 효율 높고, 소음과 진동 크고, 역구동 쉽고, 감속비가 작다.

2과목　승강기 설계

21
정지 레오나드 제어방식과 관련이 없는 것은?

① 전동발전기　② 사이리스터
③ 직류리액터　④ 속도발전기

정답 16. ③　17. ④　18. ③　19. ③　20. ③　21. ①

> **풀이**
> - 정지레오나드 : 전력용반도체(SCR)로 직류전압 변환
> - 워드레오나드 : 전동기와 발전기(MG Set)로 직류전압 공급

22
지름이 10 cm인 연강봉에 10000 kgf의 인장력이 작용할 때 생기는 인장응력은 약 몇 kgf/cm²인가?

① 127.33　　② 137.32
③ 147.32　　④ 157.32

> **풀이**
> 환봉의 응력 $= \dfrac{\text{인장력}}{\text{단면적}} = \dfrac{10000}{\pi \times 5^2} = 127.32[\text{kg/cm}^2]$

23
과속조절기(조속기) 로프 인장 풀리의 피치직경과 과속조절기 로프의 공칭 지름의 비는 얼마 이상이어야 하는가?

① 20　　② 30
③ 36　　④ 40

> **풀이**
> 공칭 지름비 : 30배 이상
> 과속조절기 로프 안전율 : 8 이상

24
권상기 기계대(machine beam)가 콘크리트로 되어있을 때 안전율은 얼마가 가장 적합한가?

① 7　　② 9
③ 12　④ 15

> **풀이**
> 콘크리트 : 7 이상, 강재 4 이상

25
로프의 안전계수가 12, 허용응력이 500 kgf/cm²인 엘리베이터에서 로프의 인장강도는 몇 kgf/cm²인가?

① 3000　　② 4000
③ 5000　　④ 6000

> **풀이**
> 안전계수 $= \dfrac{\text{인장강도}}{\text{허용응력}}$
> ∴ 인장강도 $= 12 \times 500 = 6000[\text{kgf/cm}^2]$

26
두 개의 기어가 맞물렸을 때 두 톱니 사이의 틈을 무엇이라 하는가?

① 피치　　② 백래시
③ 어덴덤　④ 이끌의 틈

27
다음 중 전동기의 내열등급이 가장 높은 기호는?

① A　② B
③ E　④ H

> **풀이**
> 허용온도
>
> | 종류 | Y종 | A종 | E종 | B종 | F종 | H종 | C종 |
> |---|---|---|---|---|---|---|---|
> | 온도℃ | 90 | 105 | 120 | 130 | 155 | 180 | 180초과 |

28
카 자중 1000 kg, 정격 적재하중 800 kg, 오버밸런스율이 50 %인 균형추의 무게는 몇 kg인가?

① 1300　　② 1400
③ 1500　　④ 1600

풀이
균형추 무게 = 카 자중 + 정격하중 × 오버밸런스율
= 1000 + 800 × 0.5 = 1400[kg]

29
미끄럼 베어링에 비교한 구름 베어링의 특징이 아닌 것은?

① 진동소음이 비교적 많다.
② 비교적 내충격성이 약하다.
③ 축경에 대한 바깥지름이 크고 폭이 좁다.
④ 윤활이 어렵고 누설방지를 위한 노력이 필요하다.

30
엘리베이터의 일주시간(RTT)을 계산하는 식은?

① Σ(주행시간+도어개폐시간+승객출입시간+손실 시간)
② Σ(주행시간+도어개폐시간+승객출입시간+대기 시간)
③ Σ(주행시간+수리시간+승객출입시간+출발시간)
④ Σ(주행시간+대기시간+도어개폐시간+출발시간)

31
카문의 문턱과 승강장문의 문턱 사이의 수평거리는 몇 mm 이하이어야 하는가?

① 10   ② 20
③ 25   ④ 35

풀이
- 일반용 : 35 mm 이하
- 장애인용 : 30 mm 이하

32
카바닥과 카틀의 부재와 이에 작용하는 하중의 연결이 틀린 것은?

① 볼트-장력   ② 카바닥-장력
③ 추돌판-굽힘력   ④ 카주-굽힘력, 장력

풀이
카 바닥 : 하중을 지탱하기 때문에 굽힘응력을 받는다.

33
전기식 엘리베이터 카측 주행안내(가이드)레일에 작용하는 하중이 1000 kgf이고, 브라켓 간격이 200 cm, 역률이 210×10⁴ kgf/cm², 레일 단면 2차 모멘트가 180 cm⁴일 때, 주행안내 레일의 휨량은 약 몇 cm인가?

① 1.22   ② 0.12
③ 0.18   ④ 0.24

풀이
$$\text{휨 } \delta = \frac{11}{960} \times \frac{P_x \times l^3}{EI_x}$$
$$= \frac{11 \times 1000 \times 200^3}{960 \times 210 \times 10^4 \times 180} = 0.24[cm]$$

※ 엘리베이터 안전기준의 처짐은 다음 공식을 사용하여 계산한다.
$$\delta_y = 0.7 \frac{F_y l^3}{48EI_x} + \delta_{str-y} \leq \delta_{perm}$$
$$\delta_x = 0.7 \frac{F_x l^3}{48EI_y} + \delta_{str-x} \leq \delta_{perm}$$

34
엘리베이터의 방범설비가 아닌 것은?

① 방범창   ② 완충기
③ 경보장치   ④ 연락장치

정답 29. ④ 30. ① 31. ④ 32. ② 33. ④ 34. ②

35
다음 중 엘리베이터에 적용되는 레일의 치수를 결정하는데 고려할 요소로 가장 적절하지 않은 것은?

① 레일용 브라켓의 중량
② 지진이 발생할 때 건물의 수평진동
③ 카에 하중이 적재될 때 카에 걸리는 회전모멘트
④ 추락방지안전장치(비상정지장치)가 작동될 때 레일에 걸리는 좌굴하중

풀이
주행안내 레일 설계 시 고려사항
① 추락방지안전장치 작동 시 좌굴하중
② 지진 발생 시 수평 진동력
③ 불균형한 적재 시 회전모멘트

36
주행안내(가이드) 레일에 대한 설명으로 틀린 것은?

① 주행안내 레일이 느슨해질 수 있는 부속품의 풀림은 방지되어야 한다.
② 주행안내 레일은 압연강으로 만들어지거나 마찰 면이 기계 가공되어야 한다.
③ 카, 균형추 또는 평형추는 2개 이상의 견고한 금속제 주행안내 레일에 의해 각각 안내되어야 한다.
④ 추락방지안전장치(비상정지장치)가 없는 균형추의 주행안내 레일은 부식을 고려하지 않고 금속판을 성형하여 만들 수 있다.

풀이
금속판을 성형하여 제작할 수 있지만 부식(방청)을 고려 해야 한다.

37
경사각이 30°, 속도가 3.0 m/min, 디딤판(스텝) 폭이 0.8 m이며, 층고가 9 m인 에스컬레이터의 적재하중은 약 몇 kg인가?

① 1080 ② 1870
③ 2749 ④ 3367

풀이
에스컬레이터 적해하중 $(G) = 270 \times$ 부하운송면적(A)
부하운송 면적$(A) =$ 스텝 폭$(Z_1) \times \dfrac{층고(H)}{\tan\theta}$

$G = 270 \times 0.8 \times \dfrac{9}{\tan 30} = 3367.11 [kg]$

∴ 에스컬레이터 안전기준의 공식은 $G = 510 \times A$ 인데 2022년까지 필기 및 실기시험에도 기존공식을 사용하여 구동체인의 안전율과 전동기용량을 계산하는 문제가 출제되고 있다.

38
엘리베이터에서 카틀의 구성요소가 아닌 것은?

① 카주
② 상부체대
③ 스프링 버퍼
④ 브레이스 로드

풀이
카틀 : 상부체대, 카주, 하부체대, 브레이스 로드

39
과속조절기(조속기)의 종류가 아닌 것은?

① 디스크형
② 마찰정지형
③ 플라이 볼형
④ 세이프티 디바이스형

풀이
추락방지안전장치를 세이프티 디바이스라고 한다.

40
다음 중 재해 시 관제운전의 우선순위가 가장 높은 것은?

① 화재 시 관제
② 지진 시 관제
③ 정전 시 관제
④ 태풍 시 관제

풀이
지진이 발생하면 가장 가까운 층에 정지하여 문을 열고 승객이 하차 후 문을 닫고 정지하고 화재 시는 소방관 접근지정 층(주로 1층)으로 복귀하기 때문에 지진 시 관제운전이 우선되고 정전은 긴급상황이 아니기 때문에 지진관제, 화재관제, 정전관제 순이다. (태풍관제는 피난운전을 적용되며 지진관제가 우선이다.)

3과목 일반기계공학

41
이론 토출량이 22×10^3 cm³/min인 펌프에서 실체 토출량이 20×10^3 cm³/min로 나타날 때 펌프의 체적효율은 약 몇 %인가?

① 91 ② 84 ③ 79 ④ 72

풀이
효율 $\eta = \dfrac{\text{출력(실제토출량)}}{\text{입력(이론토출량)}} \times 100$

$= \dfrac{20 \times 10^3}{22 \times 10^3} \times 100 = 90.91 [\%]$

42
나사에 대한 설명으로 틀린 것은?

① 미터나사의 피치는 mm 단위이다.
② 체결용 나사에는 주로 삼각나사가 사용된다.
③ 운동용 나사는 사각나사, 사다리꼴 나사 등이 사용된다.
④ 사다리꼴 나사에서 미터계는 29°, 인치계는 30°의 나사산 각을 갖는다.

풀이
- 미터계 사다리꼴 나사(TR나사) : 나사산 각도 30°
- 인치계 사다리꼴 나사(TM나사) : 나사산 각도 29°

43
압축 코일스프링에서 흡수되는 에너지를 크게 하기 위한 방법으로 틀린 것은?

① 스프링 권수를 늘린다.
② 소선의 지름을 크게 한다.
③ 스프링 지수를 크게 한다.
④ 전단탄성계수가 작은 소재를 사용한다.

풀이
스프링의 흡수에너지는 휨량과 비례한다.

휨 $\delta = \dfrac{8nD^3 W}{Gd^4}$

스프링지수 $C = \dfrac{D}{d}$

두 공식에서 흡수에너지를 크게 하려면 소선의 지름 d를 작게하고 스프링지수를 크게 해야 한다.

44
주조품 제조 시 주물의 형상이 대형으로 구조가 간단하고 점토로 채워서 만들며 정밀한 주형 제작이 곤란한 원형은?

① 잔형
② 회전형
③ 골격형
④ 매치 플레이트형

풀이
① 잔형 : 뽑기 어려운 부분의 목형을 별도로 제작한 것으로 목형을 먼저뽑고 잔형은 나중에 뽑는다.
② 회전형 : 회전시켜 주형을 만든다.(회전체, 풀리 등에 사용)
③ 매치 플레이트형 : 소형제품을 대량으로 생산할 때 사용
④ 현형 : 제품과 동일한 모양의 목형

45

그림과 같이 직경 10 cm의 원형 단면을 갖는 외팔보에서 굽힘하중 P_1만 작용할 때의 굽힘응력은 인장하중 P_2만 작용할 때의 응력의 약 몇 배가 되는가? (단, $P_1 = P_2 = 10$ kN 이다.)

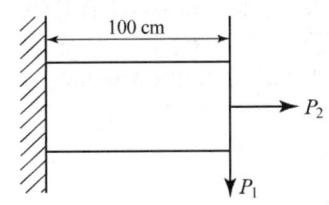 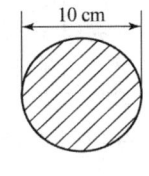

① 54 ② 64
③ 74 ④ 80

풀이

굽힘응력 $\sigma = \dfrac{\text{굽힘모멘트}}{\text{단면계수}} = \dfrac{M}{Z}$

환봉 단면계수 $Z = \dfrac{\pi D^3}{32}$

$\sigma = \dfrac{P_1 \times L}{\dfrac{\pi D^3}{32}} = \dfrac{10 \times 10^3 \times 100 \times 32}{\pi \times 10^3}$
$= 10185.92 [\text{N/cm}^2]$

인장응력 $\sigma_t = \dfrac{\text{인장하중}(P)}{\text{단면적}(A)} = \dfrac{10 \times 10^3}{\pi \times 5^2}$
$= 127.32 [\text{N/cm}^2]$

$\therefore \dfrac{\text{굽힘응력}}{\text{인장응력}} = \dfrac{10185.92}{127.32} = 80$

46

다음 금속재료 중 시효경화 현상이 발생하는 합금은?

① 슈퍼 인바 ② 니켈-크롬
③ 알루미늄-구리 ④ 니켈-청동

풀이
시효경화 : 금속, 합금을 급냉 또는 냉간가공 후 시간의 경과에 따라 경도가 증가하는 현상으로 주로 녹는점이 낮은 알루미늄, 납 등의 합금에서 발생한다.

47

다음 중 체결용 기계요소가 아닌 것은?

① 리벳 ② 래칫
③ 키 ④ 핀

풀이
래칫 : 폴(pawl : 멈춤쇠)의 작용에 의해 한쪽 방향으로만 회전을 전하고 반대 방향으로는 운동을 전하지 않는 톱니바퀴로 브레이크의 종류다.

48

밀링작업에서 분할대를 사용한 분할법이 아닌 것은?

① 단식 분할 ② 분할
③ 직접 분할 ④ 차동 분할

49

원형 파이프 유동에서 난류로 판단할 수 있는 기준 레이놀즈 수(Re)는?

① Re > 600 ② Re > 2100
③ Re > 3000 ④ Re > 4000

풀이
Re < 2100 : 층류
2100 ≤ Re ≤ 4000 : 천이구역
Re > 4000 : 난류

50

금속재료를 고온에서 장시간 외력을 가하면 시간의 흐름에 따라 변형이 증가하게 되는데 이러한 현상은?

① 열응력
② 피로한도
③ 탄성에너지
④ 크리프

51
다음 설명에 해당하는 재료는?

> 알루미나를 1600℃ 이상에서 소결 성형시켜 제조하며 내열성이 높고, 고온 경도 및 내마멸성 크나 비자성, 비전도체이며 충격에는 매우 취약하다.

① 세라믹 ② 다이아몬드
③ 유리섬유강화수지 ④ 탄소섬유강화수지

52
웜 기어(worm gear)의 장점으로 틀린 것은?

① 소음과 진동이 적다.
② 역전을 방지할 수 있다.
③ 큰 감속비를 얻을 수 있다.
④ 추력 하중이 발생하지 않고 효율이 좋다.

풀이
웜기어는 헬리컬 기어에 비해 효율이 낮고, 소음 진동이 적고, 역구동이 어렵고, 감속비가 크다.

53
평평한 금속판재를 펀치로 다이 공동부에 밀어 넣어 원통형이나 각통형 제품을 만드는 가공은?

① 엠보싱 ② 벌징
③ 드로잉 ④ 트리밍

54
국제단위계(SI)의 기본 단위가 아닌 것은?

① 시간-초(s) ② 온도-섭씨(℃)
③ 전류-암페어(A) ④ 광도-칸델라(cd)

풀이
온도는 절대온도(K)를 사용한다.

55
다음 보기에는 설명하는 축 이음으로 가장 적합한 것은?

> 1. 두 축이 만나는 각이 수시로 변화하는 경우에 사용한다.
> 2. 회전하면서 그 축의 중심선의 위치가 달라지는 부분의 동력을 전달할 때 사용한다.
> 3. 공작기계, 자동차 등의 축 이음에 사용한다.

① 유니버설 조인트
② 슬리브 커플링
③ 올덤 커플링
④ 플렉시블 조인트

풀이
① 슬리브 커플링 : 주철제의 통속에 양 축단을 끼워 키를 애용하여 고정하는 축이음
② 올덤 커플링 : 두축이 평행하고 약간 떨어져 있으며 각속도 변화 없이 회전력 전달
③ 플렉시블 조인트 : 이음부의 경사각 변화가 적은 부위에 사용하며 전달 효율이 높고 회전이 정숙하다.

56
내경과 외경이 거의 같은 중공 원형단면의 축을 얇은 벽의 관이라 한다. 이 때 비틀림 모멘트를 T, 평균 중심선의 반지름 r, 벽의 두께 t, 관의 길이를 ℓ이라 할 때, 비틀림 각을 표현한 식이 아닌 것은? (단, 평균 중심선에 둘러쌓인 면적 $(A)=\pi r^2$, 평균 중심선의 길이$(S)\,2\pi r$, 극관성 모멘트$=I_p$, 전단탄성계수$=G$, 전단응력$=\tau$이다.)

① $\dfrac{T\ell}{GI_p}$ ② $\dfrac{T\ell}{2\pi r^3 tG}$

③ $\dfrac{T\ell}{ArtG}$ ④ $\dfrac{\tau s \ell}{2AG}$

57
피복아크용접에서 직류 정극성을 이용하여 용접하였을 때 특징으로 옳은 것은?

① 비드 폭이 좁다.
② 모재의 용입이 얕다.
③ 용접봉의 녹음이 빠르다.
④ 박판, 주철, 비철금속의 용접에 주로 쓰인다.

풀이
정극성 : 용접봉(-), 부재(+) 비드 폭이 좁다.
역극성 : 용접봉(+), 부재(-)

58
액추에이터의 유입압력이 50 kgf/cm², 액추에이터의 유출압력(유압펌프로 흡입되는 압력)이 5 kgf/cm²이고, 유량은 15 cm³/s, 효율이 0.9일 때 펌프의 소요동력은 약 몇 kW인가?

① 0.074　　② 0.1
③ 0.15　　　④ 0.2

풀이
펌프의 소요동력 $P=$송출압력[N/m²]×유량[m³/s]

$\therefore P = \dfrac{(50-5) \times 15}{0.9} = 750 [\text{kgf} \cdot \text{cm/s}]$

$= 750 \times 9.81 \times 10^{-2} = 73.58 [\text{N} \cdot \text{m/s}]$
(※ N·m/s=J/s=W)
$= 73.58 [\text{W}] \times 10^{-3} = 0.074 [\text{kW}]$

59
원형재료의 외경에 수나사를 가공하는 공구는?

① 탭　　　② 다이스
③ 리머　　④ 바이스

풀이
탭 : 암나사 작업, 다이스 : 수나사 작업
리머 : 구멍의 내면 다듬질 공구
바이스 : 공작물을 고정하는 공구

60
일반적으로 재료의 안전율을 구하는 식은?

① $\dfrac{탄성강도}{충격강도}$　　② $\dfrac{탄성강도}{인장강도}$

③ $\dfrac{인장강도}{허용응력}$　　④ $\dfrac{허용응력}{인장강도}$

풀이
안전율$(S) = \dfrac{파단강도(f)}{허용응력(\sigma)}$

응력$(\sigma) = \dfrac{모멘트(M)}{단면계수(Z)}$

4과목　전기제어공학

61
피드백 제어의 특징에 대한 설명으로 틀린 것은?

① 외란에 대한 영향을 줄일 수 있다.
② 목표값과 출력을 비교한다.
③ 조절부와 조작부로 구성된 제어요소를 가지고 있다.
④ 입력과 출력의 비를 나타내는 전체 이득이 증가한다.

풀이　피드백 제어의 특징
정확성 증가, 입력대 출력비의 감도(이득) 감소, 감대폭의 증가, 발진을 일으키고 불안정한 상태로 되어가는 경향성, 구조가 복잡하고 고가이다.

62
목표값 이외의 외부 입력으로 제어량을 변화시키며 인위적으로 제어할 수 없는 요소는?

① 제어동작신호　　② 조작량
③ 외란　　　　　　④ 오차

정답 57. ①　58. ①　59. ②　60. ③　61. ④　62. ③

제어동작 신호 : 기준입력과 주궤환량과의 차
조작량 : 제어요소가 제어대상에 주는 양

63
입력신호가 모두 "1"일 때만 출력이 생성되는 논리회로는?

① AND 회로 ② OR 회로
③ NOR 회로 ④ NOT 회로

AND회로 진리표

A	B	X
0	0	0
0	1	0
1	0	0
1	1	1

64
변압기의 효율이 가장 좋을 때의 조건은?

① 철손=$\frac{2}{3}$×동손 ② 철손=2×동손
③ 철손=$\frac{1}{2}$×동손 ④ 철손=동손

변압기의 최대효율 조건 : 철손(P_i)=동손(P_c)

65
역률 0.85, 선전류 50 A, 유효전력 28 kW인 평형 3상 △부하의 전압(V)은 약 얼마인가?

① 300 ② 380 ③ 476 ④ 660

$P = \sqrt{3}\,VI\cos\theta$

$\therefore V = \dfrac{28 \times 10^3}{\sqrt{3} \times 50 \times 0.85} = 380.37[V]$

66
물체의 위치, 방향 및 자세 등의 기계적변위를 제어량으로 해서 목표값의 임의의 변화에 추종하도록 구성된 제어계는?

① 프로그램제어 ② 프로세스제어
③ 서보 기구 ④ 자동 조정

- 프로그램 제어 : 엘리베이터, 프로세스 제어 : 화학, 플랜트 공정
- 자동 조정 : 전기적, 기계적 양 조정(전압, 전류, 회전속도 등)

67
다음 중 간략화한 논리식이 다른 것은?

① $(A+B) \cdot (A+\overline{B})$
② $A \cdot (A+B)$
③ $A + (\overline{A} \cdot B)$
④ $(A \cdot B) + (A \cdot \overline{B})$

$(A+B) \cdot (A+\overline{B}) = AA + A\overline{B} + AB + B\overline{B}$
$\qquad\qquad\qquad\;\; = A(1+\overline{B}+B) = A$
$A \cdot (A+B) = AA + AB = A(1+B) = A$
$A + (\overline{A} \cdot B) = (A+\overline{A}) \cdot (A+B) = A+B$
$(A \cdot B) + (A \cdot \overline{B}) = A \cdot (B+\overline{B}) = A$

68
논리식 $L = \overline{x} \cdot \overline{y} + \overline{x} \cdot y$를 간단히 한 식은?

① $L = x$ ② $L = \overline{x}$
③ $L = y$ ④ $L = \overline{y}$

$L = \overline{x} \cdot \overline{y} + \overline{x} \cdot y = \overline{x} \cdot (y+\overline{y}) = \overline{x}$

정답 63. ① 64. ④ 65. ② 66. ③ 67. ③ 68. ②

69

$R=10\ \Omega$, $L=10\ \text{mH}$에 가변콘덴서 C를 직렬로 구성시킨 회로에 교류주파수 1000Hz를 가하여 직렬공진을 시켰다면 가변콘덴서는 약 몇 μF인가?

① 2.533
② 12.675
③ 25.35
④ 126.75

풀이

RLC 직렬회로의 공진주파수 $f=\dfrac{1}{2\pi\sqrt{LC}}$

$\therefore C=\dfrac{1}{(2\pi f)^2 L}=\dfrac{1}{(2\pi\times 1000)^2\times 10\times 10^{-3}}$
$\quad = 2.533\times 10^{-6} F = 2.533[\mu\text{F}]$

70

스위치 S의 개폐에 관계없이 전류 I가 항상 30A 라면, R_3와 R_4는 각각 몇 [Ω]인가?

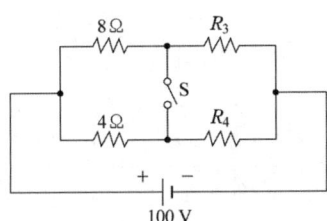

① $R_3=1$, $R_4=3$
② $R_3=2$, $R_4=1$
③ $R_3=3$, $R_4=2$
④ $R_3=4$, $R_4=4$

풀이

$8\times R_4=4\times R_3$, 전체저항 $R=\dfrac{10}{3}[\Omega]$

8[Ω]측의 전류는 $30\times\dfrac{1}{2+1}=10[\text{A}]$

4[Ω]측의 전류는 $30\times\dfrac{2}{2+1}=20[\text{A}]$

$\therefore (8+R_3)=\dfrac{100}{10},\ R_3=10-8=2[\Omega]$

$(4+R_4)=\dfrac{100}{20},\ R_4=5-4=1[\Omega]$

71

맥동률이 가장 큰 정류회로는?

① 3상 전파
② 3상 반파
③ 단상 전파
④ 단상 반파

풀이

맥동률 $=\dfrac{\text{교류분}}{\text{직류분}}$

3상 전파정류 : 4 %, 3상 반파정류 : 17 %
단상 전파정류 : 48 %, 단상 반파정류 : 121 %

72

다음 신호흐름선도에서 $\dfrac{C(s)}{R(s)}$는?

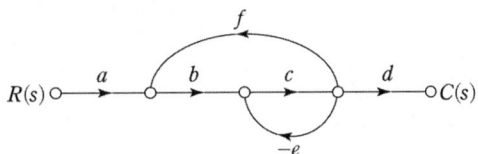

① $\dfrac{abcd}{1+ce+bcf}$
② $\dfrac{abcd}{1-ce+bcf}$
③ $\dfrac{abcd}{1+ce-bcf}$
④ $\dfrac{abcd}{1-cd+bcf}$

풀이

$\dfrac{C(s)}{R(s)}=\dfrac{abcd}{1-(-ce+bcf)}=\dfrac{abcd}{1+ce-bcf}$

73

다음 회로와 같이 외전압계법을 통해 측정한 전력(W)은? (단, R_i : 전류계의 내부저항, R_e : 전압계의 내부저항이다.)

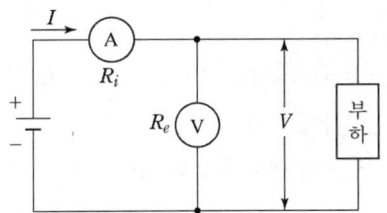

① $P = VI - \dfrac{V^2}{R_e}$ ② $P = VI - \dfrac{V^2}{R_i}$

③ $P = VI - 2R_e I$ ④ $P = VI - 2R_i I$

풀이
부하전력=전체전력−전압계 내부 저항에 의한 전력
∴ $P = VI - \dfrac{V^2}{R_e}$

74
다음 블록선도의 전달함수는?

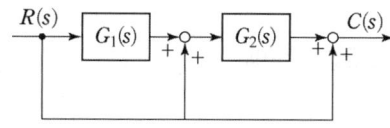

① $G_1(s)G_2(s) + G_2(s) + 1$
② $G_1(s)G_2(s) + 1$
③ $G_1(s)G_2(s) + G_2$
④ $G_1(s)G_2(s) + G_1(s) + 1$

풀이
$R(s)(G_1 G_2 + G_2 + 1) = C(s)$
∴ $\dfrac{C(s)}{G(s)} = G_1 G_2 + G_2 + 1$

75
코일에서 흐르고 있는 전류가 5배로 되면 축적되는 에너지는 몇 배가 되는가?

① 10 ② 15
③ 20 ④ 25

풀이
- 코일에 축전되는 에너지 : $W = \dfrac{1}{2} L I^2$ [J]
  전류의 제곱에 비례
- 콘덴서에 축적되는 에너지 : $W = \dfrac{1}{2} C V^2$ [J]

76
탄성식 압력계에 해당되는 것은?

① 경사관식 ② 압전기식
③ 환상평형식 ④ 벨로스식

풀이
- 탄성식 압력계 : 벨로스식, 브르돈관식, 다이어프램식

77
2전력계법으로 3상 전력을 측정할 때 전력계의 지시가 $W_1 = 200$, W, $W_2 = 200$W이다. 부하전력 [W]은?

① 200 ② 400
③ $200\sqrt{3}$ ④ $400\sqrt{3}$

풀이
2전력계법
유효전력 $P = P_1 + P_2$ [W]
피상전력 $P_a = 2\sqrt{P_1^2 + P_2^2 - P_1 P_2}$
역률 $\cos\theta = \dfrac{P_1 + P_2}{2\sqrt{P_1^2 + P_2^2 - P_1 P_2}}$

78
단자전압 V_{ab}는 몇 [V]인가?

① 3
② 7
③ 10
④ 13

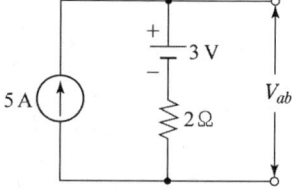

풀이
$V_{ab} = 3V + IR = 3 + 5 \times 2 = 13$ [V]

79
아래 $R-L-C$ 직렬회로의 합성 임피던스[Ω]는?

① 1   ② 5
③ 7   ④ 15

풀이

$Z = \sqrt{R^2 + (X_L - X_C)^2} = \sqrt{4^2 + (7-4)^2} = 5[\Omega]$

80
전자석의 흡인력은 자속밀도 $B[\text{Wb/m}^2]$와 어떤 관계에 있는가?

① B에 비례   ② $B^{1.5}$에 비례
③ B^2에 비례   ④ B^3에 비례

풀이

흡인력 $F = \dfrac{B^2}{2\mu_0} \times S$

실전모의고사 8회

1과목 승강기 개론

01
초고층 빌딩 등에서 중간의 승계층까지 직행 왕복운전 하여 대량수송을 목적으로 하는 엘리베이터는?

① 셔틀 엘리베이터
② 역사용 엘리베이터
③ 더블데크 엘리베이터
④ 보도교용 엘리베이터

풀이
- 역사용 : 지하철 및 철도역에 설치한 엘리베이터
- 더블데크 : 2개의 카를 상하로 연결한 엘리베이터
- 보도교용 : 육교에 설치한 교통약자를 위한 엘리베이터(전망용)

02
레일을 죄는 힘이 처음에는 약하게 작용하고 하강함에 따라 점점 강해지다가 얼마 후 일정한 값에 도달하는 추락방지안전장치(비상정지장치) 방식은?

① 즉시 작동형
② 플렉시블 웨지 클램프(F.W.C)형
③ 플렉시블 가이드 클램프(F.G.C)형
④ 슬랙 로프 세이프티(slack rope safety)형

풀이
- F.G.C : 처음부터 일정한 힘으로 동작하는 점차 작동형으로 구조가 간단하고 복구용이
- 슬랙 로프 세이프티 : 과속조절기 없이 로프의 늘어남을 감지하여 작동하며 저속 엘리베이터에 사용

03
무빙워크의 경사도는 최대 몇 도 이하이어야 하는가?

① 6° ② 8° ③ 10° ④ 12°

풀이
- 에스컬레이터 : 30°(층고 6 m 이하, 속도 0.5 m/s 이하는 35°)
- 무빙워크 : 12° 이하

04
전기식 엘리베이터의 매다는 장치(현수장치)에 대한 설명으로 틀린 것은?

① 매다는 장치는 독립적이어야 한다.
② 체인의 인장강도 및 특성 등이 KS B 1407에 적합해야 한다.
③ 로프 또는 체인 등의 가닥수는 반드시 3가닥 이상이어야 한다.
④ 카와 균형추 또는 평형추는 매다는 장치에 의해 매달려야 한다.

풀이
로프는 2가닥 이상, 직경 8 mm 이상

05
유압파워 유니트에서 실린더로 통하는 압력배관 도중에 설치되는 수동밸브로서 이것을 닫으면 실린더의 기름이 파워유니트로 역류하는 것을 방지하는 것으로 유압장치의 보수, 점검 또는 수리 등을 할 때 사용되는 밸브는?

① 체크밸브   ② 사이렌서
③ 안전밸브   ④ 스톱밸브

정답 01. ① 02. ② 03. ④ 04. ③ 05. ④

풀이
- 체크밸브 : 역류방지
- 사일렌서 : 압력의 맥동과 소음 저감
- 안전밸브 : 압력을 설정값 이하로 유지
- 스톱밸브 : 차단밸브

06
주차구획에 자동차를 들어가도록 한 후 그 주차구획을 수직으로 순환이동하여 자동차를 주차하도록 설계한 주차장치로 평균 입·출고 시간이 가장 빠른 입체주차설비 방식은?

① 승강기식   ② 다단방식
③ 수직순환식   ④ 평면왕복식

풀이
- 승강기식 : 여러 층의 주차구역에 수직 리프트로 자동차를 운반하여 좌.우측에 주차 (횡행 이동)
- 승강기 슬라이드식 : 승강기식과 유사하며 팔레트를 종행, 횡행으로 이동시키는 주차장치
- 다단식 : 3층 이상, 2단식은 2층으로 된 간단한 주차장치
- 평면왕복식 : 고속의 리프트와 대차를 이용해 종행, 횡행으로 팔레트를 이동시키는 방식의 대규모 주차장치

07
유압식 엘리베이터의 경우 실린더 및 램은 전부하 압력의 2.3배의 압력에서 발생되는 힘의 조건하에서 내력 $R_{P0.2}$에서 몇 이상의 안전율이 보장되는 방법으로 설계되어야 하는가?

① 1.2   ② 1.5   ③ 1.7   ④ 2.0

풀이
- 압력 계산 : 실린더 및 램은 전 부하 압력의 2.3배에서 내력 $R_{P0.2}$에서 1.7 이상의 안전율
- 좌굴 계산 : 압축 하중을 받는 잭은 완전히 펼쳐진 위치에서 전 부하 압력의 1.4배의 힘에서 발생되는 좌굴에 대해 2 이상의 안전율
- 인장응력 계산 : 인장하중을 받는 잭은 전 부하 압력의 1.4배에서 내력 $R_{P0.2}$에서 2 이상의 안전율

08
엘리베이터의 카 벽으로 사용할 수 있는 유리는?

① 망유리   ② 강화유리
③ 복층유리   ④ 접합유리

풀이
엘리베이터와 에스컬레이터에 사용할 수 있는 유리는 접합유리이어야 한다.

09
카 내부의 하중이 적재하중을 초과하면 경보가 울리고 출입문의 닫힘을 자동적으로 제지하여 엘리베이터가 움직이지 않게 하는 장치는?

① 정지 스위치
② 과부하 감지 장치
③ 역결상 검출 장치
④ 파이널 리밋 스위치

풀이
정격 적재하중의 10 % 초과하기 전에 작동
(최소 하중 : 75 kg)

10
엘리베이터의 위치별 전기조명의 조도 기준으로 틀린 것은?

① 기계실 작업공간의 바닥 면 : 200 lx 이상
② 기계실 작업공간 간 이동 공간의 바닥 면 : 50 lx 이상
③ 카 지붕에서 수직 위로 1 m 떨어진 곳 : 50 lx 이상
④ 피트 바닥에서 수직 위로 1 m 떨어진 곳 : 100 lx 이상

정답 06. ③   07. ③   08. ④   09. ②   10. ④

풀이
- 승강로 조명은 피트 바닥과 카 지붕 위 1 m : 50 lx 이상
- 이외의 장소 : 20 lx 이상
※ 승강장은 50 lx 이상

11
장애인용 엘리베이터에서 스위치 수가 많아 1.2 m 이내에 설치가 곤란할 경우에는 최대 몇 m 이하까지 완화할 수 있는가?

① 1.3   ② 1.4   ③ 1.5   ④ 1.6

풀이
표준은 0.8 m 이상 1.2 m 이하

12
로프와 시브(sheave)의 미끄러짐에 대한 설명으로 옳은 것은?

① 로프가 감기는 각도가 클수록 미끄러지기 쉽다.
② 카의 감속도와 가속도가 작을수록 미끄러지기 쉽다.
③ 로프와 시브의 마찰계수가 클수록 미끄러지기 쉽다.
④ 카측과 균형추측의 로프에 걸리는 중량비가 클수록 미끄러지기 쉽다.

풀이
권부각이 클수록, 가감속도가 작을수록, 마찰계수가 클수록, 트랙션비가 작을수록 미끄러지기 어렵다.

13
엘리베이터용 주행안내(가이드) 레일에 대한 설명으로 틀린 것은?

① 레일의 표준길이는 5 m 이다.
② 균형추측 레일에는 강판을 성형한 레일을 사용할 수 있다.
③ 레일 규격의 호칭은 가공 완료된 1m당의 중량을 표시한 것이다.
④ 추락방지안전장치(비상정지장치)가 작동하는 곳에는 정밀가공한 T자형 레일이 사용된다.

풀이
레일은 가공 전 재료의 1 m당 중량을 kg으로 표시한다.

14
사람이 출입할 수 없도록 정격하중이 300 kg 이하이고, 정격속도가 1 m/s 이하인 엘리베이터는?

① 수평보행기
② 화물용 엘리베이터
③ 침대용 엘리베이터
④ 소형화물용 엘리베이터

풀이
- 기계실 개구부 크기 : 0.6 m×0.6 m 이상
- 기계실 높이 : 1.8 m 이상

15
에너지 분산형 완충기는 카에 정격하중을 싣고 정격속도의 115 %의 속도로 자유 낙하하여 완충기에 충돌할 때, 평균 감속도가 최대 얼마 이하이어야 하는가?

① 0.8 g_n ② 1.0 g_n
③ 1.5 g_n ④ 2.5 g_n

풀이
- 엘리베이터 안전장치 작동 시의 감속도는 모두 1.0 g_n 이하
- 추락방지안전장치는 0.2 g_n 이상 1.0 g_n 이하

정답 11. ② 12. ④ 13. ③ 14. ④ 15. ②

16
유압식 엘리베이터에서 미리 설정된 방향으로 설정치를 초과한 상태로 과도하게 유체의 흐름이 증가하여 밸브를 통과하는 압력이 떨어지는 경우 자동으로 차단하도록 설계된 밸브는?

① 스톱밸브 ② 압력밸브
③ 안전밸브 ④ 럽처밸브

풀이
키워드 "과도한 (급격한) 유체의 증가" 또는 "압력배관 파손"이 들어가면 럽처 밸브이다.
※ 하강 속도가 정격속도 + 0.3 m/s를 초과하지 않도록 한다.

17
완충기의 보기 쉬운 곳에 쉽게 지워지지 않는 방법으로 표시되어야 하는 내용이 아닌 것은?

① 제조 · 수입일자
② 완충기의 형식
③ 부품안전인증표시
④ 부품안전인증번호

풀이
제조 · 수입업자의 명, 부품안전인증표시, 부품안전인증번호, 부품의 형식은 모든 안전인증 부품에 공통으로 표시된다.

18
교류 엘리베이터의 제어방식은?

① 일그너 제어
② 워드레오나드 제어
③ 정지레오나드 제어
④ 가변전압가변주파수 제어

풀이
• 일그너 : 직류 전압제어 방식 (플라이휠 부착 ; 압연기)
• 워드레오나드 : 유도전동기로 직류 발전기를 회전시켜 직류 전압을 공급하는 방식
• 정지레오나드 : 발전기 대신 SCR의 점호각 조정으로 직류전압을 공급하는 전압제어 방식(고속 엘리베이터에 사용)
• VVVF : 가변전압 가변주파수 방식으로 교류를 컨버터가 직류로 변환시키고 인버터가 속도에 적합한 V/F비를 일정하게 제어하는 방식으로 모든 속도에 적용

19
엘리베이터의 VVVF 인버터 제어에 주로 사용되는 제어방식은?

① PAM ② PWM
③ PSM ④ PTM

풀이
정현파에 가까운 교류로 변환하기 위해 PWM(펄스폭변조)를 사용한다.

20
에스컬레이터의 특징에 대한 설명으로 틀린 것은?

① 대기시간 없이 연속적으로 수송이 가능하다.
② 백화점과 대형마트 등 설치 장소에 따라 구매 의욕을 높일 수 있다.
③ 건축상으로 점유 면적이 크고 기계실이 필요하며 건물에 걸리는 하중이 각층에 분산되어 있다.
④ 전동기 기동 시에 흐르는 대전류에 의한 부하전류의 변화가 엘리베이터에 비하여 적어 전원 설비 부담이 적다.

풀이
에스컬레이터는 점유면적이 작고 기계실은 트러스 내부의 수평 구간에 있다.

정답 16. ④ 17. ① 18. ④ 19. ② 20. ③

2과목 승강기 설계

21
기계대 강도 계산 시 기계대에 작용하는 하중에 포함되지 않는 것은?

① 로프 자중 ② 권상기 자중
③ 기계대 자중 ④ 균형추 자중

풀이
권상기 자중은 정하중으로 계산하고 균형추, 카, 적재하중, 로프 등 움직이는 부품은 정하중의 2배인 환산동하중을 적용하여 계산하며 기계대 자중은 고려하지 않는다. (※ 로프안전율은 로프 자중 반영)

22
설계용 수평지진력의 작용점은 일반적인 경우에 기기의 어느 부분으로 산정하여 계산하는가?

① 기기의 중심 ② 기기의 최고점
③ 기기의 최저점 ④ 기기의 최선단

풀이
지진 발생으로 발생하는 수평진동력의 작용점은 기기의 중심이다.

23
웜기어에서 웜의 회전수가 1800 rpm, 웜의 줄수가 5, 웜 휠의 회전수가 360 rpm일 때, 웜 휠의 잇수는?

① 10 ② 25 ③ 50 ④ 100

풀이
웜기어의 감속비$(i) = \dfrac{웜의 줄수}{휠의 잇수}$

감속비 $= \dfrac{출력축 회전수}{입력축 회전수} = \dfrac{360}{1800} = 0.2 = \dfrac{1}{5}$

$0.2 = \dfrac{5}{휠의 잇수}$ 에서 휠의 잇수 $= \dfrac{5}{0.2} = 25$

24
유압식 엘리베이터에서 실린더와 체크밸브 또는 하강밸브 사이의 가요성 호스는 전 부하 압력 및 파열 압력과 관련하여 안전율이 몇 이상이어야 하는가?

① 5 ② 6
③ 7 ④ 8

풀이
가요성 호스 안전율 8 이상, 연결장치는 전부하 압력의 5배에 손상이 없어야 한다.

25
장애인용 엘리베이터의 호출버튼·조작반 등 승강기의 안팎에 설치되는 모든 스위치의 높이는 바닥면으로부터 어느 위치에 설치되어야 하는가?

① 0.8 m 이상 1.0 m 이하
② 0.8 m 이상 1.2 m 이하
③ 1.0 m 이상 1.2 m 이하
④ 1.2 m 이상 1.5 m 이하

풀이
정지층 수가 많은 경우는 1.4 m 이하까지 가능

26
엘리베이터용 도어머신의 요구사항이 아닌 것은?

① 작동이 원활하고 소음이 발생하지 않을 것
② 카 상부에 설치하기 위하여 소형 경량일 것
③ 가장 중요한 부품이므로 고가의 재질을 사용하고 단가가 높을 것
④ 동작회수가 엘리베이터의 기동회수의 2배가 되므로 보수가 용이할 것

정답 21. ③ 22. ① 23. ② 24. ④ 25. ② 26. ③

27
동력전원설비 용량을 산정하는데 필요한 요소가 아닌 것은?

① 가속전류   ② 감속전류
③ 전압강하   ④ 주위온도

풀이
가속전류, 전압강하, 전압강하계수, 주위온도, 부등률
(※ 2차 실기시험에 자주 출제되는 문제임.)

28
전기자에 전류가 흐르면 그 전류에 대한 자속이 발생해 주자극의 자속에 영향을 미쳐 주자속이 감소하고, 전기자 중성점이 이동하는 현상은?

① 자속 반작용   ② 전류 반작용
③ 전기자 반작용   ④ 주자극 반작용

풀이
전기자 반작용 방지책 : 보극과 보상권선을 설치한다.

29
유압식 엘리베이터에서 유량제어밸브를 주회로에서 분기된 바이패스회로에 삽입하여 유량을 제어하는 회로는?

① 미터 인 회로
② 블리드 인 회로
③ 미터 오프 회로
④ 블리드 오프 회로

풀이
- 블리드 오프 : 효율이 높다, 정확한 속도제어가 어렵다.
- 미터인 : 실린더와 펌프사이의 주회로에 설치한다. 효율이 낮다, 정확한 속도제어 가능

30
밀폐식 승강로에서 허용되는 개구부가 아닌 것은?

① 승강장문을 설치하기 위한 개구부
② 건물 내 급배수관 설치를 위한 개구부
③ 화재 시 가스 및 연기의 배출을 위한 통풍구
④ 승강로의 비상문 및 점검문을 설치하기 위한 개구부

풀이
엘리베이터와 관계없는 시설은 승강로 및 기계실 설치할 수 없다.

31
소선의 표면에 아연도금 처리한 것으로 녹이 쉽게 발생하지 않기 때문에 다습한 환경에 사용하는 와이어로프 종류는?

① A종   ② B종
③ E종   ④ G종

풀이
아연도금(G: Galvanizing)

32
승용 승강기의 설치기준에 따라 6층 이상 거실면적의 합계가 9000 m²인 전시장에 20인승 엘리베이터를 설치할대 최소 설치 대수는?

① 1   ② 2
③ 3   ④ 4

풀이
의료, 문화 전시장, 업무시설 승강기 대수
대수 $N = \dfrac{6층 이상 면적(m^2) - 3000}{2000} + 2$
※ 16인승 이상은 2대로 인정할 수 있다.
$N = \dfrac{9000 - 3000}{2000} + 2 = 4대 \div 2(16인승 이상) = 2대$

정답 27. ② 28. ③ 29. ④ 30. ② 31. ④ 32. ②

33

엘리베이터가 다음과 같은 조건일 때, 무부하의 카가 최상층에 전부하의 카가 최하층에 있는 경우 각각의 트랙션비는 약 얼마인가?

- 적재하중 : 3000 kg
- 카자중 : 2000 kg
- 행정거리 : 90 m
- 적용로프 : 1 m당 0.6 kg의 로프 6본
- 오버밸런스율 : 45%
- 균형체인 : 90% 보상

① 무부하 : 1.46, 전부하 : 1.58
② 무부하 : 1.46, 전부하 : 1.60
③ 무부하 : 1.60, 전부하 : 1.46
④ 무부하 : 1.60, 전부하 : 1.58

풀이

무부하의 카가 최상층에 있는 경우(이동케이블 조건 없으면 무시)

$$T_1 = \frac{\text{균형추 무게} + \text{로프 무게}}{\text{카 무게} + \text{보상체인 무게} + (\text{이동케이블 무게} \div 2)}$$

$$= \frac{(2000 + 3000 \times 0.45) + (90 \times 6 \times 0.6)}{2000 + (90 \times 6 \times 0.6) \times 0.9}$$

$$= 1.60$$

전부하의 카가 최하층에 있는 경우

$$T_2 = \frac{\text{카 무게} + \text{적재하중} + \text{로프무게}}{\text{균형추 무게} + \text{보상체인 무게}}$$

$$= \frac{2000 + 3000 + (90 \times 6 \times 0.6)}{(2000 + 3000 \times 0.45) + (90 \times 6 \times 0.6) \times 0.9}$$

$$= 1.46$$

34

엘리베이터가 출발층에서 출발한 후 서비스를 끝내고 다시 출발층으로 돌아오는 시간이 30초이고, 승객수는 10명일 때, 5분간 수송능력은 얼마인가?

① 50명   ② 100명
③ 150명   ④ 200명

풀이

5분간 수송능력

$$P = \frac{5 \times 60 \times r}{RTT} = \frac{5 \times 60 \times 10}{30} = 100$$

35

승강장문 근처의 승강장에 있는 자연조명 또는 인공조명은 카 조명이 꺼지더라도 이용자가 엘리베이터에 탑승하기 위해 승강장문이 열릴 때 미리 앞을 볼 수 있도록 바닥에서 몇 lx 이상이어야 하는가?

① 5   ② 50
③ 100   ④ 150

풀이

- 승강장, 기계실 이동 공간, 피트 및 카 지붕 1 m 위 : 50 lx 이상
- 승강로의 피트 바닥 및 카 지붕 1 m 위 이외장소 : 20 lx 이상
- 기계실 및 작업공간 : 200 lx 이상
- 카 : 100 lx 이상 (장애인용 : 200 lx 이상)
- 비상등 : 5 lx 이상 1시간

36

기계실 작업구역의 유효 높이는 몇 m 이상이어야 하는가?

① 1.2   ② 1.8   ③ 2.1   ④ 3

풀이

- 엘리베이터 작업공간 및 기계실 높이 : 2.1 m 이상
- 에스컬레이터 작업공간 : 2 m 이상

37

그림과 같이 기어 A, B가 맞물려 있을 때, 수식이 틀린 것은? (단, D_1, D_2는 피치원 지름, N_1, N_2는 회전수, V_1, V_2는 원주 속도, Z_1, Z_2는 잇수, L은 중심거리이다.)

정답 33. ③ 34. ② 35. ② 36. ③ 37. ④

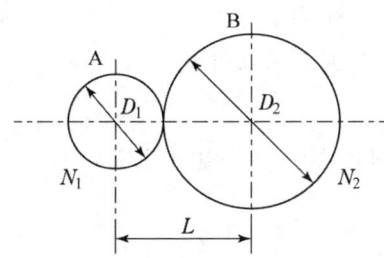

① $N_2 D_2 = N_1 D_1$
② $\dfrac{D_1}{D_2} = \dfrac{Z_1}{Z_2}$
③ $L = \dfrac{D_1 + D_2}{2}$
④ $D_1 < D_2$이면 $V_1 < V_2$ 이다.

풀이
회전수 N과 속도는 같으므로 $D_2 V_2 = D_1 V_1$
∴ D와 V는 반비례 $D_1 < D_2$이면 $V_1 > V_2$

38
60 Hz, 6극 유도전동기의 슬립이 3 % 이다. 이 전동기의 회전속도는 몇 rpm인가?

① 1064 ② 1164
③ 1264 ④ 1364

풀이
$N = \dfrac{120f(1-s)}{P} = \dfrac{120 \times 60 \times (1-0.03)}{6}$
$= 1164 \text{[rpm]}$

39
피트 바닥은 전 부하 상태의 카가 완충기에 작용하였을 때 카 완충기 지지대 아래에 부과되는 정하중의 몇 배를 지지할 수 있어야 하는가?

① 1 ② 2 ③ 3 ④ 4

풀이
• 전기식(로프식) : 4배
• 간접식 유압엘리베이터 : 에너지 축적형 완충기 적용 시 3배, 에너지 분산형 완충기 적용 시 2배

40
카 천장에 비상구출문이 설치된 경우, 유효 개구부의 크기는 몇 이상이어야 하는가?

① 0.2 m×0.3 m 이상
② 0.3 m×0.3 m 이상
③ 0.3 m×0.4 m 이상
④ 0.4 m×0.5 m 이상

풀이
소방구조용 : 0.5 m×0.7m 이상

3과목 일반기계공학

41
다음 그림과 같은 타원형 단면을 갖는 봉이 인장하중(P)을 받을 때, 작용하는 인장응력은?

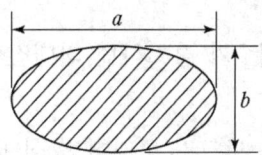

① $\dfrac{\pi ab^2}{4P}$ ② $\dfrac{4P}{\pi ab^2}$ ③ $\dfrac{\pi ab}{4P}$ ④ $\dfrac{4P}{\pi ab}$

풀이
응력 $(\sigma) = \dfrac{하중(P)}{단면적(A)}$
타원의 단면적 $= \pi \times \dfrac{a}{2} \times \dfrac{b}{2}$
∴ $\sigma = \dfrac{P}{\dfrac{\pi ab}{4}} = \dfrac{4P}{\pi ab}$

정답 38. ② 39. ④ 40. ④ 41. ④

42
두 기어가 맞물려 돌 때 잇수가 너무 적거나 잇수 차가 현저히 클 때, 한쪽 기어의 이뿌리를 간섭하여 회전을 방해하는 현상을 방지하기 위한 방법으로 틀린 것은?

① 압력각을 작게 한다.
② 전위기어를 사용한다.
③ 이끝을 둥글게 가공한다.
④ 이의 높이를 줄인다.

43
디퓨저(diffuser) 펌프, 벌류트(volute) 펌프가 포함되는 펌프 종류는?

① 원심 펌프   ② 왕복식 펌프
③ 축류 펌프   ④ 회전 펌프

44
비틀림 모멘트를 받는 원형 단면축에 발생되는 최대전단응력에 관한 설명으로 옳은 것은?

① 축 지름이 증가하면 최대전단응력은 감소한다.
② 극단면계수가 감소하면 최대전단응력은 감소한다.
③ 가해지는 토크가 증가하면 최대전단응력은 감소한다.
④ 단면의 극관성 모멘트가 증가하면 최대전단응력은 증가한다.

45
마이크로미터로 측정할 수 없는 것은?

① 실린더 내경
② 축의 편심량
③ 피스톤의 외경
④ 디스크 브레이크의 디스크 두께

풀이
축의 편심량 측정 : 다이얼 게이지

46
바이스, 잭, 프레스 등과 같이 힘을 전달하거나 부품을 이동하는 기구용에 적절하지 않은 나사는?

① 사각 나사   ② 사다리꼴 나사
③ 톱니 나사   ④ 관용 나사

풀이
관용나사 : 파이프, 관 등을 연결하는 나사

47
다음 중 피복아크 용접에서 언더 컷(under cut)이 가장 많이 나타나는 용접 조건은?

① 저전압, 용접속도가 느릴 때
② 전류 부족, 용접속도가 느릴 때
③ 용접속도가 빠를 때, 전류 과대
④ 용접속도가 느릴 때, 전류 과대

풀이
언더컷 발생 원인 : 용접 속도 과대, 전류 과대

48
그림과 같이 중앙에 집중 하중을 받고 있는 단순 지지보의 최대 굽힘응력은 몇 kPa 인가? (단, 보의 폭은 3 cm이고, 높이가 5 cm인 직사각형 단면이다.)

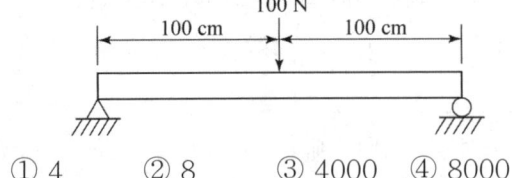

① 4   ② 8   ③ 4000   ④ 8000

풀이

최대굽힘응력 $\sigma = \dfrac{굽힘모멘트(M)}{단면계수(Z)}$ 에서

$M = \dfrac{PL}{4} = \dfrac{100 \times 2}{4} = 50[\text{N} \cdot \text{m}]$

$Z = \dfrac{bh^2}{6} = \dfrac{0.03 \times 0.05^2}{6} = 1.25 \times 10^{-5}[\text{m}^3]$

$\sigma = \dfrac{50}{1.25 \times 10^{-5}} \times 10^{-3} = 4000[\text{kPa}] \ (\text{Pa} = \text{N/m}^2)$

49
큰 회전력을 얻을 수 있고 양 방향 회전축에 120° 각도로 두 쌍을 설치하는 키는?

① 원뿔 키 ② 새들 키
③ 접선 키 ④ 드라이빙 키

50
금속을 가열하여 용해시킨 후 주형에 주입해 냉각 응고시켜 목적하는 제품을 만드는 것은?

① 주조 ② 압연
③ 제관 ④ 단조

51
원통 커플링에서 축 지름이 30 mm이고, 원통이 축을 누르는 힘이 50 N일 때 커플링이 전달할 수 있는 토크(N · mm)는? (단, 접촉부 마찰계수는 0.2 이다.)

① 471   ② 587   ③ 785   ④ 942

풀이

$F = \pi \times \mu \times P \times \dfrac{D_m}{2}$

$= \pi \times 0.2 \times 50 \times \dfrac{30}{2} = 471.24$

52
유압 제어 밸브의 종류에서 압력 제어 밸브가 아닌 것은?

① 릴리프 밸브
② 리 듀싱 밸브
③ 디셀러레이션 밸브
④ 카운터 밸런스 밸브

풀이

디셀러레이션 밸브 : 감속밸브로 유량제어 밸브의 종류다.

53
450 ℃까지의 온도에서 비강도가 높고 내식성이 우수하여 항공기 엔진 주위의 부품재료로 사용되며 비중은 약 4.51인 것은?

① Al   ② Ni
③ Zn   ④ Ti

풀이

티타늄(Ti)의 특성
① 용융점(1670 ℃)이 높고 열전도율이 낮다.
② 내식성이 우수하다.
③ 비중은 약 4.5 정도이다.
④ 비강도가 높다.

54
단조가공에 대한 설명으로 틀린 것은?

① 재료의 조직을 미세화 한다.
② 복잡한 구조의 소재가공에 적합하다.
③ 가열한 상태에서 해머로 타격한다.
④ 산화에 의한 스케일이 발생한다.

풀이

단조는 해머로 두들겨 가공하기 때문에 복잡한 구조의 가공은 어렵다.

55
유압 작동유의 구비조건으로 옳은 것은?

① 압축성이어야 한다.
② 열을 방출하지 아니하여야 한다.
③ 장시간 사용하여도 화학적으로 안정하여야 한다.
④ 외부로부터 침입한 불순물을 침전, 분리시키지 않아야 한다.

풀이
① 비압축성이어야 한다.
② 윤활성과 유동성이 좋아야 한다
③ 증기압, 열팽창계수는 작고 비등점과 비열은 높아야 한다.
④ 열 전달율이 높아야 한다.
⑤ 체적탄성계수가 커야 한다.
 (체적변형이 작아야 한다.)

56
마찰부분이 많은 부품에 내마모성과 인성이 풍부한 강을 만들기 위한 열처리 방법에 속하지 않는 것은?

① 침탄법　　② 화염 경화법
③ 질화법　　④ 저주파 경화법

풀이
고주파 경화법이다. (저주파 경화법은 없다.)

57
코일 스프링에서 스프링 상수에 대한 설명으로 틀린 것은?

① 스프링 소재 지름의 4승에 비례한다.
② 스프링의 변형량에 비례한다.
③ 코일 평균 지름의 3승에 반비례한다.
④ 스프링 소재의 전단탄성계수에 비례한다.

풀이
$$k = \frac{W}{\delta},\ k = \frac{Gd^4}{8nD^3}$$
여기서, δ : 변형량, D : 스프링지름
　　　　G : 전단탄성계수, n : 유효권수
　　　　d : 소재지름, W : 하중

58
기계재료에서 중금속을 구분하는 기준은?

① 비중이 0.5 이상인 금속
② 비중이 1 이상인 금속
③ 비중이 5 이상인 금속
④ 비중이 10 이상인 금속

풀이
- 중금속 : 비중이 4~5 이상인 금속
- 경금속 : 비중이 4~5 미만인 금속

59
지름 24 mm의 환봉에 인장하중이 작용할 경우 최대 허용인장하중(N)은 약 얼마인가? (단, 환봉의 인장강도는 45 N/mm²이고, 안전율은 8이다.)

① 2544　　② 5089
③ 8640　　④ 20357

풀이
안전율 $= \dfrac{\text{인장강도}}{\text{허용인장강도}}$

$\therefore$ 허용인장강도 $= \dfrac{45}{8} = 5.625 [\text{N/mm}^2]$

허용인장강도 $= \dfrac{\text{허용하중}}{\text{단면적}}$

$\therefore$ 허용하중 $= 5.625 \times \pi \times 12^2 = 2544.69 [\text{N}]$

정답 55. ③　56. ④　57. ②　58. ③　59. ①

60
구성인선(built-up edge)의 방지대책으로 적절한 것은?

① 절삭 속도를 느리게 하고 이송 속도를 빠르게 한다.
② 절삭 속도를 빠르게 하고 윤활성이 좋은 절삭유를 사용한다.
③ 바이트의 윗면 경사각을 작게 하고 이송속도를 느리게 한다.
④ 절삭 깊이를 깊게 하고 이송 속도를 빠르게 한다.

풀이
구성인선방지책
① 절삭 깊이를 낮게 한다.
② 바이트의 경사각을 크게 한다.
③ 절삭 속도를 빠르게 한다.
④ 윤활성이 좋은 절삭유를 사용한다. (냉각)

4과목 전기제어공학

61
3상 유도전동기의 출력이 10 kW, 슬립이 4.8 %일 때의 2차 동손은 약 몇 kW인가?

① 0.24　　② 0.36
③ ⑤0.5　　④ 0.8

풀이
$$P_{C2} = \frac{s}{(1-s)} \times P_0$$
$$= \frac{0.048}{(1-0.048)} \times 10 = 0.51[kW]$$

62
유도전동기에 인가되는 전압과 주파수의 비를 일정하게 제어하여 유도전동기의 속도를 정격속도 이하로 제어하는 방식은?

① CVCF 제어방식
② VVVF 제어방식
③ 교류 궤환 제어방식
④ 교류 2단 속도 제어방식

풀이
VVVF 제어는 가변전압 가변주파수 제어로 인버터 방식이라고 하며 직류를 교류로 변환 시 V/F 비를 일정하게 제어한다.

63
전력(W)에 관한 설명으로 틀린 것은?

① 단위는 J/s 이다.
② 열량을 적분하면 전력이다.
③ 단위 시간에 대한 전기 에너지 이다.
④ 공률(일률)과 같은 단위를 갖는다.

풀이
$1[W] = 1[J/s] = 1[N \cdot m]$

64
입력 A, B, C에 따라 Y를 출력하는 다음의 회로는 무접점 논리회로 중 어떤 회로인가?

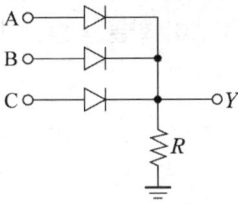

① OR 회로　　② NOR 회로
③ AND 회로　　④ NAND 회로

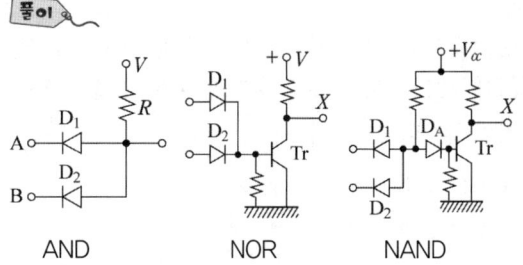

AND   NOR   NAND

65
제어편차가 검출될 때 편차가 변화하는 속도에 비례하여 조작량을 가감하도록 하는 제어로써 오차가 커지는 것을 미연에 방지하는 제어동작은?

① ON/OFF 제어 동작
② 미분 제어 동작
③ 적분 제어 동작
④ 비례 제어 동작

풀이
- ON/OFF 제어 : 구조가 간단하고 정확도가 낮은 2위치 동작
- 미분제어(D동작) ; 오차 제거
- 적분제어(I동작) : 잔류 편차를 제거
- 비례제어(P동작) : 출력과 입력 차에 비례한 크기로 제어
- 비례적분미분제어(PID동작) : 정상특성 응답과 동시에 속응성 개선

66
선간전압 200V의 3상 교류전원에 화물용 승강기를 접속하고 전력과 전류를 측정하였더니 2.77 kW, 10 A이었다. 이 화물용 승강기 모터의 역률은 약 얼마인가?

① 0.6   ② 0.7   ③ 0.8   ④ 0.9

풀이
피상전력 $Pa = \sqrt{3} \times 200 \times 10 = 3464.10 [VA]$
역률 $\cos\theta = \dfrac{P}{Pa} = \dfrac{2.77 \times 10^3}{3464.1} = 0.8$

67
그림의 논리회로에서 A, B, C, D를 입력, Y를 출력이라 할 때 출력 식은?

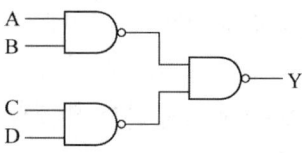

① A+B+C+D
② (A+B)(C+D)
③ AB+CD
④ ABCD

풀이
드모르간의 정리를 적용한다.
$\overline{\overline{AB} \cdot \overline{CD}} = AB + CD$

68
그림과 같은 회로에 흐르는 전류 I[A]는?

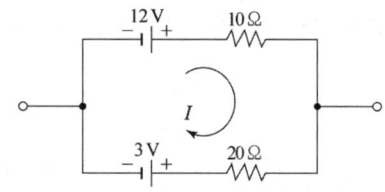

① 0.3   ② 0.6
③ 0.9   ④ 1.2

풀이
$I = \dfrac{V}{R} = \dfrac{(12-3)}{(10+20)} = 0.3 [A]$

69
환상 솔레노이드 철심에 200회의 코일을 감고 2 A의 전류를 흘릴 때 발생하는 기자력은 몇 AT인가?

① 50   ② 100
③ 200   ④ 400

풀이
$H = N \cdot I = 200 \times 2 = 400 [AT]$

정답 65. ②   66. ③   67. ③   68. ①   69. ④

70

$e(t) = 200\sin\omega(t)$ [V], $i(t) = 4\sin(\omega t - \dfrac{\pi}{3})$ [A]일 때 유효전력(W)은?

① 100　　　② 200
③ 300　　　④ 400

풀이
유효전력 $P = VI\cos\theta$, 실효값 $= \dfrac{\text{최대값}}{\sqrt{2}}$

$\therefore P = \dfrac{200}{\sqrt{2}} \times \dfrac{4}{\sqrt{2}} \times \cos(0-(-60)) = 200$ [W]

71
전기자 철심을 규소 강판으로 성층하는 주된 이유는?

① 정류자면의 손상이 적다.
② 가공하기 쉽다.
③ 철손을 적게 할 수 있다.
④ 기계손을 적게 할 수 있다.

풀이
철손은 히스테리시스손(규소강판)과 와전류손(성층철심)이 있는데 얇은 규소강판을 성층하여 철손을 줄인다.

72
논리식 A+BC와 등가인 논리식은?

① AB+AC
② (A+B)(A+C)
③ (A+B)C
④ (A+C)B

풀이
분배법칙에 의해 A+BC=(A+B)(A+C)

73
그림과 같은 RL 직렬회로에서 공급전압의 크기가 10 V일 때 $|V_R|$ = 8 V 이면 V_L의 크기는 몇 V 인가?

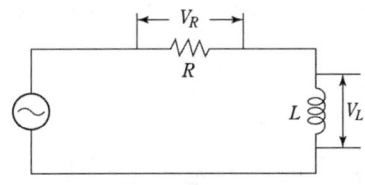

① 2　　　② 4
③ 6　　　④ 8

풀이
$V_L = \sqrt{V^2 - V_R^2} = \sqrt{10^2 - 8^2} = 6$ [V]

74
그림과 같은 단위 피드백 제어시스템의 전달함수 $C(s)/R(s)$는?

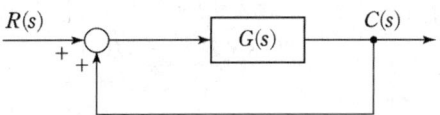

① $\dfrac{1}{1+G(s)}$　　　② $\dfrac{G(s)}{1+G(s)}$
③ $\dfrac{1}{1-G(s)}$　　　④ $\dfrac{G(s)}{1-G(s)}$

풀이
$\dfrac{C(s)}{R(s)} = \dfrac{G(s)}{1-G(s)}$

75
그림과 같은 회로에서 전달함수 $G(s) = \dfrac{I(s)}{V(s)}$ 를 구하면?

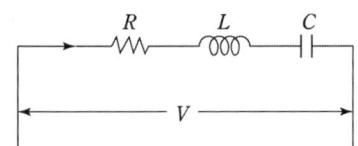

① $R + Ls + Cs$
② $\dfrac{1}{R + Ls + Cs}$
③ $R + Ls + \dfrac{1}{Cs}$
④ $\dfrac{1}{R + Ls + \dfrac{1}{Cs}}$

풀이

$v_i(t) = L\dfrac{d}{dt}i(t) + Ri(t) + \dfrac{1}{Cs}I(s)$

초기값을 0으로 하고 라플라스 변환하면

$V(s) = LsI(s) + RI(s) + \dfrac{1}{Cs}I(s)$

$= (Ls + R + \dfrac{1}{Cs})I(s)$

$\therefore G(s) = \dfrac{I(s)}{V(s)} = \dfrac{I(s)}{(Ls + R + \dfrac{1}{Cs})I(s)}$

$= \dfrac{1}{R + Ls + \dfrac{1}{Cs}}$

76
회전각을 전압으로 변환시키는데 사용되는 위치변환기는?

① 속도계
② 증폭기
③ 변조기
④ 전위차계

77
10[μF]의 콘덴서에 200[V]의 전압을 인가하였을 때 콘덴서에 축적되는 전하량은 몇 [C]인가?

① 2×10^{-3}
② 2×10^{-4}
③ 2×10^{-5}
④ 2×10^{-6}

풀이

$Q = CV = 10 \times 10^{-6} \times 200 = 2 \times 10^{-3}[C]$

78
승강기나 에스컬레이터 등의 옥내 전선의 절연저항을 측정하는데 가장 적당한 측정기기는?

① 메거
② 휘트스톤 브리지
③ 켈빈 더블 브리지
④ 코올라우시 브리지

풀이

메거(절연저항계)

79
폐루프 제어시스템의 구성에서 조절부와 조작부를 합쳐서 무엇이라고 하는가?

① 보상요소
② 제어요소
③ 기준입력요소
④ 귀환요소

풀이

제어요소 = 조절부 + 조작부

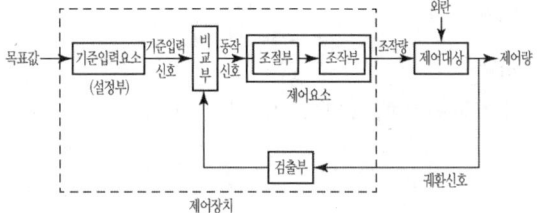

정답 75. ④ 76. ④ 77. ① 78. ① 79. ②

80

그림의 신호흐름선도에서 전달함수 $\dfrac{C(s)}{R(s)}$ 는?

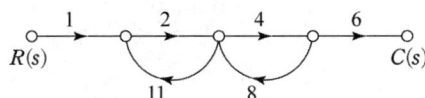

① $-\dfrac{8}{9}$ ② $-\dfrac{13}{19}$

③ $-\dfrac{48}{53}$ ④ $-\dfrac{105}{77}$

풀이

$\dfrac{C(s)}{R(s)} = \dfrac{1 \times 2 \times 4 \times 6}{1-(2 \times 11 + 4 \times 8)} = -\dfrac{48}{53}$

1과목 승강기 개론

01
엘리베이터의 매다는 장치와 매다는 장치 끝부분 사이의 연결은 매다는 장치의 최소 파단하중의 최소 몇 % 이상을 견딜 수 있어야 하는가?

① 70 ② 80 ③ 90 ④ 100

02
에스컬레이터의 과속역행방지장치의 종류가 아닌 것은?

① 폴 래칫 휠 방식
② 디스크 웨지 방식
③ 디스크 브레이크 방식
④ 다이나믹 브레이크 방식

03
장애인용 엘리베이터의 호출버튼·조작반·통화장치 등 승강기의 안팎에 설치되는 모든 스위치의 높이 기준은? (단, 스위치 수가 많아 기준 높이 이내로 설치되는 것이 곤란한 경우는 제외한다.)

① 바닥면으로부터 0.8 m 이상 1.2 m 이하
② 바닥면으로부터 0.9 m 이상 1.3 m 이하
③ 바닥면으로부터 1.0 m 이상 1.4 m 이하
④ 바닥면으로부터 1.2 m 이상 1.5 m 이하

풀이
- 장애인용 엘리베이터 기준 : 0.8 m 이상~1.4 m 이하 (고층인 경우 1.4 m 이하)

04
유압식 승강기에서 미터인 회로를 사용하는 유압회로의 특징으로 맞는 것은?

① 유량을 간접적으로 제어하므로 정확한 제어가 어렵다.
② 유량제어밸브를 주회로에서 분기된 바이패스회로에 삽입한 것으로 효율이 높다.
③ 릴리프밸브로 유량을 방출하지 않으므로 설정압력까지 오르지 않고 부하에 의해 압력이 결정된다.
④ 카를 기동할 때 유량 조정이 어렵고, 기동쇼크가 발생하기 쉬우며, 상승 운전 시의 효율이 좋지 않다.

풀이
- 미터인 회로 : 정확한 속도제어 가능, 효율이 낮다.
- 브리드 오프 회로 : 정확한 속도제어 어렵고 효율이 높다.

05
엘리베이터를 동력 매체별로 구분한 것이 아닌 것은?

① 로프식 엘리베이터
② 유압식 엘리베이터
③ 스크루식 엘리베이터
④ 더블데크 엘리베이터

풀이
더블데크 엘리베이터는 설치 형태 및 카 구조에 의한 분류로 2대의 카를 상하로 연결하여 운행하는 엘리베이터다.

정답 01. ②　02. ④　03. ①　04. ④　05. ④

06
엘리베이터 승강로에 모든 출입문이 닫혔을 때 밝히기 위한 승강로 전 구간에 걸쳐 영구적으로 설치되는 전기조명의 조도 기준으로 틀린 것은?

① 카 지붕과 피트를 제외한 장소 : 20 lx
② 카 지붕에서 수직 위로 1 m 떨어진 곳 : 50 lx
③ 사람이 서 있을 수 있는 공간의 바닥에서 수직 위로 1m 떨어진 곳 : 50 lx
④ 작업구역 및 작업구역 간 이동 공간의 바닥에서 수직 위로 1 m 떨어진 곳 : 80 lx

풀이
작업공간 바닥 면 : 200 lx 이상
이동공간 바닥 면 : 50 lx 이상

07
직접식 유압 엘리베이터의 특징이 아닌 것은?

① 부하에 의한 카 바닥의 빠짐이 작다.
② 추락방지안전장치(비상정지장치)가 필요하지 않다.
③ 일반적으로 실린더의 점검이 간접식에 비해 쉽다.
④ 실린더를 설치하기 위한 보호관을 지중에 설치해야 한다.

풀이
실린더 보호관이 있어 설치 및 점검이 어렵다.

08
과속 또는 매다는 장치가 파단할 경우 카나 균형추의 자유낙하를 방지하는 장치는?

① 완충기
② 브레이크
③ 차단밸브
④ 추락방지안전장치(비상정지장치)

09
엘리베이터의 카에는 자동으로 재충전되는 비상전원공급장치에 의해 5 lx 이상의 조도로 얼마 동안 전원이 공급되는 비상등이 있어야 하는가?

① 30분 ② 40분 ③ 50분 ④ 60분

10
주택용 엘리베이터에 대한 기준 중 ( ) 안에 들어갈 내용으로 맞는 것은?

> 카의 유효면적은 1.4m² 이하이어야 하고, 다음과 같이 계산되어야 한다.
> 1) 유효면적이 1.1 m² 이하인 것 : 1 m² 당 (㉠) kg 으로 계산한 수치, 최소 159 kg
> 2) 유효면적이 1.1 m² 초과인 것 : 1 m² 당 (㉡) kg 으로 계산한 수치

① ㉠ 179, ㉡ 305
② ㉠ 195, ㉡ 295
③ ㉠ 179, ㉡ 300
④ ㉠ 195, ㉡ 305

11
에스컬레이터의 안전장치가 아닌 것은?

① 오일 완충기
② 스커트 가드
③ 핸드레일 안전장치
④ 인레트(Inlet) 스위치

풀이
에스컬레이터에는 완충기가 없다.

12
균형추의 총중량은 빈 카의 자중에 그 엘리베이터의 사용 용도에 따라 적재하중의 35~55%의 중량을 더한 값으로 한다. 이때 적재하중의 몇 %를 더할 것인가를 나타내는 것은?

정답 06. ④ 07. ③ 08. ④ 09. ④ 10. ④ 11. ① 12. ④

① 마찰률　　② 트랙션 비율
③ 균형추 비율　④ 오버 밸런스율

13
엘리베이터의 자동 동력 작동식 문에 대한 기준 중 ( )안에 들어갈 내용으로 알맞은 것은?

> 문이 닫히는 중에 사람이 출입구를 통과하는 경우 자동으로 문이 열리는 장치(멀티빔 등)는 카문 문턱 위로 최소 (㉠) mm와 최대 (㉡) mm 사이의 전 구간에 걸쳐 감지할 수 있어야 한다.

① ㉠ 25, ㉡ 1400　② ㉠ 30, ㉡ 1500
③ ㉠ 25, ㉡ 1600　④ ㉠ 30, ㉡ 1600

풀이
최소 50 mm의 물체를 감지해야 한다.

14
에스컬레이터 또는 무빙워크의 스커트가 디딤판(스텝) 측면에 위치한 경우 수평 틈새는 각 측면에서 최대 몇 mm 이하이어야 하는가?

① 3　② 4　③ 5　④ 6

풀이
각 측면에서 4 mm 이하 양측 합은 7 mm 이하

15
주차장법령상 주차구획이 3층 이상으로 배치되어 있고 출입구가 있는 층의 모든 주차구획을 주차장치 출입구로 사용할 수 있는 구조로서 그 주차구획을 아래·위 또는 수평으로 이동하여 자동차를 주차하는 주차장치는?

① 2단식 주차장치
② 다단식 주차장치
③ 수평이동식 주차장치
④ 수직순환식 주차장치

풀이
2층은 2단식, 3층 이상은 다단식

16
일반적으로 교류2단 속도제어에서 가장 많이 사용되는 이단속도 전동기의 속도비는?

① 8 : 1　② 6 : 1
③ 4 : 1　④ 2 : 1

17
엘리베이터용 전동기의 구비 조건이 아닌 것은?

① 소음이 적을 것
② 기동토크기 클 것
③ 기동전류가 적을 것
④ 회전속도가 느릴 것

풀이
관성 모멘트 작고 발열량이 적을 것

18
엘리베이터 카의 상승과속방지장치에 대한 설명으로 틀린 것은?

① 이 장치가 작동되면 기준에 적합한 전기안전장치가 작동되어야 한다.
② 이 장치는 빈 카의 감속도가 정지단계 동안 $1g_n$를 초과하는 것을 허용하지 않아야 한다.
③ 이 장치는 두 지점에서만 정적으로 지지되는 권상도르래와 동일한 축에 작동되지 않아야 한다.
④ 이 장치를 작동하기 위해 외부 에너지가 필요할 경우, 에너지가 없으면 엘리베이터는 정지되어야 하고 정지 상태가 유지되어야 한다.

정답 13. ③ 14. ② 15. ② 16. ③ 17. ④ 18. ③

> **풀이**
> ③은 도르래 브레이크의 설명으로 권상도르래와 동일한 축에서 작동되어야 한다.

19
기어드(Geared)형 권상기에서 엘리베이터의 속도를 결정하는 요소가 아닌 것은?

① 시브의 직경
② 로프의 직경
③ 기어의 감속비
④ 권상모터의 회전수

> **풀이**
> $V = \dfrac{\pi DN}{1000 \times k} \times i$
> 여기서, D : 권상도르래 직경
> N : 전동기 회전수
> k : 로핑계수
> i : 감속비

20
승강로 벽은 0.3 m×0.3 m 면적의 원형이나 사각의 단면에 몇 N의 힘을 균등하게 분산하여 벽의 어느 지점에 가할 때 1 mm를 초과하는 영구적인 변형이 없어야 하고 15 mm를 초과하는 탄성 변형이 없어야 하는가?

① 500
② 1000
③ 1500
④ 2000

> **풀이**
> 카 지붕은 2000 N

2과목 승강기 설계

21
동력전원설비 용량의 계산에서 여러 대의 엘리베이터가 설치되어 있는 경우에 적용하는 부등률을 1로 하여야 하는 엘리베이터는?

① 침대용 엘리베이터
② 전망용 엘리베이터
③ 화물용 엘리베이터
④ 소방구조용(비상용) 엘리베이터

> **풀이**
> ※ 부등률은 항상 1 이상이다.

22
승객용 엘리베이터에서 카문과 문턱과 승강장문의 문턱 사이의 수평거리 기준은?

① 25 mm 이하
② 30 mm 이하
③ 35 mm 이하
④ 40 mm 이하

> **풀이**
> ※ 장애인용, 소형화물용 엘리베이터 : 30 mm 이하

23
엘리베이터에서 정격하중을 적재한 카 또는 균형추/평형추가 자유 낙하할 때 점차 작동형 추락방지안전장치(비상정지장치)의 평균감속도 기준은?

① $0.1\ g_n \sim 1\ g_n$
② $0.1\ g_n \sim 1.25\ g_n$
③ $0.2\ g_n \sim 1\ g_n$
④ $0.2\ g_n \sim 1.25\ g_n$

정답 19. ② 20. ② 21. ④ 22. ③ 23. ③

24
유압 엘리베이터의 실린더와 체크밸브 또는 하강 밸브 사이의 가요성 호스는 전 부하 압력 및 파열 압력과 관련하여 안전율이 최소 얼마 이상이어야 하는가?

① 6 ② 8 ③ 10 ④ 12

25
승객용 엘리베이터의 적재하중이 1000 kgf, 카 자중이 2200 kgf, 길이가 180 cm, 사용재료가 ㄷ 180×75×7, 단면계수가 306 cm³일 경우 하부 체대의 최대굽힘 모멘트(kgf · cm)는? (단, 브레이스 로드가 분담하는 하중은 무시한다.)

① 72000 ② 75000
③ 77000 ④ 80000

풀이
$$M = \frac{(W_c + W) \times L}{8} = \frac{(2200 + 1000) \times 180}{8}$$
$$= 72000 [\text{kg} \cdot \text{cm}]$$

26
엘리베이터 안전기준상 소방구조용(비상용) 엘리베이터의 기본요건에 적합한 것은?

① 정격하중이 1000 kgf 이상이어야 한다.
② 카의 운행속도는 0.5 m/s 이상이어야 한다.
③ 카는 건물의 전 층에 대해 운행이 가능해야 한다.
④ 카의 폭이 1100 mm, 깊이가 2100 mm 이상이어야 한다.

풀이
- 정격하중 : 630kg 이상
- 속도 : 1m/s 이상
- 카 : 폭 1100mm 이상
- 깊이 1400mm 이상

27
에너지 축적형 완충기의 설계 기준 중 ( ) 안에 알맞은 내용은?

> 선형 특성을 갖는 완충기는 카 자중과 정격하중을 더한 값(또는 균형추의 무게)의 (㉠)배와 (㉡)배 사이의 정하중으로 관련 기준에 규정된 행정이 적용되도록 설계되어야 한다.

① ㉠ 2.0, ㉡ 4   ② ㉠ 2.0, ㉡ 5
③ ㉠ 2.5, ㉡ 4   ④ ㉠ 2.5, ㉡ 5

28
유압 엘리베이터에서 로프 또는 체인이 동기화 수단으로 사용될 경우의 기준에 대한 설명으로 틀린 것은?

① 체인의 안전율은 8 이상이어야 한다.
② 로프의 안전율은 12 이상이어야 한다.
③ 2개 이상의 독립된 로프 또는 체인이 있어야 한다.
④ 최대 힘은 전 부하 압력에서 발생하는 힘, 로프 또는 체인의 수를 고려하여 계산되어야 한다.

풀이
체인의 안전율 : 10 이상

29
지진대책에 따른 엘리베이터의 구조에 대한 설명으로 틀린 것은?

① 지진이나 기타 진동에 의해 주로프가 도르래에서 이탈하지 않아야 한다.
② 엘리베이터의 균형추 지진이나 기타 진동에 의하여 가이드 레일로부터 이탈하지 않아야 한다.

③ 승강로내에는 지진 시에 로프, 전선 등의 기능에 악영향이 발생하지 않도록 모든 돌출물을 설치하여서는 안 된다.
④ 엘리베이터의 전동기, 제어반 및 권상기는 카마다 설치하고, 또한 지진이나 기타 진동에 의해 전도 또는 이동하지 않아야 한다.

풀이
레일 브래킷, 리미트 스위치 등이 설치되고 이동케이블이 걸리지 않도록 가이드 혹은 그물망을 설치한다.

30
사이리스터의 점호각을 바꿈으로써 승강기 속도를 제어하는 시스템은?
① 교류 귀환 제어방식
② 워드 레오나드 방식
③ 정지 레오나드 방식
④ 교류 2단 속도 제어방식

풀이
사이리스터 점호각 제어 : 직류는 정지 레오나드 방식, 교류는 교류 귀환제어 방식이다.
(문제 오류로 가답안 발표시 3번으로 발표되었지만 확정답안 발표시 1, 3번이 정답처리 되었습니다.)

31
엘리베이터의 일주시간을 계산할 때 고려사항이 아닌 것은?
① 주행시간
② 도어개폐시간
③ 승객출입시간
④ 기준층 복귀시간

풀이
일주시간 = (주행시간+도어 개폐시간 + 승객 출입 시간 + 손실시간)

32
다음 그림과 같은 도르래에 매달려 있는 하중 W를 올리는 힘 P로 나타낸 것은?
① $W = 2P$
② $W = 3P$
③ $W = 4P$
④ $W = 8P$

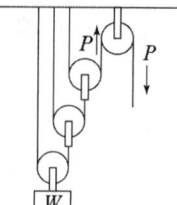

풀이
움직도르래 3개 이므로
$P = \dfrac{1}{2^n} = \dfrac{1}{2^3} W$
∴ $W = 8P$

33
다음 중 추락방지안전장치(비상정지장치)의 성능시험과 관계가 가장 적은 사항은?
① 적용중량
② 작동속도
③ 평균감속도
④ 주행안내(가이드) 레일의 규격

풀이
• 작동속도 : 정격속도의 1.15배 이상 1.25V+0.25/V 미만
• 평균 감속도 : 0.2 g 이상 1 g 이하의 조건으로 적용 중량의 범위에서 낙하시험을 한다.

34
기어감속비 49 : 2, 도르래 지름 540 mm, 전동기 입력 주파수 60 Hz, 극수 4, 전동기의 회전 수 슬립이 4%일 때 엘리베이터의 정격속도는 약 몇 m/min인가?
① 90
② 105
③ 120
④ 150

정답 30. ①, ③ 31. ④ 32. ④ 33. ④ 34. ③

풀이

$$V = \frac{\pi DN}{1000k} i$$

※ 로핑계수 k는 없으면 1 : 1로 계산

$$= \frac{\pi \times 540 \times \frac{120 \times 60 \times (1-0.04)}{4}}{1000} \times \frac{2}{49}$$

$$= 119.65 [\text{m/min}]$$

35
엘리베이터 승강로 점검문의 크기 기준은?

① 높이 0.6 m 이하, 폭 0.6 m 이하
② 높이 0.6 m 이하, 폭 0.5 m 이하
③ 높이 0.5 m 이하, 폭 0.6 m 이하
④ 높이 0.5 m 이하, 폭 0.5 m 이하

36
추락방지안전장치(비상정지장치)가 없는 균형추 또는 평형추의 T형 주행안내 레일에 대해 계산된 최대 허용 휨은?

① 한방향으로 3 mm
② 양방향으로 5 mm
③ 한방향으로 10 mm
④ 양방향으로 10 mm

풀이

레일의 최대 허용 휨
① 추락방지안전장치 없는 경우 : 양방향 10 mm 이하
② 추락방지안전장치가 있는 경우 : 양방향 5 mm 이하

37
교통수요 산출을 위해 이용자 인원을 산정할 때 하향 방향승객을 고려하지 않는 경우는?

① 병원
② 아파트
③ 사무실
④ 백화점

38
정격속도 60 m/min, 정격하중 1150 kgf, 오버밸런스율 45%, 전체효율이 0.6인 승강기용 전동기의 용량은 약 몇 kW인가?

① 5.5
② 7.5
③ 10.3
④ 13.3

풀이

$$P = \frac{LV(1-OB)}{6120\eta} = \frac{1150 \times 60 \times (1-0.45)}{6120 \times 0.6}$$

$$= 10.33 [\text{kW}]$$

39
수직 개폐식 문의 현수에 대한 기준으로 틀린 것은?

① 현수 로프·체인 및 벨트의 안전율은 8 이상으로 설계되어야 한다.
② 현수 로프 풀리의 피치 직경은 로프 직경의 35배 이상이어야 한다.
③ 수직 개폐식 승강장문 및 카문의 문짝은 2개의 독립된 현수 부품에 의해 고정되어야 한다.
④ 현수 로프/체인은 풀리 홈 또는 스프로킷에서 이탈되지 않도록 보호되어야 한다.

풀이

현수 로프 풀리의 피치 직경 : 로프 직경의 25배
로프, 체인, 벨트의 안전율 : 8 이상

40
엘리베이터 브레이크의 능력에 대한 설명으로 틀린 것은?

① 제동력을 너무 작게 하면 제동 시 회전부분에 큰 응력을 발생시킨다.

정답 35. ④ 36. ④ 37. ③ 38. ③ 39. ② 40. ①

② 브레이크는 카나 균형추 등 엘리베이터의 전 장치의 관성을 제지할 필요가 없다.
③ 정지 후 부하에 의한 언밸런스로 역구동되어 움직이는 일이 없도록 유지되어야 한다.
④ 화물용 엘리베이터는 정격의 125 % 부하로 전속 하강 중 위험 없이 감속·정지할 수 있어야 한다.

풀이
제동력이 크면 회전 부분의 응력이 커지고 화물용 엘리베이터도 승객용과 같은 125 %의 부하로 전속 하강 시 안전하게 감속(1 g 이하) 정지해야 한다.

3과목 일반기계공학

41
측정하고자 하는 축을 V블록 위에 올려놓은 뒤 다이얼 게이지를 설치하고 회전하였더니 눈금 값이 1 mm라면 이 축의 진원도(mm)는?

① 2   ② 1   ③ 0.5   ④ 0.25

풀이
V 블록 위 측정 시 : 눈금 값(TIR)의 1/2
양측 센터 측정 시 : 눈금값(TIR)

42
주축의 회전운동을 직선 왕복운동으로 바꾸는데 사용하는 밀링 머신의 부속장치는?

① 분할대
② 슬로팅 장치
③ 래크 절삭 장치
④ 로터리 밀링 헤드 장치

43
지름 2.5 cm의 연강봉 양단을 강성벽에 고정한 후 30℃에서 0℃까지 냉각되었을 경우 연강봉에 생기는 압축응력[kPa]은? (단, 연강의 선팽창계수는 0.000012, 세로탄성계수는 210 MPa 이다.)

① 37.1   ② 75.6
③ 371   ④ 756

풀이
$\sigma = E \times (t_2 - t_1) \times \alpha$
$= 210 \times 10^6 \times (0-30) \times 0.000012$
$= -75600 [N/m^2]$
E : 세로탄성계수, α : 선팽창계수
$Pa = N/m^2$ 이므로 $-75600 \times 10^{-3} = -75.6 [kPa]$
※ 부호(-)는 압축응력

44
정밀 주조법 중 셸 몰드법의 특징이 아닌 것은?

① 치수 정밀도가 높다.
② 합성수지의 가격이 저가이다.
③ 제작이 용이하며 대량생산에 적합하다.
④ 모래가 적게 들고 주물의 뒤처리가 간단하다.

풀이
셸 몰드법에 사용되는 합성수지 및 설비 가격이 고가여서 초기 투자 비용이 많다.

45
KS규격에 의한 구름 베어링의 호칭번호 6200ZZ에서 "ZZ"의 의미로 옳은 것은?

① 한쪽 실붙이   ② 링 홈붙이
③ 양쪽 실드붙이   ④ 멈춤 링붙이

풀이
Z(한쪽 실드 붙이), ZZ(양쪽 실드 붙이),
U(한쪽 실 붙이), UU(양쪽 실 붙이),
N(링 붙이), NR(멈춤링 붙이)

정답 41. ③ 42. ② 43. ② 44. ② 45. ③

46
일반적인 구리의 특성으로 틀린 것은?

① 전기 및 열의 전도성이 우수하다.
② 아름다운 광택과 귀금속적 성질이 우수하다.
③ Zn, Sn, Ni, Ag 등과 쉽게 합금을 만들 수 있다.
④ 기계적 강도가 높아 공작기계의 주축으로 사용된다.

풀이
구리(Cu)는 강도가 약하다.

47
유량이나 입구 측의 유압과는 관계없이 미리 설정한 2차측 압력을 일정하게 유지하는 것은?

① 체크 밸브   ② 리듀싱 밸브
③ 시퀀스 밸브 ④ 릴리프 밸브

풀이
- 체크 밸브 : 역류 방지
- 시퀀스 밸브 : 작동순서를 압력에 의하여 제어하는 밸브
- 릴리프밸브 : 압력을 규정치 이하로 조절하는 밸브

48
일반적인 유량측정 기기에 해당하는 것은?

① 피토 정압관   ② 피토관
③ 시차 액주계   ④ 벤투리미터

풀이
(1) 벤투리미터 : 오리피스, 노즐 등의 유량측정
(2) 피토 정압관 : 유체의 정압과 동압을 측정 비교하여 속도를 구하는 기기
(3) 피토관 : 총압과 정압을 측정하여 유체의 속도를 구하는 기기
(4) 시차 액주계 : 두 점 간의 압력 차 비교측정

49
송출량이 많고 저양정인 경우 적합하며 회전차의 날개가 선박의 스크루 프로펠러와 유사한 형상의 펌프는?

① 터빈 펌프   ② 기어 펌프
③ 축류 펌프   ④ 왕복 펌프

풀이
축류펌프 : 10[m] 이하의 저 양정에 적합

50
그림과 같은 블록 브레이크에서 드럼 축의 레버를 누르는 힘(F)을 우회전할 때는 F_1, 좌회전할 때는 F_2라고 하면 F_1/F_2의 값은? (단, 중작용선이며 모두 동일한 제동력을 발생시키는 것으로 가정한다.)

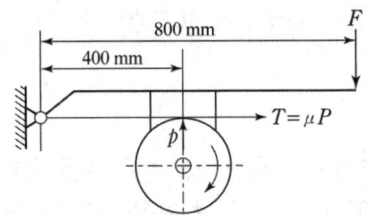

① 0.25   ② 0.5
③ 1   ④ 4

풀이
우회전 시 $F_1 = F \times \dfrac{400}{800}$

좌회전 시 $F_2 = F \times \dfrac{400}{800}$

$\therefore \dfrac{F_1}{F_2} = \dfrac{0.5}{0.5} = 1$

51
그림과 같은 외팔보의 끝단에 집중하중 P가 작용할 때 최소 처짐이 발생하는 단면은? (단, 보의 길이와 재질은 같다.)

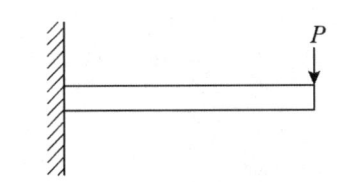

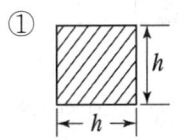 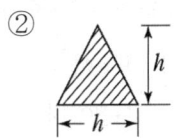

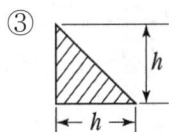 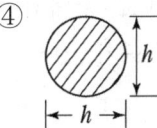

52
비틀림 모멘트를 받아 전단응력이 발생되는 원형 단면 축에 대한 설명으로 틀린 것은?

① 전단응력은 지름의 세제곱에 반비례한다.
② 전단응력은 비틀림 모멘트와 반비례한다.
③ 전단응력을 구할 때 극단면계수도 이용한다.
④ 중실 원형축의 지름을 2배로 증가시키면 비틀림 모멘트는 8배가 된다.

풀이

$$T = \frac{\pi d^3 \tau}{16}$$

여기서, T : 비틀림 모멘트, τ : 전단응력, d : 지름

$$\tau = \frac{16T}{\pi d^3}$$

※ 전단응력은 비틀림 모멘트에 비례한다.

53
용접 이음의 장점이 아닌 것은?

① 자재가 절약된다.
② 공정수가 증가된다.
③ 이음효율이 향상된다.
④ 기밀 유지성능이 좋다.

풀이

용접 이음은 공정수가 적다. (공정수 증가는 단점이다).

54
프레스 가공이나 주조 가공 등으로 생산된 제품의 불필요한 테두리나 핀 등을 잘라내거나 따내어 제품을 깨끗이 정형하는 작업은?

① 펀칭   ② 블랭킹
③ 세이빙   ④ 트리밍

풀이

- 블랭킹 : 펀치와 다이를 이용해 여러 형태의 판금 가공
- 펀칭 : 강판이나 박판에 펀치로 구멍 뚫는 작업
- 세이빙 : 소형 공작물의 평면이나 홈 가공 작업
- 트리밍 : 프레스가공이나 주조 가공에서 불필요한 테두리나 부분을 잘라내는 작업

55
지름 20 mm, 인장강도 42 MPa의 둥근 봉이 지탱할 수 있는 허용범위 내 최대하중(N)은 약 얼마인가? (단, 안전율은 7 이다.)

① 1884   ② 2235
③ 3524   ④ 4845

풀이

인장강도$(f) = \dfrac{\text{최대하중}(W)}{\text{단면적}(A)}$

안전율$(S) = \dfrac{\text{인장강도}(f)}{\text{응력}(\sigma)}$

에서 안전율이 7이므로 사용응력은 인장강도의 $\dfrac{1}{7}$

$$W = Af = \pi \times (10 \times 10^{-3})^2 \times 42 \times \frac{1}{7} \times 10^6$$

$$= 1884.96 [N]$$

※ Pa=N/m² 이므로 단위를 m로 통일

정답 52. ② 53. ② 54. ④ 55. ①

56
주로 나무나 가죽, 베크라이트 등 비금속이나 연한 금속의 거친 가공에 가장 적합한 줄(file)은?

① 귀목(rasp cut)
② 단목(single cut)
③ 복목(double cut)
④ 파목(curved cut)

풀이

- 귀목(rasp cut) : 베크라이트, 나무, 가죽 가공
- 단목(single cut) : 연한 금속이나 얇은 판금의 다듬질
- 복목(double cut) : 금속의 다듬질 가공
- 파목(curved cut) : 목재, 납 등 연한 재질의 황삭 가공

57
키(key)의 설계에서 강도상 주로 고려해야 하는 것은?

① 키의 굽힘응력과 전단응력
② 키의 전단응력과 인장응력
③ 키의 인장응력과 압축응력
④ 키의 전단응력과 압축응력

풀이

키는 압축응력과 전단응력을 받는다.

58
평벨트 전동장치와 비교한 V-벨트 전동장치의 특징으로 옳은 것은?

① 두 축의 회전방향이 다른 경우에 적합하다.
② 평벨트 전동에 비해 전동 효율이 나쁘다.
③ 축간거리가 짧고 큰 속도비에 적합하다.
④ 5 m/s 이하의 저속으로만 운전이 가능하다.

풀이

V 벨트의 특징은 축간거리 짧고 길이 조정 및 연결 불가, 미끄럼이 적고 고속운전 가능

59
구상 흑연 주철에 관한 설명으로 틀린 것은?

① 단조가 가능한 주철이다.
② 차량용 부품이나 내마모용으로 사용한다.
③ 노듈러 또는 덕타일 주철이라고도 한다.
④ 인장강도가 50~70 kgf/mm^2 정도인 것도 있다.

풀이

단조가 가능한 주철은 가단주철이다.

60
동력 전달용 나사가 아닌 것은?

① 관용 나사
② 사각 나사
③ 둥근 나사
④ 톱니 나사

풀이

관용 나사 : 파이프 혹은 관 연결용 나사

4과목 전기제어공학

61
코일에 단상 200 V의 전압을 가하면 10 A의 전류가 흐르고 1.6 kW의 전력을 소비된다. 이 코일과 병렬로 콘덴서를 접속하여 회로의 합성역률을 100 %로 하기 위한 용량 리액턴스[Ω]는 약 얼마인가?

① 11.1
② 22.2
③ ⑤33.3
④ 44.4

정답 56. ① 57. ④ 58. ③ 59. ① 60. ① 61. ③

풀이

피상전력 $Pa = 200 \times 10 = 2000[VA]$
유효전력 $P = 1.6[kW]$
역률 $\cos\theta = \dfrac{P}{Pa} = \dfrac{1600}{2000} = 0.8$
무효전력 $Pr = Pa \times \sin\theta = 2000 \times \sqrt{1-0.8^2}$
$= 1200[Var]$
역률이 1이 되기 위한 조건은 $P = Pa$, $(Pr = 0)$
$Pa = \dfrac{V^2}{X_C}$ $\therefore X_C = \dfrac{200^2}{1200} = 33.33[\Omega]$

62
영구자석의 재료로 요구되는 사항은?

① 잔류자기 및 보자력이 큰 것
② 잔류자기가 크고 보자력이 작은 것
③ 잔류자기는 작고 보자력이 큰 것
④ 잔류자기 및 보자력이 작은 것

풀이
- 영구자석 : 잔류자기와 보자력이 커야 한다.
- 철심의 재료 : 잔류자기는 크고 보자력은 작아야 한다.

63
시퀀스 제어에 관한 설명으로 틀린 것은?

① 조합논리회로가 사용된다.
② 시간지연요소가 사용된다.
③ 제어용 계전기가 사용된다.
④ 폐회로 제어계로 사용된다.

풀이
시퀀스 제어는 순차적으로 제어하는 방식으로 피드백 회로가 없는 개루프 제어계이다.

64
피드백 제어에 관한 설명으로 틀린 것은?

① 정확성이 증가한다.
② 대역폭이 증가한다.
③ 입력과 출력의 비를 나타내는 전체이득이 증가한다.
④ 개루프 제어에 비해 구조가 비교적 복잡하고 설치비가 많이 든다.

풀이
피드백 제어의 특성
① 정확성의 증가
② 입력 대 출력비 감소
③ 비선형과 왜형에 대한 효과 감소
④ 대역폭이 증가한다.
⑤ 발진을 일으키고 불안정한 상태로 돌아가는 특성
⑥ 구조가 복잡하고 설치비가 많이 든다.

65
다음 중 전류계에 대한 설명으로 틀린 것은?

① 전류계의 내부저항이 전압계의 내부저항보다 작다.
② 전류계를 회로에 병렬접속하면 계기가 손상될 수 있다.
③ 직류용 계기에는 (+), (−)의 단자가 구별되어 있다.
④ 전류계의 측정 범위를 확장하기 위해 직렬로 접속한 저항을 분류기라고 한다.

풀이
분류기 : 전류계와 병렬로 연결
배율기 : 전압계와 직렬 연결

66
100 V에서 500 W를 소비하는 저항이 있다. 이 저항에 100 V의 전원을 200 V로 바꾸어 접속하면 소비되는 전력[W]은?

① 250
② 500
③ 1000
④ 2000

정답 62. ① 63. ④ 64. ③ 65. ④ 66. ④

풀이

$P = \dfrac{V^2}{R}$ ∴ $R = \dfrac{V^2}{P} = \dfrac{100^2}{500} = 20[\Omega]$

20[Ω]의 저항에 200[V]를 연결하면

$P = \dfrac{200^2}{20} = 2000[W]$

67

전압을 V, 전류를 I, 저항을 R, 그리고 도체의 비저항을 ρ라 할 때 옴의 법칙을 나타낸 식은?

① $V = \dfrac{R}{I}$ ② $V = \dfrac{I}{R}$

③ $V = IR$ ④ $V = IR\rho$

풀이

옴의 법칙 $I = \dfrac{V}{R}$

68

절연의 종류를 최고 허용온도가 낮을 것부터 높은 순서로 나열한 것은?

① A종 < Y종 < E종 < B종
② Y종 < A종 < E종 < B종
③ E종 < Y종 < B종 < A종
④ B종 < A종 < E종 < Y종

풀이

절연물의 허용온도

종류	Y종	A종	E종	B종	F종	H종	C종
온도℃	90	105	120	130	155	180	180초과

69

어떤 코일에 흐르는 전류가 0.01초 사이에 20 A에서 10 A로 변할 때 20 V의 기전력이 발생한다고 하면 자기 인덕턴스[mH]는?

① 10   ② 20   ③ 30   ④ 50

풀이

$e = -L\dfrac{dI}{dt}$

∴ $L = \dfrac{e\,dt}{dI} = \dfrac{20 \times 0.01}{(20-10)} \times 10^3 = 20[mH]$

70

아래 접점회로의 논리식으로 옳은 것은?

① X·Y·Z
② (X+Y)·Z
③ (X·Z)+Y
④ X+Y+Z

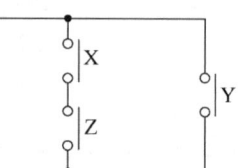

풀이

직렬 연결은 곱하고 병렬 연결은 더한다.
X·Z+Y

71

평형 3상 전원에서 각 상간 전압의 위상차(rad)는?

① $\dfrac{\pi}{2}$ ② $\dfrac{\pi}{3}$

③ $\dfrac{\pi}{6}$ ④ $\dfrac{2\pi}{3}$

풀이

$120° = \dfrac{2\pi}{3}$

72

두 대 이상의 변압기를 병렬 운전하고자 할 때 이상적인 조건으로 틀린 것은?

① 각 변압기의 극성이 같을 것
② 각 변압기의 손실비가 같을 것
③ 정격용량에 비례해서 전류를 분담할 것
④ 변압기 상호간 순환전류가 흐르지 않을 것

정답 67.③ 68.② 69.② 70.③ 71.④ 72.②

변압기 병렬운전 조건
① 극성이 일치할 것 (한국은 감극성)
② 권수비 및 정격전압이 같을 것
③ % 저항 강하 및 % 리액턴스 강하가 같을 것
④ 각 변압기의 저항과 리액턴스비가 같을 것.
⑤ 3상 결선의 경우 위상과 상회전 방향이 같을 것.

73
다음 회로도를 보고 진리표를 채우고자 한다. 빈칸에 알맞은 값은?

A	B	X_1	X_2	X_3	
1	1	1	0	ⓐ	
1	0	0	1	ⓑ	
0	1	0	0	ⓒ	
0	0	0	0	ⓓ	

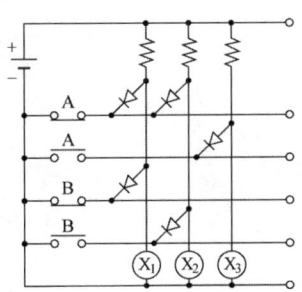

① ⓐ 1, ⓑ 1, ⓒ 0, ⓓ 0
② ⓐ 0, ⓑ 0, ⓒ 1, ⓓ 1
③ ⓐ 0, ⓑ 1, ⓒ 0, ⓓ 1
④ ⓐ 1, ⓑ 0, ⓒ 1, ⓓ 0

74
다음 회로에서 $E=100[V]$, $R=4[\Omega]$, $X_L=5[\Omega]$, $X_C=2[\Omega]$일 때 이 회로에 흐르는 전류[A]는?

① 10
② 15
③ 20
④ 25

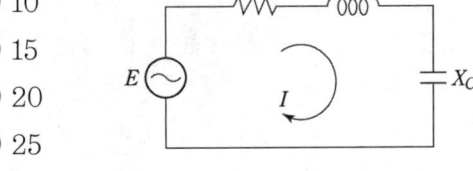

$$I=\frac{100^2}{\sqrt{4^2+(5-2)^2}}=20[A]$$

75
다음 블록선도의 전달함수 $\frac{C(s)}{R(s)}$는?

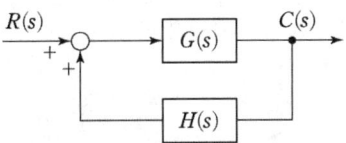

① $\frac{G(s)}{1-G(s)H(s)}$　② $\frac{G(s)}{1+G(s)H(s)}$
③ $\frac{H(s)}{1-G(s)H(s)}$　④ $\frac{H(s)}{1+G(s)H(s)}$

$$\frac{C(s)}{R(s)}=\frac{G(s)}{1-G(s)H(s)}$$

76
다음의 신호흐름선도에서 전달함수 $\frac{C(s)}{R(s)}$는?

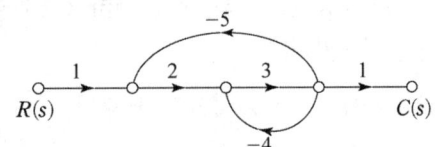

① $-\frac{6}{41}$　② $\frac{6}{41}$　③ $-\frac{6}{43}$　④ $\frac{6}{43}$

$$\frac{C(s)}{R(s)}=\frac{1\times2\times3\times1}{1-2\times3\times(-5)+3\times(-4)}=\frac{6}{43}$$

77
전동기를 전원에 접속한 상태에서 중력부하를 하강시킬 때 속도가 빨라지는 경우 전동기의 유기기전력이 전원전압보다 높아져서 발전기로 동작하고 발생전력을 전원으로 되돌려 줌과 동시에 속도를 감속하는 제동법은?

① 회생제동　② 역전제동
③ 발전제동　④ 유도제동

정답　73. ②　74. ③　75. ①　76. ④　77. ①

- 회생제동 : 발생전력을 상용전원으로 돌려보내는 제동
- 발전제동 : 발생전력을 저항으로 소모 시키는 제동
- 역전제동 : 전원의 극성을 바꾸어 역전 시키는 급제동

78
전기기기 및 전로의 누전여부를 알아보기 위해 사용되는 계측기는?

① 메거 ② 전압계
③ 전류계 ④ 검전기

메거 (절연저항계)

79
입력에 대한 출력의 오차가 발생하는 제어시스템에서 오차가 변화하는 속도에 비례하여 조작량을 가변하는 제어방식은?

① 미분 제어 ② 정치 제어
③ on-off 제어 ④ 시퀀스 제어

- 미분제어 : 오차 방지
- 적분제어 : 잔류편차, 정상편차 제거
- 정치제어 : 제어량을 일정한 목표값으로 유지하기 위한 제어로 목표값이 시간에 관계없이 일정(연속식 압연기)

80
기계적 제어의 요소로서 변위를 공기압으로 변환하는 요소는?

① 벨로즈 ② 트랜지스터
③ 다이아프램 ④ 노즐 플래퍼

- 노즐 플래퍼 : 공압 회로에서 검출신호를 공기압으로 변환하는 요소
- 벨로즈 : 압력계 등에서 압력-변위 변환장치
- 다이아프램 : 얇은 막의 간막이 판으로 압력측정 및 유체를 개폐시키는 장치

정답 78. ① 79. ① 80. ④

실전모의고사 10회

1과목 승강기 개론

01
소형, 저속의 엘리베이터에서 로프에 걸리는 장력이 없어져 휘어짐이 생겼을 때 즉시 운전회로를 차단하고 추락방지안전장치를 작동시키는 것으로 과속조절기를 대체할 수 있는 장치는?

① 슬랙 로프 세이프티
② 플렉시블 웨지 클램프
③ 플렉시블 가이드 클램프
④ 점차 작동형 추락방지안전장치

풀이
슬랙 로프세이프티 : 로프이 늘어남을 감지하여 작동하는 비상정지장치로 과속조절기가 없고 저속 화물용에 사용한다.

02
권상기 주도르래의 로프홈으로 언더컷형을 사용하는 이유로 가장 적절한 것은?

① 마모를 줄이기 위하여
② 로프의 직경을 줄이기 위하여
③ 트랙션 능력을 키우기 위하여
④ 제조 시 가공을 용이하게 하기 위하여

풀이
마찰력을 높여 권상능력을 향상시키기 위해 사용하며 중저속 엘리베이터에 싱글 랩방식으로 사용한다.

03
기계적(마찰) 형식이며, 속도가 공칭속도의 1.4배의 값을 초과하기 전 또는 디딤판이 현재 운행방향에서 바뀔 때에 작동해야 하는 장치는?

① 손잡이
② 과속조절기
③ 보조 브레이크
④ 구동 체인 안전장치

풀이
에스컬레이터의 역주행을 방지하기 위한 보조 브레이크로 폴 래칫 방식, 디스크 웨지방식, 디스크 브레이크 방식이 있다.

04
에스컬레이터의 특징으로 틀린 것은?

① 기다리는 시간 없이 연속적으로 수송이 가능하다.
② 백화점과 마트 등 설치 장소에 따라 구매의 욕을 높일 수 있다.
③ 전동기 기동 시 대전류에 의한 부하전류의 변화가 엘리베이터에 비하여 많아 전원설비 부담이 크다.
④ 건축 상으로 점유 면적이 적고 기계실이 필요하지 않으며, 건물에 걸리는 하중이 각 층에 분산되어 있다.

풀이
에스컬레이터의 기동 빈도는 높지 않고 대기전력 저감을 위해 일정시간 승객이 탑승하지 않으면 정지하는 방식에는 인버터를 사용하여 기동전류가 크지 않다.

정답 01. ① 02. ③ 03. ③ 04. ③

05
엘리베이터 안전기준상 승강로 출입문의 크기 기준으로 맞는 것은?

① 높이 1.5 m 이상, 폭 0.5 이상
② 높이 1.5 m 이상, 폭 0.7 이상
③ 높이 1.8 m 이상, 폭 0.5 이상
④ 높이 1.8 m 이상, 폭 0.7 이상

풀이
기계실, 피트출입문 : 폭 0.7 m 이상, 높이 1.8 m 이상

06
다음 중 카의 상승과속방지장치가 작동될 수 있는 장치가 아닌 것은?

① 카   ② 균형추
③ 완충기   ④ 권상도르래

풀이
상승과속방지장치 : 카, 균형추, 로프, 권상도르래, 권상 도르래와 인접한 동일 축에 작동

07
엘리베이터에서 카 또는 승강장 출입구 문턱부터 아래로 평탄하게 내려진 수직부분의 앞 보호판을 나타내는 용어는?

① 슬링   ② 피트
③ 스프로킷   ④ 에이프런

풀이
카 하부 : 수직부분의 높이는 0.75 m 이상
출입구 문턱 아래 : 카문턱과 승강로 벽 틈새 0.15 m 이하

08
파이널 리미트 스위치에 대한 설명으로 틀린 것은?

① 유압식 엘리베이터의 경우, 주행로의 최상부에서만 작동하도록 설치되어야 한다.
② 권상 및 포지티브 구동식 엘리베이터의 경우, 주행로의 최상부 및 최하부에서 작동하도록 설치되어야 한다.
③ 파이널 리미트 스위치는 우발적인 작동의 위험 없이 가능한 최상층 및 최하층에 근접하여 작동하도록 설치되어야 한다.
④ 파이널 리미트 스위치는램이 완충장치에 접촉되는 순간 일시적으로 작동되었다가 복구되어야 한다.

풀이
접촉하고 있는 동안 작동이 유지되어야 한다.

09
기계실 작업구역의 유효 높이는 최소 몇 m 이상이어야 하는가?

① 1.6   ② 1.8
③ 2.1   ④ 2.5

풀이
작업구역 조명은 모두 200 lx 이상, 높이는 엘리베이터의 경우 2.1 m 이상, 에스컬레이터는 2 m 이상이어야 한다.

10
직접식에 비교한 간접식 유압 엘리베이터의 특징으로 맞는 것은?

① 부하에 의한 카 바닥의 빠짐이 작다.
② 실린더 보호관이 필요 없다.
③ 일반적으로 실린더의 점검이 곤란하다.
④ 승강로 소요 평면 치수가 작고 구조가 간단하다.

정답 05. ④ 06. ③ 07. ④ 08. ④ 09. ③ 10. ②

동일한 승강 행정의 경우 간접식은 직접식보다 실린더 길이가 짧아 묻히는 실린더 보호관이 필요 없어 보수도 간단하다.

11
권동식 권상기의 단점이 아닌 것은?
① 고양정 적용이 곤란하다.
② 큰 권상능력이 필요하다.
③ 지나치게 감기거나 풀릴 위험이 있다.
④ 감속기의 오일을 정기적으로 교환해야 하므로 환경오염물이 배출된다.

12
트랙션비(traction ratio)에 대한 설명으로 맞는 것은?
① 카측 로프에 걸린 중량과 균형추측 로프에 걸린 중량의 합을 말한다.
② 무부하와 전부하 상태 모두 측정하여 트랙션비는 1.0 이하이어야 한다.
③ 카측과 균형추측의 중량 차이를 크게 할수록 로프의 수명이 길어진다.
④ 일반적으로 트랙션비가 작으면 전동기의 출력을 작게 할 수 있다.

[풀이]
트랙션비는 카측 로프 장력과 균형추축 로프 장력의 비로 1 보다 크고 작을수록 권상 능력이 향상되고 전동기 출력도 작다.

13
소방구조용 엘리베이터의 운행속도는 최소 몇 m/s 이상이어야 하는가?
① 0.5 ② 1 ③ 2 ④ 5

14
소방구조용 엘리베이터의 경우 정전시에는 보조전원공급장치에 의하여 최대 몇 초 이내에 엘리베이터 운행에 필요한 전력용량을 자동으로 발생시키도록 해야 하는가?
① 60 ② 120 ③ 240 ④ 360

[풀이]
60초 이내 발생시켜 2시간 이상 공급 가능해야 한다.

15
전압과 주파수를 동시에 제어하는 속도제어방식은?
① VVVF 제어
② 교류 1단 속도 제어
③ 교류 귀환 전압 제어
④ 정지 레오나드 제어

[풀이]
인버터제어, 가변전압(Variable Voltage) 가변주파수 제어(Variable Fenquency) 같은 뜻이다.

16
승객이 출입하는 동안에 승객의 도어 끼임을 방지하기 위한 감지장치가 아닌 것은?
① 광전 장치 ② 세이프티 슈
③ 초음파 장치 ④ 도어 스위치

[풀이]
도어 스위치는 도어의 닫힘을 확인하는 전기안전 스위치이다.

17
1:1 로핑과 비교한 2:1 로핑의 로프 장력은?
① 1/2 로 감소한다. ② 1/4 로 감소한다.
③ 2배 증가한다. ④ 4배 증가한다.

정답 11. ④ 12. ④ 13. ② 14. ① 15. ① 16. ④ 17. ①

풀이: 장력(힘)과 속도가 1/2로 감소한다.

18
유압식 엘리베이터에서 램(실린더) 또는 플런저의 직상부에 카를 설치하는 방식은?

① 직접식 ② 간접식
③ 기어식 ④ 팬퍼프래프식

19
주택용 엘리베이터에 대한 설명으로 틀린 것은?

① 승강행정이 12 m 이하이다.
② 화물용 엘리베이터를 포함한다.
③ 정격속도가 0.25 m/s 이하이다.
④ 단독주택에 설치되는 엘리베이터에 적용한다.

풀이: 주택용 엘리베이터 : 단독주택에 설치하는 승용엘리베이터

20
엘리베이터용 과속조절기의 종류가 아닌 것은?

① 디스크 형   ② 플라이휠 형
③ 플라이볼 형 ④ 마찰정지 형

풀이: 조속기 종류 : 디스크 형, 마찰정지 형, 플라이볼 형(고속)

2과목 승강기 설계

21
소방구조용 엘리베이터의 안전기준 중 괄호 안에 들어갈 수치는?

> 소방운전 시 건축물에서 요구되는 2시간 이상 동안 소방 접근 지정층을 제외한 승강장의 전기/전자장치는 0 ℃에서 (　)℃까지의 주위 온도 범위에서 정상적으로 작동될 수 있도록 설계한다.

① 45   ② 55   ③ 65   ④ 100

풀이: 피난용 엘리베이터도 전기/전자장치의 온도 조건은 같다.

22
엘리베이터 보호난간의 안전기준에 대한 설명으로 틀린 것은?

① 보호난간은 손잡이와 보호난간의 1/2 높이에 잇는 중간 봉으로 구성되어야 한다.
② 보호난간은 카 지붕의 가장자리로부터 0.15 m 이내에 위치되어야 한다.
③ 보호난간의 손잡이 바깥쪽 가장자리와 승강로의 부품(균형추 또는 평형추, 스위치, 레일, 브래킷 등) 사이의 수평거리는 0.1 m 이상이어야 한다.
④ 보호난간 상부의 어느 지점마다 수직으로 1000 N의 힘을 수평으로 가할 때, 30 mm를 초과하는 탄성 변형 없이 견딜 수 있어야 한다.

풀이: 1000 N의 힘을 수평으로 가할 때 탄성 변형은 50 mm 이하

정답 18. ① 19. ② 20. ② 21. ③ 22. ④

23
소방구조용 엘리베이터에 대한 우선호출(1단계) 시 보장되어야 하는 사항에 대한 설명으로 틀린 것은?

① 문 열림 버튼 및 비상통화 버튼은 작동이 가능한 상태이어야 한다.
② 승강로 및 기계류 공간의 조명은 소방운전 스위치가 조작되면 자동으로 점등되어야 한다.
③ 그룹운전에서 소방구조용 엘리베이터는 다른 모든 엘리베이터와 독립적으로 기능되어야 한다.
④ 모든 승강장 호출 및 카 내의 등록버튼이 작동해야 하고, 미리 등록된 호출에 따라 먼저 작동되어야 한다.

풀이
등록된 모든 호출을 취소하고 소방관 접근지정 층으로 복귀한다.

24
다음과 같은 조건에서 유압식 엘리베이터의 실린더 내벽의 안전율은 약 얼마인가?

- 재료의 파괴강도(f) : 3800 kgf/cm²
- 상용압력(P_w) : 50 kgf/cm²
- 실린더 내경(d_c) : 20 cm
- 실린더 두께(t_c) : 0.65 cm

① 3.3 ② 4.9
③ 6.5 ④ 7.9

풀이
안전율(S) = $\dfrac{2 \times 재료의 파괴강도(f) \times 실린더 벽 두께(t)}{상용압력(P_w) \times 실린더 내경(d)}$

안전율 $S = \dfrac{2 \times f \times t}{P_w \times d} = \dfrac{2 \times 3800 \times 0.65}{50 \times 20} = 4.94$

25
엘리베이터 승강로에서 연속되는 상·하 승강장 문의 문턱간 거리가 11 m를 초과한 경우에 필요한 비상문의 규격은?

① 높이 1.8 m 이상, 폭 0.5 m 이상
② 높이 1.8 m 이상, 폭 0.6 m 이상
③ 높이 1.7 m 이상, 폭 0.5 m 이상
④ 높이 1.7 m 이상, 폭 0.6 m 이상

풀이
소방구조용 엘리베이터는 7m 초과 시 비상문 설치

26
엘리베이터에 사용되는 와이어로프 중 소선의 표면에 아연도금을 실시한 로프로 다습한 환경에 설치되는 것은?

① E종 ② G종
③ A종 ④ B종

풀이
아연도금(G : Galvanizing)한 습한지역에서 방청을 위해 사용

27
베어링 메탈 재료의 구비조건으로 적절하지 않은 것은?

① 내식성이 좋아야 한다.
② 열전도도가 좋아야 한다.
③ 축의 재료보다 단단해야 한다.
④ 축과의 마찰계수가 작아야 한다.

정답 23. ④ 24. ② 25. ① 26. ② 27. ③

28

정격속도 105 m/min, 감속시간이 0.4초일 때 점차 작동형 추락방지 안전장치의 평균 감속도는? (단, 추락방지 안전장치는 하강방향의 속도가 정격속도의 1.4배에서 캣치가 작동하고, 중력가속도는 9.8 m/s² 으로 한다.)

① 0.176 g_n
② 0.446 g_n
③ 0.625 g_n
④ 2.679 g_n

풀이

감속도 $a = \dfrac{\triangle V}{\triangle t \times g_n} = \dfrac{\frac{105}{60} \times 1.4}{0.4 \times 9.8} = 0.625 g_n$

29

주로프의 단말처리과정 순서를 바르게 나열한 것은?

ㄱ. 로프 끝 절단	ㄴ. 로프 끝 분산
ㄷ. 로프 끝 동여매기	ㄹ. 소켓 안에 삽입
ㅁ. 바빗 채우고 가열	ㅂ. 오일 성분 제거

① ㄷ → ㄱ → ㄴ → ㅂ → ㅁ → ㄹ
② ㄷ → ㄱ → ㄹ → ㄴ → ㅂ → ㅁ
③ ㄷ → ㄹ → ㄱ → ㅂ → ㄴ → ㅁ
④ ㄷ → ㅂ → ㅁ → ㄴ → ㄱ → ㄹ

30

동기 기어리스 권상기를 설계할 때 주도르래의 직경을 작게 설계할 경우 대한 설명으로 틀린 것은?

① 소형화가 가능하다.
② 회전속도가 빨라진다.
③ 브레이크 제동 토크가 커진다.
④ 주로프의 지름이 작아질 수 있다.

풀이

제동 토크는 도르래의 직경에 비례한다.

31

다음 중 승강기 배치에 대한 설명으로 가장 적절하지 않은 것은?

① 2대의 그룹에 대해서는 서로 마주보게 배치하는 것이 가장 적합하다.
② 3대의 그룹에 대해서는 일렬로 3대를 배치하는 것이 가장 적합하다.
③ 1뱅크 4~8대 대면 배치의 대면 거리는 3.5~4.5m가 가장 적합하다.
④ 승강기로부터 가장 먼 사무실이나 객실가지 보행거리는 약 60 m를 초과하지 않아야 하고, 선호하는 최대거리는 약 45 m 정도이다.

풀이

4대까지는 일렬 배치 가능

32

다음 중 교통수요를 예측하기 위한 빌딩규모의 구분으로 가장 적절하지 않은 것은?

① 호텔인 경우 침실수
② 백화점인 경우 매장면적
③ 공동 주택인 경우 전용면적
④ 오피스빌딩인 경우 사무실 유효면적

풀이

공동주택 : 거주인구

33

에스컬레이터 설계 시 안전기준에 대한 설명으로 틀린 것은? (단, 설치검사를 기준으로 설계한다.)

① 승강장에 근접하여 설치한 방화셔터가 완전히 닫힌 후에 에스컬레이터의 운전이 정지 하도록 한다.

정답 28. ③ 29. ② 30. ③ 31. ① 32. ③ 33. ①

② 손잡이는 정상운행 중 운행방향의 반대편에서 450 N의 힘으로 당겨도 정지되지 않아야 한다.
③ 콤의 끝은 둥글게 하고 콤과 디딤판 사이에 끼이는 위험을 최소로 하는 형상이어야 한다.
④ 승강중 플레이트 및 플레이트는 눈·비 등에 젖었을 때 미끄러지지 않게 안전한 발판으로 설계되어야 한다.

풀이
방화셔터가 닫히기 시작하면 에스컬레이터는 정지해야 한다.

34
무빙워크의 공칭속도가 0.75 m/s인 경우 정지거리 기준은?

① 0.30m 부터 1.50m 까지
② 0.40m 부터 1.50m 까지
③ 0.40m 부터 1.70m 까지
④ 0.50m 부터 1.50m 까지

풀이
에스컬레이터와 무빙워크의 정지거리

(※ 2차 시험에도 자주 출제되는 문제로 암기 필요.)

공칭속도	정지거리
0.50 m/s	0.20 m부터 1.00 m까지
0.65 m/s	0.30 m부터 1.30 m까지
0.75 m/s	0.40 m부터 1.50 m까지
0.90 m/s	0.55 m부터 1.70 m까지

35
권상기 도르래와 로프의 미끄러짐 관계에 대한 설명으로 옳은 것은?

① 권부각이 작을수록 미끄러지기 어렵다.
② 카의 가감속도가 클수록 미끄러지기 어렵다.
③ 카측과 균형추측에 걸리는 중량비가 클수록 미끄러지기 어렵다.
④ 로프와 도르래 사이의 마찰계수가 클수록 미끄러지기 어렵다.

풀이
미끄지기 어려운 조건 : 권부각과 마찰계수는 크고, 트랙션비와 가감속도는 작아야 한다.

36
엘리베이터 카가 제어시스템에 의해 지정된 층에 도착하고 문이 완전히 열린 위치에 있을 때, 카 문턱과 승강장 문턱 사이의 수직거리인 착상 정확도는 몇 mm 이내이어야 하는가?

① ±5
② ±10
③ ±15
④ ±20

풀이
착상 및 재착상 정확도 : ±10

37
비선형 특성을 갖는 에너지 축적형 완충기가 카의 질량과 정격하중, 또는 균형추의 질량으로 정격속도의 115%의 속도로 완충기에 충돌할 때에 만족해야 하는 기준으로 틀린 것은?

① $2.5g_n$를 초과하는 감속도는 0.04초 보다 길지 않아야 한다.
② 카 또는 균형추의 복귀속도는 1 m/s 이하이어야 한다.
③ 작동 후에는 영구적인 변형이 없어야 한다.
④ 최대 피크 감속도는 $7.5g_n$ 이하이어야 한다.

풀이
최대 피크감속도 : $6g_n$ 이하

38
유도전동기의 인버터 제어방식에서 10 kHz의 캐리어 주파수(carrier frequency)를 발생하여 운전 시 전동기 소음을 줄일 수 있는 인버터 전력용 스위칭 소자는?

① SCR ② IGBT
③ 다이오드 ④ 평활콘덴서

풀이
평활콘덴서 : 컨버터로 정류된 직류전압의 맥동을 줄여 평활하게 해준다.

39
엘리베이터를 신호방식에 따라 분류할 때 먼저 눌러져 있는 버튼의 호출에 응답하고, 그 운전이 완료될 때까지 다른 호출을 일체 받지 않는 방식은?

① 군관리 방식
② 승합 전자동식
③ 단식 자동 방식
④ 내리는 승합 전자동식

풀이
단식 자동 방식 : 화물용엘리베이터에 적용

40
적재하중이 1000 kgf, 빈카의 자중이 900 kgf, 속도가 90 m/min인 승강기를 오버밸런스를 40 %로 설정할 경우 균형추의 무게는 몇 kgf인가?

① 1300 ② 1600
③ 1800 ④ 1900

풀이
균형추 무게 = 빈카 자중 + 적재하중 × 오버밸런스율
= 900 + 1000 × 0.4 = 1300 kg

3과목 일반기계공학

41
금속재료를 압축하여 눌렀을 때 넓게 퍼지는 성질은?

① 인성 ② 연성
③ 취성 ④ 전성

풀이
- 인성 : 재료의 질긴 성질
- 연성 : 늘어나는 성질
- 취성 : 깨지는 성질
- 전성 : 넓게 퍼지는 성질

42
축 추력 방지 방법으로 옳은 것은?

① 수직 공을 설치
② 평형 원판을 설치
③ 전면에 방사상 리브(Lib)를 설치
④ 다단 펌프의 회전차를 서로 같은 방향으로 설치

풀이
축 추력 : 회전축과 회전체의 축방향에 작용하는 외력

43
지름 22 mm인 구리선을 인발하여 20 mm가 되었다. 구리의 단면을 축소시키는데 필요한 응력을 303 kgf/cm²라고 할 때 이 인발에 필요한 인발력[kgf]은 약 얼마인가?

① 100 ② 200
③ 300 ④ 400

풀이
인발력 $(P) = $ 응력$(\sigma) \times \pi (D_1^2 - D_2^2) \times \frac{1}{4}$

$P = 303 \times \pi \times \frac{(2.2^2 - 2^2)}{4} = 199.9 \text{[kgf]}$

정답 38. ② 39. ③ 40. ① 41. ④ 42. ② 43. ②

44
다이얼 게이지의 보관 및 취급 시 주의사항으로 틀린 것은?

① 교정주기에 따라 교정 성적서를 발행한다.
② 측정 시 충격이 가지 않도록 한다.
③ 스핀들에 주유하여 보관한다.
④ 측정자를 잘 선택해야 한다.

풀이
다이얼게이지 스핀들에는 주유구가 없다.

45
보스에 홈을 판 후 키를 박아 마찰력을 이용하여 동력을 전달하는 키로서 큰 힘을 전달하는데 부적당한 것은?

① 평 키   ② 반달 키
③ 안장 키   ④ 둥근 키

풀이
말의 안장(saddle)처럼 보스만 가공하기 때문에 전달 동력이 가장 약하다.

46
TIG 용접에 대한 설명으로 틀린 것은?

① GTAW라고도 부른다.
② 전자세의 용접이 가능하다.
③ 피복제 및 플럭스가 필요하다.
④ 용가재와 아크발생이 되는 전극을 별도로 사용한다.

풀이
TIG(Tungsten Inert Gas Welding) 용접은 텅스텐 불활성가스 아크용접으로 피복제와 플럭스가 필요없다.

47
황동을 냉간 가공하여 재결정온도 이하의 낮은 온도로 풀림하면 가공 상태보다 오히려 경화되는 현상은?

① 석출 경화   ② 변형 경화
③ 저온풀림경화   ④ 자연풀림경화

48
유체기계에서 물속에 용해되어 있던 공기가 기포로 되어 펌프와 수차 등의 날개에 손상을 일으키는 현상은?

① 난류 현상   ② 공동 현상
③ 맥동 현상   ④ 수격 현상

풀이
• 공동 현상 : 압력이 낮은 곳에 기포가 발생하는 현상
• 수격 현상 : 관로 안 유체의 운동상태가 급격히 변하여 압력파가 관로벽을 치는 현상

49
원형 단면축의 비틀림 모멘트를 구할 때 관계없는 것은?

① 수직응력   ② 전단응력
③ 극단면계수   ④ 축 직경

풀이
비틀림 모멘트 $T = \dfrac{\pi d^3 \tau}{16}$ 에서
T : 비틀림 모멘트, d : 지름
τ : 전단응력(계산 시 단면계수 필요)

50
보(beam)의 처짐 곡선 미분방정식을 나타낸 것은? (단, M : 보의 굽힘응력, V : 보의 전단응력, EI : 굽힘 강성계수)

① $\dfrac{d^2y}{dx^2}=\pm\dfrac{EI}{M}$ ② $\dfrac{d^2y}{dx^2}=\pm\dfrac{M}{EI}$

③ $\dfrac{d^2y}{dx^2}=\pm\dfrac{EI}{V}$ ④ $\dfrac{d^2y}{dx^2}=\pm\dfrac{V}{EI}$

51
너트의 풀림을 방지하는 방법으로 틀린 것은?

① 스프링 와셔를 사용
② 로크너트를 사용
③ 자동 죔 너트를 사용
④ 캡 너트를 사용

풀이
캡 너트 : 기밀성 유지 (누수, 누유방지)

52
접촉면의 안지름 60 mm, 바깥지름 100 mm의 단판 클러치를 1 kW, 1450 rpm으로 전동할 때 클러치를 미는 힘[N]은?(단, 클러치 접촉면의 재료는 주철과 청동으로 마찰계수는 0.2이다.)

① 823 ② 411 ③ 82 ④ 41

풀이
토크 $T=\dfrac{1\times 10^3}{2\times \pi \times \dfrac{1450}{60}}=6.59[\text{N}\cdot\text{m}]$

미는 힘 $P=\dfrac{2T}{\mu R_m}=\dfrac{2T}{0.2\times\dfrac{(0.1+0.06)}{2}}$

$=823.75[\text{N}]$

53
금속응 용융 또는 반용융하여 금속주형 속에 고압으로 주입하는 특수주조법은?

① 다이캐스팅   ② 원심주조법
③ 칠드주조법   ④ 셀주조법

54
연삭숫돌 결합도에 대한 설명으로 틀린 것은?

① 결합도 기호는 알파벳 대문자로 표시한다.
② 결합도가 약하면 눈 메움(loading)현상이 발생하기 쉽다.
③ 결합도는 입자를 결합하고 있는 결합체의 결합상태 강약의 정도를 표시한다.
④ 가공물의 재질이 연질일수록 결합도가 높은 숫돌을 사용하는 것이 좋다.

풀이
눈메움(Loading) : 연삭 숫돌 표면의 기공이 메워져 연삭 성능이 저하되는 현상으로 결합도가 강하면 발생하기 쉽다.

55
고온에 장시간 정하중을 받는 재료의 허용응력을 구하기 위한 기준강도로 가장 적합한 것은?

① 극한 강도
② 크리프 한도
③ 피로 한도
④ 최대 전단응력

풀이
크리프 한도 : 일시적으로 변형이 증가한 후 더 이상 증가하지 않는 최대응력 값

56
브레이크 라이닝의 구비조건으로 틀린 것은?

① 내마멸성이 클 것
② 내열성이 클 것
③ 마찰계수 변화가 클 것
④ 기계적 강성이 클 것

정답 51. ④ 52. ① 53. ① 54. ② 55. ② 56. ③

57
치수가 동일한 강봉과 동봉에 동일한 인장력을 가하여 생기는 신장률 $\varepsilon_s : \varepsilon_c$가 8 : 17이라고 하면, 이 때 탄성계수(E_s/E_c)의 비는?

① $\dfrac{5}{6}$　② $\dfrac{6}{5}$　③ $\dfrac{8}{17}$　④ $\dfrac{17}{8}$

풀이
신장율과 탄성계수는 반비례한다.
(탄성계수가 크면 신장이 작다.)

58
굽힘모멘트 45000 N·mm만 받는 연강재 축의 지름(mm)은 약 얼마인가? (단, 이때 발생한 굽힘응력은 5 N/mm² 이다.)

① 35.8　② 45.1
③ 56.8　④ 60.1

풀이
$\sigma = \dfrac{M}{Z}$, 중실축 단면계수 $Z = \dfrac{\pi D^3}{32}$

$\therefore D = \sqrt[3]{\dfrac{32 \times M}{\pi \times \sigma}} = \sqrt[3]{\dfrac{32 \times 45000}{\pi \times 5}} = 45.09 \text{[mm]}$

59
금속에 외력이 가해질 때, 결정격자가 불완전하거나 결함이 있어 이동이 발생하는 현상은?

① 트원　② 변태
③ 응력　④ 전위

60
용기 내의 압력을 대기압력 이하의 저압으로 유지하기 위해 대기압력 쪽으로 기체를 배출하는 것은?

① 진공펌프　② 압축기
③ 송풍기　④ 제습기

4과목 전기제어공학

61
비전해콘덴서의 누설전류 유무를 알아보는데 사용될 수 있는 것은?

① 역률계　② 전압계
③ 분류기　④ 자속계

62
입력이 011₍₂₎일 때, 출력이 3 V인 컴퓨터 제어의 D/A 변환기에서 입력을 101₍₂₎로 하였을 때 출력은 몇 [V]인가? (단, 3bit 디지털 입력이 011₍₂₎은 off, on, on을 뜻하고 입력과 출력은 비례한다.)

① 3　② 4
③ 5　④ 6

63
단상 교류전력을 측정하는 방법이 아닌 것은?

① 3전압계법　② 3전류계법
③ 단상전력계법　④ 2전력계법

풀이
2전력계법은 3상 교류전력 측정

64
잔류편차와 사이클링이 없고, 간헐현상이 나타나는 것이 특징인 동작은?

① I 동작
② D 동작
③ P 동작
④ PI 동작

정답 57. ④　58. ②　59. ④　60. ①　61. ②　62. ③　63. ④　64. ④

65
전위의 분포가 $V = 15x + 4y^2$으로 주어질 때 점 $(x=3,\ y=4)$에서 전계의 세기(V/m)는?

① $-15i + 32j$ ② $-15i - 32j$
③ $15i + 32j$ ④ $15i - 32j$

66
다음 논리식 중 틀린 것은?

① $\overline{A \cdot B} = \overline{A} + \overline{B}$
② $\overline{A + B} = \overline{A} \cdot \overline{B}$
③ $A + A = A$
④ $A + \overline{A} \cdot B = A + \overline{B}$

풀이
$A + \overline{A} \cdot B = (A + \overline{A}) \cdot (A + B) = A + B$

67
피상전력이 P_a[kVA]이고 무효전력이 P_r[kVar]인 경우 유효전력 P[kW]를 나타낸 것은?

① $P = \sqrt{P_a - P_r}$ ② $P = \sqrt{P_a^2 - P_r^2}$
③ $P = \sqrt{P_a + P_r}$ ④ $P = \sqrt{P_a^2 + P_r^2}$

풀이
$P_a^2 = P^2 + P_r^2$ ∴ $P = \sqrt{P_a^2 - P_r^2}$

68
PLC(Programmable Logic Controller)에 대한 설명 중 틀린 것은?

① 시퀀스제어 방식과는 함께 사용할 수 없다.
② 무접점 제어방식이다.
③ 산술연산, 비교연산을 처리할 수 있다.
④ 계전기, 타이머, 카운터의 기능까지 쉽게 프로그램 할 수 있다.

69
교류를 직류로 변환하는 전기기기가 아닌 것은?

① 수은정류기   ② 단극발전기
③ 회전변류기   ④ 컨버터

70
목표치가 시간에 관계없이 일정한 경우로 정전압장치, 일정 속도제어 등에 해당하는 제어는?

① 정치제어   ② 비율제어
③ 추종제어   ④ 프로그램제어

71
제어계의 구성도에서 개루프 제어계에는 없고 폐루프 제어계에만 있는 제어 구성요소는?

① 검출부   ② 조작량
③ 목표값   ④ 제어대상

풀이
폐루프제어(피드백 제어) : 출력(제어량)을 검출부에서 검출하여 비교부로 피드백시킨다.

72
3상 교류에서 a, b, c상에 대한 전압을 기호법으로 표시하면 $E_a = E\angle 0°$, $E_b = E\angle -120°$, $E_c = E\angle 120°$로 표시된다.
여기서, $a = -\dfrac{1}{2} + j\dfrac{\sqrt{3}}{2}$라는 페이저 연산자를 이용하면 E_c는 어떻게 표시되는가?

① $E_c = E$ ② $E_c = a^2 E$
③ $E_c = aE$ ④ $E_c = (\dfrac{1}{a})E$

정답 65. ② 66. ④ 67. ② 68. ① 69. ② 70. ① 71. ① 72. ③

73

그림과 같은 블록선도에서 $\dfrac{R(s)}{C(s)}$ 는?

(단, $G_1(s)=5$, $G_2(s)=2$, $H(s)=0.1$, $R(s)=1$ 이다.)

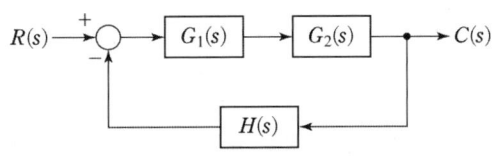

① 0 ② 1 ③ 5 ④ ∞

풀이

$$\dfrac{C(s)}{R(s)} = \dfrac{G_1(s) \cdot G_2(s)}{1+G_1(s) \cdot G_2(s) \cdot H(s)}$$
$$= \dfrac{5 \times 2}{1+5 \times 2 \times 0.1} = 5$$

74

상호인덕턴스150 mH인 a, b 두 개의 코일이 있다. b의 코일에 전류를 균일한 변화율로 1/50초 동안에 10 A 변화시키면 a코일에 유기되는 기전력(V)의 크기는?

① 75 ② 100
③ 150 ④ 200

풀이

$e = M\dfrac{dI}{dt} = 150 \times 10^{-3} \times \dfrac{10}{0.02} = 75[\text{V}]$

75

어떤 전지에 연결된 외부회로의 저항은 4 Ω이고, 전류는 5A가 흐른다. 외부회로에 4 Ω 대신 8 Ω의 저항을 접속하였더니 전류가 3 A로 떨어졌다면, 이 전지의 기전력(V)은?

① 10 ② 20
③ 30 ④ 40

풀이

전지의 내부저항을 r이라고 하면 $I = \dfrac{E}{r+R}$에서
$E = (r+4) \times 5$, $E = (r+8) \times 3$ ∴ $r = 2$
$E = (2+4) \times 5 = 30[\text{V}]$

76

그림과 같은 유접점 논리회로를 간단히 하면?

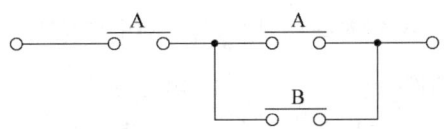

① ─o A o─ ② ─o A o─
③ ─o B o─ ④ ─o B o─

풀이

$A \cdot (A+B) = AA + AB = A(1+B) = A$

77

발열체의 구비조건으로 틀린 것은?

① 내열성이 클 것
② 용융온도가 높을 것
③ 산화온도가 낮을 것
④ 고온에서 기계적 강도가 클 것

풀이

발열체는 산화온도가 높아야 한다.

78

$R = 4\,\Omega$, $X_L = 9\,\Omega$, $X_C = 6\,\Omega$ 인 직렬접속회로의 어드미턴스(℧)는?

① $4+j8$
② $0.16-j0.12$
③ $4-j8$
④ $0.16+j0.12$

풀이

$Z = 4 + j9 - j6 = 4 + j3$

어드미턴스 $= \dfrac{1}{Z}$ 에서

$\dfrac{1}{(4+j3)} \times \dfrac{(4-j3)}{(4-j3)} = \dfrac{4-j3}{25} = 0.16 - j0.12$

79
스위치를 닫거나 열기만 하는 제어동작은?

① 비례동작　　② 미분동작
③ 적분동작　　④ 2위치동작

80
$G(s) = \dfrac{10}{s(s+1)(s+2)}$ 의 최종값은?

① 0　　② 1
③ 5　　④ 10

풀이

최종값은 $sG(s)$에 $s=0$을 대입한다.

$\dfrac{10}{s^2 + 3s + 2}$ 에 $s = 0$을 대입하면 $\dfrac{10}{2} = 5$

정답 79. ④ 80. ③

실전모의고사 11회

1과목 승강기 개론

01
매다는 장치 중 체인에 의해 구동되는 엘리베이터의 경우 그 장치의 안전율이 최소 얼마 이상이어야 하는가?

① 7
② 8
③ 9
④ 10

02
로프 마모 및 파손상태 검사의 합격기준으로 옳은 것은?

① 소선에 녹이 심한 경우 : 1구성 꼬임(스트랜드)의 1꼬임 피치 내에서 파단수 3이하여야 한다.
② 소선의 파단이 균등하게 분포되어 있는 경우 : 1구성 꼬임(스트랜드)의 1꼬임 피치내에서 파단 수 5이하여야 한다.
③ 소선의 파단이 1개소 또는 특정의 꼬임에 집중되어 있는 경우 : 소선의 파단총수가 1꼬임 피치 내에서 6꼬임 와이어로프이면 15 이하여야 한다.
④ 파단 소선의 단면적이 원래의 소선 단면적의 70% 이하로 되어 있는 경우 : 1구성 꼬임(스트랜드)의 1꼬임 피치 내에서 파단 수 2 이하여야 한다.

풀이
① 파단수 2 이하
② 파단수 4 이하
③ 파단수 6꼬임(12 이하), 8꼬임(16 이하)

03
엘리베이터 안전기준상 과속조절기의 일반사항 및 로프 구비조건에 대한 설명으로 틀린 것은?

① 과속조절기 로프의 최소 파단하중은 10이상의 안전율을 확보해야 한다.
② 과속조절기에는 추락방지안전장치의 작동과 일치하는 회전방향이 표시되어야 한다.
③ 과속조절기 로프 인장 풀리의 피치 직경과 과속조절기 로프의 공칭 지름의 비는 30이상이어야 한다.
④ 과속조절기가 작동될 때, 과속조절기에 의해 발생되는 과속조절기 로프의 인장력은 추락방지안전장치가 작동하는 데 필요한 힘의 2배 또는 300 N 중 큰 값 이상이어야 한다.

풀이
과속조절기 로프 안전율 8 이상

04
에스컬레이터의 경사도는 일반적으로 몇 도를 초과하지 않아야 하는가? (단, 층고가 6[m] 초과인 경우로 한정한다.)

① 20°
② 30°
③ 40°
④ 50°

정답 01. ④ 02. ④ 03. ① 04. ②

풀이
층고 6 m 이하 속도 0.5 m/s 이하인 경우는 35° 이하
무빙워크 경사도 : 12° 이하

05
소방구조용 엘리베이터는 일반적으로 소방관 접근 지정층에서 소방관이 조작하여 엘리베이터 문이 닫힌 이후부터 최대 몇 초 이내에 가장 먼 층에 도착되어야 하는가? (단, 승강행정이 200[m] 이상 운행될 경우는 제외한다.)

① 10　　　　　② 20
③ 30　　　　　④ 60

풀이
속도 1[m/s] 이상, 60초 이내에 가장 먼 층 도착

06
일반적으로 기계실이 있는 엘리베이터에서 기계실에 설치되는 부품은?

① 완충기　　　　② 균형추
③ 과속조절기　　④ 리밋 스위치

풀이
완충기는 피트, 균형추와 리밋 스위치는 승강로에 설치

07
권상 도르래·풀리 또는 드럼의 피치직경과 로프의 공칭 직경 사이의 비율은 로프의 가닥수와 관계없이 최소 몇 이상이어야 하는가? (단, 주택용 엘리베이터는 제외한다.)

① 10　　　　　② 20
③ 30　　　　　④ 40

풀이
로프의 파손 및 마모 방지를 위해 40배,
주택용은 30배 이상

08
즉시 작동형 추락방지안전장치가 작동할 때 정지력과 거리에 대한 그래프로 옳은 것은?

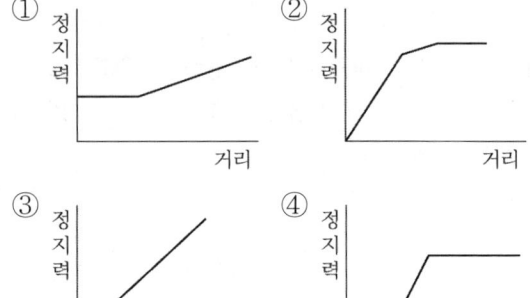

풀이
② FWC (점차 작동형)
④ FGC (점차 작동형)

09
다음 중 주택용 엘리베이터의 정원을 일반적으로 산출하는 식으로 옳은 것은?

① 정원(인) = $\dfrac{정격하중[kg]}{70}$

② 정원(인) = $\dfrac{정격하중[kg]}{75}$

③ 정원(인) = $\dfrac{정격하중[kg]}{80}$

④ 정원(인) = $\dfrac{정격하중[kg]}{85}$

풀이
주택용과 일반용 모두 75[kg/인]이며 자동차용은 150[kg/m³]

정답　05. ④　06. ③　07. ④　08. ③　09. ②

10
와이어로프를 소선강도에 따라 분류했을 때 다음 설명 중 옳은 것은?

① E종은 1470[N/mm²]급 강도의 소선으로 구성된 로프이다.
② B종은 강도와 경도가 A종보다 낮아서 정격하중이 작은 엘리베이터에 주로 사용된다.
③ G종은 소선의 표면에 도금한 것으로 습기가 많은 장소에 사용하기에 적합하다.
④ A종은 다른 종류와 비교하여 탄소량을 적게 하고 경도를 낮춘 것으로 소선강도가 1320[N/mm²]급이다.

풀이
강도 순서 : E < G < A < B
  E종(1320[N/mm³])
  G종(1470[N/mm³])
  A종(1620[N/mm³])
  B종(1770[N/mm³])

11
미리 설정한 방향으로 설정치를 초과한 상태로 과도하게 유체 흐름이 증가하여 밸브를 통과하는 압력이 떨어지는 경우 자동으로 차단하도록 설계된 밸브는?

① 체크 밸브
② 럽처 밸브
③ 차단 밸브
④ 릴리프 밸브

풀이
체크밸브(역류 차단)
릴리프밸브(압력을 140% 이하로 제한)
차단밸브(스톱밸브 : 보수 시 유체 차단)

12
엘리베이터의 수평 개폐식 문 중 자동 동력 작동식 문에 대한 안전 기준으로 틀린 것은?

① 문이 닫히는 것을 막는데 필요한 힘은 문이 닫히기 시작하는 1/3구간을 제외하고 150[N]을 초과하지 않아야 한다.
② 접이식 문이 열리는 것을 막는데 필요한 힘은 150[N]을 초과하지 않아야 한다.
③ 승강장문 또는 카문과 문에 견고하게 연결된 기계적인 부품들의 운동에너지는 평균 닫힘 속도로 계산되거나 측정했을 때 100[J] 이하이어야 한다.
④ 접이식 카문이 닫힐 때 문틀 홈 안으로 들어가는 경우, 접힌 문의 외측 모서리와 문틀 홈 사이의 거리는 15[mm] 이상이어야 한다.

풀이
10[J] 이하

13
승강기의 안전검사 중 정기검사의 경우 기본적으로 검사 주기는 몇 년 이내여야 하는가?

① 1년 ② 2년
③ 3년 ④ 4년

풀이
정기검사 기본주기는 2년이며 주택용, 자동차용, 소형화물용, 화물용 엘리베이터는 2년, 그 외 엘리베이터는 1년이다.

14
일반적으로 무빙워크의 경사도는 최대 몇 도 이하이어야 하는가?

① 9°   ② 12° ③ 15° ④ 25°

15
엘리베이터의 브레이크 시스템에 대한 설명으로 틀린 것은? (단, g_n는 중력가속도이다.)

① 브레이크로 감속하는 카의 감속도는 일반적으로 $1.0g_n$ 이상으로 설정한다.
② 주동력 전원공급, 제어회로에 전원공급이 차단될 경우 브레이크 시스템이 자동으로 작동해야 한다.
③ 브레이크 작동과 관련된 부품은 권상도르래, 드럼 또는 스프로킷에 직접적이고 확실한 장치에 의해 연결되어야 한다.
④ 전자-기계 브레이크는 자체적으로 카가 정격속도로 정격하중의 125[%]를 싣고 하강방향으로 운행될 때 구동기를 정지시킬 수 있어야 한다.

풀이
감속도 : 엘리베이터는 $1g_n$ 이하,
　　　　 에스컬레이터는 $1[m/s^2]$ 이하

16
비선형 특성을 갖는 에너지 축적형 완충기에서 규정된 시험 방법에 따라 완충기에 충돌할 때 만족해야 하는 기준으로 틀린 것은? (단, g_n은 중력가속도를 나타낸다.)

① 최대 피크 감속도는 $8g_n$ 이하이어야 한다.
② 작동 후에는 영구적인 변형이 없어야 한다.
③ $2.5g_n$를 초과하는 감속도는 0.04초보다 길지 않아야 한다.
④ 카 또는 균형추의 복귀속도는 $1[m/s]$ 이하이어야 한다.

풀이
$6g_n$ 이하

17
다음 괄호 안의 내용으로 옳은 것은?

> 승강로는 엘리베이터 전용으로 사용되어야 한다. 엘리베이터와 관계없는 배관, 전선 또는 그 밖에 다른 용도의 설비는 승강로에 설치되어서는 안된다. 다만, 엘리베이터의 안전한 운행에 지장을 주지 않는다면 소방관련 법령에 따라 기계실 천장에 설치되는 화재감지기 본체, (　) 및 가스계 소화설비는 설치될 수 있다.

① 비상용 스피커　② 비상용 소화기
③ 비상용 전화기　④ 비상용 경보기

18
주행안내 레일의 규격을 결정하기 위하여 고려사항으로 거리가 가장 먼 것은?

① 지진 발생 시 전달되는 수평 진동력
② 추락방지안전장치의 작동에 따른 좌굴하중
③ 불균형한 큰 하중 적재에 따른 회전 모멘트
④ 카의 급강하 시 작동하는 완충기의 행정거리

19
기계식 주차장치에서 여러층으로 배치되어 있는 고정된 주차구획에 아래·위 및 옆으로 이동할 수 있는 운반기에의하여 자동차를 자동으로 운반이동하여 주차하도록 설계한 주차장치 형식은?

① 2단 순환식
② 평면 왕복식
③ 수직 순환식
④ 승강기 슬라이드식

20
유압식 엘리베이터에 사용되는 체크밸브의 역할은?

① 오일이 역류하는 것을 방지한다.
② 오일에 있는 이물질을 걸러낸다.
③ 오일을 오직 하강 방향으로만 흐르도록 한다.
④ 오일의 최대 압력을 일정 압력 이하로 관리한다.

2과목 승강기 설계

21
엘리베이터의 자동 동력 작동식 문에서 문이 닫히는 중에 사람이 출입구를 통과하는 경우 자동으로 문이 열리는 장치가 있어야 한다. 이 장치의 요건에 관한 설명으로 옳지 않은 것은?

① 이 장치는 문이 닫히는 마지막 20[mm] 구간에서는 무효화 될 수 있다.
② 이 장치는 카문 문턱 위로 최소 25[mm], 최대 1600[mm] 사이의 전구간에서 감지될 수 있어야 한다.
③ 이 장치는 물체가 계속 감지되는 한 무효화 되어서는 안된다.
④ 이 장치가 고장난 경우 엘리베이터를 운행하려면, 문이 닫힐 때마다 음향신호장치가 작동되어야 하고, 문의 운동에너지는 4[J] 이하이어야 한다.

풀이
문 닫힘을 지속적으로 방해받는 것을 방지하기 위해 설정된 시간이 지나면 무효화시킬 수 있다. (운동에너지 4[J] 이하, 음향신호 작동)

22
승강장문 및 카문이 닫혀 있을 때 문짝 간 틈새나 문짝과 문틀(측면) 또는 문턱 사이의 틈새는 최대 몇 [mm] 이하이어야 하는가? (단, 수직 개폐식 승강장문과 관련 부품이 마모된 경우 및 유리로 만든 문은 제외한다.)

① 6   ② 8   ③ 10   ④ 12

풀이
수평 개폐식 : 6[mm] 이하, (마모 시 10[mm] 이하)
수직 개폐식 : 10[mm] 이하, (마모 시 14[mm] 이하)

23
직접식 유압엘리베이터의 하부 프레임에 걸리는 최대굽힘 모멘트가 2400[N·m]일 때 프레임의 안전율은 약 얼마인가? (단, 프레임의 단면계수는 68[cm³], 허용굽힘응력은 410[MPa]이다.)

① 4.9   ② 6.8   ③ 9.4   ④ 11.6

풀이
$$\text{사용응력 } \sigma = \frac{\text{최대굽힘모멘트}}{\text{단면계수}}$$
$$= \frac{2400[N \cdot m]}{68 \times (10^{-2})^3 [m^3]}$$
$$= 35.29 \times 10^6 [N/m^2]$$
$$= 35.29 [MPa]$$
$$\therefore \text{안전율 } S = \frac{410}{35.29} = 11.62$$

24
엘리베이터 파이널 리미트 스위치의 설치 및 작동 기준에 대한 설명으로 틀린 것은?

① 유압식 엘리베이터의 경우, 주행로의 최상부에서만 작동하도록 설치되어야 한다.
② 권상 및 포지티브 구동식 엘리베이터의 경우, 주행로의 최상부 및 최하부에서 작동하도록 설치되어야 한다.

정답 20.① 21.③ 22.① 23.④ 24.③

③ 파이널 리미트 스위치와 일반 종단정지창치는 서로 연결되어 종속적으로 작동되어야 한다.
④ 파이널 리미트 스위치의 작동은 완충기가 압축되어 있거나, 램이 완충장치에 접촉되어 있는 동안 지속적으로 유지되어야 한다.

풀이
파이널 리미트 스위치와 일반 종단정지창치는 서로 독립적으로 작동해야 한다.

25
엘리베이터 주행안내 레일의 기준에 대한 설명으로 틀린 것은?

① 주행안내 레일은 압연강으로 만들어지거나 마찰 면이 기계 가동되어야 한다.
② 카, 균형추 또는 평형추는 2개 이상의 견고한 금속제 주행안내 레일에 의해 각각 안내되어야 한다.
③ 추락방지안전장치가 없는 균형추 또는 평형추의 주행안내 레일은 금속판을 성형하여 만들어서는 안된다.
④ 주행안내 레일의 브래킷 및 건축물에 고정하는 것은 정상적인 건축물의 침하 또는 콘크리트의 수축으로 인한 영향을 자동으로 또는 단순 조정에 의해 보상할 수 있어야 한다.

풀이
추락방지안전장치가 없는 균형추 레일은 금속판을 성형한 레일 사용 가능 (주물 레일은 8K 레일부터 표준품이 있다.)

26
전동기의 특성을 나타내는 항목 중 GD^2에 대한 설명으로 옳은 것은?

① 주어진 전압의 파형이 전류보다 앞서는 정도를 나타내는 것이다.
② 일정한 토크로 전동기를 기동시켰을 때 빨리 기동하는가 또는 늦게 기동하는가의 정도를 나타내는 것이다.
③ 전동기의 출력이 회전수에 비례하여 변화하는 정도를 나타내는 것이다.
④ 교류에 있어서 전압과 전류 파장의 격차 정도를 나타내는 것이다.

풀이
GD^2은 관성 모멘트를 의미한다.

27
가변전압 가변주파수 제어방식의 PWM에 관한 설명으로 틀린 것은?

① 펄스폭 변조라는 의미이다.
② 입력측의 교류전압을 변화시킨다.
③ 전동기의 효율이 좋다.
④ 전동기의 토크 특성이 좋아 경제적이다.

풀이
인버터가 직류를 교류전압으로 변환하는 펄스폭 변조이다.

28
유압 엘리베이터 기계실의 조건이 다음과 같을 때 수냉식 열교환기의 환기량은 약 몇 [m³/h]인가?

- 전동기 출력 : 11 kW
- 기계실 온도 : 40℃
- 1행정당 전동기 구동시간 : 25 s
- 의기온도 : 32℃
- 1시간당 왕복회수 : 50회
- 공기비열 : 1.21 kJ/(m³·℃) 또는 0.29 kcal/(m³·℃)

정답 25. ③ 26. ② 27. ② 28. ④

① 1260   ② 1320
③ 1360   ④ 1420

풀이

기계실 발열량 $Q = 860PTN \div 3600$
$= 860 \times 11 \times 25 \times 50 \div 3600$
$= 3284.72 [kcal/h]$

환기량 $G = \dfrac{3284.72}{0.29 \times (40-32)} = 1414.83 [m^3]$

※ 환기량 계산 시 공기의 체적비열 0.29를 적용해야 한다.

29
일주시간(RTT)이 120초이고, 승객수가 12명일 경우 엘리베이터의 5분간 수송능력은 약 몇 명인가?

① 30명   ② 24명
③ 20명   ④ 12명

풀이

5분간 수송능력

$P = \dfrac{5 \times 60 \times 승객수}{RTT} = \dfrac{5 \times 60 \times 12}{120} = 30$

30
다음 중 기어의 이(teeth) 줄이 나선인 원통형 기어로서 기어의 두 축이 서로 평행한 기어는?

① 스퍼 기어   ② 웜 기어
③ 베벨 기어   ④ 헬리컬 기어

31
포지티브 구동 엘리베이터의 로프 감김에 대한 설명으로 틀린 것은?

① 로프는 드럼에 두 겹으로만 감겨야 된다.
② 드럼은 나선형으로 홈이 있어야 하고, 그 홈은 사용되는 로프에 적합해야 한다.
③ 홈에 대한 로프의 편향각(후미각)은 4°를 초과하지 않아야 한다.
④ 카가 완전히 압축된 완충기 위에 정지하고 있을 때, 드럼의 홈에는 한바퀴 반의 로프가 남아 있어야 한다.

풀이

포지티브 구동(권동식)의 로프는 드럼에 한 겹으로 감겨야 한다.

32
건물 내에 승강기를 분산배치 하지 않고, 집중배치할 경우 발생할 수 있는 현상이 아닌 것은?

① 운전능률 향상
② 설비 투자비용 절감
③ 승객의 대기시간 단축
④ 승객의 망설임현상 발생

풀이

분산배치 시 승객의 망설임과 수송능력 저하

33
에스컬레이터 공칭속도가 0.5[m/s]인 경우 무부하 하강 시 에스컬레이터 정지거리의 범위로 옳은 것은?

① 0.10[m]부터 1.00[m]까지
② 0.10[m]부터 1.50[m]까지
③ 0.20[m]부터 1.00[m]까지
④ 0.20[m]부터 1.50[m]까지

34
엘리베이터의 매다는 장치(현수)에 관한 기준으로 틀린 것은?

① 로프 또는 체인 등의 가닥수는 2가닥 이상

정답 29. ① 30. ④ 31. ① 32. ④ 33. ③

이어야 한다.

② 공칭 직경이 8[mm] 이상이고, 3가닥 이상의 로프에 의해 구동되는 권상 구동 엘리베이터의 경우 안전율이 12 이상이어야 한다.

③ 3가닥 이상의 6[mm] 이상 8[mm] 미만의 로프에 의해 구동되는 권상 구동 엘리베이터의 경우 안전율이 14 이상이어야 한다.

④ 매다는 장치 끝부분은 자체 조임 쐐기 형 소켓, 압착링 매듭법, 주물 단말처리에 의한 카, 균형추/평형추 또는 구멍에 꿰어 맨 매다는 장치 마감 부분의 지지대에 고정되어야 한다.

풀이

6[mm] 로프 사용조건
- 3가닥 이상
- 안전율 16 이상,
- 속도 1.75[m/s] 이하
- 행정안전부장관의 안전성 승인

35
승강기용 3상 유도전동기의 역률 산출 공식은?

① 역률 $= \dfrac{\text{전압[V]} \times \text{입력[kW]} \times 10^3}{\sqrt{3} \times \text{전류[A]}} \times 100[\%]$

② 역률 $= \dfrac{\text{입력[kW]} \times 10^3}{\sqrt{3} \times \text{전류[A]} \times \text{전압[V]}} \times 100[\%]$

③ 역률 $= \dfrac{\sqrt{3} \times \text{입력[kW]} \times 10^3}{\text{전압[V]} \times \text{전류[A]}} \times 100[\%]$

④ 역률 $= \dfrac{\text{전압[V]} \times \text{전류[A]}}{\sqrt{3}} \times 100[\%]$

풀이

$P = \sqrt{3}\, VI\cos\theta\,[\text{W}]$ 에서

역률 $\cos\theta = \dfrac{P[\text{kW}] \times 10^3}{\sqrt{3} \times V \times I} \times 100[\%]$

36
일반적으로 구름 베어링에 비교한 미끄럼 베어링의 장점은?

① 윤활유가 적게 필요하다.
② 초기 작동 시 마찰이 작다.
③ 표준화, 규격화가 되어 있어 호환성이 좋다.
④ 진동이 있는 기계류에 사용 시 효과가 좋다.

37
일반적으로 엘리베이터 권상 도르래의 지름을 주 로프 지름의 40배 이상으로 규정하는 이유로 가장 적절한 것은?

① 로프의 이탈을 방지하기 위하여
② 로프의 수명을 연장하기 위하여
③ 도르래의 수명을 연장하기 위하여
④ 도르래와 로프의 미끄러짐을 방지하기 위하여

풀이

로프 손상 및 마모를 방지하여 수명연장

38
엘리베이터용 전동기와 범용 전동기를 비교할 때 엘리베이터용 전동기에 요구되는 특성이 아닌 것은?

① 기동토크가 클 것
② 기동전류가 적을 것
③ 회전 부분의 관성 모멘트가 클 것
④ 기동횟수가 많으므로 열적으로 견딜 것

풀이

관성 모멘트는 작아야 한다.

39
권상 도르래의 로프 홈에서 재질과 권부각이 동일할 경우 트랙션 능력의 크기 순서를 올바르게 나타낸 것은?

① U홈 < 언더컷홈 < V홈
② 언더컷홈 < U홈 < V홈
③ V홈 < U홈 < 언더컷홈
④ U홈 < V홈 < 언더컷홈

풀이
U홈 : 더블 랩으로 고속 엘리베이터에 사용
언더컷 홈 : 싱글 랩으로 중저속 엘리베이터에 사용

40
수평 개폐식 중 중앙 개폐식 문에서 선행 문짝을 열리는 방향으로 가장 취약한 지점에 장비를 사용하지 않고 손으로 150[N]의 힘을 가할 때, 문의 틈새는 최대 몇 [mm]를 초과해서는 안 되는가?

① 30 ② 35 ③ 40 ④ 45

풀이
- 중앙 개폐식 : 45[mm] 이하
- 측면 개폐식 : 30[mm] 이하

3과목 일반기계공학

41
다음 중 각도 측정기는?

① 사인바   ② 마이크로미터
③ 하이트게이지   ④ 버니어캘리퍼스

풀이
사인바 : 일반적으로 45° 이하 각도 측정에 효율적이다.

42
축 설계에 있어서 고려할 사항이 아닌 것은?

① 강도   ② 응력집중
③ 열응력   ④ 전기 전도성

43
전위기어에 대한 설명으로 틀린 것은?

① 이의 강도를 개선한다.
② 이의 언더컷을 막는다.
③ 중심거리를 조절할 수 있다.
④ 기준 래크의 기준 피치선이 기어의 기준 피치원에 접하는 기어이다.

풀이
전위기어 : 래크공구의 기준피치선과 절삭기어의 피치선을 일치시키지 않고 약간 어긋나게 절삭한 기어

44
펌프나 관로에서 숨을 쉬는 것과 비슷한 진동과 소음이 발생하는 현상으로 송출압력과 유량 사이에 주기적인 변화가 발생하는 것은?

① 서징   ② 채터링
③ 베이퍼 록   ④ 캐비테이션

45
왕복 펌프의 과잉 배수(송출) 체적비에 대한 설명으로 옳은 것은?

① 배수고선의 산수가 많으면 많을수록 과잉 배수 체적비의 값은 크다.
② 과잉 배수 체적비가 크다는 것은 유량의 맥동이 작다는 것을 의미한다.
③ 평균 배수량을 넘어서 배수되는 양과 행정 용적과의 곱으로 정의한다.
④ 배수량 변동의 정도를 나타내는 척도이다.

정답 39.① 40.④ 41.① 42.④ 43.④ 44.① 45.④

46
합금원소 중 구리(Cu)가 탄소강의 성질에 미치는 영향으로 틀린 것은?

① 내식성을 향상시킨다.
② A1변태점을 저하시킨다.
③ 결정입자를 조대화시킨다.
④ 인장강도, 경도, 탄성한도 등을 증가시킨다.

풀이
조대화 : 고온에서 가열하면 결정입자가 커지는 현상

47
주물에 사용되는 주물사의 구비조건으로 틀린 것은?

① 내화성이 클 것
② 통기성이 좋을 것
③ 열전도성이 높을 것
④ 주물표면에서 이탈이 용이할 것

풀이
주물사는 열 전도성이 낮고 수축과 팽창이 작아야 한다.

48
새들 키라고도 하며, 축에 키 홈 가공을 하지 않고 보스에만 키 홈을 가공한 것은?

① 묻힘 키   ② 반달 키
③ 안장 키   ④ 접선 키

풀이
saddle 안장이라는 뜻

49
인장강도가 200[N/m²]인 연강봉을 안전하게 사용하기 위한 최대허용응력[Pa]은? (단, 봉의 안전율은 4로 한다.)

① 20   ② 50   ③ 100   ④ 200

풀이
안전율 = $\dfrac{\text{인장강도}}{\text{허용응력}}$

∴ 허용응력 = $\dfrac{200}{2} = 50[N/m^2] = 50[Pa]$

50
길이 4[m]인 단순보의 중앙에 1000[N]의 집중하중이 작용할 때, 최대 굽힘 모멘트[N·m]는?

① 250   ② 500   ③ 750   ④ 1000

풀이
$M = \dfrac{PL}{4} = \dfrac{1000 \times 4}{4} = 1000[N \cdot m]$

51
연강봉의 단면적이 40[mm²], 온도변화가 20[℃]일 때, 20[kN]의 힘이 필요하다면, 선팽창계수는 약 얼마인가? (단, 재료의 세로탄성계수는 210[GPa] 이다.)

① 0.83×10^{-5} ② 1.19×10^{-4}
③ 1.51×10^{-5} ④ 1.9×10^{-4}

풀이
열응력 $\sigma = E\alpha\Delta t$

선팽창계수 $\alpha = \dfrac{\sigma}{E\Delta t}$ (E : 세로탄성계수)

열응력 $\sigma = \dfrac{20 \times 10^3}{40 \times 10^{-6}} = 5 \times 10^8$

α(열팽창계수) $= \dfrac{5 \times 10^8}{210 \times 10^9 \times 20} = 1.19 \times 10^{-4}$

52
나사의 종류 중 정밀기계 이송나사에 사용되는 것은?

① 4각 나사   ② 볼 나사
③ 너클 나사   ④ 미터가는 나사

정답 46. ③ 47. ③ 48. ③ 49. ② 50. ④ 51. ② 52. ②

53
드릴로 뚫은 구멍의 내면을 매끈하고 정밀하게 가공하는 것은?

① 줄 가공 ② 탭 가공
③ 리머 가공 ④ 다이스 가공

54
중 실축에서 동일한 비틀림 모멘트를 작용시킬 때 지름이 $2d$에서 저장되는 탄성에너지가 E_2, 지름이 d에서 저장되는 탄성에너지가 E_1일 때, E_1과 E_2의 관계로 옳은 것은? (단, 지름 외의 조건은 동일하다.)

① $E_1 = \frac{1}{2}E_1$ ② $E_2 = \frac{1}{4}E_1$
③ $E_2 = \frac{1}{8}E_1$ ④ $E_2 = \frac{1}{16}E_1$

55
서브머지드 아크 용접에 대한 설명으로 옳은 것은?

① 아크가 보이지 않는 상태에서 용접이 진행
② 불활성 가스 대신에 탄산가스를 이용한 용극식 방식
③ 텅스텐, 몰리브덴과 같은 대기에서 반응하기 쉬운 금속도 용접 가능
④ 아크열에 의한 순간적인 국부 가열이므로 용접 응력이 대단히 작음

56
6·4 황동에 Sn을 1[%] 정도 첨가한 합금으로 선박 기계용, 스프링용, 용접용 재료 등에 많이 사용되는 특수 황동은?

① 쾌삭 황동 ② 네이벌 황동
③ 고강도 황동 ④ 알루미늄 황동

57
두 축이 평행하고 축의 중심선이 약간 어긋났을 때 가속도의 변동 없이 토크를 전달하는데 사용하는 축 이음은?

① 올덤 커플링 ② 머프 커플링
③ 유니버설 조인트 ④ 플렉시블 커플링

58
코일 스프링의 처짐량에 관한 설명으로 옳은 것은?

① 코일 스프링 권수에 반비례한다.
② 코일 스프링의 전단탄성계수에 반비례한다.
③ 코일 스프링에 작용하는 하중의 제곱에 비례한다.
④ 코일 스프링 소선 지름의 제곱에 비례한다.

풀이

처짐량 $\delta = \frac{8nD^3W}{Gd^4}$ 에서 G(전단탄성계수)에 반비례 n(권수), D(평균지름), d(소선지름)

59
비절삭 가공에 해당하는 것은?

① 주조 ② 호닝
③ 밀링 ④ 보링

60
유압 펌프 중 용적형 펌프가 아닌 것은?

① 기어 펌프 ② 베인 펌프
③ 터빈 펌프 ④ 피스톤 펌프

정답 53. ③ 54. ④ 55. ① 56. ② 57. ① 58. ② 59. ① 60. ③

4과목 전기제어공학

61
다음 블록선도를 등가 합성 전달함수로 나타낸 것은?

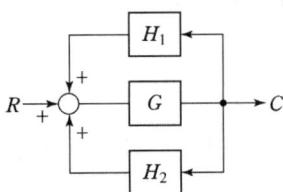

① $\dfrac{G}{1-H_1-H_2}$ ② $\dfrac{G}{1-H_1G-H_2G}$

③ $\dfrac{G-1}{1-H_1G-H_2G}$ ④ $\dfrac{H_1G+H_2G}{1-G}$

풀이

$\dfrac{C}{R} = \dfrac{G}{1-(GH_1+GH_2)} = \dfrac{G}{1-H_1G-H_2G}$

62
$R_1 = 100[\Omega]$, $R_2 = 1000[\Omega]$, $R_3 = 800[\Omega]$일 때 전류계의 지시가 0이 되었다. 이때 저항 R_4는 몇 $[\Omega]$인가?

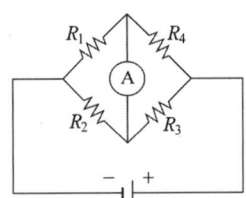

① 80 ② 160
③ 240 ④ 320

풀이

$R_1R_3 = R_2R_4$ 에서
$100 \times 800 = 1000 \times R_4$
$\therefore R_4 = 80$

63
저항에 전류가 흐르면 줄열이 발생하는데 저항에 흐르는 전류 I와 전력 P의 관계는?

① $I \propto P$ ② $I \propto P^{0.5}$
③ $I \propto P^{1.5}$ ④ $I \propto P^2$

풀이

$P = I^2 R$
$\therefore I^2 \propto P$ 에서 $I \propto P^{\frac{1}{2}} \propto P^{0.5}$

64
입력신호 중 어느 하나가 "1"일 때 출력이 "0"이 되는 회로는?

① AND 회로 ② OR 회로
③ NOT 회로 ④ NOR 회로

풀이

NOR 회로

A	B	X
0	0	1
0	1	0
1	0	0
1	1	0

65
전류계와 전압계는 내부저항이 존재한다. 이 내부저항은 전압 또는 전류를 측정하고자 하는 부하의 저항에 비하여 어떤 특성을 가져야 하는가?

① 내부저항이 전류계는 가능한 커야 하며, 전압계는 가능한 작아야 한다.
② 내부저항이 전류계는 가능한 커야 하며, 전압계도 가능한 커야 한다.
③ 내부저항이 전류계는 가능한 작아야 하며, 전압계는 가능한 커야 한다.

정답 61. ② 62. ① 63. ② 64. ④ 65. ③

④ 내부저항이 전류계는 가능한 작아야 하며, 전압계도 가능한 작아야 한다.

풀이
전류계의 내부저항은 작을수록 전압계는 내부저항이 클수록 측정범위가 커진다.

66
지상 역률 80[%], 1000[kW]의 3상 부하가 있다. 이것에 콘덴서를 설치하여 역률을 95[%]로 개선하려고 한다. 필요한 콘덴서의 용량[kVar]은 약 얼마인가?

① 421.3
② 633.3
③ 844.3
④ 1266.3

풀이
$Q = 1000 \times \left(\dfrac{\sqrt{1-0.8^2}}{0.8} - \dfrac{\sqrt{1-0.95^2}}{0.95} \right)$
$= 421.32 [kVA]$

67
전동기의 회전방향을 알기 위한 법칙은?

① 렌츠의 법칙
② 암페어의 법칙
③ 플레밍의 왼손법칙
④ 플레밍의 오른손법칙

풀이
전동기 : 플레밍의 왼손법칙
발전기 : 플레밍의 오른손법칙

68
100[V]용 전구 30[W]와 60[W] 두 개를 직렬로 연결하고 직류 100[V] 전원에 접속하였을 때 두 전구의 상태로 옳은 것은?

① 30[W] 전구가 더 밝다.
② 60[W] 전구가 더 밝다.
③ 두 전구의 밝기가 모두 같다.
④ 두 전구가 모두 켜지지 않는다.

풀이
$P = \dfrac{V^2}{R}$ 에서 $R_{30} = \dfrac{100^2}{30} = 333.33[\Omega]$
$R_{60} = \dfrac{100^2}{60} = 166.67[\Omega]$

직렬연결이므로 전류 I는 같으므로 저항이 큰 30[W] 전구가 밝다.

69
다음 조건을 만족시키지 못하는 회로는?

[조건]
어떤 회로에 흐르는 전류가 20[A]이고, 위상이 60도이며, 앞선 전류가 흐를 수 있는 조건

① RL병렬
② RC병렬
③ RLC병렬
④ RLC직렬

70
콘덴서의 전위차와 축적되는 에너지와의 관계식을 그림으로 나타내면 어떤 그림이 되는가?

① 직선
② 타원
③ 쌍곡선
④ 포물선

풀이
$W = \dfrac{CV^2}{2}$ 에서 $W \propto V^2$

71
제어량에 따른 분류 중 프로세스 제어에 속하지 않는 것은?

① 압력
② 유량
③ 온도
④ 속도

정답 66. ① 67. ③ 68. ① 69. ① 70. ④ 71. ④

72
열전대에 대한 설명이 아닌 것은?

① 열전대를 구성하는 소선은 열기전력이 커야한다.
② 철, 콘스탄탄 등의 금속을 이용한다.
③ 제벡효과를 이용한다.
④ 열팽창 계수에 따른 변형 또는 내부 응력을 이용한다.

풀이
열응력 : 열팽창 계수에 따른 변형 또는 내부 응력

73
피드백제어에서 제어요소에 대한 설명 중 옳은 것은?

① 조작부와 검출부로 구성되어 있다.
② 동작신호를 조작량으로 변화시키는 요소이다.
③ 제어를 받는 출력량으로 제어대상에 속하는 요소이다.
④ 제어량을 주궤환 신호로 변화시키는 요소이다.

74
워드 레오나드 속도 제어 방식이 속하는 제어 방법은?

① 저항제어 ② 계자제어
③ 전압제어 ④ 직병렬제어

풀이
워드 레오나드 방식 : 모터-발전기로 직류전동기의 전기자 전압을 변환하여 속도를 제어하는 방식

75
3상 유도전동기의 주파수가 60[Hz], 극수가 6극, 전부하 시 회전수가 1160[rpm]이라면 슬립은 약 얼마인가?

① 0.03 ② 0.24
③ 0.45 ④ 0.57

풀이
$$N_s = \frac{120 \times 60}{6} = 1200[\text{rpm}]$$
$$\therefore S = \frac{1200 - 1160}{1200} = 0.033$$

76
다음 논리기호의 논리식은?

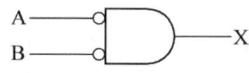

① $X = A + B$ ② $X = \overline{AB}$
③ $X = AB$ ④ $X = \overline{A+B}$

풀이
드모르간의 법칙
$\overline{A+B} = \overline{A} \cdot \overline{B}$

77
$x_2 = ax_1 + cx_3 + bx_4$의 신호흐름 선도는?

①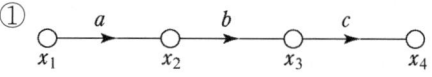

②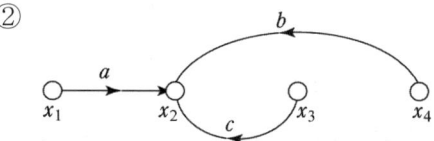

③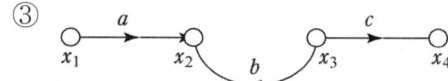

④
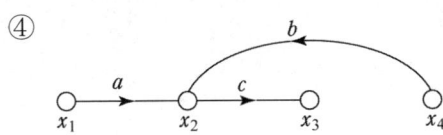

78
입력신호 $x(t)$와 출력신호 $y(t)$의 관계가 $y(t) = K \dfrac{dx(t)}{dt}$로 표현되는 것은 어떤 요소인가?

① 비례요소   ② 미분요소
③ 적분요소   ④ 지연요소

79
다음 논리회로의 출력은?

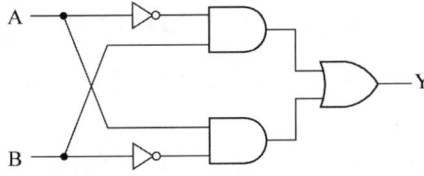

① $Y = A\overline{B} + \overline{A}B$ ② $Y = \overline{A}B + \overline{A}\,\overline{B}$
③ $Y = \overline{A}\,\overline{B} + A\overline{B}$ ④ $Y = \overline{A} + \overline{B}$

80
R, L, C가 서로 직렬로 연결되어 있는 회로에서 양단의 전압과 전류의 위상이 동상이 되는 조건은?

① $\omega = LC$ ② $\omega = L^2 C$
③ $\omega = \dfrac{1}{LC}$ ④ $\omega = \dfrac{1}{\sqrt{LC}}$

정답 78. ② 79. ① 80. ④

실전모의고사 12회

1과목 승강기 개론

01
카의 위치에 따라 발생하는 이동케이블과 로프의 무게 불균형을 보상하기 위하여 설치하는 것은?

① 균형추
② 균형 체인
③ 제어 케이블
④ 균형 클로저

풀이
균형체인(보상체인)은 속도 3[m/s] 이하에 적용하고 보상 로프는 모든 속도에 적용 가능하다.(3[m/s] 초과 시는 보상로프만 가능)

02
로프식 엘리베이터의 권상 도르래와 와이어로프의 미끄러짐 관계를 설명한 것 중 잘못된 것은?

① 로프가 감기는 각도(권부각)가 작을수록 미끄러지기 쉽다.
② 카의 가속도 및 감속도가 클수록 미끄러지기 쉽다.
③ 카측과 균형추측의 로프에 걸리는 장력비가 작을수록 미끄러지기가 쉽다.
④ 로프와 권상 도르래의 마찰계수가 작을수록 미끄러지기가 쉽다.

풀이
트랙션비(카측과 균형추측의 로프에 걸리는 장력비)가 작을수록 잘 미끄러지지 않고 권상 능력이 향상된다.

03
에스컬레이터의 디딤판(스텝)의 크기에 대한 설명 중 옳은 것은?

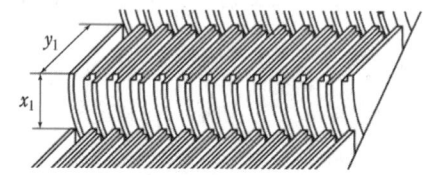

① 디딤판(스텝)의 깊이(y_1)는 0.28[m] 이상이고, 디딤판(스템)의 높이(x_1)는 0.18[m] 이하이어야 한다.
② 디딤판(스텝)의 깊이(y_1)는 0.36[m] 이상이고, 디딤판(스템)의 높이(x_1)는 0.22[m] 이하이어야 한다.
③ 디딤판(스텝)의 깊이(y_1)는 0.38[m] 이상이고, 디딤판(스템)의 높이(x_1)는 0.24[m] 이하이어야 한다.
④ 디딤판(스텝)의 깊이(y_1)는 0.42[m] 이상이고, 디딤판(스템)의 높이(x_1)는 0.28[m] 이하이어야 한다.

풀이
높이 0.24[m] 이하, 폭 0.58[m]~1.1[m], 깊이 0.38[m] 이상

04
균형추(Counter Weight)의 오버밸런스율을 적절하게 하여야 하는 이유로 가장 타당한 것은?

① 승강기의 출발을 원활하기 하기 위하여
② 승강기의 속도를 일정하게 하기 위하여

정답 01. ② 02. ③ 03. ③ 04. ④

③ 승강기가 정지할 때 충격을 없애기 위하여
④ 트랙션비를 개선하여 와이어로프가 도르래에서 미끄러지지 않도록 하기 위하여

> 풀이
오버밸런스율 : 정격하중을 보상하는 비율로 50[%]가 이상적이다.

05
에스컬레이터를 하강방향으로 공칭속도 0.65[m/s]로 움직일 때 전기적 정지장치가 작동된 시간부터 측정할 경우 정지거리는 얼마를 만족하여야 하는가?

① 0.1[m] 에서 0.8[m] 사이
② 0.2[m] 에서 1.0[m] 사이
③ 0.3[m] 에서 1.3[m] 사이
④ 0.4[m] 에서 1.5[m] 사이

> 풀이
에스컬레이터 및 무빙워크의 정지거리

공칭속도	정지거리
0.50[m/s]	0.20[m]부터 1.00[m]까지
0.65[m/s]	0.30[m]부터 1.30[m]까지
0.75[m/s]	0.40[m]부터 1.50[m]까지
0.90[m/s]	0.55[m]부터 1.70[m]까지

06
승강기 안전관리법령에 따라 엘리베이터에서 정전시에 작동되는 비상등의 조도와 점등 시간에 관한 기준으로 옳은 것은?

① 10[lx] 이상의 조도로 30분 이상 점등되어야 한다.
② 10[lx] 이상의 조도로 1시간 이상 점등되어야 한다.
③ 5[lx] 이상의 조도로 30분 이상 점등되어야 한다.
④ 5[lx] 이상의 조도로 1시간 이상 점등되어야 한다.

07
유압식 엘리베이터 중 간접식과 비교하여 직접식의 일반적인 특징에 속하는 것은?

① 실린더의 점검이 용이하다.
② 부하에 의한 카바닥의 빠짐이 비교적 크다.
③ 실린더를 설치할 보호관이 불필요하다.
④ 승강로의 평면 치수를 작게 할 수 있다.

> 풀이
직접식은 램에 직접 카를 연결하기 때문에 승강로 소요 면적이 작다.

08
튀어오름 방지장치(제동 또는 록다운 장치)를 설치해야 하는 엘리베이터는 정격 속도가 몇 [m/s]를 초과할 경우인가?

① 3.0 ② 3.5
③ 4.0 ④ 4.5

> 풀이
록다운 장치는 추락방지안전장치가 작동 시 균형추, 보상체인 등의 튀어오름을 방지하는 장치로 속도 3.5[m/s] 초과 시 설치해야 한다.

09
완충기에 대한 설명으로 틀린 것은?

① 에너지 분산형 완충기는 작동 후에는 영구적인 변형이 없어야 한다.
② 에너지 분산형 완충기는 엘리베이터 정격 속도와 상관없이 사용될 수 있다.

③ 에너지 축적형 완충기는 유체의 수위가 쉽게 확인될 수 있는 구조이어야 한다.
④ 정격속도 60[m/min] 이하의 엘리베이터는 운동에너지가 작아서 선형 또는 비선형 특성을 갖는 에너지 축적형 완충기를 사용하기에 적합하다.

[풀이]
에너지 축적형 완충기는 스프링(선형)완충기와 우레탄(비선형) 완충기가 있으며 유체를 사용하지 않는다.

10
로프 꼬임에 대한 설명으로 옳은 것은?
① 스트랜드의 꼬는 방향과 로프의 꼬는 방향을 반대로 한 것을 랭 꼬임이라 한다.
② 스트랜드의 꼬는 방향과 로프의 꼬는 방향이 동일한 것이 보통 꼬임이다.
③ 랭 꼬임은 보통 꼬임에 비하여 킹크(kink)를 잘 발생하지 않는다.
④ 보통 꼬임은 랭 꼬임에 비하여 국부적인 마모가 발생하여 수명이 다소 짧다.

[풀이]
보통꼬임은 스트랜드의 꼬는 방향과 로프의 꼬는 방향을 반대로 한 것으로 내구성은 랭 꼬임에 비해 낮지만 킹크가 발생하지 않고 꼬임이 안정되어 엘리베이터에 사용한다.

11
자동차용이나 대형 화물용 엘리베이터에서 카실을 완전히 열 필요가 있어서 사용되는 개폐방식은?
① 상승 개폐(UP)
② 중앙 개폐(CO)
③ 측면 개폐(SO)
④ 여닫이 방식(SWING DOOR)

[풀이]
수직 개폐식(상승 개폐식, UP Door방식)

12
권동식 권상기에 비하여 트랙션 권상기의 장점이라고 볼 수 없는 것은?
① 소요 동력이 작다.
② 승강 행정에 제한이 비교적 적다.
③ 미끄러짐이나 마모가 잘 발생하지 않는다.
④ 권과(지나치게 감기는 현상)를 일으키지 않는다.

[풀이]
트랙션(권상)식은 로프와 도르래의 마찰력으로 구동하기 때문에 미끄러짐이 발생한다.

13
엘리베이터의 군관리 방식에 대한 설명으로 옳지 않은 것은?
① 위치표시기를 설치하지 않고, 대신에 홀랜턴으로 하기도 한다.
② 엘리베이터가 3~8대가 병설될 때 개개의 카를 합리적으로 운행·관리하는 방식이다.
③ 개개의 부름에 대하여 가장 가까이 있는 카가 응답한다.
④ 특정 층의 혼잡 등을 자동적으로 판단하여 서비스 층을 분할할 수도 있다.

[풀이]
수송효율 및 일주시간을 줄이기 위해 운행 방향의 승강장 부름을 통과하는 경우도 있다.

정답 10. ④ 11. ① 12. ③ 13. ③

14
유압회로의 부품에 대한 설명으로 틀린 것은?

① 체크밸브(checkvalve) : 오일이 실린더로 들어가는 곳에 설치되어 파이프나 호스가 파손되었을 경우 카가 추락하는 것을 방지하는 밸브
② 사이렌서(silencer) : 펌프나 제어밸브에서 발생한 진동과 소음을 흡수하기 위한 장치
③ 릴리프 밸브(relief valve) : 압력 조정 밸브로서 유압회로내의 압력이 이상 상승하는 것을 방지하는 밸브
④ 스트레이너(strainer) : 유압유 내의 이물질을 걸러내는 장치

풀이
"배관이 파손되거나 압력이 급격히 하강" 이라는 키워드가 있으면 럽쳐밸브이고 역방향 운행을 저지하는 것은 체크밸브임.

15
구조가 간단하나 착상오차가 크므로 대략 정격속도 30[m/min] 이하의 엘리베이터에 적용하는 속도제어방식은?

① 교류 1단 속도제어
② 교류 2단 속도제어
③ 교류 귀환 제어
④ 가변전압 가변주파수 제어

풀이
- 교류 1단 속도(30[m · min] 이하)
- 교류 2단 속도(60[m/min] 이하)
- 교류 귀환제어(105[m/min] 이하)
- VVVF(저속~초고속 까지 사용)

16
엘리베이터가 과속된 경우, 과속스위치가 이를 검출하여 동력 전원 회로를 차단하고, 전자 브레이크를 작동시켜서 과속조절기 도르래의 회전을 정지시켜 과속조절기 도르래 홈과 로프 사이의 마찰력으로 비상 정지시키는 과속조절기의 종류는?

① 마찰정지형 과속조절기
② 디스크형 과속조절기
③ 플라이 볼형 과속조절기
④ 유압식 과속조절기

풀이
키워드 "마찰력"이 있으면 마찰정지형이고 고속엘리베이터에는 플라이 볼형 조속기, 중저속에는 디스크형 조속기가 사용된다.

17
엘리베이터의 정격속도가 매 분당 180[m]이고, 제동소요 시간이 0.3초인 경우의 제동거리는 몇 [m]인가? (단, 엘리베이터 속도는 정격속도에서 선형적으로 감소한다.)

① 0.25   ② 0.45   ③ 0.65   ④ 0.85

풀이
제동거리 $S = \dfrac{V(\text{m/s})\, t}{2} = \dfrac{3 \times 0.3}{2} = 0.45[\text{m}]$

18
카 내부에 있는 사람에 의한 카문의 개방을 제한하기 위해 엘리베이터 카가 운행 중일 때 카 문의 개방은 최소 몇 [N] 이상의 힘이 요구되어야 하는가?

① 40   ② 50   ③ 60   ④ 70

풀이
문이 닫히는 것을 막는 데 필요한 힘은 150[N] 이하, 잠금해제 구간에서 여는 데 필요한 힘은 300[N] 이하이어야 한다.

정답 14. ① 15. ① 16. ① 17. ② 18. ②

19
소방구조용 엘리베이터의 일반적인 요구조건에 관한 설명으로 옳지 않은 것은?

① 운행 속도는 0.8[m/s] 이상이어야 한다.
② 소방관이 조작하여 엘리베이터 문이 닫힌 이후부터 60초 이내에 가장 먼 층에 도착하여야 한다.
③ 정전 시에는 보조 전원공급장치에 의해 엘리베이터를 2시간 이상 운행시킬 수 있어야 한다.
④ 소방운전 시 모든 승강장의 출입구 마다 정지할 수 있어야 한다.

풀이
소방구조용 엘리베이터 속도 : 1[m/s] 이상

20
단일 승강로에 두 대의 엘리베이터를 이용하면서 각각 독립적으로 운행되는 고효율 엘리베이터는?

① 트윈 엘리베이터
② 전망용 엘리베이터
③ 더블데크 엘리베이터
④ 조닝방식 엘리베이터

풀이
- 트윈 엘리베이터 : 한승강로에 2대의 승강기가 독립적으로 운행
- 더블데크 엘리베이터 : 2대의 승강기가 상하로 연결되어 운행

2과목 승강기 설계

21
엘리베이터에서 피트 바닥은 전 부하 상태의 카가 완충기에 작용하였을 때 완충기 지지대 아래에 부과되는 정하중의 최소 몇 배를 지지할 수 있어야 하는가?

① 4배   ② 5배   ③ 8배   ④ 10배

풀이
$F = 4 \cdot g_n (P+Q)$ [N]

22
엘리베이터의 수평 개폐식 문 중 자동 동력 작동식 문이 닫힐 경우 그 운동에너지는 몇 [J] 이하이어야 하는가? (단, 승강기의 각종 안전장치는 이상 없이 정상 작동하는 경우로 한정한다.)

① 5[J]   ② 6[J]   ③ 8[J]   ④ 10[J]

23
권동식(드럼식) 권상기의 단점이 아닌 것은?

① 권상하중 대비하여 소요동력이 크다.
② 높은 행정에 적용하기 곤란하다.
③ 설치 면적을 과대하에 점유한다.
④ 지나치게 감기거나 풀릴 위험이 있다.

풀이
권동식은 균형추가 없어 승강로 소요면적이 작다.

24
층고가 3.5[m]인 지상 10층 건물에 엘리베이터 1대가 설치되어 있다. 엘리베이터의 정격속도는 90[m/min]일 때 1층에서 10층까지 주행하는데 걸리는 주행시간은 약 몇 초인가? (단, 1층에서 10층

정답 19. ① 20. ① 21. ① 22. ④ 23. ③ 24. ③

주행시 예상정지수는 5회, 정격속도에 따른 가감속시간은 2.2초이고, 도어개폐시간, 승객출입시간, 그 외 각종 손실시간은 제외한다.)

① 28 ② 30
③ 32 ④ 34

$T = \dfrac{3.5 \times 9}{1.5} + 2.2 \times 5 = 32초$
※ 승강 행정 : 3.5×9

25
그림과 같은 도르래 장치에서 로핑 비율과 장력 P와 하중 W의 관계로 옳은 것은? (단, 로핑 비율은 "P의 하강거리 : W의 상승거리"로 나타낸다.)

① 2 : 1 로핑, $P = W/2$
② 3 : 1 로핑, $P = W/3$
③ 4 : 1 로핑, $P = W/4$
④ 5 : 1 로핑, $P = W/5$

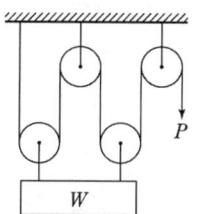

카 측에 걸린 로프 수 : 구동기 측에 걸린 로프 수
= 4 : 1

26
권상도르래의 지름이 720[mm]이고, 감속비가 45 : 1, 주파수 60[Hz], 전동기 극수 4, 로핑은 1:1일 경우, 이 엘리베이터의 속도는 약 몇 [m/min]인가? (단, 슬립은 없는 것으로 한다.)

① 60 ② 75
③ 90 ④ 105

$V = \dfrac{\pi D N}{1000} \times i = \dfrac{\pi \times 720 \times \frac{120 \times 60}{4}}{1000} \times \dfrac{1}{45}$
$= 90.48 [\text{m/min}]$

27
파이널 리미트 스위치의 일반적인 요구조건에 관한 설명으로 틀린 것은?

① 권상구동식 및 유압식 엘리베이터의 경우 주행로의 최상부 및 최하부에서 작동하도록 설치되어야 한다.
② 파이널 리미트 스위치는 카 또는 균형추가 완충기에 충돌하기 전에 작동되어야 한다.
③ 파이널 리미트 스위치와 일반 종단정지장치는 독립적으로 작동되어야 한다.
④ 파이널 리미트 스위치는 우발적인 작동의 위험 없이 가능한 최상층 및 최하층에 근접하여 작동하도록 설치되어야 한다.

유압식 엘리베이터의 파이널 리미트 스위치는 최상부에만 설치한다.

28
길이 ℓ, 단면적 A인 균일 단면 봉이 인장하중 W를 받아 λ만큼 늘어났을 때 상관관계를 옳게 나타낸 것은? (단, E는 세로탄성계수이고, 후크의 법칙을 만족한다.)

① $E = \dfrac{A\lambda}{W\ell}$ ② $E = \dfrac{A\ell}{W\lambda}$
③ $E = \dfrac{W\lambda}{A\ell}$ ④ $E = \dfrac{W\ell}{A\lambda}$

늘어난 길이$(\lambda) = \dfrac{하중(W) \times 길이(\ell)}{단면적(A) \times 세로탄성계수(E)}$
$\therefore E = \dfrac{W\ell}{A\lambda}$

정답 25. ③ 26. ③ 27. ① 28. ④

29
엘리베이터 피트의 피난공간 기준에서 피난 자세에 따라 피난 공간 높이의 기준이 달라지는데 각 자세별로 피난공간 높이 기준이 옳게 짝지어진 것은? (단, 주택용 엘리베이터는 제외한다.)

① 서 있는 자세 : 2[m], 웅크린 자세 : 1[m]
② 서 있는 자세 : 2[m], 웅크린 자세 : 1.2[m]
③ 서 있는 자세 : 1.8[m], 웅크린 자세 : 1[m]
④ 서 있는 자세 : 1.8[m], 웅크린 자세 : 1.2[m]

풀이
피트의 피난공간
① 서 있는 자세 : 0.4×0.5×H 2[m]
② 웅크린 자세 : 0.5×0.7×H 1[m]
③ 누운 자세 : 0.7×1×H 0.5[m]

30
카 틀 상부체대 중앙에 현수 도르래가 1개 설치된 경우 그림과 같이 양단지지보 중앙에 하중(W)이 작용하는 것으로 볼 수 있다. 이때 상부체대의 최대 변형량(δ, m)을 구하는 식으로 옳은 것은? (단, W는 카 측 총 중량[N], E는 상부체대 재료의 세로탄성계수[N/m^2], L는 상부체대 전길이[m], I는 상부체대의 단면 2차 모멘트[m^4] 이다. 또한 변형량은 W가 작용하는 방향으로의 변형량을 말한다.)

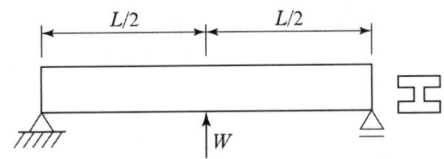

① $\delta = \dfrac{WL^3}{12EI}$ ② $\delta = \dfrac{WL^3}{24EI}$

③ $\delta = \dfrac{WL^3}{48EI}$ ④ $\delta = \dfrac{5WL^3}{384EI}$

31
과속조절기 로프에 대한 설명으로 틀린 것은?

① 과속조절기 로프의 최소 파단 하중은 권상 형식 과속조절기의 마찰 계수(μ_{max}) 0.2를 고려하여 과속조절기가 작동될 때 로프에 발생하는 인장력에 8 이상의 안전율을 가져야 한다.
② 과속조절기의 도르래 피치 직경과 과속조절기 로프의 공칭 직경 사이의 비는 30 이상이어야 한다.
③ 과속조절기 로프 및 관련 부속부품은 추락방지안전장치가 작동하는 동안 제동거리가 정상적일 때보다 더 길더라도 손상되지 않아야 한다.
④ 과속조절기 로프는 추락방지안전장치로부터 쉽게 분리되지 않아야 한다.

풀이
과속조절기 로프는 추락방지안전장치로부터 쉽게 분리될 수 있어야 한다.

32
소방구조용 엘리베이터는 갇힌 소방관을 구출하기 위한 비상구출문을 카 지붕에 설치해야 하는데, 비상구출문에 대한 각각의 이중천장을 열기 위해 가해야 하는 힘은 몇 [N] 이하여야 하는가?

① 200   ② 250
③ 300   ④ 350

풀이
- 소방구조용 카지붕 비상구출문 : 0.5[m]×0.7[m] 이상
- 일반용 카지붕 비상구출문 : 0.4[m]×0.5[m] 이상

정답 29. ① 30. ③ 31. ④ 32. ②

33
모듈이 4인 스퍼 외접기어의 잇수가 각각 30, 60 이라고 할 때 양 축간의 중심거리는?

① 90[mm]   ② 180[mm]
③ 270[mm]   ④ 360[mm]

풀이
외접기어 중심거리
$$C = \frac{D_1 + D_2}{2} = \frac{(Z_1 + Z_2)}{2} \times m$$
$$= \frac{(30+60)}{2} \times 4 = 180[mm]$$

내접기어 중심거리 $C = \frac{D_1 - D_2}{2} = \frac{(Z_1 - Z_2)}{2} \times m$

34
전동기 동력이 11[kW]인 3상 유도 전동기에 대하여 예비전원 소요 용량을 주어진 조건에 의하여 산출하면 약 몇 [kVA]가 되는가? (단, 전동기 역률은 55[%], 최대 가속전류는 정격전류의 2.8배이고, 소요 예비전원 용량은 가속 시 용량의 1.6배를 적용하며, 주전압은 380[V] 이다.)

① 76   ② 90
③ 108   ④ 121

풀이
$$P = \frac{11}{0.55} \times 2.8 \times 1.6 = 89.6 [kVA]$$

35
공칭회로의 전압이 500[V] 초과인 경우 기준에 따라 절연 저항값을 측정할 때 그 값은 몇 [MΩ] 이상이어야 하는가?

① 0.3   ② 0.5
③ 0.7   ④ 1.0

36
장애인용 엘리베이터의 승강장 바닥과 승강기 바닥 사이의 틈새는 최대 몇 [mm] 이하이어야 하는가?

① 45   ② 40
③ 35   ④ 30

풀이
장애인용, 소형화물용 : 30[mm] 이하
일반용 : 35[mm] 이하

37
로프식 엘리베이터의 속도제어 방식 중 기동과 주행은 고속권선으로, 감속과 착상은 저속권선으로 속도를 제어하는 방식은?

① 교류1단 속도제어   ② 교류2단 속도제어
③ 직류1단 속도제어   ④ 직류2단 속도제어

풀이
교류 2단속도 고속 : 저속의 속도비는 4 : 1이 이상적이다.

38
유도전동기가 엘리베이터의 동력용 전동기로 가장 많이 사용되는 이유가 아닌 것은?

① 속도 제어성이 우수하다.
② 구조가 간단하고 견고하다.
③ 고장이 적고 가격이 싸다.
④ 취급이 용이하다.

39
엘리베이터의 정격속도가 120[m/min]일 때 에너지 분산형 완충기의 행정(stroke)거리는 약 몇 [mm] 이상이어야 하는가?

① 270   ② 290   ③ 310   ④ 330

정답 33. ② 34. ② 35. ④ 36. ④ 37. ② 38. ① 39. ①

> 풀이

- 에너지 분산형 완충기 최소 행정거리 : $0.0674V^2$ [m] 이상
  $S = 0.0674 \times 2^2 \times 10^3 = 269.6$ [mm]
- 에너지 축적형 완충기 최소 행정거리 : $0.135V^2$ [m] 이상

40
점차 작동형 추락방지안전장치가 적용된 엘리베이터의 정격속도가 150[m/min] 이다. 이 엘리베이터의 과속조절기가 작동되어야 하는 엘리베이터 속도 구간으로 옳은 것은?

① 2.875[m/s] 이상 3.225[m/s] 미만
② 2.875[m/s] 이상 3.125[m/s] 미만
③ 2.750[m/s] 이상 3.225[m/s] 미만
④ 2.750[m/s] 이상 3.125[m/s] 미만

> 풀이

150[m/min] = 2.5[m/s]
$2.5 \times 1.15 = 2.875$[m/s] 이상
$1.25 \times 2.5 + \dfrac{0.25}{2.5} = 3.225$[m/s] 미만

3과목 일반기계공학

41
그림과 같은 캠에서 ⓐ부분의 명칭으로 옳은 것은?

① 캠 로브
② 캠 양정
③ 캠 프로파일
④ 캠 노즈

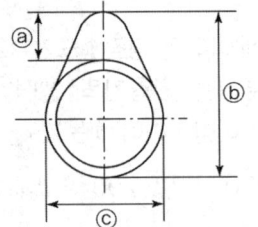

> 풀이

ⓐ : 양정, ⓑ : 높이, ⓒ : 기초원

42
V 벨트의 마찰계수가 0.4, V 벨트의 단면 각도가 40° 일 때, 유효 마찰계수의 값은?

① 0.326   ② 0.378
③ 0.459   ④ 0.557

> 풀이

유효마찰계수
$$\mu_0 = \dfrac{\mu}{\sin\dfrac{a}{2} + \mu\cos\dfrac{a}{2}} = \dfrac{0.4}{\sin\dfrac{40°}{2} + 0.4 \times \cos\dfrac{40°}{2}}$$
$= 0.557$

43
펌프의 캐비테이션 방지대책으로 틀린 것은?

① 펌프의 설치위치를 될 수 있는 대로 낮춘다.
② 단 흡입이면 양 흡입으로 고친다.
③ 2대 이상의 펌프를 설치한다.
④ 펌프의 회전수를 높인다.

> 풀이

캐비테이션 : 액체의 흐름에서 압력이 낮아져 액체의 포화증기압 이하로 되면 액체가 증발하여 액체 중에 공동을 일으키는 현상

44
기계공작법의 소성가공에 대한 설명으로 틀린 것은?

① 소성변형을 주어 원형과 다른 제품을 만든다.
② 대량생산이 곤란하고 균일한 제품을 만들 수 없다.
③ 열간가공은 재결정 온도 이상으로 가열하여 가공한다.
④ 압연, 압출, 인발, 판금, 전조 가공 등이 있다.

정답 40. ① 41. ② 42. ④ 43. ④ 44. ②

소성가공 : 자동화 및 대량생산과 균일한 제품 제작 가능

45
브레이크의 마찰계수를 μ, 드럼의 원주 속도를 v, 접촉면의 압력을 p라 할 때 브레이크 용량을 계산하는 식은?

① $\dfrac{\mu}{pv}$　　　② $\dfrac{\pi\mu}{pv}$

③ μpv　　　④ $\pi\mu pv$

풀이
브레이크 용량 $H = \dfrac{\mu Pv}{A} = \mu pv$

46
원형 단면의 단순보에 균일 분포하중이 작용할 때 최대 처짐량에 대한 설명 중 틀린 것은?

① 균일분포하중에 비례한다.
② 보 길이의 4승에 비례한다.
③ 세로 탄성계수에 반비례한다.
④ 단면 관성모멘트의 4승에 반비례한다.

풀이
단면 관성모멘트에 반비례한다.

47
공작기계로 가공된 평면이나 원통면 등을 정밀하게 다듬질하기 위한 수공구는?

① 스크레이퍼　　② 다이스
③ 정　　　　　　④ 탭

풀이
다이스 : 수나사 작업
탭 : 암나사 작업

48
유압기기와 관련하여 체크밸브, 릴리프 밸브 등의 입구쪽 압력이 강하하고, 밸브가 닫히기 시작하여 밸브의 누설량이 어느 규정의 양까지 감소했을 때의 압력은? (단, 유압 및 공기압 용어 KS B 0120에 의한다.)

① 서지 압력　　　② 파일럿 압력
③ 리시트 압력　　④ 크랭킹 압력

풀이
- 서지압력 : 과도 상승압력의 최대치
- 크래킹 압력 : 체크밸브, 릴리프 밸브 등에서 압력이 상승하고 밸브가 열리기 시작하여 일정한 흐름의 양이 인정되는 압력

49
일반 주철에 관한 설명으로 틀린 것은?

① Fe-C 합금에서 C의 함량이 약 2.11~6.68[%]인 것을 말한다.
② 압축강도에 비해 인장강도가 크다.
③ 마찰저항이 크고 절삭성이 좋다.
④ 용융점이 낮고 유동성이 좋다.

풀이
주철은 압축강도가 크고 취성이 크다.

50
압력제어밸브 중 회로 내의 압력이 설정값에 도달하면 오일의 일부 또는 전부를 배출구로 되돌려서 회로 내의 압력을 일정하게 유지되게 하는 역할을 하는 밸브는?

① 리듀싱 밸브(Reducing valve)
② 시퀀스 밸브(Sequence valve)
③ 릴리프 밸브(Relief valve)
④ 언로더 밸브(Unloader valve)

풀이
릴리프 밸브 : 정격압력의 140[%]를 넘지 않도록 한다.

51
원형 단면 봉에 비틀림 모멘트가 작용할 때 발생하는 비틀림 각에 대한 설명으로 옳은 것은?

① 축 길이에 반비례한다.
② 전단탄성계수에 비례한다.
③ 비틀림 모멘트에 반비례한다.
④ 축 지름의 4승에 반비례한다.

52
지름 110[cm], 회전수 500[rpm]인 축에 묻힘 키를 폭 28[mm], 높이 18[mm], 길이 300[mm]로 설계하려고 한다면 키의 전단응력에 의한 최대전달동력[kW]은 약 얼마인가? (단, 키의 허용전단응력은 32[MPa] 이다.)

① 314
② 523
③ 774
④ 963

풀이
토크
$$T = \frac{32 \times 10^6 \times 28 \times 10^{-3} \times 300 \times 10^{-3} \times 110 \times 10^{-3}}{2}$$
$$= 14784[N \cdot m]$$
$$\therefore P = \omega T = \frac{2\pi \times 500}{60} \times 14784 \times 10^{-3} = 774.09[kW]$$

53
타이타늄 합금의 기계적 성질에 관한 설명으로 옳은 것은?

① 비중이 10으로 강보다 무겁다.
② 장시간 가열에 대한 열 안정성이 불량하다.
③ 항공기나 자동차 엔진 재료로 사용이 불가능하다.
④ 합금원소 첨가로 크리프강도와 피로강도가 높다.

풀이
티타늄(Ti)의 성질
① 용융점(1670[℃])이 높고 열전도율이 낮다.
② 내식성이 우수하다.
③ 비중은 약 4.5 정도이다.
④ 항공기, 자동차의 엔진 재료

54
클러치, 캠, 기어 등의 소재 가공 시 강재의 표면만 경화시키는 표면 경화법이 아닌 것은?

① 침탄법
② 질화법
③ 제강법
④ 청화법

55
볼트 체결에 있어서 마찰각을 ρ, 리드각을 λ라고 할 때 나사의 효율(η)을 나타내는 식은?

① $\eta = \dfrac{\tan\lambda}{\tan(\lambda+\rho)}$
② $\eta = \dfrac{\tan(\lambda-\rho)}{\tan(\lambda+\rho)}$
③ $\eta = \dfrac{\tan(\lambda+\rho)}{\tan\lambda}$
④ $\eta = \dfrac{\tan(\lambda+\rho)}{\tan(\lambda-\rho)}$

56
다음 중 각 탄성계수와 푸와송의 비 μ, 푸아송의 수 m과의 관계를 나타낸 것으로 틀린 것은? (단, 가로 탄성계수는 G, 세로 탄성계수는 E, 체적 탄성계수는 K 이다.)

① $G = \dfrac{E}{2(1+\mu)}$
② $E = \dfrac{m}{2G(m+1)}$
③ $m = \dfrac{2G}{E-2G}$
④ $K = \dfrac{E}{3(1-2\mu)}$

풀이
$mE = 2G(m+1)$ $\therefore E = \dfrac{2G(m+1)}{m}$

57
아크(arc)용접에서 언더 컷(undercut)을 방지하는 일반적인 방법으로 틀린 것은?

① 용접전류를 높인다.
② 용접속도를 낮춘다.
③ 짧은 아크 길이를 유지한다.
④ 모재 두께 및 폭에 대하여 적합한 용접봉을 선택한다.

풀이
언더 컷 발생원인 : 전류과대, 용접속도 빠름

58
다음 중 미세한 숫돌가루를 이용하여 표면을 매끈하게 만드는 가공법은?

① 선반 ② 래핑
③ 호빙 ④ 밀링

풀이
호빙 : 기어절삭

59
양 끝을 고정한 연강 봉이 온도 22[℃]에서 가열되어 40[℃]가 되었다. 이때 재료 내부에 생기는 열응력(MPa)은 약 얼마인가? (단, 재료의 선팽창 계수는 1.2×10^{-5}/℃, 세로탄성계수는 210[GPa], 길이는 1[m] 이다.)

① 45.4 ② 47.9
③ 50.4 ④ 52.9

풀이
$\sigma = El\alpha\Delta t$
$= 210 \times 10^9 \times 1 \times 1.2 \times 10^{-5} \times (40-22) \times 10^{-6}$
$= 45.36$[MPa]

60
주형 제작에 사용되는 탕구계(gating system)의 구성요소에 포함되지 않는 것은?

① 열풍로 ② 주입구
③ 라이저 ④ 탕도

풀이
탕구계의 구성요소 : 쇳물을 주형에 주입하기 위해 만든 통로
① 탕구 : 용탕의 유입구
② 탕로 : 탕구에서 둑에 이르는 용탕의 유로
③ 라이저 : 주형 내부의 가스, 공기 증기를 배출하는 구멍

4과목 전기제어공학

61
어떤 물체가 1초 동안에 50회전할 때 각속도[rad/s]는?

① 50π ② 60π ③ 100π ④ 120π

풀이
각속도 $\omega = 2\pi f = 2\pi \times 50 = 100\pi$

62
어떤 전지에 5[A]의 전류가 10분간 흘렀다면 이 전지에서 발생한 전하량은 몇 [C]인가?

① 1000 ② 2000
③ 3000 ④ 4000

풀이
$I = \dfrac{Q}{t}$[A], $Q = I \cdot t$[C] 에서
$Q = 5 \times 10 \times 60 = 3000$[C]

정답 57.① 58.② 59.① 60.① 61.③ 62.③

63
전압, 전류, 주파수 등의 양을 주로 제어하는 것으로 응답속도가 빨라야 하는 것이 특징이며, 정전압 장치나 발전기 및 조속기의 제어 등에 활용하는 제어방법은?

① 서보기구　　② 비율제어
③ 자동조정　　④ 프로세스제어

64
다음 블록선도로 제어계를 구성하여, 시간 t 가 0 일 때, 계단함수 $1/s$ 를 입력하였다. 이때의 출력은?

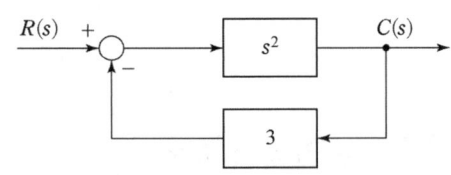

① 0　　② $\frac{1}{2}$　　③ $\frac{1}{3}$　　④ 3

65
150[kVA] 단상변압기의 철손이 1[kW], 전 부하 동손이 4[kW] 이다. 이 변압기의 최대 효율은 몇 [kVA]의 부하에서 나타나는가?

① 25　　② 75
③ 100　　④ 125

풀이
$\frac{1}{m} = \sqrt{\frac{P_i}{P_c}} = \sqrt{\frac{1}{4}} = 0.5$
∴ 최대효율용량 $P = 150 \times 0.5 = 75[\text{kVA}]$

66
피드백 제어시스템의 피드백 효과로 옳지 않은 것은?

① 대역폭 증가
② 정확도 개선
③ 시스템 간소화 및 비용 감소
④ 외부 조건의 변화에 대한 영향 감소

풀이
피드백 제어시스템은 구조가 복잡하고 비용이 증가한다.

67
다음 중 절연저항을 측정하는데 사용되는 계측기는?

① 메거　　② 저항계
③ 켈빈브리지　　④ 휘스톤브리지

68
60[Hz], 8극, 8500[W]의 유도전동기가 있다. 전 부하 시의 회전수가 855[rpm]일 때 전동기의 토크[kg·m]는 약 얼마인가?

① 7.21　　② 8.43
③ 8.92　　④ 9.35

풀이
$T_1 = \dfrac{8500}{2\pi \times \dfrac{855}{60}} = 94.93[\text{N} \cdot \text{m}] \div 9.81$
$= 9.68[\text{kg} \cdot \text{m}]$
$T_2 = 975 \times \dfrac{8.5[\text{kW}]}{855} = 9.69[\text{kg} \cdot \text{m}]$

69
교류(Alternating current)를 나타내는 값 중 임의의 순간의 크기를 나타내는 것은?

① 최대값　　② 평균값
③ 실효값　　④ 순시값

정답　63. ③　64. ③　65. ②　66. ③　67. ①　68. ④　69. ④

70
다음 회로의 전달함수 $\frac{E_o(s)}{E_i(s)}$는?
(단, 초기조건 $e_o(0) = 0$ 이다.)

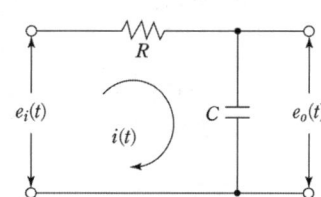

① $\frac{1}{RC_s - 1}$ ② $\frac{1}{RC_s + 1}$

③ $\frac{RC_s}{RC_s - 1}$ ④ $\frac{RC_s}{RC_s + 1}$

풀이
전달함수 $G(s) = \frac{E_o(s)}{E_i(s)} = \frac{1}{RC_s + 1}$

71
그림과 같은 유접점 회로를 논리식으로 나타내면?

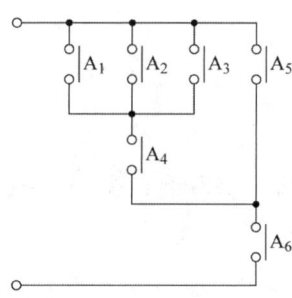

① $(A_1 \times A_2 \times A_3 + A_4) \times (A_5 + A_6)$
② $(A_1 \times A_2 \times A_3) + A_5 + A_6$
③ $[(A_1 + A_2 + A_3 + A_5) \times A_4] \times A_6$
④ $[(A_1 + A_2 + A_3) \times A_4 + A_5] \times A_6$

풀이
병렬연결은 더하고 직열 연결은 곱한다.

72
전기사용 장소의 사용전압이 380[V]인 전로의 전로와 대지 사이의 절연저항[MΩ]은 최소 얼마 이상이어야 하는가?

① 0.3 ② 0.6 ③ 0.9 ④ 1

풀이

공칭 회로 전압(V)	시험전압/직류 (V)	절연저항 [MΩ]
SELV[a] 및 PELV[b] >100 VA	250	≥ 0.5
≤ 500 FELV[c] 포함	500	≥ 1.0
> 500	1000	≥ 1.0

73
피드백 제어계의 구성 요소 중 제어동작 신호를 받아 조작량으로 바꾸는 역할을 하는 것은?

① 설정부 ② 비교부
③ 제어요소 ④ 검출부

74
세라믹 콘덴서 소자의 표면에 103[K]라고 적혀 있을 때 이 콘덴서의 용량은 약 몇 [μF]인가?

① 0.01 ② 0.1 ③ 103 ④ 103

풀이
103[k]에서 처음 두자리 10은 용량, 세 번째 수 3은 10의 지수
문자 k는 오차를 나타낸다.
∴ $10 \times 10^3 [pF] \times 10^6 = 0.01 [\mu F]$

75
저항에 전류가 흐르면 열이 발생하는 열작용과 가장 밀접한 관계가 있는 법칙은?

① 줄의 법칙 ② 쿨롱의 법칙
③ 옴의 법칙 ④ 페러데이의 법칙

풀이

$1[J]=0.24[cal]$
발열량 $Q=0.24I^2Rt[ca]$

76
평형 3상회로에서 상당 저항이 40[Ω], 리액턴스가 30[Ω]인 3상 유도성 부하를 Y결선으로 결선한 경우 복소전력[VA]은? (단, 선간전압의 크기는 $100\sqrt{3}[V]$ 이다.)

① $160+j120$ ② $480+j360$
③ $960+j720$ ④ $1440+j1080$

풀이

복소전력 $=\dfrac{(100\sqrt{3})^2}{(40-30j)}\times\dfrac{(40+30j)}{(40+30j)}$

$=\dfrac{12000+9000j}{25}=480+360j$

77
논리식 $(A+b)(\overline{A}+B)$와 등가인 것은?

① A   ② B
③ AB   ④ $A\overline{B}$

풀이

$(A+B)(\overline{A}+B)=A\overline{A}+AB+\overline{A}B+BB$
$=0+AB+\overline{A}B+B$
$=B(A+\overline{A}+1)=B$

※ 모든 수에 1을 더하면 1이 된다.

78
다음 그림과 같은 다이오드 논리 게이트는?

① AND
② OR
③ NOT
④ NOR

풀이

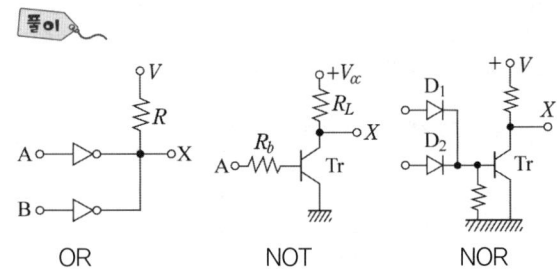

OR   NOT   NOR

79
다음 중 옴의 법칙에 대한 설명으로 옳지 않은 것은?

① 저항에 전류가 흐를 때 전압, 전류, 저항의 관계를 설명해 준다.
② 옴의 법칙은 저항으로 전류의 크기를 조절할 수 있음을 보여준다.
③ 옴의 법칙은 저항에 의한 전압강하를 설명해 준다.
④ 옴의 법칙을 이용하여 임피던스에 의한 전압강하는 설명할 수 없다.

풀이

전압강하 $V=IR$

80
검출기기에서 검출된 온도를 전압으로 변환하는 요소의 종류는?

① 열전대   ② 전자석
③ 벨로우즈 ④ 광전다이오드

정답 76. ② 77. ② 78. ① 79. ④ 80. ①

실전모의고사 13회

1과목 승강기 개론

01
엘리베이터의 전자-기계 브레이크 시스템에서 브레이크는 카가 정격속도로 정격하중의 몇 [%]를 싣고 하강방향으로 운행될 때 구동기를 정지시킬 수 있어야 하는가?

① 110 ② 115 ③ 125 ④ 130

풀이) 정격하중 125[%] 하강, 0[%] 상승 시 안전하게 정지시킬 수 있어야 한다.

02
권상 도르래·풀리 또는 드럼의 피치직경과 로프(벨트)의 공칭 직경 사이의 비율은 로프(벨트)의 가닥수와 관계없이 몇 배 이상이어야 하는가? (단, 주택용 엘리베이터는 제외한다.)

① 36 ② 40 ③ 46 ④ 50

풀이) 주택용과 과속조절기용은 30배 이상

03
유압식 엘리베이터의 장점으로 볼 수 없는 것은?

① 기계실의 배치가 자유롭다.
② 건물 꼭대기부분에 하중이 걸리지 않는다.
③ 승강로 꼭대기 틈새가 작아도 좋다.
④ 전동기의 소요 동력이 작아진다.

풀이) 균형추가 없어 전동기 소요 동력이 크다.

04
엘리베이터의 카에서 비상시 작동하는 비상등은 몇 [lx] 이상이어야 하는가?

① 2 ② 5 ③ 10 ④ 20

풀이) 5[lx] 이상 1시간

05
엘리베이터 조작방식에 대한 설명으로 옳은 것은?

① 먼저 눌러져 있는 호출에 응답하고, 그 운전이 완료될 때까지는 다른 호출에 일체 응답하지 않은 것을 단식 자동식이라 한다.
② 승강장의 누름버튼은 두 개가 있고, 동시에 기억시킬 수 있으며, 카는 그 진행방향의 카버튼과 승강장버튼에 응답하면서 승강하는 것을 군 관리방식이라 한다.
③ 먼저 눌러져 있는 호출에 응답하고, 그 운전이 완료되기 전에도 다른 호출에 응답하는 것을 카 스위치 방식이라 한다.
④ 승강장 누름버튼으 두 개인데 동시에 기억시킬 수 없으며, 카는 그 진행방향의 카버튼과 승강장버튼에 응답하는 것을 승합 전자동식이라 한다.

정답 01. ③ 02. ② 03. ④ 04. ② 05. ①

06
소선의 강도에 의해서 E종으로 분류된 와이어로프의 소선의 공칭 인장강도는 몇 [N/mm²]인가?

① 1320   ② 1470
③ 1620   ④ 1770

풀이
E종 : 1320, G종 : 1470,
A종 : 1620, B종 : 1770[N/mm²]

07
승객용 엘리베이터의 가이드 레일 규격이 "가이드 레일 ISO 7465-T82/A"라고 명시되어 있다. 여기서 "82"는 그림에서 어디 부분의 길이를 의미하는가? (단, 가이드 레일 규격은 KS B ISO 7465에 따른다.)

① A
② B
③ C
④ D

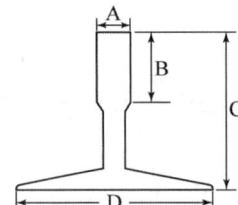

08
에스컬레이터의 경사도는 기본적으로 30°를 초과하지 않아야 하는데 특별한 경우 경사도를 35°까지 증가시킬 수 있다. 이 경우 공칭속도는 몇 [m/s] 이하여야 하는가? (단, 층고는 6[m] 이하이다.)

① 0.5   ② 0.75   ③ 1   ④ 1.5

풀이
경사도 35°까지 증가 조건 : 속도 0.5[m/s] 이하, 층고 6[m] 이하

09
카 출입구의 하단에 설치하며 승강로와 카 바닥면의 간격을 일정치 이하로 유지함으로써, 카가 층과 층의 중간에 정지 시 승객이 아래층 방향의 엘리베이터 밖으로 나오려고 할 때 추락을 방지하는 것은?

① 가이드 슈(guide shoe)
② 에이프런(apron)
③ 하부체대(plank)
④ 브레이스 로드(brace rod)

풀이
승강로와 카 바닥면의 간격 : 0.15[m] 이하

10
무빙워크의 경사도는 몇 ° 이내여야 하는가?

① 10   ② 12   ③ 15   ④ 20

11
소형 화물형 엘리베이터의 안전기준에 따라 카와 승강장문과의 거리는 몇 mm 이하여야 하는가?

① 10   ② 20   ③ 30   ④ 40

풀이
- 소형 화물용 엘리베이터 : 정격하중 300[kg], 속도 1[m/s] 이하
- 기계실 개구부 : 0.6[m]×0.6[m] 이상, 기계실 높이 1.8[m] 이상

12
에너지 분산형 완충기의 요구조건에 대한 설명으로 옳지 않은 것은? (단, gn은 중력가속도를 의미한다.)

① 완충기의 가능한 총 행정은 정격속도 115%에 상응하는 중력 정지거리 이상이어야 한다.
② 카에 정격하중을 싣고, 정격속도의 115%의 속도로 자유낙하하여 완충기에 충돌할 때 평균 감속도는 $1g_n$ 이하여야 한다.

정답 06. ① 07. ④ 08. ① 09. ② 10. ② 11. ③ 12. ③

③ $2.5g_n$을 초과하는 감속도는 0.1초보다 길지 않아야 한다.
④ 완충기 작동 후에는 영구적인 변형이 없어야 한다.

풀이
0.04초 이하

13
승강기에 사용되는 유도전동기의 용량이 15[kW], 전동기의 회전수가 1450[rpm]이라면 이 전동기의 브레이크에 요구되는 제동토크는 약 몇 [N·m]인가? (단, 주어진 조건 이외에는 무시한다.)

① 74　　② 99　　③ 144　　④ 202

풀이
제동토크는 전동기 토크와 같아야 한다.
토크(T) = $\dfrac{출력(W)}{각속도(\omega)}$ 에서
$\omega = 2\pi f = 2\pi \dfrac{N(\text{rpm})}{60}$
$T = \dfrac{15 \times 10^3}{2\pi \times \dfrac{1450}{60}} = 98.79[\text{N·m}]$

14
승강로의 일반적인 구조에 관한 설명으로 틀린 것은?

① 승강로 내에는 각층을 나타내는 표기가 있어야 한다.
② 승강로 내에 설치되는 돌출물은 안전상 지장이 없어야 한다.
③ 엘리베이터의 균형추 또는 평형추는 카와 동일한 승강로에 있어야 한다.
④ 밀폐식 승강로에는 어떠한 환기구나 통풍구가 있어서는 안 된다.

15
엘리베이터의 기계실 출입문 크기 기준으로 옳은 것은? (단, 주택용 엘리베이터는 제외한다.)

① 폭 0.6[m] 이상, 높이 1.7[m] 이상
② 폭 0.7[m] 이상, 높이 1.8[m] 이상
③ 폭 0.8[m] 이상, 높이 1.9[m] 이상
④ 폭 0.9[m] 이상, 높이 2.0[m] 이상

풀이
기계실, 피트 출입문 : 폭 0.7[m] 이상, 높이 1.8[m] 이상

16
엘리베이터에서 카 내부의 유효높이는 일반적으로 몇 [m] 이상인가? (단, 주택용, 자동차용 엘리베이터는 제외한다.)

① 1.8　　② 1.9
③ 2.0　　④ 2.1

풀이
주택용 : 카 및 출입구 높이 : 1.8m 이상

17
엘리베이터가 "피난운전"시 특정 안전장치를 제외하고는 기본적으로 모두 작동상태여야 한다. 여기서 제외되는 안전장치는 다음 중 무엇인가?

① 문닫힘 안전장치
② 과부하 감지장치
③ 추락방지 안전장치
④ 상승과속 방지장치

풀이
피난 및 소방구조 운전 시 모든 안전장치는 유효해야 하지만 열이나 연기에 의해 작동되는 문닫힘 안전장치는 제외된다.

18
소방구조용 엘리베이터의 보조 전원공급장치는 얼마 이상 엘리베이터 운전이 가능하여야 하는가?

① 30분　　② 1시간
③ 1시간 30분　　④ 2시간

풀이
60초 이내에 투입되고 2시간 이상 공급 가능해야 한다.

19
카의 상승과속방지장치에 대한 설명으로 틀린 것은?

① 상승과속방지장치를 작동하기 위해 외부 에너지가 필요할 경우, 외부 에너지가 공급되지 않으면 엘리베이터는 정지 및 그 상태를 유지해야 한다.(압축 스프링 방식 제외)
② 상승과속방지장치의 복귀를 위해서는 작업자가 승강로에 들어가서 직접 작업하도록 해야 한다.
③ 상승과속방지장치가 작동 후 복귀 후 엘리베이터가 정상 운행되기 위해서는 전문가(유지관리업자 등)의 개입이 요구되어야 한다.
④ 상승과속방지장치는 빈 칸의 감속도가 정지단계 동안 $1g_n$(중력가속도)을 초과하지 않아야 한다.

풀이
조속기의 기계적 트립을 풀고 수동으로 상승시키면 복귀된다.

20
유압식엘리베이터에서 유압장치의 보수, 점검 또는 수리 등을 할 때 주로 사용하기 위하여 설치하는 밸브는?

① 스톱 밸브　　② 체크 밸브
③ 안전 밸브　　④ 럽처 밸브

2과목 승강기 설계

21
엘리베이터의 설치 환경과 교통량에 관한 설명이다. 옳지 않은 것은?

① 대중교통이 발달한 중심상가지역의 사무용 건물에는 아침 출근 시간의 교통량이 상대적으로 많다.
② 사무실이 밀집되어 있는 건물에는 점심시간이 같아서 정오시간의 교통량이 증가한다.
③ 유연근무제, 시차출퇴근제의 확산은 출근시간의 교통량 집중도를 높였지만, 엘리베이터 하향방향의 교통량 집중은 감소시켰다.
④ 병원의 경우는 일반 사무실과는 다르게 환자의 왕진 및 치료와 수술이 행해지는 오전시간에 교통량이 집중되거나, 또는 환자방문시간이나 교대근무가 발생하는 오후의 특정시간에 교통량이 집중될 수도 있다.

풀이
유연근무제는 출퇴근 시간의 교통량 집중도가 낮아진다.

22
엘리베이터의 적재중량(W)이 3500[kg]이고, 카 및 관련 부품들의 중량(W_p)이 2000[kg]일 때 하부체대에 발생하는 최대굽힘응력은 약 몇 [MPa]인가? (단, 하부체대의 길이(L)은 3[m], 하부체대

정답　18. ④　19. ②　20. ①　21. ③　22. ③

의 총 단면계수는 498000[mm³]이며, 하부체대에 작용하는 최대 굽힘모멘트(M)는 다음과 같은 식(g는 중력가속도)을 적용한다.)

$$M = \frac{5}{64} \times (W + W_p) \times g \times L$$

① 48.8　　　　② 38.7
③ 25.4　　　　④ 18.5

풀이

$M = \frac{5}{64} \times (3500 + 2000) \times 9.81 \times 3$
$= 12645.70[\text{N} \cdot \text{m}]$

응력 $= \frac{\text{최대굽힘모멘트}}{\text{단면계수}}$

$= \frac{12645.7}{498000 \times (10^{-3})^3} \times 10^{-6} = 25.39[\text{MPa}]$

※ Pa=N/m² 이므로 단위를 m로 환산해야 한다.

23

엘리베이터의 승강로 내부, 기계류 공간 및 풀리실에서 직접적인 접촉에 의한 전기설비의 보호를 위해 케이스를 설치하고자 한다. 이는 얼마 이상의 보호등급을 제공해야 하는가?

① IP 2X　　　　② IP 3X
③ IP 4X　　　　④ IP 5X

24

엘리베이터 브레이크 장치에서 총 제동토크는 180[N·m]이고, 브레이크 드럼의 지름은 260[mm], 접촉부 마찰계수는 0.35일 때 드럼과 브레이크 슈가 만나는 곳에서의 드럼의 반력은 약 몇 N 인가? (단, 브레이크 슈는 2개가 설치되어 있고, 양쪽 슈에서 작용하는 반력은 동일하며, 한쪽의 반력만 구한다.)

① 495　　　　② 989
③ 1483　　　　④ 1978

풀이

$P_n = \frac{2T_d}{\mu D N} = \frac{2 \times 180}{0.35 \times 0.26 \times 2} = 1978.02[\text{N}]$

여기서, T_d : 제동토크
　　　　μ : 마찰계수
　　　　D : 드럼직경
　　　　N : 브레이크 슈 개수

25

소방구조용 엘리베이터의 보조 전원공급장치에 관한 설명으로 옳지 않은 것은?

① 정전 시 60초 이내에 엘리베이터 운행에 필요한 전력용량을 자동적으로 발생시키도록 하되 수동으로 전원을 작동시킬 수 있어야 한다.
② 소방구조용 엘리베이터의 주 전원공급과 보조 전원공급의 전선은 방화구획이 되어야 하고 서로 구분되어야 하며, 다른 전원공급 장치와도 구분되어야 한다.
③ 보조 전원공급장치는 방화구획 된 장소에 설치되어야 한다.
④ 소방구조용 엘리베이터를 위한 보조 전원공급장치에는 충분한 전력 용량을 제공할 수 있는 자가발전기를 예외 없이 설치해야 한다.

풀이

소방운전 조건에 맞는 독립된 전원이 공급되는 경우는 자가발전기를 설치하지 않아도 된다.

26

하중이 작용하는 방향에 의해 하중을 분류하였을 때 이에 해당되지 않는 것은?

① 정하중　　　　② 인장하중
③ 압축하중　　　④ 전단하중

정답 23. ①　24. ④　25. ④　26. ①

27

엘리베이터용 가이드 레일에 관한 사항으로 틀린 것은?

① 엘리베이터의 정격하중에 관계가 있다.
② 대형 화물용 엘리베이터의 경우 하중을 적재할 때 발생되는 카의 회전 모멘트는 무시한다.
③ 추락방지안전장치가 작동한 후에도 가이드 레일에는 좌굴이 없어야 한다.
④ 레일 브래킷의 간격을 작게 하면 동일한 하중에 대하여 응력과 휨은 작아진다.

풀이
레일 설계 시 고려사항 : 좌굴하중, 수평진동력, 회전모멘트

28

적재중량 1200[kg], 카 자중 2600[kg], 로프 한가닥의 파단하중 60[kN], 로프 가닥수 5, 로프 자중 250[kg], 균형도르래 중량 500[kg]인 엘리베이터의 로핑방식이 2:1 싱글 랩 로핑일 때, 이 엘리베이터의 로프의 안전율은 약 얼마인가? (단, 안전율의 산정 시 균형 도르래의 중량은 1/2을 적용한다.)

① 13.2
② 14.2
③ 15.2
④ 16.2

풀이

로프의 안전율 = $\dfrac{\text{로핑계수} \times \text{로프의 파단하중} \times \text{가닥수}}{\text{로프에 걸리는 총 하중}}$

$= \dfrac{2 \times 60 \times 10^3 \div 9.81 \times 5}{(1200 + 2600 + 250 + 250)} = 14.22$

※ 무게의 단위 N을 중력가속도(9.81)로 나누어 kg으로 환산해서 계산해야 한다.

29

기계실이 있는 승강기에서 승강기에 대한 주요 부품 중 설치 위치가 다른 한 가지는?

① 균형추
② 이동케이블
③ 가이드레일
④ 과속조절기

풀이
과속조절기는 기계실, 나머지 부품은 승강로에 설치함.

30

엘리베이터 운전제어 중 전기적 비상운전 제어에 관한 설명으로 틀린 것은?

① 비상운전 제어 시 카 속도는 0.30[m/s] 이하이어야 한다.
② 전기적 비상운전은 버튼의 순간적인 누름에 의해서도 작동되어야 한다.
③ 전기적 비상운전 스위치는 파이널 리미트 스위치를 무효화 시켜야 한다.
④ 전기적 비상운전 스위치의 작동 후, 이 스위치에 의한 움직임을 제외한 모든 카 움직임은 방지되어야 한다.

풀이
버튼을 누르고 있는 동안만 작동한다.

31

엘리베이터용 도어 인터로크에서 잠금장치에 대한 설명으로 옳지 않은 것은?

① 잠금장치 위치는 승강장 도어가 닫힐 때 승강장 측으로부터 접근할 수 있는 위치에 설치해야 한다.
② 안전 접점이 작동하기 전 잠김 상태를 유지하여야 하며, 외부 충격이나 진동에 의해 잠김 상태가 무효화되어서는 안 된다.

정답 27. ② 28. ② 29. ④ 30. ② 31. ①

③ 중력, 스프링, 영구자석에 의해 작동하며, 영구 자석에 의해 잠기는 방식에서는 열이나 충격에 의해 기능을 상실해서는 안 된다.
④ 여러 짝의 조합에 의해 이루어진 도어에서는 특별한 경우를 제외하고는 각각의 도어(도어짝)에 잠금 장치를 설치하여야 한다.

풀이
승강로 측으로부터 접근해 유지보수 하고 해제는 승강장 측에서 전용 삼각열쇠로 해제한다.

32
그림과 같이 아랫부분이 고정되고 위가 자유단으로 된 기둥의 상단에 하중 P가 작용한다. 이 때 좌굴이 발생하는 좌굴 하중은 기둥의 높이와 어떤 관계가 되는가? (단, 기둥의 굽힘강성(EI)는 일정하다.)

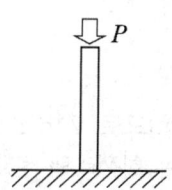

① 기둥의 높이의 제곱에 반비례한다.
② 기둥의 높이에 반비례한다.
③ 기둥의 높이에 비례한다.
④ 기둥의 높이의 제곱에 비례한다.

33
에너지 분산형 완충기가 적용된 엘리베이터의 정격속도가 80[m/min]이다. 규정된 시험조건으로 완충기에 충돌할 때 완충기의 행정은 약 몇 [mm] 이상이어야 하는가?

① 202   ② 188
③ 172   ④ 158

풀이
$$S = 0.0674V^2 = 0.0674 \times \left(\frac{80}{60}\right)^2 = 0.119[mm]$$

34
완충기에 사용하는 코일 스프링을 설계하고자 한다. 스프링에 작용하는 하중은 18[kN], 스프링 소선의 지름은 26[mm], 코일의 평균지름은 122[mm]일 때 이 스프링에 발생하는 전단응력은 약 몇 [MPa]인가? (단, 응력수정계수는 1.33으로 한다.)

① 352   ② 386
③ 423   ④ 469

풀이
$$\tau = \frac{8PD}{\pi d^3} \times 응력수정계수$$
$$= \frac{8 \times 18 \times 10^3 \times 122 \times 10^{-3}}{\pi \times (26 \times 10^{-3})^3} \times 1.33 \times 10^{-6}$$
$$= 423.16[MPa]$$

35
엘리베이터 운행을 위해 전동기에서 요구되는 최대 토크가 42[N·m], 이 때 전동기 회전수는 2500[rpm] 이다. 이 전동기의 전체 효율이 약 75[%]이면 전동기에서 요구되는 출력은 약 몇 [kW]인가?

① 8.9   ② 10.8
③ 12.4   ④ 14.7

풀이
$$T = \frac{P(W)}{2\pi \times \frac{N}{60}}[N \cdot m]$$
$$\therefore P = \frac{2\pi NT}{60\eta} \times 10^{-3} = \frac{2\pi \times 2500 \times 42}{60 \times 0.75} \times 10^{-3}$$
$$= 14.66[kW]$$

36
승강기 설비계획을 할 때 고려해야 할 사항에 해당되지 않는 것은?

① 교통량 계산을 하여 그 건물의 교통수요에 적합하고 충분한 대수일 것
② 이용자의 대기시간이 허용치 이하가 되도록 고려할 것
③ 여러 대를 설치할 경우 가능한 건물 가운데로 배치할 것
④ 용도에 관계없이 반드시 서비스 층의 분할을 적용할 것

37
기어 방식의 권상기에서 웜기어와 비교하여 헬리컬 기어의 효율적인 소음을 옳게 설명한 것은?

① 효율은 높고 소음도 크다.
② 효율은 높고 소음도 작다.
③ 효율은 낮고 소음도 크다.
④ 효율은 낮고 소음도 작다.

38
승강로 최상층의 승강장 바닥면에서 승강로의 상부(기계실 바닥 슬래브 하부면)까지의 수직거리를 무엇이라고 하는가?

① 오버헤드　　　② 꼭대기 틈새
③ 주행 여유　　　④ 천장 여유

39
승강로 벽의 내측과 카 문턱, 카 문틀 또는 카문의 닫히는 모서리 사이의 수평거리는 승강로 전체에 걸쳐서 기본적으로 몇 [m] 이하여야 하는가? (단, 특별한 경우를 제외한 일반적인 조건을 말한다.)

① 0.1　　　② 0.12
③ 0.15　　④ 0.2

풀이
0.15[m] 이하로 유지하기 위해 에이프런 또는 기계적인 카문 잠금장치를 설치한다.

40
유압식 엘리베이터의 유압 제어 및 안전장치와 관련하여 릴리프 밸브를 압력을 전 부하 압력의 몇 % 까지 제한하도록 맞추어 조절되어야 하는가?

① 125　② 130　③ 135　④ 140

3과목 일반기계공학

41
회전수 1000[rpm]으로 716.2[N·m]의 비틀림 모멘트를 전달하는 회전축의 전달 동력[kW]은?

① 약 749.9　　② 약 75.0
③ 약 119　　　④ 약 11.9

풀이
$$T(\text{토크}) = \frac{P(w : \text{기계적인 출력})}{\omega(\text{각속도})}$$
$$\therefore P = \omega T = 2\pi \times \frac{1000}{60} \times 716.2 \times 10^{-3} = 75[\text{kW}]$$

※ 비틀림 모멘트는 토크와 같은 의미이다.

42
균일 단면 봉재에 작용하는 수직응력에 의한 탄성에너지를 구하는 식으로 옳은 것은? (단, 탄성에너지 U, 인장하중 P, 봉재길이 L, 세로탄성계수 E, 변형량 δ, 단면적은 A 이다.)

① $U = \dfrac{P^2 L}{2EA}$ ② $U = \dfrac{PL}{2EA}$

③ $U = \dfrac{2EA\delta}{L}$ ④ $U = \dfrac{EA\delta}{2L}$

주응력은 주응력면에 수직 방향으로 작용하는 응력이다.

43
셀 몰드법(Shell mold process)에 대한 설명으로 틀린 것은?

① 미숙련공도 작업이 가능하다.
② 작업공정을 자동화하기 쉽다.
③ 보통 소량생산 방식에 사용된다.
④ 짧은 시간 내에 정도가 높은 주물을 만들 수 있다.

셀 몰드법은 자동화된 주물 제조법으로 대량생산에 적합하며 ①②④는 대량 생산 및 자동화의 장점이다.

46
공기압 기술에 대한 특징으로 틀린 것은?

① 작동 매체를 쉽게 구할 수 있다.
② 정밀한 위치 및 속도제어가 가능하다.
③ 동력 전달이 간단하며 장거리 이송이 쉽다.
④ 폭발과 인화의 위험이 적으며 환경오염이 없다.

44
나사에서 리드각은 나사의 골지름, 유효지름 및 바깥지름에서 각각 다르고 골지름에서 가장 크다. 나사의 비틀림각이 30°이면 리드각은?

① 30° ② 45° ③ 60° ④ 90°

리드각 = 90°−비틀림각

47
용접부의 시험을 파괴시험과 비파괴시험으로 분류할 때 비파괴시험이 아닌 것은?

① 인장시험   ② 음향시험
③ 누설시험   ④ 형광시험

파괴시험 : 인장시험, 조직검사

48
모듈 5, 잇수 52인 표준 스퍼기어의 외경[mm]은?

① 250 ② 260 ③ 270 ④ 280

$D = mZ + 2m = 5 \times 52 + 2 \times 5 = 270$

45
주응력에 대한 설명으로 틀린 것은?

① 주응력은 전단응력이다.
② 평면응력에서 주응력은 2개이다.
③ 주평면 상태하의 응력을 의미한다.
④ 주응력 상태에서 수직응력은 최대와 최소를 나타낸다.

49
체결용 기계요소인 코터에 대한 설명으로 틀린 것은?

① 코터의 자립조건에서 마찰각을 ρ, 기울기를 α라 할 때에 한쪽 기울기의 경우는 $\alpha \leq 2\rho$이어야 한다.

② 코터의 기울기는 한쪽 기울기와 양쪽 기울기가 있다.
③ 코터 이음에서 코터는 주로 비틀림 모멘트를 받는다.
④ 코터는 로드와 소켓을 연결하는 기계요소이다.

풀이
축과 축 등을 결합시키는데 사용하는 쐐기로 인장응력, 전단응력 굽힘응력을 받는다.

50
냉간가공의 특징으로 틀린 것은?
① 정밀한 형상의 가공면을 얻을 수 있다.
② 가공경화로 강도가 증가한다.
③ 가공면이 아름답다.
④ 연신율이 증가한다.

풀이
냉간가공은 강도와 경도가 증가하고 연성은 감소한다.

51
Ti의 특성에 대한 설명으로 틀린 것은?
① 열전도율이 높다.
② 내식성이 우수하다.
③ 비중은 약 4.5 정도이다.
④ Fe보다 가벼운 경금속에 속한다.

풀이
Ti는 용융점(1670℃)이 높고 열전도율이 낮다.

52
주철의 물리적, 기계적 성질에 대한 설명으로 틀린 것은?
① 절삭성 및 내마모성이 우수하다.
② 강에 비해 일반적으로 인장강도와 충격값이 우수하다.
③ 탄소함유량이 약 2~6.7% 정도인 것을 주철이라 한다.
④ 주조성이 우수하여 복잡한 형상으로 제작이 가능하다.

풀이
주철은 취성(깨지는성질)이 있어 충격에 약하다.

53
탄성한도 이내에서 가로 변형률과 세로 변형률과의 비를 의미하는 용어는?
① 곡률   ② 세장비
③ 단면수축률   ④ 프와송 비

풀이
$$\text{프와송비} = \frac{\text{가로 변형률}}{\text{세로 변형률}}$$

54
연강인 공작물 재질이 드릴 작업을 하려고 할 때 가장 적합한 드릴의 선단각은?
① 70°   ② 118°   ③ 130°   ④ 150°

55
그림과 같이 동일한 재료의 중실축과 중공축에 각각 T_A, T_B의 토크가 작용할 때 전달할 수 있는 토크 T_B는 T_A의 몇 배인가?

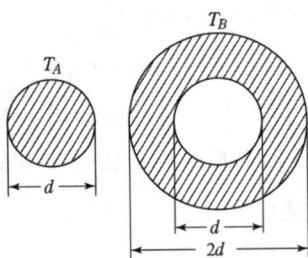

정답 50. ④ 51. ① 52. ② 53. ④ 54. ② 55. ④

① 6.0 ② 6.5
③ 7.0 ④ 7.5

56
0.01[mm]까지 측정할 수 있는 마이크로미터에서 나사의 피치와 딤블의 눈금에 대한 설명으로 옳은 것은?

① 피치는 0.25[mm]이고, 딤블은 50등분이 되어 있다.
② 피치는 0.5[mm]이고, 딤블은 100등분이 되어 있다.
③ 피치는 0.5[mm]이고, 딤블은 50등분이 되어 있다.
④ 피치는 1[mm]이고, 딤블은 50등분이 되어 있다.

57
회전수 1350[rpm]으로 회전하는 용적형 펌프의 송출량 32[ℓ/min], 송출압력이 40[kgf/cm²]이다. 이때 소비동력이 3[kW]라면 이 펌프의 전 효율은?

① 60.1[%] ② 69.7[%]
③ 75.3[%] ④ 81.7[%]

풀이
펌프출력 = 압력 × 유량(m³) [kW]
$P = 40 \times 9.81 \times 10^4 \times 32 \times 10^{-3} \div 60 \times 10^{-3}$
$= 2.09[kW]$
효율 $\eta = \dfrac{출력}{입력} = \dfrac{2.09}{3} \times 100 = 69.67[\%]$

58
제동장치에서 단식 블록 브레이크에 제동력에 대한 설명으로 옳은 것은?

① 제동 토크에 반비례한다.
② 마찰 계수에 반비례한다.
③ 브레이크 드럼의 지름에 비례한다.
④ 브레이크 드럼과 블록사이의 수직력에 비례한다.

풀이
제동력은 마찰력에 비례한다.

59
크거나 두꺼운 재료를 담금질했을 때 외부는 냉각속도가 빠르고 내부는 냉각속도가 느려서 재료의 내부로 들어갈수록 경도가 저하되는 현상은?

① 노치효과 ② 질량효과
③ 파커라이징 ④ 치수효과

60
유압 및 공기압 용어(KS B 0120)와 관련하여 다음이 설명하는 것은?

> 체크 밸브, 릴리프 밸브 등에서 압력이 상승하고 밸브가 열리기 시작하여 어느 일정한 흐름의 양이 인정되는 압력

① 크래킹 압력 ② 리시트 압력
③ 오버라이드 압력 ④ 서지 압력

풀이
② 리시트 압력 : 압력이 저하되어 누설량이 규정량까지 감소했을 때의 압력
③ 오버라이드 압력 : 설정 압력 - 크래킹 압력 (크면 채터링 현상)
④ 서지 압력 : 과도상승 압력의 최대치

정답 56. ③ 57. ② 58. ④ 59. ② 60. ①

4과목 전기제어공학

61
유량, 압력, 액위, 농도, 효율 등의 플랜트나 생산공정 중의 상태를 제어량으로 하는 제어는?

① 프로그램제어　② 프로세스제어
③ 비율제어　　　④ 자동조정

풀이
키워드 "화학공업", "플랜트"의 생산공정은 프로세스제어다

62
5[kVA], 3000/20[V]의 변압기가 단락시험을 통한 임피던스 전압이 100[V], 동손이 100[W]라 할 때 퍼센트 저항강하는 몇 [%]인가?

① 2　　② 3
③ 4　　④ 5

풀이
퍼센트 전압강하
$$p = \frac{P_s}{P_n} \times 100 = \frac{100}{5 \times 10^3} \times 100 = 2[\%]$$
여기서, P_s : 임피던스 동손, P_n : 정격용량

63
다음 중 2차 전지에 속하는 것은?

① 망간건전지　② 공기전지
③ 수은전지　　④ 납축전지

풀이
1차 전지 : 충전하여 재사용 불가(건전지)
2차 전지 : 충전하여 재사용 가능
　　　　　(납축전지, 알칼리축전지)

64
다음 블록선도와 등가인 블록선도로 알맞은 것은?

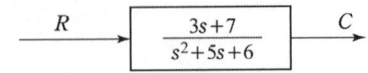

①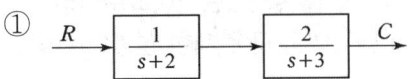

②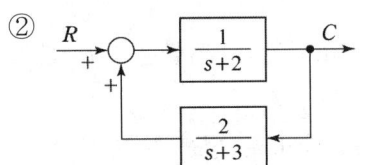

③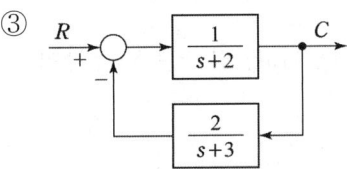

④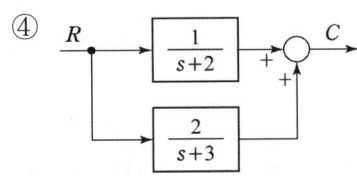

65
60[Hz], 4극, 슬립 6[%]인 유도전동기를 어느 공장에서 운전하고자 할 때 예상되는 회전수는 약 몇 [rpm]인가?

① 240　　② 720
③ 1690　④ 1800

풀이
$$N = \frac{120f(1-S)}{P} = \frac{120 \times 60 \times (1-0.06)}{4}$$
$$= 1692[rpm]$$

66
그림과 같은 계전기 접점회로의 논리식은?

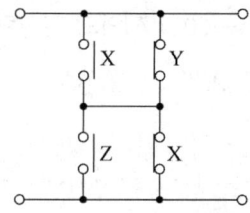

① $XZ + \overline{Y}\,\overline{X}$
② $XY + Z\overline{X}$
③ $(X+\overline{Y})(Z+\overline{X})$
④ $(X+Z)(\overline{Y}+\overline{X})$

풀이
- 병렬 연결은 더하고 직렬 연결은 곱한다.
- X의 a 접점은 X이고, b접점은 $\overline{X}$ 이다.
∴ $(X+\overline{Y})(Z+\overline{X})$

67
그림에 해당하는 함수를 라플라스 변환하면?

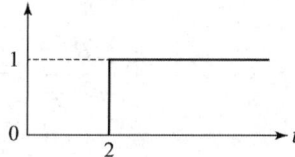

① $\dfrac{1}{s}$
② $\dfrac{1}{s-2}$
③ $\dfrac{1}{s}e^{-2s}$
④ $\dfrac{1}{s}(1-e)$

풀이
$f(t) = u(t-2)$
∴ $\mathcal{L}[u(t-2)] = \dfrac{1}{s}e^{-2s}$

68
자기회로에서 도자율(permeance)에 대응하는 전기회로의 요소는?

① 릴럭턴스
② 컨덕턴스
③ 정전용량
④ 인덕턴스

풀이
전기회로 컨덕턴스는 저항의 역수로 자기회로의 도자율과 같은 요소이며 도자율의 역수는 릴럭턴스다.

69
어떤 회로에 정현파 전압을 가하니 90° 위상이 뒤진 전류가 흘렀다면 이 회로의 부하는?

① 저항
② 용량성
③ 무부하
④ 유도성

풀이
- 코일(유도성) : 전류의 위상이 전압보다 90° 뒤진다.
- 커패시터(용량성) : 전류의 위상이 전압보다 90° 앞선다.

70
일정 전압의 직류전원 V에 저항 R을 접속하니 정격전류 I가 흘렀다. 정격전류 I의 130[%]를 흘리기 위해 필요한 저항은 약 얼마인가?

① $0.6R$
② $0.77R$
③ $1.3R$
④ $3R$

풀이
$I_1 = \dfrac{V}{R_1}$, $I_2 = \dfrac{V}{R_2}$ 전압 V는 일정하고 $I_2 = 1.3I_1$
$\dfrac{R_1}{R_2} = \dfrac{1.3}{1}$ ∴ $R_2 = \dfrac{R_1}{1.3} = 0.77R_1$

71
3상 회로에 있어서 대칭분 전압이 $V_0 = -8+j3$ [V], $V_1 = 6-j8$[V], $V_2 = 8+j12$[V]일 때 a상의 전압 [V]는?

① $6+j7$
② $8+j6$
③ $3+j12$
④ $6+j12$

72
피드백제어계 중 물체의 위치, 방위, 자세 등의 기계적 변위를 제어량으로 하는 제어는?

① 서보기구(servo mechanism)
② 프로세스제어(process control)
③ 자동조정(automatic regulation)
④ 프로그램제어(program control)

풀이
서보기구(위치, 자세, 방위), 자동조정(조명, 온도), 프로세스제어(화학, 플랜트), 프로그램제어(엘리베이터)

73
다음 중 일반적으로 중 저항의 범위에 해당되는 것은?

① 500[Ω]~100[MΩ]의 저항
② 100[Ω]~100[MΩ]의 저항
③ 1[Ω]~10[MΩ]의 저항
④ 1[Ω]~1[MΩ]의 저항

풀이
저저항(1[Ω] 이하), 중 저항(1[Ω]~1[MΩ]), 고저항(1[MΩ] 이상)

74
SCR에 관한 설명으로 틀린 것은?

① PNPN 소자이다.
② 스위칭 소자이다.
③ 양방향성 사이리스터이다.
④ 직류나 교류의 전력제어용으로 사용된다.

풀이
SCR은 단방향 3단자 소자다.

75
$v = V_m \sin(\omega t + 30°)$[V]와
$i = I_m \cos(\omega t - 60°)$[A]와의 위상차는?

① 0°   ② 30°   ③ 60°   ④ 90°

풀이
$i = I_m \cos(\omega t - 60°) = I_m \sin(\omega t - 60° + 90°)$
$= I_m \sin(\omega t + 30°)$
∴ 30° − 30° = 0°

76
분류기의 저항(R_s)은? (단, $n = \dfrac{I_0}{I_A}$ 이다.)

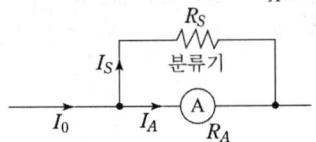

① $\dfrac{R_A}{n+1}$ ② $\dfrac{R_A}{n}$
③ $\dfrac{R_A}{n-1}$ ④ $\dfrac{R_A}{n-2}$

풀이
분류저항 $R_s = \dfrac{R_A}{(n-1)}$
여기서, R_A : 전류계 내부저항, n : 배율
배율저항 $R_m = (n-1)R_V$
여기서, R_V : 전압계 내부저항, n : 배율

77
아래 그림의 논리회로와 같은 진리값을 NAND소자만으로 구성하여 나타내려면 NAND소자는 최소 몇 개가 필요한가?

① 1
② 2
③ 3
④ 5

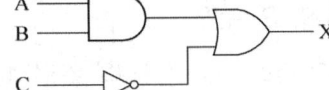

78

V[V]로 충전한 C[F]의 콘덴서를 $\frac{1}{3}V$[V]까지 방전하여 사용했을 때, 사용된 에너지[J]는?

① $\frac{1}{2}CV^2$ ② CV^2
③ $\frac{5}{9}CV^2$ ④ $\frac{4}{9}CV^2$

풀이

전압이 $\frac{1}{3}$이 되었으므로 $\frac{2}{3}$가 방전되었다.

콘덴서의 방전에너지는 전압에 비례($W \propto V^2$)

∴ $\left(\frac{2}{3}\right)^2 = \frac{4}{9}$

79

특성방정식이 근이 복소평면의 좌반면에 있으면 이 계는?

① 불안정하다.
② 조건부 안정이다.
③ 반안정이다.
④ 안정하다.

풀이

안정조건은 특성방정식의 모든 근이 복소평면(S평면)의 좌반부에 있어야 한다.

80

그림과 같은 단자 1, 2 사이의 계전기 접점회로 논리식은?

① {(a+b)d+c}e
② {(ab+c)d}+e
③ {(a+b)c+d}e
④ (ab+d)c+e

풀이

- 병렬 연결은 더하고 직렬 연결은 곱한다.
- X의 a접점은 이고 b접점은 $\overline{X}$ 이다.
  a, b, c, d, e의 접점은 모두 a접점이다.
  ∴ [(a+b)c+d]e

정답 78. ④ 79. ④ 80. ③

실전모의고사 14회

1과목 승강기 개론

01
기계실의 조명장치와 관련하여 다음 항목에 대한 조도 기준을 올바르게 나타낸 것은?

- 작업공간의 바닥 면 : (㉠) 이상
- 작업공간 간 이동 공간의 바닥 면 : (㉡) 이상

① ㉠ 150 lx, ㉡ 100 lx
② ㉠ 150 lx, ㉡ 50 lx
③ ㉠ 200 lx, ㉡ 100 lx
④ ㉠ 200 lx, ㉡ 50 lx

풀이
모든 작업공간은 200 lx 이상, 이동공간 50 lx 이다.

02
유압식 엘리베이터는 제약조건이 많아서 수요가 줄어들고 있는 추세인데, 다음 중 유압식 엘리베이터가 주로 이용되는 장소의 조건으로 거리가 먼 것은?

① 저층의 맨션에서 시가지 때문에 일광 제한과 사선 제한의 규제가 있을 경우
② 중심상가에 위치한 10층 상당의 업무용 빌딩에 엘리베이터를 설치할 경우
③ 공원 등에서 건물을 세울 시 높이 제한이 엄격한 경우
④ 대용량이고 승강 행정이 짧은 화물용 엘리베이터로 이용될 경우

풀이
유압 엘리베이터는 속도와 승강행정에 제한이 있고 기계실의 위치가 자유로워 고도제한에 유리하다.

03
엘리베이터의 상승과속방지장치에 대한 설명으로 옳지 않은 것은?

① 상승과속방지장치는 빈 카의 감속도가 정지단계 동안 1 gn(중력가속도)를 초과하는 것을 허용하지 않아야 한다.
② 상승과속방지장치의 복귀를 위해서 승강로에 접근을 요구하지 않아야 한다.
③ 상승과속방지장치를 작동하기 위해 외부에너지가 필요한 경우, 에너지가 없으면 엘리베이터는 정지되어야 하고 정지 상태가 유지되어야 한다.(단, 압축스프링 방식은 제외)
④ 카의 상승과속을 감지하여 카를 정지시키거나 카가 카의 완충기에 충돌할 경우에 대해 설계된 속도로 감속시켜야 한다.

풀이
상승과속방지장치는 카가 승강로 천장에 충돌하는 것을 방지한다.

04
다음 중 카를 지지하는 카 프레임(또는 카틀, car frame)의 주요 구성요소가 아닌 것은?

① 상부틀(또는 상부체대, cross head)
② 카 바닥(car platform)

정답 01. ④ 02. ② 03. ④ 04. ②

③ 하부틀(또는 하부체대, flank)
④ 브레이스 로드(brace road)

풀이
카틀 : 상부체대, 카주, 하부체대, 브레이스로드

05
승강기 안전관리법령에 따라 승강기의 정격속도에 따라서 고속 승강기와 중저속 승강기로 구분하는데 이를 구분하는 정격속도의 크기는?

① 3.5[m/s]   ② 4[m/s]
③ 4.5[m/s]   ④ 5[m/s]

풀이
고속엘리베이터는 4[m/s] 초과
중저속은 4[m/s] 이하임.

06
주로 1대의 엘리베이터를 운행할 경우 적용되는 방식으로 승강장의 누름 버튼을 상승용, 하강용의 양쪽 모두 동작이 가능한 방식이며, 상승 또는 하강으로의 진행방향에 승객이 합승을 원할 경우 합승 호출에 응답하면서 운전하는 방식은?

① 단식자동식
② 하강 승합 전자동식
③ 승합 전자동식
④ 홀 랜턴 방식

07
적절한 권상능력 또는 전동기의 동력을 확보하기 위해 매다는 로프의 무게에 대한 보상수단을 적용해야 하는데, 이러한 보상수단 중 하나인 튀어오름 방지장치를 설치해야 하는 엘리베이터 정격속도의 기준은?

① 1.75[m/s]를 초과한 경우
② 2.5[m/s]를 초과한 경우
③ 3.0[m/s]를 초과한 경우
④ 3.5[m/s]를 초과한 경우

08
카 자중 3500[kg], 정격하중 2000[kg], 승강행정 60[m], 로프 6본, 균형추의 오버밸런스율이 40[%]일 때 전부하시 카가 최상층에 있는 경우 트랙션비(권상비)는 약 얼마인가? (단, 로프는 1.2[kg/m] 이고, 보상율이 90[%]가 되는 균형 체인을 설치한다.)

① 1.18   ② 1.22
③ 1.27   ④ 1.36

풀이
전부하 시 카가 최상층에 있는 경우
$$T = \frac{카자중+정격하중+균형체인\,무게}{균형추+로프}$$
$$= \frac{3500+2000+(1.2\times60\times6\times0.9)}{3500+2000\times0.4+(1.2\times60\times6)}$$
$$= 1.24$$
전부하의 카가 최하층에 있는경우
$$T = \frac{카자중+정격하중+로프무게}{균형추\,무게+균형체인\,무게}$$
$$= \frac{3500+2000+1.2\times60\times6}{3500+2000\times0.4+(1.2\times60\times6\times0.9)}$$
$$= 1.265 \quad \therefore 1.27$$
※ 문제대로 풀면 트랙션비는 1.24로 답이 없고, ③번 답이 되려면 전부하시 카가 최하층에 있는 경우임.

09
다음 로프 홈에 대한 설명으로 가장 옳지 않은 것은?

① V홈 - 가공이 쉽고 초기 마찰력도 우수하다.
② 포지티브 홈(나선형 홈) - 로프를 권동에 감기 때문에 고양정으로 사용하기에 유리하다.

정답 05. ② 06. ③ 07. ④ 08. ③ 09. ②

③ 언더컷 형 - 트랙션 능력이 커서 가장 많이 사용된다.
④ U홈 - 로프와의 면압이 적으므로 로프의 수명이 길어진다.

풀이
권동식은 승강행정에 제한있어 소형화물용 혹은 주택용 엘리베이터에 사용된다.

10
유압식 엘리베이터에서 한쪽 방향으로만 기름이 흐르도록 하는 밸브로서 상승 방향에는 흐르지만 약방향으로는 흐르지 않게 하는 밸브는?

① 체크 밸브
② 스톱 밸브
③ 바이패스 밸브
④ 상승용 유량제어 밸브

11
엘리베이터 제어방식 중 카의 실속도와 지령속도를 비교하여 사이리스터 점호각을 바꿔 유도전동기의 속도를 제어하는 방식은?

① 교류1단 속도제어
② 교류2단 속도제어
③ 교류귀환제어
④ 가변전압 가변주파수 제어

풀이
사이리스터 점호각변환 방식은 교류는 교류귀환제어, 직류는 정지레오나드 방식의 엘리베이터에 사용한다.

12
에스컬레이터에 진입방지대가 설치되는 경우 그 설치요건에 관한 설명 중 옳지 않은 것은?

① 진입방지대는 입구에만 설치해야 하며, 자유구역에서는 출구에 설치할 수 없다.
② 뉴얼의 끝과 진입방지대 및 진입방지대와 진입방지대 사이의 자유로운 입구 폭은 500[mm] 이상이어야 하며, 사용되는 쇼핑 카트 또는 수하물 카트 유형의 폭보다 작아야 한다.
③ 진입방지대는 승강장 플레이트에 고정하는 것도 허용되지만, 가급적이면 건물 구조물에 고정되어야 한다.
④ 진입방지대의 높이는 700[mm]에서 900[mm] 사이이어야 한다.

풀이
진입방지대의 높이는 900[mm]에서 1100[mm] 사이

13
권동식(확동구동식)과 비교하여 트랙션식(마찰구동식) 권상기의 특징에 대한 설명으로 옳지 않은 것은?

① 주 로프의 미끄러짐이나 주 로프 및 도르래에 마모가 거의 일어나지 않는다.
② 균형추를 사용하기 때문에 소요 동력이 작아진다.
③ 와이어로프의 안전율이 확보되면 승강 행정에는 제한이 없다.
④ 여러 가지 장점이 있어 저속에서 초고속까지 넓게 사용되고 있다.

풀이
트랙션식 권상기는 로프와 도르래홈의 마찰력으로 구동되기 때문에 미끄러짐과 마모가 발생한다.

정답 10. ① 11. ③ 12. ④ 13. ①

14
하나의 승강로에 2대 이상의 엘리베이터가 있는 경우 카 벽에 비상구출문을 설치할 수 있다. 이 때 카 간의 수평거리는 몇 [m]를 초과하면 안되는가?

① 0.8[m] ② 1.0[m]
③ 1.2[m] ④ 1.5[m]

풀이
카벽 비상구출문 : 폭 0.4[m] × 높이 1.8[m] 이상

15
경사형 엘리베이터 안전기준에 따라 승강로 벽을 설계할 때 승강로 벽의 높이 기준은 경사 각도에 따라 달라지는데, 그 기준의 경계가 되는 경사각도는 약 몇 °인가?

① 35° ② 40°
③ 45° ④ 50°

16
승강기의 정격속도에 관계없이 사용할 수 있는 완충기로 옳은 것은?

① 스프링 완충기
② 유압 완충기(유입완충기)
③ 우레탄 완충기
④ 고무 완충기

풀이
에너지축적형(스프링, 우레탄) 완충기는 1[m/s] 이하에 적용

17
에스컬레이터의 공칭속도에 대한 기준이다. 괄호 안의 내용이 옳게 짝지어진 것은?

- 경사도가 30° 이하인 경우 공칭속도는 (㉠) m/s 이하이어야 한다.
- 경사도가 30°를 초과하고 35° 이하인 경우 공칭속도는 (㉡) m/s 이하이어야 한다.

① ㉠ : 0.6, ㉡ : 0.4
② ㉠ : 0.6, ㉡ : 0.5
③ ㉠ : 0.75, ㉡ : 0.4
④ ㉠ : 0.75, ㉡ : 0.5

풀이
경사도 30° 초과 조건은 수직 층고가 6[m] 이하이어야 한다.

18
권상식 엘리베이터에서 주 로프의 미끄러짐 현상을 줄이는 방법으로 옳지 않은 것은?

① 권부각을 크게 한다.
② 속도 변화율을 크게 한다.
③ 균형체인이나 균형로프를 설치한다.
④ 로프와 도르래 사이의 마찰계수를 크게 한다.

풀이
속도변화율 가감속도가 크면 잘 미끄러진다.

19
엘리베이터 도어를 작동시키는 도어머신(door machine) 장치가 갖추어야 할 조건으로 가장 거리가 먼 것은?

① 도어용 모터는 토크기 크고 열이 많이 발생하므로 별도의 냉각시설이 필요하다.
② 동작회수가 승강기 기동빈도의 2배 정도이기 때문에 유지보수가 용이해야 한다.
③ 주로 엘리베이터 상단에 설치되어 있어서 소형이면서 경량일수록 좋다.

정답 14. ② 15. ③ 16. ② 17. ④ 18. ② 19. ①

④ 도어 작동에 있어서 동작이 원활하고 소음이 적어야 한다.

20
엘리베이터 안전기준에 따라 소방구조용 엘리베이터의 기본요건으로 틀린 것은?

① 소방구조용 엘리베이터 출입구의 유효폭은 0.7[m] 이상으로 한다.
② 소방구조용 엘리베이터는 소방운전 시 모든 승강장의 출입구마다 정지할 수 있어야 한다.
③ 소방구조용 엘리베이터는 소방관 접근 지정층에서 소방관이 조작하여 엘리베이터 문이 닫힌 이후부터 60초 이내에 가장 먼 층에 도착하여야 한다.
④ 소방구조용 엘리베이터의 운행속도는 1[m/s] 이상이어야 한다.

풀이
폭 1100[mm], 깊이 1400[mm], 정격하중 630[kg] 이상

2과목 승강기 설계

21
정격속도 90[m/min]인 엘리베이터 에너지분산형 완충기에 필요한 최소 행정거리는 약 몇 [mm]인가?

① 121 ② 152 ③ 184 ④ 213

풀이
$S = 0.0674 V^2 = 0.0674 \times \left(\dfrac{90}{60}\right)^2 \times 1000$
$= 151.65 [mm]$

22
카 추락방지안전장치가 작동될 때, 무부하 상태의 카 바닥 또는 정격하중이 균일하게 분포된 부하 상태의 카 바닥은 정상적인 위치에서 몇 %를 초과하여 기울어지지 않아야 하는가?

① 3 ② 4 ③ 5 ④ 6

풀이
$\dfrac{1}{20}$ 이하

23
엘리베이터 설비계획과 관련한 설명으로 옳지 않은 것은?

① 교통량 계산의 결과 해당 건물의 교통 수요에 적합한 충분한 대수를 설치한다.
② 엘리베이터를 기다리는 공간은 복도의 통로가 아닌 별도의 공간으로 구성한다.
③ 초고층 빌딩의 경우 서비스 층을 분할하는 것을 검토한다.
④ 여러 대를 설치할 경우 이용자의 접근을 쉽게 하기 위해 가능한 분산 배치한다.

풀이
대기시간을 줄이고 수송효율은 높이기위해 집중 배치한다.

24
비상통화장치에 대한 설명으로 옳지 않은 것은?

① 기계실 또는 비상구출운전을 위한 장소에는 카내와 통화할 수 있도록 규정된 비상전원 공급장치에 의해 전원을 공급받는 내부 통화 시스템 또는 유사한 장치가 설치되어

정답 20. ① 21. ② 22. ③ 23. ④ 24. ②

야 한다.
② 비상 시 안정적으로 이용자 상황을 전달할 수 있는 단방향 음성통신이어야 한다.
③ 카 내에 갇힌 이용자 등이 외부와 통화할 수 있는 비상통화장치가 엘리베이터가 있는 건축물이나 고정된 시설물의 관리 인력이 상주하는 장소에 2곳 이상에 설치되어야 한다.(단, 관리 인력이 상주하는 장소가 2곳 미만인 경우에는 1곳에만 설치될 수 있다.)
④ 비상통화장치는 비상통화 버튼을 한 번만 눌러도 작동되어야 하며, 비상통화가 연결되면 녹색 표시의 등이 점등되어야 한다.

풀이
비상통화장치는 양방향 통화가 가능해야 한다.

25
점차 작동형 추락방지안전장치를 사용하는 엘리베이터의 정격속도가 150[m/min]일 때 다음 중 과속조절기가 작동해야 하는 엘리베이터의 속도로 적절한 것은?

① 155[m/min] ② 165[m/min]
③ 190[m/min] ④ 210[m/min]

풀이
$150 \times 1.15 = 172.5[m/min]$ 이상
$(1.25 \times \frac{150}{60} + \frac{0.25}{\frac{150}{60}}) \times 60 = 193.5[m/min]$ 미만

26
전동기의 공칭회로 전압이 380[V]일 때 시험전압 500[V] 기준으로 절연 저항은 몇 [MΩ] 이상이어야 하는가?

① 0.3 ② 0.5 ③ 1.0 ④ 1.5

27
엘리베이터용 전동기의 토크는 전동기의 속도가 증가함에 따라 차차 커지다가 최대 토크에 도달하면 그 이후 급격히 토크가 작아져 동기속도가 0이 된다. 이 과정에서 발생한 최대 토크를 무엇이라고 하는가?

① 풀업토크 ② 전부하토크
③ 정동토크 ④ 기동토크

28
엘리베이터에서 카의 자중 및 카에 의해 지지되는 부품의 중량은 1850[kg], 정격하중은 1500[kg]이다. 전 부하 상태의 카가 완충기에 작용하였을 때 피트 바닥에 지지해야 하는 전체 수직력의 최소값은 약 몇 [kN]인가?

① 107 ② 114 ③ 126 ④ 131

풀이
$F = 4g_n(P+Q)$
$= 4 \times 9.81 \times (1850+1500) \times 10^{-3}$
$= 131.45[kN]$

29
감아 걸기 전동장치에 대한 설명 중 틀린 것은?

① 평벨트를 사용하는 원통형 풀리는 벨트의 벗어짐을 방지하기 위하여 가운데 부분을 약간 오목하게 한다.
② V-벨트를 이용하면 평벨트를 이용하는 경우보다 비교적 소형으로 큰 동력을 전달할 수 있다.
③ 로프 풀리의 지름을 2배로 키우면 로프에 발생하는 굽힘응력은 1/2로 감소한다.
④ 체인과 스프로킷을 이용하면 벨트를 이용한 전동장치보다 정확한 속도비로 동력을 전달

정답 25.③ 26.③ 27.③ 28.④ 29.①

할 수 있다.

풀이
가운데 부분을 약간 볼록하게 해야 벗어짐 방지효과 가 있다.

30
자세 유형에 따른 피트 피난공간 크기의 최소 기준에 대한 설명 중 틀린 것은? (단, 주택용 엘리베이터는 제외한다.)

① 서있는 자세의 수평거리는 0.3[m]×0.4[m] 이다.
② 웅크린 자세의 수평거리는 0.5[m]×0.7[m] 이다.
③ 서있는 자세의 높이는 2[m] 이다.
④ 웅크린 자세의 높이는 1[m] 이다.

풀이
서있는 자세 ; 수평거리 0.4[m]×0.5[m] 높이 2[m] 이상

31
기어 전동의 특징을 벨트 및 로프 전동과 비교한 설명으로 옳은 것은?

① 효율이 낮다.
② 큰 감속비를 얻기 어렵다.
③ 소음과 진동이 큰 편이다.
④ 동력전달이 불확실하다.

풀이
기어는 마찰음과 소음이 발생하고 헬리컬 기어는 웜 기어에 비해 소음과 진동이 크다.

32
엘리베이터용 전동기를 선정할 때 고려해야 할 조건으로 옳지 않은 것은?

① 회전부분의 관성모멘트가 커야 한다.
② 기동 토크가 커야 한다.
③ 기동 전류가 작은 편이 좋다.
④ 온도 상승에 대해 충분히 견디어야 한다.

풀이
관성모멘트는 작고, 유지보수 용이하고, 발열량이 작아야 한다.

33
그림과 같은 가이드레일에서 x방향 수평하중 (F_x)이 12[kN] 작용할 때 x방향 처짐량은 약 몇 [mm]인가? (단, 가이드 브래킷 사이 최대 거리는 250 [cm]이고, y축 단면 2차 모멘트는 26.48 [cm^4] 이며, 재료의 세로탄성계수는 210[GPa] 이다. 그리고, 건물 구조의 처짐량은 무시하고, 처짐 공식은 엘리베이터 안전기준에 따른다.)

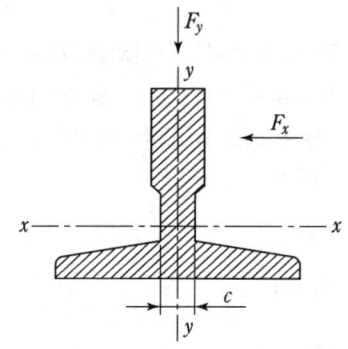

① 34.3   ② 37.6
③ 43.5   ④ 49.2

풀이
$$\delta_x = 0.7 \times \frac{F_x l^3}{48 E I_y}$$
$$= 0.7 \times \frac{12 \times 10^3 \times (250 \times 10^{-2})^3}{48 \times 210 \times 10^9 \times 26.48 \times (10^{-2})^4} \times 10^3$$
$$= 49.17 [mm]$$

※ $Pa = N/m^2$ 이므로 단위를 m로 통일해야 됨.

34
카 내부에 있는 사람에 의한 카문의 개방을 제한하기 위해 카가 운행 중일 때, 카문의 개방은 몇 N 이상의 힘이 요구되어야 하는가? (단, 잠금해제구간 밖에 있을 때는 제외한다.)

① 30 N
② 50 N
③ 150 N
④ 300 N

35
엘리베이터 안전기준에 따라 기계실의 크기 및 치수의 기준에 관한 설명으로 옳은 것은?

① 작업구역의 유효 높이는 4[m] 이상이어야 한다.
② 작업구역 간 이동통로의 유효 폭은 0.3[m] 이상이어야 한다.
③ 기계실 바닥에 0.3[m]를 초과하는 단차가 있는 경우, 고정된 사다리 또는 보호난간이 있는 계단이나 발판이 있어야 한다.
④ 보호되지 않은 회전부품 위로 0.3[m] 이상의 유효 수직거리가 있어야 한다.

풀이
작업구역 높이 2.1[m] 이상, 이동통로 유효폭 0.5[m] 이상, 바닥 단차 0.5[m] 이상인 경우 계단이나 발판 설치

36
엘리베이터에 사용되는 로프의 공칭지름이 18[mm]일 때 풀리의 피치원 지름은 몇 [mm] 이상이어야 하는가? (단, 해당 건물은 상업용 건물이다.)

① 540[mm]
② 720[mm]
③ 1080[mm]
④ 1440[mm]

풀이
풀리의 피치원 지름은 로프직경의 40배 이상

37
트랙션비(Traction ratio)에 대한 설명으로 틀린 것은?

① 트랙션비의 값이 낮아질수록 트랙션 능력은 좋아진다.
② 트랙션비의 값이 커질수록 전동기의 출력은 낮아질 수 있다.
③ 카측 로프가 매달고 있는 중량과 균형추측 로프가 매달고 있는 중량의 비를 말한다.
④ 트랙션비의 계산 시는 적재하중, 카 자중, 로프 중량, 오버밸런스율 등을 고려하여야 한다.

풀이
트랙션지는 1보다 크며 작을수록 권상 능력이 좋아진다.

38
카 문턱에 설치하는 에이프런의 수직 높이 기준에 관한 표이다. ㉠, ㉡에 들어갈 기준으로 옳은 것은?

〈에이프런 수직 높이 기준〉

일반 엘리베이터	주택용 엘리베이터
(㉠)[m] 이상	(㉡)[m] 이상

① ㉠ : 0.55, ㉡ : 0.40
② ㉠ : 0.65, ㉡ : 0.44
③ ㉠ : 0.75, ㉡ : 0.54
④ ㉠ : 0.85, ㉡ : 0.60

정답 34. ② 35. ④ 36. ② 37. ② 38. ③

39
에스컬레이터를 배치할 경우 고려할 사항 중 틀린 것은?

① 바닥 점유 면적은 되도록 크게 배치한다.
② 건물의 정면 출입구와 엘리베이터 설치 위치와의 중간이 좋다.
③ 백화점일 경우에는 가장 눈에 띄기 쉬운 위치가 좋다.
④ 사람의 움직임이 많은 곳에 설치되어야 한다.

풀이
바닥의 점유율을 작게 배치한다.
경사도 35° 에스컬레이터는 바닥 점유율이 작다.

40
60[Hz], 4극 전동기의 슬립이 5[%]인 경우 전부하 회전수는 약 몇 [rpm]인가?

① 1710　　　② 1890
③ 3420　　　④ 3780

풀이
$$N = \frac{120f(1-S)}{P} = \frac{120 \times 60 \times (1-0.05)}{4}$$
$$= 1710[\text{rpm}]$$

3과목 일반기계공학

41
일반적으로 단면이 각형이며 스터핑 박스에 채워 넣어 사용되어지는 패킹의 총칭은?

① 브레이드 패킹　　② 코튼 패킹
③ 금속박 패킹　　　④ 글랜드 패킹

42
드릴링 머신에서 너트나 볼트의 머리와 접촉하는 면을 평면으로 파는 작업은?

① 리밍　　　② 보링
③ 태핑　　　④ 스폿 페이싱

43
두 축이 만나지도 않고, 평행하지도 않는 기어는?

① 웜과 웜 기어　　② 베벨 기어
③ 헬리컬 기어　　　④ 스퍼 기어

풀이
두 축이 만나지도 않고, 평행하지도 않는 기어 :
웜기어, 하이포이드기어, 스크류기어

44
알루미늄 합금인 두랄루민의 표준성분에 해당하지 않는 원소는?

① Co　　　② Cu
③ Mg　　　④ Mn

풀이
두랄루민 : Al, Cu, Mn, Mg의 합금

45
하중을 물체에 작용하는 상태에 따라 분류할 때 해당하지 않는 것은?

① 인장하중　　② 압축하중
③ 전단하중　　④ 교번하중

풀이
교번하중 : 크기와 방향이 시간에 따라 주기적으로 변하는 하중

정답 39. ①　40. ①　41. ④　42. ④　43. ①　44. ①　45. ④

46
정밀 주조법의 일종으로 정밀한 금형에 용융금속을 고압, 고속으로 주입하여 주물을 얻는 방법으로 Al 합금, Mg 합금 등에 주로 사용되는 주조법은?

① 원심주조법 ② 다이캐스팅
③ 셀 몰드법 ④ 연속주조법

47
철강 시험편을 오스테나이트화한 후 시험편의 한쪽 끝에 물을 분사하여 퀀칭하는 표준시험법은?

① 붕화 ② 복탄
③ 조미니 ④ 마르에이징

48
그림과 같이 용접이음을 하였을 때 굽힘응력을 계산하는 식으로 옳은 것은? (단, L : 용접 길이, t : 용접치수(용접판 두께), ℓ : 용접부에서 하중 작용선까지 거리, W : 작용하중이다.)

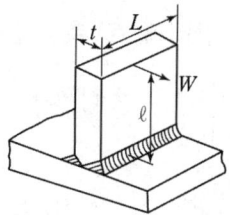

① $\dfrac{6W\ell}{tL^2}$ ② $\dfrac{12W\ell}{tL^2}$

③ $\dfrac{6W\ell}{t^2L}$ ④ $\dfrac{12W\ell}{t^2L}$

49
호칭 지름이 50[mm], 피치가 2[mm]인 미터 가는 나사가 2줄 왼나사로 암나사 등급이 6일 때 KS 나사 표시방법으로 옳은 것은?

① 왼 2줄 M50×2-6g
② 왼 2줄 M50×2-6H
③ 2줄 M50×2-6g
④ 2줄 M50×2-6H

풀이

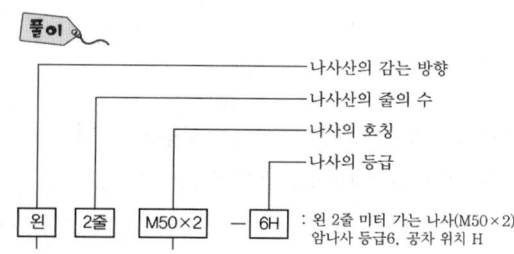

: 왼 2줄 미터 가는 나사(M50×2) 암나사 등급6, 공차 위치 H

50
코일의 유효권수 12, 코일의 평균지름 40[mm], 소선의 지름 6[mm]인 압축 코일 스프링에 30[N]의 외력이 작용할 때, 변위[mm]는 약 얼마인가? (단, 코일 스프링 재질의 전단탄성계수는 8×10^3 [N/mm²] 이다.)

① 9.35   ② 17.78
③ 22.70   ④ 33.46

풀이

$\delta = \dfrac{8nPD^3}{Gd^4} = \dfrac{8\times12\times30\times40^3}{8\times10^3\times6^4} = 17.78\,[\text{mm}]$

여기서, P : 외력, D : 코일평균지름
d : 소선지름, n : 코일유효권수
G : 전단탄성계수[N/mm²]

※ 전단탄성계수의 단위가 mm 이므로 mm 단위로 계산

51
리벳이음에서 리벳의 지름이 d, 피치가 p일 때 판 효율을 구하는 식으로 옳은 것은?

① $1-\dfrac{d}{p}$ ② $1-\dfrac{p}{d}$

③ $\dfrac{d}{p}-1$ ④ $\dfrac{p}{d}-1$

52
다음 중 나사산을 가공하는데 적합한 가공법은?
① 전조 ② 압출
③ 인발 ④ 압연

53
유압기기 요소에서 길이가 단면 치수에 비해서 비교적 긴 죔구를 의미하는 용어는?
① 램 ② 초크
③ 오리피스 ④ 스풀

54
그림과 같은 균일분포하중이 작용하는 보의 최대 처짐량을 구하는 식으로 옳은 것은? (단, W : 균일분포하중, L : 보의 길이, E : 세로탄성계수, I : 단면 2차 모멘트이다.)

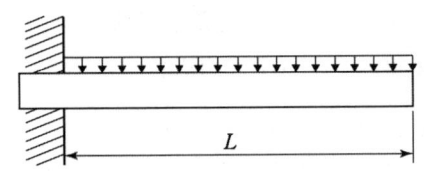

① $\dfrac{WL^3}{3EI}$ ② $\dfrac{WL^4}{8EI}$
③ $\dfrac{WL^3}{216EI}$ ④ $\dfrac{5WL^4}{384EI}$

55
지름이 100[mm]인 유압 실린더의 이론 송출량이 830[cm³/s], 추력이 3[kgf]일 때 이 유압실린더의 속도[cm/s]는 얼마인가? (단, 펌프의 용적효율은 90[%] 이다.)
① 7.5 ② 8.5
③ 9.5 ④ 10.5

[풀이]
$$V = \frac{Q}{A} = \frac{830 \times 0.9}{\pi \times 5^2} = 9.51 [\text{cm/s}]$$

56
비틀림을 받는 원형 단면 봉에서 발생하는 비틀림각에 대한 설명으로 옳은 것은?
① 봉의 길이에 반비례한다.
② 전단 탄성계수에 비례한다.
③ 비틀림 모멘트에 반비례한다.
④ 극단면 2차 모멘트에 반비례한다.

57
축에 직각인 하중을 지지하는 베어링은?
① 피벗 베어링 ② 칼라 베어링
③ 레이디얼 베어링 ④ 스러스트 베어링

58
다음 중 버니어 캘리퍼스로 측정할 수 없는 것은?
① 구멍의 내경
② 구멍의 깊이
③ 축의 편심량
④ 공작물의 두께

59
지름 8[cm], 길이 200[cm]인 연강봉에 7000[N] 인장하중이 작용하였을 때 변형량은? (단, 탄성한도 내에서 있다고 가정하며, 세로탄성계수는 $2.1 \times 10^6 [\text{N/cm}^2]$ 이다.)
① 0.13[mm] ② 0.52[mm]
③ 0.33[mm] ④ 0.62[mm]

풀이

$\delta = \dfrac{W \times l}{NAE} = \dfrac{7000 \times 200}{1 \times \pi \times 4^2 \times 2.1 \times 10^6} \times 10$
$= 0.13[\text{mm}]$

여기서, W : 하중, l : 길이, N : 본수,
A : 단면적, E : 종탄성계수

60

유압 회로 구성에 사용되는 어큐뮬레이터의 용도가 아닌 것은?

① 주 동력원 ② 비상동력원
③ 누설 보상기 ④ 유압 완충기

풀이

주 동력원은 액추에이터임.

4과목 전기제어공학

61

어느 코일에 흐르는 전류가 0.1초간에 1[A] 변화하여 6[]V의 기전력이 발생하였다. 이 코일의 자기 인덕턴스는 몇 [H] 인가?

① 0.1 ② 0.6 ③ 1.0 ④ 1.2

풀이

$e = -L \dfrac{\Delta I}{\Delta t} \quad \therefore L = \dfrac{0.1 \times 6}{1} = 0.6[\text{H}]$

62

어떤 장치에 원료를 넣어 이것을 물리적, 화학적 처리를 가하여 원하는 제품을 만들기 위해 사용하는 제어는?

① 서보제어 ② 추치제어
③ 프로그램제어 ④ 프로세스제어

풀이

키워드에 "화학", "플랜트" 공정이 들어가면 프로세스제어이다.

63

논리식 $L = X + \overline{X} + Y$를 부울대수의 정리를 이용하여 간단히 하면?

① Y ② 1
③ 0 ④ X + Y

풀이

$L = (X + \overline{X}) + Y = 1 + Y = 1$

※ $X + \overline{X} = 1$, 모든수에 1을 더하면 1이 된다.

64

전동기의 기계방정식이 $J\dfrac{d\omega}{dt} + D\omega = \tau$ 일 때, 이 식으로 그린 블록선도는? (단, J는 관성계수, D는 마찰계수, τ는 전동기에서 발생되는 토크, ω는 전동기의 회전속도이다.)

①
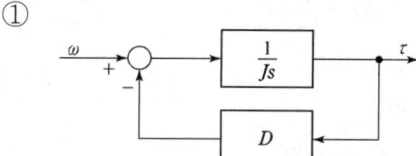

②
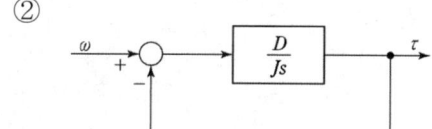

③
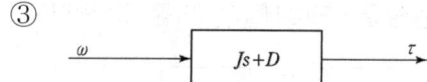

④
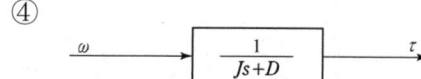

65
$G(s) = \dfrac{1}{1+3s+3s^2}$ 일 때 이 요소의 단위 계단 응답의 특성은?

① 감쇠 진동(부족제동)
② 완전 진동(무제동)
③ 임계 진동(임계제동)
④ 비진동(과제동)

66
2[kΩ]의 저항에 25[mA]의 전류를 흘리는 데 필요한 전압[V]은?

① 50 ② 100 ③ 160 ④ 200

풀이
$V = IR = 25 \times 10^{-3} \times 2 \times 10^3 = 50[V]$

67
접점부분이 비활성 가스를 충전한 유리관 속에 봉입되어 있는 스위치 코일에 흐르는 전류로 고속 동작을 하는 입력기구는?

① 근접 스위치
② 광전 스위치
③ 플로트레스 스위치
④ 리드 스위치

68
그림과 같은 블록선도에서 X_3/X_1를 구하면?

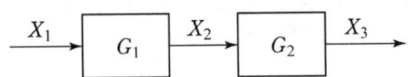

① $G_1 + G_2$
② $G_1 - G_2$
③ $G_1 \cdot G_2$
④ G_1/G_2

풀이
$\dfrac{X_3}{X_1} = G_1 \cdot G_2$

69
입력으로 단위 계단함수 $u(t)$를 가했을 때, 출력이 그림과 같은 조절계의 기본 동작은?

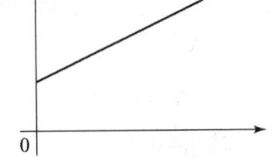

① 비례 동작
② 2위치 동작
③ 비례 적분 동작
④ 비례 미분 동작

풀이
비례 적분 동작

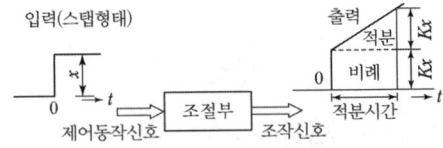

70
피드백 제어계의 제어장치에 속하지 않는 것은?

① 설정부 ② 조절부
③ 검출부 ④ 제어대상

풀이
제어장치 : 설정부, 비교부, 조절부, 조작부, 검출부

71
그림과 같은 미끄럼줄 브리지가 $R = 10[kΩ]$, $X = 30[kΩ]$에서 평형 되었다. L_1과 L_2의 합이 100[cm]일 때 L_1의 길이[cm]는?

① 25
② 33
③ 66
④ 75

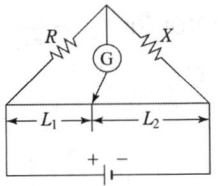

풀이

$RL_2 = XL_1$, $L_1 + L_2 = 100$, $10L_2 = 30L_1$
∴ $L_2 = 3L_1$에 $L_2 = 100 - L_1$을 대입하면
$100 - L_1 = 3L_1$ ∴ $4L_1 = 100$ $L_1 = 25$

72

$\frac{2}{3}\pi$(rad)의 단위를 각도(°) 단위로 표시하면 얼마인가?

① 120° ② 240°
③ 270° ④ 360°

풀이

$\frac{3}{2}\pi = \frac{3}{2} \times 180 = 270°$

73

논리식 $X = (A+B)(\overline{A}+B)$를 간단히 하면?

① A ② B
③ AB ④ A + B

풀이

$(A+B)(\overline{A}+B) = A\overline{A} + AB + \overline{A}B + BB$
$= 0 + AB + \overline{A}B + B$
$= B(A + \overline{A} + 1) = B$

74

변압기의 열화방지를 위하여 콘서베이터를 설치하는데 기름이 직접 공기와 접촉하지 않도록 봉입하는 가스의 종류는?

① 헬륨 ② 수소
③ 유황 ④ 질소

풀이

산화방지용 봉입가스는 주로 질소가스를 사용한다.

75

전동기 온도 상승 시험 중 반환 부하법에 해당되지 않는 것은?

① 블론델법 ② 카프법
③ 홉킨스법 ④ 등가저항측정법

76

저항 $R[\Omega]$에 전류 $I[A]$를 일정 시간 동안 흘렸을 때 도선에 발생하는 열량의 크기로 옳은 것은?

① 전류의 세기에 비례
② 전류의 세기에 반비례
③ 전류의 세기의 제곱에 비례
④ 전류의 세기의 제곱에 반비례

풀이

발열량 $Q = 0.24 I^2 Rt$ [cal]

77

그림과 같은 Y결선회로에서 X상에 걸리는 전압[V]은?

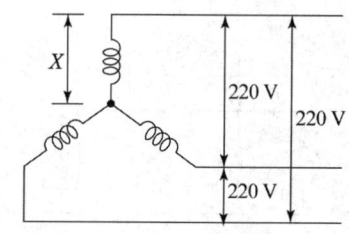

① $220/\sqrt{3}$ ② $220/3$
③ 110 ④ 220

풀이

Y결선 : $V_l = \sqrt{3}\, V_p$
∴ 상전압 $V_P = \frac{220}{\sqrt{3}}$

78
다음 그림과 같은 회로가 있다. 이때 각 콘덴서에 걸리는 전압[V]은 약 얼마인가?

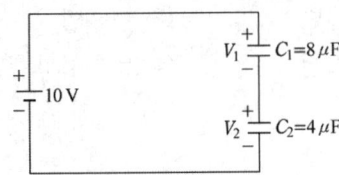

① $V_1 = 3.33,\ V_2 = 6.67$
② $V_1 = 6.67,\ V_2 = 3.33$
③ $V_1 = 3.34,\ V_2 = 1.66$
④ $V_1 = 1.66,\ V_2 = 3.34$

풀이

$V_1 = 10 \times \dfrac{4}{8+4} = 3.33$

$V_2 = 10 \times \dfrac{8}{8+4} = 6.67$

79
그림은 3개의 전압계를 사용하여 교류측정이 가능한 회로이다. 이 회로에서 부하의 소비전력을 구하면?

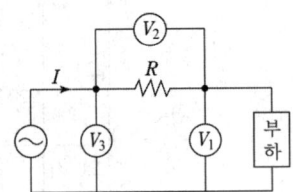

① $P = \dfrac{V_3^2 + V_1^2 + V_2^2}{2R}$
② $P = \dfrac{V_3^2 - V_1^2 - V_2^2}{2R}$
③ $P = \dfrac{2(V_2^2 - V_1^2 - V_3^2)}{R}$
④ $P = \dfrac{V_2^2 - V_1^2 - V_3^2}{R}$

80
3상 불평형 회로가 있다. 각상 전압이 $V_a = 220$[V], $V_b = 220\angle -140°$[V], $V_c = 220\angle 100°$[V]일 때 정상분전압 V_1은 약 몇 [V]인가?

① $197.31\angle 13.06°$
② $197.31\angle -13.36°$
③ $217.03\angle 13.06°$
④ $217.03\angle -13.36°$

부록

승강기기사(산업기사) 필수 암기사항

부록 : 승강기 기사(산업기사) 필수 암기사항

1. 승강기의 정의
건물이나 고정된 시설물에 부착되어 일정한 승강로를 통하여 사람이나 화물을 운반하는 시설로 엘리베이터, 에스컬레이터, 휠체어리프트 등 대통령령으로 정하는 것

2. 엘리베이터 기계실
(1) 출입문 크기 ① 폭 : 0.7 m ② 높이 : 1.8 m 이상
   ※ 주택용, 소형화물용 엘리베이터
      ① 폭 : 0.6 m ② 높이 : 0.6 m 이상
(2) 조도 : 200 lx 이상
(3) 작업구역 유효 높이 : 2.1 m 이상
(4) 기계실 바닥이 몇 m 초과하는 단차가 있는 경우 계단이나 발판을 설치해야 하는가?
   0.5 m
(5) 보호되지 않은 회전부품 위 측 수직유효거리 : 0.3 m 이상

3. 승강로 조명을 측정하는 장소 2개소와 조도
① 카지붕 수직 위 1 m : 50 lx 이상
② 피트바닥 수직 위 1 m : 50 lx 이상
   (그 외의 장소는 20 lx 이상)

4. 전 부하 상태의 카가 완충기에 작용하였을 때 피트 바닥이 지지해야 하는 수직력을 구하는 공식
(1) 전기식 엘리베이터

$$F = 4 \times g_n \times (P + Q)$$

F : 전체수직력[N] g_n : 중력가속도
P : 카에 걸리는 총 중량 Q : 정격하중

(2) 유압식 엘리베이터

① 에너지 축적형 완충기 $F = \dfrac{3 \cdot g_n \cdot (P+Q)}{n}$

② 에너지 분산형 완충기 $F = \dfrac{2 \cdot g_n \cdot (P+Q)}{n}$

n : 멈춤쇠 장치수

5. 주요 부분의 조도
(1) 일반 승용엘리베이터 카 : **100 lx 이상**
(2) 장애자용 엘리베이터 카 : **150 lx 이상**
(3) 카내 비상등 : 5 lx 이상, **1 시간 이상**
(4) 승강장 : **50 lx**

6. 엘리베이터와 관련된 문의 크기
(1) 카 천정 비상구출문 : **0.4×0.5 m 이상** ※소방구조용 : **0.5×0.7 m 이상**
(2) 갇힌 소방관 구출을 위해 이중천장을 열기 위한 힘은 **250 N** 보다 작아야 한다.
(3) 카 벽 비상구출문 : **폭 0.4×높이 1.8 m 이상** 카 간격 **1 m 이내**
(4) 피트, 기계실, 승강로 출입문 : **폭 0.7×높이 1.8 m 이상**
(5) 비상문 : **폭 0.5×높이 1.8 m 이상**
(6) 점검문 : **0.5×0.5 m 이하**
(7) 풀리실 출입문 : **폭 0.6×높이 1.4 m 이상**
(8) 상하 승강장문의 문턱간 거리가 몇 **11 m 초과** 시 비상문을 설치해야 한다.
(9) 승강장문 및 카문의 높이 : **2 m 이상** (주택용 : **1.8 m 이상**)

7. 카의 문턱과 승강장 문턱사이의 거리 : 35 mm 이하 (장애인용 : 30 mm 이하)

8. 문닫힘 안전장치의 종류
(1) 세이프티슈(접촉식)
(2) 광전관 장치(비접촉식)
(3) 초음파 장치(비접촉식)

9. 문 닫힘 안전장치는 마지막 20 mm 구간에서 무효화 될 수 있다.

10. 문 닫힘 안전장치는 문턱 위 25 mm와 1600 mm 사이의 전 구간에서 최소 50 mm 의 물체를 감지할 수 있어야 한다.

11. (1) 문이 닫히는 것을 막는데 필요한 힘은 150 N 이하
    (2) 잠금해제 구간에서 여는데 필요한 힘은 300 N 이하
    (3) 카가 운행 중일 때 카문의 개방은 50 N 이상의 힘이 요구되어야 하며 카가 잠금해제 구간 밖에 있을 때 카문은 1000 N의 힘으로 50 mm 이상 열리지 않아야 하며 자동 동력 작동 상태에서도 열리지 않아야 한다.

12. 승강장문이 열릴 때와 닫힐 때 승강장문 잠금장치 순서
    (1) 문이 열릴 때 : 전기적 안전장치(도어스위치) 개방 후 잠금부품 시건장치 개방
    (2) 문이 닫힐 때 : 잠금부품(시건장치)가 7 mm 이상 걸린 후 전기적 안전장치(도어스위치) 작동(ON)

13. 승강장문, 카문이 닫혀 있을 때 문짝과 문짝, 문틀과 문짝 틈새
    (1) 수평 개폐식 : 6 mm 이하, 마모 시 10 mm 이하
    (2) 수직 개폐식 : 10 mm 이하, 마모 시 14 mm 이하
    (3) 문이 열릴 때 어린이 손 끼임 방지 : 5 mm 이하, 마모 시 6 mm 이하
       ※ 유리문 4 mm 이하, 마모 시 5 mm 이하

14. 엘리베이터 피트 출입수단
    (1) 피트깊이 2.5 m 이하 : 사다리 혹은 피트출입문
    (2) 피트깊이 2.5 m 초과 : 피트 출입문

15. 카 지붕과 피트의 피난공간과 크기
    (1) 카 지붕 : ① 서 있는 자세 : 0.4×0.5×H 2 m
              ② 웅크린 자세 : 0.5×0.7×H 1 m

⑵ 피트 : ① 서 있는 자세 : 0.4×0.5×H 2 m
　　　　② 웅크린 자세 : 0.5×0.7×H 1 m
　　　　③ 누운 자세 : 0.7×1×H 0.5 m

16. 카 및 주요 거리

⑴ 잠금해제구간 : 승강장 바닥 상하 **0.2 m** 이하
⑵ 착상 정도 : **10 mm** 이하
⑶ 에이프런의 수직부분 높이 : **0.75 m** 이상
⑷ 자동차용 엘리베이터 유효면적 1 m² 당 하중 **150 kg** 이상
⑸ 화물용 엘리베이터의 하역 시 기계적인 장치 착상 정확도 : **20 mm** 이하
⑹ 승강로 하부에 사람이 접근 할 수 있는 공간이 있는 경우 피트 바닥의 강도는 **5000 N/m²** 이상으로 하고 균형추에 추락방지 안전장치를 설치해야 한다.
⑺ 카 지붕의 강도는 0.3 m×0.3 m 면적에서 **2000 N** 이상으로 영구 변형 없이 견뎌야 한다.
⑻ 카 지붕 보호난간
　① 손잡이와 보호난간의 **1/2** 높이에 중간 봉
　② 벽과 수평거리가 0.5 m 이하인 경우 높이 : **0.7 m** 이상
　③ 벽과 수평거리가 0.5 m 초과한 경우 높이 : **1.1 m** 이상
　④ 지붕 가장자리로부터 **0.15 m** 이내에 위치
　⑤ 수직으로 **1000 N**의 힘을 가할 때 **50 mm**를 초과하는 탄성변형이 없어야 한다.
⑼ 카 아래와 윗부분에 있는 환기 구멍의 유효면적은 카 유효면적의 **1 %** 이상이어야 하고 틈새는 **50 %**까지 환기 구멍의 면적에 계산

17. 승강로 내측과 카 문턱(문틀, 또는 카문의 닫히는 모서리) 사이의 수평거리는 승강로 전 구간에 걸쳐 **0.15 m** 이하여야 한다.
※ 이 수평거리의 제한을 받지 않기 위한 수단으로 잠금해제구간에서만 열리는 카도에 기계적인 잠금장치를 설치한다. (**카문 잠금장치 설치**)

18. 균형추 주행구간 보호 칸막이는 피트 바닥 틈새 **0.3 m** 이하, 높이 **2 m** 이상 설치해야 한다.

19. 권상 구동 엘리베이터에서 균형추가 완전히 압축된 완충기 위에 있을 때 카의 최고위치는 최상층 승강장 바닥에서 +0.035 V^2 m 이하, 카가 완전히 압축된 완충기 위에 있을 때 카 바닥의 가장 낮은 부분과 피트바닥사이의 수직거리는 0.5 m 이상 이어야 한다.

20. 엘리베이터의 카벽에 사용되는 유리의 종류 : 접합유리

21. 엘리베이터에 공칭직경 6 mm의 로프 사용 시 속도 1.75m/s 이하이고, 행전안전부장관의 안전성 승인, 3가닥 이상, 안전율 16 이상이어야 한다.

22. 로프 직경 8 mm 이상, 3가닥인 경우 안전율 12 이상, 2가닥인 경우 16 이상이며 도르래의 직경은 로프 직경의 40배 이상 이다.

23. 로프 고정(체결) 방식 3가지 :
    (1) 쐐기형 소켓
    (2) 압착링 매듭법
    (3) 주물 단말처리

24. 로프(매다는 장치) 단말은 로프 파단하중의 80 % 이상이어야 한다.

25. 로프의 권상능력 조건 :
    정격하중의 125 %를 적재하고 승강장 바닥에서 미끄럼 없이 정지상태를 유지

26. 카 위치 이동에 따른 로프무게 보상수단과 관련사항
    (1) 3 m/s 이하 : 보상로프, 보상체인
    (2) 3 m/s 초과 : 보상로프
    (3) 보상수단의 안전율 : 5 이상
    (4) 정격속도 1.75 m/s 초과 시 인장장치가 없는 경우 순환부근에 설치해야 하는 장치 : 안내봉
    (5) 인장풀리의 직경은 보상수단의 30배 이상

27. 엘리베이터용 와이어 로프의 종류 3가지 :
(1) 실형(S)
(2) 필러형(F)
(3) 워링톤형(W)

28. 로프의 파단강도 및 도금, 비도금 가능 여부
(1) E 종 : 135 kg/mm² (1320 N/mm²) 도금, 비도금
(2) G 종 : 150 kg/mm² (1470 N/mm²) 도금
(3) A 종 : 165 kg/mm² (1620 N/mm²) 도금, 비도금
(4) B 종 : 180 kg/mm² (1770 N/mm²) 도금, 비도금
(5) C 종 : 200 kg/mm² (1960 N/mm²) 비도금
(6) D 종 : 220 kg/mm² (2160 N/mm²) 비도금

29. 와이어로프의 신장(늘어남 길이) 공식 :

$$\delta = \frac{P \times H}{N \times A \times E}$$

δ : 신장(늘어남), H : 로프길이, N : 본수
A : 로프의 단면적, E : 로프의 종탄성계수
※ 로핑계수와는 관계없다.

30. 개문출발방지장치에 대하여 답하시오.
(1) 개문출발이 감지되는 경우 승강장에서 **1.2 m 이하**에서 정지하고 상승 시 카 문턱과 승강장 인방까지의 거리는 **1 m 이상**, 에프런의 가장 낮은 부분과 승강장 문턱 사이의 거리는 **200 mm 이하**.
   ※ 에이프런 수직부분 높이 : **0.75 m 이상**, 주택용 : **0.54 m 이상**
(2) 시험조건 : ① 정격하중의 100% 하강 시
              ② 무부하 상승 시

31. 주행안내레일의 역할 3가지 :
(1) 카와 균형추의 승강로내 **위치규제**

(2) 카의 **균형유지**
(3) 추락방지안전장치 작동 시 **수직하중 유지**

32. 주행안내레일 크기를 결정하는 요소 3가지 :
(1) 추락방지안전장치 작동시의 **좌굴하중**
(2) 지진발생시 **수평진동력**
(3) 불균형한 하중적재 시 **회전모멘트**

33. 엘리베이터 완충기의 종류 2가지 :
(1) 에너지 축적형 : 스프링 완충기, 우레탄완충기(솔리드버퍼)
(2) 에너지 분산형 : 유입완충기

34. 에너지 분산형 완충기의 감속도는 1 g 이하 이어야하며 2.5 g를 초과하는 감속도는 0.04 초 이하여야 한다.

35. 권상기 브레이크의 요건 및 소음
(1) 작동조건 2 가지 : ① 주동력 전원공급이 차단된 경우
② 제어회로 전원공급이 차단된 경우
(2) 정격하중의 **125 %** 싣고 정격속도 하강 시 **1 g** 이하의 감속도로 정지
(3) 무부하로 정격속도 상승 시 **1 g** 이하의 감속도로 정지
(4) 브레이크의 **기계적부품은 2세트**로 구성되어야 하고 한쪽 브레이크의 제동능력은 정격하중을 싣고 하강 시와 빈카 상승 시 안전하게 제동되어야 한다.
(5) 플런저는 2세트 솔레노이드 코일은 1세트 (전기적인 부품은 이중화 필요 없음)
(6) 권상기로부터 **1m**의 거리에서 측정소음 : **70dB** 이하
측정 위치의 암소음 : **55dB 이하**

36. 과속조절기의 종류 3가지 :
(1) 디스크형
(2) 롤세이프티형(마찰정지형)
(3) 플라이볼형(고속:베벨기어)

37. 정격속도 1 m/s 엘리베이터의 과속조절기 작동속도

(정격속도 115 % 이상, 1.25V + 0.25/V[m/sec] 미만의 속도에서 작동)
1.15 m/s 이상 1.5 m/s 미만에서 작동

38. 점차 작동형 추락방지 안전장치의 감속도 범위 : 0.2 g 이상 1 g 이하

39. 추락방지안전장치 작동을 위한 로프의 인장력 :

(1) 추락방지안전장치가 작동되는데 필요한 힘의 2배 이상
(2) 300 N 이상
  상기 두 값 중 큰 것 적용

40. 과속조절기에 표시해야 할 내용 4가지를 쓰시오.

(1) 제조·수입업자
(2) 부품안전인증표시
(3) 부품안전인증번호
(4) 모델명
(5) 정격속도

41. 전동기 구동시간 제한장치에 대하여 답하시오.

(1) 작동 조건
  ① 기동 시점에서 구동기가 회전하지 않을 경우
  ② 카 나 균형추가 주행중 장애물로 인해 로프가 권상도르래에서 슬립할 경우

(2) 작동시간 :
  ① 45초
  ② 정상작동 시 전체주행시간 + 10초 (10초 미만은 20초)
    상기 두 값 중 짧은 시간 이내

42. 유압엘리베이터의 가요성 호스 안전율 : 8 이상

43. 절연저항 값

공칭회로 전압 (V)	시험전압/ 직류 (V)	절연저항(MΩ) 이상
SELV 및 PELV >100 VA	250	0.5
≤ 500 FELV 포함	500	1
>500	1000	1

44. 엘리베이터의 바이패스 장치가 작동 시 안전대책 2가지를 쓰시오.

(1) 카가 움직이는 동안 음향신호 (55 dB 이상)

(2) 카 하부 깜빡이는 조명

※ 카문과 승강장문이 동시에 바이패스되면 안된다.

45. 비상통화장치 설치장소

(1) 건축물(3곳) : 경비실, 전기실, 중앙관리실

(2) 외부(2곳) : 유지관리업체, 자체점검자

46. 비상통화장치 안전기준

(1) 작동 조건

① 버튼을 한번만 눌러도 작동되어야 한다.

② 버튼을 누르면 음향(35~65 dB) 또는 통신신호가 작동되고 노란색 표시등 점등

③ 연결되면 녹색표시등 점등

(2) 비상통화장치의 구비조건

① 카 내 비상통화장치 스피커의 출력 : 0.25 W 이상

② 음량 : 35 dB 이상 65 dB 이하

③ 절연 저항

㉮ 스위치 또는 회로를 off하고, 전원을 떼어낸 상태에서 전원입력 단자 사이의 절연저항을 측정하여 2 MΩ 이상

㉯ 내습절연 시험 : 0.3 MΩ 이상

④ 명료도 : 삼자간 이상 통화는 가능하되 MOS값 3.0 이상으로 유지되어야 한다.

⑤ 통화거리 : MOS값 3.0 이상을 유지하는 통화거리는 최소 1 km 이상이어야 한다.

⑥ 사용 온도 : -10~+50℃

⑦ 전압변동률 : ±10 % 이내

47. 장애인용 엘리베이터의 구비조건
(1) 승강장 바닥과 카 바닥의 틈 : **0.03 m** 이하
(2) 카 바닥면적 : 폭 **1.6 m**, 깊이 **1.35 m** 이상 (출입문 폭 : **0.8 m** 이상)
(3) 버튼 및 스위치 높이 : 바닥에서 **0.8 m** 이상 **1.2 m** 이하
(스위치가 많은 경우 **1.4 m** 이하로 완화 가능)

48. 소방구조용 엘리베이터의 보조 전원공급장치는 **60초** 이내 작동하고 **2시간** 이상 운행시킬 수 있어야 한다.

49. 소방구조용 엘리베이터의 속도는 **1 m/sec** 이상, 소방관 접근지정 층에서 가장 먼 층까지 도달 시간은 **60초** 이내 이어야 한다.
※ 승강행정이 **200 m** 이상인 경우는 **3 m** 거리마다 1초씩 증가될 수 있다.

50. 소방구조운전 시 무효화 될 수 있는 안전장치
광전장치, 초음파장치 (열이나 연기에 영향을 받는 문닫힘 안전장치)

51. 소방구조용 엘리베이터는 정격하중 **630 kg** 이상, 폭 **1100 mm**, 깊이 **1400 mm**, 출입구 폭 **800 mm** 이상이어야 한다.

52. 피난용 엘리베이터의 카 : 출입문 유효폭 900 mm 이상, 정격하중 1000 kg 이상

53. 소방구조용 및 피난용 엘리베이터의 전기설비 보호등급
(1) 피트 바닥 위로 **1 m** 이내에 위치한 전기장치 : **IP 67**
(2) 콘센트 및 승강로에서 가장 낮은 조명 전구의 위치는 허용 가능한 피트 내부의 최대 누수 수준 위로 **0.5 m 이상** 이어야 한다.
① 승강장문을 포함하는 최상층 승강장 아래 승강로 벽으로부터 1 m 이내에 위치한 승강로 내부의 전기기기, 카 지붕 및 카 벽면의 외부를 둘러싼 전기설비 : **IP X3**
② 승강장문을 포함하는 최상층 승강장 아래 승강로 벽으로부터 1 m 이상 떨어진 승강로 내부의 전기장치 : **IP X1**
③ 카 지붕 및 카 외벽 내의 전기설비 : **IP X3**

54. 에스컬레이터의 속도는 공칭주파수 공칭전압에서 **±5 %** 이하이며, 경사도 **30°** 이하의 에스컬레이터는 0.75 m/sec, 경사도 30° 초과 35° 이하는 0.5 m/sec 이하이어야 한다.

55. 무빙워크의 공칭속도는 **0.75 m/sec** 이하 경사도는 **12°** 이하이어야 한다.
  ※ 수평주행구간이 1.6 m 이상이고 팔래트 폭이 1.1 m 이하인 무빙워크의 속도는 0.9 m/s 이하

56. 에스컬레이터 및 무빙워크의 속도별 정지거리(감속도: 1 m/sec^2 이하)

공칭속도 (m/sec)	정지거리 (m)
0.5	0.2 부터 1.00 까지
0.65	0.3 부터 1.30 까지
0.75	0.4부터 1.50 까지
0.9	0.55부터 1.70까지

57. (1) 에스컬레이터 디딤판 : 높이 **0.24 m** 이하, 깊이 **0.38 m** 이상, 폭 0.58~1.1 m
  ※ 경사도가 6° 이하인 무빙워크의 폭은 1.65 m까지 허용
  (2) 홈 : 폭 **5 mm** 이상 7 mm 이하, 홈의 깊이 **10 mm** 이상
  (3) 웹 : 폭 **2.5 mm** 이상 **5 mm** 이하

58. 에스컬레이터 출입구 근처의 안전표시 4가지
  (1) 손잡이를 꼭 잡으세요.
  (2) 걷거나 뛰지 마세요.
  (3) 안전선 안에 서주세요.
  (4) 어린이나 노약자는 보호자와 함께 타세요.

59. 에스컬레이터 보조브레이크 작동조건 2가지
  (1) 공칭속도의 1.4배 초과하기 전
  (2) 디딤판이 현재 운행방향에서 바뀔 때

60. 에스컬레이터 보조브레이크 종류
  (1) 폴 래칫 방식

(2) 디스크 웨지 방식

(3) 디스크 브레이크 방식

61. 계단교차점 막는 조치 및 안전보호판

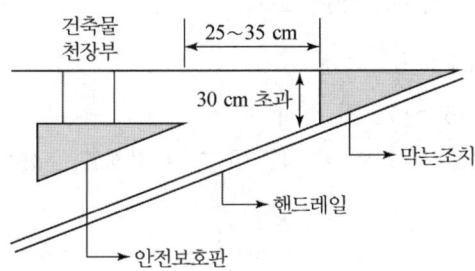

(1) 계단교차점 및 십자형으로 교차하는 에스
   ① 막는조치 수직부분 : **300mm 초과**
   ② 막는조치 끝에서 **250~350mm 안전보호판**

62. 에스컬레이터 진입방지대의 요구조건

(1) 진입방지대는 입구에만 설치해야 한다. 자유구역에서는 출구에 설치할 수 없다.

(2) 뉴얼의 끝과 진입방지대 및 진입방지대와 진입방지대 사이의 자유로운 입구 폭은 **500 mm 이상**, 쇼핑 카트 또는 수하물 카트 유형의 폭보다 작아야 한다.

(3) 진입방지대의 높이는 **900 mm에서 1,100 mm 사이**이어야 한다.

(4) 진입방지대 및 고정장치는 높이 **200 mm에서 3,000 N의 수평력**을 견뎌야 한다.

(5) 진입방지대는 가급적이면 건물 구조물에 고정되어야 한다.

63. 특수승강기

(1) 소형화물용 엘리베이터 :
   ① 정격하중은 **300 kg** 이하, 정격속도가 **1 m/s** 이하.
   ② 기계실 개구부 크기 : 0.6 m×0.6 m 이상, 기계실 높이 : **1.8 m 이상**

(2) 수직형 휠체어리프트 :
   ① 정격속도 **0.15 m/s** 이하, 정격하중은 **250 kg** 이상
   ② 카 바닥면적 **250 kg/m^2** 이상, 최대 허용하중은 **500 kg** 이하.
   ③ 과부하는 정격하중에 **75 kg 초과**시 작동, 카 바닥 유효면적 **2 m^2 이하**

(3) 경사형 휠체어 리프트 :
① 정격하중 1인용 **115 kg** (휠체어 사용자 : 150 kg) 이상
② 하중이 결정되지 않은 경우(공공건물) : 휠체어용 225 kg 이상,
　　　　　　　　　　　　　　　　　　최대 정격하중 : 350 kg 이상
③ 과부하 감지 : 정격하중 25% 초과

(4) 경사형 엘리베이터 :
① 수평에 대하여 **15° ~ 75°**의 경사
② 반 밀폐식 승강로 벽의 높이 기준이 되는 경사도 : **45°**

저자 약력 profile

저 자 | 이 도 흠

전기 공학석사(한양대학교)
대한민국 산업현장 교수(전기·전자)
일본 국토교통성 승강기검사원
한국승강기안전공단 교수
한국건설산업교육원 교수
한국승강기학회 이사
국무총리 표창, 통상산업부장관 표창 수상
동일출판사 승강기기사 집필(1992년)

전) – 현대엘리베이터㈜ 상무
 – 한국승강기대학교 겸임교수
 – 서일대학교 전기과 외래교수

판권
소유

승강기 기사 · 산업기사 필기

발   행 / 2025년 10월 15일

저   자 / 이 도 흠
펴 낸 이 / 이 지 연
펴 낸 곳 / 엔트미디어
주   소 / 서울시 강서구 강서로 47-8 302호
          (화곡동 평인빌딩)
전   화 / 02) 2608-8339
팩   스 / 02) 2608-8314
등록번호 / 제839-91-00430

낙장 및 파본된 책은 구입서점이나 본사에서 교환해 드립니다.

ISBN : 979-11-92810-61-4 13550

값 / 28,000원

이 책은 저작권법에 의해 저작권이 보호됩니다.
엔트미디어 발행인의 승인자료 없이 무단 전재하거나 복제하는
행위는 저작권법 제136조에 의해 5년 이하의 징역 또는 5,000만
원 이하의 벌금에 처하거나 이를 병과(倂科)할 수 있습니다.